Ophthalmologische Ultraschalldiagnostik

mit Atlas, Standardisierung und Einordnung
in den augenärztlichen Untersuchungsgang

Herausgegeben von
Werner Buschmann · Hans Georg Trier

Bearbeitet von
A. Bertényi · W. Buschmann · St. M. Chang · D. J. Coleman · H. Fledelius
R. van der Gaag · E. Gerke · A. Giovannini · R. Guthoff · W. Haigis
M. Kottow · M. Lenz · V. Lenz · G. H. M. van Lith · V. Mazzeo · L. Moser
A. Oksala · B. Prahs · E. Reinhardt · M. Restori · R. Reuter · P. Roggenkämper
R. Sampaolesi · R. Sauter · W. Schroeder · A. L. Susal · J. M. Thijssen
H. G. Trier · A. Wessing · F. Zanella

Mit 503 Abbildungen in 808 Teilbildern

Springer-Verlag
Berlin Heidelberg New York
London Paris Tokyo

Professor Dr. med. W. BUSCHMANN
Mohnstr. 11
D-8700 Würzburg-Oberdürrbach

Professor Dr. med. H.G. TRIER
Universitäts-Augenklinik, Sigmund-Freud-Str. 25
D-5300 Bonn 1

Gedruckt mit Unterstützung des Förderungs- und Beihilfefonds Wissenschaft der VG Wort

CIP-Titelaufnahme der Deutschen Bibliothek
Ophthalmologische Ultraschalldiagnostik: mit Atlas, Standardisierung u. Einordnung in d. augenärztl. Untersuchungsgang/hrsg. von W. Buschmann u. H.G. Trier. Bearb. von A. Bertényi... – Berlin; Heidelberg; New York; London; Paris; Tokyo: Springer, 1989

ISBN-13: 978-3-642-73227-0   e-ISBN-13: 978-3-642-73226-3
DOI: 10.1007/978-3-642-73226-3

NE: Buschmann, Werner [Hrsg.]; Bertényi, A. [Mitverf.]

Das Werk ist urheberrechtlich geschützt. Die dadurch begründeten Rechte, insbesondere die der Übersetzung, des Nachdrucks, des Vortrags, der Entnahme von Abbildungen und Tabellen, der Funksendung, der Mikroverfilmung oder der Vervielfältigung auf anderen Wegen und der Speicherung in Datenverarbeitungsanlagen, bleiben, auch bei nur auszugsweiser Verwertung, vorbehalten. Eine Vervielfältigung dieses Werkes oder von Teilen dieses Werkes ist auch im Einzelfall nur in den Grenzen der gesetzlichen Bestimmungen des Urheberrechtsgesetzes der Bundesrepublik Deutschland vom 9. September 1965 in der Fassung vom 24. Juni 1985 zulässig. Sie ist grundsätzlich vergütungspflichtig. Zuwiderhandlungen unterliegen den Strafbestimmungen des Urheberrechtsgesetzes.

© Springer-Verlag Berlin Heidelberg 1989
Softcover reprint of the hardcover 1st edition 1989

Die Wiedergabe von Gebrauchsnamen, Handelsnamen, Warenbezeichnungen usw. in diesem Werk berechtigt auch ohne besondere Kennzeichnung nicht zu der Annahme, daß solche Namen im Sinne der Warenzeichen- und Markenschutz-Gesetzgebung als frei zu betrachten wären und daher von jedermann benutzt werden dürften.

Produkthaftung: Für Angaben über Dosierungsanweisungen und Applikationsformen kann vom Verlag keine Gewähr übernommen werden. Derartige Angaben müssen vom jeweiligen Anwender im Einzelfall anhand anderer Literaturstellen auf ihre Richtigkeit überprüft werden.

Reproduktion der Abbildungen, Satz, Druck und Bindearbeiten: Universitätsdruckerei H. Stürtz AG, D-8700 Würzburg
2122/3130-543210 – Gedruckt auf säurefreiem Papier.

Mitarbeiterverzeichnis

Dr. A. Bertényi
Országos Röntgen Es Sugárfizikai Intézet, Kállai Eva U. 20, Félem. 101, Postafiók 2,
H-1430 Budapest VIII

Prof. Dr. W. Buschmann
Mohnstr. 11, D-8700 Würzburg-Oberdürrbach

Prof. Dr. St.M. Chang
Department of Ophthalmology, The New York Hospital Cornell Medical Center,
525 East 68th Street, New York, NY 10021, USA

Prof. Dr. D.J. Coleman
Department of Ophthalmology, The New York Hospital Cornell Medical Center,
525 East 68th Street, New York, NY 10021, USA

Dr. H. Fledelius
Eye Department, Frederiksborg Amts Centralsygehus, DK-3400 Hillerød

Dr. R. van der Gaag
The Netherlands Ophthalmic Research Institute, P.O. Box 12141,
NL-1100 AC Amsterdam

Prof. Dr. E. Gerke
Städtische Krankenanstalten, Klinikum Barmen, Augenklinik, Heusnerstr. 40,
D-5600 Wuppertal-Barmen

Dr. A. Giovannini
Clinica Oculistica, Università di Ferrara, Arcispedale S. Anna, I-44100 Ferrara

Priv.-Doz. Dr. R. Guthoff
Universitätskrankenhaus Eppendorf, Augenklinik, Martinistr. 52, D-2000 Hamburg 20

Dr. W. Haigis
Universitätsklinik und Poliklinik für Augenkranke, Kopfklinikum,
Josef-Schneider-Str. 11, D-8700 Würzburg

Dr. M. Kottow
Großglocknerstr. 27, D-7000 Stuttgart 60

Dr. M. Lenz
Medizinisches Strahleninstitut der Universität, Auf dem Schnarrenberg,
D-7400 Tübingen

Dr. V. Lenz
Louis-Beissel-Str. 7a, D-5100 Aachen

Prof. Dr. G.H.M. van Lith
Oogziekenhuis, Erasmus University, Schiedamsevest 180, Postbus 70030,
NL-3000 LM Rotterdam

Dr. V. Mazzeo
Clinica Oculistica, Università die Ferrara, Arcispedale S. Anna, I-44100 Ferrara

Dipl.-Ing. L. Moser
Universitäts-HNO-Klinik, Kopfklinikum, Josef-Schneider-Str. 11, D-8700 Würzburg

Prof. Dr. A. Oksala
Eye Hospital, The University Central Hospital, Kiinamyllynkatu 4–8, SF-20520 Turku 52

Dr. B. Prahs
Kaiserstr. 26, D-8700 Würzburg

Dr. E. Reinhardt
Siemens AG, UB Medizinische Technik, STEM 5, Henkestr. 127, D-8520 Erlangen

M. Restori
Moorfields Eye Hospital, City Road, London EC1V 2PD, Great Britain

R. Reuter
Universitäts-Augenklinik, Sigmund-Freud-Str. 25, D-5300 Bonn 1

Prof. Dr. P. Roggenkämper
Universitäts-Augenklinik, Sigmund-Freud-Str. 25, D-5300 Bonn 1

Prof. Dr. R. Sampaolesi
Hospital Italiano, Parana 1239, 1° A, 1018 Buenos Aires, Argentinien

Dr. R. Sauter
Siemens AG, UB Medizinische Technik, STEM 5, Henkestr. 127, D-8520 Erlangen

Priv.-Doz. Dr. W. Schroeder
Allgemeines Krankenhaus Heidberg, Augenabteilung, Tangstedter Landstr. 400,
D-2000 Hamburg 62

Prof. Dr. A.L. Susal
Stanford University Medical Center, Division of Ophthalmology,
Stanford, CA 94305, USA

Dr. J.M. Thijssen
Biophysics Laboratory, Institute of Ophthalmology, University of Nijmegen,
Philips van Leydenlaan 15, P.O. Box 399, NL-6500 HB Nijmegen

Prof. Dr. H.G. Trier
Universitäts-Augenklinik, Sigmund-Freud-Str. 25, D-5300 Bonn 1

Prof. Dr. A. Wessing
Universitäts-Augenklinik, Abteilung für Retinologie, Hufelandstr. 55, D-4300 Essen 1

Dr. F. Zanella
Radiologisches Institut der Universität, Josef-Stelzmann-Str. 9, D-5000 Köln 41

Vorwort

Die stürmische Weiterentwicklung der Ultraschalldiagnostik im Bereich des Auges und der Orbita in den letzten 20 Jahren hat die routinemäßigen Anwendungsmöglichkeiten wesentlich erweitert und den klinischen Wert des Verfahrens erhöht. Die vorliegenden zusammenfassenden Darstellungen in deutscher Sprache (Buschmann 1966, 1972; Trier 1977; Ossoinig 1968–1986) entsprechen nicht mehr dem heutigen Stand bzw. beschränken sich auf eine Schule (Rochels 1986). Auch im fremdsprachlichen Schrifttum fehlt ein als Leitfaden geeignetes, aktuelles Buch, das nicht nur die Lehrmeinung *einer* Arbeitsgruppe wiedergibt.

Die jährlich gemeinsam veranstalteten Fortbildungskurse haben uns zusätzlich darin bestärkt, ein auf diesem Lehrmaterial aufgebautes Buch zu veröffentlichen. Bei der Realisierung waren auch erhebliche finanzielle Probleme zu überwinden. Der Abnehmerkreis für eine so spezielle Publikation ist naturgemäß begrenzt, und so konnte der Verlag die Veröffentlichung erst zusagen, nachdem erhebliche Druckkostenzuschüsse von den genannten Stiftungen bzw. Firmen zugesichert wurden. Diesen Sponsoren gilt unser besonderer Dank, ebenso den Herren Professoren A. Oksala und M. Reim, die für diese Stiftungen als Gutachter tätig waren.

Es ist uns ein Bedürfnis, allen Koautoren für ihre Mitwirkung herzlichst zu danken, ebenso allen Kollegen, die kasuistisches Material ergänzend zur Verfügung stellten. Zur Kennzeichnung der Herkunft wurden alle Abbildungen und Tabellen mit den entsprechenden Namen versehen.

Ferner sind wir unseren technischen Mitarbeiterinnen (Frau Hartmann, Frau Stangl, Frau Regner) und den Fotolaborantinnen (Frau Kutta, Frau Sachs, Frau Karg) sowie den Sekretärinnen (Frau Buschek, Frau Gregor, Frau Müller) für die Bearbeitung des Manuskriptmaterials zu großem Dank verbunden.

Dem Springer-Verlag gilt unser besonderer Dank für die geduldige und verständnisvolle Förderung dieses schwierigen Projektes, für die mitgestaltende Beratung und für die hervorragende drucktechnische Ausstattung.

Würzburg, Bonn

W. Buschmann
H.G. Trier

Literatur

Buschmann W (1966) Einführung in die ophthalmologische Ultraschalldiagnostik. In: Velhagen K (Hrsg) Samml. zwangl. Abhdlg. a.d. Geb. d. Augenheilkd., Bd 33. Thieme, Leipzig

Buschmann W (1972) Ophthalmologische Ultraschalldiagnostik. In: Velhagen K (Hrsg) Der Augenarzt, 2. Aufl., Band 2. Thieme, Leipzig

Ossoinig KC (1968–1986) Standardisierte Echographie des Auges, der Augenhöhle und der Nebenhöhlen. Texte und Diapositivprogramme für Kursveranstaltungen, 1968–1986; unter Mitarbeit von P. Till u.a.

Rochels R (1986) Ultraschalldiagnostik in der Augenheilkunde. Ecomed München, Landsberg

Trier HG (1977) Gewebsdifferenzierung mit Ultraschall. Bibl Ophthalmol 86 (E.B. Streiff, ed). Karger, Basel

Weitere Literatur s. Kap. 1.1 und 1.4.1.

Danksagung

Die Veröffentlichung dieses Buches erforderte erhebliche Druckkostenzuschüsse, für welche Herausgeber, Autoren und Verlag den folgenden Sponsoren herzlich danken:

Förderungs- und Beihilfefonds Wissenschaft der VG Wort GmbH München
Dr. Helmut- und Margarete-Meyer-Schwarting-Stiftung, Bremen
Medikonzept GmbH, Stolberg/Rheinland
Technomed, Ges. für Med. und Med. Techn. Systeme mbH u. Co., Düren
MSC Möller-Schwind-Cooper Vision, Vertriebs- u. Service GmbH, Aschaffenburg
Grieshaber und Co. AG, Schaffhausen
Domilens GmbH, Hamburg
Kurt A. Morcher, Medizinische Optik, Stuttgart
Pharmacia GmbH, Freiburg i. Br.
Dispersa GmbH, Germering
Allergan-Humphrey GmbH, Karlsruhe

Inhaltsverzeichnis*

1	**Einführung. W. Buschmann**	
1.1	Zielsetzung	1
	Literatur	2
1.2	Personelle Voraussetzungen	2
1.3	Rückblick und Zukunft	3
	Literatur	5
1.4	Geräte- und Schallkopfentwicklungen; Untersuchungstechnik allgemein W. Buschmann und H.G. Trier	5
1.4.1	Entwicklung der Geräte, der Schallköpfe und der Untersuchungstechnik	5
	Literatur	17
1.4.2	Technik der Patientenuntersuchung	17
1.4.2.1	Aufbau des Untersuchungsplatzes	17
1.4.2.2	Erforderliche Geräteausstattung	18
1.4.2.3	Schallkopf und Ankoppelungsverfahren	18
1.4.2.4	Vorbereitung des Patienten und verwandte Fragen	19
	Literatur	27
1.5	Normalbefund und Artefakte. W. Buschmann	28
	Literatur	33
2	**Erkrankungen des Augapfels aus echographischer Sicht**	
2.1	Die Abmessungen des Augapfels und ihre Veränderungen	34
2.1.1	Echographische Meßmethoden. H.G. Trier und W. Haigis	34
	Literatur	41
2.1.2	Die normalen Abmessungen des Augapfels und ihre Veränderungen mit dem Wachstum. H. Fledelius	41
	Literatur	46
2.1.3	Bulbusabmessungen bei Frühgeborenen. H. Fledelius	47
	Literatur	48
2.1.4	Bulbusabmessungen bei kongenitalem Glaukom (Buphthalmus, Hydrophthalmie); Megalocornea. W. Buschmann und R. Sampaolesi	48
	Literatur	53

* Abbildungen und Tabellen sind kapitelweise numeriert. Die Ziffern vor dem Trennstrich bezeichnen das jeweilige Kapitel.

2.1.5	Bulbusabmessungen bei Myopie, Staphylom, Hyperopie und ihre Berücksichtigung in der Strabismuschirurgie. W. Buschmann	54
	Literatur	55
2.1.6	Bulbusabmessungen bei Phthisis bulbi, Retinoblastom und retrolentaler Fibroplasie. A. Bertényi	56
	Literatur	58
2.2	Weitere Anwendungen der Biometrie am Augapfel. W. Buschmann	58
2.2.1	Nachweis und Lokalisation von intraokularen Fremdkörpern	58
	Literatur	64
2.2.2	Position und axialer Durchmesser der Linse bei Winkelblockglaukom	64
	Literatur	66
2.2.3	Nachweis und Lokalisation von Kammerwasserzysten im Glaskörper – „malignes" Glaukom	67
	Literatur	67
2.2.4	Abmessungen tumorverdächtiger intraokularer Herde	72
2.3	Optische Berechnungen auf der Grundlage von echographischen Achsenlängenmessungen	72
2.3.1	Geometrische Optik des Auges. W. Haigis	72
	Literatur	74
2.3.2	Linsenberechnungsformeln. W. Haigis und H.G. Trier	75
	Literatur	80
2.3.3	Zielrefraktion. B. Prahs	81
2.4	Tumoröse Gewebsneubildungen der vorderen Uvea. M. Kottow	82
	Literatur	83
2.5	Glaskörperveränderungen. H.G. Trier und W. Schroeder	84
2.5.1	Indikationen, Häufigkeit, Untersuchungstechnik, Kriterien, Befunde	84
	Literatur s. bei Kap. 2.6.7	108
2.5.2	Echographie bei Glaskörperdestruktion. A. Oksala	109
	Literatur	111
2.5.3	Beurteilung des Vitrektomie-Patienten. S. Chang und D.J. Coleman (Übersetzt von W. Buschmann)	111
2.6	Netzhaut und Aderhaut. W. Schroeder und H.G. Trier	118
2.6.1	Häufigkeit, Untersuchungstechnik, Kriterien	118
2.6.2	Anomalien: Retinale Dysplasie, Morbus Coats	120
2.6.3	Gefäßerkrankungen: Proliferative Retinopathie, Retinopathie der Frühgeborenen	121
2.6.4	Netzhautablösung: Formen, Entwicklung, proliferative Vitreoretinopathie	124
2.6.5	Retinoschisis	132
2.6.6	Aderhautabhebung: Hypotonie, Phthisis bulbi	132
2.6.7	Retinale und chorioidale Blutungen. W. Schroeder	134
	Literatur	136
2.7	Intraokulare Tumoren und tumorverdächtige Herde. W. Buschmann	137
	Literatur	140
2.7.1	Untersuchungstechnik bei tumorverdächtigen intraokularen Herden W. Buschmann	141
	Literatur	148
2.7.2	Melanome, Naevi. W. Buschmann	148
	Literatur	164

2.7.3	A- und B-Bild-Echographie des Aderhautmelanoms – Gegenüberstellung echographischer und histologischer Befunde. R. GUTHOFF	165
	Literatur	167
2.7.4	Retinoblastome. E. GERKE	167
	Literatur	174
2.7.5	Intraokulare Metastasen; lymphatische Tumoren des Bulbus W. BUSCHMANN	175
	Literatur	181
2.7.6	Osteome, Medulloepitheliome, Morbus Coats. W. BUSCHMANN	182
	Literatur	184
2.7.7	Echographie und Indozyaningrün-Angiographie bei 9 Fällen mit chorioidalen Hämangiomen. V. MAZZEO und A. GIOVANNINI	184
	Literatur	188
2.7.8	Seniler Pseudotumor (Junius-Kuhnt) der Makula. W. SCHROEDER	188
	Literatur	189
2.7.9	Episkleritis – Skleritis. R. GUTHOFF	189
	Literatur	191
2.8	Andere spezielle Untersuchungsverfahren bei intraokularen pathologischen Veränderungen	192
2.8.1	Diaphanoskopie. W. BUSCHMANN	192
2.8.2	Fluoreszenzangiographie in der Differentialdiagnose von Netz- und Aderhauttumoren. A. WESSING	192
2.8.2.1	Tumoren und tumorähnliche Veränderungen der Netzhaut	192
2.8.2.2	Tumoren der Aderhaut	194
	Literatur	198

3 Orbitaerkrankungen

3.1	Voraussetzungen für die Echographie	199
3.1.1	Klinisches Bild und Indikationsstellung für die Ultraschalluntersuchung und für andere spezielle Verfahren. R. GUTHOFF und W. BUSCHMANN	199
3.1.2	Anatomische Voraussetzungen. R. GUTHOFF und W. SCHROEDER	200
3.1.3	Doppler-Sonographie bei raumfordernden Orbitaprozessen W. BUSCHMANN	202
	Literatur	204
3.2	Ultraschall-Exophthalmometrie. W. BUSCHMANN	204
	Literatur	205
3.3	Die echographische Routineuntersuchung der Orbita mit dem Kontakt-B-Bild, ergänzt durch das A-Bild. W. SCHROEDER	205
	Literatur	205
3.3.1	Vergleichbare Untersuchungsbedingungen, meßtechnisch überprüfte Geräte und Schallköpfe; Untersuchungsablauf. W. BUSCHMANN	205
	Literatur	206
3.3.2	Topographischer Befund; normales Orbitaechogramm. R. GUTHOFF und W. SCHROEDER	206
	Literatur	210
3.3.3	Beurteilung der Echoamplituden – Erfassung der Reflexionseigenschaften. R. GUTHOFF und W. SCHROEDER	211
	Literatur	211
3.3.4	Distanzmessungen. W. SCHROEDER und R. GUTHOFF	211
	Literatur	214

3.4	Weitere echographische Differenzierungsmöglichkeiten auf der Grundlage der von uns benutzten Techniken. R. GUTHOFF und W. SCHROEDER	214
	Literatur	216
3.4.1	Wandstrukturen: Mukozelen, Meningiome, Entzündungen und Tumoreinbrüche von den Nasennebenhöhlen aus; Frakturen, Hämatome R. GUTHOFF und W. SCHROEDER	216
	Literatur	220
3.4.2	Orbitaraum außerhalb des Muskelkonus: Tränendrüsentumoren, Dakryoadenitis, epitheliale Zysten. R. GUTHOFF und W. SCHROEDER	220
	Literatur	224
3.4.3	Äußere Augenmuskeln: Endokrine Orbitopathie, Myositis, Tumoren der Muskeln. R. GUTHOFF und W. BUSCHMANN	224
	Literatur	232
3.4.4	Orbitaraum innerhalb des Muskelkonus: Tumoren, arteriovenöse Fisteln, Varicosis, Venenthrombosen. R. GUTHOFF	232
	Literatur	243
3.4.5	Tenonscher Raum: Exsudate, Tumorausbreitung. R. GUTHOFF	243
	Literatur	244
3.4.6	Krankheitsbilder mit Beteiligung mehrerer Regionen und Strukturen der Orbita: Pseudotumor, lymphatische Tumoren, Lymphangiome, Rhabdomyosarkome, Neurofibrome. R. GUTHOFF und W. SCHROEDER	245
	Literatur	250
3.4.7	Fremdkörper der Orbita. W. BUSCHMANN	251
	Literatur	255
3.5	Erkrankungen des Sehnerven. W. SCHROEDER	255
3.5.1	Anomalien: Kolobome, Drusen	255
	Literatur	259
3.5.2	Entzündungen: Neuritis, Retrobulbärneuritis, Papillitis	260
	Literatur	263
3.5.3	Tumoren des Sehnerven und seiner Scheiden	263
	Literatur	271
3.5.4	Kompression: Intrakranielle Drucksteigerung, extradurale Raumforderung (Tumoren, endokrine Orbitopathie)	271
	Literatur	281
3.5.5	Trauma des Sehnerven	281
	Literatur	281
3.5.6	Zirkulationsstörungen: ischämische Neuropathie („Apoplexia papillae"), Zentralvenenthrombose	282
	Literatur	284
3.5.7	Atrophien: Metabolische Neuropathien, hereditäre Optikusatrophien, Atrophie nach Glaukom, Ischämie, Neuritis	284
	Literatur	287
3.5.8	Zusammenfassung	288
3.6	Erkrankungen der ableitenden Tränenwege. W. BUSCHMANN	288
	Literatur	289
3.7	Andere spezielle Untersuchungsmethoden bei Orbitaerkrankungen (Kurzbeschreibungen, Vergleich des diagnostischen Wertes mit dem der Echographie bei echographisch faßbaren Krankheitsbildern)	290
3.7.1	Elektrophysiologische Diagnostik im Zusammenhang mit Ultraschalluntersuchungen. G. VAN LITH	290
3.7.1.1	Allgemeine Aspekte	290

3.7.1.2	Der Einfluß von Medientrübungen	292
3.7.1.3	Nachweisempfindlichkeit elektrophysiologischer Verfahren	293
3.7.1.4	Einschätzung der Funktionsfähigkeit	296
3.7.1.5	Allgemeine Betrachtungen	297
	Literatur	297
3.7.2	Elektromyographie bei Orbitaprozessen. P. ROGGENKÄMPER	298
	Literatur	299
3.7.3	Immunologische diagnostische Tests bei Orbitaerkrankungen R. VAN DER GAAG	299
	Literatur	300
3.7.4	Computertomographie der Orbita. F. ZANELLA	301
3.7.4.1	Intrabulbäre Prozesse	303
3.7.4.2	Retrobulbäre Prozesse	305
3.7.4.3	Tränendrüsenprozesse	311
3.7.4.4	Extraorbitale Prozesse	313
3.7.4.5	Posttraumatische und postoperative Veränderungen	315
	Literatur	317
3.7.5	Kernspintomographie der Orbita. M. LENZ, R. GUTHOFF, R. SAUTER und E. REINHARDT	317
	Literatur	324

4 Spezielle echographische Untersuchungstechniken für Bulbus und Orbita

4.1	Methodik nach Ossoinig	325
4.1.1	Zur Methodik nach Ossoinig. W. BUSCHMANN	325
	Literatur	328
4.1.2	Pegeldifferenz-A-Mode-Echographie nach dem Verfahren von Ossoinig und Mitarbeitern. H.G. TRIER	329
	Literatur	330
4.2	M-Mode. H.G. TRIER	331
4.2.1	Untersuchung der Achsenlänge und ihrer Teilabschnitte während der Akkommodation	331
4.2.2	Untersuchung intraokularer Veränderungen	333
4.2.3	Pulsationen der Rückwandschichten	333
4.2.4	Untersuchung von Fremdkörpern	335
4.2.5	Untersuchung der Orbita	337
4.2.6	Untersuchung der Karotiden und anderer oberflächennaher Arterien und Venen	338
	Literatur	340
4.3	C-Scan. M. RESTORI	341
	Literatur	342
4.4	AB-Bild. V. LENZ	342
4.5	Echtzeitverfahren in der ophthalmologischen Ultraschalldiagnostik A. SUSAL	347
4.5.1	Untersuchungstechnik	348
4.5.2	Klinische Befunde	348
	Literatur	351
4.6	Ultraschallgeführte Nadelbiopsie. W. BUSCHMANN	351
	Literatur	352

5	**Rechnergestützte Echogrammanalyse: Auf dem Weg zur akustischen Gewebedifferenzierung.** J.M. THIJSSEN	
5.1	Einführung	353
5.2	Technik	354
5.3	Methodik der Signalanalyse	355
5.3.1	Analyse des Videosignals (A- und B-Bild)	355
5.3.2	Spektralanalyse	356
5.4	Klinische Ergebnisse der Signalanalyse	360
5.4.1	Analyse des Videosignals	360
5.4.2	Spektralanalyse	361
	Literatur	363
6	**Ophthalmologische Gefäßdiagnostik am Karotiskreislauf.** H.G. TRIER	
6.1	Die Untersuchung des Karotiskreislaufs als Teil der augenärztlichen Diagnostik	365
6.2	Methoden und Aussagen der Doppleruntersuchung der Karotiden	366
6.2.1	Untersuchung mit richtungsempfindlichem CW-Dopplergerät	366
6.2.2	Zusätzliche Darstellung der Gefäßmorphologie durch B-Mode und Doppler-Scanner	370
6.3	Untersuchungen am Karotiskreislauf mittels A-, B-, M-Mode-Verfahren	372
	Literatur	372
7	**Kommerziell erhältliche Geräte und Schallköpfe nach technischem Aufbau und Anwendungsklassen.** H.G. TRIER	374
8	**Physikalisch-technische Grundlagen der Ultraschalldiagnostik.** W. HAIGIS	
8.1	Einführung	377
8.2	Frequenz, Wellenlänge, Schallgeschwindigkeit	377
8.3	Akustische Impedanz, Schallintensität, dB-Notation	379
8.4	Schallausbreitung, Reflexion, Brechung	380
8.5	Schallschwächung, Absorption, Streuung	382
8.6	Schallwandler, Schallfeld	384
8.7	Impuls-Schall	386
8.8	Informationsgehalt des Echogramms	388
	Literatur	390
8.9	Ultraschall-Doppler-Geräte. R. REUTER	390
	Literatur	394

8.10	Akustische Daten der Gewebe und Flüssigkeiten des menschlichen Körpers (insbesondere von Auge und Orbita). W. HAIGIS	394
	Literatur	398

9 Aufbau und Arbeitsprinzip der Geräte und Schallköpfe für die ophthalmologische Ultraschalldiagnostik im A- und B-System
J.M. THIJSSEN

9.1	Einführung	399
9.2	Verstärkeraufbau	400
9.3	Verstärkerdynamik	401
9.4	Bandbreite und Filterung	402
9.5	A-Bild und Tiefenauflösung	403
9.6	B-Bild und Seitenauflösung	404
9.7	Digitalisierung und Speicherung	405
9.8	Biometriegeräte	407
9.9	Registrierverfahren	407
	Literatur	409
9.10	Elektrische Sicherheit bei Benutzung ultraschalldiagnostischer Geräte L. MOSER	409
9.11	Schädigungen durch Ultraschall. W. BUSCHMANN	416
	Literatur	417

10 Überprüfung von Gerät und Schallkopf in Klinik und Praxis

10.1	Die klinische Bedeutung überprüfter, reproduzierbarer Untersuchungsbedingungen. W. BUSCHMANN	418
	Literatur	422
10.2	Ursachen und Konsequenzen gerätetechnisch bedingter Echogrammunterschiede. W. HAIGIS	423
10.3	Akustische Messungen. W. HAIGIS	424
10.3.1	Gesamtempfindlichkeit für Testreflektorechos	424
10.3.2	Abbildungsfehler im B-System	426
10.3.3	Auflösung im A-System	427
10.3.4	Auflösung im B-System	429
10.3.5	Schallfeldcharakteristik	431
10.3.6	Nullpunktfehler	432
	Literatur	433
10.4	Elektrische Messungen zur Charakterisierung des Empfängers inklusive Sichtgerät und elektrischer Signalverarbeitung. R. REUTER	433
10.4.1	Der ECHOSIMULATOR ES 77 und seine Bedienung	435
	Literatur	437

10.4.2 Messung bei A-Bild-Darstellung 438
10.4.3 Anwendungen des Echosimulators am B-Bild-Gerät 442
10.4.4 Bestimmung von Abbildungsfehlern 443
10.4.5 Weitere Einsatzmöglichkeiten des ECHOSIMULATORS ES 77 445
10.4.6 Spezielle Simulatoren 446

10.5 Protokollblätter. W. HAIGIS 448

11 Qualitätssicherung in der augenärztlichen Ultraschalldiagnostik. H.G. TRIER

11.1 Ausbildung in Ultraschalldiagnostik 464
Literatur 465

11.2 Zur Qualitätssicherung bei Geräten zur ophthalmologischen
Ultraschalldiagnostik 465
Literatur 474

11.3 Richtlinien und Regelungen in der Bundesrepublik für die kassenärztliche
Versorgung 474
Literatur 485

Sachverzeichnis 487

1 Einführung

W. Buschmann

1.1 Zielsetzung

Wir haben uns bemüht, zwei Zielen gerecht zu werden: Dem niedergelassenen oder klinisch tätigen Ophthalmologen, der wissen möchte, welche Indikationen und Aussagemöglichkeiten der Echographie bei den verschiedenen Krankheitsbildern bestehen, sollte die Einordnung der Methode in den augenärztlichen Untersuchungsgang dargestellt werden. Er sollte erkennen können, bei welchen Patienten die Ultraschalluntersuchung notwendig bzw. sinnvoll ist – aber auch, wo die Grenzen des Verfahrens liegen. Es erschien uns als notwendig, bei der Indikationsstellung und der Echogrammauswertung die wesentlichsten klinischen Befunde sowie die Ergebnisse anderer Untersuchungsmethoden mit heranzuziehen. Die abschließende Diagnose sollte nie allein auf dem Ergebnis einer Spezialuntersuchung beruhen, sondern das Ergebnis der kombinierten Auswertung aller Befunde sein.

Dem selbst ultraschalldiagnostisch tätigen Ophthalmologen wollten wir einen Leitfaden in die Hand geben, der es ihm erlaubt, in der jeweiligen klinischen Situation das zweckmäßigste echographische Untersuchungsprogramm einzusetzen und die echographischen Ergebnisse mit möglichst hoher Aussagesicherheit zu beurteilen. Deshalb wurden die Kapitel über Gerätetechnik und Geräteprüfung mit aufgenommen. Die Bedeutung gerade dieser Kapitel ist durch die neueren Anforderungen der Kassenärztlichen Bundesvereinigung (s. Kap. 11) und das jetzt veröffentlichte IEC-Dokument (854: „Performance Measurements of Diagnostic Pulse-Echo Equipment"; s. Kap. 10 u. 11) auch für den ausschließlich an der routinemäßigen Anwendung der Echographie interessierten Benutzer sehr gestiegen.

Zuverlässige reproduzierbare Ergebnisse in der eigenen ultraschalldiagnostischen Arbeit und eine weitgehende Vergleichbarkeit mit den Ergebnissen anderer Untersucher sind nur bei regelmäßiger Anwendung der beschriebenen Meß- und Prüftechniken zu erreichen. Diese sind nicht an einen Gerätetyp gebunden, sondern für alle ophthalmologischen A- und B-Bildgeräte anwendbar. Sie entsprechen den meßtechnischen Richtlinien der Internationalen Elektrotechnischen Kommission (IEC, Dokument 854) und ermöglichen die Verwendung der in der Physik, in der Technik und in anderen medizinischen Anwendungsgebieten international eingeführten Maßeinheiten.

Das in den führenden ultraschalldiagnostischen Arbeitsgruppen bevorzugte untersuchungstechnische Vorgehen *am Patienten weist* – trotz erheblicher Annäherungen in den letzten Jahren – Unterschiede auf. Diese sind teils durch gerätetechnische Unterschiede bedingt, teils durch Lehrmeinungen oder Traditionen. Eine ausführliche Darstellung aller Lehrmeinungen würde den Rahmen dieses Buches sprengen. Wir haben daher die Kapitelautoren gebeten, sich hauptsächlich auf das Vorgehen zu konzentrieren, daß sich in ihrer eigenen Arbeit bewährt hat. So erhält der sich einarbeitende Ultraschalldiagnostiker einen Leitfaden für den Untersuchungsgang, dem er jedenfalls erst einmal folgen kann.

Der ultraschalldiagnostisch tätige Arzt sollte die Echogramme *zunächst* nach rein echographischen Kriterien beurteilen; von einer klinischen Verdachtsdiagnose darf er sich weder in der Wahl der Untersuchungstechnik noch in der Interpretation der echographischen Befunde zu *vorschnellen* Schlüssen verleiten lassen. Er muß das klinische Bild jedoch kennen (auch selbst ophthalmoskopieren!), um in der abschließenden Beurteilung und in der Entscheidung über eventuelle zusätzliche echographische Techniken darauf eingehen zu können. Diskrepanzen zwischen der klinischen Beurteilung und dem echographischen Befund müssen Anlaß zu besonders sorgfältiger Überprüfung *aller* Befunde sein.

Dem wissenschaftlich interessierten Leser sei die Lektüre der SIDUO-Kongreßberichte (s. Literaturverzeichnis) dringend empfohlen. Von diesen Berichten ausgehend findet man leicht praktisch alle Originalarbeiten; es erwies sich als unmöglich, diese im Rahmen dieses Buches sämtlich zu zitieren. Wir mußten uns auf Quellenangaben beschränken, von welchen aus die weiteren Publikationen zum jeweiligen Thema aufzufinden sind. – Ein Verzeichnis empfehlenswerter Lehr- und Handbücher ist diesem Kapitel ebenfalls angefügt.

Literatur

I. Lehr- und Handbücher (* = besonders zu empfehlen)

Arger PH (ed) (1977) Orbit roentgenology. Wiley & Sons, New York Chichester Brisbane Toronto
* Baum G (ed) (1975) Fundamentals of medical ultrasonography. Putnam's Sons, New York
Buschmann W (1966) Einführung in die ophthalmologische Ultraschalldiagnostik. Thieme, Leipzig
* Buschmann W (1972) Ophthalmologische Ultraschalldiagnostik. In: Velhagen K (Hrsg) Der Augenarzt, 2. Aufl. Bd II. Thieme, Leipzig
* Coleman DJ, Lizzi FL, Jack RL (1977) Ultrasonography of the eye and orbit. Lea & Febiger, Philadelphia
* Dallow RL (ed) (1979) Ophthalmic ultrasonography: Comparative techniques. Int Ophthalmol Clin Vol. 19, No. 4, Little, Brown & Company, Boston
* Gallenga R, Bellone G, Gallenga PE, Pasquarelli A (1971) Ultrasonografia clinica dell'occhio e dell'orbita. Clinica Oculistica dell'Universita di Torino, Relazione al 53. Congresso della Societa Oftalmologica Italiana, Malta, 1971. Firenze
* Gitter KA, Keeney AH, Sarin LK, Meyer D (eds) (1969) Ophthalmic ultrasound. Proc. 4th Int. Congr. of Ultrasonography in Ophthalmology, Philadelphia. Mosby, St. Louis
* Oksala A, Gernet H (eds) (1967) Ultrasonics in ophthalmology. 20th Int. Congr. of Ophthalmology, Munich 1966, Symposium in Münster. Karger, Basel New York
Ossoinig K (1972) Clinical echo-ophthalmology. Current concepts of ophthalmology, vol. III. Mosby, St. Louis
* Poujol J (1981) Echographie en ophtalmologie. Centre National d'Ophtalmologie des Quinze-Vingts, Paris. Masson, Paris
Rochels R (1986) Ultraschalldiagnostik in der Augenheilkunde. Lehrbuch und Atlas. Ecomed, Landsberg Lech
* Sampaolesi R (1984) Ultrasonidos en oftalmologia. Ecografia ocular – ecografia orbitaria – ecometria. Editorial Medica Panamericana, Junin 831, Buenos Aires
Shammas HJ (1984) Atlas of ophthalmic ultrasonography and biometry. Mosby, St. Louis Toronto
* Thijssen JM, Nicholas D (eds) (1982) Ultrasonic tissue characterization. Nijhoff, The Hague Boston London
* Trier HG (1977) Gewebsdifferenzierung mit Ultraschall. Bibl. Ophthalmol. 86 E.B. Streiff (ed), Karger, Basel
* Wells PNT (1977) Biomedical ultrasonics. Academic, London New York San Francisco, pp 421–469

* *II. SIDUO-Kongreßberichte*
(Symposium Internationale de Diagnostica Ultrasonica in Ophthalmologia)

Siduo I (Berlin 1964): Buschmann W, Hildebrandt I (Hrsg) (1965) Diagnostica Ultrasonica in Ophthalmologia. Wiss Ztschr d Humboldt-Univ Berlin, Math-Naturwiss Reihe 14

Siduo II (Brünn 1967): Vanysek J (ed) (1968) Diagnostica Ultrasonica in Ophthalmologia. Facultatis Medicae Universitatis Brunensis. Universita J.E. Purkyne, Brno
Siduo III (Wien 1969) Böck J, Ossoinig K (Hrsg) (1971) Ultrasonographia Medica, vols I, II, III. Verlag d. Wiener Medizinischen Akademie, Wien
Siduo IV (Paris 1971) Massin M, Poujol J (eds) (1971) Diagnostica Ultrasonica in Ophthalmologia. Centre National d'Ophtalmologie des Quinze-Vingts, Paris
Siduo V (Ghent 1973): Francois J, Goes F (eds) (1975) Ultrasonography in ophthalmology. Bibl. Ophthalmol. 86 Karger, Basel
Siduo VI (San Francisco 1976): White D, Brown RE (eds) (1977) Ultrasound in medicine, vols 3a, 3B. Plenum, New York London
Siduo VII (Münster 1978): Gernet H (Hrsg) (1979) Diagnostica Ultrasonica in Ophthalmologia. Remy, Münster
Siduo VIII (Nijmegen 1980): Thijssen JM, Verbeek AM (eds) (1981) Ultrasonography in ophthalmology. Doc. Ophthalmol. Proc. Ser. 29. Junk, The Hague Boston London
Siduo IX (Leeds, 1982): Hillman JS, Le May MM (eds) (1984) Ophthalmic ultrasonography. Doc. Ophthalmol. Proc. Ser. 38. Junk, The Hague Boston Lancaster
Siduo X (St. Petersburg/Florida 1984): Ossoinig KC (ed) (1987) Ophthalmic Echography. Junk, The Hague Boston Lancaster
Siduo XI (Capri/Italien 1986): Junk, The Hague Boston Lancaster (im Druck)

1.2 Personelle Voraussetzungen

Niemand würde es heute noch für richtig halten, die Arbeit in einem hämatologischen Labor oder in einer Röntgenabteilung einem jungen Assistenzarzt allein und ohne Mitwirkung qualifizierten technischen Personals als Nebenaufgabe während der augenärztlichen Ausbildung zu übertragen. In der Ultraschalldiagnostik ist dies leider noch die Regel. Zuverlässige Diagnosen und weitere Fortschritte auch im routinemäßigen Einsatz können nur erreicht werden, wenn den für die Ultraschalldiagnostik eingesetzten Augenärzten hierfür ausreichend Zeit und qualifiziertes technisches Personal zur Verfügung stehen.

Ultraschalldiagnostische *Erfahrung* ist unverzichtbare Voraussetzung für zuverlässige Diagnosen; sie kann durch dieses Buch nicht ersetzt werden. Langfristiges Engagement speziell dafür ausgebildeter Ophthalmologen ist unerläßlich. Ein Rotationsprinzip, bei welchem Klinikassistenten im Ausbildungsturnus für 1/2 oder 1 Jahr neben ihrer Routinearbeit das Ultraschall-Labor „durchlaufen" und in dieser Zeit – ohne Anleitung und Überwachung durch einen erfahrenen Ultraschalldiagnostiker – die Ultraschall-Untersuchungen selbständig machen, führt zwangsläufig zu unbefriedigenden Ergebnissen; gefährliche Fehler können daraus resultieren.

Die Ultraschalluntersuchung des Auges und der Orbita (auch die Achsenlängenmessung zur Berechnung intraokularer Linsen) bleibt auch in der Zukunft eine *vom Arzt* persönlich auszuführende Leistung. Technisches Personal kann ihm hierbei nur assistieren (Geräteeinstellung, Protokoll, Echogrammregistrierung). Die Geräteüberprüfungen („Eichkurven"), die routinemäßig zu wiederholen sind, können jedoch von entsprechend eingearbeiteten MTA oder Arzthelferinnen übernommen werden.

Viele zur diagnostischen Beurteilung wesentliche Kriterien können nur während der Untersuchung am Bildschirm erkannt werden. Oft ist es nötig, das echographische Untersuchungsprogramm im konkreten Fall abzuwandeln oder zu ergänzen, um die bestmögliche Abklärung des Befundes zu erreichen. Deshalb ist es unmöglich, die echographische Untersuchung technischen Hilfskräften zu übertragen und sich auf die nachträgliche Beurteilung registrierter Echogramme zu beschränken.

Für *wissenschaftliche* Arbeiten auf dem Gebiet der Ultraschalldiagnostik ist die Mitwirkung eines in die klinischen Probleme eingearbeiteten Physikers oder Elektronikers unerläßlich.

Bei der Installation neuer Großgeräte (CT, NMR) wird im allgemeinen vom Krankenhausträger dafür gesorgt, daß das zur optimalen Ausnutzung erforderliche technische Personal zur Verfügung steht. Ultraschallgeräte sind vergleichsweise so kostengünstig, daß dieser ökonomische Zwang nicht empfunden wird und die *personelle* Ausstattung auf größte Schwierigkeiten stößt. Letztere müssen im Interesse der Patienten dennoch überwunden werden.

1.3 Rückblick und Zukunft

Auf den klinischen Wert und die vielfältigen Anwendungsmöglichkeiten der Ultraschalldiagnostik des Auges und der Orbita wurde schon in den ersten Publikationen hingewiesen (A-Bildverfahren: Mundt u. Hughes 1956; Oksala u. Lehtinen 1957/1958; B-Bildverfahren: Baum u. Greenwood 1963). Das erste internationale Zusammentreffen (Siduo I, Berlin 1964) hat die weitere Entwicklung und Verbreitung sehr gefördert und die Bedeutung der engen Zusammenarbeit mit Physikern und Technikern hervorgehoben. Siduo III (Wien 1969) wurde zum Gründungskongreß der alle medizinischen Fachgebiete umfassenden Weltföderation für Ultraschall in der Medizin. Siduo XI (Capri 1986) ließ das Bedürfnis nach *vergleichbaren* Untersuchungsbedingungen und Auswertungskriterien besonders deutlich werden und führte zu einer breiten Akzeptanz der meßtechnisch fundierten, reproduzierbaren Ultraschalldiagnostik. Bis heute sind die Siduo-Kongresse *das* internationale Forum für die ophthalmologische Ultraschalldiagnostik.

Unser stets an der Körperoberfläche liegendes, sehr regelmäßig gestaltetes Untersuchungsobjekt ist für die Echographie ganz besonders geeignet, sofern die Gerätetechnik den kleinen Abmessungen angepaßt ist. Die echographische Differentialdiagnostik konnte sich daher in der Ophthalmologie schneller und vielseitiger entwickeln als in den anderen medizinischen Fachgebieten. Kleine handliche Contact Scanner (Bronson u. Turner 1973; Coleman et al. 1979) förderten die Verwendung des B-Bildes und der kombinierten A- und B-Bildtechnik sehr. Meßtechnisch fundierte echographische Untersuchungen, die zu sicher reproduzierbaren Ergebnissen führen, wurden *zuerst* in der Ophthalmologie entwickelt (Buschmann 1966; Trier 1977). Die Ausarbeitung internationaler technischer Richtlinien (IEC Document 854, s. Kap. 10 u. 11) erfolgte unter Einbeziehung der dabei gewonnenen Erfahrungen.

Der gerätetechnische Fortschritt wird zur Zeit nicht mehr von den ophthalmologischen Ultraschallgeräten mitbestimmt. Die größeren Herstellerfirmen investieren sehr viel mehr in die Weiterentwicklung der hauptsächlich für die Untersuchung der Bauchorgane bestimmten Geräte. Da hier viele Fachgebiete interessiert sind, sind weit höhere Umsätze zu erwarten als in unserem sehr speziellen Anwendungsbereich. Eine gewisse Annäherung ergibt sich jetzt wieder aus der Entwicklung der speziellen Geräte für kleine Organe (small part scanner). Dem wissenschaftlich Interessierten muß daher dringend empfohlen werden, sich über gerätetechnische Fortschritte auf *interdisziplinären* Tagungen (DEGUM = Deutsche Gesellschaft für Ultraschall in der Medizin; Dreiländertreffen der interdisziplinären deutschsprachigen Ultraschallgesellschaften; Kongresse der Europäischen Föderation und der Weltföderation für Ultraschall in der Medizin) und aus deren entsprechenden Publikationen zu informieren.

Trotz der Vielfalt der inzwischen erarbeiteten Anwendungsmöglichkeiten der Echographie ist die Entwicklung in der Ophthalmologie keineswegs abgeschlossen. Für Forschungsaktivitäten bietet sich noch immer ein weites Feld mit vielen Möglichkeiten.

Die Echos enthalten zusätzliche Informationen über Frequenzen, Spektren und Phasenverschiebungen, die bisher nicht routinemäßig ausgewertet werden. Digitalisierung und rechnergestützte Analysen machen deren Auswertung möglich, und es konnte bereits gezeigt werden, daß weitere Fortschritte in der Gewebsdifferenzierung auf diesem Wege zu erreichen sind (Kap. 5).

Wenn die technischen Voraussetzungen anhand der in Kap. 10 beschriebenen Methoden exakt festgelegt und regelmäßig überprüft werden (z.B. Empfindlichkeit, Arbeitsfrequenz, Bandbreite, dynamischer Bereich, Schallbündelbreite und Auflösungsvermögen), kann nun ihr Einfluß auf die Gewebsechogramme schrittweise geklärt werden. Erst danach wird es möglich, diese Daten unter Berücksichtigung der diagnostischen Aufgabe optimal zu gestalten.

Die Pathologen sollten wir dazu anregen, uns ergänzend zu den klassischen Befunden histopathologische Beschreibungen der dreidimensionalen *lupen*mikroskopischen Strukturanalyse der Gewebe zu liefern, da diese weit besser mit dem echographischen Befund korreliert werden können.

Die faszinierenden Möglichkeiten der echographischen Gewebsdifferenzierung haben einige Ultraschalldiagnostiker zu der irrigen Auffassung verführt, daß sie die histopathologische Natur vieler Tumoren mit einer nahe bei 100% liegenden Sicherheit allein auf der Basis echographischer Kriterien erkennen könnten (s. Kap. 2.7.3 und 4.1).

Die meisten erfahrenen Ultraschalldiagnostiker sind sich jedoch der großen Variabilität der histopathologischen Struktur bewußt, die schon innerhalb verschiedener Typen einer Tumorart (zum Beispiel von einem Melanoblastom zum anderen) besteht. Sie beschränken deshalb die echographische Diagnose auf die Fakten, die tatsächlich aus dem Echogramm abgelesen werden können. Die Wellenlänge von 0.1 bis 0.2 mm (bei den in der Ophthalmologie verwendeten Frequenzen) beschränkt das Auflösungsvermögen der Echographie etwa auf das der Lupenvergrößerung bei der Lichtmikroskopie. Zelltypen können daher das Echogramm nur wenig beeinflussen. Starke Auswirkungen auf das echographische Bild haben dagegen Bindegewebsstränge, Gefäße, größere Nekrosen, Knochenbildungen und Kalziumablagerungen.

Natürlich kann die echographisch gefundene Gewebsstruktur im Zusammenhang mit klinischen Daten und Ergebnissen anderer Untersuchungen häufig dazu führen, daß die histologische Natur eines Herdes mit relativ hoher Wahrscheinlichkeit erkannt werden kann; doch ist das dann keine rein echographisch erzielte Leistung.

In der ophthalmologischen Routinearbeit, vor allem aber bei der Orbitadiagnostik anderer Fachgebiete werden eindeutige Indikationen für alle Ultraschalluntersuchungen noch viel zu oft übersehen oder (in Ermangelung eines qualifizierten Ultraschalldiagnostikers?) übergangen.

Einen Buphthalmus mittels CT zu diagnostizieren, ist ungenauer als die echographische Messung und bringt für den Patienten eine unnötige Strahlenbelastung. Die wiederholten echographischen Messungen der Achsenlänge des Auges haben entscheidende Bedeutung für die Verlaufskontrolle und die Operationsindikationen bei kongenitalem Glaukom erreicht – sie werden dennoch vielerorts unterlassen.

Die Pseudoprotrusio bei hoher (einseitiger) Myopie bzw. Staphyloma posticum ist mittels Ultraschall-Exophthalmometrie und B-Bild zuverlässig zu erkennen. Eine Röntgencomputertomographie ist *dafür* weniger geeignet, also überflüssig.

Die Erkennung und Differenzierung intraokularer und orbitaler Tumoren ist eine Domäne der Ultraschalldiagnostik, die hier viel weitergehende Differenzierungen erlaubt als die Computertomographie. Zur Beurteilung der Orbitaspitze ist die Computertomographie dagegen unerläßlich. Die bessere Gewebsdifferenzierung mit Ultraschall beruht darauf, daß zahlreiche akustische Parameter durch die unterschiedlichen Gewebseigenschaften beeinflußt werden. Schallschwächung, Reflektivität, Gewebspulsationen und Schallstreuung tragen zum resultierenden A- und B-Bildechogramm bei. Dagegen liefert die Computertomographie prinzipiell nur Angaben über Dichtewerte und Lokalisation. Die Dichtewerte vieler Tumorarten und Abszesse liegen jedoch in sich weitgehend überlagernden Bereichen. Kontrastmittel geben zusätzliche Hinweise auf die Vaskularisation, doch prüft man diese besser zunächst mittels Doppler-Sonographie.

Die Weiterentwicklung hochauflösender computertomographischer Techniken für die Orbita und – wahrscheinlich noch wichtiger – hochauflösender Kernspintomographie-Techniken kann zweifellos viel zur Orbitadiagnostik beitragen und sollte trotz der außerordentlich hohen Kosten gefördert werden. Wir müssen jedoch dafür sorgen, daß das Potential der Ultraschalldiagnostik ebenfalls weiter gesteigert und zum Nutzen der Patienten eingesetzt wird. Diese Methode ist durch die anderen Verfahren nicht zu ersetzen; sie ist effektiv, kostengünstig und unschädlich und sie steht dem Ophthalmologen selbst zur Verfügung (Toufic u. Ilic 1981; Hilal et al. 1976; Buschmann u. Linnert 1977; Bleeker 1987).

Literatur

Baum G, Greenwood J (1963) Present status of orbital ultrasonography. Am J Ophthalmol 56:98–105
Bleeker GM (1987) Real-time ultrasonography. Orbit 6:1–2
Bronson NR, Turner FT (1973) A simple B-scan ultrasonoscope. Arch Ophthalmol 90:237–238
Buschmann W (1966) Einführung in die ophthalmologische Ultraschalldiagnostik. In: Velhagen K (Hrsg) Sammlg. zwangl. Abhdlg. a. d. Geb. d. Augenheilk. Bd 33. Thieme, Leipzig
Buschmann W, Linnert D (1977) Ultrasound exophthalmometry, orbital echography and CAT in diagnosis of orbital disorders. Proc. 3rd Int. Sympos. on Orbital Disorders. Amsterdam, pp 49–51
Coleman DJ, Dallow RL, Smith ME (1979) A combined system of contact A-scan and B-scan. Int Ophthalmol Clin 19:211–224
Hilal SK, Trokel SL, Coleman DJ (1976) High resolution computerized tomography and B-scan ultrasonography of the orbits. Trans Am Acad Ophthalmol Otolaryngol 81:607–617
Mundt GH, Hughes WF (1956) Ultrasonics in ocular diagnosis. Am J Ophthalmol 41:488–498
Oksala A, Lehtinen A (1957) The diagnostic use of ultrasonics in ophthalmology. Ophthalmologica 134:387–396
Siduo I (Berlin 1964) Kongreßbericht. Siehe Literatur Kap. 1.1
Siduo II (Wien 1969) Kongreßbericht. Siehe Literatur Kap. 1.1
Siduo XI (Capri 1986) Kongreßbericht. Siehe Literatur Kap. 1.1
Toufic N, Ilic B (1981) Echographie et tomodensitometrie en pratique ophtalmologique. Utilisation comparee des deux methodes dans l'exploration de l'oeil et de l'orbite. J Fr Ophthalmol 4:487–502
Trier HG (1977) Gewebsdifferenzierung mit Ultraschall. Bibl Ophthalmol 86. Karger, Basel

1.4 Geräte- und Schallkopfentwicklungen; Untersuchungstechnik allgemein

W. BUSCHMANN und H.G. TRIER

1.4.1 Entwicklung der Geräte, der Schallköpfe und der Untersuchungstechnik

Die ersten ultraschalldiagnostischen Untersuchungen in der Augenheilkunde erfolgten mit kommerziell erhältlichen Geräten für die zerstörungsfreie Werkstoffprüfung mit Ultraschall. Mundt und Hughes (1956) verwendeten ein Materialprüfgerät von Smith und Kline; Oksala (1957) benutzte ein ebensolches Gerät der Firma Krautkrämer und Buschmann (1963, 1964) verwendete (ebenfalls im A-Bild-Verfahren) das Materialprüfgerät Serie 1000 der Firma Kretztechnik, das sich wegen seiner relativ hohen Frequenz und Empfindlichkeit als besonders geeignet erwies. Baum und Greenwood (1958) arbeiteten dagegen von vornherein mit einem B-Bildgerät, das sie als Labormustergerät selbst aufbauten. Das erste speziell für die ophthalmologischen Bedürfnisse gebaute, kommerziell erhältliche Ultraschalldiagnostikgerät war das Gerät 7000 der Firma Kretztechnik (A-System, Abb. 1.4.1-1), das H. Bernhardt (Firma Kretztechnik) in Zusammenarbeit mit Buschmann (1965) entwickelte. Dies war zugleich das erste ultraschall*diagnostische* Gerät dieser Firma.

Abb. 1.4.1-1 (Buschmann). Ultraschalldiagnostik-Gerät Serie 7000, Fa. Kretztechnik: das erste, speziell für die Ophthalmologie gebaute A-Bild-Gerät (Buschmann 1963)

Spezielle Schallköpfe für die ophthalmologische Ultraschalldiagnostik im A-System wurden zusammen mit dem Gerät 7000 entwickelt (Abb. 1.4.1-2). Neuere Ausführungen der Normalschallköpfe sind in Abb. 1.4.1-3 dargestellt. Mit Flachstielschallköpfen gelingt es weit besser, das Schallbündel *senkrecht* auf interessierende Oberflächen zu richten, was für Echoamplituden-Messungen entscheidend wichtig ist.

Im A-Bildverfahren kann es mit Normal- und Flachstielschallköpfen schwierig sein, kleine Herde am Fundus überhaupt aufzufinden; ob man die Herdmitte oder den Herdrand untersucht, ist nicht erkennbar. *Ultrasonolux-Schallköpfe* (Buschmann 1963) erlauben es, das Schallbündel unter ophthalmoskopischer Sicht gezielt auf bestimmte Herdregionen zu richten. Schwinger und Dämpfungs-

6 Einführung

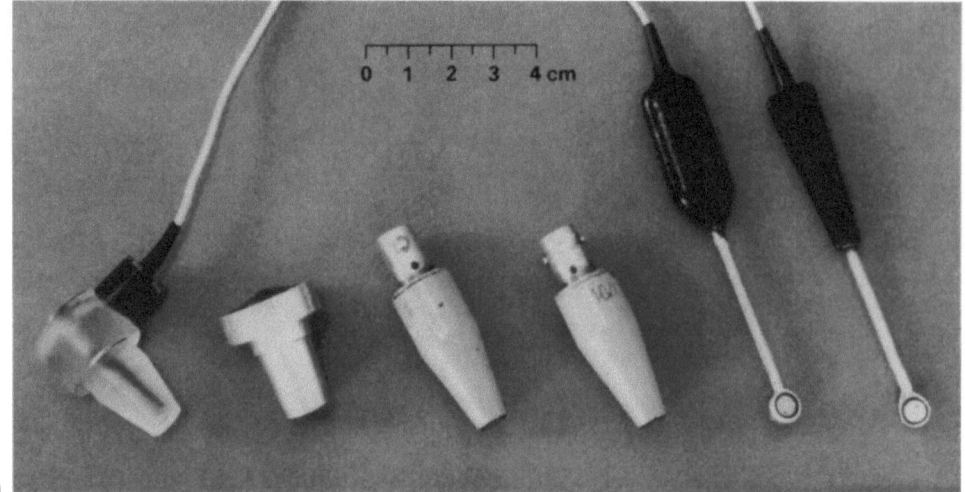

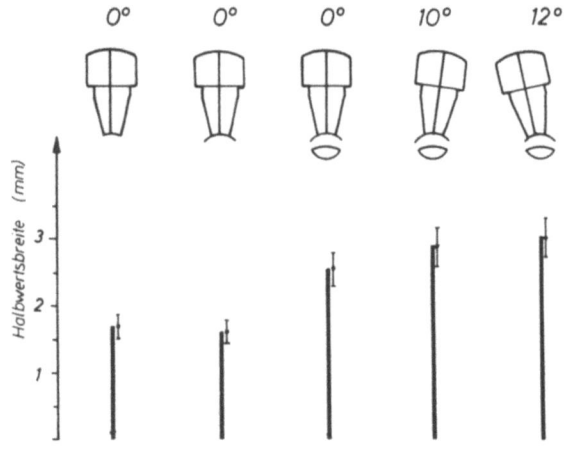

Abb. 1.4.1-2a, b (Buschmann). Schallköpfe für die ophthalmologische Ultraschalldiagnostik im A-System (Buschmann 1963, 1964). **a** Von links nach rechts Ultrasonolux-Schallkopf für die ophthalmoskopische Kontrolle der Lage des Schallbündels am Fundus; Normalschallköpfe älterer Ausführung mit Schallaussendung in Richtung der Schallkopfachse; Flachstielschallköpfe mit Schallabstrahlung senkrecht zur Schallkopfachse und sehr flachem Schwingeraufbau (zur Einführung in den Bindehautsack). **b** (Trier). (Nach Trier u. Hammerla 1971). Schallbündelbreite des ULTRASONOLUX (als Halbwertsbreite) unter verschiedenen Bedingungen: (von links nach rechts): in Wasser; axial am „aphaken" Modellauge; axial am phaken Modellauge; bei Kippung um 10 bzw. 12° am phaken Modellauge. Reflektorabstand: 24 mm. Die Abweichung der akustischen Achse von der optischen Achse betrug dabei:
Stellung 0° keine
Stellung 10° $0,5 \pm 0,1$ mm
Stellung 12° $1,0 \pm 0,1$ mm

block sind kreisrund und haben nur einen Durchmesser von 2,0 bzw. 2,5 mm; sie sind in die Achse einer Plexiglasoptik eingebaut (Abb. 1.4.1-2). Die konkave Aufsatzfläche der Optik hebt die Brechkraft der Hornhaut auf. Sie dient gleichzeitig als Schallfokussierungslinse. Trotz des kleinen Schwingerdurchmessers entsteht dadurch ein fast paralleles Schallbündel mit ausreichender Eindringtiefe. Die Konvexlinse an der Oberseite des Schallkopfes bewirkt, daß man den Fundus in etwa 8facher Vergrößerung sieht.

Die bei Messung außerhalb der optischen Achse des Auges auftretenden Abweichungen zwischen optisch und akustisch gesehenen Orten am Augenhintergrund aufgrund verschiedener Brechung (Trier u. Hammerla 1971) sprechen nicht gegen den Einsatz dieser Zielvorrichtung am hinteren Pol (Abb. 1.4.1-2b).

Für Untersucher, denen nur ein A-Bildgerät zur Verfügung steht, haben diese Schallköpfe deshalb auch heute noch Bedeutung. Letztere ist nicht mehr im gleichen Umfang gegeben, wenn ein gutes B-Bildgerät mit simultaner A-Bildanzeige zur Verfügung steht. Denn damit gelingt es leicht (und auch bei getrübten optischen Medien!), einen kleinen prominenten Herd aufzufinden und gezielt einzelne Abschnitte daraus im A-Bild darzustellen.

Mit dem Übergang zur Transistortechnik folgte das Gerät 7100 MA (Fa. Kretztechnik); dieses verfügte über eine laufzeitabhängige Verstärkungsregelung mit wählbarem Einsatzzeitpunkt und Kennlinienverlauf (Abb. 1.4.1-4). Ein besonderer Vorteil war die Möglichkeit der Umschaltung auf ungleichgerichtete Darstellung der Hochfrequenzschwingungen der Echos; im Zusammenhang mit der entsprechend wählbaren starken Dehnung der

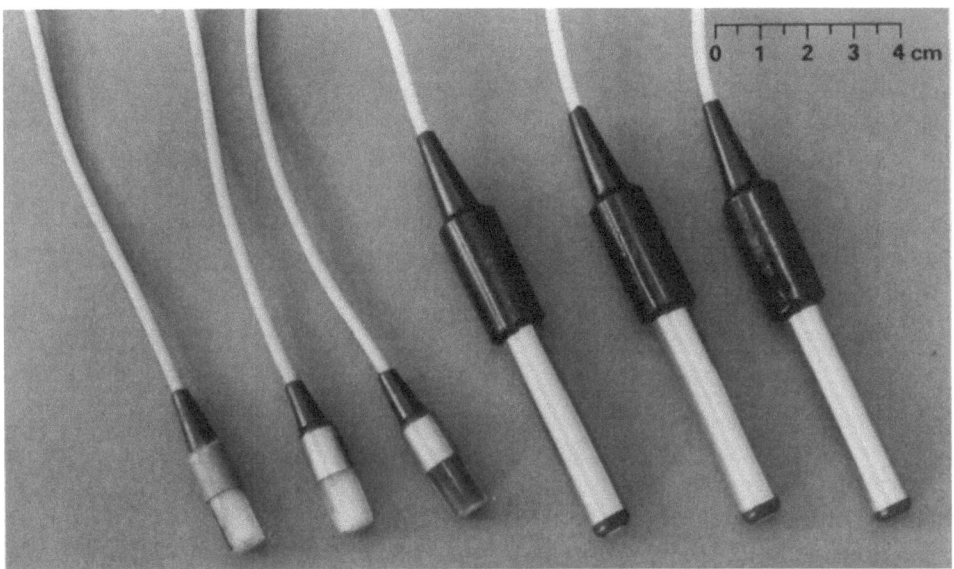

Abb. 1.4.1-3 (Buschmann). Neuere Ausführung von Normalschallköpfen für das A-System. *Links*: Biometrie-Schallköpfe, die in die Halterung des Applanationstonometers passen (s. Kap. 2.1). *Rechts*: 3 Normalschallköpfe verschiedener Frequenz, die zugleich für die Biometrie geeignet sind, wenn man diese – wie wir es bevorzugen – am liegenden Patienten mit Ankoppelung über ein kleines Wasserbad ausführt

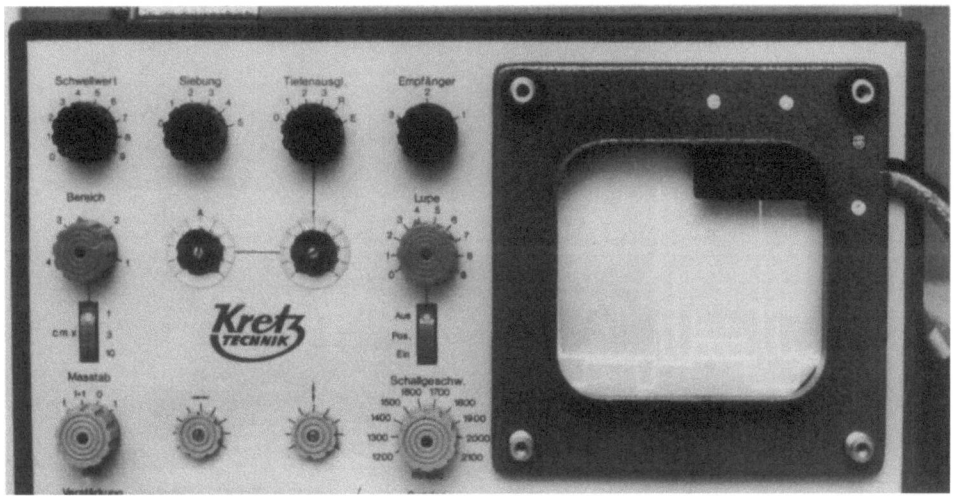

Abb. 1.4.1-4 (Buschmann). Gerät 7100 MA, Firma Kretztechnik. Nachfolgeentwicklung des Gerätes 7000 für die ophthalmologische Ultraschalldiagnostik im A-System. Einführung der Transistortechnik, wahlweise Darstellung auch der ungleichgerichteten (RF)-Signale; einstellbare laufzeitabhängige Verstärkungsregelung („Tiefenausgleich") und breite Frequenz-Wahlmöglichkeit (Bandbreite). Wählbare Schwellwert- und Siebungseinstellung

Zeitachse konnte damit die Arbeitsfrequenz der Schallköpfe ohne Zusatzgeräte problemlos bestimmt werden.

Der Prototyp des Gerätes 7900 S folgte – weltweit war dies das erste Ultraschall-Impulsechogerät mit Reihenschwinger (array) (Buschmann 1965; Abb. 1.4.1-5). Eine elektronische Umschaltung erlaubte eine hohe Bildfolgefrequenz, so daß ohne Bildspeicherröhre ein Schnittbild dargestellt werden konnte. Die bogenförmige Schwingerreihe erlaubte die Untersuchung von Auge und Orbita in Kontaktankopplung. Das Schallbündel war dabei stets senkrecht auf die gegenüberliegende Bulbuswand gerichtet und erreichte auch die normalen Orbitastrukturen unter günstigeren Einfallswinkeln (verglichen mit linearer oder sektorförmiger Abtastung). Damals noch bestehende Schwierigkeiten in der Herstellung solcher Reihenschwinger und der zugehörigen elektronischen Bauteile bewirkten, daß es beim Prototyp blieb.

Dies ist zu bedauern, weil Bewegungsabläufe (Pulsationen, Flottieren von Membranen) mit einem Echtzeitscanner hoher Bildfolgefrequenz weitaus besser untersucht werden können (s. Kap. 4.5). Vor allem aber werden die wesentlichen normalen Strukturen der Orbita (Bulbusrückwand, Muskeloberflächen, knöcherne Orbitawände) vom Schallbündel weit mehr senkrecht getroffen als bei sektorförmiger oder linearer Abtastbewegung. Dies führt zu einer besseren echographischen Darstellung dieser Grenzflächen (höhere und gleichförmigere Echoamplituden). Auch werden bei senkrecht auf die Bulbuswand gerichtetem Schallbündel die Schallbrechungseffekte an der Bulbuswand vermieden, die bei schrägem Auftreffen Schallbündelablenkungen verursachen, durch welche das Auflösungsvermögen in den tieferen Lagen der Orbita merklich beeinträchtigt wird.

Die Schallbrechungseffekte an der Bulbuswand und an der Linse des Auges und am N. opticus sind durchaus erheblich (Oksala u. Blok 1968; Oksala u. Häkkinen 1968; Oksala u. Niiranen 1971; Oksala 1975; Buschmann et al. 1970, 1971). Dies wurde in eingehenden Untersuchungen der genannten Autoren nachgewiesen, wobei sich eine weitgehende Übereinstimmung zwischen den berechneten und den experimentell gefundenen Schallbündelablenkungen ergab (Abb. 1.4.1-6, 7 und 8). Diese störenden Schallbündelablenkungen lassen sich weitgehend vermeiden, wenn man bevorzugt mit durch den Mittelpunkt des Augapfels gerichtetem Schallbündel untersucht (also senkrecht zur Bulbuswand, Abb. 1.4.1-8).

Die Linse beeinflußt durch Schalldämpfung (ca. 6 dB bei 10 MHz) und Schallbrechung (vor allem am äquatornahen Linsenabschnitt) das Echogramm der dahinterliegenden Orbitagewebe. Dieser Einfluß kann eliminiert werden, indem man durch Blickbewegungen des Patienten die Linse aus der abgetasteten Schnittebene entfernt.

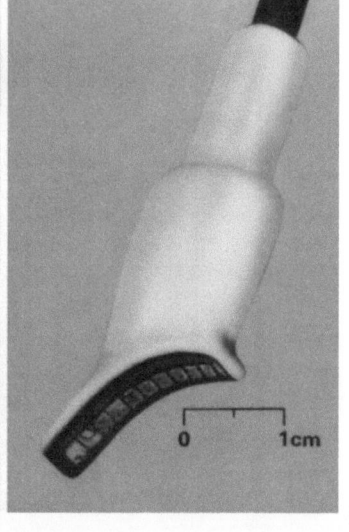

Abb. 1.4.1-5a, b (Buschmann). Gerät 7900 S, Kretztechnik. Dies war weltweit das erste Ultraschalldiagnostik-Gerät in der Medizin mit elektronisch geschalteter Schwingerreihe anstelle einer Schallkopfbewegung (Array-Scanner) (Buschmann 1964). **a** Gerät 7900 S. **b** Schallkopf für Gerät 7900 S. 10 MHz-Reihenschwinger mit bogenförmig angeordneter Schwingerreihe zur Gewinnung von B-Bildern mit stets durch den Bulbusmittelpunkt laufendem Schallbündel. Der flache Aufbau ermöglichte die Einführung in den Bindehautsack

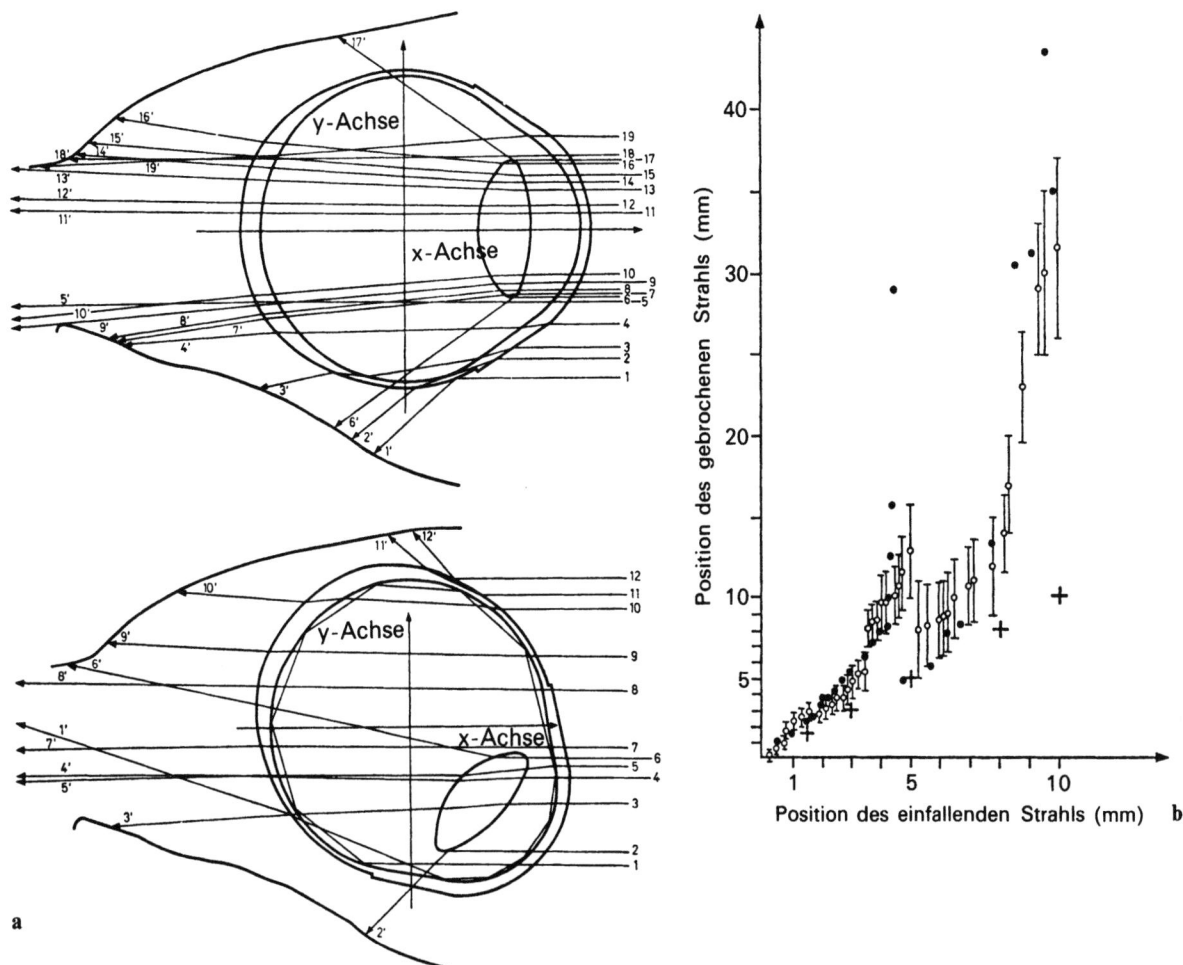

Abb. 1.4.1-6a, b (Buschmann et al.). Schallbrechung bei *linearer* Abtastung. **a** Errechnete Schallbündelverläufe in Auge und Orbita (Strahlengang 1, 2, ... 19) mit Darstellung ihrer Abweichung vom geradlinigen Verlauf (1′, 2′, ... 19′) bei *linearer* Abtastbewegung. **b** Gegenüberstellung der Schallbündelpositionen hinter Bulbus- und Orbitagewebe bei *linearer* Abtastbewegung des Schallkopfes. Bei geradlinigem Schallbündelverlauf würde das Schallbündel an den mit + markierten Punkten liegen. Die unter Berücksichtigung der Schallbrechung berechneten Positionen (●) und die experimentell gefundenen Positionen (o, mit Streuung angegeben) weichen mit zunehmendem Abstand von der optischen Achse erheblich davon ab

Die Bildanzeigesysteme aller bisherigen Ultraschalldiagnostikgeräte berücksichtigen diese Schallbrechungseffekte nicht und bilden die Echos an der Stelle ab, die bei geradlinigem Schallbündelverlauf der Position des jeweiligen Reflektors entsprechen würde. Daraus ergeben sich vor allem in der Tiefe der Orbita Bildverfälschungen und Beeinträchtigungen des Auflösungsvermögens.

Ein stets senkrecht zur Bulbuswand orientiertes Schallbündel würde außerdem den sinnvollen Einsatz einer laufzeitabhängigen Verstärkungsregelung zum Ausgleich der Schallschwächung in den Orbitageweben ermöglichen, denn in jeder Schallbündelrichtung würde eine Glaskörperstrecke etwa gleicher Länge im Schallfeld liegen, auf welche das Echo der stets annähernd senkrecht getroffenen Bulbuswand folgt. Durch Ausgleich der Schallschwächung im orbitalen Fettgewebe kann bei einer solchen Technik dafür gesorgt werden, daß sich die echoreflektierenden Grenzflächen im Fettgewebe unabhängig von ihrer Tiefenlage in der Orbita mit stets annähernd gleicher Amplitudenhöhe darstellen (vgl. Abb. 3.4.7-2 und 5). Die Darstellung pathologischer Veränderungen wird dann von der Tiefenlage in der Orbita weniger beeinflußt als bisher. Einen Vergleich der mit verschiedenen Abtastbewegungen erzielten B-Bild-Echogramme veröffentlichten Thijssen und Gommers (1975).

Politische Barrieren machten Buschmann die weitere Zusammenarbeit mit der Fa. Kretztechnik unmöglich. Ein (gleichfalls mit 7900 S bezeichne-

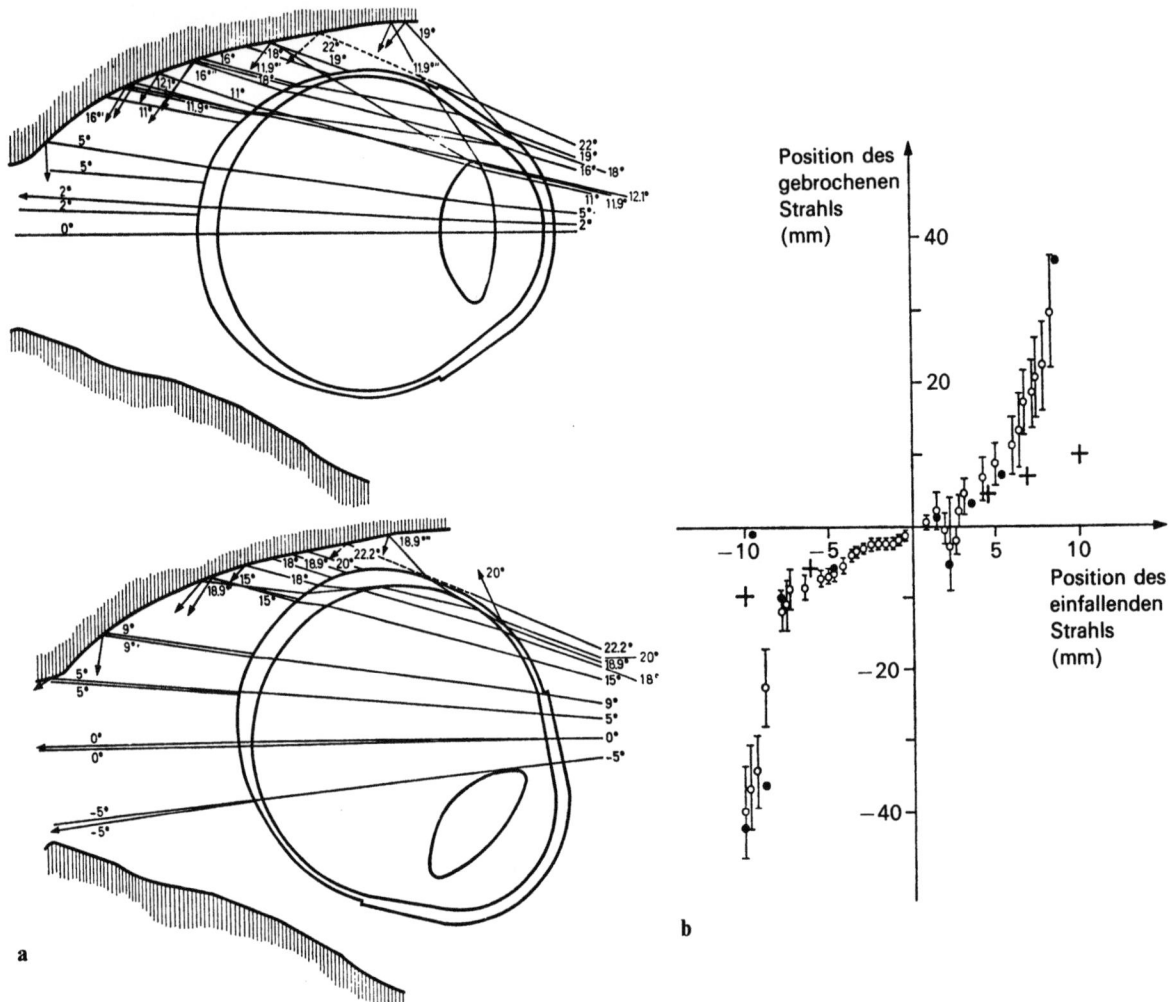

Abb. 1.4.1-7a, b (Buschmann et al.). Schallbrechung bei *sektorförmiger* Abtastung, Drehpunkt 15 mm vor dem Bulbus. **a** Errechnete Schallbündelverläufe in Auge und Orbita bei *sektorförmiger* Abtastbewegung. 2 Grad, 5 Grad, ... 22 Grad = Sektorwinkel der Achse des einfallenden Schallbündels zur optischen Achse des Auges. Jenseits des Bulbus sind die durch Schallbrechung veränderten Positionen angegeben und der Position bei geradlinigem Verlauf gegenübergestellt. **b** Gegenüberstellung der Schallbündelpositionen hinter Bulbus- und Orbitagewebe bei *sektorförmiger* Abtastung. Position bei geradlinigem Verlauf (+), unter Berücksichtigung der Schallbrechung berechnete Position (●) und experimentell gefundene Position (o, mit Streuung). In der linken Bildhälfte sind die Verhältnisse bei Blickwendung zur Seite (unteres Teilbild in **a**) dargestellt

tes) B-Bild-Gerät mit elektronischer Linearabtastung, Wasserbadankopplung und Bildspeicherröhre wurde deshalb in Zusammenarbeit mit Ossoinig entwickelt (Gerstner 1968; Ossoinig 1968), ebenso das nachfolgende A-Bildgerät 7200 MA (Ossoinig 1973).

In den USA wurde das A-Bild-Verfahren nach der Erstveröffentlichung von Mundt und Hughes (1956) zunächst kaum noch genutzt (mitunter wurden nur A-Bild-Darstellungen mit herangezogen, die mit B-Bild-Schallköpfen aufgenommen wurden).

Der in die B-Bild-Mechanik eingespannte große Schallkopf erlaubt jedoch nicht, die Vorteile einer Untersuchung im A-System (mit kleinem, in allen Richtungen frei justierbarem Schallkopf, der leicht senkrecht auf interessierende echoreflektierende Strukturen gerichtet werden kann) auszunutzen.

Mit fokussierten großen Schallköpfen, Wasserbadankopplung und hochentwickelter Elektronik wurden B-Bilder hoher Auflösung und Eindringtiefe erzielt. Auf die von Coleman, Lizzi und Jack veröffentlichte historische Übersicht (1977) sei verwiesen. Größere Verbreitung fand das Gerät Oph-

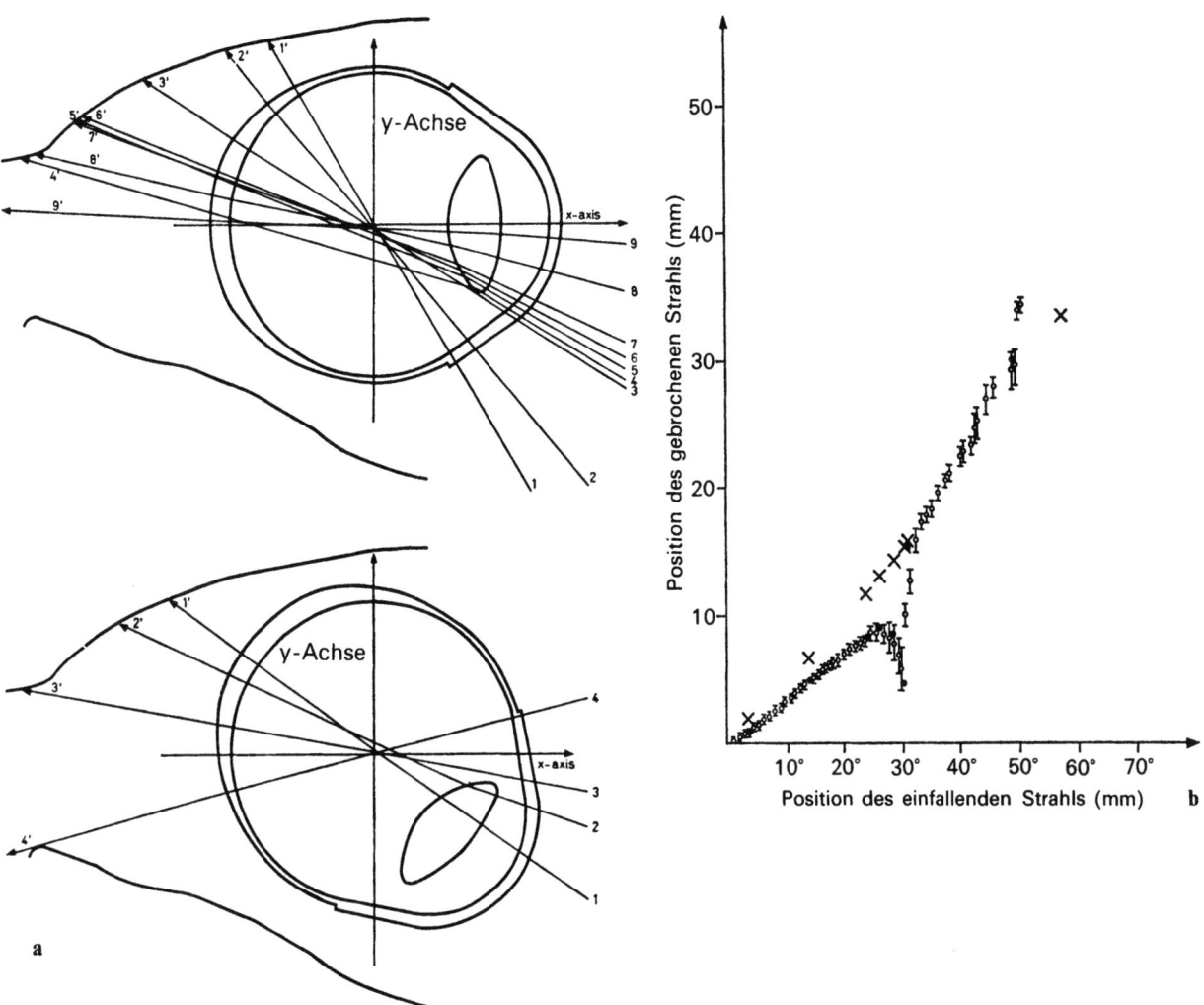

Abb. 1.4.1-8a, b (Buschmann et al.). Schallbrechung bei *bogenförmiger* Abtastung. **a** Errechnete Schallbündelverläufe in Auge und Orbita bei *bogenförmiger*, stets auf den Bulbusmittelpunkt gerichteter Abtastung. 1, 2, ... 9 = Schallbündelachse des einfallenden Schallbündels; 1', 2', ... 9' = Verlauf der entsprechenden Schallbündel in der Tiefe der Orbita. **b** Position der Schallbündelachse hinter Bulbus- und Orbitagewebe bei bogenförmiger Abtastung. Position bei geradlinigem Schallbündelverlauf (+), berechnete Position unter Berücksichtigung der Schallbrechung (●), experimentell bestimmte Position (o, mit Streuung). Bei dieser Abtastart sind die Schallbündelablenkungen am geringsten. Da die Bulbuswand stets praktisch senkrecht getroffen wird, verursacht nur noch das periphere Drittel der Linse meßbare Dislokationen

thalmoscan 200 von Coleman, Konig und Katz (1969; Abb. 1.4.1-9), dessen handgeführte Mechanik Sektor-, Linear- und kombinierte Abtastbewegungen in parallelen Schnittebenen mit exakt definiertem Abstand erlaubt (Wasserbadankoppelung, fokussierte große Schallköpfe). Kombinierte Abtastbewegungen haben sich nicht bewährt, weil durch die Schallbrechungseffekte das Auflösungsvermögen deutlich schlechter wird.

Die hohen Kosten der großen B-Bildgeräte und die etwas umständliche Arbeit mit der Wasserbadankoppelung behinderten die rasche Verbreitung des B-Bild-Verfahrens in der Routinediagnostik trotz der guten Bildqualität und der im Vergleich zum A-Bild wesentlich erleichterten topographischen Orientierung.

Ein Durchbruch in der Verbreitung der B-Bild-Diagnostik ergab sich aus der Entwicklung kleiner B-Bild-Kontaktscanner, deren handgeführter Schallkopf einen elektromechanisch bewegten Schwinger (Sektor-Abtastung) enthält. Dieser bewegt sich in einem kleinen Wasserbad hinter einer dünnen Membran, die ihn und das zu untersuchende Auge schützt. Dies ermöglichte den Ver-

12 Einführung

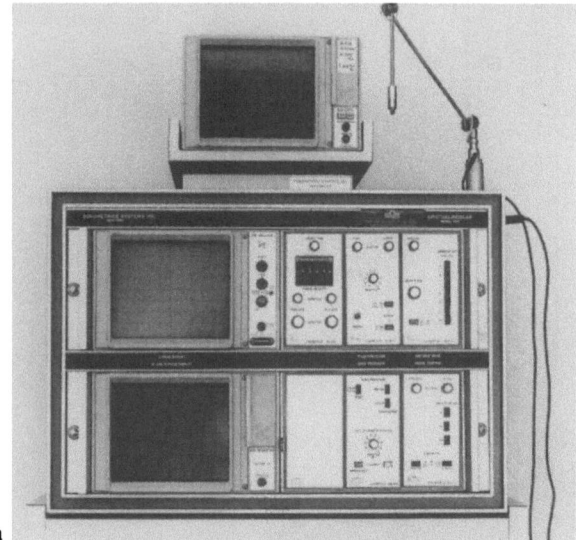

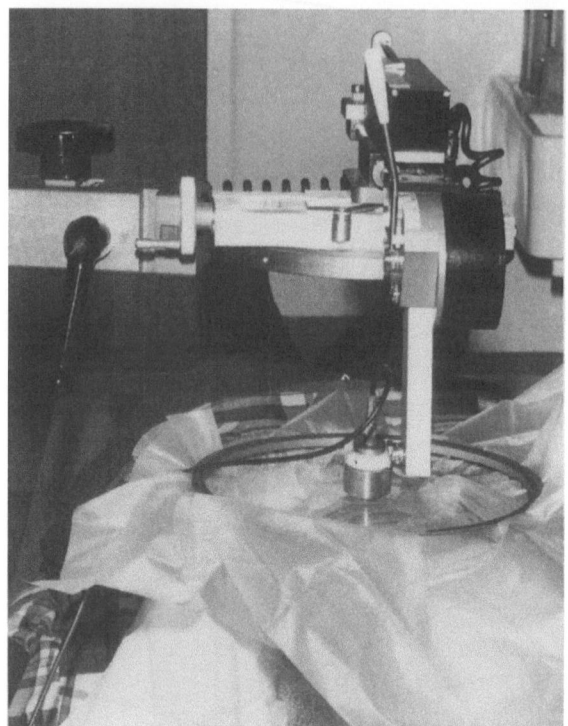

Abb. 1.4.1-9 a–c (Buschmann). Ophthalmoscan 200, Fa. Sonometrics (Coleman et al. 1969). **a** B-Bildgerät für die Ophthalmologie zur handgeführten Sektor-, Linear- oder Compound-Abtastung in parallelen Schnittebenenserien mit Ankoppelung über ein Wasserbad (Immersionstechnik), mit separaten Bildschirmen für fotografische (Grauwert-)Registrierung, Speicherung (Speicherröhre ohne Grauwerte) und visuelle Beurteilung des B-Bildes. **b** Ankoppelung des Schallkopfes mittels Immersionstechnik: Eine Folie wurde periorbital wasserdicht aufgeklebt und an den Rändern mittels Stativring angehoben. Mit physiologischer Kochsalzlösung gefüllt, ergab sich das zur Ankoppelung benötigte Wasserbad, welches die Abtastbewegungen und die parallelen Schnittbildserien ermöglichte. **c** Aufsicht der Mechanik. Schraubtriebe und Skalen ermöglichten die reproduzierbare Einstellung der Untersuchungsebenen

zicht auf Bildspeicherröhren und erlaubte eine Echtzeit-Darstellung mit Grauton-B-Bild. Da sektorförmig abtastende Kontakt-B-Bild-Schallköpfe technisch wesentlich leichter und kostengünstiger zu realisieren sind, haben sich diese am Markt zunächst stark durchgesetzt. Die Nachteile gegenüber der bogenförmigen Abtastung werden dabei in Kauf genommen; auf eine laufzeitabhängige Verstärkungsregelung muß verzichtet werden.

Die ersten Geräte dieser Art entwickelten Bronson und Turner (1972, 1973; Abb. 1.4.1-10) sowie Holasek, Sokollu und Purnell (1972, 1973). Das Bronson-Gerät erlaubte *ausschließlich* B-Bilduntersuchungen. Später kamen kombinierte A- und B-Bildgeräte mit handgeführtem, frei beweglichem Schallkopf auf den Markt – als erstes das Gerät Ocuscan 400 (Fa. Sonometrics; Coleman et al. 1969; Abb. 1.4.1-11). Eine Reihe ähnlicher Geräte kam seither in Europa und in USA in den Handel – erwähnt seien Triscan (Fa. Physic Medical; Poujol 1981), Ultrascan, Ophthascan (Abb. 1.4.1-12), Sonomed B 3200 (Abb. 1.4.1-13) und Digital B (Abb. 1.4.1-14; s. Kap. 7). Als grundsätzliche technische Neuerungen der letzten 10 Jahre sind zu nennen:

– Die Entwicklung elektronischer Laufzeitmeßgeräte für die Biometrie der Achsenlänge des Auges oder ihrer Teilabschnitte, ohne und mit inte-

griertem Rechner für intraokular einzupflanzende Linsen (Lepper et al. 1980); Abb. 1.4.1-15 (s. auch Kap. 2.1 und 2.3).
- Die kombinierte Darstellung von Schnittbild und Echoamplituden im AB-System (s. Kap. 4.4).
- Die erneut in Angriff genommene Entwicklung eines Array-Scanners für die Ophthalmologie (Susal, s. Kap. 4.5), die trotz großer Fortschritte leider noch nicht zu einer Überlegenheit gegenüber den elektromechanisch abtastenden Geräten führte (hauptsächlich wegen der *linear* angeordneten Schwingerreihe und des unhandlich großen Schallkopfes).
- Die Verwendung digitaler Gerätekomponenten (z.B. Biophysic Medical Triscan, Cooper Digital B, Sonomed B 3000) für die digitale Bildspeicherung, die rechnergestützte Auswertung (post

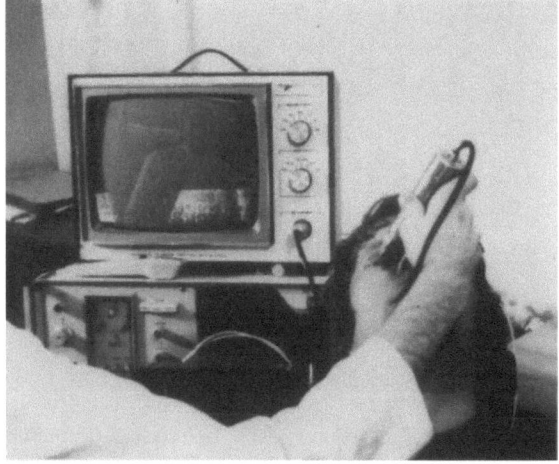

Abb. 1.4.1-10 (Guthoff). Kontakt-B-Bildgerät nach Bronson und Turner (1973). Sektor-Scanner mit elektromechanischer Schallkopfbewegung, *ausschließlich* B-System

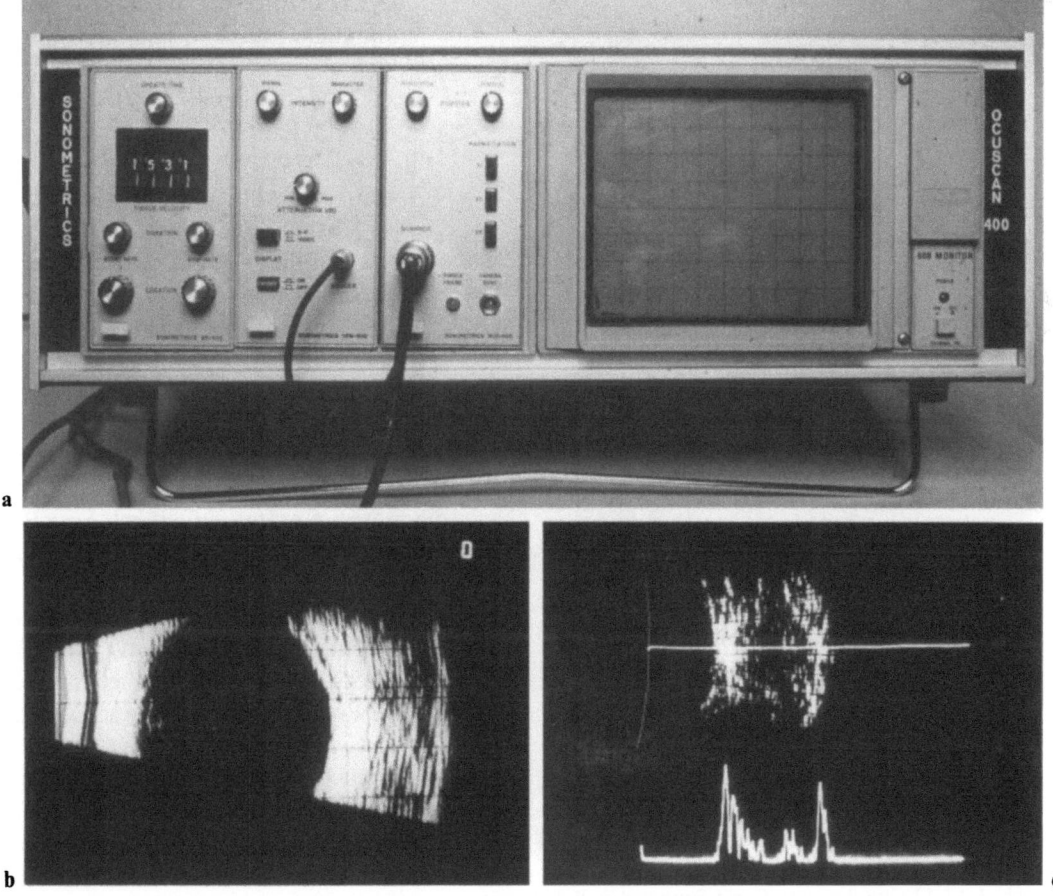

Abb. 1.4.1-11 a–c (Buschmann). Ocuscan 400 (Sonometrics), Coleman (1979). **a** Gerät Ocuscan 400. **b** Kontakt-B-Bild-Echogramm von Bulbus und Orbita (Ocuscan 400, eingestellte Gesamtempfindlichkeit AVW 38 = 52 dB, Arbeitsfrequenz = 9.7 MHz. **c** Umschriebene Raumforderung in der Orbita. Die im B-Bild hell getastete Linie gibt an, aus welcher Region das darunter simultan dargestellte A-Bild-Echogramm stammt

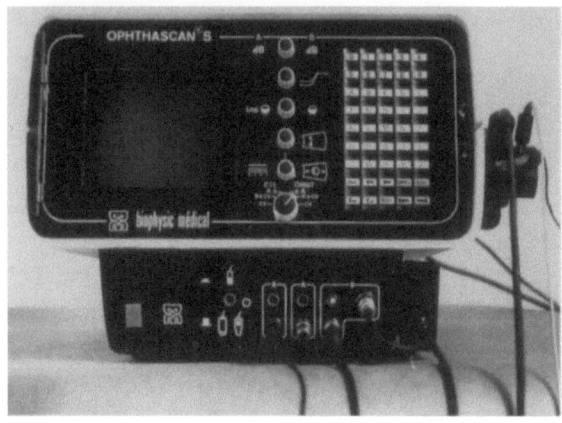

Abb. 1.4.1-12 (Buschmann). Gerät Ophthascan (technische Angaben s. Kap. 7, Tabelle 7-1)

Abb. 1.4.1-14 (Buschmann). Gerät Ultrascan Digital B (weitere technische Angaben s. Kap. 7, Tabelle 7-1)

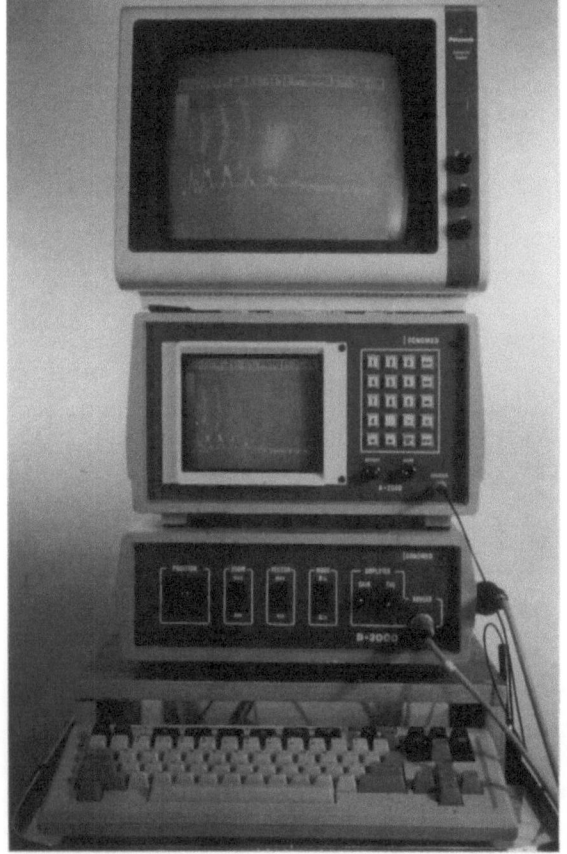

Abb. 1.4.1-13 (Buschmann). Gerät Sonomed A/B-3200 mit Eingabe-Tastatur und mit einem für die Wiedergabe von Grauwerten geeigneten Videoprinter (links im Bild), welcher an die Stelle der photographischen Echogrammdokumentation getreten ist

processing) der gespeicherten Echogramminformation, einschließlich der Wahl verschiedener Kennlinien, und den leichteren Anschluß an Video-Komponenten (Bildschirme und Recorder in Fernsehnorm) (Kap. 5 und 9).
- Die Ergänzung der bisherigen *visuellen* Echogrammauswertung durch *maschinelle, rechnergestützte* Signalverarbeitung am Hochfrequenz- und A-Mode-Signal zur Gewebscharakterisierung und Laufzeitmessung am Auge (Trier u. Reuter 1973, 1975; Lizzi et al. 1976; Thijssen, s. Kap. 5); (Abb. 1.4.1-16 und 17).

Aus Kostengründen wird bei diesen Geräten allerdings – bisher – nicht das hinsichtlich zusätzlicher Informationen weit ergiebigere HF-Signal (s. Kap. 5), sondern das gleichgerichtete Videosignal (A-Bild) digitalisiert.

Die *derzeit kommerziell erhältlichen* Geräte sind, soweit uns die entsprechenden Daten zur Verfügung standen, in Kap. 7 (Tabelle 7-1, Biometrie-Geräte) und Kap. 7 (Tabelle 7-2, Ultraschalldiagnostik-Geräte) aufgeführt. Eine Bewertung ist mit der Aufnahme in diese Tabellen nicht verbunden.

In Tabelle 7-3 sind die Lieferanschriften für Schallköpfe (auch Flachstiel- und Ultrasonolux-Schallköpfe) sowie für meßtechnisches Zubehör, das zur Prüfung der Geräte und Schallköpfe benötigt wird, angegeben.

Da auch innerhalb der Serie eines Gerätetyps erhebliche Unterschiede in Empfindlichkeit, Frequenzcharakteristik, Verstärkerdynamik usw. einzelner Geräte auftreten können, wird dringend empfohlen, Anschaffungsentscheidungen erst endgültig zu treffen, wenn die im meßtechnischen Praktikum (Kap. 10.3, 10.4) empfohlenen Messungen am zu erwerbenden individuellen Gerät vorge-

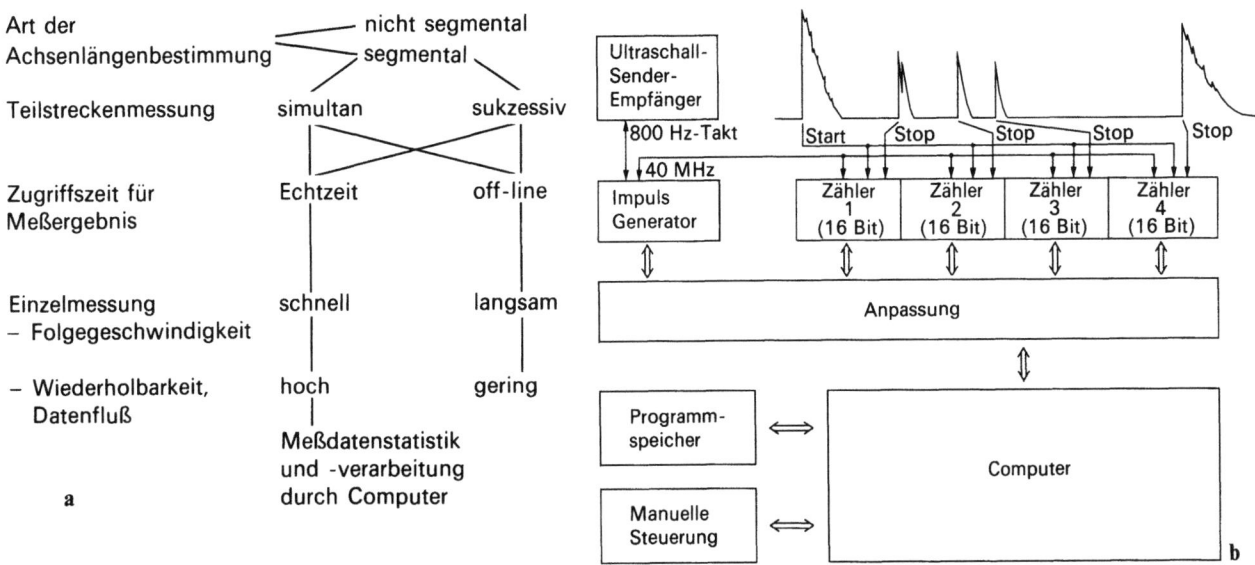

Abb. 1.4.1-15a, b (Trier). Laufzeitmeßverfahren. **a** Schlüsselmerkmale verschiedener Verfahren für die Biometrie der Achsenlänge des Auges. (Nach Trier 1985). **b** Schematischer Aufbau eines Biometrie-Systems für Simultane Teilstreckenmessung in Echtzeit mit Meßstatistik (Biometrie-System RESSOURCE, Fa. Grieshaber; aus: Lepper et al. 1980)

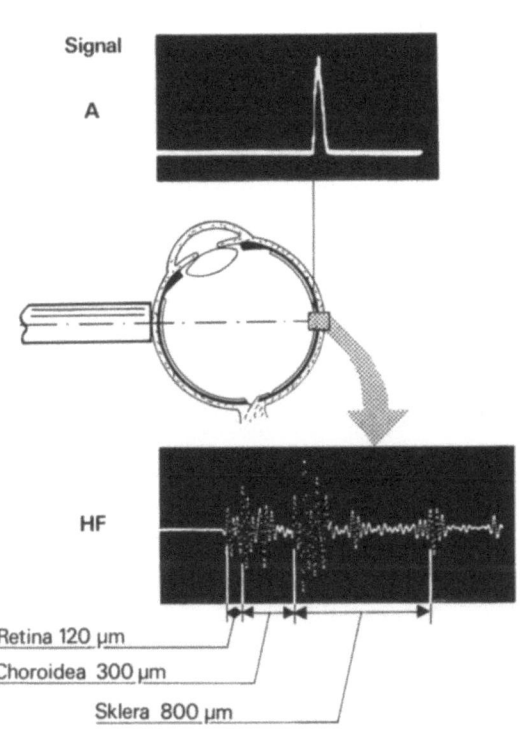

Abb. 1.4.1-16 (Trier). Die Untersuchung dünner Schichten der Augenwand. *Oben* konventionelles A-Mode Signal, *unten* Hochfrequenzsignal (*HF*) hoher Bandbreite, $f_c = 15$ MHz, Pulslänge 200 μs(-10 dB). Die rechnergestützte Analyse dieses Signals erlaubt die präzise Dickenmessung, und Grenzflächenbeschreibung (spektrale Merkmale) von Netzhaut oder Aderhaut und die Auswertung von Aderhautpulsationen (Trier et al. 1981)

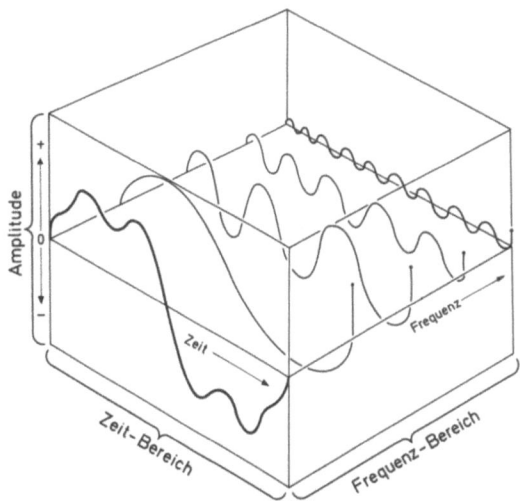

Abb. 1.4.1-17 (Trier). Signalbetrachtung im Zeitbereich (Ortsbereich) und im Frequenzbereich, schematisch (Trier 1977). Die Übertragung von Echogrammen in den Frequenzbereich ist Grundlage für zahlreiche Verfahren der Echogrammanalyse

nommen worden sind. Da diese Messungen später wegen möglicher Verschleißerscheinungen bzw. nach Reparaturen wiederholt werden müssen, empfiehlt sich die Anschaffung des meßtechnischen Zubehörs sowie die Delegierung technischen Hilfspersonals zur Ausbildung in diesen Techniken der Geräteprüfung.

Fehlen die Voraussetzungen dafür, so ist es auch möglich, vom Hersteller bzw. Lieferer des Gerätes zu verlangen, daß er das Gerät mit einem Prüfzertifikat einer neutralen Stelle liefert, das diese Meßwerte enthält. Das ermöglicht eine wesentlich besser fundierte Entscheidung über eine eventuelle Anschaffung.

Die nachfolgenden Tabellen 1.4.1-1 und 1.4.1-2 geben einen Überblick über die Einsatzgebiete der Ultraschalldiagnostik in der Augenheilkunde und über die Hauptarten der Echogrammdarstellung in Biometrie und Gewebsdiagnostik. Die verwendeten Gerätegruppen sind in Anlehnung an die KV-Sonographie-Richtlinien angegeben (s. auch Kap. 7, Tabelle 7-1 und 7-2).

Tabelle 1.4.1-1 (Trier). Einsatzgebiete der Ultraschalldiagnostik in der Augenheilkunde

	Verfahren		Gerätegruppe aus Tabelle 1.4.1-2
	Klin. Routine	In Sonderfällen	
Biometrie[a]	A, B	HF, M	1–7
Gewebsdiagnostik	A, B	HF, AB, C, M	1, 4–7
Gefäßdiagnostik	Doppler Hybride Verfahren (Duplex-Scan)	M	4–10

[a] Weitere experimentelle Verfahren: Biometrie: Time-delay-spectroscopy (Heyser u. La Croisette, 1974).

Tabelle 1.4.1-2 (Trier). Gerätegruppen (in Anlehnung an die KV-Sonographie-Richtlinien)

Gerätegruppe	Nr.	Beispiele kommerzieller Geräte in Westeuropa	
		Hersteller/Vertrieb	Typ
A-Mode-Gerät für Gewebsdiagnostik	1	Kretztechnik	7200 MA
A-Mode-Gerät für Laufzeitmessung (Biometrie)	2	z.Z. nicht vertreten	
Elektronische Laufzeitmeßgeräte mit automatischer Datenausgabe	3	Radionics Grieshaber Sonomed/Technomed	Oculometer 4000, 4100 Biometriesystem RESSOURCE (GBS) A 1000, A 2000
B-Mode-Gerät mit manueller Abtastung	4	Sonometrics/Cilco/MSC	200, 200 A
B-Mode-Gerät mit automatischer Abtastung, mechanisch	5	Sonomed/Technomed Cooper/MSC Biophysic Medical/Medikonzept	B-Scan 3200 Ultrascan 404, Digital B Ophthascan B
B-Mode-Gerät mit automatischer Abtastung, elektronisch	6	Storz	Renaissance
M-Bild als Zusatzeinrichtung an B-Bildgeräten	7	Sonometrics/Cilco/MSC	Immersions-Scanner 200, 200 A
cw-Dopplergeräte ohne Erfassung der Strömungsrichtung	8	Sonicaid	BV 102
cw-Dopplergeräte mit Erfassung der Strömungsrichtung	9	Delalande/AHS Sanol	D 800 Dynaflow micro
cw-Dopplergeräte mit Erfassung der Strömungsrichtung und Spektrumsanalyse	9	Sonicaid	Vasoflo 3
Duplex-Scan (B-Mode-Gerät mit automatischer Abtastung und cw- oder Impuls-Dopplergerät in einer Schallkopfeinheit)	10	Picker Kranzbühler	LSC 7000 Ultramark VI

Literatur

Baum G, Greenwood J (1958) The application of ultrasonic locating techniques to ophthalmology. Theoretic considerations and acoustic properties of ocular media: I. Reflective properties. Am J Ophthalmol 46:319–329

Bronson NR (1972) Development of a simple B-scan ultrasonoscope. Trans Am Ophthalmol Soc 70:365–408

Bronson NR, Turner FT (1973) A simple B-scan ultrasonoscope. Arch Ophthalmol 90:237–238

Buschmann W (1963) Ein neues optisch-akustisches Untersuchungsverfahren. Klin Monatsbl Augenheilkd 142:170–176

Buschmann W (1964) Probleme und Fortschritte der Ultraschalldiagnostik am Auge. Klin Monatsbl Augenheilkd 144:321–347

Buschmann W (1965) Ein neues Gerät für die Ultraschalldiagnostik. Wiss. Z. Humboldt-Univ Berlin, Math-Naturwiss Reihe 14/1:31–35

Buschmann W, Voss M, Kemmerling S (1970) Acoustic properties of normal human orbit tissues. Ophthalmic Res 1:354–364

Buschmann W, Linnert D, Klopp R, Seefeld B (1971) Selection of superior scanning methods for A- and B-scan ultrasonography of the eye and orbit. Ophthalmic Res 2:149–164

Coleman DJ, Konig WF, Katz L (1969) A hand operated ultrasound scan system for ophthalmic evaluation. Am J Ophthalmol 68:256–263

Coleman DJ, Lizzi FL, Jack RL (1977) Ultrasonography of the eye and orbit. Lea & Febiger, Philadelphia

Coleman DJ, Dallow RL, Smith ME (1979) A combined system of contact A-scan and B-scan. Int Ophthalmol Clin 19/4:211–224

Gerstner R (1968) Neue Entwicklungen auf dem Gebiete der Ultraschall-Geräte für die Augen-Diagnostik. In: Vanysek J (Hrsg) Diagnostica Ultrasonica in Ophthalmologia, Siduo II. Universita J. E. Purkyne, Brno, S 53–59

Heyser RC, Le Croissette DH (1974) A new ultrasonic imaging system using time delay spectrometry. Ultrasound Med Biol 1:119

Holasek E, Sokollu A (1972) Direct contact, hand-held diagnostic B-scanner. Proceedings IEEE Ultrasonics Symposium, 1972 (IEEE Cat. No. 72 CHO 708-8SU)

Holasek E, Sokollu A, Purnell E (1973) New direct-contact B-scanner. J Clin Ultrasound 1:32–40

Lepper R-D, Trier HG, Reuter R (1980) Neuartige Ultraschall-Biometrie. Klin Mbl Augenheilkd 177:101–106

Lizzi F, Katz L, Louis LS, Coleman DJ (1976) Applications of spectral analysis in medical ultrasonography. Ultrasonics 14:77–80

Mundt GH, Hughes WF (1956) Ultrasonics in ocular diagnosis. Am J Ophthalmol 41:488–498

Oksala A (1975) The effect of citrate and coagulated blood on ultrasonic intensity. Acta Ophthalmol 53:60–66

Oksala A, Blok P (1986) Der Einfluß der Linse auf das Schallfeld. Experimentelle Untersuchungen mit Schweinelinsen. In: Vanysek J (Hrsg) Diagnostica Ultrasonica in Ophthalmologia, Siduo II. Universita J.E. Purkyne, Brno, S 185–197

Oksala A, Häkkinen L (1968) Der Einfluß der Augenhülle (Lederhaut und Hornhaut) auf das Schallfeld. Experimentelle Untersuchungen mit Schweineaugen. In: Vanysek J (Hrsg) Diagnostica Ultrasonica in Ophthalmologia, Siduo II. Universita J.E. Purkyne, Brno, S 199–206

Oksala A, Lehtinen A (1957) Diagnostic value of ultrasonics in ophthalmology. Ophthalmologica 134:387–396

Oksala A, Niiranen A (1971) Experimentelle Untersuchungen über den Einfluß der hinteren Augenteile (Lederhaut und Sehnerv) auf das Schallfeld. In: Böck J, Ossoinig K (Hrsg) Ultrasonographia Medica, Bd II. Verlag d. Wiener Med. Akad, Wien, S 159–166

Ossoinig K (1968) Methodik der Schnittbild-Echographie des Auges und der Augenhöhle. In: Vanysek J (Hrsg) Diagnostica Ultrasonica in Ophthalmologia, Siduo II. Universita J.E. Purkyne, Brno, S 125–136

Ossoinig K (1973) Ein neues Gerät für die klinische Echo-Ophthalmographie. Vorschläge zur Standardisation wichtiger Geräte-Parameter. In: Massin M, Poujol J (Hrsg) Diagnostica Ultrasonica in Ophthalmologia Siduo IV. Centre National d'Ophtalmologie des Quinze-Vingts, Paris, pp 131–137

Poujol J (1981) Echographie en ophthalmologie. Centre National d'Ophtalmologie des Quinze-Vingts. Masson, Paris

Thijssen JM, Gommers PAM (1975) Methodical and clinical aspects of the echo-oculography. Ultrasonography in ophthalmology. Bibl Ophthalmol 83:25–31

Trier HG, Hammerla O (1971) Experimenteller Beitrag zum optisch-akustischen Untersuchungsverfahren des Augenhintergrundes. Proc. I. Weltkongr. Ultraschalldiagn. Med. u. Siduo III, Wien 1969, Bd 2, Verlag Wiener Med. Akademie, Wien, S 179–189

Trier HG, Lepper RD (1981) DFVLR-Projektbericht 1981, Az. 01 VI 057-ZA/NT/MT 224a)

Trier HG, Reuter R (1973) Digital computer analysis of time-amplidute ultrasonograms from the human eye. I. Signal acquisition. J Clin Ultrasound 1:150–154

Trier HG, Reuter R, Decker D, Epple E (1975) Neuere Ansätze zur Informationserfassung aus Echogrammen in der Ophthalmologie. Ber Dtsch Ophthalmol Ges 73:460–464

1.4.2 Technik der Patientenuntersuchung

Spezielle Anforderungen und Hinweise sind den jeweiligen Kapiteln vorangestellt:
- für die Biometrie in Kap. 2.1.1
- für den vorderen Augenabschnitt in Kap. 2.4
- für Glaskörper und Netzhaut in den Kap. 2.5.1 und 2.6.1
- für tumorverdächtige intraokulare Veränderungen in Kap. 2.7.1
- für die Orbita in Kap. 3.3
- für die ableitenden Tränenwege in Kap. 3.6
- für die Doppler-Sonographie in den Kap. 3.1.3 und 6.

1.4.2.1 Aufbau des Untersuchungsplatzes

Der Patient wird in der Regel in Rückenlage untersucht; in einzelnen Fällen auch in sitzender Haltung (schwerkraftabhängige vitreoretinale Veränderungen, z.B. Riesenriß, Gas- und Silikonölfüllung). Der Untersucher sitzt hinter dem verstellbaren Kopfteil der Liege, die so gebaut sein muß, daß der Untersucher bequem von oben und von beiden Seiten an den Kopf des Patienten herankommen kann. Die schallkopfführende Hand stützt sich am Kopf des Patienten ab. Eine gute Sitzposition des Untersuchers ist daher Voraussetzung für eine sichere und feinfühlige Schallkopfjustierung.

Über dem Kopf des Patienten sind Fixiermarken angebracht: am einfachsten ein Kreuz an der Decke, beidseits davon in ca. 1 m Abstand Punkte oder Kreise zur Echographie bei und nach Blickbewegungen. Bei reduziertem Sehvermögen verwendet man am besten ein nachführbares Fixierlicht, so daß durch Nachführen des freien Auges das untersuchte Auge in die gewünschte Position – auch bei Schielstellung – gebracht werden kann. Der Untersuchungsraum muß hinsichtlich Beleuchtung, Blendlichtquellen und Arbeitsabstand zum Bildschirm den Eignungskriterien für Bildschirmuntersuchungen entsprechen und abgedunkelt werden können. Falls ein Fotovorsatz verwendet wird, ist dieser vor einem zweiten Bildschirm oder mit ausreichend großem seitlichen Einblickfenster vorzusehen.

1.4.2.2 Erforderliche Geräteausstattung

a) Klinische Routineuntersuchung von Auge oder Augenhöhle

Für eine umfassende echographische Untersuchung und Befundbeschreibung sind meist sowohl biometrische als auch gewebsdiagnostische Aussagen erforderlich. Als Mindest- und Regelausstattung benötigt man hierzu ein A- und B-Mode-Gerät (Anwendungsklasse: „Gewebsdiagnostik", s. Kap. 7) mit mindestens einem A-Mode-Normalschallkopf der Arbeitsfrequenz 8–10 MHz und einen handlichen Kontakt-B-Mode-Schallkopf gleicher Frequenz.

b) Für besondere Fragestellungen

Für reine Biometrie-Untersuchungen genügen Laufzeitmeßgeräte mit speziellen Biometrie-Schallköpfen, z.B. für die Messung der Achsenlänge oder ihrer Teilabschnitte (Anwendungsklasse: „Messung der Achsenlänge", s. Kap. 7).

In Sonderfällen sind für Gewebsdiagnostik, biometrische Fragestellungen oder Gefäßdiagnostik erforderlich:
- B-Mode-Gerät im Immersionsverfahren mit automatischer Abtastung (Echtzeit-B-Bild mit Grautonwiedergabe); evtl. B-Mode-Geräte mit manueller Abtastung;
- M-Mode als Zusatzeinrichtung an B-Mode-Geräten;
- Richtungsempfindliches Ultraschall-Dopplergerät.

1.4.2.3 Schallkopf und Ankoppelungsverfahren

a) Schallköpfe

Für das A-System verwendet man zunächst einen nicht fokussierten 10 MHz-Schallkopf mit 3,5 bis 5 mm Schwingerdurchmesser; zusätzlich sollte mindestens 1 Flachstielschallkopf (10 MHz) zur Verfügung stehen (Biometrie, s. Kap. 2.1), ferner ein Satz Plexiglas-Trichter (Abb. 2.1.1-5) mit verschiedenen Durchmessern des augenseitigen Teils (Außendurchmesser der Sklera-Auflage 16 mm bis 25 mm, s. Tabelle 7-3).

Für das B-System ist mindestens 1 Kontaktschallkopf (10 MHz) mit integrierter Vorlaufstrecke (Membranabschluß) erforderlich. Sehr zu empfehlen ist jedoch die Erweiterung der Ausstattung um mindestens einen weiteren A-Bild-Schallkopf (8 MHz) und einen 2. B-Bild-Schallkopf; dies sichert auch die Weiterführung des diagnostischen Routinebetriebs bei einem Schallkopfdefekt.

b) Ankoppelungsarten

Die **Kontaktankoppelung** ist das für die Routine geeignete, ohne Helfer durchführbare Verfahren der Wahl für die meisten diagnostischen Untersuchungen. Es ist jedoch mit dem Risiko einer verringerten Meßgenauigkeit durch den Nullpunktfehler und durch Abplattung des Auges behaftet (s. Kap. 2.1). Die Vermeidung dieser Fehlerquellen ist für einen Teil der biometrischen Messungen und für seltene Untersuchungen am Vorderabschnitt notwendig. Dies erfolgt entweder durch eine nachträgliche rechnerische Korrektur des biometrischen Meßergebnisses oder durch Vorschalten einer künstlichen Vorlaufstrecke bei der Untersuchung (s. Kap. 10.3.6). Ein Überblick über die prinzipiell verfügbaren Vorlaufstrecken-Systeme wird in Abb. 2.1.1-7 gegeben.

1.4.2.4 Vorbereitung des Patienten und verwandte Fragen

Voraussetzung

Voraussetzung ist eine orientierende klinische Untersuchung des Auges durch den die Echographie ausführenden Arzt, einschließlich Spaltlampe und Funduskopie. Die schriftliche Mitteilung der Fragestellung an die Echographie ist gewöhnlich nicht ausreichend, im Gegensatz zu Röntgenuntersuchungen. Der Verzicht auf diesen Grundsatz führt erfahrungsgemäß zu folgenden Zwischenfällen:

- unzweckmäßige echographische Untersuchungstechnik mit Beschädigung des Auges, z.B. der Bindehaut und Hornhaut durch eingesetzte Trichter bei Narben, liegenden Hornhautnähten usw.;
- mangelhafte oder falsche echographische Befundauswertung.

Mydriatikum

Nur in besonderen Fällen besteht eine relative Indikation zur Gabe eines Mydriatikums, so bei der Achsenlängenmessung mit Auswertung der Vorderkammertiefe und/oder Linsendicke oder beim Einsatz eines optisch-akustischen Zielgeräts, z.B. Ultrasonolux.

Anästhesie und Schallkopfankoppelung

In der Regel erfolgt eine Oberflächenanästhesie von Hornhaut und Bindehaut durch Tropfen mit dem Wirkstoff Oxybuprocain o.ä. in den Bindehautsack. In Sonderfällen ist Zusatz des Anästhetikums in die Immersionsflüssigkeit oder Untersuchung durch eine weiche Kontaktlinse von großem Durchmesser möglich. Bei fehlender Kooperation kann Sedierung oder Narkoseuntersuchung des Patienten nötig werden.

Untersuchungstechnik bei Säuglingen und Kleinkindern

Eine Narkose oder Sedierung *allein* zum Zweck der Ultraschalluntersuchung kann und sollte in der Regel vermieden werden. Meist wird die Echographie gleich im Anschluß an eine optische Untersuchung und Druckmessung in der dafür erforderlichen Narkose mitausgeführt. Gelingt die optische Untersuchung ohne Narkose, so kann man die Echographie ebenfalls so ausführen. Dazu ist es hilfreich, das Kind vorher einige Zeit nüchtern zu lassen. Gibt man ihm dann während der Untersuchung die Flasche, so konzentriert es sich ganz darauf und die Echographie gelingt ohne Abwehr.

Sampaolesi (1983) empfiehlt bei Untersuchungen in den ersten Lebensmonaten, das Kind in eine Körperhaltung zu bringen, die der intrauterinen Position der Arme und Beine entspricht. Auch damit ist oft eine gute Ruhigstellung zu erreichen.

Untersuchungstechnik bei der A- und B-Mode-Untersuchung

Bei dem in der Routine üblichen Kontaktverfahren wird auf den Schallkopf zur akustischen Ankoppelung an das Organ Methylzellulose oder physiologische Kochsalzlösung aufgebracht. Die für andere Fachgebiete üblichen Ultraschall-Kontaktgele eignen sich wegen der Reizung von Hornhaut und Bindehaut für das Auge bisher nicht.

In der Regel werden A- oder B-Bild-Schallköpfe bei *offenen* Lidern auf Hornhaut oder Bindehaut direkt aufgesetzt. Falls dies an Lidveränderungen oder fehlender Kooperation wegen Verletzungsgefahr scheitert, erfolgt die Untersuchung durch die *geschlossenen* Lider.

Eine Vorlaufstrecke wird anstelle der Kontaktankoppelung bei der Messung der Achsenlänge bevorzugt; außerdem bei Untersuchungen der vorderen Bulbusabschnitte und subkutan liegender Gewebsregionen (Tumoren vor dem Septum orbitale; ableitende Tränenwege). Luftblasen oder -spalten führen dabei zur Totalreflektion des Ultraschalls und müssen deshalb unbedingt vermieden werden.

Falls ein besonderer Schutz des Augapfels (z.B. bei frischen perforierenden Verletzungen) oder des Untersuchers und seines Geräts (septische Erkrankungen, AIDS) erforderlich ist, kann zur Gewährleistung der Sterilität die Untersuchung durch einen über den Schallkopf gezogenen Gummifingerling erfolgen oder durch eine Folie, die das ganze Untersuchungsgebiet abdeckt (z.B. Steri-Drape, Hersteller 3M Comp.). Fingerling bzw. Folie müssen beidseits mit Methocel befeuchtet werden, damit der Schallübergang erfolgen kann.

Haltung des Schallkopfs. Die den Schallkopf führende Hand stützt sich auf Stirn und/oder Wange des Patienten ab. In schwierigen Fällen wird zusätzlich die vordere Schallkopfkante an einem Finger der zweiten Hand abgestützt, um die Justiergenauigkeit zu verbessern (Hypomochlion-Effekt).

Die Stellung des untersuchten Auges unter dem Schallkopf wird direkt oder durch Blick auf das zweite Auge überwacht. Bei Orbitauntersuchungen ist es wichtig, auch auf die Kopfhaltung bzw. -lagerung zu achten (Ante- oder Dorsalflexion). Bei angezogenem Kinn liegen andere Orbitaanteile im Schallfeld als bei normaler Kopfhaltung.

Abb. 1.4.2-1a, b (Buschmann). Lokalisationsschema mit Befundeintragung zur Dokumentation der Schallkopfstellungen bei Ultraschalluntersuchungen des Bulbus und der Orbita

Ultraschalluntersuchung
R/L Bulbus/Orbita

Patient:	Unbenannt, Ralf	Datum: 30.02.87
geb.:	30.02.41	Untersucher: Bu
Station/Poli.:	Männerstat.	
Gerät/SK:	Ocuscan 400, 9.7 MHz-Schallkopf	
Fragestellung:	i.o. Tumor LA?	

Echographische Beurteilung: Intraokular am LA temporal unterhalb der Makula max. 3 mm prominenter Herd; bei hoher Empfindlichkeit [ΔV (W38) = 52 dB, Bild 1, 5, 6] eindeutig solides Gewebe. Bei herabgesetzter Empfindlichkeit kein Anhalt für Sklera-Arrosion oder Skleradurchbruch [ΔV (W38) = 47 dB in Bild 2+7, = 35 bzw. 34 dB in Bild 3+4].

Flache, breitflächige Ausdehnung nach temporal unten [Bild 7, ΔV (W38) = 30 dB]. Bei höherer Empfindlichkeit auch hier solides Gewebe, keine Begleitablatio (kein Foto). Keine Aderhautexkavation, kein Schallschatteneffekt.

Diagnose: Im Zusammenhang mit dem klinischen und fluoreszenzangiographischen Bild: Malignes Melanom der Aderhaut.

a Protokollblatt mit schematischen Zeichnungen der Orbitaregion beiderseits aus der Sicht des Untersuchers, der hinter dem Kopf des liegenden Patienten sitzt (wo im Protokollblatt LA und RA steht, befinden sich also die Unterlider des Patienten). Der in das Schema eingetragene Strich kennzeichnet den Verlauf der Bewegung des Schallkopfes. Der Punkt am Ende des Striches markiert, welche Seite am Bildschirm oben erscheint. Sofern die Schallkopfbewegung nicht im horizontalen oder vertikalen Meridian (Transversalbzw. Sagittalschnitt) liegt, wird der Meridian nach dem für zylindrische Brillengläser üblichen Tabo-Schema angegeben (in diesem Beispiel für Bild *8*).

Wurde der Schallkopf geneigt, so daß seine Achse (und damit die Schnittebene) in einem Winkel zur optischen Achse des untersuchten Auges stand, so wird dieser Winkel zusätzlich angegeben (geschätzte Werte). Bei jeder Positionsskizze stehen die Nummern der in dieser Schallkopfstellung aufgenommenen Fotos (vgl. **b**). Falls die jeweils eingestellte Empfindlichkeit nicht auf dem Bildschirm angezeigt und dadurch im Foto mit festgehalten wird, muß jede Änderung der Empfindlichkeitseinstellung im Protokoll vermerkt werden.

b Echogrammdokumentation (Fotoserie) zum in **a** gezeigten Protokoll

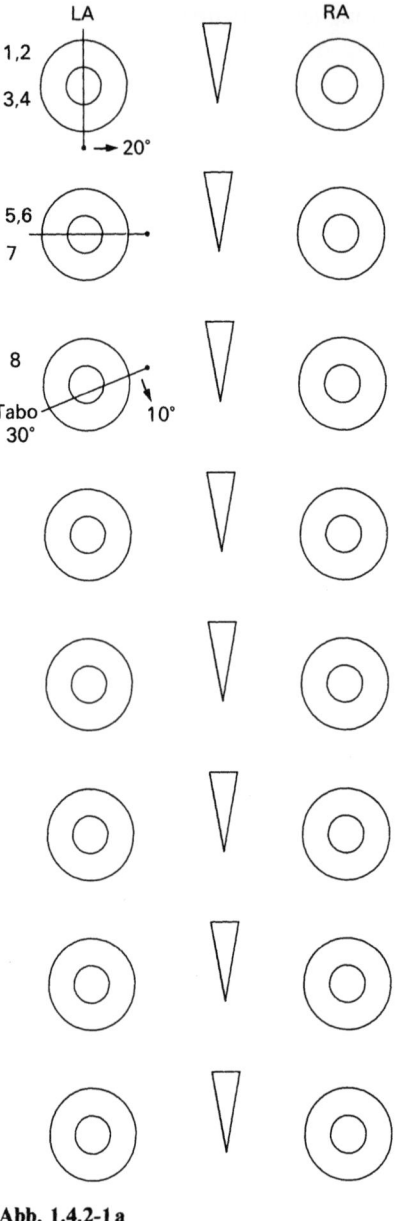

Abb. 1.4.2-1a

Exakt reproduzieren lassen sich orbitale Schnittbilder nur bei Verwendung eines Positionsmelders am Schallkopf einerseits und einer Fixiervorrichtung des Kopfes mit Beißplatte andererseits. Dies gilt ebenso für die Röntgen-Computertomographie (Bohndorf u. Richter 1983). Als geeignet erwies sich auch eine Justierung mittels Fixatoren, die in die äußeren Gehörgänge eingeführt werden (Buchner 1984). Leider erhöhen solche Vorrichtungen den Zeitaufwand und schränken die Bewegungsfreiheit von Schallkopf und Untersucher ein, so daß sie sich bisher nicht durchgesetzt haben, trotz der besseren Reproduzierbarkeit der Schnittebenen.

Die Untersuchungsschritte. Die Mehrzahl der erfahrenen Untersucher beginnt – ausgenommen bei Biometrie oder Ultraschall-Exophthalmometrie – bei der Diagnostik intraokularer Erkrankungen ebenso wie bei der Orbitadiagnostik mit dem B-Bild. Bei intraokularen Erkrankungen ziehen wir die Untersuchung bei geöffneter Lidspalte (Kon-

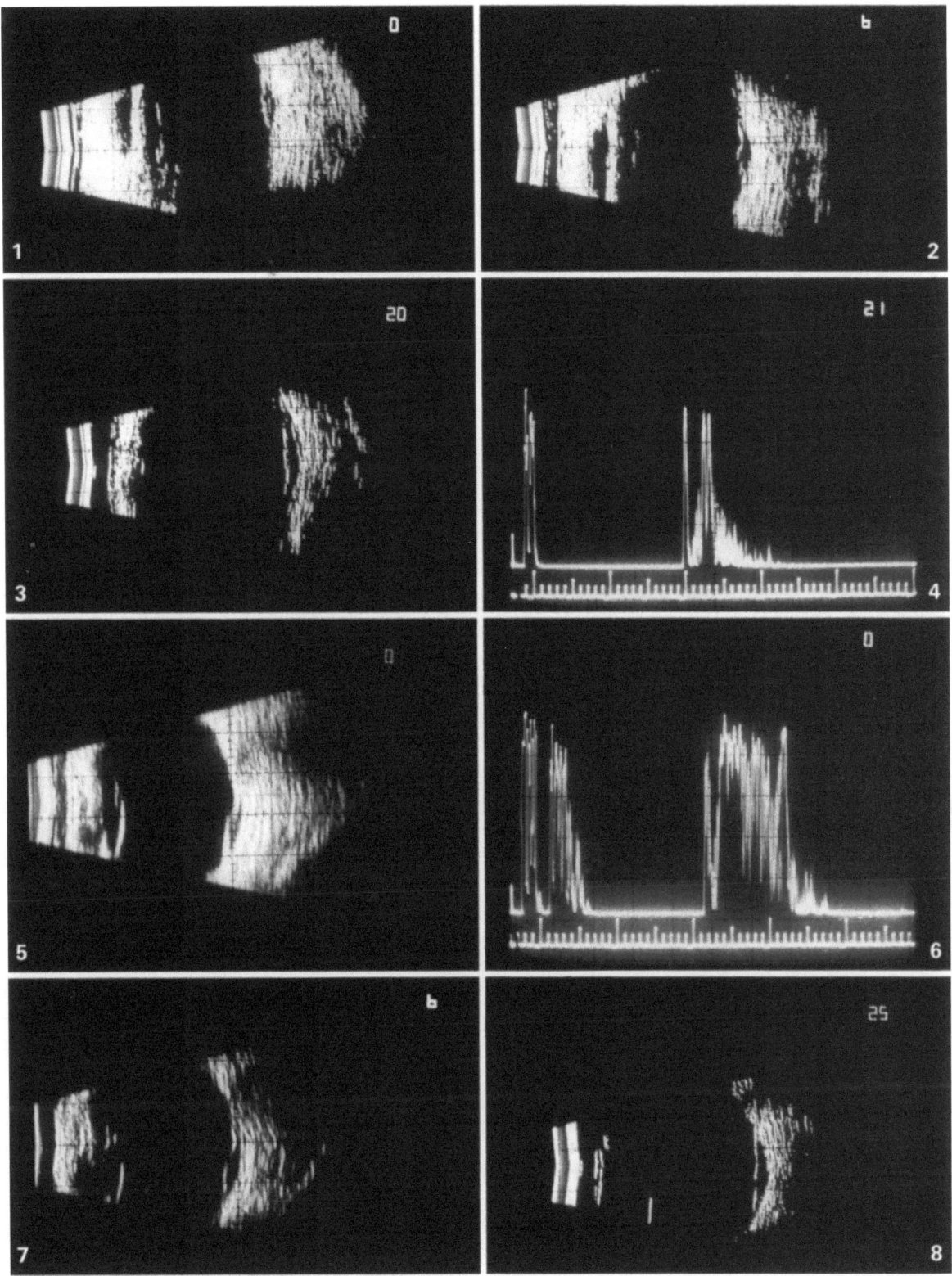

Abb. 1.4.2-1b

taktankoppelung an Hornhaut oder Bindehaut) vor, ebenso zur Beurteilung feinerer Details in der Orbita.

Empfindlichkeitsstufen und Arten der Untersuchung. Man beginnt die Untersuchung in der Regel mit einer hohen Gesamtempfindlichkeit (ΔV W38 = 65–67 dB) und verwendet einen Schallkopf mit 8–10 MHz Arbeitsfrequenz. In systematischer Reihenfolge (erst eine Schnittebene mit schrittweiser Schwenkung des Schallkopfs *senkrecht* zu dieser, eventuell auch *in* dieser Ebene; dann weitere Schnittebenen) wird das interessierende Gebiet abgetastet. Man justiert den Schallkopf so, daß die normalen Strukturen gut dargestellt werden – das erlaubt die *topographische* Orientierung und die rasche Erkennung pathologischer Veränderungen. Für die Prüfung von *Bewegungskriterien* während und nach Augenbewegungen muß die Augenbewegung in der Schnittebene des B-Bildes liegen, wenn sie die Kinetik einer Veränderung zeigen soll. Krankhafte Herde werden zusätzlich im A-Bild beurteilt, zunächst unter Verwendung des B-Bild-Schallkopfes mit simultaner A- und B-Mode-Darstellung. Dabei ist im B-Bild durch automatische Helltastung der im A-Bild dargestellten Untersuchungsrichtung (Vektor-A-Bild) die topographische Zuordnung zu erkennen. Die eingestellte hohe Gesamtempfindlichkeit ergibt eine hohe Eindringtiefe und eine deutliche Darstellung der Echos auch aus schwach reflektierenden Strukturen (Differenzierung Zyste bzw. Exsudat gegen Tumorgewebe). Viele Gewebe reflektieren dabei jedoch übersteuerte Echos, die normale Strukturen und krankhafte Veränderungen überlagern können, z.B. bei pathologischen Veränderungen im Glaskörperraum, in bulbusnahen Orbitaanteilen und in schallkopfnahen Regionen, d.h. in vorderen Bulbusabschnitten oder parabulbär-subkutan. Es ist deshalb unbedingt erforderlich, mit mindestens einer weiteren, um etwa 15 dB herabgesetzten Gesamtempfindlichkeitseinstellung zu untersuchen. Einzelheiten dazu sind in den entsprechenden diagnostischen Kapiteln angegeben. Vor allem für Amplitudenvergleiche an den Echos (*A-Mode-Pegeldifferenz-Verfahren*; s. Abb. 1.4.2-3 und Kap. 10.3.1) und für den Nachweis von Amplitudenpulsationen ist häufig eine anschließende Untersuchung mit einem reinen A-Mode-Schallkopf notwendig. Hierbei kann ein A-Mode-Flachstielschallkopf in Betracht kommen, da dieser tief in den Bindehautsack eingeführt werden kann. Dies erlaubt, wesentlich mehr intraokulare und orbitale Strukturen senkrecht zu treffen als mit derzeitigen B-Bild-Schallköpfen.

Befunddokumentation. Eine ausreichende Echogramm-*Dokumentation* (z.B. Fotoserien) ist unerläßlich; im *Protokoll* müssen neben den Patientendaten und der Fragestellung auch Gerät und Schallkopf sowie die eingestellten Gerätedaten und Untersuchungsrichtungen festgehalten sein. Vordrucke, in welche die jeweilige Schallkopfstellung rasch eingezeichnet werden kann, haben sich hierfür bewährt (Abb. 1.4.2-1 und 4; weitere Beispiele in Kap. 3). Zu jedem der (fortlaufend numerierten) Echogrammfotos wird die zugehörige Schallkopfposition festgehalten. Für diagnostische Aufgaben ist die *alleinige* Verwendung eines A-Systems in der Regel nicht mehr akzeptabel. Da aber die in weniger wohlhabenden Ländern ultraschalldiagnostisch tätigen Ärzte vielerorts damit auskommen müssen, sei noch gezeigt, wie man sich die fehlende topographische Übersicht durch Eintragung der im A-System in benachbarten Untersuchungsrichtungen erhobenen echographischen Befunde in ein Lokalisationsschema zusammensetzen kann (Abb. 1.4.2-2).

Befundbeurteilung und -beschreibung. Die Beurteilung der Echogramme *am Bildschirm* und die daraus abzuleitende, dem Einzelfall angepaßte Entscheidung über weitere Untersuchungsrichtungen, Geräteeinstellungen und spezielle echographische Techniken kann durch eine spätere Beurteilung von Fotoserien keinesfalls ersetzt werden. Der Arzt muß die Ultraschalluntersuchung persönlich ausführen und dabei diese Entscheidungen treffen (s. auch Kap. 1.2).

Das Untersuchungsprotokoll schließt zunächst mit der echographischen Diagnose, die konkret abgefaßt sein sollte, aber nie mehr aussagen darf, als den Echogrammen allein zu entnehmen ist (Befundebene 1: Akustische Information), z.B.: „Solider Gewebsherd im Makulagebiet ohne Zeichen einer Skleraarosion oder eines Skleradurchbruchs". Anschließend sollte eine alle vorliegenden Befunde zusammenfassende Diagnose gestellt werden, im vorgenannten Beispiel also: „Im Zusammenhang mit dem bisherigen Verlauf, dem ophthalmoskopischen Befund *beider* Augen und dem Ergebnis der Fluoreszenzangiographie ist ein schon länger bestehender M. Junius-Kuhnt weitaus am wahrscheinlichsten, ein maligner Tumor eher unwahrscheinlich." (Befundebene 2: Zusammenfassende klinische Beurteilung unter Einbeziehung von Befundebene 1.)

Für eine umfassende und dem Echogramm auch in technisch-physikalischer Hinsicht adäquate Befundung sind zwar für verschiedene Organe

Vorbereitung des Patienten und verwandte Fragen 23

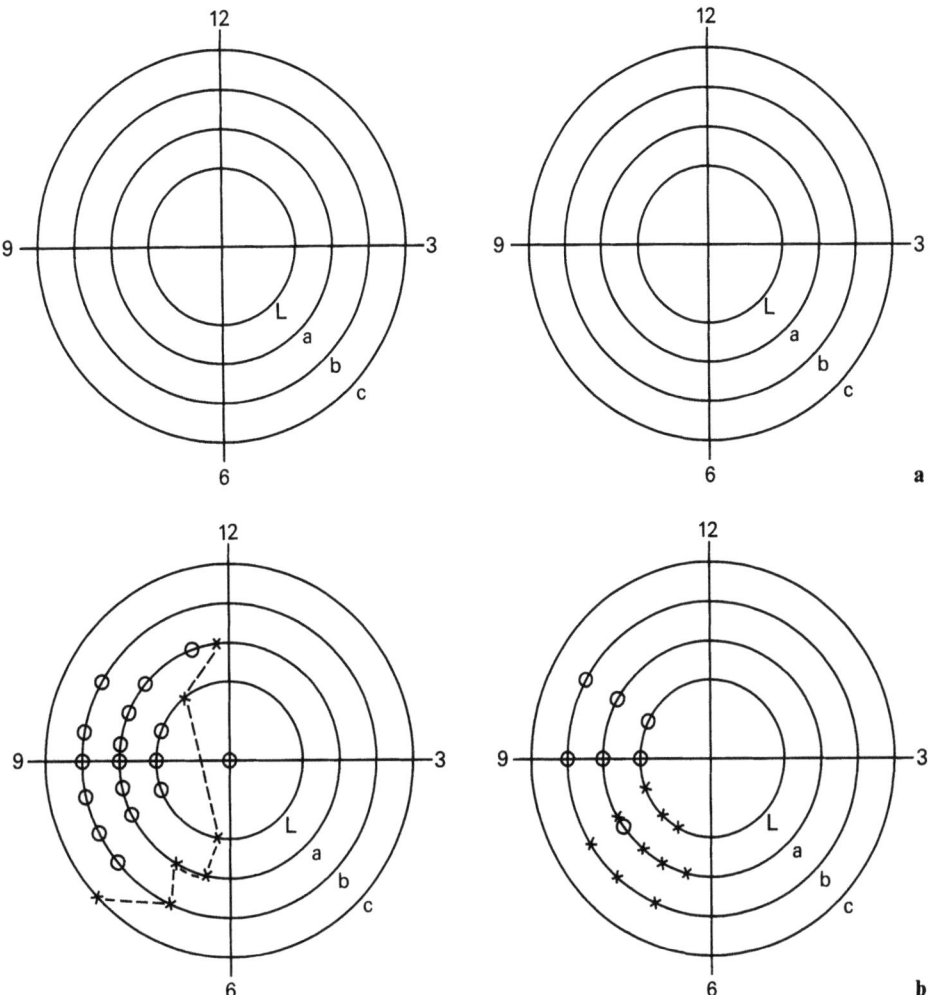

Abb. 1.4.2-2a, b (Buschmann). Lokalisationsschema zur topographischen Zuordnung von A-Bildechogrammen
a Das linke Schema dient für die Eintragung der Befunde in der vorderen Bulbushälfte, das rechte für die Befunde in der hinteren Bulbushälfte. Das dem Befund im einzelnen A-Bildechogramm entsprechende Symbol wird bei Befunden in der vorderen Bulbushälfte dort eingetragen, wo der Schallkopf auf die Bulbusoberfläche aufgesetzt wurde. Bei Befunden in der hinteren Bulbushälfte erfolgt die Eintragung spiegelbildlich entsprechend dem Verlauf des durch den Bulbusmittelpunkt gerichteten Schallbündels.
b Beispiele für Befundeintragungen. *Linkes Teilbild:* Hochblasige Ablatio mit einigen, bei isolierter Betrachtung tumorverdächtig erscheinenden A-Bildechogrammen aus dem Gebiet, in welchem die steil abfallende Netzhaut tangential vom Schallbündel getroffen wurde. *Rechtes Teilbild:* Tumorverdächtige Echogramme bedecken eine Fläche, eine Begleitablatio überdeckt den Tumor zum Teil

\ = solides Gewebe (hohe Empf.)
✕ = solides Gewebe (hohe und mittlere Empf.)
✗ = solides G. bei hoher, lockeres G. bei mittl. Empf.
◡ = Ablatio bei hoher Empf.
◯ = Ablatio bei hoher und mittl. Empf.
● = Richtung untersucht, kein path. Befund.

Formulierungshilfen oder Begriffssysteme vorgeschlagen worden, auch für den EDV-Einsatz; Einheitlichkeit wurde jedoch dabei nicht erreicht (Baum 1967; Buschmann 1965; Ossoinig 1971; Trier 1977; Purnell u. Frank 1979; Meairs u. Bönhof 1987; Guthoff 1986; u.a.). Tabelle 1.4.2-1 zeigt einige allgemeine Begriffe. Für Auge und Orbita wird auf die Vorschläge der Arbeitskreise von SIDUO, DEGUM und der KV verwiesen. Eine Trennung der beiden Befundebenen ist sinnvoll:

- um nachträgliche Korrektur von Befunden aufgrund neuer Erkenntnisse über Ultraschallvorgänge bei der Bildentstehung zu ermöglichen;
- für wissenschaftliche Aussagen zur Validität echographischer Untersuchungen (Trier 1977).

Kontrolluntersuchungen. Gegebenenfalls sind weitere echographische Untersuchungen zu empfehlen, um das Fortschreiten oder die Rückbildung eines Befundes zu erfassen, was zum Teil erst die

Tabelle 1.4.2-1 (Trier). Einige allgemeine Kriterien für die echographische Befundbeschreibung

Makroskopisch-klinische Kriterien

Begrenzung, Form, Dimension, Innenstruktur, Wachstum, Strukturveränderung, Beziehung zu und Veränderung in Nachbargeweben.

Akustische Strukturkriterien

Reflexionsgrad, Dämpfung, Schatten bzw. verstärkte Reflexion hinter der Veränderung, Echomuster.

Bewegungsbedingte Kriterien

Kompressibilität, passive Beweglichkeit, trägheitsbedingte Nachbewegungen, aktive Bewegung.

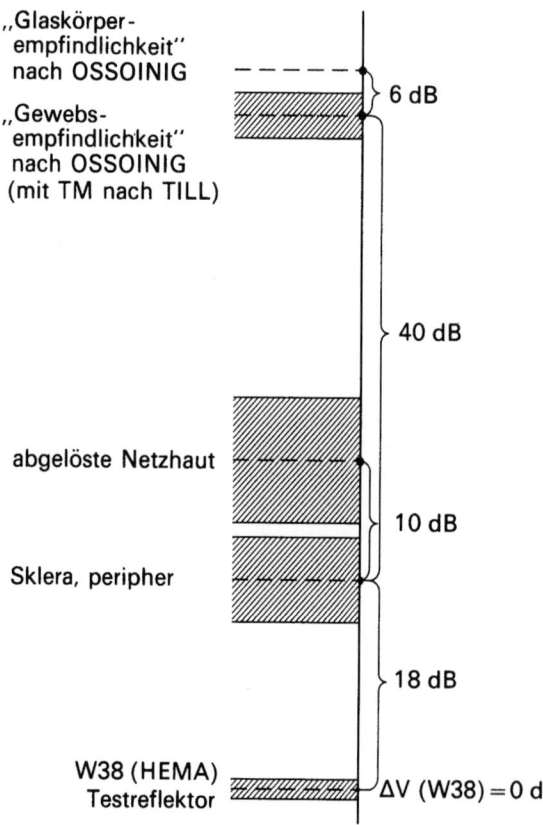

Abb. 1.4.2-3 (Buschmann). Echoamplituden bezogen auf das Echo des Testreflektors W38 (vgl. Kap. 10.3.1). Messungen mit Gerät 7200 MA, 8 MHz-Schallkopf mit 5 mm-Schwingerdurchmesser. Es ist angegeben, um wieviel Dezibel die Empfindlichkeitseinstellung verändert werden mußte, um ein 10 mm hohes Echo der genannten reflektierenden Grenzfläche darzustellen (Schallkopfabstand 30 µsec). Ausgangspunkt [ΔV (W38) = 0 dB] ist die für das W38-Testreflektorecho (10 mm Amplitudenhöhe) nötige Empfindlichkeitseinstellung. – Die Einstellungen für das Gewebephantom entsprechen den Angaben von Till (1980)

abschließende Befundung ermöglicht, z.B. bei der Differentialdiagnose von Tumoren. Hierzu sind reproduzierbare Geräteeinstellungen und Untersuchungsmethoden Voraussetzung.

Zur Bedeutung reproduzierbarer, meßtechnisch überprüfter Untersuchungsparameter

Reproduzierbare, *meßtechnisch überprüfte* Geräteeinstellungen und Schallkopfdaten sind unabdingbare Voraussetzung für reproduzierbare Befunde und verläßliche Diagnosen (s. Kap. 10.1 und 10.2). Dabei sollte man sich auf die von der Internationalen Elektrotechnischen Kommission empfohlenen Parameter und Prüfverfahren stützen (Kap. 10.3, 10.4).

Die tatsächliche *Arbeitsfrequenz* des Schallkopfes (die u.U. erheblich von der herstellerseitig angegebenen Nominalfrequenz abweicht; Definition siehe Kap. 10) und die auf einen *exakt definierten* Testreflektor (W38) bezogene eingestellte Empfindlichkeit der verwendeten Gerät-Schallkopf-Kombination müssen gemessen worden sein und werden im Protokoll vermerkt. Alle Angaben über die Amplituden der Echos werden auf das Testecho dieses Reflektors bezogen (Kap. 10.3.1). Vor der Entwicklung des Testreflektors W38 (Buschmann et al. 1977) verwendete Buschmann (1965) die Messung der durchdringbaren Paraffinölstrecke für quantitative Beurteilung. Baum (1967) und Bronson (1969a) benutzten das Echo einer Glasplatte, Bronson (1969b) sowie Oksala (1971) bezogen Amplitudenvergleiche auf das Skleraecho des untersuchten Auges. Dieses wird jetzt noch *ergänzend* zum W38-Testreflektorecho herangezogen, wenn mit erhöhter Schallschwächung durch pathologische Veränderungen gerechnet werden muß. Ossoinig und Steiner (1965) stützten sich zunächst auf Echogramme fixierter Tumorgewebe; später empfahl Ossoinig (1971) Zitratblut, ab 1976 einen von Till (1976) entwickelten zitratblutäquivalenten, herstellungstechnisch reproduzierbaren Testkörper (Wacker Silgel 504 mit Mikroglasperlen von 100 µm $\varnothing$, bei 170 Perlen pro mm^3). Wie Gewebsphantome allgemein wurde auch dieser Testkörper nicht als Standard in das maßgebliche technische Dokument (IEC Publication 854, Genf 1986, und seine Vorstufen) aufgenommen, da der Einfluß auf die Echohöhe und damit der Wert als „Standard" physikalisch zu komplex erscheint (u.a. wegen der Abhängigkeit der Streuung von Impulseigenschaften). Solche Gewebsphantome sind *ergänzend* zur Messung der Parameter (Kap. 10) brauchbar, können aber letztere nicht ersetzen.

Die Amplitudenrelationen der genannten Bezugsechos sind aus Abb. 1.4.2-3 ersichtlich (einschließlich Streuung der Meßwerte bei geübtem Untersucher). Für ein individuelles Gerät als Prüfling sind die Dezibelwerte der Echos verschiedener Testreflektoren und einiger Augengewebe in Tabelle 1.4.2-1 angegeben. Meßreihen dieser Art sind erforderlich, um Geräte-Schallkopf-Kombinationen für die echographische Differentialdiagnose zu nutzen.

Vorschlag zur Schnittebenen-Dokumentation. (Nach Otto und Trier)
Die B-Mode-Schnittebene wird beschrieben durch
1. Gradangabe (TABO 0°–180°) im Ringzonen-Schema
2. Markierung der Seite der Schnittebene (Sonde) die am Bildschirm *oben* abgebildet wird
3. Symbol für den *Aufsetzpunkt* der Sonde (Sondenmittelpunkt) auf dem Ringzonenschema

Untersuchung des Augapfels
Unter der Voraussetzung, daß die Schnittebene durch den Augenmittelpunkt gelegt wird, sind alle denkbaren Schnittebenen durch die Kombination der 3 Angaben vollständig dokumentiert und reproduzierbar.

Beispiele:

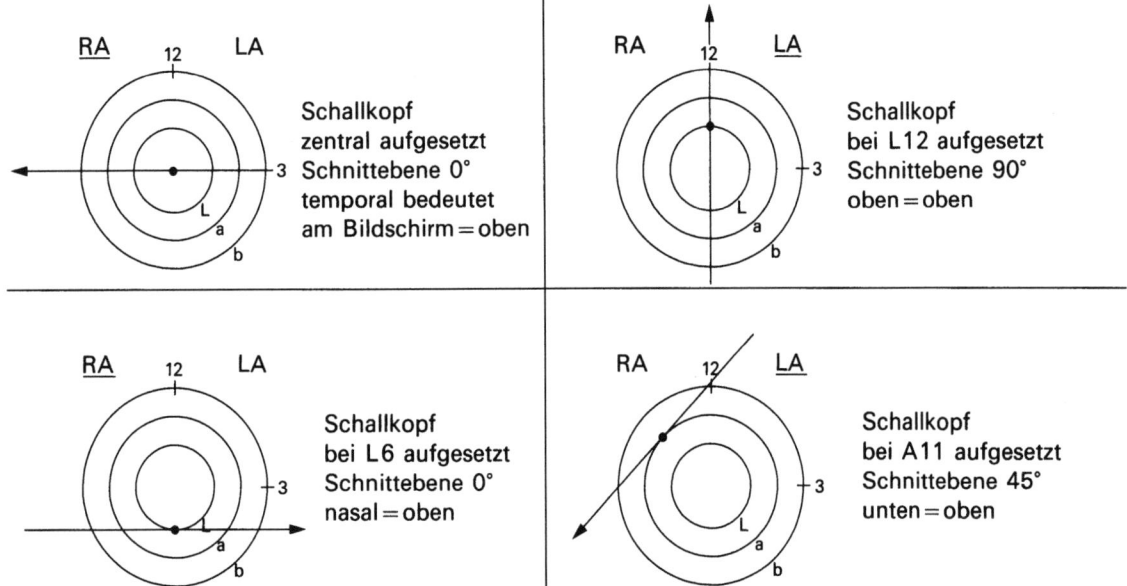

Transbulbäre Untersuchung der Augenhöhle
Die orbitalen Schnittebenen sind nur unter der Voraussetzung wiederauffindbar, daß sowohl a) die Augenstellung (Richtung und Winkel der Abweichung von der Primärposition) beschrieben wird als auch b) die Schnittebene am Augapfel, z.B. auf dem o.a. Schema protokolliert wird.

Ausführung: Stempel zum Aufdruck auf Polaroid-Foto-Rückseite oder auf Befundformular.

Abb. 1.4.2-4. Vorschlag zur Schnittebenen-Dokumentation. (Nach Otto u. Trier 1983)

Desinfektion
Schallköpfe sind in der Regel nicht hitzesterilisierbar. Auch die Gassterilisation führt zur Zerstörung, da die verwendeten Kunststoffkleber meist feinste Lufteinschlüsse enthalten, die im Vakuum Sprengkraft entwickeln. Die Anwendung von UV-Strahlen ist keine sichere Maßnahme zur Desinfektion von Viren. Auf der Grundlage von Empfehlungen des National Institute of Health (NIH) und des Center for Disease Control (CDC) der USA werden folgende Maßnahmen empfohlen, die nach heutiger Kenntnis auch HIV-Virusübertragungen

Tabelle 1.4.2-2 (Buschmann). Echoamplituden bezogen auf das W 38-Testreflektor-Echo

Meß-reihe	Echo von	Ist 10 mm hoch für Verstärkung V (dB)	Zahl der Reflektoren bzw. Patientenaugen	Zahl der Messungen n	$\Delta V(W38)$ (dB)	s (dB)
I	W 38 in phys. NaCl pH 7,2 ⌀30 mm	5.3	5	25	0	±0.8
II	W 38 in phys. NaCl pH 7,2 ⌀30 mm	5.2	5	10	0	±0.3
I	W 88 in phys. NaCl pH 7,2 ⌀30 mm	20.7	8	35	+15.4	±1.2
II	W 88 in phys. NaCl pH 7,2 ⌀30 mm	22.0	8	10	+16.8	±0.3
I	W 38 Testrefl. (andere Firma) in phys. NaCl pH 7,2	6.3	1	3	+ 1.0	±0.4
I	Glas in aqua dest.	−7.0	1	20	−12.3	±1.5
I	Sklera (periph. Richtung)	22.6	3	11	+17.3	±4.9
II	Sklera (periph. Richtung)	25.1	14	29	+19.9	±3.7
I	Ablatio ret.	32.6	7	29	+27.3	±5.7
I	Ablatio chor.	30.7	4	9	+25.4	±4.8
II	Ablatio chor. + ret.	37.3	3	6	+32.1	+5.9
I	i.o. Tumor (Melanom) Oberfläche	31.8	3	8	+26.5	±4.4
II	i.o. Tumor (Melanom) Oberfläche	41.9	2	10	+36.7	±5.7
I	GK-Trübung	63.0	3	12	+57.7	±9.8
I	GK-Blutung peripher	46.9	2	8	+41.6	±9.8

Im oberen Teil der Tabelle sind Meßreihen-Ergebnisse mit einem Testreflektor W38, mit einem Reflektor höheren Wassergehalts (W88), mit einem W38-Testreflektor einer anderen Lieferfirma und mit einer Glasplatte aufgeführt (Meßwerte und Streuung für 10 mm hohes Echo bei bestmöglicher Justierung des Schallkopfes).

Die Messungen erfolgten mit dem Gerät 7200 MA und einem Schallkopf mit 8.6 MHz Arbeitsfrequenz und 3.5 mm Schwingerdurchmesser; Meßabstand zum Schallkopf 30 µsec.

$\Delta V(W38) = V(Echo) - V(W38)$; s = Standardabweichung von V(Echo). Es wurde also festgestellt, bei welcher Empfindlichkeitseinstellung [V(Echo)] die jeweilige Reflektorfläche (nach optimaler Justierung des Schallkopfes) gerade noch ein 10 mm hohes Echo am Bildschirm lieferte. Von diesem Wert wurde die für das 10 mm hohe Echo des Testreflektors W38 gefundene Empfindlichkeitseinstellung [Skalenwert, V(W38)] abgezogen. (Bei diesem Gerät entspricht der Skalenwert „80 dB" der höchsten einstellbaren Empfindlichkeit, der Skalenwert „0 dB" der niedrigsten). I und II kennzeichnen verschiedene Meßreihen an gleichartigen Objekten. Im unteren Teil sind die Meßwerte für einige physiologische und einige pathologische echoreflektierende Grenzflächen des Auges angegeben.

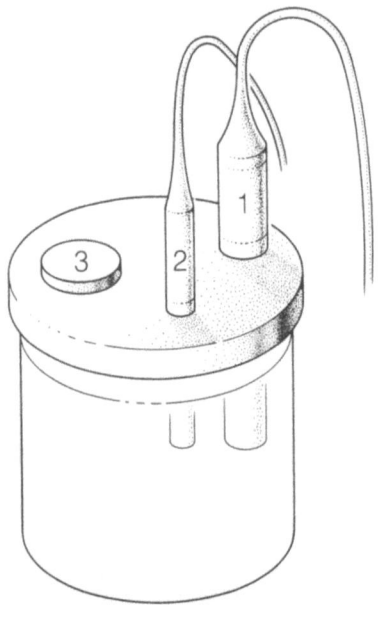

Abb. 1.4.2-5 (Trier). Desinfektionsgefäß mit Einsteckhalterung für A-Mode-Schallkopf und B-Mode-Kontaktscanner (Trier u. Schmitz) (Öffnungen *1* und *2*). Durch Öffnung *3* Eintauchen mittels Stativ

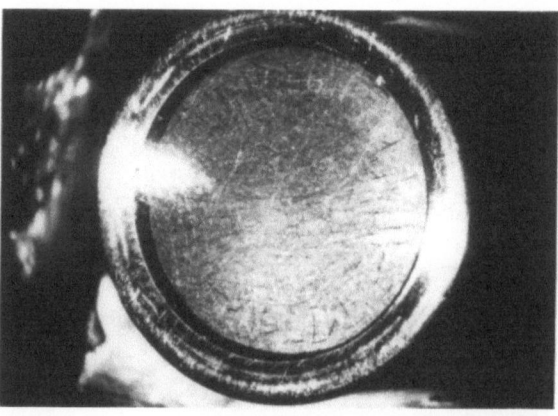

Abb. 1.4.2-6 (Trier). Mikro-Risse in der Kunststoffbeschichtung eines fokussierten Schallkopfs. Durch den spröde gewordenen Werkstoff diffundiert Wasser in das Piezoelement und verändert schleichend abgestrahlte Leistung und Spektrum. [Aus: Trier u. Lepper (1981) DFVLR-Projektbericht, Az. 01 VI 057-ZA/NT/MT 224a]

verhüten können und eine Desinfektion für andere Keime gewährleisten (Krizek et al. 1987):

- A- und B-Bild-Schallköpfe: Schallkopf mit 0,5%igem Pantasept abwischen, dann mindestens 10 min in 3%iger Pantaseptlösung desinfizieren. Abspülen mit Leitungswasser.
- Zusatzteile, z.B. Plexiglastrichter für die Biometrie des Auges: Plexiglastrichter mit 0,5%igem Pantasept abwischen, dann mindestens 10 min in 3%iger Wasserstoffsuperoxydlösung desinfizieren, abspülen mit Leitungswasser.

Diese Maßnahmen werden nach jeder Benutzung empfohlen (Fujikawa et al. 1985; Martin et al. 1985; Centers for Disease Control 1985).

Abbildung 1.4.2-5 zeigt ein geeignetes Desinfektionsgerät mit Halterung für A- und B-Mode-Schallköpfe. Die Desinfektion von Schallköpfen bringt einen verstärkten Überwachungsbedarf mit sich (Abb. 1.4.2-6).

Ergebniskontrolle
Spontane Rückmeldungen über den weiteren Verlauf, den Operationsbefund oder das histologische Ergebnis erfolgen erfahrungsgemäß nur sporadisch. Es ist unbedingt erforderlich, in regelmäßigen Abständen das weitere Schicksal der Patienten, bei denen ein krankhafter Befund erhoben wurde, anhand der Krankenblatteinträge oder durch Rückfragen bei den weiterbehandelnden Ärzten zu klären, um die Richtigkeit der echographischen Diagnosen zu überprüfen. Nur so können Fehler entdeckt und ihre Ursachen geklärt und beseitigt werden. Dies gilt insbesondere für Kliniken, in denen der ultraschalldiagnostisch tätige Arzt nicht selbst der weiterbehandelnde Arzt ist.

Literatur

Baum G (1975) Fundamentals of medical ultrasonography. Putnam's Sons, New York
Bohndorf W, Richter E (1983) Zur Fixierung der Patienten bei Bestrahlungen des Hirn- und Gesichtsschädels. Strahlentherapie 159:732–740
Bronson NR (1969a) Quantitative ultrasonography. In: Gitter KA, Keeney AH, Sarin LK, Meyer D (eds) Ophthalmic ultrasound. Mosby, St. Louis, pp 69–74
Bronson NR (1969b) Quantitative ultrasonography. Arch Ophthalmol 81:460–472
Buchner A (1984) Zur reproduzierbaren Fixation des Schädels für die Ultraschalldiagnostik in der Orbita. Dissertation. Universität Würzburg
Buschmann W (1965) Einige Meßverfahren zur Beurteilung der ultraschalldiagnostischen Untersuchungseinrichtungen (Geräte und Schallköpfe). Wiss Z Humboldt-Univ Berlin, Math-Naturwiss Reihe 14/1:115–119
Buschmann W (1965) Zur Ultraschalldiagnostik intraokularer Tumoren. Wiss Z Humboldt-Univ Berlin, Math-Naturwiss Reihe 14/1:163–169
Buschmann W, Linnert D, Eysholdt E (1977) Measurement of equipment sensitivity in diagnostic ultrasonography. In: White DN, Brown RE (eds) Ultrasound in medicine. Kongreßber. 3. Weltkongreß u. Siduo VI, vol. 3B. Plenum, New York London, pp 1925–1937
Centers for Disease Control (CDC) (1985) Recommendations for preventing possible transmission of human-T. lymphotropic virus type III/lymphadenopathy-associated virus from tears. MMWR 34:533–534
Fujikawa LS, Salahuddin SZ, Palestine AG et al. (1985) Isolation of human T-cell leukemia/lymphotropic virus type III(HTLV-III) from the tears of a patient with acquired immunodeficiency syndrome (AIDS). Lancet 2:529
Guthoff R (1986) Einsatz einer Personal-Computer-Datenbank in der Ultraschalldiagnostik. Vortrag of dem Dreiländertreffen Ultraschalldiagnostik. 10. Gemeinsame Tagung der deutschsprachigen Gesellschaften für Ultraschall in der Medizin, Bonn
International Electrotechnical Commission (IEC) (1986) Publication 854: Methods of measuring the performance of ultrasonic pulse-echo diagnostic equipment, Genf
Krizek E, Ohrloff C, Spitznas M (1987) Persönl. Mitteilung
Martin LS, McDougal JS, Loskoski SL (1985) Desinfection and inactivation of the human T lymphotropic virus type III/lymphadenopathy-associated virus. J Infect Dis 152:400–403
Meairs SPH, Bönhof JA (1987) Befunddokumentation per Computer. In: Hansmann M, Koischwitz D, Lutz H, Trier H-G (Hrsg) Ultraschalldiagnostik '86. Drei-Länder-Treffen Bonn. 10. Gemeinsame Tagung der deutschsprachigen Gesellschaften für Ultraschall in der Medizin. Springer, Berlin Heidelberg New York, S 777–779
Oksala A (1971) Die Ultraschalldiagnostik bei Erkrankungen des Auges. In: Böck J, Ossoinig K (Hrsg) Ultrasonographia Medica, vol. 1. Verlag d. Wiener Med. Akad., Wien, S 209–227
Ossoinig K (1971) Grundlagen der echographischen Gewebsdifferenzierung. I. Teil: Experimentelle und klinische Untersuchungen über den Einfluß technischer Faktoren auf den diagnostischen Wert der Echogramme. In: Böck J, Ossoinig K (Hrsg) Ultrasonographia Medica, vol. 1. Verlag d. Wiener Med. Akad., Wien, S 155–168
Ossoinig K, Steiner H (1965) Zum Problem der Normung in der Ultraschalldiagnostik – Ein Testkörper für die Diagnostik intraokularer Tumoren. Wiss Z Humboldt-Univ Berlin, Math-Naturwiss Reihe 14/1:129–133
Purnell EW, Frank KE (1979) Development and orientation of ophthalmic ultrasonography. Int Ophthalmol Clin 19/4:3–34
Sampaolesi R (1983) Ultrasonidos en Oftalmologia. Echografia ocular – Ecografia orbitaria – Ecometria. Editorial Medica Panamericana, Junin 831, Buenos Aires
Till P (1976) Solid tissue model for the standardization of the Echoophthalmograph 7200 MA (Kretztechnik). Doc Ophthalmol 41:205
Till P (1980) Testung von Schallköpfen auf ihre Eignung zur Gewebsdifferenzierung mit Hilfe des Festkörper-Gewebsphantoms. Klin Monatsbl Augenheilkd 176:337–340
Trier HG (1977) Gewebsdifferenzierung mit Ultraschall. Bibl Ophthalmol 86. Karger, Basel

28 Einführung

1.5 Normalbefund und Artefakte

W. Buschmann

Für die Orbita-Echographie erfolgt die entsprechende Darstellung in Kapitel 3 (insbesondere in Kap. 3.3.2). Hier wird deshalb nur auf das Echogramm des Bulbus eingegangen. Die Zusammenhänge zwischen der Abtasttechnik und den in Bulbus und Orbita auftretenden Schallbündelablenkungen sind in Kap. 1.4.1 beschrieben.

Normalbefund

Die Abbildungen 1.5-1 und 2 sowie 1.5-3 und 4 demonstrieren die *A-Bild-Echogramme*, die *normalerweise* vom Bulbus registriert werden, und zwar in Richtung der optischen Achse und in Richtungen, die die Linse nicht berühren. Nur bei sorgfältiger Justierung des Schallbündels auf die reflektierenden Grenzflächen entstehen stufenlos ansteigende, gut auswertbare Echos. Bei schrägem Auftreffen auf die Bulbuswand entstehen schräg in Stufen ansteigende Echos, die Erkennung kleiner pathologischer Herde wird dadurch erschwert bzw. verhindert.

Bei einer Empfindlichkeitseinstellung auf $\Delta V(W38) = 65\text{--}67$ dB (s. Kap. 1.4.2 und 10.3.1) und einer Arbeitsfrequenz von etwa 10 MHz (Kap. 1.4.2 und 10.4.2) erhält man aus dem normalen Glaskörper keine Echos. Jedes zusätzliche Echo ist folglich – sofern kein Artefakt vorliegt (s.u.) – eindeutig pathologisch, seine Ursache muß weiter geklärt werden.

Diese günstige Situation (nur wenige, leicht identifizierbare Echos der normalen Strukturen), noch unterstützt durch die sehr regelmäßige Gestalt des Bulbus und die Lage an der Körperoberfläche, erlaubte in der Ophthalmologie (verglichen mit anderen Anwendungsbereichen) schon sehr früh vielseitige, sichere echographische Diagnosen. Eine Anpassung an die kleinen Abmessungen des Untersuchungsobjektes war allerdings erforderlich (kleine Schallköpfe, hohe Frequenz, hohes Auflösungsvermögen).

Bei herabgesetzter Empfindlichkeit erhält man (bei Ankopplung über ein Wasserbad oder eine Methocel-Vorlaufstrecke) getrennte Echos von der Hornhautvorder- und -rückfläche. Bei der Untersuchung in Richtung der optischen Achse folgt das Echo der Linsenvorderfläche; bei enger Pupille kann das Echo der Iris das Linsenvorderflächen-Echo überlagern. Es folgt das Echo der Linsenrückfläche. Bei sklerosiertem Linsenkern können

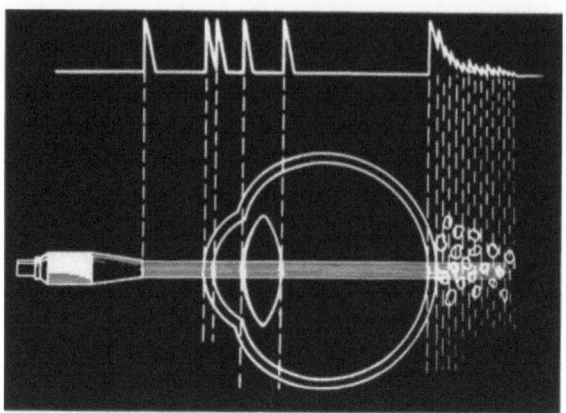

Abb. 1.5-1 (Buschmann). Schematische Darstellung des A-Bild-Echogramms eines gesunden Auges, welches mit Verwendung einer Wasservorlaufstrecke aufgenommen wurde. Dem Sendeimpuls folgt die Nullinie der Wasservorlaufstrecke, dann das Doppelecho der Hornhautvorder- und -rückfläche, die Nullinie der Vorderkammer und – bei weiter Pupille – das Echo der Linsenvorderfläche. Der Linsensubstanz entspricht die nachfolgende Nullinie, dann sieht man das Echo der Linsenrückfläche, die Nullinie der normalen Glaskörperstrecke und den Echokomplex der Bulbusrückwand, der in die Echos des orbitalen Fettgewebes übergeht

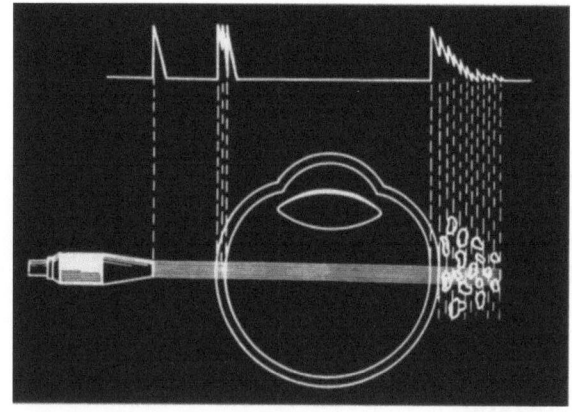

Abb. 1.5-2 (Buschmann). Schematische Darstellung eines A-Bild-Echogramms, das unter Verwendung einer Wasservorlaufstrecke in einer Richtung aufgenommen wurde, welche die Linse nicht berührt. Dem Sendeimpuls folgt die echofreie Nullinie aus der Wasservorlaufstrecke, dann der Echokomplex der schallkopfnahen Bulbuswand, die echofreie Nullinie aus dem normalen Glaskörper und der Echokomplex der gegenüberliegenden Bulbuswand und des angrenzenden Orbitagewebes

zusätzliche, schwächere Echos von den Linsenkern-Grenzflächen registriert werden. Die Glaskörperstrecke (normalerweise echofrei) wird durch das Echo der Bulbusrückwand abgeschlossen. Bei

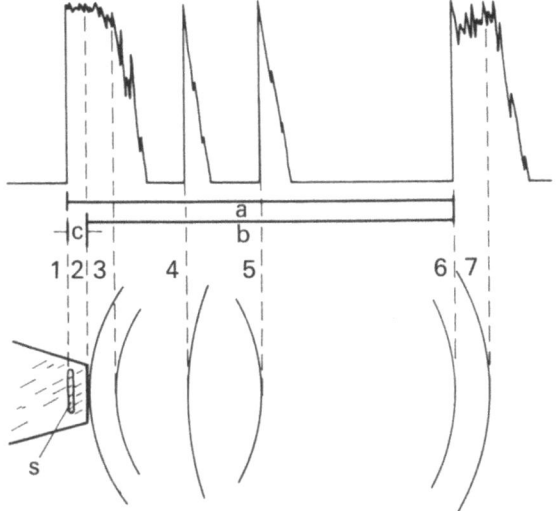

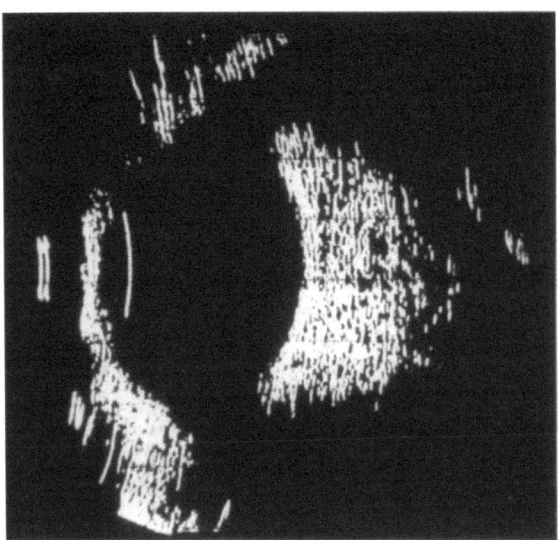

Abb. 1.5-3 (Buschmann). Schematisches A-Bild-Echogramm, das in Richtung der optischen Achse des Auges in Kontaktankoppelung aufgenommen wurde. Zur Verdeutlichung der Verhältnisse wurde eine nicht maßstabgerechte Darstellung gewählt. *S*, Schwingerplättchen im Schallkopf; *1*, Sendeimpuls, der Rückfläche des Schwingers entsprechend; *2, 3*, Echos der Hornhautvorder- und -rückfläche, vom Sendeimpuls verdeckt; *4, 5*, Echos der Linsenvorder- und -rückfläche; *6*, Echo der Netzhautinnenfläche, verschmolzen mit den nachfolgenden Echos der Aderhaut und der Sklera; *7*, Sklerarückfläche und nachfolgende Orbitagewebe; *a*, Laufzeit/Sendeimpuls-Netzhautinnenfläche; *b*, Distanz Hornhautvorderfläche – Netzhautinnenfläche; *c*, Nullpunktfehler (s. Kap. 10.3.6)

Abb. 1.5-5 (Buschmann). B-Bild-Echogramm: Normaler Bulbus und normale Orbita, aufgenommen in Wasserbad-Ankoppelungstechnik mit einem großen, fokussierten 10 MHz-Schallkopf, Gerät Ophthalmoscan 200 (Horizontalschnitt). Links ist die Doppellinie des Hornhautvorder- und -rückflächenechos deutlich zu sehen. Die Hornhautkrümmung ist als Folge der seitlichen Ausdehnung des Schallfeldes verfälscht dargestellt (Baum 1975). Die seitlichen Abschnitte der Hornhaut reflektieren keine Echos zum Schallkopf und fehlen daher im Echogramm. Es folgen der echofreie Bezirk der Vorderkammer und dann das Echo der Iris, das hier mit dem Echo der Linsenvorderfläche verschmilzt (Miosis). Dem echofreien Bereich der Linsensubstanz folgt das gut dargestellte Echo der Linsenrückfläche, dann der echofreie Glaskörperraum. An der Bulbusrückwand sind hier weder „Baum's Bumps" (Abb. 1.5-7) noch die durch den Sehnerven bedingte Lücke im Orbitafett zu sehen – der Sehnerv ist hier nicht getroffen

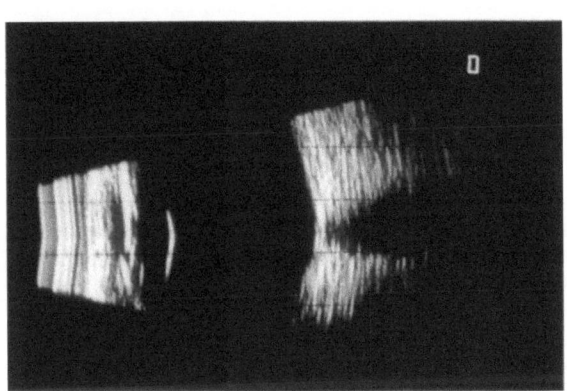

Abb. 1.5-4 (Buschmann). Normales B-Bild-Echogramm des Bulbus und der Orbita, aufgenommen mit Gerät Ocuscan 400 in Kontaktankoppelung (Horizontalschnitt); $\Delta V(W38)=56$ db, Arbeitsfrequenz 9,7 MHz, Sektorabtastung. Die vorderen Bulbusabschnitte sind durch den Sendeimpuls überlagert und bei dieser hohen Leistungseinstellung schlecht zu beurteilen. Gut dargestellt sind die Rückfläche der Linse, der echofreie Glaskörperraum und der hintere Abschnitt der Bulbuswand mit den angrenzenden Echos aus dem orbitalen Fettgewebe und der durch den Sehnerven bedingten Lücke. Die Unterbrechung der Bulbuskontur in den seitlichen Echogrammanteilen ist im Text erläutert

ausreichend hoher Empfindlichkeitseinstellung (s. Kap. 2.1) entspricht der erste Anstieg des Bulbusrückwandechos der Netzhaut-Innenfläche (Membrana limitans interna). Das Netzhautecho verschmilzt mit den nachfolgenden Echos von Aderhaut und Sklera. Bei serösen Ergüssen beidseits der Aderhaut z.B. werden diese Echos getrennt voneinander sichtbar. Das intensivere Skleraecho (Tabelle 1.4.2-1) bleibt sichtbar, wenn die Empfindlichkeit so weit herabgesetzt wird, daß Netzhaut- und Aderhautecho verschwinden. Es fehlt im Bereich der Papille.

Auch im *B-Bild* (Sektorabtastung, Abb. 1.5-5; lineare Abtastung, Abb. 1.5-8) ist das Hornhautecho nur bei Wasserbadankoppelung zu sehen. Die Darstellung des Ziliarkörpers ist beeinträchtigt durch die Überlagerung mit dem Echo der vorderen Skleraabschnitte. Die Darstellung der Bulbusrückwand entspricht der Beschreibung beim A-

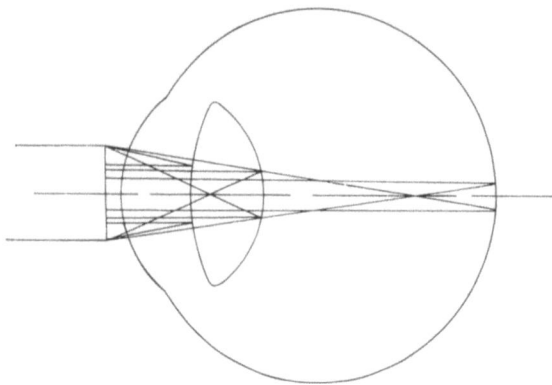

Abb. 1.5-6 (Buschmann). Wirksame Reflexionsfläche an der hinteren Linsenkapsel und an der Bulbusrückwand, bezogen auf den Schwingerdurchmesser des Schallkopfes (ebener Schwinger, nach Franken 1962). Die am Zustandekommen des Bulbusrückwandechos beteiligte Netzhautfläche ist wesentlich kleiner als der Schwinger- und Schallfelddurchmesser. Das gilt auch bezüglich des Echos der Linsenrückfläche. Nur bei sehr gering von der Senkrechten abweichenden Reflexionswinkeln erreichen die Echosignale noch die Schwingerfläche, und nur dann können sie am Zustandekommen des Rückwandechos am Bildschirm mitwirken.

Eine Tabelle über die Größe der beteiligten Reflexionsflächen im Verhältnis zur Schwingergröße veröffentlichte Freeman (1963, 1965) für fokussierte Schallköpfe verschiedener Brennweite

Bild; das exakt senkrechte Auftreffen des Schallbündels (Schallkopf-Justierung) ist nicht ganz so sicher beurteilbar wie im A-Bild, dafür ist die Übersicht über die seitlichen Lokalisationsbeziehungen besser.

Bei herabgesetzter Empfindlichkeit und hohem Seitenauflösungsvermögen ist die dem Durchtritt des Sehnerven entsprechende Lücke im Skleraecho nachweisbar; die durch den Sehnerven verursachte Lücke in den Orbitafettechos sieht man schon bei höherer Empfindlichkeit.

Artefakte durch Schallbrechung und Reflexion
Im B-Bild sieht man bei den meistbenutzten Abtastverfahren (Abb. 1.5-5 u. 8) nur die Echos der mittleren Hornhaut- und Linsenabschnitte; die seitlichen Abschnitte reflektieren die Echos nicht zum Schallkopf zurück, sondern an ihm vorbei

Abb. 1.5-8 (Buschmann). B-Bild-Echogramm (Horizontalschnitt) von normalem Bulbus und normaler Orbita. Linearabtastung mit Wasserbad-Ankoppelung, Gerät 7900 (elektromechanischer Linear-Scan), 8 MHz-Schallkopf. Infolge zu kurz gewählter Wasservorlaufstrecke und sehr hoch eingestellter Empfindlichkeit erscheinen Wiederholungsechos der Hornhaut, der Iris + Linsenvorderfläche und der Linsenrückfläche im Glaskörperraum.

Ein weiteres Artefakt-Echo täuscht eine umschriebene Ablatio vor der Bulbusrückwand vor. Die übersteuerten Echos der Bulbusrückwand und des orbitalen Fettgewebes führen zur Verstärker-Übersättigung, wodurch bei diesem Gerät scheinbar echofreie Bereiche in der Orbita pathologische Veränderungen vortäuschen konnten. Jedoch füllen sich diese scheinbar echofreien Zonen mit Echos auf, wenn durch Herabsetzung der Empfindlichkeit die Verstärker-Übersättigung beseitigt wird.

Bei neueren Geräten hat eine Verstärker-Übersättigung nicht mehr denselben Effekt, führt aber zu multiplen kleinen Lücken im Fettechogramm („Schweizer-Käse-Effekt", Coleman 1977)

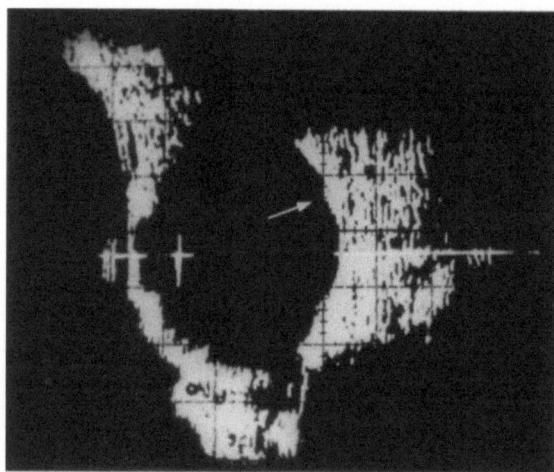

Abb. 1.5-7 (Haigis). „Baum's Bumps". B-Bild eines gesunden Auges, aufgenommen in Wasserbad-Ankoppelungstechnik mit dem Gerät Ophthalmoscan und einem großen, fokussierten 10 MHz-Schallkopf. Horizontalschnitt. Die deutlich erkennbare Stufe in der Bulbusrückwand (*Pfeil*) entspricht nicht einer pathologischen Veränderung; vielmehr handelt es sich um einen Artefakt, der aus der Schallbrechung in der Peripherie der Linse und der dadurch bedingten Schallbündelablenkung resultiert

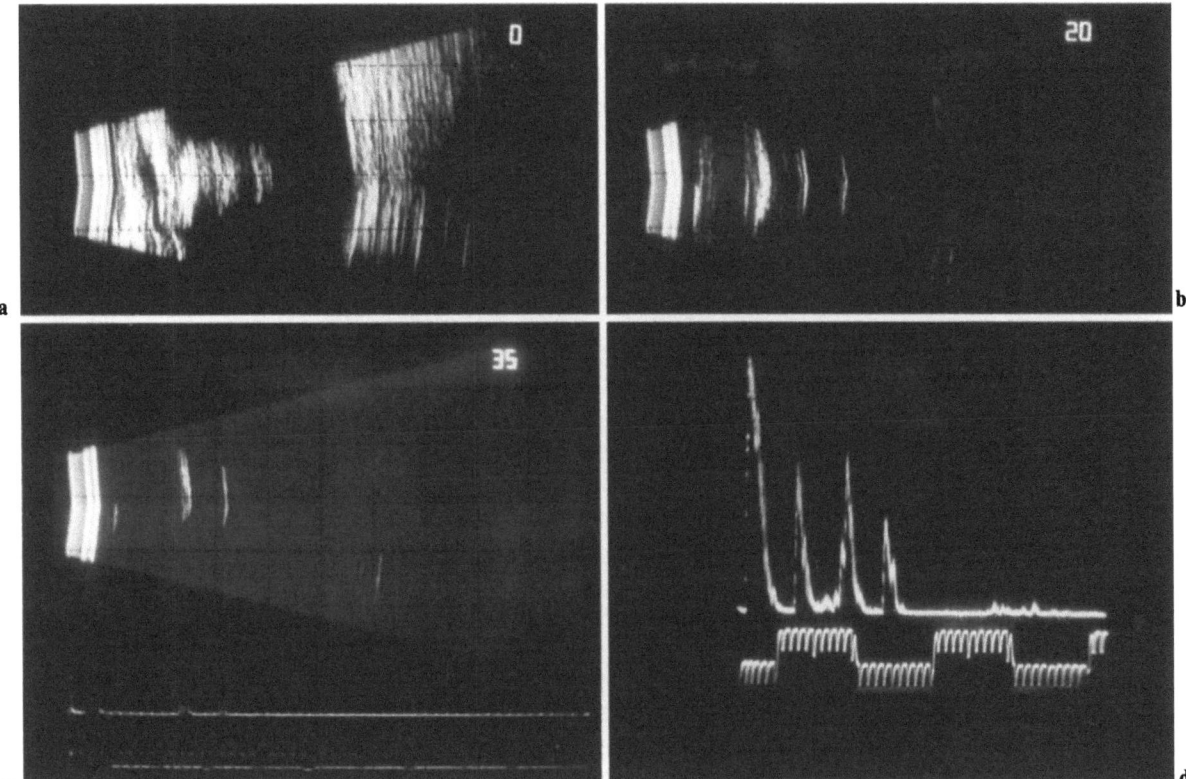

Abb. 1.5-9a–d (Buschmann). Artefakte durch Pseudophakos. Eine intraokular eingepflanzte Kunstlinse aus Plexiglas (hier: sulkusfixierte Hinterkammerlinse) verursacht aufgrund des hohen Reflektionsfaktors an den Grenzflächen eine Serie von Wiederholungsechos. (**a**) Hohe Empfindlichkeitseinstellung [ΔV(W38) = 52 dB]. (**b**) Mittlere Empfindlichkeitseinstellung [ΔV(W38) = 35 dB]. (**c**) Niedrige Empfindlichkeit [ΔV(W38) = 23 dB]. Das Echo der Kunstlinse ist intensiver als das Skleraecho (**b, c, d**), es ist sogar intensiver als das Testreflektorecho [in diesem Fall wurde ein ΔV(W38) von −4 dB gemessen]. Die starken Reflexionen an der Oberfläche der Kunstlinse führen zu einer erheblichen Schwächung der in die tieferen Teile des Auges gelangenden Schallimpulse, so daß im Bereich von Sklera- und Orbitagewebe ein Schallschatteneffekt entstehen kann. In **a** ist dieser jedoch nicht sicher vom N. opticus abzugrenzen, der ebenfalls eine Lücke im Echogramm von Sklera und Orbitafett verursacht. Gerät Ocuscan 400, Arbeitsfrequenz 9,7 MHz, Kontaktankopplung. (**d**) A-Bild-Echogramm mit Mehrfachechos der Kunstlinse und kaum noch sichtbaren Skleraechos. Gerät 7200 MA, 10 MHz-Flachstielschallkopf in Kontaktankopplung

und werden deshalb im Echogramm nicht dargestellt (s. Kap. 8.4). Außerdem kann – abhängig vom gewählten Abtastverfahren – die Hornhautkrümmung verfälscht abgebildet werden (Abb. 1.5-5).

Die Linse des Auges wirkt als Schallzerstreuungslinse, eine Divergenz des Schallbündels ist die Folge (Kap. 8.10). Die kleinen, nicht (oder nur schwach) fokussierten Schwinger der ophthalmologischen Schallköpfe weisen außerdem schon im Wasserbad eine Divergenz des Schallbündels auf (Kap. 8.4 und 8.6). Daraus ist geschlossen worden, daß bei der Messung der Achsenlänge des Auges eine relativ große Fläche der Bulbusrückwand am Zustandekommen des Echos beteiligt ist. Das ist jedoch nicht der Fall. Die Intensitätsabnahme zu den Rändern des Schallfeldes hin (Kap. 10.3.3, 10.3.5) sowie die Reflexionswinkel (Abb. 1.5-6) bewirken, daß nur ein kleiner Bezirk registrierbare Echos zum Schallkopf reflektiert, so daß die Konkavkrümmung der Bulbuswand die Position des Bulbusrückwandechos praktisch nicht verfälscht (Franken 1962). Das gilt aber nur für Untersuchungen in Richtung der optischen Achse (erst recht in Richtungen, die die Linse nicht berühren).

Anders dagegen ist dies bei Richtungen, in welchen periphere Anteile der Linse im Schallfeld liegen (s. Kap. 1.4.2). Durch die Schallbrechung kommt es hier zu einer Richtungsänderung des Schallbündels (Abknickung von der optischen Achse weg). Die Schallimpulse erreichen nicht die

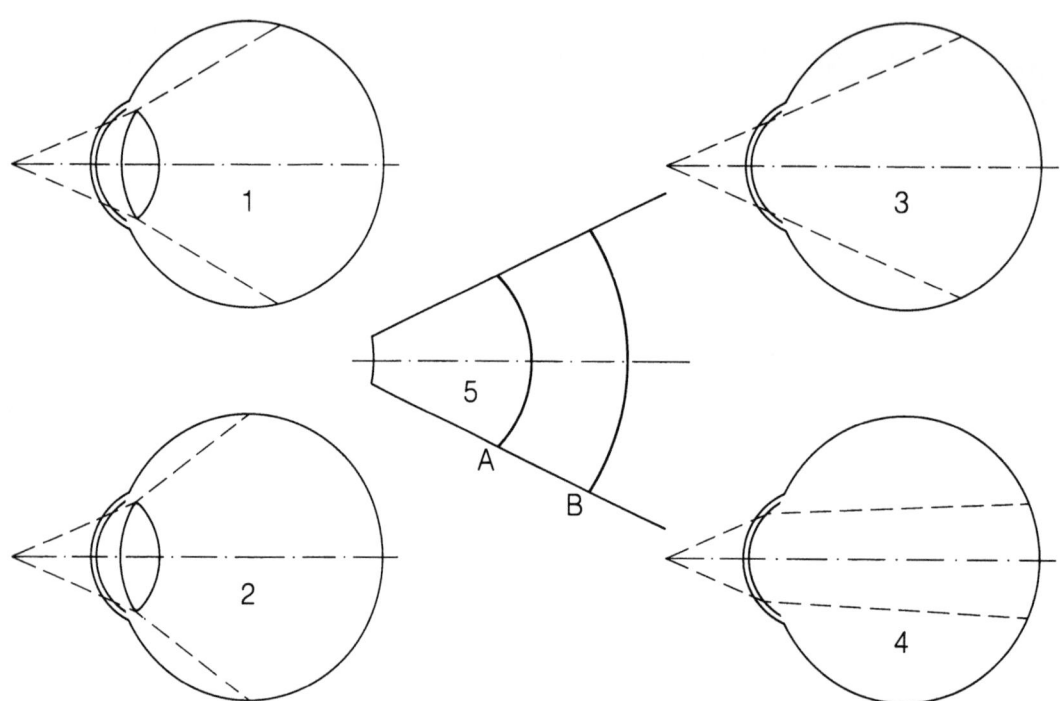

Abb. 1.5-10 (Trier). Berechnung der Schallbrechung bzw. der sich ergebenden Apertur für einen Sektor-Kontakt-Scanner mit 50° nominalen Bildwinkel am Gullstrand-Auge. *1*, Phakes Normalauge. *2*, Phakes Auge mit Silicon-Öl (v = 976 ± 65,6 m/s) retrolental; *3*, Aphakes Auge. *4*, Aphakes Auge mit Silicon-Öl-Füllung. *5*, Das Sichtgerät stellt ungeachtet der wahren Bildwinkel die Echogramme konstant als 50° Sektor dar; *A*, Rückwand bei erhaltenem Glaskörper. *B*, Rückwand bei Ersatz des Glaskörpers durch Silicon-Öl (Fall 2 und 4). (Mod. nach Shugar et al. 1985)

Stelle der Bulbusrückwand, die einem geradlinigen Verlauf des Schallbündels entsprechen würde, sondern eine weiter peripher liegende Stelle. Das Bildanzeigesystem berücksichtigt diese Abknickung des Schallbündels jedoch (bisher) nicht; die Echos werden so abgebildet, als wäre der Schallbündelverlauf geradlinig. Da die Distanz zur weiter peripher liegenden, tatsächlich getroffenen Bulbusrückwandsstelle kürzer ist, erscheint das Echo früher – es wird (in seitlich verschobener Position gegenüber der tatsächlichen Reflexionsstelle) **vor** der tatsächlichen Bulbuswandposition dargestellt („Baum's Bumps", Baum 1975; Abb. 1.5-7).

In welchem Ausmaß dieser Artefakt sichtbar wird, hängt von der gewählten Abtasttechnik ab. Im Zweifelsfall schafft eine Untersuchung der fraglichen Stelle der Bulbusrückwand nach Blickwendung (Linse des Auges nicht mehr im Schallfeld) Klarheit. Bei Sektor- oder Linearabtastung werden die seitlich im Abtastgebiet liegenden Anteile der Bulbuswand im Echogramm nicht dargestellt (Abb. 1.5-5 u. 8). Sie werden in so flachem Winkel vom Schallbündel getroffen, daß keine Echos zum Schallkopf hin reflektiert werden, auch wenn der abgetastete Bereich seitlich weit darüber hinausreicht (Kap. 1.4.2). Durch Wahl einer anderen Untersuchungsrichtung und durch Blickwendung können diese Bereiche der Bulbuswand jedoch in eine für die echographische Darstellung und Beurteilung geeignete Position gebracht werden.

Artefakte durch Mehrfachreflexionen
Bei Kontaktankopplung kann ein Mehrfachecho (s. Kap. 8 und 10.3.6) der Linsenvorderfläche entstehen, das kurz vor dem Echo der Linsenrückfläche erscheinen kann und letzteres überlagert. Messungen des axialen Linsendurchmessers sollten deshalb nicht in Kontaktankopplung ausgeführt werden. Aber auch bei Wasserbad-Ankopplung (Verwendung einer Vorlaufstrecke) können – bei unzweckmäßiger Untersuchungstechnik – irritierende Mehrfachechos entstehen; insbesondere bei hoch eingestellter Empfindlichkeit und kurzer Vorlaufstrecke (Abb. 1.5-8). Wählt man dagegen eine Vorlaufstrecke, die länger ist als der Bulbusdurchmesser, so sind Mehrfachechos innerhalb des Bulbus-Echogramms zuverlässig ausgeschlossen.

Mehrfachechos, die in der Regel aus Mehrfachreflexionen zwischen einer Grenzfläche des Auges und der Schallkopfvorderfläche hervorgehen (Ausnahme: Fremdkörper, s. Abb. 1.5-9 und Kap. 2.2.1 und 3.4.7), können leicht identifiziert werden. Ändert man den Abstand des Schallkopfes vom Auge, so ändert sich die Distanz aller regulären Echos von Sendeimpuls im gleichen Maße; die Abstände der regulären Echos *untereinander* bleiben gleich. Mehrfachechos dagegen entfernen oder nähern sich gegenüber dem Sendeimpuls mit doppelter Geschwindigkeit; dadurch ändert sich auch ihr Abstand zu den anderen (regulären) Echos.

Intraokular eingepflanzte Kunstlinsen weisen an der Grenzfläche zum Kammerwasser einen besonders hohen Reflexionskoeffizienten auf. Deshalb entsteht, wenn sie senkrecht vom Schallbündel getroffen werden, eine Kette intensiver Mehrfachechos (Abb. 1.5-9).

Artefakte bei pathologischen Veränderungen
Solche Artefakte insbesondere durch reflexions- oder absorptionsbedingte Schallschwächung sind bei den entsprechenden Krankheitsbildern beschrieben (z.B. in Kap. 2.7), ferner in Kapitel 10.1.

Das begrenzte seitliche Auflösungsvermögen verursacht Artefakte bezüglich der seitlichen Ausdehnung von kleinen Reflektoren (s. Kap. 2.2.1, Fremdkörper). Deshalb ist es bisher auch nicht möglich, die Exkavation der Papille durch echographische Verlaufskontrollen ausreichend genau zu erfassen; zum Einfluß auf die Größenbeurteilung bei Tumoren siehe Kapitel 2.7.3.
Gerätetechnisch bedingte Artefakte sind in Kapitel 10 erläutert.

Aperturänderungen der B-Mode-Abbildung
(H.G. TRIER)
Starke, klinisch bedeutsame, schallbrechungsbedingte Aperturänderungen der B-Mode-Abbildung sind zu beachten, wenn Echogramme ohne und mit Linse, sowie mit natürlichen Medien im Glaskörperraum einerseits und Silikonöl bei Netzhautchirurgie andererseits verglichen werden (Shugar et al. 1985) (Abb.1.5-10).

Literatur

Baum G (1975) Fundamentals of medical ultrasonography. Putnam's Sons, New York, pp 43–58

Buschmann W (1966) Einführung in die ophthalmologische Ultraschalldiagnostik. In: Velhagen K (Hrsg) Sammlg. zwangl. Abhdlg. a. d. Geb. d. Augenheilkd., Bd 33. Thieme, Leipzig

Buschmann W (1972) Ophthalmologische Ultraschalldiagnostik. In: Velhagen K (Hrsg) Der Augenarzt, Bd II. Thieme, Leipzig

Coleman DJ, Lizzi FL, Jack RL (1977) Ultrasonography of the eye and orbit. Lea & Febiger, Philadelphia

Franken S (1962) Measuring the length of the eye with the help of ultrasonic echo. Ophthalmologica 143:82–85

Freeman MH (1963) Ultrasonic pulse-echo techniques in ophthalmic examination and diagnosis. Ultrasonics 1:152–160

Freeman MH (1965) Measurement of ocular distances – Factors affecting accuracy. Wiss Zeitschr Humboldt-Univ Berlin Math-Naturwiss Reihe 14:209–211

Shugar JK, Juan E de Jr, McCuan BW, Tiedman J, Landers MR, Machemer B (1986) Ultrasonic examination of the silicone-filled eye: Theoretical and practical considerations. Arch Ophthalmol 224:361–367

2 Erkrankungen des Augapfels aus echographischer Sicht

2.1 Die Abmessungen des Augapfels und ihre Veränderungen

2.1.1 Echographische Meßmethoden

H.G. TRIER und W. HAIGIS

Einordnung der Ultraschall-Biometrie, Indikationen

Mit *Ultraschall-Biometrie* oder *Echometrie* wird die Messung von akustisch quasi homogenen Längen und Strecken am lebenden Körper mittels Ultraschall bezeichnet, sowie die davon ausgehende Berechnung von Flächen und Rauminhalten der Gewebe. (Der Begriff „Biometrie" wurde der Biomathematik und Biostatistik entlehnt.)

Bei der *Ultraschall-Gewebsdiagnostik* wird geprüft, ob und ggf. welche Gewebsveränderungen vorliegen (Charakterisierung und Differenzierung des Gewebeaufbaus). Bei der Untersuchung dünner Schichten als kleinster Elemente der Gewebsechogramme, z.B. der Aderhaut oder ihrer Teilschichten (Mikrobiometrie) gehen biometrische und gewebsdiagnostische Aussagen ineinander über.

Indikationen zur Ultraschall-Biometrie des Augapfels

A. Messung der Achsenlänge des Auges oder ihrer Teilabschnitte (Hornhautdicke, Vorderkammertiefe, Linsendicke, Glaskörperlänge):

Verfahren: A-Mode
Berechnung von optischen Größen des Auges mittels optisch-akustischer Verfahren vor Linsenentfernung: Brechkraft intraokularer Implantlinsen, Netzhautbildgröße, Kontaktlinsen- und Brillenkorrektur und deren Kombinationen.

Bei linsenlosen Augen: objektive Bestimmung der Ametropie bzw. ihrer optischen Korrektur.

Refraktive Hornhautchirurgie: Berechnung optischer Größen. Feststellung und Differentialdiagnose von Anomalien und krankhaften Veränderungen des Augapfels oder seiner Teilabschnitte (z.B. Mikrophthalmus, Makrophthalmus, Phthisis, Achsenmyopie, Achsenhypermetropie, Buphthalmus; Hornhautverdickung oder -verdünnung (Pachymetrie), Vorderkammerabflachung oder -vertiefung. Linsendickenmessung z.B. bei Glaukom, Sphärophakie, Korrektur der Röntgenlokalisation von Fremdkörpern nach dem Comberg-Schema. Differentialdiagnose des Exophthalmus und Enophthalmus.

B. Messungen außerhalb der optischen Achse des Auges:

Verfahren: A-, B-Mode
Durchmesser der Vorderkammer vor Einpflanzung von Vorderkammerlinsen; äquatorialer Durchmesser, Papillenexkavation oder -prominenz. Bestimmung des Subretinalvolumens bei abgehobener Netzhaut zur Dosierung von bulbuseindellenden Eingriffen. Messung von Prominenz, seitlicher Ausdehnung und Volumen bei intraokularen Tumoren (Wachstum; Indikation, Dosierung und Wirkungsbeurteilung der Tumortherapie). Dickenmessungen an den Hüllen des Auges (Netzhaut-Aderhautschicht, Lederhaut).

Indikationen zur Ultraschall-Biometrie der Augenhöhle

Verfahren: A-, B-Mode
Messung der Dicke von Augenmuskeln, des Sehnervs und der Sehnervenscheiden. Ausdehnung orbitaler Tumoren. Fremdkörperlokalisation in bezug zum Augapfel.

Gemeinsame Grundlagen der Ultraschall-Biometrie

Die Ultraschall-Biometrie basiert auf der Schallreflexion an Grenzflächen und dem daraus entwickelten Echolot und Sonar.

Prinzip

Vom Sender geht ein Schallwellenzug aus. Er durchläuft das schallhomogene Medium I mit

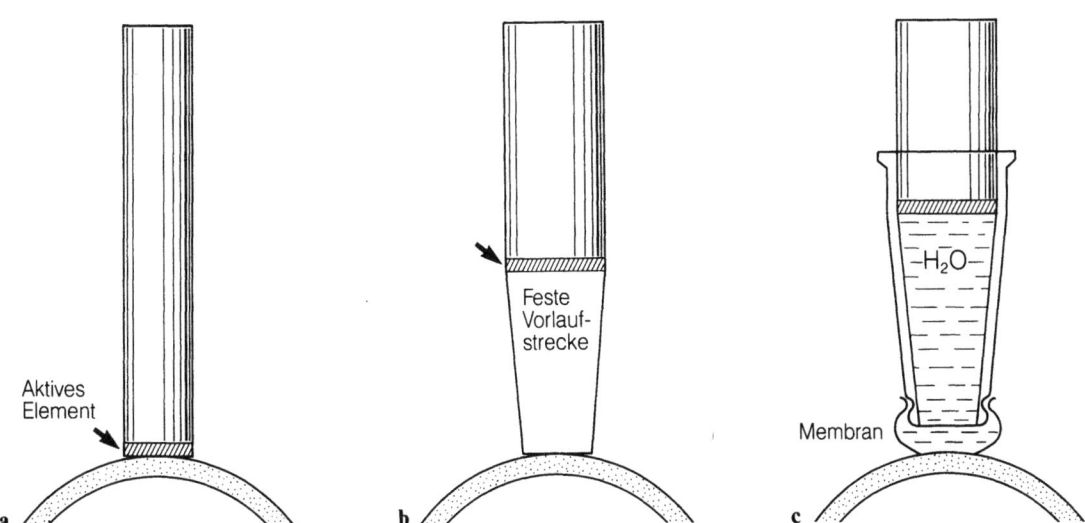

Abb. 2.1.1-1 a–c (Trier). Schematische Darstellung der Schallkopfankopplung beim Kontaktverfahren. **a** Direkte Ankopplung ohne Vorlaufstrecke; Messung mit Nullpunktsfehler behaftet. **b** Ankopplung mit fester Vorlaufstrecke; kein Nullpunktsfehler. **c** Ankopplung mit wassergefüllter Vorlaufstrecke, die durch eine weiche Membran abgeschlossen ist; kein Nullpunktsfehler

einer konstanten Fortpflanzungsgeschwindigkeit v und gelangt nach der Laufzeit t auf eine erste Grenzfläche mit einem „schallhärteren" Medium II, die die Bedingung für Reflexion erfüllt. Die Grenzfläche reflektiert einen Teil der Energie des Schallwellenzugs in Richtung auf den Empfänger zurück, wo er nach der Rücklaufzeit t wieder eintrifft und als Echo registriert wird.

Aus der registrierten (Hin- und Rück-) Laufzeit $2 \times t$ und der spezifischen Schallgeschwindigkeit v im betreffenden Medium kann die Entfernung s nach folgender Beziehung berechnet werden:

Strecke (s) = Schallgeschwindigkeit (v) × Laufzeit (t)

Darstellung des Echogramms

Die Echoereignisse und ihre Laufzeiten werden bei den heutigen Geräten für die Ultraschall-Biometrie sichtbar gemacht mittels

- analoger Darstellung: am Oszillographenschirm (vgl. Kap. 9) oder
- digitaler Technik: nach Analog-Digital-Wandlung der Signale und Abspeicherung in einem digitalen Speicher; Wiedergabe auf einem Bildschirm, z.B. in Fernsehnorm (vgl. Kap. 9).

Geräteausstattung

Biometrische und gewebsdiagnostische Aussagen sind meist beide notwendige Bestandteile jeder umfassenden klinischen Ultraschalluntersuchung und Befundbeschreibung. Erforderlich ist daher ein A- oder A,B-Mode-Gerät für Gewebsdiagnostik, mit mindestens einem A-Mode-Normalschallkopf der Arbeitsfrequenz 6–10 MHz, möglichst auch einem handlichen Kontakt-B-Mode-Schallkopf gleicher Arbeitsfrequenz.

Für besondere Fragestellungen sind reine Biometrie-Untersuchungen nützlich, wobei auch Laufzeitmeßgeräte (vgl. Kap. 7) mit speziellen Biometrie-Schallköpfen einsetzbar sind, z.B. für die Messung der Achsenlänge oder ihrer Teilabschnitte zur Berechnung intraokularer Implant-Linsen (s. Tabelle 7-1).

Ankopplungsarten

Von den verschiedenen Möglichkeiten der Schallkopfankopplung haben sich in der Praxis die Kontaktankopplung und die Immersionsmethode bewährt.

Die *Kontaktankopplung* (Abb. 2.1.1-1 und 2) zeichnet sich durch folgende Vor- und Nachteile aus:

Vorteile: Unkompliziertes Verfahren für Untersucher und Patient, ohne Helfer durchführbar; erfordert geringste Mitarbeit des Patienten; am liegenden wie am sitzenden Patienten einsetzbar, Schallköpfe mit eingebautem Fixationslicht verfügbar.

Nachteile: Risiko einer verringerten Meßgenauigkeit durch Abplattung des Auges und Nullpunktsfehler (vgl. Abb. 2.1.1-2 bis 4):

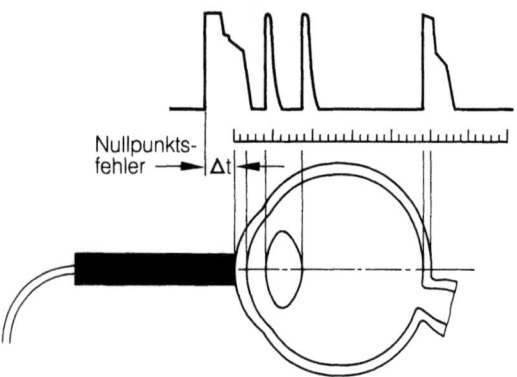

Abb. 2.1.1-2 (Trier). Illustration zur Entstehung des Nullpunktsfehlers bei der Kontaktankopplung

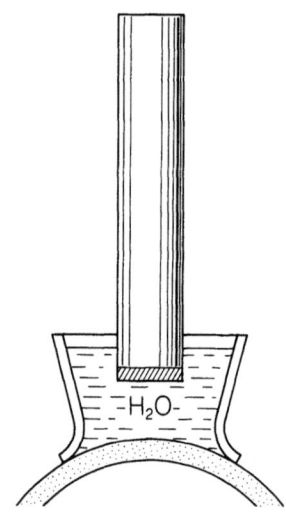

Abb. 2.1.1-3 (Trier). Schematische Darstellung der Schallkopfankopplung beim Immersionsverfahren. Der zur Schallkopf- wie zur Augenseite hin offene, mit Wasser gefüllte Trichter stellt der Schallausbreitung keine zusätzliche Grenzfläche entgegen. Das Hornhautecho ist wohl getrennt vom Sendeimpuls, daher entsteht kein Nullpunktsfehler (vgl. auch Abb. 2.1.1-6)

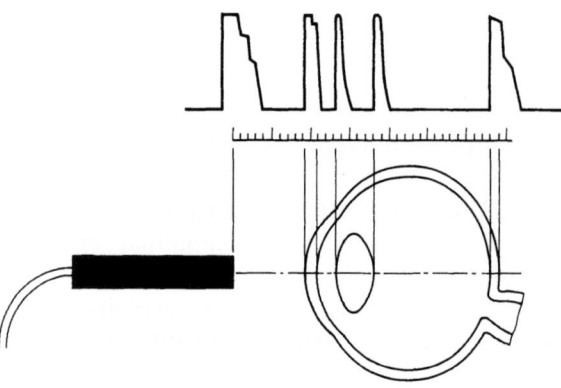

Abb. 2.1.1-4 (Trier). Illustration zur Ankopplung mit Vorlaufstrecke (z.B. beim Immersionsverfahren) zur Vermeidung des Nullpunktsfehlers

Bei der *Immersionstechnik* (Abb. 2.1.1-3) gilt:
Vorteil: Hohe Meßgenauigkeit, kein Nullpunktsfehler
Nachteil: Helfer erforderlich; Mitarbeit des Patienten muß gegeben sein; nur im Liegen durchführbar; Fixation mit dem 2. Auge nötig.

Kontaktankopplung

Für Messungen der Achsenlänge oder der Teilabschnitte Hornhaut, Vorderkammer und Linsendicke ist die Vermeidung der Fehlermöglichkeiten der Kontaktankopplung wichtig, ebenso bei solchen Messungen außerhalb der optischen Achse bzw. in der Orbita, bei denen eine Biometrie ab Organoberfläche (Lider, Augapfel) gefordert ist, also der interessierenden Strecke *keine* Gewebsschicht ausreichender Tiefe (als natürliche Vorlaufstrecke) vorgeschaltet ist (Beispiel: Messung des äquatorialen Durchmessers des Augapfels mit Normal- oder Flachstielschallkopf; Messung der Prominenz eines Ziliarkörper-Tumors von der gleichseitigen Sklera aus.) Die „natürliche Vorlaufstrecke" liegt dagegen vor z.B. bei der Messung des Sehnervdurchmessers und der Muskeldicke transbulbär.

Durch Druckausübung mit dem Schallkopf ist eine Abplattung des Auges möglich. Dadurch kann die Vorderkammertiefe und die Achsenlänge verkürzt erscheinen. Bei Verwendung eines wassergefüllten Tubus mit Membranabschluß kann die Verkürzung der Laufzeit im Tubus erkannt und hieraus ein Qualitätsmaß für die Messung abgeleitet werden (vergl. Abb. 2.1.1-1c; Gerätebeispiel: ALPHA 20/20 von Storz Instrument Co., St. Louis, USA).

Die Ausschaltung des Nullpunkt-Fehlers (Abb. 2.1.1-2) erfolgt entweder durch seine Messung in vitro und die Korrektur jeder biometrischen Messung durch Abzug von Δt vom Meßergebnis; oder durch die Vorschaltung einer künstlichen Vorlaufstrecke (s.u.) vor den Schallkopf, so daß der Nullpunkt-Fehler an eine nicht störende Stelle vorverlegt wird (s. Abb. 2.1.1-4). Bei der Immersionstechnik besteht diese künstliche Vorlaufstrecke aus einer Flüssigkeitssäule, welche direkt über der Hornhaut steht.

Ankopplung mit Vorlaufstrecke

a) Ankopplung über hängenden Tropfen (Sprenger 1965) aus Methylzellulose oder Wasser

b) Immersion des Schallkopfs in *offenen* flüssigkeitsgefüllten Formteilen:
- Plexiglastrichter im Bindehautsack (nur für Messungen der Augenachse)
- Tubus aufgesetzt peribulbär auf die Lider (z.B. nach Coleman für Kontakt-B-Mode-Schallköpfe)
- modifizierte Taucherbrillen
- Klebefolien peribulbär (z.B. STERI-DRAPE wie für Wasserbad-Scanner 3 M Comp.)

c) wassergefüllter Tubus mit Membranabschluß, befestigt am Schallkopf

d) elastische Kunststoffe mit geringer Schallabsorption, wie Kiteko (3M) oder Sonaraid (hydratisierte Polyacrylamid-Agar-Platten, Hersteller: Geistlich-Pharma; Alzen et al. 1985). Die erforderliche Schichttiefe wird aus Platten zurechtgeschnitten und an das Gewebe und den Schallkopf mit Methylzellulose angekoppelt.

Praktisches Vorgehen

Vor der Messung ist das Tropfen eines Lokalanaesthetikums erforderlich.

Bei der Kontaktankopplung wird die harte Schallkopfvorderfläche mit einem Tropfen Methylzellulose oder physiologischer Kochsalzlösung möglichst druckfrei an die Hornhaut angekoppelt. Bei der Immersionstechnik wird ein Plexiglastrichter in den Bindehautsack des liegenden Patienten eingesetzt und unter Vermeidung von Luftblasen mit physiologischer Kochsalzlösung gefüllt. Der Untersucher hält mit der Hand druckarm den Trichter, um eine Verformung des Augapfels zu vermeiden. Mit der anderen Hand taucht er einen Normalschallkopf zuerst etwas schräg, dann senkrecht in die Vorlaufstrecke. Etwa vor dem Schallkopf hängengebliebene Luftblasen werden mit einem kunststoffummantelten Draht entfernt. Beide Hände werden am Kopf des Patienten abgestützt. Der Schallkopf ist richtig justiert, wenn er etwa 5–7 mm über der Hornhautvorderfläche schwebt und die Echos der Hornhaut, beider Linsenflächen und der Bulbusrückwand einen stufenfreien Anstieg bei möglichst hohen Amplituden zeigen. Mehrfachechos der Hornhaut im Echomuster der Linse werden ggf. durch Abstandsänderung des Schallkopfs entfernt.

Patientenposition bei der Untersuchung

Biometrische Messungen können am sitzenden oder liegenden Patienten durchgeführt werden. Beim *sitzenden* Patienten kommt das Kontaktverfahren zur Anwendung. Der Schallkopf ist in einer tonometerähnlichen Halterung an der Spaltlampe befestigt; mit Kinn- und Stirnstütze wird der Patient unterstützt. Die Fixation erfolgt mit dem zu messenden Auge mit Hilfe eines in den Schallkopf fest eingebauten Fixierlichts. Eine freie (dreidimensionale) Schallkopfnachführung ist nicht möglich. Brauchbare Ergebnisse können nur bei guter Fixation, d.h. bei ausreichender Sehschärfe und guter Mitarbeit des Patienten erwartet werden.

Am *liegenden* Patienten ist eine manuelle Nachführung und optimale Justierung des Schallkopfes problemlos möglich und daher bei Katarakt-Patienten zu bevorzugen. Die Fixierung erfolgt mit dem 2. Auge durch eine nachführbare Fixiermarke über der Untersuchungsliege.

Geräteeinstellungen

Maßstab bzw. Zeitskala

Vor der Untersuchung muß sichergestellt sein, daß der Maßstab bzw. die Zeitmarkenskala des Geräts korrekt kalibriert ist (vgl. Kap. 10.4). Bei Geräten mit einstellbarer Schallgeschwindigkeit muß diese ebenfalls kalibriert und (je nach Meßproblem) korrekt eingestellt sein.

Einstellung der Gesamtempfindlichkeit des Geräts für die diagnostische Voruntersuchung

Pathologische Veränderungen im Augeninnern, z.B. vitreoretinaler Art, können eine relative oder absolute Kontraindikation zu der vorgesehenen Kunststofflinsenimplantation bei Katarakt darstellen.

Daher ist bei fehlendem optischen Einblick grundsätzlich vor der Achsenlängenmessung eine ultraschall*diagnostische* Untersuchung mit einem Gerät für *Gewebsdiagnostik* angebracht. Wo dies nicht möglich ist, kann das folgende Vorgehen mit dem Biometriegerät einen Teil der Fälle mit intraokularen Veränderungen aufdecken: Voruntersuchung in mehreren Stufen mit dem Biometriegerät nach Einstellung einer diagnostischen Gesamtempfindlichkeit von

$$\Delta V(W38) = 39{-}67 \text{ dB}$$

Tabelle 2.1.1.-1 zeigt aufdeckbare pathologische Veränderungen für verschiedene Gesamtempfindlichkeiten (vgl. hierzu auch Abb. 2.7.1-2).

Falls das verwendete Biometriegerät hierfür geeignet ist, kann versucht werden, die festgestellte

Tabelle 2.1.1-1 (Trier). Feststellbare intraokulare Veränderungen bei verschiedenen Einstellungen der Gesamtempfindlichkeit

ΔV (W38)/dB	Feststellbare i.o. Veränderungen in der jeweiligen Empfindlichkeitsstufe
0–5	Kalkeinlagerungen oder i.o. Fremdkörper
45–50	Zusätzlich: Trübungen oder Blutungen, Schwarten oder Proliferationen im Glaskörper; abgelöste Netz- oder Aderhaut; prominente Herde im Makulagebiet (M. Junius-Kuhnt)
65–67	Zusätzlich: schwächer reflektierende Glaskörperveränderungen; Strukturechos aus Tumorgewebe

i.o. Pathologie z.B. nach dem Verfahren der Pegeldifferenz-A-Mode-Echographie weiter zu differenzieren (vgl. Kap. 1.4.2, Abb. 1.4.2-3).

Einstellung der Gesamtempfindlichkeit des Geräts für die Achsenlängenmessung

In den geeigneten Fällen kann jetzt die Achsenlängenmessung erfolgen. Die einzustellende Gesamtempfindlichkeit (bei 8–10 MHz Arbeitsfrequenz) liegt zunächst bei ca.

$$\Delta V(W38) = 39 \text{ dB}$$

Die Gesamtempfindlichkeit ist so zu wählen, daß bei richtiger Justierung des Schallkopfs das typische axiale Echogramm erscheint (s. Abb. 2.1.1-4) und dabei das 1. Echo der Rückwand zuverlässig von der Retina erzeugt wird (retinale Achsenlänge). Eine zu niedrige Empfindlichkeit würde nur das Skleraecho, eine zu hohe dagegen präretinale Glaskörpergrenzflächen zur Darstellung bringen.

Bei Laufzeitmeßgeräten können andere Einstellungen zum Ansprechen der automatischen Messung erforderlich sein.

Der Schallkopf ist richtig justiert, wenn die Echos der Hornhaut, beider Linsenflächen und der Bulbusrückwand einen stufenfreien Anstieg und möglichst hohe Amplituden zeigen. Bei Immersion schwebt der Schallkopf – je nach Typ – dabei ca. 5–10 mm vor der Hornhaut. Mehrfachechos der Hornhaut können durch Abstandsänderung erkannt und aus dem Echogramm der Linse entfernt werden.

Registrierung der Echogramme und Auswertung

Die visuelle Auswertung der Echogramme direkt am Bildschirm ist bei mehreren Biometrie-Indikationen erforderlich, um in Rückkopplung mit der Schallkopfjustierung optimale, z.B. bei Tumor-Prominenzen maximale, Meßwerte zunächst einzustellen. Es ist vom Arbeitsablauf her effektiv, schon während der Patientenuntersuchung, d.h. schon am Bildschirm (nicht erst aus dem Echogramm-Foto oder Meßprotokoll) das Echogramm auf die in Tabelle 2.1.1.-2 dargestellten pathologischen Veränderungen hin zu überprüfen und entsprechende Konsequenzen zu ziehen.

Die optimierten Einstellungen werden fotografisch (35 mm-Film; Polaroid-Foto) oder über Schreiber registriert und dokumentiert, evtl. nach Übernahme in den Bildspeicher des Geräts („Einfrieren des Echogramms"). Die Auswertung an diesen Bilddokumenten erfolgt mittels Maßstab oder besser Stechzirkel (manuelles Verfahren), mittels Kurvenabtaster oder Strichcode-Leser (halbautomatisches, bzw. instrumentengestütztes Verfahren). Falls das Biometriegerät eine numerische Messung und Anzeige der Laufzeit oder Strecke erlaubt, erfolgt diese aus dem Daten- oder Bildspeicher mittels automatisch oder manuell gesetzter elektronischer Meßmarken („Cursoren" oder „Kaliper"). Bei der Auswertung ist die primäre Meßgröße die *Laufzeit* des Ultraschallwellenzuges. Aus ihr ergibt sich durch Multiplikation mit der spezifischen Schallgeschwindigkeit im betreffenden Medium die Strecke in der Schallausbreitungsrichtung.

Tabelle 2.1.1-2 (Trier). Verdacht und diagnostische Konsequenzen bei anormalen Dimensionen der Achsenlänge oder ihrer Teilabschnitte

Verdacht	Konsequenz
Seitendifferente Achsenlänge beider Augen (Anisometrie)	Abklärung der Aniseikonie nach IOL
Mikrophthalmus Phthisis bulbi	Ergänzende B-Bild-Untersuchung; Unterscheidung von „retinaler" und „skleraler" Achsenlänge bei Uveaschwellung
Hydrophthalmie	siehe Wachstumskurven des Auges
Schiefe der Augenwand am hinteren Pol (Achsenmyopie, Ektasie, hinteres Staphylom)	Ergänzende B-Bild-Untersuchung zur Abschätzung der Achsenlänge
M. Junius-Kuhnt	Verminderte Visuserwartung, Tumorausschluß, Befund 2. Auge?

Bei der Auswertung von Strecken im Winkel zur Schallausbreitungsrichtung aus dem B-Mode-Bild ist die Kenntnis der Koordinatentreue des Bildes senkrecht zur Schallausbreitungsrichtung erforderlich.

Die Geometrie-Treue des Echogramms (geometrische Übereinstimmung mit den Dimensionen des Objekts) hängt u.a. von folgenden Faktoren ab:

a) Physikalisch-technische Einflußgrößen
– Parameter des Schallfeldes und des Empfangsverstärkers mit Sichtgerät; u.a. Gesamtempfindlichkeit, axiale und seitliche Auflösung im Schallfeld, Schallkopfgeometrie.
– Genauigkeit der Wiedergabe der Laufzeit auf der horizontalen und der Schallkopfposition auf der vertikalen Bildschirmachse.

b) Biologische Einflußgrößen:
– Bildfehler durch Schallbrechung (nicht korrigierbar), Streuung; Mehrfachreflexion, in Abhängigkeit von dem anatomischen Aufbau des Auges (s. auch Kap. 1.5).
– Unsicherheit der individuellen Schallgeschwindigkeitswerte der verschiedenen Medien (ca. +/– 5%).
– biologische Unruhe bei der Messung = Ausmaß der Relativbewegungen von Untersucherhand versus untersuchtes Auge, beeinflußt die Reproduzierbarkeit der Messung.

Praktische Auswertung von Echogrammphotos

Es wird empfohlen, mindestens 5 auswertbare Echogrammphotos pro Achsenlängenmessung anzufertigen und die Ergebnisse zu mitteln.

Die Auswertung erfolgt nach folgendem Schema:

Für die einzelnen axialen Teilstrecken werden die Laufzeiten in µsec aus dem Echogramm-Photo entnommen. Diese werden dabei vom linksseitigen Fußpunkt der Echos aus gemessen.

An Geräten mit elektronischem Maßstab (z.B. KRETZ 7200 MA) kann die Laufzeit direkt am Maßstab abgelesen werden.

Eine höhere Genauigkeit wird bei Verwendung eines Nonius, z.B. mit einer Schublehre, erzielt. Hierbei wird der Abstand der interessierenden Echos mit Hilfe eines Stechzirkels aus dem Echogrammphoto entnommen und an der Noniusskala abgelesen. Analog wird der Abstand der Zeitmarken auf dem Photo bestimmt. Daraus erhält man sofort einen Umrechnungsfaktor (vgl. Beispiel in Abb. 2.1.1-5), der das Verhältnis von µsec Laufzeit zu mm auf dem Echogramm-Photo angibt. Mit Hilfe dieses Umrechnungsfaktors werden die auf der Noniusskala abgelesenen Abstände für die einzelnen Teilstrecken in Laufzeiten (in µsec) umgerechnet.

Bei Eichung der Maßstabsskala in mm, z.B. durch die Annahme einer gemeinsamen Schallgeschwindigkeit aller intraokularen Medien von 1550 m/sec (wie beim Gerät OCUSCAN 400), ist zur Auswertung des Echogrammphotos ebenfalls ein Umrechnungsfaktor nötig. Dabei wird zuerst bestimmt, welcher µsec-Teilung die mm-Skala entspricht – die dargestellte Gewebe-mm-Skala auf dem Bildschirm wird also wieder in eine Laufzeitskala zurückgerechnet. Das weitere Vorgehen ist dann wie oben.

Die aus den verschiedenen Echogrammphotos bestimmten Laufzeiten (in µsec) für die okularen Teilstrecken werden nun gemittelt.

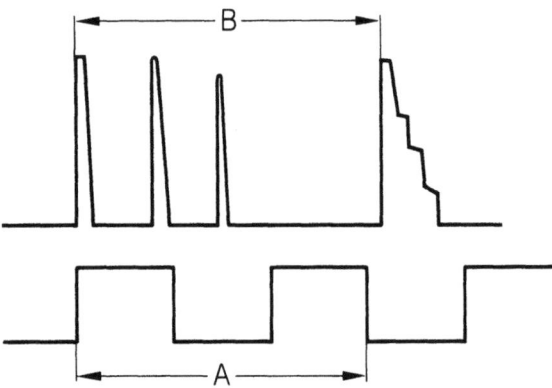

Abb. 2.1.1-5 (Trier). Beispiel zur Auswertung eines Echogramm-Photos. Schematisch ist ein Echogramm dargestellt, wie es mit dem Gerät KRETZ 7200 MA aufgenommen wird. Im unteren Teil des Echogramm-Photos ist die Zeitskala („Quarztreppe") abgebildet, wobei einer „Treppenstufe" eine Laufzeit von 10 µsec entspricht. Ausgewertet werden soll die Achsenlänge B unter der vereinfachenden Annahme einer mittleren Schallgeschwindigkeit für alle intraokularen Teilstrecken von 1550 m/sec. Das Vorgehen ist wie folgt:

1. Schritt: Wieviel µsec Laufzeit entspricht 1 mm auf dem Photo? A mm auf dem Photo entsprechen 30 µsec Laufzeit; 1 mm auf dem Photo entspricht 30/A µsec Laufzeit.

2. Schritt: Wieviel µsec Laufzeit entsprechen der Achsenlänge, die mit B mm auf dem Photo abgebildet ist? 1 mm auf dem Photo entspricht 30/A µsec Laufzeit, B mm auf dem Photo entsprechen B × (30/A) µsec Laufzeit.

3. Schritt: Umrechnung der Laufzeit in Gewebe-mm. Unter Berücksichtigung des doppelten Schallwegs wird die Achsenlänge berechnet gemäß: Achsenlänge = Schallgeschwindigkeit × (Laufzeit/2). Eingesetzt: Achsenlänge = 1550 m/sec × (B × 30 µsec/A)/2. Vereinfacht: Achsenlänge = 23,25 × B/A µsec.

Entnimmt man dem Photo mit dem Stechzirkel z.B. die Werte A = 58,0 mm und B = 60,1 mm, so erhält man für die Achsenlänge ein Resultat von 24,1 mm

Tabelle 2.1.1-3 (Trier). Gebräuchliche Schallgeschwindigkeiten für die exakte Teilstreckenbiometrie

Gewebe	Schallgeschwindigkeit	Literatur
Hornhaut	1639 m/sec	1, 2
Kammerwasser	1532 m/sec	3
Linse	1641 m/sec	3
Glaskörper	1532 m/sec	3

1: Tschewnenko 1965
2: Vanysek, Preisova u. Obraz 1969
3: Jansson u. Kock 1962

Die so erhaltenen mittleren Laufzeiten t für die axialen Teilstrecken werden in (Gewebe-) Strecken s mit den jeweils zutreffenden Schallgeschwindigkeiten v aus Tabelle 2.1.1-3 umgerechnet gemäß

Strecke (s) = Schallgeschwindigkeit (v) × Laufzeit (t/2)

Da sich die Gesamt-Laufzeit des Schallimpulses aus dem Hin- und Rückweg (Schallkopf/Grenzfläche/Schallkopf) zusammensetzt, wird in obiger Formel nur die Hälfte der Laufzeit eingesetzt. Tabelle 2.1.1-4a listet für einige (Gesamt-)Laufzeiten von 1–40 μsec die entsprechenden Kammerwasser/Glaskörper-Strecken in mm auf; Tabelle 2.1.1-4b zeigt Linsendicken für Laufzeiten von 1–6 μsec.

Die Achsenlänge ergibt sich schließlich aus der Addition der einzelnen Teilstrecken.

Anstelle der beschriebenen präzisen *Teilstrecken-Biometrie* (mit spezifischen Schallgeschwindigkeiten für jede einzelne Teilstrecke) werden zur Vereinfachung oft pauschale bzw. mittlere Schallgeschwindigkeiten angenommen. Diese sind in Tabelle 2.1.1-5 zusammengestellt.

Der Einfluß der Linse im phaken Auge kann näherungsweise auch dadurch berücksichtigt werden, daß die Achsenlänge mit dem Wert v = 1532 m/sec (für aphake Augen) berechnet wird und das Resultat durch Addition von 0,3 mm für die Linse korrigiert wird. (Diese Addition entspricht 4,5 mm axialer Linsendicke bzw. 5,5 μsec Laufzeit.)

Tabelle 2.1.1-4a (Trier). Umrechnung von Laufzeit (in μsec) in Glaskörper/Kammerwasserstrecke (in mm) bei einer Schallgeschwindigkeit von 1532 m/sec. Beachte: Der vom Schall zurückgelegte Weg ist immer doppelt so groß wie die Gewebestrecke bzw. Gewebeausdehnung

Gesamtlaufzeit/μsec (hin und zurück)	Glaskörperstrecke/mm Kammerwasserstrecke/mm
1	0,77
5	3,83
10	7,66
15	11,49
20	15,32
25	19,15
30	22,98
35	26,81
40	30,64

Tabelle 2.1.1-4b (Trier). Umrechnung von Laufzeit (in μsec) in Linsenstrecke (in mm) bei einer Schallgeschwindigkeit von 1641 m/sec. Beachte: Der vom Schall zurückgelegte Weg ist immer doppelt so groß wie die Gewebestrecke bzw. Gewebeausdehnung (Weg des Schallimpulses zur Reflexionsfläche + Weg des Echos zurück zum Schallkopf)

Gesamtlaufzeit/μsec (hin und zurück)	Linsenstrecke/mm
1	0,82
2	1,64
3	2,46
4	3,28
5	4,10
6	4,92

Tabelle 2.1.1-5 (Trier). Gebräuchliche pauschale „mittlere" Schallgeschwindigkeiten, verwendet bei der vereinfachenden Annahme von *einer* gemeinsamen Schallgeschwindigkeit für *alle* Teilstrecken

Gewebe	Schallgeschw.
Hornhaut und Vorderkammer	1532 m/sec
Phakes Auge	1550 m/sec
Auge mit IOL aus PMMA (0.5 mm Dicke)	1546 m/sec
Aphakes Auge	1532 m/sec

Korrektur für die Netzhautdicke

Einige Autoren empfehlen, zu der gemessenen Achsenlänge Werte von 0,2–0,5 mm zu addieren, um die optisch wirksame Ebene zu erhalten (z.B.: Gernet 1979: 0,2 mm, v.d. Heijde 1976: 0,4 mm, Thijssen 1979: 0,4 mm, Colenbrander 1973: 0,5 mm). Andere Erfahrungen zeigen jedoch (z.B. bei der Bestimmung der Brechkraft einer Intraokularlinse), daß die genauesten Resultate erhalten werden, wenn die gemessene Achsenlänge *nicht* modifiziert wird (Hoffer 1979; Nitsch u. Reiner 1985).

Messungen außerhalb der optischen Achse

Hierbei wird ein Flachstiel- oder Normalschallkopf in Kontaktankopplung benutzt. Die Schallkopfposition wird nach dem Uhrzeitschema und der Einteilung in limbusparallele Zonen angegeben.: optische Achse, parazentral, Limbus (diese Angabe gilt jeweils für die Schallkopfmitte) und drei gleich breite Zonen A, B und C. In Zone C liegt die Schallkopfmitte am Äquator. Zur Messung den Patienten ggf. nach rechts, links oder in andere Richtungen schauen lassen. Das Echo der gegenüberliegenden Bulbuswand muß einen stufenfreien Anstieg aufweisen. Fehlermöglichkeiten ergeben sich durch zu starkes Andrücken des Schallkopfes (Impression des Bulbus) oder durch „schwebende" Ankopplung – der Schallkopf liegt dann der Bulbusbindehaut nicht auf, sondern ist über eine zu dicke Methocelschicht angekoppelt, was das Ergebnis verfälscht. Bei allen Messungen ab Sendepuls (z.B. Bulbusdurchmesser im Kontaktankopplungsverfahren) Nullpunktfehler abziehen!

B-Bild bei pathologischen Bulbusformen (Staphylome, M. Junius-Kuhnt)

Kontaktankopplung mit Methocel bei offener Lidspalte, beginnend mit Horizontalschnitt, ggf. Vertikalschnitt und weitere meridionale Schnitte anschließend. Die ergänzende B-Bild-Darstellung erlaubt abzuschätzen, ob bei der A-Bild-Untersuchung tatsächlich die Rückwand des Staphyloms getroffen wurde oder normale Bulbuswand an dessen Rand; bei M. Junius-Kuhnt sieht man eine Vorwölbung in Richtung Glaskörperraum im Bereich des hinteren Pols.

Literatur

Alzen G, Sommer W, Doblhoff-Dier G (1985) Entwicklung einer gewebeäquivalenten Kunststoffvorlaufstrecke für die sonographische Diagnostik hautnaher Bereiche. Fortschr Cres. Röntgenstr 143:90–96

Colenbrander MC (1973) Calculation of the power of an iris clip lens for distant vision. Br J Ophthalmol 57:735–740

Fechner PU (1980) Intraokularlinsen: Grundlagen und Operationslehre. Büch Augenarztes 82.

Gernet H (1979) Persönliche Mitteilung, zit. bei Fechner (1980)

Heijde GL, van der, Stilma JS (1976) Biometrie und Aphakie. Klin Monatsbl Augenheilkd 169:289–293

Hoffer KJ (1979) Persönliche Mitteilung, zit. bei Fechner 1980

Jansson F, Kock E (1962) Determination of the velocity of ultrasound in the human lens and vitreous. Acta Ophthalmol 40:420

Nitsch J, Reiner J (1985) Herleitung und kritische Analyse der Formeln zur Berechnung der Brechkraft intraokularer Linsen. Klin Monatsbl Augenheilkd 186:66–73

Sprenger U (1965) Persönl. Mitteilung

Thijssen JM (1979) Persönliche Mitteilung, zit. bei Fechner 1980

Tschewnenko AA (1965) Velocity of ultrasound in ocular tissues. Wiss Z Humboldt-Univ Berlin, Math-Naturwiss Reihe 14/1:67

Vanysek J, Preisova J, Obraz J (1970) Ultrasonography in ophthalmology. Butterworths, Czechoslovak Medical Press

Wells PNT (1969) Physical principles of ultrasonic diagnosis. Academic, New York, p 25

2.1.2 Die normalen Abmessungen des Augapfels und ihre Veränderungen mit dem Wachstum

H. FLEDELIUS

Einleitung

Vom Anbeginn der ophthalmologischen Ultraschalluntersuchungen richtete sich das Hauptinteresse auf die echographische Darstellung von Augenerkrankungen, die mit abnormer intraokularer Morphologie einhergehen, woraus sich als neues Spezialgebiet die ophthalmologische Ultraschalldiagnostik entwickelte.

Im Zusammenhang damit und als Teil dieser Entwicklung wurde der Nutzen echographischer Distanzmessungen untersucht. Mikrophthalmus, Phtisis bulbi, Bulbusvergrößerung bei Buphthalmus und bei Staphyloma posticum sind Beispiele für Zustände, bei welchen die axiale Okulometrie von definitivem Wert für die Einschätzung des Krankheitsbildes ist. Paradoxerweise wurden jedoch schließlich die Untersuchungen normaler Augen zum umfangreichsten Forschungsgebiet bezüglich der Augenabmessungen, vor allem durch die Möglichkeit, die axialen Augenabmessungen in vivo zu studieren und die Ergebnisse zum Refraktionszustand und zu Wachstum und Entwicklung des Auges in Beziehung zu setzen.

Ultraschalltechnik, Meßfehler

Die echographischen Meßtechniken wurden in Kap. 2.1.1 eingehend beschrieben. Daher folgen hier nur einige allgemeine Bemerkungen zu den in Zeitschriftenpublikationen und Büchern veröffentlichten Meßergebnissen am Auge.

Oft werden die Meßergebnisse mit mehreren Dezimalstellen angegeben, wodurch eine hohe Genauigkeit und Reproduzierbarkeit der angewendeten Methode suggeriert wird. Der Leser sollte jedoch stets daran denken, daß die Ultraschallbiometrie am Auge ähnlich anderen biologischen Messungen – mit einer bestimmten Variationsbreite (Fehler) der Meßergebnisse belastet ist, die sowohl vom Gerät als auch vom Patienten ausgeht (Fledelius 1976):

a) Die *Frequenzen* der verwendeten Schallköpfe sind unterschiedlich (und damit auch die Wellenlänge des Ultraschalls im Gewebe).

Die Einstellung der *Geräteempfindlichkeit* ist ebenfalls wichtig und auch die *Kombination von Schallkopf und Gerät*. Bei Verwendung mit einem anderen Gerät kann derselbe Schallkopf durchaus etwas abweichende Ergebnisse liefern.

b) Die Schallimpulse können mittels einer *Koppelflüssigkeit* zwischen Hornhaut und Schallkopf in das Auge transferiert werden, wobei sich die Koppelflüssigkeit in einem Ankoppelungszylinder befindet. Letzterer kann einen Druck auf den Augapfel ausüben.

c) Der Schallkopf kann auch unter direkter Ankoppelung an den zentralen Abschnitt der Hornhaut verwendet werden. Dabei kann es durch Impression (Applanation) dieses Hornhautteils zu Verkürzungen der Achsenlänge und damit zu niedrigen Meßwerten kommen. Im Bestreben, dieses zu vermeiden, kann es vorkommen, daß zu hohe Meßwerte registriert werden, weil der Schallkopf die Hornhaut gar nicht berührt, sondern über einen „hängenden Tropfen" zwischen Schallkopf und Hornhaut angekoppelt ist. Außerdem muß der Nullpunktfehler des Schallkopfes beachtet werden, wenn unter direkter Ankoppelung des Schallkopfs an die Hornhaut gemessen wird.

d) Die Signalverarbeitung im Gerät bis zur Echodarstellung auf dem Bildschirm zeigt oft Unterschiede, sogar innerhalb einer Geräteserie.

e) Die Ablesung der Echodistanzen in der klassischen Form vom Bildschirm oder von Polaroidfotos axialer Echogramme kann weitere Fehler verursachen. Auch hinter modernen Digitalanzeigen können Umformungsfehler verborgen sein. So habe ich z.B. gefunden, daß die tatsächlich im Gerät eingestellte Schallgeschwindigkeit von dem angegebenen Standard (1550 m/sec mittlere Schallgeschwindigkeit im Auge) abwich, als ich dies mittels Ultraschall-Transmission in destilliertem Wasser überprüfte.

f) Bei der Wiedergabe der Ergebnisse haben einige Autoren die angegebenen Echodistanzen direkt verwendet, während andere bestimmte Korrekturfaktoren zufügten (z.B. Addition von einigen Zehntel Millimetern zum Ausgleich der konkaven Krümmung der hinteren Bulbuswand oder Addition eines anderen Faktors, um die optische Achsenlänge, d,h. den Abstand von der Hornhautvorderfläche zu den Rezeptorzellen der Netzhaut zu erhalten).

g) Die Messung kann am sitzenden oder am liegenden Patienten erfolgen. Die Schwerkraft kann dadurch z.B. die Position der Linse während der Messung beeinflussen. Unter Allgemeinnarkose entfallen Störungen durch Bewegungen des Patienten, doch besteht ein unphysiologischer Zustand mit Fasten und relativer Dehydratation; im Gegensatz dazu kann beim wachen Patienten Unruhe durch Ängstlichkeit usw. auftreten.

h) Meist wurden die Patienten von den verschiedenen Untersuchern in partieller oder kompletter Zykloplegie untersucht, aber in einigen Fällen wurden überhaupt keine Zykloplegika verwendet.

i) Endlich verursacht die biologische Variation selbst, sogar bei vergleichbaren Gruppen, Unterschiede in den erzielten Meßwerten. Ferner soll die Refraktion genau angegeben werden. Gruppen, in denen myope Patienten dominieren, ergeben größere Achsenlängenwerte als Gruppen, die mehr einer normalen Bevölkerung entsprechen und einen kleineren Myopieanteil aufweisen. Alter und Geschlecht zeigen ebenfalls Einfluß.

Diese trivialen Fakten werden nicht hervorgehoben, um davon abzulenken, daß die Ultraschallbiometrie tatsächlich unsere beste Methode für in vivo-Studien der axialen Augenabmessungen ist, sondern damit soll erklärt werden, warum es sogar bei ziemlich gleichförmigen Materialien und Meßverfahren zu scheinbar widersprüchlichen Ergebnissen kommen kann. Hauptsächlich ist dies von Bedeutung, wo – wie in dieser Übersicht – biometrische Absolutwerte („Wahrheit") angestrebt werden, auf der Grundlage der Querschnittsdaten verschiedener Autoren. Im Idealfall sollten alle Befunde aus Longitudinalstudien hervorgegangen und von der gleichen Arbeitsgruppe erhoben sein, welche im Gebrauch eines hochentwickelten und zuverlässigen Ultraschallgerätes erfahren ist – und dieses Gerät für alle Untersuchungen zur Verfügung hat. Solche Anforderungen sind natürlich absurd. Wir müssen ein (in jeder Hinsicht) zusammengesetztes Bild akzeptieren, wenn wir das Wachstum des Auges aufgrund der vorliegenden Veröffentlichungen einschätzen. – In diesem Zusammenhang hielt ich es nicht für zweckmäßig, die Ergebnisse anderer Autoren hinsichtlich der optimalen Darstellung der Ergebnisse meiner eigenen Überzeugung anzupassen. Die Ergebnisse werden entsprechend den Angaben in den Originalarbeiten zitiert. Letztere sollte der kritische Leser heranziehen, um seine eigene Meinung zu bilden.

Eine abschließende Bemerkung sollte dieser allgemeinen Diskussion methodischer Fehler angefügt werden bezüglich ihres Einflusses auf die Berechnung intraokular einzupflanzender Linsen in der modernen Kataraktchirurgie. Durch den chirurgischen Eingriff selbst sind Veränderungen bestimmter Parameter möglich, welche zur vorangegangenen Auflistung von Faktoren hinzukommen. In der praktischen Arbeit muß der Ophthalmochirurg Erfahrung mit dem ihm zur Verfügung stehenden Schallkopf und Gerät erwerben, ebenso mit der gewählten Berechnungsformel. Zeigen die postoperativen Kontrollen eine systematische Abweichung von den vorausberechneten Brechkraftwerten, so muß die Meßtechnik sorgfältig überprüft und eventuell verbessert werden. Ein pragmatischer Operateur mag mit einem empirischen Korrekturfaktor zurechtkommen.

Das Wachstum des Auges, dargestellt durch die Veränderung des sagittalen Durchmessers (Achsenlänge)

Die Darstellung basiert auf ausgewählten echographischen Publikationen, wobei nicht versucht wurde, alle Studien in diesem Bereich zu berücksichtigen. Klassische anatomische Studien (und andere biometrische Arbeiten vor der Einführung der Ultraschallmessungen) sind ebenfalls nicht eingeschlossen. Es soll genügen, nur das seit langem erkannte zerebrale Wachstumsverhalten des Auges zu erwähnen, das sich so sehr von dem des übrigen Körpers unterscheidet. Das Wachstum erfolgt sehr ausgeprägt in den ersten 2–3 Jahren und verlangsamt sich danach allmählich bis in die zweite Lebensdekade, in welcher (vermutlich) die endgültige Größe des Auges erreicht ist.

Die Größe des Auges beim Kleinkind und beim Schulkind

Die Abb. 2.1.2-1 enthält eine Zusammenstellung der Meßergebnisse aus den ersten Lebensjahren und enthält auch Augen Frühgeborener (gestrichelter Teil der Kurve). Die Graphik zeigt eine empirische Wachstumskurve (s.a. Fledelius 1976), die in der Universitäts-Augenklinik Kopenhagen seit 1972 verwendet wird. Sie basiert auf den verfügbaren Studien an Neugeborenen und Kindern (Luyckx 1966; Grignolo u. Rivara 1968; Gernet u. Hollwich 1969; Larsen 1971). Hinsichtlich reifer Neugeborener haben Blomdahl (1979) und Yamamoto et al. (1979) mittlere Achsenlängenwerte von

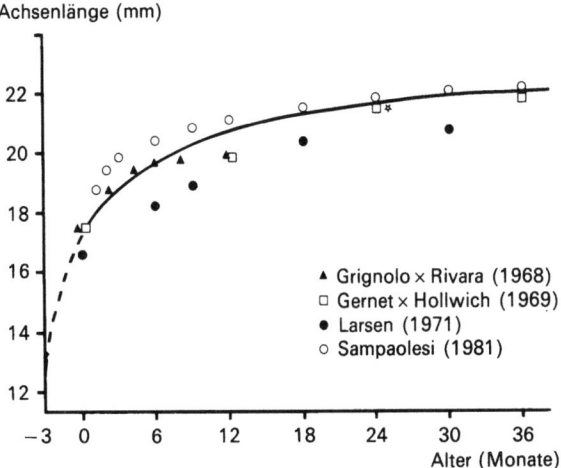

Abb. 2.1.2-1 (Fledelius). Eine Wachstumskurve für die Achsenlänge des Auges in den ersten 3 Lebensjahren, die in der Univ.-Augenklinik Kopenhagen verwendet wird (Fledelius 1972). Sie basiert auf den 3 angegebenen früheren Veröffentlichungen und der Arbeit von Luyckx (1966). Zur Originalabbildung wurden hier neuere Befunde von Luyckx und Delmarcelle (1973; eingetragen mit *) und Sampaolesi (1981) hinzugefügt. Der gestrichelte Kurvenabschnitt (*links*) gilt für die Frühgeborenen. Die Altersangabe *Null Monate* kennzeichnet den regulären Geburtstermin

16,6 bzw. 17,8 mm angegeben. Um das Bild zu vervollständigen, wurden der Abb. 2.1.2-1 die neueren Ergebnisse von Sampaolesi (1981) hinzugefügt.

Technisch ist es schwierig, die Achsenlängen bei den winzigen Neugeborenen zu messen. Daher wurden nur wenig Ergebnisse veröffentlicht und diese beruhen niemals auf einer größeren Zahl. Deshalb und im Hinblick auf das rasche Achsenlängenwachstum von Monat zu Monat nach der Geburt ist es schwierig, Standardabweichungen zu den Mittelwerten anzugeben. Nach meiner eigenen Schätzung beträgt die Standardabweichung etwa 0,6 mm.

Mit fortschreitendem Lebensalter betrachten wir nicht nur das Wachstum des Auges an sich, sondern auch die Assoziation zwischen Achsenlängenzunahme und Refraktionsentwicklung. Die Streuung der Refraktion in den ersten Lebensjahren wurde beachtet, ist jedoch klein. Später aber zeigen die meisten Kinder eine Verschiebung zu einer geringgradigen Hypermetropie oder sogar Myopie, was zu der bekannten Refraktionskurve Erwachsener mit breiter Basis (Exzeß marginaler Refraktionswerte) und Leptokurtosis führt, mit einem Gipfel nahe der Emmetropie. Im allgemeinen sind myope Augen länger als hyperope, und die Werte emmetroper Augen liegen dazwischen. Jedoch gibt es eine beträchtliche Überlappung der Achsenlängen-Bereiche der drei Gruppen. Der Zusammenhang zwischen der Refraktion (x-Achse) und der Achsenlänge (y-Achse) wird durch Regressionskurven ungefähr wiedergegeben, wofür reichlich Beispiele in der Literatur angegeben sind. Bei 10jährigen Kindern fand ich y = −0,37 × + 23,66 (R = −0,61), während Gernet (1969) für Erwachsene y = −0,40 × + 23,52 (R = −0,85) angegeben hat.

Dies unterstreicht, warum biometrische Materialien (hauptsächlich bei Kindern) stets äußerst gewissenhaft unter Berücksichtigung von Alter und Refraktion beschrieben werden sollten. Durch diese zwei Faktoren verursachte Variationen in den Ergebnissen addieren sich zur Gesamtvariation, welche die eigentlichen Meßfehler mit einschließen.

Um solches statistisches Rauschen zu minimieren, sind Untersuchungen „repräsentativer", hinsichtlich des Lebensalters homogenisierter Gruppen vorzuziehen. Das ist in Abb. 2.1.2-2 erfüllt, welche das Wachstum des Auges bei Jugendlichen zeigt. Die von Saraux und Bechetoille (1973) beigesteuerten Augenlängen-Meßwerte sind wahrscheinlich in Richtung Myopie verschoben, was die ziemlich ausgeprägte Achsenlängenzunahme in dieser Altersperiode erklären würde. Meine eigenen Ergebnisse (die nur von reifen Neugeborenen stammen, ehemalige Frühgeborene wurden ausgeschlossen) wurden nach dem Refraktionswert im 18. Lebensjahr eingeteilt. Die Augen mit Myopie (Mittelwert = −3,5 dpt) hatten eine durchschnittliche Refraktionsänderung von 2,4 dpt seit dem 10. Lebensjahr und eine Achsenlängenzunahme von 1,2 mm. Die im 18. Lebensjahr emmetropen (Mittelwert = +0,35 dpt) wiesen eine Refraktionsänderung von 0,8 dpt (von der Hypermetropie) auf und ein Achsenlängenwachstum von 0,46 mm. Die entsprechenden Zahlen für die im 18. Lebensjahr hypermetropen (Mittelwert = +2,25) sind 0,6 dpt Refraktionsänderung und 0,3 mm Achsenlängenzunahme. Gruppiert man nach dem Ausmaß der Refraktionsänderung (Delta R) vom 10. zum 18. Lebensjahr, so zeigten Augen mit einem Delta R ≤ 1,5 dpt ein Achsenlängenwachstum von 0,4–0,5 mm, während Augen mit einem Delta R über 1,5 dpt eine mittlere Achsenlängenzunahme von 1,4 mm aufwiesen.

Faßt man die Ergebnisse zusammen, so ist eine Wachstumsphase des Auges in der Pubertät sehr wahrscheinlich, was auch durch die Befunde von Luyckx und Delmarcelle (1973) etwas gestützt wird. Andererseits war es bisher üblich, das Augenwachstum schon im 12. bis 13. Lebensjahr als abgeschlossen zu betrachten.

Zu den vorgenannten Feststellungen sollen die detaillierteren Angaben von 2 weiteren Studien hinzugefügt werden, welche beide auf Querschnittsanalysen basieren. Larsen (1971) berichtet über 3,8 mm Achsenlängenzunahme während der ersten 18 Lebensmonate, weitere 1,1–1,2 mm bis zum 5. Lebensjahr und 1,3–1,4 mm bis zum 13. Lebensjahr. Luyckx und Delmarcelle (1973) fanden 1,4 mm Achsenlängenzunahme jährlich von der Geburt bis zum 3. Lebensjahr; 0,4 mm jährliches Wachstum vom 3. bis 6. Lebensjahr und 0,1 mm pro Jahr vom 6. bis 11. Lebensjahr, wobei all diese Werte Emmetrope betreffen.

Die vorgenannten Studien basieren auf Messungen an Nordwesteuropäern, die Materialien können hinsichtlich der Rasse als recht ähnlich betrachtet werden. Von der anderen Seite der Welt soll eine kürzliche japanische Querschnittsstudie über die Augenabmessungen während des Wachstums genannt werden (Tane u. Kohno 1983).

Die Größe des Auges bei Erwachsenen

Abbildung 2.1.2-3 zeigt Querschnittsergebnisse von (im wesentlichen) Erwachsenenaugen (Mittelwerte). Bei Emmetropie liegen die Werte etwa bei 22–25 mm, bei Hypermetropie zwischen 20,5 und 24,3 mm, während die Achsenlängenwerte myoper Augen bei 23,5 mm beginnen und meist unter 30 mm liegen. Der Mittelwert der Achsenlänge emmetroper Augen liegt bei 23,6 mm.

Im Hinblick auf geschlechtsbezogene Unter-

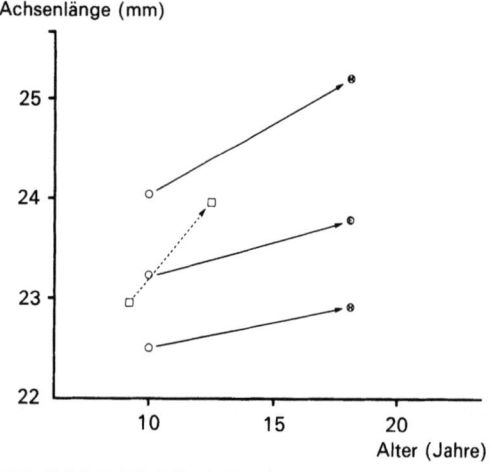

Abb. 2.1.2-2 (Fledelius). Wachstum der axialen Augenlänge, bestimmt durch wiederholte Messungen (Longitudinalstudie) bei Kindern vom 9. bis zum 12. Lebensjahr (□, Saraux u. Bechetoille 1973, ausschließlich Jungen) und bei Jugendlichen vom 10. bis 18. Lebensjahr (o, Fledelius 1982; unterteilt nach dem Refraktionszustand im 18. Lebensjahr – Myopie, Emmetropie, Hypermetropie –, beide Geschlechter zusammengefaßt)

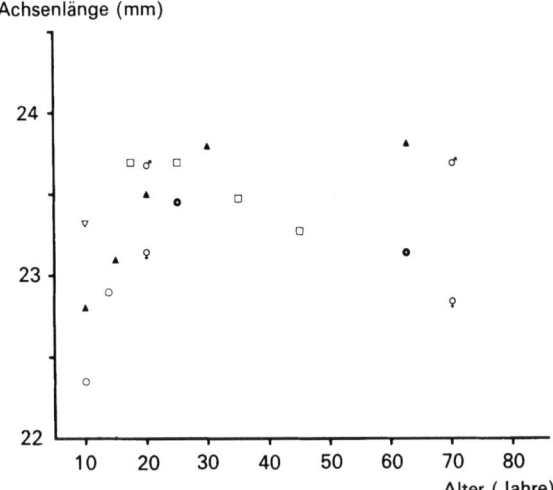

Abb. 2.1.2-3 (Fledelius). Achsenlänge des Auges bei Jugendlichen und Erwachsenen, bestimmt durch Querschnittsuntersuchungen verschiedener Autoren: ♂, ♀ = Alsbirk 1977; ▽ = Fledelius 1976; □ = Jansson 1963; ○ = Larsen 1971; ● = Leighton u. Tomlinson 1972; ▲ = Rivara u. Grignolo 1974

schiede ist nachgewiesen, daß schon bei der Geburt eine Achsenlängendifferenz besteht. Bei erwachsenen Männern ist das Auge 0,6–0,7 mm länger als bei Frauen. Die Ergebnisse in dieser Arbeit sind diesbezüglich als Mittelwerte angegeben und nicht nach Geschlechtern getrennt (ausgenommen in Abb. 2.1.2-2 und 3).

Rückbildung im Alter?

Abschließend soll die Frage der Augenabmessungen im Alter betrachtet werden (s.a. Abb. 2.1.2-3). Einige Autoren meinen, daß die Augen älterer Menschen „schrumpfen", eine hauptsächlich von Leighton und Tomlinson (1972) vertretene Ansicht, die teilweise durch Gernet (1970) und Alsbirk (1977) unterstützt wird, wobei letzterer dies jedoch ausschließlich bei Frauen fand. Die von Alsbirk (1977) untersuchten Männer (Grönland-Eskimos) zeigten keine Abnahme der Achsenlänge mit dem Alter, was mit den allgemeinen Verhaltensweisen übereinstimmt, die Luyckx-Bacus und Weekers (1966) und Lowe (1970) gefunden haben. Wo die Tendenz in Richtung auf kleinere Augenabmessungen bei älteren Patienten offensichtlich ist, kann dies durch allgemeine Veränderungen im Laufe eines Jahrhunderts erklärt werden, oder dadurch, daß tatsächlich in anderer Hinsicht unterschiedliche Gruppen verglichen wurden. Das ist bei der Studie von Leighton und Tomlinson (1972) offensichtlich. Zumindest für mich ist es nicht wahrscheinlich, daß sich der Krümmungsradius der Hornhaut so sehr „vermindern" kann, wie dies

aus den paarweisen Vergleichen in dieser Publikation hervorgeht. Es soll außerdem darauf hingewiesen werden, daß alle Körperabmessungen heutiger junger Menschen größer sind als jene früherer Generationen. Dementsprechend muß ein Unterschied in den Augenabmessungen erwartet werden, wenn in Querschnittsstudien Meßergebnisse verschiedener Generationen verglichen werden.

Die Abmessungen der einzelnen Augenabschnitte während des Wachstums

Die Veränderungen in den axialen Abmessungen des vorderen und hinteren Augensegmentes während des Wachstums sind in Abb. 2.1.2-4 dargestellt. Die Zunahme der *Glaskörperstrecke* verläuft parallel zu derjenigen der Achsenlänge (s. Abb. 2.1.2-1 bis 3). Übereinstimmend wurde in allen Untersuchungen ein hoher Korrelations-Koeffizient für diese zwei Parameter gefunden (r um +0,95). Da die Mittelwerte aus unterschiedlichen Studien zusammengestellt wurden, können Standardabweichungen zu diesen in Abb. 2.1.2-4 nicht angegeben werden. Doch liegt die Standardabweichung sehr wahrscheinlich bei 0,8–0,9 mm.

Im Gegensatz zur langanhaltenden Zunahme der Länge des hinteren Augensegmentes findet das Wachstum des vorderen Augensegmentes haupt-

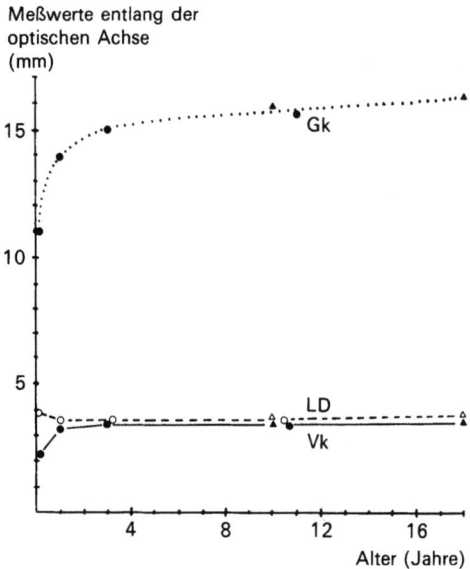

Abb. 2.1.2-4 (Fledelius). Wachstumskurven für die Glaskörperstrecke (*Gk*), Linsendicke (*LD*) und Vorderkammertiefe (*Vk*) von der Geburt bis zum 18. Lebensjahr. Die Symbole ● (für Glaskörperstrecke und Vorderkammertiefe) und ○ (für die Linsendicke) repräsentieren die kombinierten, sehr ähnlichen Ergebnisse von Gernet u. Hollwich (1969) und Larsen (1971). Unsere eigenen Resultate, welche die Veränderungen vom 10. bis zum 18. Lebensjahr zeigen, sind durch Dreiecke (▲ und △) eingetragen

sächlich in den ersten Lebensjahren statt. Querdurchmesser und Krümmung der *Hornhaut* erreichen nach 2 (bis 3) Jahren bereits die Werte der Augen Erwachsener. Dementsprechend zeigt sich frühzeitig eine Vertiefung der *Vorderkammer* (Abb. 2.1.2-4). Hinsichtlich des axialen *Linsendurchmessers* ist das Bild vielfältiger. Einerseits gibt es eine allmähliche Umwandlung von der (zum Zeitpunkt der Geburt) ziemlich kugelförmigen Linse zur flacheren Form der Linse während der Kindheit, was wahrscheinlich auf der zunehmenden Anspannung der Zonulafasern beruht, welche aus der Vergrößerung des Insertionsringes der Zonula während des Augenwachstums hervorgeht. Andererseits wächst das Linsenepithel während des ganzen Lebens. Die daraus zu erwartende Dickenzunahme der Linse wird in der Kindheit offenbar durch die zonulabedingte Abflachung weitgehend ausgeglichen. Dieses Phänomen wird auch als Erklärung für die negative (jedoch schwache) Korrelation zwischen Augengröße (Achsenlänge) und Linsendicke angesehen. Allgemein besteht die Tendenz, daß kurze Augen dickere Linsen haben als längere Augen.

Nach der Stabilisierung der Größe des Auges in der 2. Lebensdekade wird die Dickenzunahme der Linse jedoch manifest und schreitet während des Lebens kontinuierlich fort, solange sie nicht durch Kataraktentwicklung beeinflußt wird (s. Bruun-Laursen u. Fledelius 1979). Bei Erwachsenen wurden Zunahmen des axialen Linsendurchmessers von etwa 0,15–0,2 mm pro Dekade gefunden; entsprechend nahm die Tiefe der Vorderkammer um etwa 0,08–0,13 mm pro Dekade ab (Luyckx-Bacus u. Weekers 1966; Lowe 1968, 1969; Fledelius u, Bruun Laursen 1979). Die Standardabweichungen zu den Mittelwerten liegen im Bereich von 0,24 mm für die Vorderkammertiefe und 0,20 mm für den axialen Linsendurchmesser. Für die Vorderkammertiefe (y) und das Alter (x) gab Lowe die Gleichung $y = 3,59 - 0,013x$ an; unsere eigenen Befunde ergaben für den axialen Linsendurchmesser und das Alter $y = 3,42 + 0,020x$.

Besteht ohnehin schon eine flache Vorderkammer, so ergibt sich aus der kontinuierlichen Zunahme des axialen Linsendurchmessers ein erhöhtes Risiko für die Entwicklung eines Winkelblockglaukoms durch die weitere Verringerung der Vorderkammertiefe mit dem Lebensalter (s. Kap. 2.2.2). Die Zunahme des axialen Linsendurchmessers kann sich auch nach hinten auswirken und eine leichte Verkürzung der Glaskörperstrecke mit dem Lebensalter verursachen, doch hat dies offenbar keine klinische Bedeutung.

Literatur

Alsbirk PH (1977) Variation and heritability of ocular dimensions. A population study among adult Greenland Eskimos. Acta Ophthalmol 55:443–456

Blomdahl S (1979) Ultrasonic measurements of the eye in the newborn infant. Acta Ophthalmol 57:1048–1056

Brown N (1973) Lens change with age and cataract. CIBA-Symposium on the human lens in relation to cataract. Elsevier, Amsterdam, pp 65–71

Bruun-Laursen A, Fledelius H (1979) Variations in lens thickness in relation to type of human cataract. Acta Ophthalmol 57:1–13

Delmarcelle Y, Francois J, Goes F, Collignon-Brach J, Luyckx-Bacus J, Verbraeken H (1976) Biometrie oculaire clinique (oculometrie). Masson, Paris, pp 174, 269–271

Fledelius HC (1972) An approximated ocular growth curve of early life, used in the Copenhagen University Eye Clinic (unveröffentlicht)

Fledelius HC (1976) Prematurity and the eye. Acta Ophthalmol Suppl 128:35–112

Fledelius HC (1981) Changes in refraction and eye size during adolescence. In: Fledelius H, Alsbirk PH, Goldschmidt E (eds) Doc. Ophthalmol. Proc. Ser. 28, Junk, The Hague, pp 63–70

Fledelius HC (1982) Ophthalmic changes from age of 10 to 18, Ultrasound oculometry of anterior eye segment (III), and vitreous and axial length (IV). Acta Ophthalmol 60:393–402, 403–411

Fledelius HC, Bruun-Laursen A (1979) Cataract and lens thinning. In: Gernet H (ed) Diagnostica Ultrasonica in Ophthalmologia. Remy, Münster, pp 184–189

Francois J, Goes F (1981) Oclar biometry. In: Thijssen J, Verbeek AM (eds) Ultrasonography in Ophthalmology. Doc. Ophthal. Proc. Ser. 29 Siduo VIII. Junk, The Hague, pp 135–164

Gernet H (1964) Achsenlänge und Refraktion lebender Augen bei Neugeborenen. Arch Ophthalmol 166:530–536

Gernet H (1969) Datensammlung in der klinischen Oculometrie. Doc Ophthalmol 27:42–47

Gernet H (1970) Oculometriedaten bei Augengesunden. Ber Dtsch Ophthalmol Ges 70:597–599

Gernet H, Franceschetti A (1967) Ultrasound biometry of the eye. In: Oksala A, Gernet H (eds) Ultrasonics in ophthalmology. Karger, Basel, pp 175–200

Gernet H, Hollwich F (1969) Oculometrie des kindlichen Glaukoms. Ber Dtsch Ophthalmol Ges 69:341–348

Grignolo A, Rivara A (1968) Observations biometriques sur l'oeil des enfants nes a terme et des prematures au course de la premiere année. Ann Oculist 8:817–826

Jansson F (1963) Measurements of intraocular distances by ultrasound. Acta Ophthalmol Suppl 74:51ff

Larsen JS (1971) The sagittal growth of the eye I–IV. Acta Ophthalmol 49:239–262; 427–440; 441–453; 873–886

Leighton DA, Tomlinson A (1972) Changes in axial length and other dimensions of the eyeball with increasing age. Acta Ophthalmol 50:815–826

Lowe RF (1968) Time-amplitude ultrasonography for ocular biometry. Am J Ophthalmol 66:913–918

Lowe RF (1969) Causes of shallow anterior chamber in primary angle-closure glaucoma. Am J Ophthalmol 67:87–93

Lowe RF (1970) Anterior lens displacement with age. Br J Ophthalmol 54:117–121

Luyckx J (1966) Mesure des composantes optiques de l'oeil du nouveau-ne par echographie ultrasonique. Arch Ophtalmol 26:159–170

Luyckx J, Delmarcelle Y (1973) Biometrie du globe oculaire en fonction de l'age et de la refraction chez l'enfant. In: Massin M, Poujol J (eds) Diagnostica Ultrasonica in Ophthalmologia, Paris, pp 269–275

Luyckx-Bacus J, Weekers J (1966) Etude biometrique de l'oeil humain par ultrasonographie. Bull Soc Belge Ophthalmol 143:269–275

Rivara A, Grignolo A (1974) Biometrie du developpement de l'oeil humain des derniers mois de la vie intrauterine jusqu' a l'age adulte. In: Delmarcelle et al. (eds) Biometrie oculaire clinique (1976). Paris, p 314

Sampaolesi R, Caruso R (1982) Ocular echometry in the diagnosis of congenital glaucoma. Arch Ophthalmol 100:574–577 ((1981) Doc. Ophthalmol. Proc. Ser. 29, Siduo VIII, pp 177–189)

Saraux H, Bechetoille A (1973) Etude biometrique de la croissance de l'oeil chez les adolescents. In: Massin M, Poujol J (eds) Diagnostica Ultrasonica in Ophthalmologia, Paris, pp 265–268

Tane S, Kohno J (1983) Ultrasonic biometry of the sagittal growth of eyes in children. In: Hillman JS, LeMay MM (eds) Ophthalmic ultrasonography. Doc. Ophthalmol. Proc. Ser. 38 Siduo IX, Junk, The Hague Boston Lancaster, pp 277–293

Yamamoto Y, Hirano S, Kaburagi F, Tomita M, Okada E, Takayama H, Mtasuo K, Itoh M, Nakagawa S, Ikeda H (1979) Supersonic observation of eyes in premature babies. In: Gernet H (Hrsg) Diagnostica Ultrasonica in Ophthalmologia. Remy, Münster, S 179–183

2.1.3 Bulbusabmessungen bei Frühgeborenen

H. FLEDELIUS

Die Ultraschallbiometrie ist bei Frühgeborenen noch schwieriger auszuführen als bei reifen Neugeborenen; sie befinden sich außerdem in Inkubatoren und sollten weder Untersuchungen, physischen Anstrengungen oder Infektionsrisiken ausgesetzt werden. Daher wurden Informationen auf diesem Gebiet hauptsächlich von anatomischen Untersuchungen frühgeborener Föten gewonnen (Scammon u. Hessdorfer 1937; Ehlers et al. 1968). Eine Ausnahme bildet die Ultraschalluntersuchung von Grignolo und Rivara (1968).

Drei Monate vor der Geburt beträgt die Achsenlänge des Auges etwa 12 mm, die Linse ist dick und fast sphärisch (Delmarcelle et al. 1976). Soweit die Brechkraft bei Neugeborenen mit niedrigem Geburtsgewicht bestimmt werden kann, findet man gewöhnlich eine (linsenbedingte) Myopie. Diese wird später durch die Abflachung der Linse mit dem Wachstum des Auges geringer. Die Hornhaut flacht sich ebenfalls etwas ab und die Vorderkammer wird tiefer. Diese beiden Veränderungen tragen etwas zur Verringerung der Dioptrienzahl bei.

Mit Ausnahme der Vaskularisation der Netzhaut ist die Entwicklung des Auges beim Frühgeborenen (fast) abgeschlossen und das Erreichen der Werte reifer Neugeborener wurde im wesentlichen als reine Wachstumsfrage angesehen. Dies trifft jedoch für Augen mit Frühgeborenen-Retinopathie nicht zu. Wenn diese fortgeschritten ist, erreicht das Auge nicht die für das Alter normalen Abmessungen. Ein phthisis-ähnlicher Zustand kann sich entwickeln (Bertenyi et al. 1979). In weniger schweren Fällen kann das behinderte Wachstum dazu führen, daß einige fötale Eigenschaften bestehen bleiben, was z.B. zu einer bleibenden Frühgeborenen-Myopie führen kann, wie man sie in Augen ohne nachweisbare höhere Grade narbiger retrolentaler Fibroplasie findet. Biometrisch findet man als typische Zeichen der Frühgeborenenmyopie (Fledelius 1976, 1981; Tane et al. 1979):

a) Eine kürzere Achsenlänge des Auges als nach dem Ausmaß der Myopie zu erwarten;
b) eine stärkere, über dem Durchschnitt liegende Krümmung der Hornhaut;
c) eine flachere Vorderkammer;
d) einen vergrößerten axialen Durchmesser der Linse.

Die gleichen Tendenzen in den biometrischen Meßergebnissen (in Richtung kleinerer Augen) wurden auch bei ehemaligen Frühgeborenen gefunden, die sich augenscheinlich normal entwickelten (Fledelius 1976, 1982). Dieser Befund steht im Gegensatz zum klassischen Dogma von den „gesunden Frühgeborenen", die innerhalb weniger Jahre die Reifgeborenen einholen sollen. In meiner eigenen 18jährigen Verlaufsuntersuchung konnte ein bleibender Einfluß auf das Wachstum nachgewiesen werden und zwar nicht nur in Bezug auf die Augenabmessungen im Erwachsenenalter, sondern auch bezüglich Körpergröße, Kopfumfang und anderer Wachstumsparameter. Die vorzeitige Geburt scheint daher einen allgemeinen hemmenden Einfluß auf das Wachstumspotential auszuüben – um so mehr, je geringer das Geburtsgewicht ist.

Bei der Schwangerenuntersuchung ist es – sofern Geräte mit ausreichendem Auflösungsvermögen verwendet werden – möglich, im B-Bild die Bulbi und Orbitae des Föten sichtbar zu machen. Das Auflösungsvermögen ist selbstverständlich hierbei wesentlich schlechter als bei den Ultraschalluntersuchungen nach der Geburt. Dennoch gelingt es, klinisch brauchbare Hinweise auf Mißbildungen zu erhalten. Eine Wachstumskurve von der 12. bis zur 42. Woche wurde von Jeanty et al. (1982, 1984) erstellt; sie untersuchten auch die Zusammenhänge zwischen Augendurchmesser und biparietalem Durchmesser und die Zunahme des Augenabstandes mit dem Lebensalter. In der Spätschwangerschaft sind außerdem fötale Augen- und Lidbewegungen nachweisbar. Bei Mikrozephalie ergibt sich aus der Messung des biparietalen Schädeldurchmessers eine irrtümlich zu niedrige Einschätzung des Gestationsalters, während die Beurteilung der Augen- und Extremitätenabmessungen ein höheres Gestationsalter erkennen läßt. Weitere Arbeiten hierzu liegen von Mayden et al. (1982) sowie von Rochels et al. (1986) vor.

Bulbusabmessungen bei kongenitalem Glaukom: s. Kap. 2.1.4; bei retrolentaler Fibroplasie: s. Kap. 2.1.6; bei Retinoblastom s. Kap. 2.7.3.

Weitere Hinweise zu Mikrokornea, Mikrophthalmus und Megalokornea s. Kap. 2.1.4 (Luyckx u, Delmarcelle 1969).

Literatur

Bertenyi A, Veli M, Fodor M (1979) A-mode ultrasonography and oculometry in retrolental fibroplasia. In: Gernert H (ed) Diagnostic Ultrasonica in Ophthalmologia. Remy, Münster, pp 95–98

Delmarcelle Y, Francois J, Goes F, Collignon-Brach J, Luyckx-Bacus J, Verbraeken H (1976) Biometrie oculaire clinique (oculometrie). Masson, Paris, pp 174, 269–271

Ehlers N, Matthiesen ME, Andersen H (1981) The prenatal growth of the human eye. Acta Ophthalmol 46:329–349

Fledelius HC (1976) Prematurity and the eye. Acta Ophthalmol Suppl 128:35–112

Fledelius HC (1981) Myopia of prematurity, changes during adolescence. In: Thijssen JM, Verbeek AM (eds) Ultrasonography in ophthalmology, Doc. Ophthalmol. Proc. Ser. 29. Junk, Den Haag, pp 217–223

Fledelius HC (1982) Inhibited growth and development as permanent features of low birth weight. Acta Paediatr Scand 71:645–650

Grignolo A, Rivara A (1968) Observations biometriques sur l'oeil des enfants nes a terme et des prematures au course de la premiere annee. Ann Oculist 8:817–826

Jeanty P, Dramaix-Wilmet M, Van Gansbeke D, Van Regemorter N, Rodesch F (1982) Fetal ocular biometry by ultrasound. Radiology 143:513–516

Jeanty P, Cantraine F, Cousaert E, Romero R, Hobbins JC (1984) The binocular distance: A new way to estimate fetal age. J Ultrasound Med 3:241–243

Mayden KL, Tortora M, Berkowitz RL, Bracken M, Hobbins JC (1982) Orbital diameters: a new parameter for prenatal diagnosis and dating. Am J Obstet Gynecol 144:289–297

Rochels R, Merz E, Goldhofer W (1986) Pränatale ophthalmologische Echographie. Fortschr Ophthalmol 83:240–241

Scammon RE, Hessdorfer MB (1937) Growth in mass and volume of human lens in postnatal life. Arch Ophthalmol 17:104–112; (also Delmarcelle et al. 1976, p 174)

Tane S, Ito S, Kushiro H, Kohno J (1979) Echographic biometry in myopia of prematurity in Japan. In: Gernet H (ed) Diagnostica Ultrasonica in Ophthalmologia. Remy, Münster, pp 190–194

2.1.4 Bulbusabmessungen bei kongenitalem Glaukom (Buphthalmus, Hydrophthalmie); Megalocornea

W. BUSCHMANN und R. SAMPAOLESI

Klinisches Bild

Bezüglich der klinischen Symptome und der Histopathologie muß auf die einschlägige Literatur verwiesen werden (Leydhecker 1973; Naumann 1980). Selbstverständlich sind zur Diagnose und Verlaufskontrolle eines kongenitalen Glaukoms *alle* klinischen Befunde heranzuziehen (Hornhautdurchmesser, Haabsche Dehnungslinien der Descemetschen Membran, gonioskopischer Befund, Vorderkammertiefe, Papillenbefund und intraokularer Druck).

Die echographische Messung der Achsenlänge des Auges erwies sich als so wichtig, daß ein Verzicht darauf nicht mehr verantwortet werden kann. Die Bedeutung für die Diagnose haben als erste Cherkassov und Marmur (1967) sowie Gernet und Hollwich (1968) nachgewiesen; noch wichtiger ist die Achsenlängenmessung für die Verlaufskontrolle (Buschmann u. Bluth 1974; Sampaolesi 1981; Sampaolesi u. Caruso 1982; Reibaldi 1982; Tarkkanen et al. 1983, 1986). Kiskis et al. (1985) halten dagegen die echographischen Messungen für weniger hilfreich; ihre Ergebnisse beruhen allerdings auf einer insuffizienten Methodik (Sampaolesi 1985; Uusitalo u. Tarkkanen 1986).

Die Untersuchung der Papille sowie die Messung des intraokularen Druckes erfordern bei Säuglingen ind Kleinkindern in der Regel eine Narkose. Dadurch werden die Druckwerte eventuell verfälscht (Sampaolesi 1974), vor allem aber sind die Druckmessungen nur in großen zeitlichen Abständen möglich. Weitere Unsicherheiten ergeben sich aus der vom Erwachsenenauge abweichenden Hornhautkrümmung und Sklerarigidität. Die Ultraschall-Achsenlängenmessungen lassen erkennen, ob ein (weiteres) pathologisches Wachstum eingetreten ist (Abb. 2.1.4-1 bis 3). Das ist ein sehr ernstzunehmender Hinweis darauf, daß in der zurückliegenden Periode erhöhte Druckwerte über längere Zeiträume eingewirkt haben – selbst wenn im Moment der Untersuchung (in

Abb. 2.1.4-1 a–d (Buschmann). Kongenitales Glaukom beiderseits bei Sturge-Weber-Krabbe-Syndrom (Naevus flammeus des Gesichts beiderseits)
a Verlauf des Achsenlängenwachstums. Durchgezogene Kurve: Normaler Wachstumsverlauf der Achsenlänge, gewonnen aus einmaligen Messungen an 36 Augen von Kindern ohne kongenitales Glaukom; entspricht weitgehend den Angaben in der Literatur (Abb. 2.1.4-3; Kap. 2.1.2, Abb. 1). Bei diesem Kind lag der intraokulare Druck im Alter von 1 Monat rechts bei 32, links bei 37 mm Hg. Nach Goniotomie beiderseits normale Druckwerte am *linken* Auge und eine unternormale Wachstumsrate mit Annäherung der etwas zu großen Achsenlänge an die Altersnorm. Dieser Verlauf ist bei erfolgreich operierten Augen die Regel. – Am *rechten* Auge kam es im weiteren Verlauf noch zu erhöhten Druckwerten. Die Achsenlänge nahm weiter pathologisch zu, Nach 2 weiteren Goniotomien und Kryotherapie traten noch Druckwerte bis 24 mm Hg auf. Nach einer Scheie-Operation ist der intraokulare Druck jetzt reguliert, die Achsenlänge hat postoperativ etwas abgenommen. ↓ = Operation
b Echogramm des rechten Auges, Lebensalter 1 Monat, Achsenlänge 20,6 mm = 1,9 mm über dem Mittelwert der Altersnorm. Die Vergrößerung betrifft vor allem den Glaskörperraum. Skala in Millimetern. **c** Echogramm desselben Auges, Lebensalter 27 Monate. Achsenlänge jetzt 24,5 mm = 2,6 mm über der Altersnorm. **d** Echogramm desselben Auges, Lebensalter 32 Monate. Nach erneuter Operation Abnahme der Achsenlänge auf 24,2 mm (= 2,2 mm über der Altersnorm). Auch die Tiefe der Vorderkammer hat etwas abgenommen

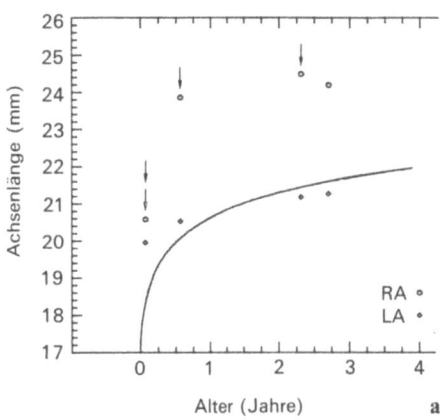

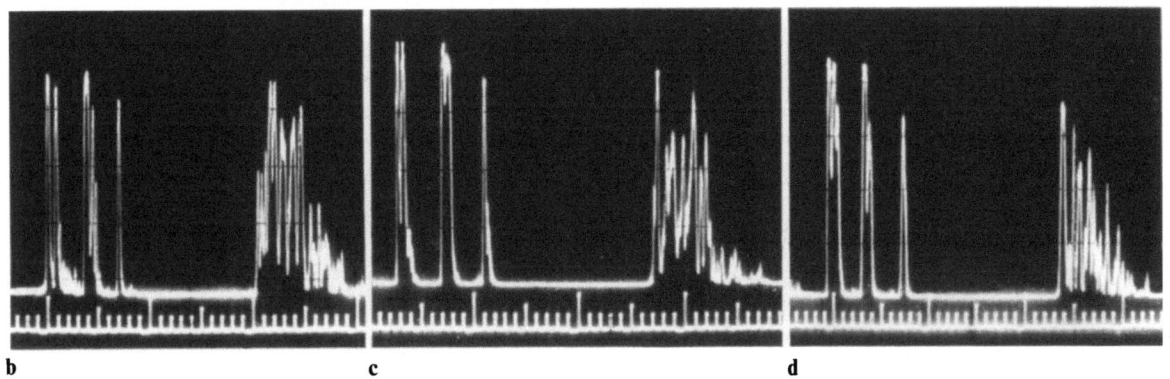

Narkose!) normale Druckwerte gefunden wurden. Damit ist die Indikation zur (erneuten) drucksenkenden Operation in der Regel gegeben (Sampaolesi 1981, 1984; Tarkkanen et al. 1983, 1986).

Die Abgrenzung gegenüber einer Myopie ergibt sich aus dem klinischen Bild insgesamt. Allein aus den Messungen der Achsenlänge oder der zugehörigen Teilstrecken ist sie nicht zuverlässig möglich. Allerdings sind bei kongenitalem Glaukom Achsenlänge und äquatorialer Bulbusdurchmesser (Abb. 2.1.4-4) etwa im gleichen Ausmaß vergrößert (Gernet u. Hollwich 1969; Naumann 1980; Reibaldi 1982); bei hoher Myopie ist dagegen die Achsenlänge stärker betroffen als der – ebenfalls vergrößerte – Querdurchmesser (s. Kap. 2.1.2).

Fried et al. fanden 1981 bei der Untersuchung von 55 Augen Erwachsener mit hoher Myopie und Fuchsschem Fleck als Mittelwert der Achsenlänge 29,11 ± 2,19 mm, für den horizontalen Querdurchmesser des Bulbus 26,42 ± 1,21 mm. Der Hornhautdurchmesser ist bei Myopie normal. Bei Megalocornea hat der Glaskörperraum normale Abmessungen (Abb. 2.1.4-5; Kap. 2.1.2, 2.1.3), und der Hornhautdurchmesser nimmt nur unwesentlich (im Rahmen des normalen Wachstums) weiter zu, es fehlen Haabsche Dehnungslinien der Descemet und glaukomatöse Papillenveränderungen. Die klinische und echographische Differenzierung beschrieben Luyckx und Delmarcelle (1969) sowie Kraft et al. (1984) ausführlich.

Bei *jedem* kongenital oder später auftretenden Glaukom muß auch bei der echographischen Untersuchung ein *sekundäres* Glaukom (sekundärer Buphthalmus, z.B. durch Retinoblastom, Pseudogliom) ausgeschlossen werden. Kann der Fundus ophthalmoskopisch nicht vollständig überblickt werden, ist folglich ergänzend zur echographischen Achsenlängenmessung eine vollständige

50 Erkrankungen des Augapfels aus echographischer Sicht

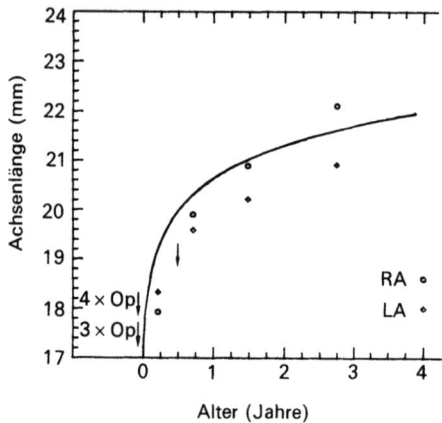

Abb. 2.1.4-2 (Buschmann). Kongenitales Glaukom beiderseits. Unmittelbar nach der Geburt 2malige Goniotomie beiderseits. Tension danach noch bis 32 mm Hg, 1 Woche später beiderseits Kryotherapie; danach lag der intraokulare Druck links bei 14,5, rechts bei 32 mm Hg. Nach 6 Wochen erneut Goniotomie rechts. Danach erschien der intraokulare Druck zunächst beiderseits als reguliert. Achsenlänge beiderseits normal. Am linken Auge lag die wachstumsbedingte Zunahme der Achsenlänge in der Folgezeit gering *unter* dem Mittelwert normaler Augen. Am rechten Auge fanden wir 6 Wochen später wieder einen Augeninnendruck von 32 mm Hg. Nach nochmaliger Kryotherapie ergaben sich Druckwerte zwischen 14 und 17 mm Hg. Die Achsenlängenwerte auch des rechten Auges liegen im Normbereich, doch zeigt sich in der bisher letzten Kontrollperiode eine pathologische Zunahme. Kurzfristige Kontrollen sind erforderlich, eventuell eine erneute Operation rechts (↓ = Operation)

Ultraschalluntersuchung des Bulbus im B- und A-Bild-Verfahren vorzunehmen.

Echographische Untersuchungstechnik

Narkose ist wegen der optischen Untersuchung ohnehin erforderlich, die echographische Untersuchung wird angeschlossen und beginnt mit der Achsenlängenmessung. Die Technik der Achsenlängenmessung entspricht der in Kap. 2.1.1 beschriebenen, auf Pupillenerweiterung wird für diese Achsenlängenmessung verzichtet. Eine (von Luftblasen freie!) Vorlaufstrecke ist unerläßlich. Je Auge müssen mindestens 4–5 gut auswertbare Achsenlängen-Echogramme registriert werden. Dasselbe gilt für die echographische Messung des horizontalen Querdurchmessers, die bei jedem diagnostisch noch fraglichen Fall anschließend zur Abgrenzung gegenüber einer Myopie erforderlich ist.

Beurteilung der Ergebnisse

Bei der Berechnung der Achsenlängenwerte aus den Echogrammen ist die Zuverlässigkeit der gefundenen Werte mit zu beurteilen. Sind die registrierten Echogramme gut auswertbar oder zweifelhaft (z.B. wegen schräger Anstiegsflanken)? Die in Kap. 2.1.1 besprochenen Fehlermöglichkeiten sind sorgfältig zu beachten. Die Kalibrierung und

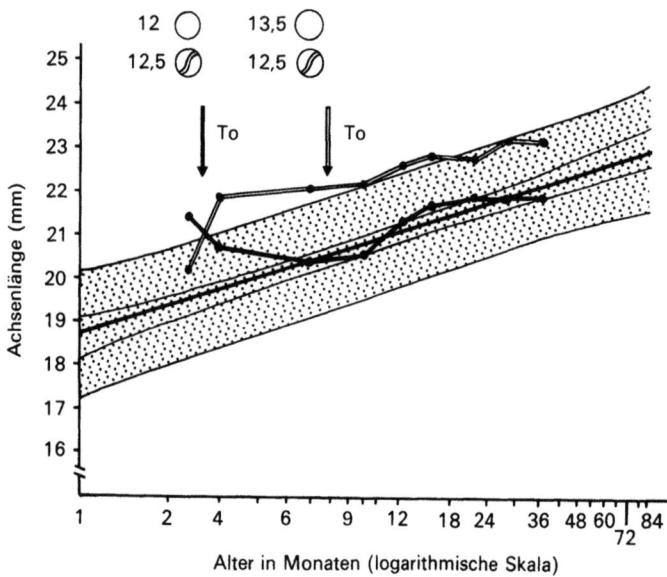

Abb. 2.1.4-3 (Sampaolesi 1980, 1984). Dieses Kind wurde im Alter von 3 Monaten erstmals untersucht. Einseitiges kongenitales Glaukom links. Hornhautdurchmesser 12,5 mm, Tension 29 mm Hg (rechtes Auge: 10 mm Hg). – Die normale Wachstumskurve erscheint in dieser Abbildung als Gerade, infolge der *logarithmischen* Zeitskala (vgl. Kap. 2.1.2, Abb. 1). Das *rechte* Auge (Doppellinie) zeigt zunächst einen normalen Achsenlängenwert, das *linke* Auge (breite schwarze Kurve) eine etwas vergrößerte Achsenlänge. Nach Trabekulotomie *links* Rückgang der Achsenlängenwerte; Tension reguliert. *Rechts* (Doppellinie) aber im weiteren Verlauf pathologische Zunahme der Achsenlänge; Tension bei der Narkoseuntersuchung jedoch normal. 2 Monate später aber auch an diesem Auge erhöhte Tension (25 mm Hg). Nach Trabekulotomie ist der Augeninnendruck reguliert. Nun zeigt sich eine Annäherung der Achsenlängenwerte an die Altersnorm. – Am linken Auge waren also die Achsenlänge und die Glaskörperstrecke *schon vor* der erstmaligen Feststellung eines erhöhten intraokularen Druckes pathologisch vergrößert, somit bestand offensichtlich schon damals ein kongenitales Glaukom auch an diesem Auge (vgl. auch Legende Abb. 2.1.4-6).

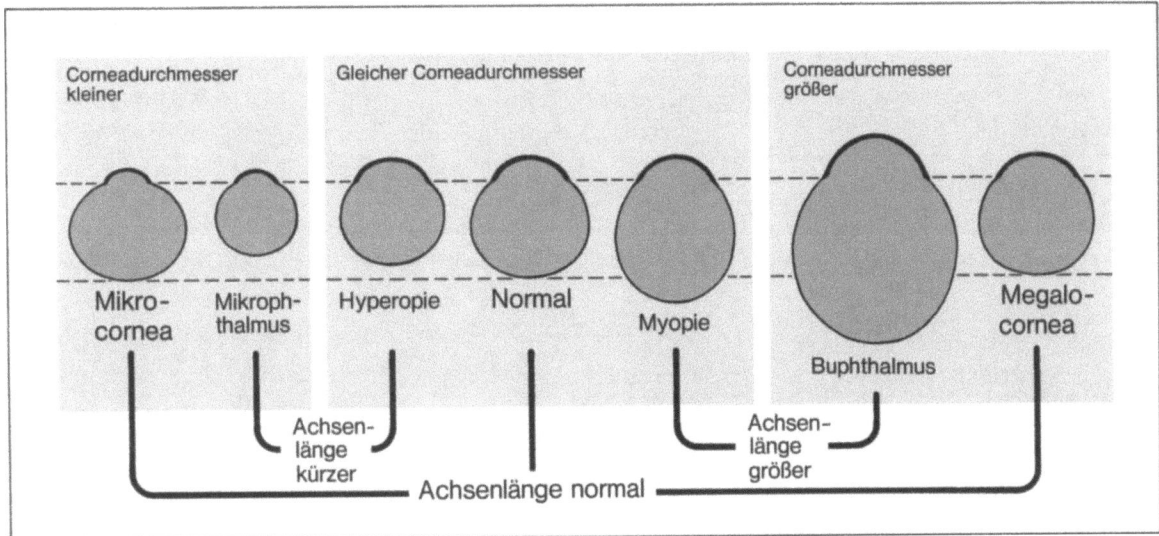

Abb. 2.1.4-4 (Naumann 1980). Schematischer Vergleich der Form- und Größenänderungen der verschiedenen Bulbusabschnitte bei den genannten Krankheitsbildern. Myope Augen können – insbesondere bei Vorliegen eines Staphyloma posticum verum – ebenso hohe Achsenlängenwerte wie Buphthalmus-Augen erreichen, der Querdurchmesser vergrößert sich aber nicht im gleichen Maße (s. Kap. 2.1.2). Der Hornhautdurchmesser ist bei Myopie in der Regel normal

Prüfung der Geräte und Schallköpfe gemäß Kap. 10 ist auch hier unverzichtbar, insbesondere bezüglich Empfindlichkeit, Seitenauflösung (Schallfeldspaltung!) und Genauigkeit der Zeitmarkenskala bzw. der Laufzeitanzeige. Soll bei Verlaufskontrollen künftig ein neues Gerät oder ein neuer Schallkopf eingesetzt werden, so sind *zusätzlich* Parallelmessungen mit dem bisher benutzten Gerät heranzuziehen. Gänzlich ungeeignet zur Verlaufsbeurteilung sind Achsenlängenwerte, die zu verschiedenen Terminen von verschiedenen Untersuchern mit jeweils anderen, meßtechnisch noch dazu nicht überprüften Geräten und Schallköpfen ermittelt wurden. Die klinische Beurteilung der gemessenen Werte basiert auf dem Vergleich mit den Normalwerten gesunder Kinder und deren altersabhängiger Zunahme, sowie auf dem Vergleich mit den früher beim selben Kind gemessenen Werten.

Das normale Bulbuswachstum im Kleinkindesalter ist in Kap. 2.1.2 dargestellt (Abb. 2.1.2-2: Achsenlängenwerte für normales Bulbuswachstum nach Querschnittstudien verschiedener Autoren). Ergänzend sind hier (Abb. 2.1.4-1 bis 3; Tabelle 2.1.4.-1 und 2) noch die von Sampaolesi (1982) gefundenen Werte und unsere eigenen Meßergebnisse an gesunden Kindern aufgeführt. Die Abb. 2.1.4-6 zeigt ferner, daß mit einer Ausnahme alle von Sampaolesi bei kongenitalem Glaukom gemessenen Achsenlängenwerte außerhalb des Streuungsbereiches der normalen Achsenlängenwerte lagen. Die Graphiken der Abb. 2.1.4-1 und 2 sind Computerausdrucke. Seit mehreren Jahren hat es sich bei uns sehr bewährt, die normale Wachstumskurve und die bei jeder Verlaufskontrolle gewonnenen individuellen Achsenlängenwerte mit Hilfe eines einfachen PC (Personal Computer) zu speichern und auszudrucken (Haigis u. Buschmann 1987). Das beschleunigt die Darstel-

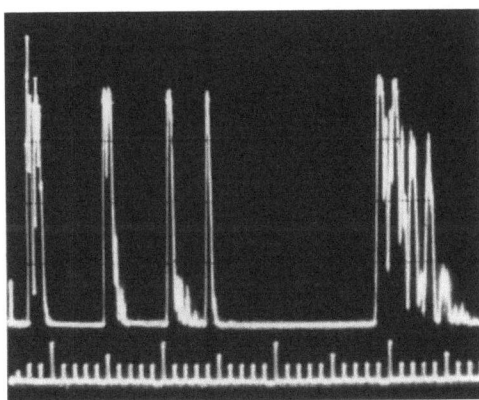

Abb. 2.1.4-5 (Buschmann). Axiales Echogramm bei Megalokornea. Achsenlänge insgesamt = 24,3 mm (= 1,0 mm über Altersnorm, Lebensalter 9 Jahre). Die Vergrößerung betrifft nur den vorderen Bulbusabschnitt (Vorderkammertiefe), die Glaskörperstrecke ist mit 14,9 mm normal (Normwerte für die Glaskörperstrecke und deren altersabhängiges Wachstum s. Kap. 2.1.2)

Tabelle 2.1.4-1 (Nach Sampaolesi 1984). *Achsenlängenzunahme mit dem Lebensalter.* Die hier aufgeführten Zahlenwerte liegen der graphischen Darstellung in den Abbildungen 3 und 6 zugrunde. Innerhalb des Vertrauensintervalls liegen 95% der Werte gesunder Augen des jeweiligen Lebensalters

Alter in Monaten	Achsenlänge	95% Vertrauensintervall	Vorhersageintervall
1	18,7	18,2–19,1	17,3–20,1
2	19,4	19,0–19,7	18,0–20,7
3	19,8	19,4–20,1	18,4–21,1
4	20,0	19,8–20,3	18,7–21,4
5	20,3	20,0–20,5	19,9–21,6
6	20,4	20,2–20,7	19,1–21,8
7	20,6	20,3–20,8	19,3–21,9
8	20,7	20,5–20,9	19,4–22,0
9	20,8	20,6–21,1	19,5–22,2
10	20,9	20,7–21,2	19,6–22,3
11	21,0	20,8–21,3	19,7–22,4
12	21,1	20,9–21,3	19,8–22,4
18	21,5	21,3–21,8	20,2–22,8
24	21,8	21,5–22,1	20,5–23,1
30	22,0	21,7–22,3	20,7–23,3
36	22,2	21,9–22,5	20,8–23,5
42	22,3	22,0–22,7	21,0–23,7
48	22,5	22,1–22,8	21,1–23,8
54	22,6	22,2–22,9	21,2–23,9
60	22,7	22,3–23,1	21,3–24,0
66	22,8	22,4–23,2	21,4–24,1
72	22,9	22,5–23,3	21,5–24,2
78	22,9	22,5–23,3	21,6–24,3
84	23,0	22,6–23,4	21,6–24,4

lung individueller Wachstumsverläufe wesentlich; vor allem aber wird die Einschleppung von Berechnungs- und Eintragungsfehlern weitgehend ausgeschlossen, die bei einfacher Berechnung der Achsenlängen aus Echogrammen und bei manueller Eintragung der Werte in Kurvenblätter möglich ist.

Die von kongenitalem Glaukom betroffenen Augen sind in der Regel weit weniger myop als nach der Achsenlänge zu erwarten wäre. Dies liegt einmal an der Abflachung der Hornhaut. Ferner fand Sampaolesi (1981) bei der Auswertung der

Tabelle 2.1.4-2 (Sampaolesi 1984). Vorderkammertiefe, axialer Linsendurchmesser und Glaskörperstrecke bei 33 normalen Augen und 22 Augen mit kongenitalem Glaukom

Echometrie	Arithmetisches Mittel ± Standardabweichung		
	Normale	Glaukomatöse	Unabhäng. Student-t-Test
Kornea	0,54	0,64 ± 0,24	
Vorderkammer	3,04 ± 0,51	3,57 ± 0,53	−3,71[a]
Linse	3,85 ± 0,24	3,50 ± 0,25	5,30[a]
Vitreus	13,25 ± 1,18	14,70 ± 0,93	−4,82[a]
Achsenlänge	20,97 ± 1,48	22,75 ± 1,05	−4,84[a]

[a] signifikante Differenz, $p < 0,001$

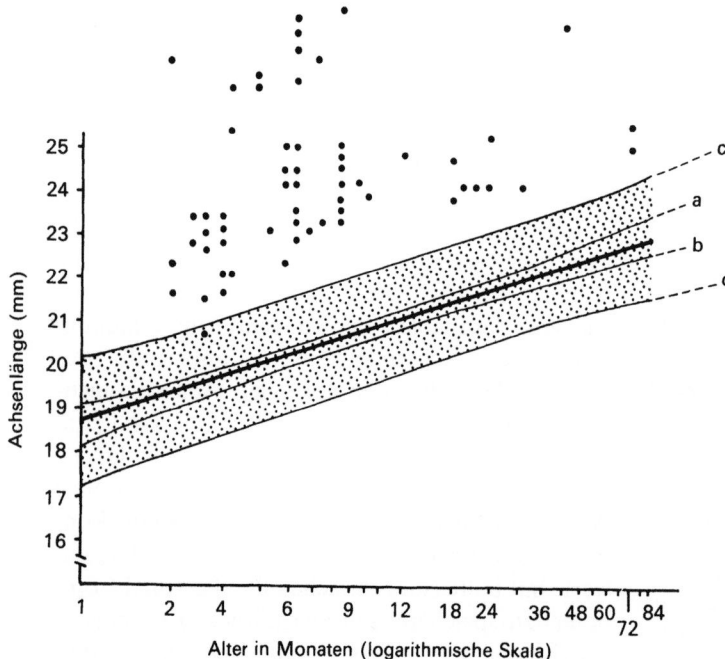

Abb. 2.1.4-6 (Sampaolesi 1984). Achsenlänge, Wachstum und Streuung in Beziehung zum Lebensalter, berechnet aus Messungen an 33 gesunden Augen. Das Lebensalter ist logarithmisch aufgetragen, daher ergibt sich hier anstelle der in Abb. 2.1.4-1 und 2 (sowie in Kap. 2.1.2, Abb. 1) gezeigten Wachstumskurven eine Gerade. Die starke Linie entspricht den Mittelwerten. Das Intervall zwischen Linie *a* und *b* gibt das 95%-Vertrauensintervall an, Zwischen den Linien *c* und *d* liegt das Vorhersageintervall. Gemessene Achsenlängenwerte können dann als normal angesehen werden, wenn sie bei Eintragung entsprechend dem Lebensalter im punktierten Bereich liegen. Im Vergleich sind die bei 59 Augen mit kongenitalem Glaukom gemessenen Achsenlängenwerte mit großen Punkten eingezeichnet. Nur ein einziger dieser Werte liegt innerhalb des Vorhersageintervalls. – Die Messungen erfolgten in Zykloplegie mit dem Gerät 7200 MA von Kretztechnik, einem 10 MHz-Schallkopf und einer Vorlaufstrecke von mindestens 5 mm. Je Auge wurden mindestens 4 Echogramme aufgenommen

Teilstrecken der echographischen Achsenlängenmessung bei an kongenitalem Glaukom erkrankten Augen eine im Mittel etwas tiefere Vorderkammer sowie einen gegenüber gesunden Augen verringerten axialen Linsendurchmesser (Tabelle 2.1.4-2). Dies trägt zur Emmetropisierung dieser Augen bei. Gernet und Hollwich (1969) fanden bei 81 Augen mit kongenitalem Glaukom (im Vergleich zu 108 normalen Augen, 0–12 Jahre) den axialen Linsendurchmesser im Mittel *nicht* verkürzt, wohl aber in Einzelfällen. Setzt man die Länge des gesamten Vorderabschnitts bis zum hinteren Linsenpol im Rahmen einer Indexberechnung zur Glaskörperstrecke in Beziehung, so ergibt sich bei kongenitalem Glaukom ein signifikant von normalen Augen verschiedener Indexwert. Der axiale Durchmesser der Linse nimmt bei Kindern mit angeborenem Glaukom mit dem Wachstum der Achsenlänge ab, bei gesunden Kindern bleibt er dagegen konstant (Sampaolesi 1981; Bluth 1984).

Die Augen weisen bei kongenitalem Glaukom in der Regel eine Asymmetrie auf, d,h. die beiden Augen des Kindes sind in unterschiedlichem Maße vergrößert. Bei Megalocornea ist dagegen Symmetrie die Regel (Sampaolesi 1981, 1984; Tarkkanen et al. 1983). Unmittelbar nach drucksenkender Operation können besonders bei gleichzeitig vorhandener Myopie die Achsenlängenwerte geringer sein als präoperativ (Abb. 2.1.4-1 d u. 3), was auf einen Dehnungseffekt des erhöhten intraokularen Druckes zurückzuführen ist. Nach 2 Monaten wird der präoperative Achsenlängenwert wieder erreicht. Dann kommt es zu einem Stillstand oder einem unter der normalen Zuwachsrate bleibendem Wachstum. Hieraus ergibt sich eine Annäherung an die Normalkurve der Achsenlänge (Cherkassov u. Marmur 1967; Tarkkanen et al. 1983, 1986; Sampaolesi 1984, 1987; Bluth 1984).

Ein erneuter, jedoch vorübergehender Wachstumsschub im 2. bis 4. Lebensjahr kann auch bei Augen vorkommen, deren Tension postoperativ reguliert war und die zunächst keine pathologische Größenzunahme mehr zeigten (Massin u. Pellat 1982; Sampaolesi 1984, 1987). In solchen Fällen sind häufigere, sorgfältige Kontrollen erforderlich.

Es gibt Kinder mit erhöhtem intraokularen Druck, bei denen die Achsenlänge des Auges *nicht* zunimmt, wahrscheinlich weil bereits eine besonders feste Sklera vorliegt. Dies ist meist erst nach dem 5. Lebensmonat der Fall. Das Fehlen einer pathologisch vergrößerten Achsenlänge schließt daher das Vorliegen eines Glaukoms beim Kleinkind nicht aus.

Seitenunterschiede der Achsenlängen-Vergrößerung und der Hornhaut-Abflachung können (auch bei annähernd seitengleicher Refraktion!) zu einer erheblichen Aniseikonie führen. Wenn ein Refraktionsunterschied oder Bildgrößenunterschied die Fusion verhindern, kann Suppression zu Amblyopie führen. Eine erhebliche Beeinträchtigung der Sehleistung könnte so auch bei reguliertem Druck entstehen (Zingirian u. Rossi 1978). Bei Kindern mit kongenitalem Glaukom soll man deshalb zusätzlich zur Refraktionskorrektur aus den Meßwerten für die Achsenlänge in Verbindung mit Messungen der Hornhautkrümmung die Aniseikonie berechnen (s. Kap. 2.3). Nur so können die amblyopiegefährdeten Kinder herausgefunden und entsprechend behandelt werden. Berechnen kann man nur die objektive Aniseikonie. Maßgebend für die Fusion ist die subjektive Aniseikonie, die – z.B. als Folge der Dehnung der Netzhaut bei der Vergrößerung des Bulbus – geringer sein kann als die objektive. Außerdem sind viele Kinder in der Lage, auch bei beträchtlicher Aniseikonie eine Fusion zu entwickeln. Bei grober Aniseikonie ist dennoch eine Amblyopiegefahr gegeben und eine entsprechende vorbeugende Behandlung erforderlich.

Literatur

Bluth K (1983) Ultrasonic biometry in congenital glaucoma. In: Hillman JS, Le May MM (eds) Ophthalmic ultrasonography, Doc. Ophthalmol. Proc. Ser. 38, Siduo IX, Junk, The Hague Boston Lancaster, pp 267–275

Buschmann W, Bluth K (1974) Eine echographische Methode zur Verlaufskontrolle angeborener Glaukome. Arch Ophthalmol 192:313–329

Buschmann W, Bluth K (1974) Regelmäßige echographische Messung der Achsenlänge des Auges zur Kontrolle der Druckregulierung bei Hydrophthalmie. Klin Monatsbl Augenheilkd 165:878–886

Cherkassov JS, Marmur RK (1967) Ultrasound for diagnosis and evaluation of the effectiveness of treatment in buphthalmos. Oftalmol Zh 22:361–366; Ref Ophthalmol Lit 21:4976

Fried M, Siebert A, Wessing A, Meyer-Schwickerath G (1981) Ocular dimensions of eyes with Fuchs' spot provided by ultrasonic biometry. In: Thijssen JM, Verbeek AM (eds) Ultrasonography in ophthalmology, Doc. Ophthalmol. Proc. Ser. 29, Siduo VIII. Junk, The Hague, pp 191–196

Gernet H, Hollwich F (1969) Okulometrie des kindlichen Glaukoms. Ber Dtsch Ophthalmol Ges 69:341–348

Gernet H, Hollwich F (1971) Okulometrie beim kindlichen Glaukom. In: Böck J, Ossoinig K (Hrsg) Ultrasonographia Medica, Siduo III, vol 2. Verlag der Wiener Med. Akademie, Wien, S 597–585

Grignolo A, Rivara A (1969) An attempt to classify infant myopia based on biometric findings. In: Gitter (eds) Ophthalmic ultrasound. Mosby, St, Louis, pp 158–164

Haigis W, Buschmann W (1987) Computer-assisted recording of eye growth in congenital glaucoma. 6. Kongreß der Europäischen Föderation für Ultraschall in Medizin und Biologie, Helsinki

Kiskis AA, Markowitz SN, Morin JD (1985) Corneal diameter and axial length in congenital glaucoma. Can J Ophthalmol 20:93–97

Kraft SP, Judisch GF, Grayson DM (1984) Megalocornea: A clinical and echographic study of an autosomal dominant pedigree. J Pediatr Ophthalmol Strabismus 21:190–193

Leydhecker W (1973) Glaukom. Springer, Berlin Heidelberg New York, S 58–75

Luyckx J, Delmarcelle Y (1969) Contribution of ultrasonography to the study of microcornea and megalocornea. In: Gitter et al. (eds) Ophthalmic ultrasound. Mosby, St, Louis, p 17, 149

Luyckx J, Weekers J (1967) Contribution l'etude des glaucomes par l'ultrasonographie. Ann Oculist 200:489–504

Massin M, Pellat B (1983) Ultrasonic biometry in congenital glaucoma. A clinical study. In: Hillman JS, LeMay MM (eds) Ophthalmic ultrasonography Doc. Ophthal. Proc. Ser. 38, Siduo IX, Junk, The Hague Boston Lancaster, pp 261–266

Naumann GOH (1980) Pathologie des Auges. Springer, Berlin Heidelberg New York, S 778–782

Reibaldi A (1982) Biometric ultrasound in the diagnosis and follow-up of congenital glaucoma. Ann Ophthalmol 14:707–708

Sampaolesi R (1981) Ocular echometry in die diagnosis of congenital glaucoma. In: Thijssen JM, Verbeek AM (Hrsg) Ultrasonography in ophthalmology Doc. Ophthal. Proc. Ser. 29, Siduo VIII. Junk, The Hague, pp 177–189

Sampaolesi R (1984) Ultrasonidos en Oftalmologia. Editorial Medica Panamericana S.A., Junin 831-Buenos Aires, pp 461–498

Sampaolesi R (1987) Congenital glaucoma long term results of surgery. In: Krieglstein GK (ed) Glaucoma update III. Springer, Berlin Heidelberg New York Tokyo, pp 154–161

Sampaolesi R, Caruso R (1982) Ocular echometry in the diagnosis of congenital glaucoma. Arch Ophthalmol 100:574–577

Sampaolesi R, Reca R, Carro A, Armando A (1976) Normaler intraokularer Druck bei Kindern bis zu fünf Jahren mit und ohne Allgemeinnarkose. Seine Wichtigkeit für die Frühdiagnose des angeborenen Glaukoms, Glaukom-Symposium Würzburg 1974. Enke, Stuttgart, S 278–289

Tane S, Sakuma Y, Ito S (1977) Ultrasonic diagnosis in ophthalmology. Ultrasonic biometry in microphthalmos and buphthalmos. Acta Soc Ophthalmol Jpn 81/8:1112 (Summ. in English)

Tarkkanen A, Uusitalo R, Mianowicz J (1983) Ultrasonographic biometry in congenital glaucoma. Acta Ophthalmol 61:618–623

Uusitalo R, Tarkkanen A: Ultrasonographic biometry in infantile glaucoma. A prospective follow-up study, XXVth International Ophthalmol. Congress, Rom, 1986

Zingirian M, Rossi PL (1978) Biometrical investigation of the hydrophthalmic eye. In: Gernet H (ed) Diagnostica Ultrasonica in Ophthalmologia, Siduo VII. Remy Münster, pp 200–203

2.1.5 Bulbusabmessungen bei Myopie, Staphylom, Hyperopie und ihre Berücksichtigung in der Strabismuschirurgie

W. BUSCHMANN

Die Abmessungen des Auges bei Myopie (Hornhautdurchmesser, Längs- und Querdurchmesser des Bulbus) wurden im Kap. 2.1.4 bei der Differentialdiagnose des kongenitalen Glaukoms besprochen.

Bei hoher Myopie findet man häufig echte Staphylome (Staphyloma posticum verum); die Achsenlänge des Auges kann dadurch so vergrößert sein, daß das Bulbusrückwandecho bei der routinemäßigen Einstellung des Abbildungsmaßstabes gar nicht am Bildschirm erscheint. Erst bei verringerter Bildvergrößerung (z.B. Routineeinstellung

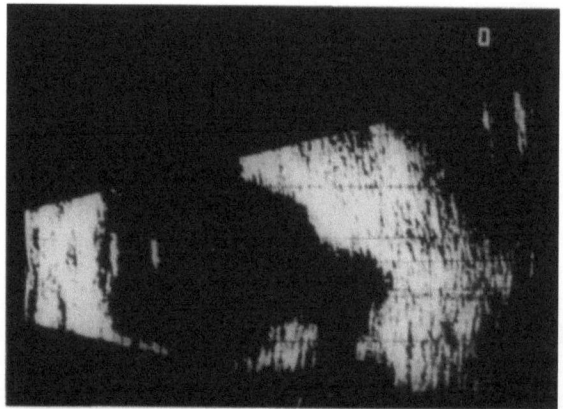

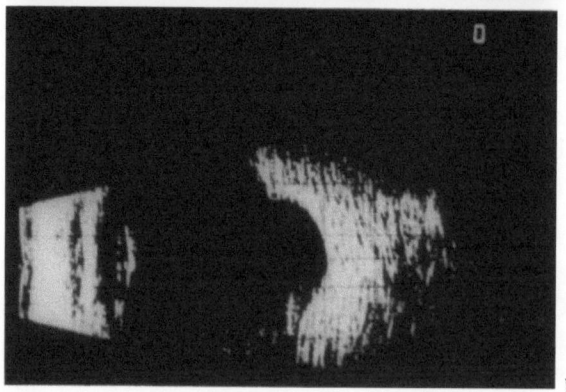

Abb. 2.1.5-1a, b (Buschmann). B-Bild-Echogramm bei Staphyloma posticum verum. Gerät: Sonometrics Ocuscan 400; Schallkopf-Arbeitsfrequenz 9,7 MHz, eingestellte Empfindlichkeit $\Delta V(W38) = 52$ dB
a Tiefste Stelle des Staphyloms. Starke Aussackung der Bulbusrückwand nach hinten. b Eine Schnittebene neben der tiefsten Stelle zeigt eine weniger tiefe, aber flächenmäßig ausgedehntere Ausbuchtung der Bulbusrückwand nach hinten

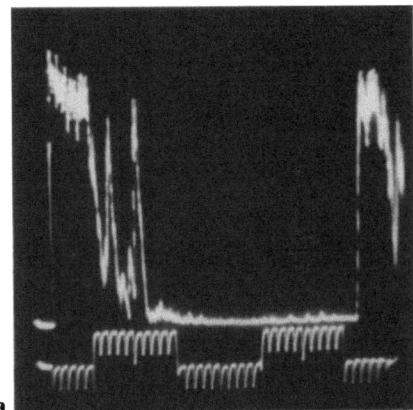

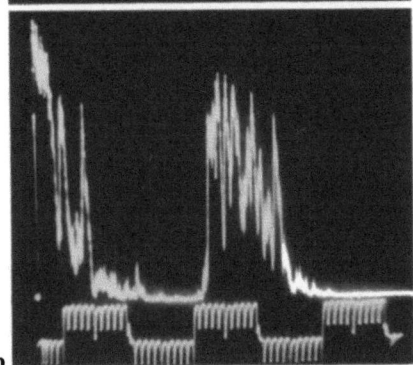

Abb. 2.1.5-2a, b (Buschmann). A-Bild-Echogramme bei Staphyloma posticum verum. Gerät: 7200 MA; Schallkopf-Arbeitsfrequenz 9,3 MHz, Gesamtempfindlichkeit ΔV (W38) = 66 dB

a Echogramm aus der optischen Achse des Auges. Die tiefste Stelle des Staphyloms liegt im Makulabereich (daher hochgradige Myopisierung). Skala: Mikrosekunden.

b Nach geringer Änderung der Untersuchungsrichtung sind die Echos der Linse noch immer deutlich, das Rückwandecho erscheint jetzt aber in einer Position, die einer normalen Achsenlänge entspricht. Hier wurde der Rand des umschriebenen, tiefen Staphyloms getroffen. Die B-Bild-Untersuchung erleichtert die Erkennung der zugrundeliegenden Situation wesentlich (s. Abb. 2.1.5-1)

für Orbita-Untersuchungen) wird es dargestellt. Echographische Verlaufskontrollen lassen erkennen, ob eine spätere Zunahme der Myopie ausschließlich auf eine Kernsklerose der Linse zurückzuführen ist oder (auch) eine Zunahme des Staphyloms zugrunde liegt. Wird unter der Annahme einer vorwiegend linsenbedingten Myopie bei Kataraktoperationen die Einpflanzung einer intraokularen Kunstlinse geplant, so sollte unbedingt (ergänzend zur echographischen Achsenlängenmessung) eine B-Bild-Untersuchung vorgenommen werden (Abb. 2.1.5-1 und 2). Die Kenntnis von Lage und Größe eines etwaigen Staphyloma posticum ist erforderlich, da es sonst vorkommen kann, daß bei der Achsenlängenmessung im A-Bild das Rückwandecho vom Staphylomrand verwertet wird, während die Makula im Staphylombereich liegt. Eine viel zu hohe Brechkraft der berechneten Kunstlinse wäre die Folge!

Es sei nochmals hervorgehoben, daß es viele Augen mit annähernd emmetroper oder geringer myoper Refraktion gibt, die erheblich zu große Achsenlängenwerte aufweisen. Infolge Abflachung der Linse (evt. auch der Hornhaut) ist bei diesen Augen die Myopie wesentlich geringer als nach der Achsenlänge auszunehmen wäre (s. Kap. 2.1.2–2.1.4 und Kap. 2.3). Gerke (1979) fand bei Augen mit Ablatio einen vergrößerten äquatorialen Durchmesser; die Vergrößerung des Glaskörpervolumens war schon bei emmetropen Augen signifikant, bei myopen aber noch ausgeprägter.

Bei Hyperopie findet man eine Verkürzung der Achsenlänge, die hauptsächlich auf einer Verkürzung der Glaskörperstrecke beruht (s. Kap. 2.1.2 und Abb. 4 in Kap. 2.1.4). Über einen besonders ausgeprägten Fall berichteten Fried et al. (1982), die auch eine Übersicht über die einschlägige Literatur geben.

Die echographische Messung der Bulbusdimensionen und die Berücksichtigung bei der Dosierung von Schieloperationen gewinnt nach Gillies et al. (1981, 1982) Bedeutung. Auch die Kenntnis der individuellen Länge der äußeren Augenmuskeln sei bedeutsam. Bei schielenden Kindern fanden sie eine größere Variationsbreite der Bulbusabmessungen als bei Gesunden. Aus dem im A-Bild gemessenen Bulbusdurchmesser wird der Bulbusumfang berechnet; die Dosierung der Schieloperation errechnen sie nach der Formel:

$$\frac{\text{Schielwinkel} \times \text{Bulbusumfang}}{360 \text{ Grad}}$$

Zum gefundenen Wert werden bei Rücklagerungen 1,5–2 mm addiert (Ausgleich der Verkürzungseffekte beim Annähen); bei Verkürzungen addieren sie 2–4 mm wegen der Muskeldehnung bei der Messung und wegen des Nachgleitens unter der Naht. Die Lage des „okulomotorischen Äquators" wird berücksichtigt, ebenso die Binokularfunktion und zu schwache oder überschießende Muskelfunktionen.

Literatur

Fried M, Meyer-Schwickerath G, Koch A (1982) Excessive hypermetropia: Review and case report documented by echography. Ann Ophthalmol 14:15–19

Gerke E (1979) Dimensionen des Bulbus bei Ablatio retinae. Ber Dtsch Ophthalmol Ges 76:549–552

Gillies WE, Hughes A (1984) Results in 50 cases of strabismus after graduated surgery designed by A-scan ultrasonography. Brit J Ophthalmol 68:790–795

Gillies WE, McIndoe A (1981) Measurement of strabismus eyes with A-scan ultrasonography. Aust J Ophthalmol 9:231–232

2.1.6 Bulbusabmessungen bei Phthisis bulbi, Retinoblastom und retrolentaler Fibroplasie

A. BERTÉNYI

Methode

Unsere Achsenlängenmessungen wurden mit den Kretztechnik A-Bildgeräten anfangs Serie 7000, später 7100 MA, mit einer Arbeitsfrequenz von 7,62 MHz durchgeführt. Zur Eichung wurde der Testreflektor W38 nach Buschmann et al. 1977 benützt.

Die Frühgeborenen, Säuglinge und Kinder wurden mit wenigen Ausnahmen ohne Narkose, durch die geschlossenen Lider untersucht. Die Dicke der Lider sowie auch den Nullpunktfehler haben wir von der Achsenlänge abgezogen. Die Meßgenauigkeit ist bei dieser Technik natürlich nicht so hoch wie bei den für die Biometrie sonst empfohlenen Verfahren (s. Kap. 2.1.1), doch würden letztere bei diesen Kindern meist eine Narkose erfordern. Zum Auffinden der anatomischen Achse wurde unter Beachtung des Bellschen Phänomens die größte Dicke der Linse ausgesucht. Die Meßgenauigkeit betrug etwa 0,5 mm.

Distanzmessungen bei Phthisis bulbi

Bei der Phthisis bulbi handelt es sich um eine Schrumpfung des Auges, die von einer Hypotonie begleitet wird. Im fortgeschrittenen Stadium quadriert und verkleinert sich der Bulbus (s. auch Kap. 2.6.6). Die Verkürzung ist in jeder Achse meßbar, sie beschränkt sich nicht nur auf die sagittale Achse, wo sie wegen der Hornhautapplanation und der Linsenschrumpfung am meisten ausgeprägt zu sein pflegt. Vom schrumpfenden, entarteten, degenerierten Glaskörper stammen bei der Echographie die am Bildschirm sichtbaren, mehrfachen, pathologischen Echos (Abb. 2.1.6-1). Beim Kontaktmeßverfahren darf auf die Hornhaut der hypotonen Augen kein Druck mit dem Schallkopf ausgeübt werden. Die Progression kann man mit wiederholten Messungen genau verfolgen.

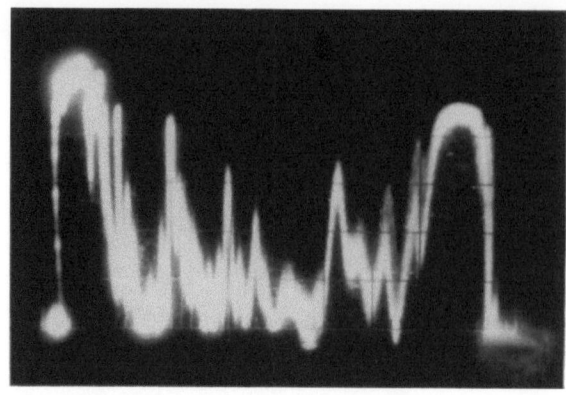

Abb. 2.1.6-1 (Bertényi). Pathologische Echos im Glaskörperraum bei Phthisis bulbi. Arbeitsfrequenz 7,62 MHz. ΔV W38 = 55 dB

Distanzmessungen bei Retinoblastom

Augen mit Retinoblastomen zeigen im allgemeinen keine Größenveränderungen. Das typische Echogramm (Abb. 2.1.6-2 und Kap. 2.7.4) zeigt mehrfache, hohe, kaum bewegliche Zacken, die irgendwo mit der Bulbuswand zusammenhängen. Die Schalldämpfung des Tumors ist ausgeprägt (Fridmann et al. 1977), aber nur bei Tumoren über 3 mm Dicke meßbar. Mehrfache Tumorherde sind nicht selten. – Das Bestehen eines Mikrophthalmus schließt den Tumor keineswegs aus, wie das früher vermutet wurde (Till u. Ossoinig 1975).

Distanzmessungen bei retrolentaler Fibroplasie (RLF)

Die ersten Symptome der RLF (s. auch Kap. 2.6.3) können einige Wochen nach der Entfernung des Frühgeborenen vom Inkubator beobachtet werden. Der Verengerung der Netzhautgefäße folgen Erweiterung der Venen, Tortuosität der Arterien und Neovaskularisation in der Peripherie des Fun-

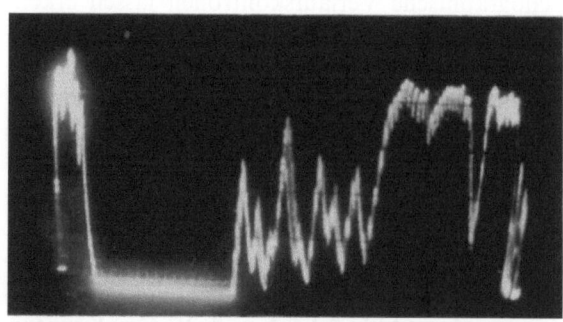

Abb. 2.1.6-2 (Bertényi). Pathologische Echos im Glaskörperraum bei Retinoblastom. Arbeitsfrequenz 7,62 MHz. ΔV W38 = 50 dB

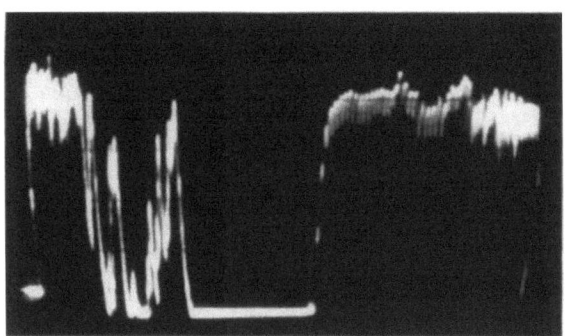

Abb. 2.1.6-3 (Bertényi). Pathologische Echos hinter der Linse im Endstadium der RLF. Der hintere Teil des Glaskörperraumes ist echofrei. Arbeitsfrequenz 7,62 MHz. ΔV W38 = 54 dB

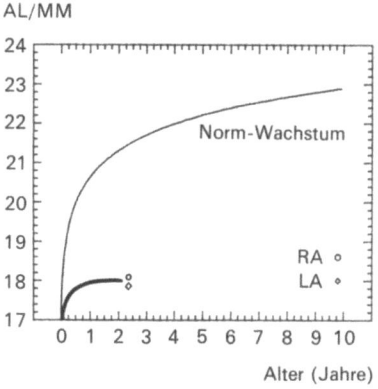

Abb. 2.1.6-4 (Bertényi). Achsenlängenwachstum bei RLF. Beide Augen schwer geschädigt, ohne Lichtempfindung

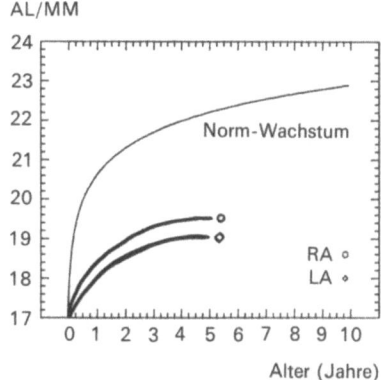

Abb. 2.1.6-5 (Bertényi). Achsenlängenwachstum bei RLF. RA mittelschwer, LA schwer geschädigt. Sehschärfe: RA 0,02; LA ohne Lichtempfindung

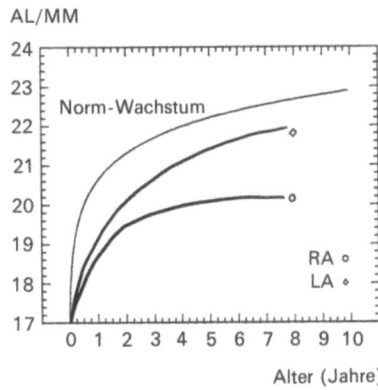

Abb. 2.1.6-6 (Bertényi). Achsenlängenwachstum bei RLF. Leichter Fall. Sehschärfe: RA 0,15–1,0 D sph = 0,2; LA 0,1–2,0 D sph = 0,15. Fall Nr. 70

dus. Später treten Exsudate und Oedemherde auf. Intra- und subretinale Blutungen sind nicht selten und es kommen auch Blutungen im Glaskörper vor. Eine Netzhautabhebung kann schon in diesem Stadium auftreten. – Die meisten RLF Fälle heilen demnach mit einer chorioretinalen Narbenbildung.

In 25% der Fälle jedoch kommt es zu weiteren Veränderungen. Im Endstadium (Abb. 2.1.6-3) bildet sich eine dicke, weiße Fibrinschwarte hinter der meistens klaren Linse und damit wird jede weitere optische Untersuchung verhindert. Das Auge entwickelt sich nicht weiter (Ashton 1967).

Die Echographie der RLF wurde bereits von Mundt u. Hughes (1956) beschrieben, später von Buschmann (1966), Gitter et al. (1968), Steindler (1973) sowie Till u. Ossoinig (1975). Yamamoto et al. (1978) veröffentlichen ein digital farbiges Echogramm der RLF.

Die Achsenlängenmessungen lassen bei der RLF auf die Prognose schließen. Da 17 mm Achsenlänge bei reifen Neugeborenen von mehreren Autoren (Sorsby et al. 1961; Gernet 1964; Luyckx 1966) als normal festgestellt wurde, haben wir die 17 mm als die obere Grenze des Mikrophthalmus betrachtet. Nach Sorsby et al. (1961) wächst ein normales Auge in den ersten drei Lebensjahren insgesamt 5,5 mm, ein dreijähriges Kind sollte also eine Achsenlänge von 22,5 mm haben. Trotzdem beurteilten wir die Augen von Kindern zwischen 1–5 Jahren schon ab 19 mm nicht als Mikrophthalmus. Wir fanden aber nur ganz selten Augen mit einer grenznahen Achsenlänge, da schwergeschädigte Augen nicht einmal die Länge von 19 mm erreichen konnten. Die RLF hemmt nämlich das Wachstum des Auges meistens schon kurz nach dem Auftritt (Abb. 2.1.6-4 bis 6).

36% der Fibroplasie-Fälle wiesen einen Mikrophthalmus auf. Das kürzeste Auge war nur 13 mm lang.

Unter den leichten Fällen fanden wir häufig eine Myopie, wobei die Achse immer länger als 23 mm war.

Bei ein und demselben Patienten wurde immer die anatomische Achse des schlechter sehenden Auges kürzer gefunden. Das Wachstum wurde mit wiederholten Messungen kontrolliert. In einem bestimmten Zeitraum wuchs das schwerer geschädigte Auge entweder gar nicht oder weniger als das andere Auge desselben Patienten. Der Unterschied betrug 0,5–1,5 mm.

In keinem Fall konnten wir mit wiederholten Messungen eine *Verkürzung* der anatomischen Achse feststellen. Dadurch wird die Auffassung unterstützt, daß die RLF nur das Wachstum verhindert, nicht aber zu einer Schrumpfung des Bulbus führt (Steindler 1973).

In der Prognose der RLF hat sich das Wachstum der Achsenlänge immer als ein gutes Zeichen erwiesen.

Literatur

Ashton N (1967) Retrolental fibroplasia. In: System of ophthalmology, vol X. Kimpton, London, pp 187–197
Bertényi A, Véli M, Fodor M (1980) A-mode ultrasonography and oculometry in retrolental fibroblasia. Ultrasound in Med & Biol, 6:19–24
Bertényi A, Fodor M (1981) A-mode ultrasonography in cases of leukokoria. In: Thijssen JM, Verbeek AM (eds) Ultrasonography in ophthalmology, Siduo VIII. Junk, The Hague, pp 97–102
Buschmann W (1966) Einführung in die ophthalmologische Ultraschalldiagnostik. Thieme, Leipzig
Buschmann W, Linnert D, Eysholdt E (1977) Measurement of equipment sensitivity in diagnostic ultrasonography. In: White DN, Brown RE (ed) Ultrasound in medicine and biology, vol 3B. Plenum, New York London, pp 1925–1937
Fridman FE, Khvatova AV, Timakova VJ, Sorokina MN (1977) New possibilities of echographic diagnosis of retinoblastoma. Vestn Oftalmol 1:65–68
Gernet H (1964) Achsenlänge und Refraktion lebender Augen von Neugeborenen. Arch Ophthalmol 166:530–536
Gitter AK, Meyer D, White RH Jr, Ortolan G, Sarin LK (1968) Ultrasonic aid in the evaluation of leukokoria. Am J Ophthalmol 65:190–195
Kaneko A (1975) Ultrasound diagnosis of leukokoria with B-mode. Bibl Ophthalmol 83:119–124
Luyckx J (1966) Measurement of the optical components of the eye by ultrasonic echography. Arch Ophthalmol 26:159–170
Luyckx J, Delmarcelle Y (1969) Contribution of ultrasonography to the study of microcornea and megalocornea. In: Gitter AK, Keeney AH, Sarin LK, Meyer D (eds) Ophthalmic ultrasound. Mosby, St. Louis, pp 149–157
Mundt GH, Hughes WF (1956) Ultrasonics in ocular diagnosis. Am J Ophthalmol 41:488–498
Sorsby A, Benjamin B, Sheridan M (1961) Refraction and its components during the growth of the eye from the age of three. Med Res Counc Spec Rep Ser 301:12–15
Steindler P (1973) Über die Bedeutung der ultrasonischen Technik bei der Diagnose der retrolentalen Fibroplasie. Arch Rass Ital Ottalmol 3:50–54
Tane S, Ito S, Kushiro H, Kohno J (1979) Echographic biometry in myopia prematurity in Japan. In: Gernert H (ed) Diagnostica Ultrasonica in Ophthalmologia, Siduo VII. Remy, Münster, pp 190–194
Till P, Ossoinig KC (1975) Ten-year study on clinical echography in intraocular disease. Bibl Ophthalmol 83:49–62
Yamamoto Y, Namiki R, Baba M, Kato M (1961) A study on the measurement of ocular axial length by ultrasonic echography. Jap J Ophthalmol 5:134–139
Yamamoto Y, Hinano S, Kaburagi F, Tomita M, Okada E, Takayama H, Matsuo K, Itoh M, Nakagawa S, Ikeda H (1979) Supersonic observations of eyes in premature babies. In: Gernet H (ed) Diagnostica Ultrasonica in Ophthalmologia, Siduo VII. Remy, Münster, pp 179–183

2.2 Weitere Anwendungen der Biometrie am Augapfel

W. BUSCHMANN

2.2.1 Nachweis und Lokalisation von intraokularen Fremdkörpern

Klinisches Bild

Bei einem ophthalmoskopisch oder an der Spaltlampe sichtbaren intraokularen Fremdkörper erübrigt sich die echographische Darstellung. Bei getrübten optischen Medien kann sie dagegen wesentlich zur Diagnose und zur Entscheidung über das operative Vorgehen beitragen. Dies bezieht sich sowohl auf den Nachweis als auch auf die Lokalisation eines Fremdkörpers. Die Röntgennativaufnahme der Orbita und gegebenenfalls die Röntgenlokalisation nach Comberg werden zuerst vorgenommen. Diese werden durch die Ultraschalluntersuchung nicht ersetzt, sondern äußerst sinnvoll ergänzt (s.u.; Runyan u. Penner 1969). Diese Ergänzung ergibt sich daraus, daß im Gegensatz zur Röntgenaufnahme im Echogramm neben dem Fremdkörper gleichzeitig die Bulbuswand dargestellt werden kann, wodurch die Lagebeziehung zur Bulbuswand wesentlich zuverlässiger zu beurteilen ist. Dagegen hat die echographische Kontrolle der *Annäherung* des (magnetischen) Fremdkörpers an einen Handmagneten oder an einen magnetisierten Spatel (bei der Extraktion mit

Hilfe eines Innenpolmagneten) (Bronson 1964, 1965; Penner u. Passmore 1966; Schum u. Schwab 1971, 1973) keine weitere Verbreitung gefunden; falls der Fremdkörper sich aufgrund des Magnetzuges in Richtung auf den Schallkopf zubewegt, schlägt er sofort an der Aufsatzstelle des Magneten bzw. Schallkopfes ein. Die Bewegung erfolgt so rasch, daß ein Abschalten des Magneten nicht rechtzeitig möglich ist.

Zur Feststellung magnetischer Eigenschaften eines Fremdkörpers ist das von Trier et al. (1976) entwickelte Verfahren weit besser geeignet (s.u.).

Die von Bronson (1964) angegebene Fremdkörperzange mit eingebautem Schallkopf ermöglichte die echographische Kontrolle der Annäherung des Greifinstruments an den Fremdkörper (z.B. im eingebluteten Glaskörper). Heute ist – dank der Entwicklung der Vitrektomie-Techniken – diese Kontrolle meist optisch möglich.

Nicht-metallische Fremdkörper (Glas, Kunststoff, Holz) können echographisch auch dann dargestellt werden, wenn sie im nativen Röntgenbild nicht nachzuweisen sind (Oksala 1959; Oksala u. Lehtinen 1959; Wainstock 1973). Voraussetzung ist allerdings bei glatten Oberflächen, daß diese senkrecht vom Schallbündel erreicht werden können. Ist dies nicht möglich, so gelingt der echographische Nachweis des Fremdkörpers nicht.

Die Röntgen-Computertomographie ist für solche Fremdkörper die geeignetere Methode, während bei der Mehrzahl der metallischen intraokularen Fremdkörper die Computertomographie überflüssig ist. Wegen des gegenüber der Ultraschalldiagnostik geringeren Auflösungsvermögens und der dadurch grob verfälschten Fremdkörpergröße im Computertomogramm (Abb. 2.2.1-1) ist die wahre Fremdkörpergröße nach wie vor am besten aus den in 2 Ebenen angefertigten Nativröntgenaufnahmen (bzw. den Comberg-Aufnahmen) zu erkennen, die Lagebeziehung zur Bulbuswand dagegen aus dem Echogramm. Bei sehr kleinen intraokularen Fremdkörpern, wie sie vor allem im vorderen Bulbusabschnitt vorkommen, ist die hohe Nachweisempfindlichkeit der Röntgencomputertomographie jedoch von großem Wert und hat die skelettfreien Aufnahmen nach Vogt ersetzt.

Die Fremdkörperdiagnostik in der Orbita wird in Kapitel 3.4.7 besprochen.

Echographische Untersuchungstechnik bei intraokularen Fremdkörpern

Da es sich um perforierend verletzte Augen handelt, sind eine strenge Indikationsstellung und besondere Vorkehrungen hinsichtlich einer aseptischen Untersuchungstechnik für die Echographie selbstverständlich. Der Untersuchung sollte eine antiseptische Pinselung der Lidhaut vorausgehen. In den Bindehautsack kann man schon das Antibiotikum tropfen, das auch später zur Behandlung verwendet werden soll. Die A- und B-Bild-Schallköpfe können mit sterilen Gummifingerlingen überzogen werden. Dabei muß zwischen Schallkopfvorderfläche und Gummimembran z.B. mittels eines Tropfens Methocel eine luftfreie Ankopplung sichergestellt werden. Hitzesterilisierbare Schallköpfe gibt es leider noch nicht, und auch die Gassterilisation führt häufig zur Zerstörung der Schallköpfe (u.a. wegen kleiner Lufteinschlüsse in der Kunstharzgießmasse, welche im Vakuum dann zerstörerische Wirkungen entfal-

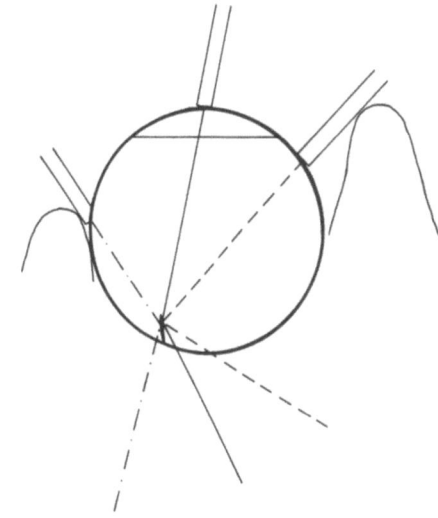

Abb. 2.2.1-2 (Buschmann). Schallreflexionsrichtungen an intraokular eingedrungenem Fremdkörper. Flachstielschallköpfe bieten eine bessere Chance, eine der größeren Flächen des Fremdkörpers senkrecht zu treffen, d.h. ein typisches Fremdkörperecho hoher Amplitude zu erhalten

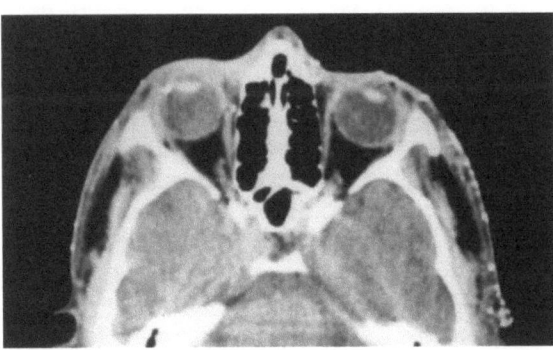

Abb. 2.2.1-1 (Buschmann). CT eines metallischen i.o. Fremdkörpers. Nachweisempfindlichkeit hoch, Größe verfälscht, Lagebeziehungen ungenau erkennbar

Tabelle 2.2.1-1 (Buschmann). Einfluß der Arbeitsfrequenz des Schallkopfes auf die registrierten Fremdkörperecho-Amplituden. (10 i.o. Fremdkörper, exp. Messungen)

Arbeits-frequenz (MHz)	Anzahl der Echoamplituden-messungen	Anzahl der typischen Fremdkörperechos ΔW38 ≥ 29 dB
5,5	189	3 (= 1,6%)
8,3	174	16 (= 9,2%)
10,5	185	18 (= 9,7%)

ten). Die Gummimembran führt zwar zu einem gewissen Empfindlichkeitsverlust, doch stört dies bei der Fremdkörperdiagnostik wenig, da die Differenzierung des Fremdkörperechos ohnehin mit stark herabgesetzter Empfindlichkeit erfolgt. Für die A-Bild-Untersuchung sind Flachstielschallköpfe besonders geeignet (s. Kap. 1.4), da sie in den Bindehautsack eingeführt werden können und es weit besser als Normalschallköpfe erlauben, die fremdkörperverdächtige Region aus verschiedenen Richtungen und Winkeln zu untersuchen. Damit ist die Chance, eine reflektierende Fläche des Fremdkörpers senkrecht zu treffen und ein identifizierbares Fremdkörperecho hoher Amplitude zu erhalten, weit besser (Abb. 2.2.1-2). Ein allzu kleiner Schwingerdurchmesser reduziert unnötig den Bereich, aus welchem vom Fremdkörper reflektierte, intensive Echos registriert werden können. Die von Buschmann (1966) für andere Aufgaben entwickelten Miniaturschallköpfe sind daher – entgegen der von Till (1978) gegebenen Empfehlung – für die Fremdkörperdiagnostik weniger geeignet.

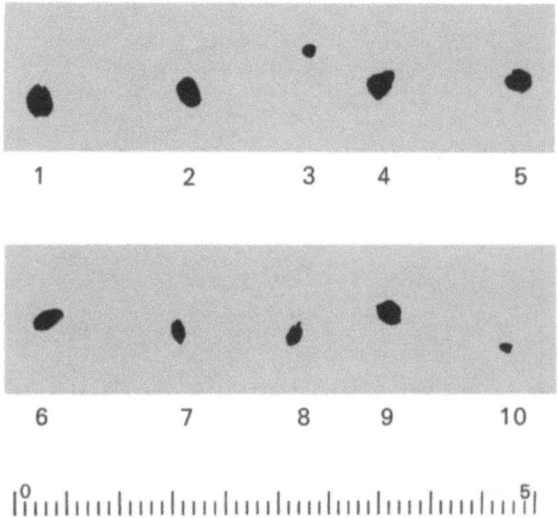

Abb. 2.2.1-3 (Buschmann). 10 i.o. Fremdkörper, die aus perforierend verletzten Augen entfernt wurden

Schallköpfe mit hoher Arbeitsfrequenz (mindestens 10 MHz) sind zu bevorzugen. In einer umfangreichen experimentellen Studie (Tabelle 2.2.1-1 und Abb. 2.2.1-3; Linnert u. Buschmann 1976) wurde nachgewiesen, daß mit einem 10,5 MHz-Schallkopf in der gleichen Fremdkörper-Serie 6mal häufiger ein das Skleraecho um mindestens 10 dB überragendes Fremdkörperecho [ΔV(W38) = 29 dB] registriert wird (verglichen mit einem 5,5 MHz-Schallkopf).

Steht ein B-Bild-Gerät (mit simultaner A-Bild-Anzeige) zur Verfügung, so wird die Untersuchung damit begonnen (Bronson 1974). Man kann sich von vornherein auf die Regionen konzentrieren, in welchen nach dem Ergebnis der Röntgenlokalisation der Fremdkörper zu vermuten ist. Die Lage des Fremdkörpers zur Bulbuswand wird im B-Bild erkennbar (Abb. 2.2.1-5), die gleichzeitige Amplitudenbeurteilung im A-Bild (W38) ist für den sicheren echographischen Nachweis des Fremdkörpers und seiner Lokalisation zur Bulbuswand unverzichtbar. Die fast ausschließliche Benutzung des A-Bildes (Ossoinig u. Seher 1969; Ossoinig 1976) ist nach unserer Erfahrung nicht zweckmäßig.

Bei Einstellung einer *hohen* Empfindlichkeit ist es zwar am leichtesten, überhaupt ein Echo des Fremdkörpers zu erhalten, doch ist es dann meist nicht als Fremdkörperecho zu erkennen, da auch Blutkoagel etc. dann relativ hohe Echos liefern.

In der Mehrzahl der Fälle ist die Untersuchung mit *herabgesetzter* Empfindlichkeit [ΔV(W38) = 32–35 dB] geeigneter zur Identifizierung des Fremdkörperechos (Abb. 2.2.1-4). Nach Justierung auf maximale Helligkeit (B-Bild) bzw. Amplitude (A-Bild) des fremdkörperverdächtigen Echos durch kleine Kippbewegungen des Schallkopfes setzt man die Empfindlichkeit weiter herab und bestimmt bei 10 mm maximaler Höhe des fraglichen Echos im A-Bild schließlich die Amplitudendifferenz zum 10 mm hohen Testecho des Testreflektors W38. Da durch eingebluteten Glaskörper eine erhöhte Schallschwächung bewirkt werden kann (die auch die Amplitude des Fremdkörperechos vermindert), vergleicht man *außerdem* mit dem Echo der Sklera in Bereichen *neben* dem Fremdkörper. Das Skleraecho *hinter* dem Fremdkörper ist wegen des Schallschatteneffektes des Fremdkörpers zum Amplituden-Vergleich *nicht* geeignet (Abb. 2.2.1-4 und 6).

Bei *herabgesetzter* Empfindlichkeit sind auch intraneurale und retrobulbäre Fremdkörper zu erkennen. Einen kritischen Mindestabstand von der Bulbuswand gibt es nicht. Die sorgfältige Justie-

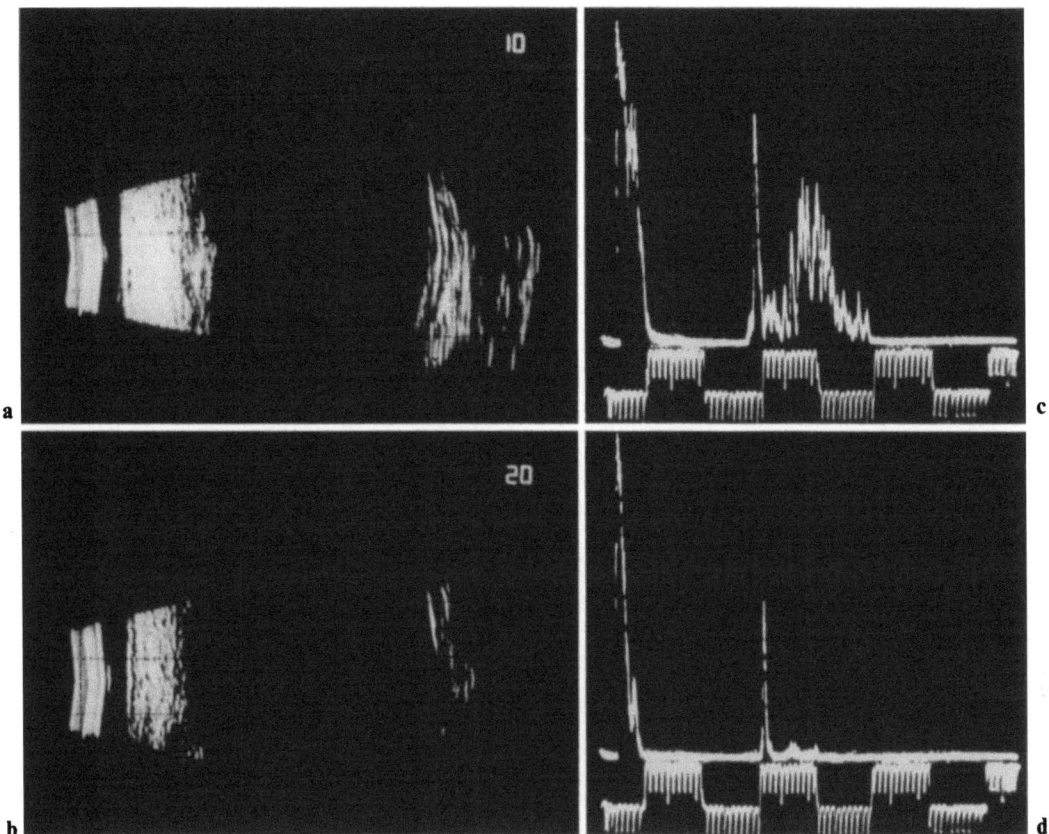

Abb. 2.2.1-4a–d (Buschmann). Intramuraler Fremdkörper. Gerät Ocuscan 400, Arbeitsfrequenz des Schallkopfes 9,7 MHz
a ΔVW38 = 44 dB. Das Fremdkörperecho ist nur wenig heller als die Echos der benachbarten Sklera. **b** ΔVW38 = 35 dB. Die Skleraechos neben dem Fremdkörper sind kaum noch sichtbar, das hellere FK-Echo hebt sich deutlicher davon ab. Bei kleinen Fremdkörpern kommt es wegen des begrenzten seitlichen Auflösungsvermögens zu einem strichförmigen (die seitliche Ausdehnung „übertreibenden") FK-Echo. Die Ausdehnung dieses Echos (seitlich) entspricht dem effektiven Schallbündelquerschnitt, nicht der FK-Größe. **c** Gerät Kretztechnik 7200 MA, Schallkopfarbeitsfrequenz 9,3 MHz, ΔVW38 = 48 dB. Hohes FK-Echo im Bulbuswandbereich. **d** Bei sorgfältiger Justierung und herabgesetzter Empfindlichkeit (ΔVW38 = 32 dB) wird das FK-Echo noch mit hoher Amplitude registriert

rung auf maximale Fremdkörper-Echoamplitude ist jedoch bei diesen besonders wichtig (Rüssmann et al. 1975; Schwab u. Nover 1976; Riss u. Binder 1982).

Material, Form und Größe von Fremdkörpern

Experimentelle Untersuchungen von Nover und Stallkamp (1962), Schwab und Nover (1977) sowie von Awschalom und Meyers (1982) demonstrierten den Einfluß von Material (Schalldämpfung im Material) und Form metallischer und nichtmetallischer Fremdkörper auf das resultierende Echogramm. Die für (nicht verformte) Schrotkugeln typischen Mehrfach-Echoketten fehlten bei irregulär geformten Fremdkörpern und bei kugeligen Fremdkörpern aus Kunststoff und Holz. Sie fehlen auch bei Luftblasen, die nach perforierenden Verletzungen im Glaskörper vorhanden sein können; infolge der Totalreflexion an der Glaskörper/Luftgrenze reflektieren Luftblasen Echos von Fremdkörperintensität! Ossoinig et al. (1984) wiesen auf Positionsänderungen der Luftblasen bei Lageänderung des Kopfes hin (die aber auch bei intravitrealen Fremdkörpern auftreten können), sowie auf die rasche Größenabnahme. Mit Coleman (1984) halten wir im Zweifelsfall die ergänzende Computertomographie für zweckmäßig, da sie eine sehr klare Differenzierung von Luft gegenüber Fremdkörpern erlaubt.

Auch kleine metallische Fremdkörper reflektieren aufgrund des hohen Reflexionsfaktors an ihrer Oberfläche (= Grenzfläche Glaskörper/Fremdkörper oder Gewebe/Fremdkörper) intensive

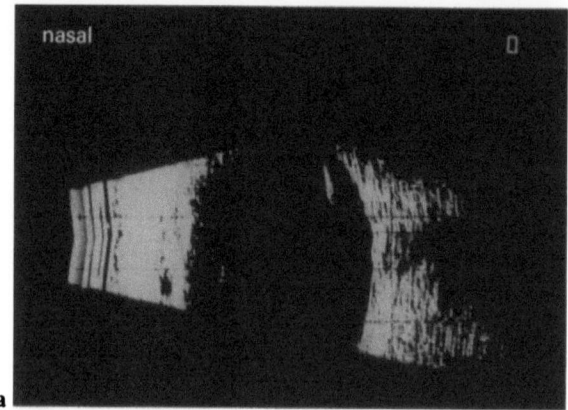

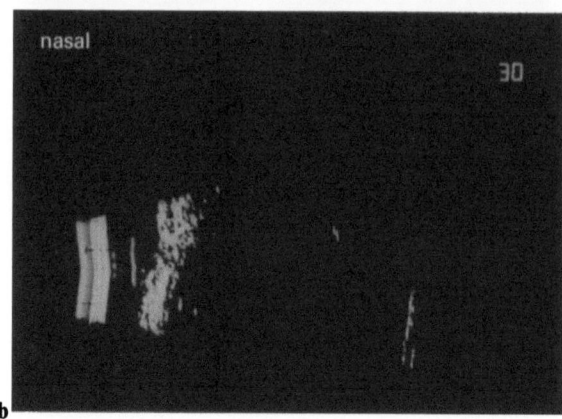

Abb. 2.2.1-5 a, b (Buschmann). Intraokularer Fremdkörper, vor der Bulbusrückwand liegend. Gerät Ocuscan 400, Arbeitsfrequenz des Schallkopfes 9,7 MHz. a ΔV W38 = 52 dB. b ΔV W38 = 26 dB

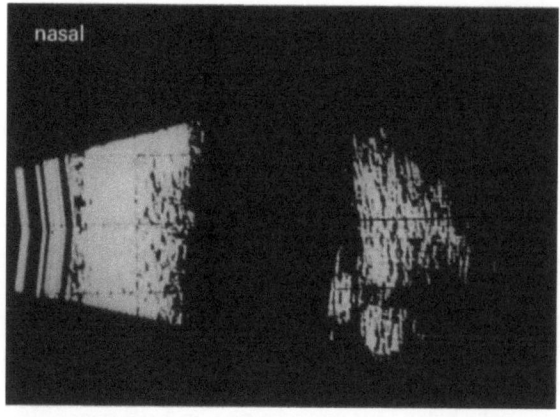

Abb. 2.2.1-6 (Buschmann). Intraokularer metallischer Fremdkörper vor der Bulbusrückwand. Schallschatteneffekt, der eine Unterbrechung der Sklera-Kontinuität vortäuscht. Gerät Ocuscan 400, Arbeitsfrequenz 9,7 MHz, ΔV W38 = 52 dB

Echos. Der hohe Reflexionsfaktor ergibt sich aus dem im Fremdkörper wesentlich höheren Schallwiderstand (= Dichte × Schallgeschwindigkeit; *beide* Faktoren sind wesentlich höher als im Glaskörper oder Gewebe!).

Die *Größe* von Fremdkörpern ist aus dem Echogramm weit schlechter zu erkennen als aus Röntgennativaufnahmen. In *seitlicher* Richtung wird der Fremdkörper meist weit größer dargestellt als er ist, da die wirksame Schallbündelbreite (d.h. das Seitenauflösungsvermögen, das im Vergleich zur Röntgenuntersuchung relativ schlecht ist) die seitliche Ausdehnung des Echos bestimmt. Folglich ändert diese sich stark mit Änderungen der eingestellten Empfindlichkeit! Wird – vor allem bei Glas – nur eine kleine Bruchfläche senkrecht getroffen, so kann der Fremdkörper jedoch im Echogramm auch wesentlich kleiner erscheinen als er ist.

Fremdkörper-Lokalisation, Korrektur des Comberg-Schemas

In axialer Richtung (d.h. in Richtung der Schallbündelachse) erhält man meist nur ein Echo der dem Schallkopf zugewandten Fremdkörper-Oberfläche. So ist die Ausdehnung in die Tiefe nicht erkennbar; ein 2 mm vor der Bulbuswand erscheinendes Fremdkörperecho entspricht meist einem (2–3 mm langen!) Fremdkörper, dessen Spitze in der Bulbuswand steckt und dessen *Rückfläche* (= die dem Schallkopf zugewandte Fläche) 2 mm vor der Bulbuswand liegt!

Verbleiben Zweifel hinsichtlich der Lagebeziehung zur Bulbuswand oder steht nur ein A-Bild-Gerät (Biometriegerät) zur Verfügung, so ist die Korrektur des Comberg-Schemas (das ein schematisches Schnittbild eines Auges mit *durchschnittlichen* Abmessungen enthält) anhand der echographisch bestimmten individuellen Bulbusabmessungen sehr hilfreich (Buschmann 1975). Hierfür mißt man die Achsenlänge des Auges (wie in Kap. 2.1.1 beschrieben). In anterio-posteriorer Richtung geht die Röntgen-Lokalisation von der röntgenologisch markierten Position des Limbus aus. Individuelle Abweichungen der Achsenlänge des Auges (Durchschnittswert) betreffen weitaus überwiegend den hinteren Bulbusabschnitt. Die echographisch gemessene individuelle Achsenlänge wird daher vom Hornhautscheitel des eingezeichneten schematischen Auges nach hinten eingetragen. Abweichungen vom Durchschnittswert führen zur entsprechenden Korrektur der Position der Bulbusrückwand am hinteren Pol im Comberg-

Abb. 2.2.1-7 (Buschmann). Röntgenlokalisation eines i.o. FK nach Comberg. Da das Schema die individuellen Abmessungen des verletzten Auges nicht enthält, sondern nur einen Querschnitt eines Bulbus durchschnittlicher Größe, bleibt unklar, ob der FK intraokular, intramural oder extrabulbär in der Orbita liegt

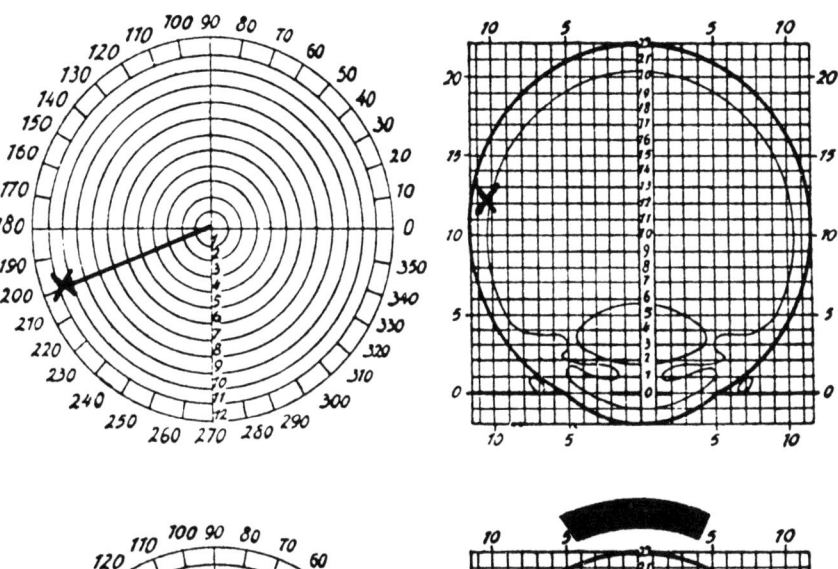

Abb. 2.2.1-8 (Buschmann). Ergänzung des Comberg-Schemas durch Eintragung der echographisch bestimmten individuellen Bulbusabmessungen. Der Bulbusdurchmesser ist etwas größer als normal. Der Fremdkörper liegt eindeutig intraokular

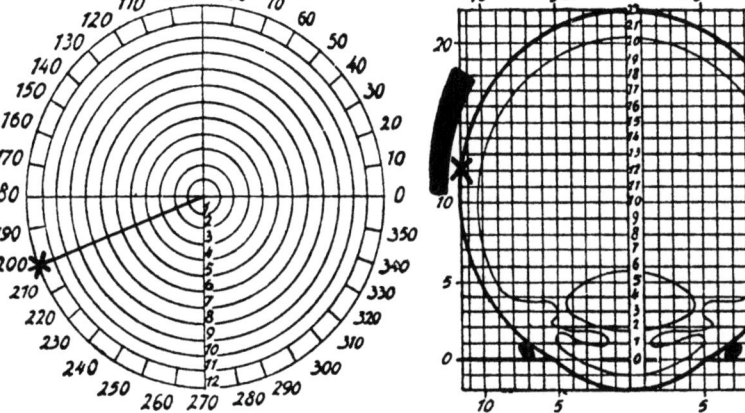

Schema (Abb. 2.2.1-7 u. 8). Anders beim Querdurchmesser: Bezugspunkt bei der Auswertung der Röntgenlokalisation ist die optische Achse des Auges. Echographisch ermittelte, individuelle Abweichungen des Querdurchmessers vom im Schema eingezeichneten Wert müssen deshalb symmetrisch nach beiden Seiten in das Schema eingetragen werden (s. Abb. 2.2.1-8). Natürlich kann man zusätzlich durch den Bulbusmittelpunkt gerichtete Messungen gezielt auf den Fremdkörper hin und auf benachbarte Areale der Bulbusrückwand vornehmen.

Diese Untersuchungen tragen wesentlich dazu bei, die intraokulare, intrasklerale oder orbitale Lage eines bulbuswandnahen Fremdkörpers zu erkennen und den zweckmäßigsten Behandlungsweg einzuschlagen. Bei Doppelperforationen ist dies besonders wichtig.

Risikoarmer Magnettest

Anamnestisch und klinisch bestehen mitunter Zweifel, ob es sich bei einem metallischen Fremdkörper um *magnetisches* Material handelt. Für die Planung des operativen Vorgehens kann dies von erheblicher Bedeutung sein. Bei dem von Trier et al. (1977), Puttmann et al. (1977) und von Ossoinig (1977) beschriebenen Magnettests gelingt es leicht, während der echographischen Untersuchung das Vorliegen magnetischer Eigenschaften des Fremdkörpers nachzuweisen. Mit Hilfe eines Wechselfeldmagneten (Trier et al. 1977) oder (nicht ganz so gut) eines Handmagneten, der *impulsweise* eingeschaltet und in genügender Entfernung gehalten wird (je größer der Fremdkörper, desto weiter der Abstand), werden schwache Magnetfeld-Einwirkungen auf die Fremdkörperregion erzeugt. Diese führen bei magnetischen Fremdkörpern zu kleinen Kippbewegungen des Fremdkörpers beim Polwechsel bzw. beim Ein- und Ausschalten. Diese minimalen Kippbewegungen haben starke Amplitudenschwankungen des Fremdkörperechos zur Folge, welche beweisen, daß es sich um magnetisches Material handelt. Sie sind auch zur Erkennung des Fremdkörperechos sehr hilfreich, insbesondere bei intramuraler oder orbitaler Position. Die Zusammenhänge zwischen dem Abstand des Magneten vom Auge, bei dem dieser Magnettest bei schrittweiser Annäherung positiv wurde, dem Zeitabstand vom Unfall und dem Extraktionserfolg hat Ossoinig (1979) untersucht und graphisch dargestellt.

Literatur

Awschalom L, Meyers SM (1982) Ultrasonography of vitreal foreign bodies in eyes obtained at autopsy. Arch Ophthalmol 100:979–980
Bronson NR (1964) Nonmagnetic foreign body localization and extraction. Amer J Ophthalmol 58:133–134
Bronson NR (1965) Techniques of ultrasonic localization and extraction of intraocular and extraocular foreign bodies. Amer J Ophthalmol 60:596–603
Bronson NR (1974) Management of intraocular foreign bodies. Int Ophthalmol Clin 14:129–150
Buschmann W (1975) Zum klinischen Wert echographischer Distanzmessungen bei wandnahen intraokularen Fremdkörpern. Klin Monatsbl Augenheilkd 167:442–444
Coleman JD (1987) Diskussionsbeitrag z. Vortrag von Ossoinig KC, Naser A, Cody K Zit. dort
Linnert D, Buschmann W (1977) Möglichkeiten und Grenzen der echographischen Fremdkörperlokalisation. In: Neubauer H, Rüssmann W, Kilp H (Hrsg) Intraokulare Fremdkörper und Metallose. Bergmann, München, S 238–245
Nover A, Stallkamp H (1962) Experimentelle Ultraschalluntersuchungen bei Augen mit intraokularen Fremdkörpern. Arch Ophthalmol 164:517–523
Oksala A (1959) Holzsplitter im Auge, diagnostiziert durch Ultraschall. Klin Montsbl Augenheilkd 134:88–93
Oksala A, Lehtinen A (1959) The use of echograms in the localization and diagnosis of intraocular foreign bodies. Br J Ophthalmol 43:744–752
Ossoinig K (1977) Spezielle echographische Methoden zur Beurteilung okularer Fremdkörper. In: Neubauer H, Rüssmann W, Kilp H (Hrsg) Intraokulare Fremdkörper und Metallose. Bergmann, München, S 247–257
Ossoinig KC (1979) Standardized echography: Basic principles, clinical applications, and results. Int Ophthalmol Clin 19/4:151
Ossoinig K, Seher K (1969) Ultrasonic diagnosis of intraocular foreign bodies. In: Gitter KA, Keeney AH, Sarin LK, Meyer D (eds) Ophthalmic ultrasound. Mosby, St. Louis, pp 311–320
Ossoinig KC, Naser A, Cody K (1987) How to differentiate intraocular air bubbles from intraocular foreign bodies using "standardized echography", In: Ossoinig KC (ed) Ophthalmic echography, Martinus Nijhoff/Junk Publ, Dordrecht/The Netherlands
Penner R, Passmore J (1966) Magnetic vs nonmagnetic intraocular foreign body – an ultrasonic determination. Arch Ophthalmol 76:676–677
Püttmann W, Reuter R, Trier HG (1977) Change of orientation and intensity of a magnetic field as an aid for ultrasonic foreign body localization. In: White D, Brown RE (eds) Ultrasound in medicine. Vl. 3A. Plenum, New York London, pp 1011–1018
Riss B, Binder S (1982) Der Wert der Echographie für Diagnose und Verlaufsuntersuchung bei perforierenden Augenverletzungen. Ultraschall in der Medizin 3:209–211
Runyan TE, Penner R (1969) Comparison of localization of orbital foreign bodies by radiologic and ultrasonic methods. Arch Ophthalmol 81:512–517
Rüssmann W, Bös R, Neubauer H (1975) Clinical ultrasonography of intraocular foreign bodies. Bibl Ophthalmol 82:96–101
Schum U, Schwab B (1971) Anwendung kombinierter Ultraschall- und Magnetverfahren in der Fremdkörperdiagnostik. Ber Dtsch Ophthalmol Ges 71:640–642
Schum U, Schwab B (1973) Zur Lokalisation und Extraktion von Fremdkörpern mit Ultraschall. In: Massin M, Poujol J (Hrsg) Diagnostica Ultrasonica in Ophthalmologia, Siduo IV. Centre National d'Ophtalmologie des Quinze-Vingts, Paris, pp 185–188
Schwab B, Nover A (1977) Die echographische Lokalisation intraokularer Fremdkörper. In: Neubauer H, Rüssmann W, Kilp H (Hrsg) Intraokulare Fremdkörper und Metallose. Bergmann, München, S 230–237
Tane S, Kawagoe M (1974) The ultrasonic diagnosis of intraocular foreign bodies. Ultrasound Med Biol 1:293
Till P (1978) Spezialschallkopf zur Fremdkörperdiagnostik. Klin Monatsbl Augenheilkd 172:252–257
Trier HG, Reuter R, Püttmann W, Best W (1977) Echographie in Kombination mit anderen Techniken zur Fremdkörper-Lokalisation. In: Intraokularer Fremdkörper und Metallose. Int. Symp. Dtsch. Ophthal. Ges., Köln 1976. Bergmann, München, S 258–262
Wainstock MA (1973) Radiolucent intraocular foreign body localization: a case study. J Clin Ultrasound 1:146–148

2.2.2 Position und axialer Durchmesser der Linse bei Winkelblockglaukom

Klinisches Bild

Bei Winkelblockglaukom oder bei flacher Vorderkammer entsteht oft die Frage, ob die Linse nach vorn verlagert ist oder einen vergrößerten axialen Durchmesser aufweist (oder beides zutrifft). Die Indikation zur operativen Entfernung der Linse (auch klarer Linsen!) bei medikamentös nicht regulierbarem Augeninnendruck wird von der Antwort wesentlich mitbestimmt.

Die Normalwerte der Vorderkammertiefe und des axialen Linsendurchmessers sind in Kap. 2.1.2 beschrieben. Bei der Beurteilung von Glaukomkranken sind die dort dargestellten, altersabhängigen Veränderungen der Normalwerte unbedingt zu beachten (z.B. axialer Linsendurchmesser bei 20jährigen im Mittel 3,8 mm, bei 70jährigen im Mittel 5,0 mm!).

Echographische Untersuchungstechnik

Die echographische Untersuchungstechnik entspricht der für die Messung der Achsenlänge des Auges in Kap. 2.1.1 beschriebenen; die Benutzung des A-Systems mit Wasservorlaufstrecke ist erforderlich. Bei aufgehobener Vorderkammer ist das Echo der Linsenvorderfläche nicht vom Echo der Hornhautrückfläche (und der Iris) zu trennen, echographisch kann aber die Distanz Hornhautvorderfläche–Linsenrückfläche genau gemessen werden (Abb. 2.2.2-1–3). Die Schichtdicke der Hornhaut und auch die Tiefe einer sehr flachen Vorderkammer mißt man dann besser optisch (an der Spaltlampe mit dem Vorderkammertiefen-Meßgerät nach W. Jaeger); der axiale Durchmesser der Linse ergibt sich durch Subtraktion dieser Werte von dem echographisch bestimmten Abstand Hornhautscheitel – hinterer Linsenpol. Dieses Vorgehen ist auch dann vorzuziehen, wenn die Vorderkammertiefe zwar für eine echographische Messung ausreicht, die Pupille aber nicht erweitert werden kann. Dann bleibt unsicher, ob das am Ende der Vorderkammer erscheinende Echo von der Iris oder vom vorderen Linsenpol stammt. Die maximalen Echoamplituden von der Iris und der Linsenvorderfläche sind nicht so verschieden, daß daraus eine *sichere* Unterscheidung dieser beiden Reflexionsflächen abgeleitet werden könnte

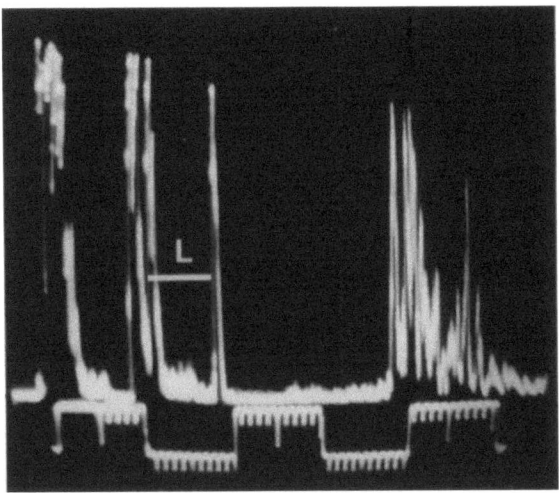

Abb. 2.2.2-2 (Buschmann). 75jähriger Patient. Der axiale Linsendurchmesser (L, ——) beträgt hier 5,9 mm; bei Gesunden der gleichen Altersgruppe liegt er im Mittel bei 5,0 mm. Die Vorderkammertiefe beträgt 1,9 mm und ist im Echogramm kaum noch meßbar. Untersuchungstechnik wie bei Abb. 2.2.2-1 beschrieben

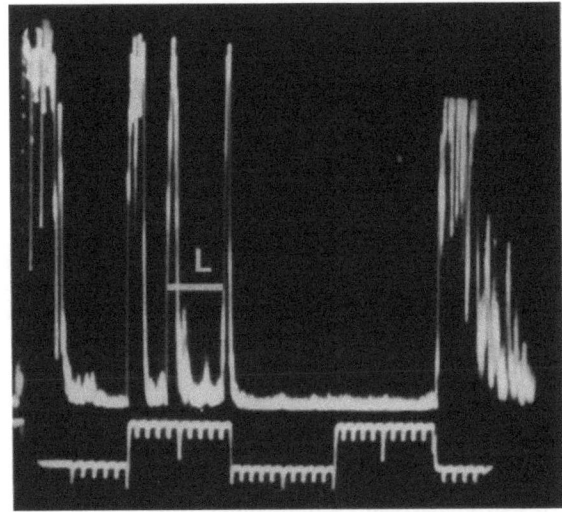

Abb. 2.2.2-3 (Buschmann). Normales Echogramm aus der optischen Achse eines gesunden Auges (54jähriger Patient) zum Vergleich. Axialer Linsendurchmesser (L, ——) 4,5 mm, Mittelwert für diese Altersgruppe 4,7 mm. Die Vorderkammertiefe ist normal (2,9 mm). Untersuchungstechnik wie in Abb. 2.2.2-1

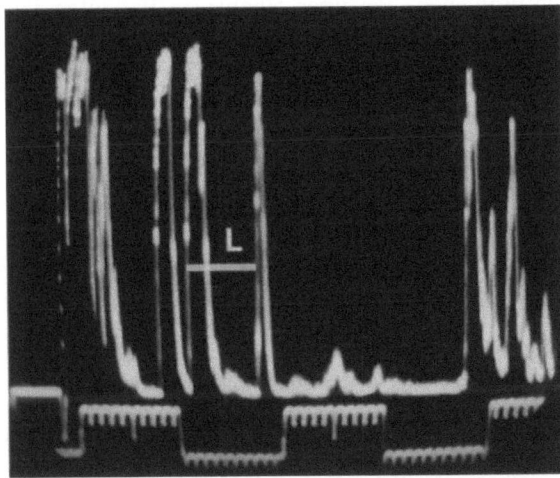

Abb. 2.2.2-1 (Buschmann). 67jähriger Patient. Der axiale Linsendurchmesser (L, ——) liegt in diesem Lebensalter im Mittel bei 4,8 mm. Hier beträgt er 5,5 mm. Die Vorderkammer ist flacher als normal, aber gut meßbar. Mit 2,3 mm entspricht der Wert dem Glaukomkranker der gleichen Altersgruppe (Tabelle 2.2.2-1). Normalwerte Gesunder: s. Kap. 2.1.2. Benutzt wurde das Gerät 7100 MA mit einem Schallkopf von 5 mm Durchmesser, Arbeitsfrequenz 9,3 MHz, eingestellte Empfindlichkeit $\Delta W38 = 63$ dB. Zeitskala: Mikrosekunden

(Abb. 2.2.2-4 und 5). In einer Pilotstudie (Gerät 7200 MA, Normalschallkopf mit 3,5 mm Schwingerdurchmesser, Arbeitsfrequenz 11 MHz) an 12 Patienten (15 Augen) haben wir in Mydriasis mit ca. 7 mm Wasservorlaufstrecke für die Linsenvorderfläche $\Delta W38 = 26 \pm 4$ dB gemessen. Für die Iris ergaben sich bei Aphaken in Pilocarpin-Miosis (4 Augen) $\Delta W38 = 16 \pm 3,6$ dB.

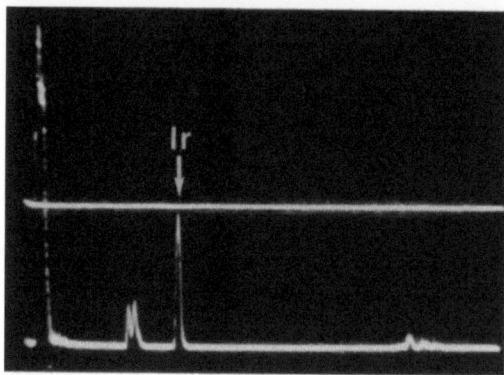

Abb. 2.2.2-4 (Buschmann). Echo der Iris (*Ir*) bei Pilocarpin-Miosis und Aphakie nach intrakapsulärer Kataraktextraktion. Iris-Echoamplitude ΔW38 = 16,2 dB, aufgenommen mit Gerät 7200 MA, 3,5 mm-Schallkopf, Arbeitsfrequenz 11 MHz

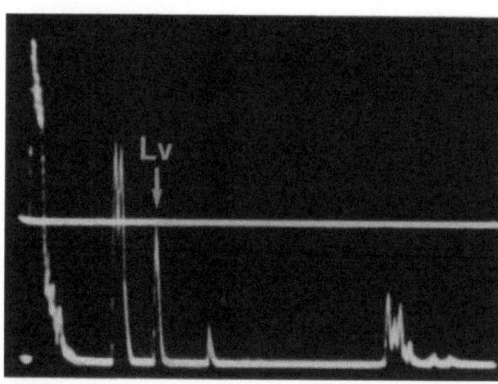

Abb. 2.2.2-5 (Buschmann). Echo der Linsenvorderfläche (*Lv*) bei medikamentöser Mydriasis und klarer Linse. Linsen-Echoamplitude ΔW38 = 26 dB. Untersuchungstechnik wie bei Abb. 2.2.2-4

Bisherige Ergebnisse

In den bisherigen Publikationen über echographische Messungen der Position und des axialen Durchmessers der Linse bei Winkelblockglaukom blieb der mögliche Einfluß der Pupillenweite und des Irisechos mitunter unberücksichtigt. Gernet und Jürgens (1965) subtrahierten bei enger Pupille 0,1 mm vom Meßwert für die Linsendicke, um diesen Einfluß zu korrigieren. Sie fanden einen leicht vergrößerten axialen Durchmesser der Linse bei Winkelblockglaukom; die Vorderkammer ist flacher, die Achsenlänge kürzer als bei Gesunden. Lowe (1969, 1970) bestätigte diese Befunde bei Untersuchungen an einem großen Krankengut (Messungen mit erweiterter Pupille). Eine zusammenfassende Darstellung haben Weekers, Delmarcelle und Luyckx (1975) veröffentlicht.

Tabelle 2.2.2-1. Axialer Linsendurchmesser und Vorderkammertiefe bei *Winkelblockglaukom*. (Nach Markowitz u. Morin 1984)

Lebensalter (Jahre)	Linse (mm)	Vorderkammer (mm)
40–49 (10 Augen)	4,57 ± 0,18	2,44 ± 0,15
50–59 (20 Augen)	5,06 ± 0,36	2,35 ± 0,30
60–69 (32 Augen)	4,99 ± 0,27	2,24 ± 0,29
70–79 (18 Augen)	5,36 ± 0,38	2,14 ± 0,27

Ein Vergleich nach Altersgruppen ließ bei Winkelblockglaukomen eine schnellere Dickenzunahme im 4.–6. Lebensjahrzehnt erkennen (rechnerisch 0,046 mm pro Jahr, bei Gesunden 0,02 mm pro Jahr; Markowitz u. Morin 1984). In der Glaukomgruppe wurden die in Tabelle 2.2.2-1 angegebenen Meßwerte ermittelt.

Eine miotikainduzierte Zunahme des axialen Linsendurchmessers mit entsprechender Abflachung der Vorderkammer konnten Abramson et al. (1974) bei gesunden jungen Erwachsenen nachweisen. Nach Gabe von 4%igem Pilocarpin nahm der axiale Linsendurchmesser um 0,35 mm zu, die Vorderkammertiefe wurde um 0,31 mm geringer. 8%iges Pilocarpin ließ den Linsendurchmesser um 0,39 mm zunehmen, die Vorderkammer wurde um 0,37 mm flacher. Diese Pilocarpin-Dosierungen liegen erheblich über den therapeutisch empfohlenen. Bei über 50jährigen Patienten fanden Cennamo und Rosa (1984) dagegen keine Änderung unter Pilocarpin oder Akkommodation. Weitere Untersuchungen hierzu veröffentlichte, Francois und Goes (1978) sowie Ohba et al. (1981).

Literatur

Abramson DH, Chang S, Coleman DJ, Smith ME (1974) Pilocarpine-induced lens changes. Arch Ophthalmol 92:464–469

Cennamo G, Rosa N (1987) Biometric evaluation of the lens in glaucoma. In: Ossoinig KC (ed) Ophthalmic echography, Siduo X. Junk, The Hague Boston Lancaster

Francois J, Goes F (1978) Ultrasonographic study of the effect of different miotics on the eye components. Ophthalmologica 175:328–338

Gernet H, Jürgens V (1965) Echographische Befunde beim primär-chronischen Glaukom. Arch Ophthalmol 168:419–422

Jaeger W (1952) Tiefenmessung der menschlichen Vorderkammer mit planparallelen Platten. Arch Ophthalmol 153:120–131

Lowe RF (1969) Causes of shallow anterior chamber in primary angle-closure glaucoma. Amer J Ophthalmol 67:87–93

Lowe RF (1970) Etiology of the anatomical basis for primary angle-closure glaucoma. Brit J Ophthalmol 54:161–169

Markowitz SN, Morin D (1984) Angle-closure glaucoma: relation between lens thickness, anterior chamber depth and age. Can J Ophthalmol 19:300–302

Ohba N, Sakimoto G, Fujiwara N, Uehara F, Watanabe S (1981) Effects of topically applied bupranolol and pilocarpine on the depth of the anterior chamber and thickness of the lens. Ophthalmic Res 13:36–41

Weekers R, Delmarcelle Y, Luyckx J (1975) Biometrics of the crystalline lens. In: Bellows JG (ed) Cataract and abnormalities of the lens. Grune & Stratton, New York San Francisco London, pp 134–147

2.2.3 Nachweis und Lokalisation von Kammerwasserzysten im Glaskörper – „malignes" Glaukom

Klinisches Bild

Die Vorderkammer ist nach einer Glaukomoperation oder nach einer Kataraktextraktion aufgehoben, der intraokulare Druck ist hoch und medikamentös nicht zu regulieren (Leydhecker 1973). Ursache ist meist eine Blockierung der Pupille *und* der peripheren Iridektomie durch eine nach vorn gedrängte Linse und durch Ziliarkörperzotten. Bei malignem Aphakieglaukom sind Pupille und periphere Iridektomie durch noch nicht verflüssigten Glaskörper verlegt. Es sind Kammerwasser„zysten" im oder hinter dem Glaskörper entstanden, da der Abfluß zur Vorderkammer blockiert ist. Die Lokalisation ist mit optischen Mitteln oft nicht zu klären. Der Erfolg operativer Maßnahmen hängt aber von der Kenntnis der Lokalisation ab. Ist das Kammerwasser direkt hinter der Iris aufgestaut, so hilft eine Iridektomie im entsprechenden Sektor. Liegt bei malignem Aphakieglaukom eine nur dünne Schicht geformten Glaskörpers zwischen Pupille und Kammerwasserzyste, so genügt die Diszission dieser Membran, um dem Kammerwasser den Abfluß in die Vorderkammer wieder zu ermöglichen (Buschmann u. Linnert 1976). Liegt dagegen eine *breite* Schicht geformten Glaskörpers zwischen Kammerwasserzyste und Pupille, so schließt sich nach Diszission die Passage sofort wieder – nur eine *ausgiebige* (vordere) Vitrektomie, mit der eine breite Verbindung zwischen Zyste und Vorderkammer geschaffen wird, kann dauerhaft helfen. Das gilt erst recht, wenn sich das Kammerwasser zwischen Glaskörper und Netzhaut angesammelt hat. Die Bezeichnung „Zyste" trifft im pathologisch-anatomischen Sinn natürlich nicht zu. Da sich diese Kammerwasseransammlungen aber in der Regel klinisch so verhalten, als seien sie von einer Zystenmembran eingeschlossen, erscheint die Verwendung dieser Bezeichnung hier als zweckmäßig.

Echographische Untersuchungstechnik

Man wählt die Schallköpfe und Geräteeinstellungen, mit denen feine Glaskörperdestruktionen am besten nachgewiesen werden können (s. Kap. 2.5.1, Untersuchungstechnik bei Glaskörperveränderungen). Meist sind das A-System und eine relativ niedrige Arbeitsfrequenz (6 MHz) zu bevorzugen. Der Nachweis und die Lokalisation von Kammerwasserzysten im Glaskörper mittels Ultraschall stützen sich auf die Darstellung der schwachen Echos aus dem destruierten Glaskörper und auf die echofreien Nullinien, die man aus dem Gebiet der Kammerwasserzysten erhält. An der Grenze zwischen Kammerwasserzyste und Glaskörper entsteht meist ein etwas intensiveres Echo (Abb. 2.2.3-1–3). Muß man das A-Bild-Verfahren benutzen, weil diese Echos im B-Bild mit den verfügbaren Geräten nicht gut dargestellt werden können, so ist es ratsam, die Lokalisation der Zyste durch Eintragung der A-Bild-Befunde aus benachbarten Richtungen in ein Lokalisationsschema darzustellen (Abb. 2.2.3-2d und 3d; Buschmann u. Linnert 1976). Ergänzend ist zu prüfen, ob sich die Lokalisation nach Blickbewegungen verändert. In der Regel findet man kurz nach der Rückkehr zur ursprünglichen Blickrichtung (Fixationskreuz an der Zimmerdecke!) die Kammerwasseransammlung wieder an derselben Stelle.

Literatur

Buschmann W, Linnert D (1976) Glaskörperechographie bei Aphakie und malignem Aphakieglaukom. Klin Monatsbl Augenheilkd 168:453–561

Leydhecker W (1973) Glaukom. Springer, Berlin Heidelberg New York, S 113–115, 604

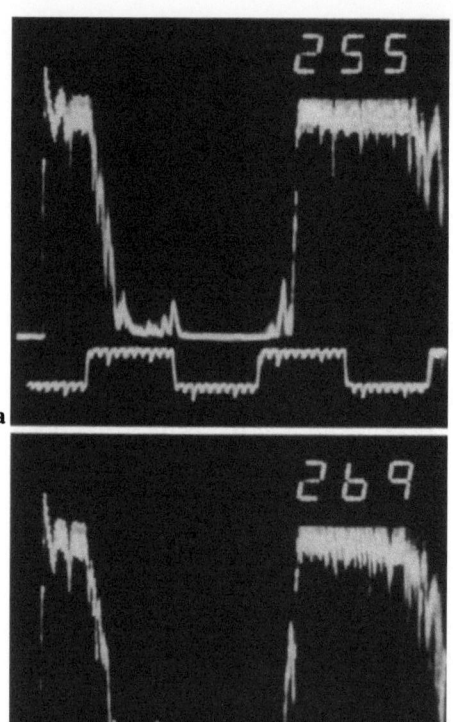

Abb. 2.2.3-1 a, b (Buschmann). Malignes Aphakieglaukom, aufgehobene Vorderkammer, 80jähriger Patient. A-Bild-Echogramme einer Kammerwasserzyste. Gerät 7200 MA (Kretz), Arbeitsfrequenz 6 MHz, Gesamtempfindlichkeit $\Delta W38 = 73$ dB. Kammerwasseransammlung in den schallkopffernen 2/3 des Glaskörperraumes; präretinal liegt eine schmale Glaskörperschicht. – Durch vordere Vitrektomie wurde eine breite, offene Verbindung zwischen Vorderkammer und Kammerwasseransammlung geschaffen, danach war der intraokulare Druck reguliert
a Untersuchungsrichtung 1a (Nr. 255), vor der Vitrektomie. **b** Untersuchungsrichtung 4c (Nr. 269), vor der Viktrektomie

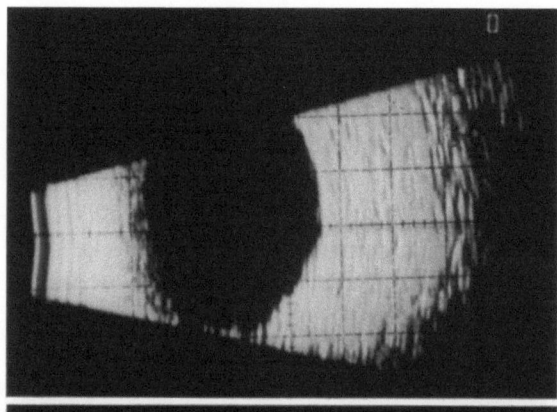
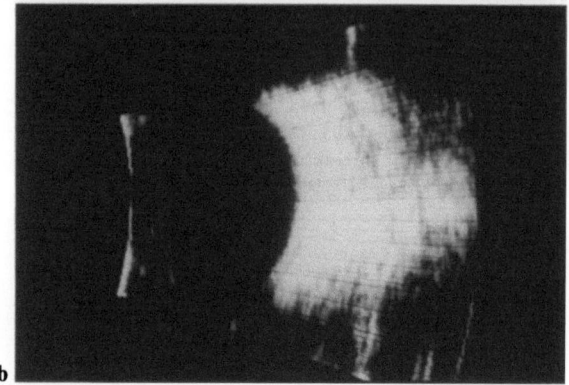

Abb. 2.2.3-2 a–d (Buschmann). Malignes Aphakieglaukom, aufgehobene Vorderkammer, 66jähriger Patient. Große Kammerwasseransammlung im hinteren Anteil des Glaskörperraumes. Die vordere Vitrektomie wurde durch die vorhandene Elliot-Trepanationsöffnung hindurch ausgeführt. Damit wurde eine breite Verbindung zwischen Vorderkammer und Kammerwasserzyste im Glaskörperraum geschaffen. Danach war der vorher medikamentös nicht zu beherrschende intraokulare Druck reguliert
a B-Bild, aufgenommen vor der Vitrektomie mit dem Gerät Ocuscan 400 und 5-MHz-Schallkopf, Empfindlichkeit $\Delta W38 = 66$ dB. Der Glaskörperraum erscheint fast echofrei, nur ganz vereinzelt sind flüchtige Echos darzustellen, eine umschriebene Kammerwasseransammlung ist daher nicht erkennbar. **b** B-Bild, aufgenommen mit dem Gerät Triscan und 10-MHz-Schallkopf. Auch mit diesem Gerät erscheint der Glaskörperraum im B-Bild bei der maximalen Empfindlichkeit als echofrei. **c** A-Bild-Echogramme desselben Auges vor der Vitrektomie. Gerät Triscan, A-Bild-Schallkopf mit 10 MHz Arbeitsfrequenz. Aus dem Glaskörperraum kommen deutliche Strukturechos zur Darstellung, dazwischen sind in vielen Richtungen echofreie Lücken (———) erkennbar, die meist von höheren Grenzflächenechos begrenzt werden und von einer umschriebenen Kammerwasseransammlung herrühren. Infolge eines technischen Fehlers beim verwendeten Gerät erscheinen auch in echofreien Abschnitten der Nullinie kleine Stufen. Die Untersuchungsrichtungen wurden mit Meridian (Uhrzeitschema) und Angabe des Abstandes vom Limbus (optische Achse, parazentral, Zone A, B, C) protokolliert. **d** (s. S. 70) Lokalisation der Kammerwasserzyste durch Eintragung der A-Bild-Befunde von Abb. 2c in ein Meridionalschnittschema (Ebene von 5 nach 11 Uhr als Beispiel). Untersucht und ausgewertet werden alle 6 Meridionalschnittebenen! – Lage und Ausdehnung der großen Kammerwasserzyste im hinteren Abschnitt des Glaskörperraumes sind jetzt gut zu erkennen und erleichtern die Wahl des richtigen operativen Vorgehens

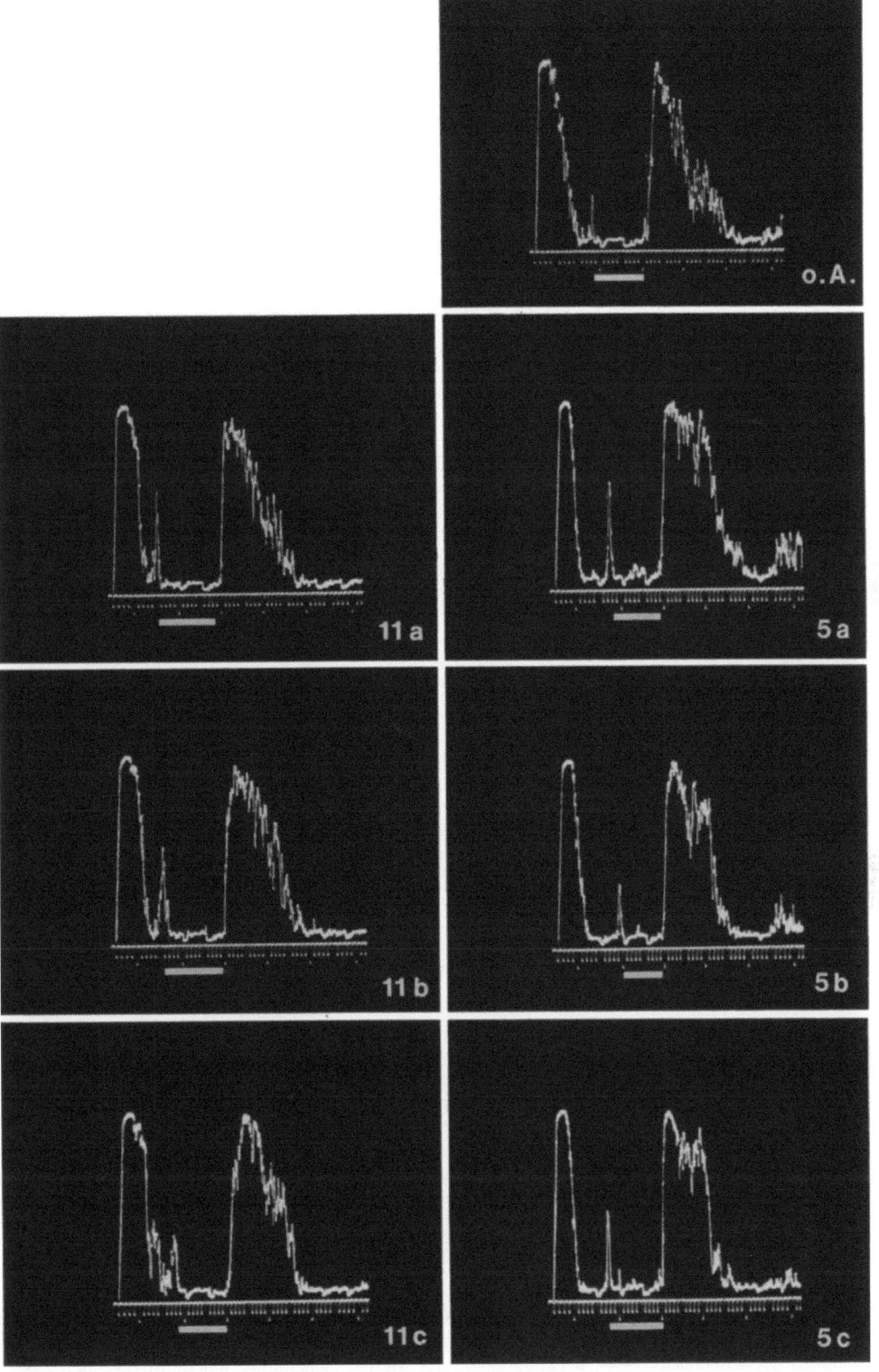

Abb. 2.2.3-2c

70 Erkrankungen des Augapfels aus echographischer Sicht

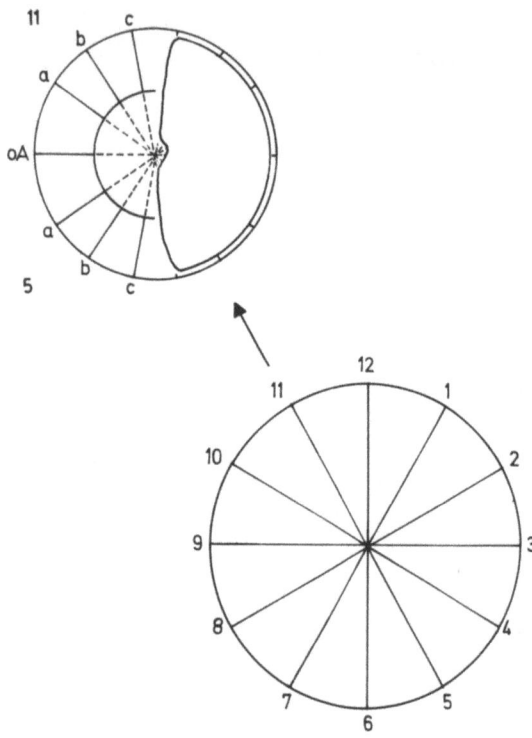

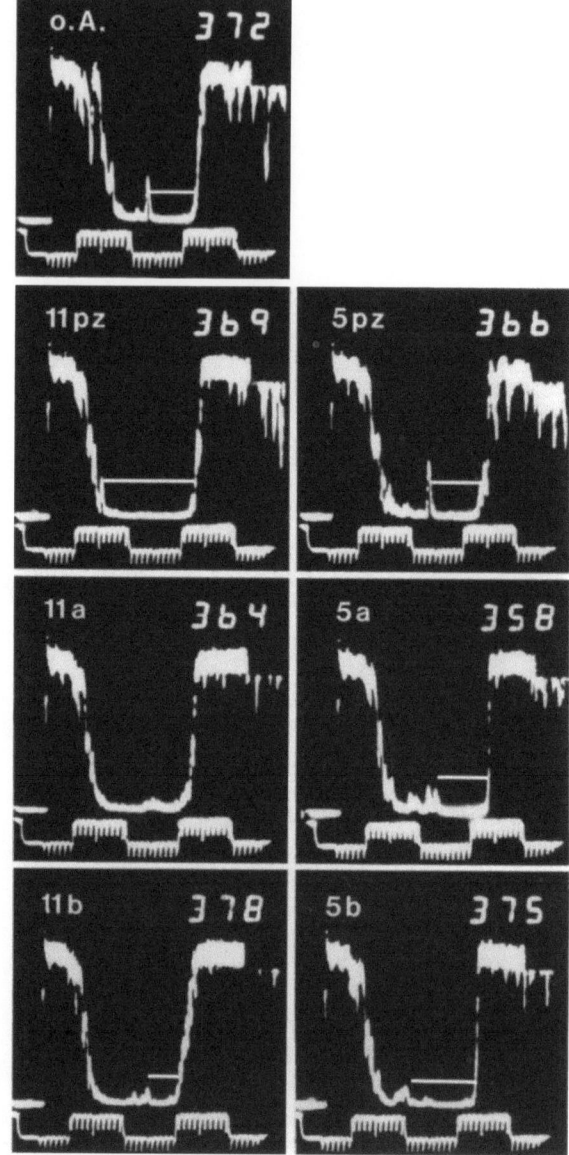

Abb. 2.2.3-2d. (Legende s. S. 68)

Abb. 2.2.3-3a–d (Buschmann). 75j. Patientin, Zustand nach Elliot-Op. (mit lamellärem Skleradeckel) und (2.) peripherer Iridektomie. Malignes Glaukom mit aufgehobener Vorderkammer, Augeninnendruck medikamentös nicht zu senken. Große Kammerwasseransammlung in den hinteren Glaskörperabschnitten. Bei zunächst noch klarer Linse Versuch, das Problem durch hintere Vitrektomie zu lösen, was nicht gelang. Druckregulierung erst nach vorderer Vitrektomie und Extraktion der inzwischen getrübten Linse. Gerät 7200 MA, 6 MHz-Schallkopf, ΔW38 = 73 dB
a Echogramme des Meridionalschnittes von 11 nach 5 Uhr, mit optischer Achse, vor der vorderen Vitrektomie aufgenommen. Zystenbereich = ——. **b** Echogramme des Meridionalschnittes von 1 nach 7 Uhr (Echogramm der optischen Achse siehe Abb. 3a), vor der vorderen Vitrektomie aufgenommen. Zystenbereich = ——. **c** Echogramme des Meridionalschnittes von 9 nach 3 Uhr (= Horizontalschnitt), vor der vorderen Vitrektomie aufgenommen. In Richtung 3b ist eventuell auch ein Ausläufer der Zyste getroffen, doch ist das nicht sicher, da sich in den unmittelbar angrenzenden Richtungen keine Zystenanteile darstellten. Zystenbereich = ——. **d** Lokalisation der Kammerwasserzyste durch Eintragung der A-Bild-Befunde von **a–c** in Meridionalschnittschemata. Nun ist die Lage der Kammerwasserzyste weit hinten im Glaskörperraum deutlich zu erkennen, ebenso der in den vorderen Anteilen vorgelagerte geformte Glaskörper. In manchen Richtungen gelingt die Entscheidung, welche Strecke der Zyste zuzuordnen ist, nur unter Berücksichtigung der Befunde aus den benachbarten Richtungen

Echographische Untersuchungstechnik 71

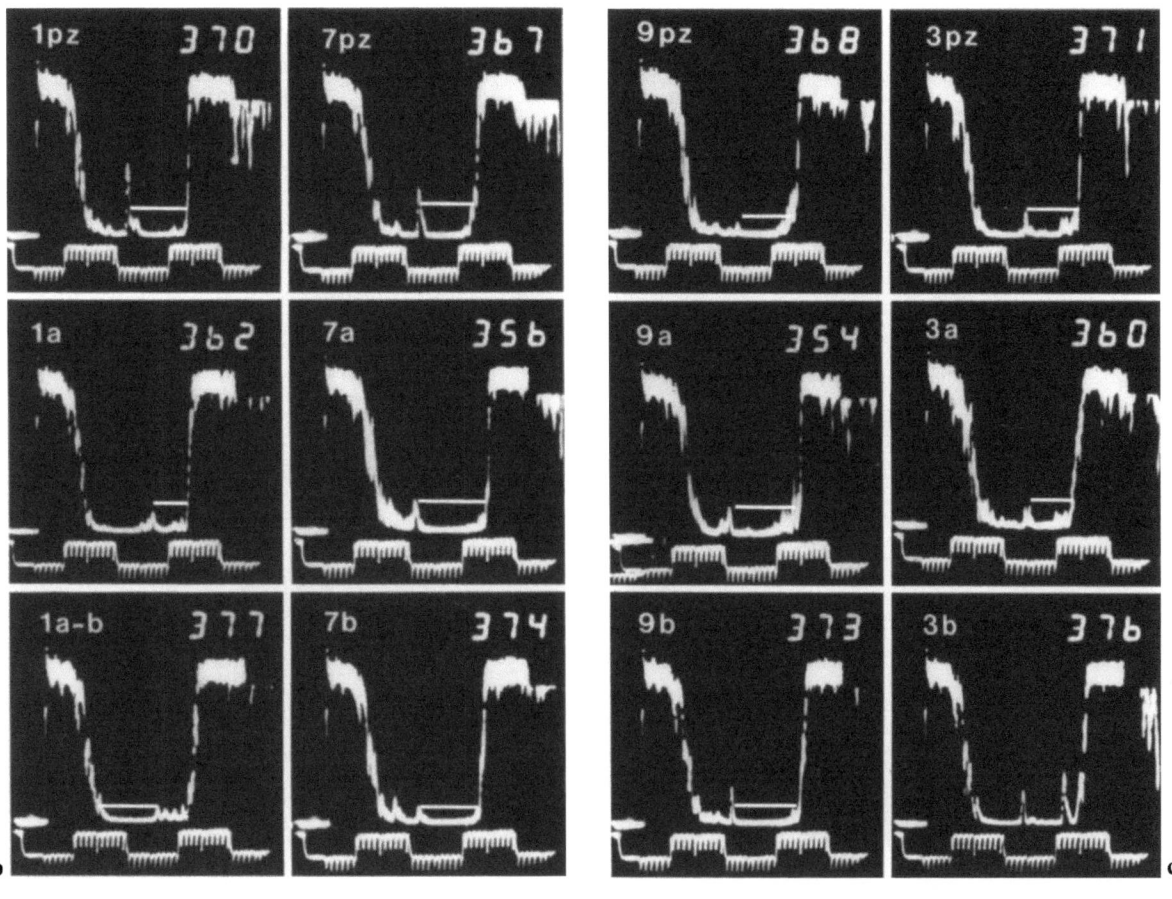

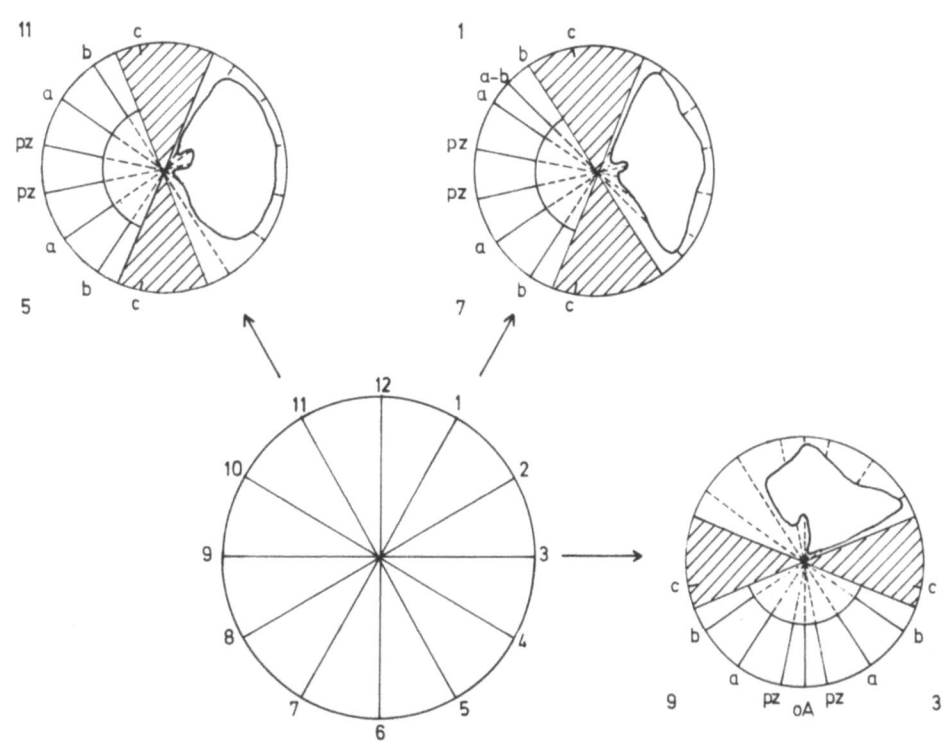

2.2.4 Abmessungen tumorverdächtiger intraokularer Herde

Die Möglichkeiten und Grenzen der echographischen Größenbestimmung sind in Kap. 2.7.3 von R. Guthoff bei den Korrelationen zwischen echographischem und histologischem Befund besprochen.

2.3 Optische Berechnungen auf der Grundlage von echographischen Achsenlängenmessungen

2.3.1 Geometrische Optik des Auges
W. Haigis

Brechkraft der Hornhaut

Aus der elementaren geometrischen Optik ergibt sich für die Brechkraft D (bzw. hintere Brennweite f) einer sphärischen Fläche mit Krümmungsradius r, die ein Medium 1 mit Brechungsindex n_1 von einem Medium 2 mit Brechungsindex n_2 ($<>n_1$) abgrenzt (Abb. 2.3.1-1):

$$D = n_2/f = (n_2 - n_1)/r \qquad (1)$$

Die Hornhaut läßt sich optisch durch 2 brechende Kugelflächen beschreiben, wobei die Rückfläche (Krümmungsradius r_2) stärker gekrümmt ist als die Vorderfläche (Krümmungsradius r_1) (vgl. Abb. 2.3.1-2).

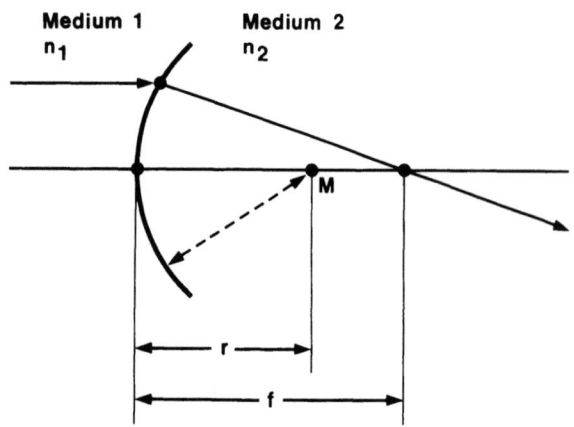

Abb. 2.3.1-1. Brechung an einer sphärischen Fläche

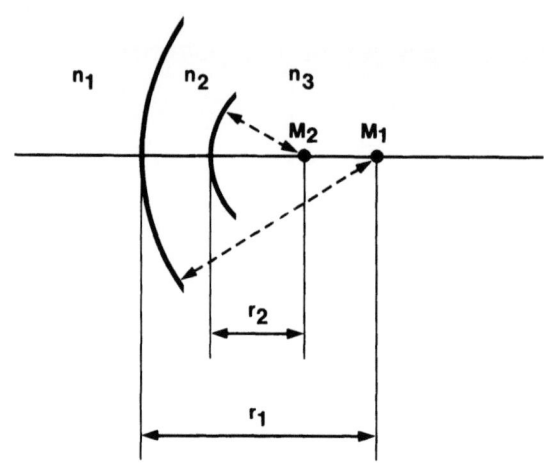

Abb. 2.3.1-2. Brechende Flächen der Hornhaut

Für die Brechkraft D_c ergibt sich

$$D_c = n_3/f = (n_2 - n_1)/r_1 + (n_3 - n_2)/r_2 \qquad (2)$$

Der Krümmungsradius r_1 der Vorderfläche ist leicht mit dem Ophthalmometer (Keratometer) bestimmbar, nicht jedoch jener der Rückfläche. Für die Praxis muß daher eine von der exakten Beziehung (2) abweichende Formel benutzt werden, aus der der hintere Krümmungsradius r_2 eliminiert ist. Dies wird durch Einführung eines *fiktiven Brechungsindex der Hornhaut* n* erreicht:

mit $\qquad n^* = n_2 + r_1/r_2(n_3 - n_2) \qquad (3)$

läßt sich (2) umformen in

$$D_c = (n^* - n_1)/r_1 \qquad (4)$$

Setzt man die folgenden Werte nach Gullstrand (1970) ein

$r_1 = 7{,}7$ mm
$r_2 = 6{,}8$ mm
$n_1 = n_{Luft} = 1{,}000$
$n_2 = n_{Hornhaut} = 1{,}376$
$n_3 = n_{Kammerwasser} = 1{,}336$

so erhält man aus (3)

$n^* = 1{,}331$

Tabelle 2.3.1-1. Fiktive Brechungsindices der Hornhaut

Fiktiver Hornhaut-Brechungsindex n*	Keratometer-Hersteller	Referenz
1,331		Gullstrand 1970
1,332	Gambs, Zeiss	Fechner 1980
1,332		Littmann 1960
1,333		Binkhorst 1975
1,336	American Optical	Fechner 1980
1,3375	Bausch u. Lomb, Haag-Streit	Fechner 1980

Für die Gesamtbrechkraft der Hornhaut ergibt sich damit aus (4) durch Einsetzen von $r_1 = 7{,}7$ mm, $n_1 = 1{,}000$ und $n^* = 1{,}331$ ein typischer Wert von $D_c = $ ca. 43 dptr.

Durch diese Einführung eines *fiktiven* Brechungsindex $n^* = 1{,}331$ der Hornhaut anstelle des *realen* Brechungsindex von $n_2 = 1{,}376$ ist es gelungen, die Bestimmung der Hornhautbrechkraft auf die Messung des vorderen Hornhautradius zu reduzieren: die Hornhaut wird durch *eine* brechende sphärische Fläche mit Krümmungsradius r_1 ersetzt, was sich in der formalen Identität von (1) mit (4) widerspiegelt. Eine Unsicherheit bleibt jedoch in dem Maße bestehen, in dem eine reale Hornhaut von den für die Bestimmung von n^* benutzten Größen abweicht. In der Praxis werden daher leicht voneinander abweichende fiktive Hornhaut-Brechungsindices verwendet. So bevorzugt etwa R.D. Binkhorst (1975) einen Wert von $n^* = 1{,}333$; Littmann (1960) rechnet mit $n^* = 1{,}332$. Ebenso arbeiten kommerzielle Keratometer je nach Hersteller mit unterschiedlichen fiktiven Brechungsindices. Tabelle 2.3.1-1 gibt hierüber einen Überblick.

Brechkraft der Augenlinse

Das Auge ist ein aus den brechenden Flächen von Hornhaut und Augenlinse zusammengesetztes optisches System. Seine Gesamtbrechkraft und damit seine hintere Brennweite ergibt sich aus den entsprechenden Einzelbrechkräften. Ganz wesentlich ist die Gesamtbrechkraft durch die Geometrie des Auges bestimmt, d.h. durch den Abstand der beiden brechenden Flächen („Vorderkammertiefe") und die Lage der Bildebene (Netzhaut) relativ zu diesen („Achsenlänge").

Aus der elementaren geometrischen Optik (vgl. z.B. Reiner 1982 oder Siebeck 1960) erhält man für die Gesamtbrechkraft D_A von zwei brechenden Flächen D_C (Hornhautbrechkraft) und D_L (Linsenbrechkraft), die um den Abstand d voneinander entfernt und in einem Medium mit dem Brechungsindex n eingebettet sind (vgl. Abb. 2.3.1-3)

$$D_A = D_C + D_L - d/n\, D_C\, D_L \qquad (5)$$

Die Brechkraft D_C der Hornhaut ist durch (4) gegeben. Die Brechkraft der Linse D_L soll nunmehr kurz hergeleitet werden.

Die elementare Linsenformel

Wir gehen dabei von folgenden idealisierenden Vereinfachungen aus:

1. Hornhaut und Augenlinse sind unendlich dünne Linsen;
2. beide Linsen besitzen eine gemeinsame optische Achse (zentriertes Linsensystem);
3. das System ist rotationssymmetrisch bezüglich dieser Achse;
4. beide Linsen sind homogen brechend;
5. Beschränkung auf den Gauß'schen Raum, d.h. Betrachtung nur achsennaher Strahlen mit kleinen Winkeln gegenüber der Achse.

Zur Herleitung der Brechkraft der Linse betrachten wir Abb. 2.3.1-3: Das aus der Hornhaut (C) und Augenlinse (L) zusammengesetzte optische System wird durch zwei Hauptebenen und zwei Hauptpunkte beschrieben. Es werden folgende Bezeichnungen eingeführt:

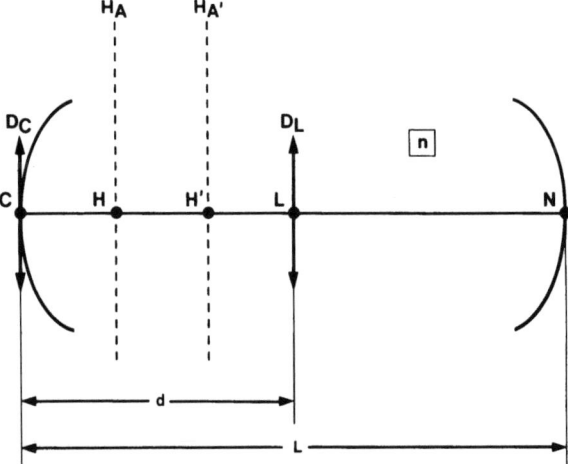

Abb. 2.3.1-3. Illustration zur Herleitung der elementaren Linsenformel (*C*, Cornea; *L*, Linse; *N*, Netzhaut)

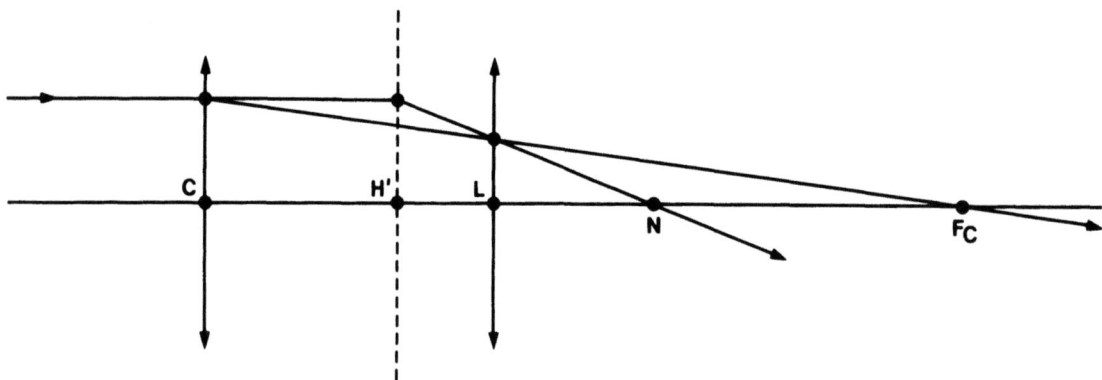

Abb. 2.3.1-4. Illustration zur Bestimmung von $\overline{CH'}$ in Abb. 2.3.1-3. F_C: hinterer Brennpunkt der Hornhaut; sonst Bezeichnugen wie in Abb. 2.3.1-3. Strahlensatz: $\dfrac{\overline{CL}}{\overline{CF_C}} = \dfrac{\overline{H'L}}{\overline{H'N}}$. Mit $\overline{CL} = d$; $\overline{CF_C} = f_C$; $\overline{H'L} = d - \overline{CH'}$; $\overline{H'N} = f_A$. $\dfrac{d}{f_C} = \dfrac{d - \overline{CH'}}{f_A}$. Aufgelöst: $\overline{CH'} = d - d\dfrac{f_A}{f_C}$

H_A, H_A': vordere und hintere Hauptebene des Auges
H, H': vorderer und hinterer Hauptpunkt des Auges
n: Brechungsindex des Auges (= Brechungsindex von Kammerwasser = Brechungsindex von Glaskörper)
d: Abstand Hornhaut – Augenlinse
L: Achsenlänge
D_A: Gesamtbrechkraft des Auges: $D_A = n/f_A$
f_A: hintere Brennweite des Auges
D_C: Brechkraft der Hornhaut: $D_C = n/f_C$
f_C: hintere Brennweite der Hornhaut
D_L: Brechkraft der Augenlinse

Aus Abb. 2.3.1-3 entnimmt man direkt

$$\overline{CH'} + \overline{H'N} = \overline{CN} = L \quad (6)$$

Zu bestimmen sind nun die beiden Teilstrecken $\overline{CH'}$ und $\overline{H'N}$.

Bei Emmetropie ist der Abstand $\overline{H'N}$ vom hinteren Hauptpunkt zur Netzhaut gleich der hinteren Brennweite f_A des Auges:

$$\overline{H'N} = f_A = n/D_A \quad (7)$$

Für die Strecke $\overline{CH'}$ kann man aus Abb. 2.3.1-4 mit Hilfe des Strahlensatzes aus der Geometrie leicht ablesen:

$$\overline{CH'} = d - d\, f_A/f_C = d - d\, D_C/D_A \quad (8)$$

Durch Einsetzen von (7) und (8) in (6) und Auflösung nach D_A ergibt sich (für Emmetropie):

$$D_A = (n - d\, D_C)/(L - d) \quad (9)$$

Die Gesamtbrechkraft D_A ist andererseits gegeben durch (5). Einsetzen von (5) in (9) und Auflösen nach D_L liefert sofort

$$D_L = n/(L - d) - n/((n/D_c) - d) \quad (10)$$

(10) stellt die elementare Linsenformel dar, welche die Brechkraft der Augenlinse eines emmetropen Auges mit gegebener Hornhautbrechkraft D_C, Achsenlänge L und „Vorderkammertiefe" d angibt.

Sie ist natürlich nur im Rahmen der anfangs aufgeführten idealisierenden Vereinfachungen gültig, die real so nicht zutreffen. Sie enthält allerdings auf anschauliche Weise die fundamentalen Abhängigkeiten der Brechkraft der Augenlinse von der Hornhautbrechkraft, von der Achsenlänge und von der Position der Augenlinse relativ zur Hornhaut (Abstand d). Die meisten der in der Literatur veröffentlichten Formeln zur Brechkraftbestimmung einer Implantlinse lassen sich auf (10) zurückführen (s.u.).

Literatur

Binkhorst RD (1975) The optical design of intraocular lens implants. Ophthalmic Surg 6:17
Duke-Elder S, Abrams A (1970) Ophthalmic optics and refraction. System of ophthalmology, vol 5. Kimpton, London
Fechner PU (1980) Intraokularlinsen: Grundlagen und Operationslehre. Büch Augenarztes, Bd 82. Enke, Stuttgart
Gullstrand (1970): zit. bei Fechner (1980) nach Duke-Elder (1970)
Littmann (1960): zit. bei Siebeck (1960), p 140
Reiner J (1982) Grundlagen der ophthalmologischen Optik. Enke, Stuttgart
Siebeck R (1960) Optik des menschlichen Auges. Springer, Berlin Göttingen Heidelberg

2.3.2 Linsenberechnungsformeln

W. HAIGIS und H.G. TRIER

In der Literatur ist eine Vielzahl von Formeln zur Berechnung von Implantlinsen veröffentlicht, so daß sich häufig die Frage nach der „richtigen" Formel stellt. Verwirrend ist hierbei auch, daß für die einzelnen Meßgrößen, die in die Formeln eingehen (z.B. Achsenlänge oder Hornhautbrechkraft), verschiedene Bezeichnungen verwendet sind. Es zeigt sich aber, daß sich alle Formeln in 2 Klassen einteilen lassen:

a) physikalische oder geometrisch-optische Formeln, die auf einem theoretischen Modell des Auges beruhen,
b) empirische Formeln, die mit Hilfe statistischer Verfahren aus den Refraktionsbilanzen operierter Augen gewonnen wurden.

Geometrisch-optische Formeln

Die bekanntesten Formeln stammen von Gernet et al. (1970, 1971, 1973, 1978), die die erste genaue Berechnung vorlegten, von C.D. Binkhorst (1972, 1973), R.D. Binkhorst (1975), Colenbrander (1973), Fjedorov et al. (1975), Thijssen (1975), v.d. Heijde (1975), und aus neuerer Zeit von Shammas (1982) und Nitsch und Reiner (1985). Eine kritische Analyse der meisten dieser Formeln wurde jüngst von Nitsch und Reiner (1985), vorgenommen.

In alle geometrisch-optischen Formeln gehen folgende Größen ein:

- Achsenlänge des Auges
- Abstand (Hornhautscheitel) – (vordere Linsenhauptebene)
- Krümmungsradius der Hornhaut bzw. Hornhautbrechkraft
- Brechungsindices von Hornhaut (fiktiver Index, vgl. 2.3.1), Kammerwasser und Glaskörper

Weiter ist allen gemeinsam, daß sie sich durch einfache algebraische Umformungen auf den *Typ* der elementaren Linsenformel (10) (vgl. Kap. 2.3.1) zurückführen lassen, d.h. daß sie dieselben funktionalen Abhängigkeiten der Linsenbrechkraft von den oben aufgeführten Größen beinhalten. Sie sind nach Umformung weitgehend identisch (Fritz 1981), jedoch nicht völlig fehlerfrei (Nitsch u. Reiner 1985, s.u.).

Schließlich sind alle physikalischen Formeln dadurch charakterisiert, daß die zugrundeliegenden theoretischen Modelle dieselben idealisierenden Vereinfachungen machen, wie sie in Kap. 2.3.1 (abgesehen z.T. von der Annahme unendlich dünner Linsen) bei der Herleitung der elementaren Linsenformel benutzt wurden. Zu „besseren" Formeln gelangt man durch Verfeinerung des benutzten theoretischen Modells. So ist es mit Hilfe des von Nitsch und Reiner (1985) eingeführten Matrizenformalismus zur Berechnung von Linsenformeln auf einfache Weise möglich, endliche Mittendicken der beteiligten Linsen wie auch verschiedene Bauformen von Intraokular-Implantlinsen (IOL) zu berücksichtigen. Ein weiterer Vorteil dieses (aus der Ionenoptik stammenden) Formalismus liegt darin, daß anstelle von (nicht meßbaren) „Hauptebenen-Abständen" (z.B. Abstand Hornhautscheitel – vordere Linsenhauptebene, s.o.) die Scheitelabstände der beteiligten Linsen eingehen, d.h. Größen, die der ultraschallbiometrischen Messung unmittelbar zugänglich sind.

Nitsch und Reiner (1985) geben für die Brechkraft D_L einer emmetropisierenden plan-konvexen Intraokularlinse folgende Bestimmungsgleichung an (vgl. hierzu Abb. 2.3.2-1):

$$D_L = \frac{n_G}{L - d_C - d_{CL} - d_L\left(1 - \frac{n_g}{n_L}\right)} - \frac{n_K}{\frac{n_K}{D_C} - d_C - d_{CL} + d_C\left(1 - \frac{n_K}{n_C}\frac{D_{1C}}{D_C}\right)} \quad (11)$$

mit

n_G: Brechungsindex des Glaskörpers ($=1,336$)
n_K: Brechungsindex von Kammerwasser ($=1,336$)
n_L: Brechungsindex der Linse ($=1,493$ für PMMA-IOL (Alpar u. Fechner 1986) $=1,424$ für Augenlinse (Gullstrand, zit. nach Siebeck 1960))
L: Achsenlänge (Abstand vorderer Hornhautscheitel – Netzhaut)
d_C: Dicke der Hornhaut
d_{CL}: Vorderkammertiefe (Abstand hinterer Hornhautscheitel – Linsenvorderfläche)
d_L: Dicke der Linse
D_C: Gesamtbrechkraft der Hornhaut
D_{1C}: Flächenbrechwert der Hornhautvorderseite

Man beachte, daß (11) vom Typ her der fundamentalen Gleichung (10) entspricht.

Vereinfacht man (11) durch die Annahme einer vernachlässigbaren Hornhautdicke ($d_C=0$) und

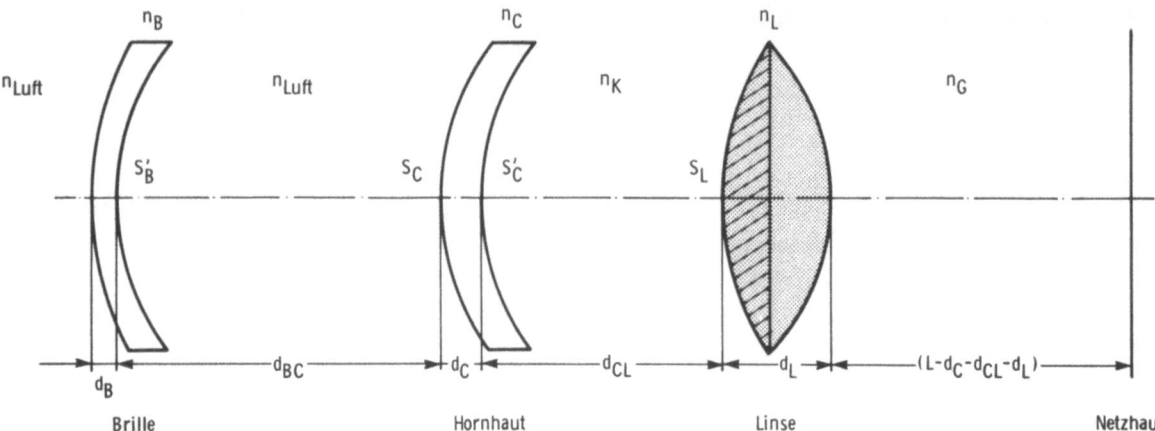

Abb. 2.3.2-1. Illustration und Bezeichnungen zur theoretisch-optischen Formel von Nitsch u. Reiner. (Aus Nitsch u. Reiner 1985)

setzt $n_G = n_K = n$ ($= 1{,}336$), so ergibt sich

$$D_L = \frac{n}{L - d_{CL} - d_L\left(1 - \dfrac{n}{n_L}\right)} - \frac{n}{\dfrac{n}{D_C} - d_{CL}} \qquad (12)$$

[Die Berücksichtigung einer endlichen Hornhautdicke würde bei einer Vorderkammertiefe von 3,8 mm und einem Hornhautradius von 7,8 mm eine um 0,18 dptr geringere Brechkraft der emmetropisierenden plan-konvexen IOL ergeben (Nitsch u. Reiner 1985).]

In der häufig benutzten Formel von Gernet et al. (1978), ergibt sich (unter Verwendung der Bezeichnungen wie oben) die Brechkraft einer emmetropisierenden Linse zu

$$D_L = \frac{n}{L - d} - \frac{n}{\dfrac{n}{D_C} - d} \qquad (13)$$

Hierbei ist d der Abstand vom Hornhautscheitel (Hornhautdicke wird vernachlässigt) zur vorderen Hauptebene der Linse. Für diese (nicht meßbare) Größe wird von Gernet et al. als Näherungswert der Ausdruck

$$d = d_{CL} + 0{,}6\, d_L \qquad (14)$$

vorgeschlagen. Die Strecken d_{CL} (Abstand Hornhautscheitel – vordere Linsenfläche = Vorderkammertiefe) und d_L (Linsendicke) sind der Ultraschallbiometrie direkt zugänglich.

Einsetzen von (14) in (13) liefert

$$D_L = \frac{n}{L - d_{CL} - 0{,}6\, d_L} - \frac{n}{\dfrac{n}{D_C} - d_{CL} - 0{,}6\, d_L} \qquad (15)$$

Der Vergleich von (15) mit (12) zeigt sofort die Abweichung der Formel (15) von Gernet et al. von der präzisen Beziehung (12) von Nitsch und Reiner. In der Praxis sind diese Abweichungen jedoch vernachlässigbar, da sich die dadurch bedingten Fehler gerade ungefähr kompensieren (Nitsch u. Reiner 1985).

Weitere häufig verwendete geometrisch-optische Formeln sind die von Colenbrander (1973) und R.D. Binkhorst (1975). Hier sei auf die entsprechende Literatur (z.B. bei Fechner 1980; Alpar u. Fechner 1986) oder auf den Artikel von Nitsch u. Reiner (1985) verwiesen.

Der generelle Vorteil geometrisch-optischer Formeln liegt darin, daß auf einfache Weise eine Brille und/oder eine Kontaktlinse bei der Berechnung der Stärke einer Implantlinse berücksichtigt werden können.

Führt man folgende Bezeichnungen ein

n_B: Brechungsindex des Brillenglas
d_{BC}: Abstand hinterer Brillenscheitel – vorderer Hornhautscheitel
d_B: Mittendicke der Brillenlinse
D_{1B}: vorderer Flächenbrechwert der Brille
D_B: Gesamtbrechkraft der Brille
D_K: (unendlich dünne) Kontaktlinse

so wird der Einfluß von Brille und Kontaktlinse in den Formeln (12) und (15) dadurch erfaßt, daß man dort

D_C durch $D_C + D_K + D_{B'}$

ersetzt, wobei $D_{B'}$ gegeben ist durch

$$D_{B'} = \frac{1}{\dfrac{1}{D_B} - \left(d_{BC} + \dfrac{d_B}{n_B}\dfrac{D_{1B}}{D_B}\right)} \qquad (16)$$

Für vernachlässigbare Mittendicke der Brillenlinse $d_B = 0$ vereinfacht sich (16) zu

$$D_B' = \frac{D_B}{1 - d_{BC} D_B} \qquad (17)$$

Der kumulative Fehler in der Brechkraft der IOL, der durch Vernachlässigen der Dicken von Hornhaut und Brillenglas entsteht, beläuft sich auf 2–3% (Nitsch u. Reiner 1985).

Neben der beschriebenen Möglichkeit, Brille und Kontaktlinse bei der IOL-Brechkraft-Bestimmung einzuschließen, weisen „physikalische" Formeln (d.h. solche, denen ein theoretisches, geometrisch-optisches Augenmodell zugrundeliegt) einen weiteren entscheidenden Vorteil auf. So können die hinteren Brennweiten des phaken und pseudophaken Auges berechnet bzw. abgeschätzt werden, womit die Beurteilung der Netzhautbildgrößen und damit der Aniseikonie möglich wird. Deren Berücksichtigung sowie die Einführung entsprechender optischer Korrekturmaßnahmen zur Minimalisierung von Bildgrößenunterschieden bei IOL-Implantationen sind das besondere Verdienst von Gernet (Gernet et al. 1978). Eine zusammenfassende Darstellung neueren Datums hierzu findet sich z.B. bei Gernet (1985a, 1985b, 1985c).

Empirische Formeln

Empirische Formeln basieren *nicht* auf einem physikalischen Modell der Wirklichkeit; sie geben nur einem abstrakten mathematisch-funktionalen Zusammenhang zwischen verschiedenen gegebenen numerischen Größen an, wobei dieser nicht streng, sondern nur in einer gewissen Näherung gültig ist. Nach dem statistischen Verfahren, mit dem dieser Zusammenhang aufgestellt wird, heißen diese Formeln auch *Regressionsformeln*.

Die bekannteste empirische Beziehung zur IOL-Brechkraft-Bestimmung – die SRK-Formel – stammt von Sanders, Retzlaff und Kraff (Retzlaff 1980; Sanders et al. 1981; Retzlaff et al. 1982). Durch eine statistische Analyse der Refraktionsbilanzen einer großen Anzahl von operierten Augen (mehr als 2500; Sanders et al. 1981) wurde versucht, die funktionale Abhängigkeit der Brechkraft D_L einer Emmetropie-IOL von der Achsenlänge L und der Hornhautbrechkraft D_C aufzustellen.

Das Ergebnis ist die SRK-Formel:

$$D_L = A - 2{,}5\,L - 0{,}9\,D_C \qquad (18)$$

Tabelle 2.3.2-1. Wertebereiche von A-Konstanten für verschiedene Linsentypen. (Nach Alpar u. Fechner 1986)

Linsentyp	Abk.	A-Konstanten
Vordere Vorderkammerlinse	VVKL	114,5–116,0
Vorderkammerlinse	VKL	115,0–116,5
Hinterkammerlinse	HKL	116,0–117,0
Hintere Hinterkammerlinse	HHKL	116,5–117,5
Hinten liegende hintere Hinterkammerlinse	HHHKL	117,5–119,5

Die Abkürzungen für die verschiedenen Linsentypen entsprechen Eindeutschungen der im angelsächsischen Sprachraum pragmatisch entstandenen Linsentyp-Bezeichnungen, in denen sich der postoperative Linsenort widerspiegelt (z.B. HHHKL = engl. PPPCL = posterior posterior posterior chamber lens).

Dabei ist A eine empirische Konstante – die sog. *A-Konstante* –, die nicht nur vom Linsentyp abhängig ist, sondern auch vom Hersteller der Kunststoff-Linse. So können sich bei Linsen *gleichen* Typs *verschiedener* Hersteller Differenzen bis zu 0,9 dptr. ergeben. Insofern ist die A-Konstante *keine* generische *Konstante* für den Linsentyp, sondern eher eine *Variable*, die vom Linsenhersteller abhängig ist.

In dem Bemühen, die Vorhersagegenauigkeit der SRK-Formel zu verfeinern, wird neuerdings (Alpar u. Fechner 1986) eine weitere Abhängigkeit in die A-Konstante eingeführt: verschiedene Operateure benutzen bei gleichem Linsentyp vom gleichen Hersteller individualisierte A-Konstanten.

Damit ist die A-Konstante insgesamt abhängig vom
- Linsentyp
- Hersteller
- Operateur.

Eine Übersicht über die Wertebereiche von A-Konstanten bei verschiedenen Linsentypen gibt Tabelle 2.3.2-1 (nach Alpar u. Fechner 1986).

In der Praxis gehört die SRK-Formel (18) zu den am häufigsten benutzten Rechenalgorithmen, soweit empirische Formeln eingesetzt werden. Hinsichtlich anderer statistischer Regressionsformeln (z.B. Gills 1980) bzw. Modifikationen an der SRK-Formel (z.B. Mawas 1984) sei auf die Originalliteratur verwiesen.

Abwägung zwischen beiden Formeltypen

Die wissenschaftliche Auseinandersetzung darüber, ob theoretische oder empirische Formeln besser, richtiger oder genauer seien, wird seit Jahren kontrovers geführt.

Gegen die geometrisch-optischen Formeln wurde ihre im Vergleich zu empirischen Beziehungen unhandlichere mathematische Form ins Feld geführt. Beim heutigen Stand der Informationstechnik (zunehmender Rechnereinsatz) stellt die mathematische Komplexität einer Formel allerdings kein Hemmnis mehr für deren Anwendung dar. Befürworter der physikalischen Formeln dagegen ziehen ein dem Verständnis zugängliches funktionales Modell des optischen Geschehens einer schieren Beschreibung der mathematischen Abhängigkeit von Zahlenwerten vor, wie sie sich in empirischen Formeln ausdrückt. Nichtsdestoweniger sind *beide* Formeltypen *Rechenvorschriften*, unabhängig davon, wie sie entstanden sind. Ebenso ist darauf hinzuweisen, daß z.B. die Möglichkeit von Aniseikonieberechnungen genaugenommen *nicht* ein Vorteil einer bestimmten theoretischen *Formel*, sondern des zugrundeliegenden optischen *Modells* ist. Empirische Formeln benötigen zu ihrer Aufstellung kein solches Modell.

Zur Entscheidung für einen bestimmten Formeltyp bemerkt Hoffer, 1981 (zit. nach Holladay et al. 1986) aufgrund einer Analyse von mehr als 30 Artikeln über die Genauigkeit von Linsenberechnungsformeln, daß deren Autoren in nahezu gleichem Maße theoretische wie empirische Formeln favorisieren, es sei denn, ein bestimmter Autor hätte eine eigene Formel entwickelt. In letzterem Fall konnten die besten Ergebnisse mit der eigenen Formel erzielt werden.

Holladay et al. 1986, untersuchten die Refraktionsbilanzen in 512 Fällen von Hinterkammerlinsen-Implantationen. Die IOL-Brechkräfte wurden sowohl mit der Binkhorst-Formel (Binkhorst 1975) als auch mit der SRK-Formel (vgl. Kap. 2.3.2) bestimmt. In 5.1% der Fälle ergab sich eine „2 dptr-Überraschung", d.h. eine Abweichung von mehr als 2 dptr zwischen der Ziel- und der postoperativ tatsächlich erreichten Refraktion. Dabei zeigte sich kein signifikanter Unterschied zwischen der Verwendung der theoretischen und der empirischen Formel. Bei den betroffenen Patienten wurden alle präoperativen Messungen postoperativ wiederholt und die IOL-Berechnung mit den neuen Werten noch einmal durchgeführt. Für beide Formeln führten die postoperativen Meßwerte zu genaueren Vorhersagen, wobei die einzelnen Meßgrößen allerdings in verschiedenem Maße an der erreichten Verbesserung beteiligt waren. Dieser Sachverhalt ist in Tabelle 2.3.2-2 dargestellt. Es bleiben ungeklärte Fehlerquellen, die jedoch für SRK um 24% größer sind als für die theoretische Formel. Bei letzterer wirkt sich eine

Tabelle 2.3.2-2. Mittlere Verbesserung der Vorhersagegenauigkeit von IOL-Brechkraftbestimmungen bei Verwendung postoperativer Meßwerte. (Nach Holladay et al. 1986)

Fehlerquelle	Anteil an Verbesserung in % bei	
	Binkhorst-Formel	SRK-Formel
Keratometrie	10	11
Achsenlängenmessung	54	32
Postop. Vorderkammertiefe	3	–
Ungeklärt	33	57
Gesamt	100	100

Verbesserung der Achsenlängenmessung am deutlichsten aus. Nach dieser Untersuchung sind also die theoretischen Formeln im Prinzip überlegen, wenn nur die eingehenden Meßgrößen so genau wie möglich sind.

Zu einem anderen Ergebnis kommen Seiler und Wollensak (1985), die die theoretische Colenbrander-Formel (Colenbrander 1973) mit der SRK-Beziehung verglichen. Mit Hilfe des Gauß'schen Fehlerfortpflanzungsgesetzes bestimmten sie die zu erwartende Fehlerbreite für beide Formeln. Dabei ergibt sich für ca. 85% aller Implantationsfälle (entsprechend einer IOL-Brechkraft von 14–24 dptr) eine Äquivalenz der theoretischen mit der empirischen Beziehung (vgl. Abb. 2.3.2-2). Die geometrisch-optische Formel ist zwar insofern genauer, als die postoperative Vorderkammertiefe

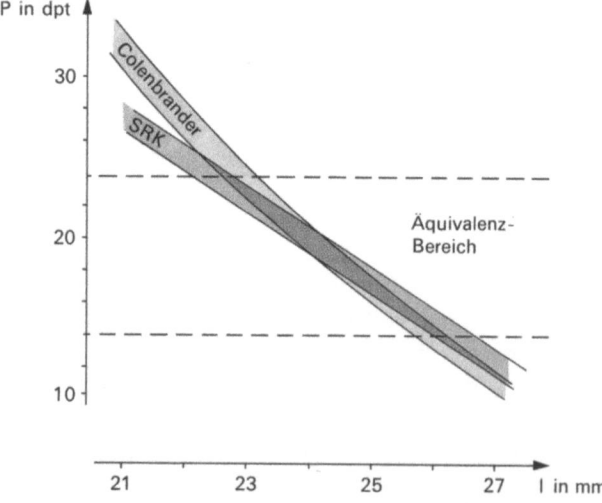

Abb. 2.3.2-2. Äquivalenzbereich von theoretischer (Colenbrander) und empirischer (SRK) Formel. (Aus Seiler u. Wollensak 1985)

mit in die Rechnung eingeht; dieser Vorteil wird allerdings dadurch wieder zunichte gemacht, daß auch diese Größe fehlerbehaftet ist. Als minimale Vorhersageunsicherheit ergibt sich in beiden Fällen (im Äquivalenzbereich) ein Wert von +/− 0,8 dptr. Insbesondere ist damit die theoretische Formel der empirischen *nicht* überlegen. An den hyperopen (Achsenlänge < 22,5 mm) und myopen (Achsenlängen > 26,5 mm) Grenzen des Äquivalenzbereichs führen beide Formeln zu verschiedenen Ergebnissen. So liefert die geometrisch-optische Formel bei kurzen Augen zu hohe (eindeutig falsche, Seiler u. Wollensak 1985) IOL-Brechkräfte mit größeren minimalen Fehlern verglichen mit der SRK-Formel.

Janka und Daxecker (1984) vergleichen in 50 Fällen die vorausberechnete mit der postoperativen Restrefraktion bei Verwendung der Gernet- (vgl. Kap. 2.3.2) und der SRK-Formel. Nach ihren Ergebnissen ermöglicht die empirische Formel (SRK) bessere Voraussagen über die Restrefraktion. Die Autoren differenzieren allerdings nicht zwischen normalen, langen und kurzen Augen.

Strobel (1983) findet in einer ähnlichen Studie, daß bei stark achsenmyopen Augen die theoretische Formel (Binkhorst) zwar eine um 0,3 dptr zu hohe Brechkraft liefert, die Standardabweichung des refraktiven Fehlers jedoch geringer ist als bei Verwendung der SRK-Formel. Für kurze Augen hingegen ergibt die SRK-Formel eine geringere Standardabweichung. Bei diesen hyperopen Augen findet Strobel im Gegensatz zu Seiler und Wollensak (s. oben) *keine* wesentlichen Fehlbestimmungen mit der theoretischen Formel, obwohl in beiden Fällen die Immersionsmethode zur Achsenlängenbestimmung angewandt wurde. Hoffer (1982) weist darauf hin, daß die durch Bulbusimpression verkürzte Achsenlänge bei Kontaktankopplung gerade bei kurzen Augen zu stark erhöhten, das Auge myopisierenden IOL-Brechkräften führt. In Immersionstechnik wird von Hoffer dieser Fehler nicht bemerkt, in Übereinstimmung mit Strobel.

Gruber (1982) berichtet von Standardabweichungen der Restametropie in der Literatur, die für theoretisch-optische Formeln Werte von +/− 1 bis +/− 2,2 dptr, für empirische Formeln +/− 0,9 bis +/− 1,6 dptr annehmen. Er selbst schätzt mit Hilfe der Gauß'schen Fehlerpropagation die Standardabweichung der postoperativen Ametropie für die theoretische Fjydorov-Formel (Fjydorov et al. 1975) zu +/− 0,84 dptr ab, in Übereinstimmung mit Seiler und Wollensak 1985 (s. oben).

Eine mathematische Fehleranalyse ihrer (theoretisch-optischen) Formeln (vgl. Kap. 2.3.2.1) führen Nitsch und Reiner (1985) zu postoperativen Refraktionsfehlern in der Größenordnung von 1,3 dptr.

Zusammenfassend kann man sagen, daß in der Mehrzahl aller Linsenimplantationen (14–24 dptr) empirische wie theoretische Formeln zu vergleichbaren Ergebnissen führen. Abweichungen ergeben sich bei sehr langen und besonders bei sehr kurzen Augen, wobei umstritten ist, welcher Formeltyp die besseren Ergebnisse liefert. Ein (minimaler) Fehler der postoperativen Refraktion von 0,8–1,3 dptr konnte mit beiden Verfahren nicht unterschritten werden. Eine Verbesserung der Meßtechnik, insbesondere der Achsenlängenbestimmung, wirkt sich in den theoretischen Formeln drastischer aus als in den empirischen. Es bleiben noch unverstandene Fehler, die man durch neue Formeln oder Verfeinerungen der bestehenden zu minimieren sucht.

Zur Bewertung des etwas verwirrenden Bildes in der Literatur sollte man sich noch einmal vor Augen führen, daß die Brauchbarkeit einer jeden Formel oder Rechenvorschrift in der Praxis durch 2 Einschränkungen charakterisiert ist:

– Jede Formel ist nur insoweit „gültig" bzw. „richtig", wie das explizit oder implizit zugrundeliegende Modell bzw. die Voraussetzungen, unter denen eine Formel hergeleitet wurde, „richtig" bzw. im konkreten Anwendungsfall erfüllt sind. (Im allgemeinen realisiert die Natur *nicht* eine bestimmte Theorie des beschreibenden Wissenschaftlers.)

– Jede Formel ist in ihrer Genauigkeit und damit Brauchbarkeit durch die Genauigkeit der eingehenden Meßgrößen begrenzt. Die Wirkung verschiedener fehlerbehafteter Meßwerte (z.B. Achsenlänge oder Hornhautbrechkraft) auf die Verläßlichkeit (Gesamtfehler) des durch die Formel gegebenen Werts (z.B. IOL-Brechkraft) ist durch die mathematischen Gesetze der Fehlerfortpflanzung (Gauß'sche Fehlerpropagation) gegeben.

Geometrisch-optische wie empirische Linsenberechnungsformeln sind beide diesen Einschränkungen unterworfen. Ungeachtet theoretischer Vor- oder Nachteile der beiden Formeltypen kann als Kriterium für deren Brauchbarkeit nur das klinische Ergebnis herangezogen werden.

Wie oben schon erwähnt, haben viele Autoren eigene Formeln aufgestellt bzw. Modifizierungen an den bestehenden angebracht, um zu besseren Ergebnissen (Refraktionsbilanzen) zu kommen. Eigene Formeln entstehen häufig dadurch, daß z.B. die A-Konstante in der SRK-Formel modifiziert wird (vergl. Kap. 2.3.2) oder sog. „Pfusch"-Faktoren (engl. fudge factors) an den Meßgrößen „Achsenlänge" bzw. „Vorderkammertiefe" angebracht werden (z.B. Shammas 1982, 1983). Pfusch-Faktoren sind meist multiplikative Konstanten nahe 1 oder additive Konstanten nahe 0.

Eine andere wichtige (und notwendige) Modifizierung der theoretischen Formeln liegt in der Wahl einer geeigneten (postoperativen) Vorderkammertiefe. A priori ist der postoperative Sitz einer Implant-Linse nicht bekannt und kann nur geschätzt werden. Für verschiedene Linsentypen ergeben sich damit unterschiedliche (etwa aus nachträglichen Messungen an pseudophaken Augen erhaltene) postoperative Vorderkammertiefen. (In der SRK-Formel drückt sich dieser Sachverhalt in Linsentyp-spezifischen A-Konstanten aus.)

Eine weitere Verfeinerung wird erreicht, wenn die postoperative Vorderkammertiefe als abhängig von ihrem präoperativen Wert und der individuellen Dicke der natürlichen Augenlinse angesetzt wird (Lepper u. Trier 1983; Huber 1986). Die Angabe einer solchen Abhängigkeit bezieht sich wiederum nur auf einen bestimmten Linsentyp.

Es ist nicht verwunderlich, wenn „eigene" bzw. modifizierte Formeln bessere Ergebnisse liefern als die Benutzung der in der Literatur veröffentlichten, weil z.B. die Einführung individueller „Pfusch-Faktoren" die Berücksichtigung der eigenen apparativen und operativen Technik gestattet. Ein solches Verfahren ist völlig legitim, und jeder Anwender sollte diese Möglichkeit nutzen, wenn er – bei Verwendung welcher Formel auch immer – in seinen Refraktionsbilanzen eine unerwünschte Tendenz erkennt, die er durch einen geeigneten „Pfusch-Faktor" eliminieren kann.

Literatur

Alpar JJ, Fechner PU (1986) Intraocular lenses. Thieme, New York
Binkhorst CD (1972) Power of the prepupillary pseudophakos. Br J Ophthalmol 56:332
Binkhorst CD (1973) The iridocapsular (two-loop) lens and the iris clip (four-loop) lens in pseudophakia. Trans Am Acad Ophthalmol Otol Laryngol 77:589–617
Colenbrander MC (1973) Calculation of the power of an iris clip lens for distant vision. Br J Ophthal 57:735–740
Fechner PU (1980) Intraokularlinsen: Grundlagen und Operationslehre. Büch Augenarztes, Bd 82. Enke, Stuttgart
Fjydorov SN, Galin MA, Linksz A (1975) Calculation of the optical power of intraocular lenses. Invest Ophthal Vis Sci 14:625–633
Fritz KJ (1981) Intraocular lens power formulas. Am J Ophthalmol 91:414–415
Gernet H (1985a) Aniseikonie und intraokulare Optik bei Aphakie und Pseudophakie. Teil 1. Aniseikonie und intraokulare Optik bei Augengesunden und im Experiment. Fortschr Ophthalmol 82:362–366
Gernet H (1985b) Aniseikonie und intraokulare Optik bei Aphakie und Pseudophakie. Teil 2. Aniseikonie und intraokulare Optik bei Aphakie. Fortschr Ophthalmol 82:436–442
Gernet H (1985c) Aniseikonie und intraokulare Optik bei Aphakie und Pseudophakie. Teil 3. Aniseikonie und intraokulare Optik bei Pseudophakie. Fortschr Ophthalmol 82:544–552
Gernet H, Ostholt H (1973) Augenseitige Optik, ein neues Gebiet der klinischen Okulometrie. Ophthalmologica 166:120–143
Gernet H, Ostholt H, Werner H (1970) In: Ostholt H, Gernet H, Werner H (eds) Ein neues Haftschalen-Nomogramm für Aphakie. 122. Vers. d. Ver. Rhein.-Westfäl. Augenärzte. Zimmermann, Balve, S 54–55
Gernet H, Ostholt H, Werner H (1971) Neue klinische Grundlagen zur Binkhorst-Linseneinpflanzung bei Altersstar. 123. Vers. d. Ver. Rhein.-Westfäl. Augenärzte. Zimmermann, Balve, S 58–82
Gernet H, Ostholt H, Werner H (1978) Intraokulare Optik in Klinik und Praxis. Rothacker, Berlin
Gills JP (1980) Minimizing postoperative refractive error. Contact Intraocul Lens Med J 6:56–59
Gruber P (1982) Fehlerpropagation bei der Berechnung intraokularer Linsen. Klin Monatsbl Augenheilkd 180:432–435
Heijde GL van der, Stilma JS (1976) Biometrie und Aphakie. Klin Monatsbl Augenheilkd 169:289–293
Hoffer KJ (1981) Accuracy of ultrasound intraocular lens calculations. Arch Ophthalmol 99:1819–1823
Hoffer KJ (1982) Preoperative cataract evaluation: Intraocular lens power calculation. Int Ophthalmol Clin 22:37
Holladay JT, Prager TC, Ruiz RS, Lewis JW, Rosenthal H (1986) Improving the predictability of intraocular lens power calculations. Arch Ophthalmol 104:539–541
Huber C (1986) Präoperative Schätzung der postoperativen Vorderkammertiefe nach Linsenimplantation. Klin Monatsbl Augenheilkd 188:439–441
Janka C, Daxecker F (1984) Vergleich zweier Methoden zur Berechnung der Brechkraft intraokularer Linsen. Klin Monatsbl Augenheilkd 185:432–433
Lepper RD, Trier HG (1983) Refraction after intraocular lens implantation: Results with a computerized system for ultrasonic biometry and for implant lens power calculation. In: Hillman JS, LeMay MM (eds) Ophtalmic Ultrasonography, Doc Ophthal Proc Ser 38, Siduo IX. Junk, The Hague, pp 243–248
Mawas ME (1984) A practical guide to IOL implantation. In: The quintessence of ophthalmology. Amarillo Texas
Nitsch J, Reiner J (1985) Herleitung und kritische Analyse der Formeln zur Berechnung der Brechkraft intraokularer Linsen. Klin Monatsbl Augenheilkd 186:66–73
Retzlaff J (1980) A new intraocular lens calculation formula. Am Intra-Ocular Implant Soc J 6:148
Retzlaff J, Sanders D, Kraff M (1982) A manual of implant power calculation, 3rd ed. Sonometrics Systems, New York
Sanders D, Retzlaff J, Kraff M, Kratz R, Gills J, Levine R, Colvard M, Weisel J, Loyd T (1981) Comparison

of the accuracy of the Binkhorst, Colenbrander, and SRK implant power prediction formulas. Am Intra-Ocular Implant Soc J 7:337–340
Seiler T, Wollensak J (1985) Die Äquivalenz verschiedener Berechnungsmodi von Linsenbrechkräften. Klin Monatsbl Augenheilkd 187:69–72
Shammas HJF (1982) The fudged formula for intraocular lens power calculations. Am I.O.I.S. J 8:350
Siebeck R (1960) Optik des menschlichen Auges. Springer, Berlin Göttingen Heidelberg
Strobel J (1983) Die Genauigkeit der Berechnung intraokularer Linsen höherer und niederer Dioptrienzahlen. Fortschr Ophthalmol 80:407
Thijssen JM (1975) The emmetropic and the iseikonic implant lens: Computer calculation of the refractive power and its accuracy. Ophthalmologica 171:467

2.3.3 Zielrefraktion

B. PRAHS

Die angestrebte postoperative Refraktion bezeichnen wir im folgenden kurz als Zielrefraktion. Die freie Wahl der Zielrefraktion wird durch Genauigkeit von Biometrie und Berechnung (Zielgenauigkeit) und durch folgende Forderungen eingeschränkt:

1. Günstige postoperative Refraktion (Emmetropie/Myopie bis ca. $-3{,}0$ dpt)
2. Angleich an den Refraktionsfehler des Partnerauges
3. Angleich der Netzhautbildgröße beider Augen (Iseikonie)
4. Angleich an die präoperative Refraktion
5. Implantation einer der vorrätigen Linsen

Die Forderungen 1–5 schließen sich zumeist gegenseitig aus. Es muß deshalb bei der Wahl der Zielrefraktion (=Wahl der Brechkraft der IOL) ein Kompromiß aus diesen Forderungen gefunden werden.

Bewertung der Forderungen

Zu 1.: Höchste Priorität hat eine günstige postoperative Refraktion; das ist die Refraktion, die am häufigsten vom Patienten gebraucht wird, also entweder Emmetropie oder Myopie bis ca. $-3{,}0$ dpt. Hyperope und Hochmyope brauchen für *Ferne und Nähe* eine Brille!

Die Vorhersagegenauigkeit der postoperativen Refraktion muß dabei der Wahl der Zielrefraktion berücksichtigt werden. Wird auf Emmetropie gezielt, ergibt sich mit gleicher Wahrscheinlichkeit geringe Myopie (günstig) und Hyperopie (ungünstig). Bei einer Zielgenauigkeit von ca. $+/-$ 1,5 dpt Standardabweichung liegen etwa 47% der postoperativen Refraktionen zwischen 0,0 und $-3{,}0$ dpt. Wird hingegen auf $-1{,}5$ dpt gezielt, liegen etwa 70% der postoperativen Refraktionen in diesem günstigen Refraktionsbereich.

Zu 2.: Postoperative Anisometropie größer als 3,0 dpt sollte vermieden werden. Die damit verbundenen unterschiedlichen prismatischen Wirkungen der Brillengläser in verschiedenen Blickrichtungen können asthenopische Beschwerden verursachen. Die Anisometropie bleibt unberücksichtigt bei Amblyopie und wenn eine baldige Kataraktextraktion auch am Partnerauge zu erwarten ist. Liegen primäre Refraktion und Zielrefraktion eng beieinander, kann angenommen werden, daß der Patient an diesen Grad der Anisometropie adaptiert ist.

Zu 3.: Je größer die Aniseikonie, desto größer ist die Wahrscheinlichkeit von asthenopischen Beschwerden durch Fusionsstörungen. Der Grad der möglichen Adaptation an unterschiedliche Netzhautbildgrößen in beiden Augen ist spekulativ. Eine Aniseikonie um 10%, wie sie bei der Aphakiekorrektur mit Kontaktlinse auftritt, wird häufig noch vertragen. Für ein komfortables Sehen sollte eine Aniseikonie größer als 6% nach Möglichkeit vermieden werden.

Bei präoperativ hoher Anisometropie mit resultierender hoher Aniseikonie kann angenommen werden, daß der Patient an diesen Grad der Aniseikonie adaptiert ist. Die präoperative objektive Aniseikonie kann mit den theoretisch abgeleiteten Formeln berechnet werden. Aniseikoni-Probleme treten meistens beim Ausgleich hoher Refraktionsanomalien auf.

Die Aniseikonie bleibt unberücksichtigt bei Amblyopie und wenn eine baldige Kataraktextraktion auch am Partnerauge zu erwarten ist.

Zu 4.: Postoperative Hyperopie oder hohe Myopie wird vom Patienten akzeptiert, wenn sie geringer als der primäre Refraktionsfehler oder diesem gleich ist. Der Patient weiß nicht, wie bequem das Sehen mit einer anderen, günstigeren Korrektur hätte sein können.

Der mäßiggradig Myope ist an seine Fehlsichtigkeit oft besonders gut adaptiert und empfindet die Emmetropie als nachteilig.

Zu 5.: Die Wahl der Zielrefraktion ist durch das IOL-Depot des Operateurs eingeschränkt. Optimal ist ein Hinterkammerlinsen-Depot von etwa 12,0 dpt bis 30,0 dpt. Die Schrittweite sollte 0,5 dpt betragen. Zwischen 12,0 dpt–15,0 dpt und 26,0 dpt–30,0 dpt genügt eine Schrittweite von 1,0 dpt.

2.4 Tumoröse Gewebsneubildungen der vorderen Uvea

M. KOTTOW

Unter den raumfordernden Prozessen des Auges nehmen Tumoren der Iris einen besonderen Stellenwert ein. Fehldiagnosen, die noch vor 20 Jahren in 35% der Fälle vorkamen und zur Enukleation führten, sind weniger gravierend geworden (Shields et al. 1983), seitdem die Mehrheit dieser Tumoren als relativ benigne erkannt und ggf. durch Lokalexzision mittels Sektoreniridektomie behandelt werden. Neuerdings wird sogar vermutet, daß ein Großteil der klinisch als Melanome diagnostizierten Tumoren nichts anderes als kaum wachsende Naevi sind, die keiner aktiven Behandlung bedürfen. Die Differentialdiagnose der Iristumoren ist somit keineswegs leichter geworden, zumal bisher anerkannte spaltlampenmikroskopische Merkmale keine zuverlässige Einordnung der Erscheinungen erlauben.

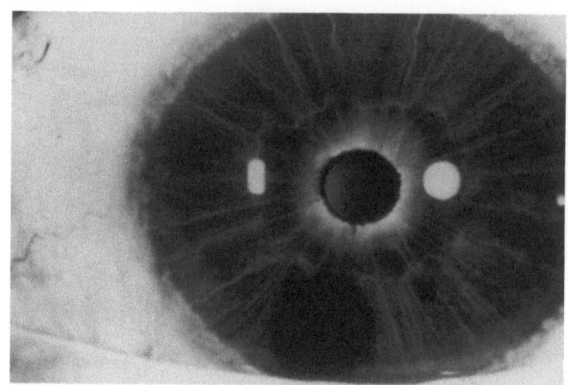

Abb. 2.4-1 (Kottow). Spätphase eines angiographisch stummen Irisnaevus im unteren Bereich (keine Eigengefäße, kein Farbstoffaustritt). (Abb. 2.4-1 bis 4 aus Kottow 1978)

Spaltlampenmikroskopie/Fotografie

Tumoröse Erscheinungen bei blauen Iriden, besonders wenn sie sich im temporal unteren Quadranten befinden, die Pupille verziehen oder den Kammerwinkel einnehmen, sind herkömmlicherweise als Melanom verdächtig angesehen worden. Ebenso suspekt ist fotografisch dokumentiertes Wachstum. Kürzlich veröffentlichte Serien geben diesen diagnostischen Zeichen eine Treffsicherheit von nur 13%.

Ein Melanom ist klinisch nur dann zu erwarten, wenn: 1. der Ziliarkörper mitbetroffen bzw. Ursprung des Tumors ist, 2. es sich um zirkuläre Veränderungen handelt, 3. ein Sekundärglaukom entsteht oder 4. ein rapides Wachstum nachweisbar ist. Die Durchleuchtung der Iris könnte eine seröse Zyste von einem soliden Tumor unterscheiden, aber keine weitere Differentialdiagnose liefern. Da der Pigmentinhalt der Iristumoren keine prognostische Bedeutung hat, sind pigmentdurchdringende fotografische Methoden (z.B. Infrarotaufnahmen) von geringem zusätzlichen Wert.

Fluoreszenzangiographie

Naevi sind angiographisch stumm (Abb. 2.4-1), Melanome können hingegen abnormale Gefäßbildungen und Farbstoffansammlungen zeigen, die aber auch bei Leiomyomen, Hämangiomen, metastatischen Tumoren, Granulomen und Zysten vorkommen (Kottow 1978; Hodes et al. 1979). So

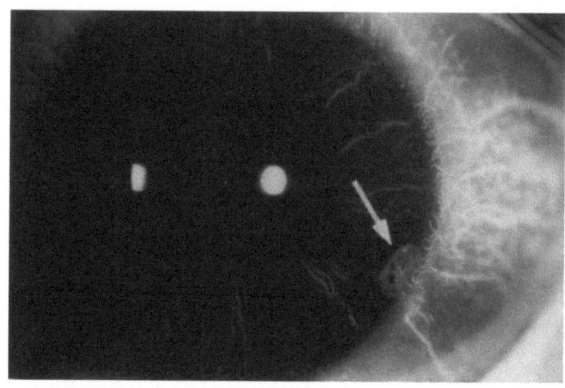

Abb. 2.4-2 (Kottow). Irisgranulom in der frühvenösen Phase

können bei Metastasen sehr starke und diffuse Farbstoffaustritte gesehen werden, die von den schwächer und diffuser auftretenden Anfärbungen der Melanome und Zysten oder der starken, aber lokalisierten Anfärbungen der Hämangiome und Leiomyome zu unterscheiden sind (Abb. 2.4-2 bis 4). Feine Differenzierungen werden aber eher von Lokalisation, Pigmentinhalt, Vaskularisation oder entzündlichen Begleiterscheinungen bedingt als von spezifischen Merkmalen des Tumorgewebes.

Um die Stichhaltigkeit solcher Aussagen eindeutiger zu formulieren, sind Angiographien mit anderen Farbstoffen vorgeschlagen worden, die entweder kein Eiweiß binden (Pyranin) oder spektrale Eigenschaften haben, die sich vom Irispigment deutlich unterscheiden lassen (Rhodamin-WT) (D'Anna et al. 1983).

Echographie

Iriszysten können im B-Bild einen typisch runden, akustisch leeren Schatten bilden, der sich vom soli-

Iristumoren

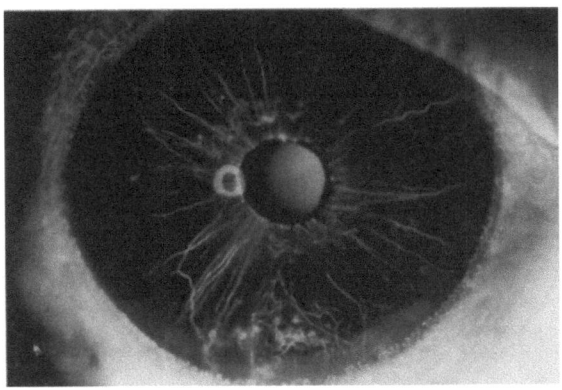

Abb. 2.4-3 (Kottow). Gefäßneubildung und -erweiterung bei einem entzündlichen Pseudotumor der unteren Irisperipherie

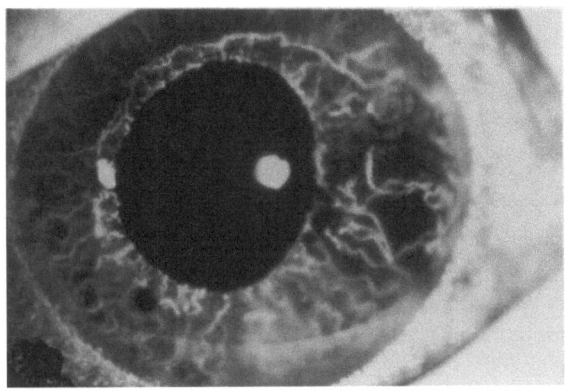

Abb. 2.4-4 (Kottow). Chronische Iridozyklitis (diffuse Farbstoffaustritte) mit Bild einer raumfordernden Iriszyste bei 3 h

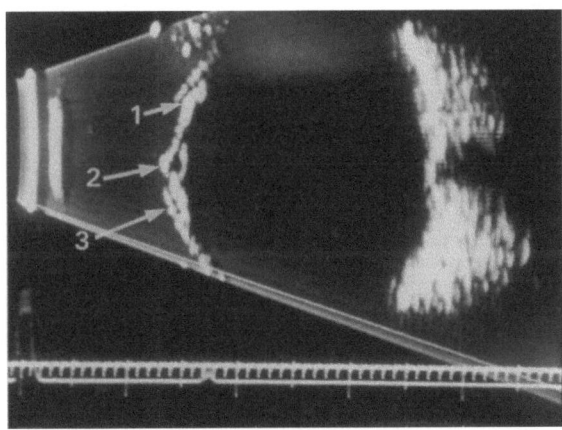

Abb. 2.4-5 (Trier). Flache Irisvorwölbung in die Vorderkammer bei 9 h. Untersuchung mit Kontakt-B-Mode mit Wasservorlaufstrecke (Zone 9 parazentral, 90°) ergibt echofreie Iriszyste (*2*) von ca. 1,5 mm Tiefe. TOPCON-ES 100, Sektorabtastung, mit TGC. Wegfall von Hornhaut- und Linsenechos durch schräge Schnittebene. *1*, Kammerwinkel; *3*, Hornhaut

den Bild eines Tumors unterscheiden läßt (Abb. 2.4-5). Ein Tumor muß mindestens 1 mm groß sein, um echographisch erfaßt zu werden. Der wichtigste Beitrag der Ultrasonographie ist die Feststellung einer Ziliarkörperbeteiligung. Die Treffsicherheit kann durch eine Wasservorlaufstrecke und ein auf den Ziliarkörper fokusiertes System erhöht werden (Iijima u. Asanagi 1983); ergänzend wird empfohlen, den Ziliarkörper durch gleichzeitige Skleraeindellung dem Schallkopf frontal zu präsentieren. Obwohl der jetzige Stand der Echographie keine gewebsdifferenzierte Aussagen erlaubt, hat sich die Ultraschalldiagnostik zu der wichtigsten, nicht-invasiven Methode entwickelt, um Topographie und Ausmaß eines Tumors der vorderen Uvea festzustellen und zu dokumentieren.

Zytologische und histologische Untersuchungen

Keine indirekte diagnostische Untersuchungsmethode ist in der Lage, eine prognostisch relevante und therapieorientierte Aussage zu liefern. Daher werden direkte, allerdings blutige Methoden empfohlen.

Durch Parazenthese kann Kammerwasseraspirat zur zytologischen Untersuchung gewonnen werden, eine Methode die allerdings nur bei zellenausschüttenden Tumoren, wie es besonders bei Iris angesiedelten Metastasen der Fall ist, Anwendung finden. Um die Treffsicherheit der mikroskopischen Untersuchung zu erhöhen, sind auch Nadelaspirate empfohlen worden (Jacobiec et al. 1979), deren Einfluß auf eine Metastasierung des Tumors allerdings noch nicht ausdiskutiert ist. Schließlich wird eine Iridektomie zur Gewinnung von Biopsiematerial dann empfohlen, wenn das schnelle Wachstum des Tumors einen bösartigen Verlauf befürchten läßt. Somit entfällt die früher durchgeführte diagnostische Enukleation bei einem Krankheitsbild, dessen epidemiologischen Merkmale zur Zurückhaltung mahnen: Nur jedes 6. bis 30. Melanom des Auges kommt in der vorderen Uvea vor und die Metastasierungsgefahr ist mit etwa 4% erheblich niedriger als bei Aderhautmelanomen.

Literatur

D'Anna S et al. (1983) Fluorscein angiography of the heavily pigmented iris and new dyes for iris angiography. Arch Ophthalmol 101:289–293

Hodes BL, Gildenhar M, Chromokos E (1979) Fluorescein angiography in pigmented iris tumors. Arch Ophthalmol 97:1086–1088

Iijima Y, Asanagi K (1983) A new B-Scan ultrasonographic technique for observing ciliary body detachment. Am J Ophthalmol 95:498–501

Jakobiec F, Coleman DJ, Chattock R (1979) Ultrasonically guided needle biopsy and cytologic diagnosis of solid intraocular tumors. Ophthalmology 86:1662–1678

Kottow M (1978) Anterior segment fluorescein angiography. Williams & Wilkins, Baltimore

Shields JA, Sanborn GE, Augsburger JJ (1983) The differential diagnosis of malignant melanoma of the iris. Ophthalmology 90:716–720

2.5 Glaskörperveränderungen

H.G. TRIER und W. SCHROEDER

Eine vollständige Trennung der Echographie des Glaskörpers, der Netzhaut-Aderhaut und der Lederhaut kann schon aus systematischen Gründen nicht erfolgen. In der Praxis beruhen die meisten pathologischen Glaskörperveränderungen auf Erkrankungen der Augenwand.

2.5.1 Indikationen, Häufigkeit, Untersuchungstechnik, Kriterien, Befunde

Indikationen und Häufigkeit der echographischen Untersuchung

H.G. TRIER und W. SCHROEDER

Einen Überblick über die Indikationen zur Ultraschall-Biometrie und -Gewebsdiagnostik an Glaskörperraum und Augenwand gibt die Tabelle 2.5.1-1 wieder. Neben den Trübungen im vorderen Augenabschnitt stellen die Glaskörperveränderungen den Hauptanteil der Indikationen am Augapfel. Bei zuverlässigem optischen Einblick (Ophthalmoskopie, Kontaktglas) begrenzen sich die Indikationen hauptsächlich auf Netzhaut und Aderhaut. Im Vordergrund steht dabei die Dokumentation, die Differentialdiagnose und die Größenbestimmung von prominenten Herden.

Tabelle 2.5.1-2 zeigt die Verteilung der Indikationen und Ergebnisse der Ultraschalldiagnostik bei Medientrübungen am Beispiel des Krankenguts einer Universitätsklinik vor Einführung der geschlossenen intraokularen Mikrochirurgie des hinteren Augenabschnitts. Seit deren Einführung hat sich an entsprechenden Zentren der Anteil vitreoretinaler Indikationen für echographische Untersuchungen stark vergrößert und führt zu einem großen Anteil an echographischen Mehrfach-Diagnosen (Verbindung von Glaskörper- und Wandveränderungen, evtl. mit Katarakt) in nicht-

Tabelle 2.5.1-1 (Trier). Indikationen zur Ultraschalldiagnostik an Glaskörperraum und Augenwand

Feststellung und Differentialdiagnose von Größen- und Formveränderungen des Augapfels, z.B. Mikrophthalmus, Makrophthalmus, Phthisis, Achsenmyopie, Achsenhypermetropie, Hydrophthalmie, Kolobome.

Papillenveränderungen: Anomalien, Reste der A. hyaloidea, Stauungspapille, Papillenschwellung entzündlicher oder vaskulärer Ursache, Drusen, Exkavation.

Dickenmessung der Netzhaut-Aderhautschicht und Lederhaut bei der Diagnose und Differentialdiagnose der Uveitis und Skleritis.

Messung von Prominenz, seitlicher Ausdehnung und Volumen von intraokularen Tumoren (Wachstum; Indikation, Dosierung und Wirkungsbeurteilung der Tumortherapie).

Bei ungenügender Untersuchungsmöglichkeit des Augeninnern mit optischen Methoden:

Bei Trübung der Hornhaut, Vorderkammerblutung, enger oder verschlossener Pupille, Katarakt, Trauma, Glaskörperblutung, Differentialdiagnose von Glaskörperveränderungen (Anomalien, degenerative, entzündliche und traumatische Veränderungen) und von kombinierten Erkrankungen des Glaskörpers und der Netzhaut, bes. im Zusammenhang mit operativen Eingriffen (Vitrektomie). Feststellung und Differentialdiagnose von Glaskörperabhebungen, -anheftungen, Netzhautabhebung, Retinoschisis, Aderhautabhebung, Glaskörpermembranen und -segeln, Strängen, traktiven Veränderungen, Proliferationen. Abklärung von vorangegangenen vitreoretinalen Eingriffen (Vorhandensein und Lage von Cerclagen, Plomben und anderen eindellenden Maßnahmen, Netzhautnägeln, Gas- und Silikonölfüllungen).

Tumorausschluß bei ophthalmoskopisch sichtbarer Netzhautablösung.

Differentialdiagnose von ophthalmoskopisch sichtbaren Gewebsveränderungen mit Verdacht auf intraokularen Tumor:

Retrolentale Fibroplasie, Retinoblastom, M. Coats, M. Junius-Kuhnt, Hämangiom, Exsudation und Blutung in oder unter Netzhaut und Aderhaut, Melanom der Aderhaut oder des Ziliarkörpers, Metastasen.

Bei intraokularen Fremdkörpern:
Direkte Lokalisation von Fremdkörpern in bezug auf ihre Lage zu den Augenhüllen; Kombination von echographischem Nachweis mit Magnetversuch, Feststellung röntgennegativer Fremdkörper.

diabetischen und diabetischen Patienten (vgl. Purnell u. Frank 1979).

Untersuchungsschritte und -kriterien

H.G. TRIER

Die in Betracht kommenden methodischen Schritte, die in „Untersuchungspaketen" zusammengefaßt sind (in senkrechter Richtung) und Kriterien (waagerecht) einer nach heutigem Stand umfassenden ultraschalldiagnostischen Untersu-

Tabelle 2.5.1-2 (Schroeder). Indikationen und Ergebnisse der Ultraschalldiagnostik bei 397 aufeinander folgenden Augen mit Medientrübungen. (Univ.-Augenklinik Hamburg, Februar 1976–September 1977)

Echographische Ergebnisse an Glaskörper und Augenwand	Indikationen zur Ultraschalldiagnostik: Medientrübung in	
	Vorderabschnitt n=234 (59%)	Glaskörper n=163 (41%)
Unauffälliger Befund	120 (51%)	18 (11%)
Flottierende Glaskörperverdichtungen	30 (14%)	49 (30%)
Glaskörpermembran, Strang, Fremdkörper	17 (7%)	41 (25%)
Wandveränderung s. Tabelle 2.6.1-1	64 (27%)	55 (34%)

chung des Augapfels sind in Tabelle 2.5.1-3 dargestellt.

Mit einer Geräteausstattung, bestehend aus A-Mode-Gerät und Echtzeit-Kontakt-B-Mode-Gerät (s. Kap. 1.4) können die Kriterien visuell am Bildschirm, evtl. zusätzlich am Bildschirmfoto oder Videoausdruck geprüft werden (Stufe I). Mit einer Geräteausstattung der Stufe II treten weitere Untersuchungsmöglichkeiten hinzu.

Der erste Untersuchungsgang („Störechoausschluß") entspricht einem Screening und klärt die Frage, ob ein „unauffälliger" echographischer Befund intraokular vorliegt. Diese Untersuchung muß mit 2 Empfindlichkeitsstufen erfolgen: a) mit $\Delta V(W38) = 64 \ldots 69$ dB (Beurteilung des Glaskörpers); b) mit $\Delta V(W38) = 40$ dB (Beurteilung der Augenwandschichten). Unter „unauffälligem Befund" ist die *jeweils apparatetypische Form der Echomuster einschließlich akustischer Artefakte* zu verstehen (vgl. Kap. 1.5). Mit üblichen Kontakt-B-Mode-Geräten und A-Mode-Geräten ist dabei der Glaskörperraum in den o.a. Empfindlichkeitsstufen echofrei. Abweichend von dieser klassischen, bisher nicht eingeschränkten Regel lassen sich jedoch mit bestimmten Geräten (Laborgeräte und Cooper Vision Ultrascan 404 und Vorläufer) auch bei klinisch normalem Glaskörperbefund z.T. zarte, in ihrer Bedeutung noch nicht sicher beurteilbare Glaskörperstrukturen darstellen (Trier 1987).

Weicht das Echomuster vom „unauffälligen Befund" ab (Hinzutreten von Echos oder „gestörte" Echomuster), so kann

– eine physiologische Variante
– eine pathologische Veränderung

vorliegen. Zur Beschreibung und Differenzierung werden die Echomuster in diesem Falle mit geeigneten Schritten aus den Untersuchungspaketen

– topographische und morphometrische Kriterien
– Bewegungskriterien
– statische Parameter

schrittweise diagnostisch abgeklärt.

In den Untersuchungsgängen Störechoausschluß, topographische und morphometrische Kriterien und Bewegungskriterien ist die Untersuchung mit einem (leistungsfähigen) Kontakt-B-Mode-Gerät zu empfehlen; sie ist aber für spezielle Kriterien (s. unten) durch A-Mode ergänzungsbedürftig. Für das praktische Vorgehen bei der Untersuchung wird auf Kap. 1.4.2 verwiesen. Der Schallkopf wird nach Oberflächenanästhesie des Auges mit einer Kopplungsflüssigkeit wie Methylzellulose entweder direkt auf den Augapfel oder auf die geschlossenen Lider aufgesetzt, in letzterem Fall unter besonderer Kontrolle der Augenstellung während der Untersuchung.

Anzustreben ist, die Augenwand mit dem Schallbündel *senkrecht* zu treffen. Dies gelingt, wenn die Mitte der B-Mode-Schnittebene ungefähr durch den Bulbusmittelpunkt geführt und dann auf das interessierende Gebiet der Augenwand gerichtet wird. Gleichzeitig schwenkt man den Scanner ständig senkrecht zur Schnittebene leicht hin und her, um einen räumlichen Eindruck zu erhalten (Schroeder 1978; vgl. Kap. 1.4.2) (Abb. 2.5.1-1).

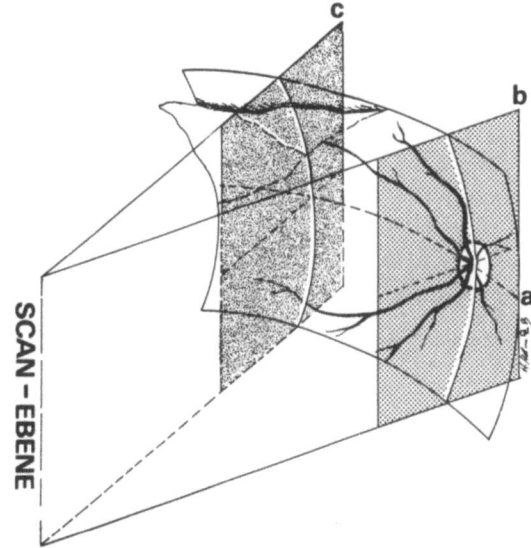

Abb. 2.5.1-1 (Schroeder). Justierung der Schnittebene und seitliches Schwenken mit einem Echtzeit-Kontakt-B-Mode-Schallkopf, schematisch

86 Erkrankungen des Augapfels aus echographischer Sicht

Tabelle 2.5.1-3 (Trier). Methodische Schritte und Merkmale bei der Ultraschalldiagnostik des Augapfels

Befund der Ultraschall-Untersuchung	Untersuchungsgänge (Pakete)	Fragestellung bzw. untersuchte Kriterien	Kennzeichnende Einheit	Stufe I Kriterium visuell auswertbar (Bildschirm oder Registrierung mit Foto, Videoprinter)		Stufe II Auswertung mit Zusatzgeräten für quantitative, maschinelle/rechnergestützte Analyse (s. Kap. 4.2 u. 5)	
				qualitativ	quantitativ	Zusatzgerät kommerziell erhältlich	z.Zt. nicht kommerziell, jedoch im F- und E-Bereich
	„Störechoausschluß" a) Gesamtempfindlichkeit ΔV (W 38) = 64–69 dB b) Gesamtempfindlichkeit ΔV (W 38) = 40 dB	*Unauffälliger Befund?* ja nein	[dB] ΔV (W 38)	B (A) B (A)			
	Topographische und morphometrische Merkmale der Echomuster	*Art der Veränderung?* Form: punkt-, membranförmig, strangförmig, solide Lage, Begrenzung Prominenz, Dicke Ausdehnung, Fläche, Volumen	axial [µs] lateral [mm]	B (A) B (A) B (A)	B B, A B, A B	Digitaler Kaliper Lichtgriffel, Biometrie-Programme	Korrektur der Diffraktion mit verb. seitl. Auflösung Korrektur von Brechungsfehlern 3 D-Synthese und Rekonstruktion von Ebenen
	Bewegungsmerkmale der Echomuster a) Impuls-Echo-Verfahren	*Passive Bewegungen:* – Nachbeweg. n. Spontan- u. Kommandobeweg. d. Augen, – Beweg. b. Kopflagerung	[mm/s] [mm/s²]	B (A) (M)	(M) B mit VCR		Messung der Geschwindigkeit und Messung der Beschleunigung von Membranen (SUSAL)
		– Beweg. durch externe Energiequellen (Stoßwellen, Magnetversuch)		B, A, M	B, A, M		×
		– Kompressibilität	[µs/mm Hg]	B, A, (M)	B, A, (M)		×

Unauffälliger Befund ⟷ Variante

Glaskörperraum – Untersuchungstechnik 87

					Computer M-Mode	Computer-Mikro-M-Mode, ausgehend vom HF-Signal; Messung der Pulsation der Aderhaut und ihrer Teilschichten
	Aktive Bewegungen – Gefäßpulsation in vaskularisierten Geweben, bes. Tumoren – der Netzhaut/Aderhautschicht	axial [µs] lateral [mm] µs	A			
	– Pupillenreflex auf Licht	[mm]	B, (M)	B mit VCR, M		
b) Doppler-Verfahren	Blutströmungsgeschwindigkeit, Gefäß- u. Gewebspulsation in Tumoren	[mm/s]	Impulsdoppler		Angiodynographie (z.Zt. an der Nachweisgrenze)	Verfeinerung der Doppler-Verfahren mit 2-D-Color-Flow-Mapping
„Statische" Merkmale der Echomuster a) am Video-Signal (A- und B-Mode)	Grad der Reflexion und Rückstreuung – von Membranen mittels Pegeldifferenzverfahren, bezogen auf Referenzreflektor	[dB] ΔV (W 38) [dB] ΔV (Sklera)	A	A		
	– von punktförmigen und soliden Echomustern: – Mittelwert und Streuung der Maxima	[ΔdB] (W 38)	A	A	Programme für Videosignalanalyse	Videosignalanalyse – Amplituden-Histogramm Zeit-Intervall-Histogramm Schallschwächung (dB/µs)
	– Amplitudenschwächung	[dB/µs]	A (B)	A (B)		
	Mustererkennung		A, B		Programme für Videosignalanalyse	Regressionsrechnung
	Artefakterzeugung (z.B. Wiederholungsechos); Schallschatten		A, B			
b) am HF-Signal (direkt oder aus Fenster der B-Mode-Darstellung)	Gewebscharakterisierung und -differenzierung mittels Signalanalyse im Zeit- und Frequenzbereich				Rückstreuungsanalyse (normalis. Leistungsspektren) frequenzabhängiger Schallschwächungskoeffizient [dB/µs MHz]	Dickenmessung und spektrale Charakterisierung der Netz- und Aderhaut, indirekter Nachweis der Netzhautablösung und Tumorfrühdiagnose (s. Kap. 5)

Physiologische ←――――――――→ Pathologische Veränderung

B = Echtzeit-Kontakt-B-Mode-Gerät   VCR = Videocassettenrecorder

Erkrankungen des Augapfels aus echographischer Sicht

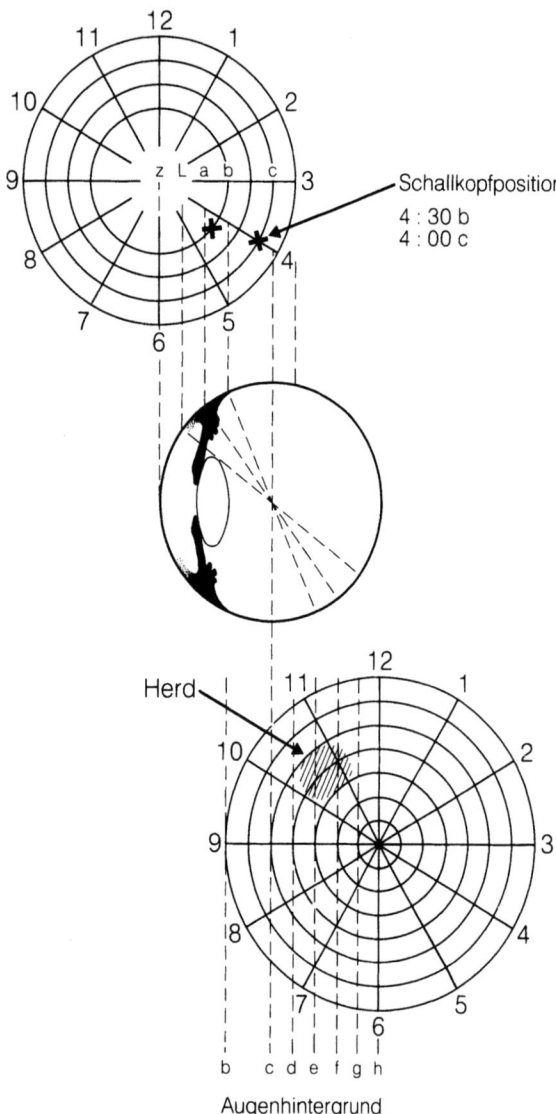

Abb. 2.5.1-2 (Trier). Bezeichnung der Schallkopfposition am Augapfel und Beziehung zum Augenhintergrund, schematisch

Für die systematische Untersuchung des Glaskörperraums wird der Augapfel mit durch den Bulbusmittelpunkt geführten Schnittebenen in den Meridianen 9, 10, 11, 12, 1, 2 h bzw. 0°, 30°, 60°, 90°, 120°, 150° abgetastet und der Schallkopf dabei zentral (Augenachse), sowie am Limbus (Zone L) und über dem Ziliarkörper-Ora-Gebiet (Zonen a, b, c) aufgesetzt.

Abbildung 2.5.1-2 zeigt die schon von der indirekten Ophthalmoskopie her geläufige Beziehung, die zwischen Schallkopfposition (A- und B-Mode) (oben) und korrespondierendem Bereich des Augenhintergrundes (unten) bei Schallbündelführung durch den Augenmittelpunkt besteht.

Für die Dokumentation der A- und B-Mode-Befunde wird auf die Vorschläge in Abb. 1.4.2-2 und 1.4.2-4 (Lokalisations- und Dokumentations-Schemata) verwiesen.

Für die topographische Zuordnung von echographischen Befunden am Augapfel eignen sich folgende Orientierungspunkte bzw. Ebenen der Ultraschallanatomie:

- *Papille* (meridionale Schnittebenen). Die Papille ist an der Augenrückwand markiert als Anfang einer echoarmen „Straße", die der Sehnerv im retrobulbären Echogramm erzeugt (Abb. 2.5.1-3, vgl. Abb. 3.3-1).
Die Papille erlaubt eine Orientierung im Glaskörperraum und am Augenhintergrund. Bei der Dokumentation eines Schnittbildes vom Augenhintergrund ist dasjenige vorzuziehen, das die Läsion *und* die Papille zeigt. Ist dies bei sehr peripher gelegenen Veränderungen nicht möglich, so sollte die ungefähre Lage der Papille nachträglich markiert werden.
- *Ansätze* der vier geraden Augenmuskeln an der Lederhaut. Gewöhnlich sind besonders die Ansätze des M. rect. int. und ext. mit B-Mode-Verfahren eindeutig festlegbar (koronare Schnittebenen). Der Bezug auf diese Ansätze präzisiert die Lokalisation von Wandveränderungen im Äquator-Ora-Gebiet.
- *Pupillenebene* (Schnittebene senkrecht zur Augenachse in geeigneter Augenstellung, besonders bei Untersuchung von temporal). Die Identifizierung erfolgt durch Auslösen der Lichtreaktion der Pupille während der Untersuchung (s. Kap. 4.2.2) (Trier 1988). Die Kenntnis dieser Ebene kann in manchen Fällen die Identifizie-

Tabelle 2.5.1-4 (Trier). Ultraschallanatomische Orientierungsebenen am Augapfel: Echographische B-Mode-Zeichen und erforderliche Schnittebenen

Erforderliche Schnittebene	Echographische Zeichen (Echtzeit-B-Mode-Kontakt-Sektor-Scanner)
Meridional/radiär in der Augenachse (Zone Z bis Zone L des Lokalisationsschemas)	Keilförmiger Sehnerven-„schatten"
Etwa äquatorial (Zone c des Lokalisationsschemas)	Querschnitt des Muskelansatzes von M. rect. int. und ext., evtl. weiterer Muskeln
Ziliarkörpergebiet (Zone a–b des Lokalisationsschemas)	Darstellung der Pupille und ihrer Lichtreaktion

Glaskörperraum – Untersuchungstechnik 89

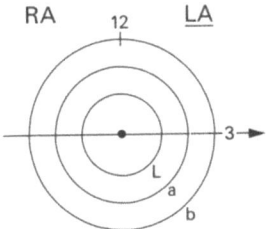
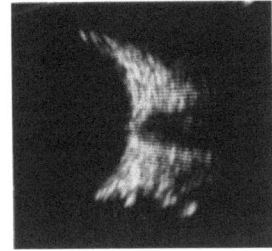

Sehnerven „schatten"

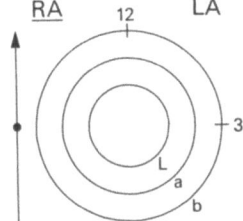
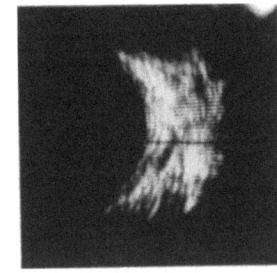

Innerer gerader Muskel

Ansatz wird durch Schwenken der Schnittebene dargestellt

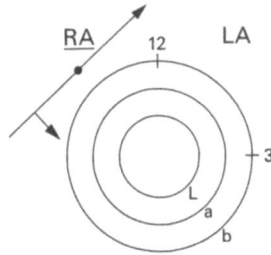

Ebene der Pupille

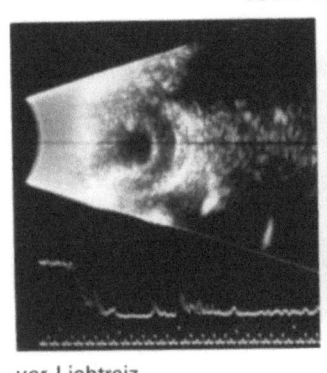

vor Lichtreiz   nach Lichtreiz
                       (indirekte Reakt.)

Abb. 2.5.1-3 (Trier). Ultraschallanatomische Orientierungsebenen am Augapfel (schematisch) *Links:* Beispiele für verwendete Schnittebene (Dokumentation: vgl. Kap. 1.4.2) *Rechts:* Sektor-B-Mode-Echogramm

rung und Ausdehnung von Ziliarkörperveränderungen erleichtern (s. Tabelle 2.5.1-4 und Abb. 2.5.1-3).

Apparatetypische, unauffällige Echogramme („Normalbefunde") des Augapfels sind in Kap. 1.5 dargestellt. Ist das Echo verändert, so werden die hinzugetretenen oder gestörten Echomuster zweckmäßig zunächst *topographisch und morphometrisch* beschrieben, um sie zu deuten. Im Glaskörperraum lassen sich unterscheiden:

- punktförmige Veränderungen
- strangförmige Veränderungen
- membranartige Veränderungen
- solide Veränderungen.

Wegen der spezifischen Sehweise des Schallkopfes setzt die Unterscheidung eine Untersuchung in mehreren Raumrichtungen (A-Mode) oder mehreren Ebenen (B-Mode) voraus. Abb. 2.5.1-4 zeigt, wie die Unterscheidung systematisch auch allein mit A-Mode erarbeitet werden kann (modifiziert nach Ossoinig). Mit Echtzeit-B-Mode ist die Differenzierung meistens mühelos möglich, weil evident; die Kenntnis des A-Mode-Vorgehens ist aber für Problemfälle nützlich. Wie Abb. 2.5.1-5 zeigt, kann zu geringe Gesamtempfindlichkeit zur Verkennung von Membranen als punktförmige Reflektoren führen; ungenügende seitliche Auflösung zur entgegengesetzten Fehlbeurteilung; solide Veränderungen (Tumoren) können bei zu niedriger

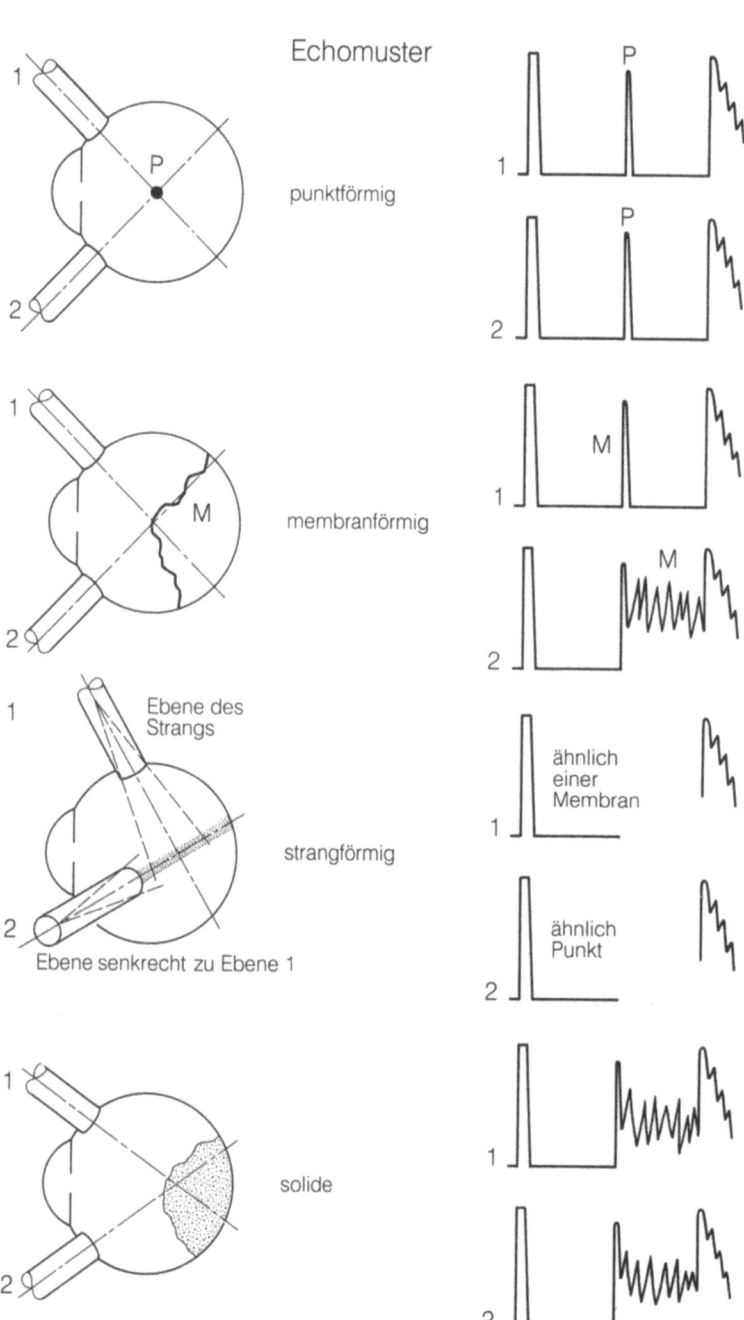

Abb. 2.5.1-4 (Trier). Unterscheidung punktförmiger, strangförmiger, membranförmiger und solider Veränderungen bei alleiniger Anwendung des A-Mode-Verfahrens. (Modif. nach Ossoinig)

Gesamtempfindlichkeit als flüssigkeitsgefüllte Hohlräume verkannt werden (vgl. Kap. 2.7 und 10.1).

Morphometrie
Die Messung der Ausdehnung oder Fläche einer Glaskörper- oder Wandveränderung erfolgt wie in Teil Biometrie (vgl. Kap. 2.1) angegeben mit reproduzierbaren Einstellungen der Gesamtempfindlichkeit.

Im B- und A-Mode sind Messungen in *Schallausbreitungsrichtung* mit hoher Genauigkeit möglich, z.B. die Bestimmung der Höhe eines Neovaskularisations-Stiels aus der Papille. Die Umrechnung der Laufzeit (µs) in die Distanz erfolgt bei Veränderungen im Glaskörperraum mit dessen spezifischer Schallgeschwindigkeit, d.h. 1531 m/s, bei Tumoren der Aderhaut mit 1660 m/s (Melanom); diese Werte scheinen auch bei soliden subretinalen oder subchoroidalen Blutungen wirklichkeitsnah.

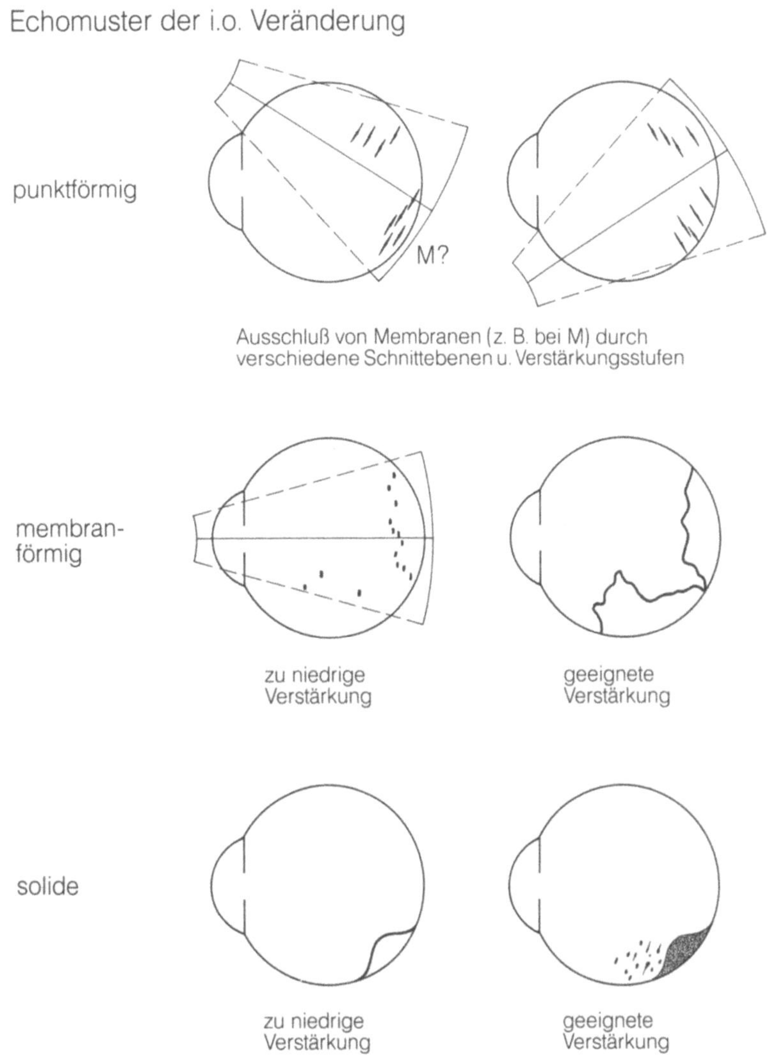

Echomuster der i.o. Veränderung

punktförmig

Ausschluß von Membranen (z. B. bei M) durch verschiedene Schnittebenen u. Verstärkungsstufen

membran-
förmig

zu niedrige
Verstärkung

geeignete
Verstärkung

solide

Abb. 2.5.1-5 (Trier). Beispiele für Fehlbeurteilungen auf Grund ungeeigneter B-Mode-Geräteeinstellungen

zu niedrige
Verstärkung

geeignete
Verstärkung

Für präzise Prominenzmessungen von Wandveränderungen, z.B. Proliferationen, Tumoren oder einer Stauungspapille muß bis zu einer eindeutigen Grenzfläche hinter dem Prozeß, z.B. Netzhautvorderfläche, Skleravorder- oder -rückfläche gemessen und diese im Befund genannt werden. Im B-Mode ist z.T. die hintere Sklerafläche eindeutiger festlegbar (Kompressionstest). Falls Identifizierungsschwierigkeiten auftreten, ob die Skleravorder- oder -rückfläche eingestellt wurde, ist das Maß der Prominenz über die umgebende Netzhautkontur sinnvoll. Bei verdickter Netzhaut/Aderhaut-Schicht ist dieses Maß zusätzlich zur „skleralen" Prominenz angebracht, da es der ophthalmoskopischen Prominenz zuordnungsfähiger ist (Abb. 2.5.1-6).

Die genauesten Aussagen bei gut einstellbaren, kuppelförmigen tumorartigen Läsionen liefert A-Mode mit Auswertung von Fotoserien unter Vergrößerung (Trier 1980).

Eine statistische Analyse der auftretenden Teilfehler ergab, daß hiermit der methodische Fehler bei $\pm 0{,}15$ mm (2σ-Bereich) gehalten werden kann. Zum Vergleich war die A-Mode-Prominenzmessung am Bildschirm mit einer Unsicherheit von $\pm 0{,}3$ mm behaftet.

Bei Messungen im B-Mode ist diese Genauigkeit gewöhnlich nicht erreichbar. Berücksichtigt man die Fehlerauswirkung, so ist ein übersteigertes Genauigkeitsdenken bei wiederholten Prominenzmessungen mit den üblichen Verfahren, u.a. zur Verlaufs- und Therapiekontrolle unangebracht (Abb. 2.5.1-7).

Die Messung der *seitlichen* Ausdehnung eines Echomusters, senkrecht oder im Winkel zur Schallausbreitungsrichtung setzt voraus:

Solide Prominenz der Netzhaut-Aderhaut-Schicht

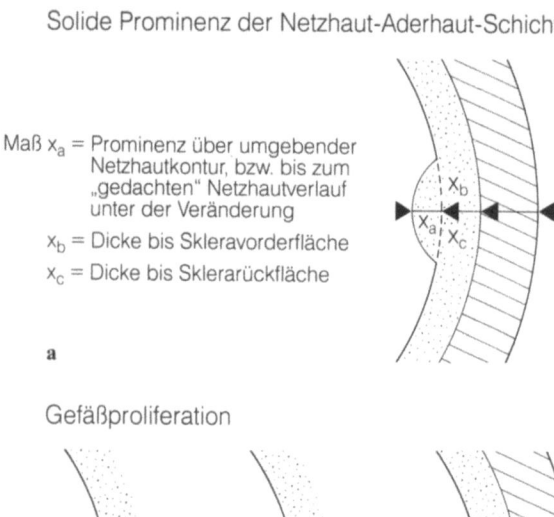

Maß x_a = Prominenz über umgebender Netzhautkontur, bzw. bis zum „gedachten" Netzhautverlauf unter der Veränderung
x_b = Dicke bis Skleravorderfläche
x_c = Dicke bis Sklerarückfläche

a

Gefäßproliferation

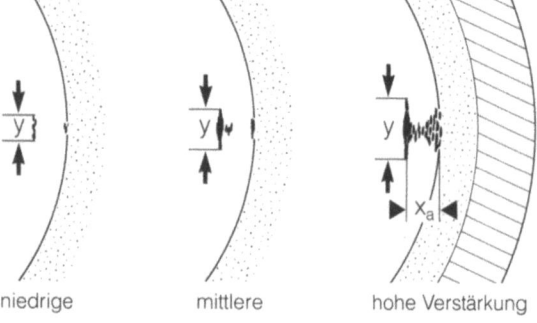

niedrige   mittlere   hohe Verstärkung

Maß x_a = Prominenz über umgebender Netzhautkontur
y = seitliche Ausdehnung

b

Abb. 2.5.1-6a, b (Trier). Zur Messung der seitlichen Ausdehnung und Prominenz von Fundusveränderungen

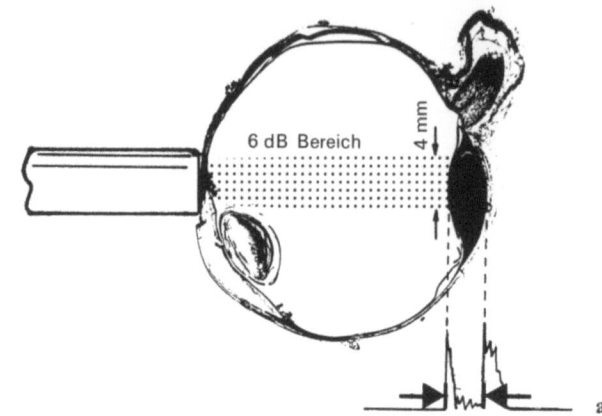

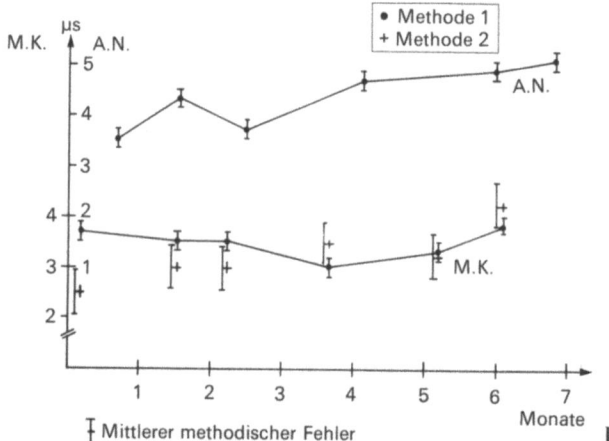

Abb. 2.5.1-7a, b (Trier). Beispiele einer Prominenzkontrolle von Augenhintergrundsveränderungen mit visueller Beurteilung der Prominenz am Bildschirm (Methode 2) und mit A-Mode-Fotoauswertung (Methode 1) mit Angabe der methodischen Fehler von beiden Verfahren (Trier et al. 1981). Demnach sind Prominenzänderungen ab 0,3 mm verläßlich feststellbar

- Überprüfung und Kalibrierung der Bildgeometrie (vgl. Kap. 10.3.2). An entsprechend geeigneten Geräten mit flächentreuer Abbildung können die im Glaskörperraum in beliebiger Richtung abgegriffenen Strecken am Tiefenmaßstab des Bildschirms ausgewertet werden.
- Bei nicht-flächentreuer Abbildung sind orts- bzw. laufzeitabhängige Kalibrierhilfen möglich und erforderlich (Guthoff 1980)
- Mit heutigen B-Mode-Geräten sind die gemessenen Werte nur bei bekannter und etwa konstanter Gesamtempfindlichkeit reproduzierbar; die seitliche Ausdehnung nimmt scheinbar mit Erhöhung der Gesamtempfindlichkeit zu (Einfluß der Punktstreufunktion bzw. Bündelbreite, vgl. Kap. 10.3). Eine computergestützte Korrektur ist für zukünftige Geräteentwicklungen möglich.

Unter den *Bewegungskriterien* der Echomuster (s. Tabelle 2.5.1-3) werden heute routinemäßig in der intraokularen Diagnostik genutzt:

- Trägheitsbedingte Nachbewegungen nach Spontan- und Kommandobewegungen der Augen und infolge Lagewechsels des Kopfes;
- kreislaufbedingtes Gefäßschwirren in vaskularisierten Geweben, besonders Tumoren.

Die Kriterien werden qualitativ am Bildschirm beurteilt. Derartige Bewegungskriterien der Echomuster wurden seit 1960 von Oksala und ab 1966 von Ossoinig beschrieben (Ossoinig 1967). Durch qualitative Beurteilung der Nachbewegungen mit dem Echtzeit-B-Mode-Verfahren wird die vitreoretinale Ultraschalldiagnostik bereits wesentlich vereinfacht und verbessert. In Tabelle 2.5.1-5 sind die häufigsten intraokularen Befunde hinsichtlich

Tabelle 2.5.1-5 (Trier). Echomuster und Bewegungsverhalten häufiger intraokularer Befunde

Echomuster	Intraokularer Befund	Bewegungsverhalten	
		Gefäßschwirren	Trägheitsbedingte Nachbewegungen
Punktförmig einzelne Echos diffus verteilte (Dichte: gering bis sehr dicht) zusammengelagert	Glaskörperdestruktion, Glaskörperverdichtungen, Blutungen in Glaskörper oder Subvitrealraum	Fehlt	Beweglich Beweglich; Strömung möglich
	Entzündliche Einlagerungen (bei Uveitis, Endophthalmitis, Abszeß)	Fehlt	Gering beweglich
	Kristallinische Einlagerungen – Asteroide Hyalose – Cholesterinkristalle – Synchisis scintillans	Fehlt wird oft vorgetäuscht	Stark beweglich, Bei Asteroider Hyalose ohne Sedimentierung Bei Synchisis scintillans mit Sedimentierung
	Körperfremde Einlagerungen: – Fremdkörper – Iatrogen, z.B. Netzhautnägel	Fehlt	Verschieden Starr
Strangförmig	Reste der A. hyaloidea; Glaskörperstränge (traumatisch; PVR) präretinale, subretinale Stränge bei PVR; Gefäßproliferationen, stilförmige	Fehlt	Wenig beweglich oder fixiert
Membranförmig glatt gefältet dick, dünn von gleichmäßiger/ungleichmäßiger Struktur	Innere Schichtstruktur des Glaskörpers, abgelöste Glaskörpergrenzschicht, Höhlenbildung im Glaskörper	Fehlt	Beweglich
	Zyklitische Membran Fibrovaskuläre Membranen und Schwarten	Fehlt	Gering beweglich oder starr
	Abgelöste Netzhaut Abgelöste Aderhaut, Retinoschisis	Fehlt	Verschieden; bei PVR starr Meist starr
	Geschichtete, verfestigte Blutung Oberfläche der luxierten Linse	Fehlt	Starr Beweglich bis starr bei Lagewechsel
Solide	Verfestigte Blutung unter Netzhaut oder Aderhaut	Nur bei Vaskularisation	Starr
	Knotenförmiges Infiltrat der Netzhaut/Aderhaut Degenerativer Herd der Netzhaut/Aderhaut	Fehlt In Ausnahmen	Starr Starr
	Neoplasma der Netzhaut/Aderhaut (Melanom, Metastase)	Häufig	Starr

ihres Echomusters und der o.a. Kriterien des Bewegungsverhaltens zusammengestellt.

Die qualitative Prüfung der Kompressibilität des Orbitainhalts mit dem Schallkopf während der B-Bild-Untersuchung erlaubt die Identifizierung der Grenze von (komprimierbarem) retrobulbärem Gewebe und (nicht komprimierbarer) Augapfelwand und kann so indirekt zur Untersuchung von Wandveränderungen beitragen. Die quantitative Auswertung echographischer Bewegungskriterien, einschließlich von Kreislaufgrößen der Netzhaut-Aderhaut, ist in der klinischen Erprobung und kann in Zukunft zu neuen Indikationen der Echographie führen.

Für die Anwendung des M-Mode in der vitreoretinalen Diagnostik, des Computer-Mikro-M-

Mode für die Netzhaut-Aderhaut-Untersuchung und bezüglich der Bewegung intraokularer Fremdkörper mittels spezieller Magnetfelder mit dem Ziel ihrer verbesserten echographischen Identifizierung wird auf Kap. 4.2 verwiesen; für die Doppler-Anwendungen auf Kap. 6.

Die bisher geschilderten Untersuchungsgänge werden in vielen Fällen bereits zur echographischen Diagnose ausreichen. Bei Bedarf werden sie durch Untersuchungsschritte aus dem Paket: „Statische Merkmale der Echomuster" ergänzt (vgl. Tabelle 2.5.1-3). In der Routine werden heute fast nur Merkmale des Videosignals im A-Mode-Verfahren genutzt. Die A-Mode-Echogramme werden hierzu am Bildschirm oder -foto ausgewertet.

Messung der Reflexion und Rückstreuung. Die unterschiedliche Echohöhe histologisch verschiedener Gewebe führte zu Vorschlägen von Oksala (1962) (selektive Echographie); Buschmann (1964) (Schema der typischen Echogrammveränderungen) und Ossoinig (1964). Die „selektive Echographie" basiert auf den Mindestwerten der Gesamtempfindlichkeit, die erforderlich sind, um von einem spezifischen Gewebe ein Echo bestimmter Höhe zu erzeugen. Drückt man die Verstärkereinstellungen in dB-Werten aus und bezieht sie auf einen Referenzwert = 0 dB, so werden die Werte geräteunabhängiger (Selektive Differential-Echographie, Poujol). Bei logarithmischer Verstärkerkennlinie (vgl. Kap. 9.3) kann die „Reflektivität" verschiedener Gewebe direkt am Bildschirm (mittels der logarithmischen Skalierung in Dezibel) abgelesen werden (Poujol u. Toufic 1970; Poujol 1973). Bei nicht-logarithmischen Kennlinien, z.B. linearen oder S-förmigen Kennlinien (Kretz 7200 MA) wird derselbe Zweck durch *sukzessives* Einstellen der zu vergleichenden Gewebsarten auf eine normierte Echohöhe (Pegel) und Ablesen der Verstärkungsdifferenz in dB erreicht. Bei intraokularer Untersuchung ist dann folgendes Vorgehen zu empfehlen:

a) Messung der Echohöhe von Membranen: (besonders bei der Differentialdiagnose: abgelöste Netzhaut vs Glaskörpermembran bzw. -grenzfläche)
Bei optimaler, senkrechter Justierung des Schallbündels zur Membran, d.h. bei maximalem Membranecho, wird die Verstärkereinstellung in dB abgelesen, die erforderlich ist, um eine Echohöhe von 10 mm zu erzeugen.
Dieser dB-Wert wird auf einen der folgenden Referenzwerte (Pegel) bezogen:

a_1) Die Verstärkereinstellung, die erforderlich ist, um von einem Referenzreflektor aus W 38-Material in 30 µs Abstand ein gleich hohes Echo zu erzeugen (vgl. Kap. 1.4.2 und 10.3.1)
Beispiel: Für Membran 38 dB Verstärkung,
  für W 38   10 dB Verstärkung
Pegeldifferenz $\Delta V(W38) = 38 - 10 = 28$ dB.
Ergebnis: Die unbekannte Membran weist gegenüber dem Reflektor W38 einen um 28 dB niedrigeren Pegel auf. Der Bezug auf den W38-Reflektor in vitro ist geeignet, wenn die Medien *vor* der untersuchten Membran keine erhöhte Absorption infolge Glaskörperveränderungen aufweisen.

a_2) Bei stärker absorbierenden Medien *vor* der Membran wird als Referenzwert das Echo der Sklera gewählt, möglichst in gleicher Schallkopfstellung. Damit wird der Faktor der Schallschwächung eliminiert oder verringert.
Beispiel: Für Membran 45 dB Verstärkung
  für Sklera   32 dB Verstärkung
Pegeldifferenz ΔV (Sklera) $= 45 - 32 = 13$ dB
(s. Abb. 2.5.1-8)

Die Messung der „Reflektivität" von Membranen unter alleinigem Bezug auf das Skleraecho wurde von Ossoinig eingeführt und als „Quantitative Echographie, Typ II" bezeichnet (Ossoinig 1974). Die Bezeichnung als Pegeldifferenz-Verfahren wurde von Trier (1986) vorgeschlagen.

Die erhaltenen Pegeldifferenzen sind in strengem Sinne nur für die jeweilige Gerät-Schallkopf-Kombination gültig. Tabelle 1.4.2-2 ist ein Beispiel für die Erarbeitung von Erfahrungswerten. Für das Gerät Kretz 7200 MA mit 8 MHz Normalschallkopf hat Ossoinig Erfahrungswerte aus einer größeren Untersuchungsreihe gewonnen. Die Pegeldifferenz Δ dB (Sklera) wird von ihm wie folgt angegeben (Ossoinig 1977 u. zit. in Sampaolesi 1984)

Netzhaut (100% der Fälle) 9 bis 15 dB (Sklera)
Grenzfälle   16 bis 19 dB (Sklera)
Membranen
  (dicht)   (95% der Fälle) 20 bis 25 dB (Sklera)
  (zart)   (95% der Fälle) > 25 dB   (Sklera)

Abbildung 1.4.2-3 zeigt schematisch den Zusammenhang zwischen den Referenzwerten W38 und Sklera und erlaubt in erster Näherung eine Umrechnung von Ergebnissen (Trier 1979).

b) Messung der Reflexion und Rückstreuung von punktförmigen und soliden Echomustern. Die Echohöhen von Glaskörper- und Wandveränderungen hängen von deren makrohistologischem Aufbau ab und tragen zur Differentialdiagnose bei. Die

Glaskörperraum – Untersuchungstechnik 95

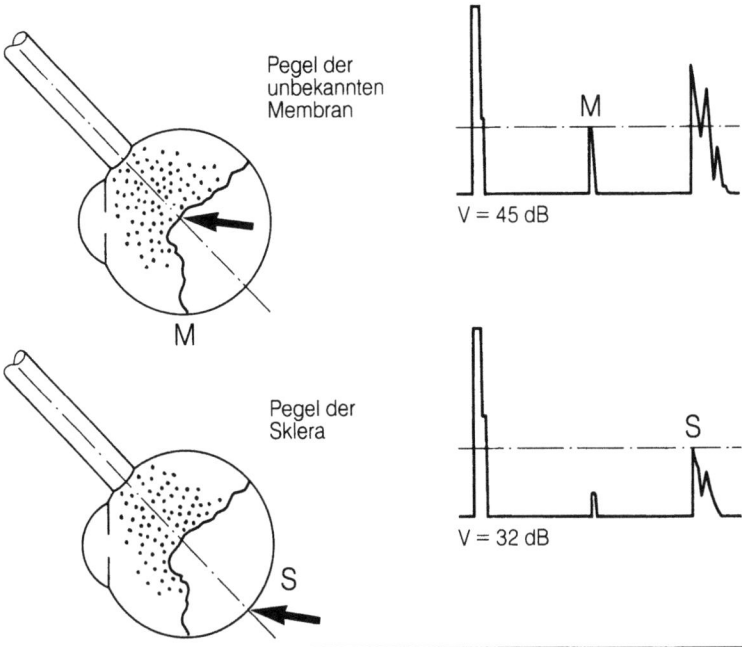

Abb. 2.5.1-8 (Trier). Beurteilung der Echohöhe einer Membran nach dem Pegeldifferenz-Verfahren mit Sklera als Bezugspegel, im Falle von schallschwächenden Medien vor der Membran

Abschätzung im A-Mode ist eine Näherung und erfolgt visuell vom Bildschirm oder vom Foto an der Streubreite der Echoamplituden (Maxima) und ihrem Mittelwert.

Die Messung erfolgt – wie bei Membranen – indem die Pegeldifferenz der minimalen und der maximalen Amplituden zu einem Referenzwert festgestellt wird. Dies kann durch direkte Ablesung bei logarithmischer Kennlinie (Poujol 1984) oder durch Variation der Gesamtempfindlichkeit (Verstärkung) bis zum Erreichen einer Meßechohöhe von 10 mm und Registrierung von $\Delta V (W38)$ in dB erfolgen (vgl. Tabelle 1.4.2-2). Alternativ hat Ossoinig (1974b) die Reflektivität am Gerät Kretz 7200 MA bei konstanter Verstärkung (Gewebsempfindlichkeit mit TM-Phantom nach Till) in % der Schirmhöhe des Gerätes angegeben und dieses Merkmal als „Quantitative Echographie Typ I" bezeichnet. Bei bekannter Amplitudenkennlinie (vgl. Kap. 9.3) des Gerätes können grundsätzlich in % ausgedrückte Pegeldifferenzen in dB-Differenzen umgerechnet werden und umgekehrt, falls die %-Werte – wie im Fall des Kretz 7200 MA konstruktiv vorgesehen – mit ausreichender Amplitudenspannweite (Dynamik) gewonnen werden.

Durch Umrechnung gewonnene Werte sind in Tabelle 2.5.1-6 wiedergegeben. Die Verwendbarkeit auch für die Messung der Schallschwächung (s.u.) spricht für das dB-Maß.

Wegen der zulässigen Toleranz von ±4 dB für die Gerätedynamik ist eine Streuung der Reflektivität bis zu ±10% und der Pegeldifferenzwerte bis zu ±4 dB möglich.

Tabelle 2.5.1-6 (Trier). Reflektivität von intraokularen Veränderungen mit Kretz 7200 MA nach Ossoinig. (Aus: Sampaolesi 1984); Umrechnung in Pegeldifferenzwerte zum Reflektor W38 (s. Tabelle 1.4.2-2)

	Reflektivität in % der Bildschirmhöhe bei Gewebsempfindlichkeit nach Ossoinig (%)	Pegeldifferenzwerte [dB] ΔV (W38)
Senile Degeneration des GK	2– 20	58,5–70,5
Hyalosis asteroides	20– 80	38,1–58,5
Synchisis scintillans	80–100	27,3–38,1
Fremdkörper	100	<27,3
Netzhautablösung	100	<27,3
Aderhautablösung	100	<27,3
GK-Membran	40–100	27,3–50
GK-Abhebung	40–100	27,3–50
Alte GK-Blutung (organisiert)	60–100	27,3–44,1
Frische GK-Blutung (diffus)	10– 60	44,1–61,8
Frische subretinale Blutung	10– 60	44,1–61,8
Melanom der Aderhaut oder des Ziliarkörpers	10– 80	38,1–61,8
Hämangiom der Aderhaut	ca. 80–100	27,3–38,1
Karzinom-Metastase	80–100	27,3–38,1
Alte subretinale Blutung	80–100	27,3–38,1
M. Junius Kuhnt	100	<27,3
Retinoblastom	100	<27,3

GK = Glaskörper

96 Erkrankungen des Augapfels aus echographischer Sicht

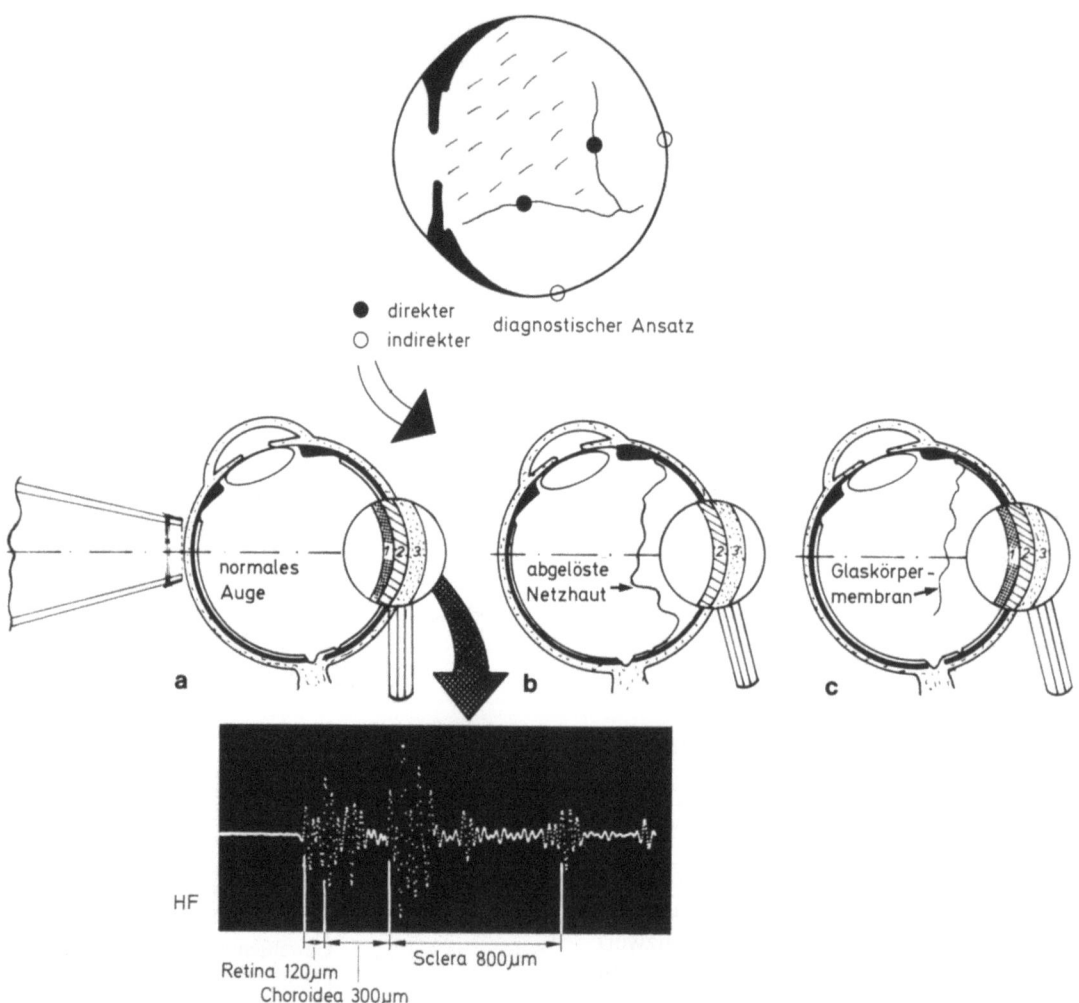

Abb. 2.5.1-9 (Trier). Direkter und indirekter diagnostischer Ansatz bei der DD einer Netzhautablösung mit HF-Signalanalyse (Trier 1982) schematisch

c) Messung der Amplitudenschwächung. In akustisch soliden Veränderungen, wie subretinalen Blutungen und Tumoren, tritt durch Absorption und Streuung ein Abfall der Echoamplituden aus tieferen Schichten ein; der Effekt kann auch in den nachfolgenden Gewebsschichten zu einer Echosenke oder einem Schallschatten führen, wie das Zeichen der Aderhautaushöhlung (Coleman 1974, 1977; Rochels 1981) hinter bestimmten Tumoren.

Im A- und B-Mode-Echogramm kann die Schallschwächung mit Hilfe des dB-Reglers gemessen und als dB-Amplitudenabfall angegeben werden,
- als Gesamtschwächung
- zweckmäßiger in Abhängigkeit von der Dicke in dB-Abfall/μs bzw. mm. Die Messung kann *direkt* am Innenecho der Läsion, oder *indirekt* (Pegeldifferenz des Skleraechos an normaler Stelle und hinter der Läsion) erfolgen. Nach Poujol (1984) ist die Schallschwächung bei Melanomen der Aderhaut vom histologischen Aufbau abhängig und beträgt zwischen 0,6 und 1,6 dB/μs bei 8 MHz-Arbeitsfrequenz. Auf die beträchtliche Streuung der amplitudenbezogenen Schallschwächung wiesen die in vitro-Messungen von Trier und Kaskel (1969) und verschiedene Ergebnisse rechnergestützter A-Mode-Analysen, u.a. von Thijssen und Verbeek (1981) hin. Die direkte Messung eines „Dämpfungswinkels" im A-Mode-Echogramm des Gerätes 7200 MA Kretztechnik (Ossoinig 1974b, Winkel kappa) ist aus technischen Gründen (Fehlen einer logarithmischen Kennlinie) fehlerbehaftet und nur für qualitative Aussagen geeignet.

Zur Beurteilung frequenzabhängiger Schallschwächungswerte im Hochfrequenzsignal vgl. Kap. 5, ebenso zur rechnergestützten weitergehenden Mustererkennung am A-, B- und Hochfrequenzechogramm.

Die rechnergestützte Charakterisierung von solidem Gewebe und der Netzhaut und Aderhaut, hier durch Messung ihrer Schichtdicken und durch spektrale Merkmale ihrer Vorder- und Rückfläche, kann folgende Bedeutung für die Differentialdiagnose der Netzhautablösung und der intraokularen Tumoren erlangen:
Bei fraglicher Amotio retinae wird
- der bewährte, *direkte* diagnostische Ansatz, bestehend aus der Charakterisierung der unbekannten Membran, durch die Hinzunahme neuer Merkmale für „abgehobene Netzhaut" weiter verbessert.
- Der bisher vernachlässigte, *indirekte* diagnostische Ansatz, durch Nachweis der fehlenden Netzhaut in der Schichtenfolge der Rückwand, wird mit handgeführtem Schallkopf erreichbar (s. Abb. 2.5.1-9).

Bei der Abgrenzung intra- und subretinaler Blutungen von Neoplasmen wird
- der *direkte* diagnostische Ansatz, in Form der Differenzierung tumorverdächtiger Innenechos, bis zur echographischen Trennung von verschiedenen Melanom-Typen verfeinert (Abb. 5.4-3, Lizzi, Coleman et al. 1981);
- der *indirekte* Ansatz, die Erkennung eines gestörten Merkmalssatzes der Aderhautschicht und/oder Netzhautschicht als Frühzeichen einer Tumorentstehung beschreibbar (s. Abb. 2.5.1-10).

Auch bei zunehmender Bedeutung von Parametermessungen wird in der Ultraschalldiagnostik des Augapfels visuelle „Mustererkennung" im Echogramm eine wesentliche Rolle spielen. Dabei kombiniert der erfahrene Untersucher die geschilderten diagnostischen Hauptkriterien aus den verschiedenen Untersuchungsgängen mit weiteren Merkmalen aus mehreren Untersuchungsrichtungen bis zum diagnostischen Urteil. Zur Didaktik der vitreoretinalen Diagnostik wird in der letzten Dekade u.a. in folgenden zusammenfassenden Veröffentlichungen anderer Autoren Stellung genommen: Coleman, Lizzi und Jack 1977; Fisher 1979; Hassani 1978; Ossoinig 1979, 1983; Poujol 1984; Purnell u. Frank 1979; Rochels 1986; Sampaolesi 1984; Shammas 1984.

Befunde im Glaskörperraum

H.G. TRIER und W. SCHROEDER

Physiologische Varianten

Durch die optische Biomikroskopie können im Glaskörper des normalen Auges verschiedene Strukturen nachweisbar sein:
- physiologische Reste der A. hyaloidea, nasal vom hinteren Linsenpol; gelegentlich Fadengebilde, die als Reste der A. hyaloidea propria gedeutet werden;
- als Grenzschicht zwischen primärem und sekundärem Glaskörper die gefältelte (von vorn oben nach hinten unten verlaufende) Membrana hyaloidea plicata. Sie umschließt den Zentralkanal mit seinen trichterartigen Erweiterungen retrolental und präpapillär. Um diese Membran sind lamellär weitere Glaskörperschichtungen angeordnet.

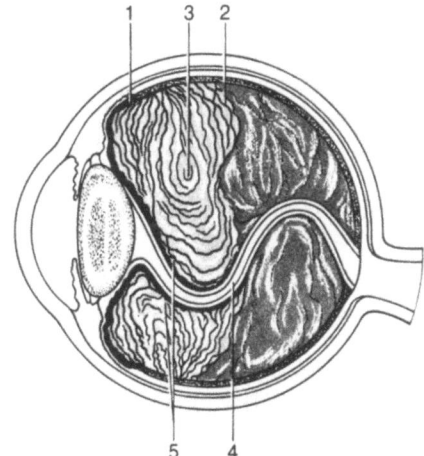

Abb. 2.5.1-11 (Trier). Biomikroskopische Differenzierung der Zonen des vorderen Glaskörperabschnitts. *1* kortikales System, *2* radiales System, *3* Zonen der Sackbildungen und Lakunen, *4* zentrales System, *5* System der Membrana hyaloidea plicata. (Nach Hruby 1986)

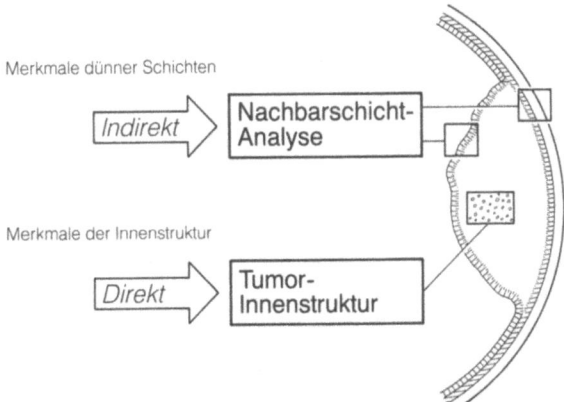

Abb. 2.5.1-10 (Trier). Früherkennung eines Netzhaut-Aderhaut-Tumors mittels Nachbarschicht-Analyse schematisch (Trier 1983)

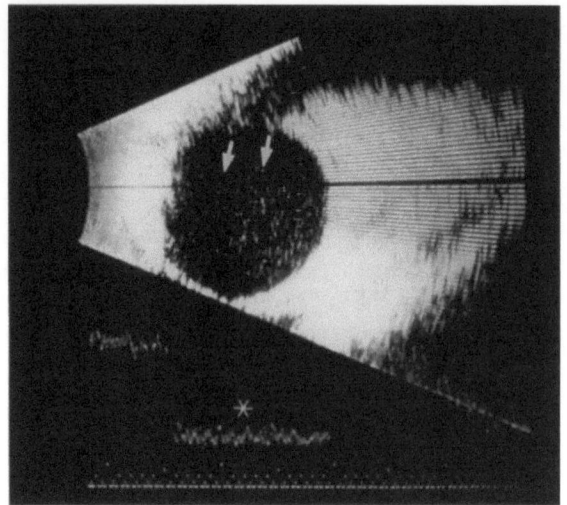

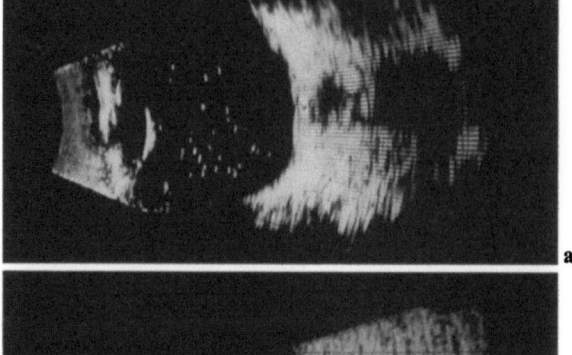

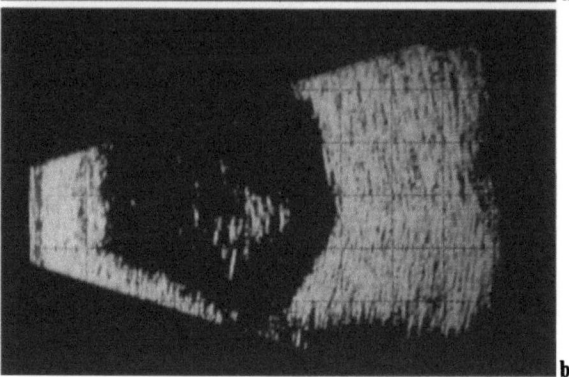

Abb. 2.5.1-12 (Trier). Zur B-Mode Nachweisgrenze von Glaskörperveränderungen. *Oben:* B-Mode, *unten:* Vektor-A-Mode. Sehr geringe, im Vektor-A-Mode das Rauschen (∗) verstärkende, im B-Mode überschwellige Glaskörperveränderungen. Im Gegensatz zu einem nur rauschbedingten Artefakt fehlen die Veränderungen in einem Teil des Glaskörpers (*oberer Teil*); die Grenzlinie (↓) ist stetig und zeigt Nachbewegungen Ultrascan 404, $\Delta V(W38) = 69$ dB

Abb. 2.5.1-13a, b (Trier). Punktförmige Einlagerungen, **a** durch Bewegung des Musters bei Augenbewegungen von Rauschartefakten zu unterscheiden. **b** Zu Fehldeutungen veranlassendes „Enhancement"

Abbildung 2.5.1-11 zeigt eine Darstellung nach Busacca (1958). Nach intrakapsulärer Kataraktextraktion mit Verletzung der vorderen Glaskörpergrenzmembran treten über den Cloquetschen Kanal Prostaglandine aus Iris und Ziliarkörper bis zur Makula (Bursa prämacularis, Worst 1978) und erzeugen das zystoide Makulaödem (Irvine-Gass-Syndrom).

Bei der Untersuchung mit einer sehr hohen Gesamtempfindlichkeit [$\Delta V(W38) = > 65$ dB] und hoher Bildtreue lassen sich am Bildschirm bei manchen Normalaugen auch echographisch Hinweise auf diese Strukturen finden. Die fotografische Registrierung ist meist überfordert. Zur Nachweisgrenze s. Abb. 2.5.1-12 und 13.

Mißbildungen des Glaskörpers

Persistierender, hyperplastischer primärer Glaskörper (PHPV)

Vorderer PHPV: Retrolentale Schwarte mit verlängerten Ziliarfortsätzen, evtl. Katarakt, typisch bei Mikrophthalmus.

Hinterer PHPV: Schirmartig bindegewebig veränderter Glaskörper mit persistierender A. hyaloidea, oft mit peripapillärer traktiver Netzhautablösung.

Papillenanomalien, wie die Bergmeister-Papille.

Die immer einseitige Fehlbildung besteht darin, daß sich der primäre fetale Glaskörper bis zur 32. Schwangerschaftswoche nicht zurückbildet (Reese 1955). Persistierende Hyaloideagefäße zwischen Papille und Linsenrückfläche sind echographisch als *Strang* nachweisbar (Schroeder 1976) (Abb. 2.5.1-14; Abb. 2.5.1-15a–d).

Beim vorderen PHPV ist der Rest der Tunica vasculosa lentis im Echogramm als retrolentales, solides Echomuster zu erkennen, beim hinteren PHPV der Gefäßzipfel auf der Papille. Je größer dieser ist, desto weniger darf mit einer normal gestalteten Macula lutea gerechnet werden (Schroeder 1978) (Abb. 2.5.1-16a, b und Abb. 2.5.1-17). Schroeder konnte bei 16 beobachteten Kindern unter 8 Jahren in allen Fällen Hyaloideagefäßreste echographisch nachweisen. Damit ist dieses Merkmal ebenso zuverlässig wie die Mikrocornea. Demgegenüber konnte aber nur bei 8 dieser Kinder okulometrisch auch eine verkürzte Achse nachgewiesen werden.

Die weiteren klinischen Leitsymptome (Ausziehung der Ziliarzotten in eine von hinten her schrumpfende Katarakt und präretinale gliale Proliferationen) konnten echographisch nicht nachgewiesen werden.

Glaskörpertrübungen

Unterschieden werden nach Hruby (1986) die Formen

a) Vergröberungen und **Verdichtungen** der Glaskörperfibrillen, zusammen mit **Verflüssigung** (Synerese) von Glaskörperteilen
- als senile Degeneration des Glaskörpers (s. Kap. 2.5.2)
- oder – in jüngerem Alter – bei Achsenmyopie
- Hyalopathien; u.a. bei Akromegalie, systemischen Bindegewebsveränderungen, Sklerodermie (Gärtner u. Löpping 1967)

b) Grenzschichttrübungen bei hinterer Abhebung

c) Körpereigene Einlagerungen

Aus entzündlicher Ursache (Uveitis, Endophthalmitis) können Exsudate, Fibrin und Exsudatzellen in den Glaskörper eindringen.

Exsudate und zellige Infiltrate im Glaskörper sind bei geringer, optisch aber schon erkennbarer Ausprägung echographisch im A- und B-Bild auch bei maximaler Gesamtempfindlichkeit mit 8 bis 10 MHz häufig nicht nachweisbar. Bei stärkerer Ausprägung bilden sie punktförmige Echomuster oder Verdichtungen (Abb. 2.5.1-18). Oksala (1977) gab an, sie von der Glaskörperdestruktion mit 6 MHz unterscheiden zu können. Er fand bei Entzündungen mehr Echos und geringere Intensitätsunterschiede derselben untereinander, als bei der Glaskörperdestruktion. Nachbewegungen können ausgeprägt sein.

Zum Bild der Endophthalmitis und postzyklitischen Veränderungen s. Abb. 2.5.1-19 und 20. Zur Aderhautverdickung bei Uveitis vgl. Kap. 2.6.

Echographisch lassen sich folgende Uveitisformen unterscheiden:
- Uveitis anterior mit Zyklitis
- Uveitis posterior, die von einer Skleritis posterior begleitet sein kann.
- Diffuse Uveitis (Panuveitis)

Die nicht-granulomatösen Formen weisen eine diffuse Verdickung der Aderhautschicht durch Ödem auf, die granulomatösen Formen knotenförmige Verdickungen.

Als Extreme der Schädigung treten Abszeß, Schwartenbildung und sekundäre Netzhautablösung auf.

Neoplastische Zelleinlagerungen (Retinoblastom, Retikulumzellsarkom)

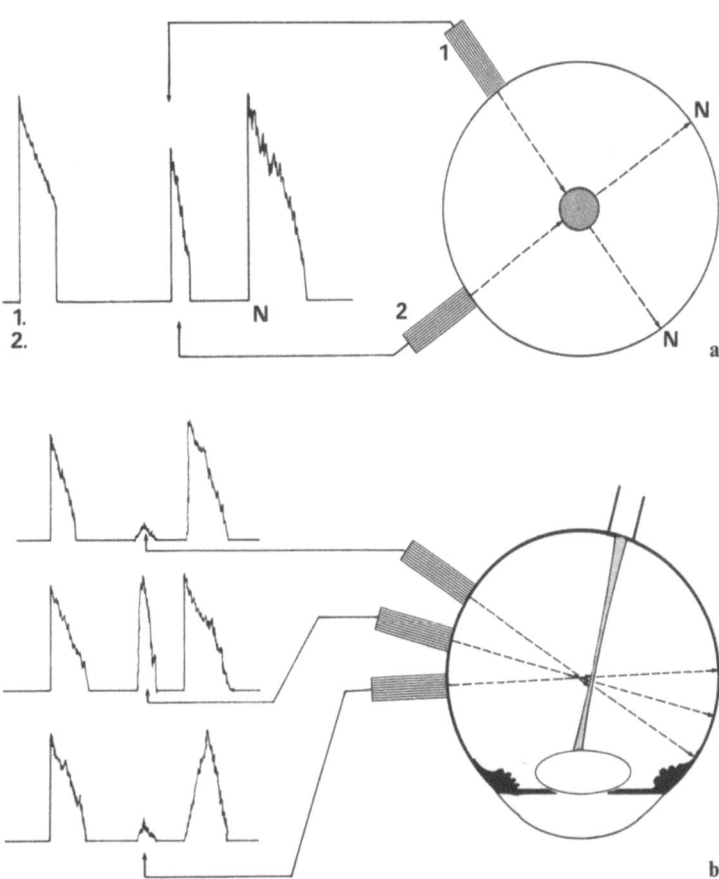

Abb. 2.5.1-14a, b (Schroeder 1976c). Untersuchung eines Stranges mit dem A-Bild am Beispiel des PHPV

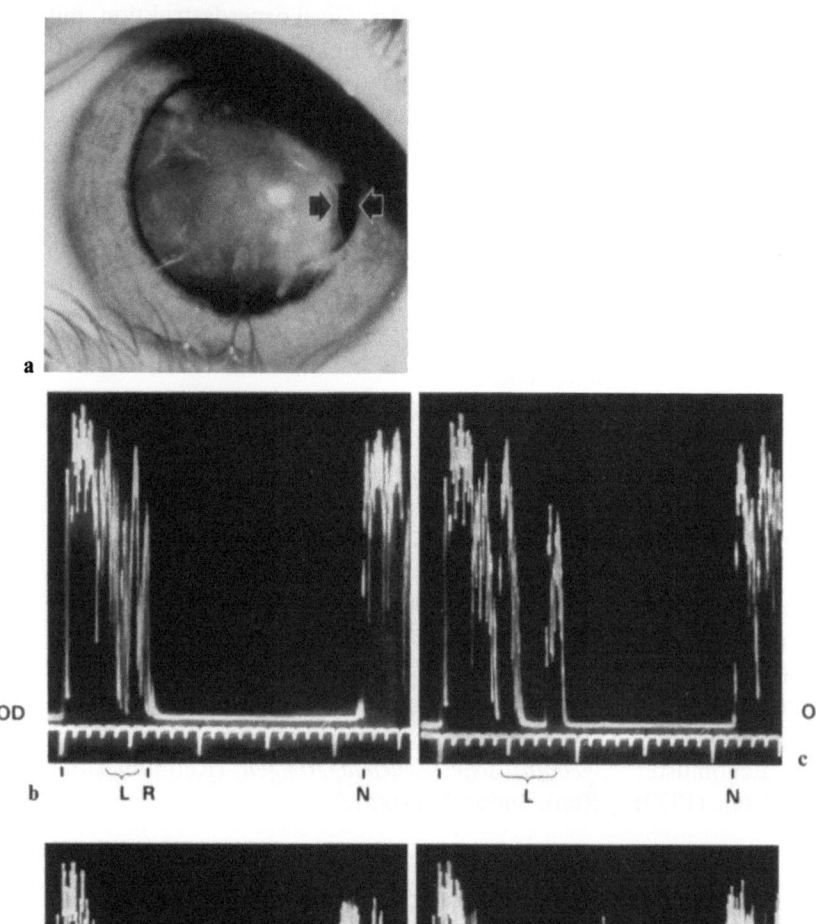

Abb. 2.5.1-15a–e (Schroeder 1976). PHPV im A-Bild. 3jähriger Junge. **a** Rechtes Auge: Durchgetrübte Linse, ausgezogene Ziliarzotte (*Pfeile*). Hornhautdurchmesser 0,5 mm kleiner als links. Echogramme im Seitenvergleich: **b** Rechts flache Vorderkammer und flache Linse! **c** Linkes Auge zum Vergleich. **d, e** Äquatoriale Echogramme; Schallkopf bei 7.00 h, bzw. bei 1.00 h aufgesetzt (vgl. Abb. 2.5.1-12a). *H*, Hyaloidea, *L*, Linse, *N*, Netzhaut, *R*, retrolentales Gewebe. Gerät: Kretz 7200 MA, Nominalfrequenz 8 MHz, ΔV (W38) = 64 dB

Hämorrhagische Trübungen entstehen nach Blutungen aus normalen oder krankhaft veränderten Gefäßen, besonders bei
- proliferativen Retinopathien durch Diabetes, retinalem Venenverschluß, Frühgeborenen-Retinopathie;
- Trauma;
- hinterer Glaskörperabhebung mit Kollaps;
- feuchter seniler Makuladegeneration;
- Bluterkrankungen.

Intravitreale Blutungen können der Glaskörperstrukturierung folgen und sie erkennbar machen: Sie können auf den Tractus hyaloideus beschränkt sein oder auf den umgebenden sekundären Glaskörper; sie können streifig den Glaskörperlamellen-Strukturen folgen.

Diffuse Glaskörperblutungen von geringer Zelldichte können ebenfalls unter der Nachweisgrenze im A- und B-Bild liegen. Bei stärkerer Zelldichte, ungleicher Verteilung oder Zusammenlagerung und Gerinnung entsprechen die Echomuster flottierenden Verdichtungen (Abb. 2.5.1-21 und 22) mit unregelmäßiger Struktur und ausgeprägter, weiträumiger Beweglichkeit im A- und B-Bild.

Glaskörpertrübungen, Membranen   101

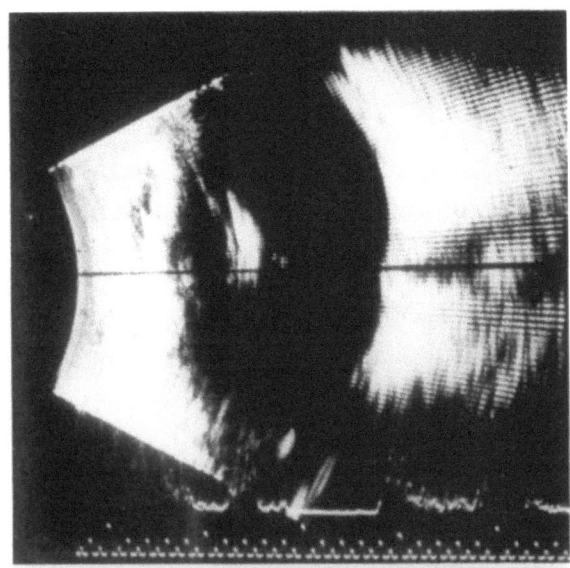

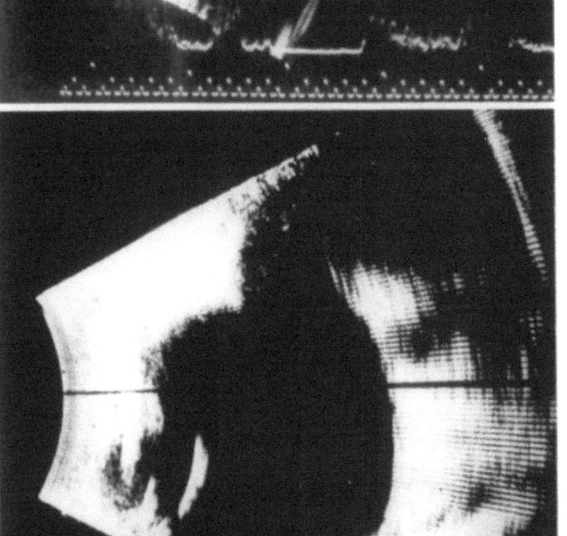

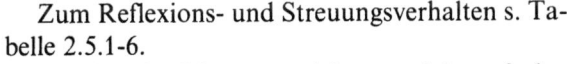

Abb. 2.5.1-16a, b (Schroeder). PHPV, 3 Monate alter Junge. Horizontales B-Bild. **a** Rechts: Gewebsschicht an der Linsenrückfläche, spitze Prominenz über der Papille, deutlich kürzerer Hinterabschnitt als links. **b** Linkes Auge: Ultrascan, Nominalfrequenz 10 MHz, $\Delta V(W38) = 43$ dB

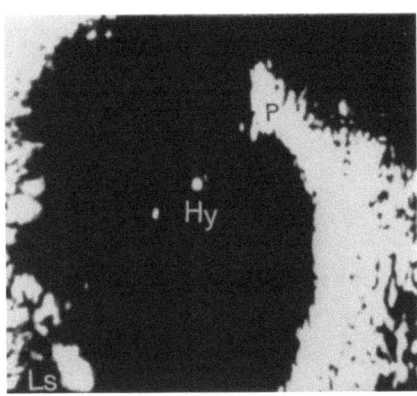

Abb. 2.5.1-17 (Schroeder 1978). PHPV, 7jähriger Junge. Vertikales B-Bild mit Vasa hyaloidea (Hy), die auf der Papille (P) eine zipfelige Ausziehung bildet. Ls = Linse. (Bronson-Turner-Ophthalmoscan, Nominalfrequenz 10 MHz, max. Verstärkung

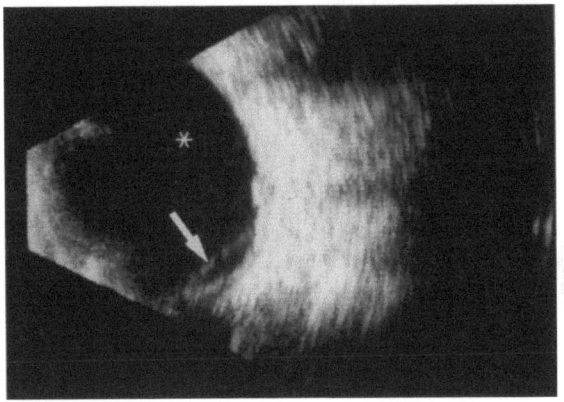

Abb. 2.5.1-18 (Trier). Entzündliches Exsudat (∗) und partielle Abhebung des Glaskörpers unten (↑), bei Uveitis posterior mit leichtem Papillenödem

Zum Reflexions- und Streuungsverhalten s. Tabelle 2.5.1-6.

Subvitreale Blutungen können sich auf den Raum hinter dem abgelösten Glaskörper beschränken, die Grenzschicht verdichten und hervorheben, absacken bzw. Kopfbewegungen folgen; und sie können in den Glaskörper einbrechen (Abb. 2.5.1-23, 24, 25, 26). Bei Glaskörperblutungen ist nach einer Anheftung an der Augenwand zu suchen, welche die Blutungsquelle markieren kann (vgl. Kap. 2.6.3). Die abgelöste hintere Glaskörpergrenzmembran ist bei Blutungen leicht zu erkennen, entweder, weil sie mit Blut betaut ist, oder weil das Glaskörpergerüst durch Bluteinlagerungen stärker reflektiert. Hängt sie an der Papille fest, kann sie alle Merkmale einer Netzhautablösung imitieren (s. Kap. 2.6.4). Retrovitreales Blut ist häufig flüssig, zeigt Eigenbewegungen durch Konvektion oder Spiegel, wenn es sich abgesetzt hat.

Im günstigsten Falle können sich Glaskörperblutungen vollständig resorbieren, wenig störende flottierende Trübungen hinterlassen oder sich als *membran*artige Verdichtung unten 1–2 mm vor der Netzhaut absetzen (s. Kap. 2.6.4).

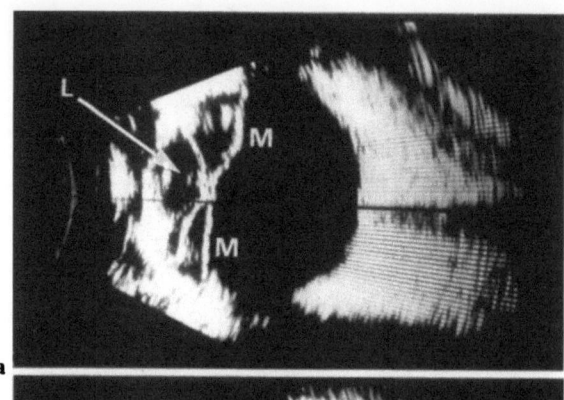
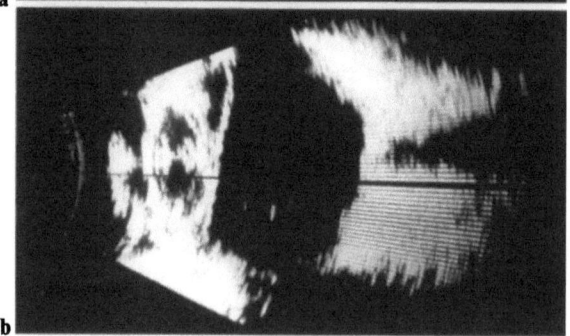

Abb. 2.5.1-19a, b (Trier). Braune Katarakt mit Poltrübungen der Rinde und Kapseltrübung (*L*). Schlotternde postzyklitische Glaskörpermembran (*M*) mit Fixierung am hinteren Linsenpol. Schnittebenen 0° und 90°

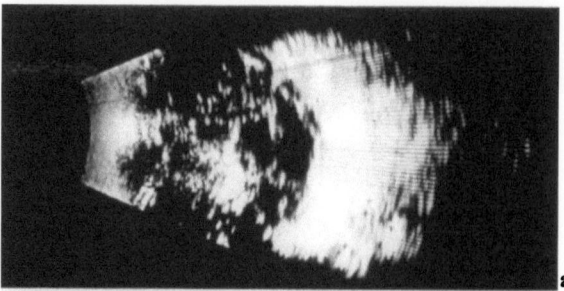
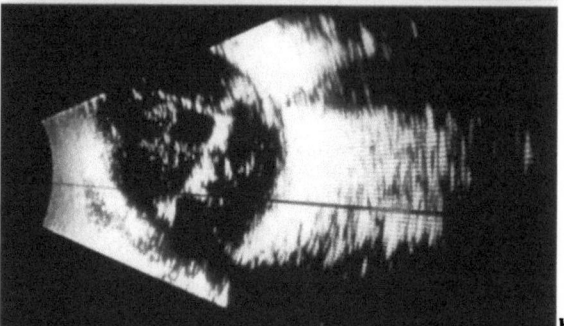
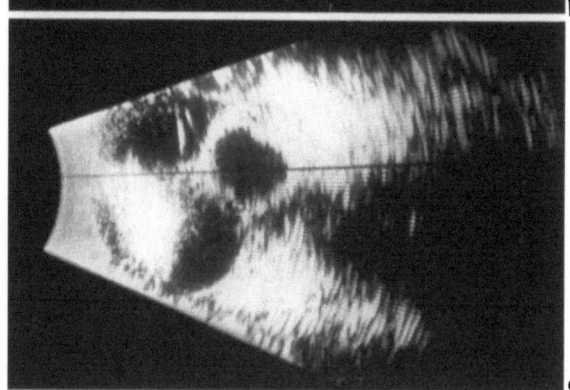

Abb. 2.5.1-20 (Trier). **a, b** Diffuse und membranförmige Glaskörperexsudate und -Infiltrate bei sympathischer Ophthalmie. **c** Zustand nach Endophthalmitis mit Schwarten und traktiver Netzhautablösung (X-Zeichen)

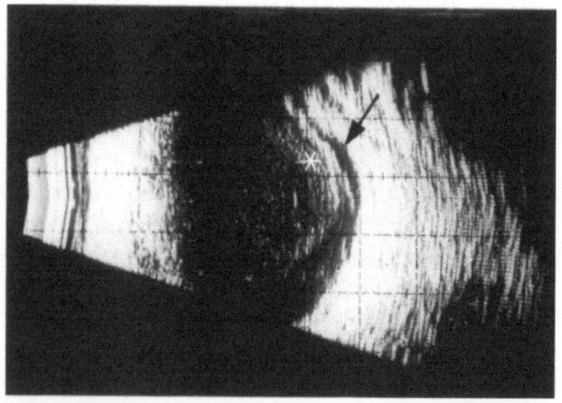
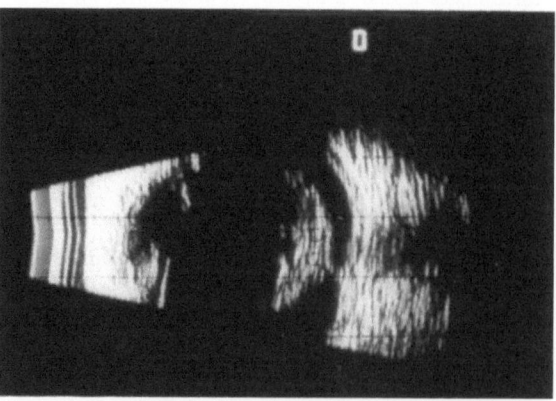

Abb. 2.5.1-21 (Trier). Zustand nach diffuser Glaskörperblutung. Grenzschichtverdichtung (∗). Partielle hintere Glaskörperabhebung (↑)

Abb. 2.5.1-22. Zustand nach perforierender Verletzung mit Glaskörperblutung vor 1/4 Jahr. Glaskörpereinblutung und -abhebung ohne Kollaps, mit Anheftung präpapillär. Ocuscan 400, max. Verstärkung

Glaskörpertrübungen, Membranen 103

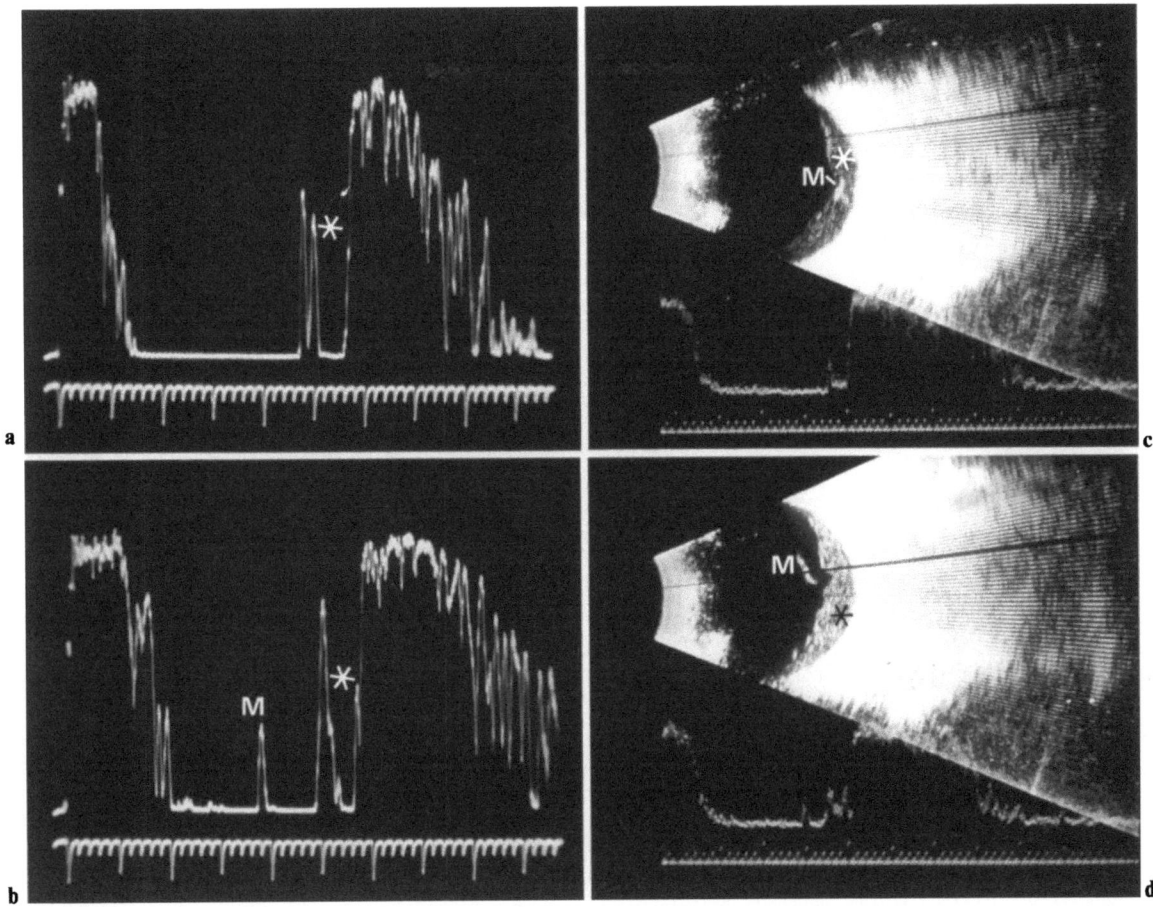

Abb. 2.5.1-23 a–d (Trier). Diffuse Blutung sehr geringer Reflektivität hinter den abgehobenen Glaskörper (Zustand nach panretinaler Netzhautkoagulation) bei retinaler Gefäßerkrankung. Diffuse Blutung hinter Glaskörperabhebung, schwappend (∗). Geringe Glaskörpermembranen, die vom Papillenansatz herkommen (M)

a, b Mit Kretz 7200 MA nur einzelne Echos bei maximaler Verstärkung $\Delta V(W38) = 64$ dB. **c, d** Eindeutige Darstellung nur mit B-Mode, Ultrascan mit maximaler Verstärkung; $\Delta V(W38) = 69$ dB

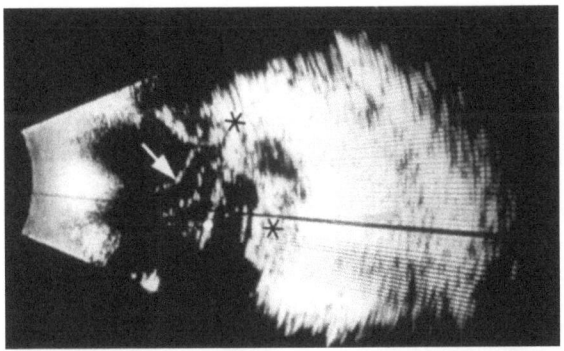

Abb. 2.5.1-24 (Trier). Glaskörperblutung entlang der Lamellenstruktur (↑), beweglich (DD, Gefäßproliferationen) bei Einbruch einer epi-/subretinalen Blutung (∗) in den Glaskörper. $\Delta V(W38) = 68$ dB

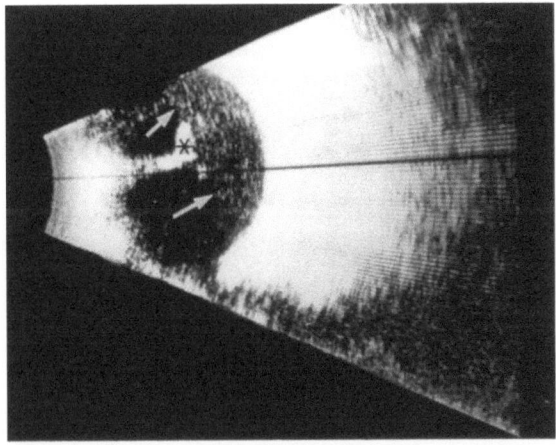

Abb. 2.5.1-25 (Trier). Hintere Glaskörperabhebung (↑). Z.n. retrohyaloidaler Blutung mit Eindringen in den Cloquetschen Zentralkanal (∗). Diffuse Blutung von mittlerer Dichte im subvitrealen Raum. Hintere Glaskörpergrenzmembran verdichtet, $\Delta V(W38) = 43–48$ dB

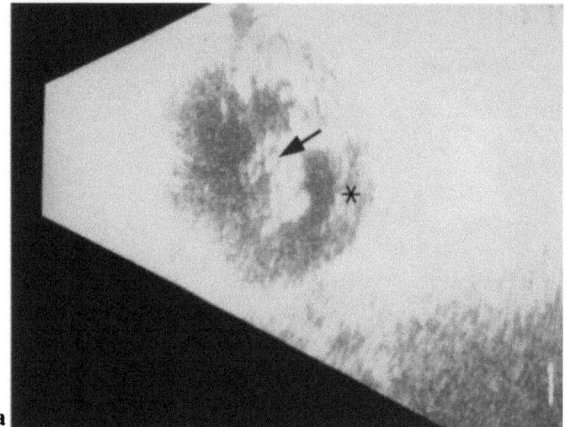
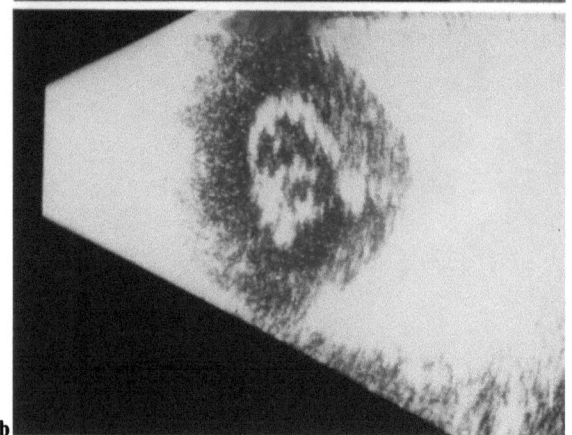

Abb. 2.5.1-26a, b (Trier). Diffuse, spärliche, subvitreale Blutung (∗) mit hinterer Glaskörperabhebung und mit Eindringen in den Tractus hyaloideus (↑), der dadurch sichtbar wird, prämakular bis zentral, und eine ampullenartige Erweiterung zeigt. Ultrascan-Digital B
a Schnittebene axial 90°; **b** Schnittebene b–c 90° oben, etwa am Äquator

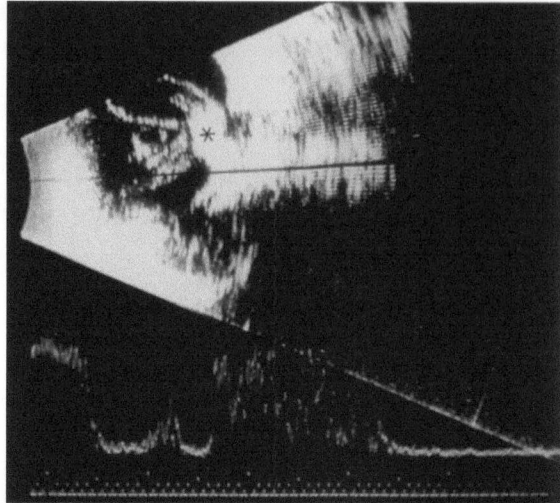
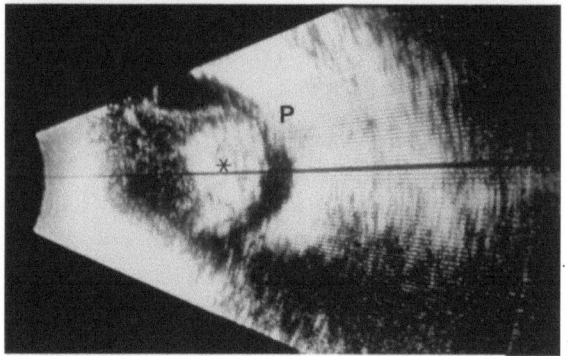

Abb. 2.5.1-28a, b (Trier). 24j. Mann. Vor 2 Wochen perfor. Skleraverl. OS an der Ora, nasal oben. Katarakt. An der Perforationsstelle (*P*) umschriebene Abhebung der Uvea mit Ödem und Blutkoagel sowie Inkarzeration des Glaskörpers. Von dort reicht eine dichte intravitreale Blutung (∗) taschenförmig nach hinten bis zur Grenzschicht des abgehobenen Glaskörpers, mit fächerförmigen Ausläufern (↑) in den vorderen Glaskörper entlang seiner Lamellenstruktur. Subvitreal echofrei. Ultrascan 404, ΔV(W38) = 65 dB
a Schnittebene 45°, 10 a oben; **b** Schnittebene 135°, 5 L oben

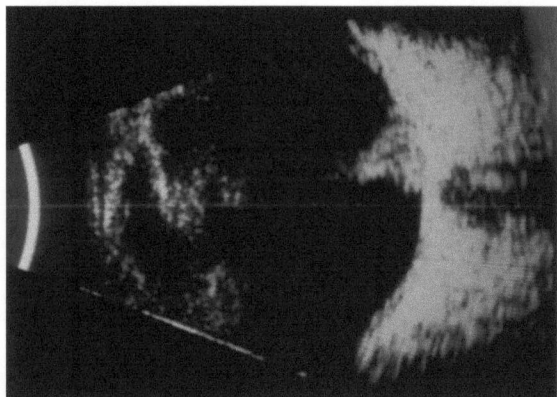

Abb. 2.5.1-27 (Schroeder). Terson-Syndrom. 25jähriger Mann nach Subarachnoidalblutung. Glaskörperblutung im rechten Auge, die typischerweise vor der Papille und im Cloquetschen Kanal sitzt (Ophthascan, 10 MHz, 83 dB)

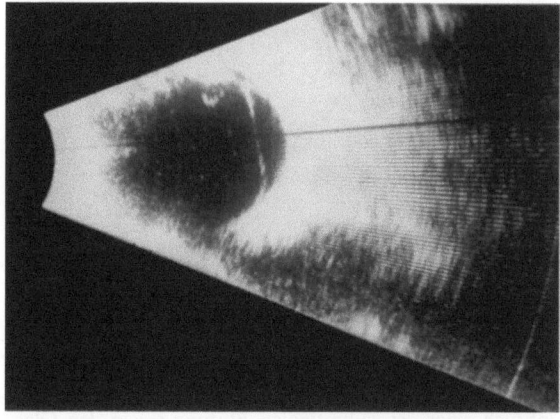

Abb. 2.5.1-29 (Trier). Wandnaher Glaskörperstrang nach perforierender Verletzung oberhalb der Papille

Glaskörpertrübungen, Membranen 105

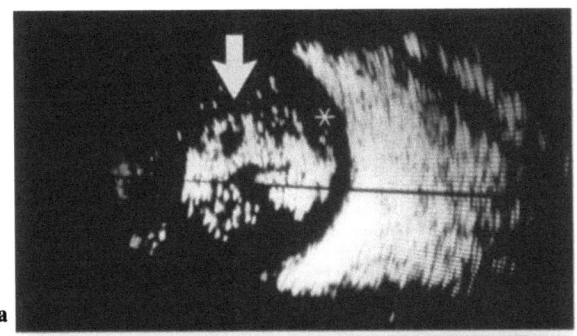
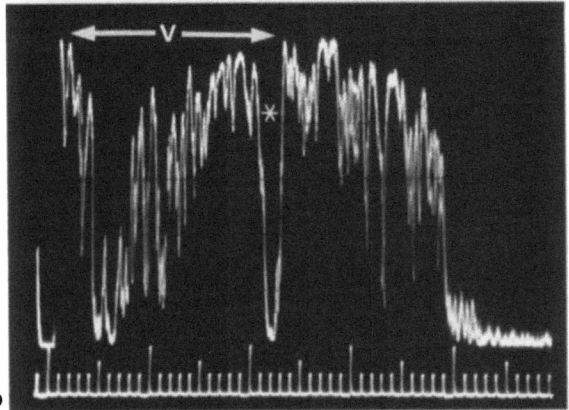
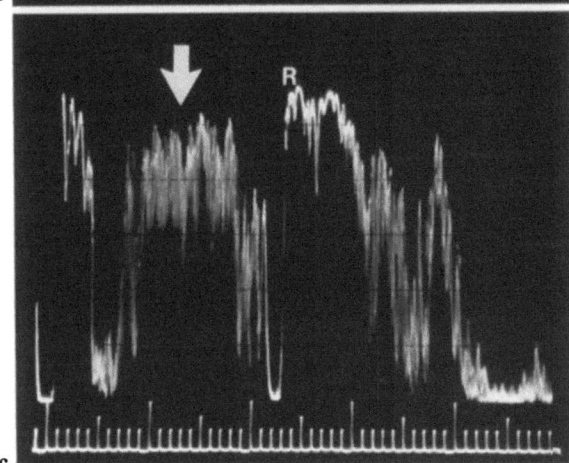

Abb. 2.5.1-30 a–c (Trier). Vollständige hintere Abhebung des Glaskörpers (∗), und Lakunenbildung in seinem Inneren. Gleichmäßig verteilte, stark reflektierende kristalline Einlagerungen in den Glaskörper (↑), die nach Augenbewegungen um ihre Ausgangslage schwingen (c) sich aber nicht absetzen. Vdg.: Hyalosis asteroides (Synchisis nivea). Alle Aufnahmen $\Delta V(W38) = 60$ dB. *V*, Glaskörperraum; *R*, Rückwandecho
a 0° Ultrascan, B-Mode; **b** bei unbewegtem Auge (Ocuscan 400) A-Mode; **c** nach Augenbewegung (Ocuscan 400) A-Mode. Bewegungsunschärfe der kristallinen Einlagerungen

Bei fehlender Resorption bilden sie meistens eine derbe fibrotische Verdichtung der hinteren Glaskörpergrenzfläche. Ihre Ablösung von der Netzhaut wird abgewartet, ehe man eine Vitrektomie durchführt. Weitere typische Membranbildungen werden im Kapitel 2.6.4 (Differentialdiagnosen, PVR) abgehandelt.

Beim Terson-Syndrom geht als Begleiterscheinung einer Subarachnoidalblutung von der Papille eine Glaskörperblutung aus. Dabei kommt es zu einer Ablösung des besonders präpapillär mit Blut durchsetzten Glaskörpers (Abb. 2.5.1-27).

Strangbildungen im Glaskörper sind typische Residuen nach perforierenden Verletzungen. Der Glaskörper fixiert sich immer an den Perforationsstellen, blutet von dort ein, und die Blutung wird von der Wunde her durch einsprossende Gefäße organisiert: Es kommt zu Strängen (Traktionen) mit *einem* Fußpunkt. Stichverletzungen und Fremdkörper können gegenüber der Eintrittsstelle die Innenschichten verletzen, so daß sich ein Strang mit *zwei* Fußpunkten ausbildet (Abb. 2.5.1-28 u. 29).

Kristallinische Einlagerungen

– Hyalosis asteroides = Scintillatio nivea (M. Benson). Es handelt sich um Wolken von Partikeln aus Kalkseifen, die dem weitgehend erhaltenen Gerüstwerk des Glaskörpers aufsitzen und nicht auf den Boden des Glaskörperraums absinken, falls der hintere Glaskörper nicht abgelöst ist.

– Synchisis scintillans (Cholesterolosis). Hierbei befinden sich Cholesterinkristalle in dem verflüssigten Glaskörper und sinken nach Augenbewegung oder Lagewechsel der Schwerkraft folgend ab. Der Befund ist häufige Folge von Glaskörperblutungen und chronischer Netzhautablösung.

– Amyloidose des Glaskörpers.

Bei asteroider Hyalosis erzeugen die ziemlich gleichmäßig verteilten Partikel im Schnittbild eine Unzahl von Echos, die geringe Nachbewegungen zeigen. Ihre Amplituden liegen schallkopfnahe bei mindestens 80% der maximalen Echohöhe, entsprechend 45 dB $\Delta V(W38)$ und nehmen gleichmäßig mit der Entfernung vom Schallkopf ab (Coleman 1975; Bigar et al. 1977).

Die Ablagerungen bei Cholesterolosis sind im Glaskörper frei beweglich, was eine Konvektion ermöglicht. Durch sie entstehen charakteristische, oszillierende, „spontane" Bewegungen der Echos (Ossoinig 1974b) (Abb. 2.5.1-30, 31, 32).

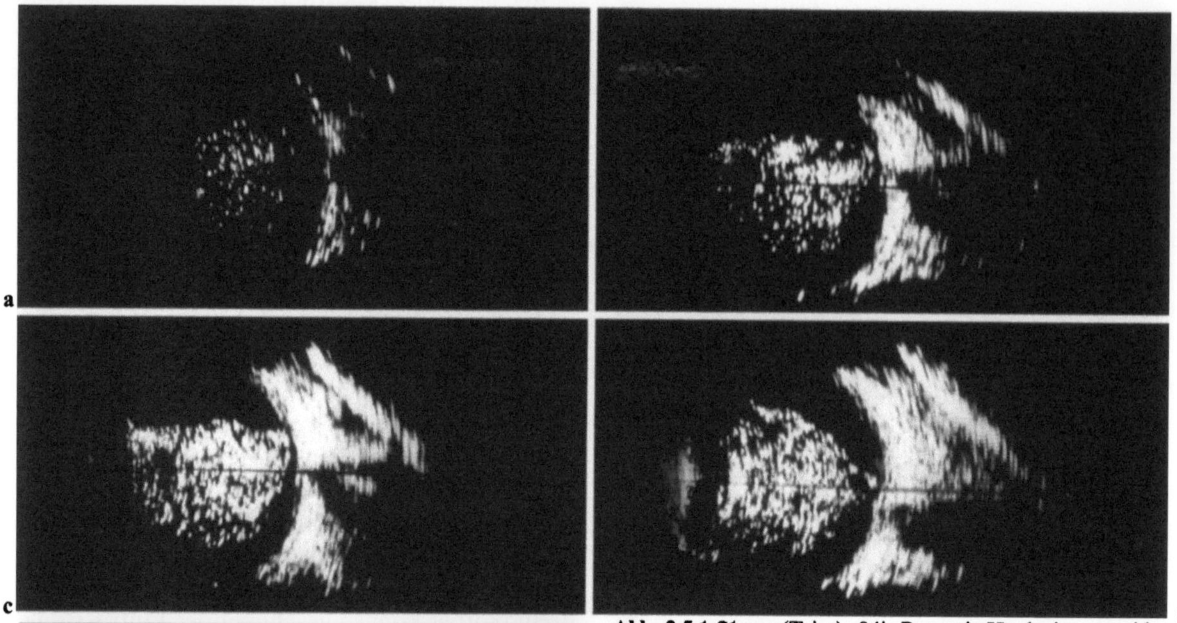

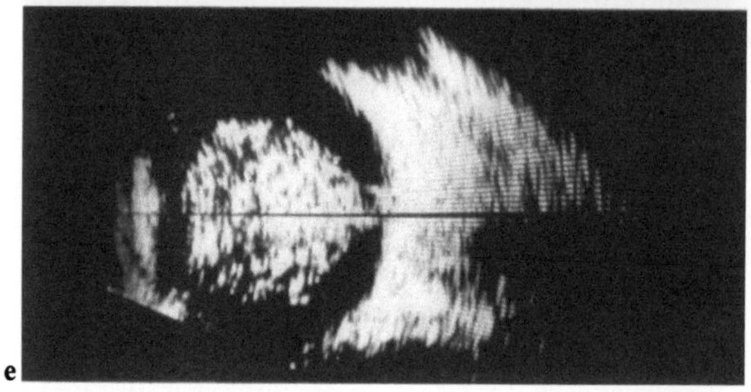

106 Erkrankungen des Augapfels aus echographischer Sicht

Abb. 2.5.1-31 a–e (Trier). 84j. Pat. mit Hyalosis asteroides, die zu Schwierigkeiten bei der Messung der Achsenlänge vor IOL geführt hatte. Glaskörper retrobasal abgehoben und geschrumpft, mit Ausnahme einer Anheftung im Makulagebiet. Lakunenbildung

a–e B-Mode Wiedergabe der Grenzen und Innenstruktur des Glaskörpers und Konturwiedergabe der Augenwand inkl. Speckle in Abhängigkeit von der Gesamtempfindlichkeit.

a $\Delta V(W38) = 52$ dB; **b** $\Delta V(W38) = 55$ dB; **c** $\Delta V(W38) = 58$ dB; **d** $\Delta V(W38) = 61$ dB; **e** $\Delta V(W38) = 64$ dB. (Ultrascan 404)

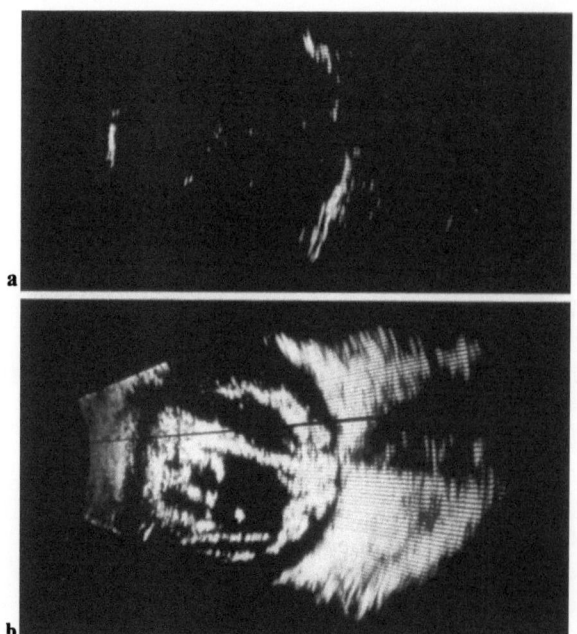

Abb. 2.5.1-32 a, b (Trier). 87j. Mann. Vollständige retrobasale Glaskörperabhebung. Synchisis scintillans mit Anordnung in der Glaskörpergrenzschicht und fächerförmig entlang der Glaskörperlamellenstruktur. Ultrascan 404, Schnittebene 0°

a Bei mittlerer Gesamtempfindlichkeit [$\Delta V(W38) = 45$ dB];
b bei hoher Gesamtempfindlichkeit [$\Delta V(W38) = 55$ dB]

Glaskörperraum, körperfremde Einlagerungen 107

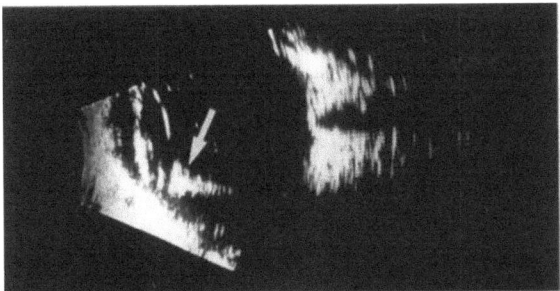
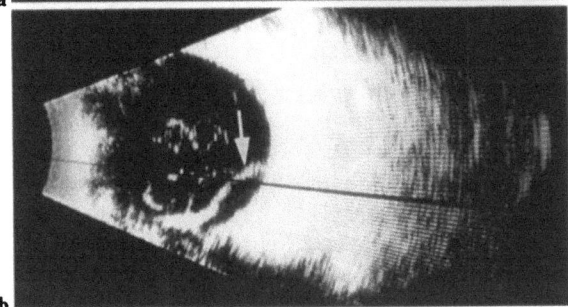

Abb. 2.5.1-33a, b (Trier). Zustand nach perforierender Verletzung mit intraokularem Metallfremdkörper
a Fremdkörper im Ziliarkörper bei 5–6 h mit Wiederholungsechos (↑); **b** Glaskörperblutung, traktive partielle Netzhautablösung unten (↑)

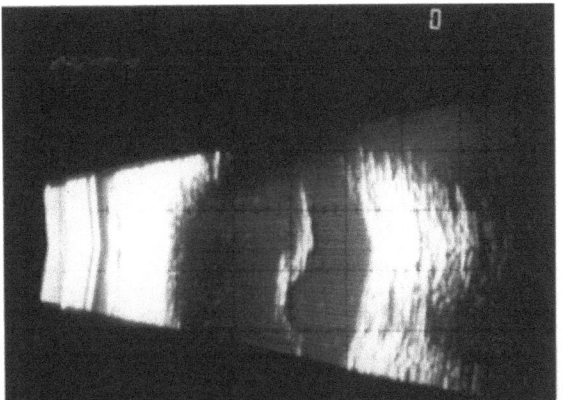
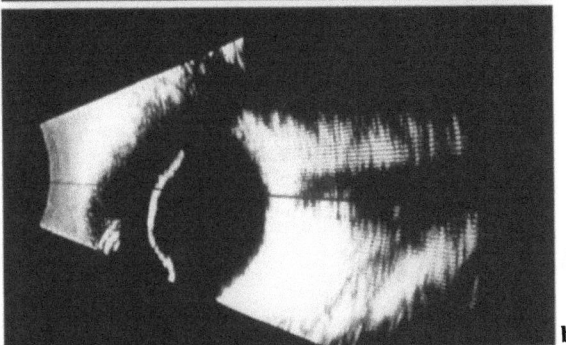
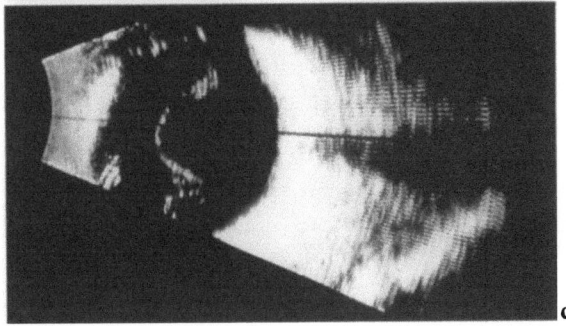

Abb. 2.5.1-35a–c (Trier). Kollabierter Glaskörper mit verdichteter hinterer Grenzfläche nach mehreren Blutungen subvitreal; siehe Bewegungsverhalten in unterschiedlichen Phasen

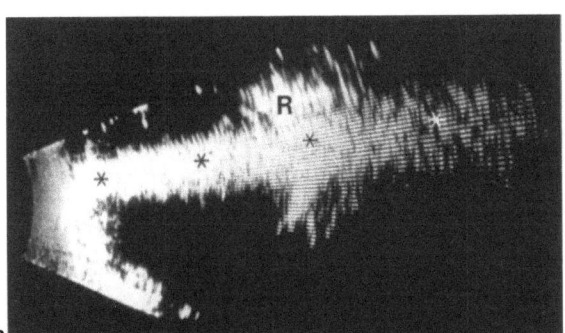
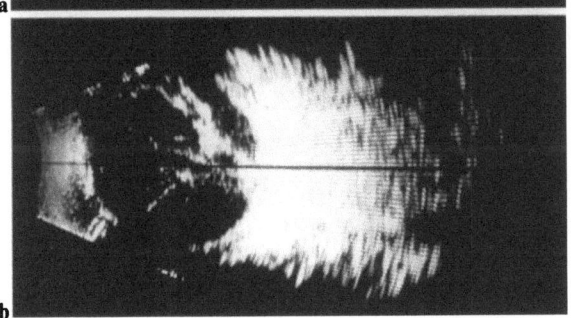

Abb. 2.5.1-34a, b. Schrotkugel im Ziliarkörper bei 6 h
a Bei Schnittebene 6 h typischer Fremdkörpernachweis mit Mehrfachechofolge (∗) und Verdeckung des hinteren Abschnitts (R) durch diese Artefakte. **b** Unter Vermeidung des Fremdkörpers Darstellung einer traumatischen Glaskörperblutung mit Schwartenbildung und hinterer Glaskörperabhebung

d) Körperfremde Einlagerungen

- Fremdkörper, intravitreal und subvitreal, mit sekundären Komplikationen, wie Grenzschichttrübungen, Glaskörperabhebung, Blutung, fibrovaskulären Strängen, Siderosis bzw. Metallosis mit Glaskörperdestruktion, Endophthalmitis (Abb. 2.5.1-33, 34)
- Parasiten.

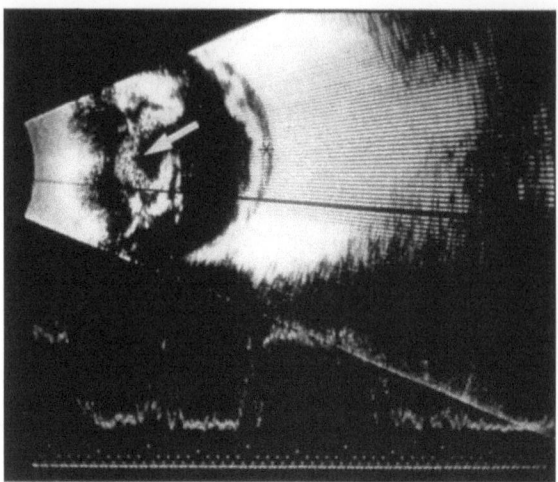

Abb. 2.5.1-36 (Trier). Zustand nach frischer perforierender Verletzung. Zustand nach Glaskörperblutung mit totaler hinterer Glaskörperabhebung bei Glaskörperkollaps mit häufig sichtbarer Entfaltung des Zentralkanals (↑). Exsudative flache Netzhautabhebung (∗)

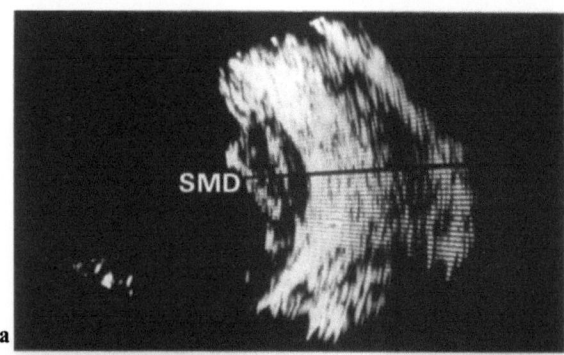
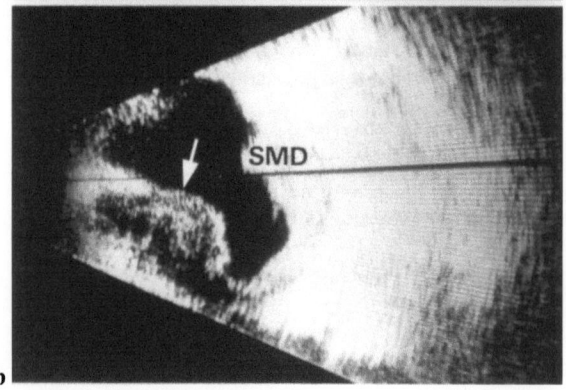

Abb. 2.5.1-37a, b (Trier). Sekundäre Glaskörperblutung mit Kollaps des Glaskörpers, ausgegangen aus einer senilen Makuladegeneration(*SMD*) mit ausgedehnter subretinaler Blutung, die z.T. resorbiert ist. B-Mode-Darstellung in Abhängigkeit von der Verstärkung
a $\Delta V(W38) = 45$ dB: nur die subretinale Blutung ist dargestellt. Der Glaskörper scheint unauffällig. **b** $\Delta V(W38) = 67$ dB: Darstellung auch der Glaskörperveränderungen (↑)

Lageveränderungen des Glaskörpers

Unterschieden werden Vorfall und Abhebung des Glaskörpers. Letztere kann vor der Glaskörperbasis oder hinter ihr (retrobasal) auftreten.

Die vollständige hintere Glaskörperabhebung kann *ohne Kollaps* verlaufen mit erhaltener, halbkugeliger Grenzfläche oder *mit Kollaps* und Retraktion. Der *kollabierte Glaskörper* zeigt bei Augenbewegungen echographisch eine ausgeprägte Beweglichkeit und Schleuderbarkeit (Hruby 1987) (Abb. 2.5.1-35, 36, 37). Bei festen Adhäsionen des Glaskörpers an der Papille oder an Narbenherden der Netzhaut-Aderhaut kann die Abhebung *trichterförmig* sein und so echographisch zu Verwechslungen mit einer Netzhautablösung führen. Die partielle Glaskörperabhebung/Abdrängung des Glaskörpers kann u.a. durch perforierende Verletzungen oder Blutungen subvitreal auftreten (Abb. 2.5.1-23a, b).

Vitreoretinales Traktionssyndrom

Die physiologischen Verbindungen des abgehobenen Glaskörpers zur Netzhaut (u.a. vaskulär und perivaskulär) und die pathologischen Verbindungen besitzen ursächliche Bedeutung für das Auftreten von primären Netzhautrissen (Hufeisenrisse, Ausrisse mit schwebendem Deckel, Orarisse). Bei hinterer Glaskörperabhebung können die Anheftungen Blutgefäße einreißen oder aus dem Netzhautniveau herausziehen. In einem Teil der rhegmatogenen Netzhautablösungen entwickelt sich eine *proliferative Vitreoretinopathie (PVR)*. Dabei proliferieren fibrozelluläre Membranen auf die Vorder- und Rückfläche der abgelösten Neuroretina und auf die Rückfläche des abgehobenen Glaskörpers. Am hinteren Pol kommt das Krankheitsbild der epiretinalen Gliose oder Fibroplasie vor (macular pucker); dabei bilden sich zellophanartige oder bei stärkerem Grade weiße, dichte Membranen, die die retinalen Gefäße verziehen und fälteln. Echographisch gehört die epiretinale Gliose stärkeren Grades in die Gruppe der *Konturunregelmäßigkeiten* bzw. der *umschriebenen Verdickungen der Netzhaut-Aderhautschicht;* in Einzelfällen sind die Membranen getrennt vor der Netzhaut darstellbar.

Literatur s. bei Kap. 26.7, S. 136.

2.5.2 Echographie bei Glaskörperdestruktion

A. OKSALA

Einleitung

Der Glaskörper der Jugendlichen und der gesunden Leute im mittleren Alter ist akustisch homogen oder fast homogen. Oksala und Lehtinen (1958) stellten experimentell fest, daß der Glaskörper des Rindes akustisch homogen ist. Aber schon wenn er leicht mechanisch zerstört ist, oder seine Form komprimierend verändert wird, wird er akustisch heterogen, d.h. er reflektiert Echos. Diese Echos entstehen möglicherweise aus der Akkumulation der Fibrillen im Glaskörper.

Später haben viele Forscher klinisch beobachtet, daß bei deutlicher Glaskörperdegeneration, im Alter, bei hoher Myopie oder bei einigen Systemenkrankheiten der Glaskörper akustisch heterogen wird (Nover u. Kunde 1968; Gärtner u. Löpping 1968; Löpping u. Gärtner 1968; Bellone 1968; Bellone u. Gallenga 1971; Rossi u. Gallenga 1971; Löpping et al. 1971).

In den letzten Jahren (1975a, 1975b, 1978, 1982) habe ich in meinen Versuchen den Einfluß u.a. der Alterung und einer i.c. Katarakt-Operation auf die Struktur des Glaskörpers geklärt.

Apparatur und Methoden

Bei der Glaskörperuntersuchung wurden zwei verschiedene Ultraschallgeräte angewandt. Mit dem Kretztechnik Ultraschallgerät 7100 MA wurde der Glaskörper mit der A-Bild Methode untersucht, und mit dem Laborgerät (Oksala et al. 1980) die A-, B- und A/B-Bilder. Der Durchmesser der bei der Untersuchung angewandten Schallköpfe betrug 5 und 6 mm, die Frequenz 6 MHz und die Fokusentfernung ca. 24 mm.

Der Durchmesser des Schallfeldes in der Fokusentfernung mit maximaler Intensität betrug etwa 3 mm. Die Geräte waren mit Dezibelskala von 0–80 dB versehen und so kalibriert, daß bei senkrechter Richtung des Schalles gegen die Sklera des menschlichen Auges (an der Linse vorbei) die beiden Echos der Sklera vom Schirm verschwanden als der Dezibelwert 20 betrug.

Im Vergleich zwischen den obengenannten Geräten wurden beobachtet, daß ihre Empfindlichkeit bei der A-Methode dieselbe war, während die Empfindlichkeit bei B- und A/B-Methoden um ca. 5 dB abnahm. Bei jeder Untersuchung wurde der Schallkopf gegen die Sklera gedrückt und der Schall durch den Glaskörper auf die Augenhinterwand gerichtet. Bei jedem Glaskörper wurde eine große Anzahl an Ultraschalluntersuchungen vorgenommen. Jede Untersuchung begann mit maximaler Intensität und zur Messung der Amplitude wurde die Dezibelskala verwandt.

Die Abb. 2.5.2-1 a–c zeigen A-, B- und A/B-Echogramme eines akustisch homogenen Glaskörpers. Die Glaskörperräume erscheinen entweder als Null-Linie (A-Bild) oder als leerer Raum ohne Echos (B- und A/B-Bilder).

Glaskörperdestruktion in Abhängigkeit vom Lebensalter

In den Versuchen wurden zwei getrennte Gruppen von Patienten geprüft, in deren zu untersuchenden Augen keine Augenkrankheiten auftraten, die die Glaskörperstruktur hatten beeinflussen können. Entweder waren die Augen emmetrop oder der Refraktionsfehler betrug höchstens 2 dptr. Die Degeneration des Glaskörpers wurde aufgrund der

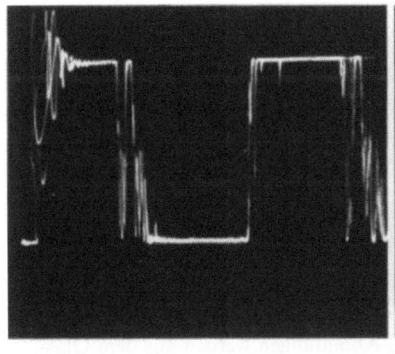
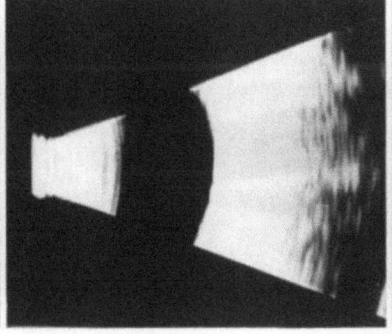
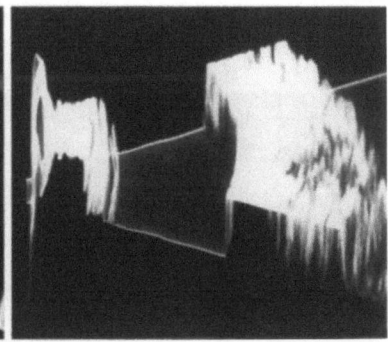

Abb. 2.5.2-1. Bild **a** zeigt ein A-Bild Echogramm, in welchem die Null-Linie den Glaskörperraum darstellt. In den Bildern **b** und **c** sind die B- und A/B-Echogramme gezeigt, in denen der akustisch homogene Glaskörper als Leerraum dargestellt wird

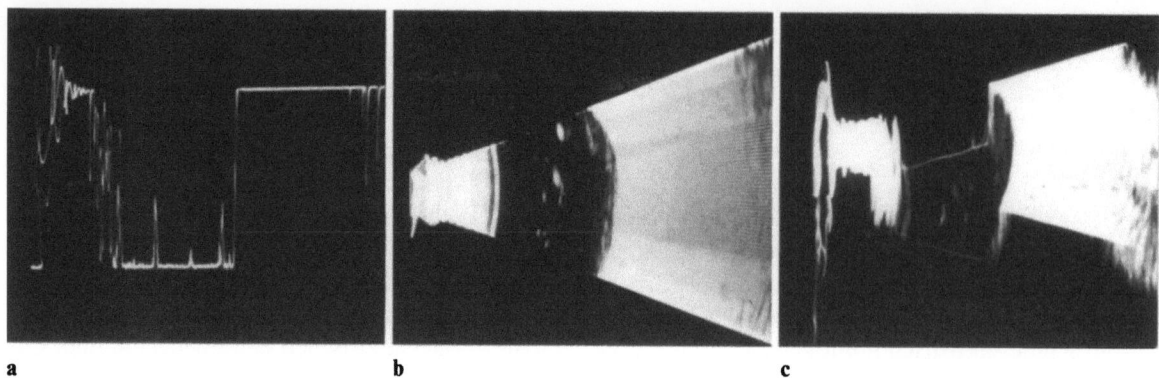

Abb. 2.5.2-2. Bild **a** stellt ein A-Echogramm dar, in welchem aus dem Glaskörperraum einige langsambewegliche Echos reflektiert werden. Bild **b** zeigt im B-Echogramm einige punktförmige Echos. In **c** sieht man im A/B-Echogramm einige niedrige Echospitzen. Degenerationsgrad +

Echogramme in zwei Gruppen eingeteilt. Degeneration + bedeutete einige periodisch oder ständig vom Glaskörper reflektierte Echos in Richtung der X- und Y-Achse, deren Amplitude 1–10 dB betrug (Abb. 2.5.2-2a–c). Degeneration + + wies auf eine erheblich höhere Anzahl von Echos hin, die gelegentlich den ganzen Glaskörperraum ausfüllten; die Amplituden variierten zwischen 1–20 dB (Abb. 2.5.2-3a, b). Es sei in diesem Zusammenhang erwähnt, daß das Echo einer abgelösten Retina, mit den angewandten Geräten gemessen, um ca. 20 dB höher war.

Im Rahmen der ersten Untersuchung (Oksala 1975b) wurden 123 Glaskörper geprüft. 34 Glaskörper von 22 Patienten im Alter zwischen 7–25 Jahren erwiesen sich akustisch als homogen. Als 40 Glaskörper der Altersgruppe von 27 bis 44 Jahren untersucht wurden, kam in zwei Augen Degeneration + vor. Die Untersuchungen von 49 Augen bei Patienten im Alter zwischen 60–85 Jahren ergaben in sechs Augen einen akustisch homogenen Glaskörper, in 36 Glaskörpern trat Degeneration + und in 7 Glaskörpern Degeneration + + auf.

Als 444 gesunde Augen später ausschließlich mit Ultraschall untersucht wurden (Oksala 1978), wobei die Refraktionen innerhalb der obengenannten Grenzen blieben, ergaben die Untersuchungen folgende Befunde bezüglich einer Glaskörperdegeneration. In Altersgruppe von 1 bis 40 Jahren wurden 151 Augen untersucht, wobei in 4% Degeneration + vorkam. Von 53 untersuchten Augen im Alter von 41–50 Jahren zeigten ca. 19% eine Degeneration +. Bei 71 untersuchten Augen zwischen 51–60 Jahren betrug der Anteil an Degeneration + 37% und derjenige von Degeneration + + 11%. Die Anzahl an untersuchten Glaskörpern im Alter über 60 Jahre betrug 169, von denen sich noch 11% als akustisch homogen erwiesen, während in ca. 72% Degeneration + und in ca. 17% Degeneration + + vorkam. Die Abb. 2.5.2-2 stellt drei verschiedene Echogramme eines Glaskörpers dar, während vom Glaskörper einige langsambewegliche Echos (weniger als

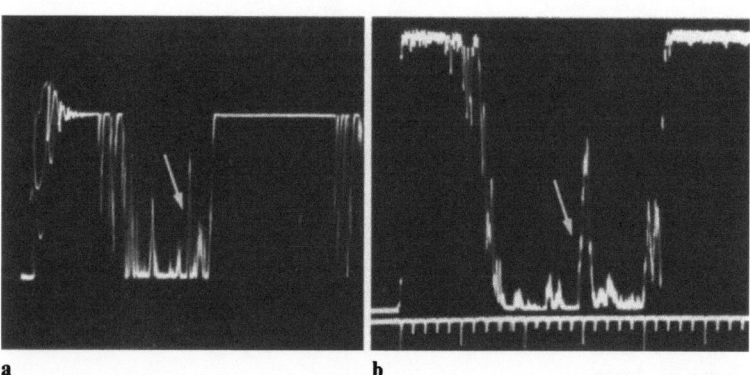

Abb. 2.5.2-3a, b. Echogramme von demselben Glaskörper. **a** Mit dem Laborgerät und **b** mit Kretztechnik 7100 MA untersucht. In den beiden Abbildungen werden aus dem Glaskörper zahlreiche Echos (*Pfeile*) mit variierender Amplitude reflektiert. Degeneration + +

10 dB) reflektiert werden, die die Degeneration + darstellen.

Wurden die Untersuchungen der Glaskörperdegeneration mit Ultraschall und mit der Spaltlampe miteinander verglichen, so waren die Ergebnisse ähnlich und entsprachen den Ergebnissen von Goldmann (1968) mit der Spaltlampe. Meine eigenen Beobachtungen entsprechen den Ergebnissen von Gärtner und Löpping (1968) sowie Löpping und Gärtner (1968) in den entsprechenden Untersuchungen.

Glaskörperdestruktion in Abhängigkeit von Kataraktentwicklung und Kataraktoperation

Erst die Ultraschalluntersuchungen ermöglichen, die Glaskörperstruktur vor und nach der Kataraktoperation miteinander zu vergleichen, weil die Beobachtungen nicht von der Durchsichtigkeit der Hornhaut, der Vorderkammer und der Linse abhängen. Als die Glaskörperstruktur von 50 Patienten im Alter von 55 bis 90 Jahren mit Ultraschall unmittelbar vor der Kataraktoperation und zweimal innerhalb einer Woche nach der Operation untersucht wurde, konnte festgestellt werden, daß die Operation in keinem Fall die Glaskörperstruktur geändert hatte. Die Glaskörper in vier Augen zeigten keine degenerativen Änderungen vor oder nach der Operation. In vier Augen wurden starke degenerative Änderungen sowohl vor als auch nach der Operation beobachtet. Die untersuchten Augen waren in jeder anderen Hinsicht gesund, auch waren mit der Operation keine nennenswerten Komplikationen verbunden (Oksala 1982).

Aufgrund der Untersuchung kann die Schlußfolgerung gezogen werden, daß die Katarakt an sich keine Änderungen in der Glaskörperstruktur verursacht, weil das eine Auge von 16 Patienten aphak und mindestens vor zwei Jahren operiert worden war. Die Ultraschalluntersuchungen sowie die optischen Untersuchungen ergaben eine gleichartige Glaskörperstruktur im operierten und im noch nicht operierten Auge.

Im Rahmen der früheren Untersuchungen (Oksala 1980) war der Einfluß einer 2jährigen Aphakie auf die Glaskörperstruktur geprüft worden. Aus diesen Untersuchungen konnte die Schlußfolgerung gezogen werden, daß die Aphakie an sich die Glaskörperdegeneration nicht nennenswert beeinflußt, aber natürlich das Altern des Patienten von Einfluß ist. Anhand der Untersuchungen mit Ultraschall konnte festgestellt werden, daß ein geringer Verlust an Glaskörper während der Operation die Glaskörperdegeneration nicht verstärkt.

Literatur

Bellone G (1968) Studio ultrasonotomografico del corpo vitreo. In: Gallenga R (ed) Atti Simp Int Diagnostica Ultrasonica in Oftalmologia. Italseber Farmaceutici, Milano, pp 153–307

Bellone G, Gallenga PE (1971) Ultrasonic features of changes in the vitreous body caused by degenerativ, inflammatory, vascular and deforming diseases of the eye. In: Böck J, Ossoinig K (eds) Ultrasonographia medica, vol. 2. Verlag der Wiener Medizinischen Akademie, Wien, pp 229–245

Gärtner J, Löpping B (1968) Der Glaskörper bei systemischen Bindegewebsveränderungen. Untersuchungen mit Ultraschall. Ber Dtsch Ophthalmol Ges 68:40–44

Goldmann H (1968) Biomikroskopie des normalen menschlichen Glaskörpers während des Lebens. Ber Dtsch Ophthalmol Ges 68:15–29

Löpping B, Gärtner J (1968) Über echographisch nachweisbare Veränderungen des Glaskörpers im Laufe des Alters. In: Vanysek J (ed) Diagnostica ultrasonica in ophthalmologia. Universita JE Purkyne, Brno, S 321–325

Löpping B, Maratos P, Nover A (1971) Echographische Untersuchungen des Glaskörpers bei primär chronischer Polyarthritis. In: Böck J, Ossoinig K (Hrsg) Ultrasonographia medica, vol. 2, Verlag der Wiener Medizinischen Akademie, Wien, S 225–258

Nover A, Kunde G (1968) Ultraschalluntersuchungen am Glaskörper. Ber Dtsch Ophthalmol Ges 68:36–40

Oksala A (1975a) Ultraschalluntersuchung bei Synäresis des Glaskörpers. In: Francois J, Goes F (eds) Ultrasonography in Ophthalmology. Karger, Basel, pp 78–85

Oksala A (1975b) Ultrasonic findings in the vitreous body at different ages and in patients with detachment of the retina. Arch Clin Exp Ophthalmol 197:83–87

Oksala A (1978) Ultrasonic findings in the vitreous body at various ages. Arch Clin Exp Ophthalmol 207:275–280

Oksala A (1980) The effect of aphakia on the senile degeneration of the vitreous body. Ann Ophthalmol 12:662–666

Oksala A (1982) Ultrasonic observations of the vitreous body immediately following cataract extraction. Arch Clin Exp Ophthalmol 219:292–294

Oksala A, Lehtinen A (1958) Investigations on the structure of the vitreous body by ultrasound. Am J Ophthalmol 46:361–366

Oksala A, Luukkala M, Meriläinen P (1980) Ultrasonic investigation of the eye with a new contact method and with three different real-time presentations. Acta Ophthalmol 58:40–47

Rossi A, Gallenga PE (1971) Ultrasonographic features of the senile vitreous body. In: Böck J, Ossoinig K (Hrsg) Ultrasonographia medica. Verlag der Wiener Medizinischen Akademie, Wien, S 247–253

2.5.3 Beurteilung des Vitrektomie-Patienten

S. Chang and D.J. Coleman
(Übersetzt von W. Buschmann)

Nach der Einführung der Vitrektomie-Techniken durch Robert Machemer 1970 erforderte die Möglichkeit, das Auge mit schwerer Glaskörpereintrü-

Tabelle 2.5.3-1

Glaskörpereinblutung – Ätiologie
Diabetische Retinopathie
Trauma
Netzhautablösung
Andere proliferative Retinopathien – Venenverschluß, Sichelzellanämie, retrolentale Fibroplasie, M. Eales, Zustand nach Bestrahlung
Aderhauterkrankungen – Makuladegeneration, Tumoren
Subarachnoidalblutungen
Andere Ursachen

Glaskörpertrübungen
Endophthalmitis
Uveitis-Toxoplasmose, Pars planitis
Synchisis scintillans
Amyloidose
Retikulumzellsarkom

bung zu behandeln, die Benutzung genauer diagnostischer Methoden präoperativ. Die wertvollste dieser diagnostischen Untersuchungen ist die Echographie, die mit hoher Genauigkeit eine morphologische Beurteilung von krankhaften Veränderungen des Auges liefert. Kombiniert mit einer sorgfältigen klinischen Beurteilung können die echographischen Informationen nicht nur diagnostisch, sondern auch im Behandlungsplan von Patienten mit vitreo-retinalen Erkrankungen sehr hilfreich sein. In diesem Beitrag werden wir die Kriterien für die echographische Diagnose vitreoretinaler Erkrankungen besprechen sowie die Heranziehung echographischer Befunde zu Entscheidungen über die chirurgische Therapie.

Für die klinische und echographische Beurteilung des Patienten ist es nützlich, die Glaskörpereintrübung zu klassifizieren und dabei unser Verständnis des zugrundeliegenden klinisch-pathologischen Prozesses heranzuziehen. Es gibt viele Ursachen von Glaskörperblutungen oder -trübungen. Diese sind in Tabelle 2.5.3-1 aufgeführt. Diabetes, Trauma und Netzhautablösung sind in der Mehrzahl der Patienten mit Glaskörperblutungen die Ursache. Endophthalmitis ist wahrscheinlich die Hauptursache bei Patienten mit nicht blutungsbedingten Glaskörpertrübungen. Mit der Zuordnung zu den Krankheitsgruppen wird die Interpretation der echographischen Befunde leichter.

Klinische Beurteilung

Die klinische Untersuchung des zur Vitrektomie vorgesehenen Patienten vor der Ultraschallbeurteilung ist hilfreich. Eine genaue Anamnese ist bei allen Patienten mit Glaskörperblutungen oder -trübungen für die Beurteilung sehr wichtig. Bei diabetischer Retinopathie ist es wesentlich, die Sehschärfe vor der Entwicklung der Glaskörperblutung zu wissen, ebenso das Stadium der Retinopathie vor der Medientrübung. Es ist auch wesentlich zu wissen, ob vorausgehend eine Laserbehandlung erfolgte oder wiederholte Glaskörpereinblutungen vorkamen. Bei Verletzungen ist eine vollständige Beschreibung von Art und Ausmaß der Verletzung wertvoll sowohl für den Patienten als auch aus medizinisch-juristischen Gründen. Bei einer Glaskörperblutung infolge Venenast- oder Zentralvenenverschluß gibt die vor der Entwicklung der Glaskörperblutung vorhandene Sehschärfe wertvolle Informationen bezüglich der Visusprognose nach der Glaskörperchirurgie. Unbedingt müssen beide Augen des Patienten klinisch untersucht werden. Bei Patienten mit einseitiger Glaskörperblutung unbekannter Ätiologie kann die Untersuchung des anderen Auges wichtige Informationen über die Grundkrankheit geben. Zum Beispiel weist der Befund einer Sichelzell-Retinopathie oder von Makuladrusen mit hoher Wahrscheinlichkeit darauf hin, daß ein ähnlicher Prozeß bei der Glaskörperblutung im anderen Auge zugrundeliegt. Bei der klinischen Untersuchung des erkrankten Auges sind einige Punkte zu beachten. Das Vorhandensein richtiger Lichtscheinprojektion kann manchmal irreführend sein. Es ist möglich, daß eine totale Netzhautablösung vorliegt und doch noch richtige Lichtscheinprojektion angegeben wird. Die Pupillenreaktion auf Licht sollte bei Patienten mit Glaskörperblutung mit der hellsten verfügbaren Lichtquelle geprüft werden. Jedoch ist die Pupillenreaktion eventuell nicht mehr hilfreich, wenn der Patient früher ausgedehnte panretinale Lichtkoagulationsbehandlungen hatte. Positive entoptische Phänomene sind hilfreich, eine negative Antwort kann aber für die Beurteilung wertlos sein infolge dichter Medientrübungen. Bei der Spaltlampenuntersuchung sollte man gezielt nach Rubeosis suchen. Das Vorhandensein einer Katarakt erfordert zu entscheiden, ob gleichzeitig eine Entfernung der Linse notwendig ist. Die Beweglichkeit der Glaskörperstrukturen ist zu beachten. Bei der indirekten Ophthalmoskopie und der Kontaktglasuntersuchung des Fundus ist es wesentlich, die Membranstrukturen bei massiver periretinaler Proliferation oder Traktionsablatio genau zu untersuchen, weil es möglich ist, daß ein kleines Netzhautloch durch die Membranen verborgen wird. Auch hierbei ist die Untersuchung des anderen Auges auf Abnormalitäten wesentlich.

Tabelle 2.5.3-2 Beurteilung vor Vitrektomien – zusätzliche Untersuchungen

Ultraschalldiagnostik
Röntgennativaufnahmen, Computertomographie
Elektroretinographie (Blitzreize)

Tabelle 2.5.3-3 Echographische Merkmale – vitreoretinale Erkrankungen

Lokalisation und Ausdehnung von Membranen	B-Scan
Gleichförmigkeit und Dicke von Membranen	B-Scan
Reflektivität (Echoamplituden) von Membranen	A-Scan
Glaskörperströmungsverhalten	B-Scan
Stellen vitreoretinaler Adhäsion	B-Scan
Zusätzliche Veränderungen an Aderhaut oder Sklera	A-, B-Scan
Fremdkörperlokalisation	A-, B-Scan
Isometrische Darstellung (D-Bild)	

Häufig kann man eine Entscheidung, ob eine Glaskörperchirurgie zu empfehlen ist, auf der Grundlage der klinischen Untersuchung treffen. Natürlich wird diese Entscheidung beeinflußt vom Alter des Patienten, seinem Allgemeinzustand, dem Sehvermögen des anderen Auges und durch seine Anforderungen an sein Sehvermögen. In Verbindung mit der klinischen Untersuchung können ergänzende Tests manchmal notwendig sein. Diese sind in Tabelle 2.5.3-2 angegeben. Röntgennativaufnahmen und Computertomographie können bei der Fremdkörperlokalisation und bei der Beurteilung von Verletzungen des Nervus opticus oder der Orbita hilfreich sein. Die Elektroretinographie, vorzugsweise mit hellen Blitzreizen, kann nützlich sein in Situationen, wo die echographischen Befunde zweifelhaft sind.

Echographische Beurteilung

Gegenstand dieses Beitrages ist die echographische Beurteilung von Patienten mit Glaskörperveränderungen. Es gilt, eine dreidimensionale topographische Analyse der vitreoretinalen pathologischen Veränderungen vorzunehmen. Da das B-Bild nur zweidimensional ist, müssen viele Schnittebenen in unterschiedlichen Richtungen verwendet werden, um zu dieser dreidimensionalen Analyse zu kommen. Glaskörpermembranen müssen von Netzhautablösungen unterschieden werden. Mit diesem Ziel vor Augen kann man sowohl die Kontakt- als auch die Wasserbadtechnik für die Ultraschalluntersuchung verwenden. Wir benutzen in unserer Routinearbeit beide Methoden. Bei der Glaskörperbeurteilung sind die Hauptvorteile der Wasserbadankopplung das bessere Auflösungsvermögen im B-Bild und die tomographischen Schnittserien, die leicht eine dreidimensionale Interpretation gestatten. Auch wird die Darstellung des ganzen Auges und der Orbita in einem Bild ermöglicht, wodurch Abnormitäten im vorderen Segment leicht in Beziehung gesetzt werden können zu krankhaften Veränderungen der hinteren Bulbusabschnitte. Ferner ist der Auflagedruck am Bulbus dabei äußerst gering, was besonders wichtig ist bei der Beurteilung verletzter oder kürzlich operierter Augen. Die Hauptvorteile der Kontaktmethode sind die Transportabilität und die bequeme Untersuchungstechnik vor allem bei Kindern. Das Gerät kann leicht im Operationsraum und in der Praxis benutzt werden. Mit dem Kontakt-Scanner sind auch Informationen über das vordere Segment erhältlich. Man benutzt dazu eine kleine Immersionskammer, die Dr. Jackson Coleman entwickelt hat. Bei diesem System wird eine modifizierte Taucherbrille vor dem Auge angebracht, die eine kleine Menge Kochsalzlösung enthält. Dies dient als Wasservorlaufstrecke, so daß mit dem Kontaktschallkopf Informationen über das vordere Bulbussegment gewonnen werden können. Zur Benutzung im Operationssaal kann man den Kontaktschallkopf in eine sterilisierte Gummihülle stecken, so daß er auch intraoperativ benutzt werden kann.

Die Ultraschalluntersuchung ist eine kinetische Echtzeit-Untersuchung (real time). Die Merkmale, auf welche bei der Beurteilung vitreoretinaler Erkrankungen geachtet werden sollte, sind in Tabelle 2.5.3-3 angegeben. Man sollte die Lokalisation und die Ausdehnung von Membranen beachten, ferner die Gleichförmigkeit und Dicke der Membranen, da abgelöste Netzhaut gewöhnlich von gleichförmiger Dicke über die ganze Ausdehnung der Ablatio ist, während Glaskörpermembranen gewöhnlich unterschiedliche Dicke zeigen. Zusätzlich ist die Reflektivität (Echoamplitude) der Membranen, die man im A-Bild beurteilt, extrem wichtig zur Unterscheidung zwischen Netzhautablösung und Glaskörpermembranen. Die Nachbewegungen von Glaskörperstrukturen können beurteilt werden, wenn man den Patienten zur Augenbewegung in verschiedenen Richtungen veranlaßt. Normalerweise zeigt der Glaskörper stärkere Strömung mit Wirbeln, verglichen mit der Retina, welche eine gedämpfte Schwingungsbewegung aufweist. Die Beweglichkeit des Glaskörpers kann durch vitreoretinale Adhäsionen reduziert sein,

114 Erkrankungen des Augapfels aus echographischer Sicht

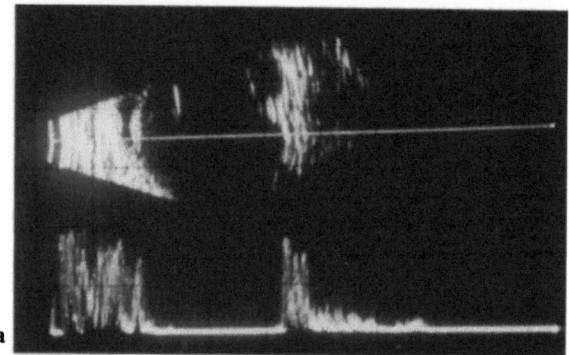
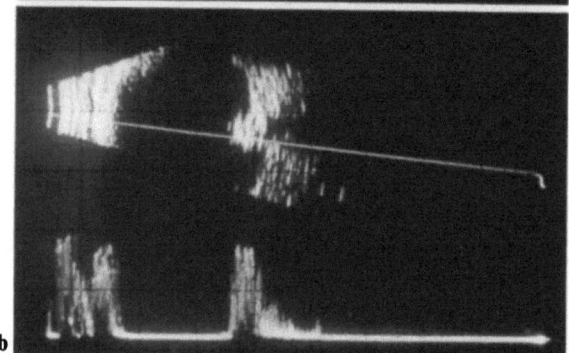
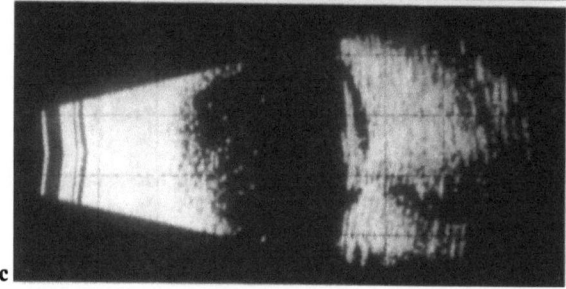

Abb. 2.5.3-1 a–c (Trier). Diabetische Proliferationen aus der Papille

welche die Glaskörperoberfläche an der Netzhaut fixieren. Die Lokalisation vitreoretinaler Adhäsionen ist extrem wichtig für die Differentialdiagnose der Ätiologie von Glaskörperblutungen und auch für den Glaskörperchirurgen, da dies Punkte vitreoretinaler Traktion sind. Begleitende Abnormitäten der Aderhaut oder Sklera wie senile Makuladegeneration oder Aderhauttumoren müssen ausgeschlossen werden. Außerdem müssen Fremdkörper identifiziert und lokalisiert werden. Bei der Beurteilung vitreoretinaler Veränderungen hat sich die kombinierte A- und B-Bild-Darstellung (D-Bild) als nützlich erwiesen. Diese Technik erlaubt, alle A- und B-Bild-Informationen auf dem Bildschirm in einer Schnittebene darzustellen, wobei das Bild rotiert werden kann und so eine Betrachtung von verschiedenen Betrachtungsrichtungen her möglich wird. Dies kann nützlich sein bei der Unterscheidung von Glaskörpermembranen von Netzhautablösungen sowie auch bei der Lokalisation von Fremdkörpern in Auge und Orbita.

Bei frischen Glaskörperblutungen sind die echographischen Befunde wenig eindrucksvoll. Die frische Blutung reflektiert wenige Echos oder Echos niedriger Amplitude im Glaskörperraum. Etwa 1–2 Wochen nach dem Auftreten der Glaskörperblutung beginnt die hintere Glaskörpergrenzmembran sich abzuheben und dies erscheint echographisch als Membran, die gewöhnlich dikker, aber in der Reflektivität schwächer ist als Retina. Jedoch kann eine Glaskörperabhebung manchmal fehlgedeutet werden als Netzhautablösung, weil der Glaskörper an der Papille und der Ora serrata angeheftet sein kann. Im A-Bild zeigt die hintere Glaskörpergrenzfläche gewöhnlich mehrere Echos niedrigerer Amplitude, verglichen mit einer Netzhautablösung. Wenn eine präretinale Blutung vorliegt, ergibt sich eine Blutschicht, die sich infolge der Schwerkraft vor dem hinteren Pol des Auges absetzt. Diese Blutschicht bewegt sich entsprechend der Schwerkraft, wenn der Patient seine Augen in unterschiedliche Blickrichtungen bewegt.

Im folgenden werden verschiedene Krankheitsgruppen zusammenfassend dargestellt, als erstes die diabetische Retinopathie. Bei diabetischer Retinopathie tritt die Gefäßproliferation an der Papille und häufig entlang den temporalen Gefäßbögen auf (Abb. 2.5.3-1). In diesen Regionen benutzt die Gefäßneubildung den Glaskörper als Gerüst, wobei jedes Büschel von Gefäßneubildungen zur Ausbildung einer neuen vitreoretinalen Adhäsion führt. Daher können wir bei durch diabetische Retinopathie bedingten Glaskörperblutungen Abhebungen der hinteren Glaskörpergrenzfläche sehen mit verbleibender Anheftung an der Papille, wie in Abb. 2.5.1-22. Gelegentlich befindet sich die Glaskörperanheftung nicht direkt an der Papille, doch in deren Nachbarschaft und das hilft bei der Abgrenzung gegenüber einer Netzhautablösung. Es ist auch möglich, daß die hintere Glaskörpergrenzfläche an vielen Punkten entlang des hinteren Poles der Netzhaut angeheftet ist. Die Lokalisation dieser Adhäsionen vor der Operation hilft dem Glaskörperchirurgen, welcher alle Punkte von Glaskörpertraktionen lösen muß, um ein gutes chirurgisches Ergebnis zu erzielen. Bei großen präretinalen Blutungen ist Blut unter einer intakten hinteren Glaskörpergrenzmembran eingeschlossen Abb. 2.5.1-23. Im A-Bild kann die hintere Glaskörpergrenzmembran leicht identifiziert werden, da deren Echoamplitude gewöhnlich höher ist im

Vergleich mit verbleibender Glaskörperrinde und Echos der präretinalen Blutung. Es ist auch möglich, Bewegungen der Echos aus dem Bereich der Blutung zu beobachten, wenn der Patient seine Augen in verschiedene Richtungen bewegt, wodurch man einen Herd soliden Gewebes ausschließen kann. Gelegentlich ist bei einer präretinalen Blutung die Amplitude der Glaskörpergrenzfläche im A-Bild extrem hoch, ähnlich der einer Netzhautablösung. Wenn diesbezüglich Zweifel bestehen, ist eine mit hellen Blitzreizen ausgeführte Elektroretinographie zweckmäßig, ebenso echographische Serienschnitte. Traktionsablationes können bei diabetischer Retinopathie lokalisiert werden, indem man den Anheftungen der hinteren Glaskörpergrenzfläche an die hinteren Netzhautabschnitte folgt. Gewöhnlich zeigt sich im Echogramm eine zeltförmige Anhebung der Netzhaut durch die Traktion seitens des Glaskörpers (Abb. 2.5.3-2). Diese Traktionsareale findet man wiederum meist entlang der temporalen Gefäßbögen und in der Nähe der Papille. Bei Glaskörperblutungen ist es nicht immer möglich, den Zustand der Makula mit Ultraschall zu beurteilen. Gelegentlich kann schwere fibrovaskuläre Proliferation Verzerrungen der Retina mit Traktion, Distorsion oder nasaler Verschiebung der Makula ohne Ablösung verursachen. Außerdem kann eine sehr flache Traktionsablatio, die die Makula mit einschließt, dem echographischen Nachweis entgehen. Auf jeden Fall ist es aber wesentlich, vor der Vitrektomie die Traktionsareale nachzuweisen und zu dokumentieren, so daß der Glaskörperchirurg weiß, in welchen Bezirken er relativ sicher am Anfang arbeiten kann bis die vorliegende Situation mit optischen Mitteln ausreichend zu beurteilen ist (Abb. 2.5.3-3).

Der Glaskörperchirurg ist in einer besseren Position, wenn er die echographischen präoperativen Informationen zur Verfügung hat, weil er dann weiß, was bei der Entfernung von Blutschichten zu erwarten ist. Bei unserer chirurgischen Technik halten wir es gegenwärtig bei diabetischer Retinopathie für wesentlich, undurchsichtige Glaskörperblutungen zu entfernen und alle fibroproliferativen Gewebe abzutrennen. Bei einem Patienten, dessen präoperative Sehschärfe Lichtscheinwahrnehmung betrug, ergab die Ultraschalluntersuchung eine hintere Glaskörperabhebung mit Glaskörperblutung und eine Adhäsionsstelle. Bei der Vitrektomie erwies sich, daß diese Adhäsionsstelle eine Haar-

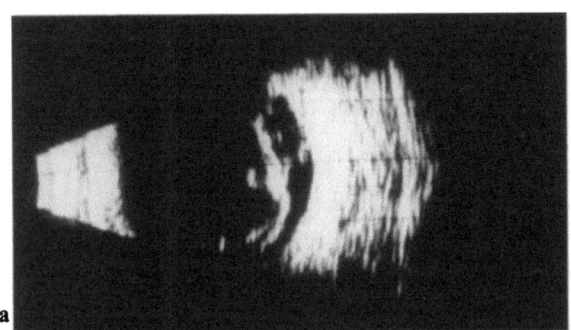
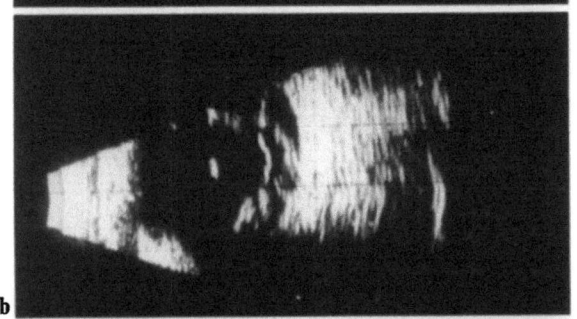
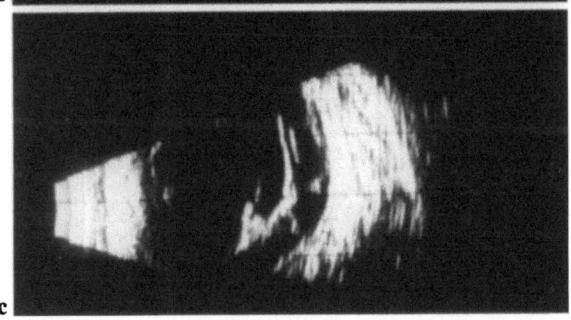

Abb. 2.5.3-2a–c (Trier). Beispiele einer traktiven Netzhautablösung über den Gefäßbögen bei diabetischer Retinopathie, mit Glaskörperblutung. **a** Schnittebene 90°; Traktion über dem temporal unteren Gefäßbogen; **b** Schnittebene 90°; Traktion über nasal oberem und unterem Gefäßbogen; **c** Schnittebene 0°: Traktion über dem nasal unteren Gefäßbogen

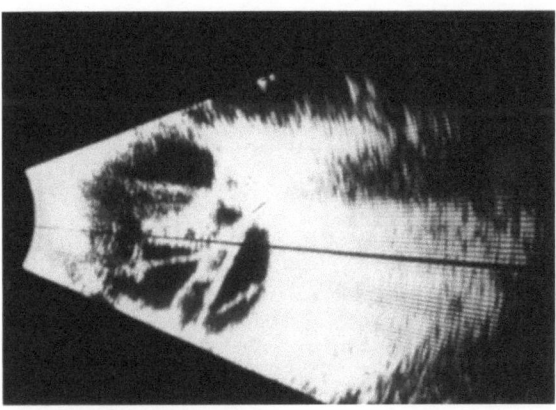

Abb. 2.5.3-3 (Trier). Ocuscan 400. Schwere traktive Glaskörperveränderungen ohne Funduseinblick

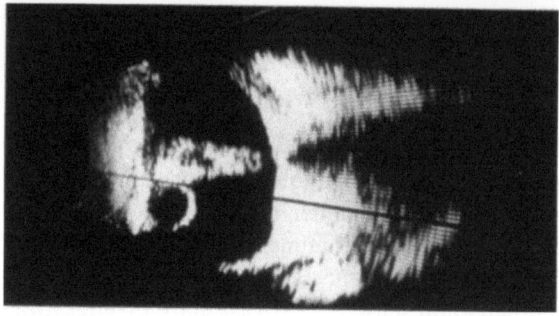

Abb. 2.5.3-4 (Trier). Zustand nach Trauma mit Luxation der Linse und totaler PVR-Ablatio nach intraokularer Blutung

nadel-Schlinge einer Vene war, welche wahrscheinlich diese massive Glaskörperblutung verursacht hatte (vgl. Abb. 2.6.3-1 d). Postoperativ betrug die Sehschärfe dieses Auges 1,0. Bei schwierigeren Membranablösungen mit Traktionsablatio, die die Makula mit betreffen ist das fibroproliferative Gewebe atrophisch, aber es kontrahiert sich und verlagert die größeren temporalen Gefäßbögen. Diese Gebiete proliferativer Retinopathie dislozieren die Retina und müssen abgelöst werden. Beispielsweise verbesserte sich bei einem Patienten postoperativ die Sehschärfe von 1/10 auf 0,5 nach Vitrektomie mit Membranablösung. Die retino-vaskuläre Anatomie wurde wieder hergestellt durch Befreiung aller tangentialen Traktionen und Ablösung der Glaskörpermembranen.

Es gibt keine klassischen Echogrammbilder von Verletzungen, weil diese Verletzungen sehr variabel und von Fall zu Fall verschieden sind. Bei totalem Hyphaema ist es wesentlich, echographisch die Position der Linse festzustellen. Wenn die Linse subluxiert oder disloziert ist, nimmt sie eine mehr runde Konfiguration an und ist aus ihrer normalen Position verlagert (Abb. 2.5.3-4). Gelegentlich kann die Linsenkapsel gerissen sein, oft kann man dies mit Ultraschall zuverlässig feststellen. Dabei kann eine Vitrektomie via Pars plana anstelle einer Aspiration durch den Limbus notwendig sein, wenn Material einer rupturierten Linse in den Glaskörper verlagert war.

Die Echogramme bei Glaskörperblutung ähneln den zuvor erwähnten. Bei schweren Verletzungen kann gelegentlich der Glaskörperraum vollständig mit Echos gefüllt sein, was zu Schwierigkeiten in der Unterscheidung der Glaskörperblutung von Netzhaut- oder Aderhautablösungen führt (Abb. 2.5.3-5). Jedoch hat die Ultraschalldiagnostik bei getrübten optischen Medien unser Vorgehen bei Augenverletzungen verändert, weil sie uns erlaubt, früher im Verlauf des Krankheitsbildes zu operieren. Zum Beispiel bei einer Messerverletzung mit Schnitt durch Hornhaut und Lederhaut und nachfolgender Kataraktentwicklung war es möglich, die Ausdehnung der Netzhautablösung mit Ultraschall zu beurteilen. Das Echogramm zeigt eine totale Netzhautablösung. Eine Lensektomie mit Vitrektomie und Skleraeindellungs-Operation wurde ausgeführt. Postoperativ war die Retina vollständig angelegt. Bei anderen Fällen mit Verletzungen kann sich eine (Abb. 2.5.1-19) zyklitische Membran entwickeln mit Traktion am Ziliarkörper und Hypotonie. Diese Hypotonie verursacht eine Schrumpfung des Bulbus und eine Verdickung der Aderhaut. Dieser Befund wurde von Dr. Jackson Colemann Präphthisis genannt. Durch Exzision der zyklitischen Membran mit glaskörperchirurgischen Techniken und Operationen zur Wiederanlegung der Netzhaut können einige dieser Augen gerettet werden.

Aderhautabhebung läßt oft zwei konvexe Strukturen innerhalb des Glaskörperraumes erscheinen, deren hintere Begrenzung durch die Vortexvenen gegeben ist. Nur selten dehnen sie sich bis zum Nervus opticus aus.

Bei hämorrhagischen Aderhautabhebungen findet man oft Echos niedriger Amplitude vom Blut im subchorioidalen Raum. Bei einem Patienten, der eine expulsive Aderhautblutung während einer Kataraktoperation hatte, war es zu einem ausgedehnten Glaskörperverlust mit Inkarzeration von Netzhaut in die Kataraktwunde gekommen. Mit Ultraschall kann man präoperativ die Gebiete der Aderhautablösung lokalisieren und damit dem

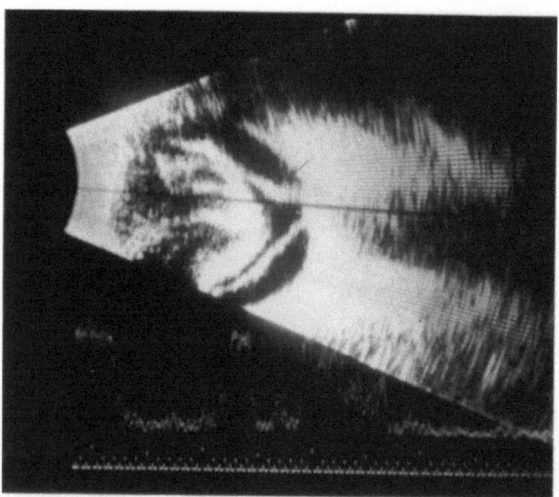

Abb. 2.5.3-5 (Trier). Zustand nach Trauma mit Glaskörperblutung und totaler Netzhautabhebung

Tabelle 2.5.3-4 Ultraschall-Lokalisation von Fremdkörpern

Helle Echos im B-Bild, hohe Amplituden im A-Bild
Akustische Schattenbildung
Persistenz des Echos bei Herabsetzung der Empfindlichkeit
Mehrfachechos

Chirurgen helfen zu entscheiden, wo Sklerotomie-Inzisionen ausgeführt werden sollen. Die Drainage war bei diesem Patienten erfolgreich und er erreichte postoperativ eine Sehschärfe von 0,05.

Zur Fremdkörperlokalisation ist es unerläßlich, präoperativ Röntgenbilder anzufertigen, die die ungefähre Lage des Fremdkörpers erkennen lassen. Ultraschall kann dann benutzt werden um den Fremdkörper innerhalb des Augapfels oder der Orbita zu lokalisieren. Die echographischen Kriterien für die Lokalisation eines intraokularen Fremdkörpers sind in Tabelle 2.5.3-4 angegeben. Die akustischen Merkmale eines Fremdkörpers sind seine hohe Reflektivität, die sich im A-Bild besonders zeigt und die der Sklera übersteigt, die Bildung eines Ultraschallschattens dahinter, die durch eine nahezu totale Absorption oder Reflexion des Ultraschalls durch den Fremdkörper bedingt ist, so daß nur wenig Schallenergie in die Gewebe dahinter gelangt, und die verbleibende Helligkeit des Fremdkörperechos im B-Bild bei Herabsetzung der Empfindlichkeit. Isometrische Schnitte (D-Bild) zeigen gut die hohe Reflektivität eines Fremdkörpers, verglichen mit dem umgebenden Gewebe des Auges und der Orbita (Abb. 2.5.3-6). Diese Eigenschaft kann für die Fremdkörperlokalisation sehr nützlich sein. Wenn es im B-Bild schwierig ist, den Fremdkörper zu erkennen, kann man die Empfindlichkeit des Verstärkers herabsetzen, wobei das Fremdkörperecho deutlich sichtbar bleibt und die Bildung eines Schallschattens besser erkennbar wird. Bei runden metallischen Fremdkörpern wie bei Schrotkugeln ergibt sich eine Kette von Wiederholungsechos durch Mehrfachreflexionen des Ultraschalls innerhalb des Fremdkörpers (vgl. Abb. 2.5.1-34). Es ist auch möglich nachzuweisen, ob ein Fremdkörper magnetisch ist. Dazu bringt man einen Impulsmagneten von einiger Entfernung langsam in die Nähe des Auges während der Ultraschalluntersuchung. Bei magnetischen Fremdkörpern kann das M-Bild dann benutzt werden, um Bewegungen entsprechend der Magnetimpulse nachzuweisen. Bei Netzhautablösung zeigt sich die Netzhaut gewöhnlich als eine dünne kontinuierliche Membran, die von der Papille zur Ora serrata reicht. Bei isometrischer Darstellung (D-Bild) ist die A- und B-Bild-Information kombiniert. Dies zeigt die Netzhautablösung als eine kontinuierliche Membran von Echos hoher Amplituden. Dieses Bild kann so rotiert werden, wie es der Betrachtung von verschiedenen Seiten entspricht und das verbessert die Erkennbarkeit der Strukturen. Sternfaltenbildungen und Falten infolge sub- oder epiretinaler Membranbildungen können manchmal identifiziert werden. Wenn der Prozeß massiver periretinaler Proliferation fortschreitet, wird die Netzhaut rigider und weniger beweglich. In fortgeschrittenen Fällen von massiver periretinaler Proliferation wird die Netzhaut organisiert und bildet eine dreieckige oder T-Konfiguration (Abb. 2.5.3-7). Die vordere querverlaufende Membran bildet sich gewöhnlich als Folge einer Retraktion der hinteren Glaskörpergrenzfläche. Fuller und Machemer haben gezeigt, daß diese Konfiguration, echographisch nachgewiesen, mit einer schlechten Prognose chirurgischer Maßnahmen einhergeht. Retinoschisis kann man ebenfalls echographisch nachweisen. Gewöhnlich sieht man diese symmetrisch in beiden Augen und große Gebiete einer Retinoschisis erscheinen als konvexe Erhebungen ähnlich einer Netzhautablösung im B-Bild. Im A-Bild ist die Reflektivität dieser Membranstrukturen jedoch oft etwas niedriger als bei Netzhautablösungen und die Echoamplituden reagieren empfindlicher auf Änderungen der Schallbündelrichtung.

Endophthalmitis kann Veränderungen im Glaskörper hervorrufen, die denen der Glaskörperblutungen oder traumatischen Veränderungen ähneln. Bei bakterieller Endophthalmitis nach Kataraktchirurgie kann man die verschiedenartigsten echographischen Bilder sehen, da entweder nur Glaskörpertrübungen vorliegen oder begleitende Netzhaut- oder Aderhautablösungen.

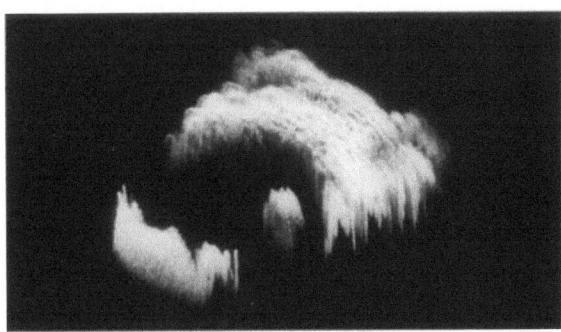

Abb. 2.5.3-6 (Trier). D-Bild eines intraokularen Fremdkörpers (Cooper Ultrascan 400)

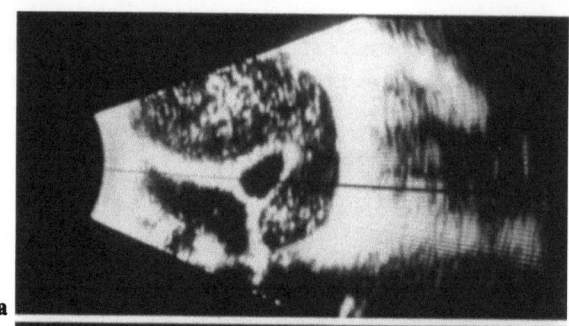
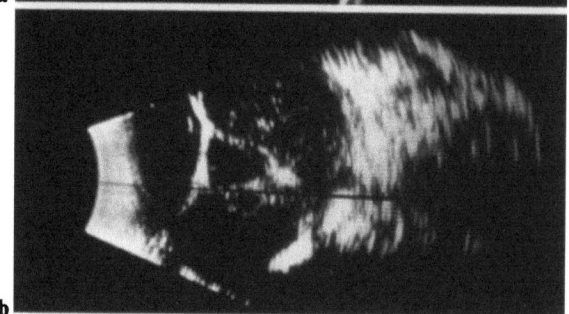

Abb. 2.5.3-7a, b (Trier). Totale PVR-Ablatio mit dreieckiger Konfiguration. **a** $\Delta V(W38) = 40$ dB; **b** $\Delta V(W38) = 60$ dB

Synchisis scintillans hat ein einzigartiges echographisches Bild. Die kalziumhaltigen Fettseifen reflektieren gewöhnlich stark und erscheinen meist in der Glaskörperrinde. Ihre Beweglichkeit ist bemerkenswert, es kommt zu Wirbelbildungen im Glaskörper, wenn der Patient sein Auge bewegt. Im A-Bild ergeben sich hohe Echozacken. Ein anderer ungewöhnlicher Fall von Glaskörpertrübung ist bei der Zystikerkose gegeben, in welcher die Zyste leicht mit Ultraschall nachgewiesen werden kann, ebenfalls der kleine Parasit innerhalb der Zyste. Anfangs war die Diagnose dieses Patienten ungeklärt.

Nach der Vitrektomie findet man bei postoperativen Glaskörperblutungen sehr wenige und häufig gar keine Echos im Glaskörperraum. Verbliebene Membranen jedoch reflektieren weiterhin Ultraschall. Das Vorhandensein einer Netzhautablösung ist nach Vitrektomie eher leichter zu erkennen. Klinisch muß man diese Patienten postoperativ genau kontrollieren und insbesondere durch Ultraschalluntersuchung Netzhautablösungen ausschließen, da der Patient in diesem Stadium oft Änderungen der Sehkraft nicht bemerkt.

2.6 Netzhaut und Aderhaut

W. Schroeder und H.G. Trier

Netzhaut und Aderhaut werden im folgenden mitunter als Bulbusinnenschichten bezeichnet. Dieser Ausdruck bietet sich an, weil sie sich im normalen Echogramm der Augenwand zwar deutlich von der Sklera, aber nicht untereinander differenzieren lassen.

2.6.1 Häufigkeit, Untersuchungstechnik, Kriterien

Häufigkeit

Netzhaut- und Aderhauterkrankungen sind echographisch mit heutigen Routineverfahren dann feststellbar, wenn sie die Dicke, die Oberfläche, die Kontur, die Reflexion oder die Schallschwächung (z.B. bei Kalkeinlagerungen) der Netzhaut-Aderhaut-Schicht bzw. den Glaskörper verändern. Mit üblichen A- und B-Mode-Geräten haben wir Wandveränderungen bei Trübungen der Hinterabschnitte etwas häufiger gefunden (34%) als bei Trübungen der Vorderabschnitte (27%) (Tabelle 2.6.1-1). *Netzhautablösungen* stellten mit über 70% den Hauptanteil. *Aderhautverdickungen* folgten mit 15% bei Vorderabschnitts-, *Prominenzen* mit 16% bei Glaskörpertrübungen. Andere Veränderungen (PHPV, Fremdkörper, Papillenexkavation) lagen jeweils unter 5%. Die Ultraschalldiagnostik muß also besonders häufig die Differenzierung von Membranen und prominenten Herden leisten.

Tabelle 2.6.1-1 (Schroeder). Echographische Veränderungen der Augenwand. Indikationen und Ergebnisse bei 397 aufeinanderfolgenden Augen mit Medientrübungen (Univ.-Augenklinik Hamburg, Februar 1976 bis September 1977).

Echograph. Ergebnisse an der Augenwand	Medientrübung in	
	Vorderabschnitt n=64 (27%)	Glaskörper n=55 (34%)
Wandschicht-Abhebung	40 (71%)	34 (74%)
Innenschicht-Verdickung	10 (15%)	3 (5%)
Prominenter Herd	3 (4%)	9 (16%)
PHPV	2 (3%)	1 (2%)
Fremdkörper	1 (1,8%)	1 (2%)
Exkavation der Papille	2 (3%)	0

Untersuchungstechnik

Die Untersuchungstechnik der Bulbuswand ist die gleiche wie die des Glaskörper (Kap. 2.5.1). Wichtigster topographischer Bezugspunkt im Schnittbildechogramm der Bulbusrückwand ist die Papille, sofern es um die Orientierung in der Fundusebene geht (vgl. Tabelle 2.5.1-4). Im folgenden werden zusätzliche Orientierungsmöglichkeiten in den Bulbuswandschichten behandelt.

Untersuchungskriterien

Mit den meisten A- und B-Mode-Geräten sind im Echogramm der Bulbusrückwand die Echos von der Netzhautinnenfläche (Membrana limitans interna) sowie von der Sklerainnenfläche deutlich zu unterscheiden. In B-Mode ist zwischen den Echos von Netzhaut- und Sklerainnenfläche ein Streifen geringerer Reflektion erkennbar (Abb. 2.6.1-1). Er repräsentiert Aderhaut und Netzhaut. Ist die Netzhaut abgehoben, repräsentiert er die Aderhaut allein.

Mit Geräten höherer Frequenzen und höherer Auflösung gelingt es auch, die Grenze zwischen Netzhaut und Aderhaut darzustellen und diese Schichten hinsichtlich ihrer Schichtdicken und anderer Merkmale in vivo zu charakterisieren. So haben Trier et al. (1981) am normalen hinteren Pol die Netzhautdicke ($0{,}13 \pm 0{,}02$ mm) und die Aderhautdicke (bis zu $0{,}54$ mm) ermittelt. Es sei also betont, daß in vivo die Aderhaut wesentlich dicker ist als die Netzhaut; im Gegensatz zum histologischen Präparat, in dem die Aderhaut derartig kollabiert, daß sie nur einen Bruchteil der Netzhautdicke ausmacht (s. Kap. 2.5.1). Die Innenschichten sind im hyperopen Auge dicker als im emmetropen und myopen (Guthoff et al. 1984), ihr

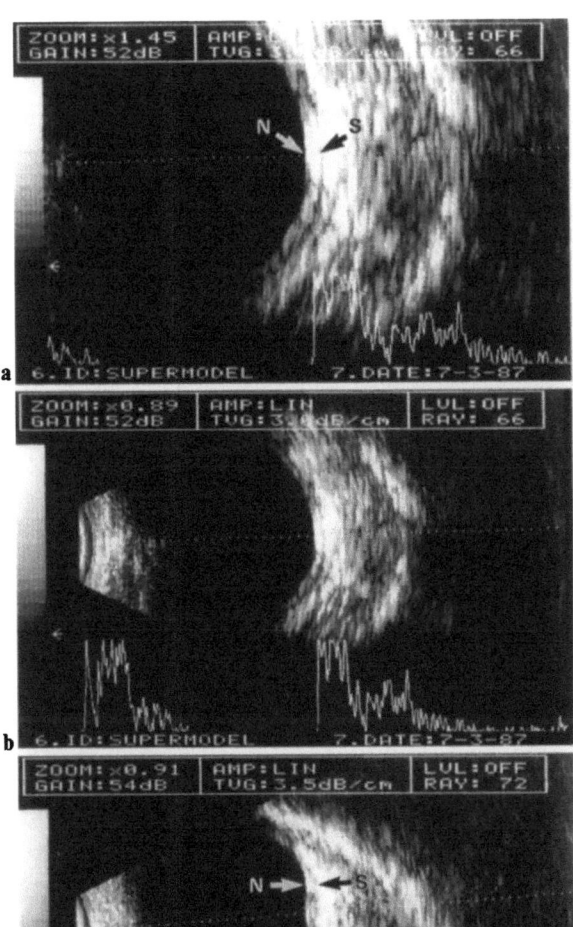

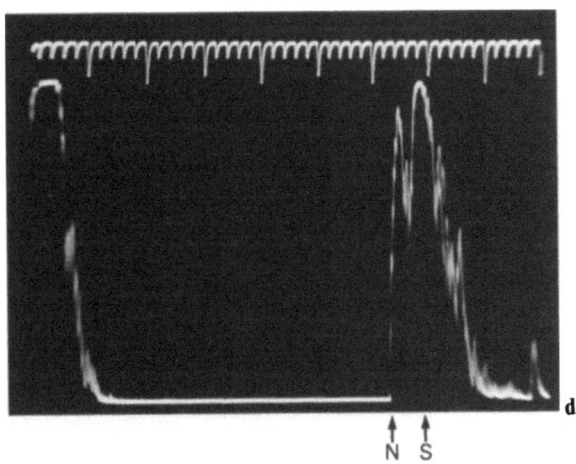

Abb. 2.6.1-1 a–d (Schroeder). Normale Bulbuswandschichten. **a–c** Kombiniertes A- und B-Bild: Vor der stärker reflektierenden Sklera (S) stellt sich ein Streifen geringerer Reflexion dar, der Aderhaut und Netzhaut (N) repräsentiert. (Sonomed B 3000, Nominalfrequenz 10 MHz, Verstärkung 52 bzw. 54 dB, linear)
a, b Peripheres Fundusareal in verschiedener Vergrößerung; **c** Horizontalschnitt durch den hinteren Funduspol eines rechten Auges. P, Papille; N, Netzhautinnenfläche; S, Sklerainnenfläche. **d** A-Bild. Kretz 7200 MA, Nominalfrequenz 8 MHz, 50 dB = 44 dB ΔV (W38)

Volumen scheint aber nur wenig zu variieren (Guthoff et al. 1983, 1984).

Eine gleichmäßige Dickenzunahme der Innenschichten (*Aderhautverdickung*) tritt regelmäßig bei Bulbushypotonie auf (Schroeder 1978) sowie bei Uveitis, Phthisis und Stauung der abführenden Venen. Auch wenn umschriebene Vorwölbungen (*Prominenzen*) vorliegen, lohnt es sich, darauf zu achten, ob und in welcher Weise sich der prominente Herd von den normalen Innenschichten der Umgebung abgrenzt (vgl. Kap. 2.6.7). Ob sich im Schnittbild die Masse des Herdes in Echohöhe und Echomuster von den Innenschichten unterscheidet, spielt eine Rolle bei der Tumordifferenzierung. Vom malignen Melanom beispielsweise ist bekannt, daß es in der Regel eine niedrigere Reflexion und Rückstreuung aufweist als die Umgebung. Es wirkt daher in B-Mode wie in die Innenschichten eingelassen und man hat den Ausdruck „Exkavation" der Aderhaut dafür geprägt (s. Kap. 2.7.2). Bei Metastasen in der Aderhaut (vor allem denen der Adenokarzinome) ist dagegen unter einer seichten exsudativen Netzhautabhebung eine Aderhautverdickung feststellbar, deren Reflektionseigenschaften sich zumindest bei geringerer Prominenz von der normalen Aderhaut wenig unterscheiden (s. Kap. 2.7.5).

Die Abhebung von Netzhaut und Aderhaut sowie die Retinoschisis sind als Abspaltung von der Innenschicht erkennbar, deren Dicke sich dadurch allerdings bei Untersuchungen mit derzeit serienmäßigen Geräten nicht merklich ändert. Diese Auswirkung ist jedoch mit HF-Signalanalyse meßbar. Die weiteren *topographischen* Kriterien betreffen – wie beim Glaskörper – die Fixpunkte Ora serrata und Papille. Eine abgelöste Netzhaut ist mit der Papille und der Ora serrata fest verbunden und bildet eine – dadurch auch in ihren Nachbewegungen begrenzte – Membran zwischen ihnen. Nur bei den seltenen Riesenrissen kann sich die eine Netzhauthälfte z.B. über die andere, noch anliegende schlagen (Riß über 180°) oder die Netzhaut kann ein Knäuel vor der Papille bilden (Riß über 360°). Wie man aus der klinischen Beobachtung weiß, führt eine frische Netzhautablösung nach Bulbusbewegungen schwankende *Nachbewegungen (kinetisches Kriterium)* aus, die im schnell genug abgetasteten B-Bild direkt zu beobachten sind. Im A-Bild stellen sie sich als zitternde Amplitudenschwankungen dar.

Über die Reflexionseigenschaften geben die Tabellen 1.4.2-1 und 2.5.1-6 sowie Kapitel 2.5.1 Auskunft. Das *Reflexions-Kriterium* ist nur mit A-Mode-Geräten nach dem Pegeldifferenzverfahren sinnvoll prüfbar. Für die Netzhaut werden 9 bis 15 dB (Sklera, Ossoinig, zit. nach Sampaolesi 1984) und $\Delta V W38 = 27 \pm 6{,}6$ dB angegeben (Buschmann 1985).

Den Tabellen ist zu entnehmen, daß die Echo-Amplitudenhöhen von Netzhaut, Aderhaut und Retinoschisis sehr ähnlich sind und daß selbst Echos von Glaskörpermembranen sehr nah an diese heranreichen können (s. Kap. 1.4.2).

2.6.2 Anomalien: Retinale Dysplasie, Morbus Coats

Retinale Dysplasie

Im Krankengut von Schroeder wurde in 15 Jahren ein männliches Neugeborenes beobachtet, bei dem eine beiderseitige Leukokorie infolge einer totalen Netzhautablösung bestand (in der Familie gab es einen Onkel, der ebenfalls seit der Geburt blind gewesen sein soll). Das echographische Schnittbild zeigte, daß die Netzhaut abgelöst und der Glaskörper sehr inhomogen war. Nach einigen Wochen trat eine starke Verdickung der Aderhaut insbesondere im peripapillären Bereich ein. Dieser Fall von retinaler Dysplasie wurde dem Norrie-Syndrom zugerechnet (Abb. 2.6.2-1 a–c).

Morbus Coats (Retinopathia exsudativa externa)

Es handelt sich um eine Gefäßanomalie der Netzhaut, die das männliche Geschlecht bevorzugt und überwiegend einseitig auftritt. Das Manifestationsalter ist sehr unterschiedlich. Die Ultraschalldiagnostik wird vor allem dann bemüht, wenn bei einem Säugling oder Kleinkind eine *Leukokorie* auftritt. Diese ist bei M. Coats auf eine hochblasige exsudative Netzhautablösung zurückzuführen (Abb. 2.6.2-2), unter der sich regelmäßig flüssige Reste alten Blutes oder dessen Folgeprodukte (Cholesterinkristalle) befinden. Sie zirkulieren in der „subretinalen" Flüssigkeit und erzeugen sehr charakteristische *Eigenbewegungen* der Echos. Im Schnittbild sieht man eine Vielzahl flimmernder Echos, im A-Bild zeigt sich ein asynchrones gedämpftes Schwingen der Echoamplituden, wie es ähnlich auch bei der Cholesterolose vorkommt (s. Kap. 2.5.1). *Achsenlänge* und *Hornhautdurchmesser* sind am betroffenen Auge eher größer als beim Partnerauge, da häufig Tensionserhöhungen vorkommen.

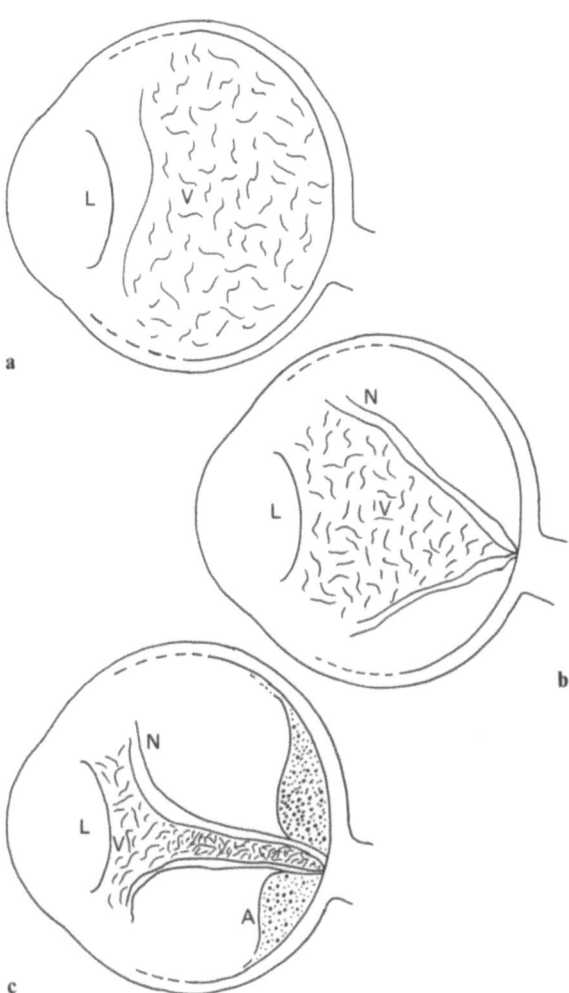

Abb. 2.6.2-1 a–c (Schroeder). Retinale Dysplasie, 5 Mon. alter blinder Junge. Skizzen der vertikalen B-Bilder
a *Rechtes Auge*: Diffuse Glaskörperverdichtung. **b** *Linkes Auge*: Totale Netzhautabhebung, Glaskörper (*V*) diffus verdichtet. **c** Nach 3 Monaten: Bds. Amotio retinae (*N*) mit Schluß des „Trichters" vor der Papille. Starke Verdickung der hinteren Aderhautabschnitte (*A*). (Befunderhebung mit Bronson-Turner-Ophthalmoscan)

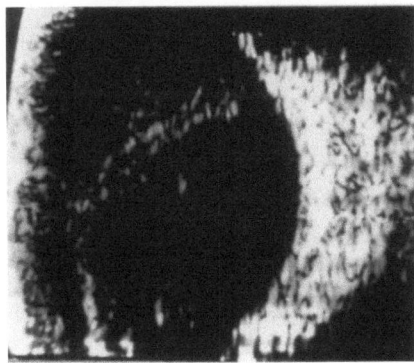

Abb. 2.6.2-2 (Schroeder). M. Coats, 1jähr. Junge. Vertikales B-Bild mit totaler Amotio retinae und subretinalen zirkulierenden Partikeln. (Bronson-Turner-Ophthalmoscan, 70 dB, 10 MHz Nominalfrequenz)

2.6.3 Gefäßerkrankungen: Proliferative Retinopathie, Retinopathie der Frühgeborenen

Proliferative Retinopathie

Die Vaskulopathien bei Arteriosklerose, Hypertension, Diabetes mellitus und Entzündungen sowie bei Verschlüssen der retinalen Zentralgefäße sind echographisch erst faßbar, wenn sie zu epi-, intra- oder subretinalen Veränderungen geführt haben. Intra- und subretinal können vor allem Blutungen auftreten, die in Kapitel 2.6.4 abgehandelt werden.

Epiretinal bilden sich *Gefäßproliferationen* aus, welche zu Glaskörperblutungen führen können, und dann die Ultraschalldiagnostik notwendig machen. Einen Hinweis auf Proliferationen (Abb. 2.6.3-1) erhält man aus Unregelmäßigkeiten an der Netzhautoberfläche und aus *Glaskörper-Adhärenzen*, die außerdem meistens die Blutungsquelle markieren (Abb. 2.6.3-2 und 3). Zweifelsfrei sind diese Symptome nur mit dem B-Bild zu finden. Weil sie sich bevorzugt über der Papille und den Gefäßbögen ausbilden, muß man diese Regionen besonders gut absuchen. Die Schnittebenen horizontal durch die Papille und vertikal etwas temporal der Papille durch den hinteren Funduspol und die Gefäßbäume sind hierfür die wichtigsten. Bei der proliferativen diabetischen Retinopathie können infolge wiederholter Blutungen zusätzlich Glaskörpersegel über den Gefäßbögen entstehen, die senkrecht in den Glaskörper hineinragen und an deren hufeisenförmig verlaufendem First die straffgespannte hintere Glaskörper-Grenzmembran ansetzt. Im nächsten Stadium wird der Zug an der Basis der Segel so groß, daß die Netzhaut in Falten abgezogen wird (Abb. 2.6.3-4), welche zunächst dem Verlauf der Segel folgen (bzw. dem der Gefäßbäume). Später löst sich auch die Netzhaut des hinteren Pols ab und zieht sich vor der Papille zu einem Strang zusammen.

Die geschilderte Entwicklung ist mit dem B-Bild sehr gut zu verfolgen, wenn der Untersucher ihren Ablauf kennt. Die Unterscheidung der verschiedenen Membranen gelingt auch überwiegend nach topographischen Gesichtspunkten. Segel, Traktionsamotio und Glaskörpermembranen sind in der Regel starr.

Retinopathie der Frühgeborenen

Die ersten beiden Stadien sind echographisch nicht gefragt, weil guter Einblick besteht. Das Stadium

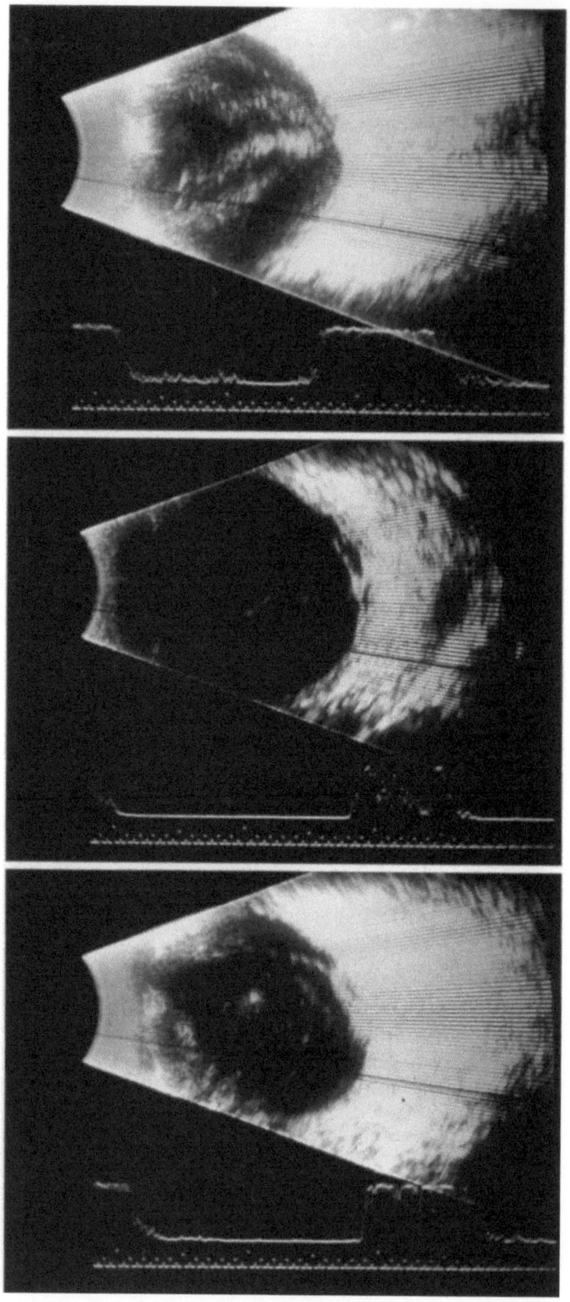

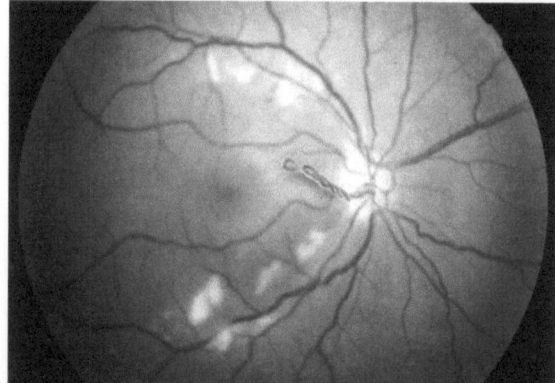

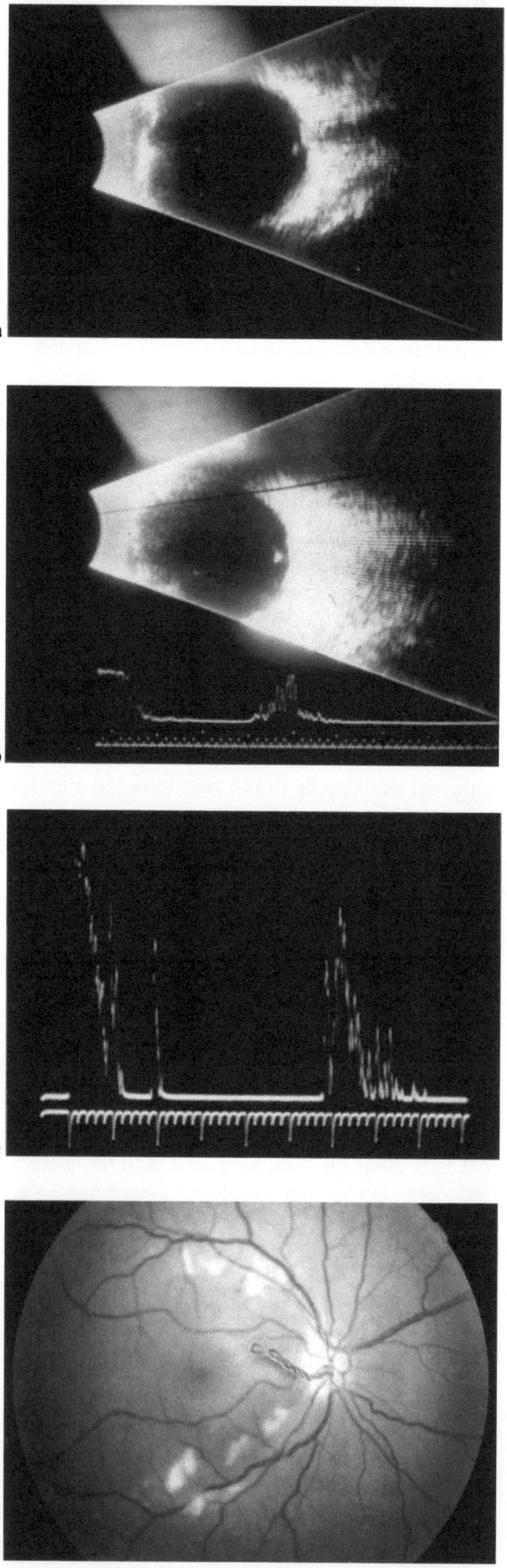

Abb. 2.6.3-2 (Trier). Fibrovaskuläre epiretinale Leisten und Membranen unklarer Genese mit Glaskörperblutung und Traktion

◀ **Abb. 2.6.3-1 a–d** (Trier). Echographisches Erscheinungsbild einer zopfartig gedrehten Gefäßschlinge von ca. 0,3 mm Durchmesser. Die Prominenz ist erkennbar. Echogramm **a** und **b**: Ultrascan 404, Schnittebene 0 und 90°, $\Delta V(W38) = 65$ dB. Echogramm **c**: Kretztechnik 7200 MA, 50 dB. **d** Fundusfoto

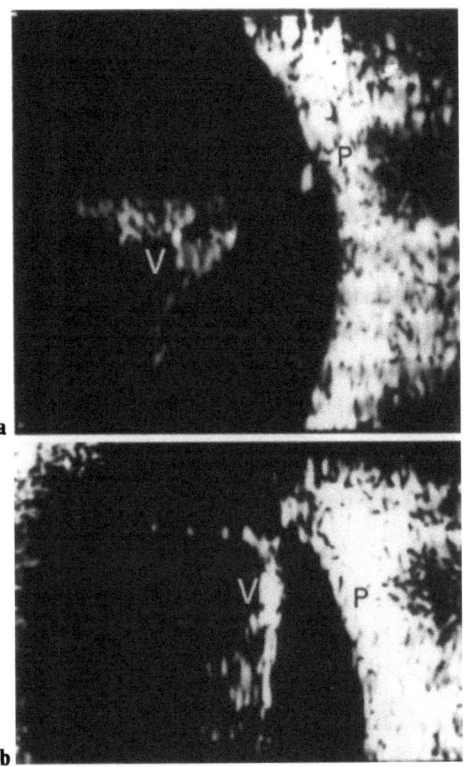
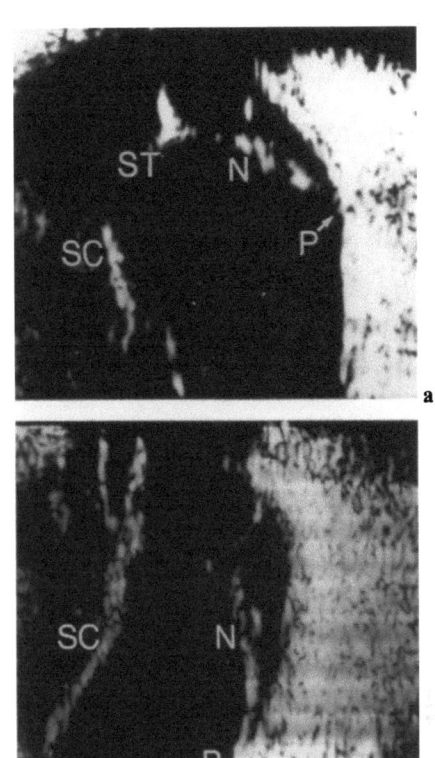

Abb. 2.6.3-3 (Schroeder). Glaskörperblutung mit Adhärenzen (**a**) an der Papille (*P*), (**b**) am oberen Gefäßbogen. Vertikale B-Bilder. *V*, Vitreus. (Gerät und Daten wie Abb. 2.6.2-2.) „Schwankende" bis „zitternde" Nachbewegungen waren feststellbar

Abb. 2.6.3-4a, b (Schroeder). Glaskörperblutung und Traktionsamotio der Netzhaut bei einer 77jähr. Diabetikerin
a Am First der Amotio setzt ein Strang an, der mit der abgehobenen hinteren Glaskörpergrenzmembran in Verbindung steht. (Gerät und Daten s. Abb. 2.6.2-2). **b** Gleiches Auge, andere Schallrichtung. *P*, Papille; *N*, Netzhaut; *ST*, Strang; *SC*, mit Blut betaute abgehobene, hintere Glaskörpergrenzmembran

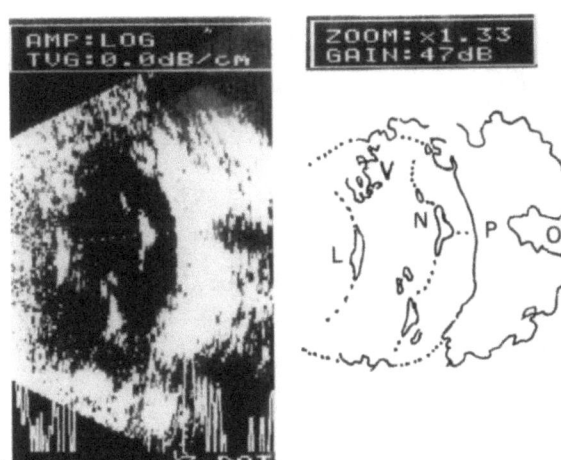

Abb. 2.6.3-5a, b (Schroeder). Frühgeborenen-Retinopathie. Horizontale B-Bilder
a Stadium III bei einem 4 Mon. alten Mädchen. Totale Amotio retinae, Netzhaut-„Trichter" vor der Papille geschlossen (*N*). Glaskörper nur peripher verdichtet. (Sonomed B 3000, 10 MHz Nominalfrequenz, 47 dB, log. Verstärkung). **b** Stadium IV, 2 Mon. altes Mädchen: Stark verdichteter Glaskörper (*V*), Amotio retinae (↑). (Gerätedaten wie Abb. 2.6.2-2). *O*, Nervus opticus; *P*, Papille; *L*, klare Linse

124 Erkrankungen des Augapfels aus echographischer Sicht

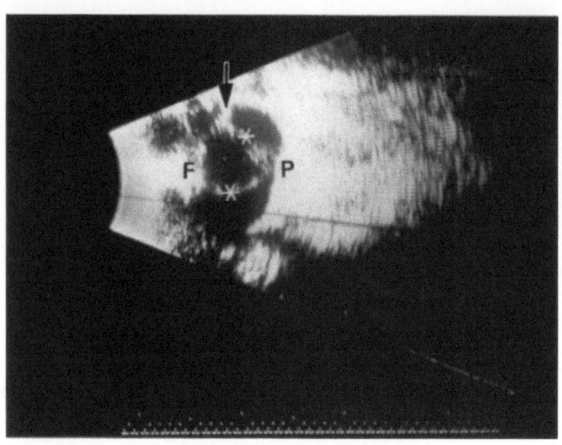

Abb. 2.6.3-6 (Trier). 3 Monate altes Kind, Frühgeburt (30. Schwangerschaftswoche). Retinopathia praematurorum mit retrolentaler Fibroplasie (*F*), Traktionsleisten am Äquator (↑), totaler Ablatio retinae (∗), Verdacht auf Papillenproliferationen (*P*). Achsenlänge ca. 18 mm (Altersnorm ca. 19,4–20,1 mm nach Sampaolesi 1984)

III zeigt eine Netzhautablösung, welche durch einen peripheren und einen präpapillären konzentrischen Zug charakterisiert ist (Abb. 2.6.3-5 und 6).

Im Stadium IV ist der Glaskörper insgesamt inhomogen, weil er sich bindegewebig umgewandelt hat („*retrolentale Fibroplasie*"). Dahinter findet man die totale Netzhautablösung, ähnlich wie bei einer proliferativen Vitreoretinopathie der Erwachsenen (Abb. 2.6.3-5b).

2.6.4 Netzhautablösung: Formen, Entwicklung, proliferative Vitreoretinopathie

Die *Netzhautablösung* (Ablatio, Amotio retinae) ist die Ablösung der sensorischen Netzhaut *ohne* Pigmentepithel. Man unterscheidet ätiologisch die rhegmatogene, die exsudative und die Traktionsamotio. Die *rhegmatogene*, durch einen Netzhautriß entstandene Ablösung ist die häufigste. Wenn

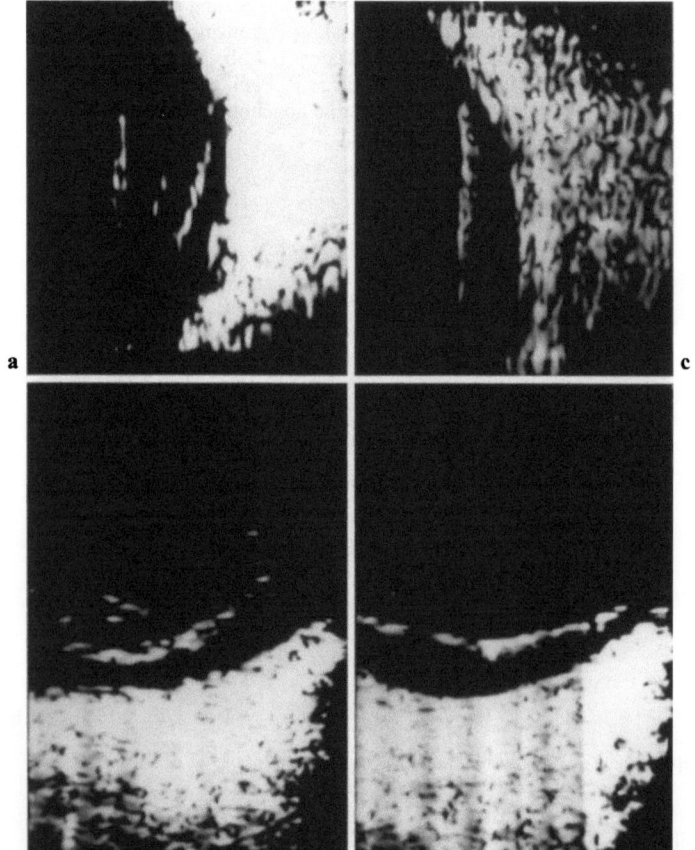

Abb. 2.6.4-1 a–d (Schroeder). Ähnlichkeit des topographischen Befundes einer Glaskörpermembran nach Blutung (**a, b**) und einer Amotio retinae (**c, d**).
Oben: Hinterer Auslauf der GK-Membran **a** bzw. der Netzhaut **b** entfernt von der Papille.
Unten: Schnitt durch den unteren Äquator. Die GK-Membran ist stärker, die Netzhaut schwächer gekrümmt als die Bulbuswand. (Gerätedaten wie Abb. 2.6.2-2)

der Netzhautriß mit Blutungen in den Glaskörper einhergeht oder durch eine vorbestehende bzw. begleitende Uveitis dichte Glaskörpertrübungen vorhanden sind, wird die Ultraschalldiagnostik nötig.

Kurz nach ihrem Entstehen ist die Ablatio retinae im Echogramm an den typischen topographischen, kinetischen und Reflektionseigenschaften sicher zu erkennen. Nur ausnahmsweise gelingt es, den Ort des Risses durch Nachweis der Glaskörpertraktion zu bestimmen, weil diese gewöhnlich zu weit peripher gelegen ist oder einen ungünstigen Winkel zur Schallrichtung einnimmt. Mit zunehmender Dauer der Ablösung können die Nachbewegungen verloren gehen, weil die Netzhaut schrumpft, und die Reflektivität kann sinken (Abb. 2.6.4-5), weil die Netzhaut atrophiert (Ossoinig 1975). Trier et al. (1981) haben den Einfluß der Atrophie an Dickenmessungen der abgelösten Netzhaut in vivo zeigen können. Reicht eine alte Netzhautablösung nicht (mehr) bis zur Papille, fehlt dann auch ein sicheres topographisches Merkmal (vgl. 2.5.1, Blutungen und Abb. 2.6.4-1 u. 6).

Eine *exsudative* Netzhautablösung ist Begleitsymptom bestimmter granulomatöser Uveitiden (Morbus Harada, sympathische Ophthalmie) und intraokularer Tumoren bzw. Metastasen. Selten dürfte sie selbst Anlaß zur Ultraschalldiagnostik geben. Bei den genannten Uveitiden befinden sie sich immer unten und straff ausgespannt. In dieser Form und Lage ist sie auch regelmäßig *tumorfern* bei größeren malignen Melanomen der Aderhaut anzutreffen. Hier ist auch der Tumor selbst immer von einer kleineren exsudativen (kollateralen) Amotio umgeben (Abb. 2.6.4-2 und 7).

Größere, den Tumor völlig verdeckende Ablösungen sind typisch für Metastasen der Adenokarzinome in der Aderhaut. Schon sehr flache Metastasen führen zu ausgeprägten Abhebungen. Sowohl beim malignen Melanom als auch bei den Aderhautmetastasen ist der Rückgang der exsudativen Netzhautabhebung erstes Anzeichen für den Erfolg einer Chemo- bzw. Strahlentherapie.

Traktionen an der Netzhaut werden an der Faltenbildung erkannt. Eine *Traktionsamotio* als Folge einer proliferativen Retinopathie wurde in Kapitel 2.6.3 besprochen. Als Ergebnis einer *proliferativen Vitreoretinopathie* (PVR) tritt sie nach rhegmatogenen bzw. traumatischen Amotios, selten auch nach Chorioretinitiden auf. Sie führt zur totalen Ablösung und zur Schrumpfung der Netzhaut, die sich dann zwischen Papille und Makula trichterförmig ausspannt. Danach kann es zu einem Verschluß des „Trichters" vor der Papille

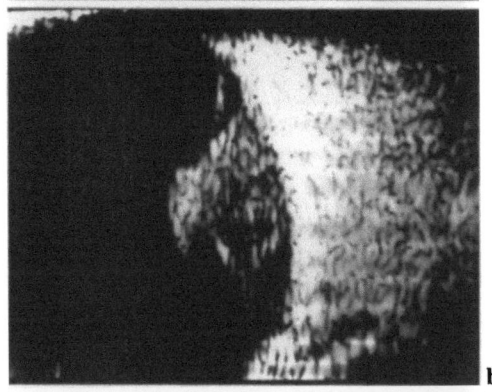

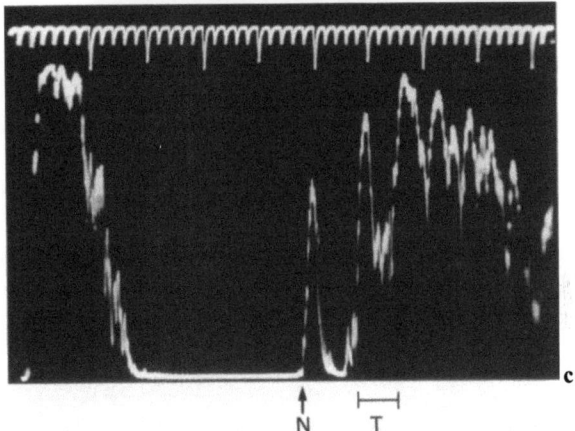

Abb. 2.6.4-2a–c (Schroeder). Exsudative Amotio retinae (*N*) **a** Metastase eines Mammakarzinoms in der Aderhaut. Aderhaut verdichtet, darüber eine seichte Netzhautabhebung. **b** Kollaterale Amotio bei einem malignen Melanom der Aderhaut mit durchbrochener Bruch'scher Membran. (Gerätedaten wie Abb. 2.6.2-2). **c** A-Bild: Netzhautabhebung (*N*) über einem malignen Melanom (*T*). Kretz 7200 MA, 10 MHz Nominalfrequenz. 70 dB = 64 dB ΔV(W38)

kommen, so daß ein T-förmiges Schnittbild entsteht (Abb. 2.6.4-3 und 4); außerdem zu einem zirkulären Zug an der Glaskörperbasis. Die Topographie der gegeneinander ziehenden Membranen (Glaskörper und Netzhaut) ist im B-Bild-Echogramm meistens eindeutig (Abb. 2.6.4-8 bis 12), die Reflektivität ist nicht immer einfach zu ermitteln und die Beweglichkeit ist erloschen.

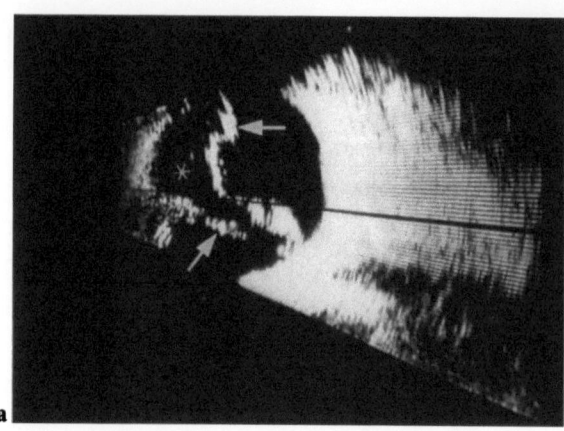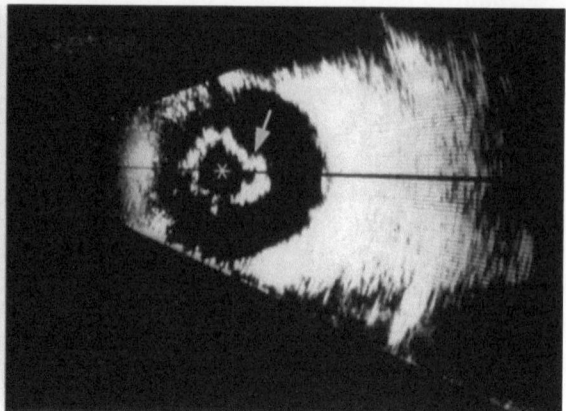

Abb. 2.6.4-3a, b (Trier). Totale trichterförmige Netzhautablösung (↗), Trichter (∗) axial (**a**) und frontal (**b**) dargestellt

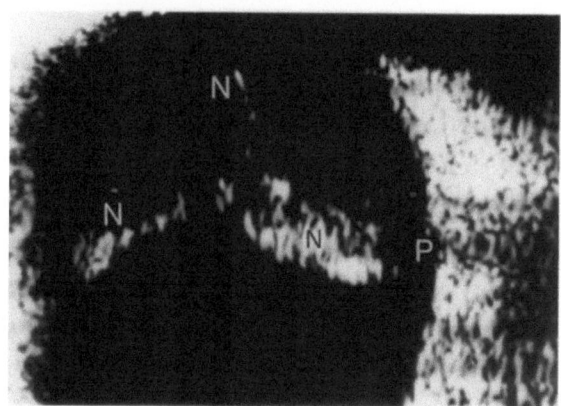

Abb. 2.6.4-4 (Schroeder). T-förmige Amotio retinae. Die Netzhaut (*N*) ist weitgehend zu einem dicken Strang zusammengeschrumpft. *P*, Papille

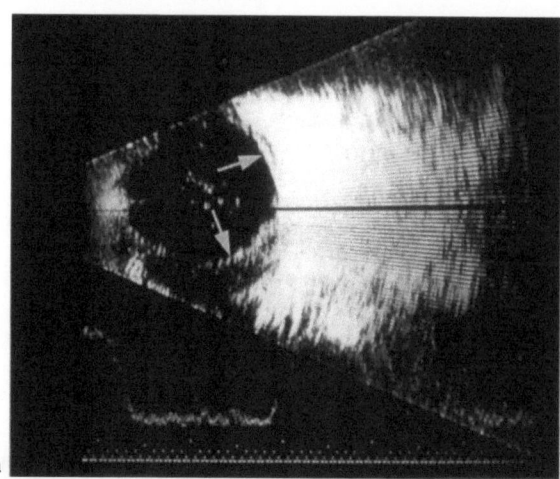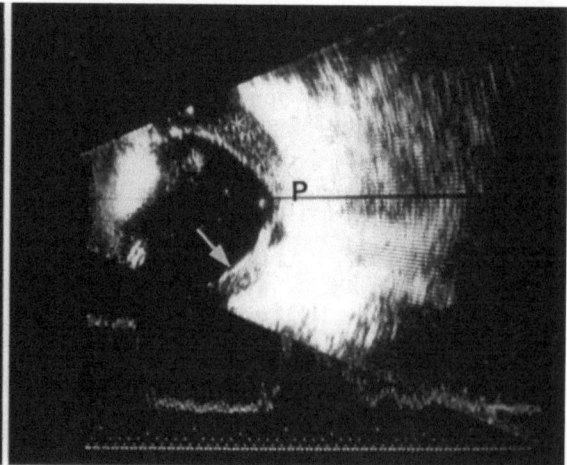

Abb. 2.6.4-5a, b (Trier). 37jähr. Mann. Z. nach Contusio bulbi. Katarakt. Glaskörper: schwach reflektierende trichterförmige Struktur mit Anheftung an der Papille (*P*), und Reste einer Blutung. (Veränderungen bei max. Empfindlichkeit an der Nachweisgrenze). Weitgehende alte Netzhautablösung (↗) mit kristallinischen Einlagerungen in die subretinale Flüssigkeit (∗)
a Schnittebene 90°; **b** Schnittebene 0°, Ultrascan 404, ΔV(W38) = 69 dB

Netzhaut und Aderhaut, Netzhautablösung 127

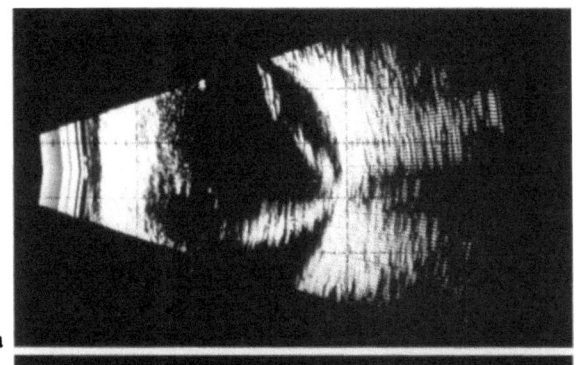

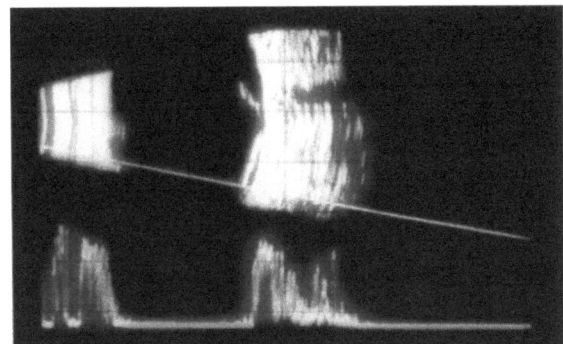

Abb. 2.6.4-6 a–c (Trier). Totale Netzhautablösung mit atypischem Netzhautansatz in einem Teil der Schnittebenen. Die Membran scheint nicht an der Papille anzusetzen.
a 0°-Ebene, **b** 90°-Ebene. **c** Ähnlicher Befund bei einem weiteren Patienten mit totaler Ablatio

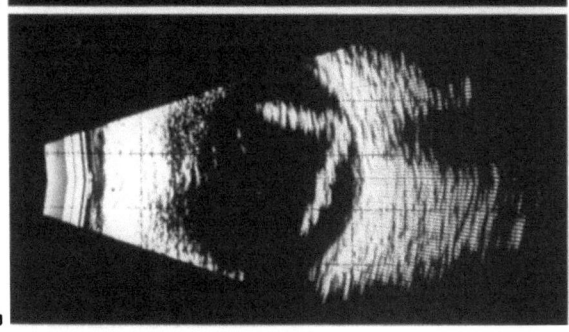

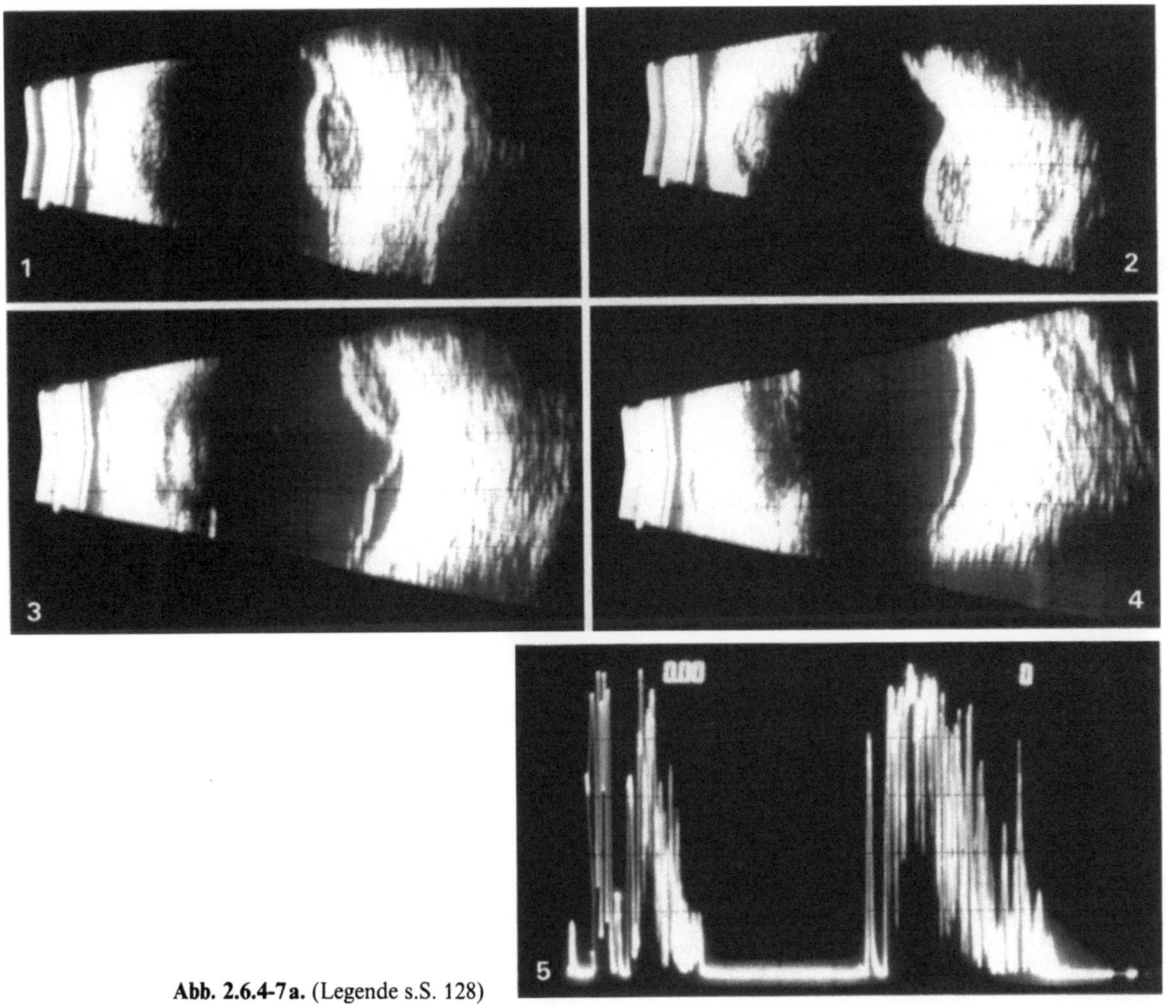

Abb. 2.6.4-7 a. (Legende s.S. 128)

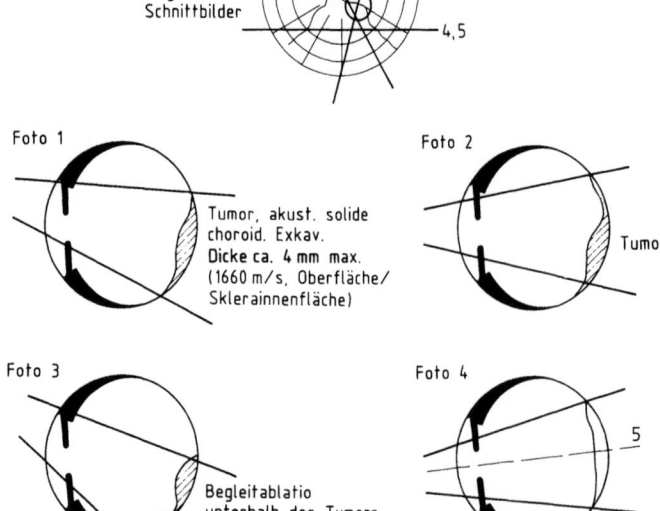

Abb. 2.6.4-7 a, b (Trier). Verdacht auf akustisch soliden Prozeß der Augenrückwand mit seröser Begleitablatio. **a** Bild *1–4* Ocuscan *Δ*V ca. 50 dB (W38); Bild *5* A-Mode, Ocuscan mit gleicher Leistung. **b** Dokumentation der Lagebeziehungen der in **a** gezeigten Befunde

Nach Netzhaut-Aderhaut-Verletzungen bildet sich die Traktion an der Verletzungsstelle aus, wenn es nicht gelingt, sie frühzeitig (mit Kälte) zu koagulieren (vgl. Kap. 2.5.1; Abb. 2.6.4-8).

Weitere Fallbeispiele sind in den Abbildungen 2.6.4-9–13 wiedergegeben und erläutert, Kombinationen mit M. Junius-Kuhnt in den Abbildungen 2.6.4-14 und 15.

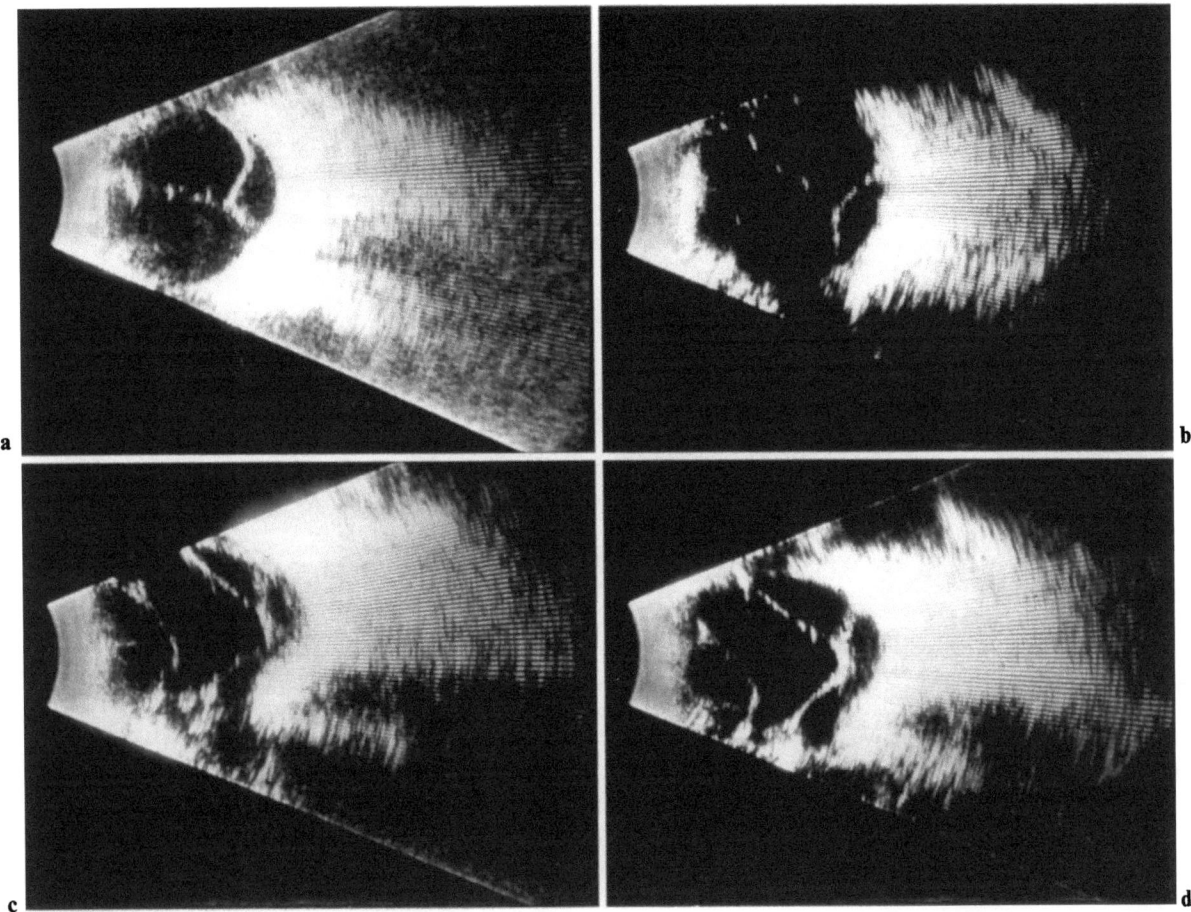

Abb. 2.6.4-8a–d (Trier). Traktive Netzhautabhebung durch Glaskörperstrang nach Metallsplitterverletzung

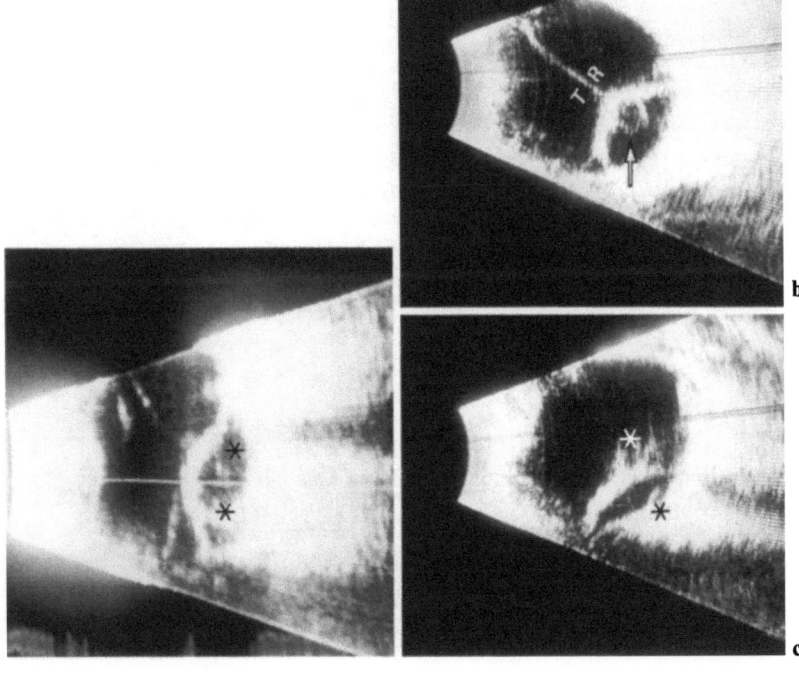

Abb. 2.6.4-9a–c (Trier). Diabetische Retinopathie. Traktionsablatio (*TR*) mit Retinoschisis bzw. Pseudozyste (⇑) und sub- und praeretinalen Proliferationen *, Ultrascan 404 ΔV (W38) = 60 dB. **a, b** = 90°-Ebene, **c** = 0°-Ebene

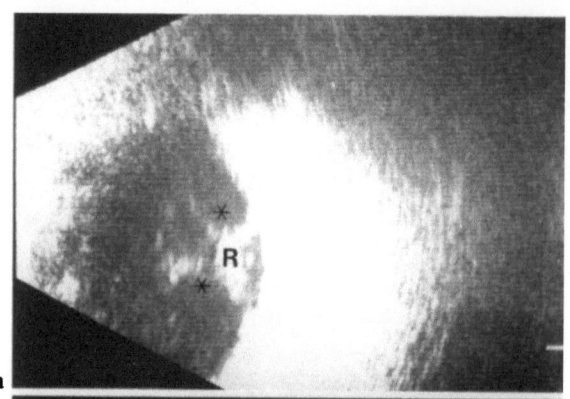
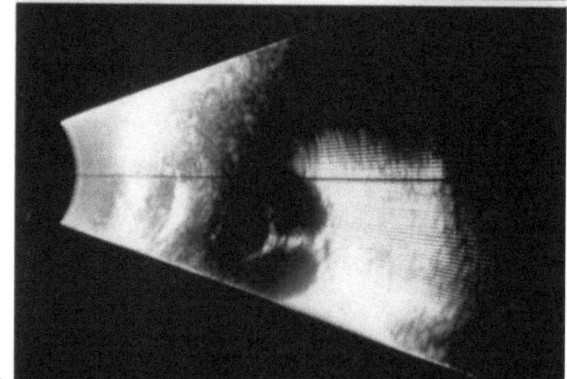
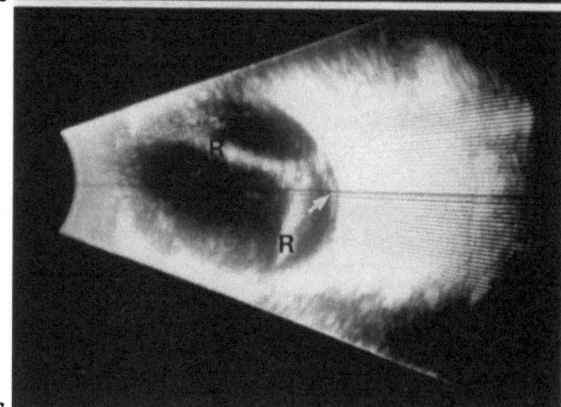

Abb. 2.6.4-10a–c (Trier). Diabetische Retinopathie. **a, b** Traktion (∗) in der oberen Hälfte und zeltförmige Netzhautabhebung (*R*) am rechten Auge. 90°- bzw. 0°-Ebene. **c** Subretinale Membran (↑) bei totaler Netzhautablösung am linken Auge

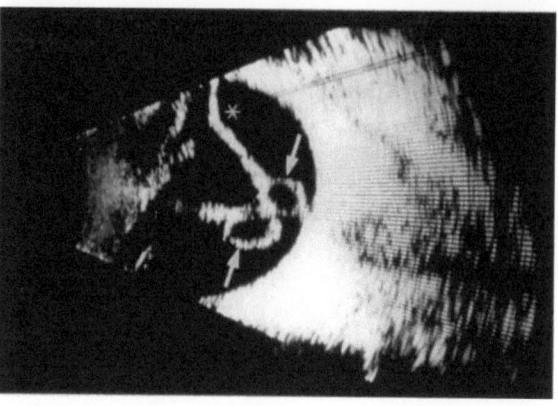

Abb. 2.6.4-11 (Trier). Alte totale Netzhautablösung (∗) nach Verletzung mit Pseudozysten (↑). Ultrascan 404, $\Delta V(W38) = 50$ dB

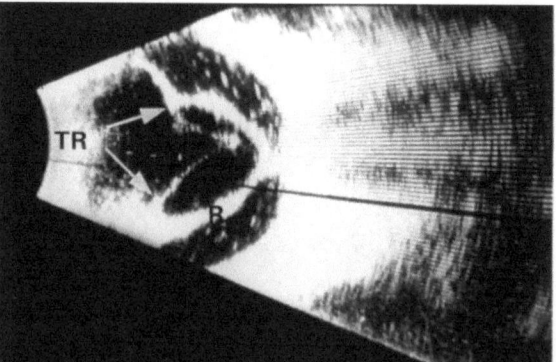
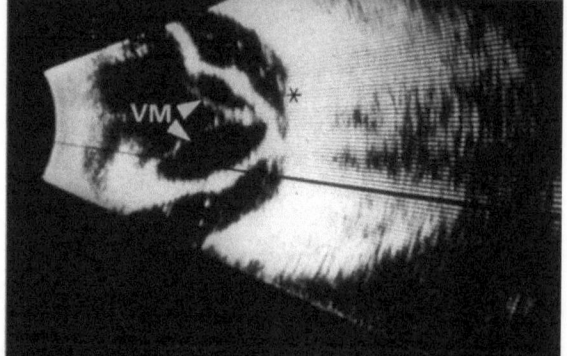
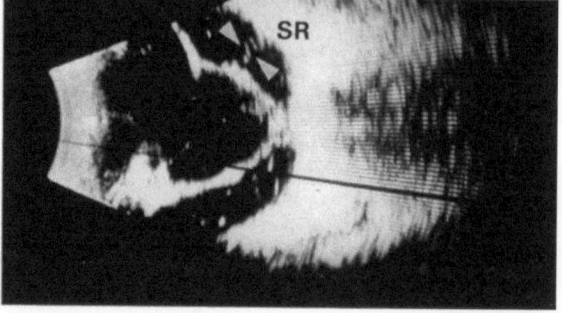

Abb. 2.6.4-12 (Trier). 18jähr. Frau mit Z. nach Uveitis. Katarakt, hint. Synechien, Glaskörpertrübungen und -strängen (*VM*), entzündlicher Genese mit alter, traktiver (*TR*) totaler Netzhautablösung. Kontrahierte Glaskörperbasis. Starre Netzhaut (*R*). Subretinale Strangbildungen (*SR*), in mehreren Ebenen darstellbar. Bewegliche kristallinische Einlagerungen (Cholesterin). Konturunregelmäßigkeiten der Aderhaut (∗). (Ultrascan 404, $\Delta V(W38) = 65$ dB)

Netzhaut und Aderhaut, Netzhautablösung 131

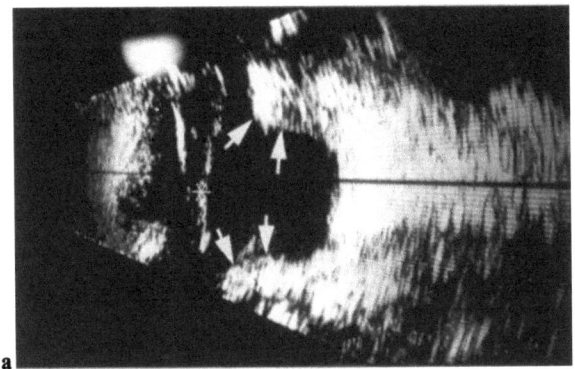
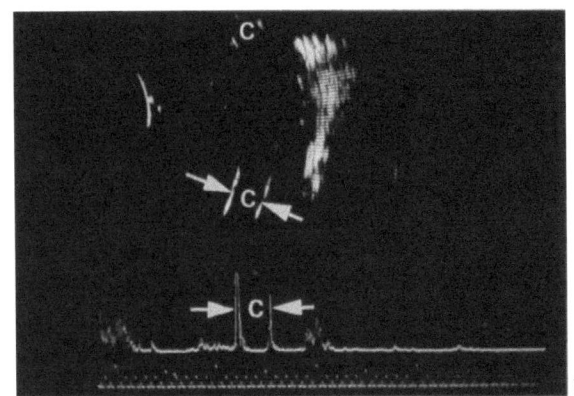
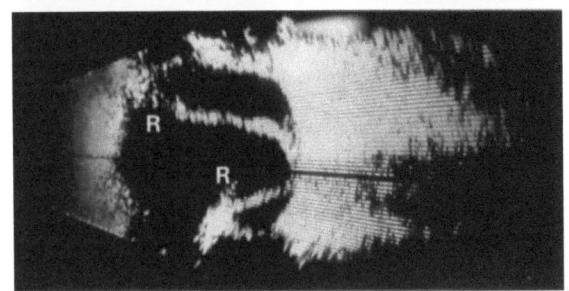

Abb. 2.6.4-13 (Trier). **a** Zustand nach Cerclage (nach Ciliarkörperteilresektion), mit deutlichem Wall (↑). Netzhaut-Aderhaut anliegend. Glaskörper nach Blutung abgelöst und vor den Wall retrahiert (∗). $\Delta V(W38) = 50$ dB. **b** Isolierung der Echos der Cerclage (*C*) (Silikonrundmaterial). $\Delta V(W38) = 33$ dB. **c** Nach vorderer Vitrektomie Netzhautablösung (*R*), temporal (unten im Bild) bis zum Cerclagewall, nasal (oben im Bild) über den Wall bis zur Ora reichend. ΔV wie in **a**. Ultrascan 404

B-Mode: Ultrascan 404
A-Mode: Kretz 7200 MA

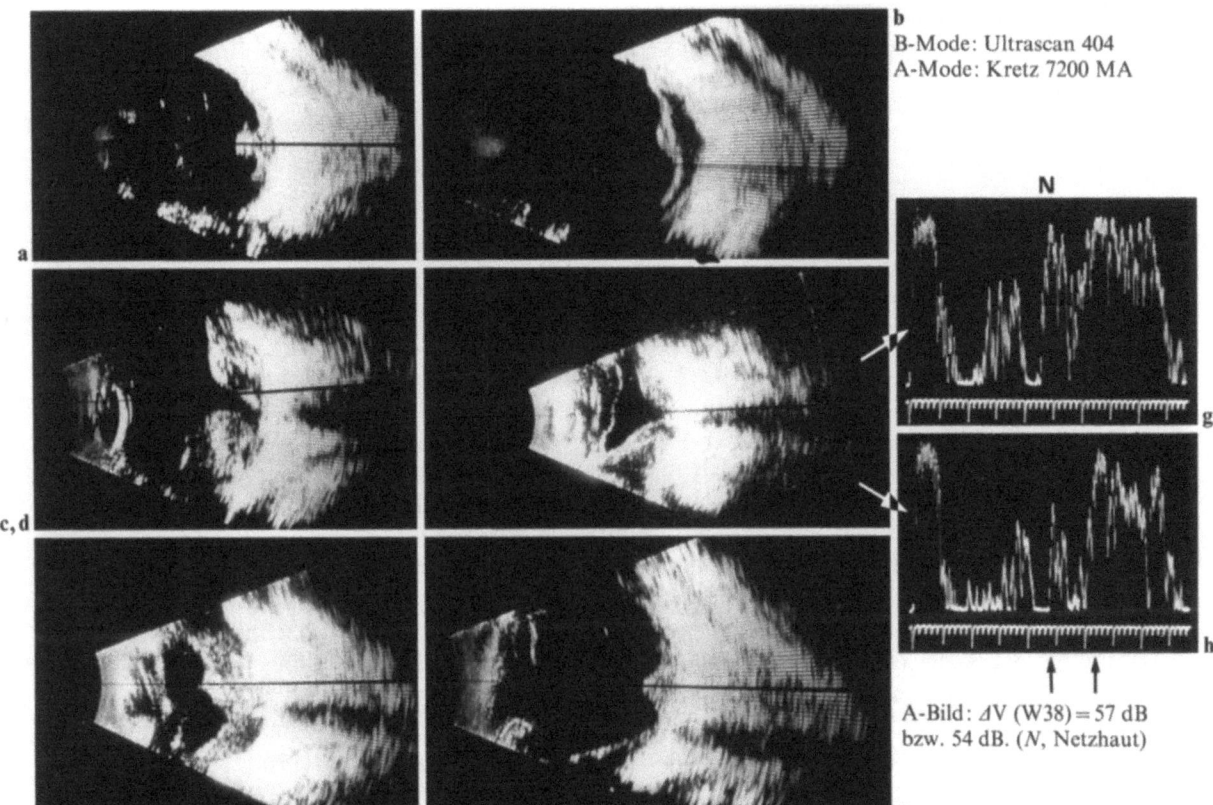

A-Bild: $\Delta V(W38) = 57$ dB
bzw. 54 dB. (*N*, Netzhaut)

Abb. 2.6.4-14a–h (Trier). Ausgedehnte prä- und subretinale Blutungen bei seniler Makuladegeneration, z.T. unter Antikoagulantien-Therapie. Diagnostisch zum Tumorausschluß wichtige Befundänderungen innerhalb von 3–6 Monaten (rechte Spalte) Anfangsbefund linke Spalte. **a, b** Schnittebene 90° hinterer Pol. Netzhautabhebung und dadurch Tumorausschluß. **c, d** Schnittebene 90° Papille. Formänderung mit wechselndem Anteil einer choroidalen Blutung, ober- und unterhalb der Papille. **e, f** Schnittebene 0°. Am hinteren Pol (oberer Bildteil) Rückgang der Prominenz, im unteren Bildteil Resorption der subretinalen Blutung. **g, h** Untersuchung der Prominenz oberhalb der Papille von Pos. 6a aus

132 Erkrankungen des Augapfels aus echographischer Sicht

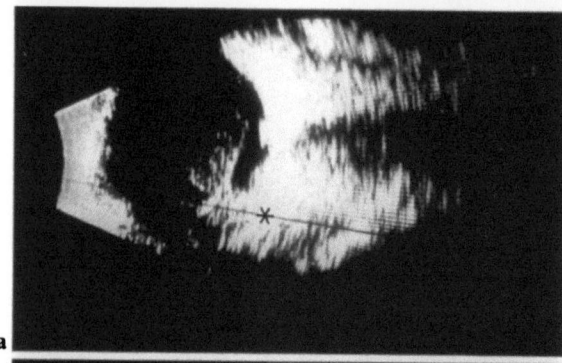
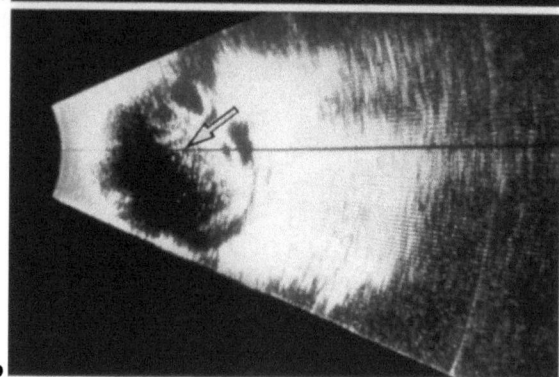

Abb. 2.6.4-15 a, b. 75jähr. Mann, senile Makuladegeneration (∗, höckrige Oberfläche, max. Prominenz über Sklera ca. 2,5 mm im B-Bild) mit disciformer Vernarbung (Junius Kuhnt), mit starker Neovaskularisation mit Eindringen in den Glaskörper (↑). Zustand nach frischer Blutung retrohyaloidal und intravitreal mit partieller hinterer Glaskörperabhebung
a Schnittebene 0° $\Delta V(W38) = 53$ dB; **b** Schnittebene 90° $\Delta V(W38) = 69$ dB. Ultrascan 404

2.6.5 Retinoschisis

Eine Retinoschisis ist echographisch nicht sicher von einer Netzhautablösung zu unterscheiden. Einzige Hinweise können sein, daß sie fast immer nur die temporalen Quadranten befällt und bei größerer Ausdehnung die Region der Gefäßbäume praktisch nie überschreitet. Dabei hat sie blasenförmige, glatte Konturen und zeigt immer auch kinetische Merkmale der Netzhautablösung, unabhängig von der Zeit, die sie besteht. Betroffen sind hyperope, also kurze Augen. Daß die Retinoschisis dünner ist als die abgelöste sensorische Netzhaut, drückt sich in ihrer etwas, aber nicht signifikant geringeren Reflektivität aus. Der Dickenunterschied oder sonstige Strukturmerkmale sind mit derzeitigen Geräten für die Routinediagnostik nicht meßbar. Bei der Amotio chorioideae ist die Situation günstiger, da die abgehobenen Schichten dicker als bei der Netzhautablösung sind. Zu den Unterschieden zwischen direktem und indirektem diagnostischen Ansatz vergleiche Kapitel 2.5.1.

2.6.6 Aderhautabhebung: Hypotonie, Phthisis bulbi

Die *Aderhautabhebung* (Amotio chorioideae) ist eigentlich ein Ödem der peripheren Aderhaut, das vornehmlich nasal und temporal entsteht. Im Extremfall berühren sich die Abhebungen in der Glaskörpermitte („kissing choroids"). Am häufigsten begegnen wir der Aderhautabhebung bei *Hypotonie*. Auch die weiteren Zeichen des Hypotoniesyndroms sind echographisch gut nachzuweisen, nämlich diffuse Aderhaut- und Papillenschwellung (Abb. 2.6.6-1). Die Aderhautabhebung wird außerdem beobachtet nach Netzhautoperationen (Cerclage) und seltenen Tumormanifestationen an der Aderhaut, wie Plasmzytom und Lymphom, nach Verletzungen (Abb. 2.6.6-2) und bei Entzündungen (Abb. 2.6.6-3). Die Ultraschalldiagnostik wird häufig zum Tumorausschluß eingesetzt, weil die Abhebungen der Aderhaut das retinale Pigmentepithel mit vorwölben und deswegen dunkel aussehen. Bei klaren optischen Medien könnte in diesen Fällen die Diaphanoskopie, die immer negativ ausfällt, häufig den gleichen differentialdiagnostischen Dienst leisten (jedoch Vorsicht bei nicht-pigmentierten Tumoren; s. Kap. 2.8.1).

Glatte, blasenartige, symmetrische Kontur im horizontalen Schnittbild, die Andeutung einer Zweischichtigkeit der abgehobenen Innenschichten und der nicht immer ganz echofreie Raum unter der Abhebung (Exsudat mit Zell- und Blutbeimischungen) sind die topographischen bzw. qualitativen Merkmale. Die Reflektivität ist nicht signifikant höher als die der Netzhaut (Tabelle 2.6.1-1), die Kinetik ist gewöhnlich geringer ausgeprägt oder fehlt.

Die Schrumpfung des Augapfels (*Phthisis bulbi*), bei der ja generell kein Einblick ins Auge mehr besteht, ist gekennzeichnet durch eine Verkürzung der Achse des Bulbus (s. Kap. 2.1.6), Einfaltungen der hinteren Bulbuswand, Verdickung der Aderhaut (eventuell mit Ziliarkörperabhebung), proliferativer Vitreoretinopathie und Verkalkungen. Alle diese Veränderungen können gut sichtbar sein, wenn die Verkalkungen gering sind (Abb. 2.6.6-4). Ist die Kalkbildung in der abgehobenen Netzhaut stärker ausgeprägt, entsteht unter Umständen ein sehr verwirrendes Bild, weil aller Schall schon vor Erreichen der Augenhinterwand reflektiert wird.

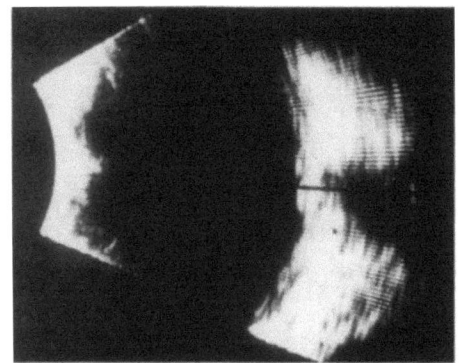
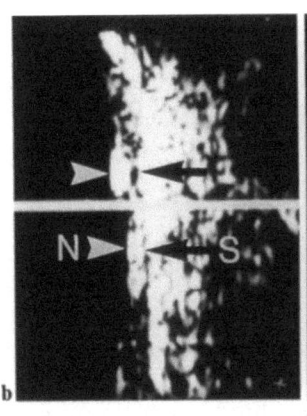
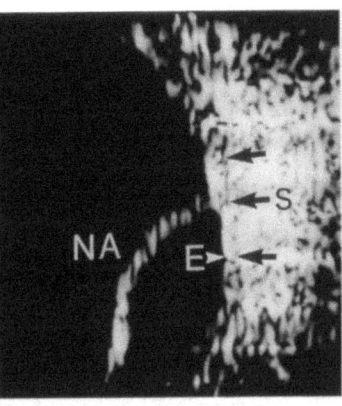
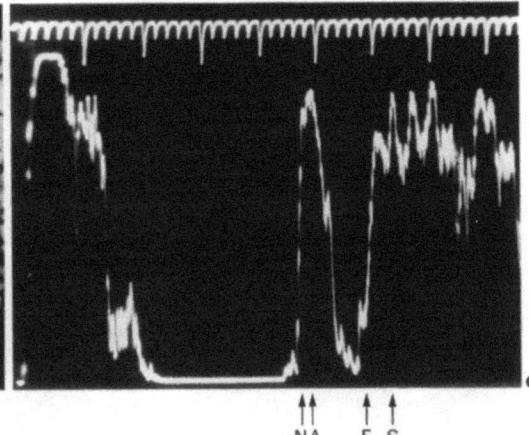

Abb. 2.6.6-1 a–d (Schroeder). Hypotonie
a Papillenprominenz (Ultrascan 10 MHz, – 26 dB). **b** Dicke der Innenschichten. *Oben*: Hypotonie nach Goniotrepanation; die Innenschichten sind dicker als auf dem Partnerauge (*unten*). **c** Amotio chorioideae: B-Bild (Gerätedaten wie Abb. 2.6.2-2) und A-Bild **d** (Gerätedaten wie Abb. 2.6.4-2c). *N*, Netzhaut, *S*, Sklera, *NA*, Netz- und Aderhaut, *E*, unter der Abhebung verbleibender Teil der Innenschichten (Aderhaut)

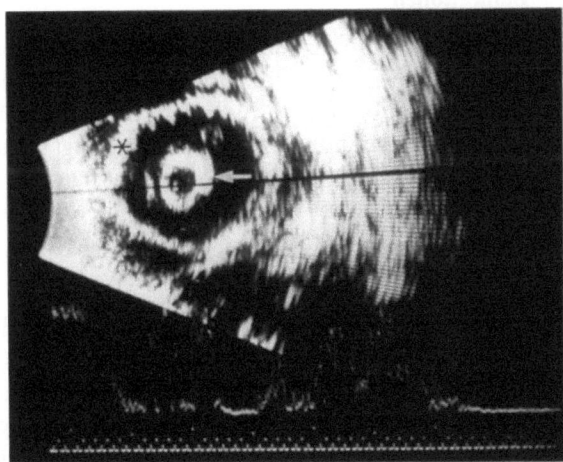
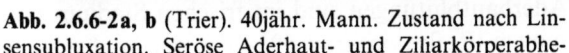
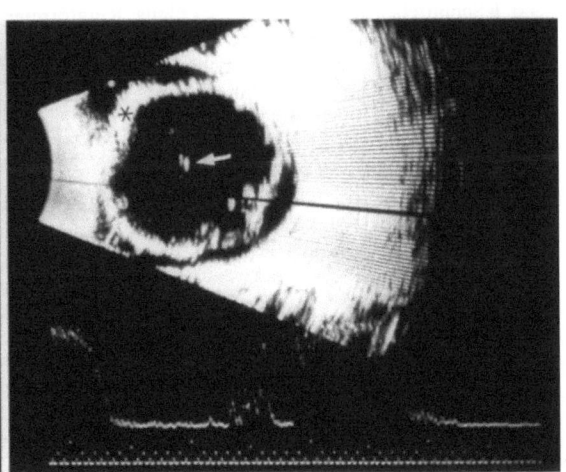

Abb. 2.6.6-2a, b (Trier). 40jähr. Mann. Zustand nach Linsensubluxation. Seröse Aderhaut- und Ziliarkörperabhebung (∗), zusammen mit nach hinten subluxierter Linse (↑) in frontaler Schnittebene

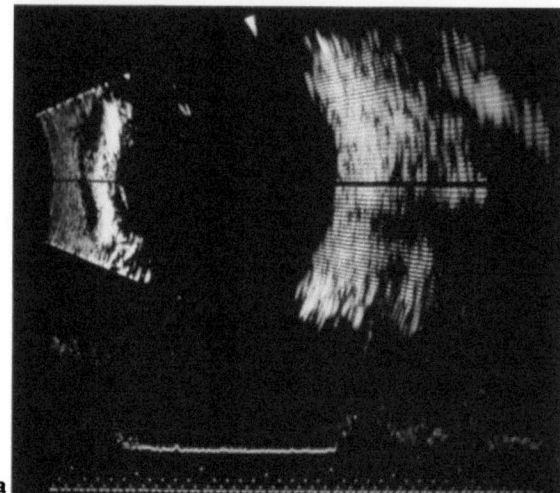

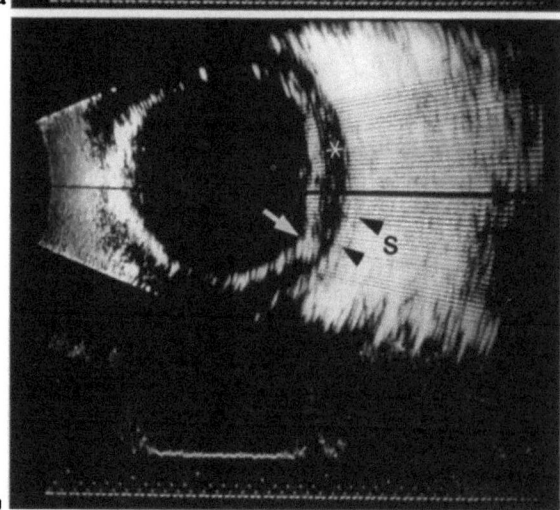

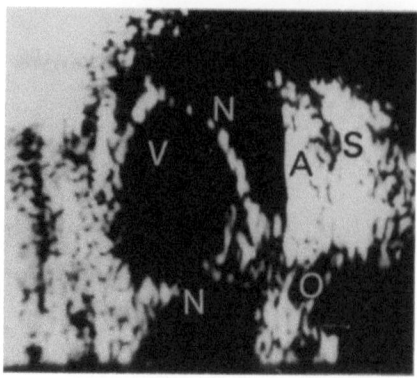

Abb. 2.6.6-4 (Schroeder). Phthisis bulbi; vertikales B-Bild: Achse deutlich verkürzt, Aderhaut sehr dick (*A*), totale Amotio retinae (*N*), geschrumpfte in der Basis ausgespannte Glaskörpermembran. *O*, Sehnerv; *S*, Sklera; *V*, Vitreus

Abb. 2.6.6-3a, b (Trier). Cyclitis anularis, mit ringförmiger exsudativer Abhebung der peripheren Aderhaut, und des Ziliarkörpers. Ultrascan 404 mit Sonden ⌀18 mm, zur Untersuchung der Ziliarkörperebene geeignet
a Schnittebene 0°. Hypotones Auge mit vergrößertem Querdurchmesser. Netzhaut-Aderhaut hinter dem Äquator anliegend. **b** Schnittebene 3 b, 90° in der Pars plana. Ringförmige, stellenweise eingefaltete (↑) Abhebung der Uvea, bis zu 3 mm über die Sklera (*S*); niedrige Echos von entzündlichen Zelleinlagerungen im suprachoroidalen Exsudat (∗). $\Delta V(W38) = 65$ dB

2.6.7 Retinale und chorioidale Blutungen

W. SCHROEDER

Klinisches Bild

Retinale Blutungen haben ihre Ursache in Angiopathien (Hypertonie, Diabetes) und Bulbusprellungen. Ein echographisch faßbares Ausmaß nehmen diejenigen an, die sich unter der Membrana limitans interna ausbreiten. Subretinale Blutungen rühren von chorioidalen Gefäßproliferationen (vgl. Kap. 2.7.8) oder von Verletzungen her, wie auch die meisten Aderhautblutungen. Bulbuseröffnende Operationen und Verletzungen können durch eine expulsive Blutung (massive, sich schnell ausbreitende Blutung in der Aderhaut) kompliziert sein.

Indikationen

Die Ultraschalluntersuchung dient bei erhaltenem Funduseinblick in erster Linie der zusätzlichen Dokumentation und im Falle der subretinalen und der Aderhautblutung mit Einschränkung(!) auch der Differenzierung vom malignen Melanom (s. Kap. 2.7.8; Trier 1977).

Echographischer Befund

Im B-Bild-Echogramm sind retinale von Aderhautblutungen an der intakten Aderhaut zu unterscheiden (Abb. 2.6.7-1). Die Intensität der Echos, die im Hämatom entstehen, ist wegen der geringen Prominenz schwer zu messen. Subretinale und Aderhautblutungen sind im frischen Stadium homogen [Reflexionsgrad 50% der maximalen Amplitudenhöhe oder weniger am Bildschirm des Gerätes 7200 MA bei einer eingestellten Gesamtempfindlichkeit von $\Delta V(W38) = 58$ dB]. Im Verlauf von Monaten werden sie durch Organisation inhomogener (Ossoinig 1974a). Gegenüber dem malignen Melanom können im Verlauf Symptome beobachtet werden, die die Diagnose sichern helfen: Größenzunahmen zeigen sich schubweise eher an der Basis als an der Prominenz, welche sogar abnehmen kann (Abb. 2.6.7-2); ein Durchbruch zum Glaskörper ist die Regel, ohne daß (wie beim malignen Melanom) auf dem Scheitel der Vorwölbung jenes knopfförmige Gebilde feststellbar wäre, das den Durchbruch des Tumors durch die Bruchsche Membran anzeigt (vgl. Kap. 2.7.2; Coleman et al. 1974; Ossoinig 1974a; Shields u. Tasman 1977; Trier 1977; Schroeder 1978).

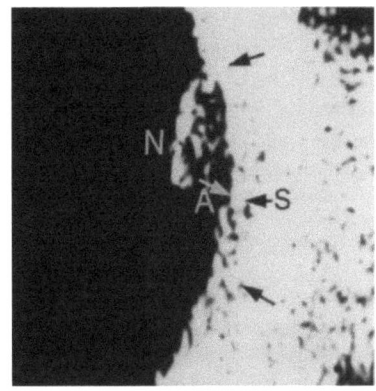

Abb. 2.6.7-1 (Schroeder 1978). Retinale Blutung. *N*, Netzhaut-; *A*, Aderhaut-; *S*, Lederhaut-Innenfläche. Gerät: Bronson-Turner-Ophthalmoscan, +70 dB (Skalenwert), 10 MHz

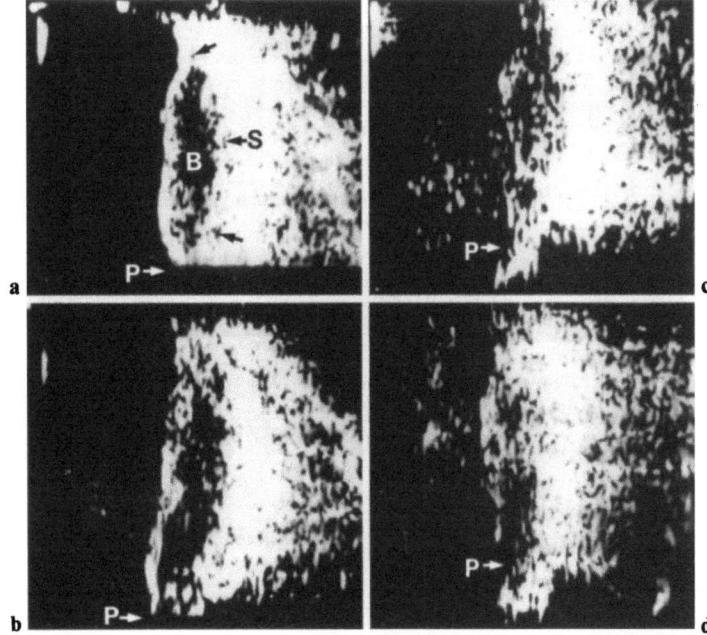

Abb. 2.6.7-2a–d (Schroeder 1978). Subretinale Blutung (*B*) am hinteren Funduspol; horizontales Schnittbildechogramm. *P*, Papille; *S*, Sklera.
a Frische Blutung. **b** 1 Monat später: Verbreiterung der Basis um über 5 mm. Einbruch in den Glaskörper. **c** 2 Monate später. **d** 6 Monate später: Änderung des Profils (Einsinken) und zunehmende Inhomogenität. Gerät und Daten wie in Abb. 2.6.7-1

Expulsive Aderhautblutungen zeigen im Schnittbild eine periphere, zirkuläre massive Vorwölbung der Netzhaut infolge der Zunahme des Aderhautvolumens. Bemerkenswerterweise gleicht die Topographie dieser Vorwölbung derjenigen beim chorioidalen Ödem (Amotio chorioideae) (Abb. 2.6.7-3). Der vollständige Rückgang nach Monaten konnte beobachtet werden, ohne daß eine brauchbare Funktion wiedergekehrt wäre.

Abb. 2.6.7-3 (Schroeder). Frische expulsive Blutung bei Kataraktoperation (es war gelungen, das Auge wieder zu verschließen). Vertikales Schnittbildechogramm: Die Netzhautperipherie ist zirkulär stark vorgewölbt wie bei Amotio chorioideae. Gerät und Daten wie in Abb. 2.6.7-1

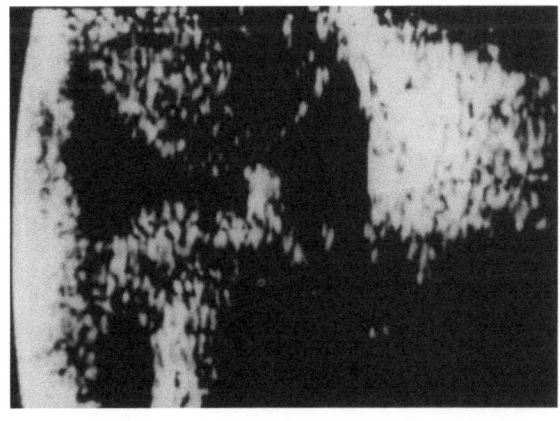

Literatur
zu den Kap. 2.5.1 und 2.6.1–2.6.7

Bronson NR, Fisher YL, Pickering NC, Trayner EM (1976) Ophthalmic contact B-scan ultrasonography for the clinician. Intercont Publ, Westport

Busacca A (1958) La structure biomicroscopique du corps vitré normal. Ann Oculist 191:477

Buschmann W (1964) Probleme und Fortschritte der Ultraschalldiagnostik am Auge. Klin Monatsbl Augenheilkd 144:321–347

Buschmann W (1966) Einführung in die Ophthalmologische Ultraschalldiagnostik. Thieme, Leipzig

Buschmann W (Hrsg) (1985) Skripten 8. Fortbildungskurs „Ophthalmologische Ultraschalldiagnostik", Würzburg

Coleman DJ (1975) Ultrasonic evaluation of the vitreous body. Bibl Ophthalmol 83:86–90

Coleman DJ, Abramson DH, Jack RL, Franzen LA (1974) Ultrasonic diagnosis of tumors of the choroid. Arch Ophthalmol 91:344–354

Coleman DJ, Lizzi FL, Jack RL (1977) Ultrasonography of the eye and orbit. Lea & Febiger, Philadelphia

Decker D, Trier HG (1979) Das Projekt „Rechnergestützte Gewebsdifferenzierung" der Arbeitsgemeinschaft Bonn/Stuttgart. I. Stand der Methodik in vivo. In: Gernet H (Hrsg) Diagnostica Ultrasonica in Ophthalmologia. Siduo VII. Remy, Münster, S 40–43

Decker D, Trier HG, Nagel M, Reuter R, Epple E, Lepper RD (1977) Rechnergestützte Ultraschall-Diagnostik in der Ophthalmologie. In: Lorenz WJ (Hrsg) Medizinische Physik, Proc 7. Wiss Tag Dtsch Ges Med Phys, Bd 2. Hüthig, Heidelberg, S 195–207

Decker D, Trier HG, Irion KM, Lepper RD, Reuter R (1980) Rechnergestützte Gewebsdifferenzierung am Auge. Ultraschall 1:284–296

Fisher YL (1979) Contact-B-scan ultrasonography: A practical approach. Int Ophthalmol Clin 19/4:103–125

Gallenga PE, Rossi A (1986) Pre-vitrectomy assessment by ultrasound. In: Blankenship GW, Stirpe M, Gonvers M, Binder S (eds) Basic and advanced vitreous surgery. Fidia Res. Ser., vol II. Liviana, Padua

Gärtner J, Löpping B (1967) Über Glaskörperveränderungen bei Akromegalie. Untersuchungen mit Ultraschall. Arch Klin Ophthalmol 172:254

Guthoff R (1980) Modellmessungen zur Volumenbestimmung des malignen Melanoms. Arch Klin Ophthalmol 214:139–146

Guthoff R, Berger RW, Draeger J (1983) Echographische Messungen der Bulbuswandstärke und ihre Beziehungen zur Achsenlänge (erste Ergebnisse). Klin Monatsbl Augenheilkd 183:397–399

Guthoff R, Berger RW, Draeger J (1984) Measurements of ocular coat dimensions by means of combined A- and B-scan ultrasonography. Ophthalmol Res 16:289–291

Hallermann D, Lüllwitz W, Schroeder W (1977) Zur Strahlentherapie des malignen Melanoms der Aderhaut mit dem Ruthenium-106-Applikator. Ber Dtsch Ophthalmol Ges 75:644–645

Hassani SN (1978) Real time ophthalmic ultrasonography. Springer, New York

Heimann K (1986) Chirurgie des Glaskörpers. In: François J, Hollwich F (Hrsg) Augenheilkunde in Klinik und Praxis, Bd III/2. Thieme, Stuttgart, S 6.2–6.13

Hillman JS, Ridgway AEA (1975) Retinoschisis and retinal detachment. An ultrasonic comparison. Bibl Ophthalmol 83:63–67

Hruby K (1986) Pathologie des Glaskörpers. In: François J, Hollwich F (Hrsg) Augenheilkunde in Klinik und Praxis, Bd III/2. Thieme, Stuttgart, S 5.1–5.38

Kanski JJ, Spitznas M (1987) Lehrbuch der klinischen Ophthalmologie. Thieme, Stuttgart New York

Mester U, Völker R, Müller-Breitenkamp R, Trier HG (1981) Echographie vor Vitrektomie: Kritische Auswertung nach 120 Operationen. In: Berneaud-Kötz G (Hrsg) Sitz. ber. 141 Vers. Verein Rhein.-Westf. Augenärzte Düsseldorf. Zimmermann, Balve, S 101–107

Müller-Breitenkamp R, Trier HG, Völker B, Mester U (1984) Errors in diagnostic ultrasound. A critical review of 68 patients undergoing diagnostic ultrasound before vitrectomy. In: Hillman JS, LeMay MM (eds) Ophthalmic ultrasonography. Siduo IX. Junk, The Hague, pp 107–114

Oksala A (1962) About selective echography in some eye diseases. Acta Ophthalmol 40:466–474

Ossoinig KC (1965) Zum Problem der akustischen Tumordiagnostik von Auge und Orbita. Wiss Z Humboldt-Univ Berlin Math-Nat, Reihe 16:185–191

Ossoinig KC (1967) Über die Beurteilung der kinetischen Eigenschaften von Echogrammen. In: Oksala A, Gernet H (Hrsg) Ultrasonics in Ophthalmology. Karger, Basel, pp 88–96

Ossoinig KC (1974a) Preoperative differential diagnosis of tumors with echography. In: Blodi FC (ed) Current concepts in ophthalmology 4. Mosby, St. Louis

Ossoinig KC (1974b) Quantitative echography. The basis of tissue differentiation. J Clin Ultrasound 2:33

Ossoinig KC (1979) Standardized Echography: Basic principles, clinical applications and results. Int Ophthalmol Clin 19/4:127–210

Ossoinig KC (1983) Advances in diagnostic ultrasound. In: Henkind P (ed) Acta XXIV Int. Congr. Ophthalmol. Lippincott, Philadelphia, pp 89–114

Ossoinig KC, Seher K (1969) Ultrasonic diagnosis of intraocular foreign bodies. Ophthalmol Ultrasound, Mosby St. Louis, pp 311–320

Ossoinig KC, Frazier SL, Watzke RC, Diamond JG (1977) Combined A-scan and B-scan echography as a diagnostic aid for vitreoretinal surgery. In: McPherson A (ed) Proceedings of New and Controversal Aspects of Vitreoretinal Surgery. Mosby, St. Louis, p 106ff

Poujol J (1973) Méthodes echographiques de diagnostic positif et différentiel; causes d'erreurs. Bull Soc Ophthalmol Fr 5:67–84

Poujol J (1981) A characteristic echographic sign of choroidal detachment. The appearance of angle of junction with the ocular wall. In: Thijssen JM, Verbeek AM (eds) Ultrasonography in ophthalmology. Docum Ophthalm Proc Series vol 29. Junk, The Hague Boston London, pp 265–267

Poujol J (1984) Echographie en Ophthalmologie, 2ème edn. Masson, Paris

Poujol J, Toufic N (1980) Indications et possibilités de l'echographie en ophtalmologie. Conf Lyonnaises d'Ophtalmol, p 144

Purnell EW, Frank KE (1979) Development and orientation of ophthalmic ultrasonography. Int Ophthalmol Clin 19/4:9–34

Reese AB (1955) Persistent hyperplastic primary vitreous. Am J Ophthalmol 40:317

Rochels R (1986) Ultraschalldiagnostik in der Augenheilkunde. Lehrbuch und Atlas. Ecomed, Landsberg

Rochels R, Schmitt EJ, Nover A (1980) Echographie bei Erkrankungen der Macula. In: Berneaud-Kötz G (Hrsg) Sitz.ber 138 Vers Verein Rhein.Westf. Augenärzte. Zimmermann, Balve, S 69–74

Rüssmann E, Bös R, Neubauer H (1975) Clinical ultrasonography of intraocular foreign bodies. Bibl ophthalmol 83:96–101

Sampaolesi R (1984) Ultrasonidos en Oftalmología. Editorial Medica Panamericana, Buenos Aires

Schroeder W (1976) Nutzen der A-Bildechographie in der klinischen Diagnostik des persistierenden hyperplastischen primären Glaskörpers. Klin Monatsbl Augenheilkd 163:210–216

Schroeder W (1978) Topographische Diagnostik am hinteren Augenabschnitt mit der Kontakt-B-Bildechographie. Arch Klin Ophthalmol 207:61–70

Shammas HJ (1984) Atlas of ophthalmic ultrasonography and biometry. Mosby, St. Louis

Shields JA, Tasman WS (1977) B-Scan ultrasonography of lesions simulating choroidal melanomas. Mod Probl Ophthalmol 18:57

Susal AL, Walker JT, Meindl JD (1980) Small-organ dynamic imaging system. J Clin Ultrasound 8:421–426

Thijssen JM, Verbeek AM (1981) Computer analysis of A-mode echograms from choroidal melanoma. In: Thijssen JM, Verbeek AM (eds) Ultrasonography in ophthalmology. Junk, The Hague Boston London 123–129

Till P (1982) Entwicklungsstand und klinische Bedeutung der Ultraschalldiagnostik bei intraokularen Erkrankungen. Ultraschall 3:178–196

Trier HG (1974) Gewebsdifferenzierung mit Ultraschall. Habilitationsschrift Universität Bonn

Trier HG (1980) Ultrasonic tissue characterization in the eye and orbit. In: Thijssen JM (ed) Ultrasonic tissue characterization: Clinical achievements and technological potentials. Stafleu's, Alphen aan den Rijn, pp 45–67

Trier HG (1983) Ocular tissue characterization by RF-signal analysis: Results and experiences of a 4-year in vivo-study. In: Lerski RA, Morley P (eds) Ultrasound '82. Proc 3rd Meet WFUMB. Pergamon, Oxford, pp 157–161

Trier HG (1983) Rechnergestützte Gewebsdifferenzierung mit Ultraschall bei Tumoren des Augeninnern. Ergebnisse des BMFT-DFVLR-Vorhabens 1977–1982. GBK Mitteilungsdienst 11, 41:28–29

Trier HG (1986) Schreiben vom April 1986 an die Mitglieder des Siduo Standardization Committee

Trier HG (1986) unter Mitarb von Buschmann W, Gernet H, Guthoff R, Haigis W, Reuter R, Thijssen JM Skripten 9. Fortbild.kurs „Ophthalmologische Ultraschalldiagnostik" Bonn

Trier HG (1987) Echographische Darstellung von Glaskörperstrukturen bei klinisch unauffälligem Glaskörper. Unveröff Ergeb.

Trier HG, Böhm W (1968) B-Bild bei inverser Papille mit hinterem Staphylom. Acta Fac med Univ Brno 35:263–266

Trier HG, Kaskel D (1969) Comparative experimental studies of tissues by ultrasound. In: Gitter KA, Keeney AH, Sarin LK, Meyer D (eds) Ophthalmic ultrasound. Proc IV Int Congr Ultrasonography Ophthalm. Mosby, St. Louis, pp 48–58

Trier HG, Lepper RD (1980) Gewebsdifferenzierung mit Ultraschall: Entwicklungsstand in Forschung und Praxis. Proc. 11. Wiss Tag dtsch Ges Med Phys. In: Rosenow U (Hrsg) Medizinische Physik, Bd 2. Hüthig, Heidelberg, S 312–335

Trier HG, Reuter R (im Druck) Zur Qualitätssicherung heutiger Ultraschallanwendungen in der Augenheilkunde. Fortschr Ophthalmol

Trier HG, Reuter R, Decker D, Epple E (1975) Neuere Ansätze zur Informationserfassung aus Echogrammen in der Ophthalmologie. Ber 73. Bd, Dtsch Ophthalmol Ges Heidelberg 1973, Bergmann, München, S 460–464

Trier HG, Lepper RD v, Reuter R, Buschmann W (1979) Geräteprüfung im A-, und B-System. Anleitung zu praktischen Übungen. 4. Fortbildungskurs „Ophthalmologische Ultraschalldiagnostik", Bonn

Trier HG, Decker D, Müller-Breitenkamp R, Irion K, Otto KJ (1981) The recognition of detached retina and vitreous membranes by means of radio frequency signal analysis. In: Thijssen JM, Verbeek AM (eds) Ultrasonography in Ophthalmology, Siduo VIII. Junk, The Hague Boston London, pp 419–430

Trier HG, Otto KJ, Weigelin E (1981) Zur Wachstumsbeurteilung intraokularer Tumoren mittels A-Bild-Echographie. Ber Dtsch Ophthalm Ges 78:513–517

Trier HG, Decker D, Lepper RD, Irion KM, Reuter R, Kottow M, Müller-Breitenkamp R, Otto KJ (1984) Ocular tissue characterization by RF-signal analysis: Summary of the Bonn/Stuttgart in vivo-study. In: Hillman JS, LeMay MM (eds) Ophthalmic Ultrasonography. Siduo IX. Junk, The Hague Boston London, 455–466

Worst JGF (1978) Extracapsular surgery in lens implantation IV. Some anatomical and pathological implications. Am Intra-ocular Implant Soc J:7

2.7 Intraokulare Tumoren und tumorverdächtige Herde

W. Buschmann

Der Nachweis oder Ausschluß eines intraokularen Tumors ist eine der wichtigsten ultraschalldiagnostischen Aufgaben. Bei geeigneter Untersuchungstechnik ist die Aussagesicherheit der Echographie hierbei sehr hoch (Buschmann 1967; Ulrich et al. 1968; Coleman 1972, 1974; Oksala 1974; Poujol u. LeRoy 1984); zum Teil sind sogar Hinweise auf die Art des Tumors aus den Echogrammen ersicht-

138 Erkrankungen des Augapfels aus echographischer Sicht

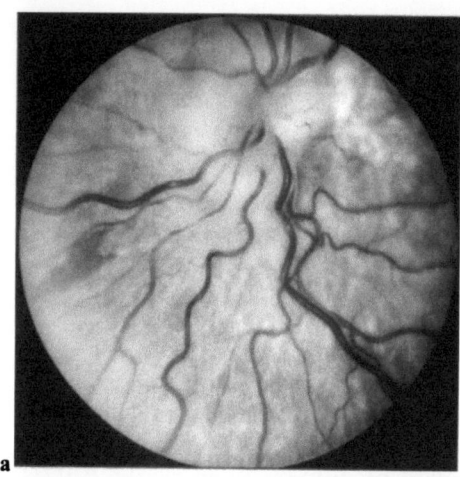

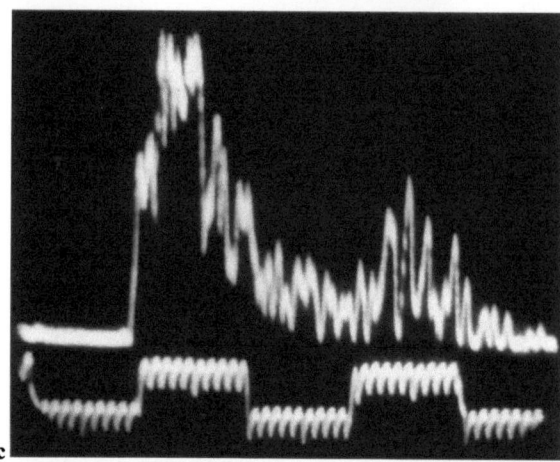
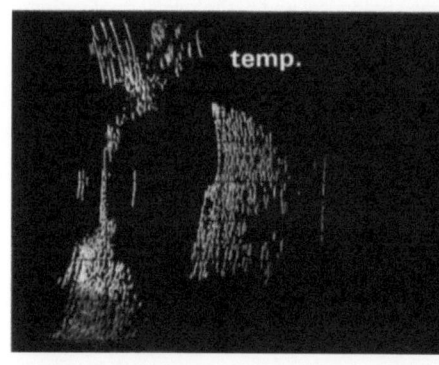
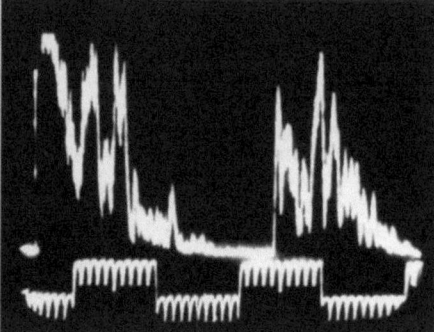

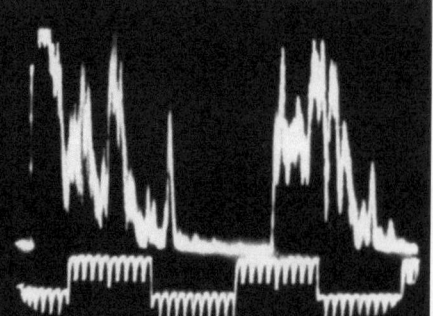

Abb. 2.7-1 a–d

Abb. 2.7-1 a–g (Buschmann). Optikusscheidenmeningeom mit Verdacht auf Einbruch in den Bulbus durch die Papille

a Fundusfoto. Prominenz der Papille und der Umgebung durch Ödem und eventuellen intrabulbären Tumoranteil. Visus: falsche Lichtscheinprojektion
b B-Bild-Echogramm (Vertikalschnitt bei Blick nach unten), Ocuscan 400, Arbeitsfrequenz 9,8 MHz, Empfindlichkeit $\varDelta W38 = 52$ dB. Großer, relativ schallhomogener Herd im mittleren und hinteren Drittel des Retrobulbärraumes, relativ gut begrenzt. Schallschwächung etwas geringer als im Orbitafett, es erscheinen (Fett)-Echos aus dem Gebiet hinter dem Herd. Impression des Bulbus von hinten? Intraokularer Tumoranteil? – Glaskörper-Netzhaut-Grenze jedenfalls flach (nicht gekrümmt)
c A-Bild-Echogramm mit Kretztechnik-Gerät 7200 MA, Arbeitsfrequenz des Schallkopfes 7,6 MHz (Nominalfrequenz 8 MHz), eingestellte Empfindlichkeit $\varDelta W38 = 69,5$ dB, Amplitudendifferenz der Herdstrukturechos zum W38-Testreflektorecho $= 62 \pm 5$ dB
d B-Bild und A-Bild-Echogramme des papillennahen Tumoranteils und des intraokularen tumorverdächtigen Herdgebietes. Die Echoamplituden des intraokularen pathologischen Gewebes (Tumor?) entsprechen – auch bezüglich der Strukturhomogenität – etwa denen aus dem orbitalen Tumor (**c**)
e Axiales Computertomogramm (1. Gerätegeneration)
f Histologie: Meningeom. Der Schnitt zeigt nur einen kleinen Teil des retrobulbären Tumors, läßt aber das zum N. opticus exzentrische Wachstum erkennen
g Histologischer Schnitt desselben Auges; Papille und Umgebung. Tumorgewebe befindet sich hinter dem Bulbus, es schließt den Sehnerven ein. Dieser ist narbig umgewandelt. Die Papille ist prominent, enthält aber kein Tumorgewebe. Die Sklera ist verdickt, die Netzhaut gliös und bindegewebig umgewandelt. Intraokular kein Tumorgewebe!

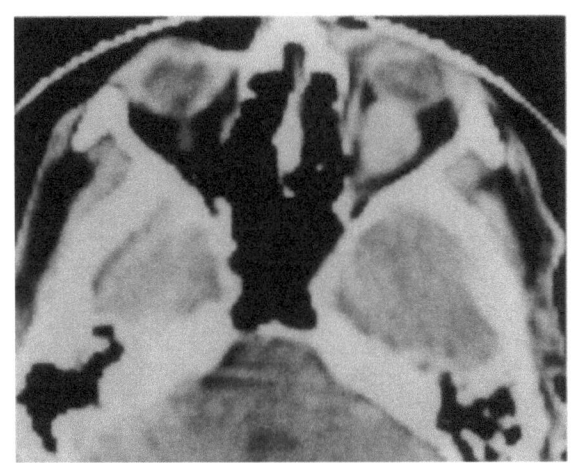

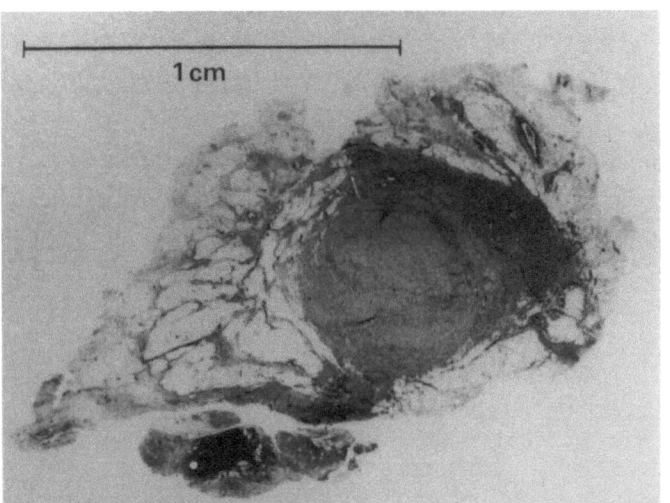

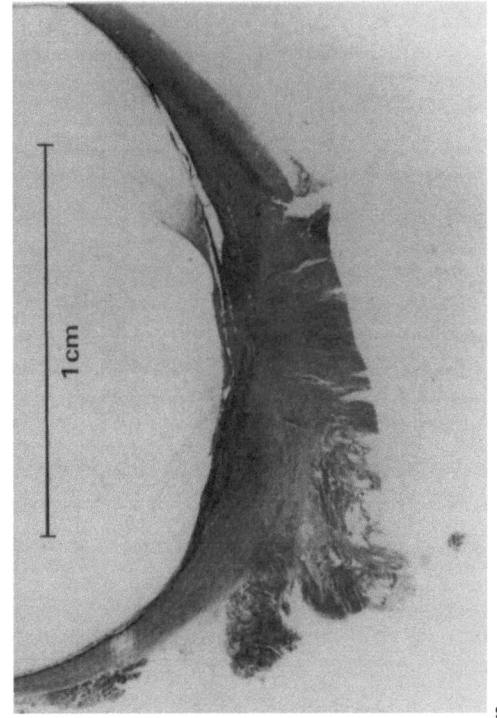

lich. Dies hat manche Untersucher zu übertriebenen Einschätzungen der echographischen Differenzierungsmöglichkeiten verleitet, die inzwischen eindeutig widerlegt sind (s. Kap. 2.7.3; auch Findl et al. 1983). Wellenlänge und Auflösungsvermögen der Echographie entsprechen dem Gewebsbild bei Lupen-Vergrößerung, nicht dem zytologischen Bild. Faserzüge, Zell*gruppen*, Gefäße, Verkalkungen und Nekrosen bestimmen Zahl und Amplituden der Strukturechos eines Tumors; die histologische Zellart (z.B. Spindelzell- oder Epitheloidzell-Melanom) ist daraus *nicht* zu erkennen (Hodes u. Chromokos 1977).

Leider wird den Echogrammen in Veröffentlichungen mitunter ein lichtmikroskopisches Gewebsbild gegenübergestellt und zugeordnet, das mit einer um Größenordnungen stärkeren Vergrößerung gewonnen wurde. Das führt dann zu abwegigen Interpretationen. Gute Kenntnis der vielfältigen histologischen Bilder innerhalb einer histopathologischen Diagnose schützt den Ultraschalldiagnostiker vor voreiligen Interpretationen bezüglich der Art des vorliegenden Gewebes.

Es gibt sehr homogen gebaute epitheloidzellige Melanome und solche, die viele Gefäße, Bindegewebssepten, Blutungen und Nekrosen enthalten, was zu deutlich unterschiedlichen Echogrammen führt. Retinoblastome können lupenmikroskopisch sehr verschieden aufgebaut sein (z.B. mit und ohne Verkalkungen) und daher sehr verschiedene Echogramme reflektieren.

So gibt es zwar „typische" echographische Befunde, die mit hoher Wahrscheinlichkeit (und im Zusammenhang mit den übrigen Untersuchungsergebnissen) auf eine bestimmte Gewebsart bzw. histologische Diagnose *hin*weisen – *be*weisend sind sie aber nicht. Die „typischen", sehr intensiven Strukturechos der Retinoblastome z.B. stammen von den Verkalkungen; diese können aber einerseits bei Retinoblastomen fehlen, andererseits auch bei gutartigen (entzündlichen) Herden vorhanden sein.

Zur Aussagesicherheit der Echographie beim Tumornachweis und bei der Differenzierung der Tumorart sind viele Publikationen erschienen (Siduo-Kongreßberichte). Die höchsten Prozentsätze sind nicht immer Ausdruck der besten echographischen Technik. Prüft man, ob in einer Serie ophthalmoskopisch gut sichtbarer, deutlich prominenter intraokularer Melanome des hinteren Bulbusabschnittes auch die echographische Tumordarstellung gelingt (Hodes u. Chromokos 1977), so wird man leicht fast 100% Nachweissicherheit erreichen. Analysiert man dagegen die echographischen *und histologischen* Befunde einer Serie von Augen, bei denen wegen getrübter Medien eine ophthalmoskopische Untersuchung nicht mehr möglich war, so werden die Möglichkeiten, aber auch die Grenzen der Methode weit besser sichtbar.

Ein verantwortungsbewußter Untersucher wird stets zunächst beschreiben, was *echographisch* sicher ausgesagt werden kann (z.B.: Herd soliden Gewebes nasal der Papille, 4 mm prominent, seitliche Ausdehnung ca. 8 × 15 mm, echographisch kein Anhalt für Sklera-Einbruch oder -Durchbruch). Die Gesamtbeurteilung wird er aber auf das Ergebnis *aller* Untersuchungen stützen (Lebensalter des Patienten, Anamnese, klinisches und ophthalmoskopisches Bild, Diaphanoskopie, Fluoreszenzangiographie etc.); erst daraus ergibt sich die Diagnose (z.B. Melanom). Auf die Grenzen auch der besten klinischen und echographischen Diagnostik haben Henke et al. (1986) eindringlich hingewiesen. In 2 Fällen mit Phthisis, rezidivierenden Entzündungen und intraokularen Verknöcherungen wurden histologisch nekrotisierende Melanome gefunden. Daher gilt weiterhin, daß blinde Augen enukleiert werden müssen, wenn sie Symptome (Entzündung, Sekundärglaukom) verursachen und echographisch kein *sicherer* Tumorausschluß möglich ist.

Bei der Bewertung echographischer Befunde sind die Nachweisgrenzen zu beachten. Ergibt sich echographisch kein Anhalt für einen Sklera-Einbruch oder -Durchbruch, so schließt das eine nur mikroskopisch erkennbare Infiltration entlang eines die Sklera durchdringenden Gefäßes oder Nerven *nicht* aus (Noble u. Marsh 1984).

Ein 1 mm prominenter Tumor im *hinteren Bulbusabschnitt* (bei sonst regelrechtem Augenbefund) muß dagegen in jedem Fall bei sorgfältiger echographischer Untersuchung gefunden werden; im Ziliarkörperbereich ist das weniger sicher (insbesondere, wenn die echographische Darstellung der Region von der *gegenüberliegenden* Bulbuswand her – also transbulbär – nicht möglich ist.

Die Kontrolle der Tumorgröße ist bei konservativ behandelten oder zunächst nur unter Beobachtung stehenden Tumoren von besonderer Bedeutung, um die Rückbildung und eventuell neues Wachstum zu erkennen (Kap. 2.7.3). Die Echographie hat dabei auch dann großen Wert, wenn der Tumor ophthalmoskopisch gut zu sehen ist (Char et al. 1980). Ein Einbruch in die Orbita (bei kaum veränderter Größe des intraokularen Tumoranteils) kann damit zuerst nachgewiesen werden (s. Kap. 2.7.2, Abb. 13). Der Einbruch eines Orbitatumors in den Bulbus ist sehr selten; reaktive Gewebshyperplasien können einen solchen Einbruch vortäuschen (Abb. 2.7-1).

Literatur

Auf die zahlreichen klinischen und experimentellen Beiträge in den SIDUO-Kongreßberichten (s. Kap. 1.1, Literatur) sei ausdrücklich hingewiesen. Nachfolgend können nur einzelne Publikationen hervorgehoben werden.

Buschmann W, Hauff D (1967) Results of diagnostic ultrasonography in ophthalmology. Am J Ophthalmol 63:926–933

Char DH, Stone RD, Irvine AR, Crawford JB, Hilton GF, Lonn LI, Schwartz A (1980) Diagnostic modalities in choroidal melanoma. Am J Ophthalmol 89:223–230

Coleman DJ (1972) Reliability of ocular and orbital diagnosis with B-scan ultrasound. Part I: Ocular diagnosis. Am J Ophthalmol 73:501–516

Coleman DJ, Abramson DH, Jack RL, Franzen LA (1974) Ultrasonic diagnosis of tumors of the choroid. Arch Ophthalmol 91:344–354

Findl ML, Zakka K, Kerman BM, Foos RY (1984) Ultrasonographic characteristics in prediction of cell type in choroidal malignant melanoma. In: Hillman JS, LeMay MM (eds) Ophthalmic ultrasonography, Siduo IX, Doc Ophthalmol Proc Ser 38. Junk, The Hague Boston Lancaster, pp 37–42

Henke V, Philip W, Naumann GOH (1986) Intraokulare Verknöcherungen bei klinisch unerwarteten malignen Melanomen der Uvea und bei Phthisis bulbi. Klin Monatsbl Augenheilkd 189:243–246

Hodes BL, Chromokos E (1977) Standardized A-scan echographic diagnosis of choroidal malignant melanomas. Arch Ophthalmol 95:593–597

Irvine AR, Stone RD (1981) An ultrasonographic study of early buckle height after sponge explants. Am J Ophthalmol 92:403–406

Noble JL, Marsh JB (1984) An analysis of 30 cases of proven malignant melanoma of the choroid: ultrasonographic and histological findings. In: Hillman JS, LeMay MM (eds) Ophthalmic ultrasonography. Siduo IX, Doc Ophthalmol Proc Ser 38. Junk, The Hague Boston Lancaster, pp 29–36

Oksala A (1974) The influence of ultrasonic diagnosis on clinical ophthalmological examinations. In: Vlieger M De, White DN, McCready VR (eds) Ultrasonics in medicine, Excerpta Medica, Amsterdam, pp 123–126

Poujol J, LeRoy M (1984) Echographic modifications of the choroid in its tumours and pseudo-tumours. In: Hillman JS, LeMay MM (eds) Ophthalmic ultrasonography. Siduo IX, Doc Ophthal Proc Ser 38. Junk, The Hague Boston Lancaster, pp 57–62

Ulrich C, Lommatzsch P, Buschmann W, Ulrich W-D (1968) Ergebnisse bei der Kombination von Ultraschall-Echographie und Radiophosphortest bei der Diagnostik intraokularer Tumoren. Siduo II. Acta Facultatis Medicae Universitatis Brunensis 35:313–316

2.7.1 Untersuchungstechnik bei tumorverdächtigen intraokularen Herden

W. BUSCHMANN

Empfohlene Untersuchungstechnik

Die Grundlagen der Untersuchungstechnik sind in Kapitel 1.4.2 beschrieben. Die Verwendung einer *meßtechnisch überprüften* Gerät-Schallkopf-Kombination ist bei Tumorverdachtsfällen besonders wichtig (s. Kap. 10)! Außerdem:

1. *Selbst* ophthalmoskopieren (falls optischer Einblick möglich).
2. *Abtasttechnik*: B-Bild, ergänzend unbedingt A-Bild.
3. *Arbeitsfrequenz*: 10–12 MHz.
4. *Einzustellende Gesamtempfindlichkeit*: *Mindestens* 2 Einstellungen; zuerst $\Delta V(W38) = 65-67$ dB.
5. *Ankoppelung*: Kontaktankoppelung (reichlich Methocel!); für vordere Abschnitte einschließlich Ziliarkörperbereich: Wasserbadankoppelung.
6. *Nachweis und Lokalisation eines tumorverdächtigen Herdes*: *Gesamten* Bulbus abtasten, auch bei Blickwendung zur Seite. Horizontal- (=Transversal-), Vertikal- (=Sagittal-) und Meridional-Schnittebenen;
Herd unbedingt auch mit Schnittebenen *außerhalb* der Linse darstellen, daher auch gegenüber der optischen Achse geneigte Ebenen verwenden.
B-Bild*serie* aus dem Herdgebiet dokumentieren; außerdem A-Bildserie.
7. *Herdstruktur, Aderhaut-„Exkavation", Sklera-Einbruch oder -Durchbruch*: Zweite B-Bildserie vom Herdgebiet mit *herabgesetzter* Empfindlichkeit aufnehmen, $\Delta V(W38) = 45-50$ dB; außerdem A-Bildserie. Bei Bedarf weitere Empfindlichkeitseinstellungen verwenden.
8. *Amplitudenbeurteilungen (quantitativ)*:
   - *Maximale* Amplitude des Herd*oberflächen*echos (Oberfläche *senkrecht* getroffen) im A-Bild mit der Echointensität der normalen Netzhaut vergleichen (s. Tabelle 1.4.2-1 u. Kap. 2.6).
   - Amplituden der Herd*struktur*echos im A-Bild beurteilen [$\Delta V(W38)$]. Sind sie hoch/mittel/niedrig, gleichförmig (=homogen) oder ungleichförmig (inhomogener Aufbau) (=„Reflektivität").
   - Amplituden*abnahme* der Herdstrukturechos mit zunehmender Tiefe *im Herd* beurteilen (=Schallschwächung im Herd), im A- und B-Bild (mit möglichst hoher Frequenz!).
   - Amplitudenabnahme der Echos von Geweben *hinter* dem tumorverdächtigen Herd beurteilen (Sklera, orbitales Fett), im Vergleich mit herdfreien Untersuchungsrichtungen (Schallschatten, B-Bild und A-Bild; möglichst hohe Frequenz!).
   - Amplituden*schwankungen* einzelner Herdstrukturechos beachten; pulssynchron bei unveränderter Blickrichtung und Schallkopfposition (A-Bild).
   - Amplituden- und Positions*änderungen* des Herdoberflächenechos und/oder der Herdstrukturechos *nach Blickbewegung und Rückkehr zum vorigen Fixationspunkt* (Fixiermarke an der Decke des Untersuchungsraumes!) beurteilen bei unveränderter Schallkopfposition (B-Bild *und* A-Bild) (=Beweglichkeit der echoreflektierenden Strukturen).

Nachweis, Lokalisation und Größenbestimmung eines Herdes

Man beginnt wegen der besseren Übersicht stets mit dem B-Bild. Die echographische Untersuchung von Herden der *vorderen Uvea* ist in Kap. 2.4 beschrieben. Auch für die Darstellung der Ziliarkörperregion ist oft die Vorschaltung eines Wasserbades nötig. Das Echo der schallkopfnahen Bulbuswand überlagert dabei jedoch das Ziliarkörpergebiet, so daß nur größere Tumoren *hinter* der schallkopfnahen Bulbuswand nachgewiesen werden können. Vorteilhafter ist es stets, – wenn irgend möglich – *transbulbär* von der gegenüberliegenden Seite des Bulbus her zu untersuchen. Dann liegt das verdächtige Aderhaut- oder Ziliarkörpergebiet *vor* der schallkopf*fernen* Sklera, und tumoröse Veränderungen sind schon ab etwa 0,7 mm Prominenz echographisch darstellbar. Blickwendung zur Seite des Herdes und Flachstielschallköpfe, die unter das Lid eingeführt werden können (s. Kap. 1.4 und 7) sind dabei äußerst hilfreich. Entsprechend flache Schallköpfe stehen leider bisher nur für das A-System zur Verfügung.

Tumorverdächtige Herde des *hinteren* Bulbusabschnittes werden mit Kontaktankopplung aufgesucht. Unter Schwenkung in kleinen Schritten werden Horizontal-(Transversal-) und Vertikal-(Sagittal-)Schnittserien-Echogramme registriert. Diese hohe Gesamtempfindlichkeit dient vor allem der Erkennung des *soliden* Gewebes im Herdbereich (Strukturechos), also der Differenzierung von serösen Abhebungen. *Ergänzende* A-Bildserien in Herdrichtung (bei gleicher Frequenz und Empfindlichkeit) sind zur besseren Beurteilung der Echoamplituden (und etwaiger Amplituden- und Positionsänderungen) unerläßlich.

Dann folgt eine zweite Echogrammserie (B-Bild und A-Bild), die mit *mittlerer* Gesamtempfindlichkeit (ΔV W38 = 45–50 dB) aufgenommen wird. Schichtentrennungen werden besser sichtbar, eine Sklera-Infiltration oder eine (tumoröse) Erweiterung des Tenonschen Raumes kann nun besser beurteilt werden. Oft muß dafür die Empfindlichkeit stufenweise noch weiter herabgesetzt werden. Stets ist die Lage zu normalen Strukturen (Papille, Muskelansätze, Ora) zu klären.

In der Tumordiagnostik ist die Verwendung eines B-Bild-Gerätes unverzichtbar geworden – bei alleiniger Benutzung der A-Bild-Echographie ist das Risiko, einen kleinen Tumor zu übersehen, unvertretbar hoch (insbesondere bei Vorliegen einer Begleitablatio oder anderer zusätzlicher Veränderungen).

Quantitative Beurteilung der Echoamplituden

Durch Einstellung der Empfindlichkeitswerte, bei welchen die Herdoberflächen- bzw. Herd*struktur*echos 10 mm Amplitudenhöhe am Bildschirm erreichen, erhält man einen *vergleichbaren* Amplitudenwert (= Differenz in dB zum 10 mm-Testecho des Reflektors W38, s. Kap. 10).

Beispiel. Der benutzte Schallkopf liefert mit dem vorhandenen Gerät ein 10 mm hohes Echo des Testreflektors W38 bei Einstellung des dB-Reglers am Gerät (Skala) auf 72 dB. Die Oberfläche des verdächtigen Herdes liefert ein 10 mm hohes Echo (bei sorgfältiger Justierung des Schallkopfes auf maximale Echoamplitude) bei Einstellung des Gerätereglers auf 44 dB: ΔV W38 = 72 − 44 = 28 dB, das entspricht der Netzhautoberflächen-Echointensität. Die Strukturechos *im* Herd haben eine Amplitudenhöhe von ca. 10 mm bei Einstellung des Reglers auf 30 dB. Amplitudendifferenz zum Testreflektor (ΔV W38 = 72 − 30 = 42 dB). Die Strukturechos haben somit eine recht niedrige durchschnittliche Amplitudenhöhe, wie man sie bei homogen gebauten Melanoblastomen (aber auch bei einigen metastatischen Tumoren und bei verkalkungs*freien* Retinoblastomen) findet. Aussagefähig ist nur der Mittelwert aus einer Serie von Strukturamplituden-Messungen; in benachbarten Untersuchungsrichtungen können sich (infolge unterschiedlicher histologischer Struktur) deutlich abweichende Werte ergeben.

Diese auf das Testecho eines gut definierten Reflektors bezogenen Amplitudenangaben entsprechen der IEC-Meßvorschrift 854 (s. Kap. 10) und gelten für *alle* Ultraschallgeräte und Verstärkerarten (lineare, logarithmische oder S-förmige Kennlinie). Das ist ein wesentlicher Vorteil gegenüber den von manchen Autoren benutzten Prozentangaben der Amplitudenhöhe am Bildschirm, die jeweils nur für das eigene Gerät des Autors gelten (oder für Geräte mit völlig identischen Eigenschaften, die es aber auch innerhalb einer Geräteserie kaum gibt!).

Die Streuungen der Struktur-Echoamplituden vieler Tumorarten überlappen sich, so daß aus den Amplitudenwerten *allein* im Einzelfall meist *keine* sichere Diagnose der Tumorart abzuleiten ist. Das gilt auch für den Amplitudenabfall im Tumor mit zunehmender Gewebstiefe (s. Kap. 2.7.3, 3.1.3, 3.3.3 und 4.1). Dieser wird – will man *vergleichbare* Werte bieten – in dB/cm angegeben (unter Nennung der *Arbeits*frequenz des Schallkopfes (s. Kap. 8.2 und 10) und *nicht* in Winkelgraden (sog. „Winkel Kappa"); letztere hätten nur für das individuelle Gerät des jeweiligen Autors und für die damit benutzten Reglereinstellungen (z.B. Maßstabdehnung!) Gültigkeit.

Der Amplitudenabfall im Tumorgewebe kann außerdem nur durch (elektronische) Mittelung einer größeren Anzahl von Echogrammen einiger-

7200 MA, SK M10 5F 25

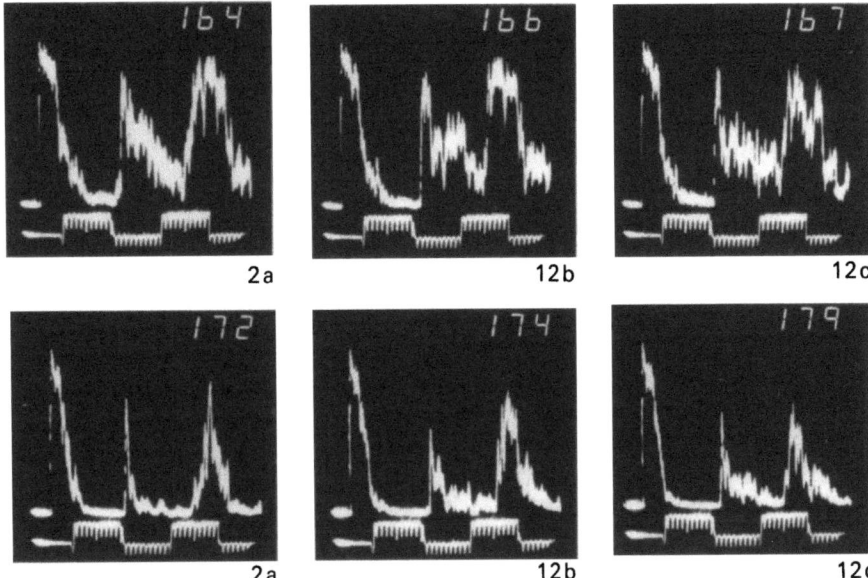

Abb. 2.7.1-1 (Buschmann). Intraokulares Melanoblastom. Bei unterschiedlichen Untersuchungsrichtungen zeigt sich eine sehr verschieden ausgeprägte Abnahme der Herdstruktur-Echoamplituden mit zunehmender Gewebstiefe. Das gilt sowohl bei hoher Gesamtempfindlichkeitseinstellung ($\Delta V W 38 = 66$ dB, obere Reihe) als auch bei herabgesetzter Empfindlichkeit ($\Delta V W 38 = 53$ dB, untere Reihe). Gerät 7200 MA, Schallkopf-Arbeitsfrequenz 9,3 MHz

maßen sicher ermittelt werden. Änderungen der Schallbündelrichtung können diesen ganz verschieden erscheinen lassen (Abb. 2.7.1-1). Der Nutzen für die Gewebedifferenzierung ist daher (ohne computergestützte Verfahren) sehr begrenzt (s. Kap. 2.7 und 2.7.3).

Die Schallschwächung in solidem (Tumor-)Gewebe verursacht einen „*Schallschatteneffekt*" – die Echoamplituden aus den Geweben *hinter* dem soliden Herd sind schwächer als aus herdfreien Untersuchungsrichtungen (z.B. Skleraecho, Echos des orbitalen Fettgewebes). Seröse Abhebungen und *frische* Blutungen verursachen dagegen in der Regel keine meßbare Schallschwächung, was zur echographischen Differenzierung beitragen kann (Baum 1975). Ältere, geronnene und organisierte Blutungen können dagegen eine ebenso deutliche Schallschwächung verursachen wie Tumoren.

Die unterschiedliche Schallschwächung (Schallschatteneffekt) ist bei höheren Frequenzen (wf = 12–15 MHz) weitaus besser zu erkennen als bei 8–10 MHz. Bei allen Amplitudenbeurteilungen ist zu beachten, ob etwa eine erhöhte Schallschwächung im Gebiet zwischen Schallkopf und interessierender Struktur vorliegt (also z.B. eine organisierte Glaskörpereinblutung vor einem fraglichen Aderhauttumor). Auch die Linse des Auges verursacht eine deutliche Schallschwächung (insbesondere bei hohen Arbeitsfrequenzen, s. Kap. 8.10) und dadurch eine Minderung der Amplitudenhöhe der Echos tieferliegender Strukturen im Vergleich zu Untersuchungsrichtungen, bei denen die Linse nicht im Schallfeld liegt.

Amplitudenbeurteilungen erfordern die gründliche Kenntnis der möglichen ultraschallphysikalischen Ursachen. Die Amplitude des Skleraechos hinter einem tumorverdächtigen Herd kann bei meßtechnisch überprüften, gleichen Daten und Einstellungen des Gerätes gegenüber dem durchschnittlichen Normwert bzw. dem am anderen Auge des Patienten gemessenen Wert z.B. aus folgenden Gründen herabgesetzt sein: schlechte Ankopplung (Koppelflüssigkeit fehlt); schlechte Schallkopfjustierung (Reflexionswinkel); Linse oder andere schallabsorbierende (pathologische) Gewebe im Schallfeld vor der Sklera (Schallschwächung); pathologische Veränderung der Skleraninnenfläche durch Tumoreinbruch (Form und Reflexionsfaktor beeinflussen die Echointensität).

Beurteilung der Beweglichkeit echoreflektierender Strukturen

Der Patient fixiert (mit dem 2. Auge) ein stillstehendes Objekt (z.B. Fixiermarke an der Decke des Untersuchungsraumes). Im B-Bild wird das Echogramm am Bildschirm beobachtet, während der Patient eine Blickbewegung zu einem 2. Objekt hin macht und sofort danach wieder das vorherige (1.) Objekt fixiert. Solide (Tumor-)Gewebe zeigen – bei unveränderter Schallkopflage – sofort wieder das vorherige Echogramm. Bei einer serösen Abhebung mit kleinen Zellkonglomeraten in der subretinalen Flüssigkeit kommt es dagegen zu ausgeprägten, teils bleibenden Positions- und Amplitudenänderungen der Strukturechos; eventuell auch zu einer schwappenden (peitschenschnurartigen) Bewegung der abgehobenen Netzhaut. Im ergänzenden A-Bild sind Amplitudenänderungen besser zu erkennen. In manchen Tumoren (z.B. einem Teil der Melanoblastome) sieht man – bei stillstehendem Auge des Patienten und ruhig gehaltenem Schallkopf – pulssynchrone Amplitudenschwankungen *einzelner* Strukturechos. Diese korrelieren *nicht* mit dem histologisch nachweisbaren Gefäßgehalt des Tumors (Bigar 1984). Sie wurden vor allem bei Melanoblastomen beschrieben, sind aber auch bei anderen vaskularisierten Tumoren beobachtet worden.

Die von Tristam et al. (1986) beschriebene rechnergestützte Methode (Korrelation von Paaren digitalisierter A-Bilder, die in geeignetem Zeitabstand aufgenommen wurden und aus B-Bildern am Schirm ausgewählt sind) erlaubt eine wesentlich verbesserte Auswertung von Gewebebewegungen. In der Ophthalmologie wurde sie bisher noch nicht eingesetzt.

Weiterführende Gewebedifferenzierung

Mit der vorstehend beschriebenen, bisher routinemäßig angewendeten Beurteilung anhand der Amplituden und Positionen der Echos werden die in den Echos enthaltenen Informationen nur zum Teil genutzt. Weitergehende diagnostische Rückschlüsse – insbesondere Fortschritte in der Gewebedifferenzierung – sind von der Auswertung von Frequenzspektrum, Phasenlage und Amplituden mittels rechnergestützter Verfahren zu erwarten (s. Kap. 5).

Einfluß gerätetechnischer Parameter auf Tumorechogramme

Eine zusammenfassende Darstellung wird in Kap. 10.2 gegeben. Der Einfluß der eingestellten Empfindlichkeit von Gerät und Schallkopf auf die Diagnostische Sicherheit wurde schon früh erkannt (Buschmann 1964; Abb. 2.7.1-2 und 3). Dies hatte besondere Bedeutung, weil viele Geräte und Schallköpfe zunächst gar nicht die für eine sichere Tumordiagnostik erforderlichen Empfindlichkeitswerte erreichten (mit dem Risiko, durch unterschwellig bleibende Strukturechos fälschlich seröse Abhebungen zu diagnostizieren; s. Abb. 2.7.1-2). Auch heute werden mitunter einzelne zu leistungsschwache Geräte oder Schallköpfe in den Verkehr gebracht – eine meßtechnische Prüfung mit einfachen Mitteln muß auch deshalb jeder Benutzer vornehmen (s. Kap. 10).

Nachdem es möglich wurde, die Arbeitsfrequenz mit einfachen Mitteln nachzumessen, konnten die Auswirkungen von Veränderungen der Empfindlichkeit und der Frequenz getrennt analysiert werden (Abb. 2.7.1-4). Zuvor wurden mitunter Veränderungen in den Echogrammen als fre-

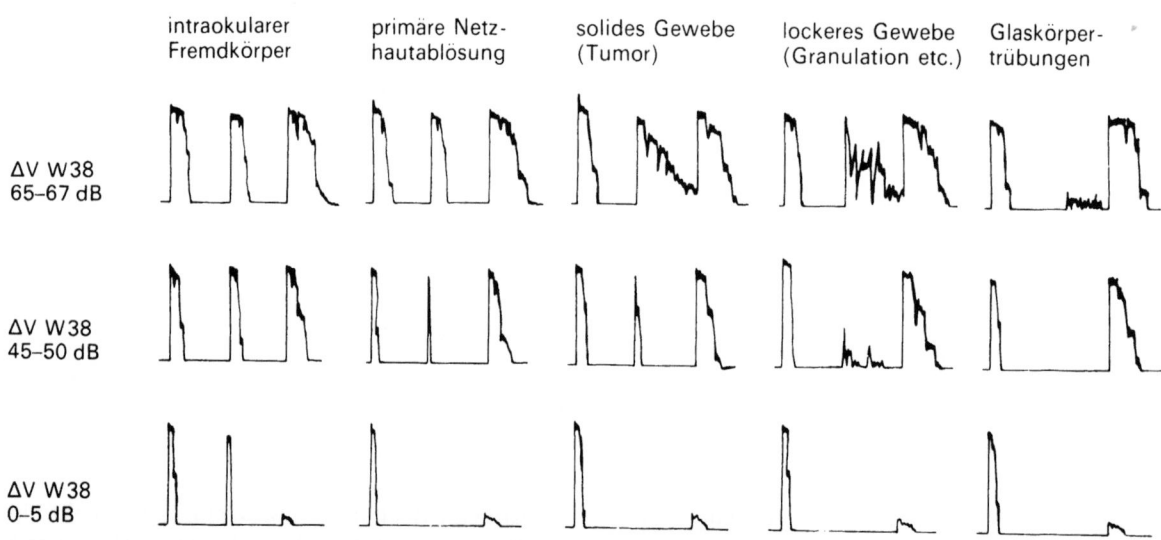

Abb. 2.7.1-2 (Buschmann). Schema der typischen Echogramme und ihrer von der Gesamtempfindlichkeit abhängigen Veränderungen. Bei inhomogen strukturierten Tumoren (z.B. Mamma-Karzinommetastasen) und bei alten, organisierten Netzhautablösungen erscheinen auch bei herabgesetzter Empfindlichkeit (*mittlere Reihe*) Echos aus dem subretinalen Gewebe

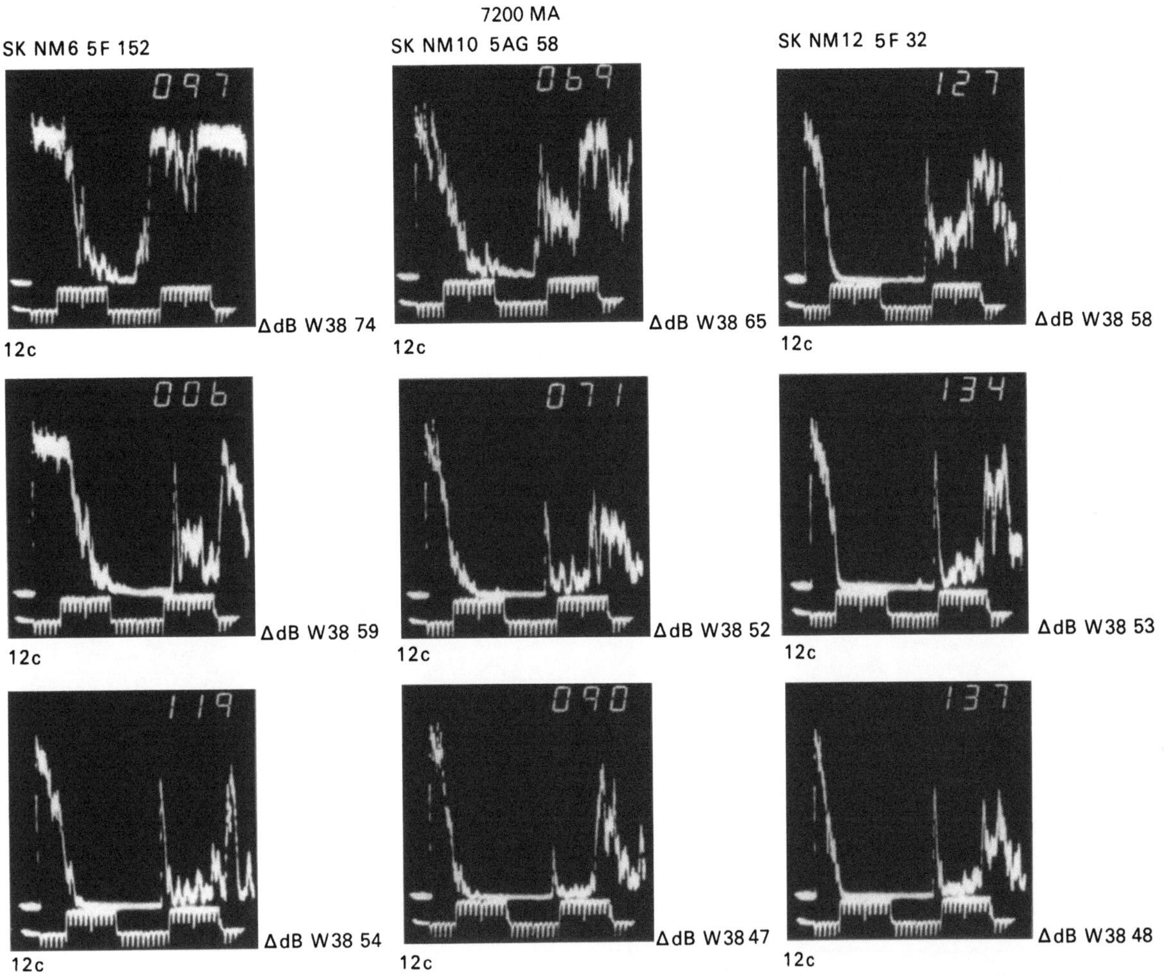

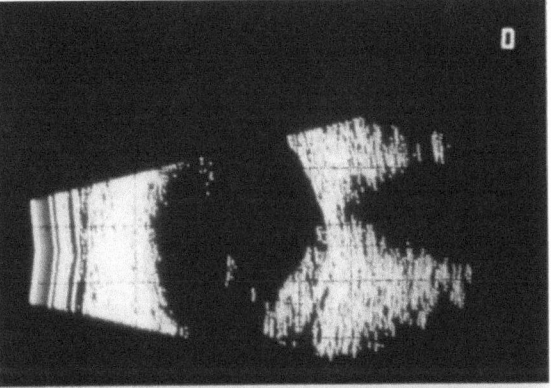
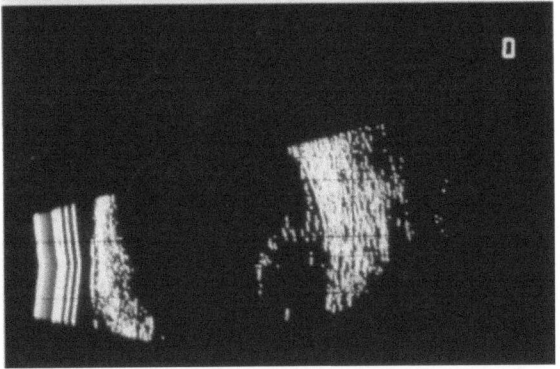

Abb. 2.7.1-3a, b (Buschmann). Intraokulares Melanoblastom

a A-Bild-Echogramme bei verschiedenen Frequenzen. Untersucht mit Gerät 7200 MA und 3 Schallköpfen unterschiedlicher Arbeitsfrequenz. *1. vertikale Reihe*: 6 MHz-Schallkopf (wf=6,2 MHz); *2. vertikale Reihe*: 10 MHz-Schallkopf (wf=10,8 MHz); *3. vertikale Reihe*: 12 MHz-Schallkopf (wf=10,7 MHz). Es wurde angestrebt, stets mit gleicher Position des Schallkopfes und gleicher Richtung des Schallbündels zu untersuchen. Die horizontalen Reihen zeigen teilweise stark unterschiedliche Echoamplituden aus dem Herdgebiet. Jedoch sind diese nicht direkt frequenzbedingt, sondern auf die (bei den einzelnen Frequenzen unterschiedliche) Gesamtempfindlichkeit zurückzuführen. Vergleicht man Echogramme, die mit gleicher oder ähnlicher Gesamtempfindlichkeit (ΔV W38!) aufgenommen wurden, so entsprechen sich die i.o. Tumor-Echogramme hier (auch bei unterschiedlicher Arbeitsfrequenz!) weitgehend; so z.B. Nr. 006 (*Mitte links*) und Nr. 127 (*oben rechts*)

b B-Bild-Echogramme desselben Tumors für verschiedene Frequenzen. Gerät Ocuscan 400. *Oberes Teilbild*: Arbeitsfrequenz 9,7 MHz, Empfindlichkeit ΔV(W38)=52 dB. *Unteres Teilbild*: Arbeitsfrequenz 13 MHz, Empfindlichkeit ΔV(W38)=39 dB

146 Erkrankungen des Augapfels aus echographischer Sicht

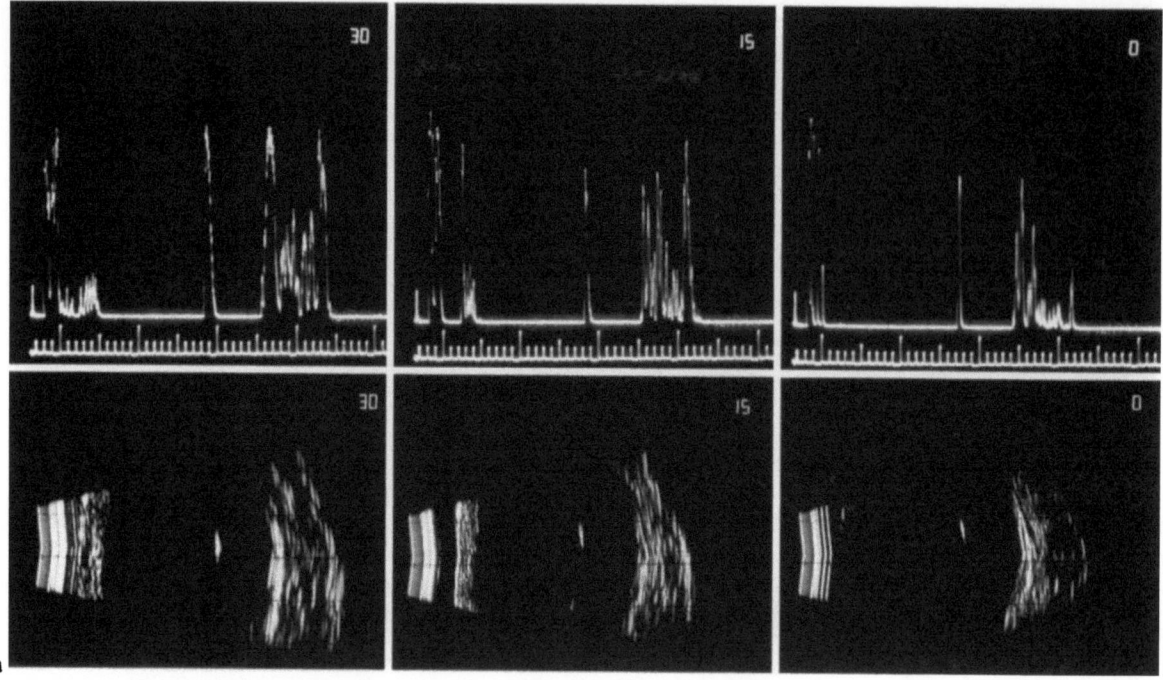

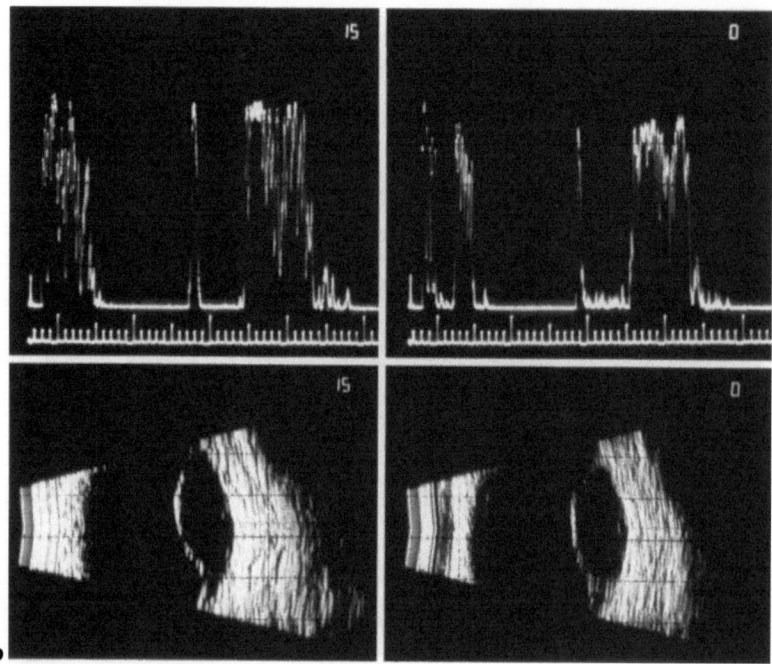

Abb. 2.7.1-4

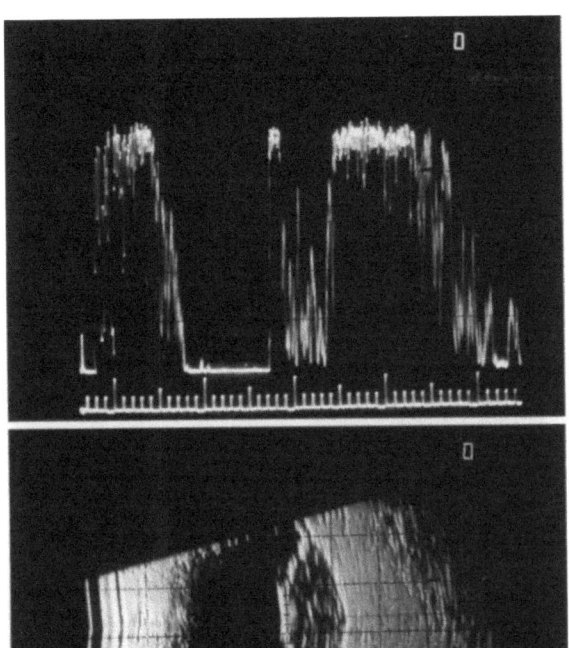
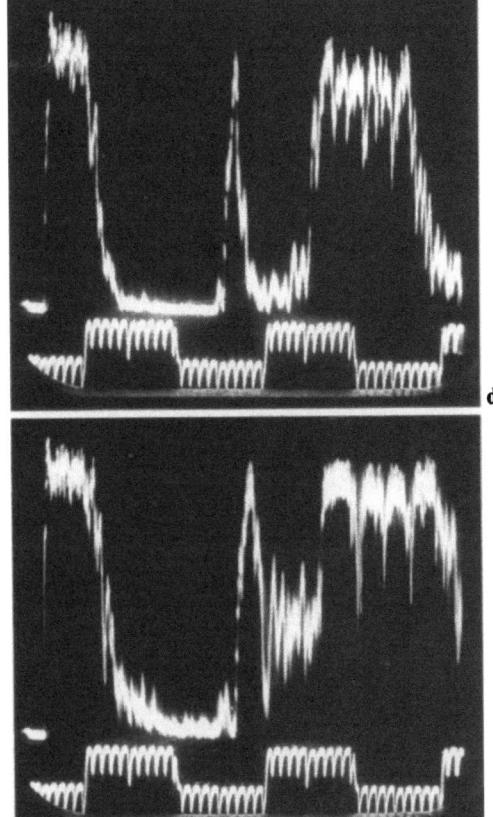

Abb. 2.7.1-4a–e (Buschmann). Intraokulares Melanoblastom in allen Teilbildern mit möglichst gleicher Untersuchungsrichtung dargestellt; Gerät Ocuscan 400, Schallköpfe mit 5, 10 und 15 MHz Nennfrequenz (Arbeitsfrequenz 4,9, 9,7 und 13 MHz)

a Gesamtempfindlichkeit $\Delta V(W38) = 39$ dB in allen dargestellten A- und B-Bild-Echogrammen. Vertikale Reihen: *Links:* Im A- und B-Bild Arbeitsfrequenz 4,9 MHz. *Mitte:* A- und B-Bild mit 9,7 MHz. *Rechts:* A- und B-Bild mit 13 MHz. Die rechts oben in den Echogrammen sichtbaren Zahlen zeigen an, wie unterschiedlich der Empfindlichkeitsregler des Gerätes bei den verschiedenen Arbeitsfrequenzen eingestellt werden muß, um gleiche Empfindlichkeitswerte zu erreichen. Bei dieser niedrigen Empfindlichkeit stellt sich im A-Bild bei sorgfältiger Schallkopfjustierung ein hohes Echo der Tumoroberfläche dar. Die Strukturechos aus dem Tumor sind aber zu schwach, deshalb folgt dem Oberflächenecho ein (scheinbar) echofreier Raum bis zur Bulbusrückwand (vgl. Abb. 2.7.1-2, mittlere Reihe). Die orbitalen Fettechos erreichen nur mittlere Amplitudenhöhe. Als frequenzbedingter Unterschied ergibt sich eine deutlich gröber erscheinende Struktur des orbitalen Fetts bei 4,9 MHz (linke Teilbilder). Die höhere Schallschwächung bei 13 MHz (rechte Teilbilder) läßt die orbitalen Fettechos und vor allem die Knochenwand der Orbita mit erheblich schwächeren Echos zur Anzeige gelangen als bei 4,9 und 9,7 MHz

b Gesamtempfindlichkeit in allen Teilbildern um 13 dB höher eingestellt als in **a** ($\Delta V(W38) = 52$ dB). Bei 13 MHz Arbeitsfrequenz stand bei diesem Gerät diese Empfindlichkeit nicht zur Verfügung. Deshalb sind hier nur noch Echogramme abgebildet, die bei 4,9 bzw. 9,7 MHz Arbeitsfrequenz aufgenommen wurden. Bei 4,9 MHz (*linkes Teilbild*) folgt dem Echo der Herdoberfläche, die nunmehr im B-Bild weitaus vollständiger dargestellt ist als in **a**, noch immer ein fast völlig echofrei erscheinender Raum bis zur Sklera. Die orbitalen Fettechos und das Echo der Knochenwand sind wesentlich intensiver als in **a**. Bei 9,7 MHz Arbeitsfrequenz (*rechte Teilbilder*) sind im B-Bild, vor allem aber im A-Bild, doch schon Strukturechos aus dem Tumorgewebe zu sehen. Dies bestätigt, daß höhere Frequenzen grundsätzlich besser geeignet sind, Echos aus der inneren Struktur von Geweben darzustellen – vorausgesetzt, daß bei diesen höheren Frequenzen eine ausreichende Empfindlichkeit zur Verfügung steht

c Eine weitere Erhöhung der eingestellten Empfindlichkeit um nochmals 14 dB [$\Delta V(W38) = 66$ dB] war bei diesem Gerät nur bei Verwendung der Arbeitsfrequenz von 4,9 MHz möglich. Erst bei dieser Empfindlichkeitseinstellung wurde das relativ homogene Gewebe dieses Melanoblastoms im A- und B-Bild eindeutig dargestellt (vgl. auch Abb. 2.7.1-2, obere Reihe)

d Die gleiche Untersuchung mit Gerät 7200 MA und einem Flachstielschallkopf mit 3,5 mm Schwingerdurchmesser und einer Arbeitsfrequenz von 8 MHz. Auch hier zeigen sich bei einer Einstellung der Empfindlichkeit auf $\Delta V(W38) = 60$ dB nur noch sehr niedrige Strukturechos, die bei Herabsetzung der Empfindlichkeit auf 52 dB (entsprechend Abb. 4b) vom Rauschpegel nicht mehr zu unterscheiden wären

e Gleiches Gerät wie in **d**, Empfindlichkeit um 10 dB höher eingestellt [$\Delta V(W38) = 70$ dB]. Auch mit diesem Gerät und Schallkopf wird das relativ homogene Tumorgewebe erst bei dieser hohen Einstellung der Empfindlichkeit (etwa entsprechend Teilbild **c**) gut dargestellt

quenzbedingt angesehen, die in Wahrheit hauptsächlich durch die bei höherer Frequenz niedrigere Empfindlichkeit der Gerät-Schallkopf-Kombination zustandekommen (Coleman u. Lizzi 1977).

Steht die für die Tumordiagnostik erforderliche hohe Gesamtempfindlichkeit (ΔVW38 = 65–67 dB) bei 10 MHz mit der verfügbaren Gerät-Schallkopf-Kombination nicht zur Verfügung, so ist eine Reparatur des Gerätes bzw. ein Austausch des Schallkopfes unumgänglich. Als *Notbehelf* kann man einen Schallkopf mit niedrigerer Arbeitsfrequenz einsetzen, weil bei den meisten handelsüblichen Geräten damit eine höhere Gesamtempfindlichkeit zur Verfügung steht; außerdem ist die Schallschwächung (Dämpfung) in den vorderen Augenabschnitten bei niedrigerer Frequenz geringer, so daß Impuls (und Echo) dort weniger geschwächt werden und daher in der Tiefe (d.h. im Tumorbereich) mehr Schallenergie zur Verfügung steht. Damit gelingt die Darstellung der Echos der inneren Struktur des Tumors dann in der Regel (d.h. die sichere Differenzierung von einer serösen Ablatio). Jedoch ist dieser Weg als Notbehelf anzusehen, denn diagnostisch wesentliche, echographische Kriterien gehen dabei weitgehend verloren – die Schalldämpfung im Tumor und die Schallschattenbildung sind z.B. meist nur bei hohen Frequenzen (10–15 MHz) nachweisbar.

Weitere Einflüsse gehen z.B. aus der Schallfeldgeometrie und der Lage des Tumors zur Fokalzone des Schallkopfes hervor, ferner aus den Verstärkereigenschaften. Der Vergleich von Echogrammen, die mit verschiedenen Geräten und Schallköpfen aufgenommen wurden, ist nur bei einwandfreier Messung und vollständiger Angabe aller in der Diagnostik wesentlichen, gerätetechnischen Parameter möglich und sinnvoll (s. Kap. 8–10).

Literatur

Baum G (1975) Fundamentals of medical ultrasonography. Putnam's Sons, New York, pp 179–180

Bigar F (1987) The role of echography in diagnosis of uveal malignant melanomas. In: Ossoinig KC (ed) Ophthalmic echography. Siduo X. Junk, The Hague Boston Lancaster

Buschmann W (1964) Probleme und Fortschritte der Ultraschalldiagnostik am Auge. Klin Monatsbl Augenheilkd 144: 321–347

Coleman DJ, Lizzi FL (1977) Ultrasonography of the eye and orbit. Lea & Febiger, Philadelphia, pp 228

Tristam M, Barbosa DC, Cosgrove DO, Nassiri DK, Bamber JC, Hill CR (1986) Ultrasonic study of in vivo kinetic characteristics of human tissues. Ultrasound Med Biol 12: 927–937

2.7.2 Melanome, Naevi

W. BUSCHMANN

Klinisches Bild
(Iristumoren s. Kap. 2.4)

Vorausgehende und ergänzende Untersuchungen bei Aderhauttumoren sind in den nachfolgenden Kapiteln beschrieben (Diaphanoskopie: Kap. 2.8.1, Fluoreszenzangiographie: Kap. 2.8.2). Der Radiophosphortest wird wegen der relativ hohen Strahlenbelastung und der hohen diagnostischen Sicherheit der Kombination: Ophthalmoskopie + Ultraschalldiagnostik + Fluoreszenzangiographie praktisch nicht mehr angewendet und deshalb hier nicht näher beschrieben. Die Röntgen-Computertomographie und – derzeit – auch die Kernspintomographie können bisher zur Diagnose intraokularer Melanome keine *zusätzlichen* Informationen liefern und sind daher in der Regel verzichtbar. Bei fehlendem optischen Einblick (und damit fehlender Möglichkeit zur Fluoreszenzangiographie) wird man sie dennoch heranziehen, um schwerwiegende Entscheidungen nicht allein auf das Ergebnis nur einer Spezialuntersuchung (hier: der Echographie) zu stützen.

Bei Aderhautmelanomen ist das ophthalmoskopische Bild oft eindeutig. Dennoch sollte auch in solchen Fällen nie auf die Ultraschalluntersuchung verzichtet werden – große histologische Statistiken zeigen eine relativ hohe Quote unnötiger Enukleationen bei Augen mit ophthalmoskopisch als sicher erscheinenden Melanom-Verdachtsfällen. Mit der Entwicklung der Ultraschalldiagnostik konnte diese Quote wesentlich gesenkt werden (Buschmann et al. 1968). Bei Augen mit schlechtem optischen Einblick ist die Ultraschalluntersuchung erst recht erforderlich (s. Kap. 2.7). Sie kann auch bei klinisch zunächst in ganz andere Richtungen weisenden Befunden und Verläufen den Tumor zweifelsfrei erkennen lassen (Skalka 1978).

Anamnese und klinische Untersuchung müssen klären, ob ein metastatisches Melanom (ausgehend von einem Melanom der Haut) in Betracht zu ziehen ist. Klinisch (und ggf. auch echographisch) ist stets das 2. Auge ebenso sorgfältig zu untersuchen – doppelseitiges Auftreten primärer Melanoblastome kommt ebenso vor wie Metastasierung in das 2. Auge (Naumann 1980; Font et al. 1967; Oosterhuis et al. 1982; Kerman u. Findl 1984).

Pigmentarme (amelanotische) Melanoblastome bereiten in der ophthalmoskopischen und diaphanoskopischen Diagnostik häufig Probleme. Echo-

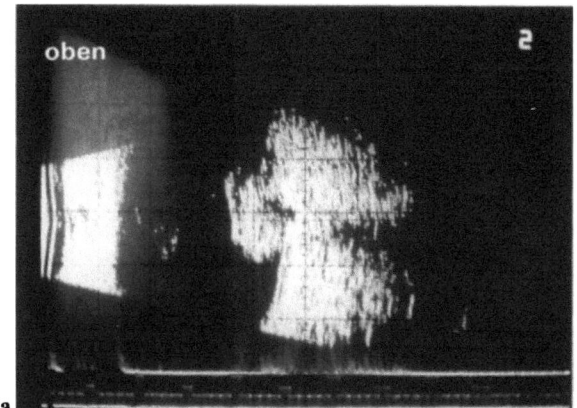
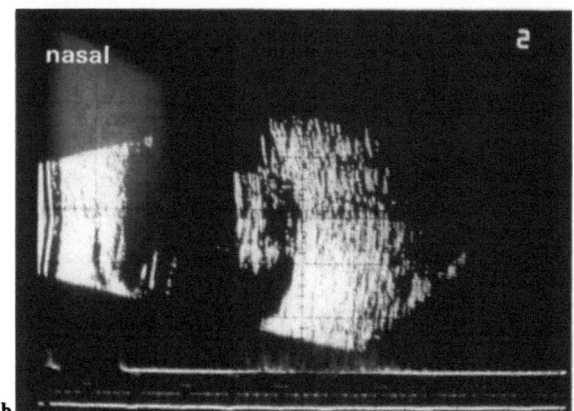
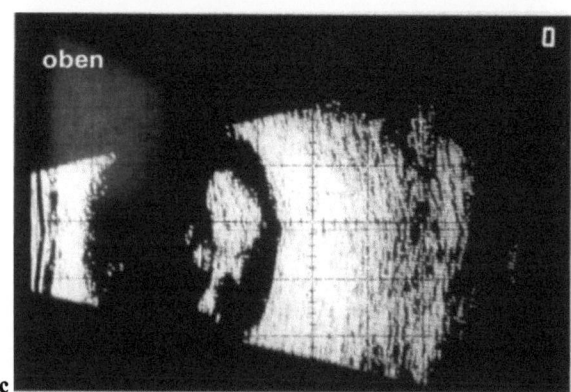
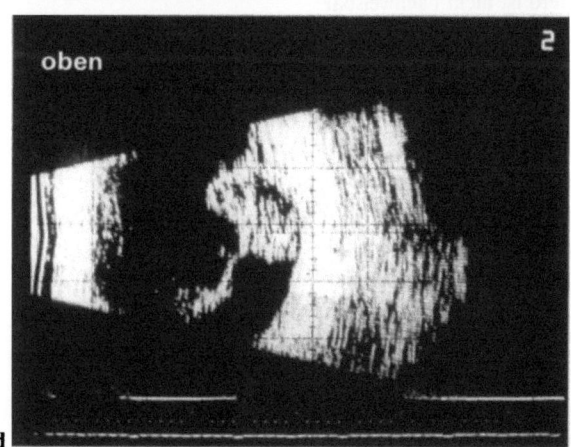
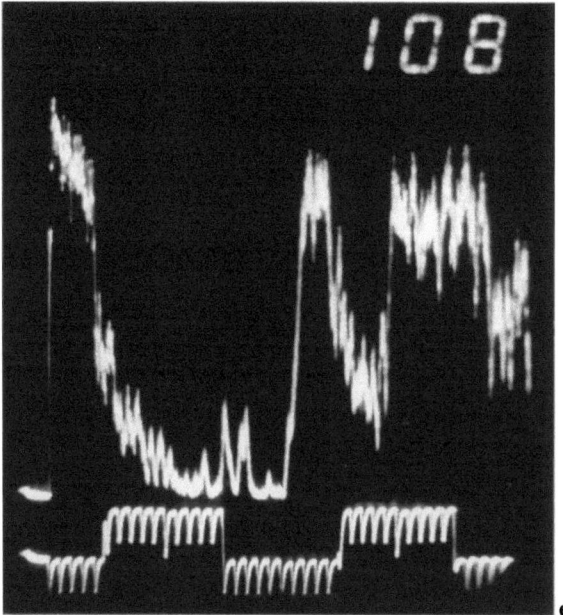
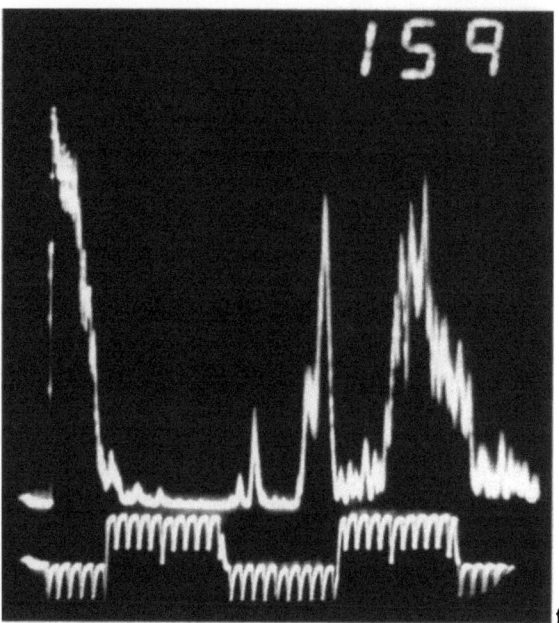

Abb. 2.7.2-1 a–j (Buschmann) (**g–j** s.S. 150). Aderhaut-Melanoblastom; histologisch Spindelzelltyp A–B, ohne Sklerainfiltration, bei kongenitaler Melanose. Ocuscan 400, wf 9,7 MHz, ΔVW38 = 50 dB (**a, b, d**) bzw. = 52 dB (**c**)

a Bei dieser (mittleren) Empfindlichkeit ist die solide Natur des pilzförmigen Herdes bereits zu erkennen (vertikal)

b In anderen Schnittebenen desselben Tumors zeigen sich bei gleicher Geräteeinstellung *scheinbar* echofreie Areale (die Empfindlichkeitseinstellung ist zu gering, um Strukturechos homogen gebauter Tumoranteile zur Darstellung zu bringen). Die „Exkavation" der Aderhaut ist deutlich zu sehen. Keine Sklerainfiltration erkennbar. (Hor. 20° u. unten)

c Der pilzförmige Tumor ist neben dem Stiel getroffen, dadurch sieht man einen soliden Gewebsherd im Glaskörperraum, der – scheinbar – keine Verbindung zur Bulbuswand hat (vertikal, Blick 30° u. unten)

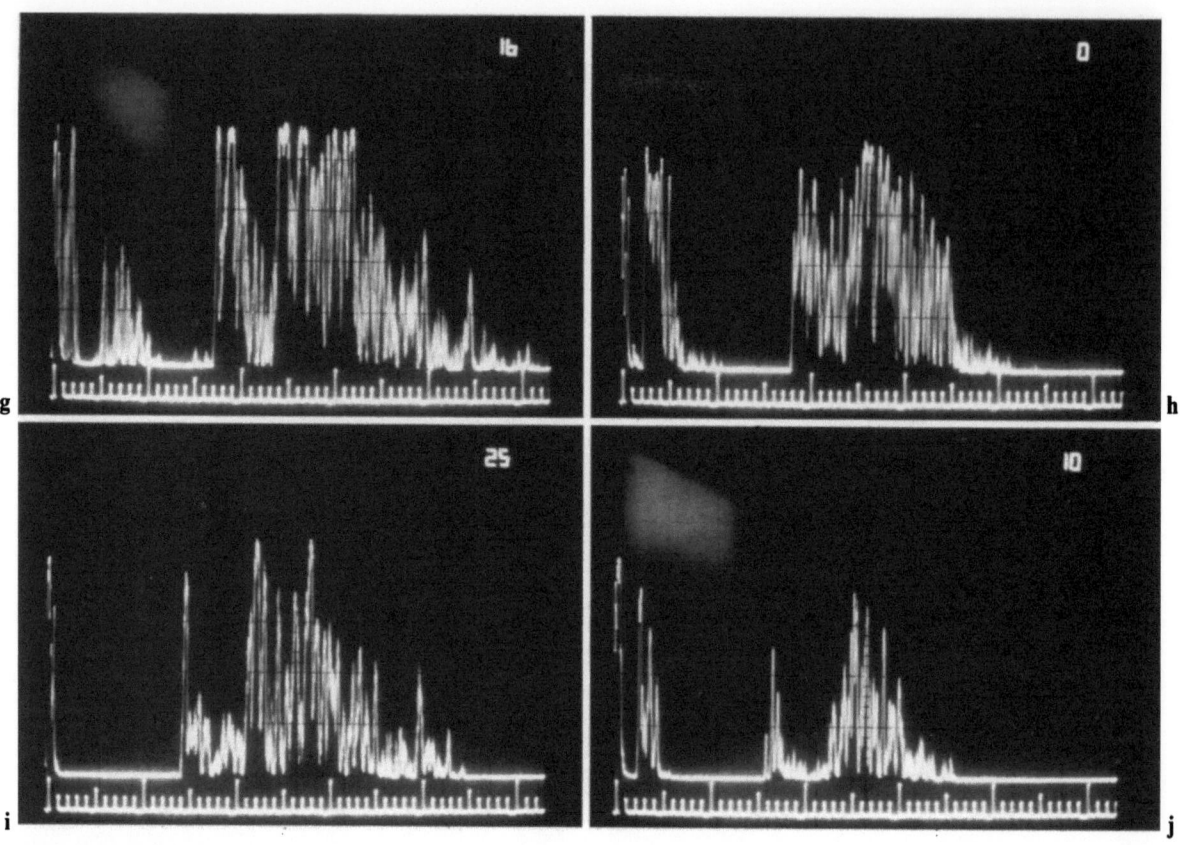

Abb. 2.7.2-1 g–j

d In einer anderen Schnittebene ist die exsudative Begleitablatio mit dargestellt, außerdem ist hier die Tumorbasis wieder getroffen. Ein Schallschatteneffekt ist weder hier noch in **a–c** zu erkennen (vertikal, 60° u. temp.)
e A-Bild in Richtung Herdmitte, Gerät 7200 MA, SK: M10 5F 25, wf 9,3 MHz, ΔVW38 = 66 dB. Bei dieser (hohen) Empfindlichkeit ist die solide Natur des Herdgewebes gut zu erkennen. Der Aufbau des Herdes erscheint als sehr homogen; die Amplitudenabnahme mit zunehmender Tiefe weist auf eine deutliche Schallschwächung hin
f Annähernd gleiche Untersuchungsrichtung wie in **e**. Bei herabgesetzter Empfindlichkeit (ΔVW38 = 53 dB) sind die Strukturechos gerade noch zu erkennen, der Herdaufbau erscheint ebenfalls als homogen, doch ist keine Schallschwächung im Herdgebiet nachweisbar (keine Amplitudenabnahme mit zunehmender Gewebetiefe). Das entspricht dem Befund in **a–d** und **h–j** und weist darauf hin, daß die Schallschwächung nur anhand von Echogramm*serien* beurteilt werden darf
g–h Derselbe Tumor, A-Bilder aufgenommen mit Gerät Ocuscan 400 SC5-3-0 37701; wf = 4,9 MHz, ΔVW38 = 44 dB (**g**) bzw. = 36 dB (**h**)
i–j Ocuscan 400, wf 9,7 MHz, ΔVW38 = 52 dB (**i**) bzw. = 44 dB (**j**). Die Herdstrukturechos sind auch bei herabgesetzter Empfindlichkeit (in diesem Fall!) gerade noch zu erkennen. Im Vergleich zu **e** und läßt der lineare Breitbandverstärker dieses Gerätes die Herdechos mit höherer Auflösung zur Darstellung kommen. Die Amplitudenschwankungen erscheinen (wegen des kleineren dynamischen Bereiches!) größer; eine nennenswerte Schallschwächung im Herd ist nicht nachweisbar

graphisch ist der solide (= tumoröse) Aufbau leicht zu erkennen und von einer exsudativen Ablatio abzugrenzen. Differentialdiagnostisch muß an einen metastatischen Tumor gedacht werden.

Bei klinisch als sicher exsudativ erscheinenden Aderhautabhebungen, subretinalen oder subchorioidalen Blutungen und bei frischen feuchten Makuladegenerationen (M. Junius-Kuhnt) sollte stets eine echographische Befunddokumentation erfolgen. In frischen Stadien ist die subretinale bzw. subchorioidale Flüssigkeitsansammlung echographisch leicht und sicher nachzuweisen. Erfolgt die erste Ultraschalluntersuchung erst später, wenn eine verzögerte oder ausbleibende Rückbildung Tumorverdacht aufkommen läßt, so ist das Blut geronnen bzw. das Exsudat organisiert. Ein *sicherer* Tumorausschluß ist in solchen *Spätstadien* echographisch oft nicht mehr möglich!

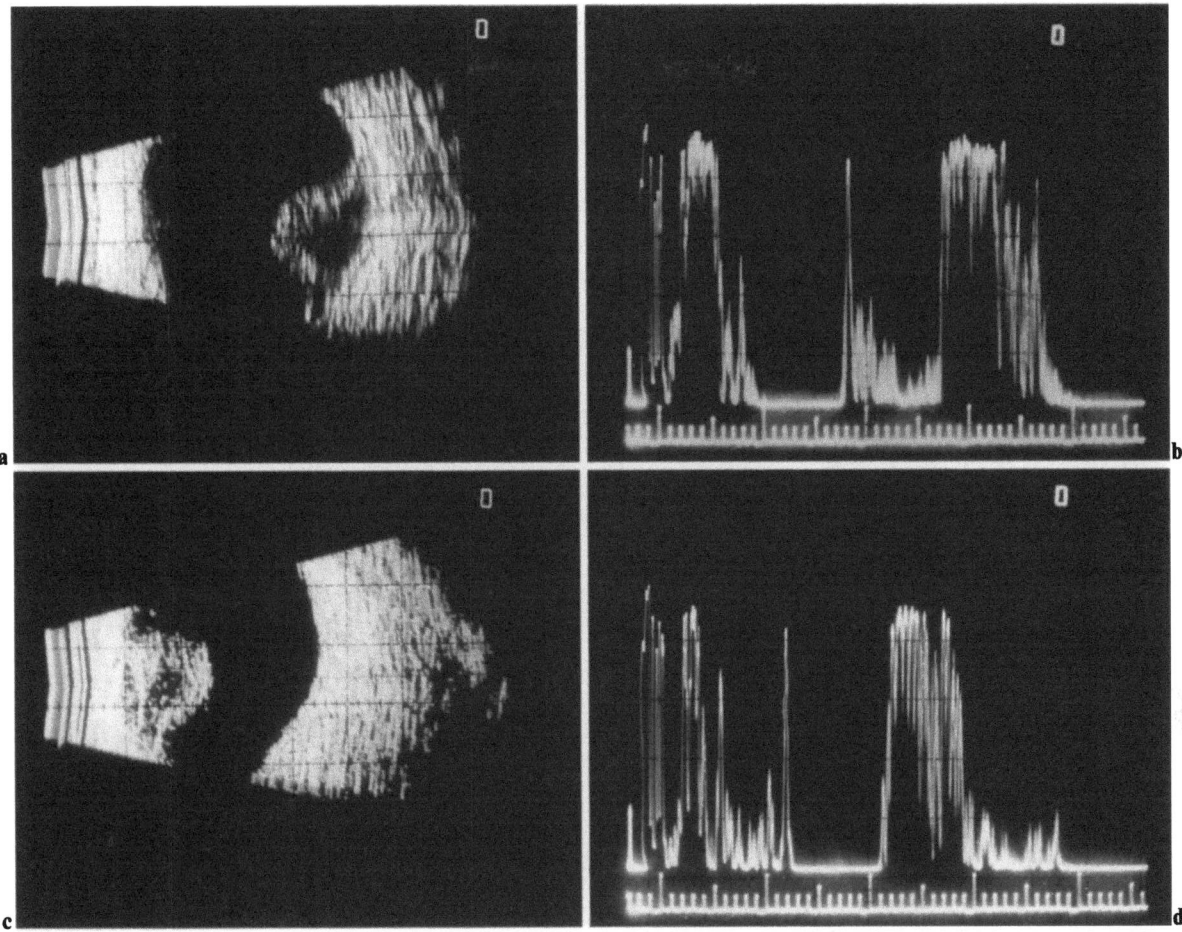

Abb. 2.7.2-2a–h (Buschmann) (e–h s. S. 152). Melanoblastom des Ziliarkörpers und der Aderhaut, histologisch gemischtzellig, mit Infiltration innerer Skleraschichten. **a–d** mit Gerät Ocuscan 400, wf 9,7 MHz, ΔVW38 = 52 dB

a, b Bei starker Blickwendung und entsprechender Schallkopfposition gelingt es, den annähernd pilzförmigen Tumor vor der dem Schallkopf gegenüberliegenden Bulbuswand darzustellen. Homogener Innenaufbau mit schwachen, aber deutlich erkennbaren Strukturechos. Keine deutliche „Exkavation" der Aderhaut, keine erkennbare Skleraarrosion, kein Schallschatteneffekt im Orbitaechogramm

c, d Schallkopf auf die Sklera im Bereich der Tumorbasis aufgesetzt. Der (große!) Tumor erscheint nun an der schallkopfnahen Bulbuswand. Kein deutlicher Amplitudenabfall der Strukturechos im Herdgebiet

e–h Gerät 7200 MA, wf 9,3 MHz, ΔVW38 = 61,8 dB. Auch mit diesem Gerät und höherer Empfindlichkeit sind die Herdstrukturechos sehr niedrig; eine deutliche Schallschwächung (Amplitudenabnahme mit der Tiefe im Herd) ist nicht erkennbar

Die Differentialdiagnose gegenüber Naevi der Aderhaut (Abb. 2.7.2-8) erfordert (wie bei jedem Melanom-Verdachtsfall mit optischer Beurteilungsmöglichkeit) zusätzlich eine Fluoreszenzangiographie (Kap. 2.8.2), außerdem ophthalmoskopische *und* echographische Verlaufskontrollen (Wachstum, orbitale Ausbreitung, s. Abb. 2.7.2-13).

Echographisches Bild

Bei der Mehrzahl der i.o. Melanoblastome findet man im B-Bild bei 10 MHz und einer Gesamtempfindlichkeit (ΔVW38) von 65–67 dB einen Herd soliden Gewebes, dessen Oberfläche ein Echo von Netzhaut-Intensität reflektiert (s. Tabelle 1.4.2-1). Die Echos aus dem Herdinnern haben eine relativ niedrige durchschnittliche Amplitude und zeigen

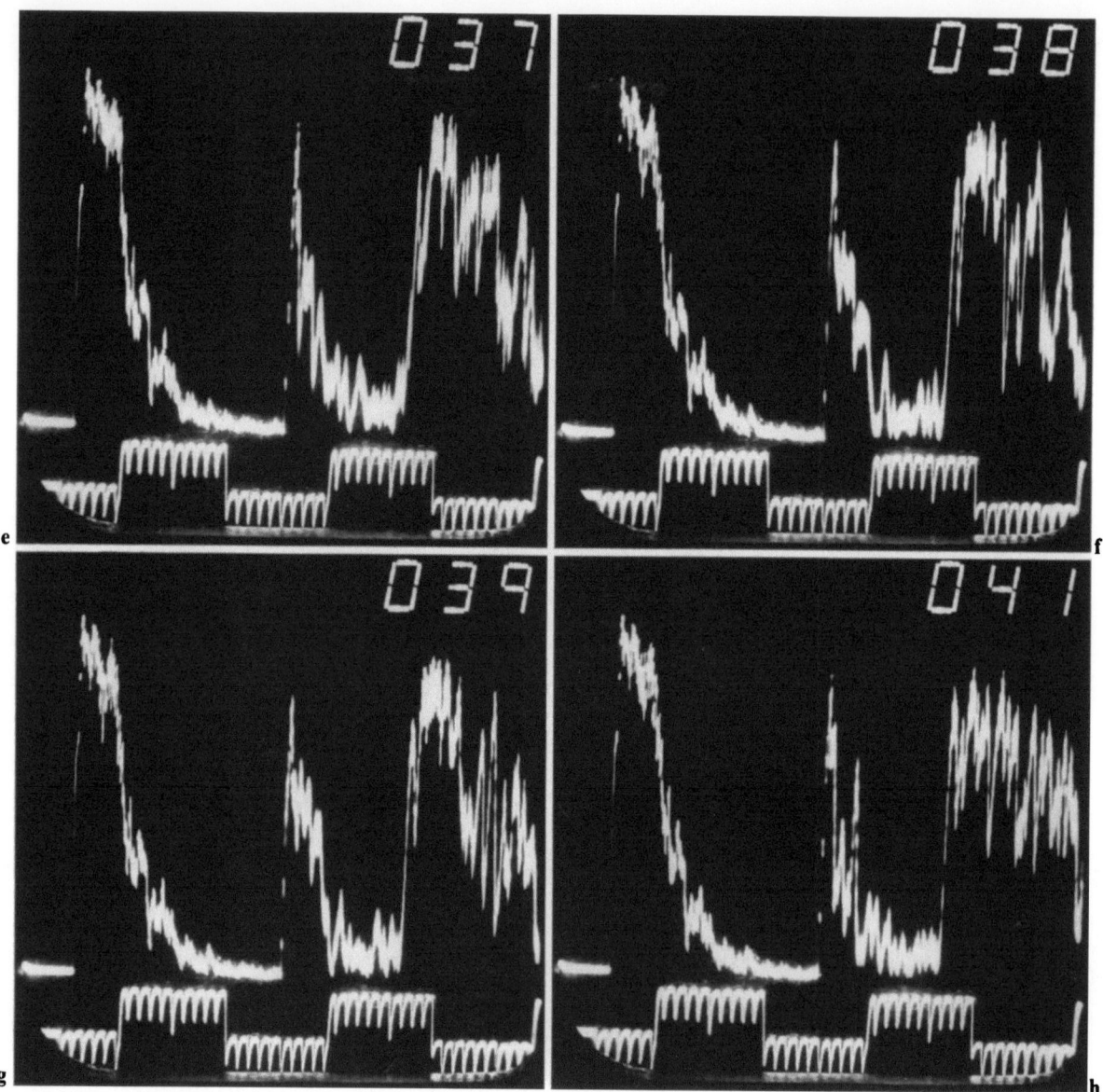

Abb. 2.7.2-2e–h (Legende s. S. 151)

nur selten grobe Inhomogenität. Dadurch erscheint bei herabgesetzter Empfindlichkeit eine echofreie „Vakuole" oder „Zyste" im Tumorechogramm (Baum u. Greenwood 1961; Buschmann 1964; Abb. 2.7.1-2, Abb. 2.7.1-4, Abb. 2.7.2-4).

Bindegewebsfaserzüge, größere Nekrosen und Blutungen sowie größere Gefäße führen zu intensiven Strukturechos mit stärkeren Amplitudenunterschieden (Inhomogenitäten), ebenso Vernarbungen nach Strahlentherapie (s. Kap. 2.7.3).

Das echographische Bild wird von der Wuchsform und vom (*lupen*mikroskopischen!) Aufbau des Tumorgewebes (s. auch Kap. 2.7 und 2.7.3) bestimmt. Bei Melanomen ist die nach Durchbruch der Bruchschen Membran entstehende *Pilzform* häufig (Abb. 2.7.2-1), doch kann diese auch fehlen. *Flache Wuchsformen und Ausläufer* können die Erkennung der wahren seitlichen Ausdehnung sowohl im ophthalmoskopischen als auch im echographischen Bild erschweren, was bei geplanten Tumorresektionen zu beachten ist. Andererseits können auch andere Tumoren pilzförmig wachsen (s. Kap. 2.7.5). Kerman und Fishman (1984) sahen pilzförmiges Wachstum bei einem gut differenzierten Astrozytom, bei einem Retinoblastom und bei der Metastase eines Pankreaskarzinoms (letzteres

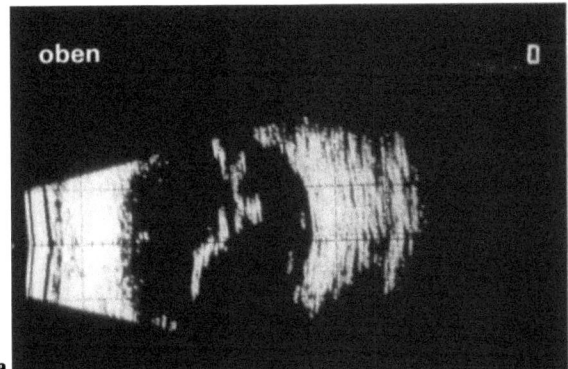
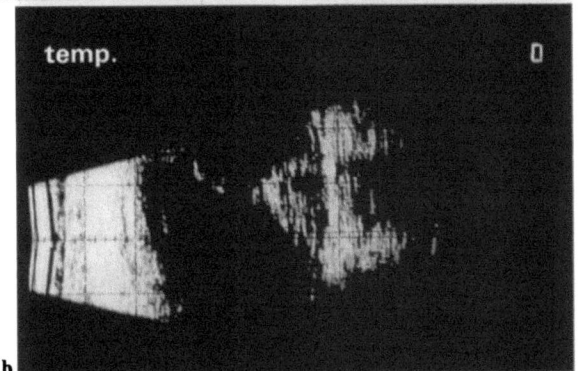
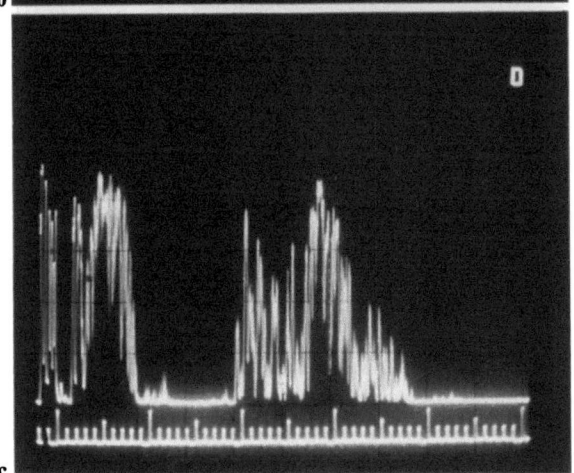
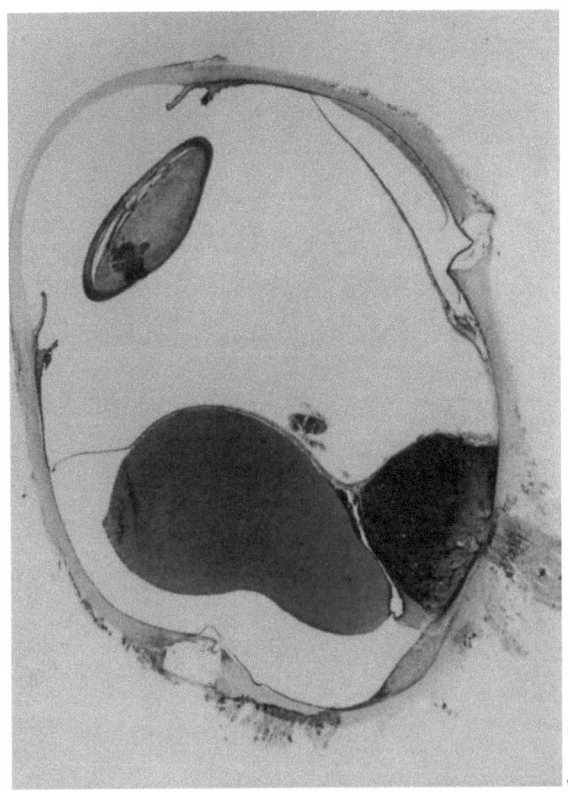

Abb. 2.7.2-3 a–d (Buschmann). Papillennahes Melanoblastom mit großer exsudativer Begleitablatio; histologisch Infiltration in den N. opticus und den Arachnoidalraum an der Papille. Gerät Ocuscan 400, wf 9,7 MHz, ΔV W38 = 52 dB.

a Die exsudative, ausgedehnte Begleitablatio täuscht in diesem Schnittbild eine primäre Netzhautablösung vor. Der Tumor ist nicht getroffen. (Vert. 20° n. nasal)
b Schrittweise Abtastung des Bulbus ließ den soliden Herd an der Papille sichtbar werden. Die hier eingestellte mittlere Empfindlichkeit reicht zur Darstellung der Herdstrukturechos gerade noch aus. Die Lücke in den Orbitafettechos hinter dem Tumor ist kein Schallschatteneffekt, sondern durch den N. opticus bedingt. Echographisch kein Anhalt für Tumoreinbruch in die Papille. (Horiz. 20° n. temp., 30° n. oben)
c A-Bild aus der Mitte des Tumors. Herdstruktur relativ inhomogen (erhebliche Amplitudenschwankungen). (Horiz. 20° n. oben)
d Histologischer Schnitt. Kleines papillennahes Melanoblastom, relativ reich an Bindegewebs-Faserzügen (=inhomogen!), mit ausgedehnter exsudativer Begleitablatio. Der Tumoreinbruch in die Papille ist nur mikroskopisch zu erkennen

wies in verschiedenen Teilen des Tumors recht unterschiedliche Höhe der Strukturechoamplituden auf; die anderen beiden zeigten hohe Strukturechos).

Die Melanominfiltration der Aderhaut ist oft (aber keineswegs immer) an einer *„Exkavation" der Aderhaut* im B-Bild-Echogramm bei herabgesetzter Gesamtempfindlichkeit zu erkennen (Abb. 2.7.2-2, 4 und 5; Coleman 1973); diese „Exkavation" kommt auch bei anderen relativ homogen aufgebauten Aderhauttumoren vor. Fuller et al. (1979) fanden sie bei 65% ihrer Melanomfälle im B-Bild, aber – im Gegensatz zu Coleman (1973) – auch bei manchen metastatischen Ader-

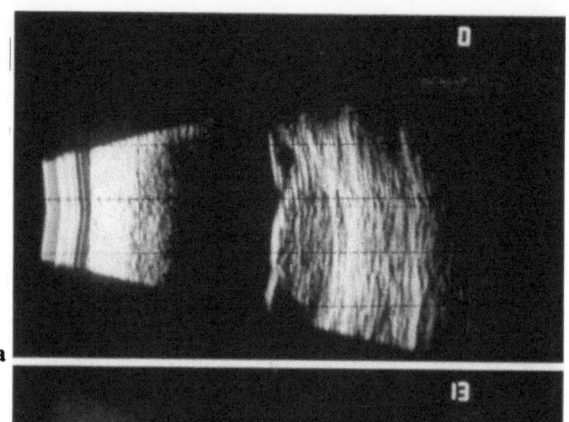
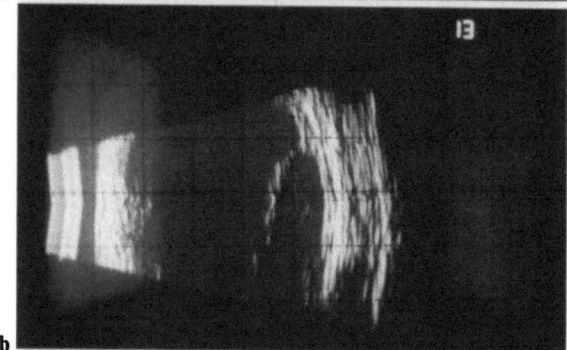
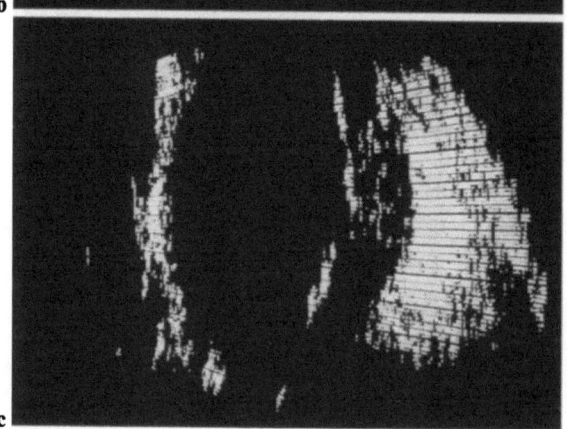
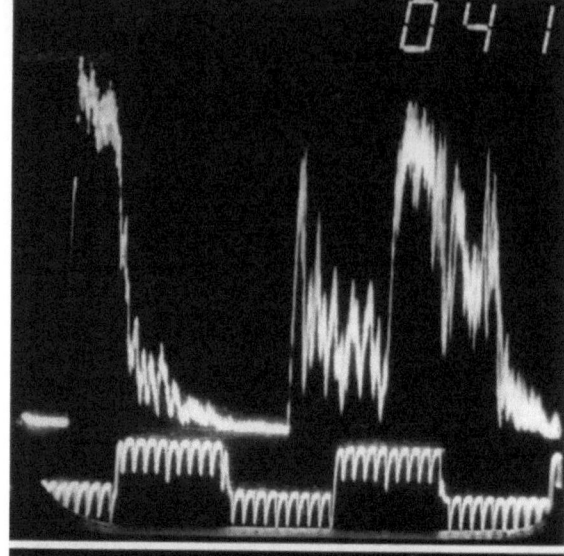
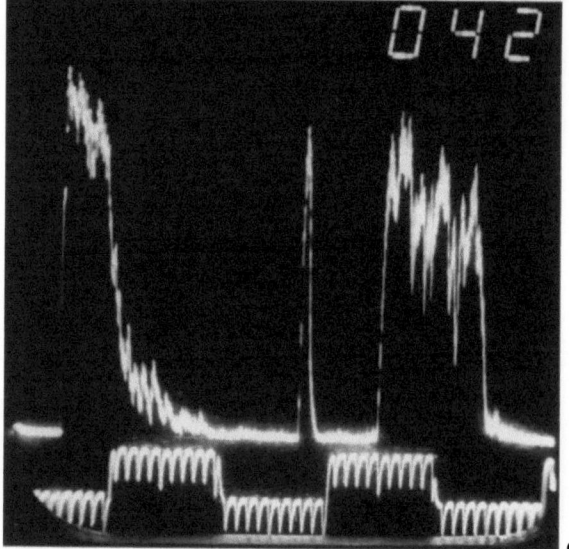

Abb. 2.7.2-4a–e (Buschmann). Aderhaut-Melanoblastom, histologisch Spindelzelltyp B, innere Skleraschichten infiltriert

a, b Gerät Ocuscan 400, wf 9,7 MHz, $\Delta V W38 = 52$ dB (**a**) bzw. $= 41$ dB (**b**). Man erkennt deutlich, daß das (homogenere) Tumorgewebe das normale Aderhautgewebe verdrängt hat („Exkavation" im Aderhautechogramm). Die inneren Skleraschichten erscheinen aufgelockert. Kein Anhalt für extrabulbäre Tumorausbreitung. Begleitablatio

c Derselbe Tumor, untersucht mit Gerät Triscan, 10 MHz. Die uns gelieferte Gerät-Schallkopf-Kombination zeigte auch bei herabgesetzter Empfindlichkeit ein deutlich schlechteres Auflösungsvermögen als das Gerät Ocuscan 400 (vgl. **a–b**). Die Herdstruktur erscheint daher gröber, außerdem fehlten bei diesem Gerät bei der gewählten Geräteeinstellung die Grauwertstufen im B-Bild. Befund somit wie in **a–b**

d, e Gerät 7200 MA, wf 9,3 MHz, $\Delta V W38 = 62$ dB. Im Herdbereich (A-Bild-Echogramm 041 = **d**) bei dieser hohen Empfindlichkeit eindeutig solides Gewebe; in einer dicht benachbarten Richtung (A-Bild-Echogramm 042 = **e**) dagegen bei gleich hoher Empfindlichkeit subretinal eindeutig echofreies Exsudat – hier ist nur die Begleitablatio erfaßt worden

hauttumoren, bei Hämangiomen der Aderhaut und bei Naevi (s. auch Kap. 2.7.5: Intraokulare Metastasen); auch Gonvers et al. (1979) sahen sie bei einer Aderhautmetastase. Das echographische Bild einer „Exkavation" der Aderhaut konnte Rochels (1981) experimentell auch durch Injektion stark verdünnten Blutes erzeugen.

Die *Arrosion der Sklerainnenfläche* und die *transsklerale Ausbreitung* (Abb. 2.7.2-6, 7) können echographisch erst erkannt werden, wenn sie mit Lupenvergrößerung im histologischen Schnitt zu erkennen sind. Die *Infiltration des Tenonschen Raumes* bzw. retrobulbärer Orbitaanteile muß mit stufenweise (10 dB-Stufen) herabgesetzter Ge-

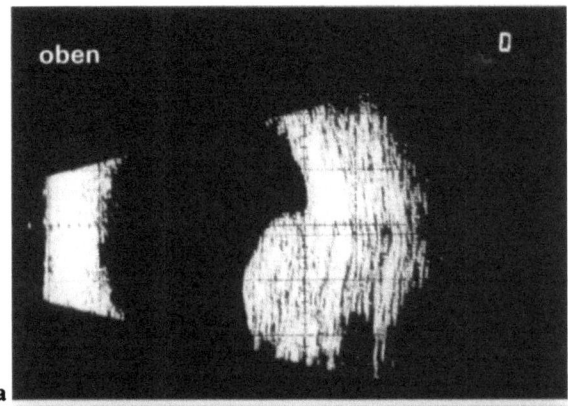
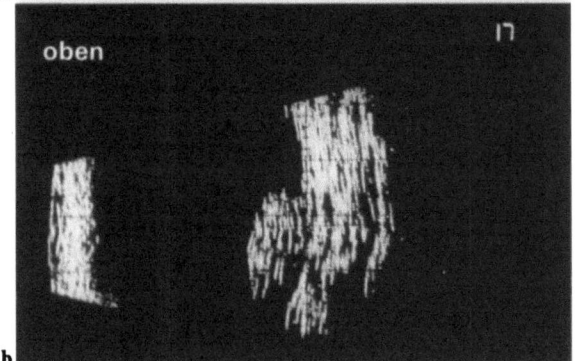
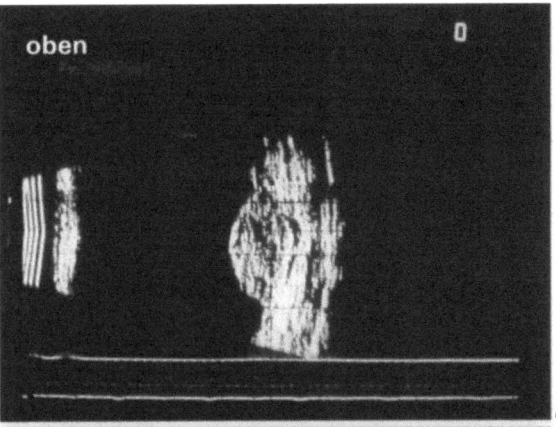
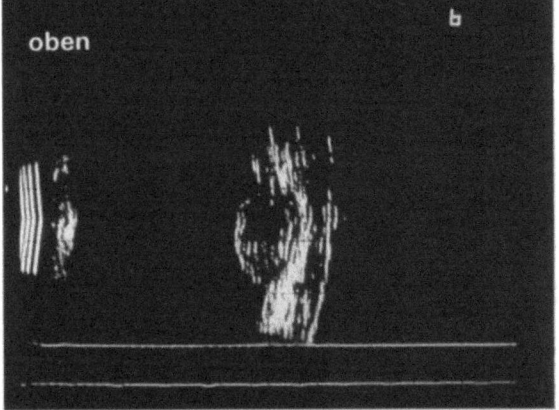
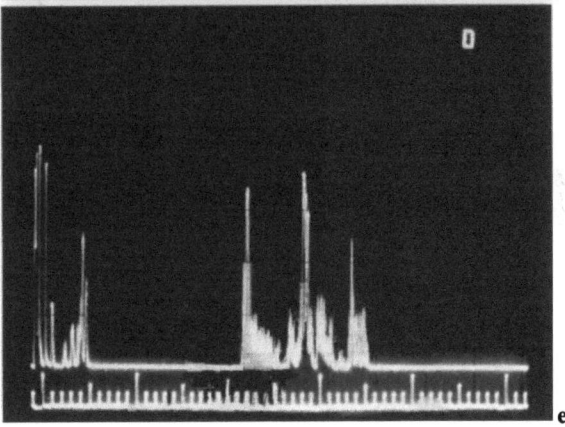

Abb. 2.7.2-5a–g (Buschmann) (**f, g** s.S. 156). Aderhaut-Melanoblastom, histologisch Spindelzelltyp B. Innerste Skleraschichten infiltriert, kein extraokulares Wachstum. Vertikalschnitte, SK 60° n. temp. geneigt
a, b Gerät Ocuscan 400, wf 9,7 MHz, ΔVW38 = 52 dB (**a**) bzw. = 37 dB (**b**). Man erkennt den soliden Gewebsherd, in **b** außerdem die „Exkavation" im Aderhautechogramm und Unterbrechungen im Skleraechogramm
c–e Gerät Ocuscan 400, wf 13 MHz, ΔVW38 = 38 dB (**c**), = 33 dB (**d**), = 38 dB (**e**). In **c** und **d** hat man den Eindruck einer eindeutig über die „Exkavation" der Aderhaut hinausgehenden erheblichen Invasion des Tumors in die Sklera; extraokulare Tumoranteile sind nicht zu sehen. Histologisch wurden jedoch nur einzelne Tumorzellen in den innersten Skleralamellen gefunden
f, g (7200 MA, M10 5F 25). Mit der für die Tumordiagnostik empfehlenswerten hohen und mittleren Empfindlichkeitseinstellung (**f** ΔVW38 = 66 dB; **g** ΔVW38 = 53 dB) ergibt sich eine deutliche Darstellung der hohen, aber gleichförmigen Strukturechos dieses Tumors. (Gerät 7200 MA, Schallkopf mit 5 mm-Schwinger, Arbeitsfrequenz 9,3 MHz)

samtempfindlichkeit geprüft werden. Durch das intensive Skleraecho können bulbusnahe Tumoranteile im Echogramm verdeckt sein. Dennoch ist im hinteren Bulbusabschnitt, dessen Sklera-Außenseite optisch nicht untersucht werden kann, die Echographie – bei sorgfältiger Untersuchung – das empfindlichste und geeignetste Verfahren zur möglichst frühen Erkennung eines Tumordurchbruchs (Coleman u. Lizzi 1977; Vine et al. 1979; Martin u. Robertson 1983). Dies gilt auch im Vergleich mit Röntgen-Computertomographie und Kernspintomographie, die eine deutlich schlechtere Auflösung haben (Bewegungsartefakte; Pixelgröße im Vergleich zum Tiefen- und Seitenauflösungsvermögen der Echographie; nötige zahlreiche Wiederholungsuntersuchungen zur Verlaufskontrolle!).

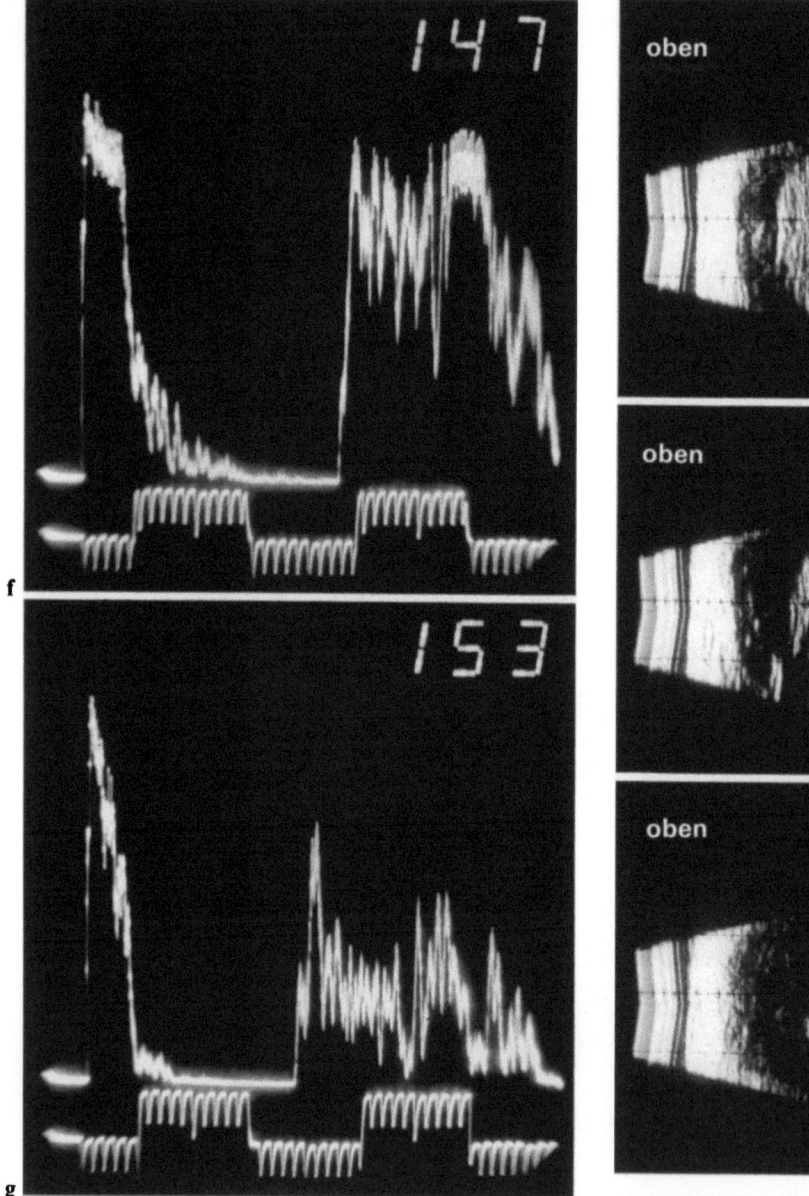

Abb. 2.7.2-5f, g (Legende s. S. 155)

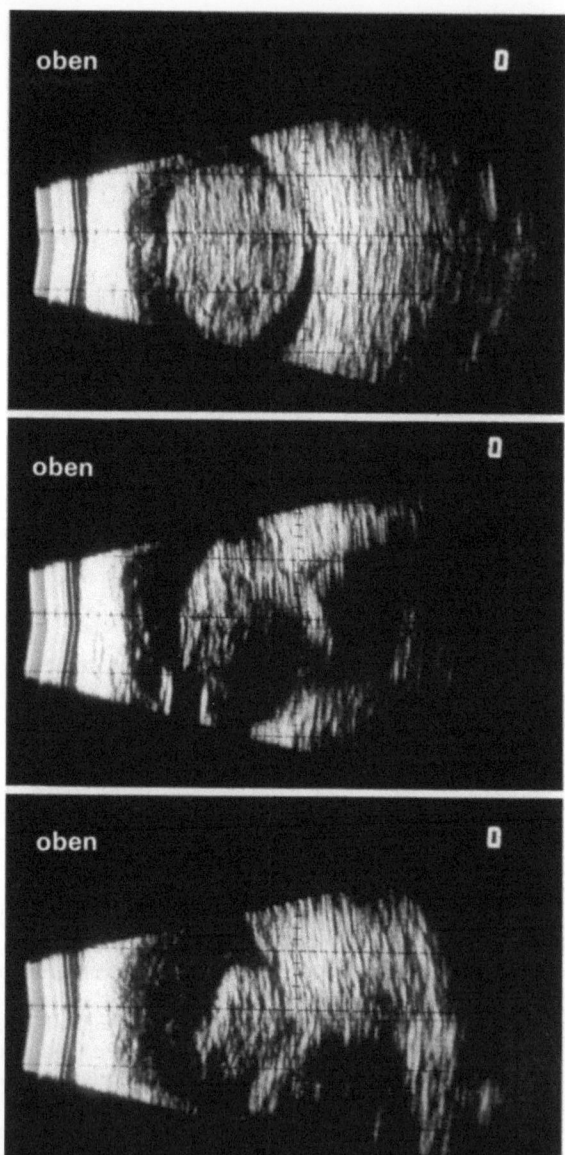

Abb. 2.7.2-6 a–c (Buschmann). Aderhaut-Melanoblastom, den Bulbus fast ausfüllend, mit Skleradurchbruch und orbitalem Tumoranteil. Gerät Ocuscan 400, wf 9,7 MHz, ΔVW38 = 52 dB

a Die solide, glatt begrenzte Gewebsmasse füllt den Glaskörperraum weitgehend aus; die Echos vom dahinterliegenden Gewebe (Sklera, orbitales Fett) sind unauffällig; kein Schallschatten erkennbar (vertikal)

b, c Bei Blickwendung nach unten (**b**) und unveränderter Empfindlichkeitseinstellung werden intraokular homogener aufgebaute (echoärmere) Tumoranteile sichtbar. Vor allem aber zeigen sich jetzt die Unterbrechung des Skleraechogramms und der orbitale Tumoranteil. Daß die Lücke im Orbitafettechogramm durch dort gelegene Tumoranteile bedingt ist und nicht auf einem Schallschatteneffekt beruht, ergibt sich aus dem Fehlen eines Schallschatteneffektes in **a** und aus der Darstellung des orbitalen Tumoranteils in Schnittebenen, die den intraokularen Tumor nicht (oder nur am Rande) miterfassen. (**c** vertikal, 30° n. temp.) – Weitere Beispiele: Abb. 3.4.5-2

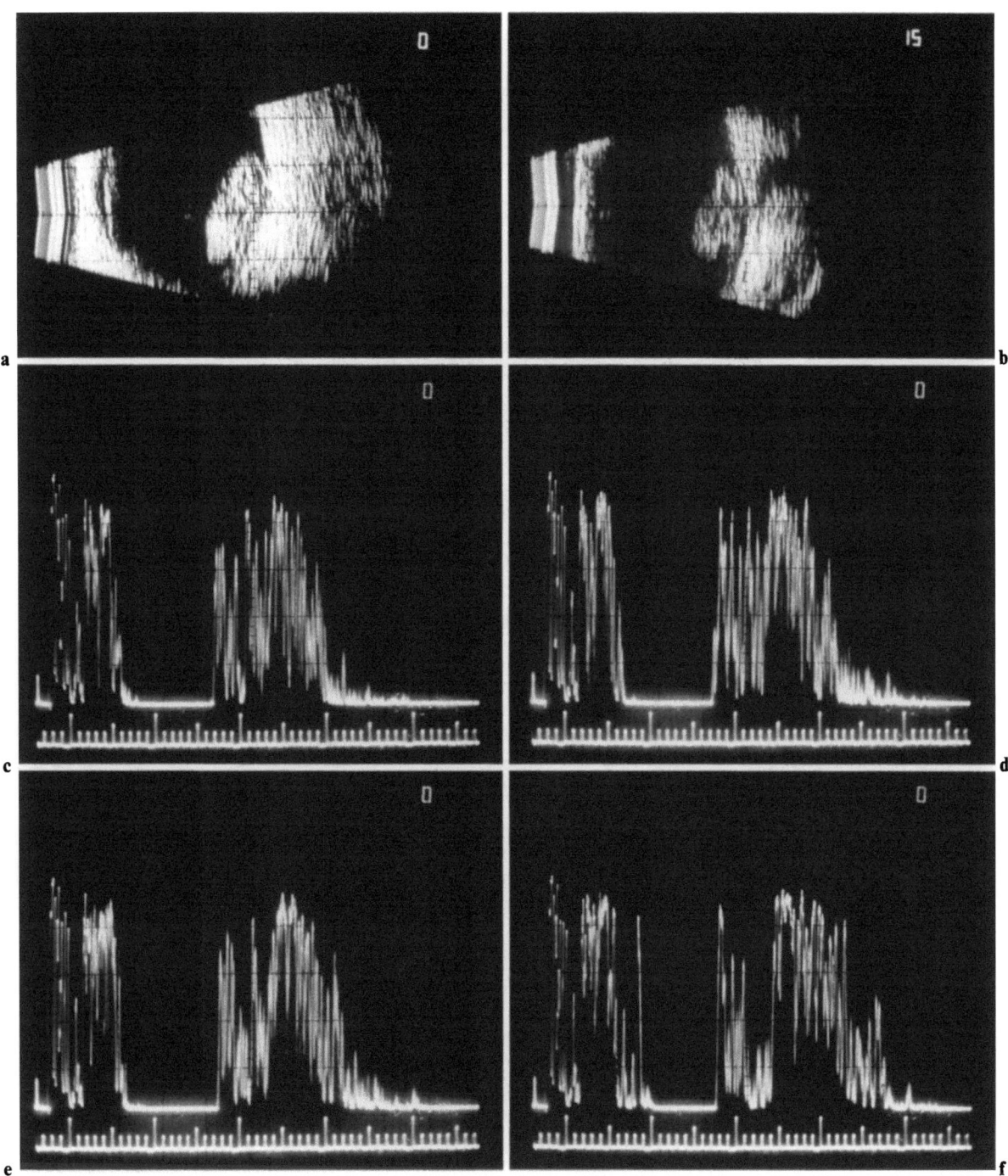

Abb. 2.7.2-7 a–j (Buschmann) (**g–j** s. S. 158). Aderhaut-Melanoblastom, histologisch gemischtzellig, ohne Einbruch in die Sklera; Zustand nach Operation des Rezidivs eines Parotis-Mukoepidermoid-Karzinoms
a Gerät Ocuscan 400, wf 9,7 MHz, ΔV W38 = 52 dB. Relativ inhomogener intraokularer Tumor, bei welchem es sich durchaus um eine Metastase handeln könnte
b Bei herabgesetzter Empfindlichkeit (ΔV W38 = 39 dB) und um 90 Grad gedrehter Schnittebene ebenfalls inhomogene Herdstruktur, außerdem fragliche Arrosion der Sklerainnenfläche

c–f A-Bild-Echogramme mit dem Gerät Ocuscan 400 (wf 9,7 MHz, ΔV W38 = 52 dB) lassen ebenfalls eine recht inhomogene Herdstruktur (mit großen Amplitudenschwankungen) erkennen, wie man sie häufig bei Metastasen und weniger oft bei Melanoblastomen findet. Am ehesten würde **f** ein Melanoblastom als wahrscheinlicher erscheinen lassen
g–j (s. S. 158) Gerät 7200 MA, wf 8,6 MHz, ΔV W38 = 72 dB (**g–h**) bzw. = 62 dB (**i–j**). Auch mit diesem Gerät zeigte sich – vor allem bei herabgesetzter Empfindlichkeit (**i–j**) – eine recht inhomogene Herdstruktur. Die Kenntnis der Anamnese und des klinischen Bildes ist für den Untersucher unentbehrlich – sie darf aber nicht dazu verführen, voreilig eine Aderhaut-Metastase zu diagnostizieren

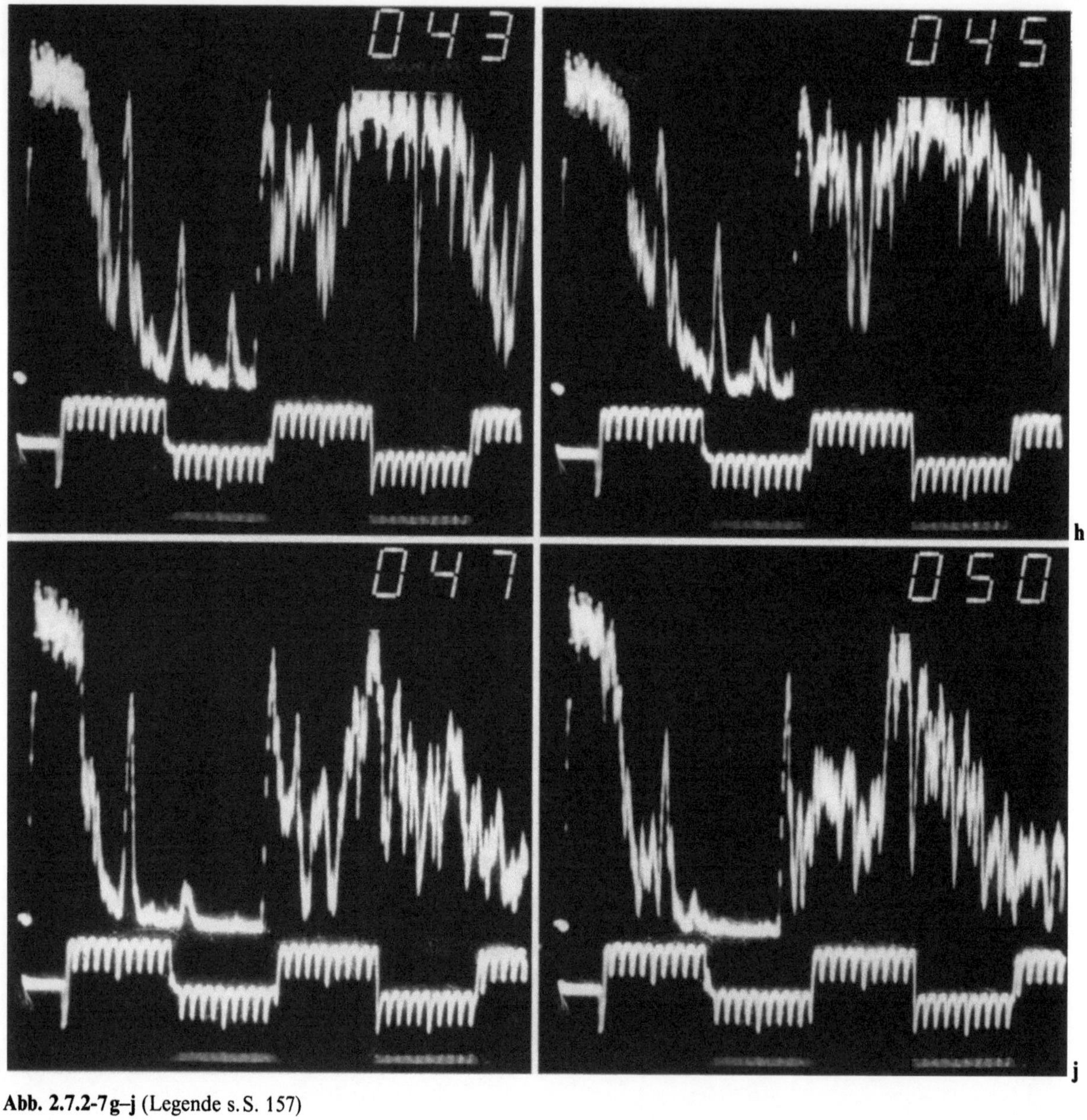

158 Erkrankungen des Augapfels aus echographischer Sicht

Abb. 2.7.2-7g–j (Legende s.S. 157)

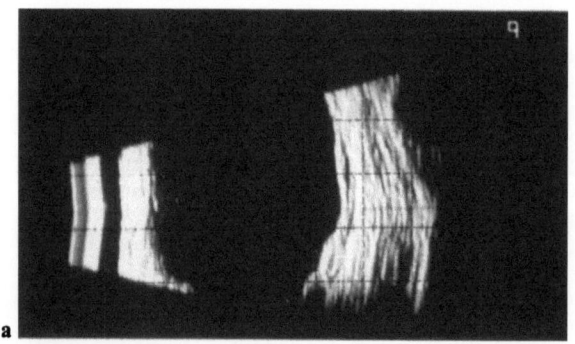
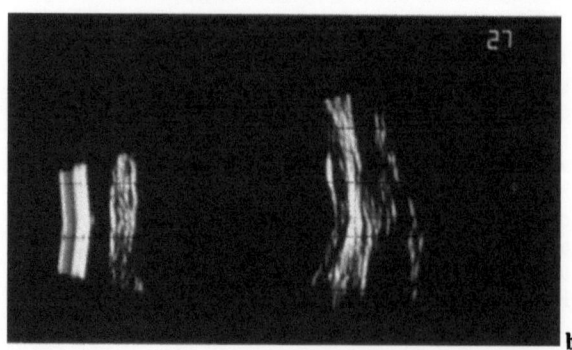

Abb. 2.7.2-8a, b

Abb. 2.7.2-9a–d (Buschmann). Naevus der Aderhaut, seit 5 1/2 Jahren bekannt. Ophthalmoskopisch kein Wachstum; auf die Fluoreszenzangiographie wurde wegen sehr peripherer Lage des Herdes verzichtet. Gerät Ocuscan 400, 10 MHz, wf 9,7 MHz, Tabo 55°, Blick extrem n. rechts
a $\Delta V W38 = 52$ dB. Solider Herd vor der gegenüberliegenden Bulbuswand
b $\Delta V W38 = 49$ dB. Die Strukturechos verschwinden teilweise schon bei geringer Herabsetzung der Empfindlichkeit. Deutliche „Exkavation" im Aderhautechogramm, kein Anhalt für Sklerainfiltration oder Skleradurchbruch
c $\Delta V W38 = 49$ dB. In einer dicht benachbarten Schnittebene bleiben die Strukturechos aus dem Herdinnern auch bei dieser Empfindlichkeit noch sichtbar
d A-Bild, $\Delta V W38 = 52$ dB. Solider Herd geringer Prominenz. Die Differentialdiagnose zu einem malignen Melanom ist klinisch nur anhand der Verlaufskontrolle möglich

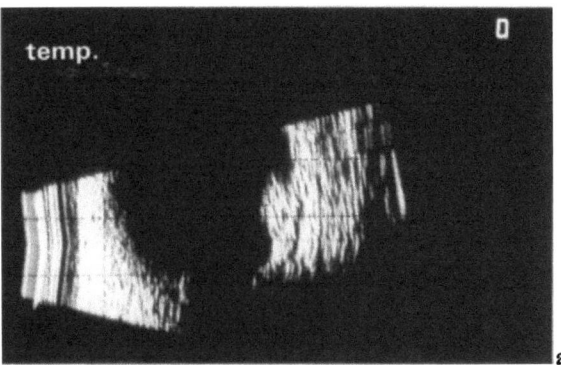

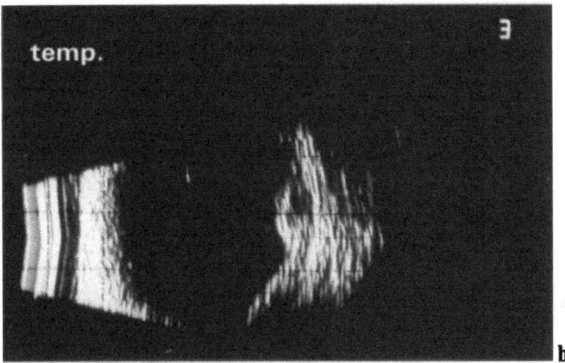

Abb. 2.7.2-8a–c (Buschmann). Naevus der Aderhaut; seit 5 Jahren bekannt. Ophthalmoskopisch und echographisch unverändert, fluoreszenzangiographisch diffuse, feinfleckige Hyperfluoreszenz im Herdgebiet. Gerät Ocuscan, wf 9,7 MHz
a Bei mittlerer Empfindlichkeit ($\Delta V W38 = 44$ dB) ist der gering prominente Herd eben zu erkennen.
b Bei sehr niedriger Empfindlichkeit ($\Delta V W38 = 29$ dB) ist das Echo der Herdoberfläche immer noch sehr intensiv. Keine „Exkavation" im Aderhautechogramm, kein Anhalt für Sklerainfiltration oder Skleradurchbruch.
c Im A-Bild (gleicher Schallkopf, gleiches Gerät, $\Delta V W38 = 52$ dB) ist die solide, recht homogene Struktur des gering prominenten Herdes am besten zu beurteilen. Dem intensiven Echo der Herdoberfläche folgen dicht gelagerte Strukturechos mit gleichmäßigen, relativ niedrigen Amplituden

▼

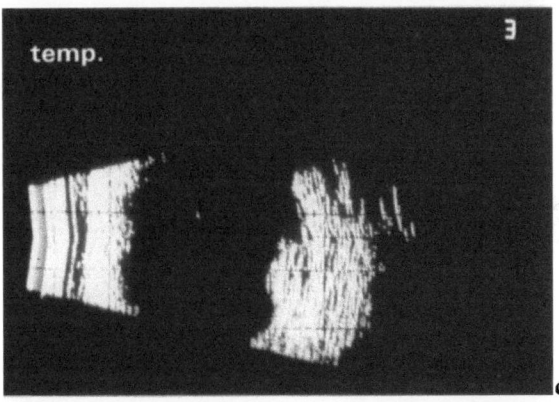

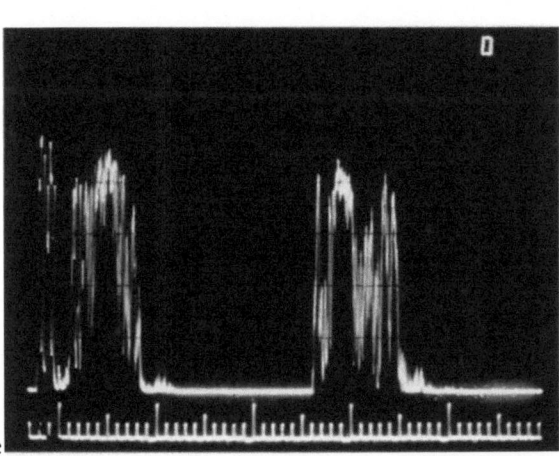

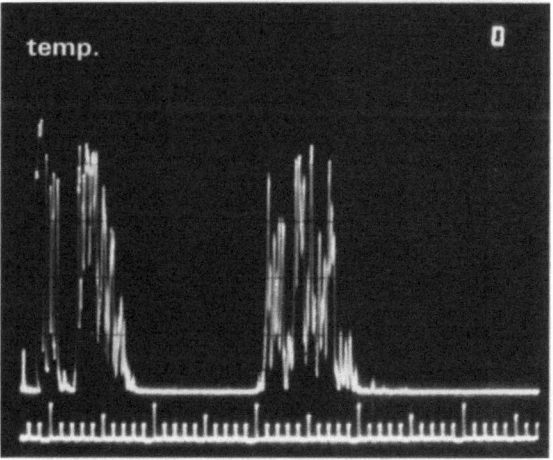

160 Erkrankungen des Augapfels aus echographischer Sicht

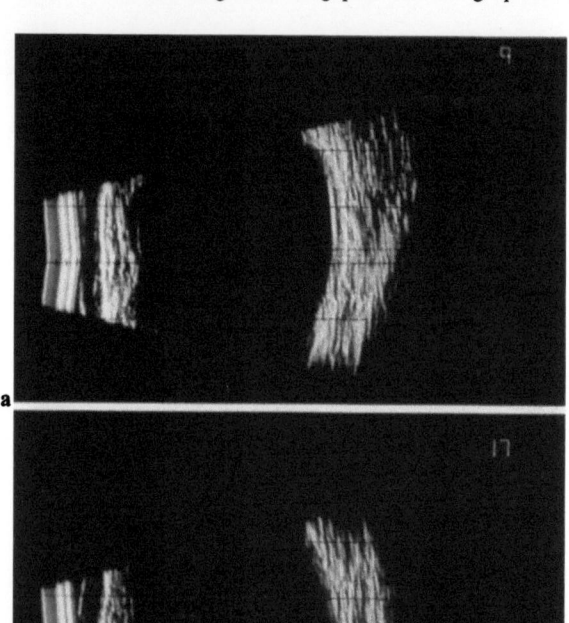

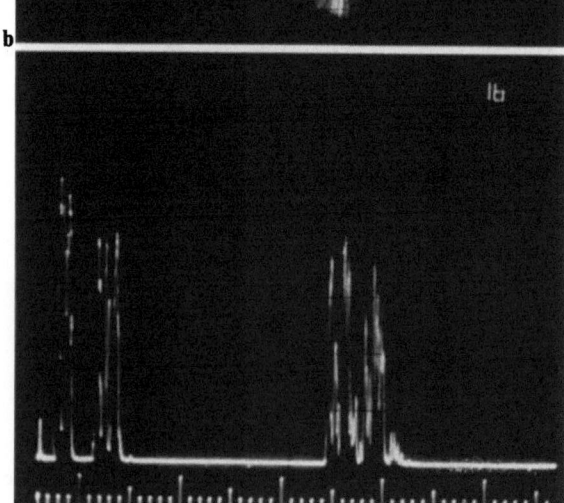

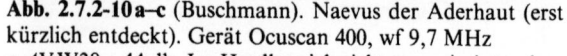

Abb. 2.7.2-10a–c (Buschmann). Naevus der Aderhaut (erst kürzlich entdeckt). Gerät Ocuscan 400, wf 9,7 MHz
a ΔVW38 = 44 db. Im Herdbereich sieht man ein intensives Oberflächenecho (deutlich intensiver als das Netzhautecho in unmittelbar angrenzenden Bereichen!)
b ΔVW38 = 37 dB. Oberflächenecho trotz reduzierter Empfindlichkeitseinstellung sehr intensiv. Auch in diesem Schnittbild keine Prominenz des Herdes. Skleraechogramm regelrecht
c Im A-Bild (ΔVW38 = 38 dB) keine sicher krankhafte Verbreiterung der Netzhaut-/Aderhautechos vor der Sklera

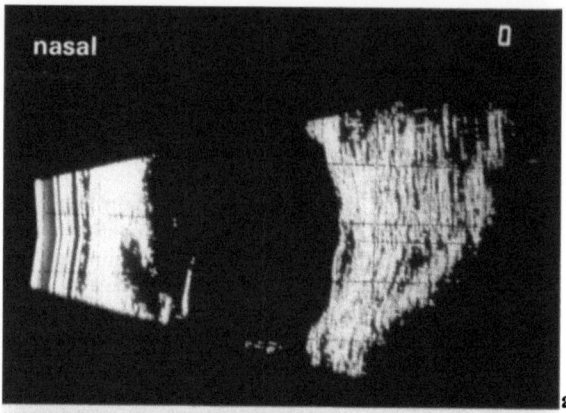

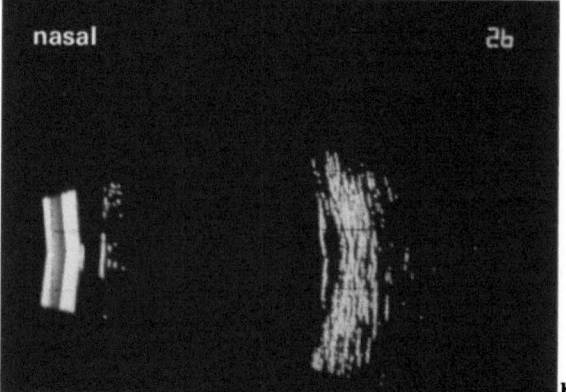

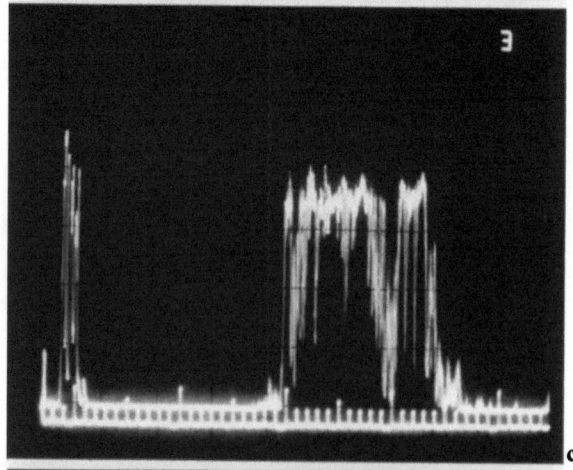

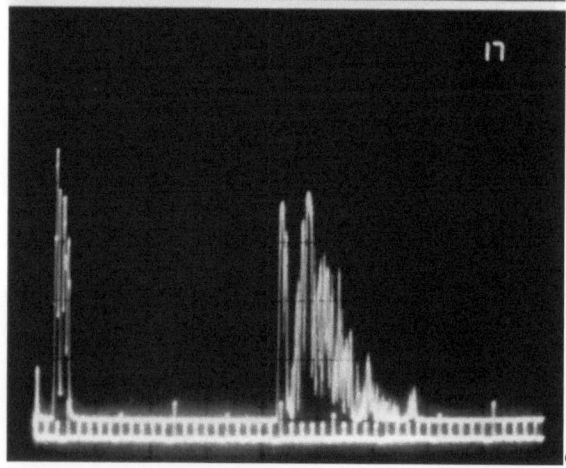

Abb. 2.7.2-11

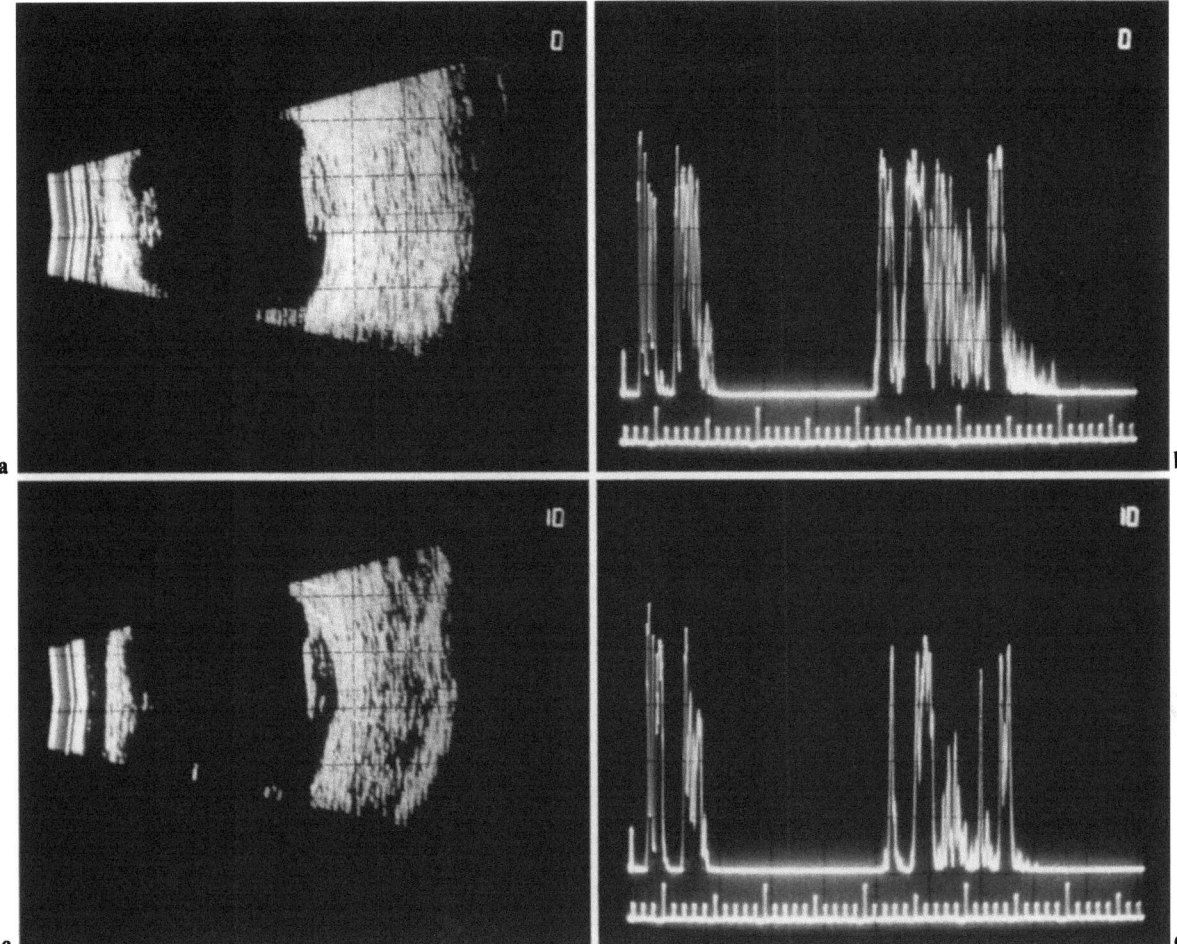

Abb. 2.7.2-12a–h (Buschmann) (e–h s. S. 162). Aderhaut-Melanoblastom, das ophthalmoskopisch und echographisch nicht sicher von einem Naevus unterschieden werden konnte. Histologisch Spindelzell-Melanoblastom ohne Skleraeinbruch. Die Enukleation erfolgte wegen des melanoblastom-verdächtigen fluoreszenzangiographischen Befundes und der für einen Naevus doch recht hohen Prominez des Herdes im Echogramm
a–d Gerät Ocuscan 400, wf 9,7 MHz, ΔV W38 = 52 dB **a–b** bzw. = 44 dB **c–d**. Sehr intensives Echo der Herdoberfläche, das auch bei herabgesetzter Empfindlichkeit volle Amplitudenhöhe behält (**c–d**). Herdstruktur dahinter recht homogen, die schwachen Strukturechos verschwinden schon bei der geringeren Empfindlichkeitseinstellung (**c–d**). Diese (eher für einen Naevus als für ein Melanoblastom sprechenden) Befunde werden aber durch die erhebliche Herdprominenz in Frage gestellt. – Echographisch kein Anhalt für Sklerainfiltration oder Skleradurchbruch. Keine eindeutige „Exkavation" im Aderhautechogramm
e–h Gerät 7200 MA, wf 9,3 MHz, ΔV W38 = 64 dB. Auch mit diesem Gerät zeigt sich eine recht homogene Herdstruktur mit niedrigen Echos aus dem Herdinnern

◀

Abb. 2.7.2-11a–d (Buschmann). Naevus der Aderhaut, seit 5 Jahren bekannt, ophthalmoskopisch und echographisch kein Anhalt für Wachstum. Fluoreszenzangiographisch Melanoblastom-Verdacht. Gerät Ocuscan 400, 10 MHz, wf 9,7 MHz
a, b Flacher Herd vor der Bulbuswand, keine „Exkavation" im Aderhautechogramm, kein Anhalt für Sklerainfiltration oder Skleradurchbruch. Empfindlichkeit in **a**: ΔV W38 = 52 dB. Hor. 5° n. oben, 5° n. nasal. Auch bei stark herabgesetzter Empfindlichkeit (**b**: ΔV W38 = 30 dB) intensives Echo der Herdoberfläche. Hor. 5° n. nasal, Lidspalte offen
c, d A-Bild-Echogramme, gleiches Gerät, A-Bild-Schallkopf, SC 10-3-0 37808, wf 9,8 MHz, $^{1}/_{2}$ 9l, ΔV W38 = 53 dB (**c**) bzw. = 41 dB (**d**). In **c** ist die solide Natur des Herdes deutlich zu erkennen (Strukturechos). Auch bei herabgesetzter Empfindlichkeit zeigt sich ein sehr intensives Echo der Herdoberfläche (**d**)

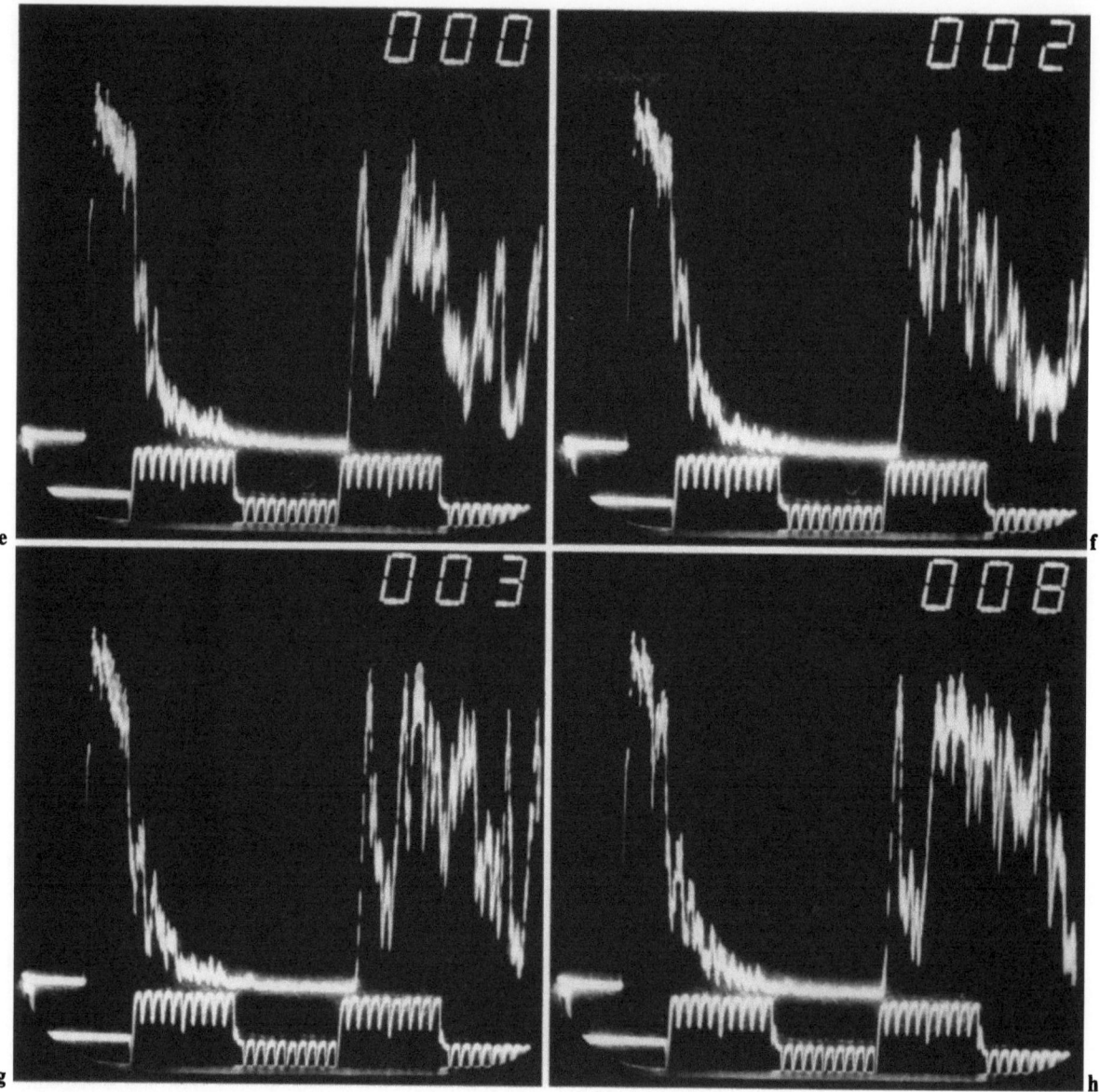

Abb. 2.7.2-12 e–h (Legende s. S. 161)

Besonders bei hohen Frequenzen (10–15 MHz) ist oft ein *Schallschatteneffekt* des Tumors im dahinterliegenden Orbitaechogramm zu erkennen (Baum 1967). Dieser darf nicht mit einer orbitalen Ausbreitung des Tumors verwechselt werden!

Die *Korrelationen zwischen echographischem Bild und histologischem Aufbau* (auch betr. Blutungen, Nekrosen, Bindegewebsfaserzügen, Zelltypen, Vaskularisationen und Echopulsationen) sind in den Kap. 2.7 und 2.7.3 besprochen.

Atypische klinische Symptomatik oder ungewöhnlicher histologischer (lupenmikroskopischer) Aufbau können die klinische und auch die echographische Diagnose sehr erschweren. Entsprechende Beispiele wurden veröffentlicht. Leuenberger und Gloor (1976) beschrieben die Probleme bei einem amelanotischen, schalenförmig wachsenden Aderhautmelanom. Chang et al. (1979) zeigten, daß ein benignes Adenom des Ziliarkörper-Pigmentepithels nicht von einem malignen Melanom differenziert werden konnte. Kielar (1982) berichtete über ein Aderhautmelanom, das zunächst als Glaskörpereinblutung imponierte. Croxatto et al. (1984) fanden teils solide, teils zystische Herdanteile bei einem kavernösen Melanoblastom des Ziliarkörpers. Henke et al. (1986) wiesen auf die klinischen und echographischen Probleme bei der Erkennung von nekrotischen Melanomen (mit

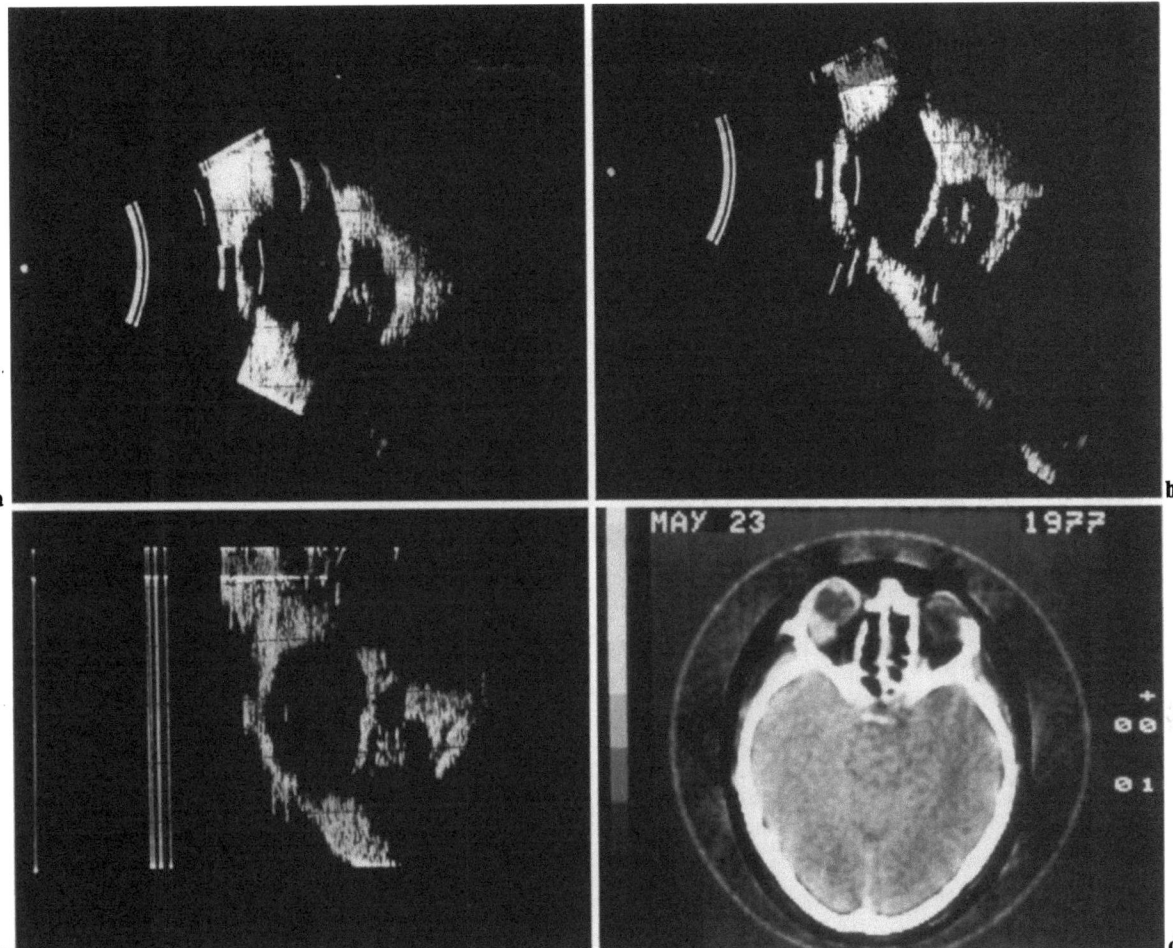

Abb. 2.7.2-13a–d (Buschmann). Flach wachsendes Aderhaut-Melanoblastom mit Skleradurchbruch und großem orbitalen Tumoranteil (histologisch gesichert). Klinisch kein sicherer Exophthalmus, Seitendifferenz der Hertel-Werte nur 2 mm! Der intraokulare Herd wurde längere Zeit nur ophthalmoskopisch kontrolliert und wegen der sehr geringen Prominenz und fehlenden (intraokularen!) Wachstums als Naevus angesehen. Der Fall beweist, daß auch flache Naevi ophthalmoskopisch *und* echographisch immer wieder nachuntersucht werden müssen. Gerät Ophthalmoscan 200, Sektorabtastung, Wasserbadankoppelung, großer fokussierter 5 MHz-Schallkopf (**a**) bzw. 10 MHz-Schallkopf (**b–c**)

a Schnittbild durch die Stelle der höchsten intraokularen Herdprominenz. Sehr gering prominenter intraokularer, solider Gewebsherd, dahinter große Lücke im Echogramm des orbitalen Fetts, die durch den großen orbitalen Tumoranteil bedingt ist
b–c Andere Schnittebene durch die Herdregion. Der Tumor zeigt einige intensive Echos aus seinem Zentrum, sonst aber eine recht homogene Struktur
d Röntgen-Computertomogramm (nach Kontrastmittelinjektion). Es zeigt sich ebenfalls eine nur geringe intraokulare Tumorausdehnung bei großem orbitalen Tumoranteil. Keine Knochendefekte

Verknöcherungen und Phthisis bulbi) hin. Blodi (1977) beschrieb ein Tuberkulom der Aderhaut, das ein Melanom vortäuschte.

Oft findet man eine Begleitablatio; diese kann wesentlich größere Ausdehnung haben als der Tumor selbst. Netzhautrisse können vorhanden sein. Vor Annahme einer (rißbedingten) primären Ablatio retinae oder chorioideae muß (bei geringstem klinischen Verdacht) echographisch geklärt werden, ob nicht doch ein (kleiner) Tumor die wahre Ursache ist. Melanome in Papillennähe können in den N. opticus einbrechen (Abb. 2.7.2-3), doch ist dies selten (s. Kap. 3.5).

Das zweckmäßigste therapeutische Vorgehen bei Aderhautmelanoblastomen – sofortige Enukleation, ggf. Resektion des Tumors unter Erhaltung von Bulbus und (Teil-)Funktion, konservative Therapie – ist derzeit umstritten. Der echographischen Verlaufskontrolle kommt daher besondere Bedeutung zu. Dies gilt auch für ophthalmoskopisch gut beobachtbare Tumoren; Prominenzzunahme, Änderungen der Innenstruktur und transsklerale (orbitale) Ausbreitung sind echographisch besser zu erkennen (Abb. 2.7.2-13; Kap. 2.7.3).

Naevi

Naevi haben meist nur eine geringe Prominenz. Im Echogramm (Abb. 2.7.2-8-11) fällt oft im B-Bild ein intensives *Oberflächen*echo auf, das bei *herabgesetzter* Empfindlichkeit (Arbeitsfrequenz 9,7 MHz, ΔVW38 = 29 dB) besonders deutlich zu sehen ist (Abb. 2.7.2-8b). Zur Differentialdiagnose gegenüber einem Melanom ist die Fluoreszenzangiographie erforderlich, ebenso eine genaue fundusphotographische und echographische Verlaufskontrolle. Lubin et al. (1982) weisen darauf hin, daß eine ophthalmoskopisch und fluoreszenzangiographisch nachweisbare subretinale Vaskularisation über einem prominenten, pigmentierten Herd allgemein als Beweis für die gutartige Natur des Herdes (also Naevus) angesehen wird – sie fanden diese aber auch bei einem Melanoblastom der Aderhaut (histologisch gesichert).

Jeder Aderhautnaevus *muß* – auch bei geringer Herdprominenz – regelmäßig ophthalmoskopisch (mit Fundusphotographie) *und* echographisch nachuntersucht werden (Abb. 2.7.2-12). Es kann sich sonst – falls doch ein Melanoblastom vorliegt – bei unverändertem intraokularen Herd unbemerkt ein orbitaler Tumoranteil entwickeln (Abb. 2.7.2-13). Die Angabe von Ossoinig (1979), daß Naevi höhere *Struktur*echos (höhere Reflektivität) und eine irregulärere Struktur als maligne Melanome aufweisen, trifft nicht zu (s. Abb. 8c, 9b+d, 11a in Kap. 2.7.2). Das intensive Oberflächenecho (Abb. 2.7.2-10) findet man nicht nur bei Naevi. Liegt es im Netzhautniveau, so kann es sich um einen flachen Naevus, aber auch um harte Exsudate („Retinitis circinata") handeln.

Literatur

Baum G (1967) Ultrasonographic characteristics of malignant melanoma. Arch Ophthalmol 78:12–15

Baum G, Greenwood J (1961) A critique of time-amplitude ultrasonography. Arch Ophthalmol 65:353–365

Blodi F (1977) Ein Tuberkulom der Aderhaut, ein Melanom vortäuschend. Klin Monatsbl Augenheilkd 170:845–849

Buschmann W (1964) Acoustic illusions in ophthalmic ultrasonography. Am J Ophthalmol 57:461–466

Buschmann W, Lommatzsch P, Goder G, Brausewetter K (1968) Der Einfluß neuer Untersuchungsmethoden auf die Diagnostik intraokularer tumorverdächtiger Veränderungen. Klin Monatsbl Augenheilkd 152:73–79

Chang M, Shields JA, Wachtel DL (1979) Adenoma of the pigment epithelium of the ciliary body simulating a malignant melanoma. Am J Ophthalmol 88:40–44

Coleman DJ (1973) Reliability of ocular tumor diagnosis with ultrasound. Trans Am Acad Ophthalmol Otol 77:677–683

Coleman DJ, Lizzi FL (1977) Ultrasonography of the eye and orbit. Lea & Febiger, Philadelphia

Croxatto JO, Malbran ES, Lombardi AA (1984) Cavitary melanocytoma of the ciliary body. Ophthalmologica 189:130–134

Font RL, Naumann G, Zimmerman LE (1967) Primary malignant melanoma of the skin metastatic to the eye and orbit. Am J Ophthalmol 63:738–754

Fuller DG, Snyder WB, Hutton WL, Vaiser A (1979) Ultrasonographic features of choroidal malignant melanomas. Arch Ophthalmol 97:1465–1472

Gonvers M, Zografos L, Gailloud C (1979) Tumeurs malignes de la choroide. Confrontation anatomo-ultrasonographique. Klin Monatsbl Augenheilkd 174:934–943

Guthoff R, Hallermann D, Schroeder W (1980) Echographische Befunde nach Rutheniumbestrahlung intraokularer Tumoren. Ber Dtsch Ophthalmol Ges 77:723–727

Kerman BM, Findl ML (1984) Spectrum of manifestations of metastatic malignant melanoma. In: Hillman JS, LeMay MM (eds) Ophthalmic ultrasonography, Siduo IX. Junk, The Hague Boston Lancaster, pp 21–28

Kerman BM, Fishman ML (1987) Non-melanomatous collar-button tumours. In: Ossoinig KC (ed) Ophthalmic echography. Siduo X. Junk, The Hague Boston Lancaster, pp 413–416

Kielar RA (1982) Choroidal melanoma appearing as vitreous hemorrhage. Ann Ophthalmol 14:461–464

Leuenberger RU, Gloor BP (1976) Zur Differentialdiagnose des malignen Melanoms der Aderhaut. Ophthalmologica 172:220–222

Lubin JR, Gragoudas ES, Albert DM (1982) Choroidal neovascularization associated with malignant melanoma: A case report. Acta Ophthalmol 60:412–418

Naumann GOH (1980) Pathologie des Auges. Springer, Berlin Heidelberg New York

Martin JA, Robertson DM (1983) Extrasideral extension of choroidal melanoma diagnosed by ultrasound. Ophthalmology 90:1554–1559

Oosterhuis JA, Went LN, Lynch HT (1982) Primary choroidal and cutaneous melanomas, bilateral choroidal melanomas, and familial occurence of melanomas. Br J Ophthalmol 66:230–233

Ossoinig KC (1979) Standardized Echography: Basic principles, clinical applications, and results. Int Ophthalmol Clin 19/4:127–210

Rochels R (1981) Experimentelle und klinische Untersuchungen zur Entstehung der Aderhautstufe im B-Bild-Echogramm. Arch Klin Exp Ophthalmol 217:193–197

Skalka HW (1987) Unusual ophthalmic melanomas: The value of ultrasonography. Ann Ophthalmol 10:42–46

Vine AK, Harris R, Brownstein S (1979) Ultrasonography and computerized tomography in the diagnosis of unsuspected uveal melanoma with proptosis. Can J Ophthalmol 14:294–296

2.7.3 A- und B-Bild-Echographie des Aderhautmelanoms – Gegenüberstellung echographischer und histologischer Befunde

R. GUTHOFF

Manche Autoren (Ossoinig u. Harrie 1983; Rochels et al. 1983) glaubten, unter Beachtung bestimmter Untersuchungsrichtlinien (Ossoinig 1965) echographisch zwischen den verschiedenen Zelltypen des Aderhautmelanoms mit relativ großer Sicherheit unterscheiden zu können.

Wir haben es, angeregt von einem uns interessant erscheinenden Fall (Abb. 2.7.3-1 und 2) noch

Tabelle 2.7.3-1 (Guthoff et al. 1981). Die für die Auswertung berücksichtigten echographischen und histologischen Kriterien

Echographie	Histologie
Tumorprominenz (mm)	Tumorprominenz (mm)
Tumorbasis (mm)	Tumorbasis (mm)
	Zelltyp
Blutströmungseffekte	Pigmentgehalt
Lage (peripher – zentral)	Gefäße (Anzahl, Kaliber)
	Nekrosen
	Blutungen
	Bindegewebssepten

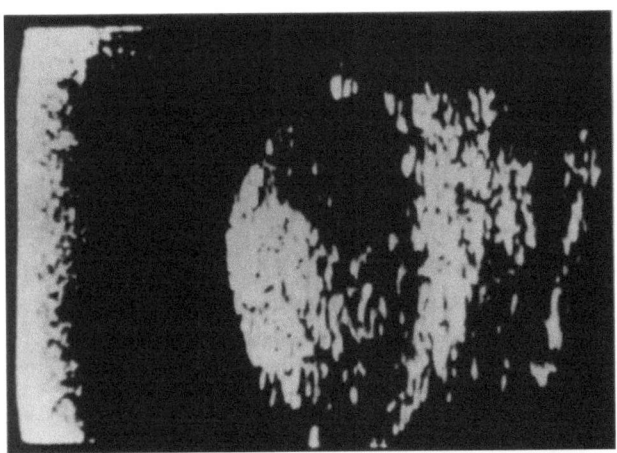

Abb. 2.7.3-1 (Guthoff et al. 1981). B-Bild-Echogramm eines Aderhautmelanoms mit abgegrenztem, schwach reflektierendem Gewebsbezirk

einmal unternommen, echographische mit histologischen Befunden des Aderhautmelanoms zu vergleichen.

Außerdem sollte die Zuverlässigkeit echographischer Messungen, die zur Volumenbestimmung eines Tumors herangezogen werden können, überprüft werden (Guthoff 1980). Wir verwendeten im Zeitraum dieser Studie routinemäßig das A-Bild-Gerät 7200 MA mit dem 8-MHz Normalschallkopf und den Bronson-Turner-Contakt-Scanner (Nominalfrequenz 10 MHz). Die echographischen A-Bild-Untersuchungen wurden mit einer Empfindlichkeit von 58 dB über dem Testecho des W38 Hema-Test-Reflektors durchgeführt, das entspricht der am Gewebsphantom nach Till (1980) ermittelten Gewebsempfindlichkeit von 68 Skalenteilen am Verstärkungsregler.

Es standen uns 39 mit beiden Methoden untersuchte Melanome zur Verfügung, die anschließend im histologischen Labor bearbeitet worden sind. Bei der Auswertung wurden die in Tabelle 2.7.3-1 aufgeführten Kriterien berücksichtigt. Die echographische Vermessung des Tumors erfolgte mit Hilfe einer zum B-Bild-Gerät gehörenden Schablone. Am enukleierten Bulbus wurde die Tumorbasis nach der Fixierung diaphanoskopisch gemessen, die Prominenz im histologischen Schnitt.

Ergebnisse

Die Auswertung von 39 enukleierten Aderhautmelanomen ergab keine Beziehung zwischen Pigmentgehalt und Reflexionsgrad, obwohl das obengenannte Beispiel dies zunächst vermuten ließ. Bei 22 der 39 Melanome fanden sich andere Korrelationen. In der Literatur wird der typische Reflexionsgrad eines Aderhautmelanoms mit 20–60% der Sklera-Zacke bei Gewebsempfindlichkeit angegeben, das entspricht einem Amplitudenbereich von 58 bis 43 dB unter dem W38-Testecho.

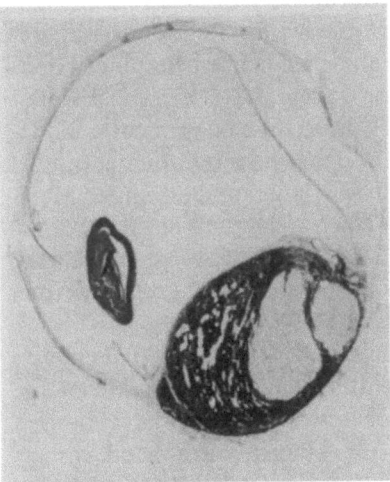

Abb. 2.7.3-2 (Guthoff et al. 1981). Histologischer Befund des Tumors aus Abb. 2.7.3-1 (Histo-Lab. No. 7245): Stark pigmentiertes Spindel-B-Melanom mit scharf abgegrenztem pigmentarmen Bezirk gleichen Zelltyps

Tabelle 2.7.3-2 (Guthoff et al. 1981). Malignes Melanom der Aderhaut

	Reflexionsgrad	0–45%	50–60%
Histologie	Blutungen	7	1
	Nekrosen	6	
	Septen	1	7
	n	22	17

Teilt man die Melanome in eine Gruppe bis $\Delta V(W38) = 49$ dB (Reflexionsgrad bis 45%) und eine zweite bis $\Delta V(W38) = 43$ dB (bis 60% Reflexionsgrad) ein (Tabelle 2.7.3-2), so finden sich 7 von 8 Tumoren mit Blutung in der ersten Gruppe, ebenso 6 Fälle mit ausgedehnteren Nekrosen. Melanome mit auffälligen Bindegewebssepten reflektieren mit einer Ausnahme stärker und fallen in die zweite Gruppe. Die übrigen in Tabelle 2.7.3-1 aufgeführten histologischen Merkmale waren etwa gleichmäßig auf beide Gruppen verteilt und lassen sich somit nicht mit einem bestimmtem Schallbild in Verbindung bringen.

Bei der Gegenüberstellung der Meßergebnisse der Tumorausdehnung haben wir zwischen zentral und peripher gelegenen Tumoren unterteilt. In Tabelle 2.7.3-3 sind die Unterschiede zwischen den echographisch und histologisch ermittelten Maßen aufgetragen. Bei den zentral gelegenen Tumoren wurde für die Prominenz 17mal Übereinstimmung erzielt, 12mal lagen die echographischen Werte über den histologisch ermittelten. Die gleiche Tendenz mit teilweise größeren Abweichungen findet sich auch bei den Messungen der Basis. Liegen die Tumoren mit dem größeren Anteil peripher des Äquators (das traf für 7 der untersuchten Fälle zu), unterscheiden sich die Ergebnisse bei Prominenzmessungen um maximal 3 mm, im Bereich der Tumorbasis sogar um bis zu 5 mm.

Diskussion

Die Tumorausdehnung läßt sich nach diesen Ergebnissen bei Melanomen, deren größter Anteil zentral des Äquators liegt, echographisch mit guter Genauigkeit erfassen. Die Tendenz, histologisch geringere Werte zu messen, ist durch die während der Formalin-Fixation auftretende Schrumpfung erklärt. Darüberhinaus wird durch begrenzte seitliche Auflösungsfähigkeit der Ultraschallgeräte bei hoher Empfindlichkeit ein punktförmiger Reflektor als Strich senkrecht zur Schallausbreitungsrichtung dargestellt. Dieses Phänomem läßt die Tumorbasis geringfügig breiter erscheinen. Bei peripherer Lage gelingt die Erfassung der äußeren Tumoranteile nicht mit der gleichen Zuverlässigkeit. Die Randbezirke werden häufig bei geänderter Blickrichtung nicht mehr senkrecht von den Schallwellen getroffen und liefern schlecht auswertbare B-Bild-Echogramme. In den meisten Fällen konnte jedoch eine gute Übereinstimmung zwischen der echographisch und histologisch ermittelten Tumorausdehnung erzielt werden. Das ist zum Beispiel für die Beurteilung des Therapieerfolges von konservativ behandelten Melanomen von Vorteil; ebenso zum Vergleich verschiedener Behandlungsmethoden.

Wenden wir die Ergebnisse des A-Bildvergleichs auf die Klinik an, läßt sich folgern, daß 1. Melanome mit niedrigem Reflexionsgrad mit einer gewissen Wahrscheinlichkeit Blutungen und/oder Nekrosen aufweisen und 2. ein hoher Reflexionsgrad einen Hinweis für eine vermehrte Bindegewebsstruktur im Tumorinneren darstellen. Bei der Verlaufskontrolle rutheniumbestrahlter Melanome wurde von einer Steigerung des Reflexionsgrades berichtet, was möglicherweise durch eine Zunahme des Bindegewebsanteils erklärt werden kann (Guthoff et al. 1980).

Die von Rochels et al. (1983) an 110 Tumoren gemachte Beobachtung, daß Spindel-A-Melanome einen deutlich höheren Reflexionsgrad aufweisen als Spindel-B-Typen, können wir anhand unserer allerdings etwas kleineren Fallzahl, nicht bestätigen. Zur gleichen Aussage kommen auch Freyler et al. (1975) und Poujol et al. (1985).

Auf der X. SIDUO-Tagung in St. Petersburg/Florida (1984) berichteten Bigar sowie Mazzeo

Tabelle 2.7.3-3 (Guthoff et al. 1981). Unterschiede der aus den Echogrammen und aus den histologischen Bildern ermittelten Tumorgrößen (bezogen auf die echographischen Ergebnisse); n = 39

Lage	Tumorprominenz		Tumorbasis	
		n		n
Zentral n = 32	+1	3	+1	3
	±0	17	±0	4
	−1	10	−1	11
	−2	2	−2	11
			−3	3
		n		n
Peripher n = 7	+3	1	+5	1
	+2	1	+4	1
	+1	1	+3	1
	±0	1	+2	2
	−1	2	−3	1
	−2	1	−4	1

et al. über ihre Gegenüberstellung von A-Bild-Befunden und Tumorhistologie an großen Fallzahlen. Sie fanden ebenfalls keine Korrelation zum Zelltyp.

Aussichtsreicher erscheinen dagegen rechnergestützte Signalanalysen. Sie gestatten die Auswertung zusätzlicher, im Bildschirmbild der A- und B-Echogramme nicht erkennbarer Kriterien. Es werden dabei beispielsweise die Unterschiede im Frequenzspektrum zwischen eingestrahltem und reflektiertem Ultraschallsignal analysiert. Eine Tendenzwende in der Beurteilung von Gewebskriterien deutete sich bereits in den Arbeiten von Trier (1977) und Coleman et al. (1984) an. Inzwischen gelingt es in bestimmten Laboratorien (Coleman et al. 1984), in 98% der Fälle zwischen spindelzelligen und epitheloidzelligen Melanomen zu differenzieren. Klinisch sind diese Untersuchungen z.Z. noch von begrenztem Wert. Zweifellos führt aber dieser Weg am ehesten zu einer weitergehenden Gewebsdifferenzierung. Im Hinblick auf die selbst unter Histologen entstehenden Diskussionen über die Einordnung der verschiedenen Melanomtypen erscheint dagegen die visuelle Auswertung der A-Bild-Echogramme als eine recht grobe Methode. Ein klinischer Bezug im Hinblick auf die Prognose eines Tumors und Hinweise auf die einzuschlagende Therapie lassen sich nach unserer Erfahrung daraus nicht ableiten. Die Tatsache, daß sich dennoch bei ca. 50% der Melanome histologische Besonderheiten auf den Reflexionsgrad im A-Bild auswirken, deutet daraufhin, daß ein Tumorechogramm noch ungenutzte Informationen beinhaltet.

Literatur

Bigar S (1987) The role of echography in the diagnosis of uveal malignant melanomas. In: Ossoinig KC (ed) SIDUO X abstracts booklet (im Kongressbericht von SIDUO X nicht erschienen)

Buschmann W (1972) Ophthalmologische Ultraschalldiagnostik. In: Velhagen K (Hrsg) Der Augenarzt. Thieme, Leipzig, S 321–465

Coleman BJ, Lizzi RH, Silverman M, Rondeau ME, Smith JT, Torpey JJ, Greenall P (1987) Acoustic tissue typing with computerized methods. In: Ossoinig KC (ed) Ophthalmic echography. SIDUO X. Junk, The Hague Boston Lancaster

Freyler H, Arnsfelder H (1975) Relation between histological structure and ultrasonogram in malignant melanoblastoma of the choroid. Bibl Ophthalmol 83:163–172

Guthoff R (1980) Modellmessungen zur Volumenbestimmung des malignen Aderhautmelanoms. Arch Klin Exp Ophthalmol 214:139–146

Guthoff R, Hallermann D, Schroeder W (1980) Echographische Verlaufskontrollen nach Rutheniumbestrahlung intraokularer Tumoren. Ber Dtsch Ophthalmol Ges 77:723–727

Guthoff R, Domarus D v, Schroeder W (1981) Gegenüberstellung klinischer, echographischer und histologischer Befunde beim malignen Melanom der Aderhaut. Klin Monatsbl Augenheilkd 179:330–332

Mazzeo V et al. (1987) Is it possible to differentiate histological types of choroidal malignant melanoma with Kretz-technique 7200 MA A-scans? In: Ossoinig KC (ed) Ophthalmic echography, SIDUO X. Junk, The Hague Boston Lancaster, pp 357–360

Ossoinig KC (1965) Zur Ultraschalldiagnostik der Tumoren des Auges. Klin Monatsbl Augenheilkd 146:321–337

Ossoinig KC (1972) Clinical echo-ophthalmology. Curr Concepts Ophthalmol 3:101–130

Ossoinig KC, Harrie RP (1983) Diagnosis of intraocular tumors with standardized echography. In: Lommatzsch KP, Blodi FC (Hrsg) Intraocular Tumors. Springer, Berlin, S 154–175

Poujol J, Iris L, Armand MJ (1975) Correlations entre la reflectivite et l'attenuation ultrasonores des tumeurs intraoculaires et leur structure histologique. Bibl Ophthalmol 83:172–183

Rochels R, Nover A, Neuhann T, Adam F (1983) Echographic examinations on 110 histologically proven intraocular melanomas. In: Lommatzsch PK, Blodi FC (Hrsg) Intraocular Tumors. Springer, Berlin, S 176–182

Till P (1980) Testung von Schallköpfen auf ihre Eignung zur Gewebsdifferenzierung mit Hilfe des Festkörper-Gewebsphantoms. Klin Monatsbl Augenheilkd 176:337–340

Trier HG (1977) Gewebsdifferenzierung mit Ultraschall. Bibl Ophthalmol 86, Karger, Basel

2.7.4 Retinoblastome

E. GERKE

Auftreten und Häufigkeit

Das Retinoblastom ist der einzige beim Menschen dominant vererbbare maligne Tumor. Die Inzidenz liegt bei ungefähr 1 von 20.000 Neugeborenen. In 20–70% aller Fälle, abhängig davon, ob es sich um ein sporadisch auftretendes oder um ein vererbtes Retinoblastom handelt, muß mit einem *doppelseitigen Befall* gerechnet werden. Meistens sind die betroffenen Augen nicht nur von einem singulären Tumor befallen, sondern gemäß einer multizentrischen Entstehung von mehreren. Das Alter der Kinder zum Zeitpunkt der Diagnose liegt bei 1–2 Jahren, wobei das „amaurotische Katzenauge" und ein Strabismus die bei weitem häufigsten Symptome eines Retinoblastoms darstellen, deretwegen die augenärztliche Untersuchung eingeleitet wird. Retinoblastome können schon zum Zeitpunkt der Geburt vorhanden sein.

Das Auftreten eines Retinoblastoms nach dem 3. Lebensjahr ist eine Seltenheit.

Ophthalmoskopische Diagnose

In den Fällen, in denen die Retinoblastome noch zu keinen Sekundärveränderungen, wie Netzhautablösungen, Glaskörpereinblutungen oder intraokularen Entzündungen geführt haben, lassen sie sich ophthalmoskopisch einfach diagnostizieren (Abb. 2.7.4-1 und 2). Man sieht vom Netzhautniveau ausgehende kugelförmig in den Glaskörperraum ragende, oberflächlich mehr oder weniger glattstrukturierte Tumoren, die eine gräulichweiße bis rosa-weiße Färbung haben. In und auf den Tumoren zeigen sich zahlreiche Gefäße, die sich häufig bis zu den verdickten zu- und abführenden Netzhautgefäßen in der umliegenden Netzhaut zurückverfolgen lassen. Typisch sind die in den Tumoren sichtbaren Kalkeinlagerungen. Ein weiteres typisches Zeichen stellen rundliche kleine Absiedlungen von Zellverbänden über dem Tumor im Glaskörperraum dar.

Echographische Diagnose

Übersicht
- Solider Gewebeherd intraokular (zusätzliche *bewegliche* Einlagerungen im Glaskörper möglich)
- Sehr hohe Amplituden der Herdstrukturechos (sofern Verkalkungen vorhanden sind)
- Schallschatteneffekt (ausgeprägt, wenn Verkalkungen da sind)
- Pulssynchrone Amplitudenschwankungen von Strukturechos (= Vaskularisation) sind häufig
- Bulbusabmessungen meist normal

Ist wegen Sekundärveränderungen eine Ophthalmoskopie nicht möglich, so stellt die Echographie für die Diagnose eines Retinoblastoms ein wesentliches Hilfsmittel dar. Dabei sind das A-Bild-Verfahren und das B-Bild-Verfahren gleichermaßen von Bedeutung. Wegen des Alters der Kinder und wegen der Tragweite der Diagnose müssen diese Untersuchungen in Narkose durchgeführt werden.

a) Allgemeine Kriterien

Die echographischen Kriterien für die Diagnose eines Retinoblastoms sind von zahlreichen Autoren beschrieben worden (Sterns et al. 1974; Till u. Ossoinig 1975; Poujol et al. 1979; Ossoinig 1979; Bertenyi u. Fodor 1981; Koch et al. 1983; Sampaolesi 1984). Die auffallendste Eigenschaft eines Retinoblastoms ist seine sehr hohe Schallreflektivität. Diese ist durch die Kalkeinlagerungen im Tumor bedingt, die eine ähnlich hohe Echoamplitude wie ein intraokularer Fremdkörper hervorrufen (Abb. 2.7.4-3). Die sehr hohe Innenreflektivität, die auftritt, wenn das Schallbündel auf Kalk trifft und die auch von der Schallrichtung abhängt, findet sich bei anderen malignen intraokularen Tumoren nicht. Drewe et al. (1985) fanden sie jedoch bei einem 3jährigen Kind mit einem intraokularen astrozytären Hamartom, das Verkalkungen enthielt. Im Zusammenhang mit den Kalkeinlagerungen steht auch eine typische Schallschattenwirkung, die sowohl im Tumor selbst als auch im dahinterliegenden Orbitagewebe erkennbar ist. Auf die Probleme bei den Retinoblastomen, die keine Verkalkungen aufweisen, wird weiter unten eingegangen.

Weiter zeigt sich im A- und B-Bild eine solide Gewebsstruktur, die von der Bulbusrückwand ausgeht. Infolge der Vaskularisation im Tumorgewebe können im A-Bild bei einer Einstellung mit reduzierter Geräteempfindlichkeit Oszillationen der Echozacken innerhalb des Tumors festgestellt werden. Für die Differentialdiagnose ist es wichtig, die Achsenlänge des betroffenen Auges zu messen. Diese liegt im Gegensatz zu manchen anderen differentialdiagnostisch in Betracht kommenden Erkrankungen beim Retinoblastom im Normbereich (Lebensalter beachten; s. Kap. 2.1.1). Das gilt natürlich nur für den Fall, und das ist der häufigste, bei dem es im Krankheitsverlauf weder zu einem Sekundärglaukom noch zu einer Phthisis bulbi gekommen ist. In Ausnahmefällen kann die Echographie auch dazu benutzt werden, das Wachstum einer unklaren, soliden intraokularen Struktur zu dokumentieren und so die Diagnose eines intraokularen Tumors zu stellen. Viel häufiger wird dieses Verfahren der Tumorhöhenmessung allerdings bei den Folgeuntersuchungen nach Beginn der Therapie angewandt, um ein neues Wachstum eines zur Regression gebrachten Retinoblastoms auszuschließen.

b) Besondere Kriterien

Die echographischen Zeichen, die sich aus den typischen Kalkeinlagerungen in den Retinoblastomen ergeben, können weiter aufgeschlüsselt werden, wenn sowohl im A-Bild-Verfahren als auch im B-Bild-Verfahren die Geräteempfindlichkeit nach einem bestimmten Schema verändert wird, wobei die Position der Schallköpfe unverändert auf die zu untersuchende unklare Prominenz gerichtet bleibt. Für das Retinoblastom ergibt sich

Retinoblastome 169

Abb. 2.7.4-1 (Gerke). Rechtes Auge eines 7 Monate alten Kindes. Retinoblastom mit Kalkeinlagerung

Abb. 2.7.4-2 (Gerke). Rechtes Auge eines 2 Jahre alten Kindes. Hochprominenter Tumor mit großkalibrigen oberflächlichen Gefäßen

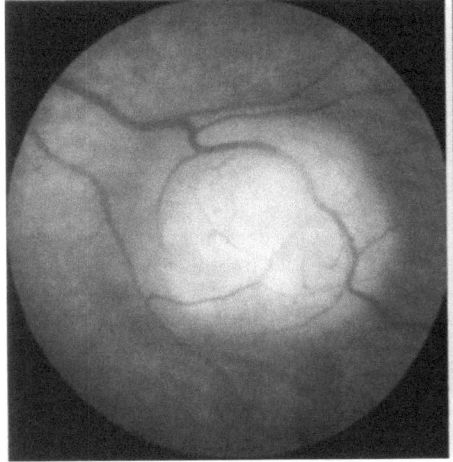
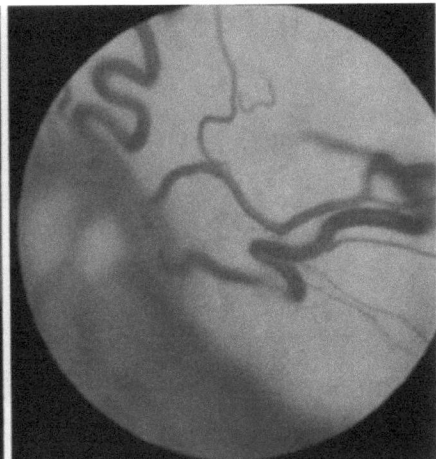

Abb. 2.7.4-1 Abb. 2.7.4-2

Abb. 2.7.4-3 (Gerke). Linkes Auge eines 23 Monate alten Kindes. Ultraschallechographische Untersuchungen im A-Bild (*rechts*) und im B-Bild (*links*) mit jeweils vier unterschiedlichen Einstellungen der Geräteempfindlichkeit. Die kalkhaltigen Strukturen lassen sich im B-Bild bis −30 dB (Skalenwert) darstellen. Im A-Bild ist bei einer Einstellung von 50 dB (Skalenwert) die Tumorechozacke höher als die Echozacke der Bulbusrückwand. Das Auge wurde enukleiert

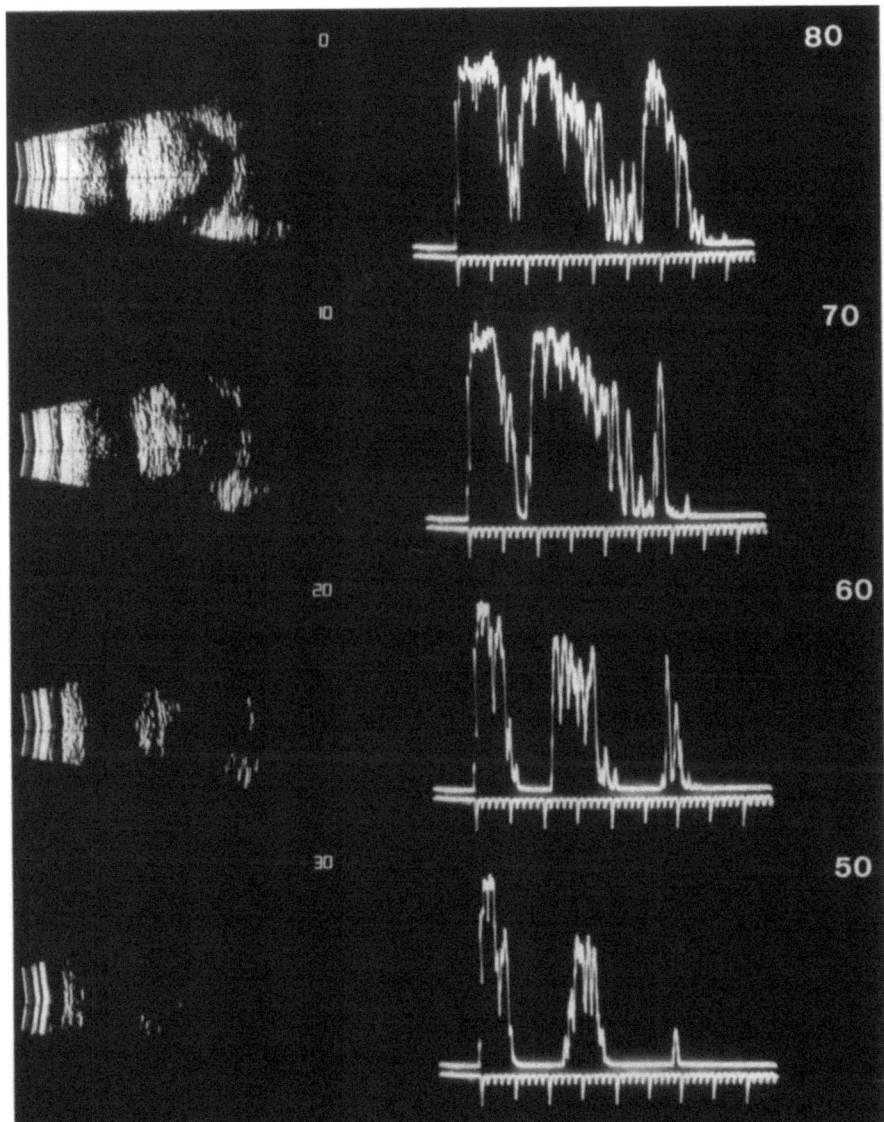

170   Erkrankungen des Augapfels aus echographischer Sicht

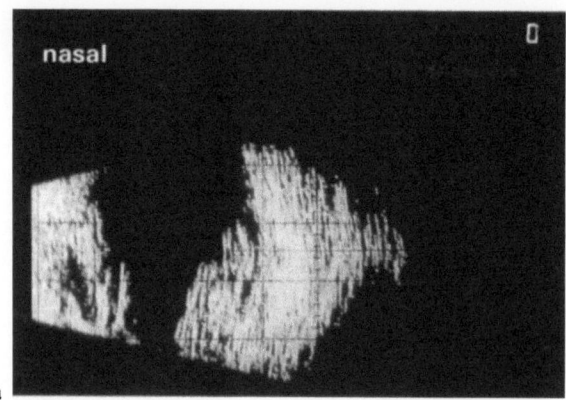

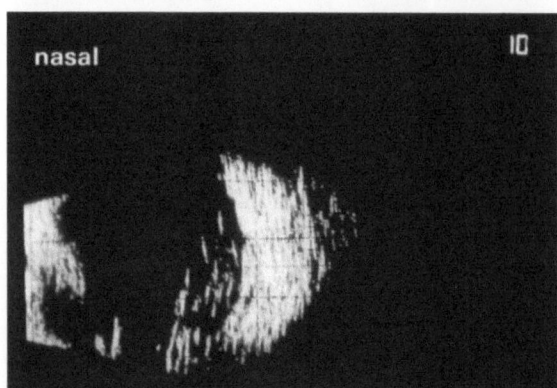

Abb. 2.7.4-4a–f (Buschmann). Retinoblastom (vom Fleurette-Typ) bei einem 5jährigen Knaben. Umfangreiche Aussaat in die hintere und vordere Augenkammer. Echographisch solider Gewebsherd mit inhomogenem Aufbau; die Strukturechos erreichen bzw. übertreffen die Skleraechoamplituden jedoch nicht. Echographisch somit kein Hinweis auf Verkalkungen. Histologisch jedoch Mikroverkalkungen nachweisbar. Die Diagnose des soliden i.o. Gewebsherdes ist echographisch sicher, die Artdiagnose „Retinoblastom" jedoch nicht – Lebensalter, klinisches Bild etc. müssen dazu beitragen

a, b Gerät Ocuscan 400, wf 9,7 MHz, ΔV W38 = 52 dB bzw. =44 dB. Inhomogene Herdstruktur bei herabgesetzter Empfindlichkeit, kein Schallschatteneffekt **b**

c–f Gerät 7200 MA, wf 9,3 MHz, 5F 25, ΔV W38 = 66 dB **c, d** bzw. = 53 dB **e, f**. Im A-Bild ebenfalls eindeutig solider (tumoröser) intraokularer Herd *ohne* besonders intensive Strukturechos und *ohne* Schallschatteneffekt

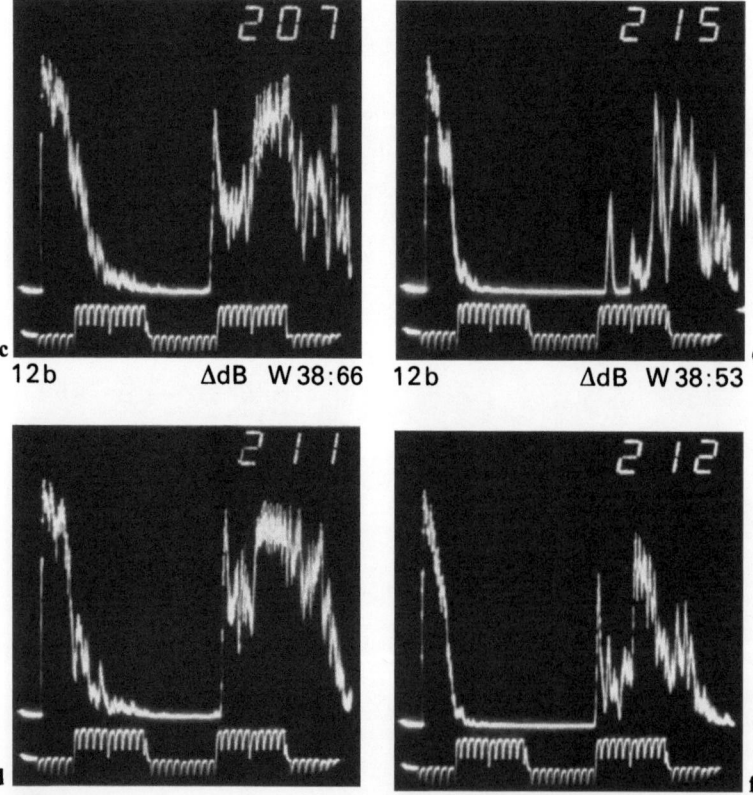

Abb. 2.7.4-5a–g (Buschmann). Blumenkohlartig gewachsenes Retinoblastom eines 1jährigen Knaben; mit großen Nekrosen, jedoch ohne Verkalkungen. Einbruch in den N. opticus.
a, b Ocuscan 400, 10 MHz-Schallkopf. Der ganze Bulbus ist von teils soliden, teils beweglichen echoreflektierenden Strukturen ausgefüllt; die Bulbusrückwand kann erst bei herabgesetzter Empfindlichkeit sicher erkannt werden. Kein Schallschatten, keine sicheren Echos von Verkalkungen. **c, d** Ocuscan 400, 10 MHz. Intraokular solides pathologisches Gewebe; die Strukturechos erreichen die Skleraechoamplituden jedoch nicht, was bei herabgesetzter Empfindlichkeit **d** am besten zu erkennen ist. **e, f** Gerät 7200 MA, wf 10 MHz, ΔVW38 = 67 dB **e** bzw. = 52 dB **f**. Auch mit diesem Gerät eindeutig Echogramme soliden intraokularen Gewebes ohne echographisch nachweisbare Verkalkungen.

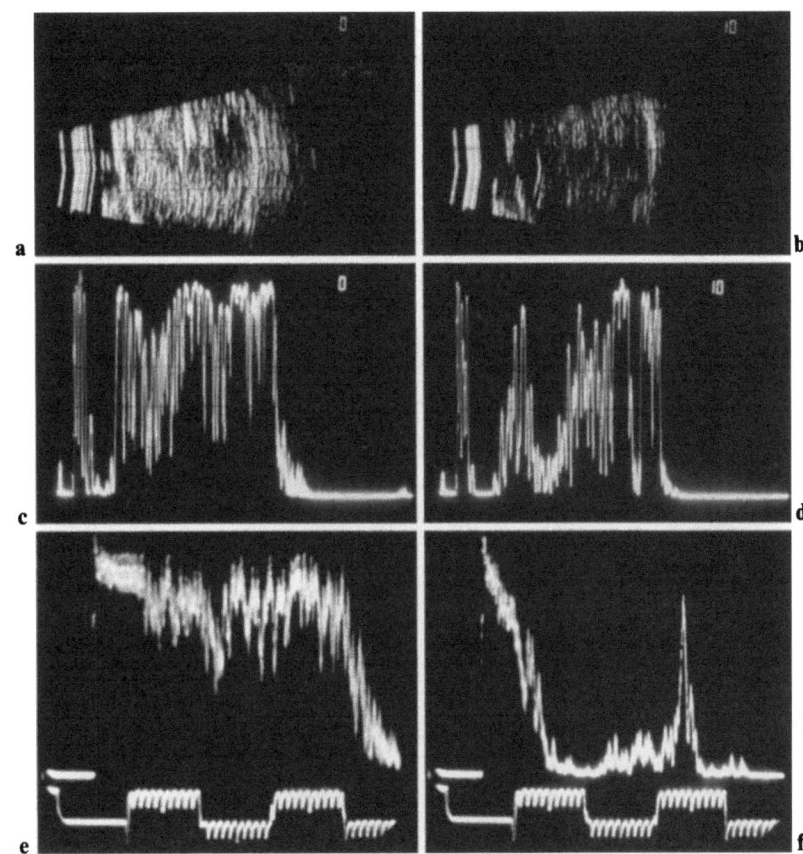

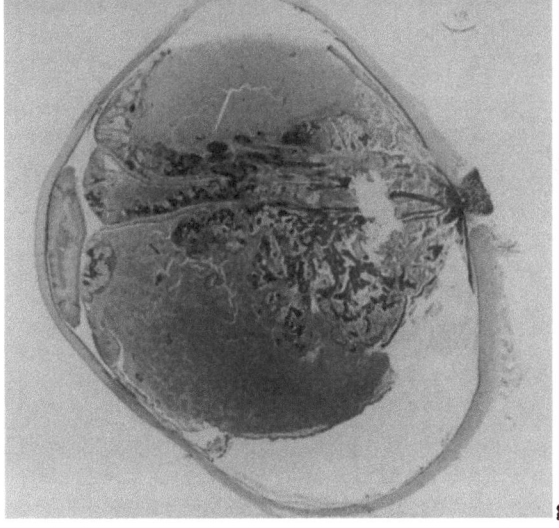

g Der histologische Schnitt zeigt den zerklüfteten Tumor, der in der optischen Achse bis zur Iris nach vorn reicht. Totale Netzhautablösung, Tumoreinbruch in den N. opticus. Mikroverkalkungen sind vorhanden, für die echographische Darstellung aber zu klein

dann aus einer Studie an 60 befallenen Augen (Koch et al. 1983), daß im A-Bild-Verfahren (Kretz 7200 MA) bei 80 dB (ΔV(W38) = 58 dB) und bei der Einstellung auf sog. Gewebsempfindlichkeit (74 dB; ΔV(W38) = 52 dB) bei allen Retinoblastomen die Tumorinnenechos dieselbe Höhe wie das Skleraecho erreichen. Bei einer Reduzierung der Geräteempfindlichkeit auf 50 dB (24 dB unter der Gewebsempfindlichkeit) (Abb. 2.7.4-3, rechts; ΔV(W38) = 28 dB) ist bei 90% der Retinoblastome das Tumorinnenecho höher als das Skleraecho. Bei 79% läßt sich ein definierter Schallschatten im Tumor (40% Abfall der Maximalamplitude über eine Strecke von 2 μs) nachweisen. Im B-Bild (Ocuscan 400) sind bei 92% der Fälle im Tumorbereich noch Echopunkte zu erkennen, während gleichzeitig schon bei vielen Fällen das Skleraecho nicht mehr zu sehen ist. Die Geräteempfindlichkeit ist in diesem Fall auf −30 eingestellt (Abb. 2.7.4-3, links; die Skalenwerte sind keine echten Dezibel-Werte, bei den meisten Geräten dieser Serie ergaben Nachmessungen deutliche Abweichungen).

Differentialdiagnose

Aus der Zusammenschau der klinischen Daten, dem ophthalmoskopischen Befund sowie den allgemeinen und besonderen echographischen Kriterien läßt sich in den meisten Fällen ein Retinoblastom diagnostizieren oder ausschließen. Da die Schwierigkeiten der Differentialdiagnose in aller Regel erst dann auftreten, wenn die Ophthalmoskopie eingeschränkt oder nicht möglich ist und damit dem übrigen klinischen Befund und der Echographie die Hauptrolle zufällt, soll im folgenden nur auf solche Situationen, d.h., auf die Differentialdiagnose der sog. *Leukokorie* eingegangen werden.

Finden sich bei einer echographischen Untersuchung die auf Kalkeinlagerungen beruhenden typischen Befunde, wie sie unter „b Besondere Kriterien" dargestellt sind (Abb. 2.7.4-3, 6, 7, 8), so kommen neben dem Retinoblastom differentialdiagnostisch alle klinischen Bilder in Betracht, die zu einer intraokularen Kalkeinlagerung führen können, wie die chronische Uveitis, das Hämangiom beim Sturge-Weber-Syndrom, die Toxocariasis und die retinale Dysplasie. Das Hämangiom beim Sturge-Weber-Syndrom läßt sich aus der übrigen klinischen Symptomatologie diagnostizieren. Bei der Toxocariasis sind immunologische Tests sehr hilfreich (Kennedy und Defoe 1981). Augen mit chronischen Entzündungen und nachfolgender intraokularer Kalzifizierung sind oft phthitisch oder sind zumindest häufig kleiner als das Partnerauge (Varene u. Poujol 1984). In diesen Fällen fehlen auch die bei einem Tumor typischen, durch die Gefäßversorgung hervorgerufenen Oszillationen der Innenechos. Die retinale Dysplasie ist, wenn sie doppelseitig auftritt, Teil des Symptomkomplexes der Trisomie 13.

Sind die unter b genannten, besonderen echographischen Befunde nicht vorhanden, so wird die Differentialdiagnose des Retinoblastoms besonders schwierig. Es muß dann ein weites Spektrum vitrealer und retinaler Erkrankungen in Betracht gezogen werden: der persistierende hyperplastische primäre Glaskörper (PHPV) die retrolentale Fibroplasie, die Endophthalmitis, die Glaskörper-

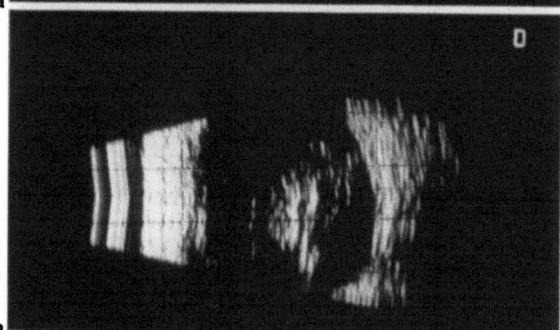
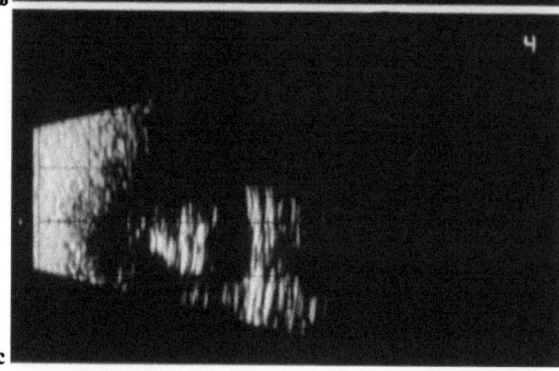

Abb. 2.7.4-6a–c (Buschmann). Retinoblastom bei einem 4jährigen Knaben; histologisch mit Verkalkungen und Nekrosen im Tumor
a, b Ocuscan 400, wf 9,7 MHz, ΔVW38 = 52 dB. Intensive Echos aus dem intraokularen Herdgebiet, dahinter erhebliche Abschwächung (sogar Verschwinden) der Echos der Sklera und des orbitalen Fettgewebes (= sehr ausgeprägter Schallschatteneffekt). Dies weist auf Verkalkungen im Tumor hin. **c** Gerät Ocuscan 400, wf 4,9 MHz, ΔVW38 = 62 dB. Auch bei dieser höheren Empfindlichkeit (die bei diesem Gerät nur unter Verwendung eines Schallkopfes mit niedriger Arbeitsfrequenz eingestellt werden konnte) sind die Echos der normalen Gewebe hinter dem Herd stark abgeschwächt (im Vergleich zu herdfreien Untersuchungsrichtungen)

Abb. 2.7.4-7a–d (Buschmann). Retinoblastom bei einem 1½jährigen Mädchen. Histologisch Nekrosen mit einzelnen Verkalkungen; ausgeprägte Vaskularisation. **a, b** Gerät Ocuscan 400, wf 9,5 MHz. Bei maximaler Empfindlichkeit (**a**) eindeutig solider Gewebsherd intraokular. Bei herabgesetzter Empfindlichkeit (**b**) intensive Strukturechos und deutlicher Schallschatteneffekt als Hinweis auf Verkalkungen im Herdgebiet. **c, d** Gerät 7200 MA, wf 9,3 MHz, ΔVW38 = 62 dB (**c**) bzw. = 49 dB (**d**). Einzelne intensive Strukturechos

Retinoblastome 173

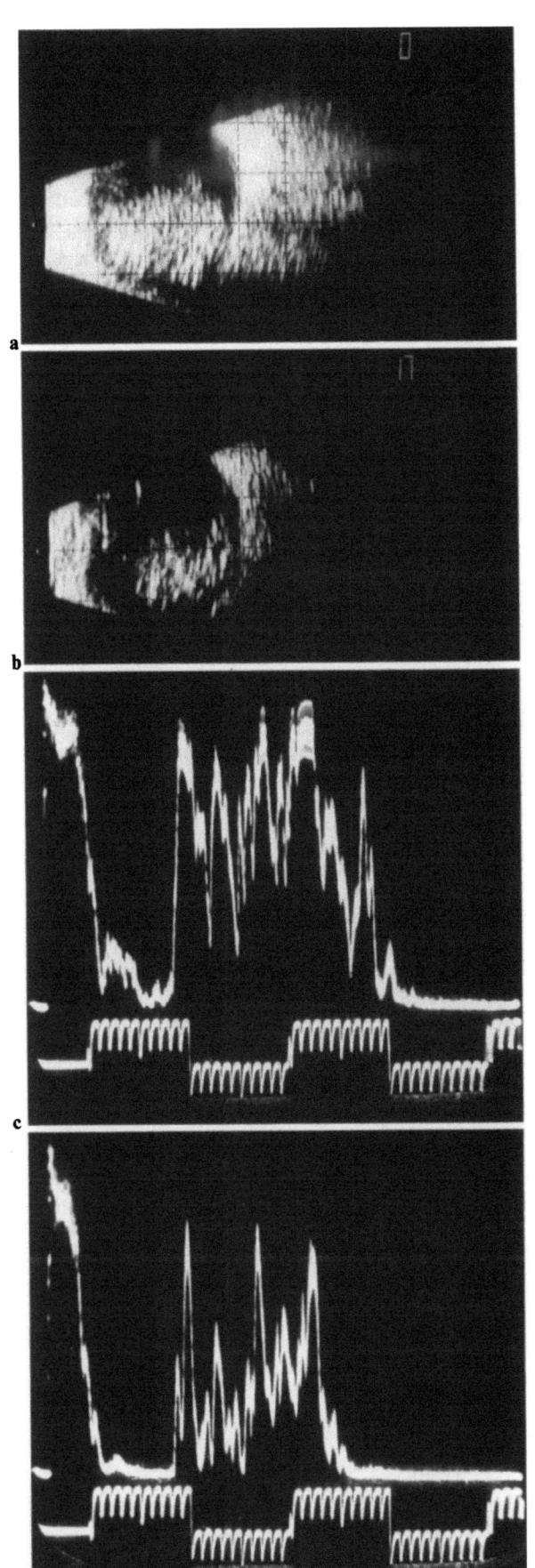

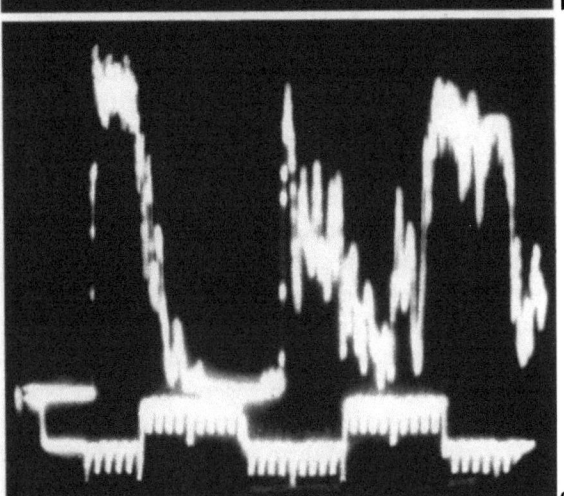

Abb. 2.7.4-8a–c (Buschmann). Retinoblastom-Verdacht bei 7jährigem Knaben; erblindetes Auge, Cataracta complicata. Klinisch und echographisch war es nicht möglich, ein Retinoblastom mit Sicherheit auszuschließen, deshalb Enukleation. Histologisch: totale Ablatio retinae, Netzhaut stark ödematös, als Knäuel im Glaskörperraum; starke Gliaproliferation; Zustand nach rezidivierenden i.o. Blutungen; Katarakt mit beginnender Verkalkung. **a–b** Mit dem Gerät Ocuscan 400 (wf 9,7 MHz, ΔVW38 = 52 dB) zeigte sich neben beweglichen Einlagerungen im Glaskörper auch ein solider Gewebsherd intraokular. Jedoch kein Anhalt für einen Schallschatteneffekt – die Lücke im Echogramm des orbitalen Fettgewebes in **a** ist durch den N. opticus bedingt. **c** Mit dem Gerät 7200 MA (wf 8,6 MHz, ΔVW38 = 66 dB) zeigt sich ebenfalls ein solider Gewebsherd intraokular. Die Strukturechos aus dem Herdinnern sind deutlich schwächer als die Skleraechos, es ergibt sich kein Anhalt für Verkalkungen im Herdgebiet

Abb. 2.7.4-7a–d

einblutung (Abb. 2.7.4-8) und die Coats'sche Erkrankung (Sampaolesi 1984; Kap. 2.7.6).

Die Retinoblastome, die in diesen Bereich der Differentialdiagnose fallen, haben entweder nur so diskrete Verkalkungen, daß sie echographisch nicht erfaßt werden können (Abb. 2.7.4-4, 5), oder weisen eine ganz besondere anatomische Situation auf, wie das diffus-infiltrierend wachsende (im Glaskörper disseminierte) Retinoblastom. Bei letzterem kann klinisch und manchmal auch echographisch eine Uveitis oder Endophthalmitis vorgetäuscht werden (Howard u. Ellsworth 1965; Flick u. Schwab 1980; Croxatto et al. 1983; Fernandez-Vigo Lopez u. Cuevas-Alvarez 1983; Sampaolesi 1984).

Die Auffassung von Ossoinig und Blodi (1974), daß die intensiven Binnenechos der Retinoblastome auch von Nekrosen, Rosetten und Blutungen reflektiert werden können, wurde inzwischen eindeutig widerlegt (Basta et al. 1981; Goes u. De Wachter 1982). Kalkfreie Retinoblastome zeigen Echogramme, die denen anderer Tumoren entsprechen (z.B. Melanoblastomen).

Die Coats'sche Erkrankung kann durch typische langsame Bewegungen der Echozacken im Subretinalraum oft erkannt werden. Der persistierende hyperplastische primäre Glaskörper weist häufig Reste der Arteria hyaloidea auf (Schroeder 1976). Glaskörpereinblutungen ändern sich in ihrer Form und Verteilung. Dies zeigt sich in der Regel schon bei einer Kontrolluntersuchung einige Wochen später. Das gleiche gilt für die retrolentale Fibroplasie, bei der sich eine Zunahme der typischen trichterförmigen Ablatio erkennen läßt. Bei einem Retinoblastom ist bei einer Kontrolluntersuchung ein Wachstum gegenüber dem Erstbefund zu erwarten.

Das zuletzt aufgeführte Spektrum der Differentialdiagnose, das dadurch gekennzeichnet ist, daß die typischen echographischen Zeichen des Retinoblastoms nicht nachgewiesen werden können, umfaßt mit etwa 10% nur einen kleinen Prozentsatz der Augen, bei denen ein Retinoblastom vorliegen könnte. Trotzdem zeigt sich darin, daß es immer wieder Augen geben wird, bei denen weder klinisch noch echographisch die Diagnose zu stellen ist. Hier müssen andere Methoden, wie die Computertomographie, die Elektroretinographie oder der Tumor-Zellnachweis in Kammerwasserpunktaten (Übersicht bei Sympaolesi 1984), unter Umständen sogar die Gewebsexzision zu Hilfe genommen werden. Erblindete Augen, bei denen ein Retinoblastom auch auf diesem Wege nicht sicher ausgeschlossen werden kann, müssen rechtzeitig enukleiert werden (Hamburg 1984). Phthisis bulbi ist bei Retinoblastom zwar selten, schließt ein solches aber nicht aus (Sampaolesi 1984)!

Es sei noch darauf hingewiesen, daß ein Skleradurchbruch und ein orbitales Wachstum eines Retinoblastoms *zuerst* echographisch feststellbar sind. – Die klinischen Zeichen (Protrusio, Motilitätseinschränkung) entwickeln sich erst später (Verma et al. 1984).

Literatur

Basta LL, Israel CW, Gourley RD, Acers TE (1981) Which pathologic characteristics influence echographic patterns of retinoblastoma? Ann Ophthalmol 13:585–588

Bertényi A, Fodor M (1981) A-mode ultrasonography in cases of leukokoria. In: Thijssen JM, Verbeek AM (eds) Ultrasonography in ophthalmology, SIDUO VIII, Doc Ophthalmol Proc Ser 29. Junk, The Hague Boston London, pp 97–102

Croxatto JO, Meijide RF, Malbran S (1983) Retinoblastoma masquerading as ocular inflammation. Ophthalmologica 186:48–53

Drewe RH, Hiscott P, Lee WR (1985) Solitary astrocytic hamartoma simulating retinoblastoma. Ophthalmologica 190:158–167

Flick H, Schwab B (1980) Das infiltrativ wachsende Retinoblastom – eine schwierige Differentialdiagnose. Klin Monatsbl Augenheilkd 177:220–224

Goes F, De Wachter A (1982) Ultrasonography in retinoblastoma suspected cases. Bll Soc Belge Ophtalmol 203:35–45

Hamburg A (1984) Retinoblastom – klinische Fehldiagnosen. Klin Monatsbl Augenheilkd 185:95–99

Howard GM, Ellsworth RM (1965) Differential diagnosis of retinoblastoma. Am J Ophthalmol 60:610–621

Kennedy JJ, Defeo E (1981) Ocular toxocariasis demonstrated by ultrasound. Ann Ophthalmol 13:1357–1358

Koch A, Gerke E, Höpping W (1983) Echography in retinoblastoma. Arch Clin Exp Ophthalmol 221:27–30

Lopez Fernandez-Vigo J, Alvarez Cuevas J (1983) Atypical echographic forms of retinoblastomas. J Pediatr Ophthalmol 20:230–234

Ossoinig KC (1979) Standardized echography. Basic principles, clinical application and results. Int Ophthalmol Clin 19:127–220

Ossoinig KC, Blodi FC (1974) Preoperative differential diagnosis of tumors with echography. Part III. Diagnosis of intraocular tumors. Curr Concepts Ophthalmol 4/17:296–313

Poujol J, Sousa Nunes A, Toufic N (1979) L'echographie des tumeurs intra-oculaires de l'enfant: difficultes et valeur. In: Gernert H (Hrsg) Diagnostica Ultrasonica in Ophthalmologia. Remy, Münster, S 138–143

Sampaolesi R (1984) Ultrasonidos en Oftalmologia. Editorial Medica Panamericana SA, Buenos Aires, pp 307–342

Schroeder W (1976) Nutzen der A-Bildechographie in der klinischen Diagnostik des persistierenden hyperplastischen primären Glaskörpers. Klin Monatsbl Augenheilkd 163:210–216

Sterns GK, Coleman DJ, Ellsworth RM (1974) The ultrasonographic characteristics of retinoblastoma. Am J Opthalmol 78:606–611

Till P, Ossoinig KC (1975) Ten years study on clinical echography in intraocular disease. Bibl Ophthalmol 83:49–62

Varene B, Poujol J (1984) Apport de l'echographie au diagnostic des retinoblastomes. J Fr Ophthalmol 7:51–56

Verma N, Ghose S, Chandrasekhar G (1984) Ultrasonic evaluation of retinoblastoma. Jpn J Ophthalmol 28:222–229

2.7.5 Intraokulare Metastasen; lymphatische Tumoren des Bulbus

W. BUSCHMANN

Metastasen, klinisches Bild

Metastatische Tumoren in der Uvea sind weitaus häufiger als bisher angenommen (Neetens et al. 1984; Bornfeld et al. 1986). Klinisch werden sie oft nicht diagnostiziert, weil die Symptome der generalisierten Metastasierung im Vordergrund stehen und die augenärztliche Untersuchung bei schlechtem Allgemeinzustand unterlassen wird; auch bei Sektionen bleiben intraokulare Metastasen oft unerkannt, weil die Augen meist nur bei spezieller Anforderung histologisch untersucht werden.

Mamma- und Bronchialkarzinome (Abb. 2.7.5-1–4) sind die häufigsten Primärtumoren; an dritter Stelle stehen zunächst unbekannte Primärtumoren. Beide Augen sind bei 20% der Patienten befallen (also stets das 2. Auge optisch und echographisch mituntersuchen!); ebenso häufig sind *mehrere* Tumoren in einem Auge oder in beiden Augen vorhanden. Strahlentherapeutische Behandlung (Linearbeschleuniger oder Strahlenträger in Kontaktschalenform) und/oder hormonale Therapie kann die (weitere) Visusverschlechterung bzw. die Erblindung in der dem Patienten verbleibenden Lebensperiode meist verhindern. Die Differentialdiagnose gegenüber intraokularen Primärtumoren kann ophthalmoskopisch unmöglich sein (z.B. bei sehr pigmentarmen, flach wachsenden Melanoblastomen). Sie ist aber sehr wichtig, da bei metastatischen Tumoren die Enukleation nicht indiziert ist.

Metastasen wachsen häufig flach-infiltrierend in der Aderhaut. Sie können aber auch eine mehr rundliche Form mit relativ glatter Begrenzung aufweisen (Abb. 2.7.5-1, 2 u. 5; Bosshard 1980). –

Eine gründliche allgemeinmedizinische Untersuchung zum Nachweis oder Ausschluß eines Primärtumors und weiterer Metastasen ist bei jedem Verdachtsfall selbstverständlich erforderlich, insbesondere die Suche nach tastbaren Lymphknoten, die Lebersonographie, die Skelettszintigraphie und der Nachweis des karzinoembryonalen Antigens (Bullock u. Yanes 1980).

Echographische Untersuchungstechnik
(s. Kap. 2.7.1)

Metastasen, echographisches Bild

Entsprechend der histologischen Vielfalt ist die Variationsbreite der echographischen Befunde noch größer als bei den Primärtumoren einer histologischen Kategorie (z.B. Melanoblastome). Man findet echographisch:

– einen (oder mehrere) Herde intraokularen soliden Gewebes in einem oder in beiden Augen, oft flach, flächenhaft ausgedehnt;
– das Echo der Herdoberfläche hat – wie bei allen Tumoren – meist die gleiche Intensität wie das Netzhautecho;
– die Echos aus dem Herdinnern (Strukturechos) haben häufig (z.B. bei Mamma-Karzinommetastasen) hohe Amplituden; aber es gibt auch homogen gebaute Metastasen (anderer Primärtumoren), die niedrige Strukturechos aufweisen;
– die „Exkavation" der Aderhaut, die bei Melanoblastomen häufig zu sehen ist, fehlt meist (aber nicht immer!) bei Metastasen.

Die echographische Differentialdiagnose gegenüber dem Melanoblastom wurde in den vorangegangenen Kapiteln (2.7–2.7.2) besprochen; dort ist auch auf die entsprechende Literatur verwiesen. Coleman (1973) fand bei Metastasen meist ein flacheres Wachstum als bei Melanoblastomen, eine inhomogene Struktur und keine „Exkavation" der Aderhaut. Fuller et al. (1979) haben aber Metastasen gefunden, bei welchen diese „Exkavation" doch zur Darstellung kam, ebenso Gonvers et al. (1979), siehe Kap. 2.7.2 und Abb. 2.7.5-4. Die Auffassung: „Karzinom-Metastasen haben hohe Reflektivität (=hohe Strukturechoamplituden) und sind dadurch echographisch zuverlässig von Primärtumoren zu unterscheiden", die von Ossoinig (1974) und seinen Anhängern (Hauff u. Till 1980) vertreten wird, ist so nicht aufrecht zu erhalten. Zahlreiche Autoren haben inzwischen nachge-

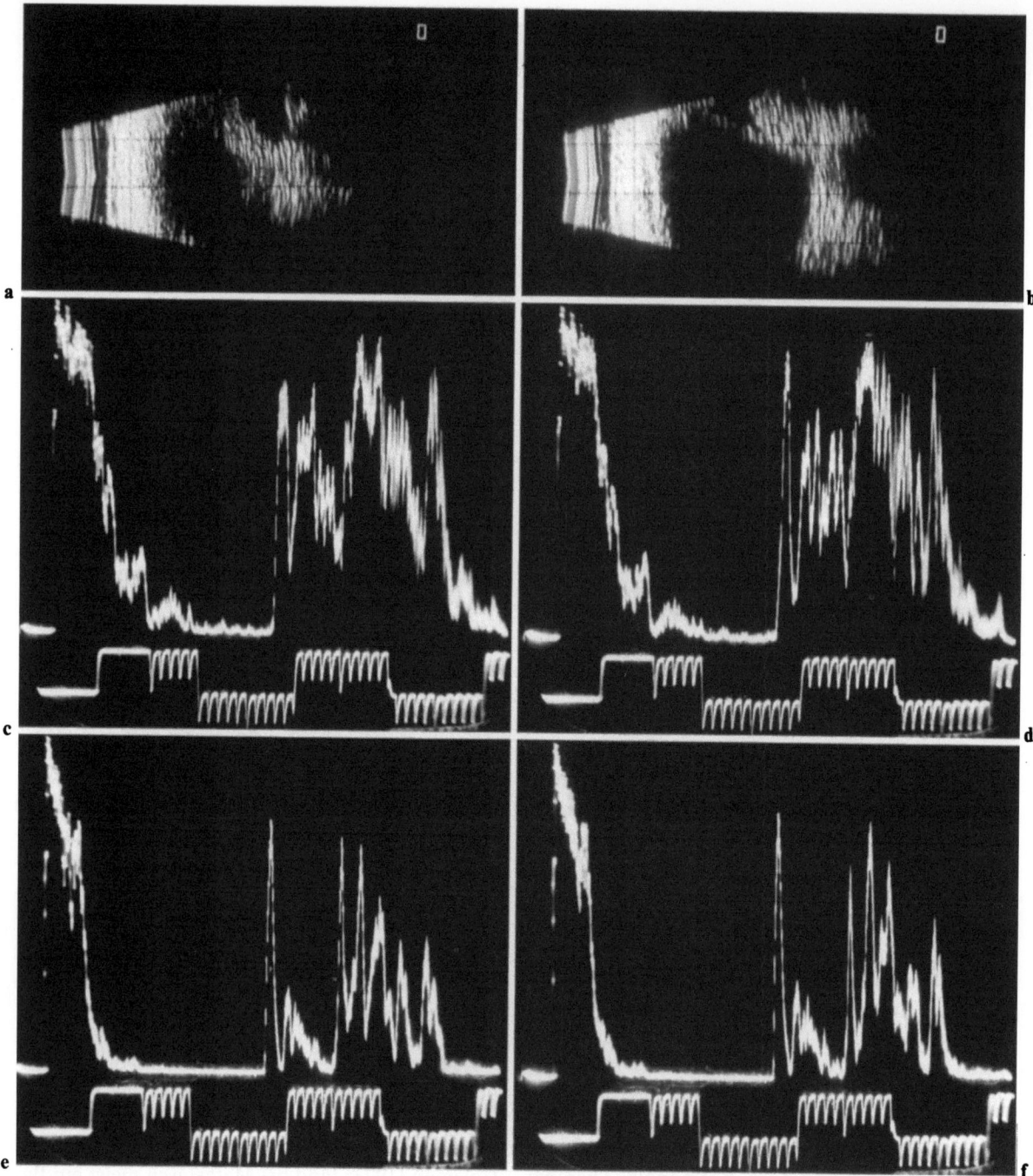

Abb. 2.7.5-1 a–f (Buschmann). Aderhautmetastase eines Mammakarzinoms bei 49jähriger Frau, 7 Jahre nach Mamma-Amputation
a Solider intraokularer Gewebsherd mit Skleradurchbruch. Gerät Ocuscan 400, wf 9,7 MHz, ΔV W38 = 52 dB. **b** Tumor mit Begleitablatio dargestellt. Die Lücke im Orbitafett-Echogramm ist hier durch den N. opticus bedingt. Untersuchungstechnik wie in **a**. **c–f** A-Bild-Echogramme mit Gerät 7200 MA, wf 9,3 MHz, ΔV W38 = 62 dB (**c, d**) bzw. = 49 dB (**e, f**). Die Strukturechos aus dem Herdinnern erreichen hier nur niedrige bis mittelhohe Amplitudenwerte

wiesen, daß es eine ganze Reihe von Primärtumoren gibt, deren intraokulare Metastasen niedrige bis mittelhohe Strukturechoamplituden aufweisen (s.u.). Damit ist eine Differenzierung gegenüber Melanoblastomen und anderen relativ homogen aufgebauten Tumoren durch die Echographie *allein nicht* möglich.

Aderhautmetastasen der folgenden Primärtumoren wiesen niedrige bis mittelhohe Strukturechoamplituden auf:

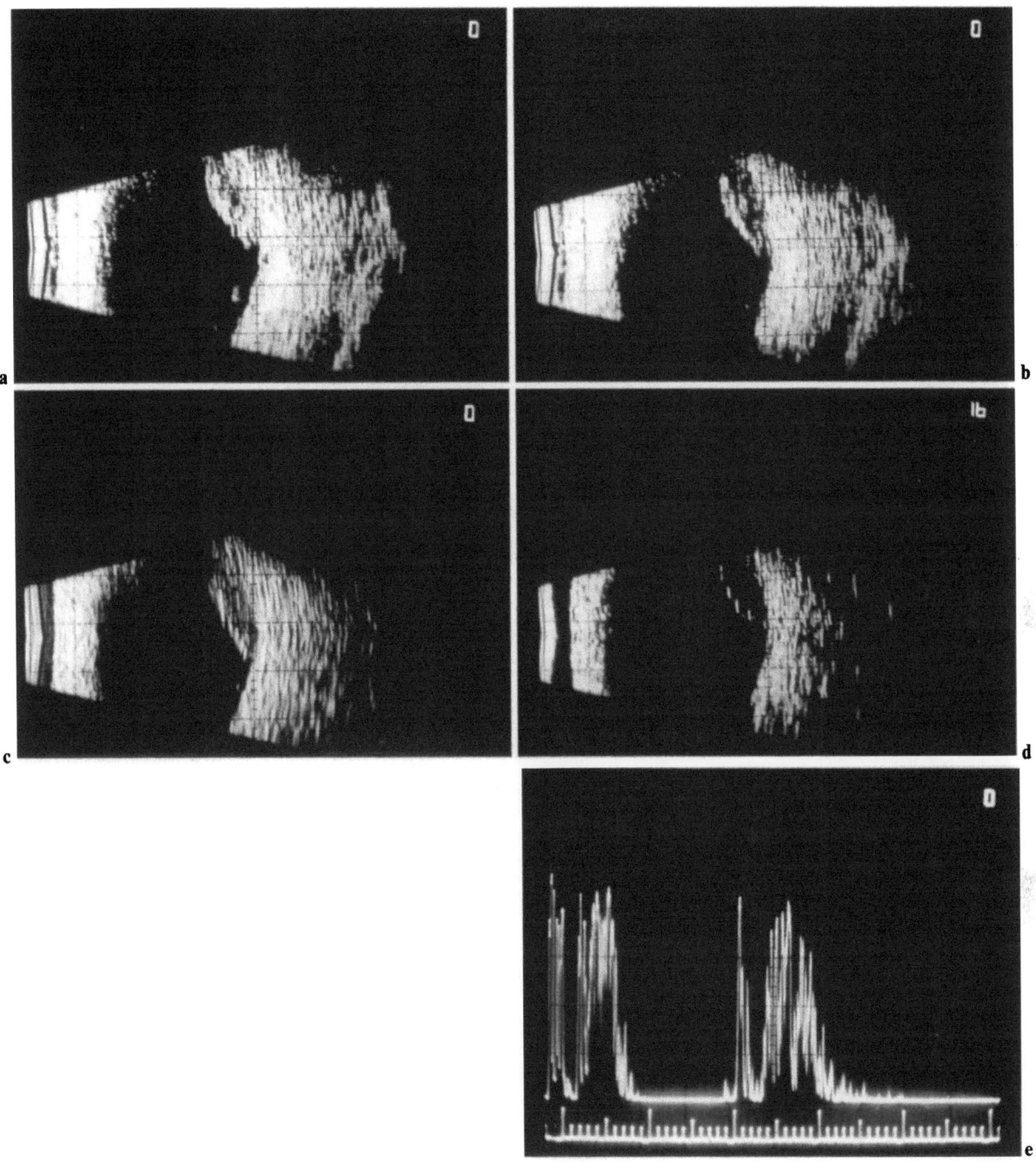

Abb. 2.7.5-2a–e (Buschmann). Aderhautmetastase eines Mammakarzinoms bei 52jähriger Patientin, 2 Jahre nach Mamma-Amputation
a–d Dicht beieinanderliegende Schnittebenen, Gerät Ocuscan 400, wf 9,7 MHz, $\varDelta$VW38 = 52 dB (**a–c, e**) bzw. = 38 dB (**d**). In den meisten Untersuchungsrichtungen zeigte sich hier eine relativ echoarme Herdstruktur (**b–e**), nur in **a** sind intensive Strukturechos dargestellt

Seminom (Freyler et al. 1977); Mikrozytom der Lunge (Verbeek 1980); Uteruskarzinom (Mazzeo et al. 1980); Kolonkarzinom (Bosshard 1980); Prostatakarzinom (Dieckert u. Berger 1982); Schilddrüsenkarzinom (Doro et al. 1984).

Metastatische Aderhauttumoren können – ebenso wie viele Melanoblastome – schwirrende oder pulssynchron schwankende Echos aus dem Herdinnern aufweisen (Hauff u. Till 1980).

Die echographische Struktur einer Metastase

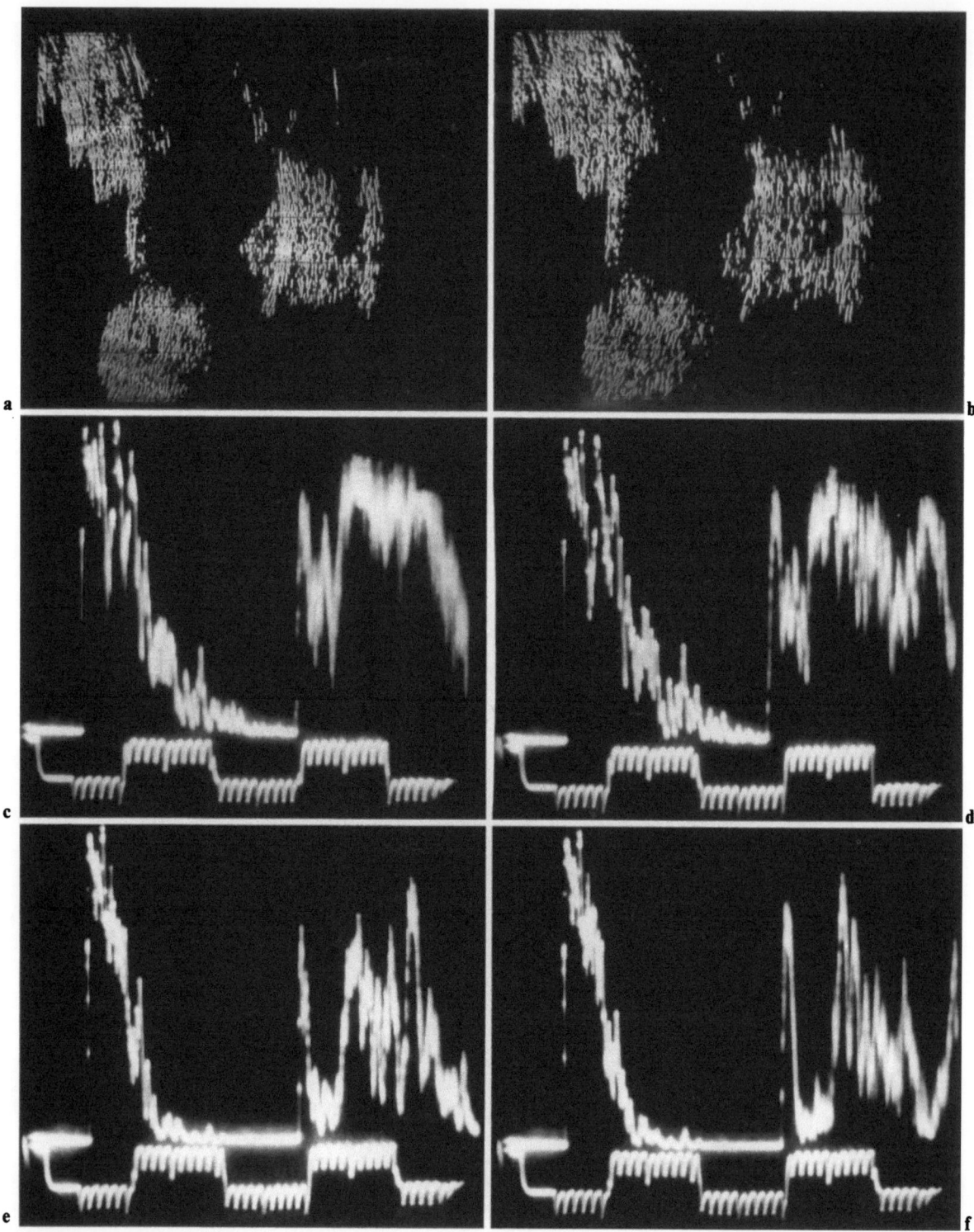

Abb. 2.7.5-3a–f (Buschmann). Aderhautmetastase eines Bronchialkarzinoms bei 73jährigem Mann
a, b Untersuchung mit Gerät Ocuscan 200; großer fokussierter 10 MHz-Schallkopf, Wasserbadankoppelung (ΔV W38 kann nicht angegeben werden, da das Gerät keine dB-Skala am Empfindlichkeitsregler hatte). Man sieht einen intraokularen, recht prominenten soliden Gewebsherd. Keine Aderhaut-„Exkavation", kein Schallschatteneffekt, kein Anhalt für Skleraarrosion oder Skleradurchbruch. **c–f** Gerät 7200 MA, wf 10,7 MHz, ΔV W38 = 68 dB (**c, d**) bzw. = 53 dB (**e, f**). Auch in diesem Fall zeigen sich nur mittelhohe Strukturechoamplituden

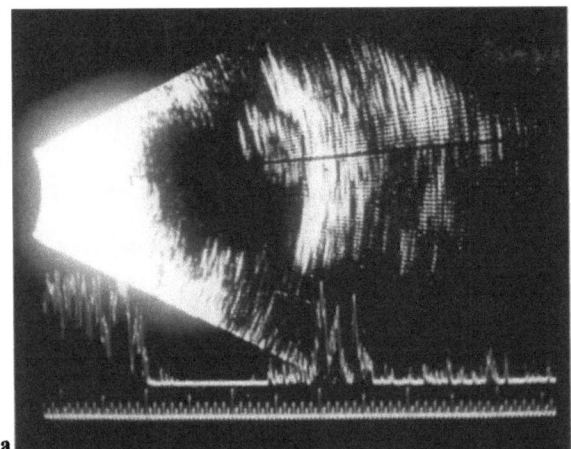

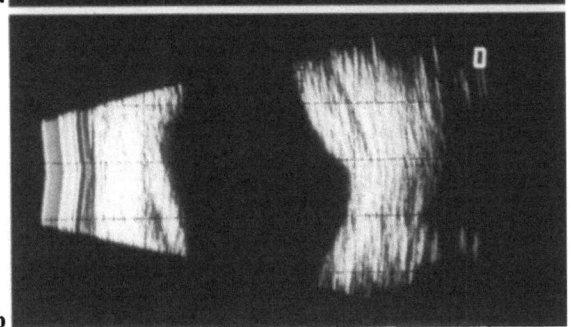

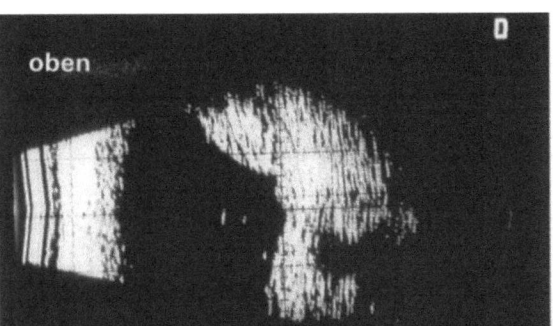

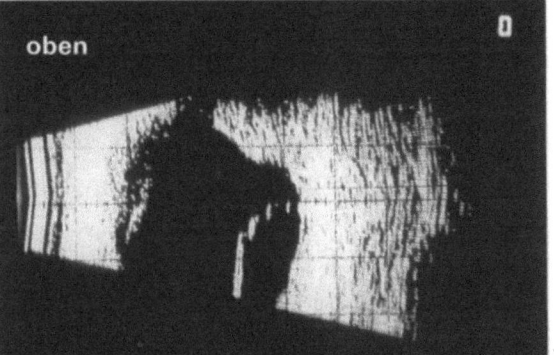

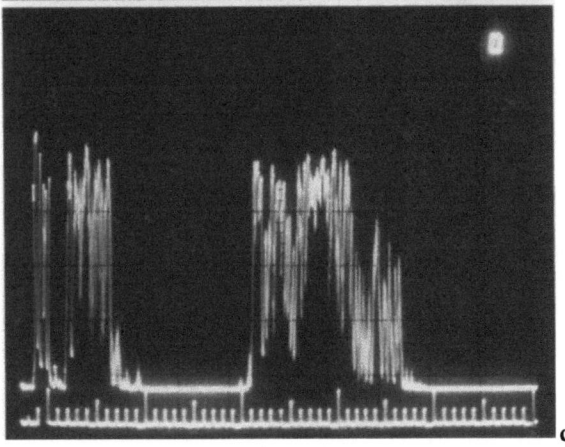

Abb. 2.7.5-4a, b (Buschmann). Aderhautmetastase eines Bronchialkarzinoms bei 49jährigem Mann; klinisch zunächst Verdacht auf Aderhautmelanoblastom
a Gerät Xenotec, 10 MHz-Schallkopf. Hochprominenter intraokularer Herd soliden Gewebes mit relativ inhomogener Binnenstruktur. Die Wuchsform läßt jedoch ein Melanoblastom zunächst als wahrscheinlicher erscheinen. „Exkavation" im Aderhaut-Echogramm, kein Schallschatteneffekt, kein Anhalt für Sklerainfiltration oder Skleradurchbruch. Die Differentialdiagnose ergab sich aus dem Nachweis eines Bronchialkarzinoms. **b** Zustand 4 Monate später (nach Strahlentherapie). Gerät Ocuscan 400, wf 9,7 MHz, $\Delta V\,W38 = 52$ dB. Der Tumor ist flacher, die Strukturechos liegen dichter beieinander und sind intensiver (= Vernarbung). Der Tenonsche Raum stellt sich als Spalt hinter der Sklera dar, wahrscheinlich infolge eines Ödems bzw. Exsudates nach Radiatio und nicht infolge tumoröser Infiltration; doch ist dies erst durch die Verlaufskontrolle sicher zu entscheiden

Abb. 2.7.5-5a–c (Buschmann). Aderhautmetastase eines Hautmelanoms bei 72jährigem Patienten
a–c Ocuscan 400, wf 9,7 MHz, $\Delta V\,W38 = 52$ dB. **a** Vert. 20° n. temp., **b** vert. 20° n. nasal, 10° n. oben. Ein intraokularer solider Gewebsherd mit recht intensiven Strukturechos stellt sich dar (in **b** außerdem eine Begleitablatio). Im A-Bild (**c**) ebenfalls hohe, inhomogene Strukturechos, die bei Melanoblastomen eher die Ausnahme sind (vgl. Abb. 2.7.5-6)

entspricht sehr weitgehend der des Primärtumors (Amplitudenhöhe und Homogenität der Strukturechos, Schallschwächung, Schallschatten; Abb. 2.7.5-6). Ist allerdings der Tumor gemischtzellig und enthalten die Metastasen nur eine Zellart, ergeben sich unter Umständen erhebliche Unterschiede. Findet man bei einem Patienten mit bekanntem *Primärtumor* einen intraokularen (oder orbitalen) soliden Gewebsherd, dessen echographische Eigenschaften *erheblich* von denen abweichen, die bei einer Metastase dieser Tumorart zu erwarten sind (z.B. Mammakarzinom), so sind Zweifel

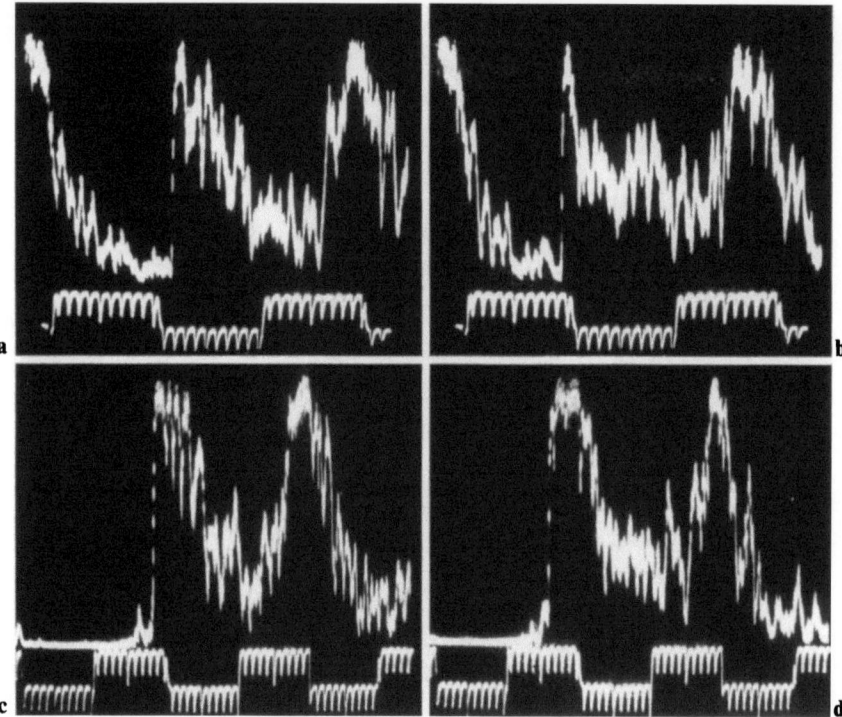

Abb. 2.7.5-6 a–d (Buschmann). Aderhautmelanoblastom (**a, b**) im Vergleich mit einer *retrobulbären* Metastase eines Hautmelanoms (**c, d**). Histologisch gleichartig aufgebaute Tumoren (*lupen*mikroskopisch!) lassen gleichartige Echogramme zur Darstellung gelangen – gleichgültig, ob es sich um Primärtumoren oder Metastasen handelt. Gerät 7200 MA. **a, b** 2 Untersuchungsrichtungen aus einem intraokularen Melanoblastom: wf 9,3 MHz, ΔVW38 = 68 dB. **c, d** 2 Untersuchungsrichtungen aus einer (transbulbär untersuchten) Orbitametastase eines Hautmelanoms: wf 6,2 MHz, ΔVW38 = 64 dB. Wie in **a** und **b** zeigen sich gleichmäßige mittelhohe Strukturechos aus dem Tumorinnern. Die größere Tiefenlage (Schallschwächung) wird durch die gewählte niedrige Frequenz ausgeglichen

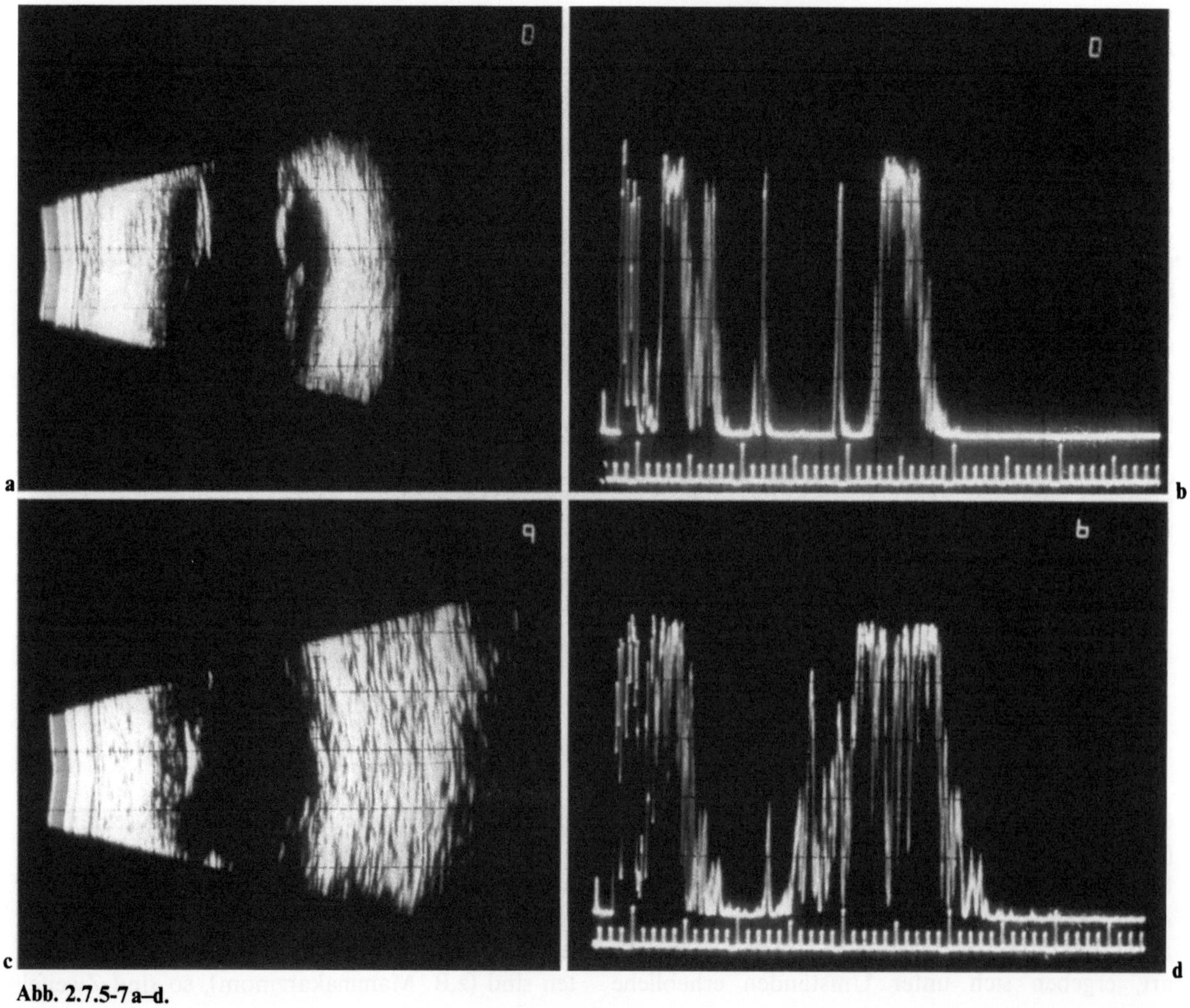

Abb. 2.7.5-7 a–d.

angebracht, ob es sich tatsächlich um eine Metastase dieses Primärtumors handelt (s. Abb. 3.4.3-9c).

Lymphatische Tumoren des Bulbus

Lymphome der Aderhaut und leukämische Infiltrate sind – ebenso wie Metastasen – zweifellos häufiger als bisher angenommen, doch werden sie aus den gleichen Gründen wie letztere in den Endstadien der Allgemeinerkrankung nicht diagnostiziert und bei Sektionen nicht erfaßt.

Abramson et al. (1983) untersuchten 40 Patienten mit akuter lymphozytärer Leukämie. Die Verdickung der Aderhaut durch leukämische Infiltrate und der Therapieeffekt konnten anhand der echographischen Befunde (Sonometrics Ocuscan, 10 MHz) besser als mit der Ophthalmoskopie allein beurteilt werden.

Das echographische Bild entspricht dem eines flächig ausgedehnten, wenig prominenten Gewebsherdes der Aderhaut mit deutlichen Strukturechos, die schwächer sind als die Netzhautechos (=mittelhohe Strukturechos; Abb. 2.7.5-7).

Relativ selten ist das Immunozytom (reaktive lymphoide Hyperplasie) der Uvea; die Differentialdiagnose gegenüber malignem Melanom, malignem Lymphom, Lymphosarkom und Scleritis posterior (Kap. 2.7.9) ist hauptsächlich aus dem klinischen Bild (einschließlich der guten Reaktion auf Kortikoide) zu stellen. Echographie und CT können die Diagnose unterstützen. Echographisch zeigt sich ein deutlich prominenter, intraokularer solider Herd mit niedrigen Strukturechos ohne Pulsationsbewegungen (Desroches et al. 1983; Haddad et al. 1980). Ein ähnlicher Herd zeigte sich zusätzlich retrobulbär im Tenonschen Raum. Die Sklera erschien unverändert. Im CT erschien die Bulbuswand insgesamt als verdickt.

◀──────────────

Abb. 2.7.5-7 a–d (Buschmann). Lymphatischer Aderhauttumor bei 78jähriger Frau mit primär zerebralem Non-Hodgkin-Lymphom. Ocuscan 400.
a, b Arbeitsfrequenz 9,7 MHz, $\Delta W38 = 52$ dB. Der subretinale Raum erscheint als echofrei, die Herdoberfläche ist aber unbeweglich, starr. **c, d** Arbeitsfrequenz 4,9 MHz, $\Delta W38 = 58$ dB (**c**) bzw. 60 dB (**d**); mit unserem Gerät war die höhere Empfindlichkeit nur durch Verwendung des 5 MHz-Schallkopfes zu erreichen. Jetzt zeigen sich unter der Herdoberfläche deutliche Strukturechos (=niedrig reflektierendes solides Gewebe). Außerhalb des Linsenschattens konnten diese auch mit 10 MHz dargestellt werden

Literatur

Abramson DH, Jereb B, Wollner N, Murphy L, Ellsworth RM (1983) Leukemic ophthalmopathy detected by ultrasound. J Pediatr Ophthalmol 20:92–97

Bornfeld N, Höpping W, Alberti W, Wessing A, Meyer-Schwickerath G, Scherer E (1986) Maligne intraokulare Tumoren. Dtsch Ärztebl B83:2784–2787

Bosshard Ch (1980) A-Bild-Echogramme prominenter Aderhautmetastasen. In: Hinselmann M, Anliker M, Meudt R (Hrsg) Ultraschalldiagnostik in der Medizin. Thieme, Stuttgart New York, S 207–208

Bullock JD, Yanes B (1980) Ophthalmic manifestations of metastatic breast cancer. Ophthalmology 87:961–973

Coleman DJ (1973) Reliability of ocular tumor diagnosis with ultrasound. Trans Am Acad Ophthalmol Otol 77:677–683

Desroches G, Abrams GW, Gass JD (1983) Reactive lymphoid hyperplasia of the uvea. A case with ultrasonographic and computed tomographic studies. Arch Ophthalmol 101:725–728

Dieckert JP, Berger BB (1982) Prostatic carcinoma metastatic to choroid. Br J Ophthalmol 66:234–239

Doro D, Moschini GB, Cardin P: Low reflective choroidal metastatic tumor. In: Hillman JS, LeMay MM (eds) Ophthalmic ultrasonography, SIDUO IX, Doc Ophthal Proc Ser 38. Junk, The Hague Boston Lancaster, pp 77–80

Freyler H, Egerer J (1977) Echography and histological studies in various eye conditions. Arch Ophthalmol 95:1387–1394

Fuller DG, Snyder WB, Hutton WL, Vaiser A (1979) Ultrasonographic features of choroidal malignant melanomas. Arch Ophthalmol 97:1465–1472

Haddad R, Slezak H, Till P (1980) Intra- und peribulbäre reaktive lymphoide Hyperplasie. Klin Monatsbl Augenheilkd 176:334–336

Hauff W, Till P (1980) Malignes Melanom oder Aderhautmetastase? Eine echographische Differentialdiagnose. Klin Monatsbl Augenheilkd 176:341–343

Mazzeo V, Scorrano R, Gallenga PE, Rossi A (1980) Echographic pattern of choroidal metastatic tumors. In: Gallenga PE et al. (eds) Current concepts on ultrasound. Novappia, Rom

Neetens A, Smet H, Neetens I (1984) Choroidal space-taking lesions with special reference to ultrasonography. Bull Soc Belge Ophthalmol 207:53–73

Ossoinig KC, Blodi FC (1974) Preoperative differential diagnosis of tumors with echography. III. Diagnosis of intraocular tumors. Curr Concepts Ophthalmol 4:296

Verbeek AM (1981) A choroidal oat-cell metastasis mimicking choroidal melanoma. In: Thijssen JM, Verbeek AM (eds) Ultrasonography in Ophthalmology, SIDUO VIII, Doc Ophthal Proc Ser 29. Junk, The Hague Boston London, pp 131–133

2.7.6 Osteome, Medulloepitheliome, Morbus Coats

W. BUSCHMANN

Osteome

Osteome der Aderhaut sind meist nur einseitig vorhanden. Fast ausschließlich sind junge Frauen betroffen. Die Läsionen liegen stets neben Papille und Makula oder umgreifen diesen Bereich. An der Oberfläche dieser Tumoren können subretinale Blutungen oder Exsudate auftreten. Die Knochenbildung umfaßt meist die gesamte Dicke der Aderhaut. Die gelblichen Herdgebiete zeigen in der Fluoreszenzangiographie ausgedehnte Fluoreszenztransmission (Schädigung des Pigmentepithels), auch Fluoresceinaustritt in Gebieten mit subretinaler Neovaskularisation.

Echographisch fanden Augsburger et al. (1979) im Bereich der gelblichen Herde sehr intensive Echos der Bulbusrückwand, dahinter fehlten die Echos des orbitalen Fettgewebes völlig (= starker Schallschatteneffekt!). Bei stark herabgesetzter Empfindlichkeit (Gerät Bronson-Turner, Empfindlichkeit von 80 auf 50 dB herabgesetzt) war immer noch eine stark reflektierende Schicht im Gebiet der Bulbuswand nachweisbar. Im A-Bild zeigte sich dementsprechend ein intensives Echo der Bulbusrückwand; die Orbitafett-Echos fehlten dahinter ebenfalls.

Norton (1984) fand dagegen bei einem Aderhaut-Osteom klinisch und echographisch zunächst das Bild einer knötchenförmigen Skleritis und betont die Bedeutung der Kenntnis des klinischen Bildes für die Interpretation der Echogramme.

Petit und Bonnet (1983) fanden bei 2 jungen Frauen Osteome, davon bei einer Patientin beidseitig. Auffallend war ebenfalls die hohe Echointensität der Aderhaut-Verknöcherungen. Zusätzlich trugen die Indozyanin-Grün-Angiographie und der Nachweis knochendichter Bulbuswandeinlagerungen zur Diagnose bei, ebenso die bei einer der Patientinnen vorhandene Gaumenspalte.

Medulloepitheliome

Diese kongenitalen neuroepithelialen Tumoren treten klinisch im ersten Lebensjahrzehnt in Erscheinung; meist bestehen eine Katarakt und ein Sekundärglaukom. Die Diagnose stützt sich zunächst auf das klinische Bild, die Echographie und die zytologische Untersuchung des Glaskörper-Aspirates.

Mazzeo et al. (1981) sahen bei einem 15 Monate alten Knaben einen solchen Tumor (nach Enukleation des erblindeten, schmerzenden Auges histologisch bestätigt). Das Echogramm zeigte einen soliden Gewebsherd im Ziliarkörperbereich; die Strukturechos waren niedrig bis mittelhoch.

Orellana et al. (1983) fanden echographisch bei einem 8jährigen Jungen im Ziliarkörperbereich einen inhomogenen, teils soliden, teils zystischen prominenten Herd (Wasserbadankopplung, Rotation des Bulbus mit Schielhaken im Bindehautsack). Die Diagnose (Medulloepitheliom) wurde nach Enukleation des erblindeten Auges histologisch bestätigt.

Iijima und Asanagi (1983) sahen im Echogramm eines solchen Falles eine Abhebung des Ziliarkörpers und der vorderen Aderhautanteile.

Die früher diesen Tumoren zugerechneten erworbenen Geschwülste Erwachsener werden heute als Karzinome des nichtpigmentierten Ziliarkörper-Pigmentepithels eingeordnet. Der echographische Befund ähnelt dem intraokularer Melanoblastome (Mazzeo et al. 1981).

Morbus Coats

Klinisches Bild

Meist sind Knaben bis zum 10. Lebensjahr betroffen. Retinales Ödem mit Lipidablagerungen, zusätzlich Aneurysmen und Gefäßneubildungen, auch Gefäßeinscheidungen prägen das ophthalmoskopische Bild. Sub- und intraretinale Cholesterinkristalle, spätere Kalkeinlagerungen und sekundäre Ablatio retinae exsudativa sind für die klinische und echographische Differentialdiagnose wichtig.

Abb. 2.7.6-2a–e (Sampaolesi). M. Coats (histologisch gesichert) bei 16 Monate altem Kind
a zeigt die Schallkopfstellung bei der Untersuchung (in Beziehung zur exsudativ abgehobenen Netzhaut
b–e A-Bild-Echogramm; *s*, solides Gewebe, *ca*, Calcium, *o*, orbitale Fettechos mit verminderter Amplitude. Klinisches und echographisches Bild (intensive Echos von Verkalkungen, Schallschatteneffekt) ließen mehr an Retinoblastom denken als an M. Coats; der i.o. Druck war auf 28 mm Hg erhöht (in Narkose). Deshalb wurde das ohnehin praktisch blinde Auge enukleiert

Abb. 2.7.6-1 a–c (Buschmann). M. Coats bei einem 9jährigen Knaben. Das Krankheitsbild ist seit 5 Jahren bekannt. Jetzt Katarakt, zirkuläre alte Ablatio mit teilweise organisiertem subretinalen Exsudat. Der echographische Befund läßt zwar in erster Linie an einen M. Coats oder eine organisierte alte Ablatio denken; doch ist der Ausschluß eines Tumors (insbesondere Retinoblastom) nur im Zusammenhang mit dem klinischen Bild und dem klinischen und echographischen Verlauf möglich

a, b Horizontale Schnittebene; verbreitetes Echo der abgehobenen, starren Netzhaut. Dahinter teils echofreies Exsudat, teils intensiv reflektierende Strukturen. Die Aderhaut erscheint ebenfalls als verbreitert und zum Teil exsudativ abgehoben. Irreguläre Darstellung des orbitalen Fettes infolge Schallschatteneffektes. Gerät Ocuscan 400, wf 9,7 MHz, Δ W38 = 52 dB. **c** Vertikalschnitt, 30° nach nasal gerichtet (Optikuskanal im Orbitafett sichtbar). Befund und Untersuchungstechnik wie in **a** und **b**

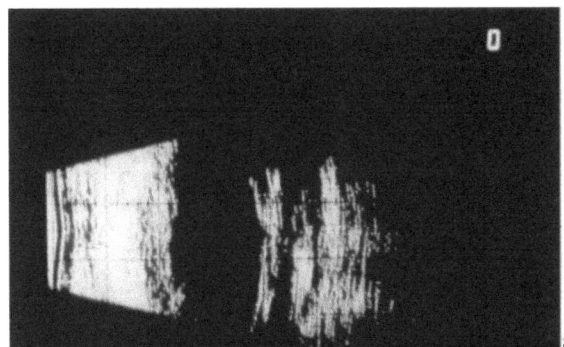
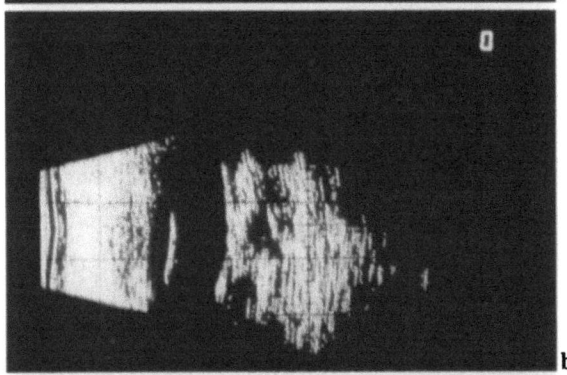
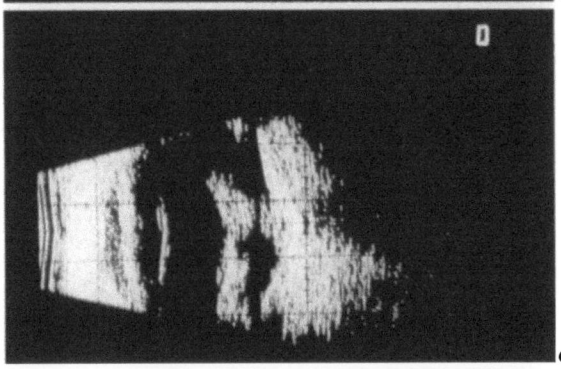

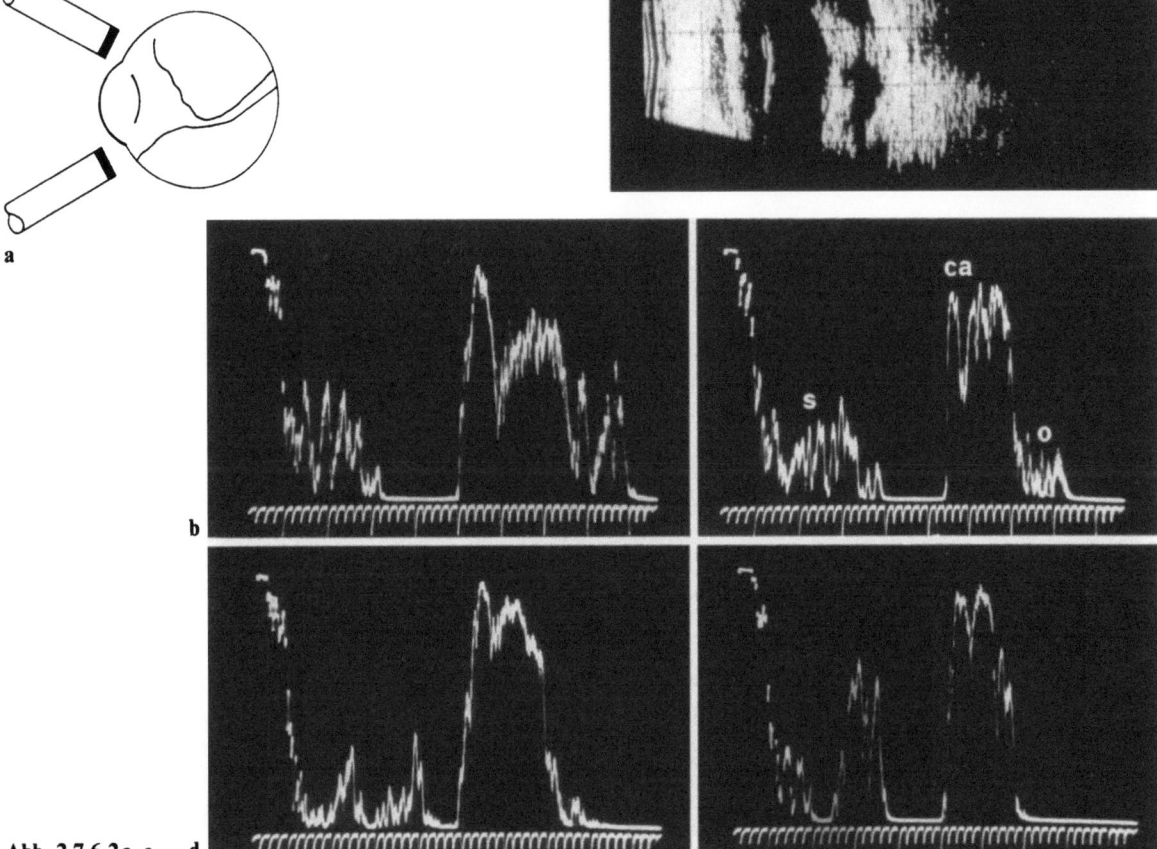

Abb. 2.7.6-2 a–e

Die Diagnose ist häufig schon aus dem ophthalmoskopischen Bild zu stellen; vor allem bei fehlendem optischen Einblick können sich aber beträchtliche differentialdiagnostische Probleme ergeben, auch in der Abgrenzung zum Retinoblastom (Jaffe et al. 1977).

Echographisches Bild

In Frühstadien ist das subretinale Exsudat noch echofrei. Später findet man meist hinter dem Echo der abgehobenen Netzhaut eine recht inhomogene Struktur des prominenten intraokularen Gewebsherdes; die Echos aus dem Herdinnern haben teils hohe, teils niedrige Amplituden (Abb. 2.7.6-1, 2). Überschreiten sie die Amplitude des Netzhautechos, so sind Verwechslungen mit verkalkten Retinoblastomen leicht möglich (Bertenyi u. Fodor 1981; Sampaolesi 1984; Green 1984). Schallschatteneffekte dahinter können auftreten. Da es auch kalkfreie Retinoblastome gibt, schließt das Fehlen intensiver Strukturechos (bei frischeren Fällen von M. Coats) das Vorliegen eines Retinoblastoms *nicht* aus. Zur echographischen Differenzierung siehe auch Kap. 2.7.4 (Retinoblastome) und 2.1.6 (Retrolentale Fibroplasie). Die Auffassung von Ossoinig et al. (1981) über die Sicherheit der echographischen Diagnose eines M. Coats ist nicht aufrecht zu erhalten.

Literatur

Augsburger JJ, Shields JA, Rife CJ (1979) Bilateral choroidal osteoma after nine years. Can J Ophthalmol 14:281–284
Bertenyi A, Fodor M (1981) A-mode ultrasonography in cases of leukokoria. In: Thijssen JM, Verbeek AM (eds) Ultrasonography in ophthalmology, SIDUO VIII, Doc Ophthal Proc Ser 29. Junk, The Hague Boston London, pp 97–102
Green RL (1987) The acoustic differentiation of retinoblastoma and various other causes of leukokoria. In: Ossoinig KC (ed) Ophthalmic echography, SIDUO X. Junk, The Hague Boston Lancaster
Iijima Y, Asanagi K (1983) A new B-scan ultrasonographic technique for observing ciliary body detachment. Am J Ophthalmol 95:498–501
Jaffe MS, Shields JA, Canny CLB, Eagle RC jr, Fry RL (1977) Retinoblastoma simulating Coats's disease: A clinico-pathologic report. Ann Ophthalmol 9:863–868
Mazzeo V, Scorrano R, Ravalli L, Pistocchi F (1987) Considerations of two cases of medullo-epitheliomas. In: Thijssen JM, Verbeek AM (eds) Ultrasonography in ophthalmology, SIDUO VIII, Doc Ophthal Proc Ser 29. Junk, The Hague Boston Lancaster, pp 109–115
Norton EWD (1987) Introduction to vitreoretinal and choroidal disorders. In: Ossoinig KC (ed) Ophthalmic echography. SIDUO X. Junk, The Hague Boston Lancaster Abstracts
Orellana J, Moura RA, Font RL, Boniuk M, Murphy D (1983) Medulloepithelioma diagnosed by ultrasound and vitreous aspirate. Electron microscopic observations. Ophthalmology 90:1531–1539
Ossoinig KC, Cennamo G, Green RL, Weyer NL (1981) Echographic results in the diagnosis of retinoblastoma. In: Thijssen JM, Verbeek AM (eds) Ultrasonography in Ophthalmology, SIDUO VIII, Doc Ophthal Proc Ser 29. Junk, The Hague Boston London, pp 103–107
Petit MC, Bonnet M (1983) Choristome osseux de la choroide. J Fr Ophthalmol 6:719–729
Sampaolesi R (1984) Ultrasonidos en Oftalmologia. Editorial medica panamericana SA, Buenos Aires, pp 320, 324–325

2.7.7 Echographie und Indozyaningrün-Angiographie bei 9 Fällen mit chorioidalen Hämangiomen

V. Mazzeo und A. Giovannini

Chorioidale Hämangiome sind recht seltene Tumoren. Vor einiger Zeit wurden 2 Arbeiten veröffentlicht mit Beschreibungen des klinischen Bildes bei 6 bzw. 10 Fällen (Goes u. Benozzi 1980; Bonnet 1981).

Material und Methoden

9 Patienten (7 Männer, 2 Frauen) wurden in die Universitäts-Augenkliniken von Ferrara und Bologna eingewiesen zur Klärung des Verdachtes oder der klinischen Diagnose chorioidaler Hämangiome. Der jüngste Patient der Gruppe war eine 20jährige Frau. Die beiden jüngsten Patienten zeigten zusätzlich kleine Gesichtsangiome, folglich handelte es sich um Sturge-Weber-Syndrome; 1 weiterer Patient hatte ein Hämangiom einer Gesichtshälfte und keinerlei Visus- oder Fundusveränderungen. Drei der intraokularen Tumoren waren um den oberen Papillenrand herum lokalisiert, 1 oben temporal mit etwas Abstand von der Papille, 1 zwischen Papille und Makula, 2 temporal und 1 unterhalb der Makula. Die echographisch bestimmte Prominenz (s. unten) lag zwischen 1,6 und 5,8 mm. Die Beobachtungsdauer betrug 13 bis 56 Monate. Nur bei einem Patienten kam es zu einer begleitenden serösen Netzhautablösung, während ein anderer so etwas wie eine seröse Vorwölbung über dem Scheitelpunkt des Herdes zeigte.

Abb. 2.7.7-1 a, b (Mazzeo u. Giovannini). Indozyaningrün-Infrarot-Farbangiographie. **a** Das kavernöse Hämangiom der Aderhaut färbt sich diffus intensiv grün. **b** Die Aderhautmetastase bleibt weiß

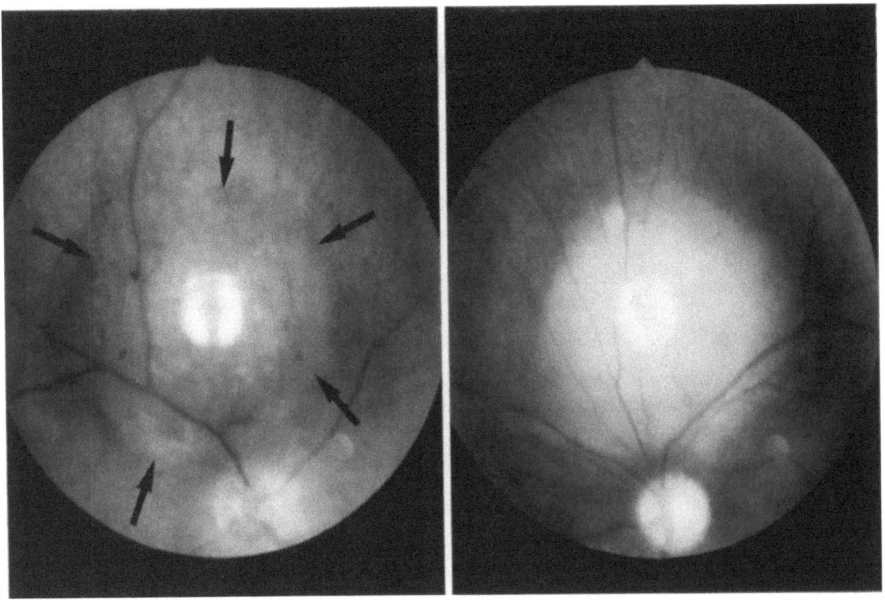

Alle Patienten durchliefen die normalen klinischen Untersuchungen einschließlich Fluoreszeinangiographie. Die Indozyaningrün-Infrarot-Farbangiographie erfolgte mit einer einfachen Technik (Buffet et al. 1979), die in geeigneter Weise modifiziert wurde (Giovannini 1981). Es wurde ein Infrarot-Farbfilm (Kodak Ektachrome IE 135-20) benutzt mit einer Empfindlichkeit, die von 50–100 ASA variiert wurde, entsprechend der Belichtung. Ein mittelgelber Filter vor den Lichtquellen und der Kamera blendete die Lichtstrahlen mit einer Wellenlänge von weniger als 500 nm aus. Die Xenonlampe (300 W/S) des Retinographen diente als Infrarot-Lichtquelle. Die besten Ergebnisse wurden ohne Benutzung hoher Intensitäten erzielt. Indozyaningrün (Cardiogreen R) wurde in einer Dosis von 5–7 ccm injiziert (etwas weniger als 3 mg/kg Körpergewicht).

Die A-Bild-Echographie wurde mit dem Kretztechnik-Gerät 7200 MA ausgeführt, mit nicht fokussiertem 8 MHz-Schallkopf. Die echographische A-Bild-Technik entsprach der von Ossoinig 1974 beschriebenen. Die Kennzeichen des Echomusters sind: solide Läsion, rascher Anstieg des Oberflächenechos, sehr hohe innere Reflektivität und regelmäßige innere Struktur (Ossoinig et al. 1975). Sowohl die Kontaktankopplung als auch die Wasserbad-B-Scan-Technik wurden mit einem Sonometrics Ophthalmoscan 200 durchgeführt. Es wurden Schallköpfe verschiedener Frequenzen von 10–20 MHz verwendet. Die Wasserbad-Technik wurde ausführlich von Coleman, Lizzi und Jack (1977) beschrieben, die Kontakt-Technik durch Bronson et al. (1976) und Coleman et al. (1979). Chorioidale kavernöse Hämangiome werden beschrieben als niedrige, kuppelförmige, stark reflektierende Herde, die gewöhnlich am hinteren Pol sitzen. Akustische Vakuolen oder akustische Schattenbildungen treten dabei nicht auf. Das RF-Signal zeigt hohe und regelmäßige Amplituden (Mazzeo et al. 1981).

Ergebnisse

Die Indozyaningrün-Angiographie war in den 8 untersuchten Fällen mit intraokularen Tumorherden positiv, in dem einem Fall mit Gesichtshämangiom ohne Fundusbefund negativ. Die Tumormasse färbte sich, beginnend von der frühen arteriellen Phase, zunehmend grüner bis zur sehr späten venösen Phase, wenn der Farbstoff schon aus der Retina und den normalen Gefäßen verschwunden war (Abb. 2.7.7-1a).

Diese Charakteristik erlaubt uns, die chorioidalen kavernösen Hämangiome von allen anderen Tumorarten zu unterscheiden (Bonnet et al. 1976a, b). Dieses Phänomen ist bedingt durch die Eigenschaft des Farbstoffs, der ein sehr hohes Molekulargewicht hat (775) und fast vollständig an die Plasmaproteine gebunden wird (98%). Demzufolge durchdringt der Farbstoff die chorioidalen Gefäßwände nicht, sondern konzentriert sich in den sehr großen Gefäßkanälen chorioidaler Hämangiome.

Der indozyaningrün-negative Fall zeigte fluoreszenzangiographisch das Bild eines *kapillären*

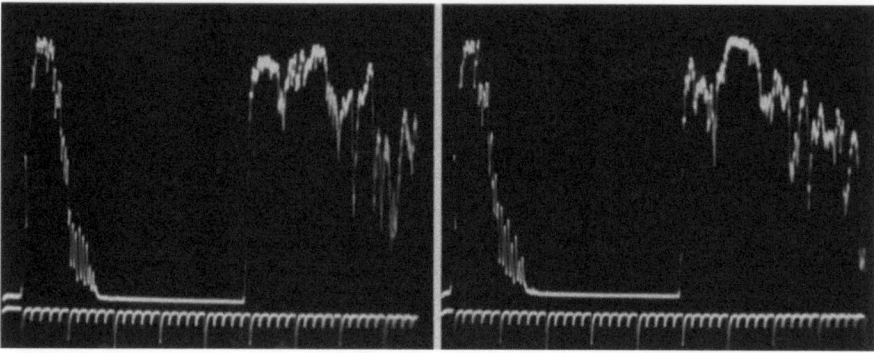

Abb. 2.7.7-2 (Mazzeo u. Giovannini). A-Bild-Echogramm von 2 verschiedenen kavernösen Hämangiomen der Aderhaut (Kretztechnik 7200 MA, unfokussierter 8 MHz-Schallkopf). Die Tumoren zeigen sehr hohe Strukturechoamplituden (80% oder mehr der maximalen Bildschirmamplitude am Bildschirm dieses Gerätes) bei Einstellung auf die sog. Gewebsempfindlichkeit (entspricht einem $\Delta V\,W38$ von etwa 58 dB)

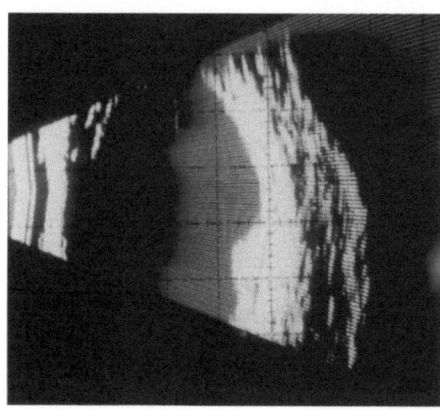

Abb. 2.7.7-3 (Mazzeo u. Giovannini). Kontakt-B-Bild (Sonometrics, 10 MHz-Schallkopf). Das kavernöse Hämangiom der Aderhaut zeigt sich als stark reflektierender, vorgewölbter Herd

Hämangioms. Diese färben sich meist mit Indozyaningrün *nicht* an.

Die A-Scan-Echogramme waren sämtlich charakteristisch und zeigten sehr hohe innere Reflektivität (Abb. 2.7.7-2). Mit der Technik von Poujol (1981) konnte keine Dämpfung nachgewiesen werden, auch keine spontanen Bewegungen. Sobald das Tumorgebiet einmal bei der simultanen A- und B-Bild-Wasserbadtechnik gefunden war, wurde die von Coleman et al. (1977) empfohlene Technik benutzt. Sie besteht darin, die Empfindlichkeit herabzusetzen oder die Schallkopffrequenz zu erhöhen, um die innere Gewebsstruktur und die sehr hohe Reflektivität darzustellen (Abb. 2.7.7-3 u. 4).

Auf diese Weise sah man eine dichte Struktur. Bei Benutzung dieser Technik war es viel leichter, die Netzhaut und den Tumorrand zu sehen, wenn diese noch nicht getrennt waren. Man sah auch so etwas wie eine Aderhautexkavation oder eine akustische Vakuole, doch niemals eine Schallschattenbildung. Das RF-Signal wurde jedesmal geprüft, aber es war nicht immer so regelmäßig, wie es in der Abbildung dargestellt ist.

Um die Prominenz zu messen, wurde sowohl die lineare A-Scan-Technik als auch die spezielle Verstärkung benutzt. Nachdem keine anderen Angaben existieren, wurde eine durchschnittliche Schallgeschwindigkeit von 1660 m/sec gewählt (Trier u. Otto 1981). Bei den 2 Fällen, welche wir über einen längeren Zeitraum beobachteten, hatte sich der Dickendurchmesser des Tumors nahezu verdoppelt, während die 2 Fälle mit Sturge-Weber-Syndrom ein mäßiges, aber sehr deutliches Wachstum im Vergleich zu den anderen zeigten. – Im Falle des kapillären Hämangioms waren die Echogramme völlig normal, da dieses sich innerhalb der *nicht* verdickten Aderhaut befand.

Differentialdiagnose

Differentialdiagnostisch muß ein Aderhautmelanom ausgeschlossen werden (Mazzeo et al. 1981). Betrachtet man das pathognomonische Echomuster von malignen Aderhautmelanomen, so sieht man fast immer eine niedrige innere Reflektivität, die am besten am RF-Signal zu erkennen ist. Jedoch gibt es viele andere Läsionen, die eine sehr hohe innere Reflektivität zeigen; darunter sind die metastatischen Tumoren besonders wichtig (Mazzeo et al. 1980). Die Karzinommetastasen zeigen auch bei vielen anderen klinischen Kriterien Ähnlichkeit mit Aderhauthämangiomen: Lokalisation am hinteren Pol; flache oder leicht vorgewölbte Form; sehr flache seröse Ablatio in Frühstadien; gelbe oder weiße Farbe.

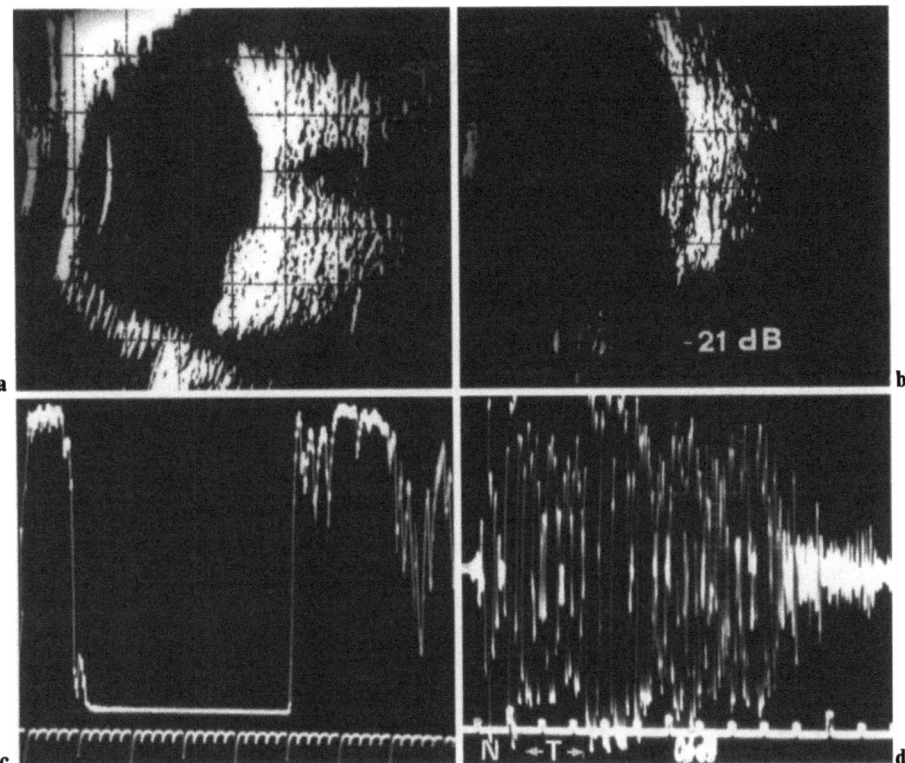

Abb. 2.7.7-4a–d (Mazzeo u. Giovannini). Kavernöses Hämangiom der Aderhaut. **a** Wasserbadankoppelung, Sonometrics Ophthalmoscan 200, 10 MHz. Ein stark reflektierender, flach vorgewölbter Herd zeigt sich. **b** Die Empfindlichkeit wurde herabgesetzt, um die Netzhaut und die hohen Strukturechos aus dem Tumor noch deutlicher zu zeigen. **c** A-Bild-Echogramm bei sog. Gewebsempfindlichkeit, ΔV W38 etwa 58 dB. Es zeigen sich im Herdgebiet sehr hohe Strukturechoamplituden (über 80% der maximalen Amplitudenhöhe am Bildschirm dieses Gerätes). **d** Das ungleichgerichtete HF-Echogramm zeigt die Netzhaut (*N*) und den Tumor (*T*) deutlich voneinander getrennt. Man sieht eine regelmäßige innere Struktur mit relativ weiten Echoabständen und nur langsame Amplitudenabnahme mit zunehmender Gewebstiefe

Es muß betont werden, daß Metastasen häufiger sind als Hämangiome. Daher muß, wenn ein solider Herd hoher Reflektivität am hinteren Pol bei einem Patienten ohne Krebsvorgeschichte entdeckt wird, zuerst zwischen Hämangiom und Metastase unterschieden werden.

Der klinische Wert der Indozyaningrün-Angiographie und der Echographie wird dadurch *nicht* herabgesetzt, daß ein kapilläres Hämangiom mit beiden Verfahren nicht darzustellen ist. Kapilläre Hämangiome sind subjektiv und ophthalmoskopisch asymptomatisch, daher kommt es gar nicht zu differentialdiagnostischen Erwägungen – im Gegensatz zu den Befunden bei anderen Aderhautgeschwülsten, bei welchen die Indozyaningrün-Angiographie die Differentialdiagnose erlaubt (Abb. 2.7.7-1a und 1b).

Bedingungen, die echographisch ein Aderhauthämangiom simulieren können, wurden meistens gefunden bei subretinaler Organisation (wie langzeitig bestehenden Blutungen), scheibchenförmiger Makuladegeneration und entzündlichen Veränderungen, die durch Ödeme charakterisiert sind (Rochels und Reis 1980).

Schlußfolgerungen

Obwohl Goes und Benozzi (1981) beschrieben, daß chorioidale Hämangiome mittlere Reflektivität zeigen, scheint eine hohe Reflektivität für diese Tumorart pathognomonisch zu sein.

In der Literatur wird oft berichtet, daß Melanome oder Metastasen atypische Strukturen und atypische Reflektivität aufweisen können, wodurch differentialdiagnostische Probleme entstehen. Bisher wurde kein Fall eines Aderhauthämangioms mit niedriger Reflektivität gefunden. Bei Fall Nr. 8, bei dem der Tumor die geringste Schichtdicke aufwies, war der echographische Befund sehr unsicher. Eine Verlaufsbeobachtung hätte uns geholfen. Durch die Indozyaningrün-Angiographie konnte das Problem jedoch gelöst werden. Aus diesem Grund scheint die Indozyaningrün-Infrarot-Farbangiographie die zuverlässigste Technik zur Bestätigung der klinischen und echographischen Diagnose eines Aderhauthämangioms zu sein.

Literatur

Bonnet M (1981) Cavernous hemangioma of the choroid. Clinical review of 10 cases. Ophthalmologica 182:113–118

Bonnet M, Habozit F (1976) Diagnostic angiographique des tumeurs primitives de la choroide. Conf Lyon Ophtalmol 130:1

Bonnet M, Habozit F, Tuaillon J, Magnard G (1976) Fait anatomoclinique: hemangiome caverneux de la choroide. Arch Ophthalmol 36:703

Bronson NR, Fisher YL, Pickering NC, Trayner EM (1976) Ophthalmic B-scan ultrasonography for the clinician. Inc Westport Conn, Intercontinental Publication, Westport

Buffet JM, Bacin F, Audouin MC (1979) Une technique simple d'angiographie en infra rouge au vert d'indoxyanine. Bull Soc Ophtalmol Fr 79:209

Coleman DJ, Lizzi FL, Jack RL (1977) Ultrasonography of the eye and orbit. Lea and Febiger, Philadelphia

Coleman DJ, Dallow RL, Smith ME (1979) A combined system of contact A-scan and B-scan. Int Ophthalmol Clin 19:211

Giovannini A (1981) Diagnostica angiografica dell'emangioma della coroide. Proc LXI S.O.I. Cong. Roma

Goes F, Benozzi J (1980) Ultrasonographic aid in the diagnosis of choroidal hemangioma. Bull Soc Belge Ophtalmol 191:97

Mazzeo V, Scorrano R, Gallenga PE, Rossi A (1980) Echographic pattern of choroidal metastatic tumors. In: Gallenga PE, Zulli P, Colagrande C, Catizone FA (eds) Current concepts on ultrasound. Novappia, Roma, p 67

Mazzeo V, Ravalli L, Pistocchi F (1981) L'ecografia nei tumori del bulbo oculare. In: Rossi A (ed) Clinica dei tumori dell'occhio e dell'orbita. Relazione al LXI Cong. SOI, Roma, p 187

Ossoinig KC (1974) Quantitative echography. The bases of tissue differentiation. J Clin Ultrasound 2:33

Ossoinig KC, Bigar F, Kaefring SL (1975) Malignant melanoma of the choroid and ciliary body. A differential diagnosis in clinical echography. Bibl Ophthalmol 83:141

Poujol J (1981) Echographie en ophtalmologie. Masson, Paris

Rochels R, Reis G (1980) Echographie bei Skleritis posterior. Klin Monatsbl Augenheilkd 177:611–613

Trier HG, Otto KJ (1981) The accuracy of A-mode echography in the evaluation of intraocular tumor growth. In: Kurjak A, Kratochwil A (eds) Recent advances in ultrasound diagnosis 3. Excerpta Medica, Amsterdam, pp 506

2.7.8 Seniler Pseudotumor (Junius-Kuhnt) der Makula

W. SCHROEDER

Klinisches Bild

Aufgrund einer sklerotischen Störung der Mikrozirkulation in der Aderhaut kommt es zu einer Flüssigkeitsansammlung und Gefäßproliferation unter dem retinalen Pigmentepithel. Blutungen verschiedenen Ausmaßes und eine Fibrosierung sind die Folge. Letztere kann das Bild so prägen, daß man von einem Pseudotumor spricht. Der abgehobene ödematöse Netzhautbezirk, der über dem Herd liegt, ist durch harte Exsudate markiert.

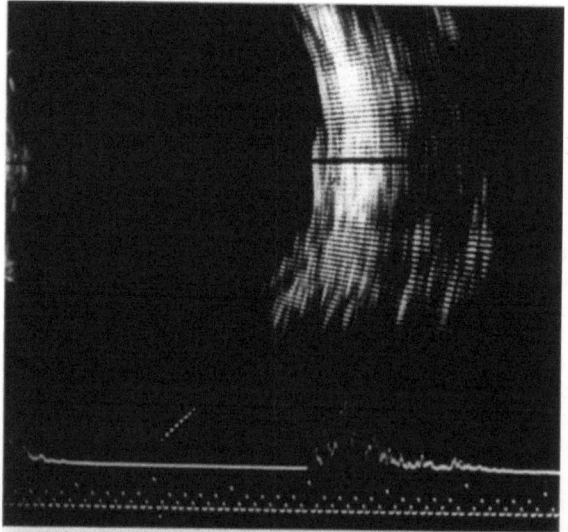

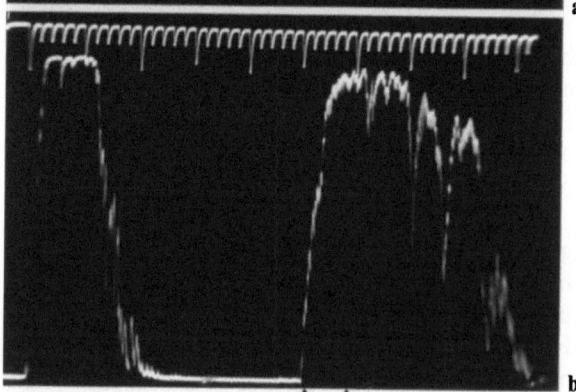

Abb. 2.7.8-1 a, b (Schroeder). Seniler Pseudotumor (Junius-Kuhnt)
a Vertikales Schnittbildechogramm. Die Veränderung stellt sich als inhomogene umschriebene Verdickung der Bulbusinnenschichten am hinteren Pol dar. In diesem Fall ist die Aderhautinnenfläche noch sichtbar. Gerät: Ultrascan, 10 MHz, −26 dB (Skalenwert). b A-Bild-Echogramm. Hoher Reflexionsgrad des die Prominenz (▲——▲) erzeugenden Gewebes (über 80%). Gerät: Kretz 7200 MA, 8 MHz, +70 dB (sog. Gewebsempfindlichkeit; ΔW38=ca. 58 dB)

Die Lieblingslokalisation des senilen Pseudotumors ist der hintere Funduspol. Die Indikation zur Ultraschalluntersuchung ergibt sich bei noch vorhandenem Einblick, wenn der Untersucher glaubt, ein malignes Melanom der Aderhaut ophthalmoskopisch nicht ausschließen zu können. Kann der Fundusbefund wegen Medientrübung nicht erhoben werden, ist die Ultraschalluntersuchung (B-Bild) ohnehin indiziert, insbesondere bei Störung der entoptischen Funktion.

Echographischer Befund

Das B-Bild zeigt einen prominenten Bezirk in Form einer inhomogenen Verdickung der Innenschichten der Bulbuswand (Aderhaut und Netzhaut). Manchmal ist die Netzhaut über dem Herd abgehoben (Abb. 2.7.8-1). Bestimmen frische Blutungen das Bild, grenzt sich der prominente Bezirk von den benachbarten Innenschichten ab, weil er dann homogener erscheint (Kap. 2.6.7, Abb. 2). In solchen Fällen ist die Differenzierung von einem Aderhautmelanom echographisch nur durch eine statistische Analyse (Trier 1977) oder durch Verlaufsbeobachtungen möglich. Mit dem A-Bild ist der senile Pseudotumor am hinteren Pol meistens schwerer zu finden, da seine Prominenz ja 1 Millimeter selten übersteigt. Seine Oberfläche läßt sich mit Hilfe der quantitativen Echographie als Netzhaut identifizieren, wenn es gelingt, ihn sicher genug (möglichst unter Umgehung der Linse) zu orten. Der Schallkopf wird dabei neben dem Limbus aufgesetzt. Selten sind auf diese Weise jedoch Netzhaut und Sklera gleichzeitig senkrecht zu treffen, ihr Abstand wird verfälscht. Demgegenüber ist bei axialer Schallrichtung zwar die Prominenzmessung genauer, aber die quantitative Echographie wird durch die Linse bei Katarakt in unbekanntem Ausmaß beeinflußt.

Häufig ist die Prominenz nicht groß genug, um die Intensität der Echos zu verwerten, die zwischen Sklera und Retina entstehen. Erreichen sie bei der sog. Gewebsempfindlichkeit am Kretz-Gerät 7200 MA 80% der maximalen Echohöhe (ΔVW38 = ca. 58 dB) oder sind sie höher, paßt dies zum Pseudotumor (wenn man einmal vom sehr seltenen Aderhauthämangiom absieht). Frische Blutungen würden Echos geringerer Intensität erzeugen (vgl. Kap. 2.6.7).

Literatur

Trier HG (1977) Gewebsdifferenzierung mit Ultraschall. Bibl. Ophthalmol 86, Karger, Basel

(Weitere Literaturangaben s. Kap. 2.6)

2.7.9 Episkleritis – Skleritis

R. GUTHOFF

Episkleritis

Entzündliche Veränderungen der vorderen Bulbuswandanteile sind der Biomikroskopie zugänglich, und die Echographie wird nur selten zur Klärung beitragen können. Gelegentlich können zusätzliche Informationen über die Ausdehnung einer Läsion gewonnen werden. Eine limbusnahe Episkleritis kann sich beispielsweise, wie es die Kontakt-B-Bild-Echographie aufdeckt, bis weit in den Tenonschen Raum hinein ausdehnen (Abb. 2.7.9-1). Dieser potentielle Spaltraum ist nur bei einer pathologischen Ansammlung von Flüssigkeit oder Zellen darstellbar und dann für die

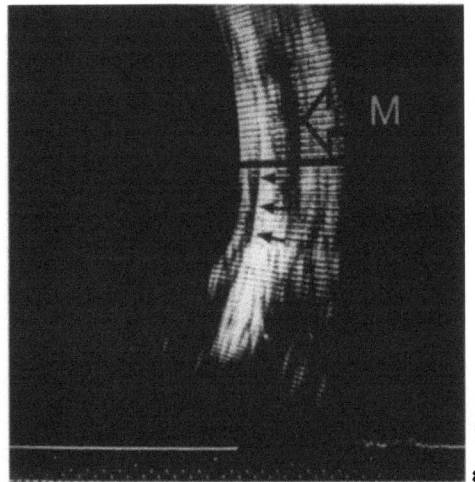
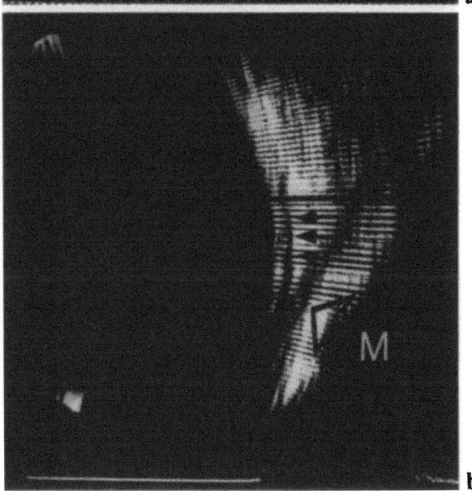

Abb. 2.7.9-1 a, b (Guthoff). Episkleritis. 52j. Patientin mit druckschmerzhafter konjunktivaler und episkleraler Gefäßinjektion im temporalen Lidspaltenbereich

a Frontaler, **b** horizontaler Schnitt. Schallhomogene Verbreiterung des Tenonschen Raumes bis weit in den Muskeltrichter hinein (*Pfeile*) ohne Beteiligung des M. rect. med. (*M*)

Differentialdiagnose einer Orbitaerkrankung von Bedeutung (Kap. 3.4.5).

Skleritis

Erkrankungen, die zu einer Verbreiterung der Bulbuswand führen, können grundsätzlich von allen am Aufbau beteiligten Schichten ausgehen. Netzhaut und Aderhaut werden in den Kapiteln 2.6 und 2.7 besprochen, die Sklera stellt im Vergleich dazu relativ selten den primären Sitz einer Erkrankung dar.

Die klinische Diagnose einer Skleritis ist schwierig, besonders, wenn eine begleitende intraokulare Entzündung die Sklerasymptome verschleiert. Das gilt besonders für die häufige vordere Form der Skleritis, die bei ca. 50% der Patienten mit einer Systemerkrankung assoziiert ist (Watson u. Hayreh 1976).

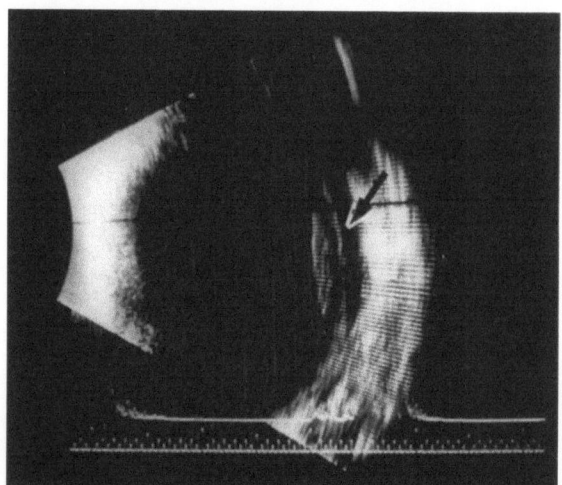
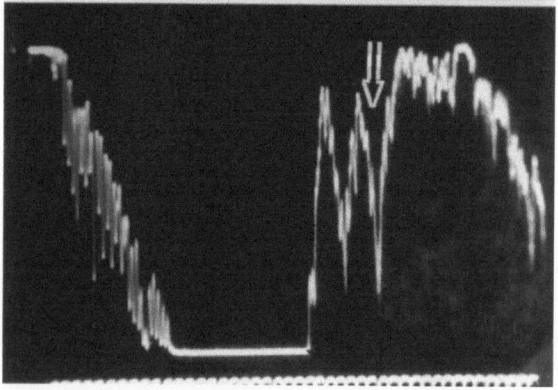

Abb. 2.7.9-2 (Guthoff). Proliferative Skleritis (Brawny-Skleritis). 33j. Patient mit akut auftretender, umschriebener episkleraler Gefäßerweiterung ohne Funktionseinschränkung. Fundusbefund (ohne Abbildung): Ca. 3 mm prominente Vorwölbung im Bereich der Pars plana retinae; keine Zeichen einer intraokularen Entzündung. Echographie: Umschriebene Verbreiterung von Aderhaut und Sklera mit Ödemzone im angrenzenden Tenonschen Raum (*Pfeil*)

Eine Sonderform stellt die sog. „sulzige Skleritis" (Brawny-Skleritis) dar. Diese Entzündungsform führt zu einer Auftreibung der Sklera mit massiver Hyperämie der Umgebung. Klinisch, echographisch und selbst nach Durchführung eines P-32-Tests bleibt die Abgrenzung gegenüber einem malignen Melanom der Aderhaut schwierig (Abb. 2.7.9-2). Nach Feldon et al. (1978) ist diese Erkrankung die häufigste Ursache eines falsch-positiven P-32-Tests und unnötiger Enukleationen bei Melanomverdacht.

Die Scleritis posterior (Abb. 2.7.9-3) wird häufig klinisch nicht diagnostiziert (Hinzpeter et al. 1980) und kann einen retrobulbären Tumor vortäuschen. Das Bild ist durch eine akut einsetzende Visusherabsetzung, die durch eine Hyperopisierung bedingt ist, geprägt (Guthoff u. Singh 1983). Mit einem Refraktionsausgleich wird annähernd volle Sehschärfe erreicht. Ophthalmoskopisch finden sich horizontale Falten am hinteren Bulbuspol, die sich fluoreszenzangiographisch in die Aderhaut lokalisieren lassen (Norton 1969; Newell 1973). Dieses klinische Symptom verlangt den Ausschluß einer orbitalen Raumforderung, weil durch die Kompression des Bulbus völlig gleichartige Bilder hervorgerufen werden können (Wolter 1974).

Über das morphologische Substrat der entzündlich verursachten Faltenbildung, die nach unseren Erfahrungen in ca. 50% von einer Flüssigkeitsansammlung im Tenonschen Raum begleitet ist, herrscht bisher keine klare Vorstellung. Ein Tumor konnte bei all unseren Patienten mit dieser Diagnose echographisch sicher ausgeschlossen werden. Aufgrund des Fehlens histologischer Befunde bleibt die Interpretation des klinischen Bildes in Verbindung mit den echographischen Aussagen die einzige Möglichkeit, etwas über die formale Pathogenese dieser Erkrankung zu erfahren.

Frühere Autoren (Cappaert et al. 1977; Kalina u. Mills 1980) betonen die echographisch darstellbare Abflachung des hinteren Bulbuspols als typisches Kennzeichen. Die gelegentlich über Jahre anhaltende und möglicherweise irreversible Hyperopisierung wurde als eine Schrumpfung der Sklera infolge der chronischen Entzündung gedeutet. Durch die Weiterentwicklung der Ultraschallgeräte ist es jedoch möglich, die Echos der Bulbuswand den einzelnen anatomischen Strukturen genauer zuzuordnen.

Die Abflachung des hinteren Bulbuspols ist im Echogramm zu erkennen. Vergleicht man das Schallbild der gleichen Region bei um 20 dB reduzierter Verstärkung, so zeigt sich, daß die hintere

Sklerakrümmung unverändert besteht und die Abflachung durch glaskörperwärts gelegene Strukturen, im wesentlichen durch die Aderhaut, bedingt ist. Bei weiteren Patienten ließ sich ein ähnlicher Befund 4 bzw. 6 Jahre nach den ersten auch echographisch dokumentierten Symptomen nachweisen. Die von uns beobachteten Verläufe (Tabelle 2.7.9-1) lassen eine Skleraschrumpfung bei langer Krankheitsdauer nicht erkennen. Die Verkürzung der optischen Achse mit konstanter Hyperopisierung scheint durch die anhaltende Aderhautverbreiterung hervorgerufen zu sein. Berücksichtigt man weiterhin, daß bei 4 der 6 betroffenen Orbitae eine Verbreiterung des Sehnerven und bei 6 Patienten eine Flüssigkeitsansammlung im Tenonschen Raum nachzuweisen war, scheint die Sklera nicht die zentrale Rolle für das Krankheitsgeschehen bei der sog. Scleritis posterior zu spielen; die Gesamtheit der Veränderungen läßt sich eher als eine Variante des Pseudotumor orbitae verstehen.

Als echographisches Leitsymptom der Scleritis posterior ist eine umschriebene Bulbuswandverbreiterung anzusehen. Die gelegentlich nachweisbare Exsudatansammlung im Tenonschen Raum unterstützt diese Diagnose.

Tabelle 2.7.9-1 (Guthoff)

Klinische Befunde bei 7 Patienten mit Scleritis posterior

Geschlecht	Ausschließlich männlich
Anzahl der betroffenen Augen	10 (3mal bilateral)
Alter bei Krankheitsbeginn	14 bis 49 Jahre
Beobachtungsdauer	6 Monate bis 6 Jahre
Ausmaß der erworbenen Hyperopie	1,5 bis 3,5 dpt

Echographie

Bulbuswandverbreiterung	10
Nachweisbarer Tenonscher Raum	6
Vergrößerung des Duradurchmessers des Nervus opticus	4

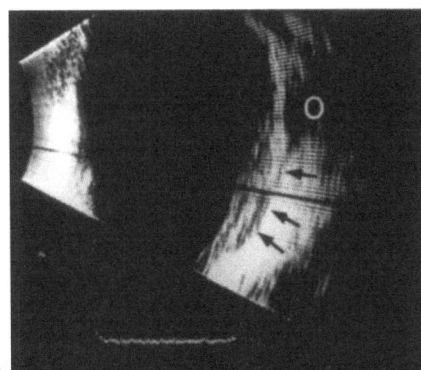
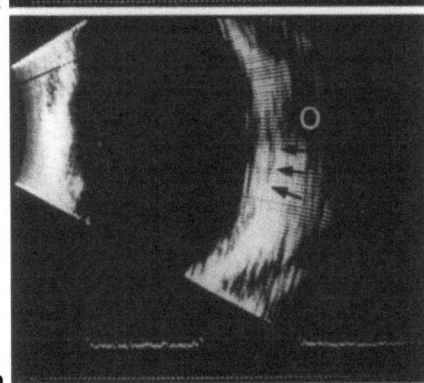
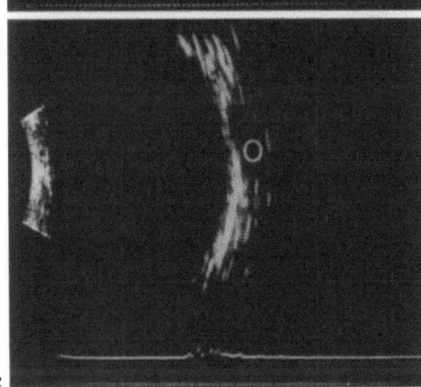

Abb. 2.7.9-3 a–c (Guthoff). Scleritis posterior. 14j. Junge mit Visusherabsetzung durch akute Hyperopisierung auf 0,1, nach Ausgleich mit +3,0 Visus von 0,8. Fundusbefund: Vorwiegend horizontal ausgerichtete Fältelung am hinteren Pol und Aufhebung des Foveolarreflexes
a B-Bild-Echographie: Im akuten Stadium Verbreiterung aller Bulbuswandschichten und diskretes Ödem im Tenonschen Raum parapapillär (*Pfeile*; o = N. opticus).
b Nach 6 Tagen Steroidbehandlung (subkonjunktivale Injektionen) Rückbildung des Befundes und Visusanstieg auf 1,0. **c** Nach 4 Wochen Restitutio ad integrum. Selbst bei weiter reduzierter Empfindlichkeit ist keine Bulbuswandverbreiterung mehr nachweisbar

Literatur

Cappaert WE, Purnell EW, Frank KE (1977) Use of B-scan ultrasound in the diagnosis of benign choroidal folds. Am J Ophthalmol 84:375–379

Feldon SE, Sigelman J, Albert DM, Smith TR (1978) "Clinical manifestations of brawny scleritis". Am J Ophthalmol 85:781–787

Guthoff RF, Singh G (1983) Posterior scleritis – the role of ultrasonography in the follow-up of the disease. In: Hillman JS, LeMay MM (eds) Ophthalmic ultrasonography. Junk, The Hague, pp 169–174

Hinzpeter N, Naumann GOH (1980) Hornhaut und Sklera. In: Naumann GOH (Hrsg) Pathologie des Auges. Springer, Berlin Heidelberg, S 392

Kalina RE, Mills RP (1980) Acquired hyperopia with choroidal folds. Ophthalmology 87:44–50

Newell FW (1973) Choroidal folds. Am J Ophthalmol 75:930–942

Watson PG, Hayreh SS (1966) Scleritis and episcleritis. Br J Ophthalmol 60:163–226

Wolter JR, Hoy JE, Schmidt DM (1966) Chronical orbital myositis. Its diagnostic, difficulties and pathology. Am J Ophthalmol 62:292–298

2.8 Andere spezielle Untersuchungsverfahren bei intraokularen pathologischen Veränderungen

2.8.1 Diaphanoskopie

W. BUSCHMANN

Bei Verdacht auf ein intraokulares Melanom wird die optische Untersuchung durch die Diaphanoskopie ergänzt; dabei kann gleich die Wahrnehmung der Netzhaut-Aderhautfigur in allen Quadranten mit geprüft werden. Verschattungen weisen auf einen pigmentierten Tumor hin; aber auch subchorioidale Blutungen oder Glaskörpereinblutungen können schattengebend wirken. Andererseits kommt es bei pigmentarmen Tumoren (auch bei pigmentarmen Melanomen!) zu keiner Verschattung. Das helle Aufleuchten exsudativer prominenter Herde (z.B. exsudative Amotio chorioideae) sieht man besonders gut, wenn man während der Diaphanoskopie (mit *aus*geschaltetem Augenspiegel!) ophthalmoskopiert. So sieht man kleinere schattengebende Herde auch besser; bei Beobachtung des Aufleuchtens der Pupille werden diese leichter übersehen.

Die Diaphanoskopie sollte mit einer Intensivlichtquelle und Lichtleitkabel ausgeführt werden – die älteren Diaskleralleuchten mit eingebauter Glühbirne liefern weniger eindeutige Ergebnisse.

2.8.2 Fluoreszenzangiographie in der Differentialdiagnose von Netz- und Aderhauttumoren

A. WESSING

Seit ihrer Einführung im Jahre 1959 hat sich die Fluoreszenzangiographie rasch einen festen Platz in der Diagnose und Differentialdiagnose von Netz- und Aderhauterkrankungen schaffen können. Für die verschiedensten Krankheiten wurden typische angiographische Bilder erarbeitet, so daß wir heute eine große Zahl klar umschriebener Symptome und Symptomenkomplexe kennen (Gass 1977; Schatz et al. 1978; Yannuzzi et al. 1980). Das gilt auch für die Tumoren der Retina und der Choroidea (Gass 1974). Allerdings muß dabei mit Nachdruck festgehalten werden, daß aus dem fluoreszenzangiographischen Bild allein die Diagnose eines bestimmten Tumors nicht ohne weiteres gestellt werden kann. Die Fluoreszenzangiographie ist eine Untersuchungsmethode unter vielen anderen. Ihre Ergebnisse fügen sich wie die Steine eines Mosaiks in das Gesamtbild ein. Für die endgültige Diagnose müssen alle verfügbaren Parameter bewertet werden.

2.8.2.1 Tumoren und tumorähnliche Veränderungen der Netzhaut

Das Retinoblastom

Das klassische Symptom des Retinoblastoms im Fluoreszenzbild (Abb. 2.8.2-1) ist das weit verzweigte nutritive Gefäßsystem. Vom Beginn der arteriellen Phase sind Gefäßstrukturen zu sehen, die die gesamte Tumormasse durchsetzen. Die Verbindung zu den Netzhautgefäßen ist immer eindeutig nachweisbar. Je nach Transparenz kann das Bild zwar in gewissen Grenzen variieren. Aber auch bei optisch dichten, opaken Tumoren finden sich immer eine oder mehrere Randzonen, in denen dieser Zusammenhang kenntlich ist. Die nutritiven Gefäße sind bei etwas größeren Tumoren in der Regel stark dilatiert und in dieser Form für das Retinoblastom typisch. Die Gefäßfüllung erfolgt sehr rasch in der arteriellen Phase. Arteriovenös und venös nimmt die Gefäßzeichnung weiter zu. Gleichzeitig tritt Fluorescein in das Tumorgewebe aus und verwandelt den Tumor schließlich in ein homogen leuchtendes Gebilde. Verkalkungen im Tumorinneren haben einen hohen Remis-

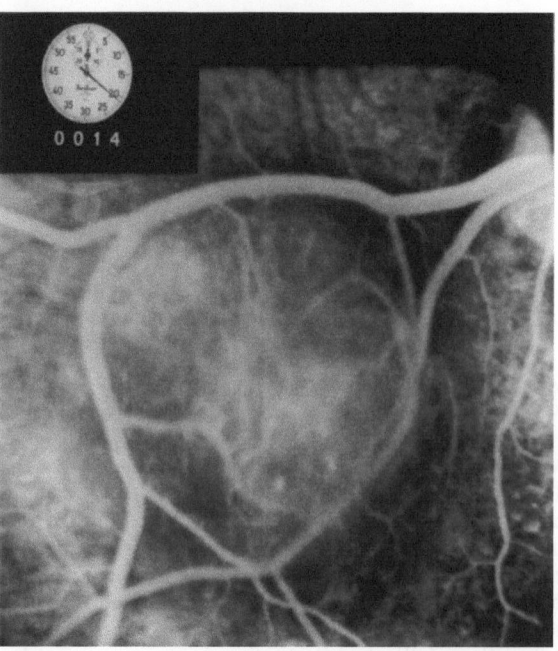

Abb. 2.8.2-1 (Wessing). Retinoblastom; Fluoresceinangiographie

sionsgrad und sind oft bereits auf den Leeraufnahmen sichtbar.

Die Differentialdiagnose zu anderen Netzhauttumoren ergibt sich aus den geschilderten Gefäßstrukturen. Bei einem astrozytären Hamartom sind die tumoreigenen Gefäße nur minimal entwickelt und kaum auszumachen. Bei einem kapillären Angiom der Retina sind wesentlich mehr Gefäße vorhanden, die eine sofortige homogene Tumoranfärbung verursachen.

Astrozytäres Hamartom

Astrozytäre Hamartome (Abb. 2.8.2-2) zeichnen sich durch ihre Gefäßarmut aus. In der Frühphase des Angiogramms erkennt man an der Basis des Tumors meist ein sehr lockeres und zartes Gefäßgespinst. Bei großen Tumoren ist es nur schwer zu identifizieren. Größere nutritive Gefäße sind nicht vorhanden. Die originären Netzhautgefäße ziehen unter der Tumormasse hindurch und sind in der Frühphase des Angiogramms als verwaschene Leuchtbänder zu sehen. Aus dem zarten Gefäßnetz an der Tumorbasis kommt es in der venösen Phase zu einer diffusen Anfärbung der gesamten Tumormasse. Gelegentlich sieht man in den Tumor eingelagert zysten- oder landkartenartige Verschattungsherde, die offenbar Spontannekrosen entsprechen. Klinisch sind zwei Formen des astrozytären Hamartoms bekannt (Herwig u. Laqua 1984). Der Typ A präsentiert sich als flacher oder auch halbkugeliger, der Netzhaut aufsitzender Tumor mit flauschig weißer Oberfläche. Beim Typ B sind die Tumoren weißlich-grau und haben eine höckerige Oberfläche von maulbeerartigem Aussehen mit scharfer Begrenzung. Im Angiogramm lassen sich die beiden Varianten nicht unterscheiden. Die angiographische Symptomatik ist identisch.

Angiomatosis retinae

Das angiographische Bild der Angiomatosis retinae (Abb. 2.8.2-3) unterscheidet sich von dem bisher Beschriebenen ganz wesentlich. Ein Angioblastom ist aus Kapillaren aufgebaut, die in großer Zahl dicht gepackt beieinander liegen und einen arteriovenösen Kurzschluß bilden. Nutritive Gefäße und Tumor färben sich infolgedessen extrem schnell an. In einer kurzen Anlaufphase kann man manchmal einen Augenblick lang die zarten Gefäßstrukturen im Inneren des Tumors sehen. In der Tumormasse ist die Gefäßwandpermeabilität massiv gesteigert. Die Leckage ist so stark, daß bereits in der frühen venösen Phase der ganze Tumor von einer diffus leuchtenden Haube umhüllt ist. Nur die erweiterten nutritiven Gefäße bleiben während des ganzen Angiogramms scharf kontu-

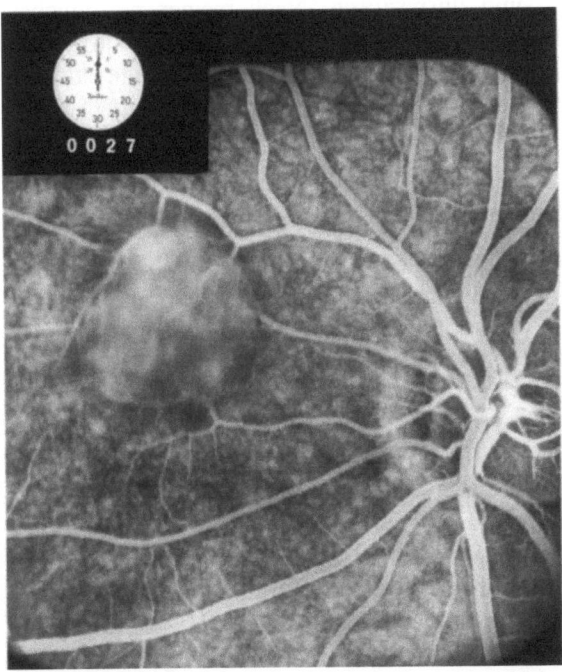

Abb. 2.8.2-2 (Wessing). Astrozytäres Hamartom; Fluoresceinangiographie

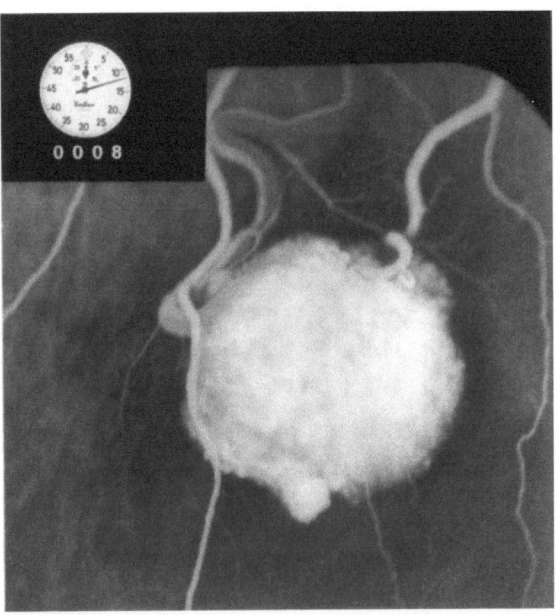

Abb. 2.8.2-3 (Wessing). Angiomatosis retinae; Fluoresceinangiographie

riert und frei von Fluoresceinextravasaten. Dieser Anfärbungstyp findet sich schon bei ganz kleinen Angiomen im Anfangsstadium. Sind Exsudate, Lipidablagerungen und eine exsudative Netzhautablösung vorhanden, sind die Tumoren selbst meist nicht mehr zu identifizieren, sondern lassen sich nur noch aus dilatierten Versorgungsgefäßen und massiven Farbstoffaustritten erschließen. Sekundäre Gefäßproliferationen an der Tumoroberfläche sind bei größeren Tumoren häufig, sollten aber nicht über die Grundkrankheit hinwegtäuschen.

Morbus Coats

Echographisch kann der Morbus Coats (Abb. 2.8.2-4) in seiner Endphase ein durchaus relevantes Krankheitsbild darstellen. Es ist das Stadium in dem es durch intraretinale Exsudate zu bullösen Auftreibungen der Netzhaut kommt und sich eine exsudative Netzhautablösung einstellt. Zwei Gruppen sind zu unterscheiden. Die juvenile Form ist dadurch gekennzeichnet, daß ausgedehnte periphere Netzhautareale erkranken und sich bullös in den Glaskörperraum vorwölben. Das andere ist die von Laqua et al. (1980) beschriebene Form, bei der im Alter umschriebene Protuberanzen in der extremen Netzhautperipherie auftreten. Angiographisch läßt sich die Diagnose durch Nachweis der zugrundeliegenden Gefäßveränderungen meist klären.

Der Morbus Coats ist durch ein sehr auffallendes Gefäßschema charakterisiert. Statt der normalen Kapillaren findet sich ein Netz aus erweiterten, meist schlingenartig angeordneten Gefäßen. Es finden sich Aneurysmen, die nicht nur in den Verlauf der Kapillaren eingeschaltet sind, sondern auch an den großen Arteriolen und Venolen auftreten. Meist ist die arterielle Seite bevorzugt. Dabei fällt auf, daß die Gefäßwandpermeabilität relativ wenig gestört ist. Die Farbstoffleckagen sind im Verhältnis zu anderen retinalen Gefäßerkrankungen gering. Gelegentlich treten sekundäre Gefäßproliferationen auf, die im Gegensatz zur Grundkrankheit dann ihrerseits eng gelagerte Kapillarsprossen und massive Fluorescein-Austritte aufweisen.

2.8.2.2 Tumoren der Aderhaut

Die angiographische Differentialdiagnose der Aderhauttumoren wird immer noch kontrovers diskutiert. Es ist leicht, ein malignes Melanom von einer subretinalen Hämorrhagie oder von einer degenerativen Veränderung zu differenzieren. Die Unterscheidung von anderen Aderhauttumoren jedoch kann außerordentlich schwierig oder gar unmöglich sein.

Die angiographischen Befunde sind oft vieldeutig und unspezifisch. Nach meiner persönlichen Erfahrung jedoch gibt es eine Reihe von angiographischen Kriterien, die durchaus diagnostischen Wert haben, zumal wenn sie in bestimmten Kombinationen auftreten.

Malignes Melanom der Aderhaut

Ein chorioidales Melanom (Abb. 2.8.2-5) zeigt die folgenden angiographischen Eigentümlichkeiten:
1. Die Fuorescein-Anfärbung beginnt in der arteriellen Phase oder nur wenig später, abhängig von der Intensität der Pigmentierung der Tumormasse und des darüber liegenden retinalen Pigmentepithels. Bereits in der arteriovenösen Phase erreicht die Anfärbung ihr Maximum. Es gibt keine präarterielle Vorphase.
2. An der Oberfläche des Tumors erscheint in der Frühphase des Angiogramms ein feintüpfeliges pfeffer- und salzartiges Muster. Besonders deutlich ist es am Tumorrand. Die Zeichnung dieser Grenzlinie ist vom Pigmentgehalt abhängig und kann sehr unterschiedlich breit sein. Solange das retinale

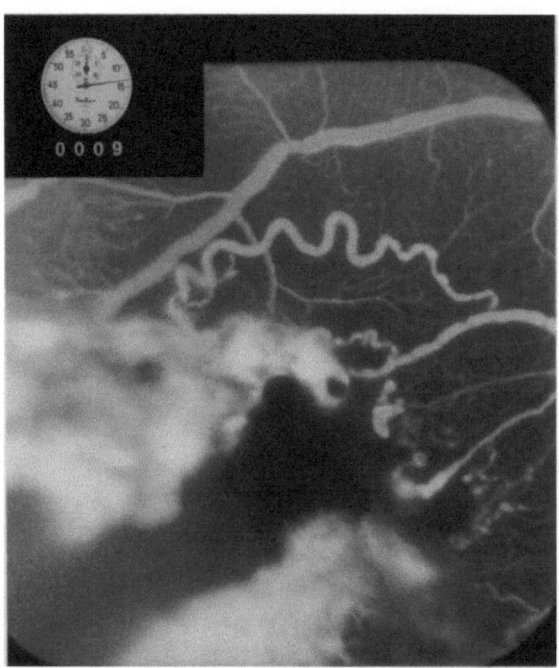

Abb. 2.8.2-4 (Wessing). Coats-ähnliche Veränderung der Netzhautperipherie; Fluoresceinangiographie

Pigmentepithel intakt ist, sind individuelle Gefäße nicht zu sehen. Während der venösen Phase wird die Anfärbung diffus und bildet eine mehr oder weniger homogene Fläche. Bei wenig oder unpigmentierten Tumoren sind die leuchtenden Gebiete in der Überzahl. Der ganze Tumor fluoresciert wesentlich intensiver als bei hohem Pigmentgehalt.

3. Lipofuszinplaques blockieren die Untergrundfluoreszenz. Die im Angiogramm sichtbaren schwarzen Flecke entsprechen dem orangefarbenen Pigment an der Oberfläche des Tumors.

4. In der Spätphase erscheinen am Tumorrand und auf der Oberfläche des Tumors umschriebene Leckstellen. Sie sollen pathognomonisch sein und entsprechen fokalen Schädigungen des retinalen Pigmentepithels. Wir haben sie allerdings gelegentlich auch bei Hämangiomen beobachtet. Fokale Leckstellen finden sich besonders deutlich an der Oberfläche stark pigmentierter und flach wachsender Tumoren. In diesen Fällen scheinen sie in der Tat eine spezifische Eigenschaft der malignen Melanome darzustellen.

5. Bei unpigmentierten und sehr durchsichtigen Tumoren kann man in der Frühphase gelegentlich tiefe Aderhautgefäße erkennen. Sie haben sonderbarerweise keine Verbindung mit dem Tumor. Später verschwinden sie in der zunehmenden Fluoresceinauffüllung.

6. Das Fluorescein-Muster ist eine Mischung aus intensiver Fluoreszenz des nutritiven Gefäßsystems, der absortiven Wirkung des tumoreigenen Pigments und des dem retinalen Pigmentepithel zugehörigen Filtereffekts. Ist der Tumor durch die Bruchsche Membran durchgebrochen, so wird das Pigmentepithel schrittweise zerstört und die Tumormasse selbst sichtbar. Man kann dann die nutritiven Gefäße in Form der sogenannten „doppelten Vaskularisation" sehen. Typischerweise zeigen diese Gefäße einen langgestreckten Verlauf mit weichen, schwingenden Konturen.

7. Auch Sekundärveränderungen können für die Differentialdiagnose herangezogen werden. Eine sekundäre Netzhautablösung zeigt in typischer Weise Kapillardilatationen mit sehr feinen Mikroaneurysmen. Die erweiterten Netzhautkapillaren sind vermehrt permeabel. Die Intensität der Fluorescein-Leckage entspricht dem Ausmaß der Gefäßschädigung.

8. Blutungen haben einen Blockade-Effekt. Unregelmäßig begrenzte Areale im Tumorinnern, die nicht fluorescieren, entsprechen Spontannekrosen. Derlei Dunkelzonen zeigen eine späte inverse Fluoreszenz. Sie beginnen sich erst dann anzufärben, wenn die vitale Tumormasse ihre Fluoreszenz bereits wieder verliert.

Choroidale Hämangiome

Aderhauthämangiome (Abb. 2.8.2-6) zeigen die folgenden angiographischen Befunde:

1. Die Färbung beginnt vor der arteriellen Phase. Die ersten Zeichen der Anfärbung im Tumorbereich können der Arterienfüllung in der Retina mehrere Sekunden voraufgehen.

2. Dann erscheint ein schwamm- oder seenplattenartiges Färbemuster, das allerdings nur für einen ganz kurzen Moment in Erscheinung tritt und rasch in der weiteren Farbstoffdurchtränkung des Tumors untergeht. Dieser Färbungsablauf läßt sich durch den histologischen Aufbau der Hämangiome leicht erklären. Sie bestehen aus kavernösen Hohlräumen unterschiedlicher Größe, die durch dünne Bindegewebssepten getrennt sind. Die hämodynamische Situation der einzelnen Kavernen differiert, so daß ein fleckiges Füllungsmuster entsteht.

3. Meist haben die Angiome keine scharfen Grenzen. Vielmehr findet man einen mehr oder weniger kontinuierlichen Übergang zur normalen Aderhaut.

4. Bei kleinen und flach wachsenden Hämangiomen stehen eher ungewöhnliche Gefäßstruktu-

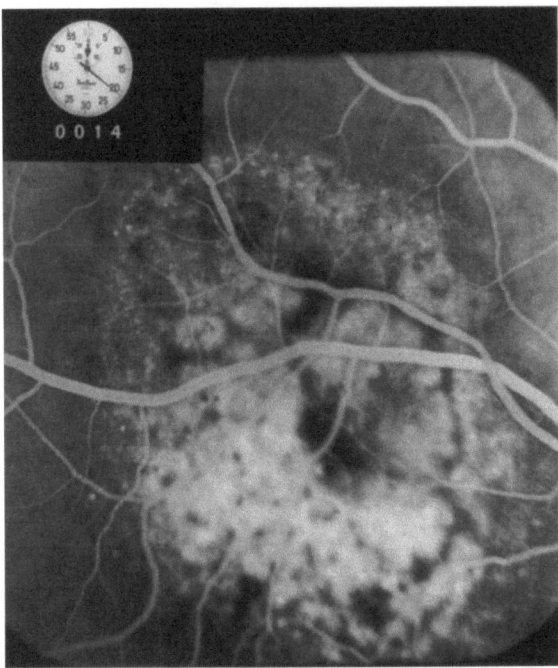

Abb. 2.8.2-5 (Wessing). Malignes Melanom der Aderhaut; Fluoresceinangiographie

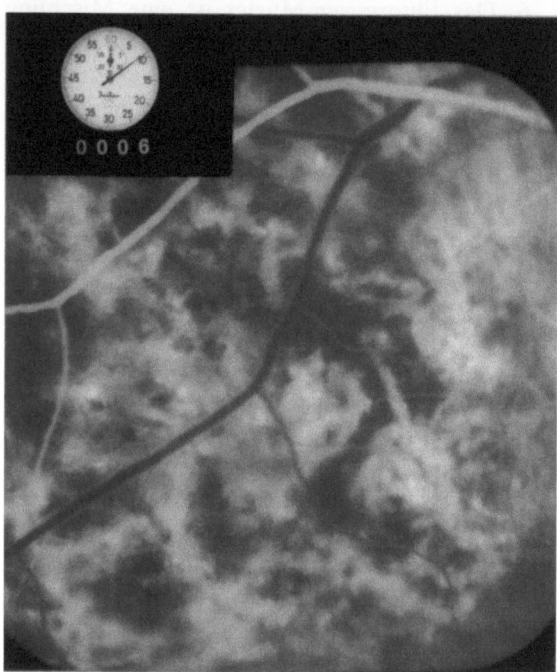

Abb. 2.8.2-6 (Wessing). Hämangiom der Aderhaut; Fluoresceinangiographie

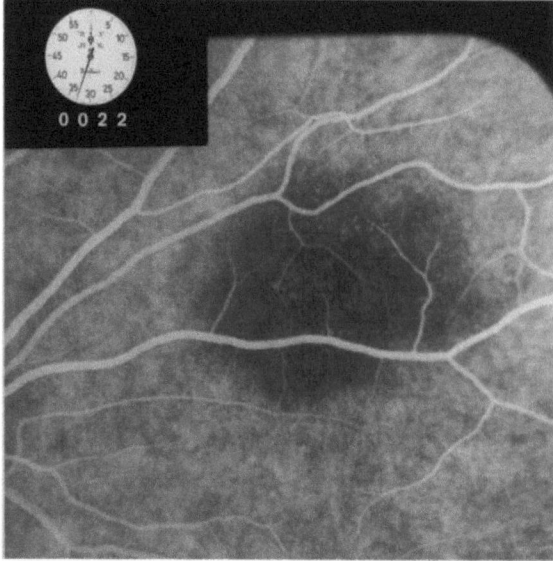

Abb. 2.8.2-7 (Wessing). Aderhautnaevus; Fluoresceinangiographie

ren im Vordergrund. Es erscheinen Gefäße mit unebener und gezackter Begrenzung. Sie unterscheiden sich eindeutig von den gestreckten und sanft geschwungenen Gefäßen des malignen Melanom.

Aderhautnaevi

Aderhautnaevi haben in der Regel ein eindeutiges Fluoreszenzbild (Abb. 2.8.2-7). Unter gewissen Umständen können jedoch erhebliche diagnostische Probleme auftauchen.

1. Das Pigment eines Naevus kann die Fluoreszenz vollständig blockieren. Es entsteht ein dunkler Fleck mit verlaufenden Grenzen innerhalb des normalen Aderhautmusters. Es finden sich keine Zeichen für ein nutritives Gefäßsystem. Wir sehen weder eine Anfärbung in der Frühphase noch eine späte diffuse Fluoresceindurchtränkung.

2. Andere Naevi zeigen nur einen zarten Schatten ohne vollständige Unterbrechung der normalen Aderhautfüllung. Das entspricht der morphologischen Situation. Benigne Melanome und Naevi liegen meist in den äußeren Schichten der Aderhaut oder nur in der Suprachoroidea. Auf diese Weise bleibt die Choriokapillaris völlig unbeteiligt. Das „Background Mottling" wird nicht unterbrochen oder doch nur wenig verändert. Gelegentlich stellen sich die hexagonalen Funktionselemente der Choriokapillaris isoliert dar.

3. Bei älteren Patienten und langbestehenden Naevi finden sich häufig sekundäre Veränderungen in der überliegenden Netzhaut. Angiographisch besonders eindrucksvoll sind Drusen des retinalen Pigmentepithels. Sie erscheinen als scharf demarkierte Fenestrationen in der Pigmentschicht ohne Farbstoffleckage.

4. Gelegentlich finden wir jedoch auch ganz andere Bilder. Man sieht während der arteriellen oder arteriovenösen Phase eine mehr oder weniger intensive feinfleckige Anfärbung die dem Färbemuster eines malignen Melanoms entspricht. Manchmal sind nur Teile der pigmentierten Läsion betroffen, während die übrigen Abschnitte dunkel und ungefärbt bleiben.

Nach Reese u.a. besteht kein Zweifel, daß ein malignes Melanom der Aderhaut aus einem Naevus hervorgehen kann. Es mag sein, daß das geschilderte Erscheinungsbild einem im Aufbau begriffenen nutritiven Gefäßsystem entspricht. Wir haben aber auch Fälle gesehen, bei denen ein derartiges Färbeschema über ein volles Dezennium konstant geblieben ist. Auf jeden Fall aber ist die Interpretation solcher Färbestrukturen ein kritisches Problem, und eine Entscheidung kann nur durch die Verlaufsbeobachtung herbeigeführt werden.

Aderhautmetastasen

Die angiographischen Befunde von Aderhautmetastasen (Abb. 2.8.2-8) sind nur schwer zu deuten. Man kann sie als Mischung aus Lichtabsorption durch pigmenthaltiges Tumorgewebe, aus fluorescierenden Gefäßstrukturen, Blockaden von sekundären Degenerationen und Spontannekrosen zusammen mit Permeabilitätsstörungen beschreiben. Die Möglichkeiten reichen von früher arterieller Fluorescenz bis zu diffusen Spätanfärbungen, vom vollständigen Ausbleiben einer Anfärbung bis zu umschriebenen Lecks an der Oberfläche der Tumoren.

Ein fleckiges leopardenfellartiges Aussehen ist häufig. Manchmal sieht man große Gefäße in der Tiefe der Tumormasse. Eine exsudative Netzhautablösung, die sich wie ein Filter über die tiefen Strukturen legt, mag die Sachlage noch zusätzlich erschweren. Der Tumor selbst ist nicht mehr zu sehen. Die Netzhautkapillaren sind dilatiert, zeigen aber im Gegensatz zum Melanom regelmäßige Strukturen ohne Aneurysmen und meist auch ohne Lecks.

Die angiographische Diagnose der Aderhautmetastasen wird eher per exclusionem gestellt als durch die Darstellung spezifischer Symptome.

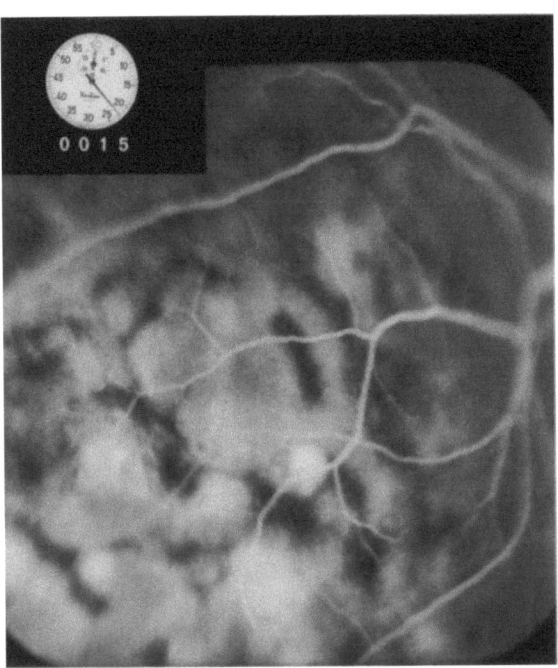

Abb. 2.8.2-8 (Wessing). Aderhautmetastase; Fluoresceinangiographie

Differentialdiagnose und diagnostische Probleme

1. Subretinale und subpigmentepitheliale Blutungen sind angiographisch klar einzuordnen. Die Aderhautfluorescenz wird während des ganzen Angiogramms blockiert. Die Grenzen zur umgebenden Aderhaut sind scharf gezeichnet. Mit zunehmender Absorption des Blutes kommt wieder ein normales Fundusbild oder auch ein Narbenmuster zum Vorschein.

2. Das feinfleckige pfeffer- und salzartige Färbungsmuster der malignen Melanome findet sich auch bei anderen pathologischen Veränderungen. Es kommt nach Resorption subretinaler Haemorrhagien vor. Es erscheint bei der langwährenden zentralen serösen Retinopathie und dem Pigmentepithel-Dekompensations-Syndrom. Wir begegnen ihm bei der senile Makulopathie und bei hereditären Makuladystrophien.

Angiographisch kann die Differenzierung so schwierig sein, daß hier noch einmal der Hinweis angebracht erscheint, eine Diagnose nie alleine aus dem fluoreszenzangiographischem Befund zu stellen.

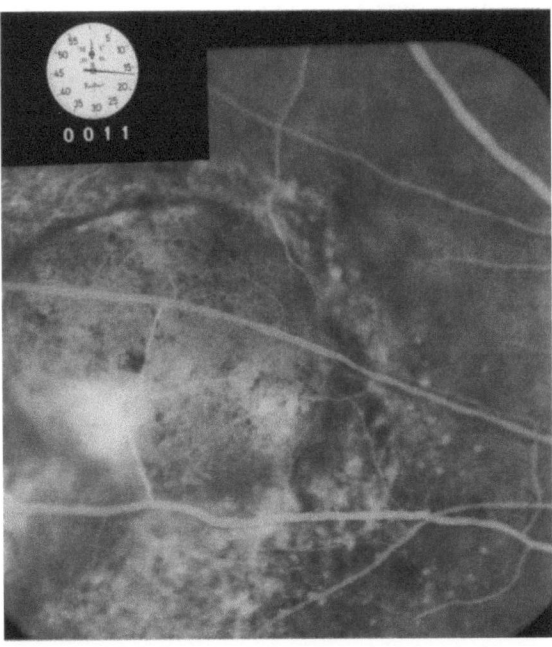

Abb. 2.8.2-9 (Wessing). Abhebung des retinalen Pigmentepithels über einem malignen Melanom

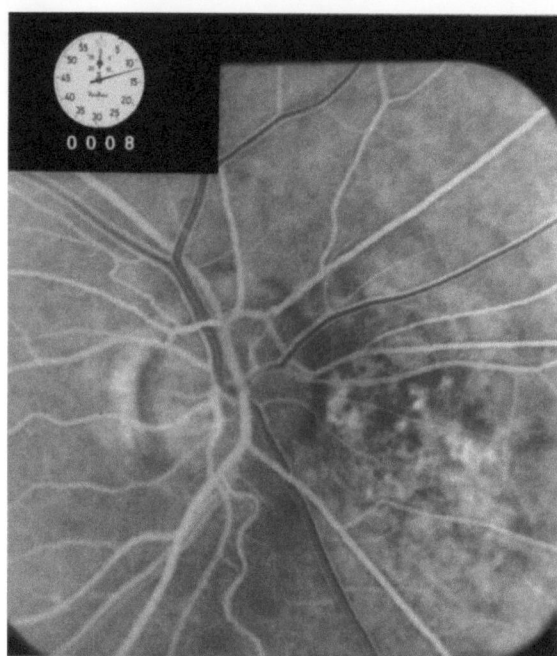

Abb. 2.8.2-10 (Wessing). Neovaskuläre Membran über einem Aderhautnaevus

3. Eine weitere Ursache für Fehlinterpretationen kann durch sekundäre Veränderungen an der Tumoroberfläche entstehen. Bei Kombination mehrerer Krankheitsbilder wird die Interpretation extrem schwierig.

Es ist bekannt, daß gelegentlich auf der Oberfläche von malignen Melanomen des hinteren Augenpols großflächige Abhebungen des retinalen Pigmentepithels auftreten (Abb. 2.8.2-9). Finden sich außerhalb einer typischen Pigmentepithelabhebung Hyperpigmentierungen, ist das ein Alarmzeichen für besondere Aufmerksamkeit. In anderen Fällen sehen wir fibrovasculäre Membranen auf der Oberfläche der Tumoren. Meist wird der Tumor dann erst im Verlauf seines weiteren Wachstums erkannt. Fibrovasculäre Membranen kommen aber gelegentlich auch auf der Oberfläche von Naevi vor (Abb. 2.8.2-10), insbesondere dann, wenn diese bis an den Papillenrand reichen. Eine ad-hoc-Diagnose ist in diesen Fällen nicht möglich. Erst die Verlaufsbeobachtung kann Aufschluß über die wahre Natur der Veränderung geben. Disciforme Narben zeichnen sich dadurch aus, daß sie nur eine spätvenöse Anfärbung aufweisen und in der arteriellen und arteriovenösen Phase des Angiogramms ungefärbt bleiben. In Kombination mit einer exsuditiven Netzhautablösung kann es jedoch durchaus zu Fehlinterpretationen kommen und ein malignes Melanom unentdeckt bleiben.

Schlußbetrachtung

Die angiographische Differentialdiagnose von Netzhauttumoren ist einfach und sicher, die von Aderhauttumoren schwierig und wegen der tiefen Lage kompliziert. Das Angiogramm kann in diesen Fällen nur als diagnostisches Hilfsmittel gewertet werden und bedarf in der Regel der Ergänzung durch andere Untersuchungsmaßnahmen. Dann aber stellt es eine wichtige und unentbehrliche Bereicherung des diagnostischen Rüstzeugs dar.

Literatur

Gass JDM (1974) Differential diagnosis of intraocular tumors. Mosby, St. Louis
Gass JDM (1977) Macular diseases. Mosby, St. Louis
Herwig M, Laqua H (1984) Klinische Bilder und Fallbeschreibung bei astrozytärem Hamartom der Netzhaut und Papille. Klin Monatsbl Augenheilkd 184:115–120
Laqua H, Wessing A (1983) Peripheral retinal teleangiectasis in adults simulating a vascular tumor or melanoma. Ophthalmology 90:1284–1291
Reese AB (1976) Tumors of the eye, 3rd edn. Harper & Row, Hagerstown, pp 193–194
Schatz H, Burton TC, Yannuzzi LA, Rabb MF (1978) Interpretation of fundus fluorescein angiography. Mosby, St. Louis
Wessing A (1977) Fluorescein angiography and the differential diagnosis of choroidal tumors. Bull Soc Belge Ophthalmol 175:5–14
Yannuzzi LA, Gitter KA, Schatz H (1980) The macula. A comprehensive text and atlas. Williams & Wilkins, Baltimore

3 Orbitaerkrankungen

3.1 Voraussetzungen für die Echographie

3.1.1 Klinisches Bild und Indikationsstellung für die Ultraschalluntersuchung und für andere spezielle Verfahren

R. GUTHOFF und W. BUSCHMANN

Raumfordernde Orbitaprozesse werden meist erst in fortgeschrittenen Stadien entdeckt. Anfangs ist der Patient noch beschwerdefrei oder hat nur geringfügige Symptome. Die Angehörigen sehen den sich langsam entwickelnden Exophthalmus erst spät; beim ersten Arztbesuch besteht häufig schon eine deutliche Protrusio. Auch vom Arzt werden die Anfangssymptome leider oft nicht erkannt oder als geringfügig angesehen. Es ist notwendig, den Blick für beginnende Raumforderungen im Orbitagebiet zu schärfen, um im Bedarfsfall die heutigen diagnostischen und therapeutischen Möglichkeiten rechtzeitig einsetzen zu können. Die Weiterbildung der beteiligten Ärzte bezüglich der ersten Anzeichen und der einfachen klinischen Untersuchungen, die den aufkeimenden Verdacht erhärten und die Indikation für speziellere Untersuchungsmethoden erst begründen, ist daher ebenso wichtig wie die Weiterentwicklung dieser hochspezialisierten Untersuchungsverfahren.

Im Würzburger Krankengut wurden bisher z.B. alle Optikustumoren bereits bei der *ersten echographischen* Untersuchung gefunden. Dagegen dauerte es 1–15 Jahre vom Auftreten der ersten Krankheitssymptome bis zur Überweisung an die Klinik. Die Patienten, deren Angehörige und die vorbehandelnden Ärzte haben den einseitigen Exophthalmus erst bemerkt, als ein Seitenunterschied der Hertel-Werte von 4–6 mm schon erreicht war. Beginnende Visusherabsetzungen und Gesichtsfeldausfälle bei noch normalem ophthalmoskopischen Befund verleiten allzu schnell zur

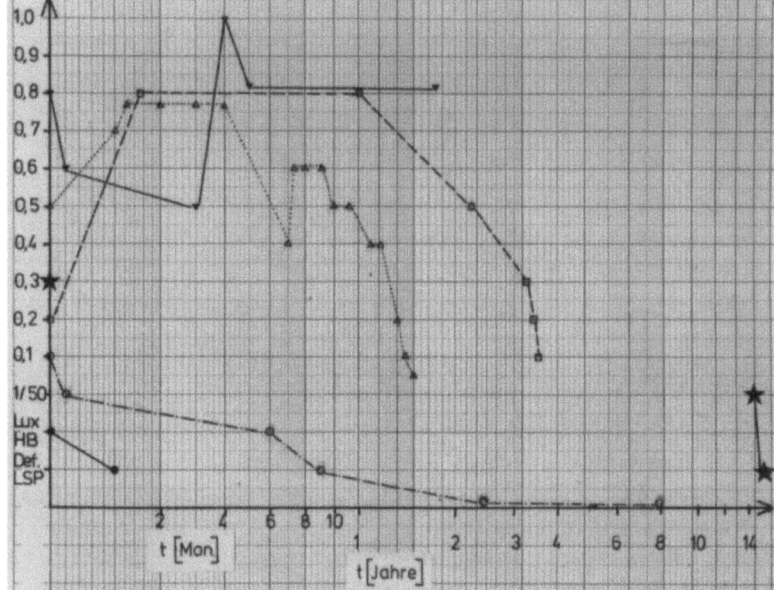

Abb. 3.1.1-1 (Buschmann). Visusverläufe bei Optikustumoren. Wird bei zunächst nur mäßiger Herabsetzung der zentralen Sehschärfe unter der Verdachtsdiagnose „Retrobulbärneuritis" oder „Durchblutungsstörung" eine entquellende Therapie (Koritkoidstoß) ausgeführt, so kann damit zunächst eine Besserung (sogar Normalisierung) des Visus erreicht werden. Mit fortschreitendem Tumorwachstum kommt es im weiteren Verlauf zum endgültigen Visusverfall

Diagnose „Retrobulbärneuritis"; die daraufhin eingeleitete Kortikoidtherapie führt wegen der Entquellung auch bei Tumoren anfangs meist zu einer Visusbesserung (eventuell sogar Normalisierung), wodurch der behandelnde Arzt seine (falsche) Diagnose bestätigt sieht. Erst der mit weiterem Tumorwachstum erneut einsetzende, irreversible Funktionsverfall führt schließlich zur weiteren Diagnostik (Abb. 3.1.1-1).

Abb. 3.1.1-2 (Buschmann). „Kestenbaum-Brille", Modell nach Haase. Das transparente Millimeter-Raster erlaubt, Dislokationen des Bulbus in seitlicher oder vertikaler Richtung zu messen. Außerdem können die Bewegungsmöglichkeiten in der Hauptzugrichtung eines jeden Muskels gemessen werden, um Veränderungen im weiteren Verlauf der Erkrankung zu erfassen. (Hergestellt von Fa. Karlheinz Dosch, Heidelberg)

Die *Inspektion* zeigt bei raumfordernden Orbitaprozessen Asymmetrien der Lidspalte oder der Deckfalten des Oberlides, einen paragraphenförmigen Verlauf des Lidrandes (Tränendrüse!), eine Verdrängung des Bulbus zur Seite bzw. in der Höhe oder einen unvollständigen Lidschluß. Die Motilität der Lider und des Bulbus ist zu prüfen, durch Palpation kann der vordere Tumorrand eventuell getastet und die Zurückdrängbarkeit des Bulbus orientierend geprüft werden. Die Hertelsche Exophthalmometrie sollte viel öfter ausgeführt werden (s.a. Kap. 3.2, Ultraschall-Exophthalmometrie). Hilfreich ist oft der Vergleich mit früheren Fotos (Ausweis, Führerschein!). – Verlagerungen des Bulbus in seitlicher oder vertikaler Richtung werden durch Messung des Abstandes der Pupillen von Nasenmitte und Augenbrauen erfaßt (Kestenbaum-Brille, Abb. 3.1.1-2).

Refraktionsänderungen im Sinne einer Hyperopisierung müssen den Verdacht auf eine retrobulbäre Raumforderung aufkommen lassen. Am Fundus können venöse Stauungen, optikoziliare Shuntgefäße, horizontale oder radiäre Netzhaut/Aderhautfältelungen im Bereich des hinteren Pols und der Papille sowie Papillenhyperämie oder Papillenödem auf orbitale Raumforderungen hinweisen. So kann eine Zentralvenenthrombose der Ausdruck einer orbitalen Abflußbehinderung wie z.B. einer spontanen Sinus-cavernosus-Fistel sein. Eine Ultraschalluntersuchung der Orbita ist in solchen Fällen unverzichtbar und liefert häufig eine Anhiebs-Diagnose. Bei Gesichtsfeldausfällen, Visusminderung oder Störung der Farbwahrnehmung muß geklärt werden, ob etwa eine Kompressions-Neuropathie als Folge einer (in der Orbitaspitze eventuell noch kleinen) Raumforderung vorliegt.

Die echographische Untersuchung der Orbita ist indiziert, wenn auch nur der geringste Verdacht auf eine Orbitaerkrankung besteht. Sind jedoch bei der klinischen Untersuchung keinerlei objektive Zeichen erkennbar, so ist echographisch in der Regel auch kein Befund zu erheben, auch wenn subjektive Symptome wie Schmerzen, Sensibilitätsstörungen oder Druckgefühl angegeben werden.

3.1.2 Anatomische Voraussetzungen

R. GUTHOFF und W. SCHROEDER

Die anatomischen Voraussetzungen für die Ultraschalldiagnostik sind in der Orbita grundsätzlich verschieden von denen bei der Diagnostik intraokularer Veränderungen. Denn in der gesunden Orbita gibt es schon eine Vielzahl unterschiedlichster Gewebe (Fettgewebe, äußere Augenmuskeln, Bindegewebssepten, Gefäße, N. opticus, Tränendrüse; Abb. 3.1.2-1). Von diesen normalen Strukturen werden Echos reflektiert, die zunächst bei der Untersuchung diesen Strukturen zugeordnet werden müssen, bevor das Vorhandensein zusätzlicher pathologischer Echos oder das Fehlen normaler Echos erkannt und diagnostisch verwertet werden kann. Die Vielzahl der Gewebe hat eine Vielfalt von Erkrankungsmöglichkeiten zur Folge, die, soweit möglich, aus dem klinischen und echographischen Bild differenziert werden müssen. Der Vielfalt der Erkrankungen stehen relativ wenige klinische Symptome gegenüber, deren diagnostische Aussagekraft daher beschränkt ist. Spezielle diagnostische Untersuchungsverfahren sind für die Orbitadiagnostik unerläßlich.

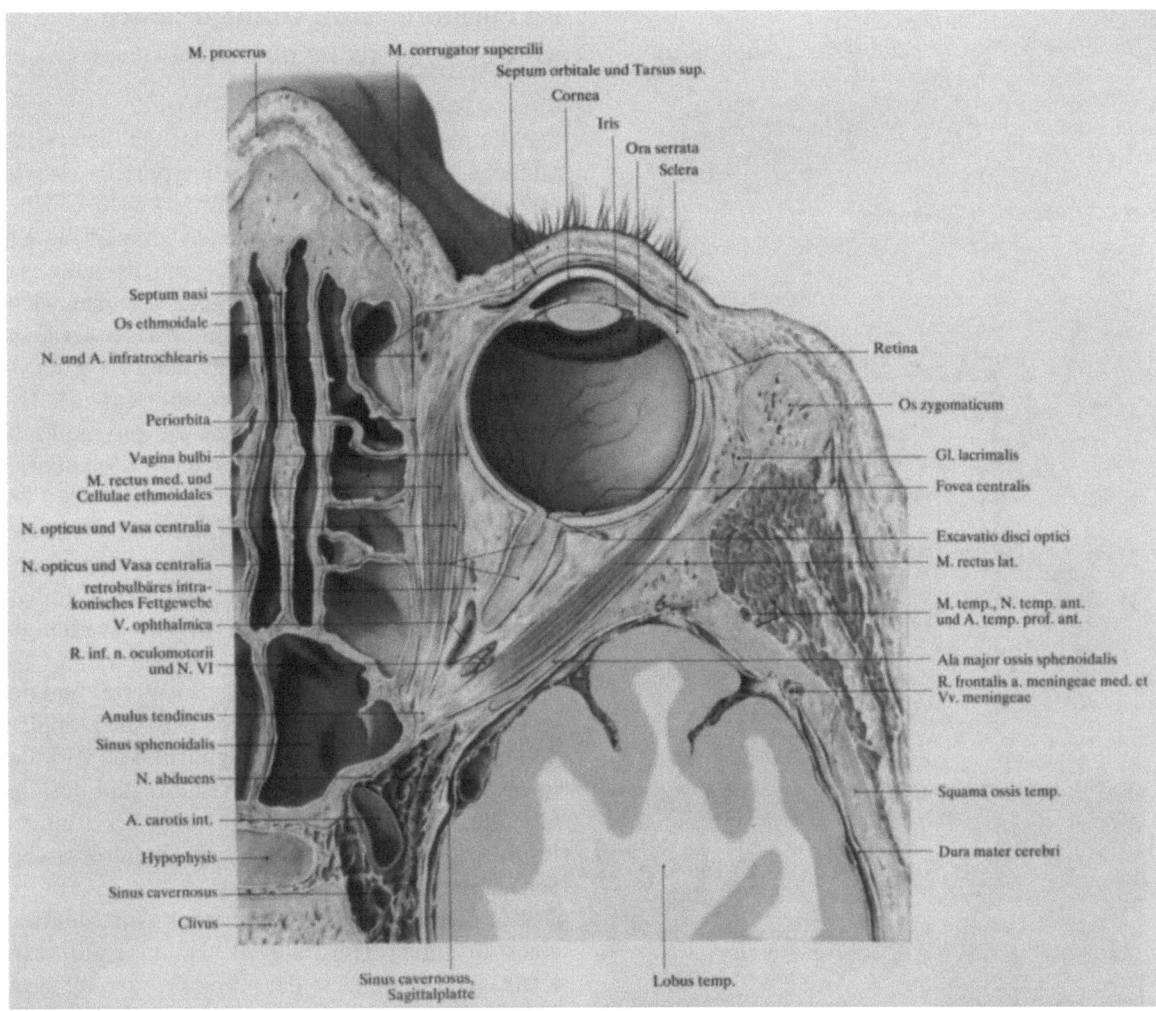

Abb. 3.1.2-1 (Lang). Horizontalschnitt durch Bulbus und Orbita. Aus Lanz, T. von; Wachsmuth, W. (1979) Praktische Anatomie 1. Band, 1. Teil B, Gehirn- und Augenschädel (Hrsg. v. J. Lang). Springer, Berlin Heidelberg New York Tokyo

Die Grenzfläche der Muskeln und des N. opticus werden bei der echographischen Untersuchung größtenteils schräg getroffen, wodurch die sich weniger deutlich darstellen. In der Orbitaspitze ist der Einfallswinkel des Ultraschalls zu diesen Grenzflächen so ungünstig, daß die Darstellung der normalen Strukturen dort nicht gelingt. Der gekrümmte Verlauf des Nervus opticus bei Geradeausblick bedingt einen Schallschatteneffekt, wodurch das Bild des N. opticus als keilförmige Aussparung im Orbitafettechogramm erscheint (Abb. 3.1.2-2).

3.1.3 Doppler-Sonographie bei raumfordernden Orbitaprozessen

W. Buschmann

Die Doppler-Sonographie der Orbita liefert zusätzliche Informationen über die arterielle Durchblutung bei orbitalen Raumforderungen (Nisbet et al. 1980). Diese Informationen können die Ergebnisse der A- und B-Bild-Diagnostik ganz wesentlich ergänzen. Darüber hinaus können wichtige Informationen über den Karotiskreislauf durch die Untersuchung der orbitalen Äste der A. carotis interna gewonnen werden (Kap. 6). Die verschiedenen Gerätearten und die physikalisch-technischen Grundlagen sind in Kap. 8.9 beschrieben. Die wichtigsten klinischen Anwendungen bei arteriovenösen Fisteln und Hämangiomen sind in Kap. 3.4.4 dargestellt, weitere Aussagemöglichkeiten ergeben sich bei mit starker Hyperämie einhergehenden Entzündungen (Dakryoadenitis, s. Kap. 3.4.2).

Trotz des hohen diagnostischen Wertes und der vergleichsweise geringen Kosten wird die Doppler-Sonographie leider in der Diagnostik von Zirkulationsstörungen des Karotiskreislaufs und der Gefäße des Auges und der Orbita sowie bei orbitalen Raumforderungen bisher von ophthalmologischer Seite viel zu selten eingesetzt.

Für den Nachweis der arteriellen Durchblutung eines orbitalen Herdes (z.B. Hämangiom beim Kleinkind) genügt es, das klinisch oder echographisch (B-Bild) lokalisierte Herdgebiet mit einem einfachen, nicht richtungsempfindlichen Doppler-

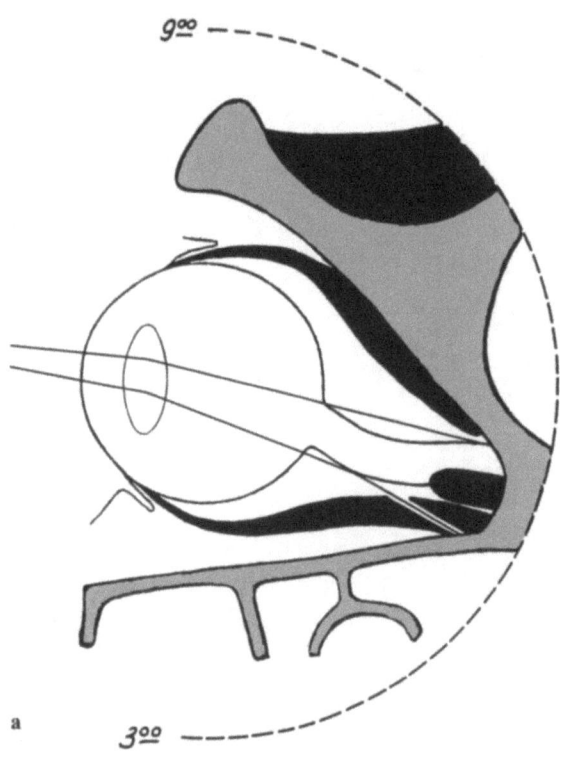

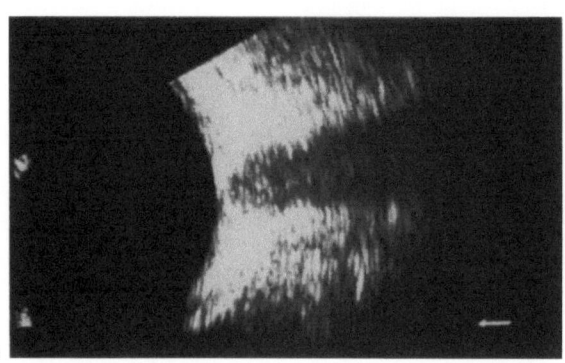

Abb. 3.1.2-2a, b (Buschmann, Guthoff). Beeinflussung des echographischen Bildes durch anatomische und ultraschallphysikalische Gegebenheiten. Der gekrümmte Verlauf des Sehnerven und der bei Geradeausblick flache Winkel seiner Oberfläche (Sehnervenscheide) zur Schallausbreitungsrichtung (**a**) lassen eine keilförmige Lücke im Orbitafett-Echogramm (**b**) entstehen, die den tatsächlichen Abmessungen des N. opticus nicht entspricht. Der Effekt wird durch die sektorförmige Abtastung und die durch Schallbrechung in der Linse des Auges verstärkte Divergenz der Schallbündelverläufe verstärkt und kommt in **b** besonders ausgeprägt zur Darstellung. Horizontalschnitt: Gerät Xenotec Ultrascan, Arbeitsfrequenz 15 MHz. Normalbefunde bei anderen Blick- und Untersuchungsrichtungen sind in den Kapiteln 3.3 und 3.5 beschrieben. Dieser Artefakt läßt sich durch die Änderung des Untersuchungsganges vermeiden (und so die anatomische Situation besser darstellen)

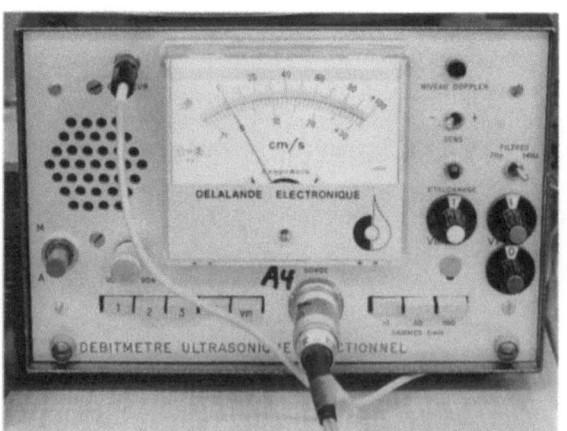

Abb. 3.1.3-1 (Buschmann). Richtungsempfindliches Ultraschall-Dopplergerät zum Nachweis von Blutströmungen und zur Erkennung der Strömungsrichtung

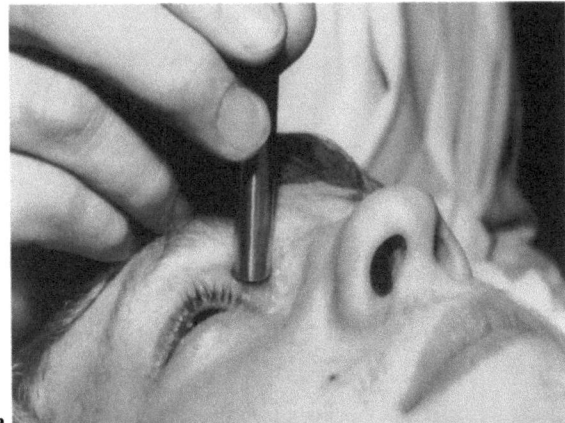
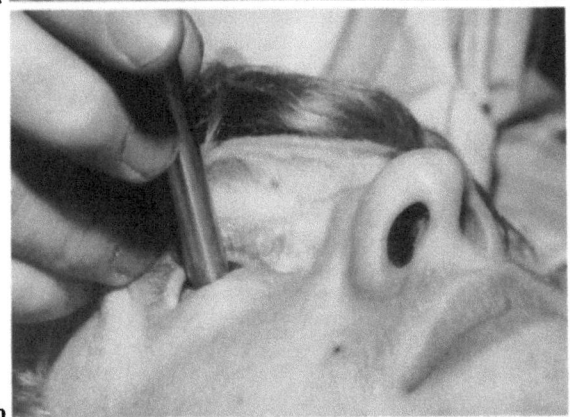
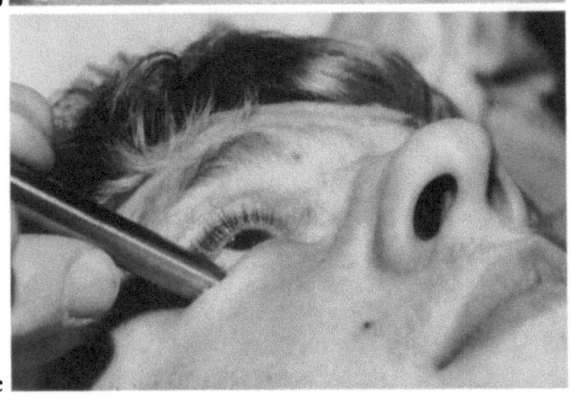

Abb. 3.1.3-2a–c (Buschmann). Schallkopfpositionen zur Untersuchung der normalerweise nachweisbaren arteriellen Blutgefäße der Orbita
a Schallkopfposition bei der Untersuchung der A. frontalis media (Kommunikation zwischen Externa- und Internakreislauf). **b** Schallkopfposition zur Untersuchung der A. ophthalmica. **c** Schallkopfposition zur Untersuchung der Aa. ethmoidales

gerät zu untersuchen. Man erhält dann aus dem normalerweise „stummen" Orbitabereich pulssynchrone arterielle Strömungssignale. Hauptsächlich für die Kreislaufdiagnostik sind jedoch richtungsempfindliche Dopplergeräte (Abb. 3.1.3-1) zu bevorzugen, die die Strömungsrichtung des arteriellen Blutflusses im Untersuchungsbereich erkennen lassen.

Die bisher genannten Ultraschall-Dopplergeräte sind kontinuierlich aussendende Geräte (cw-Geräte, cw=continuous wave, Kap. 8.9). Dadurch wird stets der gesamte Gewebebereich zwischen dem Schallkopf und dem schallkopffernen Ende des Eindringbereiches (der tiefsten Stelle im Gewebe, aus welcher arterielle Strömungssignale noch empfangen werden können, bei der gegebenen Empfindlichkeit des Gerätes) untersucht. Man kann aus den Signalen nicht erkennen, aus welcher Tiefe im untersuchten Bereich das registrierte arterielle Strömungssignal stammt. Diesen Nachteil kann man aber teilweise dadurch kompensieren, daß man die fragliche Region aus verschiedenen Richtungen untersucht. So ist zumindest eine grobe Beurteilung der Tiefenlage des Bereiches, aus welchem arterielle Strömungssignale empfangen werden, möglich.

Normalerweise erhält man arterielle Strömungssignale (bei ausreichender Empfindlichkeit des verwendeten Dopplergerätes, vgl. Kap. 8.9 und 10.4.6) von den Ästen der Carotis interna im medial oberen Augenwinkel (vgl. Kap. 6), von der A. ophthalmica und den Ethmoidalarterien. Die letzteren erreicht man am besten transbulbär mit weit temporal aufgesetztem Schallkopf (das Schallbündel wird auf die mediale Orbitawand gerichtet, Abb. 3.1.3-2). Aus allen übrigen Bereichen der Orbita erhält man normalerweise keine arteriellen Strömungssignale (mit den derzeit verfügbaren Geräten bzw. Empfindlichkeitseinstellungen). Die diagnostische Aussage stützt sich also im wesentlichen darauf, daß man ein arterielles Strömungssignal in einer Orbitaregion nachweist, die normalerweise (und auch in der anderen, gesunden Orbita des Patienten) doppler-sonographisch stumm ist. Bei arteriovenösen Fisteln sind oft darüber hinaus Wirbelströmungen aus dem Dopplersignal erkennbar.

Für die Justierung des Schallkopfes und die Beurteilung der Dopplersignale ist die Lautsprecher-Wiedergabe des transformierten Signals entscheidend wichtig, und der Untersucher beurteilt den Befund in jedem Falle nach den akustisch wahrgenommenen Signalen. Dennoch sollte eine fotografische Registrierung (bei Darstellung der Signale auf einem Bildschirm) oder eine Registrierung über Direktschreiber vorgenommen werden.

Eine genaue Tiefenlokalisation des doppler-sonographisch untersuchten Gewebebezirkes ist mit den erheblich aufwendigeren Impuls-Dopplergeräten möglich. Für Orbitauntersuchungen haben diese jedoch bisher keine praktische Bedeutung.

Literatur

Nisbet RM, Barber JC, Steinkuller PG (1980) Doppler ultrasonic flow detector: An adjunct in evaluation of orbital lesions. J Pediatr Ophthalmol 17:268–271

3.2 Ultraschall-Exophthalmometrie

W. BUSCHMANN

Ist aus dem klinischen Bild (z.B. durch eine seitliche Verlagerung des Bulbus) eindeutig zu erkennen, daß eine Pseudoprotrusio nicht Ursache des zunächst diagnostizierten Exophthalmos sein kann, so beginnt man die Ultraschalluntersuchung direkt mit der im Kap. 3.3 beschriebenen Technik.

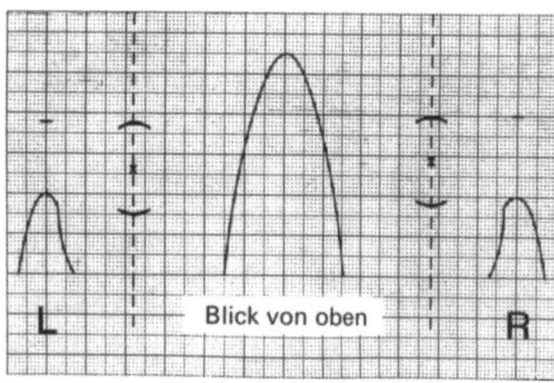

Abb. 3.2-1 (Buschmann) Ultraschall-Exophthalmometrie. Befund bei linksseitiger Pseudoprotrusio infolge einseitiger hoher Myopie. Das Schema zeigt einen schematischen Horizontalschnitt durch den Schädel in Höhe der optischen Achsen beider Augen, von oben gesehen. Meßwerte und Berechnung zu diesem Beispiel: Echographisch gemessene Achsenlänge rechts 23,1 mm, links 36,8 mm. Exophthalmometerwerte nach Hertel rechts 15, links 19,5 mm. Berechnung der Bulbusmittelpunktslage:

rechts: 15 −11,55 = 3,45 mm Position vor temporalem
links: 19,5−18,4 = 1,1 mm Knochenrand der Orbita
Diff. rechts/links: ca. −2,4 mm
(=pathologische − gesunde Seite)

Links, auf der Seite der „Protrusio", liegt der Bulbusmittelpunkt 2,4 mm *tiefer* in der Orbita als auf der Gegenseite. Der hintere Augenpol ist links stärker *in die Tiefe* der Orbita verlagert als der Hornhautscheitel nach vorn. Also handelt es sich um eine Pseudoprotrusio durch hohe Achsenlänge (hohe Myopie, Hydrophthalmie oder Staphylom). Eine Raumforderung in der linken Orbita ist damit ausgeschlossen

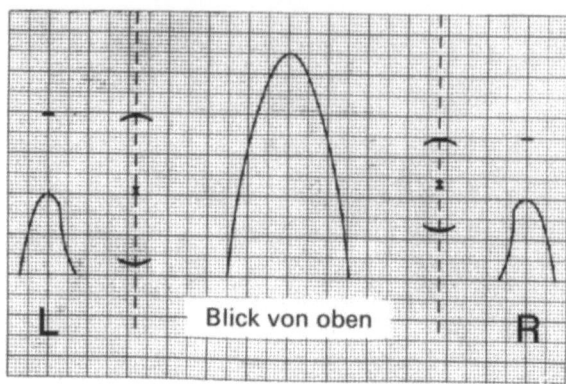

Abb. 3.2-2 (Buschmann). Befund bei echter Protrusio bulbi rechts. Meßwerte: Echographisch bestimmte Achsenlänge: rechts 22,6, links 23,6 mm. Exophthalmometrie nach Hertel: rechts 20, links 18 mm. Bulbusmittelpunktslage:

rechts: 20−11,3 = 8,7 mm Position vor temporalem
links: 18−11,8 = 6,2 mm Knochenrand der Orbita
Differenz = +2,5 mm
(=pathologische − gesunde Seite)

Die Verkürzung der Achsenlänge rechts gegenüber der gesunden Seite kann schon ein Hinweis auf eine Impression des Bulbus von hinten sein. Vor allem aber sind Bulbusmittelpunkt und Bulbusrückwand rechts gegenüber links nach vorn verlagert – nicht nur der Hornhautscheitel. Damit liegt eine orbitale Raumforderung vor. Weitere Abklärung durch Orbitaechographie (und ggf. Computer- oder Kernspintomographie) ist erforderlich

Muß aber eine Pseudoprotrusio ausgeschlossen werden, so sollte nach der klinischen Untersuchung als erstes die Ultraschall-Exophthalmometrie (Buschmann u. Schwaar 1967; Herrmann u. Buschmann 1968) ausgeführt werden. Dabei wird die Hertelsche Exophthalmometrie, mit welcher nur die *Position des Hornhautscheitels* zum temporalen Rand der Orbita verläßlich bestimmt werden kann, durch eine Ultraschall-Achsenlängenmessung ergänzt. Die Eintragung in ein Horizontalschnitt-Schema des Schädels (Abb. 3.2-1 und 2) erlaubt, auch die Positionen der Bulbusrückwand und des Bulbusmittelpunktes (halbe Achsenlänge) zu beurteilen und im Seitenvergleich auszuwerten. Die Differenzierung zwischen Protrusio und Pseudoprotrusio wird damit sehr viel genauer und zuverlässiger, als dies mit der Hertelschen Exophthalmometrie allein gegeben ist. Sofern keine groben Gesichtsasymmetrien vorliegen, kann man von dem in der nachfolgenden Tabelle angegebenen Grenzwert für die physiologische Seitendifferenz der Bulbusmittelpunktslage ausgehen (Tabelle 3.2-1).

Tabelle 3.2-1 (Buschmann). Ultraschall-Exophthalmometrie. Grenzwerte der Seitendifferenz der Bulbusmittelpunktslage (BML) zum temporalen Orbitaknochenrand

	Refraktionsdiff. in dpt re./li. Auge	Seitendiff. der BML in mm	
		Normal	V.a. raumf. Orbitaprozeß
Emmetropie bds. Myopie bds. Hyperopie bds.	0 bis 1,5 (Isometropie)	0 bis +/−1,0	ab +1,0
Einseitig höhere Myopie oder Hyperopie	1,5 bis 15,0 (Anisometropie)	−3 bis +2	ab +2,0

Diese einfach und schnell auszuführende Untersuchung klärt zuverlässig, ob nur eine Pseudoprotrusio infolge vergrößerter Achsenlänge des Bulbus vorliegt. Trifft das zu, erübrigen sich weitere echographische und insbesondere kostenaufwendige computertomographische Untersuchungen der Orbita. Wird dagegen durch die Ultraschall-Exophthalmometrie der Verdacht auf eine retrobulbäre Raumforderung gestützt, so sind weitere echographische Untersuchungen einer solchen Orbita dringend indiziert.

Literatur

Buschmann W, Schwaar R (1967) Zur Exophthalmometrie. Die Lagebeziehungen zwischen Bulbusmitte und Orbitarand bei Emmetropen. Arch Ophthalmol 173:261–268

Herrmann U, Buschmann W (1968) Kombination von Exophthalmometrie und Ultraschall-Achsenlängenmessung bei seitendifferenten Refraktionsanomalien. SIDUO II. Acta Fac Med Univ Brunensis 35:245–250

3.3 Die echographische Routineuntersuchung der Orbita mit dem Kontakt-B-Bild, ergänzt durch das A-Bild

W. SCHROEDER

Der Einsatz von Kontakt-B-Bildgeräten mit handgeführtem Schallkopf hat durch die wesentlich erleichterte räumliche Orientierung während des Untersuchungsganges eine weit bessere Nutzung topographischer Kriterien bei der Beurteilung von Krankheitsprozessen ermöglicht (Schroeder 1978). Demgegenüber wird das A-Bild dann mehr zur Gewebscharakterisierung und zur Distanzmessung verwendet. Aber der ultraschalldiagnostisch tätige Arzt muß auch bei Orbitaprozessen den klinischen Befund kennen und ggf. selbst prüfen, weil dadurch die Ultraschalluntersuchung weitaus zielgerichteter und daher mit besserem Ergebnis erfolgen kann.

Literatur

Schroeder W (1978) Topographische Orbitadiagnostik mit der Kontakt-B-Bild-Echographie. Klin Monatsbl Augenheilkd 172:12–19

3.3.1 Vergleichbare Untersuchungsbedingungen, meßtechnisch überprüfte Geräte und Schallköpfe; Untersuchungsablauf

W. BUSCHMANN

Auch für die Orbitadiagnostik gilt, daß zuverlässige, reproduzierbare Untersuchungsergebnisse nur mit meßtechnisch überprüften Geräten und Schallköpfen erzielt werden können. Nur auf dieser Grundlage können Gewebestrukturen beurteilt werden (Kap. 10; Buschmann 1965, 1966, Trier 1977). Die von Till und Ossoinig (1977) empfohlenen Prüfungen von Schallkopf und Gerät entsprechen nicht den IEC-Richtlinien und beziehen sich ausschließlich auf das Gerät 7200 MA der Firma Kretztechnik. Sie lassen sich kaum auf andere auf dem Markt befindliche Geräte anwenden.

Die Kontakt-B-Bild-Echographie hat die Ultraschalldiagnostik im Orbitagebiet sehr erleichtert und wesentlich zu ihrer Verbreitung beigetragen. Rechnergestützte Verfahren zur Bildverarbeitung, die in der Computertomographie und in der Kernspintomographie eingesetzt werden, stehen für die ophthalmologische Ultraschalldiagnostik noch nicht zur Verfügung, werden aber künftig an Bedeutung gewinnen. Dasselbe gilt für die rechnergestützten Echogrammanalysen zur Gewebebeurteilung, die bisher noch wissenschaftlichen Laboren vorbehalten sind (s. Kap. 5).

Als Ausgangseinstellung für die Kontakt-B-Bild-Echographie der Orbita verwenden wir zunächst stets einen 10 MHz-Schallkopf und wählen eine Empfindlichkeitseinstellung, die 40 dB über der für das 10 mm hohe Echo des Testreflektors W 38 erforderlichen Einstellung liegt. Durch Verändern der Verstärkungsregelung wird schließlich die Einstellung gefunden, die für die gerade zu untersuchende Struktur die beste Darstellung bietet. Die eingestellten Empfindlichkeitswerte spielen zunächst eine untergeordnete Rolle; entscheidend wichtig ist, daß ausreichend hohe Werte bei Bedarf verfügbar sind. Angaben über die Amplitudenhöhe von Echos im A-Bild sind stets in dB, bezogen auf den Testreflektor W 38, zu machen, da sie dann auch von Untersuchern herangezogen werden können, die andere Geräte benutzen. Angaben in % der maximalen Echoamplitude haben dagegen nur für Exemplare desselben Gerätetyps Gültigkeit und auch nur, wenn deren technische Eigenschaften identisch sind.

Für die ergänzende A-Bild-Untersuchung verwenden wir zunächst einen 8 MHz-Schallkopf und eine Empfindlichkeit von 58 dB über dem W 38-Testecho. Dies entspricht der von Ossoinig für das A-Bild-Gerät 7200 MA und einen 8 MHz-Schallkopf angegebenen, sog. „Standardempfindlichkeit". – Vgl. auch Kap. 10.

Untersuchungsablauf. Die Orbitauntersuchung im Kontakt-B-Bild erfolgt in der Regel bei geschlossener Lidspalte nach Tropfanästhesie und unter Ankoppelung mit Methocel. Die Untersuchung bei geöffneter Lidspalte durch die Lider hindurch ist in manchen Situationen zweckmäßiger. Die dann verminderte Schallschwächung ist für die Bildqualität (B-Bild) meist von untergeordneter Bedeutung, für die Amplitudenbeurteilungen im A-Bild dagegen wesentlich. Der Patient liegt auf einer Untersuchungsliege. Eine Fixiermarke an der Decke erleichtert ihm die Beibehaltung einer konstanten Blickrichtung (geradeaus). Wir empfehlen den folgenden Untersuchungsablauf:
a) Erhebung des topographischen Befundes mit dem Kontakt-B-Bild;
b) Erfassung der Echoamplituden mit dem A-Bild;
c) Distanzmessungen;
d) eventuell ergänzende Doppleruntersuchungen.

Literatur

Buschmann W (1965) Ein neues Gerät für die Ultraschalldiagnostik. SIDUO-Kongreßbericht S 31–35

Buschmann W (1966) Einführung in die ophthalmologische Ultraschalldiagnostik. In: Velhagen K (Hrsg) Sammlg zwangl Abhdlgn a d Geb d Augenheilk, Bd 33. Thieme, Leipzig

Till P, Ossoinig KC (1977) First experience with a solid tissue model for the standardization of A- and B-scan instruments in tissue diagnosis. In: White D, Brown RE (eds) Ultrasound in medicine, vol 3B. Plenum, New York

Trier HG Gewebsdifferenzierung mit Ultraschall. Bibl Ophtahlmol 86, Karger, Basel

3.3.2 Topographischer Befund; normales Orbitaechogramm

R. GUTHOFF und W. SCHROEDER

Die räumliche Orientierung erfolgt an den orbitalen Hauptstrukturen: Orbitawand, äußere Augenmuskeln, Fasciculus opticus und Bulbuswand. Es werden zunächst horizontale und vertikale axiale Schnittebenen untersucht, die jeweils zusätzlich zwei Schwenkungen in der Schnittebene erfordern – nach nasal und temporal bzw. nach oben und unten. Mit diesen Einstellungen erhält man Längsschnitte des Nervus opticus und der geraden Augenmuskeln mit dem angrenzenden Profil der Orbitawand (Abb. 3.3.2-1).

Schwenks senkrecht zur Schnittebene in Richtung auf die Frontalebene vervollständigen während der Untersuchung den räumlichen Eindruck und stellen die geraden Muskeln und den oberen schrägen Muskel im Querschnitt dar (Abb. 3.3.2-2 und 3.3.2-3).

In der *normalen* Orbita stellen sich die obere, untere und temporale *Orbitawand* in den anteroposterioren Schnitten konkav, die mediale gerade bis leicht konvex dar (Abb. 3.3.2-1 und 3.3.2-2). Die *5 äußeren Augenmuskeln* verlaufen parallel zur Orbitawand und liegen ihr eng an. Ihre Abgrenzbarkeit von der Umgebung beruht auf der Tatsache, daß der Abstand der Muskelfasern unterhalb des echographischen Auflösungsvermögens liegt. Das Muskelgewebe erscheint dadurch akustisch homogener als das umgebende, von Septen unterteilte Fettgewebe und die Orbitawand (Abb. 3.3.2-2). Die Grenze zwischen Levator palpebrae und Musculus rectus superior ist meistens sichtbar, der Musculus obliquus inferior läßt sich nur im Falle einer pathologischen Verbreiterung darstellen. Die *Tränendrüse*, die *Vena orbitalis* und der *Tenonsche Raum* stellen sich im unveränderten Zustand mit den derzeitigen echographischen Untersuchungstechniken nicht dar.

**Tenonscher Raum:
Darstellbarkeit und Interpretation**

In einer experimentellen Studie (Guthoff 1984) wurden an Autopsiematerial 5 ml physiologische Kochsalzlösung in die Nähe der Orbitaspitze injiziert. Zunächst kommt es zu einer Verbreiterung und Homogenisierung des Echogramms im injizierten Areal. Im direkt an die Sklera angrenzenden Gewebe entsteht eine echofreie Zone (Abb. 3.3.2-4). Dieser als erweiterter, flüssigkeits-

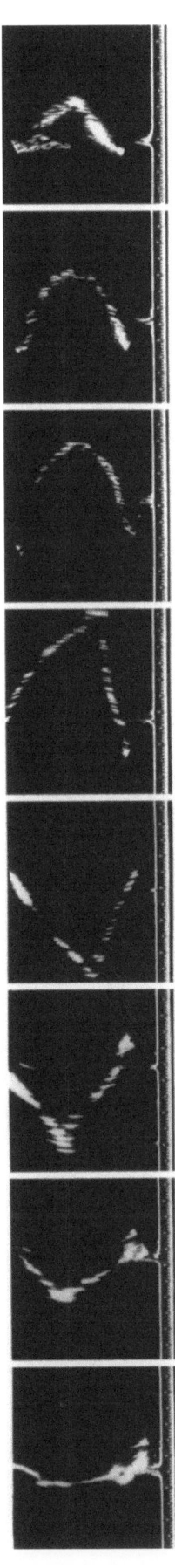 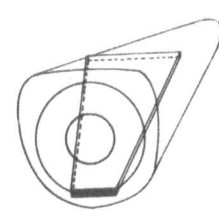 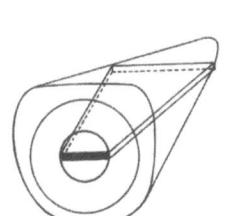 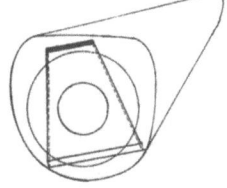

gefüllter Tenonscher Raum anzusprechende Bezirk umfaßt den größten Teil der innerhalb des Muskeltrichters gelegenen nasalen Bulbuswandanteile und setzt sich auf den Nervus opticus fort.

Daraus ergeben sich Folgerungen für die Interpretation pathologischer Befunde. Der Tenonsche Raum, der auch an Autopsiematerial echographisch normalerweise nicht darstellbar ist, verbreitert sich schon bei Aufnahme kleiner Flüssigkeitsmengen (in den Versuchen durch Diffussion vom fernabliegenden Injektionsort im peripheren Orbitaraum) soweit, daß er echographisch darstellbar wird. Dieser potentielle Spaltraum wird durch pathologische Prozesse leicht entfaltet. Seine durch die Sklerarückfläche einerseits und den orbitalen Fettkörper andererseits gebildeten Begrenzungen stellen akustisch gut reflektierende Grenzflächen dar, deren getrennte Darstellbarkeit bereits Krankheitswert besitzt.

Die ödembedingte Auflockerung der Orbitastruktur und die Erhöhung der Schalldurchlässigkeit sind, zumindest in den frühen Stadien, echographisch oft nicht sicher zu erfassen.

Besteht nach Ausschluß einer Raumforderung der Verdacht, daß ein Ödem als Ursache einer Protrusio vorliegt, so sollte man dem Tenonschen Raum besondere Aufmerksamkeit widmen. Es ist zu erwarten, daß sich unspezifische extrazelluläre Flüssigkeitsansammlungen dort früher als in den anderen Orbitaabschnitten echographisch nachweisen lassen. Da bei hoher Empfindlichkeitseinstellung das Gebiet des Tenonschen Raumes durch die Echos der Sklera völlig überlagert werden

Abb. 3.3.2-1 (Guthoff). Die Orbitawand im echographischen Schnittbild (B-Bild)
Dargestellt sind die durch Wasserbadankoppelung eines Kontakt-B-Bildschallkopfes gewonnenen Echogramme der rechten Orbita eines Schädelskelettpräparates (Orbita ohne Weichteilinhalt!). Schwenkung der Abtastebene um eine horizontale Achse von kranial nach kaudal. Am Patienten gelingt die echographische Darstellung der knöchernen Orbitawand weit weniger gut; infolge der Schalldämpfung in den Geweben des Auges und der Orbita wird bei den für Orbitauntersuchungen empfohlenen Empfindlichkeitseinstellungen die knöcherne Orbitawand nur in manchen Untersuchungsrichtungen und Regionen dargestellt. Gerät Ultrascan 303, 15 MHz-Schallkopf, Scan-Sektor 50°, $\Delta W\,38 = 10$ dB

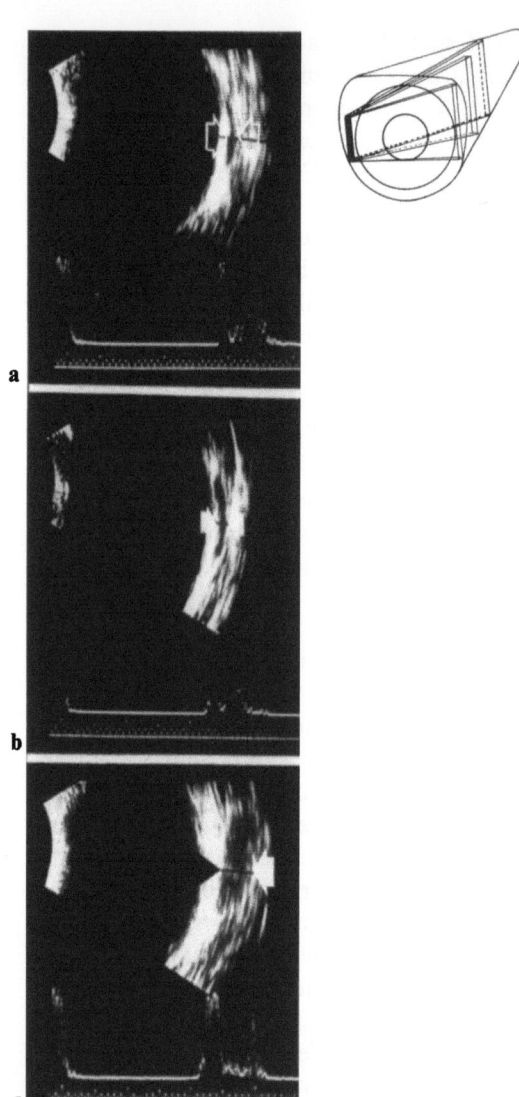

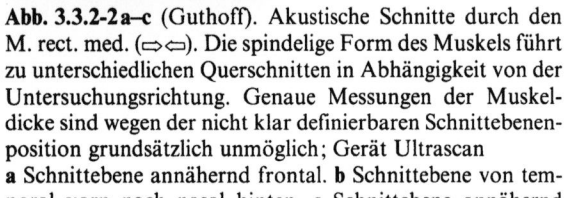

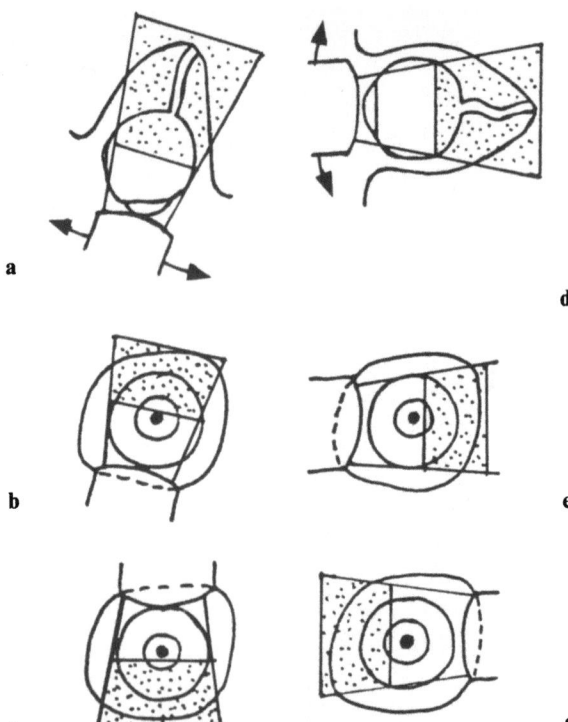

Abb. 3.3.2-2a–c (Guthoff). Akustische Schnitte durch den M. rect. med. (⇨⇦). Die spindelige Form des Muskels führt zu unterschiedlichen Querschnitten in Abhängigkeit von der Untersuchungsrichtung. Genaue Messungen der Muskeldicke sind wegen der nicht klar definierbaren Schnittebenenposition grundsätzlich unmöglich; Gerät Ultrascan
a Schnittebene annähernd frontal. **b** Schnittebene von temporal vorn nach nasal hinten. **c** Schnittebene annähernd vertikal-sagittal

Abb. 3.3.2-3a–f (Schroeder). Einstellungen und Schwenks der Schnittebene zur Erhebung des topographischen Befundes in der rechten Orbita mit der Kontakt-B-Bild-Echographie
a Horizontalschnitt axial, *Pfeile*=Schwenks *in* Schnittebene; **b** Schwenks aus **a**, *senkrecht* zur Schnittebene nach oben; **c** nach unten; **d** Vertikalschnitt axial, *Pfeile*= Schwenks *in* Schnittebene; **e** Schwenks aus **d** *senkrecht* zur Schnittebene nach nasal; **f** nach temporal

kann, empfiehlt sich hierfür (wie auch zur Untersuchung bulbusnaher Orbitaabschnitte) die Verwendung einer deutlich herabgesetzten Gesamtempfindlichkeit, die gerade noch ausreicht, um Sklera und Fettgewebe zur Darstellung zu bringen.

Orbitale Venen

Der Querschnitt der orbitalen Venen, der aus phlebographischen Untersuchungen bekannt ist (Bilaniuk et al. 1977), und ihr anatomischer Aufbau sollten sie echographisch darstellbar machen. Diese Annahme ließe sich auch durch die Tatsache begründen, daß in ca. 20% der Patienten die unveränderte Vena ophthalmica superior im Computertomogramm sichtbar ist (Jacobs et al. 1980). Berichte über echographische Untersuchungen der unveränderten Venen liegen nicht vor. Die eigenen Erfahrungen (s. Kap. 4.5) sprechen dafür, daß ein gering erhöhter venöser Druck die Gefäße zur Darstellung kommen läßt. Daraus kann möglicherweise gefolgert werden, daß der physiologische Venendruck durch das Aufsetzen des Schallkopfes im angrenzenden Gewebe bereits überwunden wird. So könnte ein Kollaps oder zumindet eine Volumenverminderung der Gefäße die akustischen Grenzflächen so weit einander annähern, daß sie sich einer echographischen Darstellung entzieht. für die bisher angewandten echographischen Untersuchungsmethoden gilt deshalb: Jede echographisch sichtbare orbitale Vene ist als ein pathologischer Befund zu betrachten.

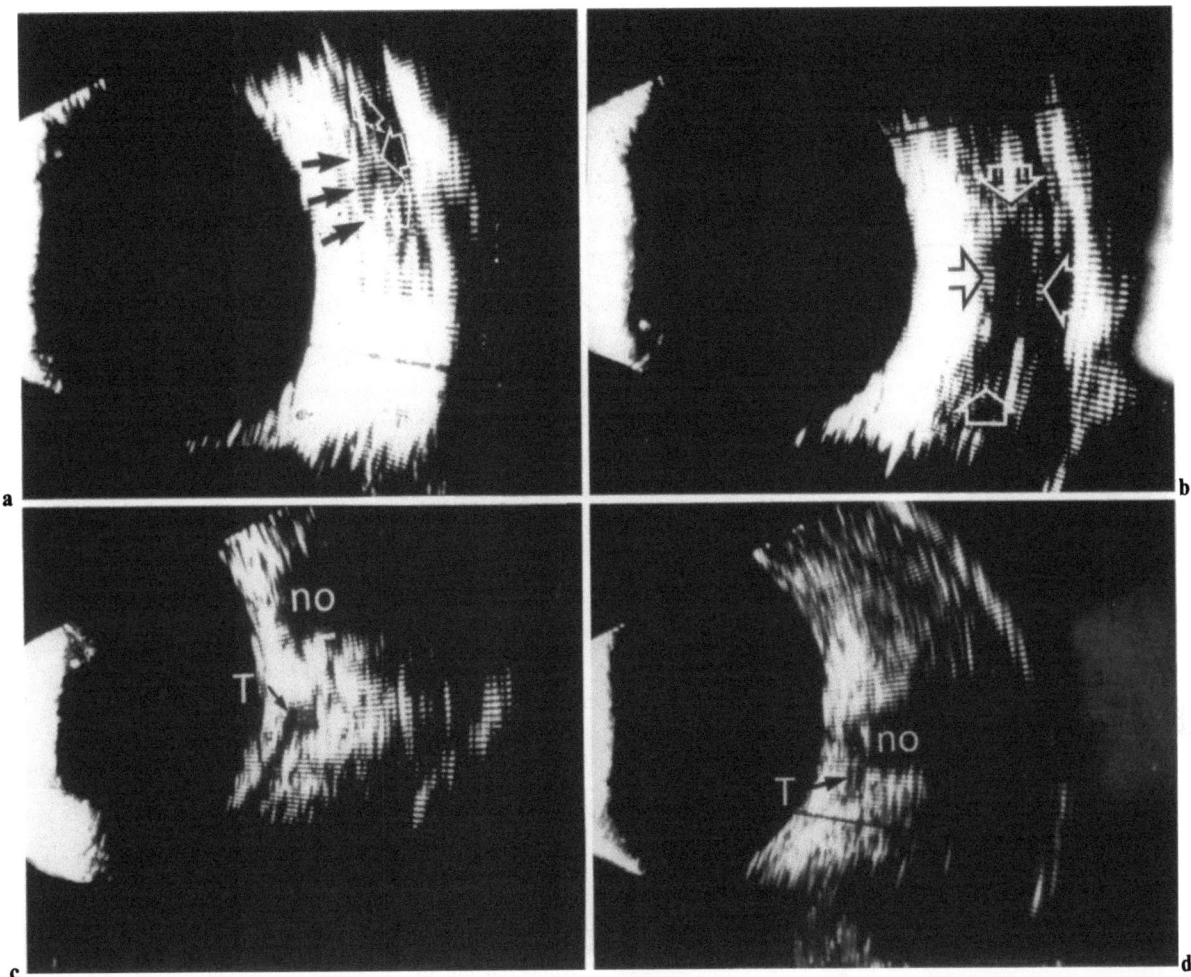

Abb. 3.3.2-4 a–d (Guthoff). Echogramme einer Orbita (Autopsiematerial) vor und nach Injektion von 5 ml physiologischer Kochsalzlösung
a, b Annähernd frontale Schnitte (links = temporal, rechts = nasal). **a** Vor der Injektion; stark reflektierendes Orbitagewebe, M. rect. med. (Pfeile) kaum abgrenzbar; **b** nach der Injektion; Auflockerung des peripheren Orbitaraumes mit Angleichung des Schallbildes von Muskel und Ödemzone (*Pfeile*). **c, d** Ca. 15 Min. nach Injektion stellt sich eine der Bulbuswandkontur folgende echofreie Zone dar, die sich auf dem N. opticus fortsetzt. Horizontaler Schnitt nach nasal, mit dargestelltem N. opticus (*no*) und Tenonschem Raum (*T*)

Sehnerv

Mit Hilfe der Kontakt-B-Bild Echographie lassen sich Querschnitt- und Längsschnittechogramme des Sehnerven herstellen. Querschnittechogramme gelingen nur, wenn der Sehnerv in ähnliche Positionen gebracht wird, wie man sie zur Bestimmung des Sehnervdurchmessers braucht. Am einfachsten sind sie bei Blicksenkung zu erlangen, wenn die Schnittebene von vorn unten nach hinten oben gerichtet ist. Die mit dem B-Bild erhaltenen Querschnittechogramme eignen sich weniger zur Bestimmung der Sehnervdicke als diejenigen, die das A-Bild liefert, da die Echos der Dura sich im B-Bild schlechter identifizieren lassen. *Längsschnitt-*

echogramme sind unabhängig von der Position des Sehnerven zu gewinnen. Sie dienen dazu, seine Lage festzustellen, insbesondere dann, wenn seine Beziehung zu raumfordernden Prozessen in der Orbita beschrieben werden soll.

Die bei den verschiedenen Blickrichtungen in den wichtigsten Untersuchungsebenen zu erfassenden Quer- und Längsschnitte des Sehnerven sind in Abb. 3.3.2-5) dargestellt. In Primärposition des Auges kann man erkennen, daß der Sehnerv in der Orbita einen nach unten konvexen Bogen beschreibt. Es ist auch gut zu demonstrieren, daß er bei Exkursionen des Bulbus dicht hinter demselben abknickt.

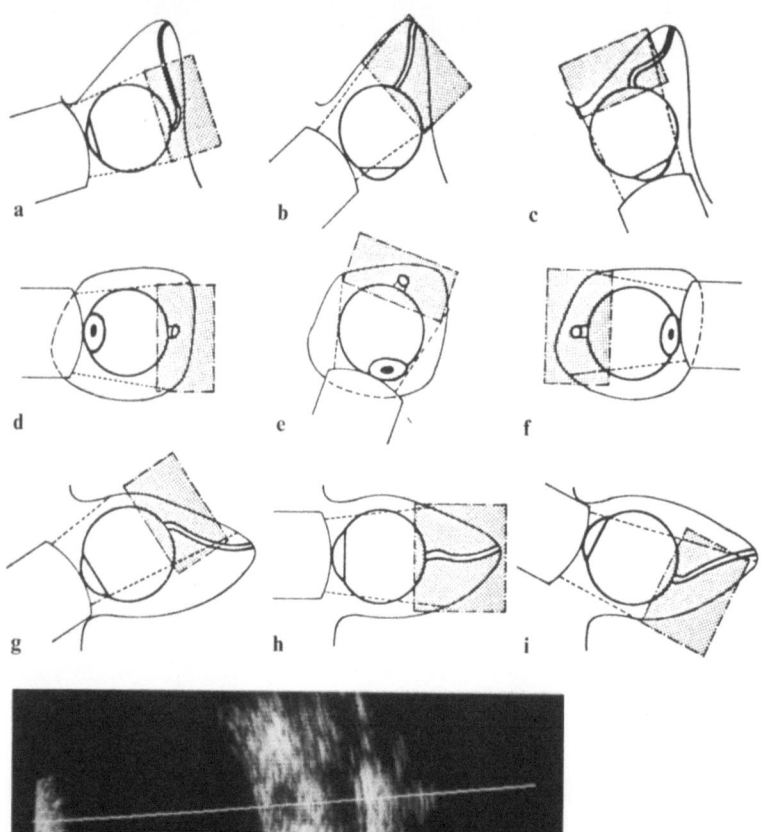

Abb. 3.3.2-5a–j (Schroeder; Guthoff). Untersuchung des Sehnerven mit der Kontakt-B-Bildechographie. **a–c** Horizontalebene; **d, f–i** Vertikalebenen; **e** schräge Ebene von vorn unten nach hinten oben. **j** Kombiniertes A- und B-Bild-Echogramm in Ebene **d** (Cooper Ultrascan, Nominalfrequenz 10 MHz, vgl. Abb. 3.3.4-2)

Papille

Die normale Papille kann man im Schnittbildechogramm nicht sichtbar machen. Die Region, in der sie zu suchen ist, ergibt sich aus der Sehnervenposition. Die Herstellung eines echographischen Schnittbildes der Papillenregion setzt voraus, daß diese von vorn senkrecht angespielt wird. Am besten erfolgt dies vom temporalen Hornhautrand her. Das Schnittbild der Papilla nervi optici läßt Erhebungen ebenso erkennen wie größere Vertiefungen (Exkavationen: Cohen et al. 1976) und stark reflektierende Zonen (Drusen: Fisher et al. 1977).

Das begrenzte seitliche Auflösungsvermögen des Ultraschall-B-Bildes zeigt sich bei der Darstellung von Papillenexkavationen: Meist erscheint die Exkavation zum Glaskörperraum durch ein membranähnliches Echo abgeschlossen. Bei Herabsetzung der Empfindlichkeit gelingt es gelegentlich, diesen Artefakt zu reduzieren, und die Öffnung der Exkavation wird im Schnittbild sichtbar.

Literatur

Bilaniuk LT, Viquaud J, Clay C (1977) Orbital phlebography. In: Arger PH (ed), Wiley, New York, pp 171–194

Cohen JS, Stone RD, Hetherington J jr, Bullock J (1976) Glaucomatous cupping of the optic disk by ultrasonsography. Am J Ophthalmol 82:24–26

Fisher YL (1977) Ultrasonic determination of optic nerve head drusen. In: White D, Brown RE (eds) Ultrasound in Medicine, vol 3A. Plenum, New York, pp 1071–1072

Guthoff R (1984) Die differentialdiagnostische Bedeutung des Tenonschen Raumes. Fortschr Ophthalmol 81:388–390

Jacobs L, Weisberg LA, Kinkel WR (1980) Computerized tomography of the orbit and the sella turcica. Raven, New York

3.3.3 Beurteilung der Echoamplituden – Erfassung der Reflexionseigenschaften

R. GUTHOFF und W. SCHROEDER

Schon im B-Bild wird man auf Änderungen der Reflexionseigenschaften aufmerksam. Eine quantitative Analyse läßt sich aber nur ausführen, wenn man die Echoamplituden der betreffenden Struktur im A-Bild ausmißt und mit einem Standardreflektor vergleicht (W 38-Testreflektor, s. Kap. 10.3.1; Abb. 3.4.3-1 u. 2). Das von manchen Autoren verwendete Skleraecho ist als Referenzsignal ebenfalls geeignet, seine Amplitude weist jedoch auch bei sorgfältigster Justierung des Schallkopfes eine erheblich größere Streuung auf (Buschmann et al. 1977).

Die Schalldämpfung sollte (wie in anderen klinischen Anwendungsgebieten der Ultraschalldiagnostik und in der Ultraschalltechnik) in dB pro μsec, bezogen auf die verwendete Arbeitsfrequenz angegeben werden (also z.B. 1,3 dB/μsec bei 10 MHz). Eine grobe Abschätzung der Schalldämpfung im Herdgebiet (z.B. sehr gering bei Mukozelen; mittelgradig bei den meisten Tumoren; hoch, ähnlich dem orbitalen Fettgewebe) liefert brauchbare diagnostische Hinweise. Diese Beurteilungen stützen sich sowohl auf die Echoamplituden im Herdgebiet als auch auf die Echoamplituden der normalen Strukturen hinter dem Herdgebiet.

Literatur

Buschmann W, Linnert D, Eysholdt E (1977) Measurement of equipment sensitivity in diagnostic ultrasonography. In: White D, Brown RE (eds) Ultrasound in medicine, vol 3 B. Plenum, New York, pp 1925–1937

3.3.4 Distanzmessungen

W. SCHROEDER und R. GUTHOFF

Distanzmessungen sind grundsätzlich mit A- und B-Bild möglich. Bei den Kalibermessungen am N. opticus und den Augenmuskeln bieten die A-Bild-Schallköpfe wegen ihrer geringen Abmessungen Vorteile. Für die Vermessung eines Tumors bevorzugen wir wegen der besseren Übersicht das B-Bild-Verfahren.

Messung der äußeren Augenmuskeln

McNutt und Ossoinig (1977) spüren von der gegenüberliegenden Orbitakante aus die dickste Stelle des Muskels auf, wobei sie versuchen, von den stärker reflektierenden Muskelscheiden möglichst gleichhohe Echos zu erhalten. Daraus wird geschlossen, daß beide Seiten des Muskels im gleichen Winkel vom Schallstrahl getroffen wurden.

Demgegenüber hatte Buschmann (1976) vorgeschlagen, den Schallstrahl durch den Bulbusmittelpunkt zu führen. Dieses Verfahren hat den Nachteil, daß sich im Falle von Muskelschwellungen vergleichsweise recht ungünstige Winkel ergeben, in denen die Muskelscheiden getroffen werden, und daß nur wenige Geräte eine laufzeitabhängige Verstärkungsregelung besitzen, die für diese Untersuchungsweise vorgesehen ist.

Als Alternative bietet sich an, das Längsprofil des Muskels mittels B-Bild zu dokumentieren, möglichst mit der Muskelansatzregion (Abb 3.3.2-3a bis d) und dann die interessierenden Maße abzunehmen.

Messung des Sehnervscheidendurchmessers

Der Sehnerv läßt sich aus verschiedenen Richtungen annähernd senkrecht erreichen. Als günstigste Position für Kalibermessungen mit Hilfe der A-Bild-Technik wird jedoch diejenige angesehen, die der Sehnerv in maximaler Abduktion des Augapfels einnimmt (Abb. 3.3.4.-1c; Schroeder 1976a). Er liegt dann parallel zum medialen geraden Augenmuskel und zur nasalen Orbitawand. Wegen seines medial vom hinteren Augenpol gelegenen Ursprungs wird er bei Abduktion relativ weit nach vorn gezogen. Gleichzeitig erlaubt es die zurückweichende temporale Orbitakante, den Schallkopf noch am äußeren Hornhautrand aufzusetzen. Wird der Schallstrahl dann auf den hinteren Augenpol gerichtet, trifft er jenseits von diesem nacheinander auf den Sehnerv, den M. rectus medialis und die nasale Orbitawand. Auf diese Weise entsteht ein charakteristisches Echogramm mit vier Gruppen intensiver Echos (Abb. 3.3.4-2). Die erste Gruppe enthält den Sendeimpuls und die Echos der schallkopfnahen Bulbusanteile; die zweite Gruppe diejenigen von der Bulbuswand und der temporalen Sehnervscheide; die dritte die Echos von der nasalen Sehnerv- und der temporalen Muskelscheide; und die vierte die von der nasalen Muskelscheide und der Orbitawand. Den Abstand zwischen dem letzten Echo der zweiten und dem ersten der dritten Gruppe stellt die doppelte Schallaufzeit (DSL) im Sehnervscheidendurchmes-

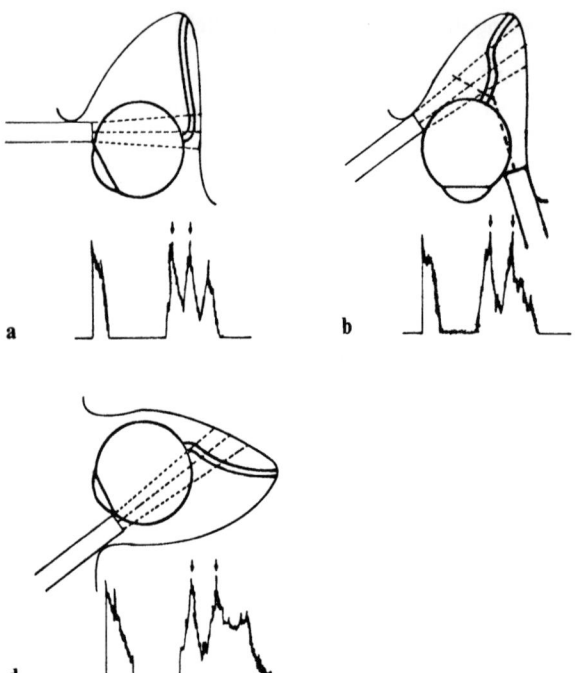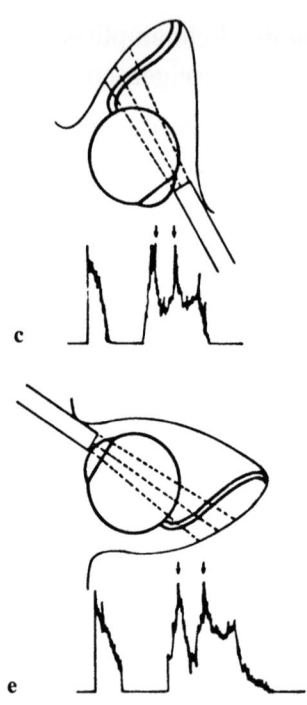

Abb. 3.3.4-1 a–e (Schroeder). Untersuchung des Sehnerven mit der A-Bildechographie. **a–c** Horizontalebene; **d–e** Vertikalebene (rechte Orbita). Methodik für Routinemessungen des Sehnervscheidendurchmessers: **a** Schroeder (1976), **b** Ossoinig (1976, 1981)

ser dar. Gelingt die Aufzeichnung des Echogramms „ideal", so sind die Echos, die den Durchmesser des N. opticus markieren, doppelgipflig. Das bedeutet, daß Durainnen- und -außenfläche dargestellt sind. Der Ursprung dieser Echosignale wurde in eingehenden experimentellen Untersuchungen an Sehnervpräparaten nachgewiesen (Schroeder et al. 1979).

Verschiedene Faktoren können die Messung erschweren, z.B. weit zurückliegende Augäpfel, Motilitätsstörungen oder mangelnde Mitarbeit des Patienten. Bei Motilitätsstörungen kann man auf eine der anderen in Abb. 3.3.4-1 dargestellten Untersuchungstechniken ausweichen.

Normalwerte

Die Normalwerte für den Sehnervscheidendurchmesser (Duradurchmesser) wurden an 209 Patienten bestimmt. Die Aufteilung der Meßwerte nach dem Lebensalter der Patienten ergab in den 10-Jahres-Kollektiven unterschiedliche Standardabweichungen. Deshalb war es nicht zulässig, sie untereinander zu vergleichen. Es konnten aber zwei Altersgruppen einander gegenübergestellt werden (0–9 Jahre; 10–80 Jahre). Die Mittelwerte für die doppelte Schallaufzeit im Sehnervquerschnitt fielen sowohl bei den „idealen" als auch „nicht-idealen" Optikusechogrammen bei den Kindern gerade eine Standardabweichung niedriger aus als bei den Erwachsenen, was mindestens als unterschiedliche Tendenz zu werten ist (Tabelle 3.3.4-1).

Beim Vergleich der Meßwerte der rechten und linken Seite ist eine hohe Übereinstimmung von Mittelwerten und Standardabweichungen zu erkennen (Tabelle 3.3.4-2).

Sowohl die Standardabweichungen als auch die „nicht-idealen" Echogramme sind als methodische Fehler zu betrachten, die nicht selten auf ungünstigen individuellen Meßbedingungen beruhen. Im Normalfall sind „ideale" und „nicht-ideale" Optikusechogramme relativ einfach zu unterscheiden. Unter pathologischen Bedingungen lassen sie sich jedoch nicht mehr ohne weiteres auseinanderhalten. Hinzu kommt, daß es strenggenommen nicht möglich ist, die beiden Seiten zu vergleichen, wenn man auf der einen ein „ideales", auf der anderen aber ein „nicht-ideales" Echogramm erhält. Deshalb wird in praxi auf diese Unterscheidung verzichtet. Die Echogramme werden also auf zweierlei Weise beurteilt, nämlich:

durch Vergleich mit den Normalwerten: Normalwert zwischen 4,5 und 5 µsec, Standardabweichung bis 0,8 µsec, wonach 6 µsec und mehr pathologisch sind; und

Tabelle 3.3.4-1 (Schroeder). Doppelte Schallaufzeit (DSL) im Sehnervscheidenquerschnitt; Altersabhängigkeit bei Gesunden. Die Messungen erfolgten mit dem Kretztechnikgerät 7200 MA und einem 10 MHz-Schallkopf. Von den Probanden wurde jeweils nur das Ergebnis einer Seite verwendet

DSL (μsec)	Häufigkeit Alter (Jahre)			
	0–9		10–80	
	DID	DD	DID	DD
3	1	1		2
3,5	1	6	2	4
4	6	21	46	36
4,5	2	6	70	27
5		2	18	73
5,5			5	15
6			2	10
6,5				
7				4
7,5				1
$\bar{x}$	3,95	4,09	4,44	4,82
Sx^2	0,19	0,33	0,19	0,53
Sx	0,44	0,58	0,44	0,73
n	10	37	143	172

DID, ideale; DD, nicht ideale Echogramme.

Tabelle 3.3.4-2 (Schroeder). Doppelte Schallaufzeit (DSL) im Sehnervscheidenquerschnitt; Seitenvergleich bei Gesunden

DSL (μsec)	Häufigkeit/Seite	
	R	L
3,5	4	2
4	12	14
4,5	24	21
5	18	20
5,5		
6		1
$\bar{x}$	4,48	4,52
Sx^2/y	0,2	0,19
Sx/y	0,45	0,43
n	58	58

durch den Seitenvergleich: Der Wert der gesunden Seite gilt mit einer Standardabweichung von ±0,5 μsec als normal.

Werte von 3,5 μsec oder weniger sind ebenfalls als pathologisch anzusehen.

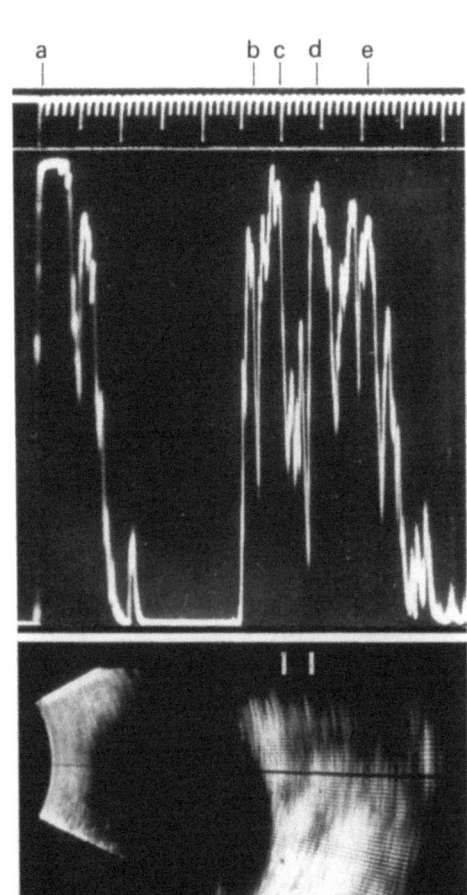

Abb. 3.3.4-2 (Schroeder). *Oben:* A-Bild-Echogramm eines normalen Sehnervscheidenquerschnitts (Blick nach außen, Schallkopf von temporal auf den bulbusnahen Abschnitt des N. opticus gerichtet, entsprechend Abb. 3.3.4-1a). *a* Sendeimpuls und Echo der dem Schallkopf anliegenden Bulbusvorderwand; *b* Bulbusrückwand; *c, d* doppelgipflige Begrenzungsechos des Sehnerven (Dura-Echos); *e* nasale Muskelseite und Augenhöhlenwand. Gerät: Kretzttechnik 7200 MA, 10 MHz-Schallkopf; „Standardempfindlichkeit" dieses Gerätes bei 72 dB (Skalenwert), Δ(W 38) = 64 dB.
Unten: Kombiniertes A- und B-Bild-Echogramm entsprechend Abb. 3.3.4-1a. Der „Vektor" (dunkle Linie) zeigt, daß der Sehnerv dicht hinter seiner Abknickung senkrecht durchschallt wird. Von dort ist das simultane A-Bild (ganz unten) entstanden. Der Sehnerv ist durch Striche bzw. Punkte markiert. (Cooper Ultrascan, Nominalfrequenz 10 MHz, Empfindlichkeit 24 dB, Skala in Millimetern geeicht)

Umrechnung der Schallaufzeit in mm

Buschmann und Mitarbeiter (1970) haben die Schallgeschwindigkeit für den Sehnerven bei Körpertemperatur mit 1615 m/sec angegeben. Zur Umrechnung wird folgende Formel angewendet:

$$x = v * t / 2000$$

v = Schallgeschwindigkeit (m/sec)
t = doppelte Schallaufzeit (µsec)
x = gefragte Distanz (mm)

Nach der obengenannten durchschnittlichen DSL in idealen Optikusechogrammen ergibt sich ein Sehnervkaliber von 3,6 mm (ohne Dura). Das entspricht der Angabe bei Duke-Elder (1971).

Schroeder (1976b) verzichtet auf eine routinemäßige Umrechnung der DSL in Millimeterbeträge, um die Angaben von Hundertstel-Millimetern zu vermeiden.

Ossoinig (1976) und Skalka (1977) bedienen sich bei der Messung der Sehnervdicke ebenfalls der A-Bild-Echographie, belassen aber den Bulbus in Primärstellung und peilen eine der Windungen an, die der Sehnerv in der Orbita ausführt. Sie geben für den normalen Sehnerv folgende Maße an:

Ossoinig (1976):	durchschnittliche „Breite"	3,5 mm
	maximale „Breite"	4,3 mm
	maximale Seitendifferenz	0,75 mm
Skalka (1977):	durchschnittl. Durchmesser des Nerven	3,67 mm
	der Dura	5,09 mm

Die Beträge von 3,5 bzw. 3,67 mm entsprechen einer doppelten Schallaufzeit von rund 4,5 µsec und damit dem hier ermittelten Durchschnitt für den Dura-Innendurchmesser [(DID) Tabelle 3.3.4-1].

Bei Ossoinigs Technik ist unsicher, welche Stelle des Sehnerven zur Darstellung gelangt. Er nimmt unter anderem eine starke Abknickung des Schallbündelverlaufes in der Orbita an, ohne dafür eine physikalisch begründete Erklärung zu bieten (Ossoinig 1976).

Literatur

Buschmann W (1976) Ophthalmologische Ultraschalldiagnostik, Fortbildungskurs, Würzburg 1976
Buschmann W, Voss M, Kemmerling S (1970) Acoustic properties of normal human orbit tissues. Ophthalmic Res 1:354–365
Duke-Elder St (1971) System of ophthalmology, vol 12. Kimpton, London
McNutt, Kaefring LS, Ossoinig KC (1977) Echographic measurements of extraocular muscles. In: White D, Brown RE (eds) Ultrasound in medicine, vol 3A. Plenum, New York, pp 927–932
Ossoinig KC (1976) Echography of the eye. In: Arger PH (ed) Radiology of the orbit. Wiley, New York
Schroeder W (1976a) Ergebnisse der A-Bildechographie bei einseitigen Sehnerverkrankungen. Klin Monatsbl Augenheilkd 169:30–38
Schroeder W (1976b) Schallaufzeitmessung im distalen Sehnervquerschnitt. Klin Monatsbl Augenheilkd 169:743–745
Schroeder W, Guthoff R (1979) Modellversuche zur Messung des Sehnerven. In: Gernet H (Hrsg) Diagnostica Ultrasonica in Ophthalmologia SIDUO VII. Remy, Münster
Skalka HW (1977) Quantitative ultrasonographic determination of perineural orbital optic nerve cerebrospinal fluid. In: White D, Brown RE (eds) Ultrasound in medicine, vol 3A. Plenum, New York pp 1029–1042

3.4 Weitere echographische Differenzierungsmöglichkeiten auf der Grundlage der von uns benutzten Techniken

R. Guthoff und W. Schroeder

Jede verläßliche Aussage, die durch echographische Methoden gewonnen werden kann, ist bedeutsam, weil sie dem Patienten risikoreichere und z.T. invasive Untersuchungsmethoden erspart. Inwieweit sind über die bisher beschriebenen Aussagen hinaus weitere, therapeutisch nutzbare Differenzierungen einer Läsion mit den von uns benutzten echographischen Techniken möglich?

Bei der Anwendung der im Kap. 3.3 beschriebenen Untersuchungstechnik bereitet es schon nach kurzer Einarbeitungszeit keine Schwierigkeiten, die Anatomie der Orbitaweichteile und -wandstrukturen während des Untersuchungsvorganges zu erkennen. Darin ist ein wesentlicher Vorteil gegenüber der alleinigen A-Bild-Echographie zu sehen. Ausgehend von dieser Erfahrung kann die Entscheidung, ob es sich bei einer Läsion um die Veränderung einer physiologischerweise vorhandenen Struktur handelt oder ob eine Neubildung vorliegt, meist rasch getroffen werden: Liegt ein im weitesten Sinn „infiltrativer Prozeß" mit Verbreiterung der Muskeln, des Tenonschen Raumes und (mit Einschränkung) auch der Tränendrüse vor, so ist zu erwarten, daß mit einer *chirurgischen*

Tabelle 3.4-1 (Guthoff, Schroeder). Orientierungshilfe zur echographisch-topographischen Diagnostik bei Orbitaerkrankungen

Anatomische Leitstruktur	Echographisch faßb. Veränderungen	Häufige Ursachen
Orbitawand	Formänderung, Periostabhebung, Schallfortleitung in NNH	Mukozele, Frakturen, Meningeom
Peripherer Orbitaraum (außerh. d. Muskelkonus)	Verbreiterungen, akustische Homogenisierung	Lymphom, Metastase, Rhabdomyosarkom
Tränendrüse	Darstellbarkeit bereits pathologisch	Pseudotumor, Lymphom, Karzinom, Mischtumor
Äußere Augenmuskeln	Verbreiterung, Verlagerung, Änderung der Binnenstruktur	Endokrine Orbitopathie (mehrere Muskeln), Myositis, Pseudotumor, Lymphom, Metastase
Tenonscher Raum	Darstellbarkeit bereits pathologisch	Pseudotumor, Lymphom, perf. Aderhautmelanom
Vena ophthalmica	Darstellbarkeit bereits pathologisch, Pulsationen möglich!	a.v. Fistel, spontan und traumatisch
Muskeltrichter	Verbreiterung, akustische Homogenisierung	Pseudotumor, Lymphom, Hämangiom („Homogenisierung" nicht bei kav. Hämangiom)
Nervus opticus + Hüllen	Axiale oder spindelförmige Verbreiterung	Meningeom, Gliom, Hirndruck, orbitale STP, Neuritis/Papillitis

Maßnahme keine umfassende Therapie möglich ist. Die weitere Diagnostik muß internistische, insbesondere nuklearmedizinische und onkologische Methoden mit einbeziehen. Sollten sich dabei Zeichen einer Allgemeinerkrankung, z.B. des lymphatischen Systems oder der Hypophysen-Schilddrüsen-Achse ergeben, wird die Therapie von anderen Kliniken übernommen, und dem Ophthalmologen bleibt die fachspezifische Befundkontrolle. Gerade hier erweist sich die Kontakt-B-Bild-Echographie als eine subtile Methode, die Veränderungen eines Prozesses sowohl durch seinen direkten Nachweis als auch durch die Erfassung sehr empfindlich reagierender Begleitreaktionen kontrollieren kann. Dies gilt z.B. für das Ödem des Tenonschen Raumes, für eine Myositis oder eine vorübergehend gestaute Vena ophthalmica im Rahmen einer endokrinen Orbitopathie.

Durch die problemlose Muskeldarstellung ist es auf unkomplizierte, nicht-invasive Weise möglich, zwischen *passiven und aktiven Motilitätsstörungen* zu unterscheiden. Damit gelingt nach unseren Erfahrungen die Trennung zwischen Muskelverbreiterungen bei Myositis und bei lymphomatöser Infiltration. Sollte eine *Probeexzision* bei Verdacht auf einen malignen Prozeß oder ein Lymphom notwendig erscheinen, kann diese durch die echographische Lokalisation gezielt und begrenzt durchgeführt werden. Das ist besonders bei den sich intraoperativ kaum von der Umgebung abhebenden infiltrativen Veränderungen wichtig und erspart traumatisierendes Suchen während der Operation.

Die sichere Entscheidung, maligne – benigne, läßt sich durch die Echographie mit der notwendigen Sicherheit *nicht* stellen. Engmaschige Verlaufskontrollen können jedoch, wie es nach neueren Überlegungen bei kindlichen Pseudotumoren ratsam erscheint, einen diagnostischen Eingriff unter Umständen erübrigen. Auf den Einsatz der Computertomographie kann zumindest für die Verlaufskontrolle verzichtet werden.

Die Darstellungsmöglichkeit auch nur gering gestauter Äste der *Vena opthalmica* ist eine diagnostische Bereicherung. Weitere Differenzierungsmöglichkeiten liegen in der Prüfung der Komprimierbarkeit und der Auslösbarkeit von Pulsationen des Gefäßes (B-Bild; Amplitudenpulsation im A-Bild). Gerade diese diagnostischen Zeichen und die Dopplersonographie (Kap. 3.1.3 und 3.4.4) ermöglichen die Erkennung der spontan auftretenden Sinus-cavernosus-Fistel, deren unspezifische Symptomatik sich fast ausschließlich auf den ophthalmologischen Untersuchungsbereich beschränkt (s. Kap. 3.4.4).

Neubildungen entstehen in der Regel zwischen den vorgegebenen Orbitastrukturen und behalten für lange Zeit einen „expansiv verdrängenden" Charakter. Lokalisatorische Fragen lassen sich mit der hier beschriebenen Methode weitgehend beantworten. Typische Beispiele sind die Mukozelle und das kavernöse Hämangiom. Obwohl der einerseits zystische, andererseits lakunäre Aufbau im B-Bild darstellbar ist, liefert das A-Bild eine wichtige zusätzliche Differenzierungsmöglichkeit. Eine von den echographisch-topographischen Merkmalen ausgehende Orientierungshilfe für die Differentialdiagnostik bietet Tabelle 3.4-1. Als Untersuchungsverfahren vor der Exstirpation eines Tumors ist die Echographie stets sinnvoll, aber allein nicht ausreichend. Selbst bei histologisch gesicherter Diagnose sollte zur Entscheidung über den operativen Zugang ein Verfahren gewählt werden, das die Ausdehnung des Prozesses in Beziehung zur Orbitabegrenzung oder darüber hinaus darstellt. Bisher liefert die Computertomographie besonders unter Einbeziehung koronarer Schnittebenen ausgezeichnete Ergebnisse. Erste Untersuchungen mit der Kernspintomographie (Kap. 3.7.5) sind vielversprechend und lassen über die noch nicht interpretierbaren Informationen zur Gewebsbeschaffenheit topographische Aussagen zu, die den Informationsgehalt computertomographischer Aufnahmen für besondere Fragestellungen bereits überbieten (Moseley et al. 1983; Sassani et al. 1984; Guthoff et al. 1985).

Literatur

Guthoff R, Terwey B, Sautter R, Domarus D v (1985) Erste Erfahrungen mit der Kernspintomographie der Orbita. Fortschr Ophthalmol 82:481–483

Moseley I, Brand-Zawadski M, Mills C (1983) Nuclear magnetic resonance imaging of the orbit. Br J Ophthalmol 67:333–342

Sassani J, Osbakken M (1984) Anatomic features of the eye disclosed with nuclear magnetic resonance imaging. Arch Ophthalmol 102:541–546

3.4.1 Wandstrukturen: Mukozelen, Meningiome, Entzündungen und Tumoreinbrüche von den Nasennebenhöhlen aus; Frakturen, Hämatome

R. GUTHOFF und W. SCHROEDER

Die *Mukozele* stellt als eine zystische Raumforderung mit kapselartiger Begrenzung eine vom Echogramm her klar definierte Struktur dar (Abb. 3.4.1-1). Gelegentlich können Septen und Inhomogenitäten Binnenechos entstehen lassen, die jedoch immer durch akustisch leere Räume voneinander getrennt sind. In etwa der Hälfte der Fälle gelingt es, die Verbindung zu den Nebenhöhlen echographisch darzustellen. Durch diesen Nachweis läßt sich die Verdachtsdiagnose weiter erhärten. Gelegentlich ist die kapselartige Begrenzung echographisch charakterisiert durch eine Doppelzacke, die aus der Schallreflexion aus der

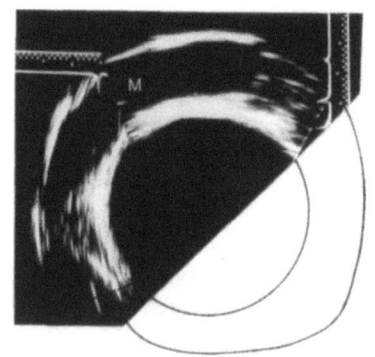

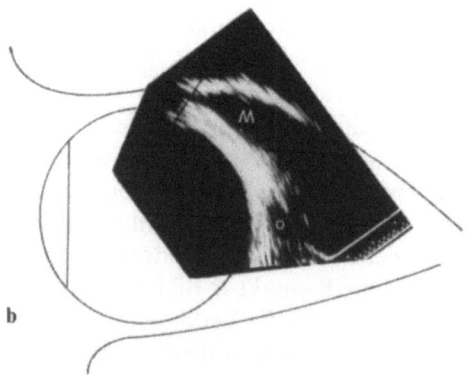

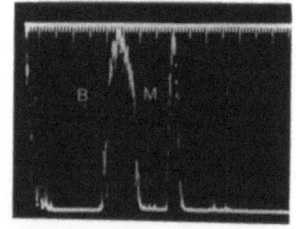

Abb. 3.4.1-1 a–c (Guthoff). Kleine Stirnhöhlen-Mukozele ohne darstellbaren Orbitawanddefekt (68jähr. Patientin). *M*, Mukozele; *O*, N. opticus; *B*, Bulbus. Aufgrund des typischen B-Bild-Befundes, ergänzt durch die A-Bild-Echographie konnte die Diagnose präoperativ gestellt werden **a** Frontaler Schnitt; von 9 bis 1 Uhr schallhomogene Verbreiterung des peripheren Orbitaraumes. **b** Sagittaler Schnitt; die Veränderung ist zur Orbitaspitze hin nicht abgrenzbar. **c** A-Bild-Echogramm mit 8 MHz, Empfindlichkeit Δ V W 38 = 60 dB

Innen- und Außenseite der Mukozelen entsteht. Die Echographie liefert nach eigenen Erfahrungen und übereinstimmend mit der Literatur (Till et al. 1979; Hasenfratz 1982) die zuverlässigsten Ergebnisse. Trotz der hohen Treffsicherheit muß daran gedacht werden, daß selbst vom Oberationssitus her typische Mukozelen ihre Ursache in einer malignen Raumforderung haben können oder selbst einen Teil davon darstellen. Guerry et al. (1975) berichten von 3 Patienten, bei welchen die endgültige Diagnose eines Nebenhöhlenkarzinoms erst nach Rezidiven der vermeintlichen Mukozele histologisch gestellt werden konnte. Zur Abgrenzung gegenüber sehr homogenen Tumoren (z.B. Lymphomen) muß mit einer Empfindlichkeit von mindestens $\Delta W 38 = 72$ dB untersucht werden, um die Strukturechos dieser Tumoren sicher erfassen zu können. [Steht bei 10 MHz keine so hohe Empfindlichkeit zur Verfügung, so muß man notfalls ergänzend mit 5–6 MHz untersuchen (Abb. 3.4.6-2)].

Vom Keilbein ausgehende *Meningiome* können ebenfalls das Wandprofil der Orbita verändern. Gelegentlich können durch Verdrängung des Orbitainhaltes, verbunden mit Wandexkavationen, mukozelenähnliche Bilder auftreten (Abb. 3.4.1-2). Der gegenüber Mukozelen höhere Reflexionsgrad aus dem Tumorinneren im A-Bild, der von Ossoinig und Till (1975) auf Verkalkungen im Tumorgewebe zurückgeführt wird, und der fehlende Nachweis von Schallfortleitungen in die Nebenhöhlen lassen eine Abgrenzung zu. Für eine sichere Artdiagnose reichen die derzeitigen echographischen Kriterien jedoch nicht aus. Die Computertomographie liefert hier wegen der genauen Erfassung der meist orbitaüberschreitenden Ausdehnung und der Möglichkeit, die Kontrastmittelanreicherung im Tumor auszunutzen, unverzichtbare Aussagen (Wende et al. 1978; Jacobs et al. 1980). Wichtigste Differentialdiagnose zum Meningiom des großen Keilbeinflügels ist die *fibröse Dysplasie*, die in typischen Fällen ebenfalls dadurch gekennzeichnet ist, daß sich die laterale Orbitahinterwand vorwölbt. Die Zeichen einer *bakteriellen Entzündung* (Phlegmone, Abszeß) der Orbita sind meist klinisch eindeutig, so daß bei Verdacht auf eine Phlegmone die Echographie vor allem lokalisatorische Aufgaben hat. Es gilt zu klären, ob eine diffuse Infiltration des Gewebes vorliegt oder ob bestimmte Strukturen betroffen sind und Zeichen einer Gewebseinschmelzung oder eines subperiostalen Abszesses bestehen. Infiltrationen führen in der Regel zu einer Erniedrigung des Reflexionsgrades und sind deshalb im stark reflektierenden Or-

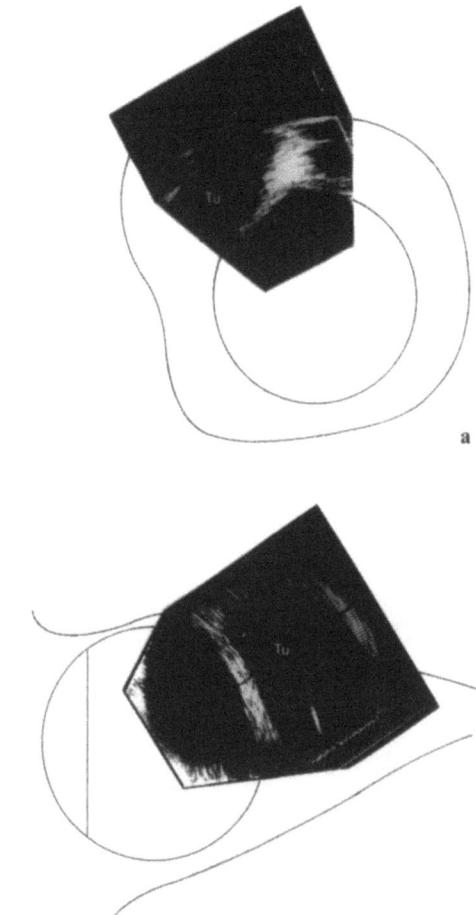

Abb. 3.4.1-2a, b (Guthoff). Keilbeinmeningiom-Rezidiv (42jähr. Patient). Die Exkavation der Orbitawand durch den Tumor ist im frontalen Schnitt und im sagittalen Schnitt darstellbar. Im A-Bild zeigte sich keine echofreie Höhle, sondern solides Gewebe

bitafett besonders leicht darstellbar. Läßt sich in Wandnähe eine stark reflektierende Membranstruktur nachweisen, ist eine Periostabhebung und die Entwicklung eines *subperiostalen Abszesses* anzunehmen (Abb. 3.4.1-3). Gerade diese Komplikation stellt die direkte Vorstufe des Orbitaabszesses dar und erfordert rasches chirurgisches Eingreifen. Inwieweit die akustische Homogenisierung der angrenzenden Weichteile durch die entzündliche Infiltration hervorgerufen wird (Abb. 3.4.1-4) oder ob bereits eine Einschmelzung stattgefunden hat, läßt sich aus dem Echogramm nicht sicher entscheiden. In jedem Fall sollte die Periostabhebung als Beweis für eine Eiteransammlung angesehen und bei der Eröffnung der Nebenhöhlen zusätzlich drainiert werden. Die Echographie stellt für diese Konstellation eine zuverlässige und einfache Untersuchungsmethode dar.

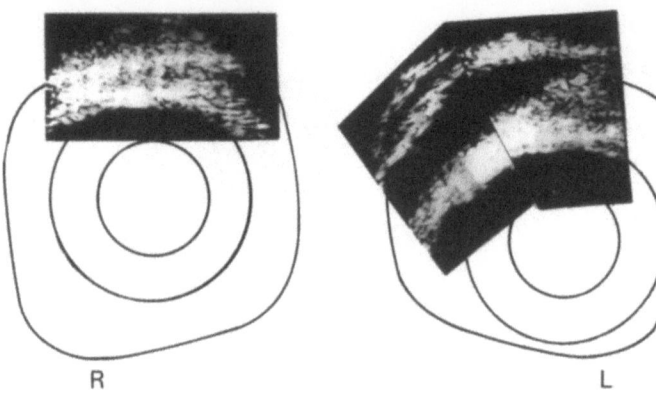

Abb. 3.4.1-3 (Schroeder). Subperiostaler Abszeß mit Ausbreitung in die Orbita-Weichteile (29jähr. Patient). Akute Sinusitis frontalis mit Einbruch in die Orbita. Flüssigkeitsansammlung im periorbitalen Raum zwischen knöcherner Orbitawand und Periost. Ausgedehnte Infiltration der Orbita-Weichteile mit Verdacht auf beginnende Einschmelzung

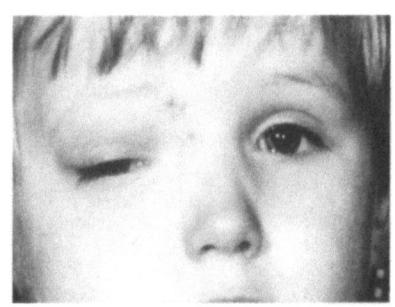

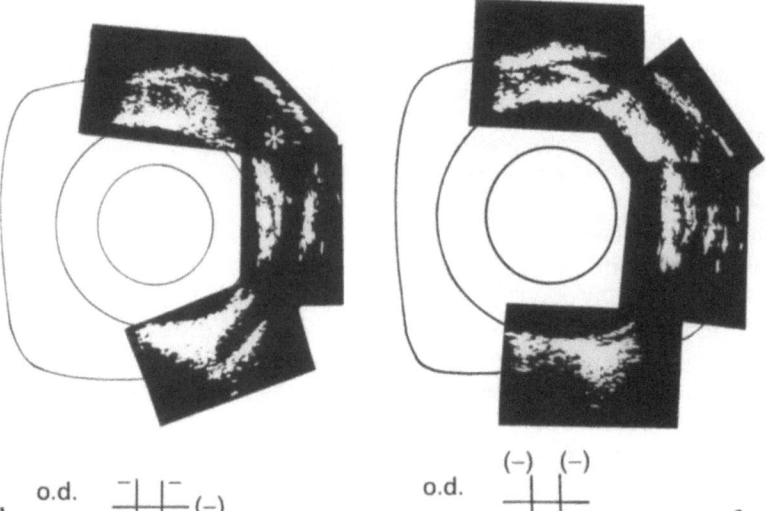

Abb. 3.4.1-4a–c (Guthoff). Entzündliche Infiltration des peripheren Orbitaraumes und der äußeren Augenmuskeln im Rahmen einer eitrigen Sinusitis
a 4jähr. Junge, seit 2 Tagen Protrusio bulbi mit Entzündungszeichen, Ptosis und schmerzhafter Elevationseinschränkung (Portrait nach Entlastungsoperation, HNO-Klinik, UKE). **b** Infiltration und Verbreiterung des nasalen Orbitaraumes mit Verbreiterung der oberen Muskelgruppe und des M. rect. med. (gering). M. obl. sup. nicht abgrenzbar (*). **c** 4 Tage nach chirurgischer Entlastung beginnende Rückbildung der Infiltration; im weiteren Verlauf Restitutio ad integrum

Das Phänomen der *Schallfortleitung* in die Nebenhöhlen (Abb. 3.4.1-5) erweist sich gerade beim Siebbein durch die dünne knöcherne Begrenzung als diagnostisch bedeutsam. Nach unseren Erfahrungen läßt sich mit der Darstellung der sekretgefüllten Siebbeinzellen selbst bei subklinischer Orbitabeteiligung eine Diagnose stellen. Mit welcher Genauigkeit flüssigkeitsgefüllte Hohlräume abgegrenzt werden können, zeigt der Befund eines posttraumatischen *Orbitahämatoms* (Abb. 3.4.1-6). Trotz des geringen Abstandes zwischen Nervus opticus und Hämatombezirk (ca. 3 mm) konnte

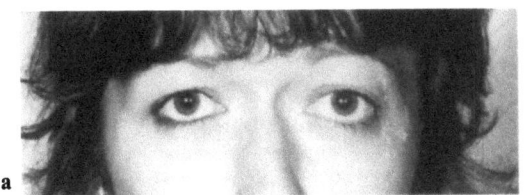

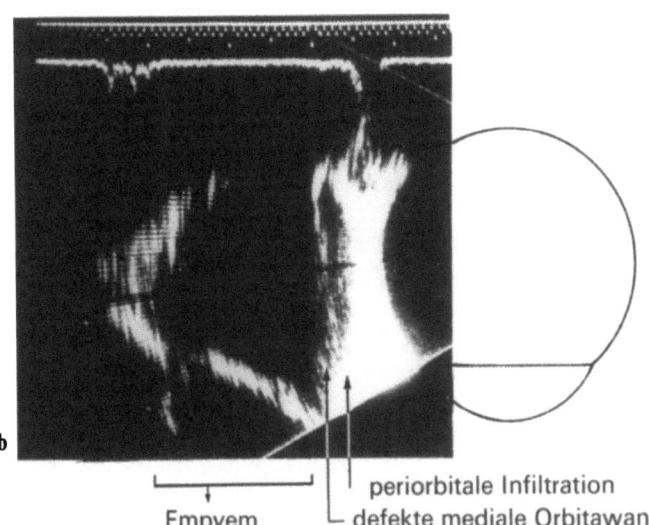

Empyem — periorbitale Infiltration — defekte mediale Orbitawand

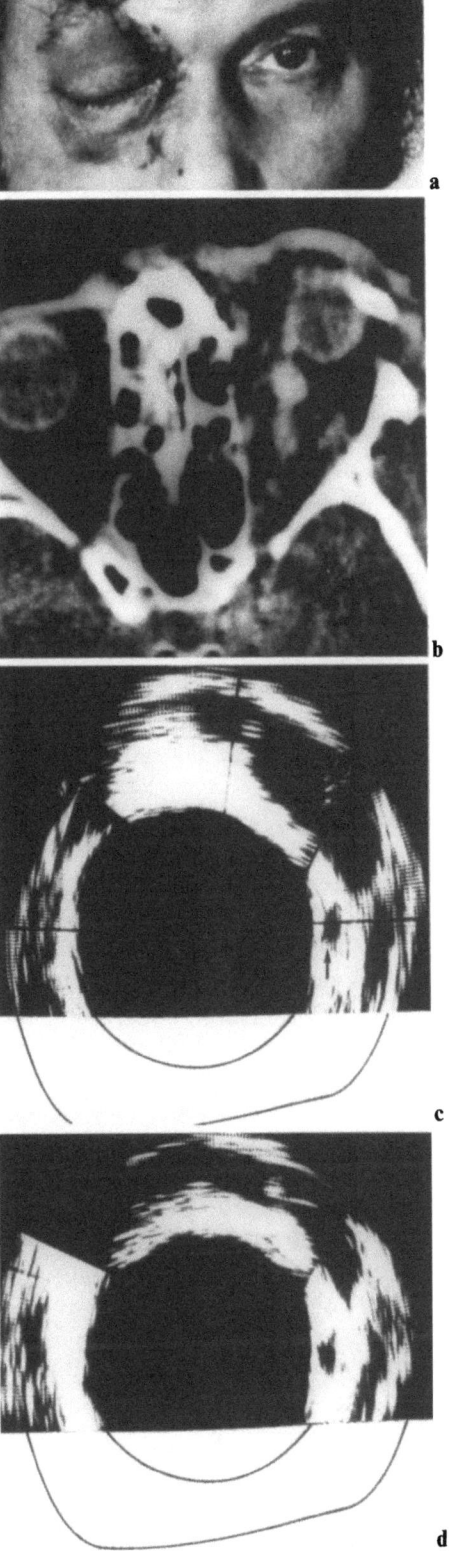

Abb. 3.4.1-5a, b (Guthoff). Schallfortleitung bei Siebbein-Empyem (bzw. Pyozele)
a 30jähr. Patientin, seit 3 Tagen Fieberschübe, Druckschmerz im nasal oberen Orbitabereich. Links Exophthalmus 3 mm, Seitwärtsverlagerung des Bulbus 2 mm, Bewegungsschmerz. **b** Nasal des Bulbus stellt sich eine umschriebene Homogenisierung des peripheren Orbitaraumes und eine Schallfortleitung in die Siebbeinzellen dar. Dieses Phänomen spricht für eine Prallfüllung des Sinus mit einer Flüssigkeit, die die sonst auftretende Totalreflexion an der Grenzfläche Schleimhaut/Luft aufhebt. Bei der transnasalen Operation am selben Tag (HNO-Klinik, UKE) entleerte sich reichlich Eiter aus der dargestellten Höhle. Im Echogramm sind die internen Knochenlamellen des Siebbeins nicht dargestellt, wohl aber die Grenze zur lufthaltigen Nase. Da mit hoher Empfindlichkeit untersucht wurde, ist wenig wahrscheinlich, daß diese Knochenlamellenechos zu schwach waren, um registriert zu werden; wahrscheinlicher ist, daß die internen Knochenlamellen nicht mehr existierten (Pyozele)

Abb. 3.4.1-6a–d (Guthoff). Traumatisches Orbitahämatom **a** Portrait. **b** Computertomographisch Verdacht auf Optikusscheidenhämatom („perlschnurartige, sagittal gerichtete Struktur im Bereich der rechten Orbita"). **c** Im frontalen echographischen Schnittbild deutliche Abgrenzung des Hämatombezirks vom N. opticus (*schwarzer Pfeil*) bei nach lateral gerichtetem Blick. **d** Rasche Rückbildung des Hämatoms im weiteren Verlauf. Genaue Fallbeschreibung bei Hamann und Guthoff (1983)

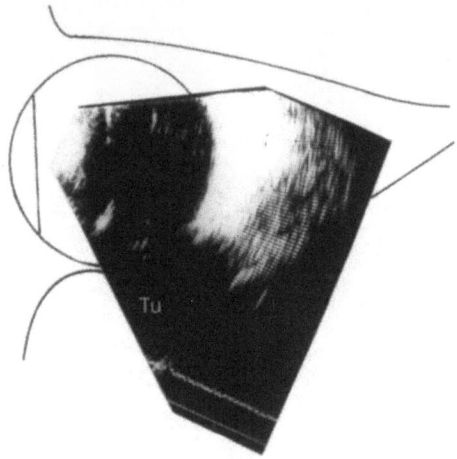

Abb. 3.4.1-7 (Guthoff). Kieferhöhlenkarzinom (82jähr. Patientin). Großer Orbitabodendefekt durch infiltrativ wachsenden Tumor. Klinisch geringe Elevationseinschränkung des Bulbus bei erhaltenem Visus

die computertomographische Verdachtsdiagnose eines Optikusscheidenhämatoms ausgeräumt werden. Um *Orbitawanddefekte* sicher darstellen zu können, müssen sie nach unseren Erfahrungen eine gewisse Größe überschreiten. Das begrenzte seitliche Auflösungsvermögen der B-Bild-Echographie macht sich hier bemerkbar. Bei der *Metastase eines malignen Melanoms* der Haut und dem *Einbruch eines Kieferhöhlenkarzinoms* (Abb. 3.4.1-7) war es ohne Schwierigkeiten möglich, bei Orbitabodenfraktuen gelingt es häufig nicht.

Die echographische Beurteilung von Orbitabodenfrakturen wird durch die vom oberen Orbitarand vorgegebene ungünstige Untersuchungsrichtung besonders erschwert. Im allgemeinen trägt die Echographie bei Frakturen wenig zu den klinischen Entscheidungen bei, da wegen der Beteiligung angrenzender Strukturen ohnehin Röntgenuntersuchungen (meist einschl. Computertomographie, koronare Schichten!) ausgeführt werden müssen, die die Frakturen und die Gesamtsituation besser erkennen lassen.

Literatur

Guerry RK, Lawton-Smith J (1975) Paranasal sinus carcinoma causing orbital mucocele. Am J Ophthalmol 80:943–946

Hasenfratz G, Ossoinig KC (1982) The reliability of ultrasound in the diagnosis of orbital mucoceles. In: Hillman JS, LeMay MM (eds) Ophthalmic ultrasonography, SIDUO IX, Doc Ophthalm Proc Sev 38. Junk, The Hague Boston Lancaster

Jacobs L, Weisberg LA, Kinkel WR (1980) Computerized tomography of the orbit and the sella turcica. Raven, New York

Ossoinig KC, Till P (1975) Ten years study on clinical echography in orbital disease. Bibl Ophthalmol 83:200–216

Till P, Hauff W (1979) Echographic findings in orbital mucoceles. In: Gernert H (Hrsg) Diagnostica Ultrasonica in Ophthalmologia, SIDUO VII. Remy, Münster, pp 151–155

Wende S, Aulich A, Nover A, Lanksch W, Kazner E, Steinhoff H, Meese W, Lange S, Grumme T (1978) Computed tomography of orbital lesions. A cooperative study of 210 cases. Neuroradiology 13:123–134

3.4.2 Orbitaraum außerhalb des Muskelkonus: Tränendrüsentumoren, Dakryoadenitis, epitheliale Zysten

R. GUTHOFF und W. SCHROEDER

Tumoren der Tränendrüse sind relativ seltene Veränderungen. In einer Serie von über 1000 Patienten aus der Orbita-Klinik des Moorfields Eye Hospital in London stellen sie nur einen Anteil von ca. 5% dar (Wright et al. 1981). Über ihre präoperative Differentialdiagnose ist wenig Charkateristisches bekannt. So sind radiologisch nachweisbare Verkalkungen und Erweiterungen der Fossa lacrimalis keine sicheren Zeichen für Malignität, wohl aber für einen lange bestehenden Tumor. Andererseits können auch Karzinome und Sarkome röntgenologisch völlig unauffällig erscheinen, wenn sie schnell wachsen.

Echographisch läßt sich die *normale Tränendrüse* mit den derzeitigen Techniken *nicht* darstellen. Zur Abgrenzung vom umgebenden Fettgewebe ist eine Größenzunahme erforderlich, wobei nach unserer Erfahrung die häufigen Veränderungen alle gering reflektieren. Mischtumoren und die aus ihnen hervorgehenden Karzinome sind durch ungleichförmigen Aufbau charakterisiert, der durch Verkalkungen noch betont wird (Bellone et al. 1973). Bei den gleichförmig homogenen Veränderungen kann das Verteilungsmuster der mitbetroffenen Strukturen einen Hinweis auf die Dignität einer Veränderung geben. Maligne Veränderungen beschränken sich meist, trotz teilweise beträchtlicher Ausdehnung, auf den temporaloberen Orbitaquadranten. Pseudotumoren und Lymphome beziehen häufig weitere Orbitastrukturen, besonders den Tenonschen Raum und die äußeren Augenmuskeln in die Erkrankung mit ein

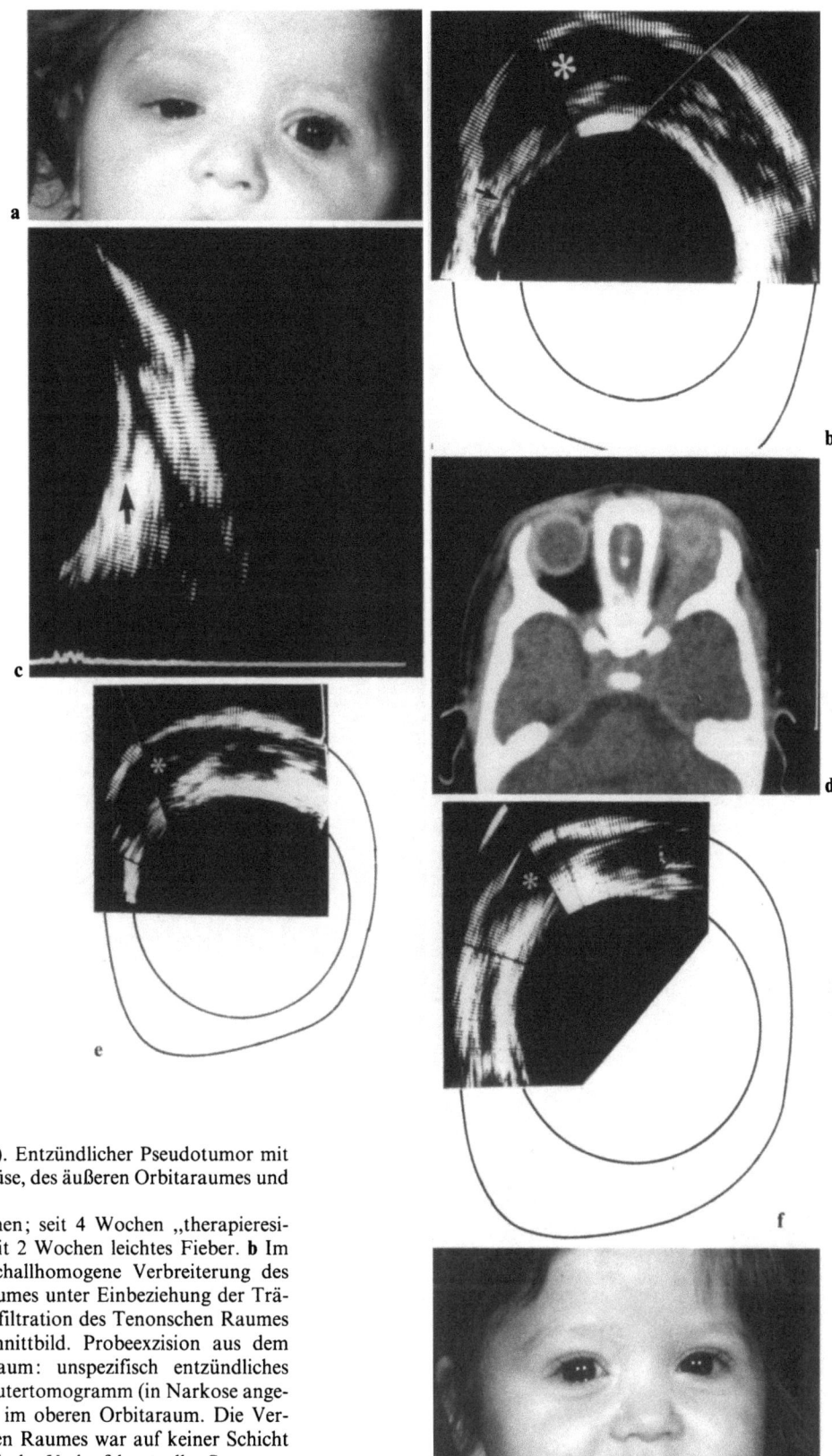

Abb. 3.4.2-1 a–g (Guthoff). Entzündlicher Pseudotumor mit Infiltration der Tränendrüse, des äußeren Orbitaraumes und des Tenonschen Raumes

a 9 Monate altes Mädchen; seit 4 Wochen „therapieresistente" Konjunktivits, seit 2 Wochen leichtes Fieber. **b** Im Schnittbildechogramm schallhomogene Verbreiterung des oberen äußeren Orbitaraumes unter Einbeziehung der Tränendrüsenregion (*). **c** Infiltration des Tenonschen Raumes (*Pfeil*). Horizontales Schnittbild. Probeexzision aus dem temporaloberen Orbitaraum: unspezifisch entzündliches Gewebe. **d** Axiales Computertomogramm (in Narkose angefertigt): Dichteanhebung im oberen Orbitaraum. Die Verbreiterung des Tenonschen Raumes war auf keiner Schicht darstellbar. **e** Echographische Verlaufskontrolle. Spontane Rückbildung der Infiltration (*). Nach 2 Wochen ist der Tenonsche Raum nicht mehr darstellbar. **f, g** Nach weiteren 4 Wochen bei klinisch unauffälligem Erscheinungsbild noch geringer Restbefund temporal oben (*)

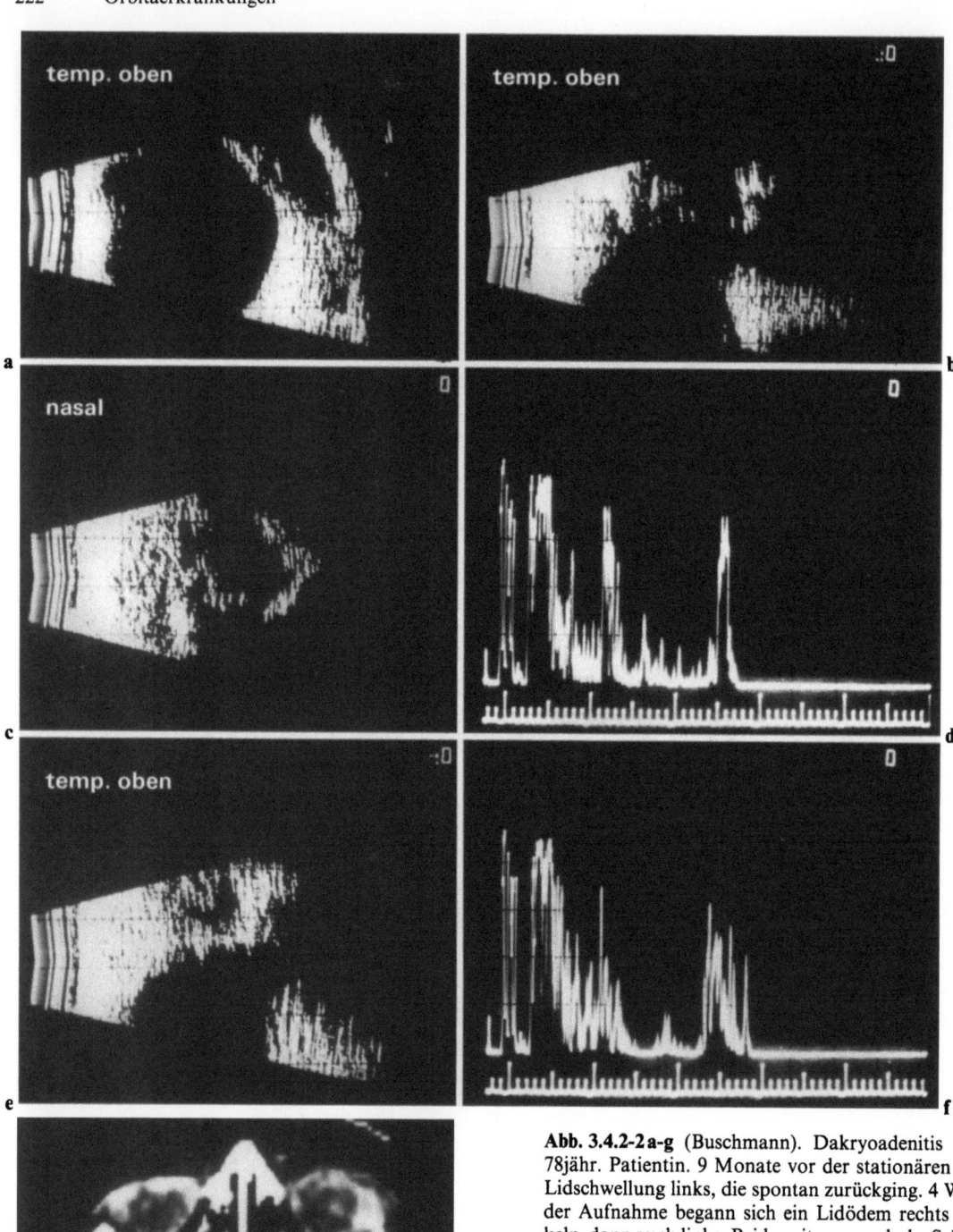

Abb. 3.4.2-2 a–g (Buschmann). Dakryoadenitis beiderseits. 78jähr. Patientin. 9 Monate vor der stationären Aufnahme Lidschwellung links, die spontan zurückging. 4 Wochen vor der Aufnahme begann sich ein Lidödem rechts zu entwikkeln, dann auch links. Beiderseits waren derbe Schwellungen der Tränendrüse tastbar. Mamma-Amputation vor ca. 1 Jahr. Die Durchuntersuchung (einschl. Skelettszintigraphie) ergab keinen Anhalt für Metastasierung, aber auch keinen Hinweis auf Morbus Sjögren oder Mikulicz-Syndrom. Kontrollzeit seither 3 Jahre, weiterhin keine Metastasierung nachweisbar.

Orbitaechographie bei der damaligen stationären Aufnahme: A- und B-Bilder mit Gerät Ocuscan 400, w.f. 9,7 MHz, Δ W 38 = 52 dB

a Rechte Orbita: 45°-Ebene (Tabo-Schema), Schallkopf nach nasal geneigt zur Querschnittdarstellung der temporal oberen, parabulbären Orbitaregion. Große, scharf begrenzte Raumforderung, die die Bulbuswand leicht imprimiert. Schalldurchlässigkeit erhöht (Knochenwandecho betont dargestellt), innere Struktur sehr homogen. Δ W 38 = 48 dB.

(Abb. 3.4.2-1 und Kap. 3.4.6). Das kann unter Umständen einen konservativen Therapieversuch rechtfertigen, wenn die Tränendrüse nicht tastbar ist. Bei allen tastbaren Vergrößerungen ist die histologische Klärung (Exstirpation in toto) anzustreben.

Akute Entzündungen der Tränendrüse (Dakryoadenitis) sind klinisch häufig durch den Verlauf und die entzündlichen Begleitsymptome von Tumoren zu unterscheiden. Chronische Entzündungen stellen meist ein schwieriges differentialdiagnostisches Problem dar. In der A- und B-Bild-Echographie kann man die gut abgegrenzte, meist recht erhebliche Schwellung leicht darstellen, aber nicht zuverlässig von tumorösen Veränderungen unterscheiden (Abb. 3.4.2-2). Hilfreich ist eine zusätzliche Ultraschall-Doppler-Untersuchung (s.a. Kap. 3.1.3 und 3.4.4). Richtet man beim Gesunden das Doppler-Schallbündel auf die Tränendrüse bzw. die A. lacrimalis so, daß die Blutströmung gegen den Schallkopf gerichtet ist, dann kann man bei Gesunden mit den derzeit verwendeten richtungsempfindlichen Dopplergeräten in der Regel keine Strömungssignale nachweisen. Bei einer akuten Dakryoadenitis sind dagegen deutliche, pulssynchrone arterielle Strömungssignale aus diesem Gebiet registriert worden.

Ein *Beweis* für eine entzündliche Erkrankung ist das zwar nicht, doch als Hinweis verwertbar.

---

b Rechte Orbita, parabulbär: 130°-Ebene (Tabo-Schema), Schallkopf 30° nach nasal unten geneigt, parabulbär temporal oberhalb des Bulbus gut schalldurchlässige, nach hinten scharf begrenzte Raumforderung mit nur vereinzelten Strukturechos. **c** Rechte Orbita, parabulbär, temporal obere Orbitaregion. Zystische Raumforderung, gut abgegrenzt. **d** Parabulbäres A-Bild-Echogramm aus der Herdregion. Sehr niedrige Strukturechos mit Ausnahme einer intensiver reflektierenden Membran im Herdgebiet. Intensives Echo der Rückwand des Herdgebietes. **e** Linke Orbita: Gleiche Untersuchungstechnik. 50°-Ebene (Tabo-Schema), Schallkopf 20° nach unten geneigt; parabulbär zystische Herdregion im Tränendrüsenbereich erkennbar, gut abgegrenzt, gegenüber Orbitafett erhöht schalldurchlässig. **f** A-Bild-Echogramm aus der Herdregion links. Gleichartiger Befund wie rechts. **g** Weichteildichte Verschattung etwa im Bereich der Tränendrüse, links Weichteiltumor nicht auszuschließen, artdiagnostische Aussage nicht möglich. Die Doppler-Sonographie stand uns für die Differentialdiagnostik von Tränendrüsenschwellungen damals noch nicht zur Verfügung. Das klinische Bild mit dem beiderseits relativ akuten Verlauf und der Ultraschallbefund sprachen eher für eine Entzündung mit Schwellung der Tränendrüse als für einen Tumor. Der Therapieversuch mit Ultralan bestätigte die Diagnose Dakryoadenitis: Innerhalb von 2 Wochen kam es zur raschen Rückbildung aller Symptome

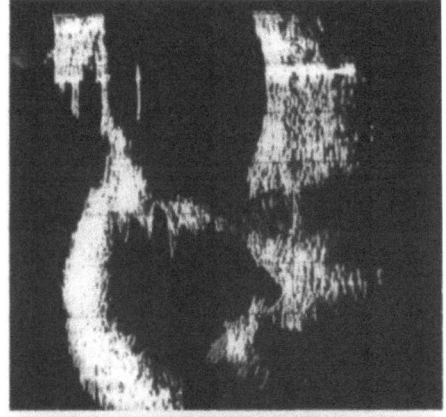
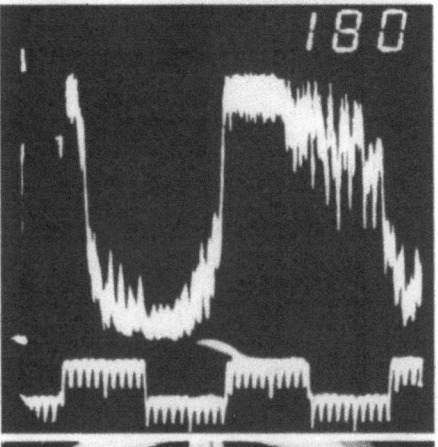
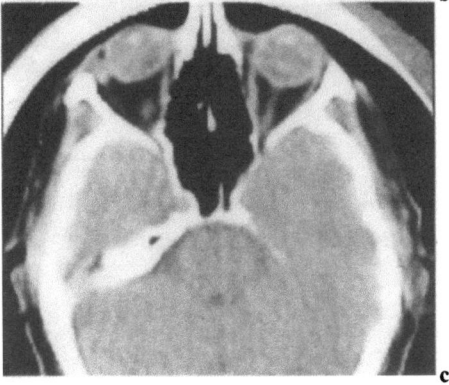

Abb. 3.4.2-3a-c (Buschmann). Epitheliale Einschlußzyste. 46jähr. Patientin, Zustand nach Trauma
a Schnittebene etwa 120° (Tabo-Schema), Ophthalmoscan, 10 MHz-Schallkopf. Große zystische Raumforderung, gut schalldurchlässig und scharf begrenzt, parabulbär temporal unterhalb des Bulbus. **b** A-Bild parabulbär aus der Herdregion, Gerät 7200 MA, Arbeitsfrequenz 7,6 MHz. Auch bei höchster Empfindlichkeit (Δ W38 = 79 dB) sind kaum Echos aus dem Herdinnern darzustellen. Die Rauschgrenze des Gerätes ist erreicht. **c** Computertomogramm: Weichteildichte Verschattung in enger Beziehung zur lateralen und unteren Peripherie des linken Bulbus, als tumorverdächtig beurteilt. Operationsbefund und Histologie bestätigten die echographische Diagnose einer zystischen Raumforderung: epitheliale Einschlußzyste, dickwandig. Kein Anhalt für Tumor

Buschmann (1967) fand arterielle Strömungssignale aus der Tränendrüsenregion auch bei einem Patienten mit einem Non-Hodgkin-Lymphom (niedrigen Malignitätsgrades) beider Orbitae (s. Kap. 3.4.6, Abb. 3.4.6-1).

Bei Entzündungen der Tränendrüse führt die entsprechende konservative Behandlung meist zu einer raschen und ausgiebigen Besserung (Abb. 3.4.2-2); bleibt diese jedoch aus, so ist ein Tumor wahrscheinlicher, und eine weitere Abklärung jedenfalls erforderlich.

Epitheliale Zysten sind in der Regel im äußeren Orbitaraum lokalisiert. Die Abgrenzung gegenüber Tumoren gelingt mit Ultraschall weitaus besser als mit der Computertomographie (Abb. 3.4.2-3).

Literatur

Bellone G, Gallenga PE (1973) Echography of mixed tumors of the lacrimal gland. Ophthalmologica 166:156–160

Buschmann W (1967) Ultrasonic examination of arteries and veins. In: Goldberg R, Savin L (eds) Ultrasound in ophthalmology. Saunders, Philadelphia pp 183–186

Wright JE, Krokel GB, Steward WB, Chavis RM (1981) Orbital disease, a practical approach. Grune & Stratton, New York

3.4.3 Äußere Augenmuskeln: Endokrine Orbitopathie, Myositis, Tumoren der Muskeln

R. GUTHOFF und W. BUSCHMANN

Um die Stellung der Echographie für die Beurteilung der durch Muskelvolumenvermehrung charakterisierten Orbitaerkrankungen einschätzen zu können, ist es wichtig, sich über die Vielgestaltigkeit der in Frage kommenden Krankheitsbilder klar zu werden. Muskelschwellungen sind im wesentlichen bei der endokrinen Orbitopathie, bei der idiopathischen Myositis, beim Pseudotumor orbitae, bei bakteriellen Entzündungen, bei Orbitametastasen und Lymphomen zu finden. Überschneidungen sind sowohl vom klinischen Erscheinungsbild als auch von pathogenetischen und histopathologischen Vorstellungen her bekannt. Unser Ziel ist es, nach dem echographischen Befund ein Konzept für die weitere diagnostische und therapeutische Betreuung der Patienten aus der Sicht der Ophthalmologen zu entwerfen.

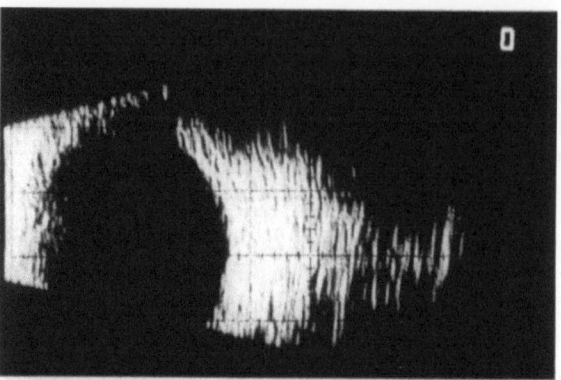
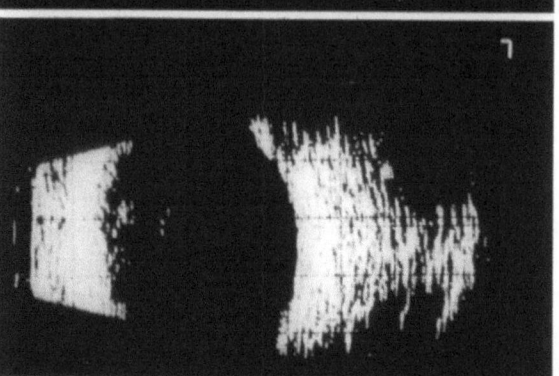
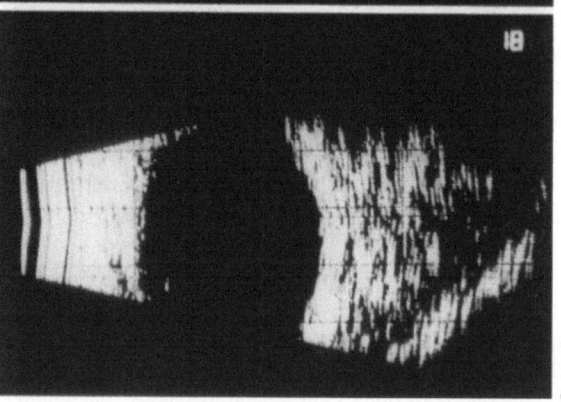

Abb. 3.4.3-1 a-e (Buschmann). Muskellängsschnitte bei endokriner Orbitopathie, Veränderungen des Fettechogramms und der Knochenwanddarstellung

a Vertikalschnitt, auf die Orbitaspitze gerichtet. Ocuscan 400, wf=9,7 MHz, Δ W38=52 dB. Infolge der Muskelschwellungen kommt es zu einer Verdrängung der Fettechos (Sanduhrform). Fettechos erscheinen auch aus dem hintersten Orbitadrittel. **b** Horizontalschnitt, Ocuscan 400, wf=9,7 MHz, Δ W38=46 dB, Schnittebene 40° nach oben geneigt. Sanduhrform des orbitalen Fettechogramms infolge der Muskelschwellungen; betonte Darstellung der Knochenwand und der Fettechos aus der Tiefe. **c** Dieselbe Patientin wie in **b**. Ocuscan 400, wf=4,9 MHz, Δ W38=49 dB, Horizontalschnitt (etwa nach temporal gerichtet). Die ödembedingte Vergröberung des Echogramms vom orbitalen Fettgewebe und die deutlichere Darstellung der Knochenwand sind durch die niedrige Frequenz überbetont [vgl. **b**]. **d** Fettgewebsbeteiligung bei endokriner Orbitopathie (Fettgewebsfibrose). Ocuscan 400, Arbeitsfrequenz 9,7 MHz, eingestellte Gesamtempfindlichkeit Δ V W38=48 dB. *Oberes Teilbild*: Patient ohne Fettfibrose (bei der

Endokrine Orbitopathie

Die endokrine Orbitopathie war von Graves (1835) und von v. Basedow (1840) als orbitale Symptomatik einer hyperthyreoten Struma definiert worden. Die Erkenntnis, daß diese Erkrankung auch ohne Struma und Zeichen einer Hyperthyreose auftreten kann (Horst 1952), führte zu einer Erweiterung der ursprünglichen Definition. In neuerer Zeit mußten Fälle mit einbezogen werden, bei welchen sich die orbitale Symptomatik als Vorbote einer erst Jahre später auftretenden endokrinen Störung erwies (Werner 1955; Mornex 1975). Früher wurden solche Fälle vermutlich als Pseudotumoren beschrieben. Im Hinblick auf die Häufigkeit dieser Erkrankung stellt sich bei den meisten Patienten die Frage, ob ein- oder doppelseitige Protrusio bulbi mit der klinischen Verdachtsdiagnose einer endokrinen Orbitopathie vereinbar ist oder ob sich andere Ursachen des

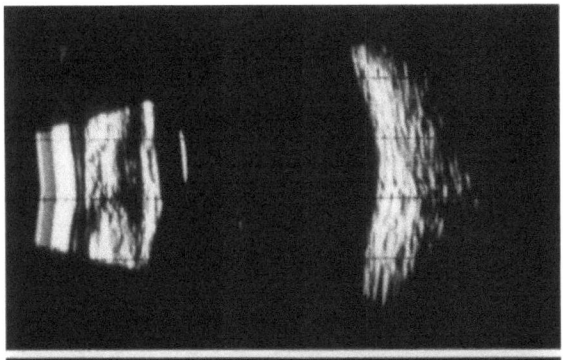

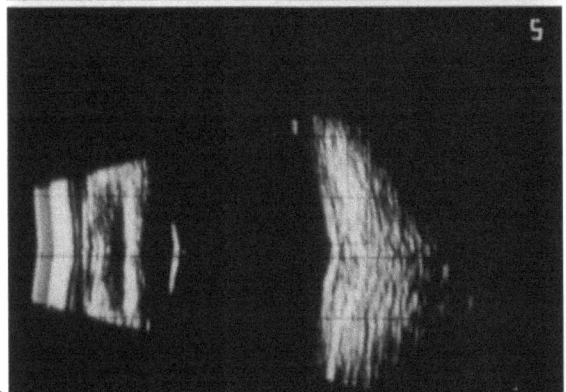

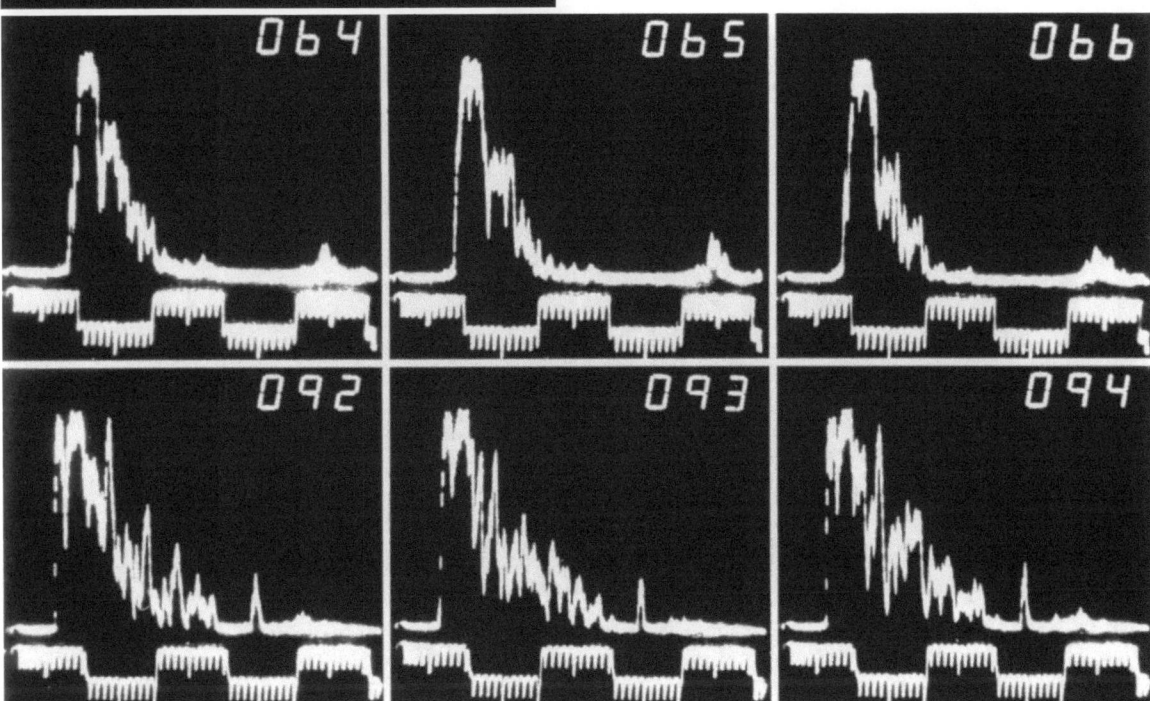

Abb. 3.4.3-1 d, e

Orbita-Dekompressions-Operation bestätigt). *Unteres Teilbild*: Anderer Patient mit erheblicher Fibrose des Fettgewebes (ebenfalls bei der Operation bestätigt. Trotz etwas (5 dB) geringerer Gesamtempfindlichkeits-Einstellung deutlich ausgedehntere Darstellung des orbitalen Fettgewebsechogramms [s. auch e]. e A-Bild-Echogramme der in d beschriebenen Patienten. Gerät Kretztechnik 7200 MA, Arbeitsfrequenz 8,6 MHz, Schallkopf mit 3,5 mm Schwingerdurchmesser, eingestellte Gesamtempfindlichkeit Δ V W 38 = 50 dB. Dargestellt ist das Bulbusrückwandecho mit den Echos vom dahinterliegenden Fettgewebe in Richtungen nahe dem hinteren Bulbuspol. *Obere Teilbilder*: Patient ohne Fettgewebsfibrose. *Untere Teilbilder*: Patient mit ausgeprägter Fettgewebsfibrose. Die inhomogene Struktur des Fettgewebes ist im A-Bild besser zu erkennen als im B-Bild (vgl. **d**)

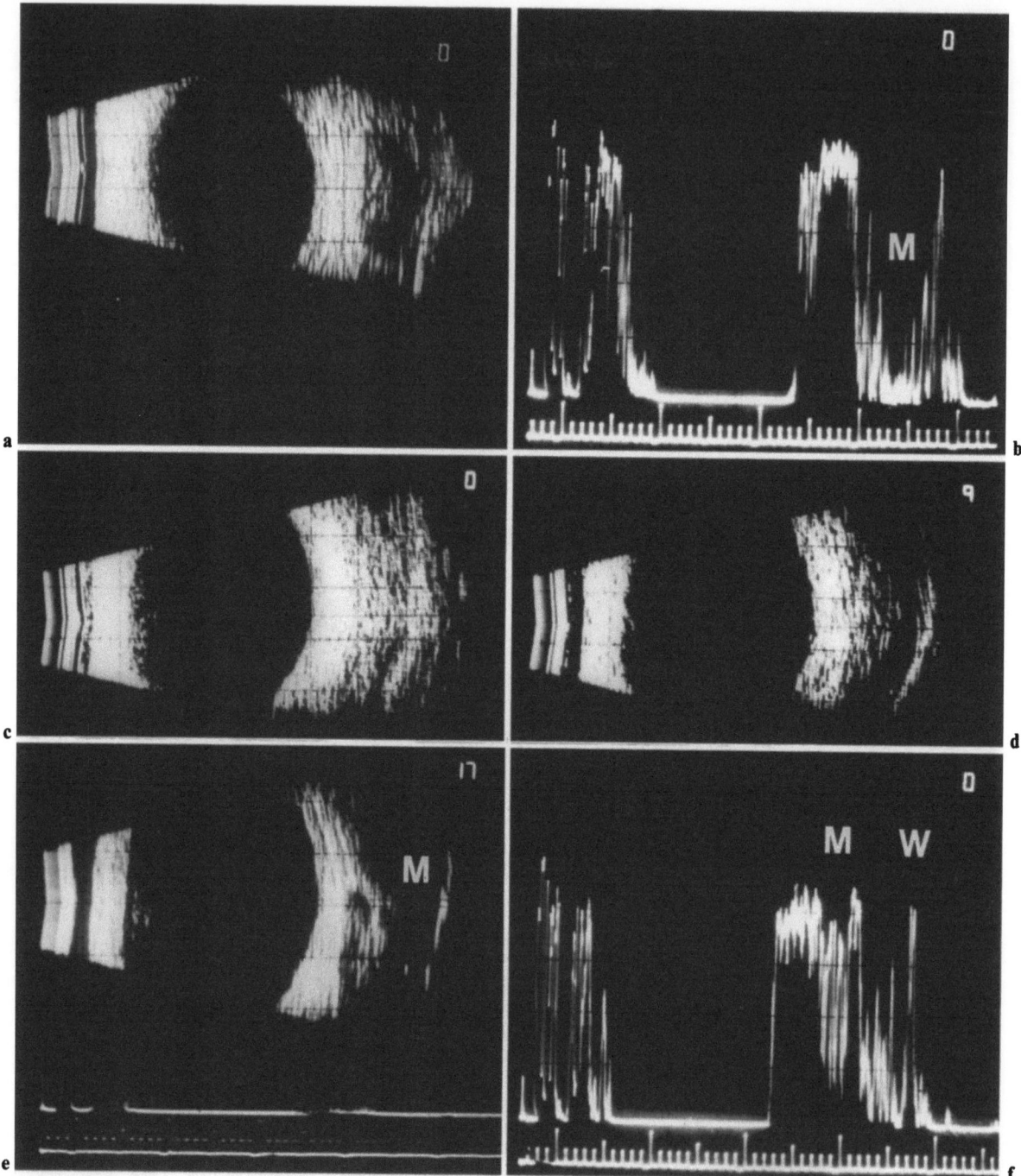

Abb. 3.4.3-2 a-f (Buschmann). Muskelquerschnitte bei endokriner Orbitopathie. Amplitudenhöhe der Muskelgewebsechos (Strukturechos) bei unterschiedlichem Fibrosierungsgrad

a Querschnitt des M. rectus medialis, Ocuscan 400, wf = 9,7 MHz, Δ W 38 = 52 dB. Stark verbreitertert Muskelquerschnitt, schwache Strukturechos aus dem Muskelinnern. **b** A-Bild des selben Muskels wie in **a**. Gleiche Frequenz und Empfindlichkeit. Die Muskelverbreiterung ist auch im A-Bild deutlich zu erkennen. Die Strukturechos aus dem Inneren des Muskels (M) sind niedrig (geringer Reflexionsgrad, geringe Fibrosierung). **c** Querschnitt des M. rectus medialis eines anderen Patienten mit deutlich intensiveren Echos aus dem Muskelbereich (höherer Reflexionsgrad, fortgeschrittene Fibrosierung); Technik wie in **b** (wf = 9,7 MHz, Δ W 38 = 52 dB, Ocuscan 400). Die Muskelgrenzen sind schlecht erkennbar. **d** Derselbe Patient, derselbe Muskel wie in **c**, Empfindlichkeit jedoch herabgesetzt (Δ W 38 = 44 dB). Muskelgrenze deutlich verbreitert, Strukturechos weitgehend unsichtbar (niedrige Reflektivität bzw. geringen Fibrosierungsgrad vortäuschend). **e** M. rectus superior eines anderen Patienten, Ocuscan 400, wf = 9,7 MHz. Zur Darstellung der Muskelgrenzen mußte die Empfindlichkeit wegen starker Fibrosierung noch weiter herabgesetzt werden als in **d** (Δ W 38 = 37 dB). Starke Verbreiterung des Muskels (M), durch die niedrige Empfindlichkeit sind die Strukturechos nicht dargestellt, ein niedriger Fibrosierungsgrad wird vorgetäuscht. **f** Derselbe Patient, derselbe

Abb. 3.4.3-3 (Guthoff). Chronische Myositis des M. rect. lateralis links (*rechte Teilbilder*). 54jähr. Patient, seit 3 Monaten Doppelbilder bei Rechtsblick. Bulbusbewegungsstrecken nach Kestenbaum: Adduktion 2 mm, Abduktion 8 mm. Gerät Ultrascan II, 10 MHz-Schallkopf (B-Bild), A-Bilder Gerät 7200 MA, 8 MHz-Schallkopf, Δ W38 = 60 dB. Echographischer Befund: Verbreiterung des M. rect. lateralis mit vermindertem Reflexionsgrad des Muskelgewebes; zum Vergleich der unauffällige M. rect. medialis derselben Orbita (*linke Teilbilder*)

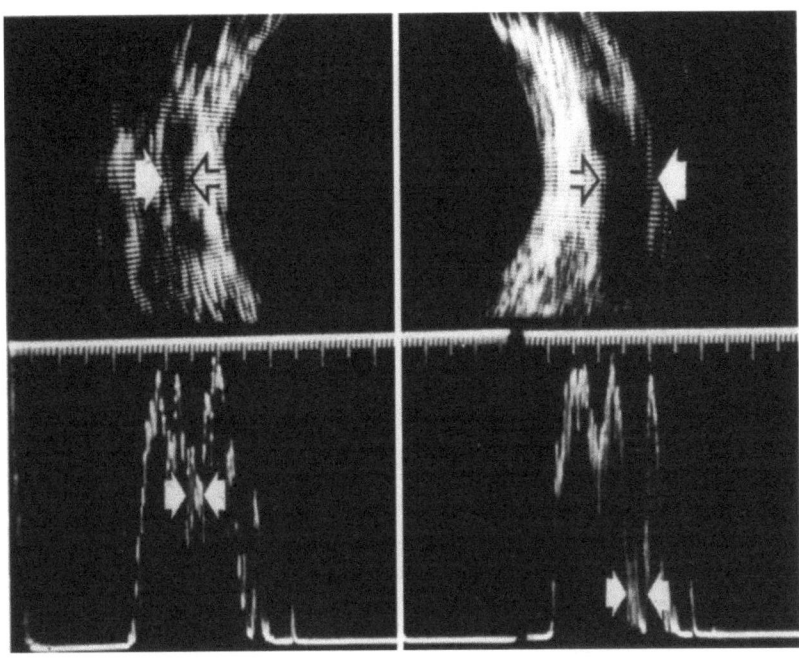

Exophthalmus nachweisen lassen. Das echographisch zunächst ermittelte Verteilungsmuster mit einer deutlichen Bevorzugung des M. rect. superior und des M. rect. medialis (McNutt 1975) entspricht *nicht* den computertomographischen Befunden von Trokel et al. (1979) und Langenbruch (1981). Beide Arbeitsgruppen fanden den M. rect. inferior am häufigsten betroffen, was auch dem klinischen Bild entspricht (meist Einschränkung der Blickhebung). Berücksichtigt man, daß die radiologischen Ergebnisse durch die kombinierte Auswertung von axialen und koronaren Schnittbildern entstanden sind, besteht kein Zweifel, daß sie die anatomische Situation verläßlich widerspiegeln. Gerade die Mm. recti inf. und lat. sind mit A-Bild-Normalschallköpfen und den derzeitigen

---

Muskel wie in **e**. Bei gleicher Frequenz (wf = 9,7 MHz) und höherer Empfindlichkeit (Δ W38 = 52 dB) hohe Strukturechos im Bereich des Muskels (*M*), die auf eine hochgradige Fibrosierung hinweisen. Wiederholungsechos (*W*) der Bulbuswand und des Muskels durch Mehrfachreflexion zwischen Skleraaußenfläche und Knochenwand. Diese Mehrfachreflexion erkennt man daran, daß bei Abstandsänderung zwischen Bulbus und Knochenwand (leichter Druck mit dem Schallkopf auf den Bulbus) sich deren Position doppelt so weit und doppelt so schnell verschiebt wie die des tatsächlichen Knochenwandechos. Außerdem ist stets der Vergleich der Abmessungen mit denen maßstabgerechter anatomischer Schnitte hilfreich. So vermeidet man, solche Wiederholungsechos fälschlich als direkte Orbitaechos zu bewerten oder als Echos von Strukturen jenseits der Knochenwand aufzufassen

---

Kontakt-B-Bild-Scannern in ihren vorderen Anteilen nur unsicher zu beurteilen, da die Schallkopfjustierung durch den vorspringenden oberen Orbitarand bzw. durch die Nase behindert wird. Im A-Bild sind zur Darstellung der äußeren Augenmuskeln Flachstielschallköpfe zu bevorzugen, da man diese in den Bindehautsack bis zum Fornix einführen kann.

Mit der Messung des Reflexionsgrades der Muskelbinnenstruktur (Abb. 3.4.3-1 und 2) steht ein methodenspezifisches zusätzliches Kriterium zur Verfügung, auf das Ossoinig (1982) erstmalig hingewiesen hat. Er schreibt, daß „ein erhöhter Reflexionsgrad sowie eine heterogene innere Struktur der Muskelsubstanz ein neues akustisches Merkmal der endokrinen Orbitopathie darstellt." Die Veränderungen dieser Art fanden sich in unserem Patientengut hauptsächlich nach langem Krankheitsverlauf. Frühstadien (innerhalb des ersten Jahres nach Auftreten der Symptome) unterschieden sich hinsichtlich des Reflexionsgrades im Inneren der geschwollenen Muskeln nicht sicher von Normalbefunden (Abb. 3.4.3-2a, b). Diese akustischen Phänomene im Bereich der Muskelbinnenstruktur lassen sich zweifellos durch die histologischen Veränderungen, die während der Entwicklung einer endokrinen Orbitopathie auftreten können, erklären (Daicker 1979). Die vorwiegend rundzellige Infiltration des Frühstadiums drängt die Muskelfasern auseinander und schafft keine neuen akustischen Grenzflächen. Im weiteren Verlauf entstehen bindegewebige Septen und schließ-

228 Orbitaerkrankungen

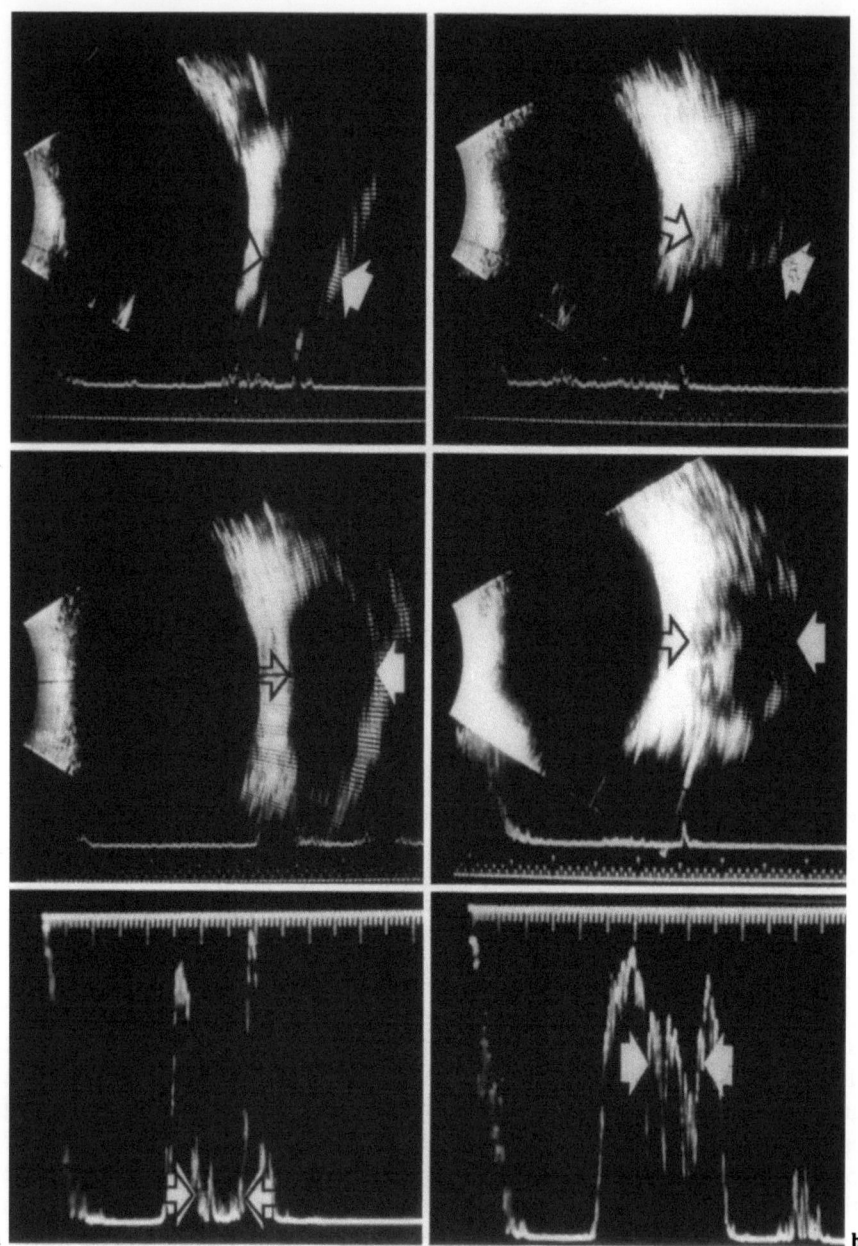

Abb. 3.4.3-4a, b (Guthoff). Gegenüberstellung typischer Befunde einer chronischen Myositis und einer lange bestehenden endokrinen Orbitopathie
a *Linke Bildserie, senkrecht*: 38jähr. Patientin, chronische Myositis. Seit *6 Monaten* Abduktionseinschränkung, Seitendifferenz der Hertel-Werte 2 mm. Schallhomogene Verbreiterung des M. rect. medialis. *Oben:* horizontale Schnittebene (Längsschnitt des M. rect. med.), *Mitte:* frontale Schnittebene, Querschnitt des M. rect. med., *unten:* A-Bild, Amplitudenhöhe der Strukturechos (zwischen den Pfeilen) ca. 10% der Maximalamplitude am Gerät 7200 MA. Das entspricht bei der hier eingestellten Empfindlichkeit einem Δ W38 von 58 dB. **b** *Rechte Bildserie, senkrecht*: 67jähr. Patientin, *seit 5 Jahren* unveränderte endokrine Orbitopathie mit Elevationseinschränkung. Inhomogene Verbreiterung des M. rect. inf. (hohe Strukturechos). *Oben* Sagittalschnitt, Längsschnitt des M. rect. inf. (zwischen den Pfeilen), deutliche Strukturechos aus dem Muskelgewebe, *Mitte*: annähernd frontale Schnittebene, Querschnitt des M. rect. inf. (zwischen den Pfeilen). Der *weiße Pfeil* rechts entspricht etwa der Lage der Fissura orbitalis inferior. *Unten*: Im A-Bild deutlich höhere Strukturechos aus dem Muskel (zwischen den Pfeilen), verglichen mit **a**. Das Δ W38 dieser Echoamplituden liegt über 68 dB (bei diesem Gerät und der eingestellten Empfindlichkeit = über 50% der maximalen Amplitudenhöhe am Bildschirm)

Endokrine Orbitopathie 229

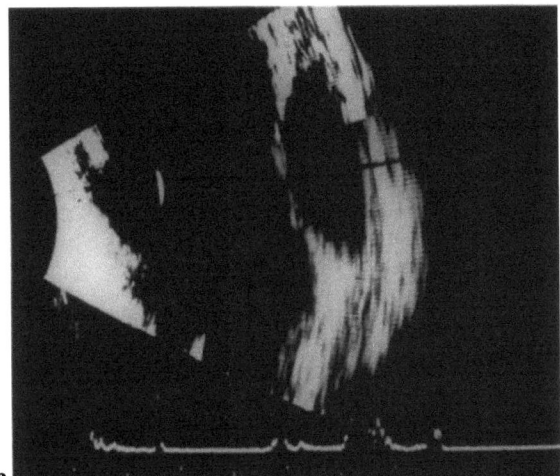

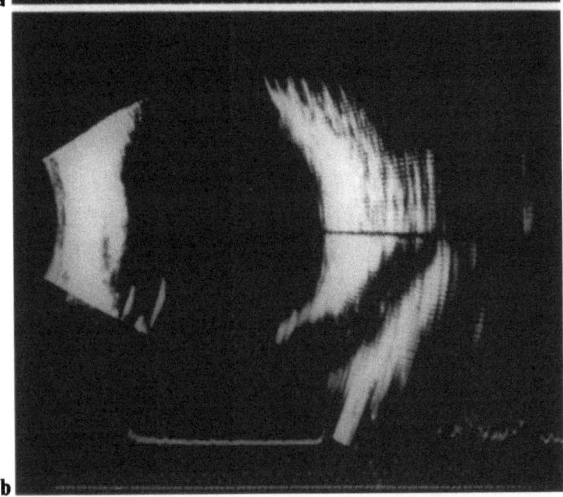

Abb. 3.4.3-5a, b (Guthoff). Chronische Myositis bei einer 35jähr. Patientin. In beiden Schnittebenen ist eine muskelbedingte Bulbusimpression erkennbar, die für blickrichtungsabhängige Anstiege des intraokularen Druckes verantwortlich sind. Sehr niedrige, im B-Bild hier nicht sichtbare Strukturechoamplituden
a Frontaler Schnitt durch den M. rect. medialis. **b** Horizontaler (Längs-) Schnitt durch den M. rect. medialis

lich wird die Muskulatur teilweise durch Fettgewebe ersetzt. Diese Umbauvorgänge liefern ein Substrat für die hohen Binnenechos, die vor allem bei lange bestehender endokriner Orbitopathie nachweisbar sind (Abb. 3.4.3-2c-f). Erst in sehr späten Stadien der Fibrosierung und der fettigen Degeneration der Muskelfasern werden auch im Computertomogramm der betroffenen Muskeln Inhomogenitäten sichtbar. Die Echographie läßt diese Umwandlungsprozesse weitaus früher und besser erkennen, insbesondere bei Verwendung meßtechnisch überprüfter Geräte und Einstellungen.

In der Regel findet man echographisch deutliche Verbreiterungen *mehrerer* Muskeln in beiden Orbitae; auch bei klinisch *einseitig* erscheinender endokriner Orbitopathie sind oft echographisch (und auch computertomographisch) schon deutliche Verbreiterungen von Muskeln der *anderen* Orbita nachzuweisen. Im Gegensatz dazu findet man bei der *Myositis* eine Muskelverbreiterung meist nur in *einer* Orbita, und meist sind nur *ein*, maximal 2 Muskeln betroffen (Abb. 3.4.3-3, 4 und 5). Auffallend ist der selbst bei chronischem Verlauf recht niedrige Reflexionsgrad (Abb. 3.4.3-3 und 4).

Klinisch ist die Myositis meist durch einen akuteren Verlauf und eine prompte, ausgiebige Besserung nach systemischen Kortikoidgaben gekennzeichnet, während die endokrine Orbitopathie auf Kortikoidgaben im akuten Stadium deutlich weniger, im subakuten, chronischen Stadium praktisch überhaupt nicht (oder doch nur vorübergehend) anspricht.

Es gibt aber auch (selten!) Verlaufsformen der endokrinen Orbitopathie, bei welchen weder echographisch noch computertomographisch Muskelschwellungen nachzuweisen sind und der Krankheitsprozeß sowie die Volumenzunahme sich auf das orbitale Fettgewebe konzentrieren (Forbes 1984). Auch bei dieser Verlaufsform können alle Schweregrade bis zur Kompressionsneuropathie erreicht werden. Im echographischen Bild zeigen sich dann die Veränderungen des Fettechogramms, die bei schwereren Verlaufsformen auch zusätzlich zur Muskelverbreiterung beobachtet werden können: Fettechos erscheinen dann auch aus der Tiefe des Muskeltrichters nahe der Orbitaspitze, von wo sie normalerweise nicht empfangen werden (Abb. 3.4.3-1). Einerseits kann dies durch Verdrängung von Fett in diesen Bereich verursacht sein, andererseits aber auch durch das Ödem des orbitalen Fettgewebes, welches eine Herabsetzung der Schallschwächung zur Folge hat. Dadurch werden die Ultraschallimpulse, die die Tiefe der Orbita erreichen, weniger abgeschwächt, und es werden stärkere Echos von den dortigen Strukturen reflektiert. Bei gleichen Empfindlichkeitseinstellungen und Frequenzen werden bei solchen Ödemen dadurch auch die Knochenwände der Orbita intensiver und auf längeren Strecken sichtbar, als bei der Untersuchung normaler Orbitae (Abb. 3.4.3-1). Die Zunahme fibrösen Gewebes im Orbitafett ist – im weiteren Verlauf – echographisch ebenfalls darstellbar (Abb. 3.4.3-1d, e).

Die echographisch darstellbaren Veränderungen am Sehnerven bei endokriner Orbitopathie werden im Kap. 3.5.4 behandelt. Bei zunehmender Schwellung der Orbitagewebe erhöht sich der in-

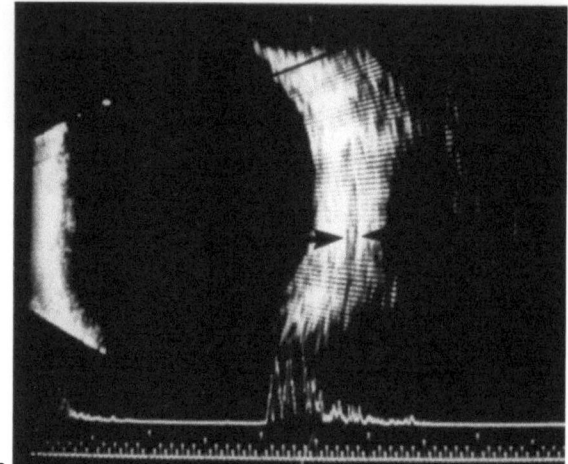

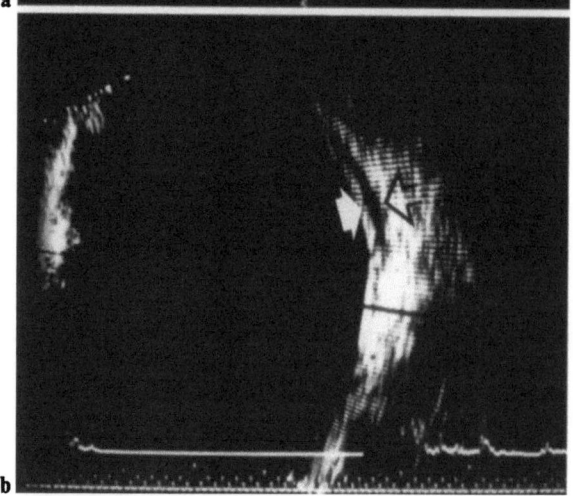

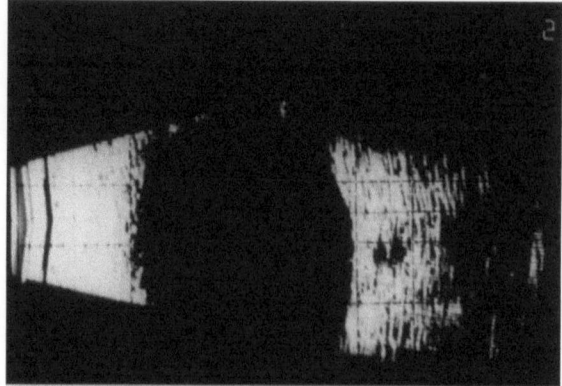

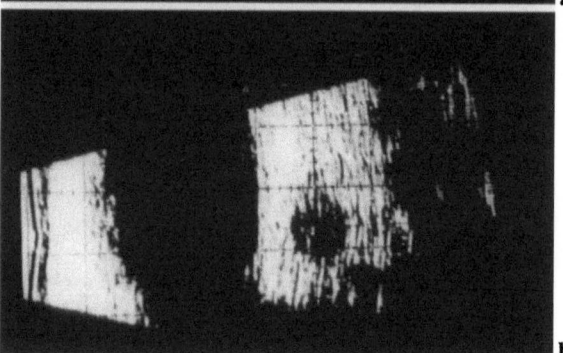

Abb. 3.4.3-6a, b (Guthoff). Zeichen einer venösen Abflußminderung bei progredienter endokriner Orbitopathie
a Gestauter Ast der V. ophthalmica (Vena comm. med.) zwischen M. rect. med. und Bulbuswand (*Pfeile*). **b** Umschriebene Erweiterung des Tenonschen Raumes im Bereich des Ansatzes des M. obl. inf. (*Pfeile*)

Abb. 3.4.3-7a, b (Buschmann). Orbitale Venenstauung bei endokriner Orbitopathie
a Verbreiterter M. rectus superior (und M. levator palpebrae). Querschnitt einer gestauten Orbitavene. Ocuscan 400, wf = 9,7 MHz, Δ W 38 = 50 dB, Horizontalschnitt, Schnittebene 40° nach oben-hinten ansteigend. **b** Sehr hochgradige endokrine Orbitopathie (Stadium VIc), stark verbreiterter Musculus rectus superior (und M. levator palpebrae), stark gestaute Vena ophthalmica superior medial oben in der Orbita. Ocuscan 400, wf = 9,7 MHz, Δ W 38 = 52 dB, Horizontalschnitt, Schnittebene 60° nach hinten-oben ansteigend und nach medial gerichtet (Schallkopf 20° nach lateral gekippt)

traorbitale Druck. Der Lymphabfluß und der venöse Abfluß werden behindert, wodurch das Ödem weiter zunimmt. Die prallere Füllung der Vena communicans (s. Kap. 3.3.2) und der Vena ophthalmica superior kann dazu führen, daß diese Venen im Echogramm sichtbar werden (Abb. 3.4.3-6, 7 und 8). Eine Vergrößerung der Tränendrüse, wie sie von Trokel et al. (1981) bei endokriner Orbitopathie beschrieben wurden, konnten wir echographisch bisher nicht nachweisen. Die Erklärung liegt wohl darin, daß die Fossa lacrimalis für echographische Schnittebenen schlecht zu erreichen ist.

Im Würzburger Material ergab eine Auswertung der A- und B-Bild-Untersuchungsergebnisse von 48 Patienten (überwiegend schwere Stadien III bis VI) in knapp 90% den Nachweis von Muskelverbreiterungen; Zeichen eines Fettgewebsödems bzw. einer betonten Darstellung des Knochenwandechos wurden in 54% gefunden, echographische Hinweise auf ein Ödem bzw. eine Exsudatansammlung zwischen Dura und Optikus bei 24%.

Die Zusammenhänge von Muskelbefall und Motilität wurden früher kontrovers diskutiert (Esslen u. Papst 1961). Es darf aber heute als gesichert angesehen werden, daß in der überwiegenden Zahl der Fälle (Jensen 1971) aus dem verdickten Muskel ein normales Elektromyogramm abgeleitet werden kann und daß die verminderte Dehnbarkeit des betroffenen Muskels zu einer „Pseudoparese" des *Antagonisten* führt. Man sollte deshalb bei den entsprechenden Motilitätsstörungen nicht von „Heberparese" oder „Abduzensparese", son-

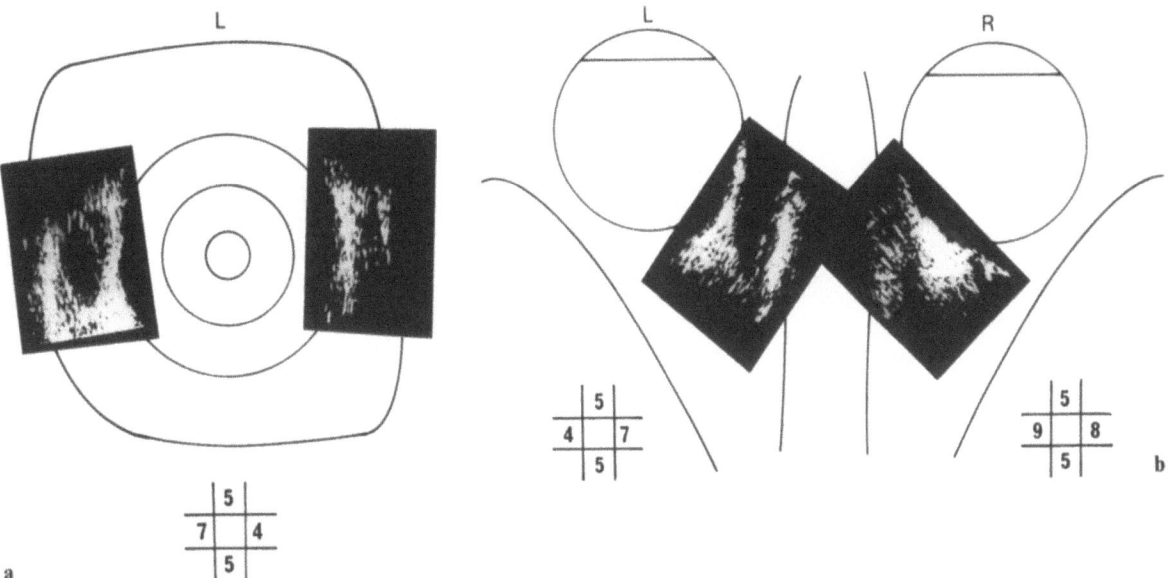

Abb. 3.4.3-8a, b (Guthoff). Infiltration des M. rect. med. und des paramuskulären Gewebes (Muskelscheide?) bei metastasierendem Mammakarzinom. Das Grundleiden war bekannt. 6 Monate später verstarb die Patientin an diffuser Metastasierung. – Vorwiegend passive Motilitätseinschränkung. Bewegungsstrecken nach Kestenbaum: Adduktion 7 mm, Abduktion 4 mm. – Bronson-Turner-Gerät, 10 MHz **a** Annähernd frontale Schnitte. Links im Bild der Querschnitt des M. rect. med. mit temporal oben aufsitzender Neubildung, Verbreiterung des Muskels und niedrigen (im B-Bild nahezu unsichtbaren) Strukturechos. **b** Horizontale Schnittebene mit Darstellung des verbreiterten M. rect. med. links (Längsschnitt) und Vergleich mit der entsprechenden Region der gesunden Seite. Die Bewegungsstrecken nach Kestenbaum sind beiderseits angegeben. Der echographische Befund spricht für das Vorliegen einer soliden Neubildung des M. rect. med. links. Im Zusammenhang mit dem klinischen Bild ist eine Karzinommetastase höchst wahrscheinlich

dern von Blickhebungseinschränkung bzw., Abduktionseinschränkung sprechen. Entsprechend ist die Therapie der Wahl die Rücklagerung des vermindert dehnbaren, betroffenen Muskels (und nicht etwa die Verkürzung des nur scheinbar zu schwach wirksamen Muskels), wobei in schweren Fällen die Kombination von Dekompressionsoperation und Schieloperation weitaus bessere Ergebnisse liefert als die Schieloperation allein (Buschmann et al. 1986).

Für die Diagnose einer endokrinen Orbitopathie ist das *Computertomogramm* in der Regel entbehrlich; in den meisten Fällen erlauben die klinischen, nuklearmedizinischen und echographischen Befunde eine gut abgesicherte Diagnose. Bei normalem Schilddrüsenstoffwechsel mit regelrechten nuklearmedizinischen Befunden sowie bei fehlender Muskelschwellung ist dagegen eine Computertomographie zusätzlich zur Echographie zum Ausschluß anderer Ursachen indiziert.

Metastasen in den Augenmuskeln

Metastasen im Bereich der äußeren Augenmuskeln sind bisher nur vereinzelt beschrieben worden. Ossoinig berichtete 1982 von einer histologisch gesicherten Metastase (Mamma-Ca), die sich streng auf die Muskelscheiden beschränkte und die Muskelfasern und den umgebenden Orbitaraum nicht infiltrierte. Bei unseren Patienten mit dieser Diagnose ist als einheitliches Merkmal die Verbreiterung des Muskelechos, verbunden mit einer passiven Motilitätsstörung, auffällig. Bei der *Mammakarzinommetastase* einer Patientin (Abb. 3.4.3-8) könnte die isoliert darstellbare paramuskuläre Masse ein Hinweis auf die von Ossoinig beschriebene Muskelscheideninfiltration sein, aber auch der Muskel selbst war, wie in der frontalen und horizontalen Schnittebene zu sehen ist, betroffen. Muskelmetastasen sind selten. Der Orbitabefall kann auftreten Jahre bevor der Primärtumor gefunden wird (Ashton et al. 1974). Die relativ einheitliche klinische und morphologische Symptomatik erscheint als bemerkenswert: Immer, wenn echographisch ein einzelner Muskel verbreitert erscheint, niedrige, gleichförmige Strukturechos aufweist, und eine vorwiegend passive Motilitätsstörung vorliegt, sollte neben einer Myositis an eine Metastase eines möglicherweise unbekannten Primärtumors gedacht werden. Eine isolierte Beteiligung der Muskelscheiden ist nach bisherigen Berichten möglicherweise sogar als ein pathognomonisches Zeichen anzusehen. Die Zuverlässigkeit, mit der diese Befunde erhoben werden können, läßt die Echographie bei dieser Fragestellung als die Methode der Wahl erscheinen.

Literatur

Ashton N, Morgan G (1974) Discrete carcinomatous metastases in the extraocular muscles. Br J Ophthalmol 58:112–117
Basedow SA v (1840) Exophthalmus durch Hypertrophie des Zellgewebes in der Augenhöhle. Casper's Wochenschr Ges Heilkd 13:220
Buschmann W, Kruse P, Richter W (1986) Operative Therapie bei hochgradigem endokrinen Exophthalmus. Fortschr Ophthalmol 83:248–250
Daicker B (1979) Das gewebliche Substrat der verdickten äußeren Augenmuskeln bei der endokrinen Orbitopathie. Klin Monatsbl Augenheilkd 174:843–847
Esslen E, Papst W (1961) Die Bedeutung der Elektromyographie für die Analyse von Motilitätsstörungen der Augen. Bibl Ophthalmol 57:168
Forbes G (1984) Computerized image evaluation: CT and NMR scanning and computed volume measurement. In: Gorman CA, Waller RR, Dyer JA (eds) The eye and orbit in thyroid disease. Raven, New York pp 178–180
Graves RJ (1835) Clinical Lectury. XII. Lond Med Surg J 7/2:515
Horst W (1952) Methoden und Ergebnise des Radio-Jod-Stoffwechselstudiums zur Diagnostik thyreoidaler und extrathyreoidale Erkrankungen. Klin Wochenschr 30:439
Jensen SF (1971) Endocrine ophthalmoplegia is due to myopathy or mechanical immobilisation. Acta Ophthalmol 49:679–684
Langenbruch K (1981) Die Computertomographie der Orbita bei der endokrinen Ophthalmopathie. Fortschr Röntgenstrahlen 135:29–32
McNutt LC (1975) Ultrasound of Graves' orbitopathy. Seminar 1975. Dept. of Ophthalmology, University of Iowa, Iowa City
Mornex R, Fournier G, Berthezenne F (1973) Ophthalmic Graves' disease proceedings. Proc 2nd Int Symp on Orbital Disorders. Mod Probl Ophthalmol 14:426
Ossoinig KC (1982) Ein neues Merkmal zur verläßlichen Differentialdiagnostik des endokrinen Exophthalmus. Klin Monatsbl Augenheilkd 180:189–197
Trokel SL, Hilal SK (1979) Recognition and differential diagnosis of enlarged extraocular muscles in computed tomography. Am J Ophthalmol 87:503–512
Werner SC (1955) Euthyroid patients with early signs of Graves' disease. Am J Med 18:608

3.4.4 Orbitaraum innerhalb des Muskelkonus: Tumoren, arteriovenöse Fisteln, Varicosis, Venenthrombosen

R. GUTHOFF

Die den inneren Orbitaraum *überschreitenden* Tumoren und Pseudotumoren werden in Kap. 3.4.6 beschrieben, die Erkrankungen des Sehnerven im Kap. 3.5.

Unter den in der Regel auf den inneren Orbitaraum *begrenzten Tumoren* sind vor allem die kavernösen Hämangiome zu erwähnen. Sie haben eine glatte kapselartige Begrenzung. Bei kapillären Hämangiomen zeigt sich echographisch eine relativ homogene Binnenstruktur, doch kommt das auch bei kavernösen Hämangiomen vor, wenn diese keine größeren Bindegewebssepten enthalten und gleichförmig aufgebaut sind (Abb. 3.4.4-1).

Kavernöse Hämangiome weisen aber in der Regel echographisch eine sehr inhomogene Struktur auf (Abb. 3.4.4-2 u. 3). Die Hämangiome Erwachsener haben in der Regel einen sehr geringen Blutdurchfluß. Wegen der sehr dünnen Gefäßverbindungen zur Umgebung läßt sich ihr Volumen durch Kompression nicht bzw. nur bei längerer Druckausübung wenig verringern, und Echopulsationen sind aus dem Tumorinnern meist nicht nachweisbar. Dopplersonographisch erscheinen sie als stumm. Bei der computertomographischen Untersuchung erfolgt die Kontrastmittelaufnahme entsprechend langsam und kann nicht wesentlich zur Sicherung der Diagnose beitragen.

Die Hämangiome sind gutartig und wachsen nur langsam, jedoch können sie durch Kompression des Sehnerven eine bis zur Erblindung gehende Optikusatrophie verursachen (Abb. 3.4.4-2). Eine chirurgische Entfernung ist deshalb bei Diagnosestellung angezeigt. Falls man mit der operativen Entfernung abwarten will, ist deshalb eine regelmäßige, sehr sorgfältige Kontrolle bezüglich einer beginnenden Kompressionsneuropathie des N. opticus unerläßlich. Die operative Entfernung kann in der Regel über eine Krönlein-Operation (Abb. 3.4.4-1 u. 2) oder über eine äußere Ethmoidektomie problemlos erfolgen.

Die *Hämangiome bei Kleinkindern* (Abb. 3.4.4-4 u. 5) unterscheiden sich von denen Erwachsener sowohl im klinischen als auch im echographischen Bild grundsätzlich. Sie erstrecken sich meist auch auf den äußeren Orbitaraum und den Lidbereich und weisen starke vaskuläre Verbindungen auf. Ihr Volumen kann durch Kompression mit dem Schallkopf erheblich verringert werden, aus dem

Herdinnern registriert man häufig pulsierende Echos. Die *Doppler-Sonographie* (Kap. 3.1.3) läßt eine starke arterielle Durchströmung erkennen. Wegen der günstigen Prognose und der besseren Ergebnisse der Spontanheilung sind Operationen oder Röntgenbestrahlungen nur indiziert, wenn z.B. infolge der Lidschwellung die Pupille völlig verdeckt ist und die Gefahr einer Deprivationsamblyopie besteht. Im Gegensatz zu Hämangiomen Erwachsener ist eine Ausschälung in toto nicht möglich, operative Maßnahmen in solchen Fällen beschränken sich auf eine Verkleinerung der Tumormasse, meist führt eine niedrig dosierte Röntgenbestrahlung bereits zur Verkleinerung und Beseitigung der Amblyopiegefahr.

Metastasen können sich auch innerhalb des Muskeltrichters in der Orbit ansiedeln, z.B. Metastasen maligner Melanome, zirrhöser und Plattenepithelkarzinome. Insgesamt sind sie hier aber selten. *Arteriovenöse Fisteln* im Bereich des Sinus cavernosus sind als die häufigste Ursache des pulsierenden Exophthalmus lange bekannt (Sattler 1920). In 80% der Fälle wird ein Schädelhirntrauma dafür verantwortlich gemacht, wobei Stich- oder Pfählungsverletzungen mit direkter Einwirkung, Frakturen der knöchernen Begrenzung und auch Scherkräfte im Rahmen einer schweren Kontusion Defekte in der Arterienwand verursachen können. Im Sinus cavernosus befindet sich die einzige Stelle, wo eine Arterie intrakraniell durch einen venösen Sinus zieht. Eine arterielle Blutung breitet sich deshalb hier nicht im subarachnoidalen oder subduralen Raum aus, sondern belastet das zerebrale Venensystem durch Einstrom arteriellen Blutes. Es wird im wesentlichen durch die gleichseitige Vena ophthalmica, eventuell auch (durch einen interkavernösen Shunt) über die Gegenseite abgeleitet. Die klassische Symptomatik mit pulsierendem Exophthalmus, sowie subjektiven und objektiven Geräuschphänomenen führte bei den meisten von uns untersuchten Patienten bereits vor der echographischen Untersuchung zur korrekten Diagnose. Diese läßt sich innerhalb weniger Sekunden durch den Nachweis eines grobkalibrigen, auf Druck pulsierenden Gefäßes im Muskeltrichter bestätigen (Abb. 3.4.4-6). Mit der B-Bild-Technik gelingt das problemlos, wogegen das Aufsuchen des „schwirrenden" A-Bild-Zackenkomplexes einige Übung erfordert (Buschmann 1967; Ossoinig 1975).

Die *Doppler-Sonographie* ergibt starke arterielle, pulssynchrone Strömungssignale, aus dem (normalerweise stummen) Gebiet der Vena ophthalmica superior. *Zur Diagnose ist weder die Karotisangiographie noch die Computertomographie erforderlich* – diese Untersuchungen kommen erst in Betracht, wenn eine Stillegung der Fistel (Ballonierung) erwogen wird.

Die ständige Überlastung des orbitalen Venensystems, das über die Vv. ethmoidalis anterior et posterior mit den Nasenhöhlen in Verbindung steht, kann zu lebensbedrohlichem Nasenbluten führen (Kellerhals u. Levy 1971). Die rasche echographische Bestätigung einer Verdachtsdiagnose kann die notwendigen therapeutischen Schritte sehr beschleunigen. Bei der Mehrzahl unserer Patienten (21 von 28) erschienen die Symptome wesentlich weniger dramatisch und es bestand kein Trauma in der Vorgeschichte. Die Entdeckung eines arterialisierten Gefäßes stellte einen Zufallsbefund dar.

Pathogenetisch handelt es sich bei den spontanen Sinus cavernosus-Fisteln um Rupturen der Gefäßwand kleiner, im Sinus cavernosus verlaufender Äste der Arteria carotis interna oder externa (Peeters et al. 1979). Die so entstehenden Kurzschlüsse mit vergleichsweise kleinem Shuntvolumen und geringerer Drucksteigerung im venösen System sind nicht in der Lage, Pulsationen und Geräuschphänomene auszulösen; die geringe ophthalmologische Symptomatik gibt häufig Anlaß zu Fehldiagnosen wie Myositis, Episkleritis, Pseudotumor orbitae oder einseitigem Glaukom. Am Fundus fällt meist eine venöse Stauung mit Papillenhyperämie auf. Den Schlüssel zur Diagnose bildet der echographische Nachweis eines auf Druck pulsierenden Gefäßes innerhalb des Muskeltrichters. Am besten für eine echographische Darstellung eignet sich die Vena communicans anterior, die zwischen dem M. rect. med. und dem N. opticus die Vv. ophthalmica superior und inferior verbindet. Beim Aufsetzen des Schallkopfes auf den temporalen Bulbusanteil läßt sich dieses Gefäß bei horizontaler Untersuchungsrichtung quer, bei frontaler im Längsschnitt darstellen (Abb. 3.4.4-6). Gefäßpulsationen als Zeichen der Arterialisierung werden erst sichtbar, wenn der Gewebsdruck den diastolischen intravasalen Druck überschreitet. Bei den arterialisierten Venen läßt sich das über eine manuelle Kompression des Orbitainhaltes errechnen. Das vorher gut identifizierbare Gefäß kollabiert pulssynchron und verschwindet kurzzeitig auf dem Bildschirm. Zur Darstellung reicht nach unseren Erfahrungen bereits ein Gefäßdurchmesser von ca. 2 mm aus. Die Summation der Bildpunkte auf der B-Bild-Darstellung scheint der von allen echographischen Untersuchern dieses Krankheitsbildes bisher bevorzugten Darstel-

234 Orbitaerkrankungen

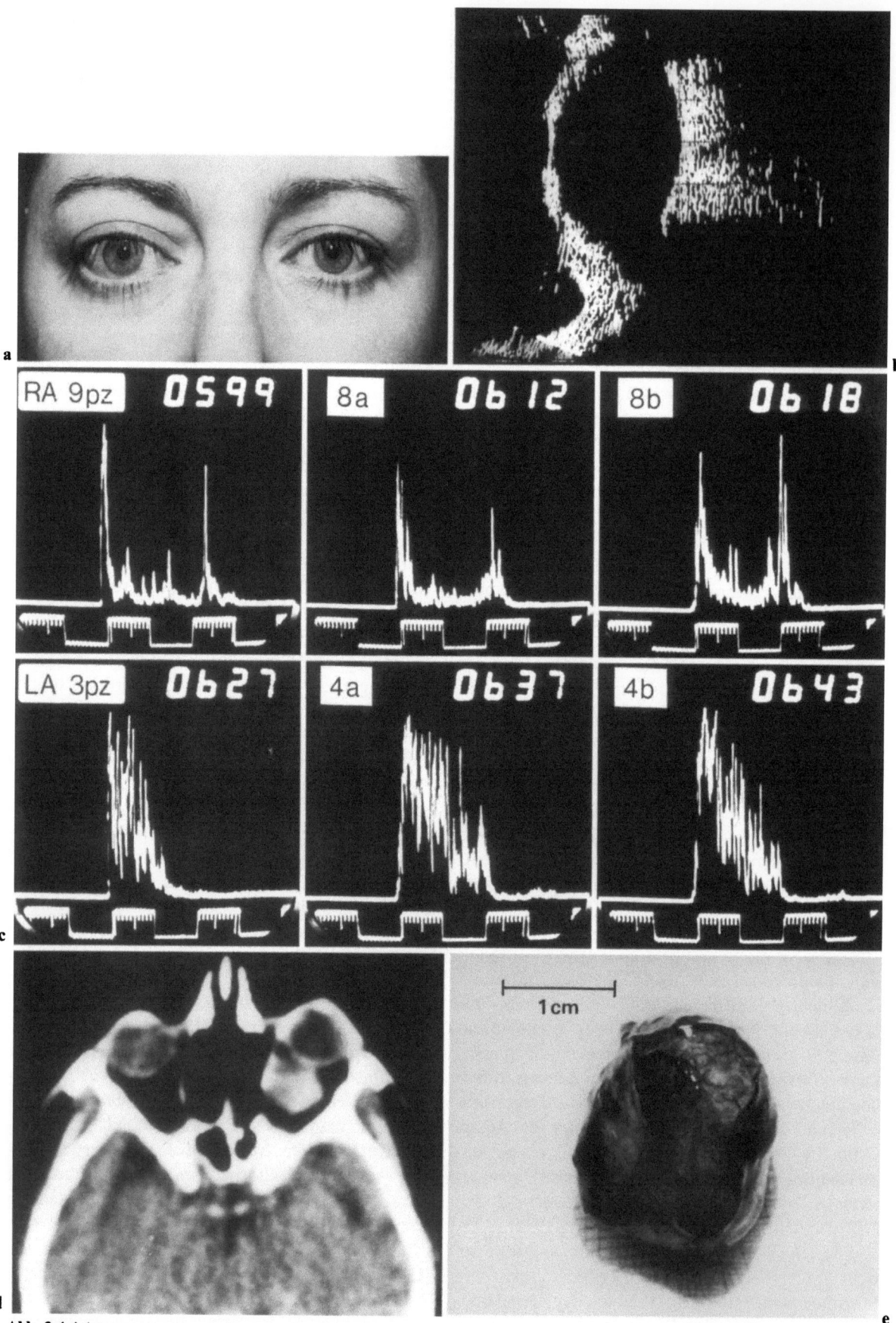

Abb. 3.4.4-1 a–e

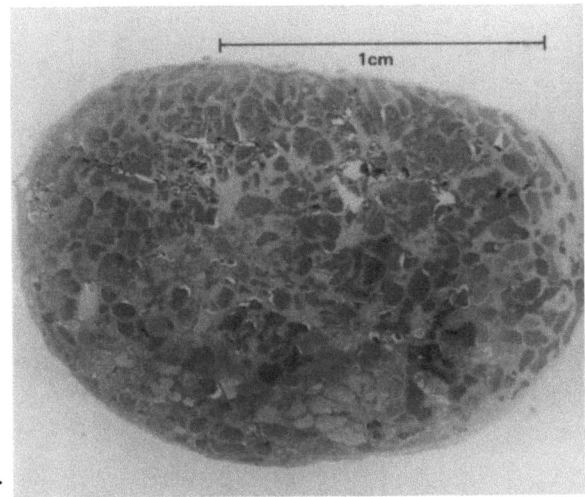
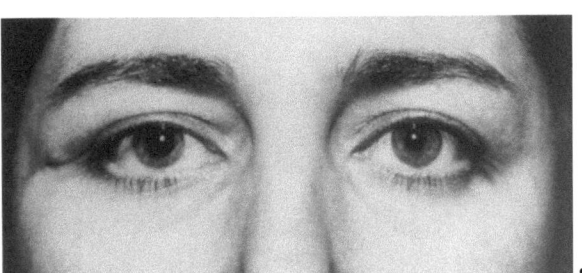

Abb. 3.4.4-1 a-g (Buschmann). Gleichförmig aufgebautes, karvernöses Hämangiom der Orbita
a Leichter rechtsseitiger Exophthalmus. Motilität und Funktionen kaum beeinträchtigt. **b** B-Bild-Echogramm mit Gerät Ophthalmoscan, 10 MHz, Horizontalschnitt, 4 mm oberhalb der optischen Achse. Das orbitale Fettgewebe wird durch eine scharf begrenzte Raumforderung aus dem hinteren und mittleren Drittel des Retrobulbärraumes verdrängt. Innerhalb des Herdgebietes zeigen sich keine Strukturechos. Der N. opticus ist vom Herdgebiet nicht sicher abzugrenzen. **c** A-Bild-Serie aus der Herdregion hinter dem rechten Auge (*obere Reihe*), zum Vergleich Echogramme aus den entsprechenden Richtungen der gesunden Orbita bei gleicher Geräteeinstellung (*untere Reihe*). Gerät 7200 MA, Δ W 38 = 68 dB, Flachstielschallkopf (wf = 10 MHz, Schwingerdurchmesser 3,5 mm). Trotz sehr hoch eingestellter Empfindlichkeit nur sehr niedrige Strukturechos aus dem Tumorbereich! **d** Axiales Computertomogramm (nach Kontrastmittelgabe). Umschriebene Raumforderung mit deutlicher Kontrastmittelanreicherung hinter dem rechten Bulbus. **e** Operationspräparat des glatt begrenzten Tumors. **f** Histologisches Bild: Kavernöse Hämangiom mit dicht gepackten, kleinen Gefäßen ohne typischen Wandaufbau, statt dessen nur Bindegewebe und Perizyten. Im lupenmikroskopischen Bild keine größeren Bindegewebssepten, sondern homogener Aufbau. **g** Zustand nach Krönlein-OP. Visuelle Funktionen und Motilität regelrecht

lung der pulsierenden Echos im A-System (Buschmann 1967; Ossoinig 1982; Phelps 1982) überlegen zu sein.

Der dopplersonographische Nachweis der arteriellen Durchströmung der Vena communicans oder der Vena ophthalmica superior liefert einen weiteren Beweis für die Diagnose einer kleinen arteriovenösen Fistel. Die Nachweisempfindlichkeit dieser echographischen Untersuchungsmethoden ist derjenigen der digitalen Subtraktionsangiographie eindeutig überlegen. Letztere hat hierfür ein zu schlechtes örtliches Auflösungsvermögen.

Daß zur Diagnose einer arteriovenösen Fistel nicht nur die Gefäßdarstellung, sondern auch der Nachweis der Pulsation und der arteriellen Durchströmung notwendig ist, zeigt die Einzelbeobachtung eines Patienten mit einer *Orbitavenenthrombose*. Der Nachweis der Vena ophthalmica gelang problemlos, aber selbst bei Kompression bis an die Schmerzgrenze blieb der Befund unverändert – die Vene kollabierte nicht.

Die in unserem Patientenkollektiv zum ersten Mal dokumentierte größere Anzahl spontaner Fisteln gegenüber den traumatischen läßt vermuten, daß diese Diagnose ohne Einsatz der Echographie bisher zu selten gestellt wurde. Allgemein gilt: Arteriovenöse Kurzschlüsse, die das orbitale Venensystem mit einbeziehen, lassen sich am zuverlässigsten echographisch diagnostizieren. Bei spontan auftretenden Fisteln kann den meist älteren Patienten eine radiologische Gefäßdarstellung erspart bleiben und der fast in allen Fällen günstige Spontanverlauf abgewartet werden. *Eine Karotisangiographie ist nur indiziert, wenn die exakte Lokalisation des Shunts wegen eines geplanten therapeutischen Eingriffs notwendig wird.*

Bereits in Kap. 3.3.2 wurde darauf hingewiesen, daß beim derzeitigen Auflösungsvermögen der Kontakt-B-Bild-Geräte eigentlich zu erwarten wäre, daß auch die normale Vene ophthalmica superior erkennbar ist. Daß dies meist nicht der Fall ist, dürfte auf den Auflagedruck des Schallkopfes zurückzuführen sein, der offenbar zum Kollabieren der Gefäße ausreicht. Dies wird dadurch bestätigt, daß diese Gefäße bzw. ihre Wände bei Drucksteigerungen oder Thrombosen auch ohne Vergrö-

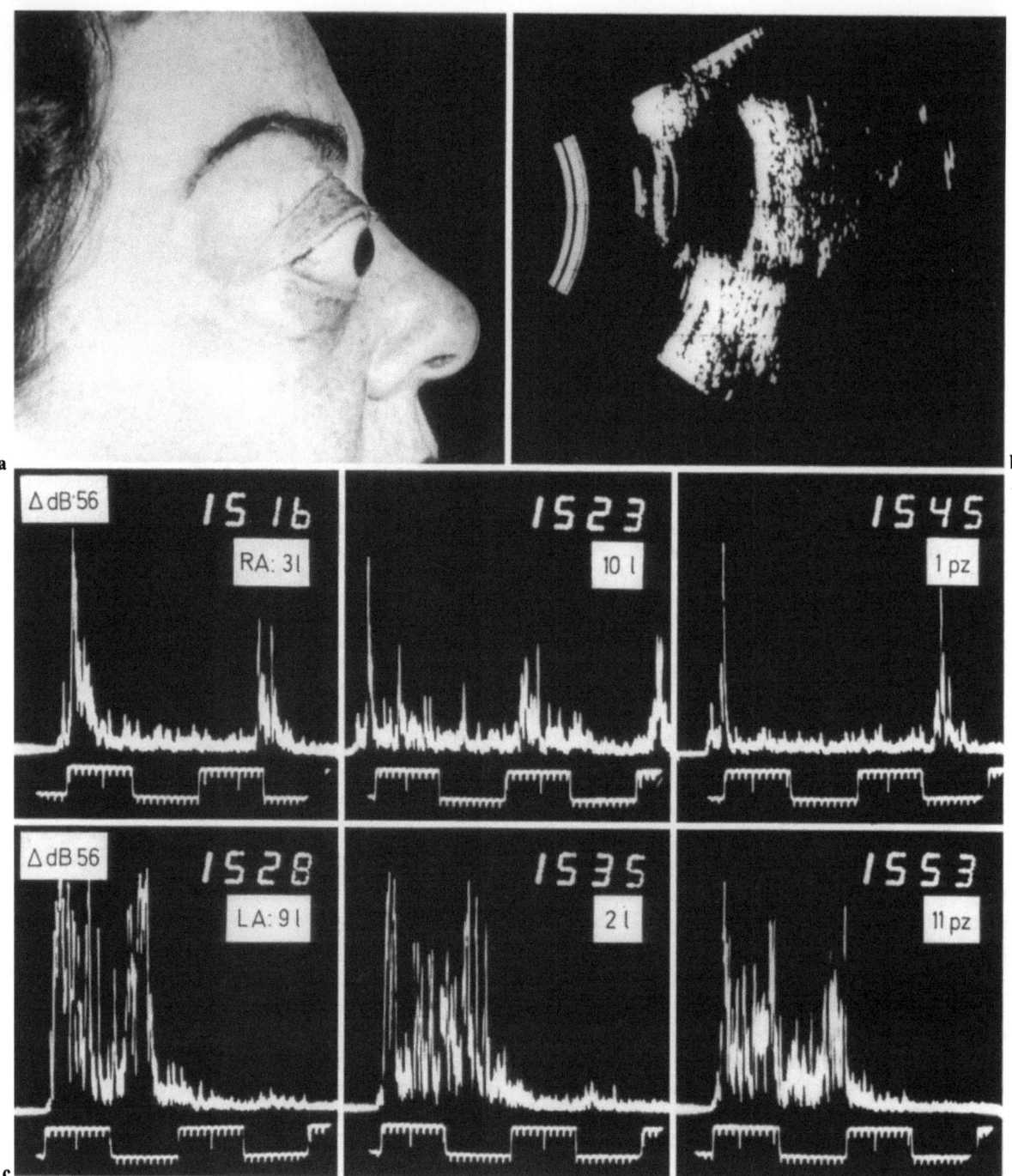

Abb. 3.4.4-2 a-f (Buschmann). Kavernöses Hämangiom mit sehr langsamer Größenzunahme und Erblindung des rechten Auges (durch Kompressionsneuropathie des N. opticus) **a** Präoperatives Portrait; extreme Protrusio bulbi rechts. **b** Sektor-Scan mit Gerät Ophthalmoscan 200 und fokussiertem 5 MHz-Schallkopf. Verdrängung des orbitalen Fettgewebes mit relativ glatter Begrenzung, raumfordernder Prozeß mit vereinzelten, intensiven Strukturechos in den hinteren 2 Dritteln des Retrobulbärraumes. **c** *Obere Reihe*: A-Bild-Echogramm aus der Herdregion, verschiedene Untersuchungsrichtungen. Gerät 7100 MA, Flachstielschallkopf mit 3,5 mm Schwingerdurchmesser, wf = 8,6 MHz, Δ W38 = 56 dB. In Richtung 10 Uhr mit am Limbus aufgesetztem Schallkopf (10 L, *mittleres Bild oben*) grobe Amplitudenunterschiede der Strukturechos, in den rechts und links daneben dargestellten Richtungen mehr gleichförmige Amplitudenhöhe der Strukturechos aus dem Tumorgebiet. Verglichen mit Abb. 3.4.4-1c handelt es sich in allen 3 Echogrammen der oberen Reihe um intensive Strukturechos (Δ W38 dort = 68 dB, hier = 56 dB!). *Untere Reihe*: Vergleichsrichtungen aus der gesunden Orbita mit gleicher Technik. **d** Computertomogramm (erste Gerätegeneration) mit deutlicher Kontrastmittelanreicherung im glatt begrenzten, sehr großen retrobulbären Tumor, der die hinteren 2 Drittel der Orbita völlig ausfüllt. **e** Operationspräparat des Tumors. **f** Postoperatives Portrait. Trotz der vorausgegangenen starken Muskelüberdehnung annähernd normale Motilität

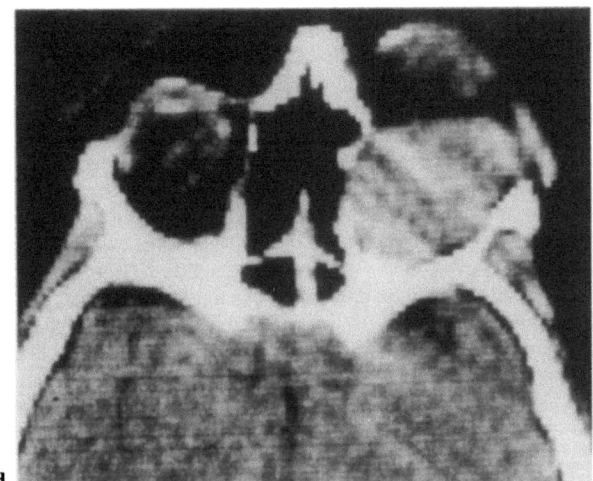
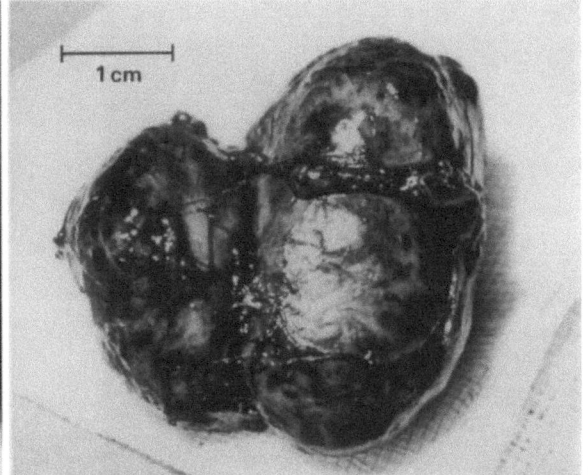
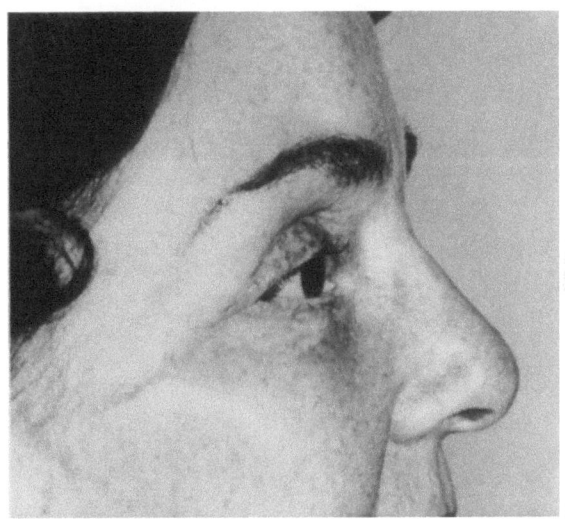

Abb. 3.4.4-2 d–f

ßerung des Durchmessers gegenüber der Norm im Echogramm gut darzustellen sind. Bei einigen Patienten konnte computertomographisch (2 mm-Schichten) keine Seitendifferenz des Gefäßkalibers nachgewiesen werden, echographisch war aber eindeutig nur auf der erkrankten Seite die auf Druck pulsierende Vene nachzuweisen.

Die gelegentlich bei der endokrinen Orbitopathie oder bei idiopathischer Myositis darstellbaren Venen kann man durch mäßige Orbitakompression völlig zum Verschwinden bringen. Sie zeigen keine Pulsationen. Im Hinblick auf die Venenverläufe ist zu vermuten, daß die Abflußbehinderung durch die Kompression der Venen beim Austritt zwischen den massiv verbreiterten Muskelbäuchen erfolgt.

Orbitavarizen werden in der Regel durch den intermittierenden Exophthalmus und den zwischenzeitlich auftretenden Enophthalmus klinisch diagnostiziert. Durch Kopftieflage oder ein Valsalva-Manöver kann man die verbreiterten Venenschlingen echographisch darstellen (Abb. 3.4.4-7 u. 8).

Angefügt sei hier noch das Beispiel eines intrakonischen Tumors, welches zeigt, daß man die Anamnese nicht überbewerten darf. Die histologische Diagnose stellt nach wie vor der Pathologe! Dazu ein Beispiel (Abb. 3.4.4-9): Bei einer 67jähr. Patientin war vor einem Jahr wegen eines histologisch gesicherten Mammakarzinoms eine Mammaamputation ausgeführt worden. Seit einigen Wochen fiel ein langsam zunehmender Exophthalmus auf (Hertel-Wert rechts 16,5, links 21 mm). Der ophthalmologische Befund war völlig regelrecht, einschließlich Visus und Gesichtsfelder. Die Echographie ließ eine gut begrenzte, vom M. rect. lateralis jedoch nicht abgrenzbare umschriebene Raumforderung mit geringer Schallschwächung erkennen (Abb. 3.4.4-9c). Im Herdgebiet zeigte sich eine recht schallhomogene Binnenstruktur, die

238 Orbitaerkrankungen

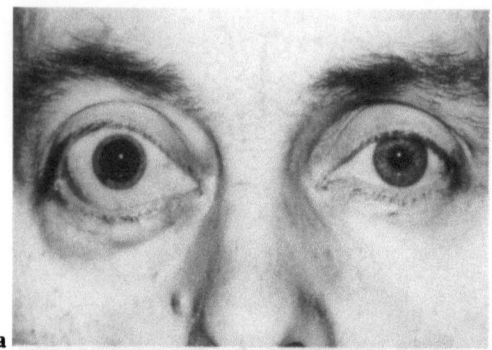
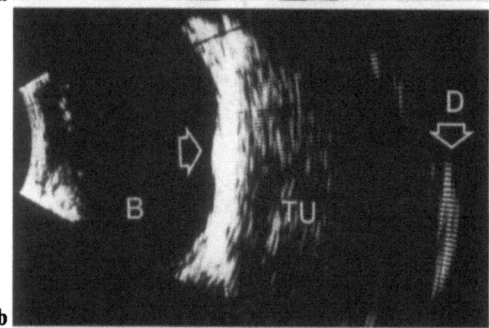
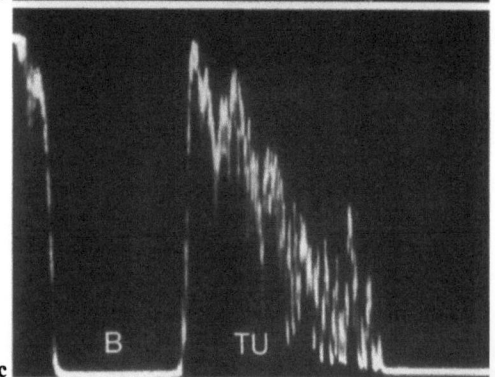
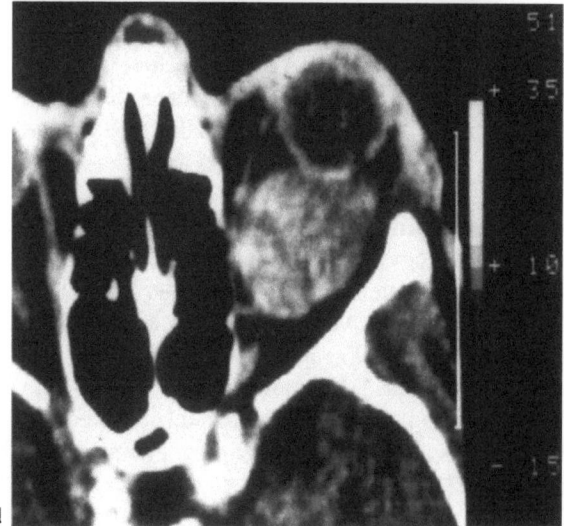

Abb. 3.4.4-3 a-d (Guthoff). Kavernöses Hämangiom der Orbita mit typischem Echogramm
a 54jähr. Patientin mit seit 4 Jahren langsam progredientem Exophthalmus rechts. **b** Schnittbildechogramm (Schnittebene vom unteren Orbitarand zum Orbitadach gerichtet). *B* Bulbus; *TU* Tumor; *D* Orbitadach. Der expansive Charakter des Tumors drückt sich auch in einer diskreten Bulbusimpression aus (*Pfeil*). **c** A-Bild-Echogramm. Kretztechnikgerät 7200 MA, 8 MHz-Schallkopf. Empfindlichkeitseinstellung: Δ W 38 = 58 dB. Der regelmäßige Aufbau mit aufeinanderfolgenden, stark reflektierenden Grenzflächen des Tumors bedingt das Schallbild mit hohen, dicht aufeinanderfolgenden Einzelzacken und herabgesetzter Schalldämpfung (kontinuierliche Verringerung der Amplituden der Strukturechos mit zunehmender Tiefenlage im Gewebe). **d** Computertomogramm derselben Patientin: Glattwandiger expansiver Tumor innerhalb des Muskeltrichters

Strukturechoamplituden waren relativ gleichförmig und niedrig. Auch im Computertomogramm stellte sich diese umschriebene Raumforderung gut dar (Abb. 3.4.4-9d). Die Abgrenzung vom Rectus lateralis war jedoch ebensowenig möglich wie in der Echographie. Die gründliche Durchuntersuchung einschließlich Skelettszintigraphie ergab keinerlei Anhalt für (weitere) Metastasen. Deshalb wurde über einen modifizierten Krönlein-Zugang die Gewinnung einer Biopsie oder, falls möglich, die Entfernung des Tumors in toto angestrebt. Der glatt begrenzte Tumor (Abb. 3.4.4.-9e) konnte in toto ausgeschält und von der Innenseite des Rectus lateralis abpräpariert werden. Histologie: Neurinom (!).

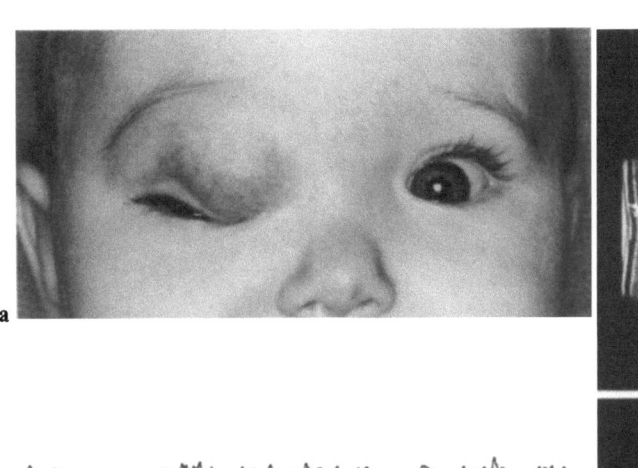
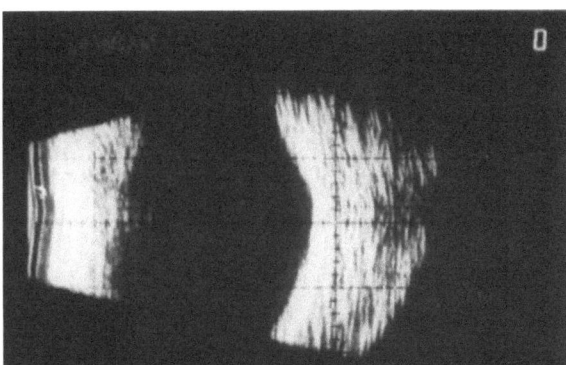
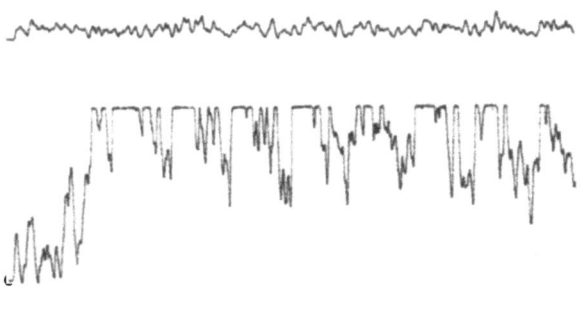
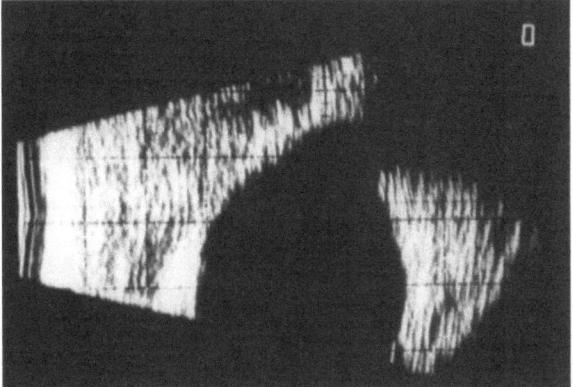
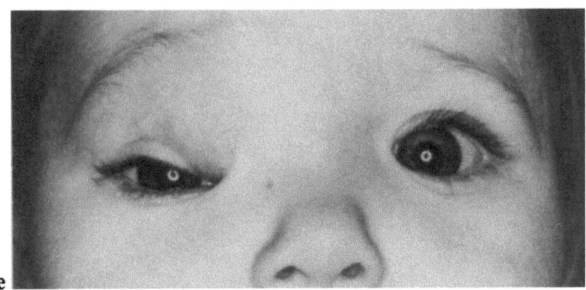
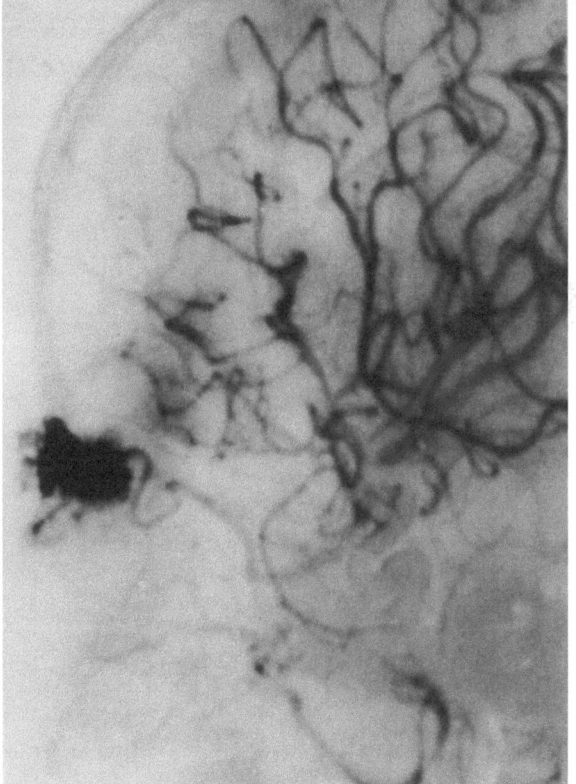

Abb. 3.4.4-4a–e (Buschmann). Hämangiom mit starker arterieller Durchblutung beim Kleinkind
a Die Pupille ist verdeckt. In den vergangenen Monaten hat die Größe des Tumors zugenommen. **b** B-Bild-Echogramme mit Ocuscan 400, wf = 9,7 MHz, Δ W 38 = 52 dB. *Oberes Teilbild*: Schallkopf am Unterlid aufgesetzt, horizontale Schnittebene, 45° nach hinten oben ansteigend. Der Tumor liegt außerhalb der Schnittebene. *Unteres Teilbild*: Schallkopf auf dem Tumor aufgesetzt, Tumormasse mit intensiven Innenechos vor und neben dem Bulbus, bis über den Äquator nach hinten reichend. Aus normalem Orbitafettgewebe erhält man mit 10 MHz und Δ W 38 = 52 dB parabulbär keine so weit nach hinten reichenden Echos. Im A-Bild-Echo Pulsationen. **c** Doppleruntersuchung: Starke arterielle, pulssynchrone Strömungssignale auf dem oberen Kanal des Schreibers (entspricht einer gegen den Schallkopf gerichteten arteriellen Strömung). Auf dem unteren Kanal zeigen sich keine Strömungssignale (es gibt keine arterielle Strömung vom Schallkopf weg in diesem Falle). Richtungsempfindliches Dopplergerät Delalande Electronique, 14 MHz. Die Diagnose eines kräftig arteriell durchbluteten Hämangioms ist damit abschließend gesichert. **d** In diesem Falle ausnahmsweise diagnostische Abklärung des Zuflusses, da die Pupille verdeckt war und die Gefahr einer Deprivationsamblyopie bestand. Die Angiographie zeigt eine arterielle Versorgung aus der Arteria ophthalmica, Ligatur nicht möglich. **e** Entschluß, trotz verdeckter Pupille zunächst den Spontanverlauf abzuwarten. Portrait nach 8 Monaten: spontane Rückbildung

240 Orbitaerkrankungen

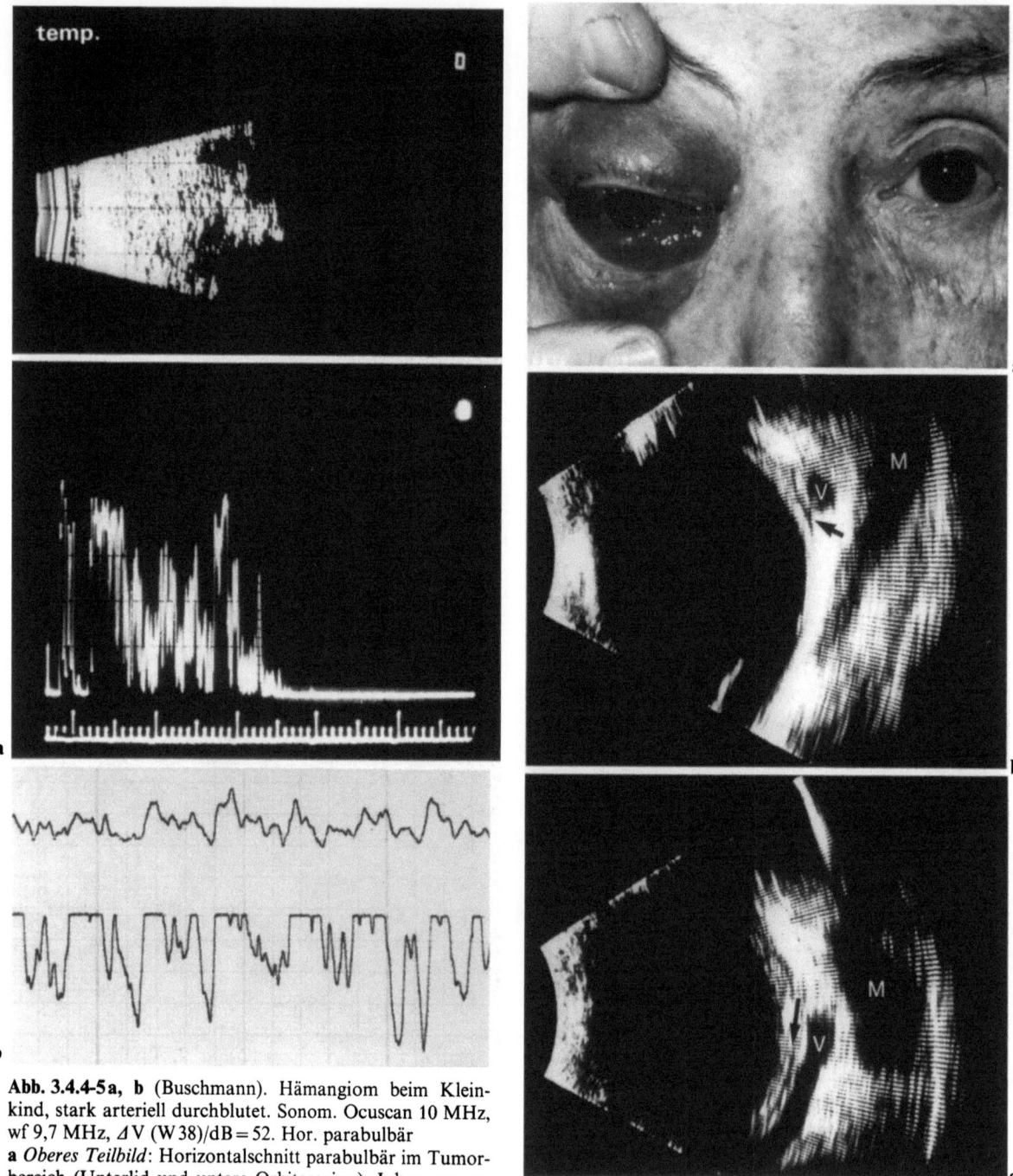

Abb. 3.4.4-5a, b (Buschmann). Hämangiom beim Kleinkind, stark arteriell durchblutet. Sonom. Ocuscan 10 MHz, wf 9,7 MHz, ΔV (W38)/dB = 52. Hor. parabulbär
a *Oberes Teilbild*: Horizontalschnitt parabulbär im Tumorbereich (Unterlid und untere Orbitaregion). Inhomogener, gut schalldurchlässiger Tumor im Unterlidbereich und unterhalb des Bulbus in der Orbita. *Unteres Teilbild*: Im A-Bild grobe Amplitudenunterschiede der Strukturechos (inhomogene Struktur) mit pulssynchronen Amplituden- und Positionsschwankungen einiger Echos. **b** Doppler-Sonographie des Herdbereiches: Richtungsempfindliches Dopplergerät Delalande Electronique, 14 MHz; pulssynchrone, kräftige arterielle Strömungssignale, Strömung aus der Tiefe der Orbita nach vorn gerichtet (=oberer Schreiberkanal), in Gegenrichtung (unterer Schreiberkanal) keine nennenswerte Strömung. Die Diagnose ist damit abschließend gesichert. Es ist weder eine Röntgenkontrastangiographie noch eine Röntgencomputertomographie erforderlich. Spontane Rückbildung im weiteren Verlauf

Abb. 3.4.4-6a–c (Guthoff). Spontan entstandene arteriovenöse Fistel
a 83jähr. Patientin, seit 4 Wochen zunehmende einseitige Chemosis und diffuse Motilitätsstörung, seit 1 Woche rasch progredient. **b** Horizontales Schnittbildechogramm der nasalen Orbitaregion. **c** Frontales Schnittbildechogramm der nasalen Orbitaregion. Ausgeprägtes Zeichen der venösen Abflußbehinderung. *Schwarzer Pfeil*, umschriebenes Ödem des Tenonschen Raumes; *V*, erweiterte, bei Kompression pulsierende Vene ophthalmica; *M*, verbreiterter schallhomogener M. rect. med

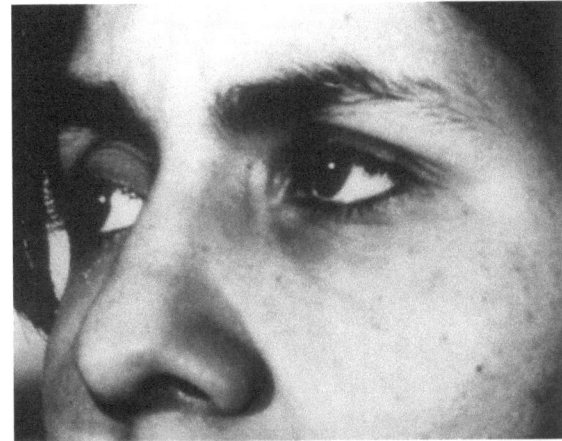
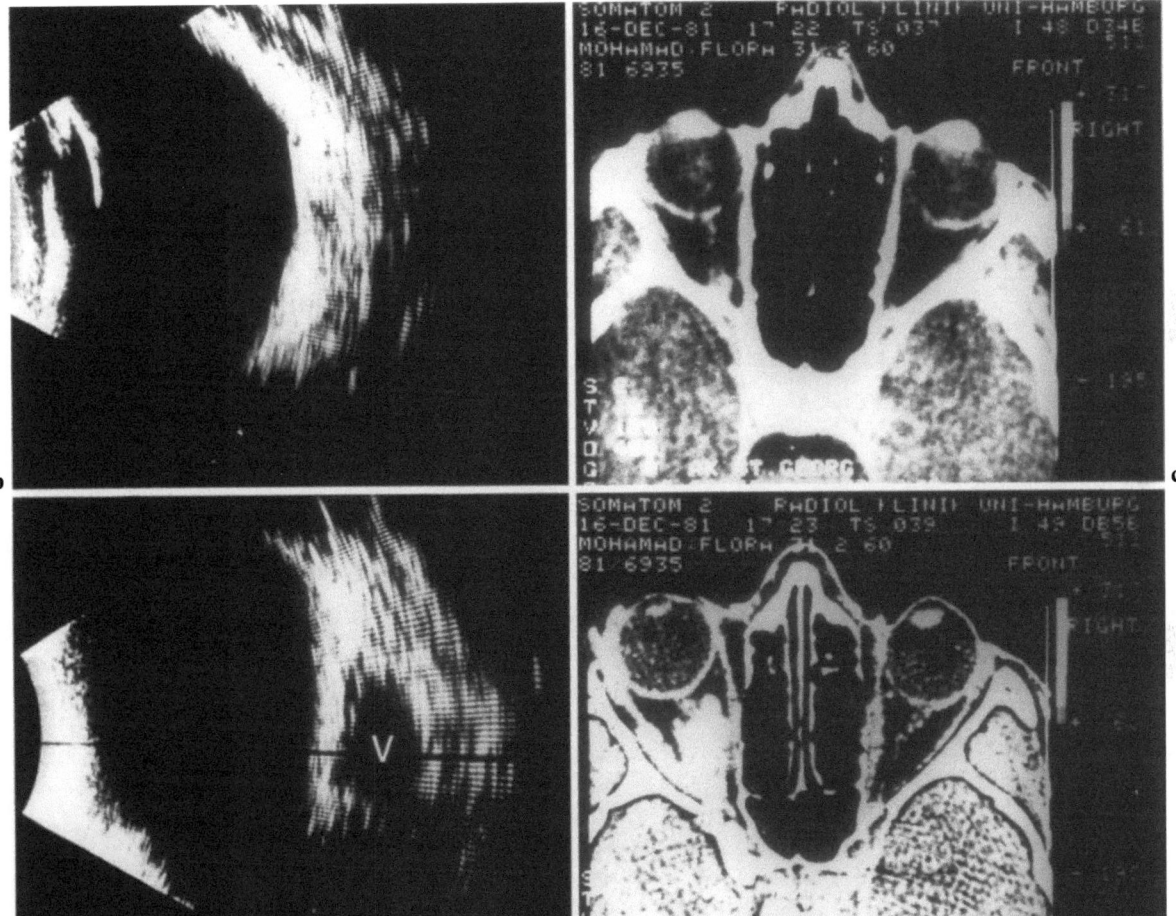

Abb. 3.4.4-7a–e (Guthoff). Intermittierender einseitiger Exophthalmus bei Orbitavarizen
a 16jähr. Patientin, seit Jahren gelegentlich auftretende Exophthalmus mit einer Seitendifferenz der Hertel-Werte von 2 mm. Gleichseitige partielle Optikusatrophie mit Visusherabsetzung auf 0,5. Während Preßdruckversuchs nach Valsalva angedeuteter linksseitiger Exophthalmus (gering vergrößerte Lidspalte)! **b** B-Bild-Echogramm *vor* Valsalva-Manöver. **c** Computertomogramm *vor* Valsalva-Manöver. **d** B-Bild-Echogramm *nach* Valsalva-Manöver. Aufblähung der Vene (*V*), keine Echos aus dem Gefäßlumen. **e** Computertomogramm *nach* Valsalva-Manöver und Kontrastmittelfüllung. Die Diagnose eines retrobulbären Varixknotens kann in der Regel aus klinischem Bild und Echogramm (mit und ohne Venenstauung) zweifelsfrei gestellt werden; Computertomographie bzw. die Phlebographie sind nur erforderlich, wenn zusätzliche Veränderungen nachgewiesen oder ausgeschlossen werden sollen

242 Orbitaerkrankungen

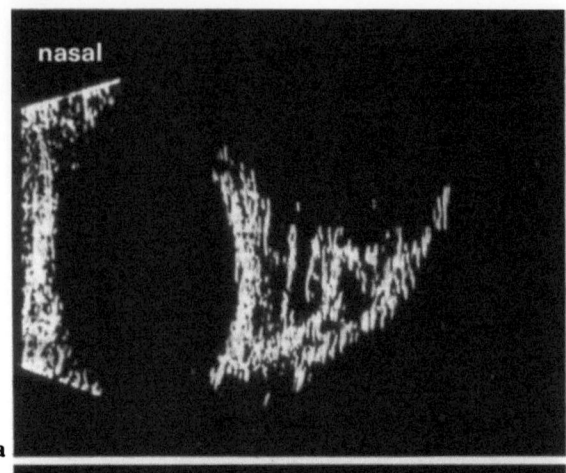

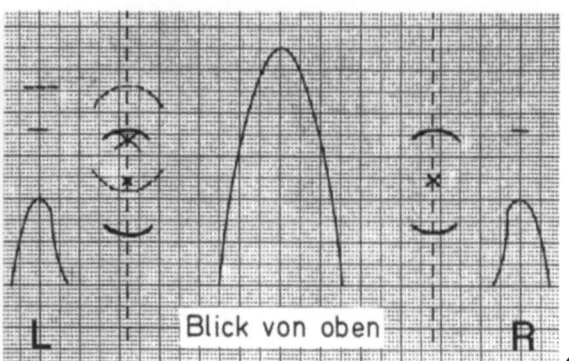

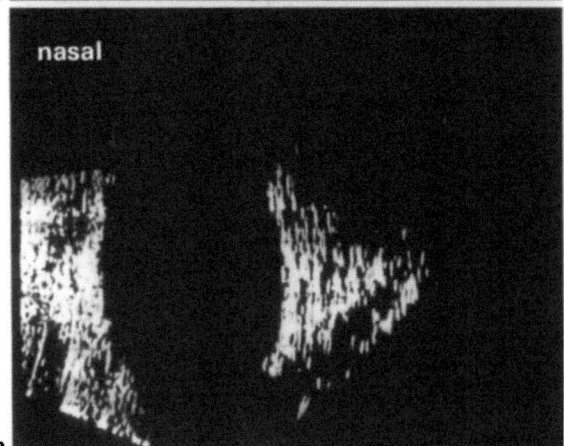

Abb. 3.4.4-8a–c (Buschmann). Orbitaler Varixknoten, 14jähr. Patientin mit intermittierendem Exophthalmus links. **a, b** Sonom Ophth., 5 MHz, sens.: 4, 6, 12 mm oberhalb d. o. A.
a B-Bild-Echogramme mit Halsvenenstauung. Die Lumina der erweiterten Venen werden als echofreie Lücken im orbitalen Fettechogramm sichtbar. **b** B-Bild ohne Halsvenenstauung = normales Fettgewebsechogramm. **c** Ultraschall-Exophthalmometrie; Darstellung der Lageänderung des linken Bulbus bei Halsvenenstauung

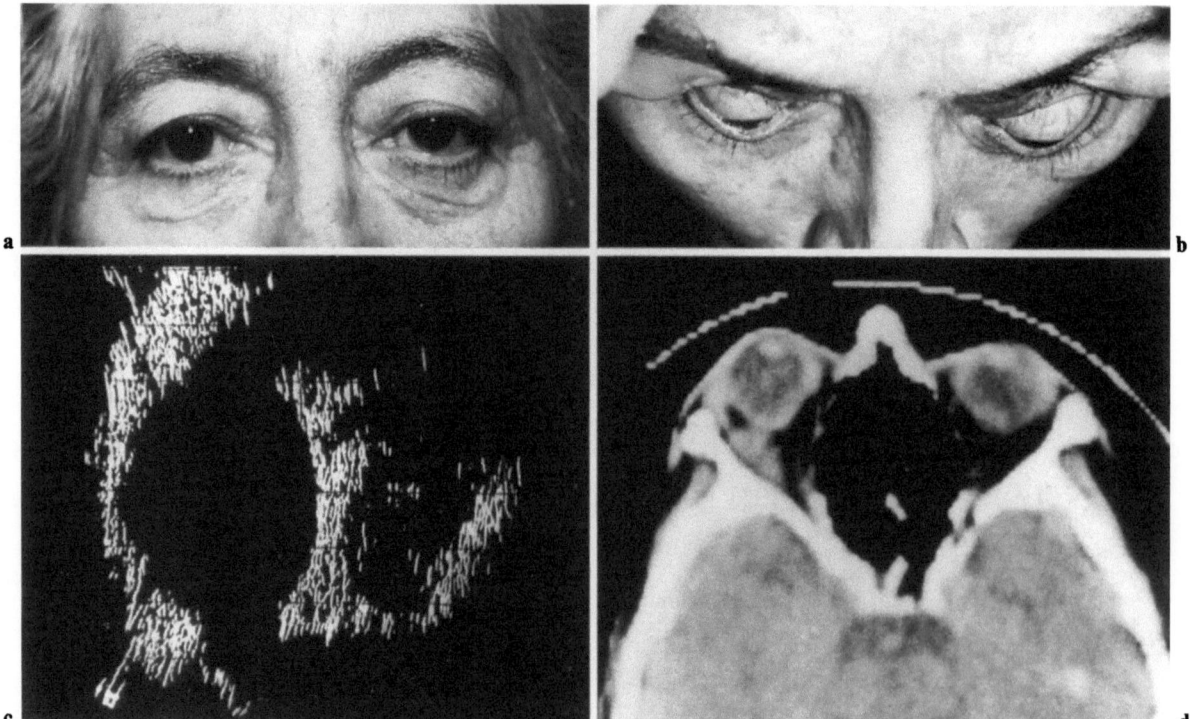

Abb. 3.4.4-9a–d

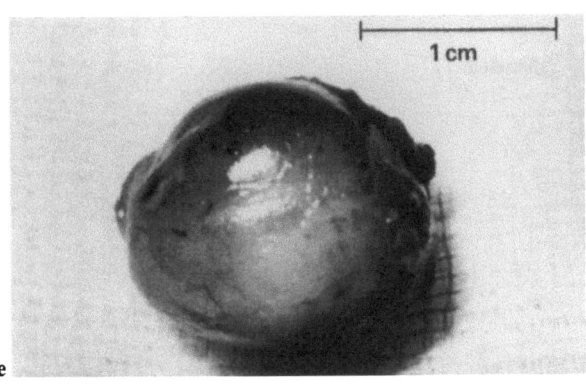
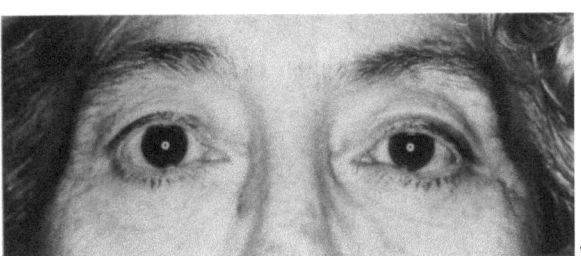

Abb. 3.4.4-9 a–f (Buschmann). Exophthalmus links. Klinisch Verdacht auf Mamakarzinom-Metastase, histologisch Neurinom
a Leichter Exophthalmus links, Hertel-Werte bei Basis 113 rechts 16,5, links 21 mm. Motilität regelrecht. **b** Bei Blick von oben ist der linksseitige Exophthalmus deutlicher zu erkennen. **c** Horizontalschnitt, Ophthalmoscan 200, 5 MHz. Betonte Darstellung der lateralen Knochenwand. Ein vom M. rect. lateralis nicht abgrenzbarer, zum Orbitafett hin scharf begrenzter, raumfordernder Prozeß verdrängt die Orbitafettechos und den N. opticus. Aus dem Herdgebiet sind trotz der niedrigen Frequenz und hohen Eindringtiefe (vgl. Knochenwand-Darstellung!) kaum Echos zu registrieren. Dies spricht etwas gegen eine Mammakarzinom-Metastase – diese reflektieren meist intensivere Strukturechos. **d** Axiales Computertomogramm. Der raumfordernde Prozeß an der lateralen Orbitawand links ist ebenfalls deutlich dargestellt, eine Abgrenzung vom M. rect. lateralis und eine Artdiagnose sind nicht möglich. **e** Operationspräparat. Histologie: Neurinom. **f** Zustand nach Krönlein-OP. Normale Funktionen, regelrechte Motilität

Literatur

Buschmann W (1967) Ultrasonic examination of arteries and veins. In: Goldberg R, Savin L (eds) Ultrasound in ophthalmology. Saunders, Philadelphia pp 183–186

Kellerhals B, Levy A (1971) Rezidivierende Epistaxis bei traumatischem Aneurysma. HNO 19:53–56

Ossoinig KC (1975) A-Scan echography and orbital disease. Mod Probl Ophthalmol 14:203–235

Ossoinig KC (1982) Ein neues Merkmal zur verläßlichen Differentialdiagnostik des endokrinen Exophthalmus. Klin Monatsbl Augenheilkd 180:189–197

Peeters FLM, Kröger R (1979) Dural and direct cavernous sinus fistulas. Am J Radiol 132:599–606

Phelps CD, Thompson HS, Ossoinig KC (1982) The diagnosis and prognosis of atypical carotid-cavernous fistula (red-eyed shunt syndrome). Am J Ophthalmol 93:423–435

Sattler CH (1920) Pulsierender Exophthalmus. In: Graefe-Saemisch, Handbuch der ges Augenheilk 2. Aufl, Bd IX, Kap XIII, 1. Abt, 2. Teil. Springer Berlin

3.4.5 Tenonscher Raum: Exsudate, Tumorausbreitung

R. GUTHOFF

Der Tenonsche Raum konnte im Hamburger Untersuchungsgut bei 53 Patienten dargestellt werden (Tabelle 3.4.5-1). Mit 2 Ausnahmen (Abb. 1 u. 2, Kap. 2.7.7) war dieser Befund mit anderen echographisch faßbaren pathologischen Veränderungen vergesellschaftet.

Die Form der Verbreiterung imponierte in der Regel als schmaler Spalt. In den Ausläufern einer Infiltration konvergierten die begrenzenden Strukturen unter sehr spitzem Winkel, so daß die Ausdehnung gelegentlich nur unsicher beurteilt werden konnte. Bei den Patienten mit einem Lymphom (Abb. 3.4.5-1) und der Skleraperforation des AH-Melanoms (Abb. 3.4.5-2) erschien der Tenonsche Raum in einem durch steile Flanken klar abgegrenzten Bezirk jeweils um mehrere Millimeter verbreitert.

Für die diagnostische Nutzung der nachgewiesenen Entfaltung des Tenonschen Raumes erscheint es als wichtig, die relative Häufigkeit bei den einzelnen Diagnosen zu betrachten. Er war in 90% der Pseudotumoren, in 70% der Fälle von Scleritis posterior, in 35% der Patienten mit AV-Fisteln, in 15% bei Myositis, in 17% bei Lymphomen und in 5% bei der endokrinen Orbitopathie verbreitert. Interpretiert man dieses Zeichen mit

Tabelle 3.4.5-1 (Guthoff). Sichtbarwerden des verbreiterten Tenonschen Raumes; Häufigkeitsverteilung der zugrundeliegenden Krankheitsbilder

15 × Pseudotumor orbitae	4 × Lymphom
7 × Scleritis posterior	2 × perforiertes AH-Melanom
6 × AV-Fistel	3 × akute Myositis
5 × endokrine Orbitopathie	1 × Fernmetastasen
3 × Episkleritis	2 × chronische Myositis
3 × proliferative Skleritis	2 × Orbitaphlegmone

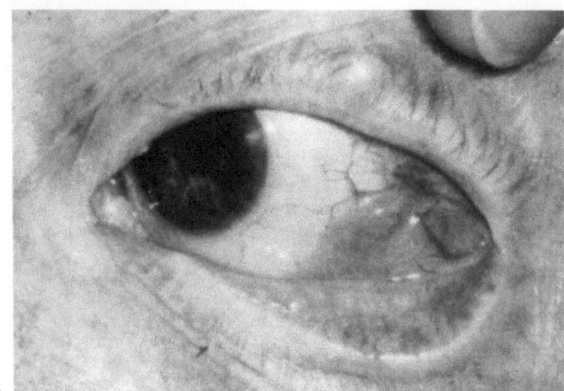

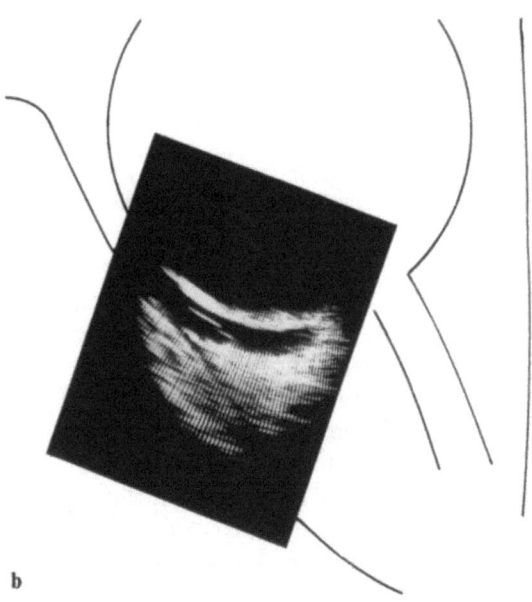

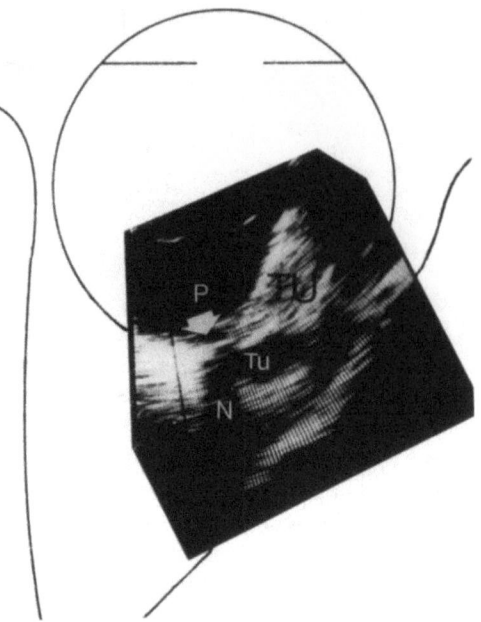

Abb. 3.4.5-2 (Guthoff). Ausgedehntes extraokulares Melanomwachstum bei intraokularem Melanom mit totaler Amotio retinae. *P*, Papille; *N*, N. opticus; *Tu*, Tumor. Auf dem intraokularen Tumorgewebe gelangen Strukturechos zur Anzeige, aus dem Tumorgewebe im Tenonschen Raum dagegen (bei der hier eingestellten Empfindlichkeit) nicht

Abb. 3.4.5-1 a, b (Guthoff). Lymphom des vorderen Orbitaraumes (lymphoplasmozytoides Immunozytom)
a Subkonjunktival sichtbarer Tumoranteil; 64jähr. Patient.
b Im B-Bild verbreiterter schallhomogener Tenonscher Raum. Dieser läßt erkennen, daß die Tumorausdehnung bis weit in den Muskeltrichter reicht

Ausnahme des Lymphoms und des AH-Melanoms, wo zelluläre Infiltrationen nachgewiesen werden konnten, als Ausdruck eines Ödems, lassen sich Einblicke in die Pathophysiologie der einzelnen Krankheitsbilder gewinnen.

Nach der neueren Literatur (Feldon et al. 1982; Langenbruch 1981) ist das Ausmaß des Exophthalmus der endokrinen Orbitopathie streng mit der Volumenzunahme der äußeren Augenmuskeln korreliert. Bei arteriovenösen Fisteln kann von einer maximalen Erweiterung des intravasalen Volumens, besonders des venösen Schenkels ausgegangen werden (Phelps et al. 1962; Trokel u. Hilal 1979).

Beide Mechanismen führen nicht zwangsläufig zu Ödemen. Im Gegensatz dazu reichen entzündliche Veränderungen auch kleiner Gefäßprovinzen aus, um den Tenonschen Raum zu entfalten.

Literatur

Feldon SE, Weiner JM (1982) Clinical significance of extraocular muscle volumes in Graves's ophthalmopathy. A quantitative computed tomography study. Arch Ophtahlmol 100:1266–1269

Langenbruch K (1981) Die Computertomographie der Orbita bei der endokrinen Ophthalmopathie. Fortschr Röntgenstrahlen 135:29–32

Phelps CD, Thompson HS, Ossoinig KC (1982) The diagnosis and prognosis of atypical carotid-cavernous fistula (red eye shunt syndrome). Am J Ophthalmol 93:423–436

Trokel SL, Hilal SK (1979) Recognition and differential diagnosis of enlarged extraocular muscles in computed tomography. Am J Ophthalmol 878:503–512

3.4.6 Krankheitsbilder mit Beteiligung mehrerer Regionen und Strukturen der Orbita: Pseudotumor, lymphatische Tumoren, Lymphangiome, Rhabdomyosarkome, Neurofibrome

R. GUTHOFF und W. SCHROEDER

Pseudotumor orbitae: Birch-Hirschfeld führte den Begriff des „Pseudotumor orbitae" 1905 als eine Form des Exophthalmus ein, der sich entweder spontan zurückbildete oder bei dessen chirurgischer Exploration nur unspezifisch entzündliches Gewebe gewonnen werden konnte. Blodi und Gass (1967, 1968) haben die klinische Erscheinungsformen des orbitalen Pseudotumors dargestellt und zur Eingrenzung des Begriffs als einer unspezifischen Entzündung orbitaler Gewebe ohne ersichtliche systemische oder lokale Ursache beigetragen. Sowohl die klinische als auch die pathologisch-anatomische Definition und Einteilung der Pseudotumoren der Orbita werden bis heute sehr unterschiedlich gehandhabt; es gibt keine einheitlich anerkannte Zuordnung. Jacobs et al. (1980) teilen aufgrund der computertomographischen Befunde den Pseudotumor in eine myositische und eine nicht-myositische Verlaufsform ein. Shibata (1981) schließt sich diesen Vorstellungen aufgrund der echographischen Befunde an. Angaben zur Motilität werden nur in Einzelfällen gemacht und sprechen bei beiden Autoren mehr für eine Beeinträchtigung der Kontraktilität betroffener Augenmuskeln. Eine blickrichtungsabhängige Diplopie war bei unseren Patienten das vorherrschende Symptom. Im Gegensatz zu den zitierten Autoren ließ sich bei allen unseren Patienten mit Myositis eine *verminderte Dehnbarkeit* des verbreiterten Muskels bei weitgehend *erhaltener Kontraktilität* nachweisen.

Betrachtet man die extrem verdickten Muskeln, die aufgrund ihrer Volumenzunahme u.U. sogar eine Bulbusimpression verursachen können, erscheint eine passive Motilitätsstörung einleuchtend (Abb 3.4.3-5). Übereinstimmend mit den Beobachtungen von Shibata fiel auch uns bei den akut verlaufenden Formen das rasche Verschwinden der Motilitätsstörung unter Steroidbehandlung bei verzögert einsetzender Rückbildung der Muskelverbreiterung auf. Chronische Verläufe, die in der Regel ohne äußere Entzündungszeichen abliefen, sprachen nur zögernd auf die Therapie an, wobei auch hier die Besserung der Motilität und nicht die Rückbildung der Muskelschwellung den ersten Erfolg anzeigte. Rezidive können, worauf auch Wolter et al. (1966) hinwiesen, große therapeutische Probleme verursachen. Der Auffassung von Ossoinig (1982), daß eine massive konsequente Steroidbehandlung immer zum Erfolg führt, können wir uns nicht anschließen.

Der entzündliche Pseudotumor orbitae ohne wesentliche Muskelbeteiligung ist nach unserer Erfahrung echographisch in erster Linie durch eine Permeabilitätsstörung der Gefäße mit gut darstellbarem Tenonschen Raum gekennzeichnet. Die zusätzliche Infiltration der Tränendrüse und des peripheren Orbitaraums sind besonders in dieser Kombination wichtige diagnostische Hinweise. Eine bakterielle Entzündung, die von den Nebenhöhlen fortgeleitet oder embolisch entstanden ist, kann meist aufgrund der dabei akut einsetzenden Symptome (Chemosis, Schmerzen, Exophthalmus) klinisch ausgeschlossen werden. Nach den Erfahrungen von Mottow-Lippa et al. (1981) kommen entzündliche Dermoide als Differentialdiagnose in Frage; Henderson (1980) berichtet von einer ähnlichen Symptomatik bei embryonalem Rhabdomyosarkom. Die histologische Sicherung der Diagnose erscheint besonders, wenn eine zuverlässige Lokalisation gelingt, naheliegend. Die Indikation zur Probeorbitotomie sollte besonders bei Kindern erst nach einem Therapieversuch gestellt werden (Mottow-Lippa et al. 1978, 1981). Betrachtet man die Zuverlässigkeit, mit der durch die Echographie diese unspezifisch entzündliche Läsion lokalisiert werden kann, erscheint eine versuchsweise Therapie mit Steroiden gerechtfertigt. Eine Rückbildung des Befundes ist innerhalb weniger Tage zu erwarten, die Diagnose damit bestätigt. Andere Krankheitsbilder, insbesondere maligne Veränderungen, sind zwar auch durch Steroide beeinflußbar, aber nur bei entzündlichen Pseudotumoren kommt es mit so charakteristischer Geschwindigkeit zur Rückbildung.

Noch vor den klinischen Zeichen einer Besserung kann das Ultraschallbild im Bereich des verbreiterten Tenonschen Raums erste Rückbildungstendenzen erfassen. Für langfristige Verlaufskontrollen ist die Methode ebenfalls beliebig häufig und risikolos einsetzbar. *Auf die Computertomographie*, über deren Notwendigkeit bei Verdacht auf orbitaüberschreitende Prozesse kein Zweifel besteht, *kann* bei kleinen Kindern und Säuglingen aus mehreren Gründen *verzichtet* werden:

1. Wie das Beispiel in Abb.3.4.2-1 zeigt, ist die Ausdehnung des Prozesses in den Tenonschen Raum hinein nicht zuverlässig erfaßbar.

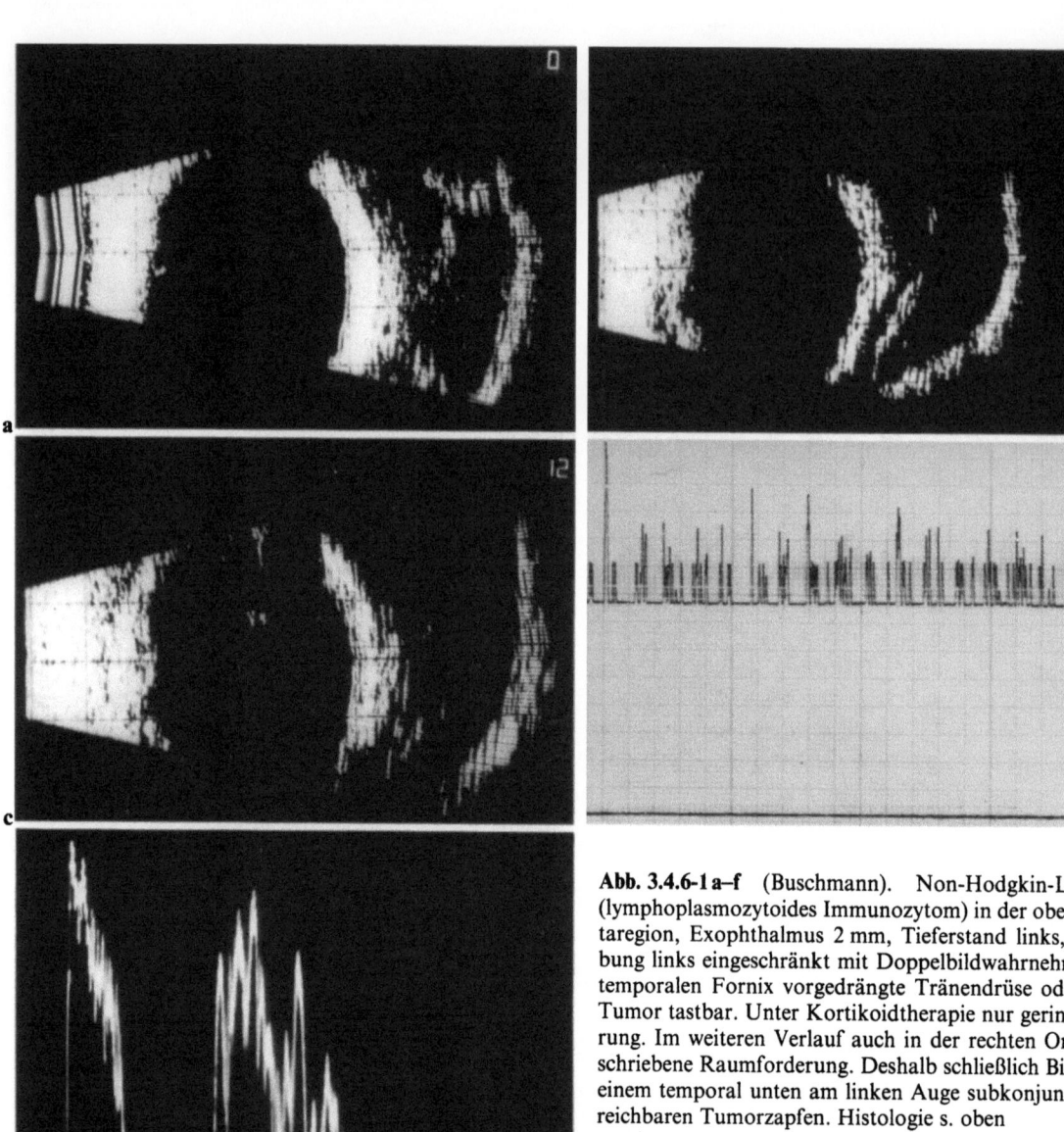

Abb. 3.4.6-1a–f (Buschmann). Non-Hodgkin-Lymphom (lymphoplasmozytoides Immunozytom) in der oberen Orbitaregion, Exophthalmus 2 mm, Tieferstand links, Blickhebung links eingeschränkt mit Doppelbildwahrnehmung, im temporalen Fornix vorgedrängte Tränendrüse oder derber Tumor tastbar. Unter Kortikoidtherapie nur geringe Besserung. Im weiteren Verlauf auch in der rechten Orbita umschriebene Raumforderung. Deshalb schließlich Biopsie aus einem temporal unten am linken Auge subkonjunktival erreichbaren Tumorzapfen. Histologie s. oben
a Abtastung in horizontaler Richtung, Abtastebene 50° nach hinten-oben gekippt, Ocuscan 400, 10 MHz, $\Delta W\,38 = 52$ dB. **b** Gleiche Technik, Abtastebene noch etwa stärker nach oben gekippt. Man sieht eine scharf begrenzte Raumforderung oberhalb des Bulbus, die bis auf eine septenartige Unterteilung keine Innenechos aufweist. Die Knochenwand dahinter ist betont dargestellt (= verminderte Schallschwächung im Herdgewebe, verglichen mit normalem Orbitafett). **c** Gleiche Ebene wie Abb. 1b, aber 5 MHz-Schallkopf. $\Delta W\,38 = 55$ dB. Auch mit herabgesetzter Frequenz und erhöhter Empfindlichkeit lassen sich keine Strukturechos im B-Bild nachweisen. **d** A-Bild-Echogramm, Gerät 7200 MA, 12 MHz-Schallkopf (wf = 10,7 MHz), $\Delta W\,38 = 56$ dB. Bei höchster Empfindlichkeit lassen sich nur niedrige, vom Rauschpegel kaum zu unterscheidende Echos aus der Herdregion darstellen. **e** A-Bild-Echogramm, Gerät 7200 MA, 6 MHz-Schallkopf (wf = 6,2 MHz), ($\Delta W\,38 = 56$ dB). Auf dem Umweg über eine niedrigere Frequenz wurde eine noch höhere Empfindlichkeit in der Tiefe der Orbita erzielt. Damit gelang es, eindeutig unbewegliche Strukturechos aus der Herdregion darzustellen und damit das solide Tumorgewebe nachzuweisen und sicher von einer zystischen, flüssigkeitsgefüllten Raumforderung zu differenzieren. **f** Die Doppler-Sonographie ließ aus der temporal oberen, normalerweise dopplersonographisch stummen Orbitaregion pulssynchrone, arterielle Strömungssignale erkennen. Dies und die doppelseitige Erkrankung ließen zunächst einen entzündlichen Prozeß vermuten. Weiterer Verlauf: Unter zytostatischer Therapie vollständige Rückbildung aller Symptome; bisher 3 Jahre rezidivfrei

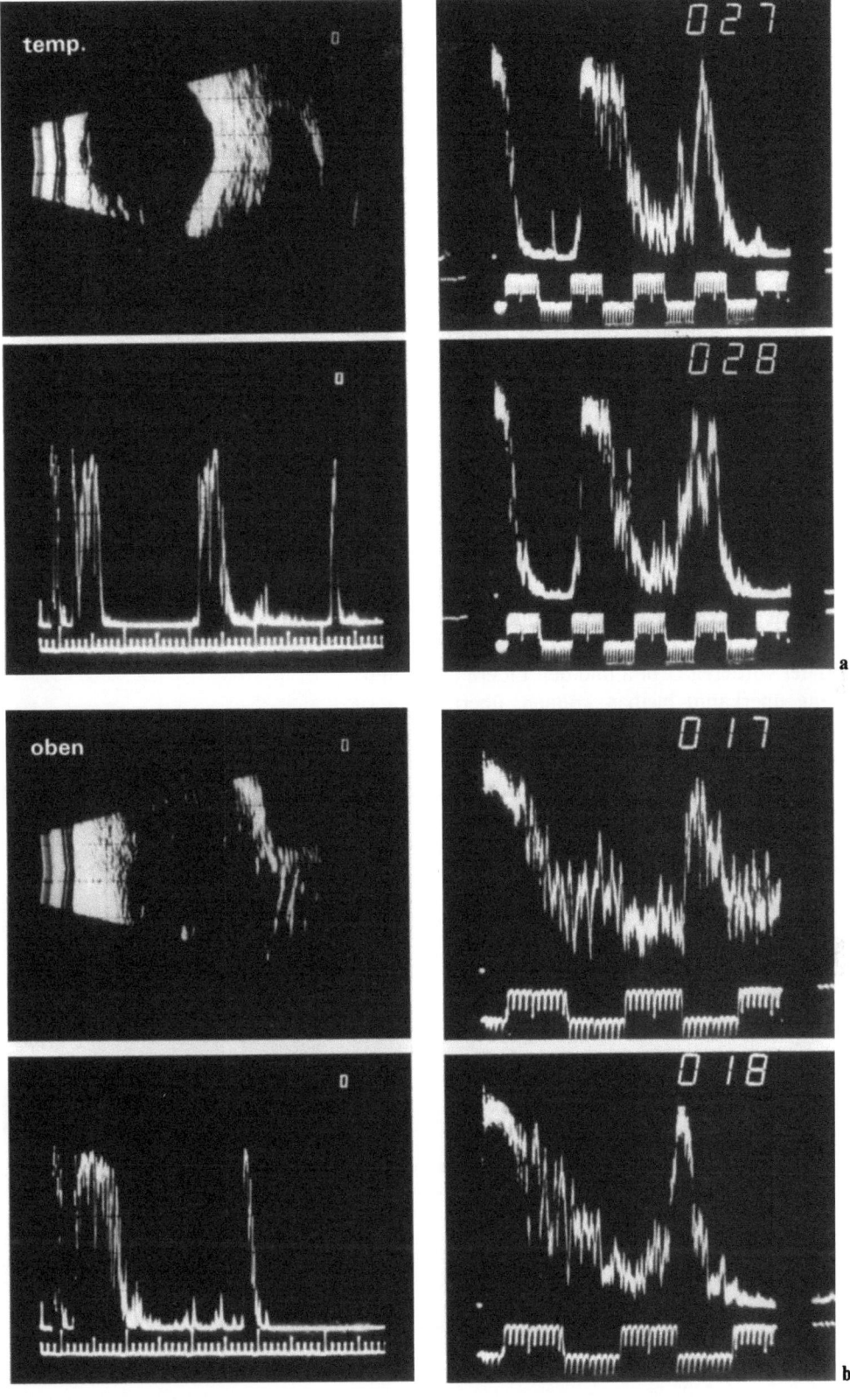

Abb. 3.4.6-2a, b (Buschmann). Hochmalignes zentroblastisches B-Zellen-Lymphom, 91jähr. Patient. Lidschwellung, Exophthalmus und Verdrängung des rechten Bulbus nach außen entwickelten sich innerhalb 2 Wochen. Nach der Echographie erfolgte die Biopsie. Unter strahlentherapeutischer Behandlung rasche Regression. *Li. Teilbilder*: Sonom. Ocuscan 400, 10 MHz, wf = 9,7 MHz, Δ V (W 38) = 52 dB. *Re. Teilbilder*: 7200 MA, 8 MHz 3,5 Fl., wf = 8,6 MHz, Δ V (W 38) = 72 dB

a Transbulbäre echographische Untersuchung der Herdregion in der Orbita medial und oben. *Li. Teilbilder*: Mit der bei 9,7 MHz maximal verfügbaren Empfindlichkeit un-

2. Die Scan-Zeiten der Computertomographen erfordern eine exakte Fixierung des Kopfes, die häufig nur durch eine tiefe Sedierung oder eine Narkose erreicht werden kann.
3. Verlaufskontrollen sind wegen der Strahlenbelastung des kindlichen Organismus nur in Ausnahmefällen zu vertreten (Bluth et al. 1981).

Differentialdiagnostisch sind immer (infiltrativ wachsende) lymphatische Tumoren (Abb. 3.4.5-1, Abb. 3.4.6-1 u. 2), selten die *Histiozytosis X* oder das *Plasmozytom* in Betracht zu ziehen. Sie sind meist sehr homogen strukturiert (niedriger Reflexionsgrad, befallen auch die Aderhaut und zeigen infiltrativen Charakter. Aber auch echographisch sehr inhomogene lymphatische Tumoren kommen vor (Abb. 3.4.6-3).

Lymphangiome sind sehr selten Hamartome. Die Konglomerate der zystisch aufgetriebenen Lymphgefäße können in der gesamten Orbita sowie in Lidern und Bindehaut lokalisiert sein. Im Orbitaechogramm findet man sie besonders deutlich im Fettkörper als unregelmäßig verteilte homogene Areale (Abb. 3.4.6-4). Da sie besonders in der vorderen Orbita und den Lidern jahrzehntelang unerkannt bleiben können, überraschen sie mitunter durch Spontanblutungen, zu denen sie neigen.

Für *Rhabdomyosarkome sind keine Prädilektionsstellen im Bereich* der Orbita bekannt. Drei eigene Beobachtungen charakterisieren diese Tumoren als schallhomogene expansive Prozesse des äußeren Orbitaraumes. Aufgrund ihrer guten Abgrenzbarkeit vom Fettgewebe gelingt die echographische Darstellung problemlos. Gelegentlich, besonders wenn das Tumorwachstum mit mehreren physiologischen Orbitastrukturen interferiert, können auch Bezirke von mittlerer bis hoher Reflexion auftreten. Nach Ossoinig (1974) bilden Rhabdomyosarkome zusammen mit den Lymphomen und den Pseudotumoren die Gruppe der sog. „niedrig reflektierenden Orbitaläsionen". Eine eindeutige Diagnose kann keinesfalls allein aufgrund der Echogramme gestellt werden, und bereits bei Verdacht ist zur Sicherung der Diagnose die Probeexzision angezeigt. Im Hinblick auf eine Änderung des therapeutischen Konzeptes während der letzten Jahre von einer Radikaloperation hin zur kombinierten Strahlen- und Chemotherapie kann die Echographie für die Verlaufskontrolle einge-

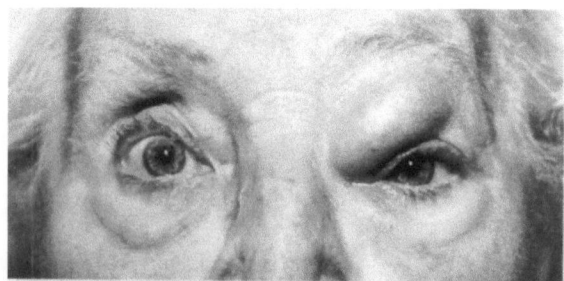

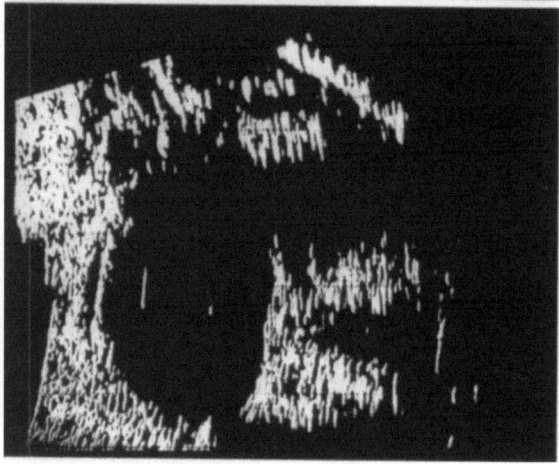

Abb. 3.4.6-2 (Fortsetzung)

seres Ocuscan 400 war keine sichere Differenzierung einer zystischen Raumforderung (Mukozele) von einem homogen aufgebauten, soliden Gewebe möglich. *Oben:* Ebene 160°, 70° n. temp. unten; *unten:* Ebene 145°, 60° n. temp. unten.). Die *Teilbilder rechts* zeigen, daß mit wesentlich höherer Gesamtempfindlichkeit eine sichere Darstellung des soliden, sehr homogen aufgebauten Tumorgewebes gelang. (*Oben:* Ebene 110°, parabulbär; *unten:* Ebene 140°, parabulbär.) **b** Parabulbäre Untersuchung der Herdregion in der medialen Orbita. Auch bei parabulbärer Untersuchung gelingt es mit einer Empfindlichkeit von Δ W38 = 52 dB nicht, das Tumorgewebe sicher von einer flüssigkeitsgefüllten Zyste zu differenzieren (*li. Teilbilder*). Bei ausreichender Empfindlichkeit (*re. Teilbilder*), Δ W38 = 72 dB) ist die Darstellung der unbeweglichen Tumorgewebsechos dagegen problemlos möglich

Abb. 3.4.6-3 a–d (Buschmann). Solitäres Plasmozytom der Orbita mit orbitaler Fetthernie am Oberlid
a Präoperatives Portrait. Nur geringgradiger Exophthalmus, da das orbitale Fett unter die Oberlidhaut ausgewichen ist. **b** B-Bild (Vertikalschnitt), Ophthalmoscan 200, 5 MHz. Im Oberlidbereich zunächst Echos normalen orbitalen Fettgewebes im Bereich der Fetthernie. Parabulbär oben sehr inhomogen strukturierter, gut schalldurchlässiger Tumor, bis zur Knochenwand reichend. Die betonte Darstellung des knöchernen Orbitadaches ist nicht nur auf die gegenüber normalem Orbitafett erhöhte Schalldurchlässigkeit des Tumorgewebes zurückzuführen, sondern auch auf die verwendete niedrige Frequenz. **c** A-Bild-Serie: Oben parabulbär, aus dem Bereich der Fetthernie und des parabulbären Tumorgewebes; inhomogener Tumoraufbau mit teils hohen, teils niedrigen Amplituden der Strukturechos aus dem In-

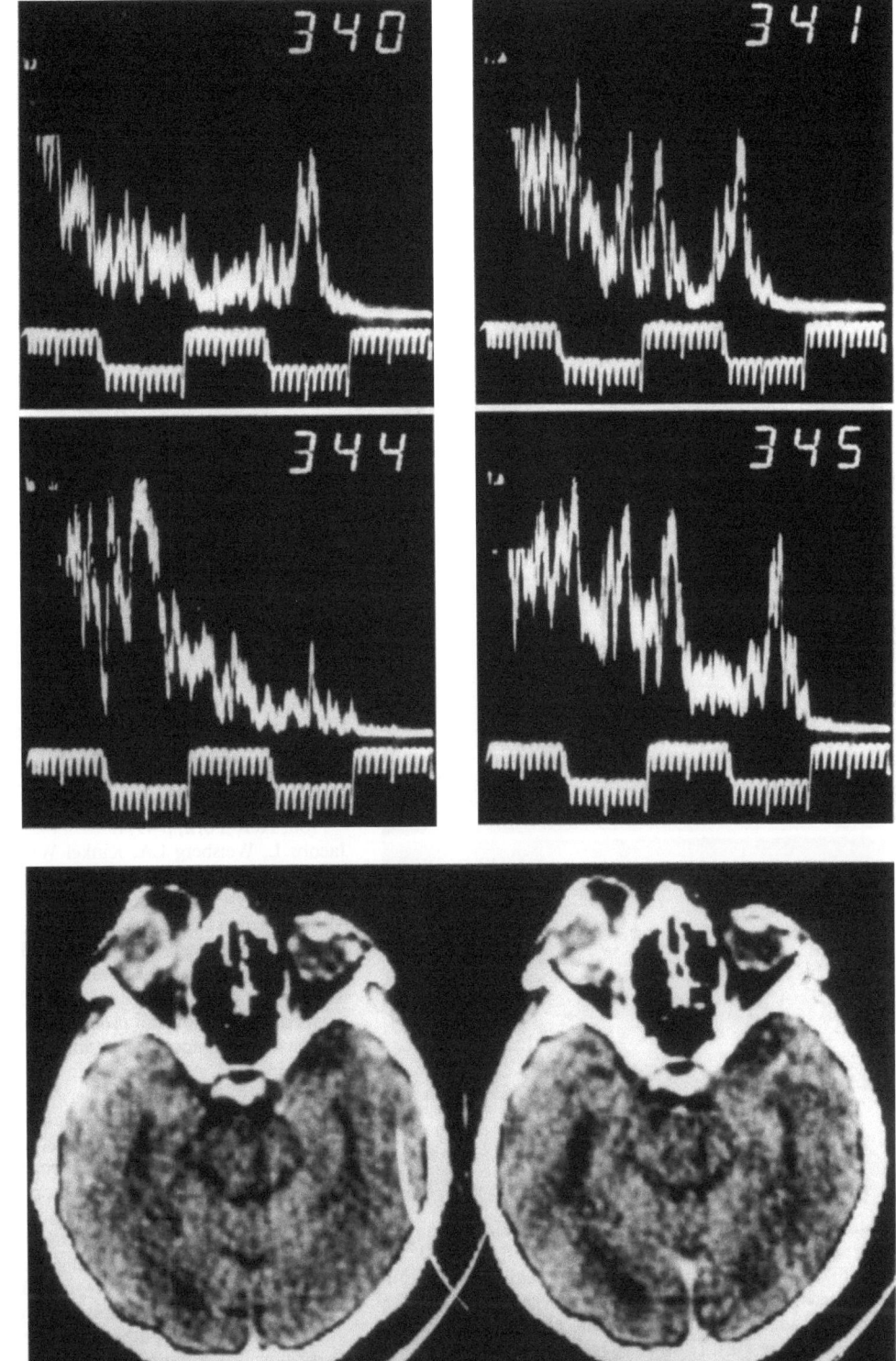

Abb. 3.4.6-3c, d

nern des Tumors. Gegenüber dem normalen Orbitafett erhöhte Schalldurchlässigkeit. Gerät 7200 MA, Flachstielschallkopf mit 3,5 mm Schwingerdurchmesser, wf = 10 MHz, $\Delta W\,38 = 67$ dB. **d** Computertomogramm (nach Kontrastmittelinjektion). *Links*: umschriebener Herd geringer Dichte im Bereich des Oberlides, der Fetthernie entsprechend; para- und retrobulbär scharf begrenzter Herd inhomogener Dichte; der Tumor wurde durch eine Krönlein-OP in toto entfernt; klinische histologische und nuklearmedizinische abschließende Diagnose: solitäres Plasmozytom; visuelle Funktionen unbeeinflußt, Motilität geringfügig eingeschränkt

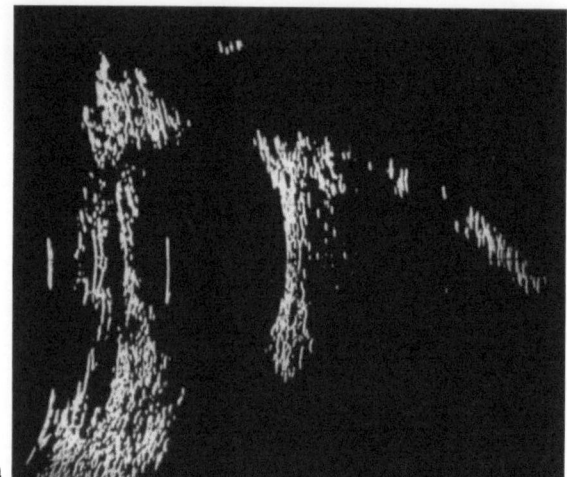
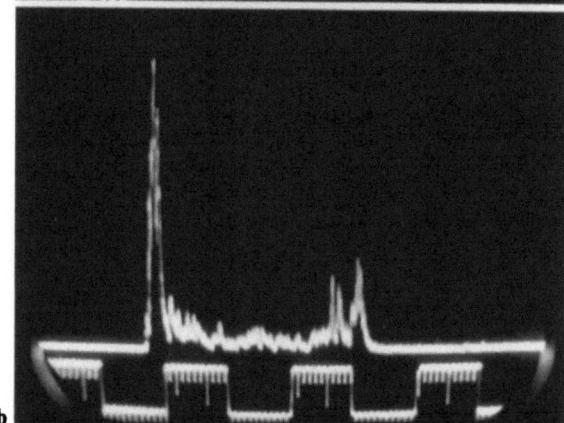
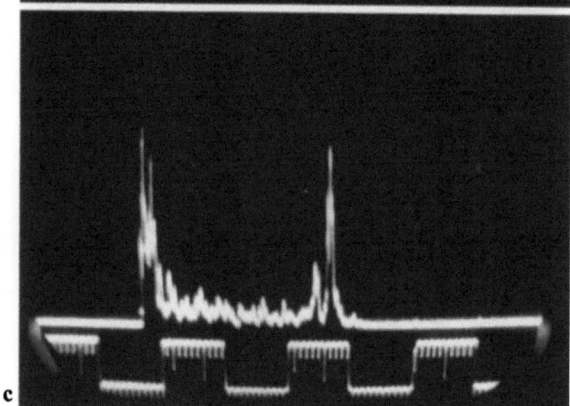

Abb. 3.4.6-4a–c (Buschmann). Neurofibrom der Orbita (solitär; histologische Diagnose)
a B-Bild, Horizontalschnitt, Ophthalmoscan, 5 MHz. Eine homogene, scharf begrenzte Raumforderung füllt den Retrobulbärraum aus. Die knöcherene Orbitawand dahinter ist betont dargestellt (jedoch nicht so stark betont wie bei zystischen Orbitaprozessen). **b** A-Bild in Richtung der optischen Achse des Auges. Aus dem Herdgebiet erhält man bei relativ hoher Empfindlichkeitseinstellung niedrige Strukturechos. Δ W 38 = 55 dB, Arbeitsfrequenz 10,1 MHz Gerät 7100 MA. **c** A-Bild in Richtung 6 Uhr parazentral; Technik und Befund wie in **b**

setzt werden, um unnötige Strahlenbelastung durch die Computertomographie zu vermeiden.

Neurofibrome können solitär (Abb. 3.4.6-4) oder multizentrisch wachsen. Entsprechend variabel ist das echographische Bild. Ossoinigs Angabe „hohe Reflektivität" (60–95% der maximalen Amplitudenhöhe am Gerät 7200 MA) entspräche ca. Δ W 38 = 37–50 dB; das gilt allenfalls für die Strukturechos multizentrisch wachsender Neurofibrome. Bei der in Abb. 3.4.6-4 demonstrierten Patientin waren die Amplituden der Strukturechos im Tumorbereich sehr niedrig (Δ W 38 = 68 dB).

Literatur

Birch-Hirschfeld A (1905) Zur Diagnostik und Pathologie der Orbitaltumoren. Ber 32. Vers ophthamol Ges Heidelberg S 127

Blodi FC, Gass JDM (1967) Inflammatory pseudotumors of the orbit. Trans Am Acad Ophthalmol Otol 71:303–323

Blodi FC, Gass JDM (1986) Inflammatory pseudotumor of the orbit. Br J Ophthalmol 52:79–93

Bluth K, Planitzer J (1981) Comparison of echographic and computertomographic examinations in orbital diseases. In: Thijssen JM, Verbeek AM (eds) Ultrasonography in ophthalmology. SIDUO VIII, Doc Ophthalmol Proc Ser 29. Junk, The Hague Boston London, pp 239–299

Henderson JW (1980) Orbital tumors, 2nd ed. Thieme Stratton, New York, p 497 ff

Jacobs L, Weisberg LA, Kinkel WR (1980) Computerized tomography of the orbit and the sella turcica. Raven, New York

Mottow-Lippa L, Jakobiec FA (1978) Idiopathic inflammatory orbital pseudotumor in childhood. I. Clinical characteristics. Arch Ophthalmol 96:1410–1417

Mottow-Lippa L, Jakobiec FA, Smith M (1981) Idiopathic inflammatory orbital pseudotumor in childhood. II. Results of diagnostic tests and biopsies. Ophthalmology 88:565–574

Ossoinig KC (1982) Ein neues Merkmal zur verläßlichen Differentialdiagnostik des endokrinen Exophthalmus. Klin Monatsbl Augenheilkd 180:189–197

Ossoinig KC, Blodi FC (1974) Preoperative differential diagnosis of tumors with echography. In: Blodi FC (ed) Current concepts in ophthalmology, vol 4. Mosby, St. Louis

Shibata H, Misuyama Y, Mishimoto Y, Sawada A (1981) Echography in orbital myositis. In: Thijssen JM, Verbeek AM (eds) Ultrasonography in ophthalmology. SIDUO VII, Doc Ophthal Proc Ser 29. Junk, The Hague Boston London, pp 343–352

Wolter RJ, Hoy JE, Schmidt DM (1966) Chronical orbital myositis. Its diagnostic difficulties and pathology. Am J Ophthalmol 62:292–298

3.4.7 Fremdkörper der Orbita

W. BUSCHMANN

Fremdkörper bei Doppelperforation des Bulbus wurden im Kap. 2.2.1 behandelt, ebenso die echographischen Messungen zur Berücksichtigung der individuellen Bulbusdimensionen bei der Röntgenlokalisation von Fremdkörpern, die nahe der Bulbuswand liegen. Auf die Arbeit von Bellone und Gallenga (1970) sei verwiesen.

Echographische Untersuchungstechnik bei Orbitafremdkörpern

Echographisch wird ein Fremdkörper (auch Holz, Glas, Kunststoffe) vor allem daran erkannt, daß von seiner Oberfläche ein sehr intensives Echo registriert wird, dessen Amplitude die der Echos umgebender Gewebe deutlich übertrifft (das Skleraecho um mindestens 5 dB; sicher ist die Diagnose bei mindestens 10 dB höherer Amplitude). Im A-Bild sind Flachstielschallköpfe besonders hilfreich, da bei deren Verwendung (Einführung in den Bindehautsack, Kippung in Richtung auf den Fremdkörper von verschiedenen Seiten her) die Chance weitaus größer ist, eine Oberfläche des Fremdkörpers senkrecht zu treffen. B-Bild-Schallköpfe, die bis zum Fornix in den Bindehautsack eingeführt werden können, stehen leider noch nicht zur Verfügung. Ein möglichst kleiner Kontakt-B-Bild-Schallkopf ist zu bevorzugen, um einen möglichst großen Justierspielraum zu haben.

Die B-Bild-Untersuchung ist stets zuerst vorzunehmen und durch die Amplitudenbeurteilung im A-Bild zu ergänzen. Auch für die Orbitafremdkörper gilt, daß eine möglichst hohe Frequenz benutzt werden soll (sofern damit eine ausreichende Empfindlichkeit erreichbar ist), weil der Fremdkörpernachweis mit hohen Frequenzen schneller und sicherer gelingt (s. Kap. 2.2.1). Beim Fremdkörpernachweis in der Orbita stört die Schallschwächung in den normalen Bulbus- und Orbitageweben besonders (Larsen 1973). Um auch die tieferen Orbitaanteile untersuchen zu können, ist eine relativ hohe Empfindlichkeitseinstellung ($\Delta W 38 = 70$ dB) erforderlich. Damit aber erhält man ein sehr intensives Skleraecho, das die ersten Millimeter der Orbitagewebe überdeckt. Auch vom bulbusnahen Orbitafett sind die Echos so intensiv (übersteuert), daß ein (intensiveres) Fremdkörperecho sie am Bildschirm nicht mehr überragen kann. Man muß daher die Untersuchung in Stufen von 10 dB mit mehreren unterschiedlichen Empfindlichkeitseinstellungen wiederholen, um so schließlich nacheinander in allen Abschnitten der Orbita Bedingungen zu haben, welche die Erkennung eines Fremdkörperechos ermöglichen. Eine laufzeitabhängige Verstärkungsregelung kann diese Untersuchung sehr vereinfachen, weil bei geeigneter Abtasttechnik (Kap. 3.1.3) damit etwa gleich hohe Echos von niedriger Amplitude aus dem Orbitafettgewebe aller Tiefenlagen dargestellt werden können. Dann hebt sich schon bei *einer* Empfindlichkeitseinstellung ein Fremdkörperecho – unabhängig von der Tiefenlage des Fremdkörpers – überall deutlich von umgebenden Gewebsechos ab (Abb. 3.4.7-2 u. 5); Linnert u. Buschmann 1977).

Metallische Fremdkörper

Metallische Fremdkörper in der Orbita lassen sich echographisch in der Regel gut darstellen (Abb. 3.4.7-1, 2 u. 3). Wenn sie jedoch sehr glatte Oberflächen haben, die vom Schallbündel *nicht* senkrecht getroffen werden können, so kann der echographische Nachweis schwierig oder unmöglich sein. Die *Größe* eines Fremdkörpers kann echographisch sowohl in der seitlichen als auch in der Tiefenausdehnung nicht ausreichend genau bestimmt werden. Röntgenaufnahmen sind unverzichtbar. Metall- (oder Glas-)Fremdkörper mit parallelen Außenflächen oder Kugelform können eine Serie von Wiederholungsechos auslösen (Ossoinig et al. 1975). Dann sind sie im Echogramm besonders leicht zu erkennen.

Glas-, Kunststoff- und Holzsplitter

Auch Glas-, Kunststoff- und Holzsplitter sind echographisch gut nachzuweisen, wenn wenigstens eine kleine Bruchfläche vom Schallbündel senkrecht getroffen werden kann (Abb. 3.4.7-4, 5). Die Nachweisempfindlichkeit ist bei der Ultraschalluntersuchung aufgrund des Reflexionsfaktors an den Fremdkörpergrenzflächen weitaus größer als bei der Röntgennativaufnahme solcher Fremdkörper. Meist ist sie auch größer als die der Röntgencomputertomographie, doch ist letztere stets zusätzlich heranzuziehen, wenn operative Eingriffe geplant werden. Es gelingt durchaus nicht in jedem Fall, orbitale Fremdkörper echographisch nachzuweisen (Colemann et al. 1977).

Klinische Beispiele

In Abb. 3.4.7-1 ist ein großer metallischer Fremdkörper in der Tiefe der Orbita dicht unterhalb und medial des N. opticus am rechten Auge dargestellt. Es handelt sich um eine Kriegsverletzung (einziges

252 Orbitaerkrankungen

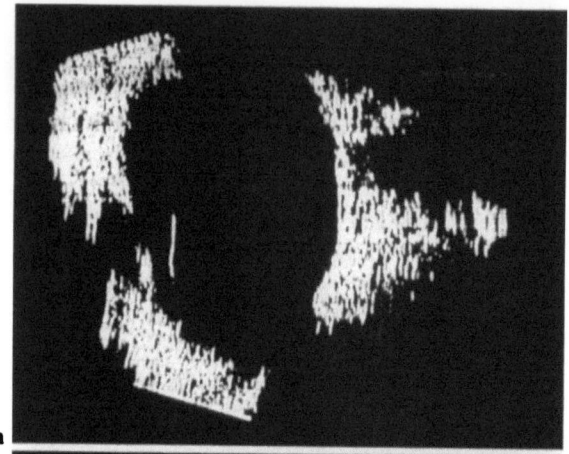

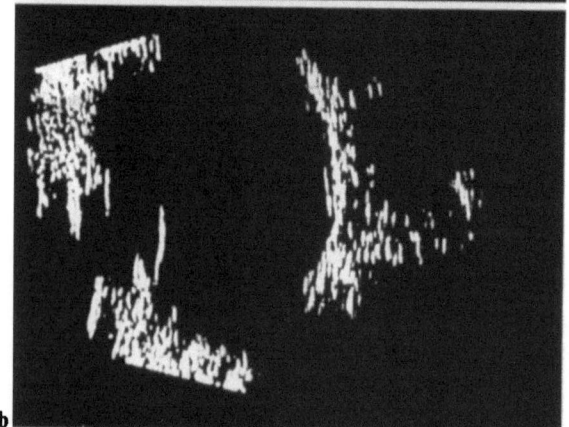

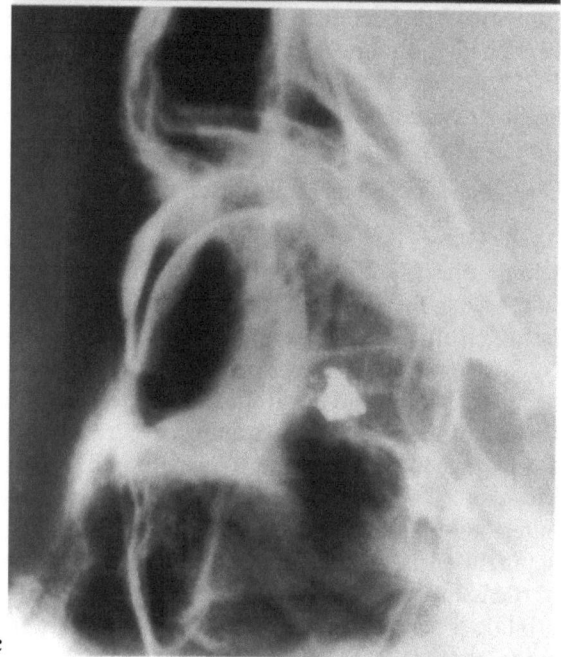

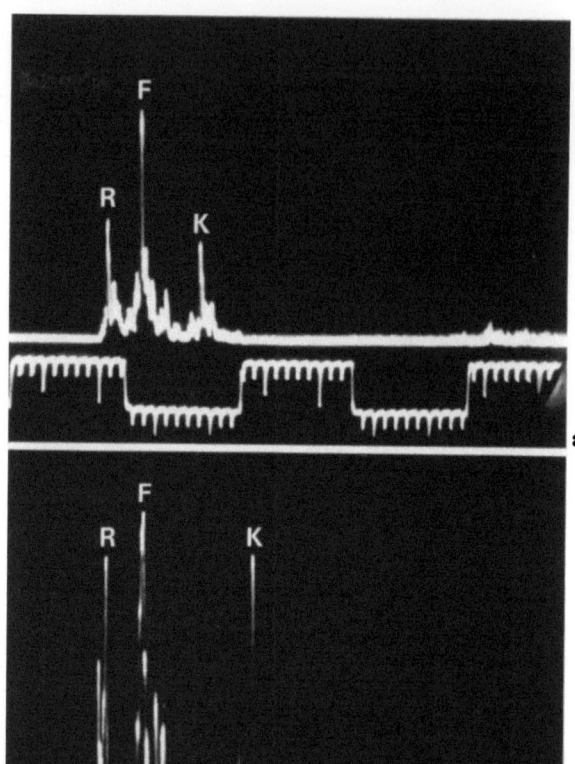

Abb. 3.4.7-2a, b (Buschmann). Echographische Darstellung eines metallischen Orbitafremdkörpers in der Nähe der Bulbuswand mit laufzeitabhängiger Verstärkungsregelung. Gerät 7100 MA, Flachstielschallkopf mit 3,5 mm Schwingerdurchmesser, wf = 8,6 MHz
a Abschwächung des Bulbusrückwandechos (*R*) durch laufzeitabhängige Verstärkungsregelung. Dicht dahinter das intensive Fremdkörperecho (*F*). *K*, Knochenwand der Orbita. $\Delta W 38 = 40$ dB. **b** Gleiche Untersuchungsrichtung und gleiche Technik mit laufzeitabhängiger Verstärkungsregelung, $\Delta W 38 = 50$ dB

Abb. 3.4.7-1 a–c (Buschmann). Granatsplitter nahe der Orbitaspitze
a Vertikales Schnittbild, 2 mm nasal der optischen Achse, Ophthalmoscan 200, 10 MHz, hohe Empfindlichkeitseinstellung. Die orbitalen Fettechos klingen ca. 1 cm hinter dem Bulbus ab. Intensives Fremdkörperecho in der Tiefe der Orbita unterhalb der durch den N. opticus verursachten Lücke im orbitalen Fettechogramm. **b** Bei Herabsetzung der Empfindlichkeit und sonst gleicher Technik sind die Fettechos reduziert. Das intensive Echo der Fremdkörperoberfläche ist in der Tiefe der Orbita weiterhin gut dargestellt.
c Röntgennativaufnahme des Fremdkörpers

Klinische Beispiele 253

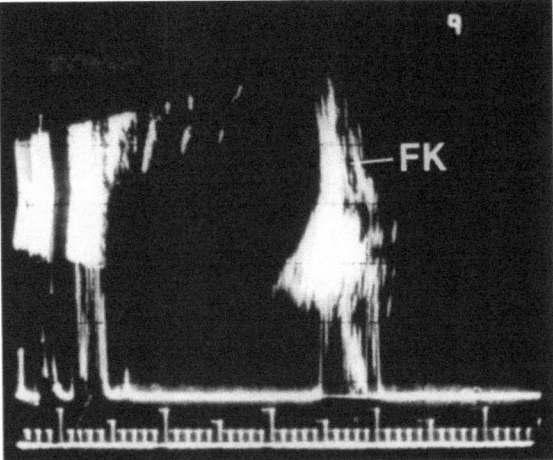

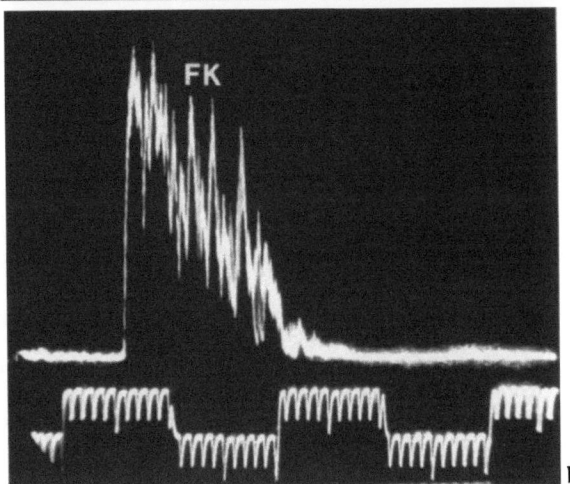

Abb. 3.4.7-4a, b (Buschmann). Holzfremdkörper in der Orbita
a B-Bild, Ocuscan 400, wf = 9,7 MHz, ΔW 38 = 44 dB, Schnittebene 170° (TABO-Schema), Schallkopf 60° nach temporal gekippt. Medial in der Orbita retrobulbär: Doppelkontur des Fremdkörpers (*FK*). **b** A-Bild-Echogramm bei starker Dehnung aus Position Zone A, 05:30. Bulbusrückwand: Fremdkörper und Knochenwand sind zu erkennen. Gerät 7200 MA, ohne laufzeitabhängige Verstärkungsregelung

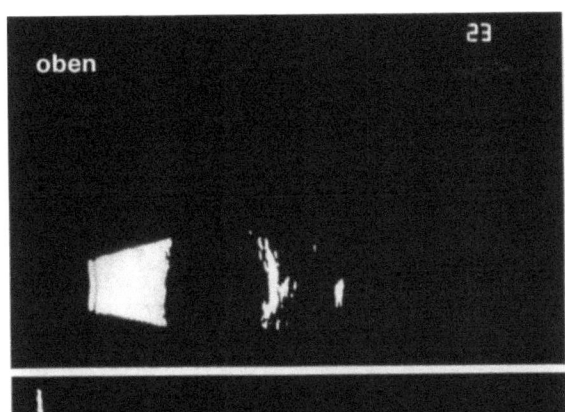
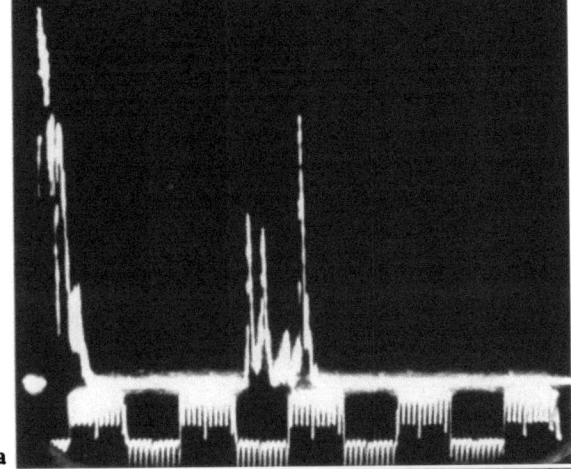
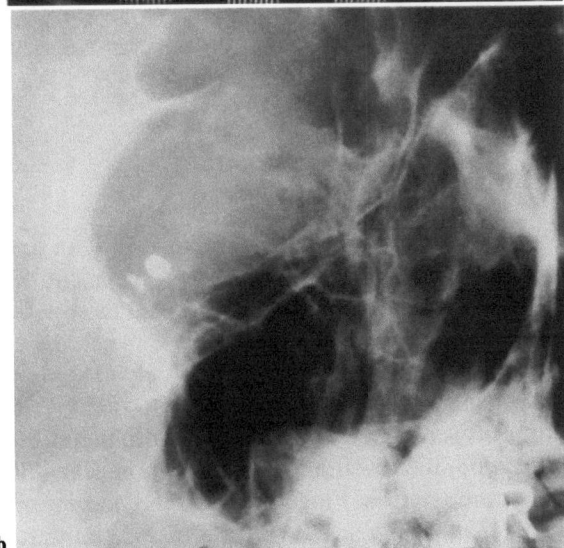

Abb. 3.4.7-3a, b (Buschmann). Schrotschußverletzung
a *Oberes Teilbild*: B-Bild-Echogramm bei stark herabgesetzter Empfindlichkeit. ΔW 38 = 21 dB, Ocuscan 400, wf = 9,7 MHz, Vertikalschnitt, Schnittebene 10° nach medial hinten gekippt. Intensives Fremdkörperecho in der Tiefe der Orbita. *Unteres Teilbild*: A-Bild-Echogramm in Untersuchungsrichtung 2a, Gerät 7200 MA ohne laufzeitabhängige Verstärkungsregelung, Normalschallkopf, wf = 6,2 MHz, ΔW 38 = 32 dB. Das Fremdkörperecho überragt deutlich das Doppelecho der Bulbusrückwand. **b** Röntgennativaufnahme. Die sonst für Schrotkugeln typische Kette von Wiederholungsechos kam infolge der Deformierung der Schrotkugeln nicht zustande. Die anderen röntgenologisch dargestellten, metallischen Fremdkörper lagen nicht in der Orbita

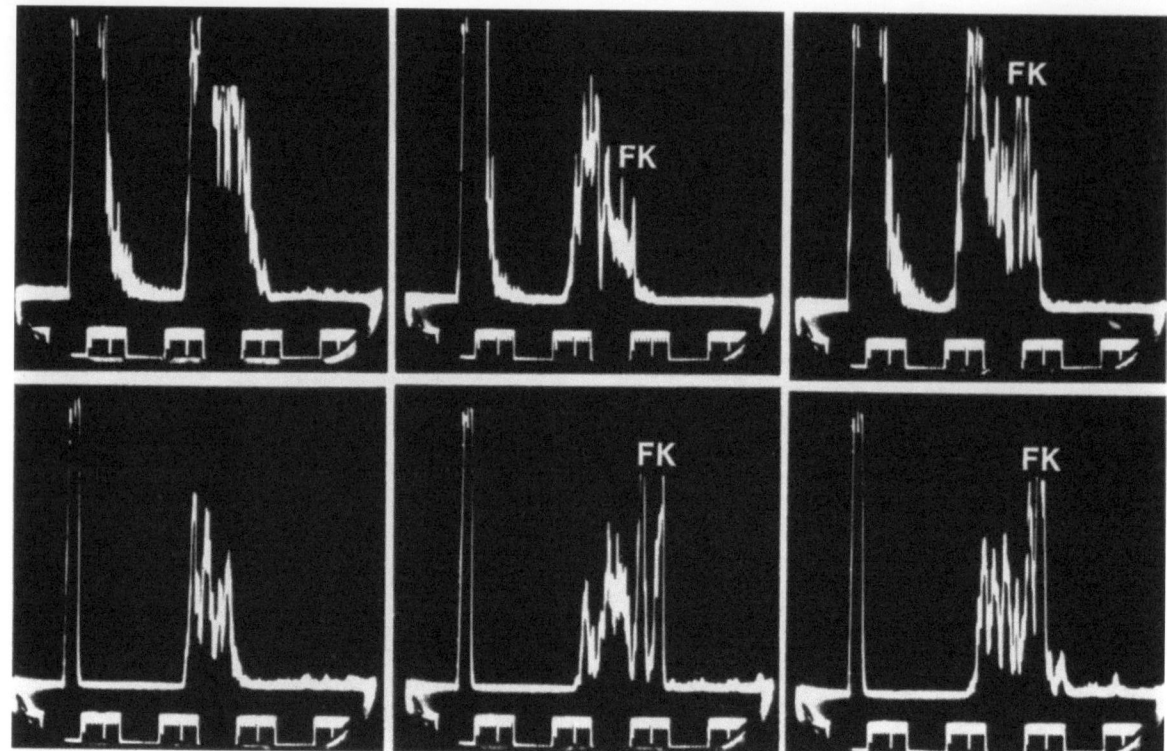

Abb. 3.4.7-5 (Buschmann). Experimentelle Untersuchung zur Darstellung eines Holz-Fremdkörpers im Orbitafett. Autopsiepräparat (Bulbus und Orbitaweichteile). Gerät 7100 MA, Flachstielschallkopf, wf = 8,6 MHz. *Obere Reihe*: Ohne laufzeitabhängige Verstärkungsregelung. *Links*: Ohne Fremdkörper in der Orbita, Δ W 38 = 60 dB. *Mitte*: Holz-Fremdkörper in der Orbita kaum zu identifizieren, Δ W 38 = 52 dB. *Rechts*: Δ W 38 = 60 dB, Doppelecho des Fremdkörpers (*FK*) erkennbar. *Untere Reihe*: Mit laufzeitabhängiger Verstärkungsregelung. *Links*: Ohne Fremdkörper, Δ W 38 = 62 dB. *Mitte, rechts*: Δ W 38 = 62 dB. Die Fremdkörperechos überragen die Echos der orbitalen Weichteile bei weitem

Auge, das andere Auge wurde nach der Verletzung enukleiert). Das intensive Fremdkörperoberflächenecho ist auch bei herabgesetzter Empfindlichkeit noch dargestellt, während die Echos der weichen Gewebe in der Umgebung des Fremdkörpers dann schon unsichtbar werden. Die Größe des Fremdkörpers ist im Röntgenbild besser zu erkennen (nicht aber die Lage zum N. opticus und deren Veränderung bei Bulbusbewegung). Da eine operative Entfernung mit hohen Risiken für die noch gute Funktion des einzigen Auges dieses Patienten verbunden gewesen wäre, wurde der Fremdkörper belassen.

Wie die Darstellbarkeit eines Fremdkörperechos durch eine laufzeitabhängige Verstärkungsregelung verbessert werden kann, ist in den Abb. 3.4.7-2 u. 5 gezeigt. Trotz der bulbusnahen Lage (Abb. 3.4.7-2) kann das Fremdkörperecho als vom Skleraecho getrenntes, deutlich intensiveres Echo erkannt werden. Bei Schrotschußverletzungen stellt sich nur dann eine Kette von Wiederholungsechos aus dem Fremdkörper im Anschluß an diesen im Echogramm dar, wenn die Kugel nicht deformiert wurde. In Abb. 3.4.7-3 fehlen diese Wiederholungsechos aus diesem Grunde. Auch dieser Fremdkörper wurde belassen.

Sollen metallische Fremdkörper aus der Orbita entfernt werden, so kann die echographische Lokalisation auch während der Operation sehr hilfreich sein (sterilen Fingerling bzw. Kondom über den Schallkopf ziehen!). Ein Berman-Lokalisator sollte außerdem zur Verfügung stehen.

Holzfremdkörper verursachen Entzündungen und Fisteln. So auch bei einem 9jährigen Jungen, dem ein Ast medial oberhalb des Bulbus durch den Fornix conjunctivae in die Orbita eingedrungen war. Der Holzfremdkörper war schon operativ entfernt worden; dennoch kam es zu rezidivierenden phlegmösen Entzündungen. Aus der Fistelöffnung im oberen Fornix eiterte es immer wieder. Die Ultraschalluntersuchung (Abb. 3.4.7-4) ließ erkennen, daß noch ein über 1 cm langer (Holz-)Fremdkörper in der Orbita vorhanden war. Nach dessen operativer Entfernung heilte die Fistel endgültig. Die entzündliche Reaktion des umgebenden Gewebes erleichtert die Erkennung von Holzfremdkörpern im Echogramm (Coleman et al. 1977).

In einer experimentellen Studie konnten wir zeigen, daß gerade bei solchen Fremdkörpern die Verwendung einer laufzeitabhängigen Verstärkungsregelung die Erkennung eines Fremdkörperechos sehr erleichtern kann (Abb. 3.4.7-5).

Literatur

Bellone G, Gallenga PE (1970) Diagnostic echography of ophthalmic foreign bodies. Part III: Foreign bodies located in the orbit. Arch Rass Ital Ottalmol 2:122–133

Colemann DJ, Lizzi FL, Jack RL (1977) Ultrasonography of the eye and orbit. Lea & Febiger, Philadelphia, pp 342–345

Larsen JS (1973) On the possibilities of ultrasonic detection of intraorbital foreign bodies. Acta Ophthalmol 51:869–877

Linnert D, Buschmann W (1977) Möglichkeiten und Grenzen der echographischen Fremdkörperlokalisation. In: Neubauer H, Rüssmann W (Hrsg) Intraokulare Fremdkörper und Metallose. Bergmann, München, S 238–245

Ossoinig KC, Bigar F, Kaefring SL, McNutt L (1975) Echographic detection and localization of BB shots in the eye and orbit. Bibl Ophthalmol 86:109–118

Weitere Literatur zur Fremdkörperdiagnostik s. Kap. 2.2.1

3.5 Erkrankungen des Sehnerven

W. Schroeder

3.5.1 Anomalien: Kolobome, Drusen

Wir beschränken uns auf die Behandlung der echographisch differenzierbaren Anomalien, nämlich der Kolobome und der Drusen.

Kolobome

Als Optikuskolobom bezeichnet man isoliert auftretende Defekte des vorderen Sehnerven. Sie beruhen auf einem unvollständigen Schluß des Augenbechers an seinem hinteren Ende (Mann 1957). Die Lamina cribrosa fehlt, und es besteht eine Kontinuität zwischen Glaskörperraum und dem von einem gliösen Gewebe ausgefüllten zystischen Defekt. Optikuskolobome sind meist mit starker Sehherabsetzung oder Blindheit verbunden. Das ophthalmoskopische Bild zeigt anstelle der Papille ein Loch mit einem wulstigen Rand (Szily v 1924; Jensen et al. 1976), über den radiär dünne retinale Gefäße ziehen (Abb. 3.5.1-1). Zystische Fehlbildungen des distalen Sehnerven scheinen eine besondere Ausprägung der Kolobome darzustellen (Schulz u. Schroeder 1984).

Eigene Beobachtungen

Von 7 Patienten (Tabelle 3.5.1-1) mit Optikuskolobomen bestand bei zweien die Fehlbildung auf beiden Seiten in asymmetrischer Ausprägung. Fünfmal fand sich eine zystische Auftreibung des bulbusnahen Optikus im B-Bild-Echogramm (Abb. 3.5.1-1), die sich so homogen wie der Glaskörper darstellte.

Eine breite Öffnung zum Glaskörper zeigten 3 Fälle, während in den übrigen zwei (Fälle 5 und 6, Tabelle 3.5.1-1) besonders große zystische Fehlbildungen vorlagen, bei denen die Verbindung zum Glaskörper dagegen eng war, so daß der ophthalmoskopische Aspekt der Anomalie (intramurales Kolobom) die ausgeprägte Fehlbildung des distalen Sehnerven nicht vermuten ließ. Vielmehr wurde ihr volles Ausmaß erst bei der Ultraschalluntersuchung in charakteristischer Weise erkennbar, und zwar verläuft das Kolobom in der Bulbuswand schräg und gewinnt offenbar auch Anschluß zu der großen retrobulbären Zyste (Abb. 3.5.1-2).

Die 4 weiteren Kolobome bestanden in einer ausladenden flachen Ausbuchtung der peripapillären Region bzw. einer schmalen Einsenkung des Papillenbereichs mit etwas aufgeworfenen Rändern (intramurale Kolobome).

Weitere Bulbusveränderungen, wie z.B. Katarakte, sind häufig (Tabelle 3.5.1-1).

Drei typische Profile der zystisch-kolobomatösen Fehlbildungen des Sehnerven lassen sich also echographisch unterscheiden:

a) das *intramurale Kolobom der Papille* (Bucht mit wulstigem Rand);
b) das *Kolobom des Sehnerven* (bei dem der Glaskörperraum über eine breite Öffnung in der Papille mit einem mäßig großen, retrobulbären Hohlraum in Verbindung steht);
c) die *große zystische Fehlbildung* des Sehnerven mit nur kleinem Kolobom der Papille.

Eine weitere Ausprägung der Anomalie ist der Mikropthalmus mit Zyste (Mann 1957), dessen Diagnose klinisch gestellt werden kann. Hierbei ist die Zyste mitunter größer als der Bulbus und beherrscht das Bild.

Die Kenntnis des echographischen Bildes der Kolobome ist in erster Linie zur Unterscheidung von Optikustumoren wichtig, da auch eine Vergrößerung des knöchernen Optikuskanals vorkommen kann (Fall 1, Tabelle 3.5.1-1). Mit der Echographie lassen sich die Verbindung zum Glaskörperraum und der zystische Charakter bei größeren

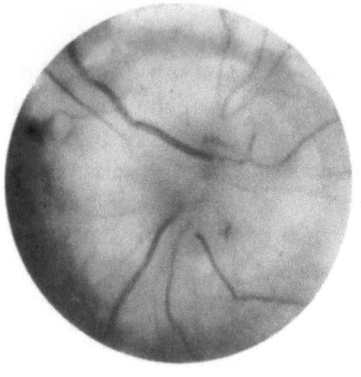
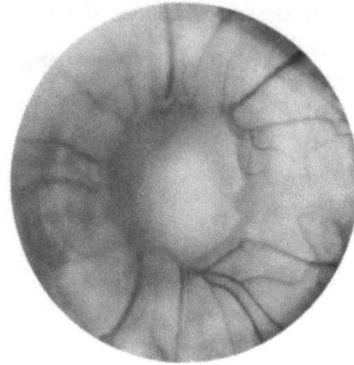

Abb. 3.5.1-1 (Schroeder). Optikuskolobom. 4jähr. Junge (Fall 4, Tabelle 3.5.1-1). Papillen: rechts Vertiefung und Spreizung des Gefäßbaumes, links Öffnung zu einem retrobulbären Hohlraum. Schnittbildechogramme: rechts breite Vertiefung mit prominenten Rändern, links retrobulbärer Hohlraum mit Kontinuität zum Glaskörperraum. [Bronson-Turner-Gerät, Empfindlichkeit 80 dB (Skalenwert), Nominalfrequenz 10 MHz]

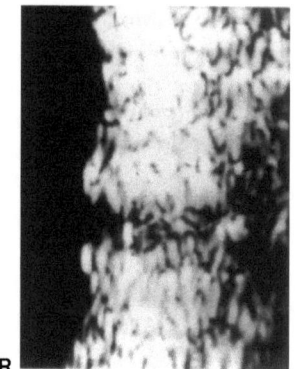
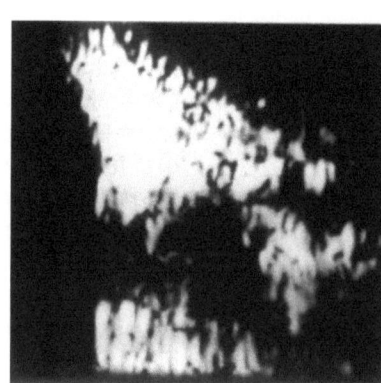

R   L

Tabelle 3.5.1-1. Kolobom des Sehnerven Daten von 7 Patienten. (Nach Schulz u. Schroeder 1984). (DSL = doppelte Schallaufzeit im Sehnervscheidendurchmesser)

Nr.	Geboren	Geschlecht	Seite	Ausdehnung (B-Bild)	DSL (μsec) (A-Bild)	Opt. kanal	Weitere Befunde
1	1942	w	L	Retrobulbäre Zyste, breite Öffnung z. Glaskörper		Erweitert	Linsentrübung
2	1953	m	R	Intramural	6,5	Normal	Linsentrübung
3	1968	w	L	Retrobulbäre Zyste, breite Öffnung z. Glaskörper	15	Normal	Linsentrübung, lineares Naevussyndrom
4	1972	m	R	Intramural Retrobulbäre Zyste, breite Öffnung z. Glaskörper		Normal Weiter als L	Nystagmus
5	1975	w	L	Retrobulbäre Zyste, enge Öffnung zum Glaskörper		Normal	Linsentrübung, präpapill. Gefäßfächer
6	1975	m	R	Retrobulbäre Zyste, enge Öffnung zum Glaskörper		Normal	Mikrophthalmus Nystagmus
			L	Intramural			
7	1977	w	R	Intramural			

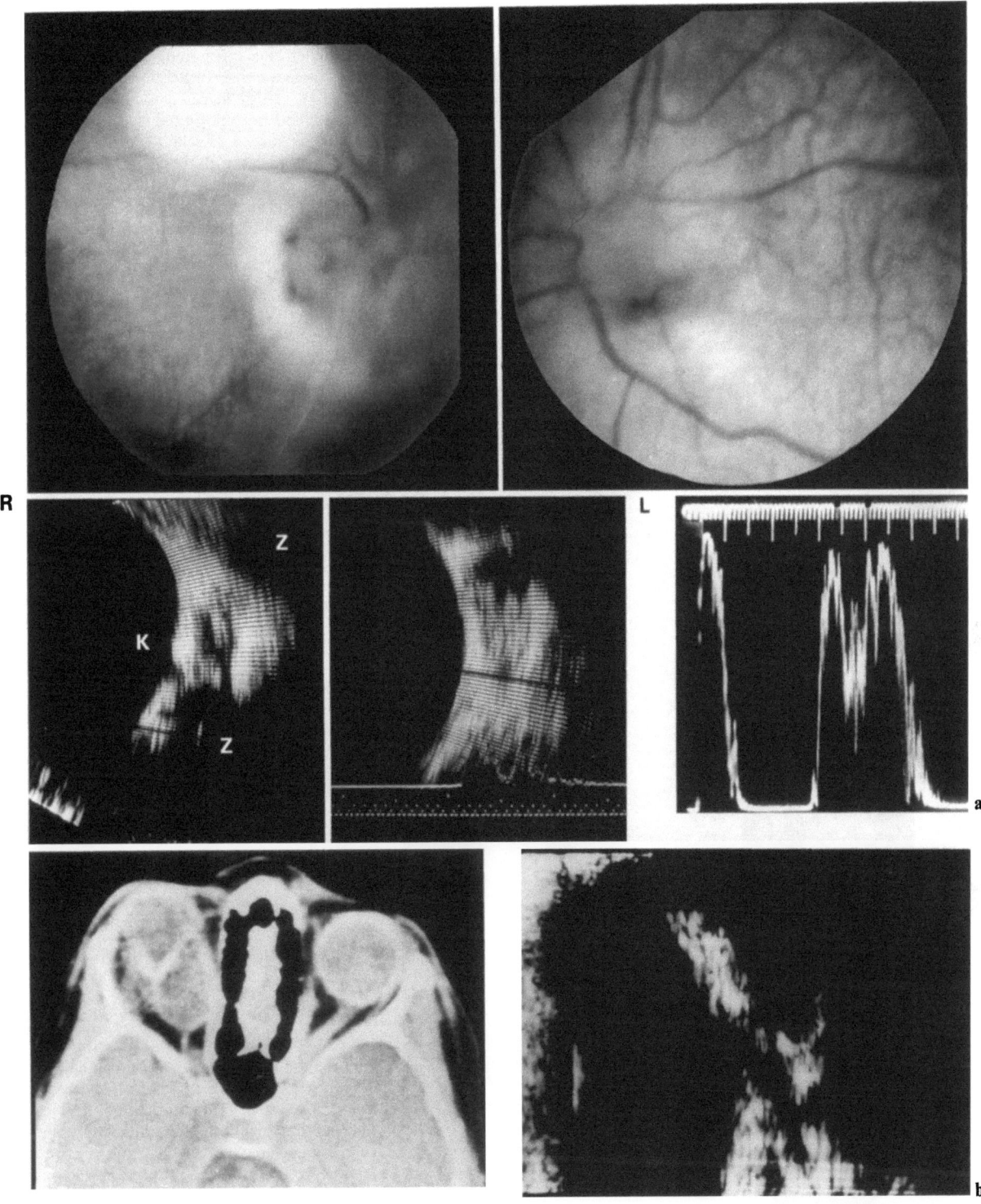

Abb. 3.5.1-2a, b (Schroeder). Zystische Optikusanomalie
a 5jähr. Junge (Fall 6, Tabelle 3.5.1-1). Die Papillen zeigen kleinere Kolobome. Visus R Amaurose, L 0,1. Horizontale B-Bilder: Rechts (*R*) große zystische Fehlbildung des N. opticus (*Z*), die zu einem schmalen Kolobom (*K*) in der Papille Anschluß hat. Links (*L*) kleinere Auftreibung des distalen N. opticus (vgl. A-Bild) mit starker Abknickung. Geringer Papillendefekt. [B-Bilder mit Cooper-Ultrascan, Nominalfrequenz 10 MHz, Empfindlichkeit (Skalenwert) −26 dB. A-Bild-Gerät wie in Abb. 3.5.1-3]
b 10jähr. Mädchen (Fall 5, Tabelle 3.5.1-1). Vertikales B-Bild: Linksseitiger Mikrophthalmus, Kolobom und zystische Fehlbildung, ganz ähnlich gestaltet wie in **a**. Das CCT zeigt, daß Zyste und Bulbus etwa gleich groß sind. [B-Bild mit Bronson-Turner Gerät, Nominalfrequenz 10 MHz, Empfindlichkeit (Skalenwert) 80 dB]

Kolobomen zuverlässig feststellen. Bei Tumoren gibt es Verbindungen zum Glaskörper nicht (vgl. Kap. 3.5.3).

Das typische Papillenprofil im B-Bild-Echogramm, gegebenenfalls in Verbindung mit dem Befund einer zystischen Fehlbildung des Sehnerven, ist ein wichtiges Korrektiv für den CT-Befund, der oft als Optikustumor fehlgedeutet wird, weil der Kolobominhalt (wie übrigens auch der Glaskörper) im CT weichteilähnliche Dichte aufweist.

Drusen

Drusen der Papille stellen eine angeborene, manchmal familiär vorkommende Anomalie dar. In Sektionsmaterial fanden sie Friedman et al. (1975) in ca. 2% der Augen. Zu 75% sind sie bilateral, und in 85% führen sie zu Nervenfaserausfällen mit entsprechenden Defekten im Gesichtsfeld (Mustonen 1977), selten auch zu Blutungen im Papillenbereich. Ophthalmoskopisch imponieren sie bei oberflächennaher Lage als homogene grauweiße, weiße oder gelbe Körperchen, die meistens nur am Papillenrand sichtbar werden. Histopathologisch handelt es sich um hyaline, verkalkte,

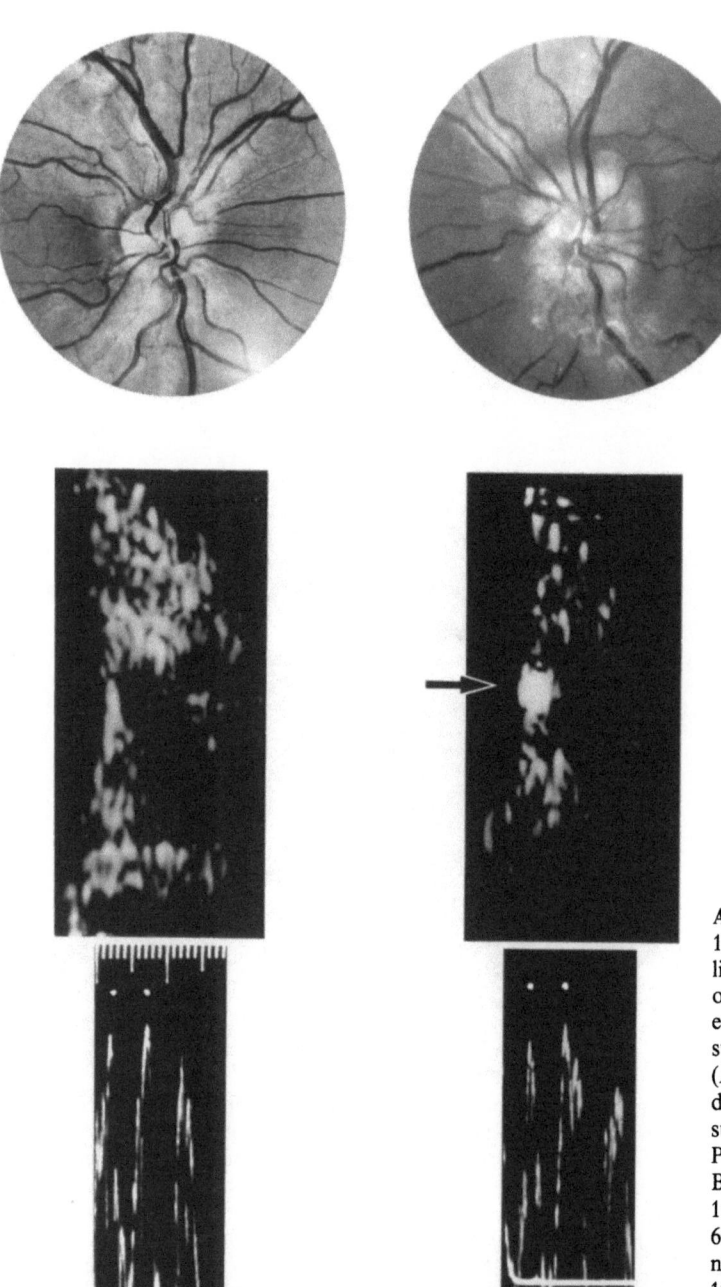

Abb. 3.5.1-3 (Schroeder). Drusenpapille 17jähr. Mann. Papillen: rechts regelrecht; links verwaschen, Druse am temporal oberen Rand sichtbar. Vertikale Schnittbildechogramme: rechts regelrecht; links Zone starker Reflexion in der prominenten Papille (*Pfeil*). Sehnervscheidendurchmesser (A-Bilder) seitengleich und normal. Die zur Messung verwendeten Echozacken sind mit Punkten markiert. [B-Bild-Echogramme mit Bronson-Turner-Gerät, Nominalfrequenz 10 MHz, Empfindlichkeit (Skalenwert) 60 dB. A-Bild-Echogramme mit Kretztechnik-Gerät 7200 MA, Nominalfrequenz 10 MHz, Skalenwert 72 dB (=sog. „Standardempfindlichkeit" dieses Gerätes), $\Delta W 38 = 64$ dB]

annähernd kugelige Gebilde in einer Größe zwischen 0.05 und 0.75 mm, die in verschiedenen Tiefen ausnahmslos *vor* der Lamina cribrosa lokalisiert sind (Friedman et al. 1975). Als Ursache vermuten Seitz (1968) und Spencer (1978), daß die Drusen Folge eines Nervenfaserschwundes sind, der seinerseits auf einer Behinderung des axonalen Flusses an der Lamina cribrosa beruhen könnte. Im Fluoreszenzangiogramm zeigen Papillendrusen sowohl eine Eigen- als auch eine verstärkte Nachfluoreszenz.

Im Schnittbildechogramm (Abb. 3.5.1-3) sind Drusen als punktförmige Zonen stark erhöhter Reflexion nachweisbar (Fisher 1977; Henkind et al. 1976). Der B-Bild-Schallkopf wird auf die Papillenregion gerichtet. Setzt man die Empfindlichkeit schrittweise so weit herab, daß das Bulbusrückwandecho fast verschwindet, so werden die Drusenechos meist (im B- und A-Bild) als deutlich intensivere Echos besonders gut erkennbar.

Eigene Beobachtungen

Die Augenpaare von 24 Patienten (10 männliche, 14 weibliche) zeigten 29mal das typische ophthalmoskopische Bild einer Drusenpapille (Tabelle 3.5.1-2). Wenn gleichzeitig Fluoreszenzangiogramme und B-Bild-Echogramme vorlagen, war deren Befund ebenfalls eindeutig. 10mal konnten Drusen ophthalmoskopisch nur vermutet werden. In diesen Fällen hatte das B-Bild immerhin 7mal einen eindeutigen und 1mal einen verdächtigen Befund geliefert. Der Sehnervscheidendurchmesser lag in allen Fällen im Normbereich. Der Umstand, daß der Sehnervscheidendurchmesser bei Drusenpapillen stets normal ist, hat seine Ursache im ausschließlich prälaminaren Vorkommen der Drusen. Die sehr unterschiedliche Größe der Drusen setzt den diagnostischen Methoden Grenzen. Für die B-Bild-Echographie ist davon auszugehen, daß solitäre Drusen überhaupt erst ab 0,5 mm Größe zu erkennen sind. Mehrere kleinere können natürlich die gleichen Reflexionseigenschaften aufweisen wie eine große Druse. *Unter diesen Voraussetzungen ist es möglich, mit dem B-Bild auch tiefliegende, ophthalmoskopisch nicht sichtbare Drusen auszumachen.* Die vorliegenden Ergebnisse weisen diesen diagnostischen Vorteil aus und bestätigen die Erfahrungen, die Fisher (1977) und inzwischen auch Rochels (1979) und Dannheim (1984) mit dieser Methode gemacht haben.

Die Drusenpapille muß gelegentlich gegenüber einer Stauungspapille abgegrenzt werden. Dies kann besonders dann schwerfallen, wenn eine axonale Stauung und Blutungen vorliegen, Erscheinungen, die auch Drusen begleiten können. In diesen Fällen kommt der echographischen Messung des Sehnervscheidendurchmessers besondere differentialdiagnostische Bedeutung zu (vgl. Kap. 3.5.4, Kompression), denn bei der Stauungspapille ist der Sehnervscheidendurchmesser vergrößert.

Literatur

Dannheim F, Guthoff R, Buurmann R (1984) Beitrag zur Diagnostik der Drusenpapille. Fortschr Ophthalmol 81:168–169

Fisher YL (1977) Ultrasonic determination of optic nerve head drusen. In: White D, Brown RE (eds) Ultrasound in medicine. Plenum, New York, pp 1071–1072

Friedman AH, Gartner S, Modi SS (1975) Drusen of the optic disc. Retrospective study in cadaver eyes. Br J Ophthalmol 59:413–421

Henkind P, Friedman H, Gartner S (1976) Drusenpapille. Eine Ursache vaskulärer Komplikationen. Klin Monatsbl Augenheilkd 168:164–167

Jensen PE, Kalina RE (1976) Congenital anomalies of the optic disc. Am J Ophthalmol 82:27–31

Mann I (1957) Developmental anomalies of the eye, 2. edn. Lippincott, Philadelphia

Mustonen E (1977) Optic disc drusen and tumors of the chiasmal region. Acta Ophthalmol 55:191–200

Rochels R, Neuhann Th (1979) Ergebnisse der B-Bild Echographie bei Drusen der Papille. Ophthalmologica 179:330–335

Schulz E, Schroeder W (1984) Cystische Opticusfehlbildungen. Fortschr Ophthalmol 81:380–382

Seitz R (1968) Die intraokularen Drusen. Klin Monatsbl Augenheilkd 152:203–211

Spencer WH (1978) Drusen of the optic disc and aberrant axoplasmic transport. Am J Ophthalmol 85:1–12

Szily v (1954) Die Onthogenese der idiopathischen (erbbildlichen) Spaltbildungen des Auges, des Mikrophthalmus und der Orbitacysten. Z Anat Entwicklungsgesch 74:494

Tabelle 3.5.1-2 (Schroeder). Diagnostik bei 39 Drusenpapillen von 24 Patienten

Zahl der Pap.	Ophthalmoskopisch		Fluoreszenzangiograph.		Echographisch		DSL (µsec)
	Eindeutig	Verdächtig	Eindeutig	Verdächtig	Eindeutig	Verdächtig	
3	3						4,5
8	8		8				4,5–5,5
9	9		9		9		4–5,5
9	9				9		4–5
8		8			5	1	4,5–5
1		1	1		1		5
1		1		1	1		5
39	29	10	18	1	25	1	4–5,5

3.5.2 Entzündungen: Neuritis, Retrobulbärneuritis, Papillitis

Neuritis

Die klinische Diagnose stützt sich auf Herabsetzung der zentralen Sehschärfe, Zentralskotom, periphere Gesichtsfeldausfälle, Veränderungen des VECP, die afferente Pupillenstörung, den retrobulbären Schmerz und den Schwund des Reflexmusters, das die Nervenfasern erzeugen. Beim peripheren Sitz tritt eine Papillenschwellung auf („Papillitis"). Typischerweise beginnt eine Neuritis plötzlich auf einer Seite, führt binnen weniger Tage zum größten Ausmaß der Sehverschlechterung und bessert sich in den folgenden Wochen wieder. Bevorzugt werden das weibliche Geschlecht gegenüber dem männlichen im Verhältnis von 3:2 und die Lebensalter zwischen 20 und 45 Jahren (Taub et al. 1954). Bei Kindern, die an sich selten erkranken, sind Beidseitigkeit und Papillenschwellung relativ häufig (Kennedy et al. 1960). Die wichtigsten Ursachen stellen die demyelinisierenden Erkrankungen des zentralen Nervensystems dar. Die multiple Sklerose allein ist mit 20–60% beteiligt (Benedict 1933; Bradley et al. 1968; Taub et al. 1954).

Eigene Beobachtungen

Es wurden 58 Patienten, 35 Frauen und 23 Männer zwischen 13 und 55 Jahren untersucht. Das Durchschnittsalter betrug 33 Jahre. Bei allen Patienten lagen die oben genannten klinischen Zeichen einer Neuritis nervi optici vor. Im Krankheitsverlauf fanden sich vergrößerte Sehnervscheidendurchmesser überwiegend bis zur 4. Woche, danach nur noch dreimal. Im übrigen gingen Visusanstieg und Rückkehr des Sehnervscheidendurchmessers zur Norm zeitlich etwa parallel (Abb. 3.5.2-1). Im Durchschnitt waren die Sehnervscheidendurchmesser auf der kranken Seite bis zur 4. Woche signifikant größer als auf der gesunden. Dabei deutete sich wegen des sehr unterschiedlich langen individuellen Verlaufs eine Abnahme auf der betroffenen Seite jenseits des 10. Krankheitstages nur an (Tabelle 3.5.2-1). Bemerkenswert ist, daß unter den 14 Fällen mit Papillenschwellung nur in einem Fall ein vergrößerter Sehnervscheidendurchmesser fehlte. Dessen Vergrößerung bei Neuritiden ist als Ausdruck der Entzündung zu deuten, d.h. als Folge einer Ansammlung von Exsudat im Subarachnoidalraum bzw. in den pialen Septen des Sehnerven. Das paßt auch zu der Beobachtung, daß die Vergrößerung des Sehnervscheidendurchmessers meist nur in den ersten Wochen der Erkrankung gefunden wurde. Inwieweit die Infiltration sie in späteren Stadien aufrechterhält, läßt sich aus den Befunden nicht ablei-

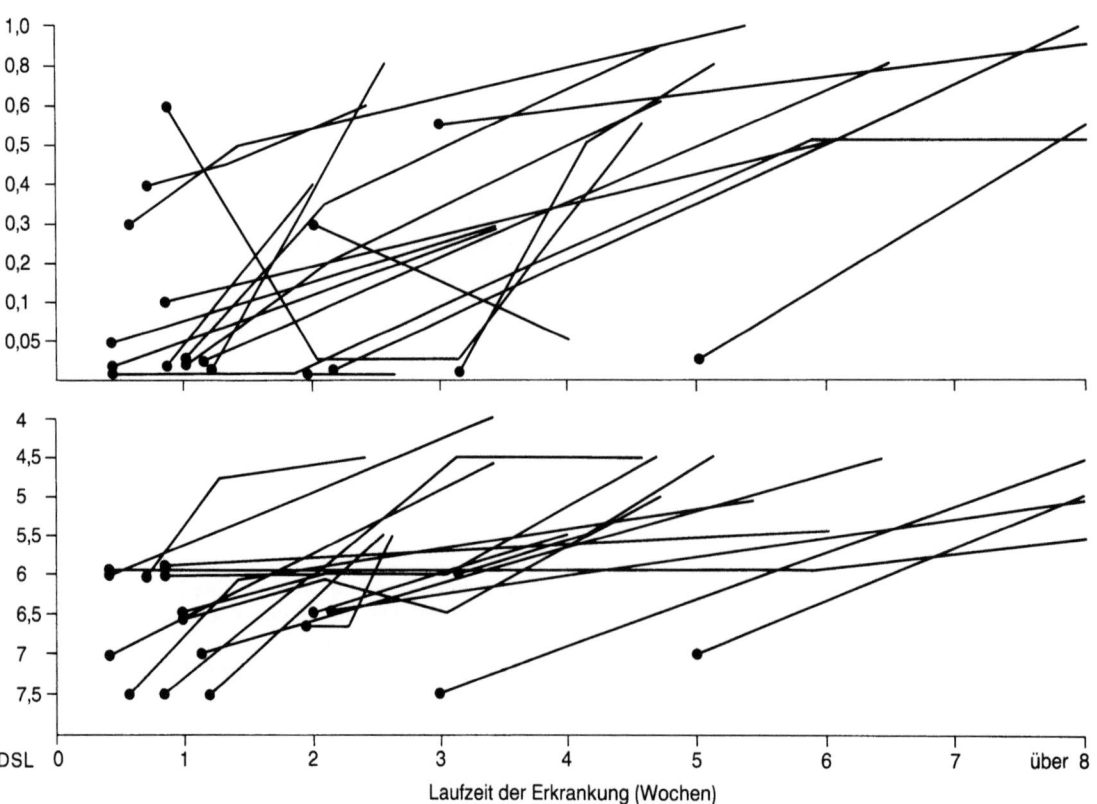

Abb. 3.5.2-1 (Schroeder). Neuritis Nervi optici. Visus (*oben*) und echographisch gemessener Scheidendurchmesser (*unten*). DSL, doppelte Schallaufzeit im Sehnervenquerschnitt. Entwicklung im Verlauf der Erkrankung

ten. Nach klinischer Abheilung ist der Sehnervscheidendurchmesser normal (vgl. Kap. 3.5.7, Atrophien).

Wenn im akuten Stadium der Erkrankung eine Zunahme des Sehnervscheidendurchmessers nicht zu beobachten ist, spielt sich die Entzündung wahrscheinlich im bulbusfernen Teil des Sehnerven ab, der einer echographischen Messung nicht zugänglich ist. So wurden in einem Fall, in dem die Entzündung auf das Chiasma opticum übergegriffen hatte, normale Sehnervscheidendurchmesser ermittelt. Dagegen fehlte dessen Vergrößerung fast nie, wenn eine Papillenschwellung vorlag, d.h. wenn die Entzündung sich ophthalmoskopisch zu erkennen gab. Die enge Verbindung von Papillenschwellung und vergrößertem Sehnervscheidendurchmesser weist darauf hin, daß es sich um eine vordere Neuritis handelt, nicht nur um eine „Papillitis" (Abb. 3.5.2-2).

Im B-Bild hatten als erste Coleman (1972a) und Abramson (1975) Veränderungen beschrieben, und zwar eine unregelmäßige Begrenzung der V-

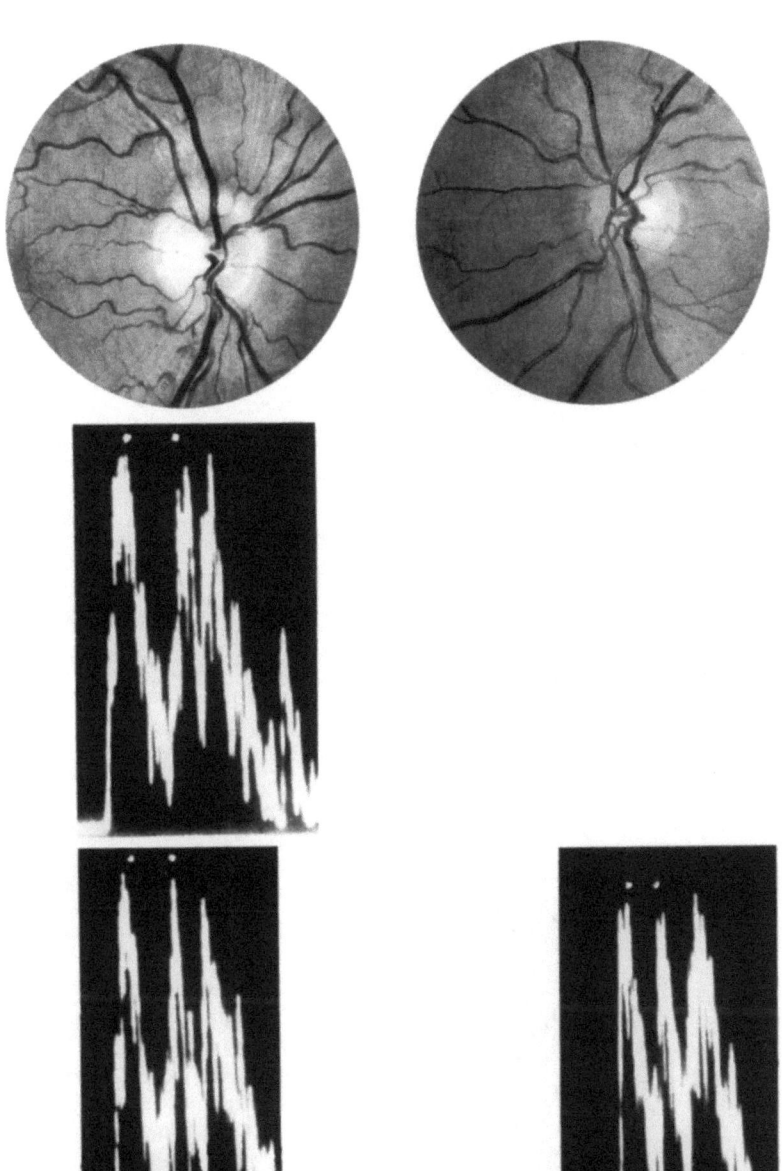

Abb. 3.5.2-2 (Schroeder). 25jähr. Mann. Papille: rechts leichte Unschärfe, streifige Defekte im Reflexmuster der retinalen Nervenfasern. Sehnervscheidendurchmesser (A-Bild-Echogramme): rechts vergrößert (*oben*), im Verlauf abnehmend (*unten*); links normal. Die zur Messung verwendeten Echozacken sind mit Punkten markiert. [Kretztechnikgerät 7200 MA, Nominalfrequenz 10 MHz, Skalenwert 72 dB (sog. „Standardempfindlichkeit" dieses Gerätes), $\Delta W 38 = 64$ dB]

Tabelle 3.5.2-1 (Schroeder). Neuritis nervi optici – doppelte Schallaufzeit (DSL) im Sehnervscheidendurchmesser. Abhängigkeit von der Krankheitsdauer

DSL (μsec)	Häufigkeit der Meßergebnisse		
	Erkrankte Seite		Gesunde Seite
	bis 10 Tage	bis 4 Wochen	
4		1	8
4,5	1	4	21
5	1	3	14
5,5	2		2
6	9	7	2
6,5	6	4	
7	4	2	
7,5	2	1	
X	6,26	5,83	4,62
Sx	0,5	0,83	0,25
Sx	0,71	0,91	0,44
n	25	22	47

förmigen echofreien Zone retrobulbär, die der Sehnerv erzeugt. Diese Veränderungen sind jedoch zu uncharakteristisch, um als sicheres Neuritiskriterium gelten zu können.

Tabelle 3.5.2-2 (Schroeder). Papillitis – doppelte Schallaufzeit (DSL) im Sehnervscheidendurchmesser. Seitenvergleich

Diagnose	Anzahl der Patienten	DSL (μsec)	
		Kranke	Gesunde
„Chorioretinitis iuxtapapillaris"	6	4–5	4–5
Chorioiditis (bds.)	1	4,5	4,5
Panuveitis (bds.)	4	4–4,5	4,5–5
„Optic disc vasculitis"	1	5	5
	12	4–5	4–5

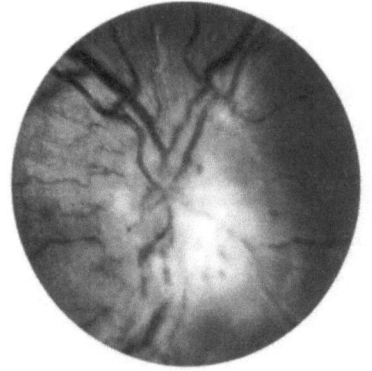
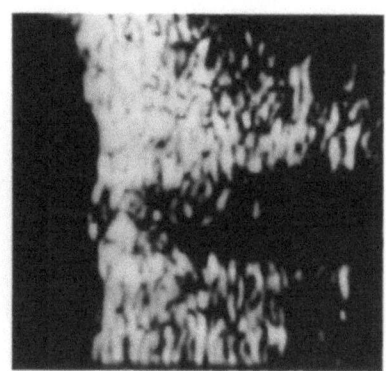

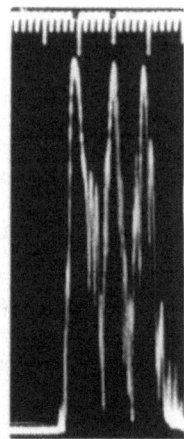
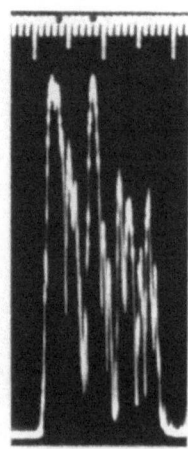

Abb. 3.5.2.-3 (Schroeder). Retinochorioiditis juxtapapillaris, 11jähr. Junge. Papille rechts: Schwellung, am meisten in der nasalen Hälfte; davor leichte zellige Infiltration des Glaskörpers (hier nicht sichtbar). Vertikales Schnittbildechogramm: homogener, prälaminarer Buckel. Sehnervscheidendurchmesser (A-Bild-Echogramme) beiderseits normal. (Geräteeinstellungen wie bei Abb. 3.5.2-2)

Papillitis

Nach dem eben Gesagten hat man unter Papillitis eine Entzündung zu verstehen, die sich überwiegend an den prälaminaren Anteilen des Sehnerven abspielt. So definiert ist sie meist Begleitsymptom intraokularer Entzündungen, wie zum Beispiel der Uveitis oder der Retinochorioiditis iuxtapapillaris. Ophthalmoskopisch ist eine ödematöse Schwellung des Sehnervkopfes mit leichter Prominenz feststellbar. Ein Teil der Fälle ist als Rezidiv einer konnatalen toxoplasmotischen Retinochorioiditis zu betrachten (Naumann 1980).

Eigene Beobachtungen

Bei papillennahen Retinochorioiditiden, Panuveitiden, bei einer peripapillären Chorioiditis (M. Boeck) und einer sog. „Optic disc vasculitis" (Hayreh 1974a, 1974b) lag der Sehnervscheidendurchmesser auf den betroffenen Seiten im Normbereich (Tabelle 3.5.2-2; Abb. 3.5.2-3). Bei den häufigsten dieser Erkrankungen dürfte somit die Beteiligung der bulbusnahen perineuralen Gefäßregionen gering sein.

Literatur

Abramson DH, Coleman DJ, Franzen LA (1975) Ultrasonography of optic nerve lesions. Bibl Ophthalmol 83 Karger, Basel
Benedict WL (1933) Retrobulbar neuritis and disease of the nasal accessory sinuses. Arch Ophthalmol 9:893–906
Bradley WG, Whitty CWM (1968) Acute optic neuritis, prognosis for development of multiple sclerosis. J Neurol Neurosurg Psychiatry 31:10
Coleman DJ, Caroll FD (1972a) Evaluation of optic neuropathy with B-scan ultrasonography. Am J Ophthalmol 74:915–920
Hayreh SS (1972a) The optic disc. In: Davidson SI (ed) Aspects of neuroophthalmology. Butterworth, London
Hayreh SS (1974b) Pathogenesis of cupping of the optic disc. Br J Ophthalmol 58:863–876
Kennedy C, Caroll FD (1960) Optic neuritis in children. Arch Ophthalmol 63:747–755
Naumann GOH (1980) Pathologie des Auges. Springer, Berlin Heidelberg New York, S 314
Taub RG, Rucker CW (1954) The relationship of retrobulbar neuritis to multiple sclerosis. Am J Ophthalmol 37:494–497

3.5.3 Tumoren des Sehnerven und seiner Scheiden

Die drei wichtigsten Tumorarten im Bereich des Sehnerven sind das Optikusscheidenmeningeom, das Gliom und das maligne Melanom an der Papille. (Zum klinischen Bild s. auch Kap. 3.1.)

Meningeom der Sehnervscheide

Das primär intraorbitale Meningeom geht in der Regel von der Sehnervscheide aus und sitzt meistens *intradural* (Craig et al. 1949; Karp et al. 1974). Es stellt 5–6% der Neubildungen in der Orbita (Henderson 1973).

Erwachsene über 20 Jahre erkranken etwa 2 1/2mal häufiger als Jugendliche und Kinder (Karp et al. 1974). Wie alle Meningeome kommt auch das Optikusscheidenmeningeom zu 70–80% bevorzugt bei Frauen vor. Die Erkrankung führt nach Jahren immer zur Erblindung des betroffenen Auges. Zu Beginn bestehen eine Visusherabsetzung mit Gesichtsfeldausfällen und eine Schwellung der Papille (Wright 1977; Schroeder et al. 1978). Auch die später hinzukommende Blässe der Papille verleitet zu einer Verwechslung mit einer vorderen ischämischen Neuropathie oder einer Retinitis. Jahre nach der Erblindung können sich optiko-chorioidale Venen („opto-ciliary veins") in der Papille ausbilden, die wahrscheinlich ein Zeichen dafür sind, daß der Tumor die Zentralvene an der Durchtrittsstelle durch die Sehnervscheide stenosiert (Frisen et al. 1973). In vereinzelten Fällen hat Wright (1980) die Sehkraft erhalten können, indem er kleine, weit vorn gelegene Meningeome frühzeitig operativ entfernt hat. Diese Chance besteht natürlich nur bei einem frühzeitigen diagnostischen Hinweis, wie ihn z.B. der echographische Befund liefern kann.

Eigene Beobachtungen

Im hier besprochenen Krankengut finden sich 8 Frauen und 1 Mann mit einem Optikusscheidenmeningeom. Die Übersicht über die wichtigsten klinischen Kriterien dieser Fälle zeigt u.a., daß die Sehnervscheidendurchmesser stets vergrößert waren (Tabelle 3.5.3-1). Histopathologische Befunde liegen in keinem, Operationsbefunde nur in einem einzigen Fall vor. Computertomographien konnten zum Teil erst Jahre nach den Optikusechogrammen und nach Stellung der Diagnose angefertigt werden. Sie bestätigten diese in 5 Fällen, ermöglichten sie zweimal als alleinige Untersuchungsmethode und konnten einmal nichts nachweisen (Fall 6, Tabelle 3.5.3-1). Als entscheidendes Kriterium im CCT wurde die Anfärbung nach Kontrastmittelgabe betrachtet. (Es handelte sich um Computertomographen der 1. Generation; die Darstellungsmöglichkeiten der modernen Geräte werden im Kap. 3.7.4 besprochen.)

Optikochorioidale Venen waren in 2 Fällen bei der Erstuntersuchung bereits voll ausgeprägt, in zwei weiteren Fällen konnte die Ausbildung dieser Gefäßveränderungen verfolgt werden (Abb. 3.5.3-1).

Der vergrößerte Sehnervscheidendurchmesser beim Optikusscheidenmeningeom ist entweder Ausdruck der intraduralen Raumforderung dieses Tumors, d.h. des durch Kompression entstehenden „Stauungsödems" (vgl. Kap. 3.5.4); oder er entsteht durch den Tumor selbst, wenn sich dieser

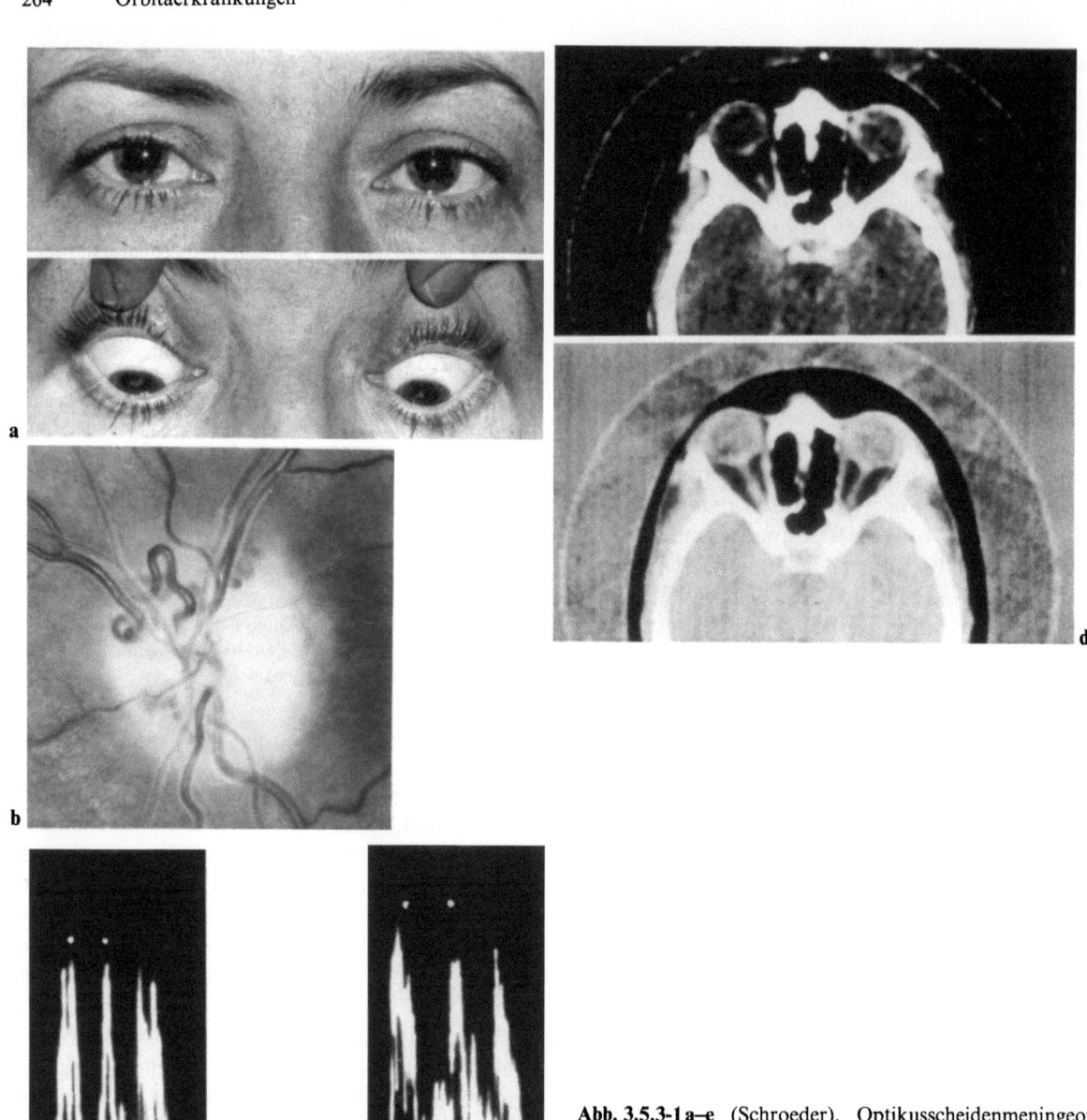

Abb. 3.5.3-1 a–e (Schroeder). Optikusscheidenmeningeom 37jähr. Frau (Fall 3, Tabelle 3.5.3-1)
a Exophthalmus links 2 mm. b Papille links: blasse Farbe, unscharfe Begrenzung, optiko-chorioidale Anastomose (5 Jahre nach Erblindung des Auges). c Sehnervscheidendurchmesser: links deutlich vergrößert. (Die zur Messung verwendeten Echos sind mit Punkten markiert). d CCT: Verdickung und Kontrastmittelanreicherung im hinteren Drittel des linken Sehnerven. e A-Bild: solide Masse retrobulbär, die sich mit dem Sehnerv mitbewegt (Geräteeinstellung wie in Abb. 3.5.2-2)

im bulbusnahen Optikusbereich befindet. Die Ausdehnung bis an den Bulbus heran ist in unserer Serie in den 4 Fällen anzunehmen, in denen optikochorioidale Venen sichtbar sind (Abb. 3.5.3-1). In den 2 Fällen mit noch guter Sehschärfe sitzt der Tumor nach den Computertomogrammen im mittleren bis hinteren orbitalen Optikusabschnitt (Abb. 3.5.3-2). Die Papille ist dabei in einem Fall normal, im anderen unscharf begrenzt. Die Vergrößerung des Sehnervscheidendurchmessers hat man hier eher als Kompressionssymptom zu deuten.

Natürlich kann der Arzt schon bei der einleitenden Untersuchung mit dem B-Bild auf die Tumorerkrankung des Sehnerven aufmerksam werden, sei es durch abnorme Echos in der Sehnervregion,

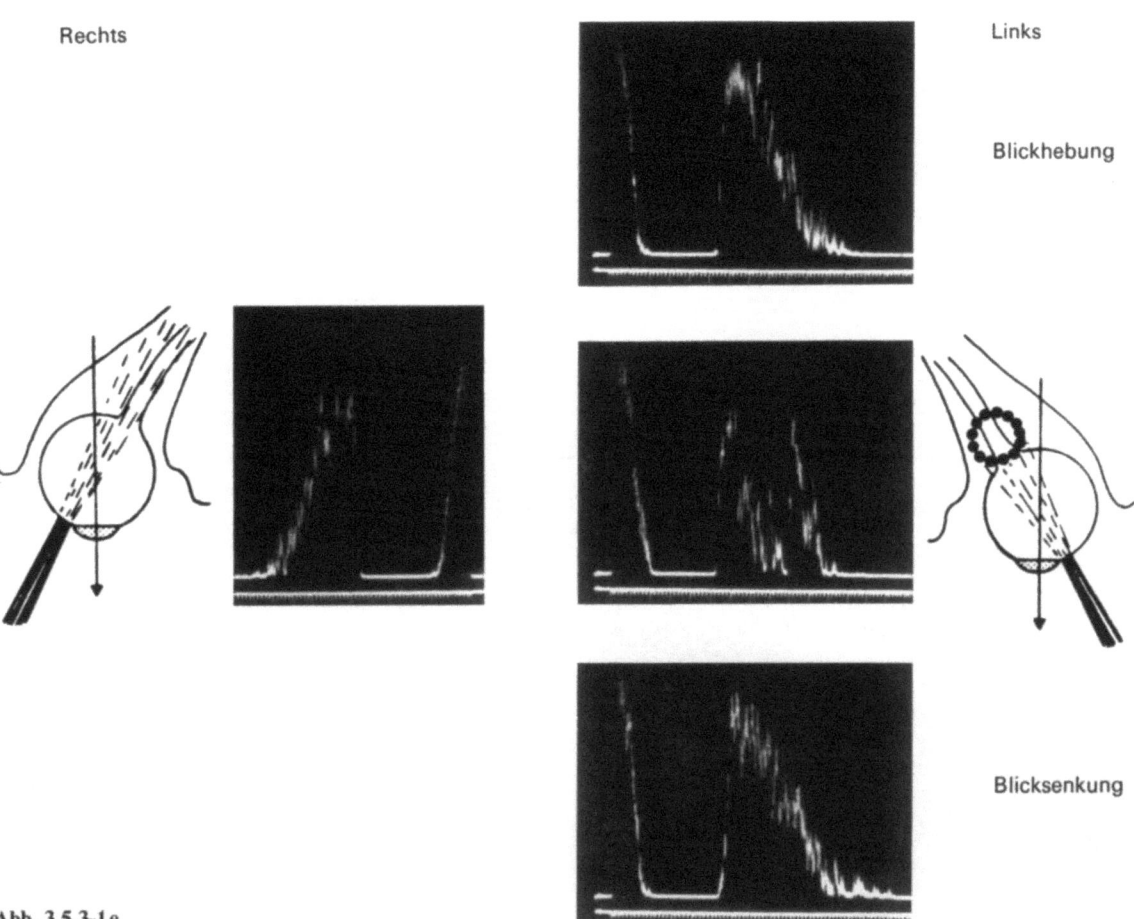

Abb. 3.5.3-1 e

Tabelle 3.5.3-1 (Schroeder). Optikusscheidenmeningeome. Daten von 9 Patienten. DSL, doppelte Schallaufzeit im Sehnervscheidendurchmesser; +, deutliche Dichtezunahme im CT nach Kontrastmittelgabe

Nr.	Alter	Geschlecht	Laufzeit (Jahre)	Visus	Exophthal. (mm)	Papille	DSL (μsec)	CT
1	57	w	20	0	4	Opt.-chor. Venen	8	+
2	55	w	16	0	4	Opt.-chor. Venen	8	+
3	37	w	15	0	2	Opt.-chor. Venen	8	+
4	57	w	10	0	3	Opt.-chor. Venen	7	+
5	64	w	6	Licht	3	Blaß	7,5	+
6	78	w	1,5	0,1	0	Blaß	6	−
7	40	w	0,5	1,0	3	Ödem	6,5	+
8	56	w	1	1,0	4	o. B.	6,5	+
9	45	m	1	0,1	0	Blaß	6,5	+

sei es durch Seitenvergleich der Optikusquerschnitte, oder sei es, daß er entsprechende Lageänderungen eines großen Tumors bei Bulbusbewegungen feststellt (Abb. 3.5.3-3; Buschmann 1982; Coleman 1972b). Außerdem sind auch abnorme retrobulbäre Echos im A-Bild auszumachen, wenn der Schallstrahl auf die Papillenregion gerichtet wird (Abb. 3.5.3-1; Schroeder 1974).

Der Versuch einer *Gewebscharakterisierung* des Optikusscheidenmeningeoms mit dem A-Bild stößt wegen der variablen Topographie und der mitunter geringen Tumormasse auf Grenzen. Buschmann (1985), der 4 Optikusscheidenmeningeome untersuchte, hat aus der inneren Struktur von drei großen Tumoren sehr unterschiedliche Amplitudendifferenzen zum 10 mm hohen Echo

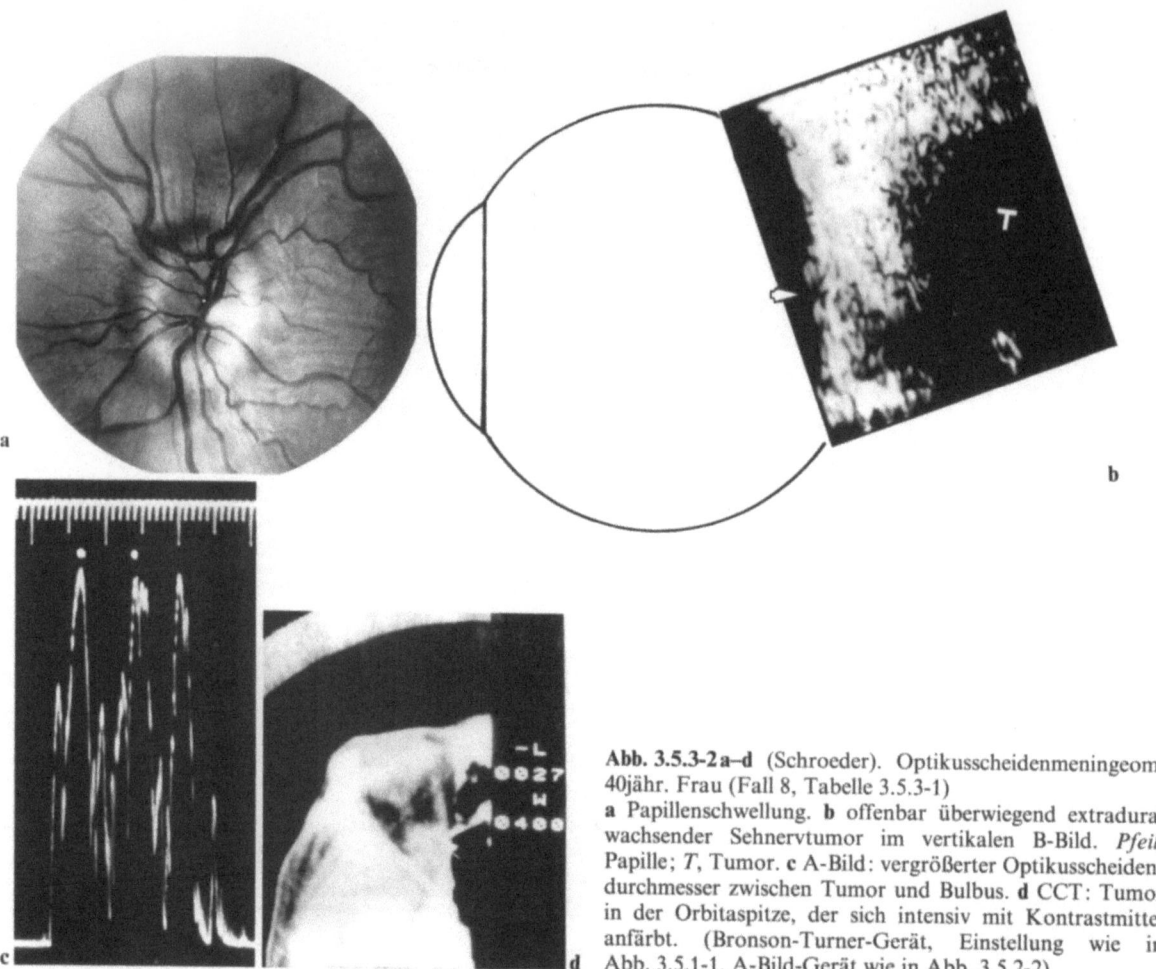

Abb. 3.5.3-2 a–d (Schroeder). Optikusscheidenmeningeom. 40jähr. Frau (Fall 8, Tabelle 3.5.3-1) **a** Papillenschwellung. **b** offenbar überwiegend extradural wachsender Sehnervtumor im vertikalen B-Bild. *Pfeil*, Papille; *T*, Tumor. **c** A-Bild: vergrößerter Optikusscheidendurchmesser zwischen Tumor und Bulbus. **d** CCT: Tumor in der Orbitaspitze, der sich intensiv mit Kontrastmittel anfärbt. (Bronson-Turner-Gerät, Einstellung wie in Abb. 3.5.1-1. A-Bild-Gerät wie in Abb. 3.5.2-2)

des Testreflektors W 38 erhalten: 38±7 dB bei 9,8 MHz, 62±5 dB bei 7,6 MHz und 54±7 dB bei 9,8 MHz Arbeitsfrequenz. Darin sieht er einen Widerspruch zu den Angaben von Ossoinig (1977), wonach die Amplituden der Strukturechos am Bildschirm des Gerätes Kretz 7200 MA bei „Gewebsempfindlichkeit" 40–60% der maximalen Echoamplitude betragen sollen. Nach Buschmann entspräche das einem Differenzbereich von nur 50–56 dB zum 10 mm hohen Echo des Testreflektors W 38. Da Strukturechos zumindest bei den kleineren, flächenhaft wachsenden Tumoren gar nicht zu registrieren bzw. zu identifizieren sind, und verbindliche Gewebskriterien bisher fehlen, bleibt der echographische Nachweis der *vergrößerten Optikusscheidendurchmessers* unserer Meinung nach das entscheidende, vom Ophthalmologen zu findende Symptom. Es berechtigt, bei fortschreitendem Visusverfall sowie Papillenschwellung oder -atrophie das Optikusscheidenmeningeom mit in Verdacht zu ziehen. Optikoziliare Venen sichern die Diagnose im Spätstadium. Der häufige, aber meist geringe Exophthalmus verlangt immer die Differenzierung von extraduralen raumfordernden Prozessen in der Orbitaspitze oder im Optikuskanal, die der Echographie nicht zugänglich sind. Damit beschränkt sich die Fragestellung an den Neuroradiologen aber auf eine relativ kleine anatomische Region und begründet die Forderung nach dünnsten CT-Schichten genauso wie nach den relativ zeitaufwendigen Rekonstruktionen. Auch auf eine Kontrastmittelgabe kann nicht verzichtet werden.

Überhaupt setzen Ossoinig et al. (1977 a, b, 1981) die Akzente bei der echographischen Sehnervdiagnostik anders als hier beschrieben. Sie betrachten nicht nur den Durchmesser der Sehnervscheide, sondern auch den des Nerven. Ein Optikusscheidenmeningeom beispielsweise soll in den vereinzelt veröffentlichten Echogrammen daran erkennbar sein, daß innerhalb der Serie der Tumorstrukturechos zwei den Sehnerv repräsentie-

Erkrankungen des Sehnerven, Tumoren 267

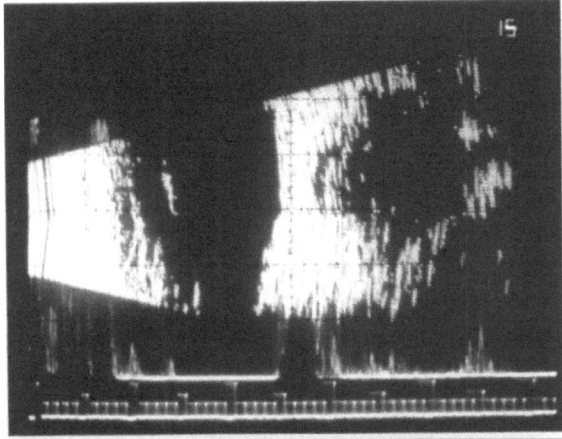
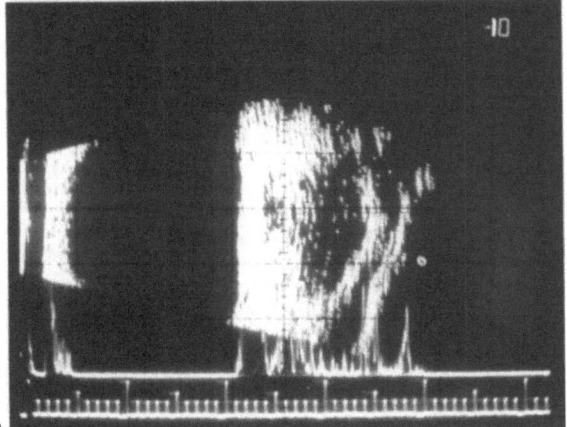
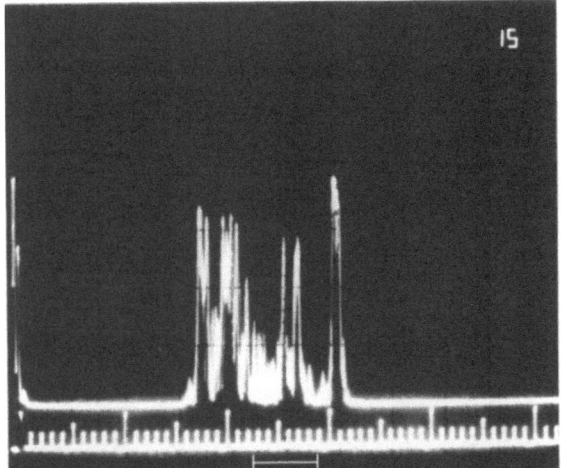
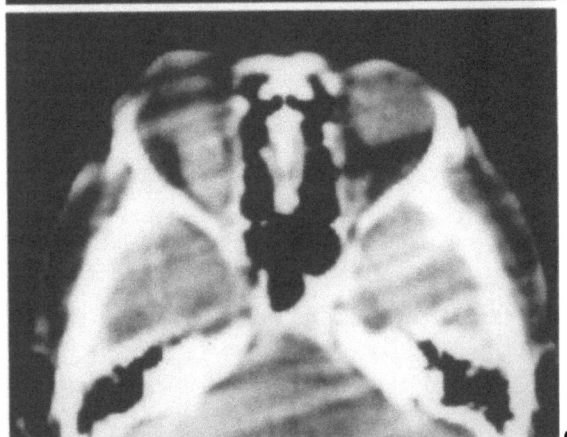
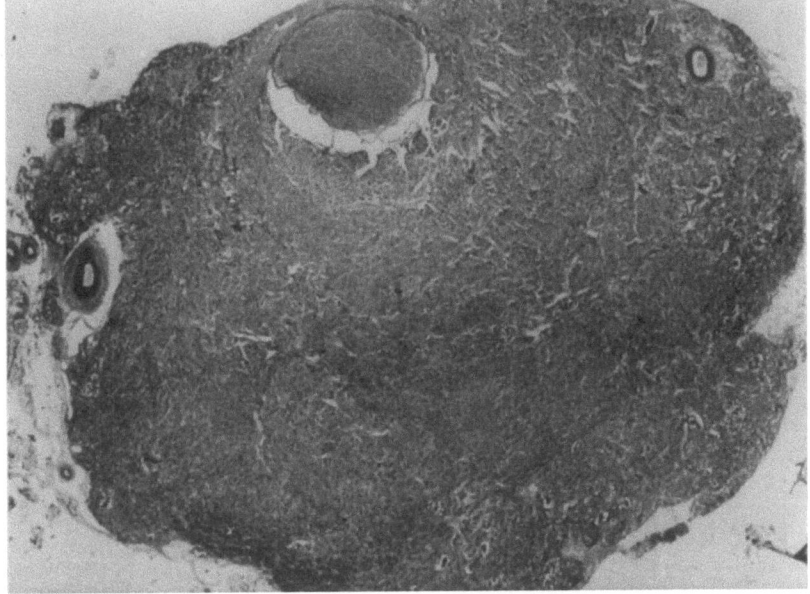

Abb. 3.5.3-3a–d (Buschmann). Optikusscheidenmeningeom links, 42jähr. Frau. Visus 0,1, Hertel-Wert re 19, li 21 mm.
a *Oben:* Vertikalschnitt (Sagittalebene, Papillenregion) Blick geradeaus; Arbeitsfrequenz 4,9 MHz, Ocuscan 400, Δ V W 38 = 52 dB. Trotz niedriger Frequenz und relativ hoher Empfindlichkeit ist die hintere Begrenzung des vom N. opticus nicht abgrenzbaren Herdes nur schwach dargestellt (also relativ hohe Schalldämpfung im Herdgebiet). Vor dem Herd eine erweiterte Vene). *Unten:* Vertikalschnitt, Optikusquerschnitt bei Blick nach temporal und weit nach temporal geneigtem Schallkopf (60°). N. opticus am vorderen Rand des Herdes. Klare Abgrenzung des M. rect. med. vom raumfordernden Herd. (10 MHz, wf = 9,7 MHz, Δ dB W 38 = 44 dB). **b** A-Bild der Herdregion transbulbär bei Blick nach temporal von Schallkopfposition 3b aus aufgenommen; Arbeitsfrequenz 9,8 MHz, Ocuscan 400, eingestellte Empfindlichkeit Δ V W 38 = 43 dB. Auffallend hohe Echoamplituden aus dem Herdgebiet (Amplitudendifferenz zum W 38-Testecho = 38 $\pm$ 7 dB. Die 2 höheren Echos im Herdgebiet entsprechen wahrscheinlich dem N. opticus. **c** Axiales Computertomogramm (1. Gerätegeneration). Vom N. opticus nicht abgrenzbarer, scharf begrenzter Herd weichteildichten Gewebes, vom Bulbus bis in die Nähe der Orbitaspitze reichend. Kein Anhalt für Ausdehnung in den Optikuskanal oder intrakraniell. **d** Histologie: Optikusscheidenmeningeom. Stark exzentrisches Wachstum; der N. opticus liegt am Rande des Tumors (im Bild oben)

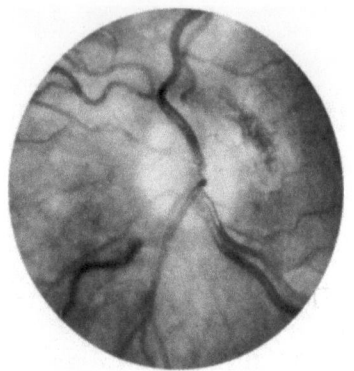
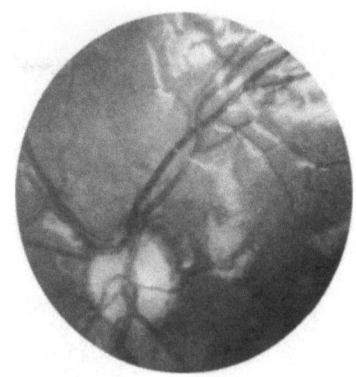

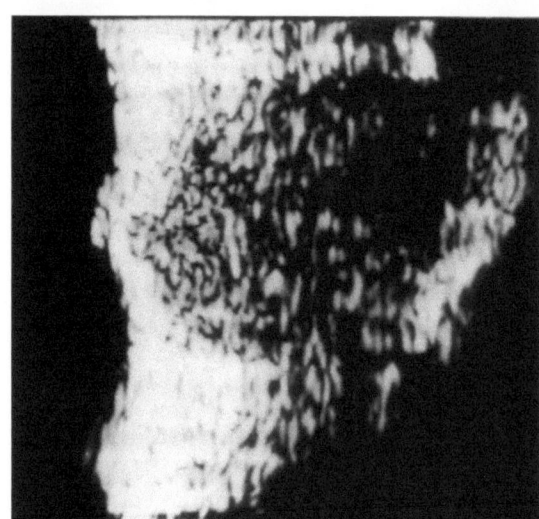

Abb. 3.5.3-4 (Schroeder). Optikusgliom rechts 5jähr. Mädchen (Fall 2, Tabelle 3.5.3-2). Papille rechts: vital gefärbt, scharf begrenzt prominent. Schnittbildechogramm: tumorartige Auftreibung des Sehnerven, Impression des Bulbus im Papillenbereich. *Unten*: Sehnervscheidendurchmesser rechts stark vergrößert, Foramen opticum rechts erweitert. [B-Bild Echogramme mit Bronson-Turner-Gerät, Nominalfrequenz 10 MHz, Skalenwert 80 dB. A-Bild-Echogramme mit Kretztechnikgerät 7200 MA, Nominalfrequenz 10 MHz, Skalenwert 72 dB (sog. „Standardempfindlichkeit" dieses Gerätes), entspricht Δ V W 38 = 64 dB]

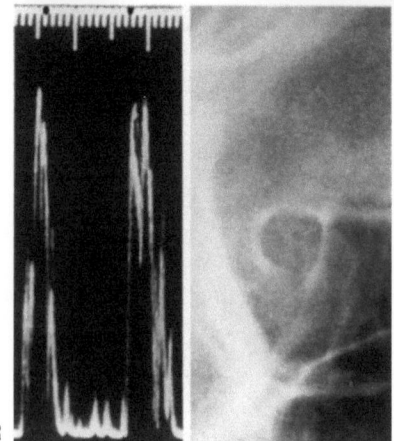
R
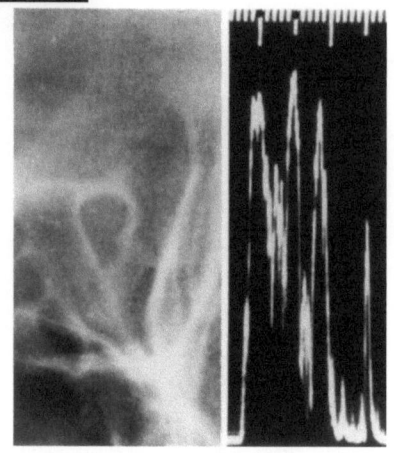
L

ren. Beim Optikusgliom – das sei hier vorweggenommen – würden diese beiden Echos dann fehlen. Darüber hinaus unterscheiden Ossoinig et al. (1981) einen Sehnerv(scheiden)tumor von einem vermehrt mit Liquor gefüllten Subarachnoidalraum dadurch, daß sie den Sehnervscheidendurchmesser von temporal her sowohl in Primärstellung als auch in Abduktion messen und vergleichen. Verkleinert er sich in Abduktion, so sehen sie darin einen Hinweis auf eine vermehrte Liquorfüllung; bleibt er konstant, ließe das auf einen Tumor schließen (vgl. Kap. 3.5.4), weil dieser sich in Abduktion nicht zwischen Sklera und M. rectus medialis zusammendrücken läßt. Dabei erhebt sich natürlich die Frage, ob sich bei der Positionsänderung des Nerven nicht auch der Winkel ändert, in dem der Nerv durchschallt wird.

Tabelle 3.5.3-2 (Schroeder). Optikusgliome. Gegenüberstellung einiger klinischer Daten und des echographisch bestimmten Sehnervscheidendurchmessers. DSL, doppelte Schallaufzeit

Nr.	Lokalisation vor	Lokalisation im	Papille	Seite	Opt.kanal erweitert	DSL Verläng.	µsec
1	+		Vital	L	+		„TU"
2	+		Vital	R		+	12
3	+		Vital	R	+		„TU"
4	+		Blaß	L		+	7
5	+		Blaß	R	+	+	6
6	+		Blaß	R	+	+	6
7	+		Schwell.	R	+	+	6
			Schwell.	L	+	+	11
8	+	+	Blaß	R	+		5
			Blaß	L			4
9	+	+	Blaß	R	+	+	6,5
	+		Blaß	L	+	+	6,5
10	+	+	Blaß	R	+	+	6
	+		Blaß	L	+		4,5
11	+		Blaß	R	+		5
			Blaß	L	+		5
12	+		Blaß	R		+	6
			Blaß	L			5,5
13	+		Blaß	R	+		6
			Blaß	L		+	7
14	+		Vital	R			5
			Vital	L			5

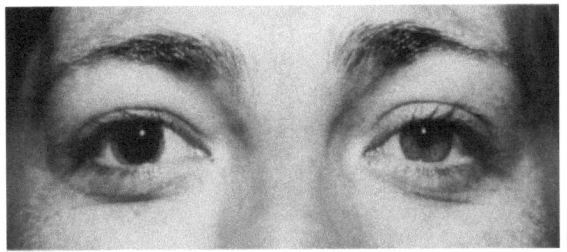

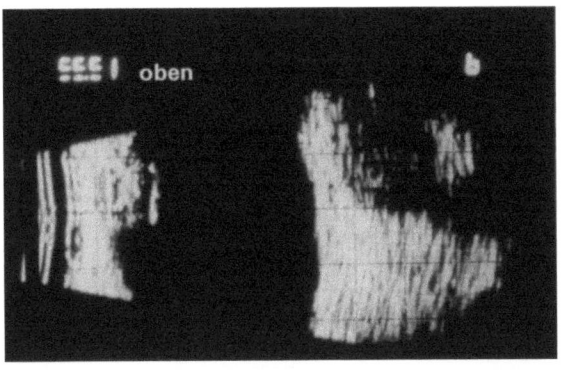

Abb. 3.5.3-5a, b (Buschmann). Spongioblastom (Gliom)
a Präoperatives Portrait, wenig auffälliger Exophthalmus rechts (medikamentöse Mydriasis). **b** B-Bild-Echogramm mit Ocuscan 400 (327 852). Bulbusnahe umschriebene Raumforderung, vom N. opticus nicht zu trennen (vert. 30° n. temp.; nom. f.: 10 MHz). Weitere Abbildung zu diesem Fall s. Abb. 3.7.4-10

Gliome

Die Gliome machen etwa 3% (Henderson 1973) der Orbitatumotumoren und 66–80% der Optikustumoren aus (Bucy et al. 1959; Tym 1961). Sie bestehen aus Astro- und Oligodendroglia und sind als Hamartome aufzufassen. In etwa 40% der Fälle läßt sich eine Neurofibromatose nachweisen. Die Gliome bevorzugen die *intrakraniell* gelegenen Sehnerventeile mit über 75%. Wenn überhaupt, treten die Symptome zu 80% bis zum 10. Lebensjahr in Erscheinung (Hoyt et al. 1969). Im Vordergrund stehen nach Wong et al. (1972) Sehverlust (30%), Exophthalmus (45%) und Papillenblässe (50%). Die röntgenologisch feststellbare Erweiterung des Optikuskanals fanden Chutorian et al. (1964) in 86% der Sehnerv- und 69% der Chiasmagliome, andere Autoren jedoch in allen ihren Fällen (Lloyd 1973).

Eigene Beobachtungen

Die Vergrößerung des Sehnervscheidendurchmessers korreliert mit der röntgenologisch nachzuweisenden Erweiterung des Optikuskanals bei allen einseitigen Gliomen (Abb. 3.5.3-4). Sind das Chiasma oder beide Sehnerven beteiligt, findet sich diese Übereinstimmung ebenfalls mindestens auf einer Seite (Tabelle 3.5.3-2). Insgesamt ist 4mal trotz Erweiterung des Optikuskanals eine Verbreiterung des Sehnerven nicht feststellbar gewesen.

Andererseits gibt es in der Serie 2 Fälle (11 und 12, Tabelle 3.5.3-2), bei denen sich trotz normaler Optikuskanäle eine Verbreiterung des Echogramms fand. Im Fall 12 erklärt sich die Kombination eines normalen Optikuskanals mit einem vergrößerten Sehnervscheidendurchmesser daraus, daß gleichzeitig eine erhebliche intrakranielle Drucksteigerung vorlag (identisch mit Fall 17, Abb. 3.5.4-1). In den Fällen 1 und 2 (Tabelle 3.5.3-2) war die übliche Messung des Sehnervscheidendurchmessers wegen der Größe der Tumoren nicht möglich.

Beim Gliom kann die Vergrößerung des Optikusscheidendurchmessers entweder Ausdruck des Tumors selbst oder einer „proliferativen Hyperplasie" der Arachnoidea sein (Sanders et al. 1965; Wolter et al. 1964). Sie bildet sich zwischen Tumor und Augapfel aus und könnte die Vergrößerung des Optikusscheidendurchmessers im Fall 11 erklären, bei dem offenbar keine orbitale Ausbreitung des Tumors vorlag, denn der Optikuskanal war normal weit.

Buschmann (1982) beobachtete eine 30jährige Frau, bei der das Gliom eine große axiale Ausdehnung aufwies, aber nur zu einer geringeren Verdik-

270 Orbitaerkrankungen

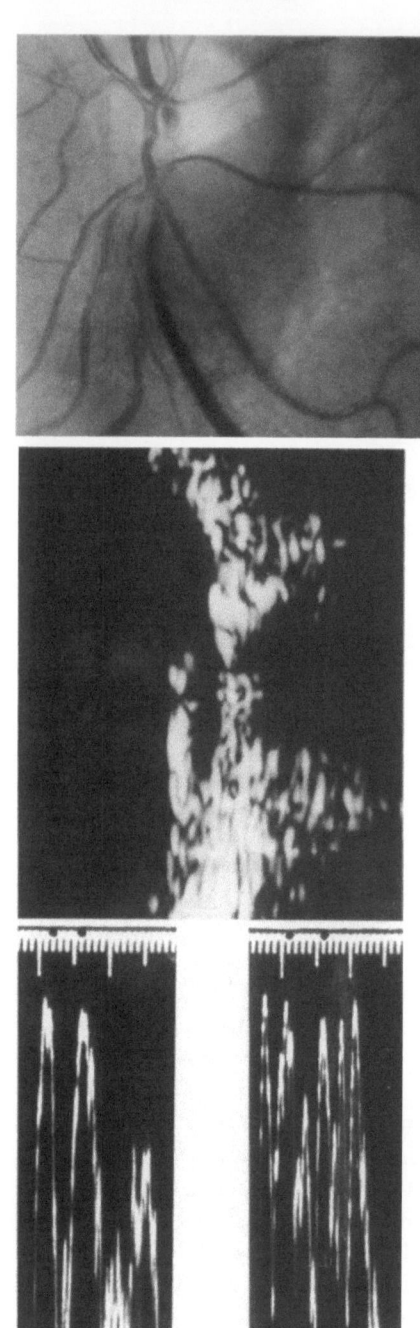
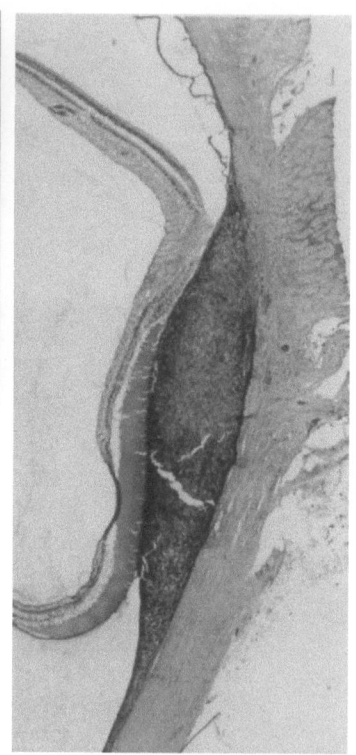

Abb. 3.5.3-6 (Schroeder). Malignes Melanom an der Papille, 35jähr. Mann. Papille links: Der Tumor nimmt die untere Hälfte ein. Vertikales Schnittbildechogramm: Homogene Masse vor der Lamina cribrosa. [B-Bild Echogramm mit Bronson-Turner-Gerät, Nominalfrequenz 10 MHz, Empfindlichkeit (Skalenwert) 70 dB. A-Bild: Technik wie in Abb. 3.5.3-4]

kung des Sehnervs geführt hatte, so daß man präoperativ zunächst an ein Optikusscheidenmeningeom dachte (Abb. 3.5.3-5). Die sonst übliche Spindelform war auch im CCT nicht nachweisbar. Da während der Verlaufskontrolle klinisch und echographisch eine Größenzunahme zu verzeichnen war, wurde der Tumor über einen frontobasalen Zugang entfernt. Dabei zeigte sich, daß er bereits bis an das Chiasma heranreichte. Die Histologie ergab ein Spongioblastom.

Malignes Melanom der Papille

Das maligne Melanom ist der häufigste primäre, *intraokulare* Tumor; in der Papille findet man es dagegen selten. Das klinische Bild wird durch den ophthalmoskopischen Befund und den Funktionsverlust geprägt (Abb. 3.5.3-6).

Eigene Beobachtungen

Es konnten 3 Fälle untersucht werden, bei denen sich das maligne Melanom in die Papille hinein oder unmittelbar an ihrem Rande entwickelt hatte. Nur einmal war eine Vergrößerung des Sehnervscheidendurchmessers festzustellen. Der histopathologische Befund zeigte aber in keinem der Fälle ein Wachstum durch die Lamina cribrosa hindurch nach hinten (Abb. 3.5.3-6).

Buschmann beobachtete dagegen einen Fall, bei welchem das Melanoblastom die Lamina cribrosa durchwandert hatte (s. Kap. 2.7.2, Abb. 2.7.2-3).

Da ophthalmoskopisch nicht zu entscheiden ist, ob eine Invasion in den bulbusnahen Optikus stattfindet, ist die Echographie (A- und B-Bild) die einzige, allerdings recht unsichere Möglichkeit, derartige Hinweise zu erhalten.

Literatur

Bucy PC, Russell JR, Whitsell FM (1950) Surgical treatment of tumors of the optic nerve. Arch Ophthalmol 44:411-418
Buschmann W (1982) Zu Diagnostik und Therapie von Optikus-Tumoren. Fortschr Ophthalmol 79:66-69
Buschmann W (1985) persönliche Mitteilung
Chutorian AM, Schwartz FJ, Evans RA, Carter S (1964) Optic gliomas in children. Neurology 14:83
Coleman DJ, Jack RL, Franzen, LA (b) (1972) High resolution B-scan ultrasonography of the orbit. IV: Neurogenic tumors of the orbit. Arch Ophthalmol 88:380-384
Craig WM, Gogela LJ (1949) Intraorbital meningeomas. A clinico-pathologic study. Am J Ophthalmol 32:1663-1680
Frisen L, Hoyt WF, Tengroth BM (1973) Optociliary veins, disc pallor and visual los. A triad of signs indicating spheno-orbital meningeoma. Acta Ophthalmol 51:241-249
Henderson JW (1973) Orbital tumors. Saunders, Philadelphia
Hoyt WF, Baghdasarian SA (1969) Optic glioma of childhood. Br J Ophthalmol 53:793-798
Karp LA, Zimmerman LE, Barit A, Spencer W (1974) Primary intraorbital meningeomas. Arch Ophthalmol 91:24-28
Lloyd LL (1973) Gliomas of the optic nerve and chiasm in childhood. Trans Am Ophthalmol Soc 71:488
Ossoinig KC (1977a) Echography of the eye, orbit and periorbital region. In: Arger PH (ed) Orbit roentgenology. Wiley, New York
Ossoinig KC, Kaefring SL, McNutt L, Weinstock SL (1977b) Echographic measurement of the optic nerve. In: White D, Brown RE (eds) Ultrasound in medicine, vol 3A. Plenum, New York, pp 1065-1066
Ossoinig K, Cennamo G, Frazier-Byrne S: Echographic differential diagnosis of optic nerve lesions. In: Thijssen JM, Verbeek AM (eds) (1981) Ultrasonography in ophthalmology. SIDUO VIII Doc Ophthalmol Proc Ser 29. Junk, The Hague Boston Lancaster, p 327
Sanders GS, Allen AA, Straatsma BR (1965) Arachnoidal proliferation of optic nerve simulating extension of intracranial glioma. Arch Ophtahlmol 74:349-352
Schroeder W (1974) A-Bild-Echogramme bei unklaren optikusnahen Orbitaprozessen. Klin Monatsbl Augenheilkd 164:841
Schroeder W, Hamann KU (1978) Zur klinischen Diagnostik des Optikusscheidenmeningeoms. Proc 11th Hellenic Ophthalmol Congress Kassandra-Halkidiki, 1978.
Tym R (1961) Piloid gliomas of the anterior optic pathways. Br J Surg 49:322
Wolter JK, McKenney MJ (1964) Collateral hyperplasia and cyst formation of orbital leptomeninx. Am J Ophthalmol 57:1037-1042
Wong IG, Lubow M (1972) Management of optic glioma of childhood. In: Smith JL (ed) Neuro-ophthalmology, vol 6. Mosby, St. Louis
Wright J (1977) Primary optic nerve meningiomas: Clinical presentation and management. Trans Am Acad Ophthalmol Otol 83:617-625
Wright JE, Call NB, Liaricos S (1980) Primary optic nerve meningeoma. Br J Ophthalmol 64:553-558

3.5.4 Kompression: Intrakranielle Drucksteigerung, extradurale Raumforderung (Tumoren, endokrine Orbitopathie)

Die Kompression des Sehnerven kann auf zwei Arten entstehen, nämlich entweder durch intrakranielle und somit subarachnoidale Drucksteigerung oder durch benachbarte raumfordernde Prozesse; bei diesen wiederum unterscheidet man in der Orbita intra- und extradurale. Die intraduralen wurden bereits im vorigen Kapitel mit den primären Tumoren des N. opticus abgehandelt, die extraduralen werden im folgenden unter den benachbarten Raumforderungen besprochen. Zu ihnen gehören auch diejenigen, die sich im Bereich des Optikuskanals befinden.

Intrakranielle Drucksteigerungen

Eine intrakranielle Drucksteigerung, die von ausreichender Dauer ist und sich auf den Subarachnoidalraum des orbitalen Sehnerven fortsetzen kann, führt regelmäßig zu einer Schwellung des Sehnervkopfes (Stauungspapille). Letzterer liegt eine Stauung des axoplasmatischen Flusses zugrunde, die sich im Papillenbereich aufbaut, wenn der Druck im Subarachnoidalraum des Sehnerven gegenüber dem intraokularen Druck ein gewisses Maß übersteigt (Hayreh 1977).

272 Orbitaerkrankungen

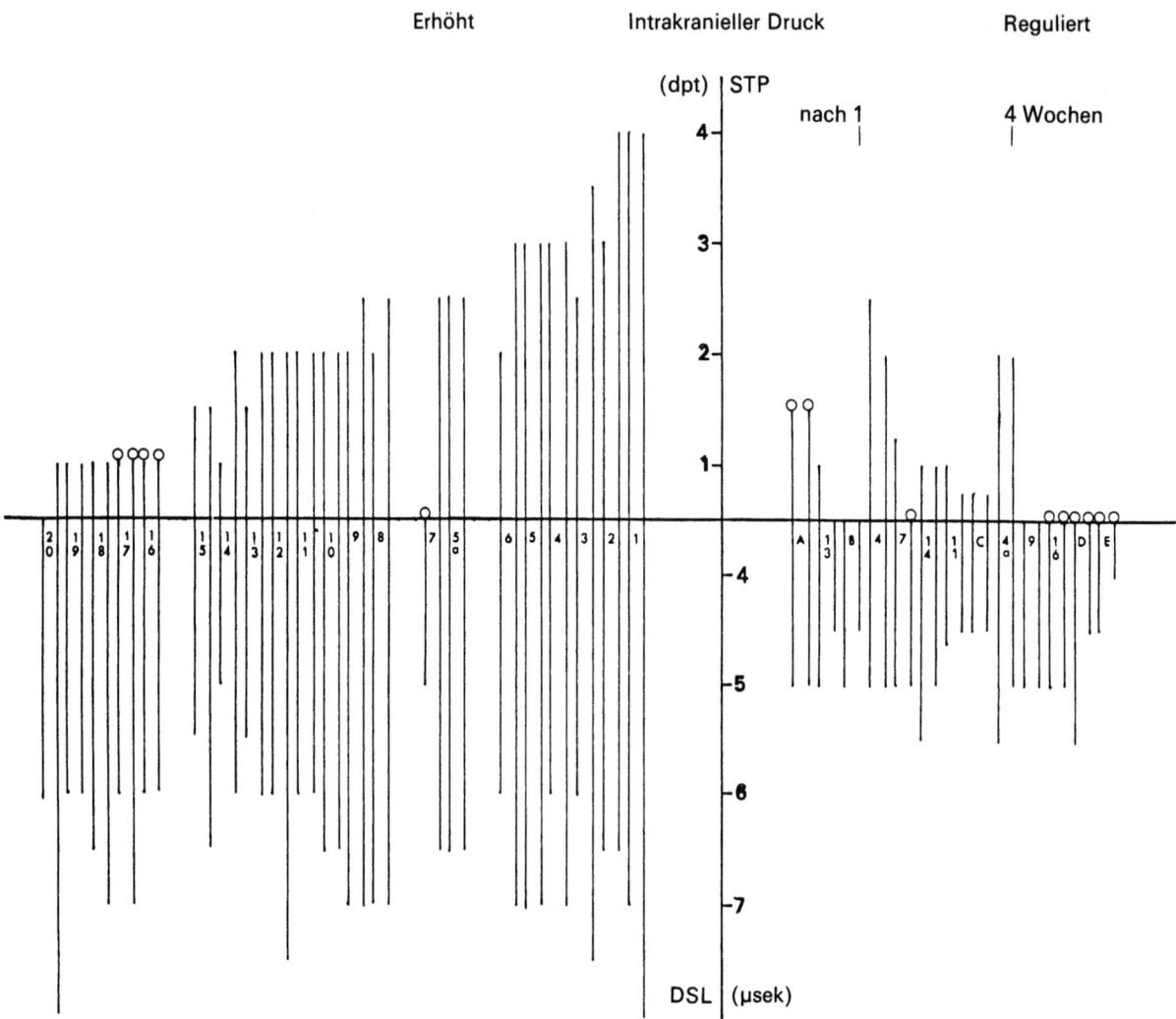

Abb. 3.5.4-1 (Schroeder). Intrakranielle Drucksteigerung. *Ordinate:* Nach oben = Prominenz der Stauungspapille (*Stp*), nach unten = doppelte Schallaufzeit (*DSL*) im Optikusscheidendurchmesser. *Abszisse:* Die Fälle sind nach der Papillenprominez geordnet. Die Nummern der Patienten sind von Linien flankiert, deren Länge die Werte für die rechte und linke Seite anzeigt. 0 = blasse Papille. [Gerät Kretztechnik 7200 MA, Nominalfrequenz 10 MHz, Skalenwert 72 dB (= sog. „Standardempfindlichkeit" dieses Gerätes), Δ W38 = 64 dB]. Ursache der intrakraniellen Drucksteigerung war ein raumfordernder Prozeß parietal bei Fall Nr. 11, temporal bei Nr. 2 und 18, okzipital bei Nr. 1 und 20, in der hinteren Schädelgrube bei Nr. 3, 4, 6, 9, 12, 15 und in Mittelhirn und Chiasma bei Fall Nr. 7, 16, 17, 19. Eine Liquorzirkulationsstörung im Sinne einer „Resorptionsstörung" lag bei Fall Nr. 14 vor, eine Meningeosis leucaemica bei den Fällen 8 und 13, eine Sinusthrombose bei Fall Nr. 5 und eine Kraniosynostose bei Fall 10. Mit den Buchstaben *A* bis *E* sind die Patienten mit einer künstlichen Ventrikeldrainage gekennzeichnet

Eigene Beobachtungen

20 Patienten (Abb. 3.5.4-1) mit nachgewiesener oder ursächlich geklärter intrakranieller Drucksteigerung hatten sämtlich mindestens auf einer Seite einen vergrößerten Sehnervscheidendurchmesser. Das gleiche zeigte sich in 8 weiteren Fällen, in denen aufgrund klinischer Symptome eine intrakranielle Drucksteigerung angenommen wurde, ohne daß deren Ursache näher definiert werden konnte (sog. benigne intrakranielle Hypertension, Abb. 3.5.4-2). War durch operative oder medikamentöse Therapie die Hirndrucksteigerung beseitigt worden, ergaben sich oft schon nach der ersten Woche normale Sehnervscheidendurchmesser (Abb. 3.5.4-1). Weder vor noch nach Druckregulierung läßt sich eine überzeugende quantitative Beziehung zwischen Papillenprominenz und Sehnervscheidendurchmesser erkennen. Bemerkenswert ist aber, daß schon eine Stauungspapille von 1 dpt Prominenz regelmäßig mit einem vergrößerten Sehnervscheidendurchmesser einherging und

Abb. 3.5.4-2 (Schroeder). „Benigne" intrakranielle Drucksteigerung. Erläuterung siehe Abb. 3.5.4-1. Als vermutliches Grundleiden wurde bei den Patienten Nr. 2, 5, 6, 7 und 8 eine arterielle Hypertonie angesehen, bei Fall 1 eine „Panangiitis", bei Nr. 3 eine Enzephalitis, und bei Nr. 4 war das Grundleiden unbekannt

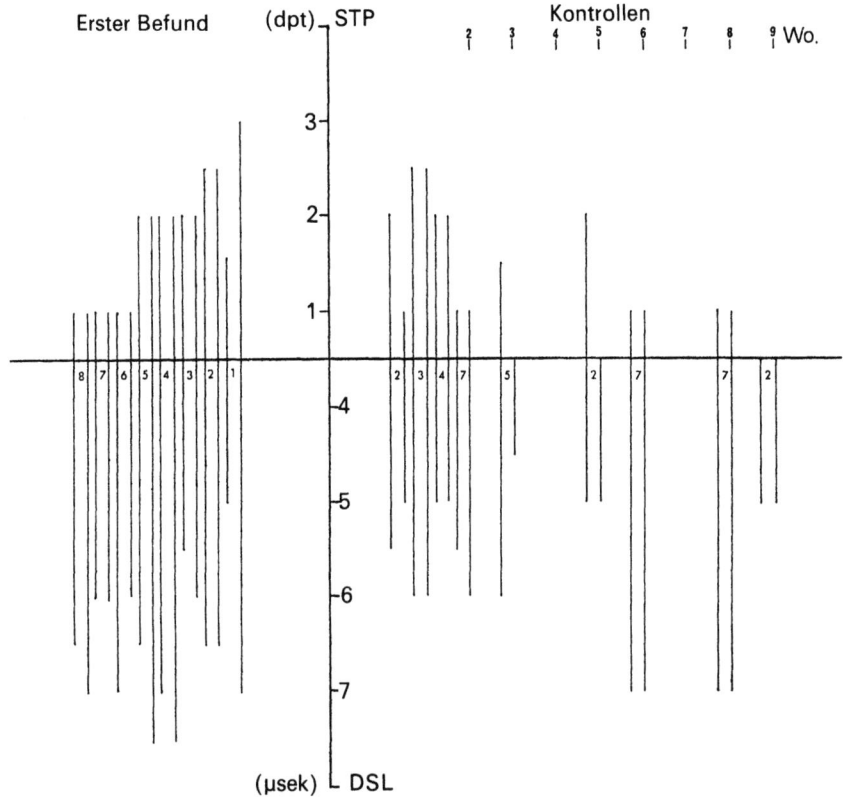

daß dieser nach Druckregulierung offenbar schneller zur Norm zurückkehrt als die Schwellung der Papille (z.B. Fall 4, Abb. 3.5.4-1; Abb. 3.5.4-3). Die Verlaufsbeobachtungen bei *benigner* Hirndrucksteigerung (Abb. 3.5.4-2) fielen sehr unterschiedlich aus. Während bei Hypertonie (Fälle 2 und 6) ziemlich konstante Befunde erhoben wurden, kam auch ein spontaner Rückgang von Papillenschwellung und Sehnervscheidendurchmesser vor (Fall 4), oder die Befunde besserten sich unter Kortikosteroidmedikation (Fälle 1 und 3).

Im Schnittbildechogramm (Abb. 3.5.4-3 und 3.5.4-4) stellt sich das Profil der Stauungspapille als zweigipflige Prominenz dar, die etwas homogener erscheint als die sie umgebenden inneren Wandschichten des Auges (vgl. Kap. 3.5.1, Anomalien). Postlaminar ist manchmal eine Doppelkonturierung und Aufweitung des sonst V-förmigen Sehnervlängsschnittes zu sehen (Abb. 3.5.4-4). Die Vergrößerung des Sehnervscheidendurchmessers erklärt sich bei der intrakraniellen Drucksteigerung aus der Verbreiterung des Subarachnoidalraumes. Einzelne Beobachtungen (Fall 16: Chiasmagliom; Fall 20: Tumor im 3. Ventrikel) lassen darauf schließen, daß der vergrößerte Sehnervscheidendurchmesser auch dann als Hinweis auf einen erhöhten intrakraniellen Druck gelten darf,

wenn sich wegen einer Optikusatrophie, also infolge eines Schwundes der Nervenfasern, eine Stauungspapille nicht mehr ausbilden kann (Abb. 3.5.4-5). Voraussetzung dafür ist eine freie Liquorpassage vom intrakraniellen Subarachnoidalraum zum Optikus hin. Diese war zum Beispiel bei einem Spongioblastom des Chiasma und des linken Optikus mit Usur des linken Optikuskanals offenbar nicht mehr vorhanden, was den normalen Sehnervscheidendurchmesser auf dieser Seite erklärt (Fall 7, Abb. 3.5.4-1).

Von den Schnittbildechogrammen sind bei einer Stauungspapille diejenigen nützlich, die die prä- und postlaminare Region im Profil zeigen. Sie erlauben die Unterscheidung von der Drusenpapille und lassen die Auftreibung des Subarachnoidalraumes manchmal erahnen (Abb. 3.5.4-4).

Die Drucksteigerung im Subarachnoidalraum diagnostizieren Ossoinig (1976, 1981) und ihm folgend Skalka (1977, 1978) und Stanowsky (1984) nicht nur durch den Nachweis der Erweiterung der Sehnervenscheide, sondern auch durch Darstellung des erweiterten Subarachnoidalraumes im A-Bild; d.h., sie stellen neben den Scheiden auch den Sehnerv selbst dar. Schroeder (1979) ist dies in entsprechenden Fällen nicht überzeugend gelungen, wobei er vor allem Probleme mit der anatomischen Zuordnung der Echos hatte. Aufgrund von Modellversuchen an Sehnervpräparaten (Schroeder et al. 1979) hatte er herausgefunden, daß die Dura im

274 Orbitaerkrankungen

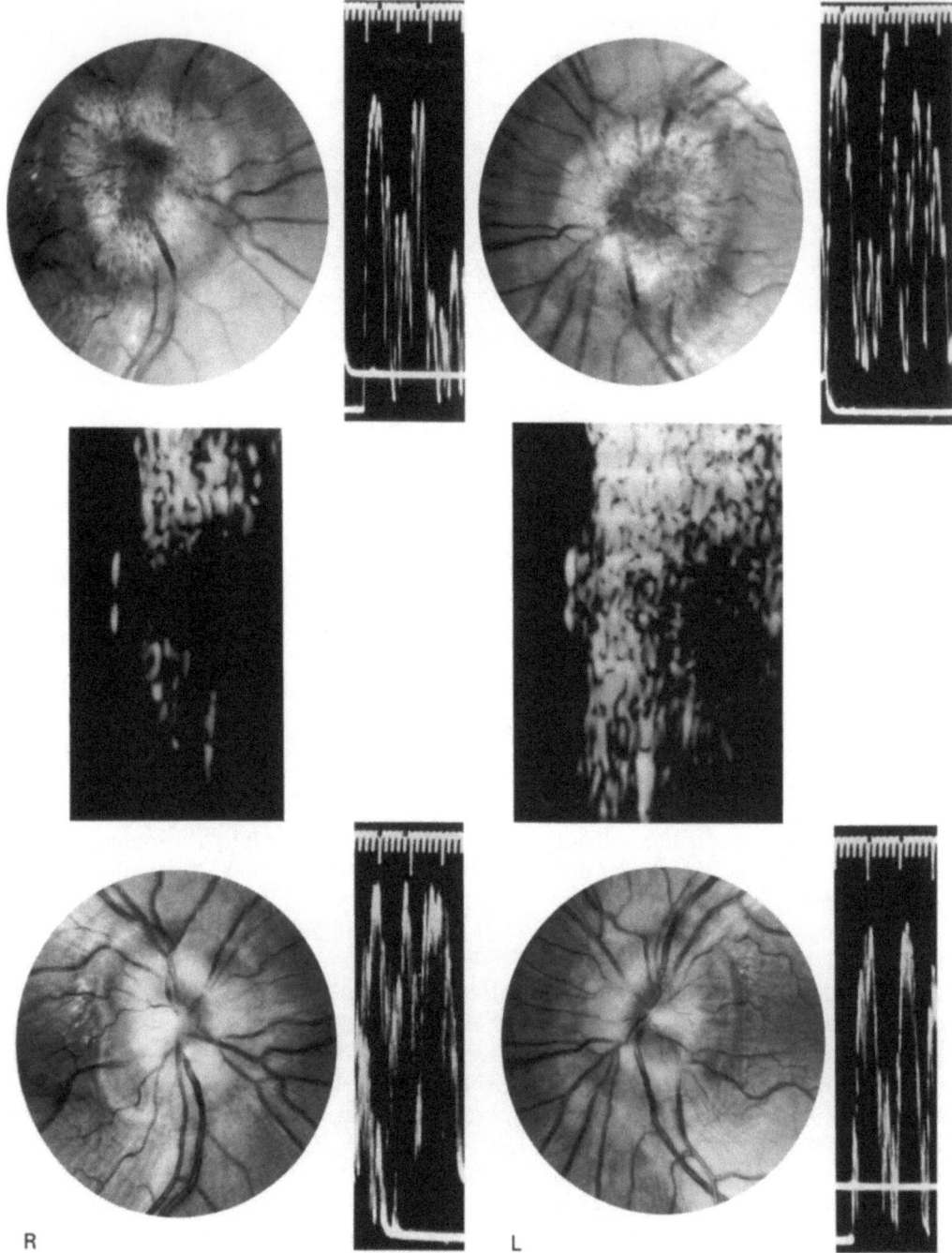

R   L

Abb. 3.5.4-3 (Schroeder). Stauungspapille bei infratentoriellem Meningeom, 28jähr. Mann (Fall 4, Abb. 3.5.4-1). Papillenfotos: Präoperativ 3 dpt Prominenz, Kapillarstauung mit Mikroblutungen (*oben*). Postoperativ nach 1 Woche noch 2–3 dpt Prominenz (*unten*). Vertikales Schnittbildechogramm: Zweigipfliges Papillenprofil präoperativ (*Mitte*). A-Bild-Echogramme: Sehnervscheidendurchmesser präoperativ beiderseits vergrößert (*oben*), 1 Woche postoperativ normal (*unten*). [Gerät Kretztechnik 7200 MA, Einstellung wie bei Abb. 3.5.4-1 angegeben]

Idealfall ein doppelgipfliges Echo erzeugt (Durainnen- und -außenfläche), welches zur Identifikation der Sehnervscheide dienen könnte (vgl. Kap. 3.3.2), in den von den obengenannten Autoren veröffentlichten Echogrammen aber nicht vorkommt. Außerdem wird von Ossoinig (1981, Abb. 3.5.4-5) und Skalka (1977) nicht berücksichtigt, daß die Drucksteigerung im Liquorraum des Sehnerven nur etwa im Bereich der distalen 8 mm zu einer (ampullenförmigen) Auftreibung führt, welche weiter proximal, aber viel geringer ist. Diese Eigenart der Sehnervscheide ist u.a. Kyrieleis (1924) bei Sektionen und Schroeder et al. (1979) bei den erwähnten Modellversuchen aufgefallen und ist darüberhinaus auf jedem geeigneten CCT zu sehen. Stanowsky (1984) scheint diesem Umstand insofern gerecht geworden zu sein, als er angibt, die distalen 5 mm des Sehnerven gemessen zu haben (zur Tumordiagnostik s. Kap. 3.5.3).

Abb. 3.5.4-4 (Schroeder).
Stauungspapille bei Pinealom, 18jähr.
Mann. Papillen: Unschärfe, 3 dpt
Prominenz, Kapillarstauung mit
einzelnen Mikroblutungen. Vertikales
Schnittbildechogramm (*Mitte*):
Zweigipflige prälaminare Prominenz,
Doppelkonturierung postlaminar
(*Pfeile*). B-Bild-Echogramme (*unten*):
Optikusquerschnitt links mehr als
rechts verbreitert. Schallkopfposition
wie Abb. 3.3.2–5e. (Sehnervscheiden-
durchmesser im A-Bild wegen
Gerätedefektes nicht bestimmt.
Bronson-Turner-Gerät, Nominal-
frequenz 10 MHz, Empfindlichkeit
(Skalenwert) 80 dB)

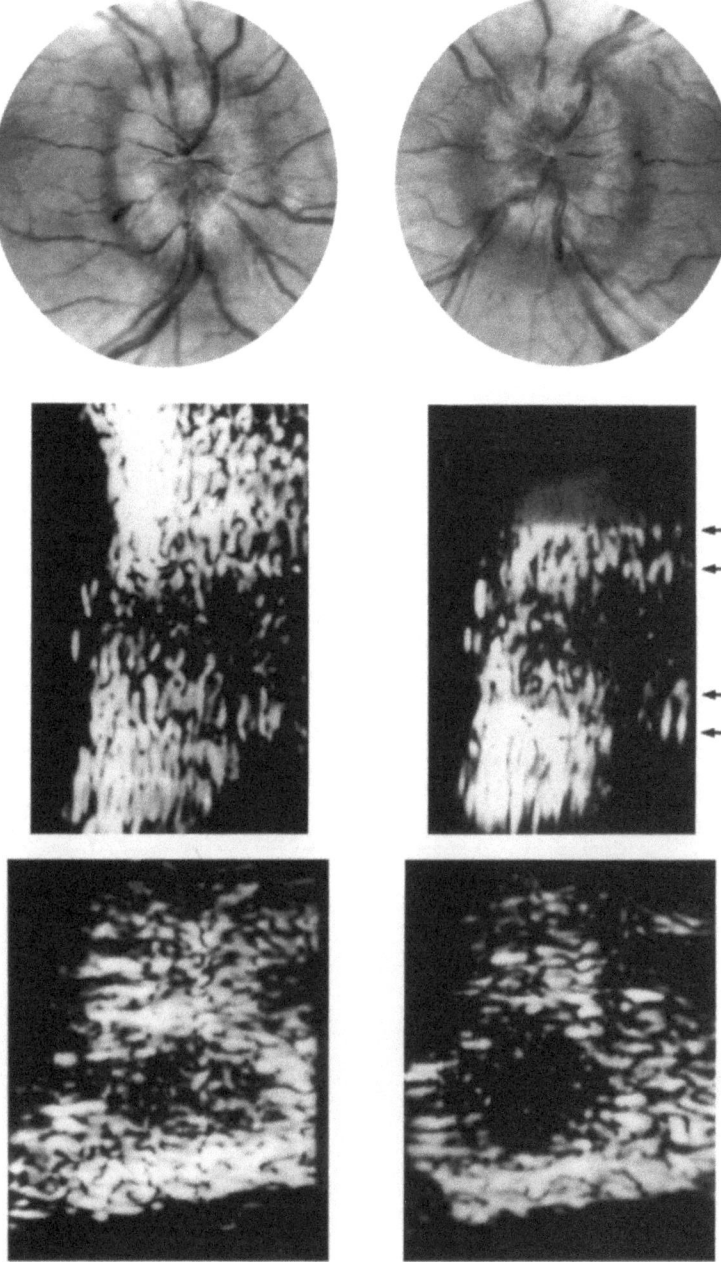

Dem Sehnerven benachbarte raumfordernde Prozesse

Die Kompression des Sehnerven durch benachbarte raumfordernde Prozesse bewirkt eine lokalisierte Ischämie mit entsprechenden Störungen der Sehfunktion. Es gilt als Regel, daß initial eine Papillenschwellung dann entsteht, wenn der Prozeß auf den intraorbitalen oder intrakanalikulären Sehnervanteil drückt (orbitale Stauungspapille). Dagegen tritt bei Kompression des intrakraniellen Sehnerven und des Chiasmas eine Papillenschwellung gewöhnlich nicht ein. Man erklärt sich dies damit, daß für das Zustandekommen der orbitalen Stauungspapille ein konzentrischer Druck auf den Sehnerv entscheidend ist. In den hinteren Orbitaabschnitten und im Optikuskanal findet der von einer Seite auf den Sehnerv wirkende Druck schneller ein festes Widerlager als im bulbusnahen und intrakraniellen Bereich. Auch die Stauungspapille bei orbitaler Ursache ist Ausdruck des gestörten axonalen Flusses, der offenbar, wie bei der intrakraniellen Drucksteigerung, an der Lamina cribrosa entsteht (Tso et al. 1976; Wirtschafter et al. 1977; Hayreh 1977). Wie es peripher der Kompression zur Drucksteigerung im Subarachnoidalraum kommen kann, ist bisher noch nicht geklärt.

Die Kompression bewirkt einen Schwund der Nervenfasern, was im Abblassen der Papille sichtbar wird. Bei lange bestehender Kompression folgt auf die Papillenschwellung also eine Atrophie. In der Orbita können neben Tumoren auch Schwellungen der äußeren Augenmuskeln (z.B. bei endokriner Orbitopathie) den Sehnerv komprimieren, während dafür intrakraniell (prächiasmal) am ehesten Keilbeinmeningeome, seltener Aneurysmen in Betracht kommen.

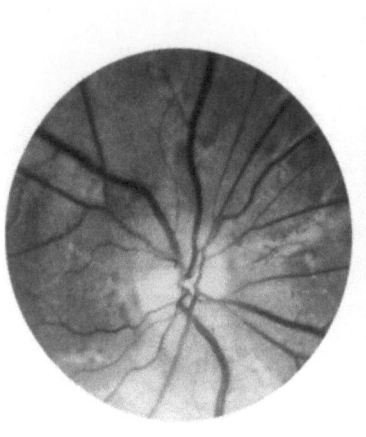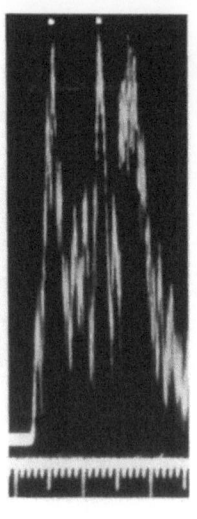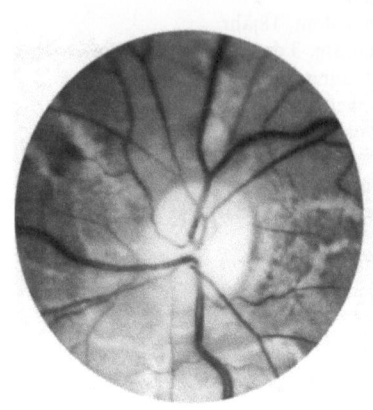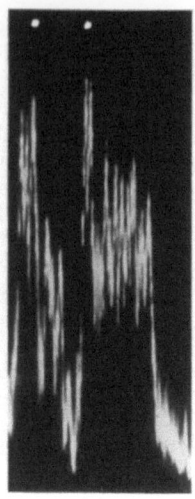

Abb. 3.5.4-5 (Schroeder). Intrakranielle Drucksteigerung und Optikusatrophie bei Chiasmagliom, 25jähr. Frau (Fall 16, Abb. 3.5.4-1). Neurofibromatose, Verdacht auf Pseudoxanthoma elasticum. Papillen: rechts Schwellung oben und unten („twin peak edema"), sonst blaß; links blaß, unten unscharf. Sehnervscheidendurchmesser beiderseits vergrößert. (Gerät Kretztechnik 7200 MA, Nominalfrequenz 8 MHz, Skalenwert 70 dB, sog. „Standardempfindlichkeit" dieses Gerätes $\Delta W38 = 64$ dB)

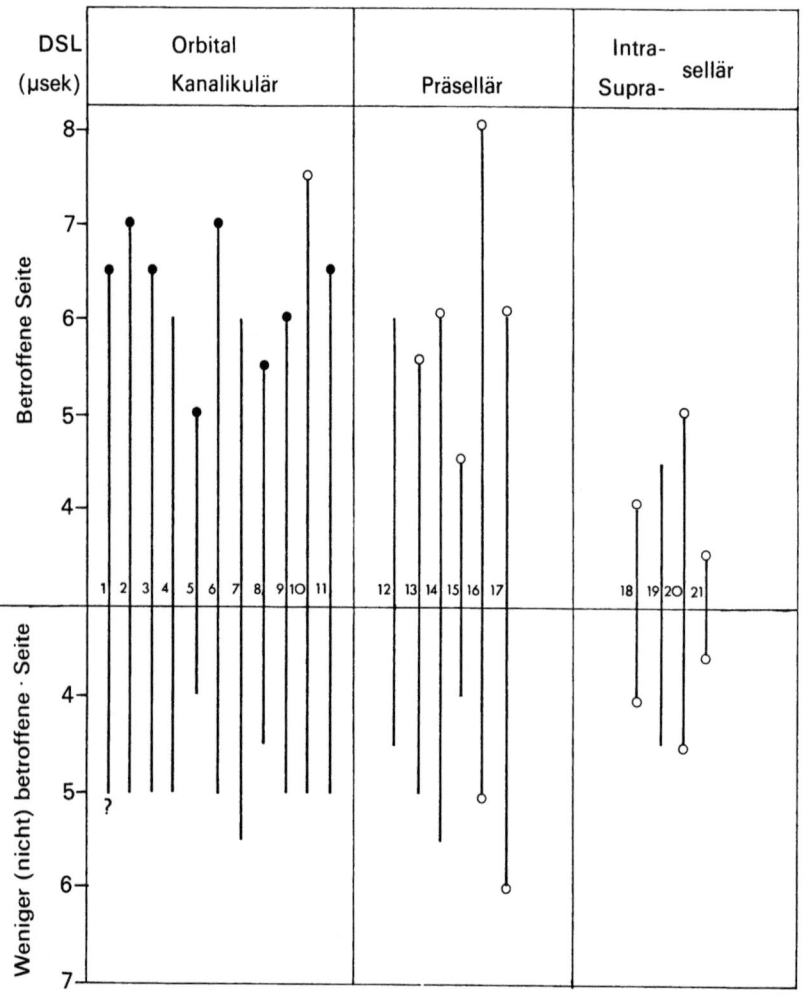

Abb. 3.5.4-6 (Schroeder). Optikusnahe raumfordernde Prozesse. *Ordinate*: Doppelte Schallaufzeit (*DSL*) im Sehnervscheidendurchmesser. *Abszisse*: Lokalisation des den Sehnerven komprimierenden Prozesses, o = Blässe der Papille. ● = Papillenschwellung. Ursache der Raumforderung war eine Muskelschwellung bei den Patienten 1, 2, 3, 4; ein Rhabdomyosarkom bei Nr. 5, ein Keilbeinmeningeom bei Nr. 6, 7, 8, 10, 11, 12, 14, 16, 17; ein Aneurysma bei Fall 13, ein Kraniopharyngeom bei Fall 19 und ein Hypophysentumor bei den Patienten 18, 20 und 21. [Gerät Kretztechnik 7200 MA; Nominalfrequenz 10 MHz, Skalenwert 72 dB (= sog. „Standardempfindlichkeit" dieses Gerätes), $\Delta W38 = 64$ dB]

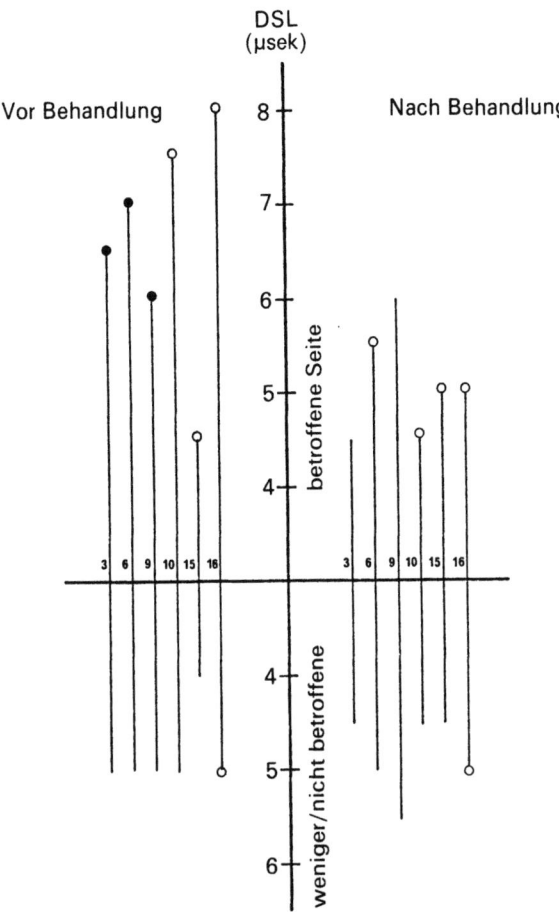

Abb. 3.5.4-7 (Schroeder). Optikusnahe raumfordernde Prozesse. Doppelte Schallaufzeit (*DSL*) im Sehnervscheidendurchmesser vor und nach Beseitigung der Kompression. Die Fallnummern und Gerätedaten entsprechen denen der Abb. 3.5.4-6

Eigene Beobachtungen

Bei 11 *Orbita*tumoren, die innerhalb des Muskeltrichters lokalisiert waren, wurde 6mal eine unscharfe Prominenz der Papille festgestellt. In jedem Fall verdrängte der Tumor den Optikus deutlich, d.h. der Sehnerv war dem direkten Druck des Tumors ausgesetzt und wich diesem aus. Die echographische Ermittlung des Sehnervscheidendurchmessers war wegen der Verlagerung des Sehnerven meist nicht möglich, wohl aber die direkte Darstellung der topographischen Beziehungen des Tumors und des Sehnerven im B-Bild-Echogramm.

Unter 80 Fällen mit Schwellung der äußeren Augenmuskeln wurde 4mal eine orbitale Stauungspapille sowie ein vergrößerter Sehnervscheidendurchmesser beobachtet (Fälle 1 bis 4, Abb. 3.5.4-6 und 8). Eine Gruppe von 7 Patienten (Fälle 5 bis 11, Abb. 3.5.4-6) wies eine einseitige umschriebene Kompression des Sehnerven im Bereich der Orbita*spitze* und des *Foramen opticum* auf. Der Duradurchmesser war 5mal vergrößert, und zwar 3mal in Verbindung mit einer Unschärfe oder Schwellung der Papille (Abb. 3.5.4-8), 1mal ohne eine solche und 1mal mit einer Atrophie. Im letztgenannten Fall war anamnestisch bekannt, daß der Blässe der Papille eine Schwellung vorausgegangen war (Abb. 3.5.4-9).

Eine weitere Gruppe (Fälle 12 bis 17, Abb. 3.5.4-6) faßt 6 *präselläre* Raumforderungen zusammen, nämlich 1 Aneurysma und 5 Meningeome. Die Optikuskanäle waren nicht verändert, die Raumforderungen drückten aber entweder von oben auf den intrakraniellen prächiasmalen Sehnerv, umwuchsen ihn oder knickten ihn am Eintritt in den Optikuskanal ab (Operationsbefunde). 3mal waren beide Optici betroffen. Eine Zunahme des Duradurchmessers (Abb. 3.5.4-10) wurde 4mal beobachtet, 3mal zusammen mit einer blassen, 1mal mit einer normalen Papille. Abgesehen von einem Fall (Fall 9, Abb. 3.5.4-7), zeigte sich bei den übrigen Patienten nach der operativen Beseitigung der Kompression eine Rückkehr des Sehnervscheidendurchmessers zur Norm.

Eine orbitale und intrakanalikuläre Kompression führt regelmäßig zur Vergrößerung des Sehnervscheidendurchmessers. Als Erklärung hierfür bieten sich eine Verdickung des Nerven und eine Erweiterung des Subarachnoidalraumes an. Für die zuletzt genannte Möglichkeit spricht, daß die Zunahme des Sehnervscheidendurchmessers auch dann erhalten bleibt, wenn der Nerv infolge der andauernden Kompression atrophiert (vgl. Kap. 3.5.7, Atrophien). Bei präsellärem Druck auf den Sehnerv müssen offenbar besondere Verhältnisse vorliegen, damit eine Erweiterung der Sehnervscheide peripher von der Druckstelle auftritt. Aus den entsprechenden Operationsberichten war zu entnehmen, daß der Sehnerv am inneren Ende des Optikuskanals „erheblich disloziert", „umwachsen" und „verformt" war. Daraus könnte man auf einen ähnlichen Mechanismus schließen, wie er durch intrakanalikuläre Raumforderungen ausgelöst wird.

Ossoinig (1976) und Skalka (1978) haben im Gegensatz zu den hier und früher dargelegten Ergebnissen (Schroeder 1981) bei endokriner Orbitopathie eine „Vergrößerung" des „Subduralraumes" regelmäßig gesehen, so daß sie sie als echographisches Kriterium für diese Erkrankung betrachten. Der Widerspruch der Ergebnisse dürfte in der unterschiedlichen Untersuchungstechnik und der unterschiedlichen Interpretation der Echogramme begründet sein. Allerdings hat Skalka (1978) auch keinerlei pathophysiologische Erklärung für seine Befunde.

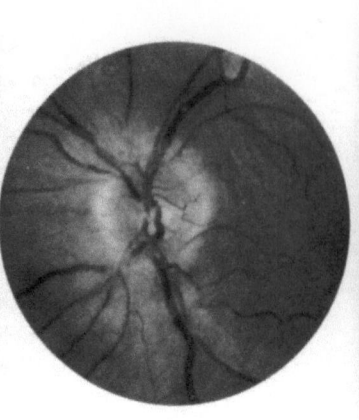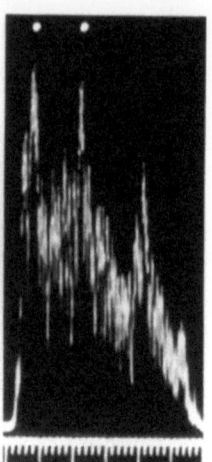
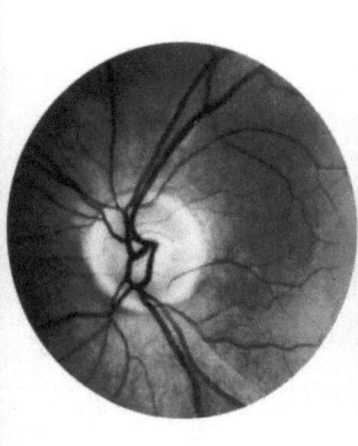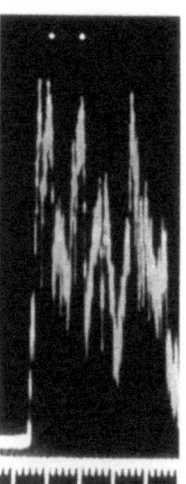

Abb. 3.5.4-8 (Schroeder). Sehnervkompression bei Myositis links, 42jähr. Mann, Exophthalmus links 2 mm, Schwellung aller Augenmuskeln. Papillen: rechts regelrecht, links unscharf, 1 dpt prominent (*oben*); 3 Monate nach Behandlung mit Kortikosteroiden linke Papille scharf begrenzt, im Netzhautniveau (*unten*). Sehnervscheidendurchmesser: vor Behandlung links vergrößert (*oben*), nach Behandlung normal (*unten*). Die Punkte markieren die zur Messung verwendeten Echozacken. [Gerät Kretztechnik 7200 MA, Nominalfrequenz 8 MHz, Skalenwert 70 dB (=sog. „Standardempfindlichkeit" dieses Gerätes), Δ W38 = 64 dB]

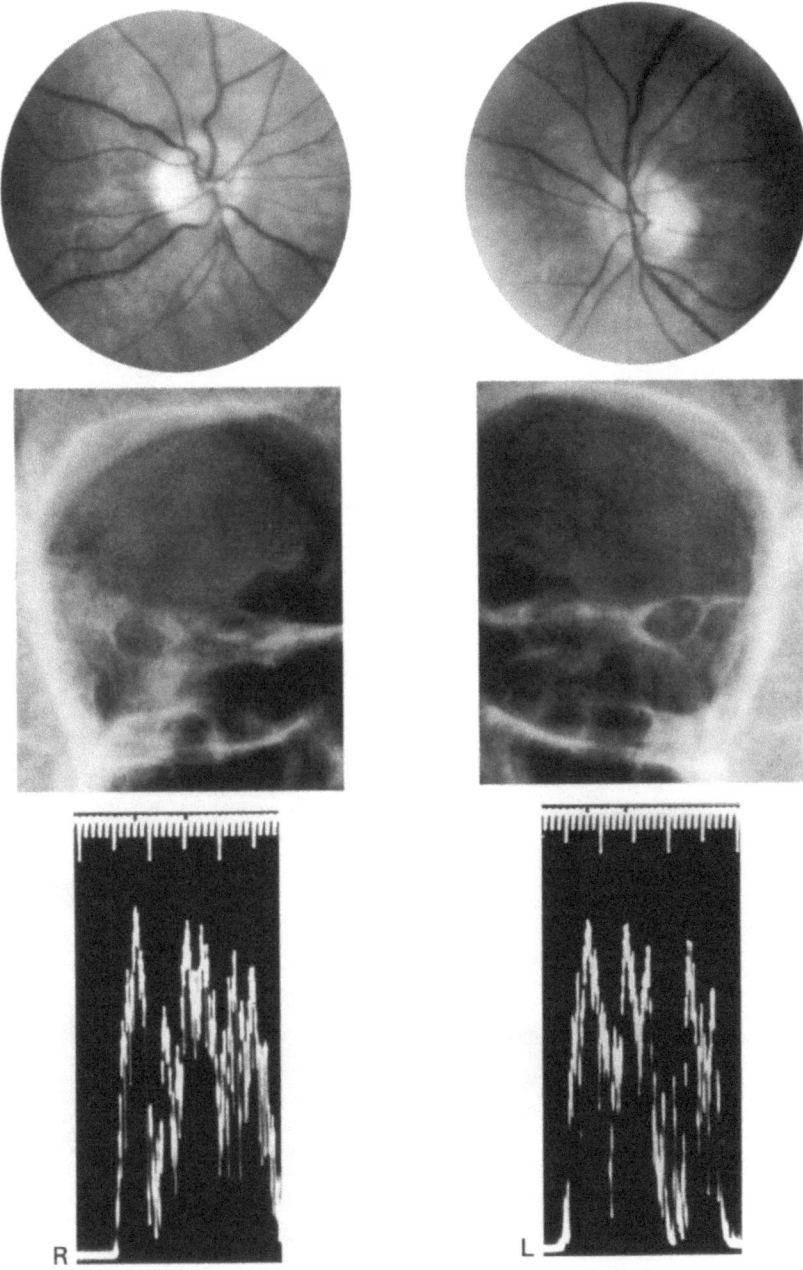

Abb. 3.5.4-9 (Schroeder). Kompression des Sehnerven durch ein Keilbeinmeningeom, 73jähr. Frau, Exophthalmus rechts 5 mm, Visus rechts 0,2, links 0,6. Papillen: rechts nasal unscharf, links regelrecht. Optikuskanal im Röntgenbild: rechts unregelmäßig konturiert aufgrund von Verdichtungen in der Wurzel des kleinen Keilbeinflügels. Sehnervscheidendurchmesser: rechts vergrößert, links normal. (Gerätedaten wie in Abb. 3.5.4-8)

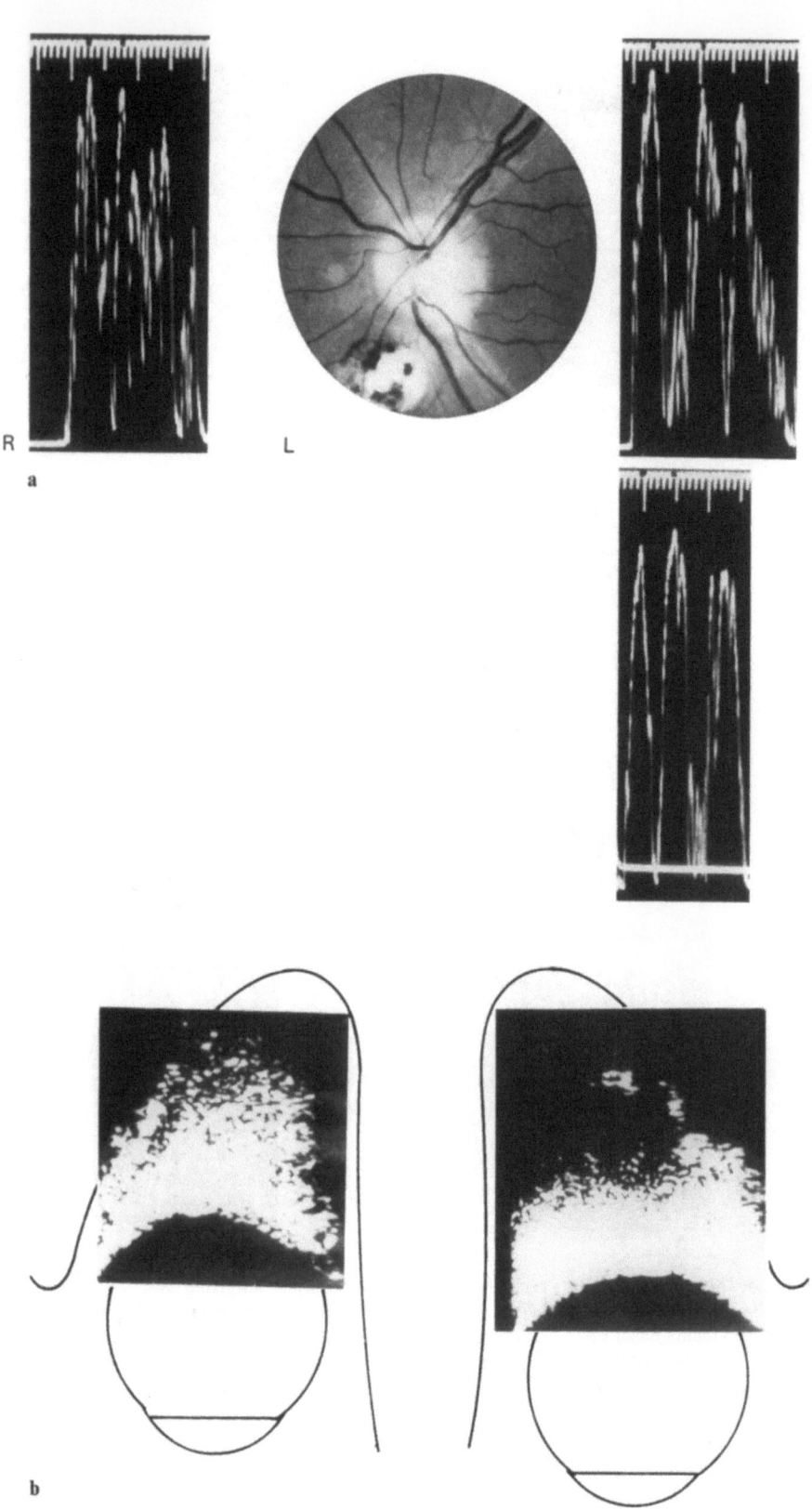

Abb. 3.5.4-10a, b (Schroeder). Sehnervkompression durch ein Meningeom in der Fissura orbitalis superior links. 45jähr. Mann (Fall 10, Abb. 3.5.4-6 und 7)
a Papille links blaß (chorioretinale Narbe unterhalb der Papille). Exophthalmus links 7 mm. Sehnervscheidendurchmesser (A-Bild-Echogramme): rechts normal, links vergrößert; postoperativ links normal (*Mitte*). B-Bild-Echogramm: Der Tumor sitzt an der hinteren Orbitawand. Gerätedaten s. Abb. 3.5.4-8

Literatur

Hayreh SS (1977) Optic disc oedema in raised intracranial pressure. V. Pathogenesis. Arch Ophthalmol 95:1553

Kyrieleis W (1924) Über Stauungspapille. Klinische, anatomische und experimentelle Untersuchungen. Arch Ophthalmol 121:560–638

Ossoinig KC (1976) Echography of the eye. In: Arger PH (ed) Radiology of the orbit. Wiley, New York

Ossoinig K, Cennamo G, Frazier-Byrne S (1981) Echographic differential diagnosis of optic nerve lesions. In: Thijssen JM, Verbeek AM (eds) Ultrasonography in ophthalmology. SIDUO VIII, Doc Ophthal Proc Ser 29. Junk, The Hague Boston London, pp 327–335

Schroeder W, Guthoff R (1979) Modellversuche zur Messung des Sehnerven. In: Gernet H (Hrsg) Diagnostica Ultrasonica in Ophthalmologia. SIDUO VII. Remy, Münster

Schroeder W, Guthoff R (1981) Ultrasonography of the optic nerve. In: Thijssen JM, Verbeek AM (eds) Ultrasonography in Ophthalmology. SIDUO VIII, Doc Ophthal Proc Ser 29. Junk, The Hague Boston London, p 359

Skalka HW (1977) Ultrasonography of the optic nerve. In: Smith JL (ed) Neuro-ophthalmology update. Masson, New York

Skalka HW (1978) Perineural optic nerve changes in endocrine orbitopathy. Arch Ophthalmol 96:468–473

Stanowsky A, Kreissig I (1984) Hat die echographische Untersuchung des Nervus opticus und seiner Meningen eine Bedeutung in der Diagnostik eines Pseudotumor cerebri? Fortschr Ophthalmol 81:604–607

Tso Mom, Fine BS (1976) Electronmicroscopic study of human papilledema. Am J Ophthalmol 82:424–434

Wirtschafter JD, Slagel DE, Fox WJ, Rizzo F (1977) Intraocular axonal swelling produced by partial, immediately retrobulbar ligature of optic nerve. Invest Ophthalmol Vis Sci 16:537–541

3.5.5 Trauma des Sehnerven

Direkte Optikusverletzungen ereignen sich, wenn Fremdkörper in Auge und Orbita eindringen, oder wenn der knöcherne Sehnervkanal frakturiert; indirekte werden durch Schädelprellungen verursacht. Der Ort der Kontusion liegt dann typischerweise im temporalen Stirn- oder Orbitarandbereich, von wo aus die einwirkenden Kräfte besonders gut zum Optikuskanal fortgeleitet werden können (Fukado 1969). Die Läsion ist in diesen Fällen immer im intrakanalikulären Sehnervabschnitt zu suchen (Seitz 1969; Fukado 1969; u.a.). Deswegen fehlen Papillensymptome im akuten Stadium. Zu einer dritten Art der Verletzung des Sehnerven kommt es, wenn der Bulbus durch die Gewalteinwirkung so erheblich verlagert wird, daß der Sehnerv sehr stark gestaucht wird oder sogar aus der Lamina cribrosa ausreißt. Man spricht von Contusio bzw. Avulsio oder Evulsio nervi optici (Salzmann 1903). Die Folge sind Defekte in der Papille und Risse am Papillenrand mit (peri-)papillären Blutungen, die auch in den Glaskörper vordringen können. Das klinische Bild wird neben den genannten morphologischen Symptomen geprägt durch plötzliche irreversible Herabsetzung der Sehschärfe.

Tabelle 3.5.5-1 (Schroeder) Trauma des Sehnerven – Gegenüberstellung einiger Daten. DSL, doppelte Schallaufzeit im Sehnervscheidendurchmesser

Nr.	Art des Traumas	Visus	Papille initial	DSL (µsec)	
				lädiert	gesund
1	Direkt	0.05	Blutung	6	4
2	Indirekt	1,25	o.B.	4	4
3	Indirekt	0,1	o.B.	4,5	4,5
4	Indirekt	0,05	o.B.	5	5
5	Indirekt	0,05	o.B.	7	5,5
6	Indirekt	0,05	o.B.	8	4,5
7	Kontusio	0,2	Schwell.	7,5	5
8	Avulsio	0,05	Blutung	8	4

Eigene Beobachtungen

8 Fälle konnten bis zum 6. Tag nach dem Unfall untersucht werden. Direkte Verletzung (Fall 1, Tabelle 3.5.5-1) und Contusio bzw. Avulsio nervi optici (Fall 7 und 8) führten immer, indirekte nur 2mal (Fälle 2 bis 6) zur Vergrößerung des Sehnervscheidendurchmessers. Nach den genannten Verletzungen ist die Vergrößerung des Sehnervscheidendurchmessers wahrscheinlich auf ein Hämatom in den Optikusscheiden zurückzuführen. Die Häufigkeit, mit der man es echographisch feststellen kann, hängt vom Ort der Läsion ab. Bei den intraorbitalen Verletzungen ist eine Sehnervschwellung regelmäßig anzutreffen, bei den intrakanalikulären nur in einem Teil der Fälle.

Literatur

Fukado Y (1969) Diagnosis and surgical correction of optic canal fracture after head injury. Ophthalmologica 158:307

Salzmann M (1903) Die Ausreißung des Sehnerven (Evulsio nervi optici). Ztschr Augenheilkd 9:489–505

Seitz R (1969) Canalis-Opticus-Syndrom. Ophthalmologica 158:318

3.5.6 Zirkulationsstörungen: ischämische Neuropathie („Apoplexia papillae"), Zentralvenenthrombose

Vordere ischämische Neuropathie

Störungen der Blutzirkulation des Sehnerven treten bevorzugt im Versorgungsgebiet der kurzen Ziliararterien auf, die neben der hinteren Aderhaut die Papille und die unmittelbar postlaminare Optikusregion versorgen. Hayreh (1975) hat dafür den Begriff der vorderen ischämischen Neuropathie geprägt. Diese Bezeichnung ist gleichbedeutend mit Apoplexia papillae, vaskulärem Optikusprozeß und Pseudopapillitis vascularis. Ischämien im hinteren orbitalen und im intrakraniellen Sehnervanteil treten sehr viel seltener auf.

In den meisten Fällen (61%) entsteht die Durchblutungsstörung auf dem Boden einer Arteriosklerose. Die Riesenzellarteriitis Horton ist ursächlich nur in etwa 6% beteiligt (Francois et al. 1977). Häufig ist lediglich ein Sektor des Sehnervkopfes betroffen. Im Gesichtsfeld läßt sich ein entsprechender Ausfall von Nervenfasern nachweisen, er führt je nach Lokalisation und Ausdehnung auch zur Herabsetzung der zentralen Sehschärfe. Die Papille zeigt eine Schwellung mit Blutungen und erweiterten Kapillaren. Diese ist nicht nur Ausdruck des ischämischen Ödems, sondern auch einer Stauung des axonalen Flusses (Hayreh 1975). So kann der ophthalmoskopische Papillenbefund bei der akuten vorderen ischämischen Neuropathie einer Stauungspapille ähnlich sein (Abb. 3.5.6-1). Im Verlauf von etwa 2–6 Wochen weicht die Schwellung der Papille einer Blässe, sofern diese nicht von Anfang an bestanden hat. Die Funktionsdefekte sind meist irreversibel.

Eigene Beobachtungen

23 Frauen und 18 Männer mit einseitiger vorderer ischämischer Neuropathie wurden innerhalb der ersten 2 Wochen nach Einsetzen der Sehverschlechterung untersucht. Sie waren zwischen 47 und 77, im Durchschnitt 62 Jahre alt. Neben Gesichtsfeldausfällen und entsprechender Visusherabsetzung hatten sie auf der erkrankten Seite eine Papillenschwellung. In 3 Fällen war durch eine Biopsie der Arteria temporalis eine Riesenzellarteriitis nachgewiesen worden.

Der Sehnervscheidendurchmesser lag auf der erkrankten Seite stets im Normbereich und wich auch nicht wesentlich von demjenigen der Gegenseite ab (Tabelle 3.5.6-1), abgesehen von der Altersgruppe über 70 Jahre. Nur ein Fall einer *hinteren* ischämischen Neuropathie wurde untersucht. Abgesehen von der Visusherabsetzung erstreckte sich der Funktionsausfall auch auf mehrere Augenmuskeln; eine Papillenschwellung fehlte, der Sehnervscheidendurchmesser war normal. Von seiten des Pathologen wurde aus der Biopsie der Arteria temporalis eine Arteriitis diagnostiziert, die offenbar auch meningeale und muskuläre Äste der Arteria ophthalmica in der hinteren Orbita befallen hatte.

Eventuelle Schwellungen, die unmittelbar postlaminar auftreten könnten, werden echographisch also nicht erfaßt. Daß bei den über 70jährigen signifikante Seitenunterschiede auftreten, ist der geringen Anzahl der Probanden und der mangelhaften Qualität der Messungen anzulasten (erschwerte Meßbedingungen).

Tabelle 3.5.6-1 (Schroeder). Vordere ischämische Neuropathie. Seitenvergleich der doppelten Schallaufzeit (DSL) im Sehnervscheidendurchmesser. r, Korrelationskoeffizient bei 5% Irrtumswahrscheinlichkeit

DSL (µsec)		Häufigkeit der Meßergebnisse (fi) Altersgruppen (Jahre)		
Krank (xi)	Gesund (yi)	50–59	60–69	70–80
4	4	3	1	3
4	4,5	1		
4,5	4	1	1	
4,5	4,5	1	2	1
5	4			2
5	5	5	5	2
5	5,5		1	
5,5	4			1
5,5	4,5	1		
5,5	5		1	
5,5	5,5	1	2	
5,5	6			
		r = 0,80	0,88	0,30

Venenverschluß

Die Vena centralis retinae drainiert ungefähr den Teil des vorderen Sehnerven, der durch die kurzen Ziliararterien versorgt wird. Prälaminar bestehen zusätzlich auch Abfluß-

Tabelle 3.5.6-2 (Schroeder). Zentralvenenverschluß (ZVV) – Gegenüberstellung einiger Daten. DSL, doppelte Schallaufzeit im Sehnervscheidendurchmesser

Nr.	Visus	DSL (µsec)		Bemerkungen zum Verlauf
		ZVV	ges.	
1		5,5	5	
2	lux	6		4 Wochen
3	1/12	4,5	4,5	
4	0,3	5	5	
5	0,3	5,5	5,5	
6	1,0	4	4,5	„Präverschluß"
7	1,0	5	5	„Präverschluß"
8	1,0	5	5	„Präverschluß"

Abb. 3.5.6-1 (Schroeder). Vordere ischämische Neuropathie rechts, 54jähr. Frau; plötzlicher Visussturz rechts. Papille: rechts geschwollen, 6 Monate später blaß. Sehnervscheidendurchmesser stets normal. (Gerätedaten wie in Abb. 3.5.4-6)

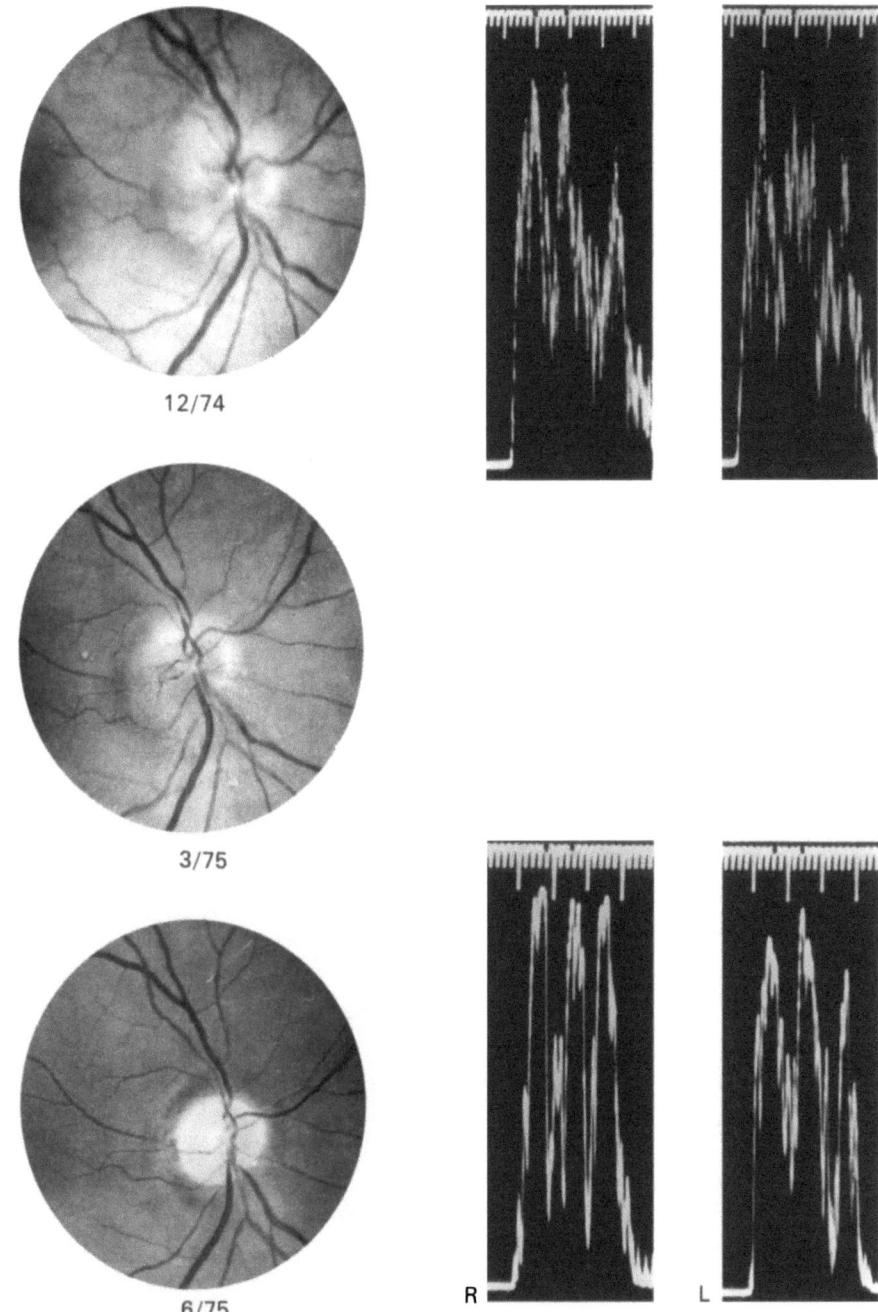

möglichkeiten über die Aderhaut (Hayreh 1974), die vor allem bei protrahiert entwickelten Zirkulationsstörungen der Zentralvene genutzt werden (s. Kap. 3.5.3, Tumoren).

Der Zentralvenenverschluß entsteht meist infolge einer Behinderung der Blutströmung in Höhe der Lamina cribrosa durch Polsterbildungen gewucherter Endothelien. Gleichzeitig besteht oft eine Sklerose der Zentralarterie (Daicker 1977). Die Hypoxie der inneren Retinaschichten bewirkt vor allem eine Schwellung der Nervenfasern, nicht zuletzt auch an der Papille (Abb. 3.5.6-2). Hinzu kommen Blutungen und Transsudate als Zeichen des hämorrhagischen Infarktes. Die Sehschärfe ist anfangs nur wenig herabgesetzt.

Eigene Beobachtungen

Bei 8 Patienten (6 Frauen, 2 Männer; Alter 31–62 Jahre, Tabelle 3.5.6-2) war der Zentralvenenverschluß mit einer Ausnahme nicht älter als 4 Wochen. 3mal (Fälle 6–8) handelte es sich um unvollständige Verschlüsse („Präverschlüsse"), d.h. dem ophthalmoskopischen Eindruck nach waren die Symptome nicht voll ausgeprägt, etwa wenn lediglich Hämorrhagien bestanden und Ödeme sowie Exsudate fehlten.

284 Orbitaerkrankungen

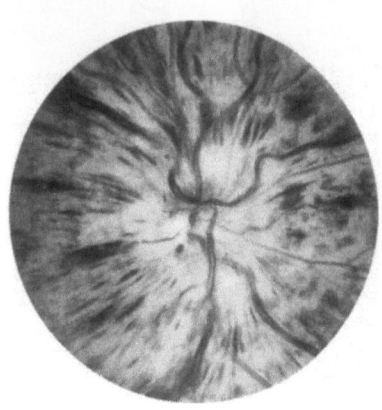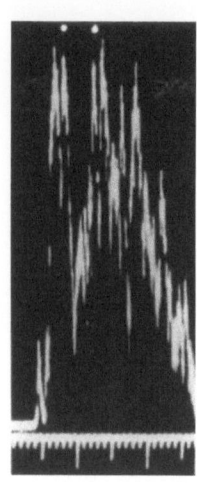

Abb. 3.5.6-2 (Schroeder). Zentralvenenverschluß rechts. 57jähr. Frau (Fall 3, Tabelle 3.5.6-2). Papille: rechts verwaschene Grenzen, Schwellung ohne meßbare Prominenz, streifige Blutungen, die sich über die ganze Netzhaut verteilen. A-Bild-Echogramme (nur rechts abgebildet): Sehnervscheidendurchmesser beiderseits normal. (Gerätedaten wie in Abb. 3.5.4-6)

Weder der Vergleich mit den statistischen Normalwerten noch mit der gesunden Seite ergab signifikante Abweichungen des Sehnervscheidendurchmessers.

Da mit postlaminaren Veränderungen beim Zentralvenenverschluß nicht gerechnet werden muß, ist es verständlich, daß auch der Sehnervscheidendurchmesser normal war. Liegt aber der Ort der Stenose im intraneuralen bzw. intraduralen Abschnitt der Zentralvene, wie z.B. beim Optikusscheidenmeningeom, ist regelmäßig eine Vergrößerung des Sehnervscheidendurchmessers zu finden (s. Kap. 3.5.3, Tumoren).

Literatur

Daicker B (1977) Pathologische Anatomie der arteriellen und venösen Gefäßverschlüsse in der Netzhaut. Klin Monatsbl Augenheilkd 170:198–211
Francois J, Hanssens M (1977) Statistical study of pseudopapillitis vascularis. Ophthalmologica 174:266–273
Hayreh SS (1974) The optic disc. In: Davidson SI (ed) Aspects of neuroophthalmology. Butterworth, London
Hayreh SS (1975) Anterior ischemic optic neuropathy. Springer, Berlin

3.5.7 Atrophien:
Metabolische Neuropathien, hereditäre Optikusatrophien, Atrophie nach Glaukom, Ischämie, Neuritis

Metabolische Neuropathien

Am häufigsten ist die sog. Tabak-Alkohol-Amblyopie. Englische Autoren sprechen im allgemeinen nur von „tobacco amblyopia" und messen den beim Pfeife- und Zigarrerauchen resorbierten Zyaniden die entscheidende toxische Wirkung zu. Dabei sollen sie den oxydativen Metabolismus blockieren, der für die Leitfähigkeit der Nervenfasern verantwortlich ist (Ochs et al. 1971). Daß gerade der Sehnerv so bevorzugt betroffen wird und nicht auch die Retina, hängt mit zwei Faktoren zusammen:

a) Die Papillenregion stellt vermutlich eine Pforte in der Blut-Hirn-Schranke dar. Zum Beispiel können Fluoreszein und Peroxydase die (peripapillären) Aderhautkapillaren passieren und in die Papille diffundieren, nicht aber

Tabelle 3.5.7-1 (Schroeder). Metabolische Neuropathien. Gegenüberstellung von Visus, Papillenfarbe und DSL (=doppelte Schallaufzeit im Sehnervscheidendurchmesser)

Tabak-Alkohol-Amblyopie: 6 Pat., Alter 33–50 J., alle männlich

Papillen		Vital	Hyperäm.	Farbarm	Vital	Blaß	Vital
Visus	R	0,8	0,2	0,2	0,2	1/18	0,2
	L	0,1	0,1	0,5	0,2	1/24	0,1
DSL	R	5,5	5	5	4	4	5
(µsec)	L	4,5	5	6	4	4	5

Myambutol-Intoxikation: 2 Pat., Alter 27 u. 55 J., beide männlich

Papillen		Vital	Hyperäm.
Visus	R	0,3	0,2
	L	0,01	Auge fehlt
DSL	R	4,5	4
(µsec)	L	5	Auge fehlt

Vitamin B_{12}-Mangel: 1 Pat., Alter 45 J., männlich

Papillen		Vital
Visus	R	0,1
	L	0,1
DSL	R	5,5
(µsec)	L	5

in die Netzhaut. Den gleichen Weg wie die genannten Stoffe könnte das Zyanid nehmen.
b) Die Aderhaut ist eines der am stärksten durchbluteten Gewebe des Körpers; es würde auch besonders viel des Toxins angeboten werden können (Hayreh et al. 1977; Baumbach et al. 1977).

Vitamin-B_{12}-Mangel, ein ebenfalls diskutierter Faktor bei der „Tabak-Alkohol-Amblyopie", soll sich ungünstig auf die Zyanid-Entgiftung auswirken (Foulds 1974). Unbekannt sind die metabolischen Störungen des Sehnerven bei der Myambutol-Intoxikation (Lessell 1976).

Die Augensymptome der toxischen Schädigungen des Sehnerven äußern sich immer in gleicher Weise. In Tagen bis Wochen bilden sich beidseitige Zentralskotome aus. Die Papillen zeigen in der ersten Zeit eine Hyperämie und später eine temporale Farbarmut, wenn dies therapeutisch nicht verhindert werden kann.

Eigene Beobachtungen

Bei 6 Patienten mit „Tabak-Alkohol-Amblyopie", 2 mit Myambutol-Intoxikation und 1 mit akuter Vitamin-B_{12}-Resorptionsstörung, lag der Duradurchmesser im Normbereich (Tabelle 3.5.7-1).

Hereditäre Optikusatrophien

Am häufigsten ist die Lebersche Optikusatrophie, deren Erbgang rezessiv geschlechtsgebundene Merkmale trägt: Männer erkranken insgesamt 9mal häufiger als Frauen

Tabelle 3.5.7-2 (Schroeder). Hereditäre Neuropathien. Gegenüberstellung einiger Daten. (1), nur B-Bild-Untersuchung; blaß/hyä., Papille rechts blaß, links hyperämisch; HB, Handbewegungen; DSL, doppelte Schallaufzeit im Sehnervscheidendurchmesser

Alter	Geschl.	Papille	Visus		DSL (µsec)	
			R	L	R	L
Lebersche Atrophie						
8	w	Blaß/hyä.	HB	1/40	4,5	4,5
18	m	Hyperämisch	0,01	0,1	normal	(1)
18	m	Blaß	0,01	0,04	4	4
19	m	Blaß	0,05	0,05	5,5	5
20	m	Blaß	1/40	1/40	4	4
25	m	Blaß	1/50	1/50	4,5	4,5
Dominante juvenile Atrophie						
27	m	Farbarm	0,5	0,3	4,5	5

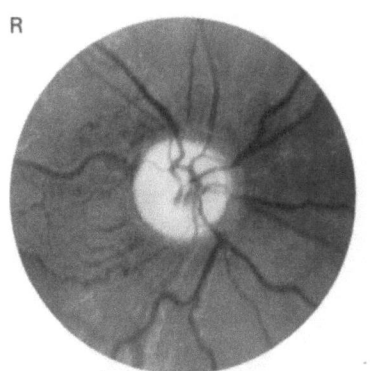
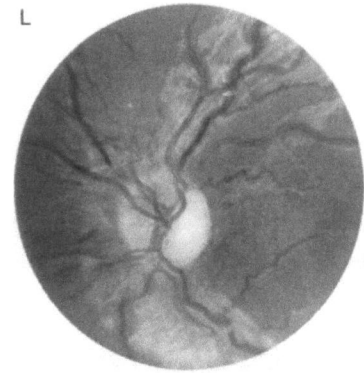

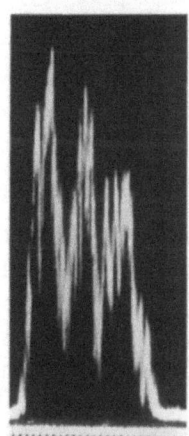
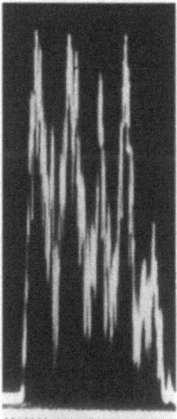

Abb. 3.5.7-1 (Schroeder). Familiäre Optikusatrophie, 8jähr. Mädchen. Visus rechts Handbewegungen, links 1/40; akute Sehverschlechterung links. Papillen: rechts blaß, links unscharf und hyperämisch. Sehnervscheidendurchmesser (A-Bild-Echogramme) beiderseits normal. (Gerätedaten wie in Abb. 3.5.4-6)

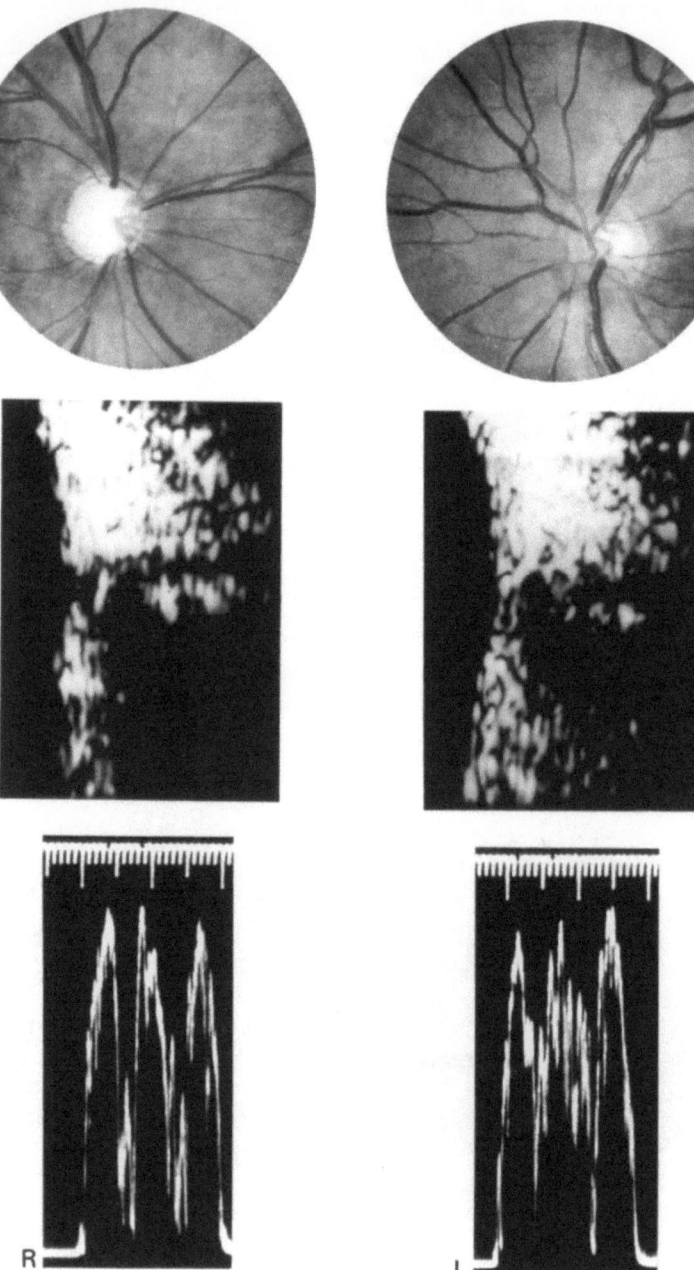

Abb. 3.5.7-2 (Schroeder). Glaukomatöse Atrophie rechts, 18jähr. Mann. Sekundärglaukom, Zustand nach Bulbusprellung rechts. Papillen: rechts maximale Exkavation, links regelrechter Befund. Vertikales Schnittbildechogramm: rechts prälaminarer Defekt. A-Bild-Echogramme: Sehnervscheidendurchmesser beiderseits normal. (Gerätedaten wie in Abb. 3.5.4-6)

(Duke-Elder 1971). Das Manifestationsalter liegt um das 20. Lebensjahr. Die klinische Symptomatologie gleicht sonst der derjenigen der toxischen Neuropathien. Auch die Hyperämie der Papille zu Beginn der Erkrankung ist vorhanden (Abb. 3.5.7-1). Foulds (1974) vermutet, daß der Leberschen Erkrankung ähnliche Störungen zugrundeliegen wie der „Tabak-Alkohol-Amblyopie".

Sehr viel seltener, aber ätiologisch ebenso ungeklärt ist die dominante juvenile Optikusatrophie, bei der die Funktionsstörung und die Papillenblässe geringer ausgeprägt sind.

Eigene Beobachtungen

2 Lebersche Erkrankungen im akuten Stadium (Papillenhyperämie) und 4 in späteren Stadien (Papillenblässe) zeigten normale Sehnervscheidendurchmesser. Das gleiche ergab sich in einem Fall einer dominanten juvenilen Optikusatrophie (Tabelle 3.5.7-2).

Tabelle 3.5.7-3 (Schroeder). Atrophien verschiedener Genese. Doppelte Schallaufzeit (DSL) im Sehnervscheidendurchmesser, verglichen mit der gesunden Seite. Anz., Anzahl; Atr., atrophische Seite; Ges., gesunde Seite

Glaukomatös			Ischämisch			Postneuritisch			Absteigend		
Anz. (fi)	Atr. (xi)	Ges. (yi)	Anz. (fi)	Atr. (xi)	Ges. (yi)	Anz. (fi)	Atr. (xi)	Ges. (yi)	Anz. (fi)	Atr. (xi)	Ges. (yi)
1	3,5	4	1	3,5	4,5	1	3,5	4	1	3	3
1	3,5	4,5	2	4	4	2	3,5	4,5	1	4	4
1	4	4	1	4	4,5	4	4	4	3	4	4,5
2	4	5	2	4,5	4	1	4	4,5	1	4	5
2	4,5	4,5	2	4,5	4,5	1	4,5	5	3	4,5	4,5
1	4,5	5	3	4,5	5	2	5	5	1	4,5	5
1	5	5	2	5	5				1	5	4
1	5,5	5	1	5	5,5				1	5	5
1	5,5	5,5	1	5,5	5				1	5	5,5
			1	5,5	5,5				1	5,5	5,5
r = 0,68			r = 0,67			r = 0,68			r = 0,73		

Atrophie nach Glaukom, Ischämie, Neuritis

Alle hier besprochenen Erkrankungen können zur Atrophie des Sehnerven führen. Erkennbar wird diese etwa 6 Wochen nach einer irreparablen Schädigung an der Hellerfärbung der Papille. Sie ist immer mit einem Schwund von Nervenfasern verbunden. Die Glia dagegen geht nur am Ort der Läsion zugrunde. Bei anhaltender Schädigung bleiben auch Reparationsvorgänge aus, so daß es zu einem Substanzverlust kommt. Beim chronischen Glaukom beispielsweise wird er in Form einer Exkavation der Papille sichtbar (Abb. 3.5.7-2), d.h. die Lamina cribrosa liegt frei (Hayreh 1974). Durch höherliegende Schädigungen (absteigende Atrophie) gehen an der Papille nur die Nervenfasern zugrunde, während Glia und Kapillaren erhalten bleiben. Die veränderten optischen Eigenschaften der Glia ohne Nervenfasern werden dann für die hellere Farbe der Papille verantwortlich gemacht (Henkind et al. 1977; Quigley et al. 1977).

Eigene Beobachtungen

Glaukomatöse, ischämische, neuritische und absteigende Atrophien wurden echographisch miteinander verglichen (Tabelle 3.5.7-3). Dabei ergaben sich in allen Gruppen Normalwerte des Sehnervscheidendurchmessers und auch keine signifikanten Unterschiede im Vergleich zur gesunden Seite.

Rein mechanisch dürfte der Sehnerv ohne wesentliche Beeinflussung des Sehnervscheidendurchmessers zwar dünner, jedoch nicht dicker werden können. So erklärt es sich vielleicht, daß postneuritische und glaukomatöse Atrophien, bei denen sich die Läsion ja meistens im vorderen postlaminaren Bereich des Sehnerven befindet, keinen signifikant kleineren Sehnervscheidendurchmesser hervorrufen als aufsteigende und absteigende Atrophien.

Hier stoßen wir wieder auf das Problem, den möglicherweise geschrumpften Nerv nicht sicher getrennt von seinen Scheiden darstellen zu können (vgl. Kap. 3.5.4).

Literatur

Baumbach GL, Concilla PA, Martin-Amat G, Tephly TR, McMartin KE, Makar AB, Hayreh MS, Hayreh SS (1977) Methyl alcohol poisoning. IV. Alterations of the morphological findings of the retina and optic nerve. Arch Ophthalmol 95:1859–1865

Duke-Elder St (1971) System of Ophthalmology, vol 12. Kimpton, London

Foulds WS (1974) The toxic amblyopias. In: Davidson SI (ed) Aspects of neuro-ophthalmology. Butterworth, London

Hayreh MS, Hayreh SS, Baumbach GL, Concilla PA, Martin-Amat G, Tephly TR, McMartin KE, Makar AB (1977) Methyl alcohol poisoning. III. Ocular toxicity. Arch Ophthalmol 95:1851–1859

Hayreh SS (1974) The optic disc. In: Davidson SI (ed) Aspects of neuro-ophthalmology. Butterworth, London

Henkind P, Belhorn R, Rabkin M, Murphy ME (1977) Optice nerve transection in cats. II. Effect on vessels of optic nerve head and laminat cribrosa. Invest Ophthalmol Vis Sci 16:442–447

Lessell S (1976) Histopathology of experimental ethambutol intoxication. Invest Ophthal Vis Sci 15:765–769

Ochs S, Hollingworth D (1971) Dependence of fast axoplasmic transport in nerve on oxidative metabolism. J Neurochem 18:107

Quigley HA, Anderson DR (1977) The histological basis of optic disc pallor in experimental optic atrophy. Am J Ophthalmol 83:709–717

3.5.8 Zusammenfassung

Die Bestimmung des Sehnervscheidendurchmessers (A-Bild) und die Darstellung des Sehnerven im B-Bild ergänzen den ophthalmologischen Befund und ermöglichen eine Präzisierung bzw. Rationalisierung der weiteren Diagnostik. Daher seien im folgenden die wichtigsten Kriterien und ihre differentialdiagnostische Bedeutung nochmals zusammengefaßt:

Mit Hilfe der *B-Bild-Echographie* sind Drusen in der Papille, Kolobome, große Optikustumoren sowie extradurale raumfordernde Prozesse in der Orbita und ihre Lagebeziehung zum Sehnerven nachweisbar.

Ein *vergrößerter Sehnervscheidendurchmesser* (besonders im A-Bild) ist regelmäßig bei Kompression, Neuritis und Trauma zu finden. Unter den intraduralen Ursachen der Kompression sind die Optikus- und Optikusscheidentumoren sowie die intrakranielle Hypertension, unter den extraduralen Ursachen Tumoren im Muskeltrichter, in der Orbitaspitze und im Bereich des Canalis opticus zu nennen, die die echographisch meßbare Aufweitung der Sehnervscheiden erzeugen, solange sie auf den Sehnerv drücken, gleichgültig, ob die Papille geschwollen oder atrophiert ist. Bei der Neuritis und bei Verletzungen des Sehnerven ist die Vergrößerung des Sehnervscheidendurchmessers ein Zeichen dafür, daß die Läsion bulbusnah lokalisiert ist. Dieser Befund läßt sich aber nur in den ersten Wochen des Krankheitsverlaufs erheben.

Ist der Sehnervscheidendurchmesser normal, handelt es sich entweder um Läsionen, die keine Schwellung hervorrufen (z.B. metabolische Störungen) und/oder der Sitz der Erkrankung liegt außerhalb der distalen 15 mm des orbitalen Sehnerven (z.B. Erkrankungen der Papille oder des intrakraniellen Optikusabschnittes).

Der Autor fühlt sich zu Dank verpflichtet: Herrn Prof. Dr. W. Buschmann für die vielen Anregungen bei der Bearbeitung des Manuskripts; Herrn Prof. Dr. Dr. h.c. H. Sautter (†) für die kritische Durchsicht des ursprünglichen Manuskripts; Herrn Prof. Dr. A. Tänzer (†) für die Überlassung von Röntgenbildern; Frl. I. Hadlok und Frl. P. Bauer für die Erstellung und Bearbeitung des photographischen Materials; Herrn H. Helmdach für die Anfertigung der Graphiken; Herrn H. Lorenz für die statistischen Berechnungen.

3.6 Erkrankungen der ableitenden Tränenwege

W. BUSCHMANN

Bei den meisten Patienten mit Erkrankungen der ableitenden Tränenwege ist die Echographie sicher entbehrlich; das klinische Bild und das Ergebnis der Spülung erlauben die Diagnose und bestimmen das weitere Vorgehen. Bei diagnostischen Problemen oder bei selteneren Erkrankungen (Tumoren) kann die Echographie mitunter hilfreich sein.

Untersuchungstechnik

Die Kontakt-B-Bild-Echographie erlaubt die Darstellung des normalen Tränensacklumens (Abb. 3.6-1). Damit dieses nicht vom Sendeimpuls überlagert wird, erfolgt die Ankoppelung über eine Methocel-Vorlaufstrecke. Der Kopf des liegenden Patienten wird dafür so gelagert, daß ein 5–10 mm tiefer Methocel-„Teich" über der Tränensackregion gebildet werden kann. Aufweitungen des Tränensackes, aber auch Tumoren dieser Region sind zu erkennen. Flüssiger oder geweblicher Inhalt eines erweiterten Tränensackes kann echographisch differenziert werden (ergänzend A-Bild heranziehen). Berichte über echographische Untersuchungsergebnisse an den ableitenden Tränenwegen gaben (Oksala (1959) und Montanara et al. (1981) sowie Rochels (1982) und Hackelbusch (1982), Reibaldi et al. (1984), Scherer und Rochels (1984). Rochels et al. (1984, 1985) vertraten die Auffassung, daß durch die Kombination von A- und B-Bild-Echographie in vielen Fällen eine exakte, hi-

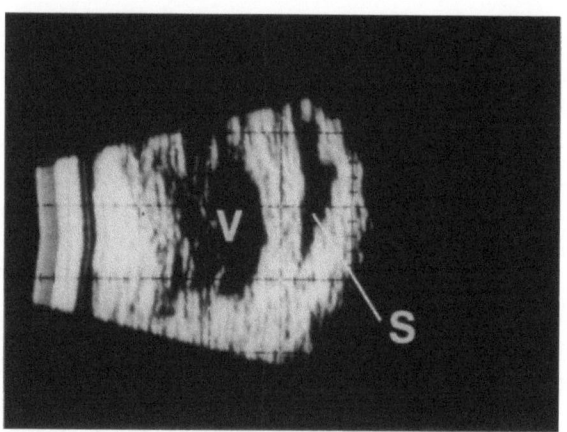

Abb. 3.6-1 (Buschmann). B-Bild-Echogramm eines normalen Tränensackes. Ocuscan 400, Ankoppelung über Methocelbrücke, wf = 9,7 MHz, ΔVW38 = 47 dB. *S*, Saccus; *V*, Methocel-Vorlaufstrecke zwischen Schallkopf und Hautoberfläche

stologische Diagnose gegeben sei. Dies ist unseres Erachtens eine unzulässige, über die tatsächlich vertretbaren Aussagen hinausgehende Interpretation der echographischen Befunde.

Doch wenn man sich der Grenzen der Methode bewußt bleibt, sind bei Problemfällen hilfreiche diagnostische Klärungen auf echographischem Wege durchaus auch im Bereich der ableitenden Tränenwege zu erreichen. Hierzu ein Beispiel (Abb. 3.6-2):

Eine 30jährige Patientin bemerkte seit 2 Monaten einen druckschmerzhaften derben Tumor im Bereich des Tränensackes links. Die Tränenwege links waren spülbar, dabei wurden aber deutliche Schmerzen angegeben. Man tastete einen derben, prall elastischen Prozeß. Das klinische Bild sprach für eine Dakryozystitis mit stark erweitertem Tränensack. Jedoch war 15 Jahre vorher in diesem Bereich schon einmal eine „Fisteloperation" vorgenommen worden, über welche wir keinen Bericht des Operateurs erlangen konnten. Außerdem sprach die Spülbarkeit der Tränenwege etwas dagegen. Die Echographie (Abb. 3.6-2a) ließ einen zystischen, sehr gut schalldurchlässigen, umschriebenen Herd erkennen, der bis zum Bulbusäquator parabulbär nach hinten reichte. Im Computertomogramm stellte sich in diesem Bezirk ein größerer hyperdenser Herd dar, der vom Bulbus nicht scharf abzugrenzen war; leichte Dichtezunahme nach intravenöser Kontrastmittelgabe. Computertomographisch wurde ein Orbitatumor in diesem Bereich angenommen (Abb. 3.5-2b).

Bei der Operation zeigte sich, daß es sich um eine divertikelähnliche Ektasie des Tränensackes handelte.

A-Bild-Echogramme eines erweiterten Tränensackes wurden von Ossoinig schon 1966 veröffentlicht.

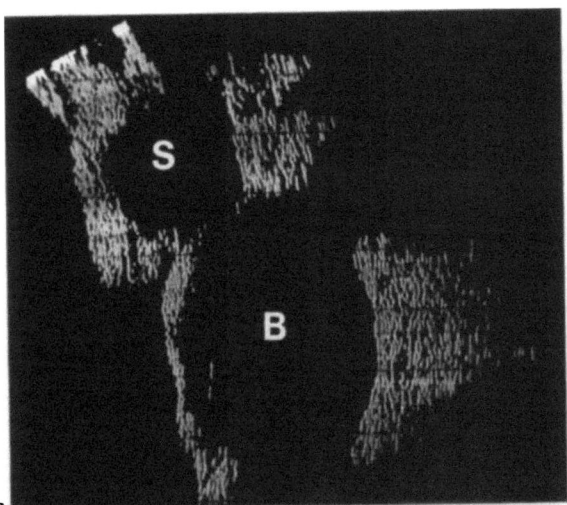
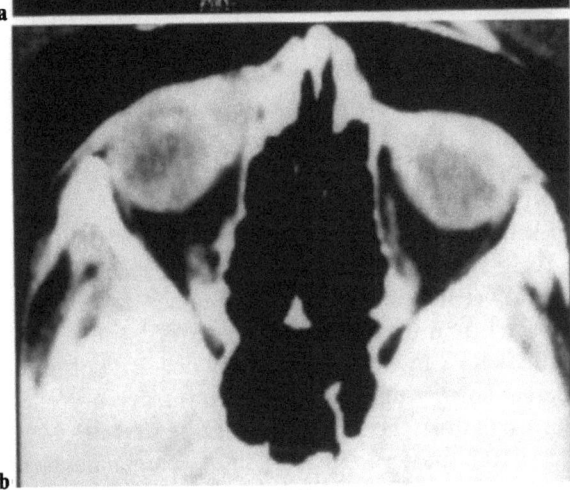

Abb. 3.6-2 (Buschmann). a Divertikelähnliche, ausgedehnte Ektasie des Tränensackes (S). Daneben der Horizontalschnitt des Bulbus (B). Gerät Ophthalmoscan 200, Immersionstechnik, 10 MHz-Schallkopf. Auch mit dem 5 MHz-Schallkopf und hoher Empfindlichkeit waren aus dem Innern der Raumforderung keine Echos zu registrieren. Somit handelte es sich um eine flüssigkeitsgefüllte Zyste und nicht um solides Tumorgewebe. b Axiales Computertomogramm nach Kontrastmittelgabe. Weichteildichte, nach Kontrastmittelgabe etwas an Dichte zunehmende, umschriebene Raumforderung medial des linken Bulbus

Literatur

Hackelbusch R, Rochels R (1982) Ergebnisse der Echographie bei Erkrankungen der Tränenorgane. Fortschr Ophthalmol 79:270–271

Montanara A, Mannino G, Scorcia G, Fiorillo M, Contestabile MT (1981) Studio ecografico del sacco lacrimale. Quadri normali (nota preliminare). Clin Ocul Patol Oculare 2:377–382

Oksala A (1959) Diagnosis by ultrasound in acute dacryocystitis. Acta Ophthalmol 37:176–179

Ossoinig KC (1966) Die Ultraschalldiagnostik der Orbita. Klin Monatsbl Augenheilkd 149:817–839

Reibaldi A, Avitabile T, Scuderi GL, Lorusso VV (1987) Echography in the lacrimal apparatus diagnosis. In: Ossoinig KC (ed) Ophthalmic echography. SIDUO X. Doc Ophthalmol Proc Ser 38. Junk, The Hague Boston Lancaster

Rochels R, Hackelbusch R (1982) B-Bild-Echographie bei Erkrankungen der ableitenden Tränenwege. Klin Monatsbl Augenheilkd 181:181–183

Rochels R, Lieb W, Nover A (1984) Echographische Diagnostik bei Erkrankungen der ableitenden Tränenwege. Klin Monatsbl Augenheilkd 185:243–249

Rochels R, Nover A, Lieb W (1985) Aussagemöglichkeiten und Grenzen der echographischen Diagnostik bei Erkrankungen der ableitenden Tränenwege. Proc VIIth Congr Eur Soc Ophthalmol. Ylipistopaino, Helsinki, S 157–158

Scherer U, Rochels R (1987) Echographical diagnosis of lacrimal sac tumors. In: Ossoinig KC (ed) Ophthalmic echography, Siduo X, Doc Ophthalmol Proc Ser 38. Junk, The Hague Boston Lancaster

3.7 Andere spezielle Untersuchungsmethoden bei Orbitaerkrankungen

Kurzbeschreibungen, Vergleich des diagnostischen Wertes mit dem der Echographie bei echographisch faßbaren Krankheitsbildern

3.7.1 Elektrophysiologische Diagnostik im Zusammenhang mit Ultraschalluntersuchungen

G. VAN LITH

3.7.1.1 Allgemeine Aspekte

Im Rahmen dieses Buches über die Ultraschalldiagnostik erstreckt sich die Besprechung der elektrophysiologischen Diagnostik auf die krankhaften Veränderungen, bei welchen sich diese beiden diagnostischen Methoden ergänzen.

Die ophthalmologische elektrische Diagnostik erfaßt funktionelle Störungen der Netzhaut, des N. opticus und der Sehbahn. Ganz allgemein ist sie nur effektiv, wenn die normale Untersuchung des Auges zur Klärung nicht ausreicht. Unter diesem Aspekt – und vergleichbar mit den Indikationen zu Ultraschalluntersuchung – sind Patienten mit Trübungen der brechenden Medien die Hauptgruppe der zu Untersuchenden; weitere, kleinere Gruppen bilden die Patienten mit Aderhautmelanomen und mit Neuritis N. optici.

Untersucht man die Effektivität der elektrophysiologischen Diagnostik bei Fällen von Medientrübungen, so sind die Ergebnisse unter drei Gesichtspunkten zu analysieren:

– Einfluß der Medientrübung selbst;
– Nachweisempfindlichkeit der Methode;
– erwartete Funktion (unabhängig von der Medientrübung).

Zu diesem Zweck stehen uns 3 Phänomene zur Verfügung, nämlich:

– das Elektrookulogramm (EOG), mit welchem das Bestandpotential der Netzhaut und seine Veränderungen durch Belichtung gemessen werden;
– das Elektroretinogramm (ERG) als Reaktion der Retina auf einen Lichtreiz;
– die visuell evozierten Hirnrindenpotentiale (VEP) als Reaktion der okzipitalen Hirnrinde auf einen solchen Reiz.

Hinsichtlich der Techniken für die Aufzeichnung dieser Potentiale sei auf die Bücher von Michaelson (1980), Galloway (1981), Halliday (1982)

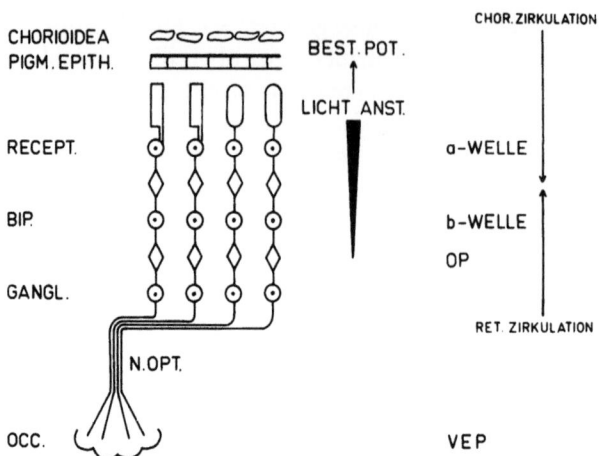

Abb. 3.7.1-1 (Van Lith). Ursprung der verschiedenen elektrodiagnostischen Antworten. EOG: Bestandpotential und Hellanstieg. ERG, a- und b-Welle. *OP*, Oszillatorische Potentiale. VEP, Visuell evozierte Potentiale

sowie Alexandridis und Krastel (1986) verwiesen. Mit Hilfe von EOG, ERG und VEP kann man nicht nur das Vorhandensein eines pathologischen Prozesses nachweisen, sondern auch seine Lokalisation im Verlauf des Sehvorganges (Abb. 3.7.1-1).

Das Bestandpotential (EOG) erfordert eine gute Funktion des Pigmentepithels; für die schnellen lichtinduzierten Oszillationen muß auch die Rezeptorenschicht normale Funktion aufweisen. Dagegen erfordern die langsamen lichtinduzierten Oszillationen, die üblicherweise im Hell/Dunkel-Potentialverhältnis ausgedrückt werden, eine gute Funktion des Netzhautsystems einschließlich der Bipolaren. Das EOG ist eine hauptsächlich von den Stäbchen bestimmte summarische Antwort der Netzhaut.

Von den Komponenten des ERG entstehen die c-Welle im Pigmentepithel, das „early receptor potential" (ERP) in den äußeren Segmenten der Rezeptoren und die a-Welle (=„late receptor potential", LRP) in den Zellkörpern der Rezeptoren. Der Ursprung und die exakte Natur der b-Welle, der oszillatorischen Potentiale (OPs) und des Muster-ERG (pattern, PERG) sind weniger geklärt. Für die klinische Anwendung kann angenommen werden, daß sie die Aktivitäten in der Schicht der bipolaren Zellen (b-Welle), in der inneren plexiformen Schicht (OPs) und in der Ganglienzellschicht (PERG) widerspiegeln. Abgesehen vom Muster-ERG (PERG) werden alle Komponenten des ERG durch Helligkeitsreize induziert (meist Lichtblitze). Entweder wird das Stäbchensystem mit (blauem) Stimuli geringer Helligkeit im dunkeladaptierten Zustand (skotopisches ERG) getriggert, oder das

Zapfensystem mit hellen (roten oder weißen) Stimuli, die auf einen hellen (blauen) Hintergrund überlagert werden, wodurch das Stäbchensystem unterdrückt wird (photopisches ERG). Das Zapfensystem kann auch selektiv registriert werden mittels Flimmerreizen einer Frequenz über 20. Die meist benutzten a- und b-Wellen das ERG sind Summenpotentiale des belichteten Netzhautareals, vorausgesetzt, daß Streulichtantworten vermieden wurden. Bei Ganzfeldstimulation ist das ERG ebenfalls eine Summenantwort der Netzhaut.

Das VEP mißt die elektrische Aktivität nach Passage der Stimuli durch die Sehbahn. Im Unterschied zu EOG und ERG steht eine klinisch verwertbare Komponentenanalyse nicht zur Verfügung. Das helligkeitsinduzierte VEP wird hauptsächlich von den Zapfen bestimmt und entspricht mehr der Aktivität im Bereich des hinteren Pols als derjenigen in der Netzhautperipherie. Wird das Zapfensystem selektiv in der für das ERG erwähnten Weise stimuliert, so werden diese Tendenzen betont. Stimulation mit Musterreizen favorisiert den Anteil der Zapfen und der Fovea noch mehr – umso deutlicher, je kleiner die einzelnen Elemente des Reizmusters sind. Die Antworten auf Musterreize sind vom Kontrast und von der Konturschärfe abhängig (Regan 1972).

Nicht alle elektrophysiologischen Phänomene werden routinemäßig für klinische Zwecke benutzt. Von substantiellem Interesse sind bei Medientrübungen das EOG-Bestandspotential, die a- und b-Welle das ERG, ebenso die oszillatorischen Potentiale (OPs) und das Lichtreiz-VEP. Beispiele normaler Aufzeichnungen sind in Abb. 3.7.1-2 und Abb. 3.7.1-3 wiedergegeben. Sie erlauben, zwischen den folgenden Gruppen krankhafter Veränderungen zu unterscheiden:
- Störungen vor der Netzhautebene, wie Refraktionsanomalien und Medientrübungen: die Reizantworten können bei geeigneter Reizung normal sein (siehe folgender Abschnitt);
- Störungen in den tieferen Netzhautschichten, wie Pigmentblatt-Dystrophien und Netzhautablösungen: alle Reizantworten sind pathologisch;
- Störungen in den oberflächlichen Netzhautschichten, wie Durchblutungsstörungen der Netzhaut und Retinoschisis: dabei sind nur das EOG-Bestandspotential und die ERG-Rezeptor-Potentiale (ERP) normal;
- Störungen der übergeordneten Sehbahn, wie Neuritis N. optici oder glaukomatöse Optikusatrophie: alle Netzhautantworten sind normal (ausgenommen in einigen Fällen das PERG); nur die VEPs sind pathologisch;

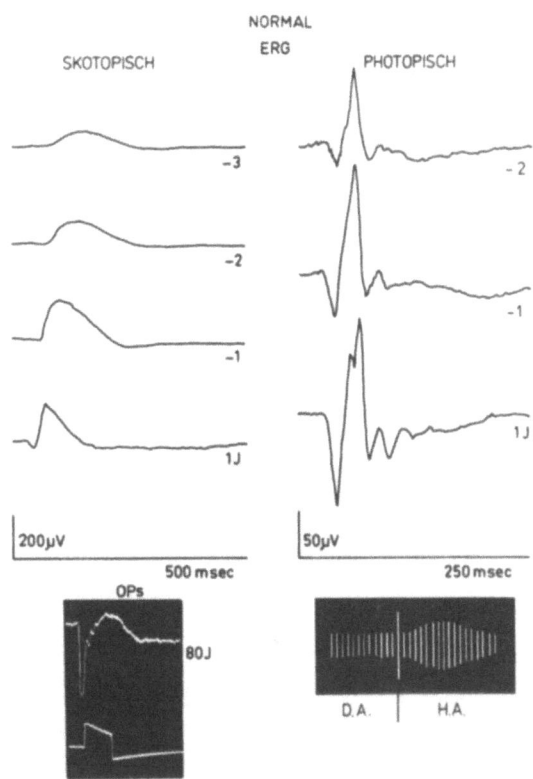

Abb. 3.7.1-2 (Van Lith). Normales EOG und ERG. EOG: Bestandspotential während Dunkel- (*D.A.*) und Hellanstieg während Helladaptation (*H.A.*). ERG: Skotopisch stäbchendominierte und photopisch zapfendominierte Welle, daneben die oszillatorischen Potentiale. 1 J: Ein Joule Lichtenergie, mit Neutralfilter -1, -2 und -3 in Zehnerpotenzen erniedrigt

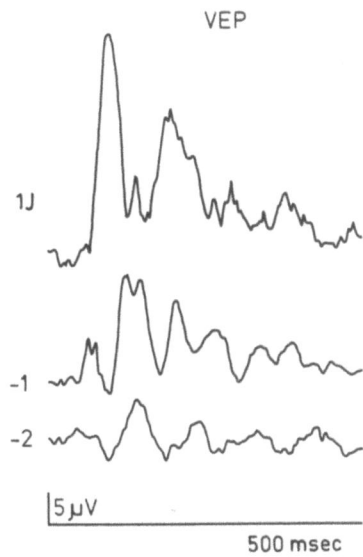

Abb. 3.7.1-3 (Van Lith). Lichtblitz-VEPs. 1 J: Ein Joule Lichtenergie, mit Neutralfilter -1 und -2 erniedrigt

292 Orbitaerkrankungen

– Störungen außerhalb der Ebene der kortikalen Potentiale, wie Demenz verschiedener Ursachen und psychogener Visusverlust: alle Reizantworten sind normal.

3.7.1.2 Der Einfluß von Medientrübungen

Wenn bei Vorliegen von Medientrübungen Netzhaut und übergeordnete Sehbahn normal arbeiten, sollten die elektrophysiologischen Befunde normal sein – vorausgesetzt, die visuellen Reize werden nicht durch die Trübungen selbst beeinflußt. Im allgemeinen ist das jedoch der Fall; die Lichtreize werden durch Reflexion, Absorption und Streuung geschwächt.

Da Musterreize vor allem eine Reaktion auf Kontrast und Kontur sind, werden sie durch Medientrübungen erheblich beeinflußt, wenn diese die Konturschärfe der Bilder auf der Netzhaut verwischen. Sind die Trübungen so dicht, daß die Papille bei der Ophthalmoskopie nur schemenhaft erkannt werden kann, ergibt Musterreizung keine verwertbaren Informationen.

Werden Ganzfeldlichtreize verwendet, so haben wir nur noch die Helligkeits-Abschwächung (Filtereffekt) zu beachten, die leicht durch Steigerung der Helligkeit des Lichtreizes auszugleichen ist. Trifft der Lichtreiz dagegen nicht auf die gesamte Netzhaut (z.B. bei Verwendung eines Lampenschirms), so muß die Lichtstreuung zusätzlich berücksichtigt werden. Durch die Streuung erreicht der Lichtreiz weitere Gebiete der Netzhaut; das führt zu einer höheren Lichtausbeute und diese trägt zur Höhe der registrierten elektrischen Antworten bei. Bei vorwiegend Streuung bewirkenden Medientrübungen, wie hinteren Kapselkatarakten, können die ERG-Amplituden dadurch sogar höher werden, was die Auswertung der Ergebnisse unsicher macht (Burian u. Burns 1966; Van Lith 1977). Aus diesem Grund ist die Ganzfeldstimulation dringend anzuraten.

Ohne Streuungseinfluß kann die Dichte einer Trübung leicht beurteilt werden, und zwar durch Steigerung der Reizhelligkeit in Stufen von halben Zehnerpotenzen im dunkeladaptierten Zustand, wie dies bei dem Patienten der Abb. 3.7.1-4 erfolgte. Mit dem gleichen Reiz sind die skotopischen ERG-Amplituden des (linken) Kataraktauges kleiner als die des rechten Auges. Doch sie haben die gleiche Amplitudenhöhe, wenn zum Vergleich Reizantworten des linken Auges herangezogen werden, die mit um 1 Zehnerpotenz höheren Reizintensitäten gewonnen wurden.

Im helladaptierten Zustand ist die Situation komplexer, da nicht nur das Reizlicht, sondern auch die Hintergrundshelligkeit durch die Trübungen herabgesetzt werden. Dadurch können die Amplituden unverändert bleiben, sie werden aber in geringerem Maße von den Zapfen bestimmt. In diesem Fall muß die Helligkeit der Hintergrundsbeleuchtung und des Reizlichtes im gleichen Maß erhöht werden wie es bei Dunkeladaptation erforderlich war.

Weißliche Katarakte absorbieren gewöhnlich nicht mehr als 1 Zehnerpotenz (1 logarithmische Einheit), während weiß getrübte Hornhäute die Netzhautbelichtung stärker herabsetzen können infolge zusätzlicher Reflexion von Licht, das nicht zur Reizantwort beitragen kann. Dichte bräunliche Katarakte und Glaskörpertrübungen können mehr als 2 Zehnerpotenzen absorbieren – und noch mehr, wenn blaues Licht benutzt wird. In diesen Fällen ist weißes Licht von wirklich hoher Intensität erforderlich.

In diesem Zusammenhang muß die Pupillenweite besonders beachtet werden, weil die Netzhautbelichtung direkt von der Öffnungsfläche der Pupille abhängt (πr^2). Ein Unterschied von 1 Zehnerpotenz entsteht zwischen einer Pupillenweite von 2 mm und einer solchen von 6–7 mm. Enge Pupillen, die zusätzlich zu Medientrübungen vorhanden sind, können eine ausreichende Netzhautbelichtung verhindern, besonders bei Glaukomen und nach perforierenden Verletzungen.

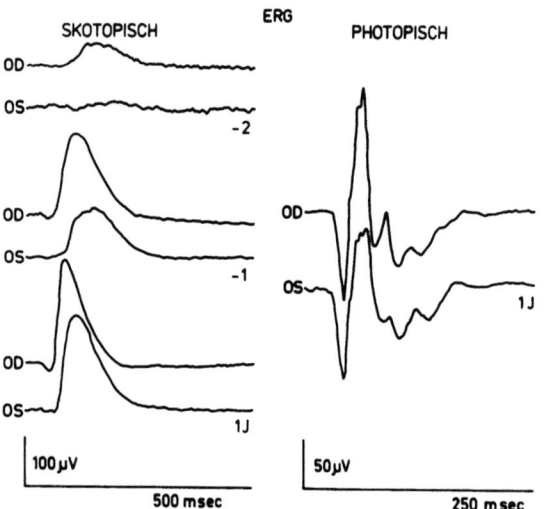

Abb. 3.7.1-4 (Van Lith). Skotopisches und photopisches ERG bei Katarakt des linken Auges (*OS*); rechtes Auge (*OD*) normal. Weiteres siehe Legende Abb. 3.7.1-2. Am linken Auge wurden mit größerer Lichthelligkeit normale Antworten erzielt

Untersucht man die VEPs, so muß die gleiche kompensatorische Steigerung der Lichtreizintensität erfolgen, die sich beim ERG als nötig erwies.

Für die Hellphase des EOG ist das jedoch kaum möglich, da schon normalerweise für eine verläßliche Messung eine Steigerung um 4 Zehnerpotenzen erforderlich ist (Täumer et al. 1974). Das EOG-Bestandspotential, für welches überhaupt kein Lichtreiz erforderlich ist, kann unabhängig von der Dichte einer Medientrübung immer benutzt werden, wenn dies hilfreich erscheint.

3.7.1.3 Nachweisempfindlichkeit elektrophysiologischer Verfahren

Zwei Aspekte sind zu unterscheiden:
- Erkennung einer krankhaften Veränderung, die zu erwarten war, z.B. Siderosis retinae, wenn ein metallischer i.o. Fremdkörper bereits im Röntgenbild nachzuweisen ist;
- Differenzierung verschiedener Krankheitsbilder, z.B. Unterscheidung zwischen Siderosis retinae und Ablatio retinae, wenn nicht sicher ist, ob der Fremdkörper Eisen enthält.

Wir wollen uns auf Krankheitsbilder beschränken, die häufiger kombiniert mit Medientrübungen vorkommen. Das sind
- bei (senilen) Katarakten: Makuladegenerationen, Durchblutungsstörungen der Netzhaut oder des Sehnerven, Pigmentblattatrophien und Glaukom;
- bei Glaskörpereinblutungen: diabetische Retinopathie und Netzhautrisse;
- bei nicht-hämorrhagischen Glaskörpertrübungen: vitreoretinale Dystrophien;
- nach perforierenden Verletzungen: Siderosis retinae, Ablatio retinae, Netzhautnarben, Glaukom, Optikusatrophie und Amblyopie.

Makulaerkrankungen und andere umschriebene Netzhautveränderungen

Makuladegenerationen und andere umschriebene Netzhautschäden sind mit elektrophysiologischen Methoden nur zu erkennen, wenn soviele Rezeptoren zerstört sind, daß die Amplituden über die Variationsbreite der normalen Ergebnisse hinaus erniedrigt werden. Falls zwei Augen desselben Patienten verglichen werden können, läßt sich deshalb als Faustregel sagen, daß eine Differenz zwischen den Ergebnissen beider Augen über 10% beim ERG, über 20% beim EOG-Bestandspotential und sogar über 30% beim VEP liegen muß, um als pathologisch zu gelten. Im Einzelfall können diese Werte auf wenigstens 20%, 30% und 50% zu erhöhen sein.

Ausgedehnte Makuladegenerationen wie Junius-Kuhnt und myopische Dystrophien des hinteren Pols senken das photopische (Zapfen-)-ERG, während das skotopische (Stäbchen-vermittelte) ERG und das EOG weniger oder nicht herabgesetzt sind. Bei atrophischen senilen Makuladegenerationen und lokalisierten Pigmentepitheliopathien dagegen bleibt das photopische •ERG gewöhnlich ebenfalls normal.

Netzhautablösungen reduzieren die skotopischen Antworten mehr als die photopischen. Eine Unterscheidung von anderen tiefen Netzhautschäden wie Entzündungen oder Narben ist nicht möglich (s. Ablationes).

In Gegenwart von Medientrübungen kann Amblyopie weder nachgewiesen noch ausgeschlossen werden. Lichtblitz-ERGs bleiben normal, wogegen Lichtblitz-VEPs nicht (oder nicht signifikant) beeinflußt werden.

Bei Melanomen ist das EOG-Bestandspotential und/oder sein Anstieg unter Belichtung reduziert, und zwar oft mehr, als man nach der Ausdehnung des Tumors erwarten würde (Staman et al. 1984). Die Zuverlässigkeit, mit der man bei Vorhandensein kleiner Melanome herabgesetzte Amplituden erhält, ist nicht sehr groß – dasselbe gilt für den Ausschluß eines Melanoms bei Registrierung normaler Amplituden. Daraus ergibt sich, daß die EOG-Untersuchung hierbei nur sinnvoll ist, wenn Ophthalmoskopie und Ultraschalluntersuchung keine Klarheit brachten.

Pigmentepithel-Dystrophien

Hereditäre Pigmentepithel-Dystrophien wie Retinitis pigmentosa können leicht und sicher als beidseitige tiefe Netzhautveränderungen nachgewiesen werden, weil sowohl die a- und b-Welle als auch der Helligkeits-Anstieg des EOG in einem sehr frühen Stadium schwer gestört sind (Abb. 3.7.1-5). Das EOG-Bestandspotential bleibt normal. Das VEP bleibt relativ ungestört bis zum Endstadium, wenn der hintere Pol einbezogen wird. Daher trägt das VEP nicht zur Diagnose bei. Hereditäre Pigmentepithel-Dystrophien sind bei präsenilen hinteren Kapselkatarakten zu erwarten; auch bei juvenilen, nicht-hämorrhagischen Glaskörpertrübungen. Die letzteren sind sehr selten.

Bei Siderosis retinae bietet das ERG ebenso einen frühen und zuverlässigen Nachweis, wenn ein metallischer Fremdkörper röntgenologisch gefunden und eine Netzhautabhebung echographisch ausgeschlossen wurde. Die Ergebnisse entsprechen

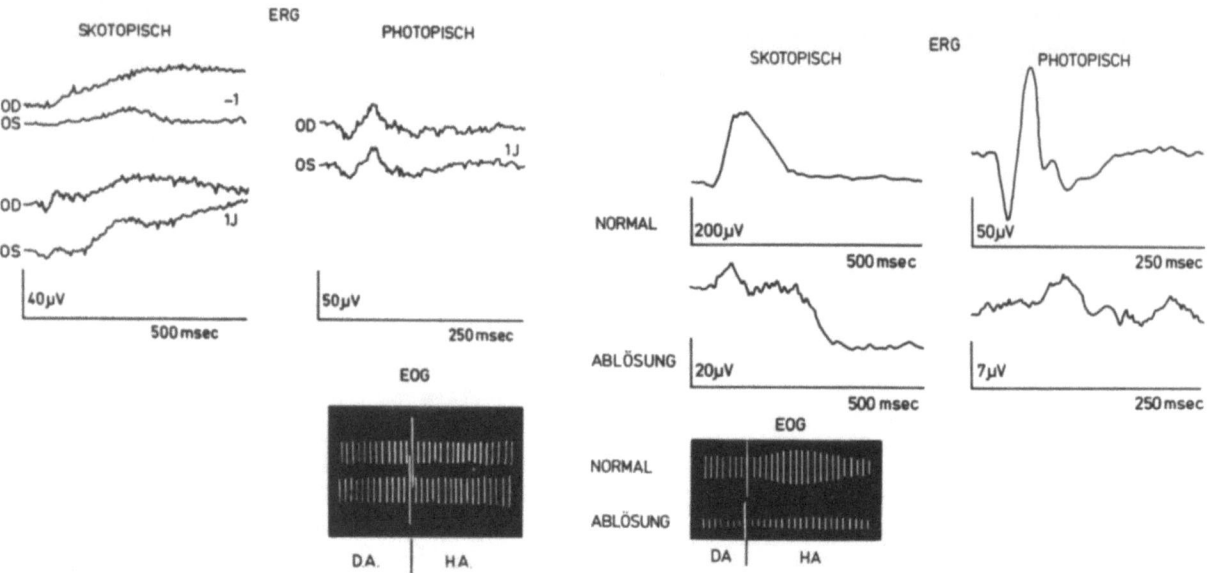

Abb. 3.7.1-5 (Van Lith). EOG und ERG bei Retinitis pigmentosa. Niedrige a- und b-Welle im ERG, fehlender Hellanstieg im EOG

Abb. 3.7.1-6 (Van Lith). EOG und ERG bei länger bestehender Netzhautablösung. Niedrige, verzögerte und breite photopische Antwort im ERG und niedriges EOG-Bestandspotential ohne Hellanstieg

denen bei hereditären Pigmentepitheldystrophien. Das ist bei anderen sekundären Pigmentepitheldystrophien nicht der Fall; z.B. bei durch Arteriosklerose oder entzündliche Prozesse verursachten; bei diesen sind die elektrophysiologischen Antworten – verglichen mit dem Fundusbefund – recht gut.

Netzhautablösung
Ähnlich den Pigmentepitheldystrophien sind Netzhautablösungen Veränderungen der tiefen Netzhautschichten, so daß die a- und b-Wellen und die skotopischen Antworten mehr betroffen sind als die photopischen Resultate. Der einzige Unterschied ist, daß bei Netzhautablösungen die Abnahme der ERG-Amplituden mehr oder weniger mit dem Prozentanteil abgelöster Netzhaut und dem Gesichtsfeldverlust übereinstimmt (Rendahl 1961), während das ERG bei hereditären Pigmentepitheldystrophien viel stärker reduziert ist, verglichen mit den anderen Befunden. Dieser Unterschied ist jedoch oft nicht groß genug, um zwischen den beiden Krankheitsbildern unterscheiden zu können. Daher ist die Echographie zuerst auszuführen, wenn eine Ablatio hinter einer Glaskörpertrübung vorliegen könnte.

Ebenso ist die Unterscheidung von anderen tiefen Netzhautschädigungen, wie Netzhautnarben, nicht möglich. Das ist oft ein Problem bei koagulierten Netzhäuten nach Ablatiooperationen oder nach Behandlung einer diabetischen Retinopathie. Eine Aderhautablösung kann durch ein sehr niedriges Bestandspotential erkannt werden (Van der Torren et al. 1981). Umgekehrt sind bei oberflächlichen Netzhautschäden, wie retinalen Durchblutungsstörungen und Retinoschisis, nur die b-Wellen und die oszillatorischen Potentiale herabgesetzt (Coscas und Dhermy 1978).

Wegen der Variationsbreite der ERG-Antworten können Netzhautablösungen von weniger als 20% übersehen werden. Ein Netzhautriß führt nicht zu einer feststellbaren Veränderung. Eine totale Netzhautablösung kann eine spezifische, sehr niedrige, breite und verzögerte photopische Netzhautantwort erzeugen (Abb. 3.7.1-6), ebenso kleine VEPs, vorausgesetzt, daß Lichtblitze hoher Intensität verwendet werden (Van Lith et al. 1981). In diesen Fällen muß besondere Sorgfalt darauf verwendet werden, ein normales Partnerauge des Patienten zu okkludieren. Wahrscheinlich entstehen diese rudimentären Antworten in der abgelösten Netzhaut. Bei lange bestehenden Ablationes, d.h. nach Jahren, können sie nicht mehr nachgewiesen werden, während das EOG-Bestandspotential reduziert ist. Diese späten Veränderungen sind wahrscheinlich auf sekundäre degenerative Prozesse in Retina und Pigmentepithel zurückzuführen.

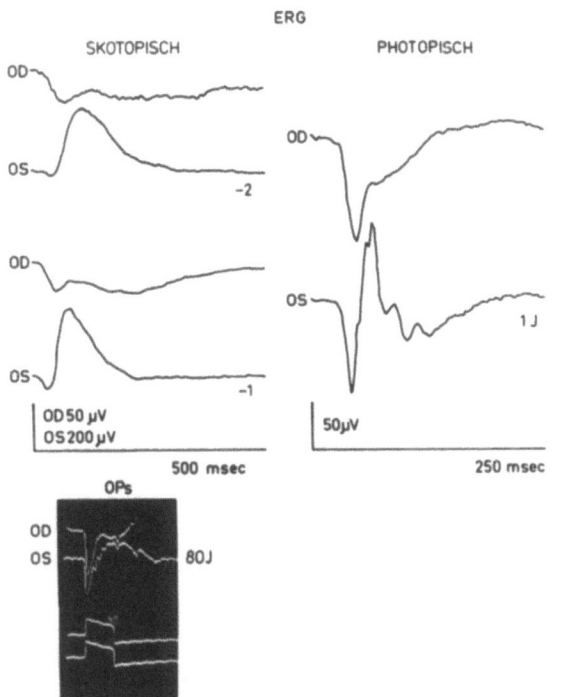

Abb. 3.7.1-7 (Van Lith). ERG bei vollständigem Netzhautarterienverschluß im rechten Auge. Fehlende b-Wellen und oszillatorische Potentiale bei normalen a-Wellen

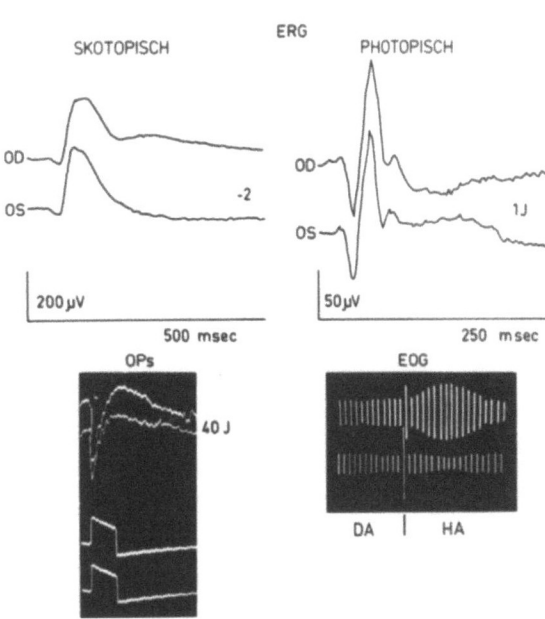

Abb. 3.7.1-8 (Van Lith). EOG und ERG in der akuten Phase einer ischämischen Optikus-Neuropathie. Normales ERG bei fehlendem Hellanstieg im EOG

Durchblutungsstörungen (Akute Verschlußkrankheiten und Retinopathien)

In der Gruppe der oberflächlichen Netzhauterkrankungen, in welcher die Durchblutungsstörungen am häufigsten sind, ist das ERG spezifisch verändert durch die Abnahme oder das Fehlen der oszillatorischen Potentiale und eine relative Abnahme der b-Welle im Vergleich zur a-Welle (Abb. 3.7.1-7). Letztere kann durch die Abnahme des b/a-Verhältnisses ausgedrückt werden (Coscas u. Dhermy 1978). Diese Veränderungen werden sowohl bei den akuten Verschlußkrankheiten als auch bei den Retinopathien gefunden. VEP-Untersuchungen tragen nichts zur Diagnostik bei.

Eine Unterscheidung zwischen den zwei Gruppen von Durchblutungsstörungen kann nicht speziell durch ausschließlich elektrophysiologische Diagnostik erfolgen, aber oft auf der Grundlage des Krankheitsverlaufes. Der Hellanstieg des EOG ist nur in der akuten Phase der Verschlüsse herabgesetzt, das Bestandspotential bleibt immer normal. Ischämie durch arterielle oder venöse Verschlüsse oder bei Retinopathien verursacht mehr eine Abnahme des b/a-Verhältnisses, während bei diabetischen und venösen Retinopathien die Abnahme der oszillatorischen Potentiale das auffälligste Zeichen ist. Nach Koagulationen und nach langem Krankheitsverlauf verschwindet auch die a-Welle, was auf sekundäre Veränderungen in der Rezeptorenschicht hinweist und die Abgrenzung von tiefen Netzhautschäden problematisch macht.

Die Ausdehnung der Erkrankung wird mittels der b-Wellen-Amplituden bestimmt. Bei temporalen Astverschlüssen sind sie stärker herabgesetzt als bei nasalen Astverschlüssen. Bei Zentralarterienverschluß ist die b-Welle vollständig verschwunden; bei ischämischen Venenverschlüssen fehlt sie oft. Bei Durchblutungsstörungen, die auf den Sehnerven beschränkt sind, können die Netzhautreizantworten normal bleiben, mit Ausnahme des Hellanstiegs im EOG, der im akuten Stadium einer vorderen ischämischen Optikusneuropathie herabgesetzt ist (Abb. 3.7.1-8) (Brudet-Wickel u. Van Lith 1984). Die VEPs sind entsprechend dem Gesichtsfelddefekt herabgesetzt (s. folgenden Abschnitt).

Erkrankungen des Sehnerven

Allgemein kann gesagt werden, daß demyelinisierende Erkrankungen, Kompressionsschäden und Glaukom vorwiegend durch verzögerte Antworten charakterisiert sind, während bei Atrophien oder Defekten vorwiegend Amplitudenreduktionen zu sehen sind. Aktive Krankheitsprozesse wie das akute Stadium einer Neuritis N. optici oder eine Ischämie des Sehnerven zeigen Verzögerungen, kombiniert mit niedrigen und breiten Antworten.

Diese spezifischen Charakteristika der Latenz und der Amplitude sind zu sehen, wenn Musterreizung verwendet wird, dagegen sind sie nicht so gut zu erkennen in den variableren Lichtblitz-VEPs. Bei dichten Medientrübungen ist dennoch nur die Lichtblitzstimulation geeignet.

Im Krankengut elektrophysiologischer Abteilungen ist die Neuritis N. optici am häufigsten. Sowohl das lichtblitz- als auch das muster-induzierte VEP ist, verglichen mit den Funktionseinbußen, stark gestört. Der Anstieg der Latenzzeit ist oft ausgeprägter als die Reduzierung der Amplitude, doch können die Antworten auch ganz ausgelöscht sein (Halliday et al. 1972). In Kombination mit den klinischen Symptomen kann die Diagnose leicht und verläßlich gemacht werden, Ultraschalluntersuchungen werden hierfür kaum oder niemals gebraucht.

Mehr oder weniger gleichartige elektrodiagnostische Ergebnisse werden bei Kompressionsschäden entlang der Sehbahn bis zum Chiasma erzielt (Halliday et al. 1976). In diesem Zusammenhang ist es nützlich zu erwähnen, daß Tumoren der Augenhöhle offensichtlich keine wirkliche Kompression der Sehnervenfasern verursachen, da die visuell evozierten Potentiale ziemlich gut bleiben. Ausnahmen sind kleine Tumoren innerhalb des Sehnerven selbst und Kompressionsschäden des Nervus opticus bei Morbus Basedow (Wijngaarde u. Van Lith 1980). In beiden Fällen sind die visuell evozierten Potentiale verzögert.

In der Gegenwart von Medientrübungen bei älteren Patienten oder nach Augenverletzungen und -entzündungen können Störungen der Leitbahn durch atrophische Prozesse, Glaukom oder ischämische Erkrankungen vorkommen, die nachgewiesen oder ausgeschlossen werden müssen. Wie schon gesagt, erlaubt die Variabilität der Lichtblitz-VEPs nur, fortgeschrittene Veränderungen zu erkennen.

Bei einseitigen Prozessen sind Unterschiede der VEP-Amplituden zwischen den beiden Augen von 30% oder darüber statistisch signifikant. Die Latenzzeiten können nur dann verläßlich verglichen werden, wenn die Wellenform ungefähr gleich ist. Wenn beide Augen an einer Amplitudenabnahme von 50% im Verlauf einer Erkrankung beteiligt sind (z.B. Glaukom), so weist dies auf eine Erkrankung der Sehbahn hin. Wird ein Patient jedoch nur einmal untersucht und liegt eine Beteiligung beider Augen vor, so ist eine wirkliche quantitative Abschätzung nicht möglich. Es bleiben uns nur Einstufungen wie „vorhanden – wahrscheinlich herabgesetzt – fehlend". Im letzteren Fall sind die Antworten so niedrig, daß sie innerhalb des Hintergrundsrauschens der Registrierung nicht zu erkennen sind. In dieser Hintergrundsaktivität sind die EEG-Wellen am wichtigsten. Wenn diese Hintergrundsaktivität nicht zu hoch ist (< als 2 µV), dann weisen fehlende visuell evozierte Potentiale auf eine schwere Störung der Netzhaut, z.B. eine lange bestehende, totale Netzhautablösung hin, wogegen im Falle ziemlich guter Netzhautantworten eine Störung der Sehbahn oder der Sehrinde anzunehmen ist. Es ist wichtig zu wissen, daß die visuell evozierten Potentiale bei Netzhauterkrankungen im allgemeinen nicht so schwer gestört sind wie bei Sehnervenerkrankungen. Dies schließt ein, daß Lichtblitz-VEPs zur Erkennung von Makula-Erkrankungen nicht besonders geeignet sind. Speziell bei ausgedehnten myopischen Degenerationen des hinteren Pols werden oft erkennbare VEPs erzielt, während das durch die Zapfen vermittelte ERG eindeutig herabgesetzt ist.

3.7.1.4 Einschätzung der Funktionsfähigkeit

Die Abschätzung der zu erwartenden Funktion ist wichtig, wenn die chirurgische Behandlung von Medientrübungen erwogen wird und Netzhaut- oder Sehnervenerkrankungen wahrscheinlich vorliegen. Da das EOG und das Lichtblitz-ERG Summenantworten der gesamten Netzhaut sind und die stärker variablen Lichtblitz-VEPs ein großes Gebiet des hinteren Pols repräsentieren, ist ihr Vorhersagewert begrenzt. Darüber hinaus gibt es keine feste Relation zwischen den Sehfunktionen und den elektrodiagnostischen Ergebnissen. Bei einigen Erkrankungen, wie den erblichen Pigmentblattdystrophien und der Siderosis, sind die visuellen Funktionen im Vergleich zu den ERG-Ergebnissen relativ gut; sogar bei sehr niedrigen ERG-Amplituden (z.B. niedriger als 25%) ist die Prognose für das Sehvermögen nicht so schlecht. Umgekehrt muß man bei möglicherweise vorhandener Makulafunktionsstörung in der Vorhersage der zu erwartenden Funktion sehr zurückhaltend sein, insbesondere bezüglich der Sehschärfe. Bei Vorliegen einer Netzhautablösung oder von Narbengeweben nach Koagulationstherapie spiegeln die ERG-Amplituden mehr oder weniger die Funktion der nicht abgelösten oder nicht koagulierten Netzhaut wider. Daher sagt das ERG nichts über die funktionelle Prognose der abgelösten Netzhaut

Tabelle 3.7.1-1 (van Lith)

Zapfen-ERG	Lichtblitz-VEP	Wahrscheinlichkeit	Erwartete Sehschärfe
Normal	Fehlend	>90%	≪0,1
Normal	Restpotential	90%	±0,1
Normal	++	90%	>0,5
±75%	++	75%	±0,5
±50%	++	50%	±0,5
±25%	++	90%	±0,1

aus. Das ist wichtig zu wissen bei schon lange bestehenden, totalen Ablösungen, wenn das ERG und der Helligkeitsanstieg im EOG vollständig fehlen. Wir haben die Erfahrung gemacht, daß in diesen Fällen das Bestandspotential des EOG sehr niedrig wird, wahrscheinlich infolge sekundärer Veränderungen des Pigmentepithels, während Reste des Lichtblitz-VEPs, die man bei frischeren Fällen noch nachweisen kann, verschwinden.

Bezüglich der Erkrankungen der Sehbahn ist zu sagen, daß bei Neuritis N. optici und Kompressionsneuropathie die Sehschärfe und das Gesichtsfeld im allgemeinen besser sind als die Ergebnisse des Lichtblitz- und des Muster-VEPs vermuten lassen. Bei einer nicht durch diese zwei Erkrankungen verursachten Atrophie des Sehnerven ist es umgekehrt: die visuell evozierten Potentiale bleiben relativ gut. Glaukom nimmt eine Position zwischen diesen zwei Gruppen ein; bei dieser Erkrankung spiegelt das VEP ziemlich gut die Funktion des hinteren Pols wider (Cappin u. Nissim 1975). Wenn die VEPs fehlen, ist nur eine Funktion peripherer Geischtsfeldanteile zu erwarten.

Abgesehen von der Feststellung, ob eine Abnormalität hinter der Medientrübung vorhanden ist oder nicht, und abgesehen von den vorstehend erwähnten spezifischen Charakteristika des Verhältnisses zwischen den Funktionsprüfungsergebnissen und den elektrodiagnostischen Resultaten wenden wir einige sehr allgemeine Regeln an, die bei der Entscheidung helfen können, ob bei Problemfällen Operationen vorzunehmen sind oder nicht. Diese sind in Tabelle 3.7.1-1 aufgeführt.

3.7.1.5 Allgemeine Betrachtungen

Die Ultraschalldiagnostik, die die anatomischen Strukturen widerspiegelt, und die elektrophysiologische Diagnostik, die Funktionsstörungen erkennen läßt, sind oft einander ergänzende diagnostische Hilfsmittel, wenn Ophthalmoskopie und einfache Funktionsprüfungen zur Klärung nicht ausreichen.

Bei frischen Glaskörpereinblutungen ist die Ultraschalluntersuchung eindeutig an erster Stelle vorzunehmen. Wird eine Ablatio gefunden, so bietet die elektrophysiologische Diagnostik keine zusätzliche Information. Kann jedoch eine Ablatio nicht nachgewiesen werden, so ist die elektrophysiologische Diagnostik wertvoll, weil sie eine retinale Durchblutungsstörung aufdecken kann. Bei der Kombination von Medientrübungen mit Glaukom ist die Elektrodiagnostik an erster Stelle auszuführen.

Die kombinierte Nutzung von Ultraschalldiagnostik und elektrophysiologischer Diagnostik ist von Bedeutung bei Medientrübungen, nach Augenverletzungen und -entzündungen, bei Glaskörperblutungen, bei fortgeschrittener diabetischer Retinopathie oder länger bestehenden Netzhautablösungen und bei plötzlicher Veränderung einer schon durch Medientrübungen herabgesetzten Sehfunktion. Insbesondere dieser kombinierte Gebrauch ist von großem Nutzen, wenn bei komplizierten Fällen die Indikation für chirurgische Eingriffe geklärt werden muß.

Literatur

Alexandridis E, Krastel M (1986) Electrodiagnostik in der Ophthalmologie. Springer, Berlin Heidelberg New York
Brudet-Wickel CLM, Lith GHM Van (1984) Electrophysiology in acute anterior ischaemic optic neuropathy. Ophthalmol 188:111–117
Burian HM, Burns CA (1986) A note on senile cataracts and the electroretinogram. Doc Ophthalmol 20:141–149
Cappin JM, Nissim S (1975) Visual evoked responses in the assessment of field defect in glaucoma. Arch Ophthalmol 93:9–18
Coscas G, Dhermy P (1978) Occlusions veineuses rétiniennes. Masson, Paris, pp 271–275
Galloway NR (1981) Ophthalmic electrodiagnosis, 2nd edn. Lloyd – Luke, London
Halliday AM (1982) Evoked potentials in clinical testing. Churchill Livingstone, Edinburgh Harlowe New York
Halliday AM, McDonald WI, Mushin J (1972) Delayed visual evoked response in optic neuritis. Lancet 1:982–985
Halliday AM, Halliday E, Kriss A, McDonald WI, Mushin J (1976) The pattern evoked potential in compression of the anterior visual pathways. Brain 99:357–374
Lith GHM Van (1977) Electrophysiology of media opacities. Doc Ophthalmol Proc Ser 11:39–47
Lith GHM Van, Torren K Van der, Vijfvinkel-Bruinenga SM (1981) ERG and VECPs in retinal detachments. Doc Ophthalmol 50:291–297
Michaelson IC (1980) Textbook of the fundus of the eye, 3rd edn. Churchill Livingstone, Edinburgh Harlowe New York
Regan D (1972) Evoked potentials in psychology, sensory physiology and clinical medicine. Chapman, London

Rendahl I (1961) The clinical electroretinogram in detachment of the retina. Acta Ophthalmol Suppl. 64, Munksgaard Copenhagen

Staman JA, Fitzgerald CR, Dawson WW, Barris MC, Hood CI (1980) The EOG and choroidal malignant melanomas. Doc Ophthalmol 49:201–209

Täumer R, Mackensen G, Hartmann H, Moser U, Stehle R, Werner W, Wolf D (1974) Verhalten des 'Bestandspotentials' des menschlichen Auges nach Belichtungsänderungen. Arch Klin Exp Ophthalmol 189:81–97

Torren K Van der, Lith GHM Van, Vijfvinkel-Bruinenga SM (1981) The standing potential of the eye in retinal detachments. Doc Ophthalmol 50:337–342

Wijngaarde R, Lith GHM Van (1980) Pattern EPs in endocrine orbitopathy. Doc Ophthalmol 48:327–332

3.7.2 Elektromyographie bei Orbitaprozessen

P. ROGGENKÄMPER

Die Elektromyographie der Augenmuskeln hat sich bei vielen Störungen der Motilität als wertvolle diagnostische Hilfe erwiesen, deren Aussagekraft in Abhängigkeit von der Erkrankung allerdings recht unterschiedlich ist und die vielfach durch die neuerschlossenen diagnostischen Möglichkeiten von Computertomographie- und Ultraschalluntersuchung verzichtbar wird. Grundsätzlich ist von einem Elektromyogramm nur dann ein Befund zu erwarten, wenn auch klinisch eine Motilitätsstörung erkennbar ist. Die Ableitung erfolgt durch eine koaxiale Nadelelektrode, deren Durchmesser minimal etwa 0,3 mm betragen kann. Über die Technik der Ableitungen geben die Arbeiten von Esslen und Papst (1961) und Huber (1974) Auskunft.

Relativ gut gelingt die Differenzierung zwischen *supranukleären und peripher-neurogenen Störungen*: bei ersteren findet sich zwar ein normales Aktivitätsmuster, dessen Verteilung auf verschiedene Muskeln oder Muskelgruppen jedoch krankhaft verändert ist. Bei peripher-neurogenen Augenmuskellähmungen ist das Aktivitätsmuster entweder in charakteristischer Weise verändert oder gar nicht vorhanden, so daß sich Aussagen über den Schweregrad der Schädigung und meist auch eine Beurteilung der Reinnervation, die wichtige Hinweise auf die spätere Wiedererlangung der klinischen Funktionen liefert, ermöglichen lassen. Peripher-neurogene Schädigungen können ihre Ursache dann in einem orbitalen Prozeß haben, wenn der Nerv in seinem orbitalen Anteil geschädigt wird; insbesondere kommen Druck, Entzündungen oder Durchblutungsstörungen in Betracht. Eine Differenzierung der Lokalisation der Schädigung wie auch der Art der Schädigung ist im EMG nicht möglich.

Bei *Störungen des neuromuskulären Übergangs* gibt das EMG aufgrund der charakteristischen Abnahme von Amplitude und Frequenz der Aktionspotentiale bei längerdauernder Innervation wichtige Informationen, ggf. in Verbindung mit einem Tensilon-Test. Diese für die Myastheniediagnostik bedeutsame Untersuchung ist bei orbitalen Prozessen von untergeordneter Bedeutung.

Seit Einführung der Elektromyographie in die Diagnostik von Augenmuskellähmungen wird ein viel höherer Prozentsatz von myogenen Erkrankungen gefunden, die zuvor weitgehend für neurogen gehalten worden waren (Huber 1974). Typisches Merkmal einer *Myopathie* ist die Verkleinerung der Amplitude bei erhaltenem Interferenzmuster im Elektromyogramm. Dies beruht auf einem Zugrundegehen einzelner Muskelfasern bei erhaltener Innervation. Man erhält folgende Befunde: Amplitudenreduktion und Verkürzung der Dauer der Aktionspotentiale. Bei maximaler Innervation ist ein Interferenzbild trotz totaler bzw. subtotaler Paralyse noch möglich (Papst 1973). Die Diagnostik der Myopathie wird dadurch besonders schwierig, daß in fortgeschrittenen Fällen das Interferenzbild fehlen kann und Polyphasien beobachtet werden, auch Spontanaktivität auftreten kann. Dies sind sonst Charakteristika der peripher-neurogenen Schädigung. Man muß sich somit auf das Gesamtbild aller untersuchten Parameter stützen (Ludin 1974; Koerner 1984); besonders bei der Diagnostik der Myopathien tritt das EMG gegenüber Ultraschall und Computertomogramm in den Hintergrund. Von den Myopathien dürfte die Diagnose einer – für die Abklärung orbitaler Prozesse meist unrelevanten – okulären Muskeldystrophie (von Graefe) aufgrund des EMG-Befundes und der typischen Klinik noch relativ leicht zu stellen sein. Schwierigkeiten ergeben sich dagegen bei der okulären Myositis in Differentialdiagnose zur endokrinen Myopathie: beide können mit geringerem oder stärkerem Exophthalmus einhergehen, was bei der Myositis einerseits durch die entzündliche Muskelverdickung, andererseits durch entzündlichen Tumor anderer Gewebsanteile der Orbita zu erklären ist. Bei der endokrinen Störung ist grundsätzlich zwischen dem endokrinen Exophthalmus und der endokrinen Myopathie zu unterscheiden: beide treten häufig gemeinsam auf, jedoch sind ein Exophthalmus ohne Motilitätsstörung und ohne eine endokrine Myopathie ohne nennenswerten Exophthalmus möglich. Auch die endokrine Ophthalmopathie kann bekanntlich einseitig verlaufen!

Die Unterscheidung einer endokrinen Ophthalmopathie von einer Myositis ist, wie auch schon Esslen und Papst (1961) betonten, nur mit Hilfe der Elektromyographie nicht möglich. Besonders für diese Fragestellung müssen alle verfügbaren Informationen bei der Diagnosefindung gegeneinander abgewogen werden. Dabei ist zu beachten, daß die scheinbare Parese eines Muskels bei der endokrinen Myopathie häufig durch eine passive Behinderung durch den Antagonisten entsteht (Elastizitätsverlust). Das wichtigste Beispiel besteht in einer Hebungsstörung des Bulbus, d.h. vorwiegend Pseudoparese des Musculus rectus superior bei unzureichender passiver Dehnbarkeit des Musculus rectus inferior. Naturgemäß ergibt sich in diesen Fällen im Musculus rectus superior ein unauffälliges EMG-Pattern.

Muskelschwellungen bei venösem Rückstau (infolge einer Sinuscavernosus-Thrombose oder einer av-Fistel) sind in der Regel durch die – der Elektromyographie *vorausgehende* – B-Bild-Echographie und Dopplersonographie zu klären; auch wegen des erhöhten Blutungsrisikos wird in diesen Fällen auf die Elektromyographie verzichtet.

Voraussetzung für die sachgerechte Ableitung des EMG der Augenmuskeln ist, daß der Untersucher sowohl in der Interpretation des Patterns als auch in der Anatomie der Augenmuskeln (am besten durch muskelchirurgische Eingriffe) und in der Klinik der Motilitätsstörungen erfahren ist. Diese Forderungen werden sich wohl selten in einer Person vereinen lassen, so daß ein enges Teamwork zwischen Neurologen und Ophthalmologen sinnvoll ist, nicht zuletzt im Interesse der Vermeidung von Komplikationen, z.B. Bulbusperforation.

Literatur

Esslen E, Papst W (1961) Die Bedeutung der Elektromyographie für die Analyse von Motilitätsstörungen der Augen. Karger, Basel New York

Huber A (1974) Elektromyographie der Augenmuskeln. Ophthalmologica 169:111–126

Koerner F (1984) Differentialdiagnose erworbener infranukleärer Augenmuskelparesen. In: Meyer-Schwickenrath G, Ullerich K (Hrsg) Theorie und Praxis der modernen Schielbehandlung. Enke, Stuttgart, S 176–192

Ludin HP (1974) Elektromyographische Befunde bei Myopathien. In: Hopf HC, Struppler A (Hrsg) Elektromyographie. Thieme, Stuttgart

Papst W (1973) Oculäre Myopathien. Ophthalmologica 167:332–349

3.7.3 Immunologische diagnostische Tests bei Orbitaerkrankungen

R. van der Gaag

Immunologische Untersuchungen können an Blutproben ausgeführt werden, um humorale Parameter wie zirkulierende Autoantikörper und die zelluläre Reaktivität zu bestimmen. Ferner können an Biopsiematerial immunohistochemische Techniken angewendet werden.

Bei Orbitaerkrankungen liegt das Hauptinteresse hinsichtlich immunologischer diagnostischer Untersuchungen in der Differenzierung zwischen Non-Hodgkin-Lymphomen (NHL) und Pseudolymphomen (Knowles et al. 1979; Garner et al. 1983; Van der Gaag et al. 1984). Lymphoide Proliferationen der Adnexe des Auges sind eine Herausforderung sowohl für den Ophthalmologen als auch für den Pathologen. Es wird berichtet, daß diese bis zu 15% aller raumfordernden Prozesse in der Orbita umfassen. Histologisch können diese extranodulären lymphoiden Proliferationen in 3 Klassen eingeordnet werden: maligne Non-Hodgkin-Lymphome, benigne Pseudolymphome und chronisch-inflammatorische Veränderungen. Läsionen, welche an dem einen oder anderen Ende des histopathologischen Spektrums einzuordnen sind, bieten für den Pathologen wenig diagnostische Probleme. Oft liegen jedoch die lymphoiden Proliferationen in der Orbita morphologisch zwischen diesen zwei Extremen. Bei diesen zweifelhaften Fällen kann die routinemäßige histopathologische Diagnose ganz wesentlich unterstützt werden durch den Nachweis spezifischer Zelloberflächen- bzw. Zellmembran-Marker und intrazytoplasmatischer Marker mit Immunfluoreszenz- oder Immunperoxidase-Techniken an Schnitten von frischem Biopsiematerial (Knowles et al. 1983; Harris et al. 1984).

Gutartige lymphoide Veränderungen werden durch polyklone Eigenschaften der B-Zellen und der Plasmazellen charakterisiert (d.h. diese Zellen zeigen in gleicher Verteilung Kappa- und Lambda-Immunoglobuline vom leichten Kettentyp, und es ist mehr als ein Immunoglobulin des schweren Kettentyps in dem Schnitt nachzuweisen). Darüber hinaus sollten in dem Biopsiematerial viele T-Zellen vorhanden sein, die mit Anti-T-Zell-Antikörpern erkannt werden.

Maligne lymphoide Veränderungen gehen vorwiegend aus B-Zellen hervor. Diese B-Zellen zeichnen sich durch die monoklonale Expression eines Immunoglobulins vom leichten Kettentyp und

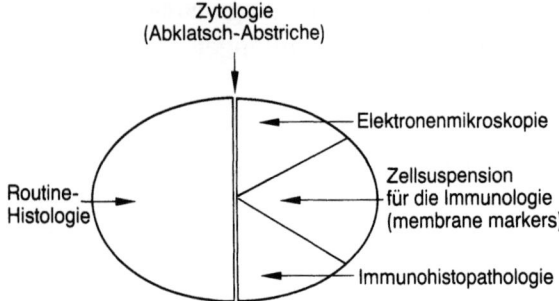

Abb. 3.7.3-1 (Van der Gaag). Aufteilung des Biopsiematerials für die weitere Bearbeitung mit den verschiedenen Methoden

eines Immunoglobulins vom schweren Kettentyp aus. T-Zell-Lymphome können identifiziert werden durch Verwendung einer Vielzahl monoklonaler Anti-T-Zell-Antikörper, die gegen verschiedene Differenzierungs-Antigene gerichtet sind. Für eine optimale Untersuchung orbitaler Tumoren ist eine multidisziplinäre Untersuchung des Biopsiematerials unerläßlich. Das folgende Vorgehen kann benutzt werden:

Das Biopsiegewebe wird gemäß dem nachfolgend gezeigten Diagramm geteilt (Abb. 3.7.3-1). Die unterschiedlichen Teile werden, wie folgt, weiterverarbeitet: Abklatschabstriche werden von der Schnittfläche gemacht. Eine Hälfte des Tumors wird für die Routinehistologie fixiert. Ein kleines Stück der anderen Hälfte wird für die Elektronenmikroskopie fixiert und nur, wenn es nötig ist, entsprechend weiterbearbeitet. Ein anderer Teil wird für die Immunhistopathologie in flüssigem Stickstoff eingefroren, und vom restlichen Tumorstück werden Zellen gewonnen für den Nachweis und die Analyse der zellmembrangebundenen Marker in Suspension.

Obwohl manche Tumoren in der Orbita für eine Nadelbiopsie leicht zu erreichen sind, haben wir oft die Erfahrung machen müssen, daß nicht genug Material für eine sichere Diagnose gewonnen wurde und daß die Möglichkeit eines Entnahmefehlers dabei größer ist als bei der Exzisionsbiopsie.

Eine gute Unterscheidung zwischen den drei verschiedenen Arten lymphoider Proliferationen in der Orbita ist nur möglich, wenn eine gute Kooperation zwischen dem Ophthalmochirurgen, dem Pathologen und dem Immunologen gewährleistet ist.

Die Orbita enthält wenig Gewebekomponenten, die abgesehen vom Augapfel für die Orbita spezifisch sind. Daher würde man nicht erwarten, daß sich hier immunologische Erkrankungen manifestieren, die auf die Orbita beschränkt sind. Dagegen kann sie bei verschiedenen generalisierten Erkrankungen beteiligt sein. Jedoch gibt es Erkrankungen, bei welchen die orbitale Komponente so im Vordergrund steht, daß sie eine spezielle Betrachtung erfordert, so z.B. bei der endokrinen Orbitopathie und bei der Myasthenia gravis.

Die endokrine Orbitopathie ist eine Erkrankung ungeklärter Pathogenese, die wahrscheinlich aus einer spezifischen Autoimmunantwort hervorgeht. Diese Erkrankung wird als ein besonderes autoimmunes Krankheitsbild angesehen, das in enger Beziehung zur Schilddrüsenerkrankung steht. Bis heute gibt es keinen spezifischen immunologischen Test für die endokrine Orbitopathie, doch kürzlich haben drei verschiedene Untersuchergruppen über das Vorhandensein zirkulierender Antikörper gegen Augenmuskel-Antigen bei ca. 60–70% der Patienten mit aktiver endokriner Orbitopathie berichtet (Kodama et al. 1982; Atkinson et al. 1984; Faryna et al. 1985). Frühere Untersucher hatten schon über zelluläre Reaktivität gegen Orbitagewebe bei diesen Patienten berichtet (Mahieu u. Winand 1972; Munro et al. 1973). Alle diese Untersuchungen wurden jedoch nur im Zusammenhang mit Forschungsprojekten ausgeführt und sind noch nicht als diagnostische Routineverfahren in den klinisch-immunologischen Labors verfügbar.

Myasthenia gravis wird durch Autoantikörper gegen den Acetylcholinrezeptor beliebiger Muskeln vermittelt. Diese Antikörper können im Serum routinemäßig bestimmt werden und sie werden bei bis zu 50% der Patienten gefunden, bei welchen die Erkrankung auf die Augenmuskeln beschränkt bleibt (Garlepp et al. 1981; Limburg et al. 1983).

Somit können immunologisch-diagnostische Untersuchungen hilfreich oder sogar notwendig sein, um eine Diagnose zu stützen, die auf einer Analyse der klinischen Symptome basiert.

Literatur

Atkinson S, Holcombe M, Kendall-Taylor P (1984) Ophthalmopathic immunoglobulin in patients with Graves' ophthalmopathy. Lancet 2:374–376

Faryna M, Nauman J, Gardas A (1985) Measurement of autoantibodies against human eye muscle plasma membranes in Graves' ophthalmopathy. Brit med J 290:191–192

Garlepp MJ, Dawkins RL, Christiansen FT et al. (1981) Autoimmunity in ocular and generalized myasthenia gravis. J Neuroimmunol 1:325–332

Garner A, Rahi AHS, Wright JE (1983) Lymphoproliferative disorders of the orbit: an immunological approach to diagnosis and pathogenesis. Br J Ophthalmol 67:561–569

Harris NL, Pilch BZ, Bhan AK et al. (1984) Immunohistologic diagnosis of orbital lymphoid infiltrates. Am J Surg Pathol 8:83–91

Knowles DM, Jakobiec FA (1983) Identification of T-lymphocytes in ocular adnexal neoplasms by hybridoma monoclonal antibodies. Am J Ophthalmol 95:233–242

Knowles DM, Jakobiec FA, Halper JP (1979) Immunologic characterization of ocular adnexal lymphoid neoplasms. Am J Ophthalmol 87:603–619

Kodama K, Sikorska H, Bandy-Dafoe P, Bayly R, Wall JR (1982) Demonstration of a circulating autoantibody against a soluble eye-muscle antigen in Graves' ophthalmopathy. Lancet 2:1353–1356

Limburg PC, The TH, Hummel-Tappel E et al. (1983) Antiacetylcholine receptor antibodies in myasthenia gravis. J Neurol Sci 58:357–370

Mahieu P, Winand R (1972) Demonstration of delayed hypersensitivity to retrobulbar and thyroid tissues in human exophthalmos. J Clin Endocr Metab 34:1090–1092

Munro RE, Lamki L, Row VV, Volpe R (1973) Cell mediated immunity in the exophthalmos of Graves' disease as demonstrated by the migration inhibition factor (MIF) test. J Clin Endocr Metab 37:286–292

Van der Gaag R, Koornneef L, Van Heerde P et al. (1984) Lymphoid proliferations in the orbit: malignant or benign? Br J Ophthalmol 68:892–900

3.7.4 Computertomographie der Orbita

F. ZANELLA

Die Computertomographie stellt ein Verfahren zur Herstellung von *Querschnittsbildern des Körpers* mit Hilfe von Röntgenstrahlen dar, indem sie deren Schwächungskoeffizienten mißt und über einen Hochgeschwindigkeitsrechner auswertet.

Eine *CT-Anlage* besteht im wesentlichen aus folgenden Elementen:

– der Röntgenröhre (= Strahlenerzeuger)
– dem Kollimator (engt die austretende Strahlung auf ein schmales Bündel ein)
– dem Detektorsystem
– dem Rechner

Die Anfertigung eines Schnittbildes erfolgt durch ein eng *ausgeblendetes Röntgenstrahlbündel*, welches die gewünschte Region durch eine Rotation der Röntgenröhre um die Körperachse abtastet. Das *nachgeschaltete Detektorsystem* mißt die je nach Dichte des durchstrahlten Gewebes charakteristisch abgeschwächte Strahlungsenergie. Der *Computer* errechnet für alle möglichen Bildpunkte die jeweiligen Absorptionswerte und setzt diese in verschiedene Grauabstufungen um. Diese werden in eine *Skala relativer Dichtewerte* (Einheit: Hounsfield = HE) eingesetzt, wobei die Dichte von Wasser = 0, die von Luft = –1000 und die Dichte von kompaktem Knochen = +1000 willkürlich festgesetzt wurden. Das *wählbare „Window"* selektioniert aus den möglichen 2000

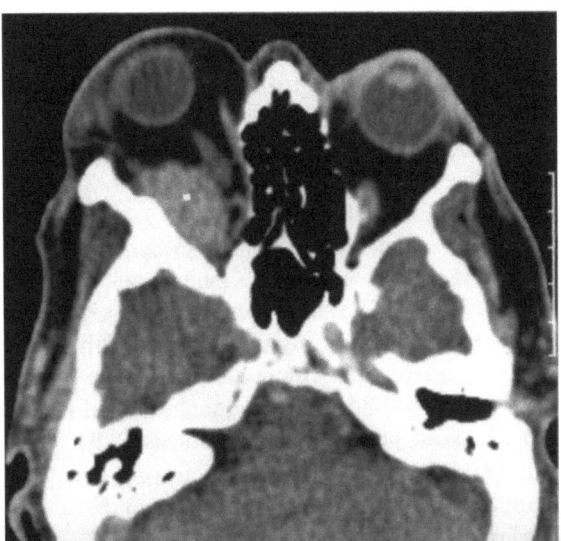

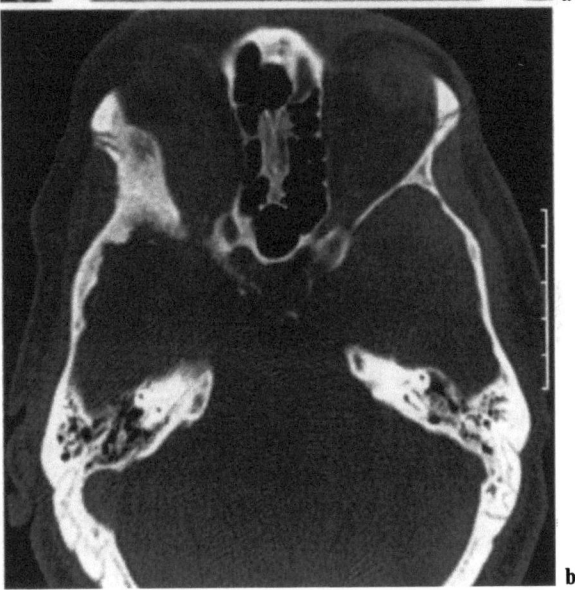

Abb. 3.7.4-1a, b (Zanella). 64 J., m.: *Keilbeinmeningiom links (Rezidiv)*
a (Axial; KM). In *Weichteilausspielung* gute Darstellung des kontrastmittelanreichernden (□ = 82 HE) Tumoranteils retrobulbär links mit Medialverlagerung des N. opticus. Knochenstrukturen nicht ausreichend beurteilbar. **b** (Axial; nativ; *Knochenausspielung*; HR-Algorithmus). Bei nur schemenhafter Abgrenzbarkeit des intraorbitalen Tumors genauere Darstellung der ossären Veränderungen im Bereich der Temporalschuppe und des Keilbeins. Auftreibung der Orbitahinterwand links; im Vergleich zur kontralateralen Seite (*Pfeil*) nur noch angedeutete Abgrenzbarkeit des Sehnervkanals

Graustufen nur Teilbereiche (meist zwischen 32–64), in denen die interessierenden Gewebe optimal erfaßt und für das menschliche Auge (Diskriminierung ca. 20–32 Grautöne) kontrastreich abgebildet sind. Die Graustufen für Gewebe außerhalb des gewählten „Fensters" fallen weg. Zur Weichteildarstellung empfiehlt sich eine Fensterbreite zwischen 400 und 600 HE (Abb. 3.7.4-1a), bei Knochenausspielungen zwischen 2000–3200 HE. Spezielle Rechenprogramme [z.B. der High-Resolution (HR) Algorithmus] führen über eine Kantenbetonung zu einer weiteren Hervorhebung der Knochenstrukturen unter Informationsverlust für die Weichteilkontraste (Abb. 3.7.4-1b; 3.7.4-20b; 3.7.4-24b).

Die *Anzahl der Bildpunkte* einer Schicht beträgt bei Geräten der neueren Generation 256 × 256 oder 512 × 512. Dies hat zu einer Verbesserung der *räumlichen Auflösung* bis auf 0,5 mm geführt. Eine noch genauere Bildgebung ist durch eine weitere Erhöhung der Bildpunkte möglich, die jedoch mit einer gesteigerten Strahlendosis für die durchstrahlte Schicht verbunden ist; eine Verdopplung der Bildpunkte führt zu einer *Verachtfachung der Strahlendosis*.

Die Aussagefähigkeit der CT kann durch *Teilvolumeneffekte* eingeschränkt werden. Unterschiedlich dichte Strukturen (z.B. Luft/Knochen) innerhalb eines Bildpunktes kommen in der Bildgebung nicht zum Ausdruck, da der CT-Wert immer einen errechneten Mittelwert darstellt. Der „Partial – volume – effect" kann deshalb eine unscharfe Begrenzung vortäuschen. Zur Vermeidung dieser Teilanschnittphänomene hat sich an den feinen orbitalen Strukturen die Schichtdicke auf bis zu 1 mm verringert, wobei allerdings zur Vermeidung zu hoher Strahlenexpositionen in der Routineuntersuchung 2–4 mm für ausreichend gehalten werden. Für die optimale Darstellung ist ferner die *Möglichkeit der direkten Bildgebung* in unterschiedlichen Schichtrichtungen erforderlich, wobei die Schnittebene senkrecht zur interessierenden Region gelegt werden sollte. Deshalb ist neben der axialen Ebene in vielen Fällen ein zusätzliches koronares Bild sinnvoll. Bei Kontraindikationen (Gesichtsschädeltrauma; HWS – Instabilität; eingeschränkte Kooperation des Patienten; Kinder; vertebrobasiläre Insuffizienz) kann auf *Sekundärrekonstruktionen* zurückgegriffen werden, die jedoch immer mit einem Informationsverlust einhergehen.

Direkte Einstellungen erfordern reproduzierbare *Bezugslinien*. Für die transversalen Schichten liegt der Patient auf dem Rücken unter leichter Reklination des Kopfes (ca. 20°). Die Öffnung des CT (Gantry) wird nach einer Linie korrigiert, die den Infraorbitalwulst und die Ansatzstelle des Ohrläppchens an der Kopfhaut verbindet. Auch die deutsche Horizontale (Infraorbitalwulst/äußerer Gehörgang) ist akzeptabel (Abb. 3.7.4-2a). Die koronaren Schichten können in Bauch- oder Rückenlage des Patienten angefertigt werden, wobei die Bauchlage als angenehmer empfunden wird und eine einfachere Einstellungskorrektur erlaubt. Die Bezugslinie steht senkrecht auf der deutschen Horizontalen (Abb. 3.7.4-2b). Prinzipiell sind auch direkte sagittale oder parasagittale (entlang des Sehnerven) Einstellungen möglich; diese finden aber nur selten Anwendung, weil hierfür eine spezielle Zusatzausrüstung erforderlich ist.

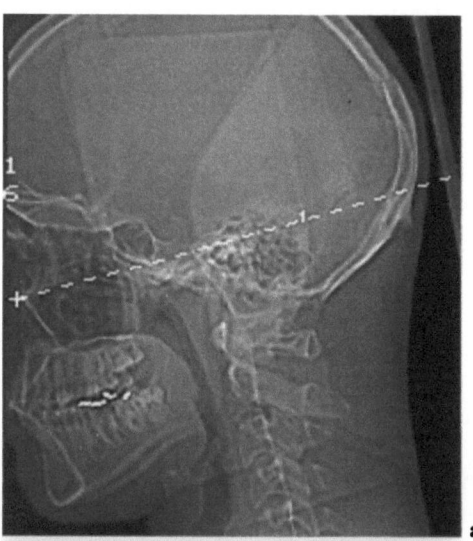
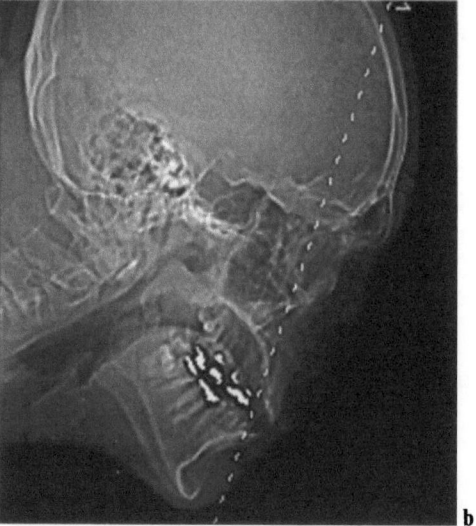

Abb. 3.7.4-2a, b (Zanella). Einstellungen
a Einstellungslinie für die axiale (transversale) Schicht.
b Einstellungslinie für die (direkte) koronare Schicht

Die Angabe *routinemäßiger Meßparameter* ist schwierig, da Tischverschiebung, Schichtzahl und Schichtrichtungen je nach Fragestellung verändert werden können. Für das Standardprogramm sollten 125 kV und etwa 450 mAs gewählt werden. Zu Beginn empfiehlt sich die transversale Einstellung mit einer Schichtdicke von 2 mm und einer Tischverschiebung von 4 mm oder – bei kleinen Befunden – 2 mm. Koronare Schichten sollten mit einer Schichtdicke von 2 mm und einer Tischverschiebung von 4–6 mm angefertigt werden, wobei aber auch der zu erwartende oder bereits axial abgebildete Befund zu berücksichtigen ist. Ein bekannter Befund kann gezielt mit einer kontinuierlichen Tischverschiebung von 2 mm verdeutlicht werden; andererseits sind bei bestimmten Fragestellungen – z.B. Muskeldicke bei der endokrinen Orbitopathie – exakt definierte selektive Schichten im Retrobulbärraum erlaubt.

Die *Strahlenexposition* beträgt abhängig von Schichtdicke und -zahl zwischen 20–100 mGy für eine transversale Serie mit Zentrierung auf die Linse. Bei koronarer oder sagittaler Schnittführung kann die Linse aus dem direkten Strahlengang herausgehalten werden.

Bei koronarer und sagittaler Einstellung können durch Zahnfüllungen *störende Metallartefakte* entstehen (Abb. 3.7.4-3). Durch entsprechende Winkeländerungen lassen sich Schnitte durch die Plomben vermeiden.

3.7.4.1 Intrabulbäre Prozesse

Änderungen der Bulbusgröße lassen sich mit hoher Genauigkeit erfassen; wegen der einfacheren sonographischen Darstellung sollten sie jedoch nur als Nebenbefund (z.B. im Rahmen eines Mißbildungssyndroms) Beachtung finden (Abb. 3.7.4-4a, b). Während beim *Buphthalmus* sämtliche Durchmesser vergrößert sind, kommt es beim *Kolobom* durch einen fehlenden oder unvollständigen Verschluß des Bulbus oculi während der embryonalen Entwicklung zu einer Verformung des Augapfels mit umschriebener Ausstülpung der Bulbuswand. Auch bei hochgradigen *Myopien* kommen oväläre Bulbusdeformierungen zur Beobachtung.

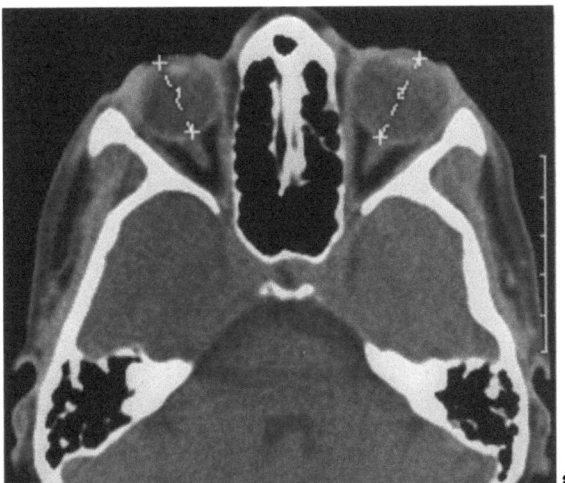

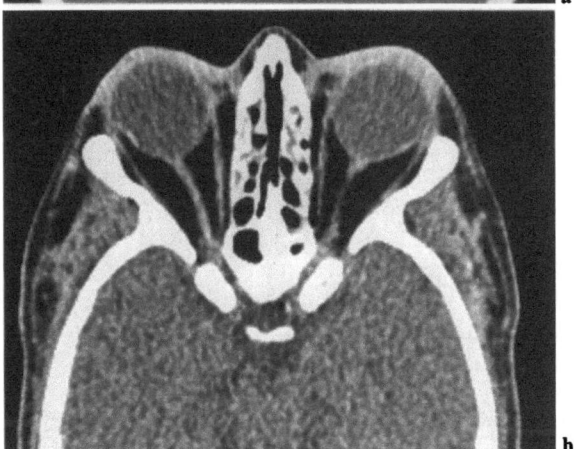

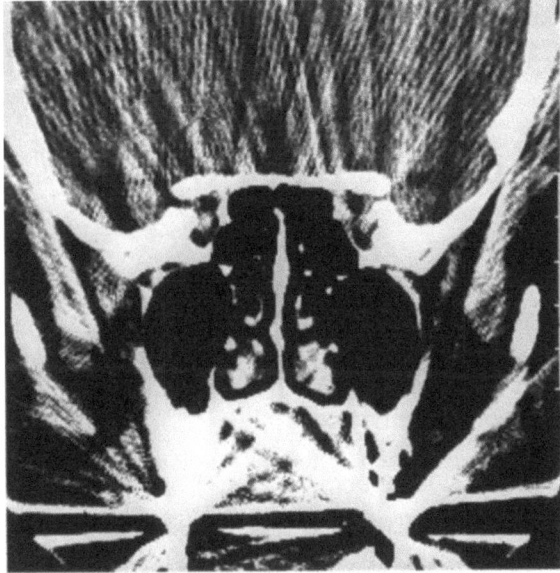

Abb. 3.7.4-3 (Zanella). 47 J., w.: *Streifenartefakte*. Endokrine Orbitopathie (koronar; nativ). Eingeschränkte Beurteilbarkeit beider Orbitaspitzenregionen in der koronaren Projektion durch Streifenartefakte bei metallhaltigen Plomben

Abb. 3.7.4-4a, b (Zanella). Asymmetrie und Deformierung des Bulbus
a 13 J., w.: *Bulbusasymmetrie*. Unklare Kopfschmerzen (axial; nativ). Unterschiedliche Bulbusgröße in allen Durchmessern. Maximaler axialer Durchmesser auf der erfaßten Schicht rechts 22 mm (D2), links 19 mm (D1). **b** 71 J., w.: Bilaterale *Bulbusdeformierung*. Fortschreitende Gesichtsfeldausfälle (axial; nativ). Oväläre Umformung beider Augäpfel mit Zunahme des Sagittaldurchmessers. Zipfelförmige Ausziehung insbesondere am Sehnerveintritt beidseits

304 Orbitaerkrankungen

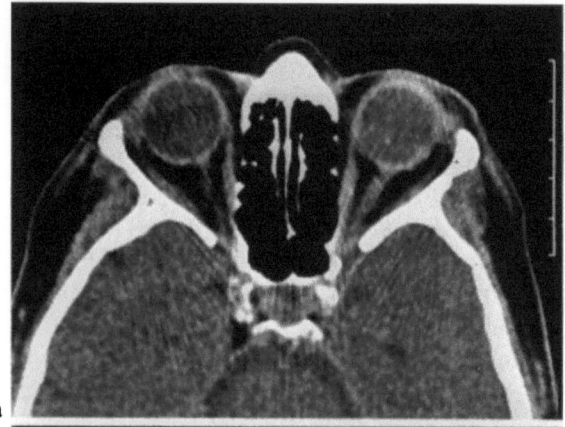

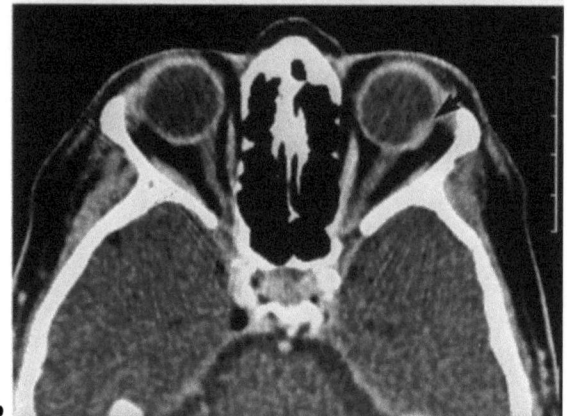

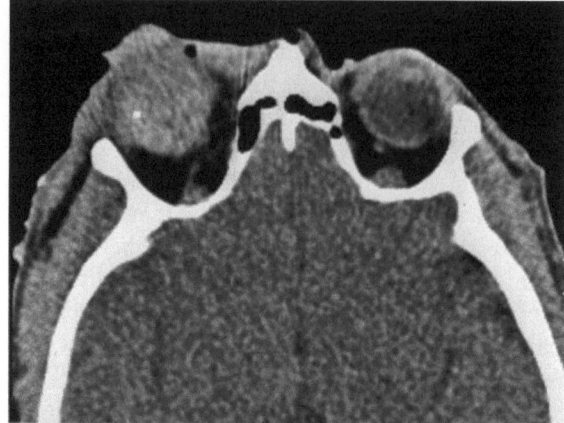

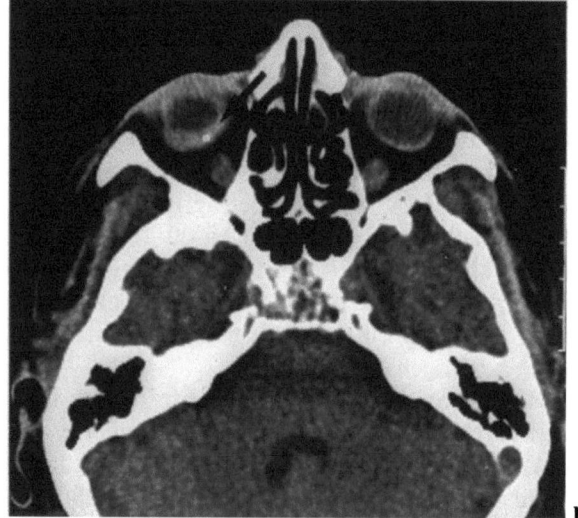

Abb. 3.7.4-5a, b (Zanella). 76 J., w.: *Aderhautmelanom*. Langsam progrediente Sehverschlechterung. Ophthalmoskopisch kleine kugelige Netzhautveränderung im Fundusbereich rechts
a (Axial; nativ). Keine eindeutige Raumforderung. **b** (Axial; KM). Konvexbogige tumoröse Raumforderung an der hinteren lateralen Bulbuszirkumferenz (*Pfeil*) mit Enhancement nach Kontrastmittelgabe (85 HE). Kein Durchbruch nach retrobulbär; keine Sehnervbeteiligung

Abb. 3.7.4-6a, b (Zanella). Intraokulare Blutungen
a 54 J., m.: *Glaskörperblutung*. Autounfall (axial; nativ). Diffus erhöhte Dichte im linken Glaskörper (□ = 86 HE) als Ausdruck der posttraumatischen Einblutung. Unscharfe Abgrenzbarkeit des linken Bulbus oculi. **b** 88 J., w.: *Netzhautblutung* links. Plötzliche Visusverschlechterung mit zunehmender Gesichtsfeldeinschränkung links (axial; nativ). An der hinteren Zirkumferenz des linken Auges umschriebene Verbreiterung und Hyperdensität (□ = 91 HE) der Bulbushüllen (*Pfeil*)

Bei den *malignen Melanomen* des Augapfels dient die CT primär der genauen Festlegung der Tumorgrenzen. Aufgrund ihrer reichen Gefäßversorgung zeigen sie nach intravenöser Kontrastmittelgabe eine kräftige Dichtezunahme (Enhancement), die sie von den differentialdiagnostisch zu bedenkenden Prozessen unterscheidet (Abb. 3.7.4-5a, b); dies gilt insbesondere für die subretinale Blutung. Allerdings sind begleitende Netzhautablösungen und Glaskörperblutungen bei malignen Melanomen nicht ungewöhnlich.

Intrabulbäre Blutungen erfordern keine Kontrastmittelgabe und führen im Glaskörper zu einer Dichteanhebung bis zu 80 HE (Abb. 3.7.4-6a). *Subretinale oder subchoroidale Blutungen* zeigen demgegenüber eine meist umschriebene bogenförmige Dichtezunahme an der Bulbushinterwand (Abb. 3.7.4-6b). Indikationen zur CT ergeben sich bei ophthalmoskopischen und sonographischen Problemfällen wie ausgedehnten Traumen, bei denen die CT gleichzeitig eine Aussage über knöcherne, retrobulbäre und intrakranielle Verletzungsfolgen treffen kann.

Das nicht selten bilateral auftretende *Retinoblastom* neigt zu frühzeitigen zentralen Nekrosen mit entsprechenden meist grobschollig irregulären Verkalkungen, die sich mit hoher Genauigkeit nachweisen lassen (Abb. 3.7.4-7). Zum Untersuchungszeitpunkt liegen in bis zu 95% Tumorverkalkungen vor. Ferner erlaubt die CT die Stadieneinteilung mit exakter Beschreibung von Tumor-

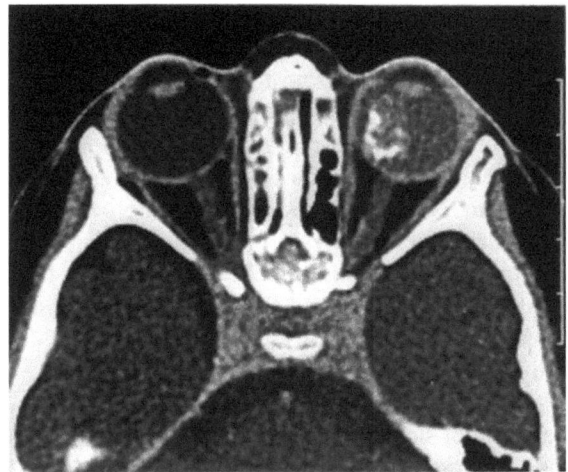

Abb. 3.7.4-7 (Zanella). 3 J., w.: *Retinoblastom* rechts (axial; KM; HR-Algorithmus). Homogene Dichtezunahme nahezu des gesamten Glaskörpers rechts durch das Retinoblastom. Innerhalb des Tumors multiple unregelmäßig begrenzte Verkalkungen

ausdehnung und möglicher multizentrischer Lokalisation. Nach Kontrastmittelgabe zeigen insbesondere fortgeschrittenere Stadien meist eine Anreicherung. Die differentialdiagnostisch zu bedenkenden selteneren *retrolentalen Fibroplasien* und *persistierenden hyperplastischen primären Glaskörper* erreichen bei ebenfalls erhöhter Glaskörperdichte keine kalkäquivalenten Werte.

Das bevorzugt bei jungen Frauen auftretende seltene *chorioidale Osteom*, eine Ossifikation an der Chorioidea, zeigt im CT kalkdichte Strukturen an der Bulbushinterwand. Differentialdiagnostisch muß das ebenfalls sehr seltene astrozytische Hamartom bei Phakomatosen (Abb. 3.7.4-8 a) und das verkalkende Hämangiom bedacht werden. Einen pathognomonischen Befund stellen die meist bilateral auftretenden *Drusenverkalkungen* dar, die umschriebenen punktförmigen Kalkablagerungen in der Papille entsprechen (Abb. 3.7.4-8 b).

3.7.4.2 Retrobulbäre Prozesse

Sehnerv

Insbesondere axiale Schichten stellen *Formänderungen des Nerven* dar; diese betreffen entweder den gesamten Nervenverlauf oder sind mehr umschrieben spindelförmig oder exzentrisch lokalisiert. Bei mehr röhrenförmiger Verdickung des gesamten Sehnervs überwiegen die Retrobulbärneuritis, das ausgedehnte Optikusscheidenmeningiom und die endokrine Orbitopathie, bei mehr spindelförmiger Auftreibung das Optikusgliom und bei mehr exzentrischer Konfiguration das exo-

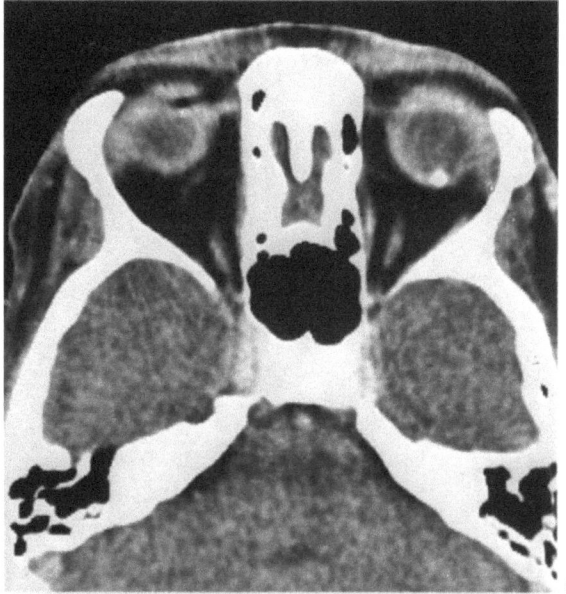
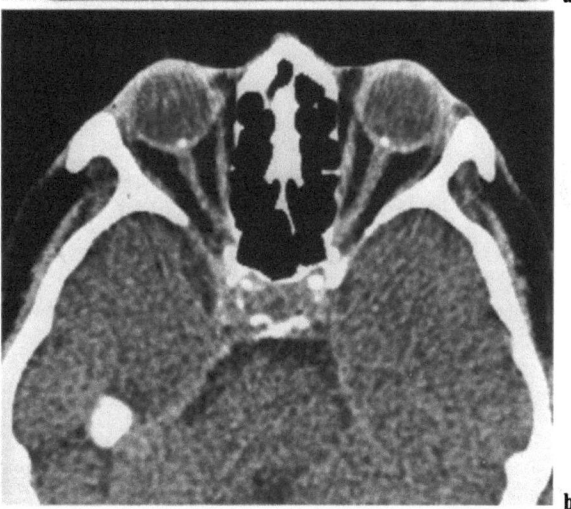

Abb. 3.7.4-8a, b (Zanella). Verkalkungen
a 42 J., w.: *Intraokulare Verkalkungen* bei M. Bourneville Pringle (axial; KM). Umschriebene punktförmige Verkalkung an der hinteren lateralen Bulbuszirkumferenz rechts. Ohne Kenntnis der Anamnese keine Differenzierung von einem Fremdkörper oder einer anderweitigen Verkalkung möglich. **b** 68 J., w.: Verkalkte *Drusenpapillen* (axial; nativ). Punktförmige Verkalkungen am Sehnervenkopf beidseits

phytisch wachsende Meningiom. *Optikusscheidenmeningiome* führen zu einer charakteristischen Dichtezunahme der Nervenscheiden; die nervalen Strukturen im Zentrum des Nervus opticus bleiben von dem Enhancement ausgespart. Dieses Kontrastmittelverhalten läßt sich in der axialen und der koronaren Schnittebene nachweisen und unterscheidet das Meningiom von anderen Optikusläsionen (Abb. 3.7.4-9; Abb. 3.7.4-10a, b). *Optikusgliome* (Abb. 3.7.4-11 a–c) zeigen neben der meist mehr spindelförmigen Auftreibung nach

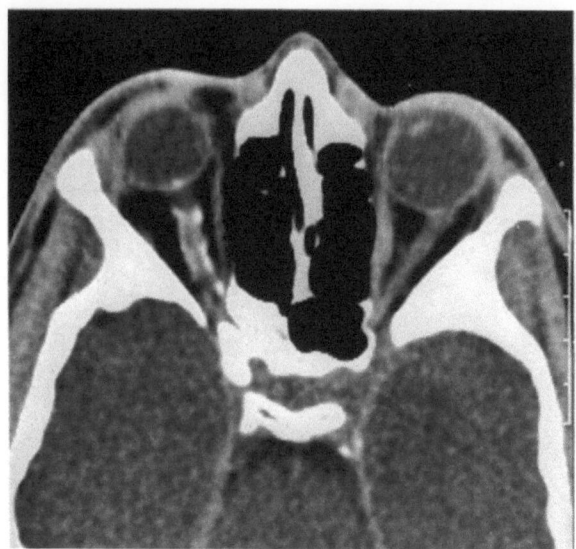

Abb. 3.7.4-9 (Zanella). 13 J., m.: *Optikusscheidenmeningiom* links (axial, KM). Bandförmige periphere Anreicherung von großen Teilen des linken Sehnerven bei mäßiggradiger Verbreiterung im Vergleich zur kontralateralen Seite. Kein Exophthalmus. NB: Verkalkte Drusenpapille links, Schielstellung des rechten Bulbus

Kontrastmittelgabe ein geringeres und homogeneres Enhancement als die Meningiome. Transversale und direkte parasagittale Einstellungen belegen die mögliche Ausdehnung durch den Sehnervkanal bis in das Chiasma opticum. Tumorös infiltrierte, aber nicht verdickte Sehnerven entziehen sich dem Nachweis. Die verbleibenden seltenen Ursachen der *Sehnervverbreiterung* lassen sich computertomographisch nicht differenzieren. Dies gilt für unspezifische und spezifische Infiltrationen (Sarkoidose; Tuberkulose) und gefäß- oder blutungsbedingte Volumenzunahmen (Abb. 3.7.4-12). Eine flüssigkeitsbedingte Verbreiterung des Sehnerven läßt sich sonographisch oft eindeutiger belegen. Dies gilt insbesondere im Vergleich mit CT-Geräten älterer Generationen und Schichtdicken von 4–8 mm (Abb. 3.7.4-13a–c), während bei dünnen Schnitten (1 mm) in vielen Fällen ein verbreiterter Subarachnoidalraum, wie er z.B. bei intrakraniellen Druckerhöhungen gefunden wird, auch computertomographisch sicher erkennbar wird.

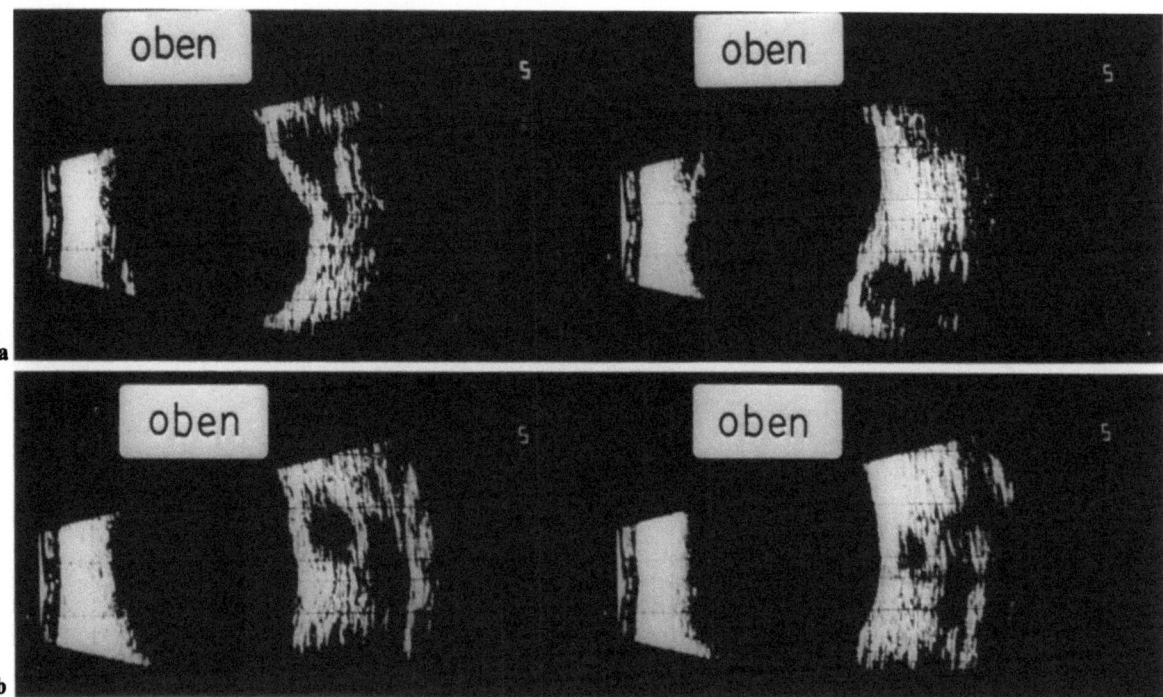

Abb. 3.7.4-10a, b (Buschmann). 31 J., w.: *Optikusscheidenmeningiom* links
a Ultraschall-Sagittalschnitt in der Ebene der Orbitaachse bei Blick nach unten (*linkes Teilbild*) und nach oben (*rechtes Teilbild*). Gerät: Ocuscan 400; Arbeitsfrequenz (w.f. = 9,7 MHz; Kontaktankopplung.) Die Verbreiterung des N. opticus in seinem bulbusnahen Abschnitt und seine Lageänderung bei Blickbewegungen sind deutlich zu erkennen.
b Ultraschall-Koronarschnitt annähernd senkrecht zur Orbitaachse. Schallkopf temporal aufgesetzt, maximale Blickwendung nach außen. Dicht hinter der schallkopffernen Bulbuswand deutlich verbreiterter N. opticus im linken Teilbild, dahinter (vor der Knochenwand) der M. rectus medialis. Das rechte Teilbild zeigt den Querschnitt des normalen Sehnerven der anderen Seite bei gleicher Technik. Mit der damals verfügbaren CT-Technik gelang es in diesem Fall erst bei coronarer Schichtung, die Verbreiterung des Sehnerven sichtbar zu machen; die heutigen Möglichkeiten zeigt Abb. 3.7.4-9

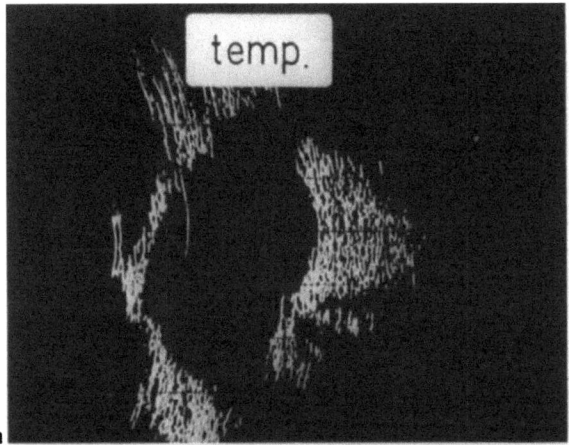
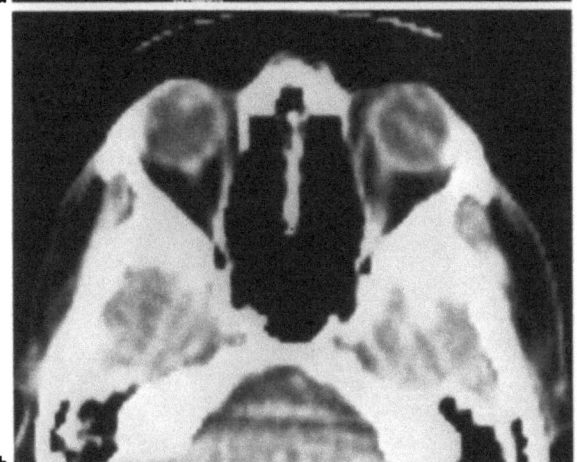
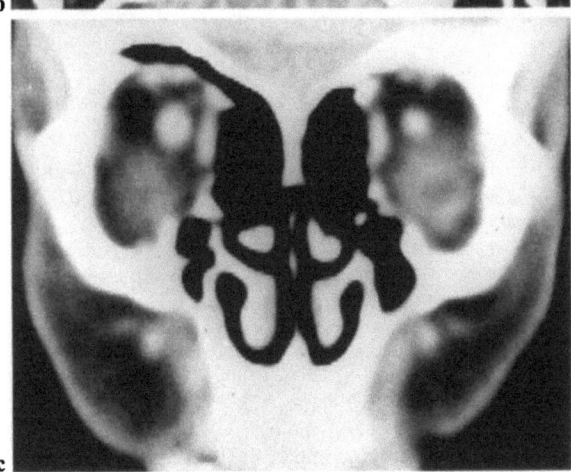

Abb. 3.7.4-11a–c (Buschmann). 30 J., w.: *Spongioblastom* des rechten N. opticus
a Ultraschall-Transversalschnitt in der Papillenebene; Gerät: Ophthalmoscan 200, fokussierter 10 MHz-Schallkopf, Wasserbadankoppelung). Deutlich erkennbare Papillenprominenz. Im bulbusnahen Sehnervenabschnitt Echoketten, die stets auf pathologische Veränderungen hinweisen, jedoch nicht als Beweis für eine Tumorart (z.B. Optikusscheidenmeningiom) gewertet werden dürfen. **b** (Axial; KM). Kein eindeutig pathologischer Befund. **c** (Koronar; KM). Pathologische Verdickung des rechten Sehnerven

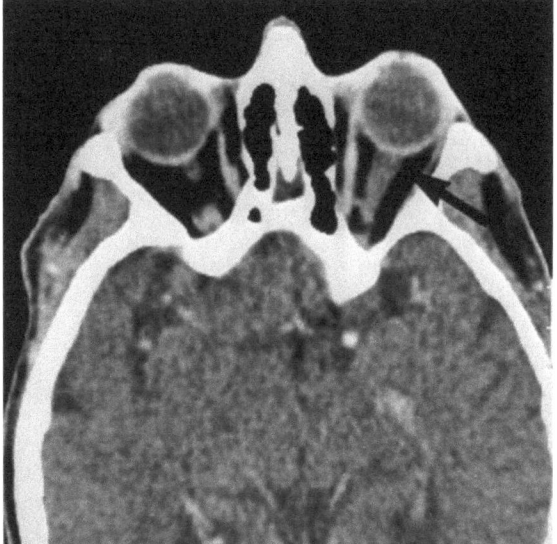

Abb. 3.7.4-12 (Zanella). 75 J., m.: *Neuritis nervi optici* beidseits. Plötzlicher Visusabfall (axial; KM). Verbreiterung des rechten Sehnerven in seinem gesamten Verlauf, rostral betont (*Pfeil*). Keine pathologischen Dichtewerte. Auf dieser Schicht nicht mit erfaßter kontralateraler Sehnerv mit identischen Veränderungen

Augenmuskeln

Änderungen der *Augenmuskelkonfiguration* lassen sich durch die gute Abgrenzbarkeit vom hypodensen retroorbitalen Fettgewebe nachweisen, ohne daß jedoch ihre Ursache eindeutig bestimmt werden kann. Bei fehlender Größenänderung des Muskels sind Läsionen nicht zu erkennen.

Beim klassischen Bild der *endokrinen Orbitopathie* sind bilateral alle Muskelgruppen unter charakteristischer Aussparung der Sehnenansätze betroffen (Abb. 3.7.4-14a, b). Allerdings kann die endokrine Orbitopathie einseitig oder nur als isolierte Muskelverdickung auftreten (Abb. 3.7.4-14c, d). Eine ausschließliche Volumenzunahme des retroorbitalen Fettkörpers ist ebenfalls möglich. Als Indikationen zur CT gelten klinisch und sonographisch unklare Befunde bzw. die Basisdokumentation vor Kortison- und/oder Strahlentherapie. Dabei haben sich insbesondere für die Verlaufsbeobachtung genau definierte koronare Schnitte bewährt (Abb. 3.7.4-14b, d). Kontrastmittel sind nicht erforderlich, bei gestörter Schilddrüsenfunktion sogar kontraindiziert. Kompressionen des N. opticus und/oder der V. ophthalmica superior in der Orbitaspitze durch verdickte Muskeln werden bevorzugt durch axiale Schnitte erfaßt.

Differentialdiagnostische Schwierigkeiten bereitet die *Myositis* bei isolierten Muskelverbreiterungen. Als Entzündungszeichen gelten neben

308 Orbitaerkrankungen

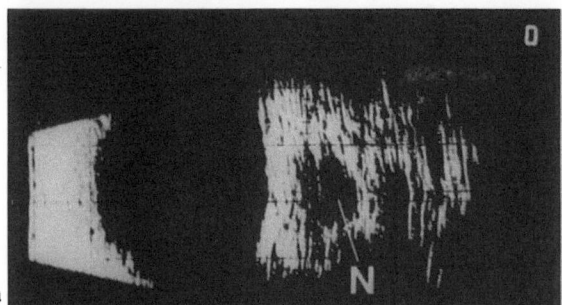

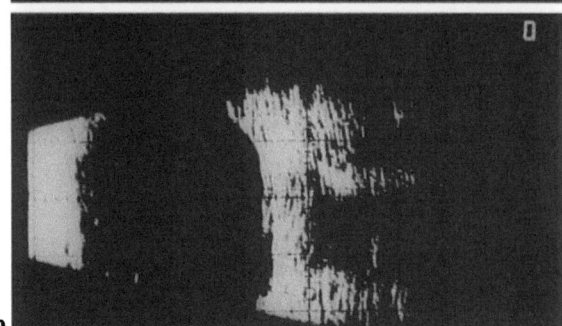

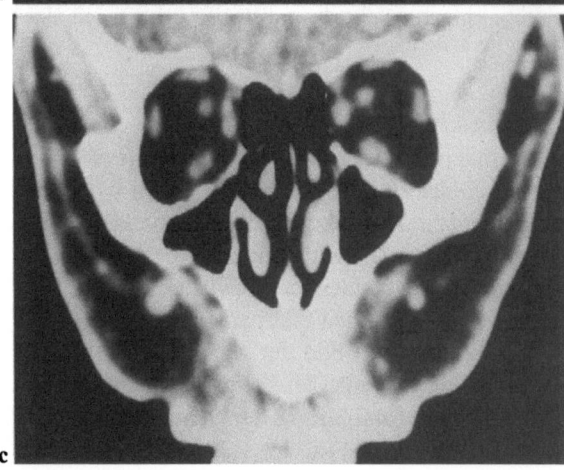

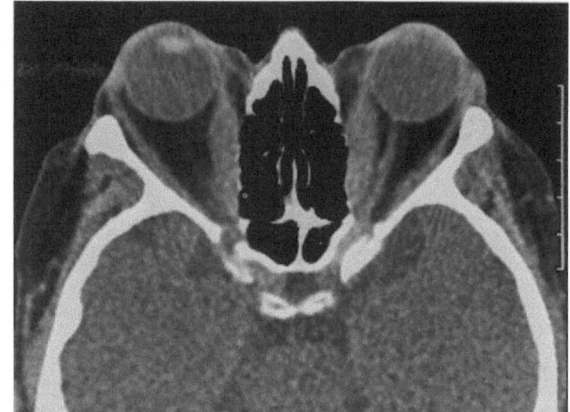

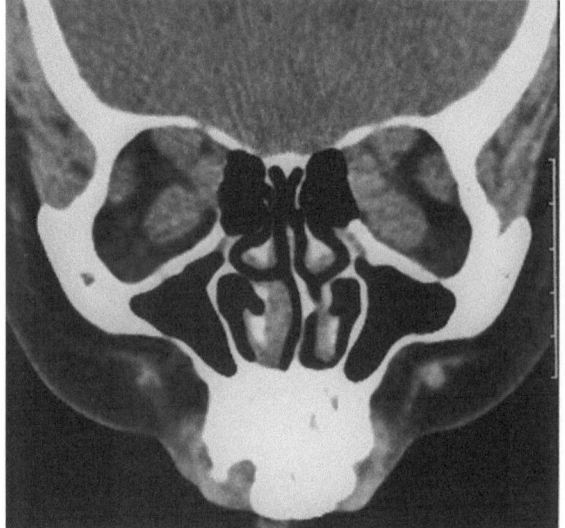

Abb. 3.7.4-13a–c (Buschmann). 49 J., m.: *Exsudat zwischen Sehnerv und Sehnervenscheide.* Akute Verschlechterung einer Tabak-Alkohol-Amblyopie (zusätzliche Neuritis oder Ischämie?)
a Annähernd koronares B-Bild-Echogramm; Gerät: Ocuscan 400, Arbeitsfrequenz (w.f.) = 4,9 MHz; Schallkopf temporal aufgesetzt, maximale Blickwendung nach außen. Dicht hinter der schallkopffernen Sklera stark verbreiterter N. opticus, dahinter (vor der Knochenwand) der M. rectus medialis. **b** Ultraschall-Transversalschnitt in Höhe der Papille, Blickrichtung geradeaus; Gerät: Ocuscan 400, Arbeitsfrequenz 9,7 MHz. Unmittelbar hinter der Sklera Anfangsteil des N. opticus mit rechteckiger Begrenzung zur Sklera (anstelle der normalerweise V-förmigen Begrenzung) und deutlich vermehrtem Durchmesser. Daran angrenzend spaltförmig der Tenon'sche Raum, der offensichtlich ebenfalls durch Exsudat erweitert ist. Strangförmige Echoketten im Bereich der Optikusscheide (stets pathologisch, aber nicht spezifisch). **c** (Koronar; nativ). Rechter Sehnerv mit *vermindertem* Durchmesser. Diese offensichtliche Diskrepanz zum echographischen Befund ist wahrscheinlich dadurch bedingt, daß (hauptsächlich infolge des Teilvolumen-

Abb. 3.7.4-14a–d (Zanella). Endokrine Orbitopathie
a 46 J., w.: *Endokrine Orbitopathie.* Exophthalmus, Motilitätsstörungen, Visusabfall (axial; nativ). Verdickung des M. rectus medialis beidseits bei geringerer Verbreiterung des M. rectus lateralis. Durch die Muskelverdickung großbogige Verlagerung des rechten N. opticus. **b** (Koronar; nativ). Im hinteren Anteil des Retrobulbärraumes bilaterale Verdickung sämtlicher Augenmuskeln, am geringsten der rechtsseitige M. rectus lateralis. **c** 59 J., w.: *Endokrine Orbitopathie* (axial; nativ). Rechter M. rectus inferior im Vergleich zur kontralateralen Seite verbreitert und spindelförmig aufgetrieben. **d** (Koronar; nativ). Isolierte Verdickung des rechten M. rectus inferior im Koronarschnitt eindeutiger

effektes bei zu dicken Schichten) das den Sehnerven umgebende Exsudat und die vom Sehnerv abgehobene Scheide im CT nicht zur Darstellung kamen, d.h. sich vom Fett nicht erkennbar unterschieden. So ist rechts nur der N. opticus selbst (ohne Scheide) dargestellt

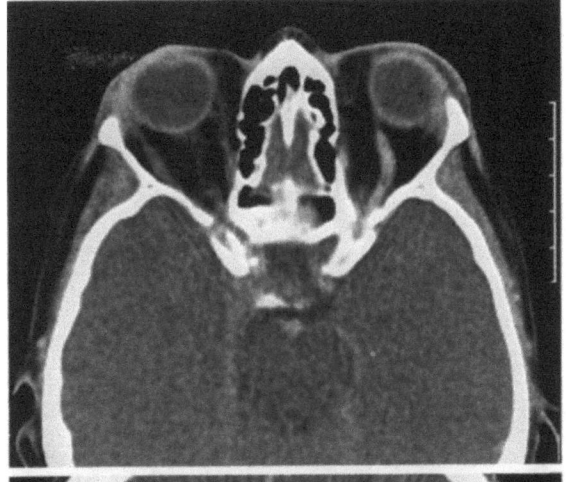

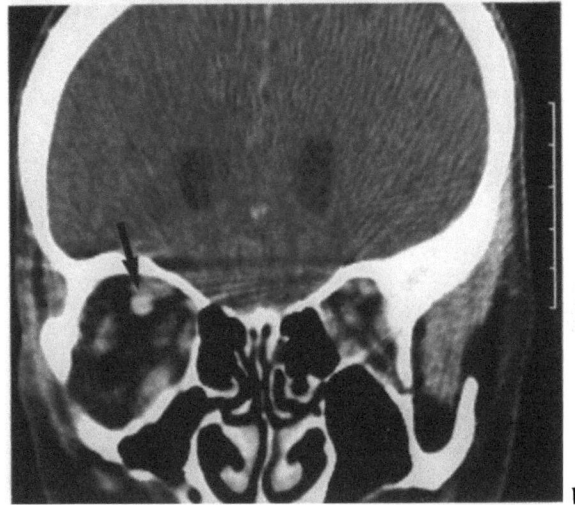

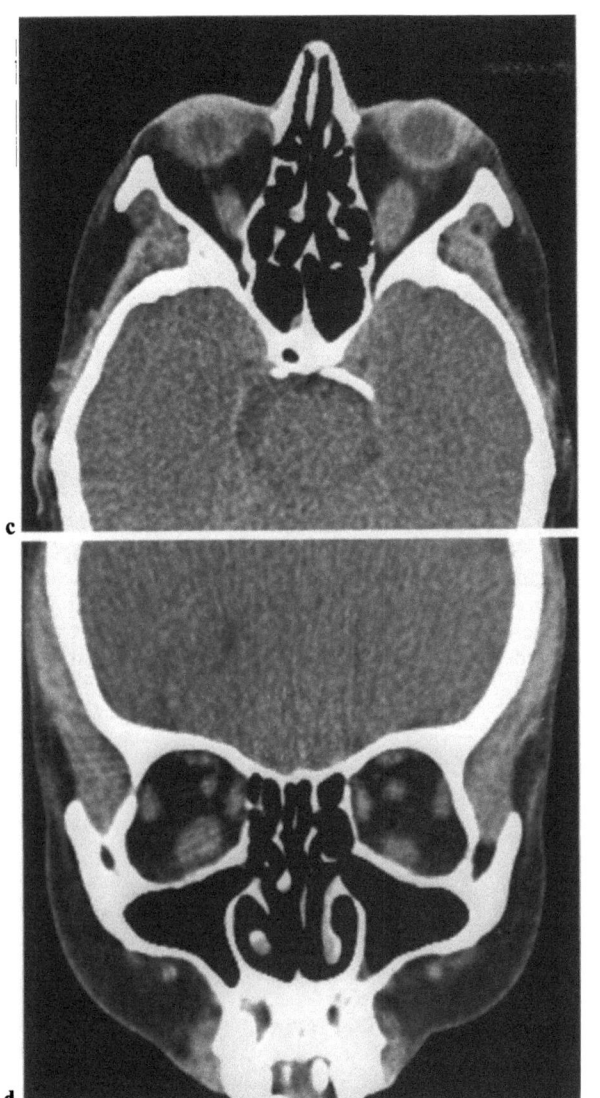

Abb. 3.7.4-14c, d

Abb. 3.7.4-15a, b (Zanella). 65 J., w.: *Karotis/Sinus cavernosus Fistel*. Exophthalmus und Oculomotoriusparese rechts. Auskultatorisch schwaches Maschinengeräusch
a (Axial; KM). Verbreiterte und vermehrt geschlängelt verlaufende V. ophthalmica superior rechts mit kräftiger Kontrastierung. b (Koronar; KM). Aufgeweitete, kräftig kontrastierte V. ophthalmica superior rechts (*Pfeil*)

klinischen Parametern die häufig unschärfere Muskelverdickung und die fehlende Aussparung der Sehnen. Ferner lassen inflammatorisch veränderte Nasennebenhöhlen in der Nachbarschaft eher an Entzündungsfolgen denken.

Seltenere, meist nur anamnestisch, laborchemisch oder bioptisch nachzuweisende Ursachen einer Muskelverdickung können Einblutungen, die Akromegalie, vaskuläre Prozesse und primäre oder sekundäre Malignome (Rhabdomyosarkom; malignes Lymphom; Neuroblastom; Metastase) sein. Maligne Prozesse zeichnen sich auch in dieser Lokalisation durch rasche Progredienz und frühe Knochendestruktionen aus.

Gefäßerkrankungen

Bei der meist posttraumatischen *Karotis/Sinus cavernosus Fistel* besteht eine Verbreiterung und vermehrte Schlängelung der V. ophthalmica superior (Abb. 3.7.4-15a, b), häufig vergesellschaftet mit einer geringen Verdickung von Sehnerv und gerader Augenmuskulatur. Bei der immer erforderlichen Kontrastmittelgabe ist der Sinus cavernosus konvexbogig verbreitert und es kontrastieren sich ipsilateral, vereinzelt auch kontralateral, zahlreiche kleinere Kollateralvenen. Bei fehlender Auftreibung des Sinus cavernosus muß an eine *kompressionsbedingte Verbreiterung* der Vene gedacht werden, wie sie bei parasellären Tumoren, Ein-

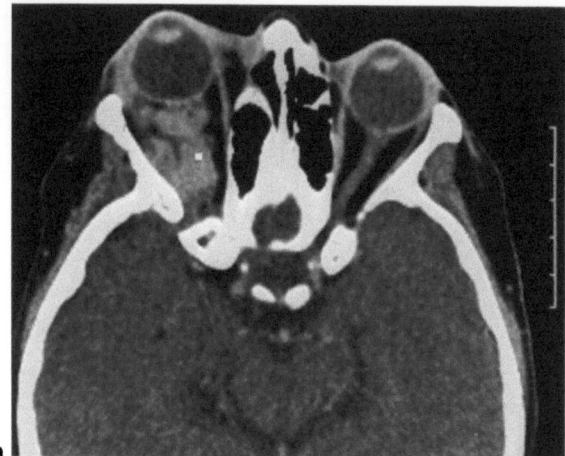

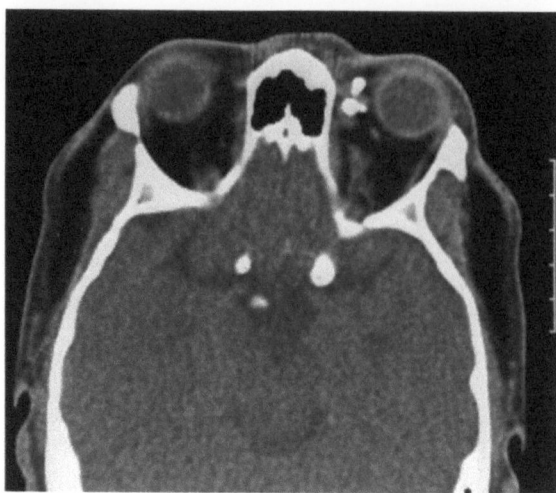

Abb. 3.7.4-17 (Zanella). 33 J., m.: *Hämangiom mit Phlebolithen*. Seit Jahren langsam progrediente Verlagerung des Augapfels (axial; nativ). Im vorderen medialen Abschnitt der rechten Orbita Nachweis mehrerer umschriebener Verkalkungen (Phlebolithen). In der hinteren medialen Orbita girlandenförmig nach dorsal ziehende Hämangiomanteile

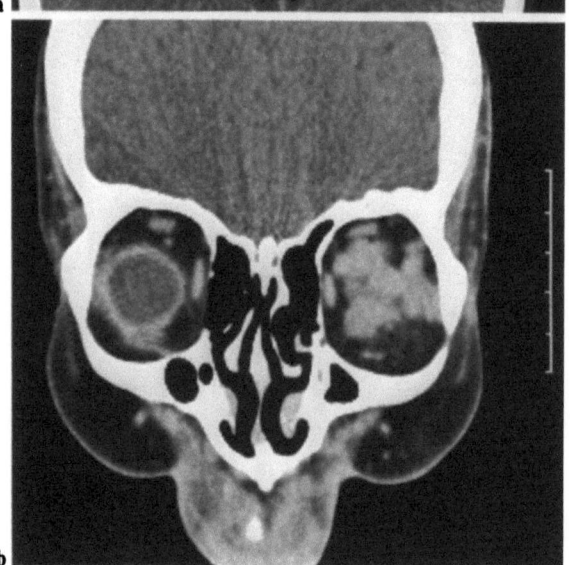

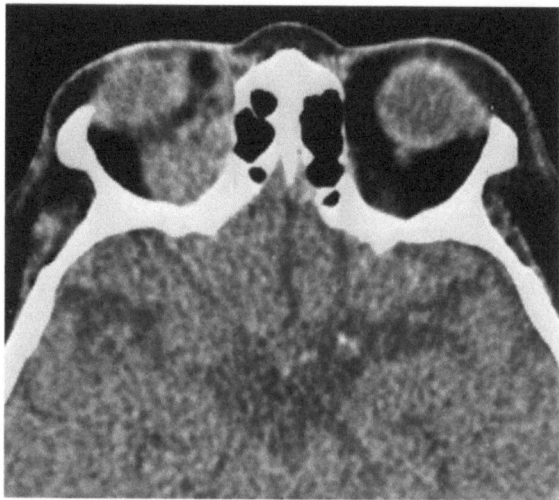

Abb. 3.7.4-16a, b (Zanella). 60 J., w.: Bis in den Sinus cavernosus reichende *venöse Mißbildung*. Zunehmende Schmerzen und Protrusion des linken Auges. Beschwerden seit zehn Jahren
a (Axial; KM). Kontrastmittelanreichernde ($\square = 80$ HE), unregelmäßig begrenzte und knollig konfigurierte Raumforderung retrobulbär links mit konsekutiver Protrusio bulbi. Intrakonale Lage; M. rectus lateralis nicht eindeutig abgrenzbar. b (Koronar; KM). Retrobulbär intrakonal gelegene, unregelmäßig konfigurierte Raumforderung links. Bei nahezu symmetrischer Einstellung noch Teilanschnitt des rechten Bulbus oculi als Ausdruck der kontralateralen Protrusio bulbi

Abb. 3.7.4-18 (Zanella). 69 J., w.: *Retrobulbäre Metastase* eines Mammakarzinoms. Seit zwei Wochen progrediente Motilitätsstörungen links (axial; nativ). Solide Raumforderung im medialen und kranialen Retrobulbärraum links mit entsprechender Bulbusverlagerung. Keine Verkalkungen; keine Knochendestruktionen. Bildmorphologisch keine eindeutige artdiagnostische Zuordnung möglich

engungen im Bereich der Fissura orbitalis superior und ausgeprägten endokrinen Orbitopathien gesehen wird.

Die *retrobulbäre Varikosis* zeigt ebenfalls keine Erweiterung des Sinus. Bei differentialdiagnostischen Unklarheiten beweist der Valsalva Preßversuch mit der weiteren Verbreiterung der Varize durch die Druckerhöhung die Diagnose.

Ebenso wie bei der Varikosis können sich auch bei *venösen Mißbildungen* (Abb. 3.7.4-16a, b) und *kavernösen Hämangiomen* die für einen Gefäßprozeß pathognomonischen *Phlebolithen* finden (Abb. 3.7.4-17). Die überwiegend intrakonal gelegenen Hämangiome bevorzugen den oberen lateralen Quadranten; sie sind relativ scharf, jedoch meist unregelmäßig begrenzt und erreichen die Orbitaspitze nur in Ausnahmefällen. Eine eindeutige Artdiagnose gelingt auch nach Kontrastmittelgabe nicht; allerdings sind die differentialdiagnostisch am ehesten zu bedenkenden Lymphangiome überwiegend mehr extrakonal gelegen und unschärfer begrenzt.

Weitere retrobulbäre Läsionen

Von klinischer Bedeutung sind ferner metastatische und entzündliche Prozesse.

Metastasen aller Malignome können den retrobulbären Raum befallen. Sie sind artdiagnostisch nicht zuzuordnen, verraten sich aber meist durch Anamnese und rasche Progredienz. Sie können scharf oder unscharf begrenzt intra- oder extrakonal lokalisiert sein (Abb. 3.7.4-18) und zeigen nach Kontrastmittelgabe meist ein mäßiges Enhancement.

Bei den *Entzündungen* unterscheidet man zwischen der bakteriellen orbitalen Zellulitis, den granulomatösen Erkrankungen, den mykotischen Prozessen und der idiopathischen orbitalen Entzündung; nur für letztere sollte heute die Bezeichnung *Pseudotumor* gewählt werden. Bei der wohl immunologisch ausgelösten idiopathischen Entzündung sind im Gegensatz zu den drei ersten Formen die benachbarten Nasennebenhöhlen in der Regel frei. Akute Pseudotumoren zeigen in ihrer diffusen Form eine streifige Durchsetzung des retrorbitalen Fettgewebes mit mäßigem Enhancement nach Kontrastmittelgabe (Abb. 3.7.4-19a, b). Die nicht immer zu differenzierende subakute oder chronische Form weist durch ihren höheren bindegewebigen Anteil einen homogeneren Charakter mit nur schwachem oder fehlendem Enhancement auf. Meist sind entzündliche Veränderungen einseitig, bilaterale Pseudotumoren sind jedoch nicht ungewöhnlich.

3.7.4.3 Tränendrüsenprozesse

Auch bei Raumforderungen der Tränendrüse liegt die Domäne der CT in der morphologischen Darstellung, wobei insbesondere das Befallsmuster und die Abgrenzbarkeit der Läsion von Interesse sind; Artdiagnosen sind meist nicht möglich. Bei bilateralem Befall ist primär an ein *Sjögren – Syndrom* oder ein *Mikulicz – Syndrom* zu denken, insbesondere wenn zusätzlich die Speicheldrüsen vergrößert sind. Eine Mitbeteiligung der Tränendrüsen bei anderen Prozessen (z.B. M. Wegener) gilt als Seltenheit. Für Gutartigkeit sprechen homogene, glatte Begrenzungen ohne Zeichen einer Infiltration in Nachbarstrukturen. Maligne Prozesse

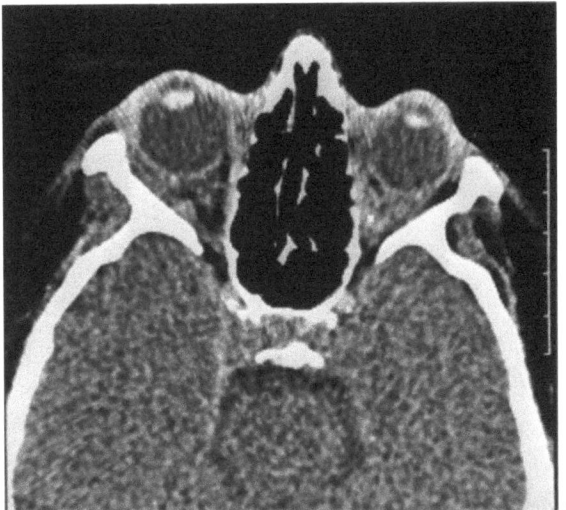

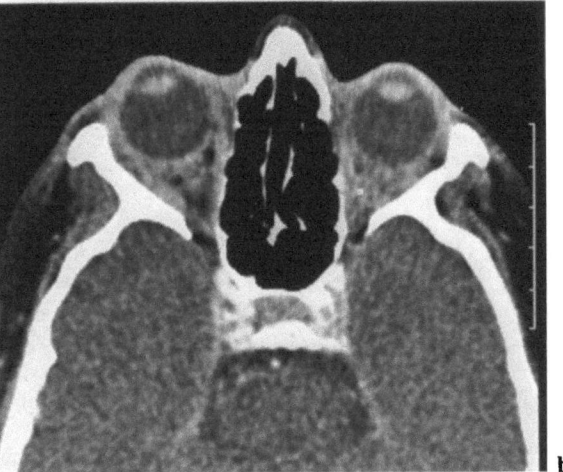

Abb. 3.7.4-19a, b (Zanella). 59 J., weibl.: *Pseudotumor*. Zunehmender Exophthalmus mit Druckgefühl hinter beiden Augen

a (Axial; nativ). Weichteildichte (□ = 44 HE) Fremdstrukturen hinter beiden Bulbi. Keine entzündlichen Veränderungen in den angrenzenden Siebbeinzellen; keine ossären Reaktionen. **b** (Axial; KM). Nach Kontrastmittelgabe Dichteanstieg auf □ = 71 HE. Bilateraler Befall spricht für (spezifische oder unspezifische) entzündliche Veränderungen. Dd. ist primär an ein Lymphom zu denken

(z.B. Karzinome; maligne Lymphome; Metastasen) wachsen invasiv in angrenzende Regionen (Orbitawände; Muskeln; Retrobulbärraum) ein mit entsprechend unscharfer Tumorbegrenzung und häufiger Destruktion der benachbarten Knochen (Abb. 3.7.4-20a, b). Demgegenüber lassen weder Verkalkungen noch Kontrastmittelverhalten verbindliche Schlüsse auf die Bös- oder Gutartigkeit zu. In der postoperativen Verlaufsbeobachtung hat sich die CT ferner im Nachweis bzw. Ausschluß eines *Rezidivs* bewährt (Abb. 3.7.4-20c). Die *Drainage des Tränenapparates* kann ebenfalls dargestellt werden.

312 Orbitaerkrankungen

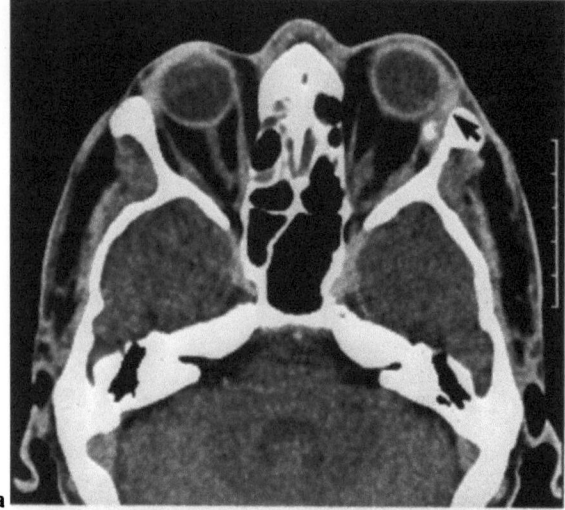

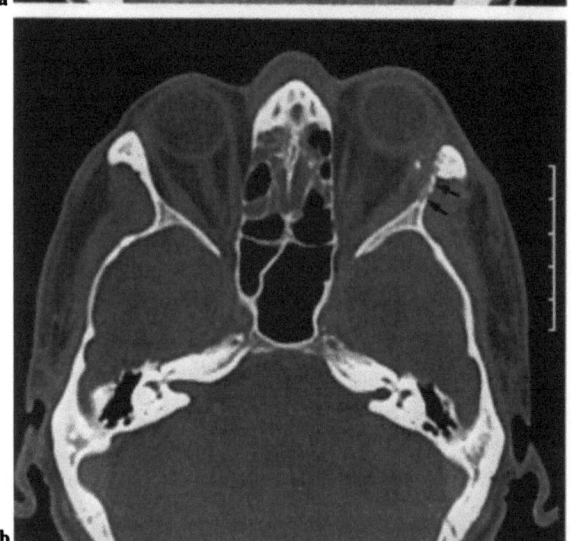

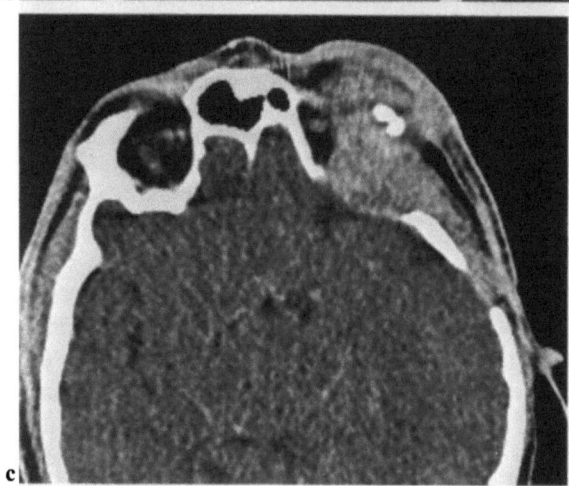

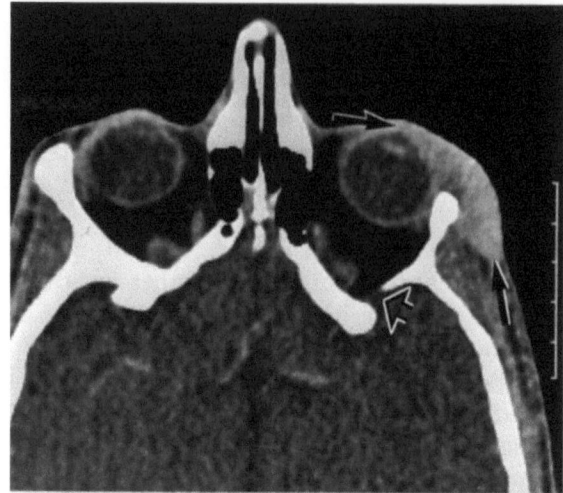

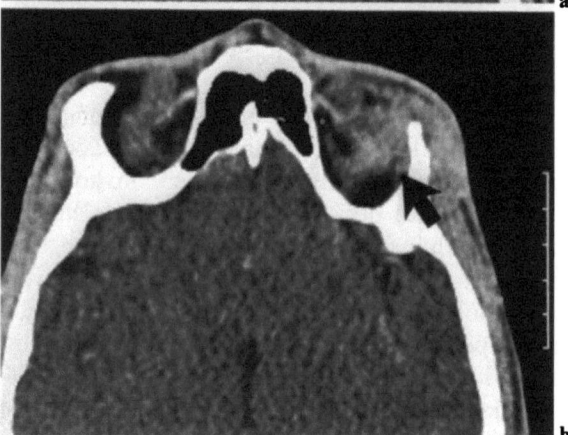

Abb. 3.7.4-21 a, b (Zanella). 19 J., m.: *Plexiforme Neurofibrome* parabulbär; *Keilbeindysplasie.* Zunehmende tumoröse Raumforderung im Bereich des rechten Augenlids; intraorbitale Beteiligung?
a (Axial; KM). Schlecht abgrenzbare Raumforderung in der rechten Schläfenregion, die bis unmittelbar an den Bulbus heranreicht (*Pfeile*). In dieser Höhe kein Vordringen des Fremdgewebes nach intraorbital. Keilbeindysplasie (*offener Pfeil*). **b** (Axial; KM). Vordringen von neurofibromatösem Fremdgewebe in den oberen Anteil der Orbitahöhle (*Pfeil*)

Abb. 3.7.4-20 a–c (Zanella). 54 J., m.: *Tränendrüsenkarzinom.* Seit vier Monaten Doppelbilder rechts; Oculomotoriusparese
a (Axial; KM). Umschriebene Raumforderung in der rechten Tränendrüsenregion mit Ausdehnung bis nach retrobulbär extrakonal (*Pfeil*). Verkalkungen innerhalb des Tumors; diskrete Protrusio bulbi rechts. Im „Weichteilfenster" keine ossären Destruktionen. **b** (Axial; KM; Knochenausspielung HR-Algorithmus). Nachweis beginnender ossärer Destruktionen der lateralen rechten Orbitawand in Höhe des Tumors (*Pfeile*). **c** Z. n. Op. des Tränendrüsenkarzinoms; kraniales *Rezidiv* 18 Monate postoperativ (axial; KM). Weichteildichte Raumforderung im Bereich des ehemaligen Orbitadaches rechts mit Vorwölbung nach intrakraniell und in die frontalen Schädelweichteile. Eindeutige Anreicherung nach intravenöser Kontrastmittelgabe. Operativ bedingte Knochendefekte

3.7.4.4 Extraorbitale Prozesse

Da bei den in die Orbita einwachsenden Läsionen in nahezu allen Fällen begleitende Knochenveränderungen vorliegen, ergibt sich hier ein Schwerpunkt der CT-Diagnostik, weil diese neben der gleichzeitigen Beurteilung von Knochen- und Weichteilveränderungen eine Aussage über die Beteiligung benachbarter Strukturen erlaubt.

Unter den *Fehlbildungen* haben neben Asymmetrien der Orbitahöhlen durch Fehlanlagen des Auges (Anophthalmus, Buphthalmus) und vorzeitigen Nahtsynostosierungen oder Mißbildungssyndromen (z.B. M. Crouzon) insbesondere die Zephalozelen und die Dysplasien klinische Bedeutung. Den verschiedenen Formen der *Zephalozelen* liegen Lückenbildungen der entsprechenden Knochen oder Nähte zugrunde. Die CT weist neben der ossären Dehiszenz auch den Prolaps von Liquor oder Hirngewebe nach. Unter den *Dysplasien* führt insbesondere die Keilbeindysplasie zu ophthalmologischen Problemen, die als typischer Defekt bei der Neurofibromatose von Recklinghausen gesehen wird. Außer der Größe der Knochenlücke und der möglichen Beteiligung der Schädelbasis kann auch hier eine Aussage über die Alteration intrakranieller Strukturen getroffen werden (Abb. 3.7.4-21a, b).

Die *fibröse Dysplasie* kann durch Verdrängung zu einer Mitbeteiligung orbitaler Strukturen oder durch eine Einengung des Sehnervkanals zu progredienten Sehstörungen führen (Abb. 3.7.4-22). Die CT zeigt die Kombination ossärer und fibröser Veränderungen als Folge des Knochenmarkersatzes durch zellreiches Bindegewebe und der überschießenden periostalen Knochenneubildung.

Mukozelen aller Nasennebenhöhlen können die Orbita mitbeteiligen und die benachbarten orbitalen Strukturen verlagern (Abb. 3.7.4-23a, b).

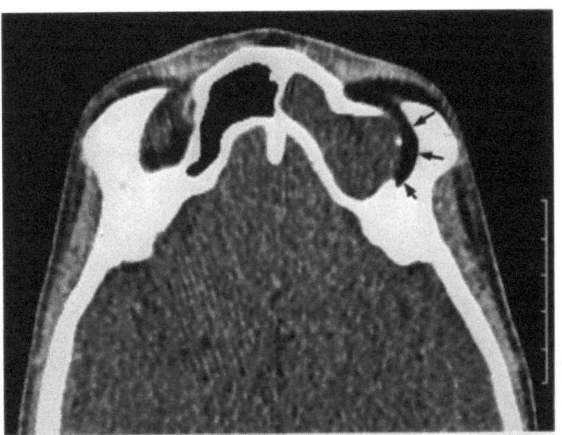

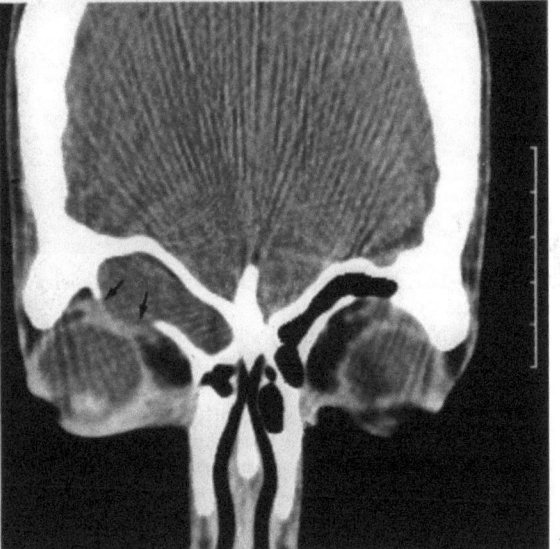

Abb. 3.7.4-23a, b (Zanella). 27 J., w.: *Frontoethmoidale Mukozele*. Unklare Protrusio bulbi rechts
a (Axial; KM). Glatt begrenzte Raumforderung, die nahezu den gesamten unteren Anteil der rechten Stirnhöhle einnimmt (Pfeile). Homogene Binnenstrukturen niedriger Dichte (20 HE). Keine Knochendestruktion. **b** (Koronar; KM). Scharf begrenzte weichteildichte Raumforderung mit Auftreibung der rechten Stirnhöhle und Übergreifen auf den frontoethmoidalen Winkel. Insbesondere kaudale knöcherne Begrenzung nahezu völlig aufgebraucht, aber nicht destruiert. Vorwölbung der Mukozele in die Orbitahöhle (*Pfeile*) mit Bulbusverlagerung nach kaudal

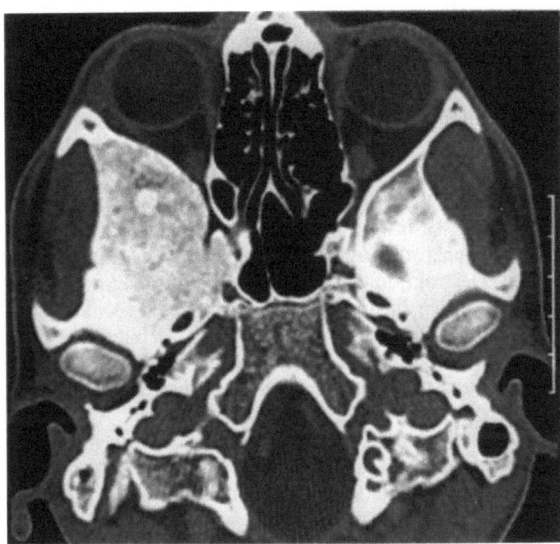

Abb. 3.7.4-22 (Zanella). 15 J., m.: *Fibröse Dysplasie*. Zunehmende Sehstörungen auf dem linken Auge (axial; nativ; Knochenausspielung HR-Algorithmus). Inhomogene Auftreibung der linken Schädelbasis durch teils knochendichte, teils weichteildichte Strukturen. Im Vergleich zur rechten Seite erhebliche Einengung der ossären Orbitaspitze durch die Volumenzunahme des Knochens

314 Orbitaerkrankungen

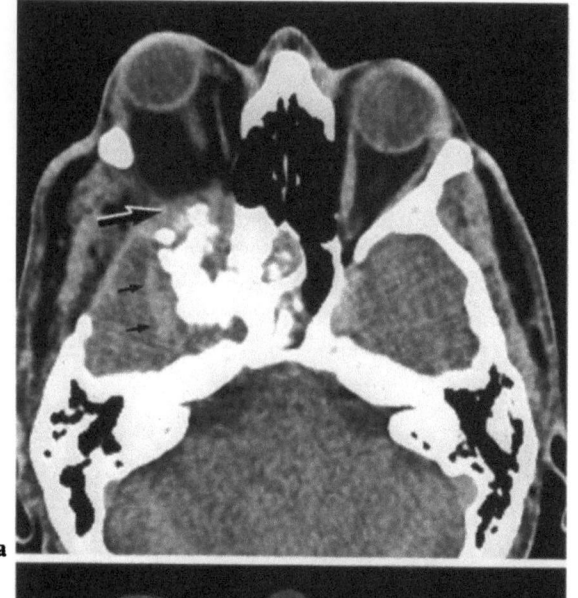

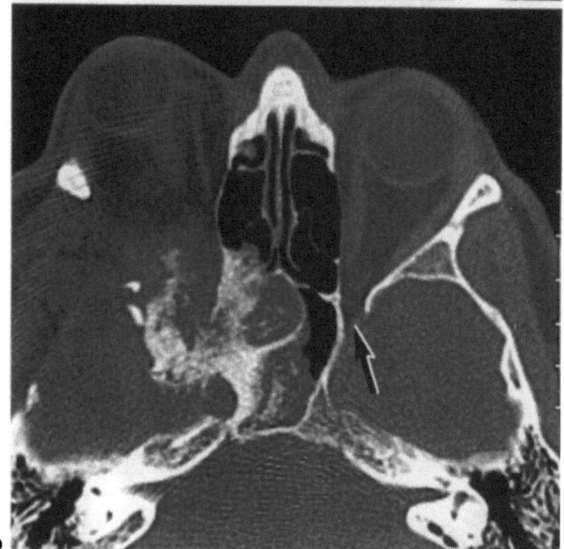

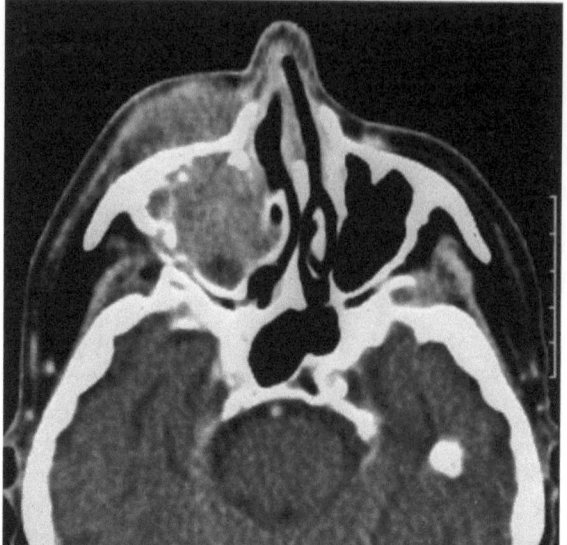

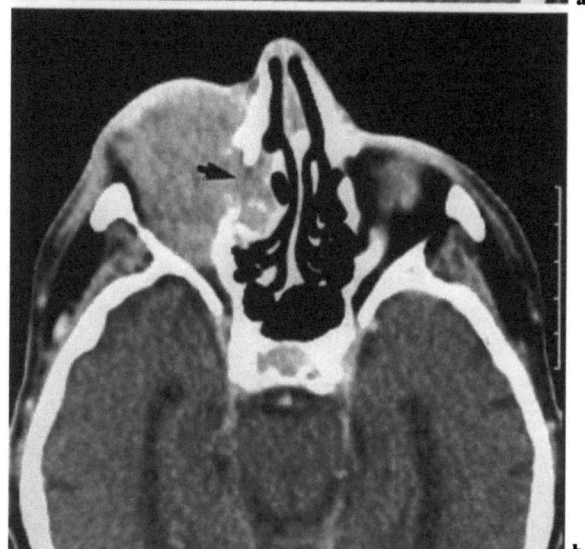

Abb. 3.7.4-24a, b (Zanella). 49 J., m.: *Keilbeinmeningiom* links (Rezidiv)
a (Axial; KM). Einbruch des Keilbeinmeningiomrezidivs in die Orbitaspitze (*Pfeil*). Durch Kontrastmittelgabe Dichteanhebung des Fremdgewebes (*kleine Pfeile*). Infiltration in die Keilbeinhöhle. Deutliche Protrusio bulbi links. Zum Teil tumorös, zum Teil operativ bedingt aufgelockerte Knochenstruktur der verbliebenen Anteile des linken Keilbeins. **b** (Axial; KM; Knochenausspielung HR-Algorithmus). Schlechtere Abgrenzbarkeit der intraorbitalen Strukturen, jedoch bessere Beurteilbarkeit der ossären Veränderungen. Bei unauffälliger Fissura orbitalis superior rechts (*Pfeil*) ist diese auf der linken Seite teils tumorös, teils operativ bedingt nicht mehr nachweisbar. Insgesamt genauere Darstellung der ossären Veränderungen in dieser Technik

Abb. 3.7.4-25a, b (Zanella). 87 J., w.: *Kieferhöhlenkarzinom* links mit Orbitaeinbruch. Seit fünf Wochen rasch progrediente Oberkieferschwellung und Protrusio bulbi rechts
a (Axial; KM). In Kieferhöhlenhöhe ausgedehnte kontrastmittelanreichernde Raumforderung im linken Sinus maxillaris mit Destruktion der lateralen Kieferhöhlenwand. Tumordurchbruch in die Gesichtsweichteile. **b** (Axial; KM). Vollständige Obliteration der kaudalen Orbitahöhle links durch das Kieferhöhlenkarzinom; deutliche Dichtezunahme unter Kontrastmittelgabe. Tumoreinbruch durch die mediale Orbitawand in die Siebbeinzellen (*Pfeil*). Auf die genauere Darstellung der Orbitabodendestruktion mit direkten koronaren Schichten wurde aufgrund des Allgemeinzustandes und des Alters der Patientin verzichtet

Trotz einer häufig hochgradigen Demineralisation der knöchernen Begrenzung behält der Prozeß stets seine scharfe Abgrenzbarkeit. Mukozelen zeigen geringe Dichtewerte (ca. 20 HE) und homogene Binnenstrukturen, die nur im Falle einer begleitenden Entzündung (Pyozele) ansteigen bzw. inhomogener werden.

Unter den sich *in die Orbita ausdehnenden Tumoren* sind insbesondere Keilbeinmeningiome, Nasennebenhöhlenkarzinome und Pharynxkarzi-

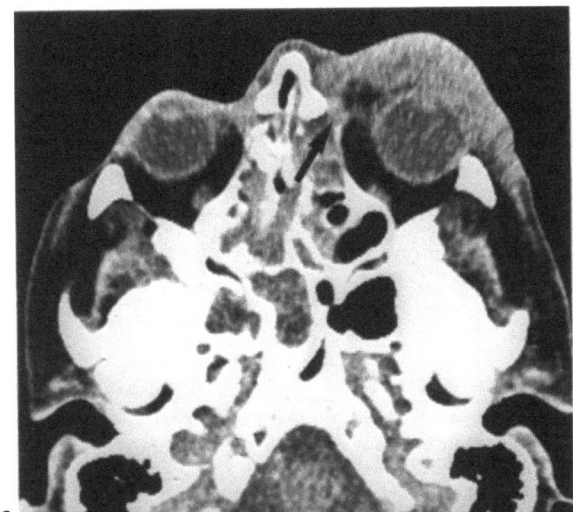

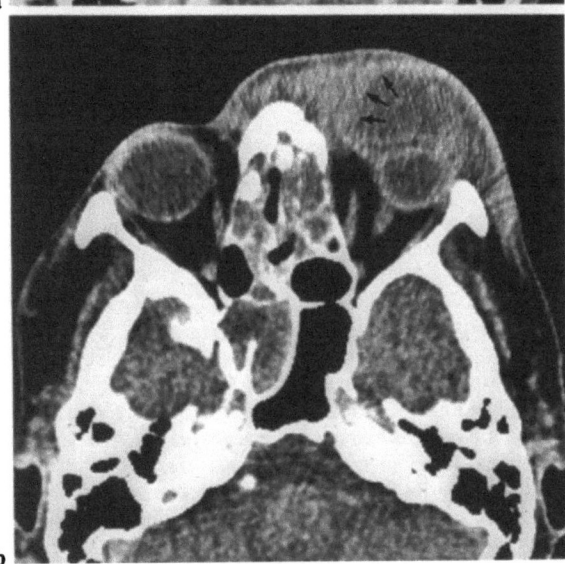

Abb. 3.7.4-26a, b (Zanella). 67 J., w.: *Orbitaphlegmone* rechts. Chronische Pansinusitis; plötzlich aufgetretene, rasch progrediente und schmerzhafte Schwellung der rechten Gesichtsweichteile
a (Axial; KM). In Höhe der unteren Orbita nahezu vollständige Verschattung der Siebbeinzellen und der mitangeschnittenen Keilbeinhöhle. Kleiner Defekt an der medialen Orbitawand rechts (*Pfeil*). In direkter Verbindung zu diesem Defekt weichteildichte Raumforderung vor dem rechten Augapfel ohne Zeichen einer Infiltration in den Retrobulbärraum. **b** (Axial; KM). In Höhe der oberen Orbita ausgeprägte Weichteilschwellung vor der rechten Orbita, die bis über die Mittellinie und in die Schläfenregion reicht. Unter Kontrastmittelgabe zentral hypodenses Areal mit Randenhancement (*Pfeile*)

nome von Bedeutung. Sie können direkt in die Orbita einwachsen, bevorzugen jedoch meist präformierte „Leitschienen"; so über die Fissura orbitalis superior und den Sehnervkanal aus dem intrakraniellen Raum, über die Fissura orbitalis inferior aus der Fossa infratemporalis oder Fossa pterygopalatina und über den Ductus lacrimalis aus der Nasenhaupthöhle. Eine Tumorausdehnung in umgekehrter Richtung ist ebenfalls möglich.

Keilbeinmeningiome infiltrieren entweder direkt die Orbita oder beteiligen über eine Hyperostose der lateralen Orbitawand die Augenhöhle evtl. mit Einengung der Fissura orbitalis superior und/oder des Canalis nervi optici. Die CT zeigt an den charakteristischen ossären Auftreibungen und homogenen, scharf begrenzten Verdichtungen die Ausdehnung des Meningioms. Sie weisen nach intravenöser Kontrastmittelgabe eine deutliche Dichtezunahme auf und erlauben so eine exakte Abgrenzung ihres intra- und extrakraniellen Anteils. Die CT hat sich auch hier in der Rezidivdiagnostik bewährt (Abb. 3.7.4-1 a, b; Abb. 3.7.4-24a, b).

Nasennebenhöhlenmalignome wachsen bevorzugt direkt in die Orbita ein. Kieferhöhlenkarzinome destruieren dementsprechend primär den Orbitaboden (Abb. 3.7.4-25a, b), Siebbeinzellkarzinome die mediale Orbitawand und die seltenen Stirnhöhlenkarzinome das Orbitadach. Insbesondere in frühen Stadien gelingt nicht immer die eindeutige Unterscheidung von entzündlichen Schleimhautveränderungen, die ebenfalls über „Leitschienen" oder die dünne Lamina papyracea zu einer extraorbitalen (Abb. 3.7.4-26a, b), intraorbitalen oder intrakraniellen Abszeßbildung mit einem charakteristischen Enhancement nach Kontrastmittelgabe führen können. Knöcherne Destruktionen sprechen immer für die Malignität des Nasennebenhöhlenprozesses.

Ausgedehnte *Epipharynxkarzinome* infiltrieren häufig in die Orbitaspitze. Weil in diesen Fällen meist eine Destruktion der Schädelbasis vorliegt, müssen diese Stadien meist als inoperabel klassifiziert und der Strahlentherapie zugeführt werden.

3.7.4.5 Posttraumatische und postoperative Veränderungen

Die CT eignet sich insbesondere bei Anwendung unterschiedlicher Schnittebenen gut zur Lokalisation und – in gewissen Grenzen – auch zu Materialbestimmung von *Fremdkörpern*. Vorteile der CT liegen in der Anwendbarkeit bei ausgedehnten perforierenden Verletzungen und der genauen Beurteilung der Bulbushinterwand und des Retrobulbärraumes bei einer Doppelperforation (Abb. 3.7.4-27). Die Nachweisbarkeitsgrenze für Fremdkörper wird bei modernen Geräten mit 1–2 mm angegeben, schwankt aber in Abhängigkeit vom Material; so lassen sich Kupfer, Stahl und Aluminium empfindlicher nachweisen als Glas (abhängig vom Bleigehalt) und Holz. Störend kann sich die Artefaktbildung bei metalldichten Fremdkörpern bemerkbar machen.

Für *Gesichtsschädeltraumen* erweist sich die gleichzeitige Darstellung von Knochen und Weichteilen als vorteilhaft. Die CT wird sinnvoll bei komplexen Traumen oder bei konventionell nur schwer darzustellenden Regionen wie dem Orbitadach, der medialen Orbitawand und dem Sehnervkanal eingesetzt (Abb. 3.7.4-28a, b). Neben *akuten Traumafolgen* wie Netzhautablösung, Optikusabriß, Bulbusruptur oder Blutungen (Abb. 3.7.4-6a, Abb. 3.7.4-29) können auch *Spätveränderungen* wie Liquorfisteln, Infektionen, persistierende Motilitätsstörungen oder Phthisis bulbi abgeklärt werden (Abb. 3.7.4-30a, b). Einklemmungen von extraokularen Muskeln oder Fettgewebe im Frakturspalt lassen sich durch entsprechende Schnittrichtungen nachweisen.

Unklare *postoperative Veränderungen* können ebenfalls mit der CT abgeklärt werden. So lassen sich Silikonimplantate lokalisieren und in ihrer Lage überprüfen; verschiedene Augenprothesen können dargestellt und ein hinter der Prothese liegendes Tumorrezidiv ausgeschlossen werden. Bei

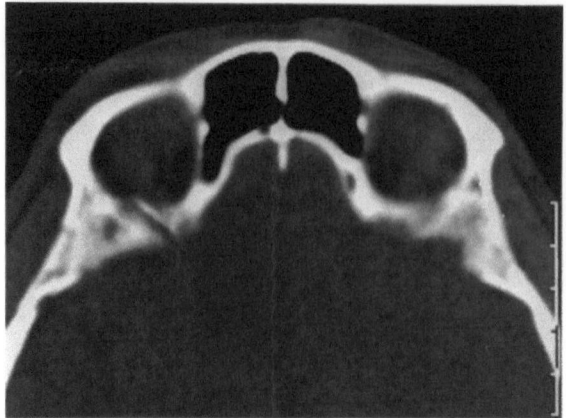
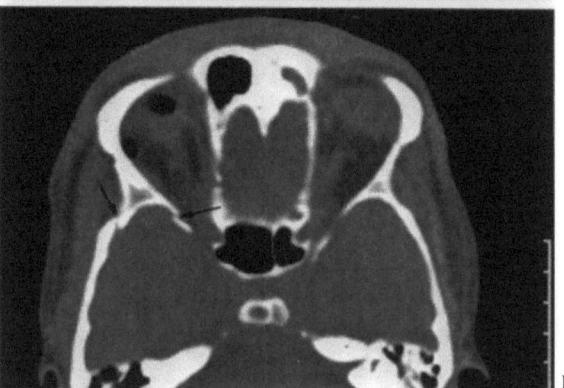

Abb. 3.7.4-28a, b (Zanella). Orbitafrakturen
a 44 J., m.: *Orbitadachfraktur*. Schädeltrauma (axial; nativ). Nicht dislozierte Fraktur im Bereich der Pars orbitalis des Os frontale links. Kein begleitendes Hämatom. **b** 42 J., m.: *Orbitahinterwandfraktur*; *Orbitaemphysem*. Autounfall (axial; nativ; Knochenausspielung). Gering dislozierte Fraktur der Orbitahinterwand in Nähe des Sehnervkanals bzw. Fissura orbitalis superior (kleiner Keilbeinflügel) und der temporalen Schädelkalotte (*Pfeile*). Luftansammlung in der Augenhöhle als Ausdruck des Orbitaemphysems

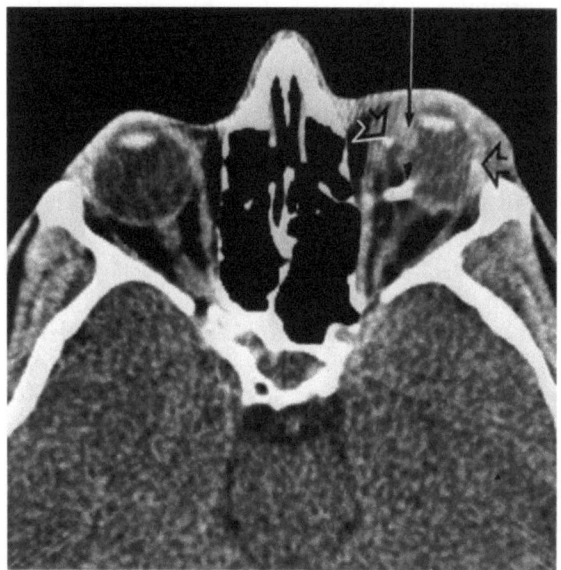

Abb. 3.7.4-27 (Zanella). 42 J., m.: *Fremdkörper mit Doppelperforation*. Hammer-Meissel Verletzung (axial; nativ). Metalldichter Fremdkörper unmittelbar medial des Sehnerven im Retrobulbärraum. Unscharfe Bulbusbegrenzung als Folge des intraokularen Druckverlustes. Weg des Metallsplitters durch den medialen Bulbusanteil an der umschriebenen Einblutung (*Pfeile*) zu erkennen. Die beiden punktförmigen Verdichtungen am rechten Bulbus (*offene Pfeile*) entsprechen dem quer angeschnittenen Cerclageband einer vorausgegangenen Ablatio-Operation

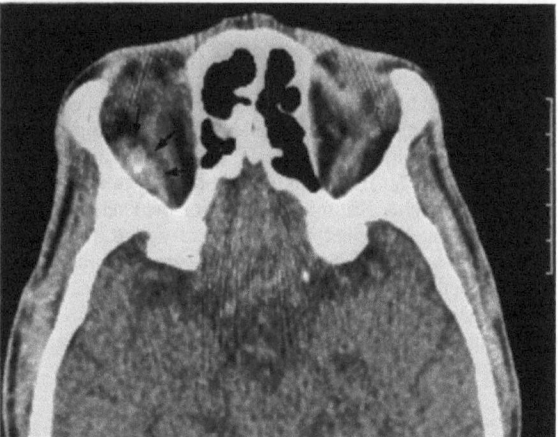

Abb. 3.7.4-29 (Zanella). 70 J., m.: *Subperiostales Hämatom* links. Sturz mit Platzwunde an der linken Stirn; eingeschränkte Bulbusbeweglichkeit (axial; nativ). Extrakonale Raumforderung hoher Dichte ($\square = 95$ HE), lateral der kranialen Muskelgruppe gelegen (*Pfeile*). Es handelt sich um ein posttraumatisches, am ehesten subperiostal gelegenes Hämatom

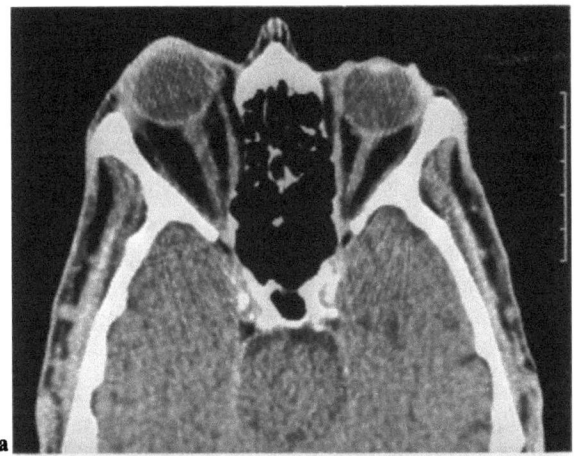

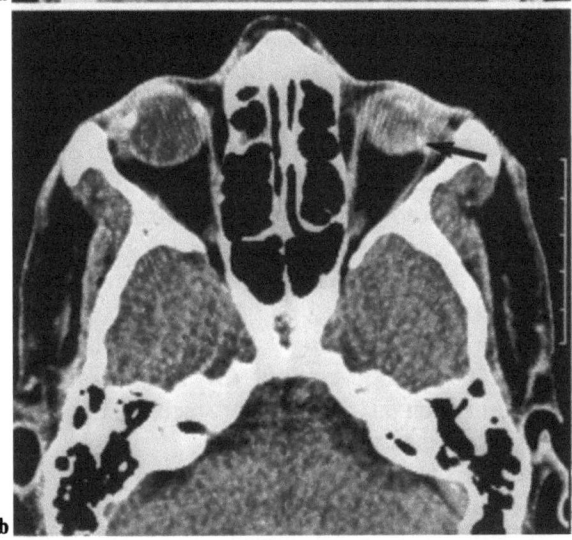

Abb. 3.7.4-30 a, b (Zanella). Fraktur, Phtisis, Cerclage
a 70 J., m.: *Mediale Orbitawandfraktur mit Einklemmung* des M. rectus medialis. Sturz auf die linke Gesichtshälfte vor einer Woche. Motilitätsstörungen linkes Auge (axial; nativ). Impressionsfraktur der medialen Orbitawand links mit großbogiger Fixierung des M. rectus medialis. Exophthalmus links; Retrobulbärraum frei. **b** 35 J., m.: *Phthisis bulbi* rechts; *Silikoncerclage* links. Kriegsverletzung mit perforierender Bulbusverletzung beidseits vor drei Jahren (axial; nativ). Verkleinerung und Dichtezunahme des rechten Augapfels im Sinne einer Phthisis bulbi. Verbliebener intraokulärer metalldichter Fremdkörper an der linken lateralen Bulbuswand (*Pfeil*). Cerclage links

operativen Eingriffen an den Orbitawänden kann die korrekte Stellung der Fragmente oder der exakte Sitz von Rekonstruktionen belegt werden.

Literatur

Friedmann G, Bücheler E, Thurn P (1981) Ganzkörper – Computertomographie. Thieme, Stuttgart New York
Gonzales CA, Becker MH, Flanagan JC (1986) Diagnostic imaging in ophthalmology. Springer, New York
Mafee MF (1987) Imaging in ophthalmology. Radiol Clin North Am 25/3
Mödder U (1986) Orbita. In: Dihlmann W, Stender HSt (Hrsg) Radiologische Diagnostik in Klinik und Praxis, Bd V/1, Schädel – Gehirn. Thieme, Stuttgart New York
Newton TH, Potts DG (1983) Modern neuroradiology. Clavadel, San Anselmo
Peyster RG, Hoover ED (1984) Computerized tomography in orbital disease and neuroophthalmology. Year Book Medical Publishers, Chicago
Rothfus WE (1985) Differential problems in orbital diagnosis. In: Latchaw RE (ed) Computed tomography of the head, neck and spine. Year Book Medical Publishers, Chicago
Valvassori GE, Potter GD, Hanafee WN, Carter BL, Buckingham RA (1984) Radiologie in der Hals-Nasen-Ohren-Heilkunde. Thieme, Stuttgart New York
Weber AL, Oot R (1985) The orbit and globe. In: Carter B (ed) Computed tomography of the head and neck, Contemporary issues in computed tomography. Livingstone, New York
Zonnefeld FW, Koornneef L, Hillen B et al. (1986) Direct multiplanar, high-resolution, thin-section CT of the orbit. Philips Medical System, Eindhoven

3.7.5 Kernspintomographie der Orbita

M. LENZ, R. GUTHOFF, R. SAUTER und
E. REINHARDT

Einleitung

Als nicht-invasive Untersuchungstechniken haben sich in den letzten Jahren zunehmend die Sonographie und die Computertomographie (CT) etablieren können, die beide überlagerungsfreie Schnittbilder liefern.

Die Sonographie mit hochauflösenden 7,5 MHz- bzw. 10 MHz-Schallköpfen erlaubt eine genaue Lokalisation und eine weitgehende Differenzierung raumfordernder Prozesse; dennoch werden zur Gewebsdiagnostik in vielen Fällen weitere Informationen dringend gebraucht. Außerdem setzen die Knochenwände der Orbita der Ultraschalldiagnostik natürliche Grenzen; im hinteren Orbitadrittel ist die Aussagefähigkeit der Ultraschalldiagnostik durch ungünstige Einfallswinkel zu den normalen Reflexionsflächen und durch Schallbrechungseffekte (Schallbündelablenkungen) beeinträchtigt (Berges et al. 1984; Buschmann 1982; Chur u. Norman 1982).

Die Computertomographie ist besonders für die Fremdkörperlokalisation und zur Diagnostik retrobulbärer und retroorbitaler Prozesse unverzichtbar. Sie ist jedoch mit einer nicht unerheblichen Strahlenbelastung für die Linse verbunden, und der Dichtekontrast reicht für die Differenzierung geweblicher Prozesse nicht aus (Buschmann 1982; Chur u. Norman 1982; Lund u. Halabart 1982).

Mit der Kernspintomographie (magnetic resonance imaging = MRI oder nuclear magnetic resonance = NMR) steht nun ein neues bildgebendes Verfahren zur Verfügung, das bei hohem Gewebekontrast und guter Ortsauflösung überlagerungsfreie, maßstabgetreue Schnittbilder in allen gewünschten Ebenen erstellen kann. Ihre Anwendung im Bereich der Orbita und des Auges ist noch zu kurz, als daß man die klinische Wertigkeit dieser neuen Methode abschließend beurteilen kann. Der folgende Beitrag ist deshalb als methodische Einführung gedacht und beschränkt sich darauf, erste Erfahrungen mitzuteilen und mögliche Indikationen aufzuzeigen.

Meßtechnik

Prinzip der Kernspintomographie

Die Kernspintomographie basiert auf dem physikalischen Effekt der magnetischen Kernresonanz (NMR = nuclear magnetic resonance), der resonanten Absorption und Emission elektromagnetischer Strahlung im Radiofrequenzbereich durch Atomkerne, die sich in einem starken statischen Magnetfeld befinden.

In biologischem Gewebe bilden Protonen die häufigste Kernsorte. Verschiedene Gewebearten unterscheiden sich stark bezüglich der Intensität des Kernresonanzsignals. Damit kann die Kernresonanz zur Erstellung von Schnittbildern von biologischen Strukturen angewandt werden (Pykett et al. 1982; Wehrli et al. 1984; Michel 1980; Rumm et al. 1986).

Die Intensität eines Bildpunktes des MR-Schnittbildes hängt ab von

– der Protonendichte;
– der longitudinalen Spin-Gitter-Relaxationszeit T_1;
– der transversalen Spin-Spin-Relaxationszeit T_2.

Daneben haben physiologische Bewegungen (Blutfluß, Diffusion), die chemischen Bildungsverhältnisse der Protonen (chemical shift) und Suszeptibilitätsunterschiede innerhalb des Körpers einen Einfluß auf Intensität und Kontrast des MR-Schnittbildes. Die Relaxationszeiten T_1 und T_2 beeinflussen die Darstellung anatomischer und pathologischer Gewebe hierbei entscheidend, wobei die Wahl der Aufnahmeparameter von Bedeutung ist.

MRI-Aufnahmeparameter

Die gebräuchlichste MRI-Meßtechnik ist die Spin-Echo-Technik. Dabei wird im einfachsten Fall durch 2 zeitlich aufeinanderfolgende HF-Sendeimpulse unterschiedlicher Intensität (90- und 180-Grad-Impuls) im Meßobjekt die Emission eines HF-Echosignals stimuliert. Dieses über HF-Antennen nachweisbare Spin-Echosignal bildet die Meßgröße in der MRI. Seine Intensität wird durch die Wahl der folgenden Aufnahmeparameter entscheidend beeinflußt:

– die Repetitionszeit TR = die Zeit vom ersten 90-Grad-Impuls bis zur Wiederholung der Sequenz, d.h. bis zum nächsten 90-Grad-Impuls;
– die Echozeit (Echo Delay) TE = die Zeit vom 90-Grad-Impuls bis zum Maximum des Echosignals.

Aufnahmen mit kurzen TR-Zeiten (100–600 msec) zeigen eine starke T_1-Abhängigkeit, d.h. Gewebe mit kurzen T_1-Relaxationszeiten (z.B. Fett) kommen hell, Gewebe mit langem T_1 (z.B. Glaskörper) kommen hier dunkel zur Darstellung (Abb. 3.7.5-1, 2 und 3).

Bei Verlängerung der TR-Zeiten (1600–2000 msec) beeinflußt die T_1-Relaxationszeit kaum noch das Signal. Hier spielt die Echozeit TE eine zunehmende Rolle.

Bei kurzen TE-Zeiten (30–40 msec) erscheinen Gewebe mit kurzen T_2-Relaxationszeiten hell (z.B. Fett, Hirngewebe), bei langen TE-Zeiten werden dann Gewebe mit langer T_2 (z.B. Liquor, Glaskörper, Ödem) zunehmend heller (Abb. 3.7.5-1, 2). Insgesamt ist die Signalintensität bei längerer TR und kurzer TE am stärksten (Lenz u. König 1986).

Räumliche Auflösung in der Kernspintomographie

Bei einer mittleren Feldstärke kann mit einem serienmäßigen MRI-System (hier Siemens Magnetom, ausgerüstet mit einem bei 0,5 Tesla betriebenen supraleitenden Magneten) die folgende räumliche Auflösung erreicht werden:

– Abdomen, Thorax: Schichtdicke 10 mm; Auflösung innerhalb der Schichtebene 2 mm × 2 mm;
– Kopf: Schichtdicke 10 mm; Auflösung innerhalb der Schichtebene 1,2 mm × 1,2 mm.

Diese Daten beziehen sich auf Meßsequenzen mit einer „akzeptablen" Meßzeit von maximal 15 Minuten (z.B. Doppelechosequenz mit 14 parallelen Schichten einer Orientierung), sowie der Verwendung von Standard-Kopf- bzw. -Körper-HF-Antennen. Solche Antennen umschließen den ge-

Abb. 3.7.5-1 a–c (Lenz et al.). Normale Anatomie der Orbita

a Transversaler (horizontaler) Schnitt durch die Orbita bei kurzer TR-Zeit (Repetitionszeit TR 0,6 sec; Echozeit TE 35 msec). In dem T_1-gewichteten Bild ist das retrobulbäre Fett hell, der Knochen ist immer schwarz, der Glaskörper erscheint dunkel, die Linse ist hier hell. **b** Transversaler (horizontaler) Schnitt durch die Orbita bei langer TR-Zeit (TR 1,8 sec; TE 70 msec). In dem T_2-gewichteten Bild ist jetzt die Linse dunkel und der Glaskörper hell. Sklera und Retina (+ Aderhaut) grenzen sich gut ab. Der Sehnerv und ein dünnes, arterielles Gefäß (= A. ophthalmica) kommen sicher zur Darstellung. **c** Halbsagittaler (vertikaler) Schnitt in der Ebene der Orbitaachse bei mittlerer TR-Zeit (TR 1,0 sec; TE 35 msec). In diesem T_1-T_2-Mischbild ergibt sich ein guter anatomischer Überblick. Der Sehnerv ist bis in den Canalis opticus zu verfolgen. In dieser Projektion sind Orbitaboden und -dach besonders gut beurteilbar, ebenso die Mm. recti superior et inferior und der M. levator palpebrae

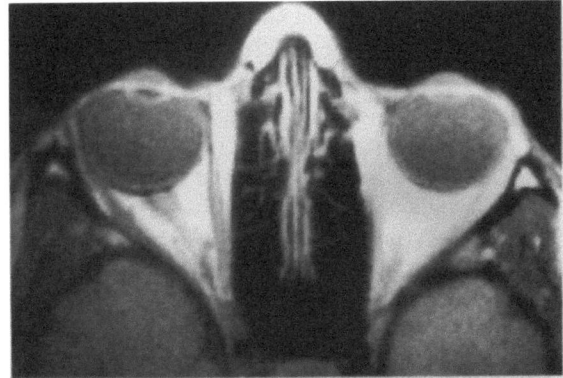

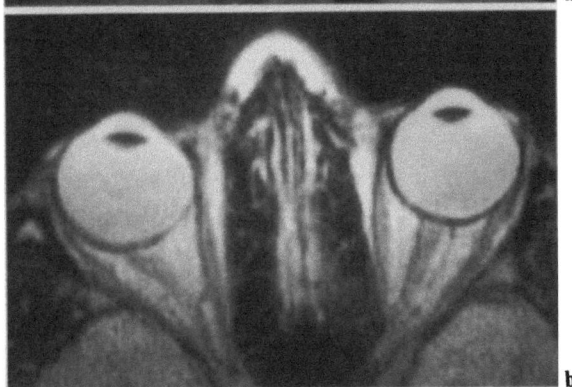

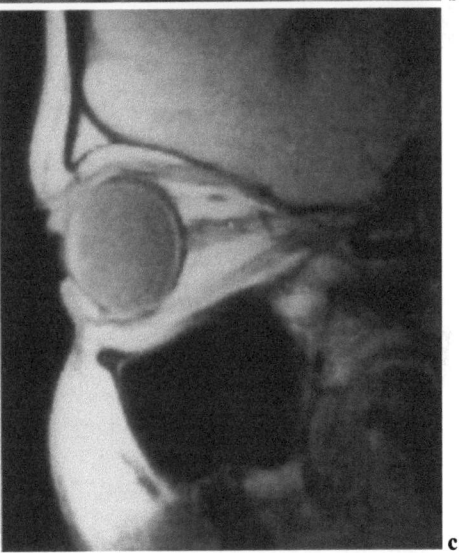

samten Kopf bzw. den ganzen Körper und sind so konstruiert, daß innerhalb der selektierten Schichten eine gleichförmige HF-Amplitude erreicht wird.

Für die Abbildung von Extremitäten und oberflächennahen Organen kann die räumliche Auflösung durch Verwendung von Oberflächenspulen deutlich verbessert werden. Oberflächenspulen sind kleine Hochfrequenz-(HF)-Antennen, die von einer Seite so nahe wie möglich an das zu untersuchende Organ gebracht werden. Aufgrund ihres geringen Volumens besitzen solche Spulen eine wesentlich höhere Empfindlichkeit als die Ganzkörper- oder Kopfantennen. Allerdings nimmt die Empfindlichkeit der Oberflächenspulen mit zunehmendem Abstand von der Spulenebene rasch ab, so daß ihre Anwendung auf oberflächennahe Strukturen begrenzt ist. Oberflächenspulen werden für MRI üblicherweise als Empfangsantennen verwendet, die homogene Anregung des Meßobjekts erfolgt mit der Standard-Körper-Antenne (Lenz u. König 1986; Daniels et al. 1984; Haase et al. 1984).

Untersuchungstechnik

Für die Abbildung der Orbita erwies sich die Anwendung einer Oberflächenspule mit zwei koplanaren Windungen vom Radius 4,5 bzw. 5,5 cm als optimal. Mit dieser Spule wurde bei einer Schichtdicke von 5 mm eine räumliche Auflösung innerhalb der Schichtebene von 0,75 mm × 0,75 mm erreicht. Die maximale Meßzeit pro Schichtorientierung betrug 15 Minuten (Abb. 3.7.5-1). Die Spule ist an einem Stativ befestigt, das den auf dem Rücken liegenden Patienten bogenförmig überspannt und eine wahlweise Positionierung der Oberflächenspule über beiden oder nur einem Auge gestattet.

Orbitaerkrankungen

Der Patient wird angehalten, während der Untersuchung den Augapfel möglichst nicht zu bewegen, um Bewegungsartefakte zu vermeiden. Dies geschieht, indem man den Patienten einen Punkt, der im Magneten eingezeichnet ist, fixieren läßt, was jedoch bei längeren Meßzeiten oft schwierig ist. Deshalb empfiehlt es sich, den Patienten die Augen während der Untersuchung schließen zu lassen, wobei der Bulbus bei entspanntem Patienten nach kranial gekippt ist (Bellsches Phänomen).

MR-Anatomie der Orbita und des Auges
Knochen

Die dichten knöchernen Grenzen der Orbita zeigen, wie die kortikalen Knochen anderswo, kein MR-Signal, da sie wenig leicht bewegliche Protonen enthalten. Knochen ist deshalb im MR-Bild schwarz. Knochenmark hingegen zeigt ein deutliches Signal, weil es einen hohen Anteil an Fettgewebe und langsam fließendem Blut hat, die beide kurze T_1-Relaxationszeiten aufweisen (Abb. 3.7.5-1).

Retrobulbäres Fettgewebe

Das den Augapfel umgebende Fett erzeugt ein helles Signal, unabhängig von der gewählten Bildtechnik. Die Intensität unterscheidet sich nicht von der des subkutanen Fettgewebes. Diese hohe Signalintensität resultiert aus der sehr kurzen T_1- und relativ langen T_2-Relaxationszeit des Fettgewebes (Abb. 3.7.5-1).

Augenmuskeln

Wie im übrigen Körper auch, kommen die Muskeln sowohl in der Spin-Echo- als auch in der Inversion-Recovery-Technik mit niedriger Signalintensität dunkel zur Darstellung, da sie eine relativ lange T_1 und kurze T_2 haben. Die Sehnen sind im Vergleich zum Muskel noch dunkler (Abb. 3.7.5-1).

Nervus opticus

Der N. opticus zeigt sich kernspintomographisch als relativ signalarme Struktur, ähnlich wie die myelinisierte weiße Hirnsubstanz. Er ist in der Orbita bei entsprechender Technik immer in seinem gesamten Verlauf abgrenzbar, seine Grenzen können jedoch durch Bewegungsartefakte bisweilen unscharf zur Darstellung kommen (Abb. 3.7.5-1).

Sklera, Retina und Kornea

Sklera und Kornea kommen am besten bei langen Repetitionszeiten (TR) zur Darstellung, wo sie als

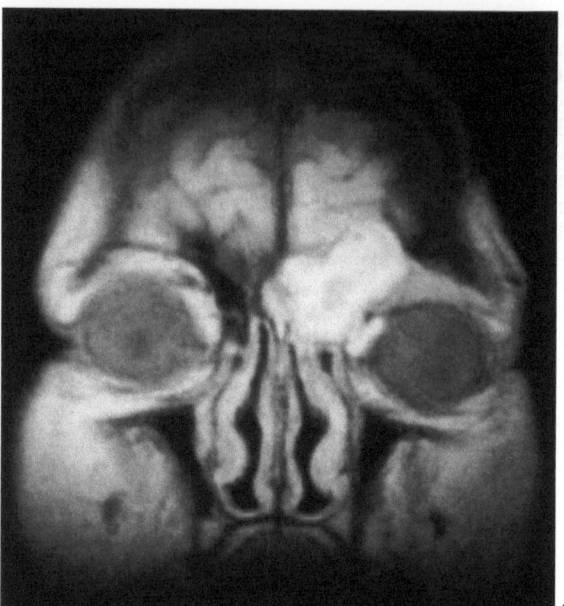

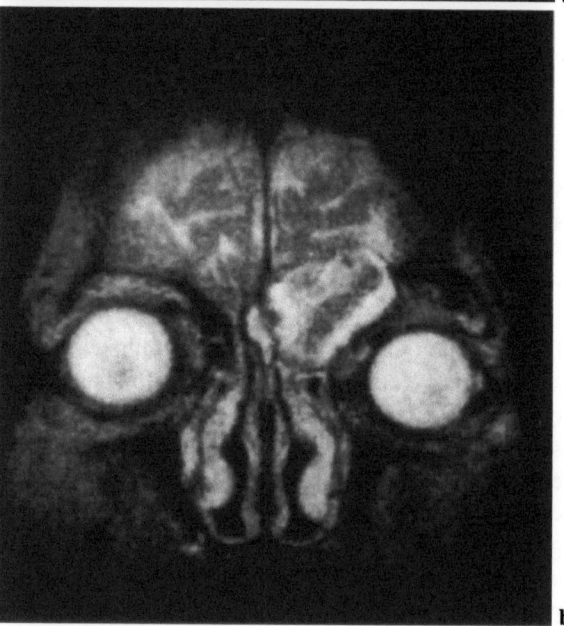

Abb. 3.7.5-2a, b (Lenz et al.). Mukozele im Bereich der Siebbeinzellen und der medialen Orbitawand (75jähr. Patientin mit Ablatio mammae rechts vor 8 Monaten)
a Koronarer Schnitt in Bulbusmitte bei kurzer TE-Zeit (1. Echo) (TR 1,6 sec; TE 35 msec). Die Mukozele destruiert die linken Siebbeinzellen, überschreitet die Mittellinie, wächst zapfenförmig in die linke Orbita ein und penetriert durch das Orbitadach nach intrakraniell, wo sie den Frontallappen anhebt, aber nicht infiltriert. Wegen ihrer kürzeren T_1-Zeit gegenüber z.B. Hirngewebe und Glaskörper kommt die Mukozele heller zur Darstellung. **b** Koronarer Schnitt in Bulbusmitte bei langer TE-Zeit (2. Echo) (TR 1,6 sec; TE 140 msec). Die Mukozele selbst wird wegen ihrer kürzeren T_2-Zeit jetzt dunkler und läßt sich gut vom perifokalen Ödem differenzieren, das, wie auch der Glaskörper, wegen der langen T_2-Zeit signalintensiv zur Darstellung kommt

Zone geringer Signalintensität zwischen dem dann hellen Glaskörper und dem retrobulbären Fett erscheinen. Die Sklera besteht aus dichten Bündeln kollagenen Bindegewebes. Die T_1-Relaxationszeit ist bei solchen dichten Bindegeweben sehr lang, die Signalintensität deshalb auch bei längeren TR-Zeiten gering. Die Kornea zeigt, obgleich sie durchsichtig ist, einen ähnlichen histologischen Aufbau.

Bei Aufnahmen mit langen TR-Zeiten läßt sich zwischen Sklera und Glaskörper eine sehr dünne, etwas signalintensivere Struktur abgrenzen, die zentral dicker ist und zur Fundusperipherie an Dicke abnimmt. Diese Schicht ist anatomisch der Retina zuzuordnen; eventuell sind auch Anteile der Aderhaut an dieser signalintensiven Struktur beteiligt (Abb. 3.7.5-1).

Glaskörper und Augenkammern

Glaskörper und Augenkammern zeigen bei kurzen TR- und TE-Zeiten eine sehr niedrige Signalintensität, die jedoch bei längeren TR oder TE zunimmt. Dies erklärt sich aus den langen T_1- und T_2-Relaxationszeiten (Abb. 3.7.5-1 und 2).

Linse

Die Signalintensität der Linse ist am höchsten bei Inversion-Recovery-Technik oder bei Spin-Echo-Technik mit kurzen TR-Zeiten. Bei T_2-betonten Bildern mit langer TR- und TE-Zeit kommt die Linse dunkel zur Darstellung. Dies erklärt sich aus der T_1-Zeit, die länger als bei Fettgewebe, aber deutlich kürzer als bei Wasser ist, während die T_2-Relaxationszeit sehr kurz ist (Abb. 3.7.5-1).

Gefäße

In der Schnittebene verlaufende Gefäße kommen kernspintomographisch meist schwarz zur Darstellung. In der Orbita lassen sich deshalb Gefäße ohne Kontrastmittel gegen das helle retroorbitale Fett gut abgrenzen (Abb. 3.7.5-1 b und c) (Guthoff et al. 1985; Hau et al. 1984; Hawkes et al. 1983; Sassani u. Osbatten 1984).

MR-Pathologie von Auge und Orbita

Knochenprozesse

Kompakter Knochen kommt im MR-Bild schwarz zur Darstellung. Tumoröse Infiltrationen und Destruktionen der Orbitawände (z.B. Karzinommetastasen) lassen sich besonders gut bei langer TR- und kurzer TE-Zeit vom Knochen, orbitalen Fett und vom Hirngewebe abgrenzen. Bei längerem TE wird der Ödemsaum um die Raumforderung deutlich (Abb. 3.7.5-2).

Tumoren, Metastasen der Orbita

Die verschiedenen Tumoren und Metastasen lassen sich in erster Linie durch ihren verdrängenden Charakter und Verlagerung der Umgebungsstrukturen abgrenzen. Über gewebsspezifische Relaxationszeiten von malignen Tumoren, wie sie Damadian (1971) vermutet hat, ist zur Zeit noch zu wenig bekannt, um diagnostische Schlüsse daraus zu ziehen. So unterscheiden sich aus eigener Erfahrung die Signale aus einer Mammametastase der Orbita (Abb. 3.7.5-3) nicht faßbar vom Befund einer chronischen Dakryoadenitis. Eine arteriovenöse Fehlbildung ist in Abb. 3.7.5-4 dargestellt.

Augenmuskelveränderungen

Die vier geraden und zwei schrägen Augenmuskeln sind als relativ dunkle Strukturen im retrobulbären Fett immer sicher abgrenzbar. Verdickungen des Muskels z.B. bei endokriner Orbitopathie oder tumoröse Auftreibungen sind sicher diagnostizierbar. Durch Schnitte in allen Ebenen werden Raumforderungen in ihrer topischen Beziehung z.B. zum N. opticus erfaßt (Abb. 3.7.5-5 u. 7).

Intraokulare Prozesse

Nichtmetallische feste Fremdkörper (z.B. Holzsplitter, Luft) kommen wegen ihrer Protonenarmut unabhängig von der Meßtechnik schwarz zur Darstellung und lassen sich schon bei kurzen TR- und TE-Zeiten gegen die normalen intraokularen

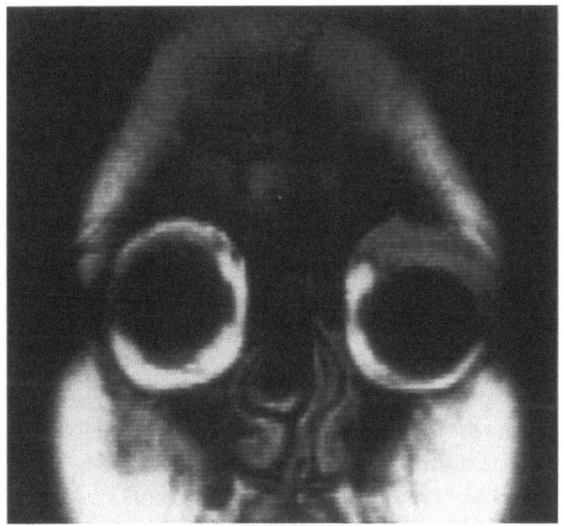

Abb. 3.7.5-3 (Guthoff). 36jähr. Patientin; Metastase eines Mammakarzinoms im temporaloberen Orbitaquadranten L (TR 1,6 sec; TE 35 msec). Die Raumforderung verdrängt den Bulbus und hebt sich in der T_1-betonten Aufnahme (TR = 0,6, TE = 35) durch eine geringere Signalintensität vom Orbitafett ab

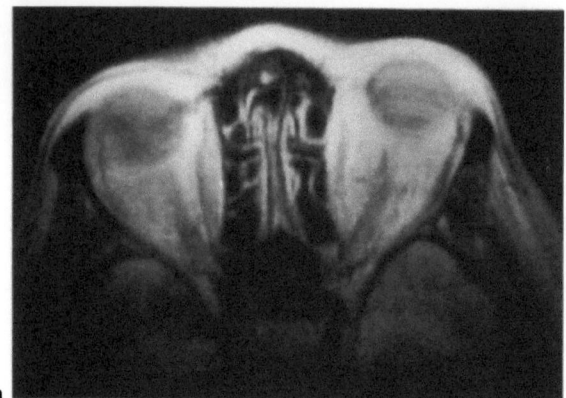

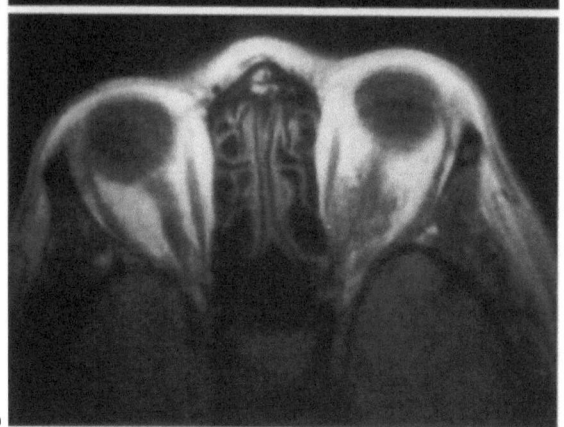

Abb. 3.7.5-4a, b (Lenz et al.). Retrobulbäre, perinervale arteriovenöse Fehlbildung in der Orbita (43jähr. Patientin)
a Transversaler Schnitt bei langer TR-Zeit (TR 1,6 sec; TE 35 msec). Die diffus infiltrierende Raumforderung ist hier maskiert, da sie nur eine gering längere T_1-Zeit aufweist als das retrobulbäre Fett. **b** Transversaler Schnitt bei kurzer TR-Zeit (TR 0,4 sec; TE 35 msec). Hier demaskieren sich die Gefäßschlingen der Fehlbildung

Strukturen abgrenzen. Blutungen (z.B. Glaskörperblutung, Abb. 3.7.5-6) zeigen wegen ihrer kurzen T_1-Relaxationszeit ein sehr intensives Signal. Die MRI zeigt sich besonders hier als potente Untersuchungsmethode, da sie schon bei kurzen Meßzeiten einen anatomisch detaillierten Überblick über die intraokularen Verhältnisse liefern kann (Abb. 3.7.5-5). Auch intraokulare Tumoren (z.B. Aderhautmelanom) lassen sich durch die Kernspintomographie in allen Schichtebenen gut gegen die Umgebung abgrenzen (Daniels et al. 1984; Guthoff et al. 1985; Hau et al. 1984; Hawkes et al. 1983; Morrice u. Smith 1983; Mosely et al. 1983; Wollensak u. Seiler 1983).

Wertung

Obgleich die klinischen Erfahrungen mit der Kernspintomographie im Bereich des Auges und der

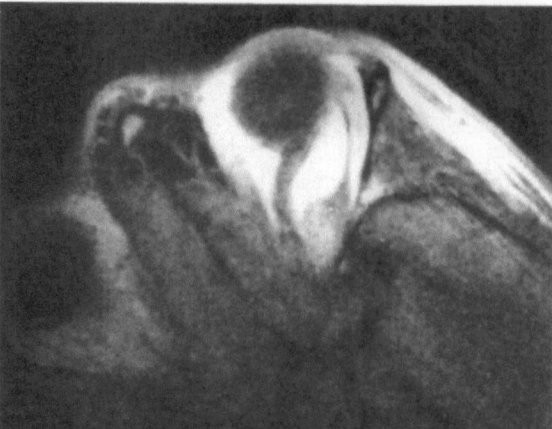

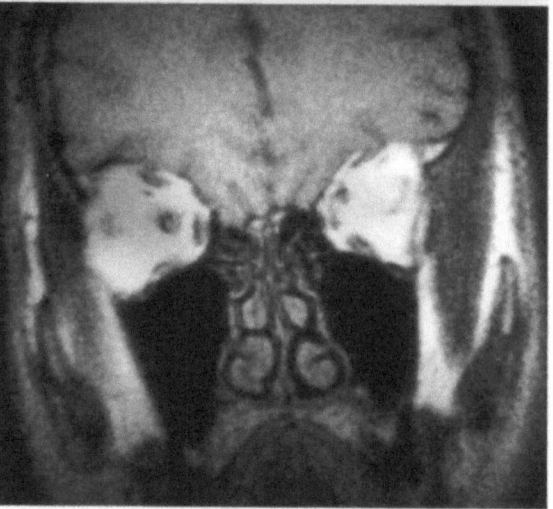

Abb. 3.7.5-5a, b (Lenz et al.). Fettgewebig-narbige Raumforderung am dorsalen Teil des linken M. rectus lateralis (Zustand nach Strabismus-Operation vor 15 Jahren; zur weiteren Abklärung war der Patient nicht bereit)
a Transversaler Schnitt bei kurzer TR-Zeit (TR 0,4 sec; TE 35 msec). Die Aufnahme wurde nur einmal gemittelt, so ergibt sich eine sehr kurze Meßzeit von nur 1,8 Minuten bei jedoch eingeschränkter Bildqualität. Deutlich grenzt sich die 1 cm große Raumforderung ab, die im Bereich der Orbitaspitze zu einer starken Verdrängung des N. opticus direkt führt. Darüberhinaus wird auch das retrobulbäre Fett nach medial verdrängt, was die konkave Ausbuckelung des Optikus erklärt. **b** Koronarer Schnitt bei kurzer TR-Zeit (TR 0,4 sec; TE 35 msec). Die koronare Schicht zeigt hier besonders deutlich die Verdrängung des linken N. opticus nach medial

Orbita noch gering sind, läßt sich folgende vorläufige Wertung vornehmen:

Begrenzende Faktoren der Kernspintomographie

– Die Kernspintomographie ist ein technologisch aufwendiges, noch teures bildgebendes Verfahren. Die zur Zeit nicht flächendeckende Verfügbarkeit begrenzt ihren Einsatz auf ausgewählte Fragestellungen.

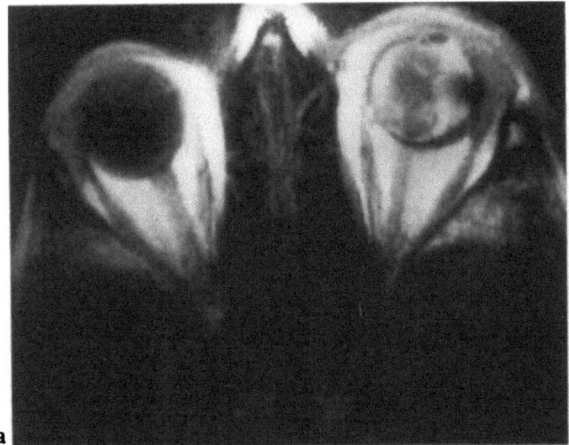

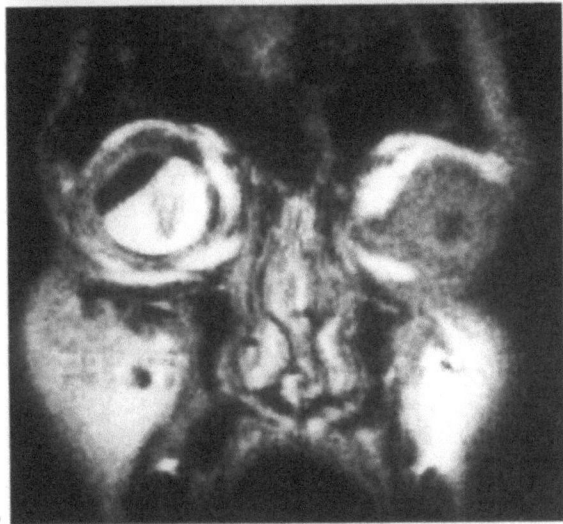

Abb. 3.7.5-6a, b (Lenz et al.). Perforierende Augenverletzung (37jähr. Patient bei Zustand nach operativer Entfernung eines Metallspans aus dem rechten Auge)
a Transversaler Schnitt durch die Orbita bei sehr kurzer TR-Zeit (TR 0,2 sec; TE 35 msec). Bereits bei einer Meßzeit von nur 52 Sekunden ist die diffuse Blutung in den Glaskörper als signalintensives Areal nachweisbar. **b** Koronarer Schnitt durch die Orbita (TR 0,4 sec; TE 70 msec). In koronarer Schnittführung läßt sich die Blutung (hell) gut gegen den Lufteinschluß (schwarz) abgrenzen

- Geräte mit höheren Feldstärken (1,0–2,0 Tesla) und besonders die Anwendung von Oberflächenspulen erlauben inzwischen eine hochauflösende Bildgebung in überschaubaren Meßzeiten, die jedoch, je nach Fragestellung, immer noch im Bereich von 1 bis 10 Minuten pro Meßsequenz liegen. Somit ist eine gute Kooperation des Patienten notwendig, um Bildartefakte durch Kopf- und Augenbewegungen zu vermeiden.
- Kontraindikationen für eine kernspintomographische Untersuchung sind Herzschrittmacher und intrazerebrale Gefäßclips.

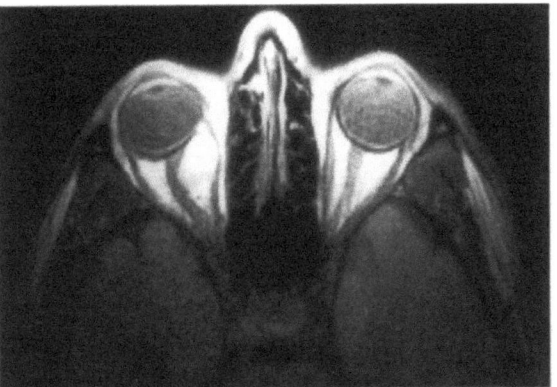

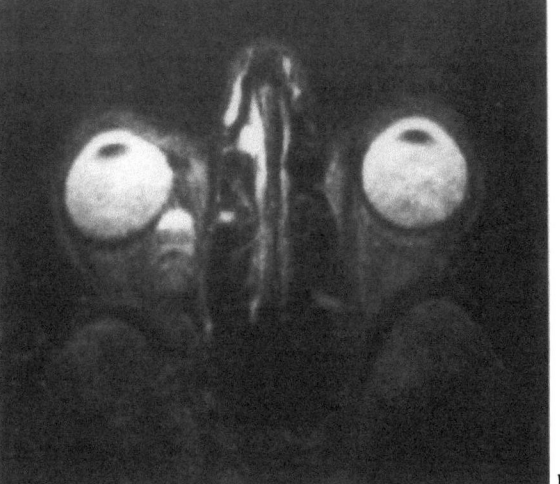

Abb. 3.7.5-7a, b (Lenz et al.). 30jähr. Patient, 4 Wochen nach stumpfem Orbitatrauma rechts; progredientes Papillenödem mit Visusreduktion auf 0,6; weitere Visusminderung bei Rechtsblick
a Axialer Schnitt in Bulbusmitte bei kurzer TE-Zeit (1. Echo). Im Muskeltrichter (rechts) stellt sich eine oväläre signalintensive Raumforderung dar, die den M. rect. medialis und den N. opticus nach lateral verlagert. Die bei Rechtsblick auftretende Visusminderung läßt sich mit einer lageabhängigen Ischämie des N. opticus erklären. **b** Axialer Schnitt in Bulbusmitte bei langer TE-Zeit. Die Raumforderung läßt einen ventral gelegenen Bezirk mit langer T_2-Zeit erkennen (vergleichbar dem Glaskörperraum), der durch eine horizontale Begrenzung (Spiegelbildung?) von einem signalärmeren dorsalen Abschnitt getrennt ist T_2-Zeit).

Als Ursache wurde eine Sedimentierung innerhalb eines gekapselten traumatischen Orbitahämatoms angenommen. Bei der Orbitatomie entleerten sich einige Kubikzentimeter sanguinolenter Flüssigkeit aus einer zystischen Raumforderung

- Reine Amalgam- oder Goldfüllungen der Zähne stören nicht, Zahnprothesen aus paramagnetischen Materialien können zu Bildartefakten führen, die jedoch meist nicht bis in die Orbita reichen.

Vorteile der Kernspintomographie
- Die Kernspintomographie ist nicht invasiv; sie ist mit keiner Strahlenexposition verbunden.
- Sie erlaubt die Erstellung von Schnittbildern in jeder beliebigen Schnittorientierung, ohne daß der Patient umgelagert werden muß.
- Bei korrekter Wahl der Aufnahmeparameter liefert sie Bilder mit exzellentem Gewebekontrast ohne die Notwendigkeit z.B. eines intravenösen Kontrastmittels.
- Durch die Anwendung von Oberflächenspulen können Bildqualität und Ortsauflösungsvermögen moderner CT-Anlagen erreicht werden. Die Beurteilung auch feiner intraokularer Strukturen wird hierdurch möglich.
- Wahrscheinlich lassen sich in Zukunft differentialdiagnostische Aussagen über die Art und Dignität pathologischer Veränderungen machen. Hier sind jedoch noch umfangreiche klinische Studien notwendig, um optimale Aufnahmesequenzen zu erarbeiten und den vielfältigen, gewebespezifischen Informationsgehalt des MR-Bildes zu nutzen und dem morphologisch-histologischen Korrelat zuzuordnen.

Wir danken Dr. habil. Terwey für die Auswahl und Dokumentation der von ihm beigetragenen Fallbeispiele (Abb. 3.7.5-2, 3 und 4); diese MR-Untersuchungen wurden in der Praxis der Drs. Kuhn und Steen, Oldenburg, durchgeführt.

Weiter danken wir Dr. Petersen, Med. Strahleninstitut der Universität Tübingen, für die Überlassung der Abb. 3.7.5-5. Alle Abbildungen wurden mit dem Magnetom (Fa. Siemens) aufgenommen.

Literatur

Berges O, Vignand J, Aubin M (1984) Comparison of sonography and computed tomography in the study of orbital space-occupying lesions. AJNR 5:247–251

Buschmann W (1982) Ultrasonography, CT scan and phlebography: Indications and results, combined evaluation. Orbit 1:85–96

Chur D, Norman D (1982) The use of computed tomography and ultrasonography in the evaluation of orbital masses. Surv Ophthalmol 27:49–63

Damadian R (1971) Tumor detection by nuclear magnetic resonance. Science 171:1151–1153

Daniels D, Herfkens R, Gager W, Meyer G, Koehler P, Williams A, Haughton V (1984) Magnetic resonance imaging of the optic nerve and chiasm. Radiology 152:79–83

Guthoff R, Terwey B, Sauter R, Domarus D v (1985) Erste Erfahrungen mit der Kernspintomographie. Fortschr Ophthalmol 82:481–483

Haase A, Haenicke W, Frahm J (1984) The influence of experimental parameters in surface coil NMR. J Magnet Reson 56:401

Han J, Benson J, Bonstell C, Alfidi R, Kaufmann B, Levine M (1984) Magnetic resonance imaging of the orbit. A preliminary experience. Radiology 150:755–756

Hawkes R, Holland G, Moore W, Rizk S, Worthington B, Kean D (1983) NMR imaging in the evaluation of orbital tumors. AJNR 4:254–256

Lenz M, König H (1986) Hochauflösende Kernspintomographie mit Oberflächenspulen. Röntgenpraxis 39:81–96

Lund E, Halabart H (1982) Irradiation dose to the lens of the eye during CT of the head. Neuroradiology 22:181–184

Michel M (1980) Grundlagen und Methoden der kernmagnetischen Resonanz. Akademie, Berlin

Morrice G, Smith F (1983) Early experience with magnetic resonance (NMR) imaging in the investigation of ocular proptosis. Trans Ophthalmol Soc UK 103:143–154

Mosely I, Brand-Zawadski M, Mills C (1983) Nuclear magnetic resonance imaging of the orbit. Br J Ophthalmol 67:333–342

Pykett I, Newhouse J, Buonanno F, Brady Th, Goldman M, Kistler J, Pohost G (1982) Principles of nuclear magnetic resonance imaging. Radiology 143:157–168

Ramm B, Semmler W, Laniado M (1986) Einführung in die MR-Tomographie. Enke, Stuttgart

Sassani J, Osbakken M (1984) Anatomic features of the eye disclosed with nuclear resonance imaging. Arch Ophthalmol 102:541–546

Wehrli F, McFall J, Shutts D, Berger R, Herfkens R (1984) Mechanisms of contrast in NMR imaging. J Comput Assist Tomogr 8:369–380

Wollensak J, Seiler T (1983) Kernspintomographie am menschlichen Auge. Arch Clin Exp Ophthal 220:71–73

4 Spezielle echographische Untersuchungstechniken für Bulbus und Orbita

4.1 Methodik nach Ossoinig

Aus den Kapiteln dieses Buches ist ersichtlich, daß die Autoren ein anderes Vorgehen bevorzugen. In Anbetracht der relativen Verbreitung der Methode halten wir es daher für angebracht, in zwei unabhängig voneinander erarbeiteten Stellungnahmen unsere Auffassungen hierüber zusammenzufassen.

4.1.1 Zur Methodik nach Ossoinig

W. BUSCHMANN

Einleitung

Ossoinig (1977, 1979; Ossoinig u. Hermsen 1983b) bezeichnet die von ihm bevorzugte Untersuchungs- und Auswertungstechnik als „standardisierte Echographie".

Es ist sachgerechter, von einer „Methodik nach Ossoinig" zu sprechen; denn diese stützt sich nicht auf internationale Standards, sondern verzichtet im Gegenteil auf international eingeführte und in Elektrotechnik, Physik und Ultraschalldiagnostik allgemein verwendete Standardmeßtechniken und -Begriffe. An deren Stelle werden selbstgewählte Begriffe etc. eingeführt, was eine Isolation gegenüber anderen Ultraschalldiagnostikern und gegenüber Ingenieuren und Physikern, die auf diesem Gebiet tätig sind, gewollt oder ungewollt zur Folge hat. Der interessierte Leser möge selbst entscheiden, ob dies das Verständnis fördert oder hemmt – auf die obengenannten zusammenfassenden Darstellungen dieser Methodik sei verwiesen. Zahlreiche weitere Beispiele findet man in den SIDUO-Kongreßberichten (s. Kap. 1).

Wir halten eine gesonderte ophthalmologische Terminologie nicht für zweckmäßig und ziehen es daher vor, uns der allgemein üblichen Begriffe (s. Kap. 8 und 9) sowie der von internationalen Standard-Kommissionen festgelegten Meß- und Prüfverfahren (s. Kap. 10) zu bedienen, um vergleichbare Untersuchungsbedingungen und sicher reproduzierbare Ergebnisse zu erzielen.

Für das B-Bild, das er nur ergänzend verwendet, gibt Ossoinig keine reproduzierbaren Daten und Einstellungen an. Er benutzt hauptsächlich das A-Bild.

Das Gerät 7200 MA

Ossoinig strebte an, ein möglichst einfaches A-Bild-Gerät mit nur einem (8 MHz-Normal-) Schallkopf zu verwenden, das „standardisiert" sein sollte (womit identische technische Eigenschaften der Geräte gleichen Typs erreicht werden sollten). Er erhielt von der Firma Kretztechnik ein Labormustergerät, das eine S-förmige Verstärkerkennlinie aufwies. Diese empfand er als besonders geeignet und verlangte nun, daß alle Geräte der nachfolgenden Serienproduktion für die Ophthalmologie diese Kennlinie aufweisen sollten. Das verursachte erhebliche Probleme, denn es war nicht leicht, dies mit den damals verfügbaren Bauteilen in der Serie zu erreichen. Noch mehr Probleme gab es mit der Inkonstanz dieses Kennlinienverlaufs während der Nutzungsdauer der Geräte.

Die Vor- und Nachteile linearer, logarithmischer und S-förmiger Kennlinien sind in Kapitel 9 beschrieben. Für biometrische Untersuchungen sind lineare Verstärker wegen der steil ansteigenden Echos von Vorteil, während logarithmische oder S-förmige Kennlinien es erleichtern, Echos unterschiedlicher Amplituden bei *einer* Einstellung der Gesamtempfindlichkeit simultan auswertbar darzustellen. Sehr niedrige Echos (unter 5% der maximalen Echohöhe am Bildschirm) sind bezüglich ihrer Amplituden weder bei logarithmischer noch bei S-förmiger Kennlinie zuverlässig beurteilbar, ebensowenig sehr hohe (ab 95% der maximalen Amplitudenhöhe am Bildschirm). Im dazwischenliegenden Bereich sind die Amplitudendifferenzen sowohl bei logarithmischer als auch bei S-förmiger Kennlinie gut auswertbar, und der dynamische Bereich (s. Kap. 9.3) reicht für die Gewebebeurteilung bei beiden aus (bei linearer Kennlinie wären dagegen mehrere unterschiedliche Empfindlichkeitseinstellungen nötig, um die Amplituden aller diagnostisch wichtigen Echos auswerten zu können).

Folglich sehen wir in der S-förmigen Kennlinie keinen Gewinn im Vergleich mit logarithmischen bzw. linearen Verstärkern, die sich im übrigen in den anderen medizinischen Fachgebieten für die ultraschalldiagnostische Gewebedifferenzierung durchgesetzt haben.

Meßtechnische Überprüfungen einer größeren Zahl von Geräten des Typs 7200 MA, die entsprechend den IEC-Richtlinien (Kap. 10) vorgenommen wurden, haben bewiesen, daß diese Geräte – ebenso wie die Geräte und Schallköpfe anderer Hersteller – innerhalb der Serie desselben Typs sowohl bezüglich der maximal einstellbaren Gesamtempfindlichkeit als auch hinsichtlich des Kennlinienverlaufs, der Arbeitsfrequenz, des Frequenzspektrums etc. diagnostisch bedeutsame Variationen aufweisen (Haigis et al. 1981; Reuter et al. 1981; s. Kap. 10).

So gilt auch für diese Serie, daß jedes Gerät und jeder Schallkopf gemäß Kapitel 10 meßtechnisch geprüft und regelmäßig überwacht werden müssen, wenn man mit konstanten, vergleichbaren Untersuchungsbedingungen arbeiten will.

Im Zuge der Vereinfachung des Gerätes wurde die beim vorausgegangenen Typ 7100 MA geschaffene Möglichkeit, durch einfache Umschaltung die ungleichgerichteten HF-Schwingungen am Bildschirm darzustellen, leider aufgegeben. Damit wurde die für den Anwender sehr einfache Bestimmung der Arbeitsfrequenz durch Auszählung der HF-Schwingungen pro Mikrosekunde (s. Kap. 10) unmöglich gemacht – beim Gerät 7200 MA braucht man dazu elektronische Meßgeräte.

Die von Ossoinig angegebenen vom Benutzer einzusetzenden Prüfverfahren für die Eigenschaften und Einstellungen der Gerät-Schallkopf-Kombination gelten nur für diesen Gerätetyp (der nicht mehr hergestellt wird) und reichen auch dafür nicht aus, um vergleichbare Untersuchungsbedingungen zu sichern.

Gewebephantome können die exakt definierte Messung der einzelnen wesentlichen Parameter (s. Kap. 10) nicht ersetzen, sondern nur *ergänzend* zur Beurteilung des Zusammenwirkens aller Faktoren herangezogen werden. Ossoinig hat anfangs formalinfixiertes Gewebe als Testobjekt empfohlen (Ossoinig u. Steiner 1965), später statt dessen Zitratblut (Ossoinig 1971). Da auch dieses zu inkonstanten Ergebnissen führte, verwendet er jetzt das aus Glaskugeln und Silikon hergestellte Gewebsmodell nach Till (1980); s. Kap. 1.4.2. Dieses ist jedoch kein Standard im Sinne der IEC-Publikation 854.

Der für die Einstellung der sog. „Gewebsempfindlichkeit" geforderte Amplitudenabfall der Strukturechos dieses Gewebsmodells kann bei unterschiedlichen Frequenzspektren und Kennlinienverläufen zustandekommen, die dann (trotz scheinbar gleicher „Gewebsempfindlichkeit") zu Unterschieden in den diagnostischen Echogrammen führen können.

Deshalb – und weil wir die genauen technischen Parameter des Gerätes, das Ossoinig persönlich zur Verfügung steht, nicht kennen – ist die Zuordnung der „Gewebsempfindlichkeit" zu vergleichbaren Meßwerten (Kap. 1.4.2, Abb. 3) nur als ungefährer Anhalt zu werten.

Die Untersuchungstechnik

Diese ist bei Ossoinig geprägt durch den vorrangigen Einsatz des A-System und durch die Beschränkung auf nur einen (8 MHz-Normal-) Schallkopf für Bulbus und Orbita.

Immer mehr Anwender beginnen heute jedoch diagnostische Untersuchungen mit dem B-System bei 10 MHz Arbeitsfrequenz und analysieren danach ausgewählte Richtungen im A-System. Dafür ist uns der Flachstielschallkopf (Kap. 1.4.2 und Kap. 7) eine große Hilfe.

Die Echogramm-Beurteilung

Grundsätzlich werden natürlich die gleichen echographischen Kriterien schrittweise bewertet, die alle Untersucher heranziehen (s. z.B. Kap. 2.7.1).

Amplitudenbeurteilungen bezieht Ossoinig aber auf das Gewebsmodell (und nicht auf einen mit den IEC-Richtlinien kompatiblen Standardreflektor). Außerdem gibt er die Amplitudenwerte – abweichend von den in Ultraschallphysik, Technik und anderen medizinischen Anwendungsbereichen eingeführten Arbeitsweise – nicht in Dezibel an, sondern in „% der maximalen Amplitudenhöhe am Bildschirm".

Das hat offensichtliche Nachteile, vor allem bei gleichzeitiger Verwendung einer S-förmigen Verstärkerkennlinie. So gibt er (Ossoinig 1977) für große maligne Melanome der Aderhaut eine Reflektivität von 60–80% an (1979 nennt er 60% als *obere* Grenze). Dieser Bereich umfaßt bei S-förmiger Kennlinie nur ca. 8 dB: die große histologische Variationsbreite dieser Tumoren bezüglich des Gehalts an Bindegewebssepten, Gefäßen und Nekrosen bedingt aber, daß die Strukturechoamplituden über einen weit größeren Bereich streuen können. Außerdem erwecken die %-Angaben den Eindruck, daß die Bereiche von 40–60% und 80–100% gleichen Umfang hätten: der erstere umfaßt bei diesem Gerät jedoch ca. 6 dB, der letztere dagegen mindestens 20 dB. Daher ist es weitaus besser, den dB-Wert (oder dB-Bereich) dieser Strukturechos in bezug auf ein definiertes Testreflektorecho anzugeben (z.B. W 38-Testreflektorecho; s. Kap. 10.3.1).

Für die Bewertung der Amplitudenabnahme von Gewebsechos mit zunehmender Tiefe führt Ossoinig ebenfalls einen eigenen Terminus ein („Winkel Kappa"). Allgemein üblich ist dagegen die weit besser vergleichbare Angabe in dB/µsec (oder dB/mm Gewebe). Stets ist die verwendete Arbeitsfrequenz anzugeben (also z.B. 1,3 dB/mm bei 10,4 MHz). Eine solche Angabe gilt für alle Geräte, während Ossoinigs „Winkel Kappa" nur für das Gerät 7200 MA gilt (genau sogar nur für sein persönliches Gerät).

Für Zwecke der *Biometrie* ist das Gerät 7200 MA wegen der S-förmigen Kennlinie sowie der schmalbandigen Durchlaßcharakteristik bei der relativ „niedrigen" Frequenz von 8 MHz und des dadurch bedingten relativ trägen Anstiegs des Echos nicht besonders gut geeignet. Insbesondere ist Ossoinigs Technik, Echoabstände von den Echospitzen (anstatt von der Anstiegsflanke) oder gar vom abfallenden Schenkel der Echos (bei Bestimmungen der Muskeldurchmesser in der Orbita) abzulesen, nicht akzeptabel. Dabei kann er außerdem nicht angeben, an welcher Stelle des Muskels „gemessen" wird. Beurteilungen des ganzen Muskels im B-Bild durch Schwenks entsprechend seinem Verlauf (Kap. 3.3 und 3.4.3) sind weitaus sicherer. Nach Ossoinig (1979) kann man die Hornhautdicke mit dem Gerät 7200 MA und einem 8 MHz-Normalschallkopf mit einer Genauigkeit von 0,03 mm messen. Bei einer Wellenlänge von ≈ 0,2 mm ist das jedoch physikalisch unmöglich.

Didaktisch einprägsam und für den noch nicht gut eingearbeiteten Interessenten verführerisch sind die Flußdiagramme (Ossoinig 1977), mit denen er über einige Weichenstellungen allein mittels Echographie zu histologischen Diagnosen vordringt (s. auch Ossoinig u. Harrie 1983).

Das suggeriert Überlegenheit seiner Verfahrensweise gegenüber der anderer Arbeitsgruppen, die stärker die Grenzen betonen, die der Ultraschalldiagnostik physikalisch-technisch und wegen der Vielfalt des histologischen Gewebeaufbaus gesetzt sind (s. u.a. Kap. 2.7–2.7.3 und 3.1–3.5).

Auch noch bessere Ultraschallgeräte können das Mikroskop des Histopathologen nicht ersetzen, obwohl rechnergestützte Echoanalysen (Kap. 5; Coleman et al. 1984; Smith et al. 1984) die Aussagemöglichkeiten der Echographie in naher Zukunft auch in der Routinediagnostik deutlich erweitern werden.

Allerdings ist es (wie in den diagnostischen Kapiteln beschrieben) unter Zuhilfenahme *aller* Befunde (Anamnese, Ophthalmoskopie, Ultraschall u.a.) häufig möglich, mit hoher Wahrscheinlichkeit eine bestimmte Diagnose (auch bezüglich der Tumorart) zu stellen; doch ist dies dann nicht Resultat der Echographie allein.

So einfach und vollkommen, wie diese Flußdiagramme erwarten lassen, ist die echographische Gewebedifferenzierung leider nicht – dazu ist sowohl die Wellenlänge des Ultraschalls als auch die histologische Variabilität innerhalb einer Tumorkategorie zu groß. Beispiele unzulässiger Verallgemeinerung echographischer Kriterien sind u.a. in den Kapiteln 2.7.5 und 2.7.6 aufgeführt. Viele der „Weichenstellungen" in den Flußdiagrammen von Ossoinig treffen nur mit 70- oder 80%iger Wahrscheinlichkeit für die genannten Krankheitsbilder zu – das aber bedeutet, bei jedem 3. oder 4. Fall steht die Weiche falsch!

Ossoinig weiß das natürlich auch, und in seinen Publikationen werden die Aussagen dieser Flußdiagramme erheblich relativiert. Die Gefahr, daß bei Verwendung solcher Diagramme vorzeitig und unberechtigt andere möglicherweise vorliegende Krankheitsbilder als „durch die Echographie ausgeschlossen" angesehen werden, ist trotzdem groß.

Der Kliniker braucht für seine Entscheidungen (Operation, Röntgenbestrahlung etc.) eine möglichst dicht bei 100% liegende Wahrscheinlichkeit – diese ist auf dem Wege der genannten Flußdiagramme nicht zu erreichen.

Ossoinig hat durch die didaktisch gute Darstellung der A-Bild-Echographie sehr viel dazu beigetragen, dieser auch in den USA (wo sie früher unterbewertet wurde) Geltung zu verschaffen. Sein Versuch, eine einheitliche Untersuchungs- und Auswertungstechnik zu schaffen und zu verbreiten, brachte zweifellos einen Fortschritt, auch wenn das Ziel nicht erreicht wurde. Das Festhalten an einer überholten Geräte- und Untersuchungstechnik sowie die Nichtbeachtung der inzwischen von internationalen Standard-Kommissionen erarbeiteten Meß- und Prüfverfahren zur Sicherung vergleichbarer Untersuchungsbedingungen erweisen sich nun aber als ernste Hemmnisse.

Manche Hersteller bieten jetzt alternativ wählbare S-förmige, logarithmische oder lineare Kennlinienverläufe an. Die digitale Signalverarbeitung erleichtert das. Es ist aber auch bei S-förmiger Kennlinie keine Vergleichbarkeit mit Geräten des Typs 7200 MA gegeben, da die übrigen Parameter (Frequenz, Bandbreite etc.) dem technischen Fortschritt entsprechend anders ausgelegt sind.

Zusammenfassend bleibt festzustellen, daß es ein standardisiertes Ultraschalldiagnostikgerät bisher nicht gibt.; folglich gibt es auch keine standardisierte Echographie, sondern – bei korrekter Terminologie – Untersuchungs- und Auswertungsverfahren verschiedener Autorengruppen.

Standardisierte Geräte und Schallköpfe würden übrigens wegen der dafür nötigen Festschreibung aller wesentlichen Details die weitere (gerätetechnische) Entwicklung hemmen, denn die Änderung eines einmal festgelegten Standards ist ein langwieriger Prozeß. Folgerichtig haben sich die für solche Standards zuständigen nationalen und internationalen Komitees (IEC, s.a. Kap. 1.4 und 10) darauf konzentriert, standardisierte Meß- und Prüfverfahren festzulegen, mit denen die für die Diagnostik wichtigen Eigenschaften *aller* Geräte- und Schallkopftypen erfaßt und beschrieben werden können. Nur so sind vergleichbare Bedingungen und sicher reproduzierbare Ergebnisse zu erzielen.

In der klinischen Medizin wie auch im alltäglichen Leben wird der Begriff „Standard" bzw. „standardisiertes Verfahren" mitunter auch dann verwendet, wenn es sich nur um ein Vorgehen nach der Vorschrift eines Autors (z.B. um eine bestimmte Operationsmethode) handelt, jedoch von nationalen oder internationalen Standardisierungskomitees erarbeitete Vorschriften gar nicht existieren.

Dies mag in solchen Bereichen akzeptabel sein. In Gebieten wie der Ultraschalldiagnostik jedoch, für welche nationale und internationale Gremien wie die International Electrotechnical Commission oder das American Institute of Ultrasound in Medicine eine verbindliche Terminologie und Standards für Meß- und Prüfmethoden zur Erfassung der Leistungsdaten der Geräte und Schallköpfe erarbeitet haben, ist eine wissenschaftlich exakte Terminologie unverzichtbar.

Beim gegenwärtigen Stand kann man deshalb nur von standardisierten Meß- und Prüfverfahren für die Geräte- und Schallkopfeigenschaften sprechen und von einer darauf aufgebauten, meßtechnisch fundierten Echographie.

Die Bezeichnung „standardisierte Echographie" könnte – wenn überhaupt – nur für eine Methodik in Erwägung gezogen werden, die auf standardisierten Prüfmethoden nach dem IEC-Dokument 854 aufgebaut ist (wie sie von uns bevorzugt wird).

Doch auch dafür würde dieser Begriff dem tatsächlichen Entwicklungsstand vorgreifen und daher wird er von uns weder benutzt noch empfohlen.

Literatur

Coleman DJ, Lizzi FL, Silverman RH, Rondeau M, Smith ME, Torpey J, Greenall P (1987) Acoustic tissue typing with computerized methods. Review. In: Ossoinig KC (ed) Ophthalmic echography. SIDUO X, Junk, The Hague Boston Lancaster

Haigis W, Reuter R, Lepper R-D (1981) Comparative measurements on different pulse-echo systems using test reflectors. In: Thijssen JM, Verbeek AM (eds) Ultrasonography in ophthalmology. SIDUO VIII, Doc Ophthalmol Proc Ser 29. Junk, The Hague Boston London, pp 445–456

Ossoinig KC (1971) Grundlagen der echographischen Gewebsdifferenzierung, I. Teil: Experimentelle und klinische Untersuchungen über den Einfluß technischer Faktoren auf den diagnostischen Wert der Echogramme. In: Böck J, Ossoinig KC (Hrsg) Ultrasonographia Medica, Bd 1. Verlag der Wieder Medizinischen Akademie, Wien, S 155–168

Ossoinig KC (1977) Echography of the eye, orbit and periorbital region. In: Arger PH (ed) Orbit roentgenology. Wiley, New York, pp 223–269

Ossoinig KC (1979) Standardized echography. Basic principles, clinical applications and results. Int Ophthalmol Clin 19:127–210

Ossoinig KC, Harrie RP (1983a) Diagnosis of intraocular tumors with standardized echography. In: Lommatzsch PK, Blodi FC (eds) Intraocular tumors, Proc Sympos Schwerin 1981. Springer, Berlin

Ossoinig KC, Hermsen VM (1983b) Myositis of extraocular muscles diagnosed with standardized echography. In: Hillman JS, LeMay MM (eds) Ophthalmic ultrasonography, SIDUO IX, Doc Ophthalmol Proc Ser 38. Junk, The Hague Boston Lancaster, pp 381–392

Ossoinig KC, Steiner H (1965) Zum Problem der Normung in der Ultraschalldiagnostik – ein Testkörper für die Diagnostik intraokularer Tumoren. Wiss Z. Humbold-Univ Berlin, Math-Naturwiss Reihe 14/1:129–133

Reuter R, Lepper R-D, Haigis W (1981) Comparative measurements on ultrasonic pulse-echo equipment with the Echosimulator. In: Thijssen JM, Verbeek AM (eds) Ultrasonography in ophthalmology. SIDUO VIII, Doc Ophthalmol Proc Ser 29. Junk, The Hague Boston London, pp 463–471

Smith ME, Coleman DJ, Lizzi FL, Silverman RH, Rondeau M, Ellsworth RM, Haik BG (1987) Computerized ultrasonic analysis of uveal malignant melanomas and response to cobalt-60 plaque. In: Ossoinig KC (ed) Ophthalmic echography. SIDUO X, Doc Ophthalmol Proc Ser 38. Junk, The Hague Boston Lancaster

Till P (1980) Testung von Schallköpfen auf ihre Eignung zur Gewebsdifferenzierung mit Hilfe des Festkörper-Gewebsphantoms. Klin Monatsbl Augenheilkd 176:337–340

4.1.2 Pegeldifferenz-A-Mode-Echographie nach dem Verfahren von Ossoinig und Mitarbeitern

H.G. TRIER

Durch die Benutzung des Ausdrucks „standardisierte Echographie" (Standardized Echography) durch K.C. Ossoinig und seine Gruppe ist ein Terminologieproblem entstanden. Soweit bekannt ist, benutzt Ossoinig den Ausdruck noch im gleichen Sinne wie in seiner Veröffentlichung in: Internat. Ophthal. Clinics, Vol. 19/No. 4, p. 127 (1979): „Standardisierte Echographie ist eine spezielle Methode der Ultraschalldiagnostik, die ... zum Zwecke der ophthalmologischen Gewebsdifferenzierung entwickelt wurde. Diese Methode unterscheidet sich wesentlich von anderen Methoden der Ultraschalldiagnostik, die in der Augenheilkunde benutzt werden. Standardisierte Echographie ist eine *Kombination* von A-scan-, B-scan- und Dopplertechniken, die gewöhnlich in direktem Kontakt zwischen Schallkopf und Oberfläche des Auges ausgeführt wird (Kontaktankopplung) und die hauptsächlich mit *standardisierten A-scan-Geräten und -Techniken erfolgt*" (vom Autor aus dem Englischen übersetzt).

Demnach benutzt K.C. Ossoinig den Ausdruck „standardisierte Echographie", um damit gleichzeitig mindestens 3 verschiedene Merkmale seiner Technik zu beschreiben:

1. *Die Angleichung technischer Merkmale in der Geräteserie Kretztechnik 7200 MA* an den Prototyp, wie sie durch Bemühungen des Herstellers und zusätzliche Kalibrierung erreicht wurde (externe Kalibrierung der Geräte durch K.C. Ossoinig, beschrieben in Ossoinig u. Patel 1977). Durch diese Maßnahmen ist ein höherer Grad von Angleichung oder Harmonisierung hinsichtlich verschiedener Leistungsmerkmale des Gerätes erreicht worden, einschließlich spezieller, sigmoider Kompression, Frequenz-Bandbreite, Filterung (Baureihenharmonisierung bzw. Baureihenangleichung an den Prototyp).

2. Bei der klinischen Ultraschalldiagnostik mit A-Mode-Verfahren werden die Echoamplituden auf einen Referenzwert bezogen. Die klinische Untersuchung erfolgt

– mit verschiedenen definierten Gesamtleistungen bzw. (bei einer konstanten Sendeleistung) mit definierten, verschiedenen Verstärkungswerten. Diese Ebenen wurden relativ zur Amplitude eines Referenzechos von einem Gewebsmodell definiert, z.B. die Ebene „Gewebsempfindlichkeit" (Gewebsmodell TM, nach Till 1976).
– indem die Echoamplitude (reflectivity = Reflektivität) einer unbekannten Gewebsgrenzschicht auf die Echoamplitude der Sklera des Auges bezogen wird (Referenzecho).

3. Die kombinierte Anwendung des A-Mode-Gerätes „Kretztechnik 7200 MA", eines Kontakt-B-Mode-Gerätes und eines unidirektionalen Dopplergerätes.

Zu diesen Punkten sind folgende Kommentare erforderlich:

Zu 1. Die Baureihen-Angleichung beim Gerät Kretztechnik 7200 MA war die historisch erste und bisher effektivste Maßnahme dieser Art bei ophthalmologischen Ultraschalldiagnostikgeräten. Diese Leistung hat zu einer starken Verbreitung der technischen Charakteristik des Gerätes 7200 MA geführt. Heute werden jedoch bei mehreren anderen Geräten verschiedener Hersteller ähnliche Versuche zur Baureihen-Angleichung durchgeführt. Der Ausdruck „standardisiert" ist aber in diesem Zusammenhang irreführend und nicht geeignet, aus folgenden Gründen:

– Zu den Leistungsmerkmalen von A-Mode-Geräten zur ophthalmologischen Ultraschalldiagnostik ist *bis heute kein Standard* nationaler oder internationaler Standardisierungsgremien erschienen oder in Kraft getreten;
– durch die Benutzung dieser Terminologie wird die noch nicht erreichte *echte Standardisierung* ophthalmologischer Ultraschallgeräte vorweggenommen und abgewertet. Zum Vergleich sei erwähnt, daß z.B. für die Elektrokardiographie (EKG) nationale Standards erlassen und in Kraft getreten sind, die von allen Herstellern als verbindlich angesehen werden und allgemein für Gerätegleichheit, z.B. in den Merkmalen Eingangswiderstand, Frequenz-Bandbreite, Linearität und Dynamik, garantieren.

Zu 2. Die Methode benutzt Unterschiede in den Echoamplituden, die für die Gewebsdifferenzierung auf einen Referenzwert bezogen werden. Nach der technischen Terminologie schlagen wir für dieses – von verschiedenen Autoren verwendete – Prinzip die Bezeichnung vor: „Pegeldifferenz-A-Mode-Echographie" („level difference" oder „amplitude difference A-Mode echography"). Der Vorschlag (Trier 1986) beruht auf dem International Electrotechnical Vocabulary, Chapter 80: Acoustics and Electro-Acoustics (1982). Die nähere Bezeichnung für dieses Verfahren ist von der Definition des Referenzwertes abhängig: Falls dieser einen echten nationalen oder internationalen Standard darstellt, kann das Verfahren unseres Erachtens bezeichnet werden als „Standardisierte Pegeldifferenz-A-Mode-Echographie" („standardized amplitude difference A-Mode echography" oder „standardized level difference A-Mode echography"). Diese Ausdrucksweise wäre erlaubt, wenn „working standard targets" gemäß der IEC-Publikation No. 854 benutzt werden. Derartige Targets, die auch als „substandard practical reference targets" bezeichnet werden, müssen verschiedene physikalische Forderungen erfüllen. Wenn jedoch das benutzte Referenzverfahren nicht im Sinne eines technischen Standards qualifiziert ist, kommt eine Ausdrucksweise wie „Labornormal-Pegeldifferenz-A-Mode-Echographie" („laboratory normalized level difference A-Mode echography") in Betracht. In diesem Zusammenhang ist von Bedeutung, daß in das erwähnte Standardisierungsdokument der IEC als Target keinerlei Körpergewebe, auch nicht Sklera, und kein gewebs-äquivalentes Gewebsphantom aufgenommen worden ist. Der Grund liegt in den komplexen, nicht genügend physikalisch definierbaren akustischen Vorgängen, einschließlich der Schallstreuung bei der Anwendung derartiger Objekte.

In der klinischen Anwendung kann menschliche Sklera als „klinischer Substandard" gebraucht werden, da dieses Target den anerkannten planen Reflektoren ähnelt und Vorzüge für die diagnostische Arbeit besitzt, wenn sich vor dem interessierenden Gebiet im Schallweg krankhafte Veränderungen der Augengewebe befinden. Dies würde dem Rahmen des IEC-Dokuments (Teil über Working Standard Targets) insofern entsprechen, als in der Literatur bereits ausreichende, sorgfältige Messungen vorliegen, um das Skleraecho auf „working standard targets" in Form ebener Reflektoren zu beziehen, z.B. HEMA-Reflektoren.

Zu 3. Bis heute liegen leider auch weder für B-Mode- noch für Dopplergeräte technische Standards in Hinblick auf ihre Leistungsmerkmale vor. Die Kombination von nicht-standardisierten Geräten aufgrund einer aus persönlicher Sicht erfolgten Auswahl aus einer Vielfalt existierender Methoden und Geräte ergibt aber zweifellos keine standardisierte Echographie bzw. rechtfertigt nicht die Benutzung dieses Begriffs. Geeigneter erscheint hier eine Ausdrucksweise wie: Methodenkombination nach K.C. Ossoinig und Mitarbeitern.

Zusammenfassung

Nach gründlichen Überlegungen und Vorarbeiten und unter Anerkennung der Verdienste von K.C. Ossoinig für die Entwicklung der ophthalmologischen Ultraschalldiagnostik wird für notwendig erachtet, seinen vorläufigen Ausdruck „standardisierte Echographie" durch einen geeigneteren Ausdruck zu ersetzen (siehe auch Buschmann et al. 1985). Hierzu werden folgende Vorschläge gemacht:

a) „Pegeldifferenz-A-Mode-Echographie nach dem Verfahren von Ossoinig und Mitarbeitern":
Diese Bezeichnung schließt die von Ossoinig ausgegangene methodische und technische Innovation zum größten Teil mit ein. Die Bezeichnung erlaubt eine analoge Anwendung für die Arbeitsweise anderer Autoren durch Einsetzen von: „... nach dem Verfahren von N.N...".

b) „Methodenkombination von A-Mode-, B-Mode- und Doppler-Echographie nach K.C. Ossoinig und Mitarbeitern".

Literatur

Buschmann W, Haigis W, Thijssen J (November 1985) Nomenclature proposal for SIDUO Standardization Committee

International Electrotechnical Vocabulary, Chap 80 (1982) Acoust Electr-Acoust Adv Edn, Publication 50 (801)

Ossoinig KC (1979) Standardized echography: Basic principles, clinical applications, and results. Int Ophthalmol Clin 19/4:127–210

Ossoinig KC, Patel JH (1977) A-scan instrumentation for acoustic tissue differentiation: III. Testing and calibration of the 7200 MA unit of Kretztechnik. In: White D, Brown RE (eds) Ultrasound in medicine, vol 3B. Plenum New York, pp 1955–1964

Till P (1976) Solid tissue model for the standardization of the Echoophthalmograph 7200 MA (Kretztechnik). Doc Ophthalmol 41:205

Trier HG (April 1986) Schreiben an die Mitglieder des SIDUO Standardization Committee

4.2 M-Mode

H.G. TRIER

Mit dem M-Mode oder TM-Mode (Time-Motion)-Verfahren werden Laufzeiten bzw. Entfernungen im Gewebe in Abhängigkeit von der Zeit registriert. Der Schallkopf wird dabei in einer gewünschten Richtung justiert und sodann nicht mehr bewegt. Die eintreffenden Echos (RF- oder A-Mode) werden elektronisch wie in B-Mode verarbeitet; die echogebenden Grenzflächen erscheinen als Leuchtpunkte einer Bildzeile (z.B. in x-Richtung) über die Echtzeit oder Registrierzeit (z.B. in y-Richtung). Unbewegte Grenzflächen bilden in M-Mode Darstellung gerade Linien, bewegte Grenzflächen sind an unstetigen oder pulsierenden Kurvenverläufen erkennbar (s. Abb. 4.2-1). Die Registrierung erfolgt mittels Kamera auf Film (offener Verschluß), mit Fiberoptik-Schreiber oder mittels speicherndem Bildschirm. In anderen Fachgebieten, besonders der Kardiologie, besitzt die M-Mode Darstellung große klinische Bedeutung. In der Ophthalmologie wird sie bisher nur in Sonderfällen eingesetzt.

Die Aussagekraft des M-Bildes hängt von der Güte der ursprünglichen Hochfrequenz- oder A-Mode Signale und von einer dauerhaften Justierung des Schallbündels auf die relevanten Reflektoren während der gesamten Registrierzeit ab. Die klassische M-Mode-Technik verwendete das analoge Echosignal für eine Echtzeitdarstellung des Bewegungsvorgangs. Eine technische Alternative

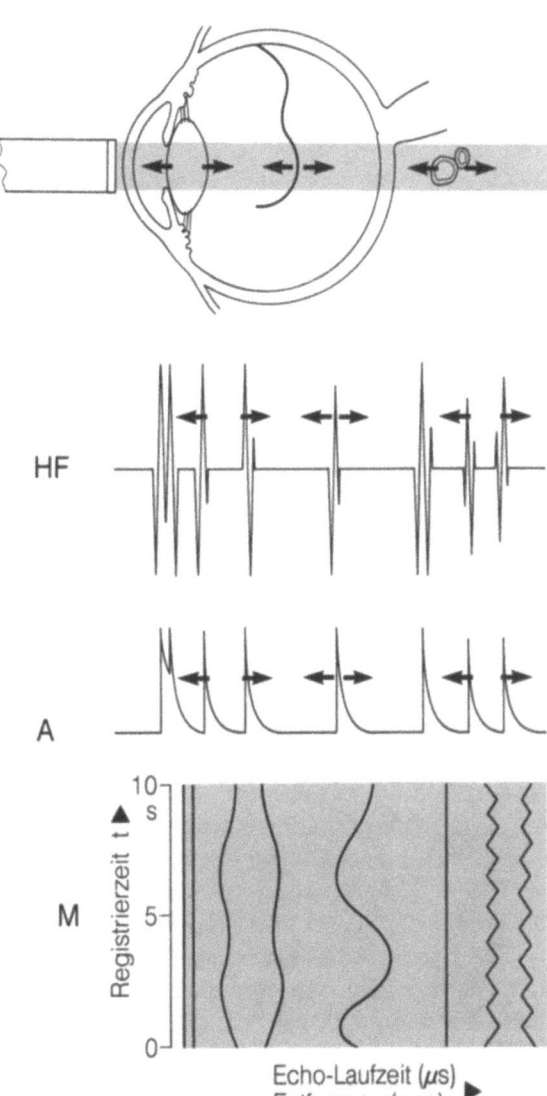

Abb. 4.2-1 (Trier). Darstellung bewegter Grenzflächen am Beispiel von akkommodierender Linse, flottierender Glaskörpermembran und pulsierendem Orbitagefäß bei axialer Untersuchung, *HF*, Hochfrequenzechogramm; *A*, A-Mode; *M*, M-Mode (schematisch)

Tabelle 4.2-1 (Trier) Möglichkeiten zur Wiedergabe von Echosignalen in M-Mode-Darstellung

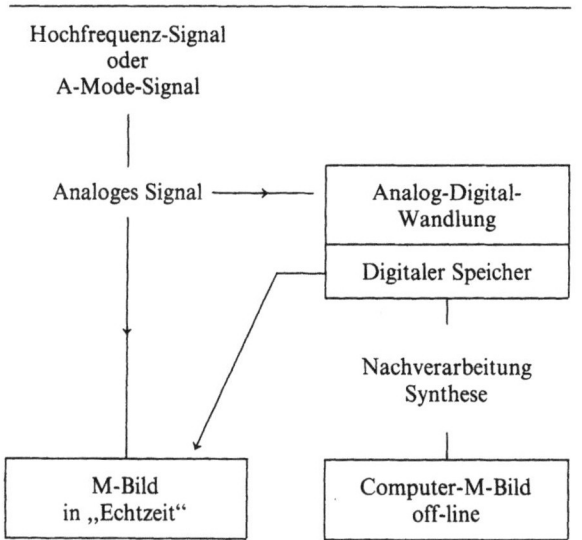

ist die Digitalisierung des Echosignals mit Abspeicherung eines mehrdimensionalen Datensatzes und nachträglicher Synthese eines Computer-M-Bildes (s. Tabelle 4.2-1).

4.2.1 Untersuchung der Achsenlänge und ihrer Teilabschnitte während der Akkommodation

Trotz verschiedener Akkommodationstheorien ist bisher nicht geklärt, zu welchen Anteilen die Krümmungsänderung der Linse (extrakapsulärer Akk. mechanismus) bzw. die Brechwertänderung (intrakapsulärer Akk. mechanismus) und die umstrittene Achsenlängenänderung (äußerer Akk. mechanismus) an der Akkommodation beteiligt sind.

Zur Klärung dieser physiologischen Fragen können M-Mode-Untersuchungen beitragen. Die Aufgabe stellt aber hohe Anforderungen an die Präzision des Biometriegeräts („Mikro-Biometrie") und an die Justierung des Schallbündels zu den Grenzflächen in der Augenachse. Yamamoto et al. (1961) und Giglio u. Ludlam (1967) beschrieben eine Lösung, bei der durch eine zentrale Bohrung im Schallkopf ein Licht fixiert wird. Besonders geeignet sind Zielgeräte, die einen Teiler für Licht- und Ultraschallweg enthalten und die optische Fixation unter Kontrolle des Akkommodationszustandes (subjektive/objektive Refraktion) des mit Ultraschall gemessenen Auges während des Akkommodationsvorgangs erlauben. Spezielle Geräte für diesen Zweck haben Coleman und Carlin (1966), Hammerla (1970) und Trier, Hammerla und Reuter (1973) beschrieben (Abb. 4.2-2).

Fortlaufende Ultraschallmessungen der Achsenlänge oder ihrer Teilabschnitte am Menschen während Akkommodation wurden beschrieben von Coleman et al. (1969), Coleman und Weininger (1969), Storey und Rabie (1984), Lepper, Trier, Reuter (1980), Lepper und Trier (1987).

Die klassische M-Mode-Registrierung gibt die Laufzeiten (μs) bei Achsenmessung wieder. Sie bedarf einer nachträglichen rechnerischen Korrektur für die „Voreilung" in der unterschiedlich dicken Linse (Auswirkung der höheren Schallgeschwindigkeit), wenn die Positionsveränderung der Linsenrückfläche und Retina abgelesen werden sollen. Vertritt man den Gesichtspunkt, daß der Begriff der M-Mode durch die beabsichtigte Aussage zur Positionsänderung der Gewebe über die Zeit charakterisiert ist, so sind hier als Ausgangspunkt für Computer-M-Mode auch HF- oder A-Mode-Messungen zu nennen.

Wie Abb. 4.2-3 zeigt wird bei Akkommodation (hier 5 dptr) typisch eine geringe Abnahme der Vorderkammertiefe und Zunahme der Linsendikke, in einem Teil eine sehr geringe Verkürzung oder auch Verlängerung der Achsenlänge beobachtet. Coleman deutete die erstmals mit Ultraschallbiometrie quantifizierbare Verschiebung der Linse zwischen Hornhaut und Rückwand zusammen mit bekannten physiologischen Fakten als eine aktive Rolle des Glaskörpers beim Akkommodationsvorgang. Eine Vorwärtsbewegung der Aderhaut und dadurch des Glaskörpers unterstützt durch Druck auf die Linsenrückfläche die Linsenverschiebung und die Akkommodationsvorgänge an M. ciliaris, Zonula. Dabei tritt ein Druckgefälle mit höherem Druck im Glaskörperraum und erniedrigtem Abflußwiderstand in der Vorderkammer auf (Akkommodationstheorie Coleman 1970).

Die weitere Analyse von Biometriedaten ist für die Theorie der Myopie- und Glaukomentstehung wichtig.

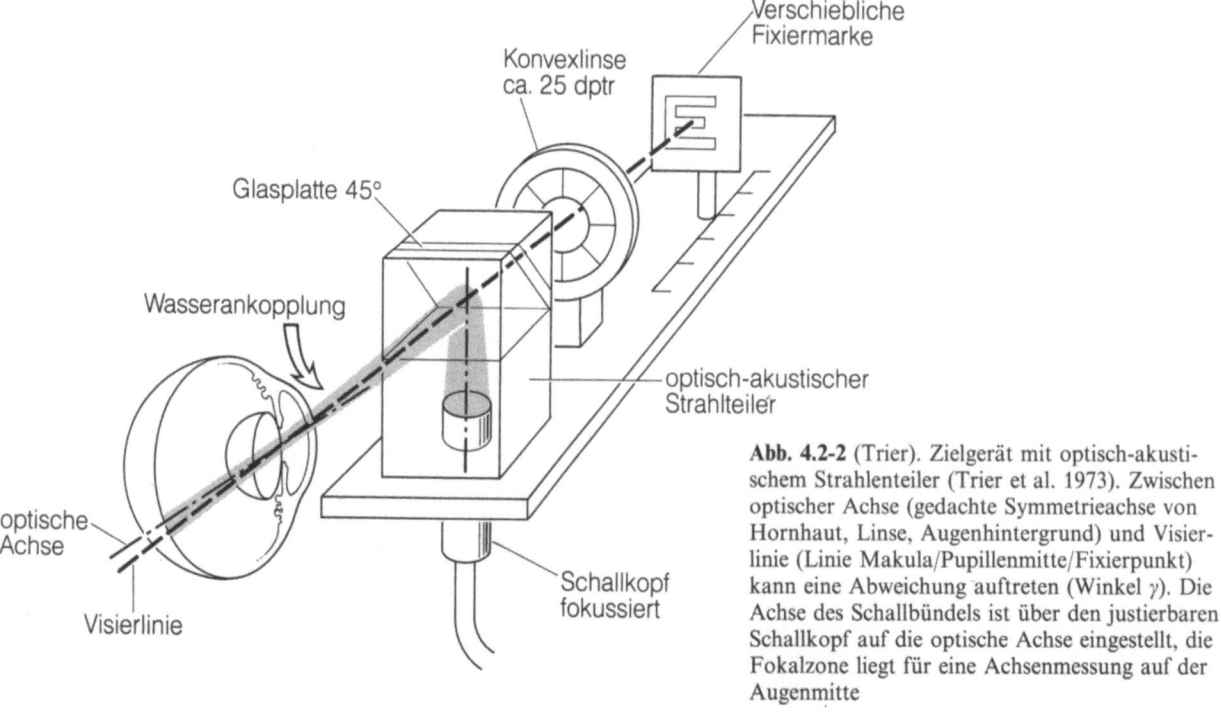

Abb. 4.2-2 (Trier). Zielgerät mit optisch-akustischem Strahlenteiler (Trier et al. 1973). Zwischen optischer Achse (gedachte Symmetrieachse von Hornhaut, Linse, Augenhintergrund) und Visierlinie (Linie Makula/Pupillenmitte/Fixierpunkt) kann eine Abweichung auftreten (Winkel γ). Die Achse des Schallbündels ist über den justierbaren Schallkopf auf die optische Achse eingestellt, die Fokalzone liegt für eine Achsenmessung auf der Augenmitte

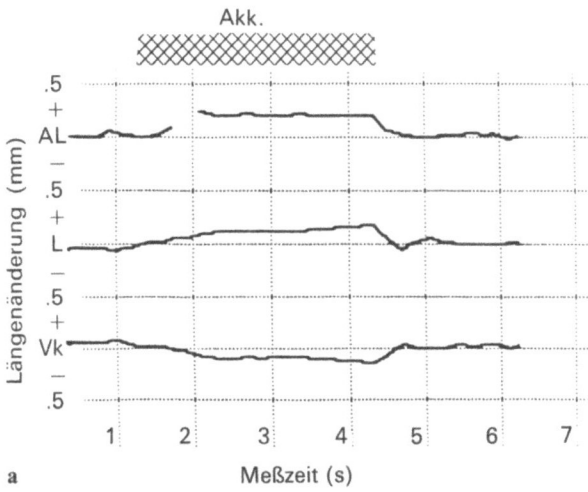
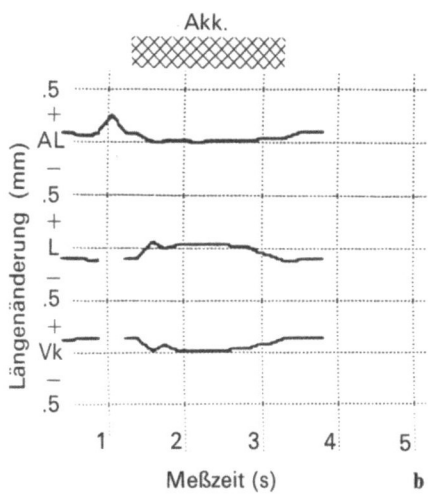

Abb. 4.2-3a, b (Trier). Die Veränderung von Vorderkammertiefe (*VK*), Linsendicke (*L*) und Achsenlänge (*AL*) während des Akkommodationsvorgangs (5 dptr), simultane Teilstreckenmessung mit Ressource-System (s. Kap. 1.4.1) *Abszisse*: Meßzeit (s), *Ordinate*: Längenänderung (mm), nichtlinear komprimiert. (Aus: Lepper u. Trier 1987)

a Beispiel mit Zunahme der Achsenlänge bei Akk. (21 J.). Max. Längenänderung: Vk −0,11 (mm); L +0,16; AL +0,21. **b** Beispiel mit Abnahme der Achsenlänge bei Akk. (21 J.). Max. Längenänderung: Vk −0,13 (mm); L +0,16; AL −0,05

4.2.2 Untersuchung intraokularer Veränderungen

Für die intraokulare Untersuchung hat M-Mode bisher keine größere klinische Bedeutung erlangt, obwohl einzelne Anwendungen beschrieben werden:
- Registrieren von Gefäßpulsationen beim Aderhauthämangiom und für die Differenzierung von zystischem und solidem Gewebe durch Ballotieren (Coleman 1972).
- Registrieren von Nachbewegungen der Echos krankhafter Veränderungen, zur Differentialdiagnose von vitreoretinalen Membranen und abgehobener Netzhaut, sowie von Traktionen aus ihrem Bewegungsverhalten, und bei Tumorverdacht (Bonavolonta u. Cennamo 1984). Grundsätzlich würden derartige Aufzeichnungen – entsprechend der Anregung von Susal und Walker für elektronische Echtzeit-Scanner – ebenfalls Rückschlüsse auf mittlere Geschwindigkeit oder Beschleunigung bewegter Strukturen, z.B. der abgelösten Netzhaut erlauben. Voraussetzung ist jedoch eine Konstanz der abgeleiteten Position, was z.B. durch Saugnapfschallköpfe (Buschmann 1966) und Positionierung der M-Mode innerhalb eines B-Bildes erfolgen kann (Abb. 4.2-4).
- Registrierung der indirekten Lichtreaktion der Pupille. Bei fehlendem Einblick, z.B. durch Hornhauteintrübung, kann die Intaktheit der Pupillenbewegung, z.B. bei fraglichen hinteren Synechien, mit Echtzeit-B-Mode geprüft und im M-Mode Verfahren quantifiziert werden. Hierzu eignen sich B-Mode-Schallköpfe geringen Durchmessers, die – bei Blick nach nasal – temporal über die Zone L-a mit Schnittebene 90° aufgesetzt werden. Die richtige Lage der Schnittebene in der Pupille wird durch die Lichtreaktion der Pupille identifiziert.

4.2.3 Pulsationen der Rückwandschichten

Die Erfassung von Gefäßpulsationen oder hämodynamisch bedingter Dickenänderungen an der Netzhaut-Aderhautschicht ist mit spezieller Geräteausrüstung heute in vivo ohne Narkose möglich. Klinische Anwendungsgebiete zeichnen sich für die Zukunft ab.

Coleman und Weininger (1969) und Coleman (1971) demonstrierten mit B-Mode- geführtem M-Mode am Hund Aderhautdickenänderungen bei Karotiskompression, und an Kleinkindern in Narkose deutliche Pulsationen in der Aderhaut und retrobulbär. Lepper (1978) und Lepper et al. (1981) analysierten die Irrtumsmöglichkeiten der älteren Messungen, besonders aufgrund der Schwellenkriterien für eine Signaldarstellung; kleinere Amplitudenänderungen des zugrundeliegenden A-Mode-Signals könnten dabei überschwellig werden und Positionsänderungen vortäuschen. Sie

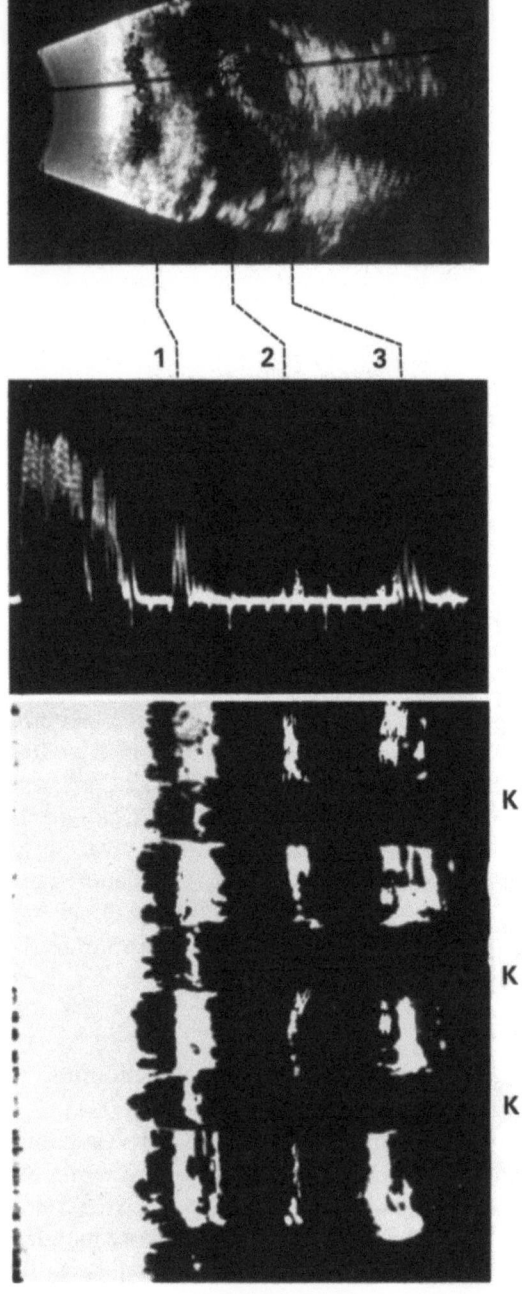

Abb. 4.2-4 (Trier). Nachbewegungen vitreoretinaler Veränderungen nach Kommandobewegungen der Augen (*K*) und folgendem Stillstand von ca. 4 s in jeweils gleicher Blickrichtung. *Oben*: B-Mode, mit Vektorposition (Ultrascan 404) *Mitte*: A-Mode in Vektorrichtung, Abszisse 1 mm/T. *Unten*: M-Mode in Vektorrichtung. *1*, Retrolentale Schwarte, starr ohne Nachbewegungen; *2*, Membranen, gering beweglich; *3*, Rückwand mit davorliegenden Veränderungen, starr, mit wechselnder Überschwelligkeit des Echomusters, justagebedingt (halbschematisch)

verwendeten eine Computer-M-Mode-Technik aus HF-Signalen, die durch manuelle Schallkopfjustierung auf die Rückwand gewonnen werden. Die manuelle Schallkopfführung erwies sich für die präzise Justierung auf die Rückwandschichten in vivo ohne Narkose als geeigneter als eine starre B-Bild-Mechanik (Abb. 4.2-5a, b).

Die Autoren wiesen so wesentlich kleinere pulssynchrone Aderhautdickenschwankungen in der Größenordnung von 10 μm nach. Diese Größenordnung stimmt mit anderen kreislaufphysiologischen Daten überein. Mit visuellen Methoden läßt sich eine weitere Differenzierung des HF-Echosignals der Rückwand durchführen, wenn ein akustisches Referenzsignal (Standardreflektor) und der Pulsrhythmus, z.B. Fingerpuls, bekannt sind (Abb. 4.2-6). Die Retinadicke (Schicht 1) ändert sich nicht. Die Aderhaut weist pulssynchrone Dickenänderungen auf. Akustisch sind eine innere Teilschicht der Aderhaut (Schicht 2) von ca. 0,1–0,5 mm Dicke mit zum Fingerpuls gleichphasischen Pulsationen und eine äußere Teilschicht der Aderhaut mit zum Puls gegenphasischen Pulsationen unterscheidbar (Reinert 1983; Trier u. Reinert 1987; Lepper et al. 1987).

Abbildung 4.2-7 zeigt Stufen der rechnergestützten, automatischen M-Mode-Analyse dieser Volumenpulsationen (Irion et al. 1984, 1987). Dabei werden zunächst aus dem M-Bild die überlagerten Relativbewegungen zwischen Auge und Sonde entfernt (Phasenkorrektur, Abb. 4.2-7 Mitte). Die Volumenpulsation einzelner Grenzflächen ist jetzt visuell gut erkennbar. Für die Vermessung der Pulsation wird danach der interessierende Teil des korrigierten M-Bildes noch höher aufgelöst dargestellt; in Abb. 4.2-6 ist dies die innere Aderhautteilschicht. Die Position der Echomaxima wird direkt (interaktiv über Meßmarken) oder halbautomatisch (Korrelationsverfahren, Interferenzspektrum) bestimmt. Tabelle 4.2-2 gibt Auswertungsergebnisse von Normalaugen wieder. Der Pulsationsgrad der Teilschichten ist an der Höhe des Variationskoeffizienten (Abweichung vom Mittelwert) ablesbar. Die Güte der Übereinstimmung der Pulsation mit der Pulskurve (EKG oder peripherer Volumenpuls) wird mittels des Korrelationskoeffizienten bewertet.

Im Einklang mit den o.a. visuellen Analyseergebnissen ist höchste Ähnlichkeit mit der Pulskurve wiederum in der Schicht 2 (Choriocapillaris und Sattlersche Schicht) festzustellen. Auf anatomischen Grundlagen (Abb. 4.2-8a, b) läßt die gegenphasische und unterschiedlich starke Pulsation der Schichten 2, 3 und 2+3 sich deuten als arte-

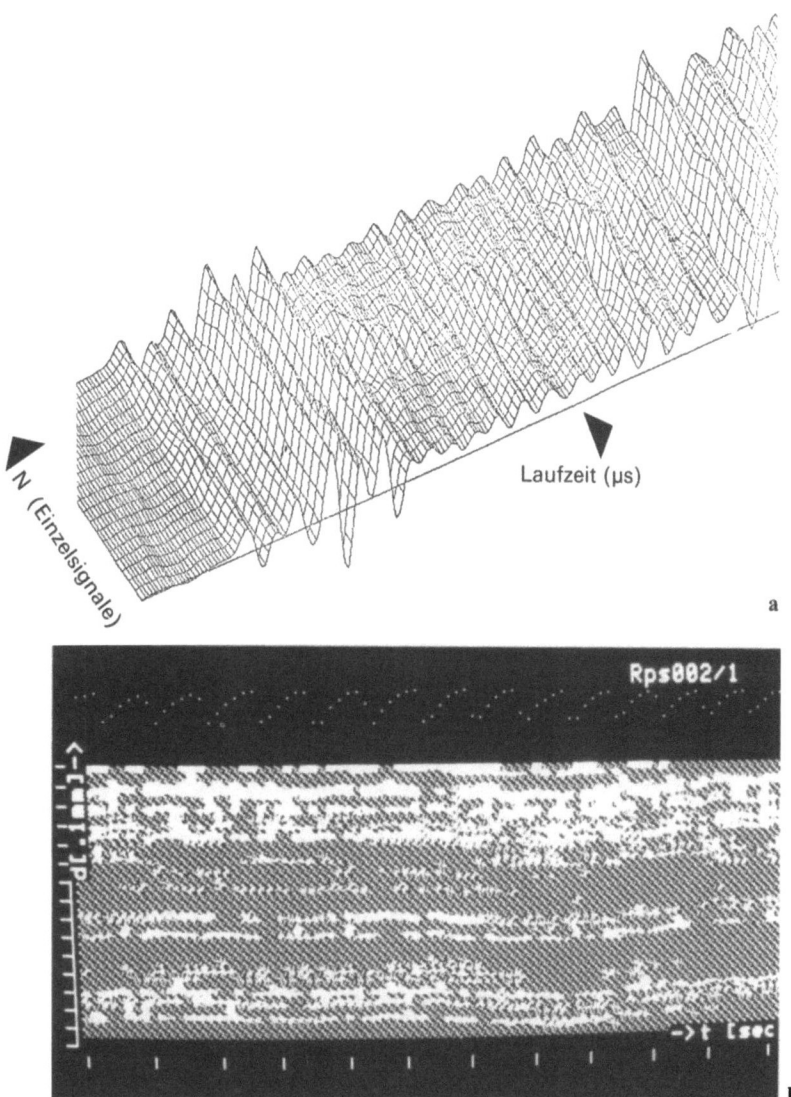

Abb. 4.2-5a, b (Trier). Folge von Echosignalen mit guter Übereinstimmung, von der Rückwand des Auges bei manueller Schallkopfjustierung

a Isometrische Darstellung, als HF-Signal, **b** Darstellung als Computer-M-Mode; oben: Fingerpuls

rielle Pulsation in der Sattlerschen Schicht (Enden der Ziliararterien); Überlagerung von arterieller Komponente und passiver venöser Komponente in der Hallerschen Schicht (Malessa 1972).

Mit „dynamischer Mikro-Biometrie" nach dem Computer-M-Mode-Verfahren läßt sich die reaktive Hyperämie der Aderhaut nach Tonometrie nachweisen (Reinert 1983). Die mögliche klinische Bedeutung dieser neuen Feinverfahren liegt in der Meßbarkeit der Aderhautelastizität, in Abhängigkeit von durchblutungsbestimmenden Kreislaufgrößen und der intraokularen Druckregulierung, sowie in der nichtinvasiven Identifizierung der normalen Aderhaut anhand ihrer Dynamik, z.B. bei Differentialdiagnostik von tumorartigen Prominenzen, die ohne oder mit Aderhautbeteiligung verlaufen können (Trier 1982).

4.2.4 Untersuchung von Fremdkörpern

M-Mode kann zusätzlich zu A-Mode oder alternativ eingesetzt werden, um bei fehlendem Einblick die Wirkung eines Fremdkörpermagneten auf einen intraokularen oder orbitalen Fremdkörper zu untersuchen. Aus dieser wichtigen Untersuchung können folgende Schlüsse gezogen werden:
a) Feststellung der magnetischen Eigenschaften des Fremdkörpers (Frage: magnetischer oder amagnetischer Fremdkörper).

Spezielle echographische Untersuchungstechniken für Bulbus und Orbita

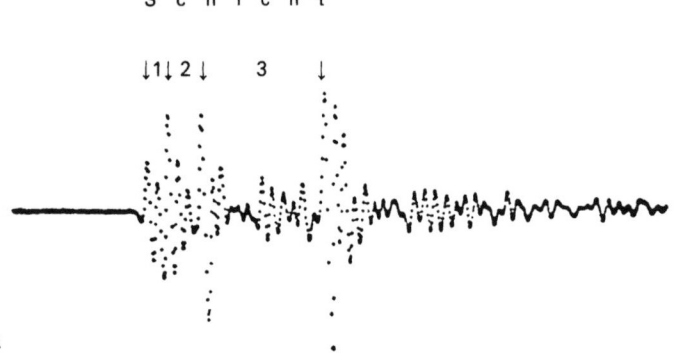

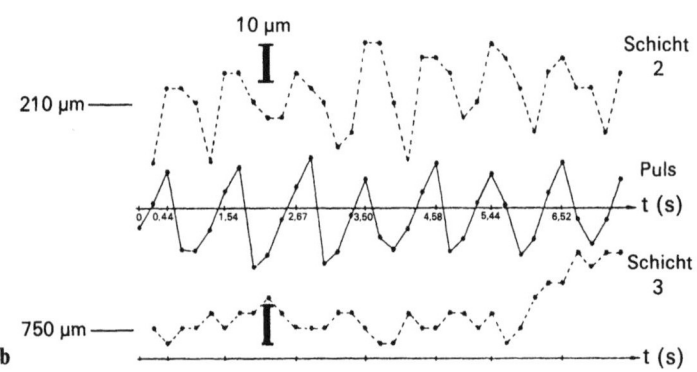

Abb. 4.2-6a, b (Trier). Normale Augenrückwand: Abstand zwischen 2 Kurvenpunkten = 3,83 μm; (25jähr. Mann, Zone 7.30 a, im Liegen). **a** HF-Echogramm. Visuelle Einteilung in 3 akustische Teilschichten. Vermutlich entsprechen Schicht *1* der Netzhaut; Schicht *2* der Choriocapillaris und der Schicht der mittleren und kleinen Gefäße (Sattlersche Schicht); Schicht *3* der Hallerschen Schicht der großen Gefäße und der Suprachorioidea. **b** Bei visueller Auswertung mittels Meßmarkenjustierung feststellbare Dickenschwankungen der Aderhautteilschichten 2 und 3, relativ zum Fingerpuls.
--- Schichtdicke; — Pulskurve (Fingerpuls)
(Nach Trier u. Reinert 1987)

b) Hinweise auf Eigenschaften (Dichte, Härte, elastisches Verhalten) der umgebenden Gewebe bei festsitzendem Fremdkörper.
c) Sichere Identifizierung und Lokalisation kleiner und/oder von Gewebe maskierter Fremdkörper anhand ihrer Bewegung im Magnetfeld, wenn ihre echographische Entdeckung ohne Magnet nicht möglich war.

Die Anwendung im Magnetversuch zu Zweck a) wurde von Purnell (1966) und von Penner und Passmore (1966) beschrieben. Ein kombinierter Magnetschallkopf wurde 1970 von Schum angegeben und 1971 von Schum und Schwab modifiziert. Es handelte sich um einen Schallkopf mit daran angebrachtem ferromagnetischen Stift. Durch Einschalten des damit verbundenen Handmagneten

Tabelle 4.2-2 (Trier). Rechnergestützte M-Mode-Analyse der normalen Netzhaut-Aderhaut-Schicht hinsichtlich der Schichtdicken und ihrer Volumenpulsationen

Visuell unterscheidbare Rückwandschicht im Echosignal	Wahrscheinliches anatomisches Korrelat	Schichtdicke (μm)		Variationskoeffizient der Schichtdicke		Übereinstimmung von Pulsation mit Fingerpuls
		$\bar{x}$	s	$\bar{x}$	s	r
1	Netzhaut	144	±13	1,83	0,97	
2	Choriocapillaris u. Schicht der mittleren und kleinen Gefäße	189	±67	2,34	1,43	−0,82
3	Schicht der großen Gefäße und Suprachorioidea	662				
2+3	Gesamte Aderhaut	851	±254	1,07	0,54	+0,59

r, Korrelationskoeffizient von Schichtdicke zu Fingerpuls

oder besser eines Innenpolmagneten bewegt sich ein magnetischer Fremdkörper auf den Schallkopf zu. Diese Verlagerung ist im Echogramm erkennbar. Meist werden aber unabhängige Handmagnete benutzt. Bronson beschrieb außer dem manuellen Ein- und Ausschalten eines Magneten auch dessen periodische, automatische Schaltung und die Überlagerung seines konstanten Magnetfeldes mit Zusatzimpulsen (Bronson-Magnion-Magnet). Friedmann und Kodsow benutzten ein Innenpolsolenoid, dessen Magnetfeld nur zu leichter Schwenkung des Fremdkörpers führt ohne ihn zu verlagern. Mehrere Autoren haben die klinische Nützlichkeit der Magnetversuche in Kombination mit A- oder M-Mode beschrieben (Coleman 1977). Den bisher bekannten Kombinationen ist gemeinsam, daß das Magnetfeld beim Ein- und Ausschalten seine Intensität, nicht aber seine Richtung zum Fremdkörper ändert. Um kleine Pendelbewegungen des Fremdkörpers zu erzeugen, haben Trier et al. (1977) und Püttmann et al. (1977) ein Verfahren mit periodischem Wechsel von Magnetfeldrichtung und -intensität demonstriert. Das Verfahren ermöglicht eine Detektion von Fremdkörpern schon mit kleinsten Bewegungsamplituden von 0,01–0,03 mm, die im Gegensatz zum normalen Magnetversuch keine Verlagerung oder Wanderung des Fremdkörpers während des diagnostischen Versuchs befürchten lassen. Schneider et al. 1987 haben diese Methode durch Anwendung von Helmholtzspulen weiterentwickelt. Abb. 4.2-9 u. 10 zeigen Beispiele für die M-Mode-Registrierung von Fremdkörperbewegungen unter verschiedenen Bedingungen.

4.2.5 Untersuchung der Orbita

M-Mode kann in der Orbita zur Registrierung von Gefäßpulsationen eingesetzt werden, z.B. bei der Diagnose orbitaler Tumoren und arteriovenöser Anomalien. Für den gleichen Zweck eignen sich Echtzeit-B-Mode-, A-Mode- und Dopplerverfahren aber gewöhnlich besser, da sie hinsichtlich Justiergenauigkeit und -konstanz geringere Anforderungen stellen.

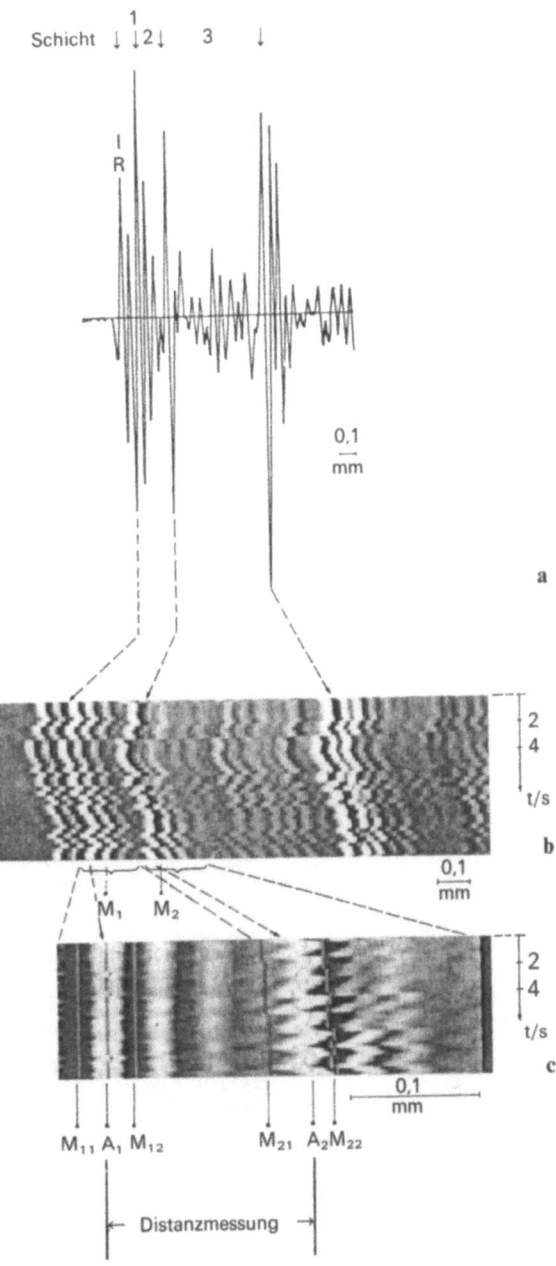

Abb. 4.2-7a–c. Automatische M-Mode-Verarbeitung am Beispiel einer Messung der Schichtdicke 2 (innerer Teil der Aderhautschicht). Nach Korrektur stellt sich die Schicht zwischen $A_1...A_2$ dar. Die Echomaxima der Schichtgrenzen in der Signalfolge werden innerhalb der Intervalle $M_{11}...M_{12}$ bzw. $M_{21}...M_{22}$ detektiert und ihre Distanz ermittelt. Im korrigierten M-Mode sind Grenzflächenpulsationen auch visuell eindeutig erkennbar. (Nach Irion et al. 1984)
a HF-Signal; **b** unkorrigierter M-Mode; **c** korrigierter M-Mode

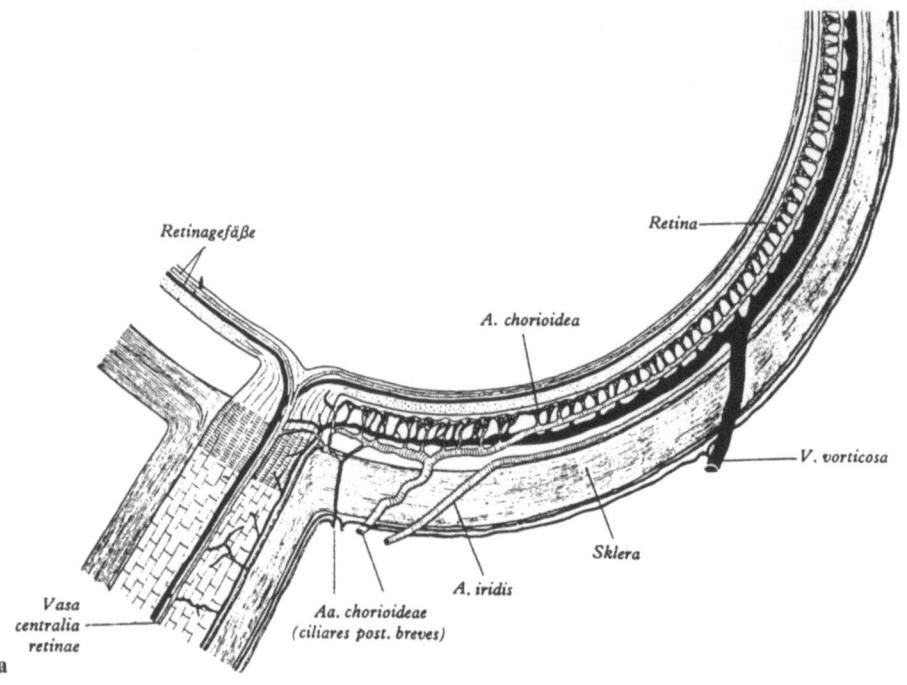

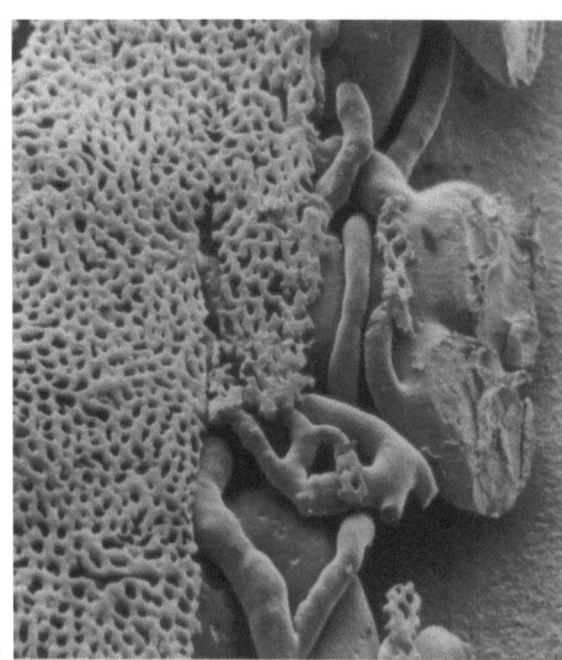

Abb. 4.2-8a, b. Blutversorgung von Netz- und Aderhaut
a Schematische Darstellung der Blutversorgung von Netzhaut und Aderhaut. (Nach Leber, aus Sobotta, Atlas der Histologie, 1907). b Gefäßausgußpräparat der menschlichen Aderhaut, (Rasterelektronenmikroskopie, senkrechter Schnitt, ×72) Sichtbar ist die Unterteilung der Aderhaut in die Schichten der Choriocapillaris und der mittleren und großen Gefäße. (Aus Hunold 1983)

4.2.6 Untersuchung der Karotiden und anderer oberflächennaher Arterien und Venen

Mit M-Mode oder verwandten Verfahren (Echokymographie, Buschmann 1964) können an größeren Gefäßen Wanddicken, Lumenweite und Pulsationskurven aufgezeichnet werden (Abb. 4.2-11). Das Verfahren eignet sich für das Monitoring von umschriebenen Stellen im Gefäßverlauf, ist aber für die Untersuchung größerer Gefäßabschnitte zu zeitraubend und hierzu an den Karotiden durch B-Bild und Duplexverfahren ersetzt.

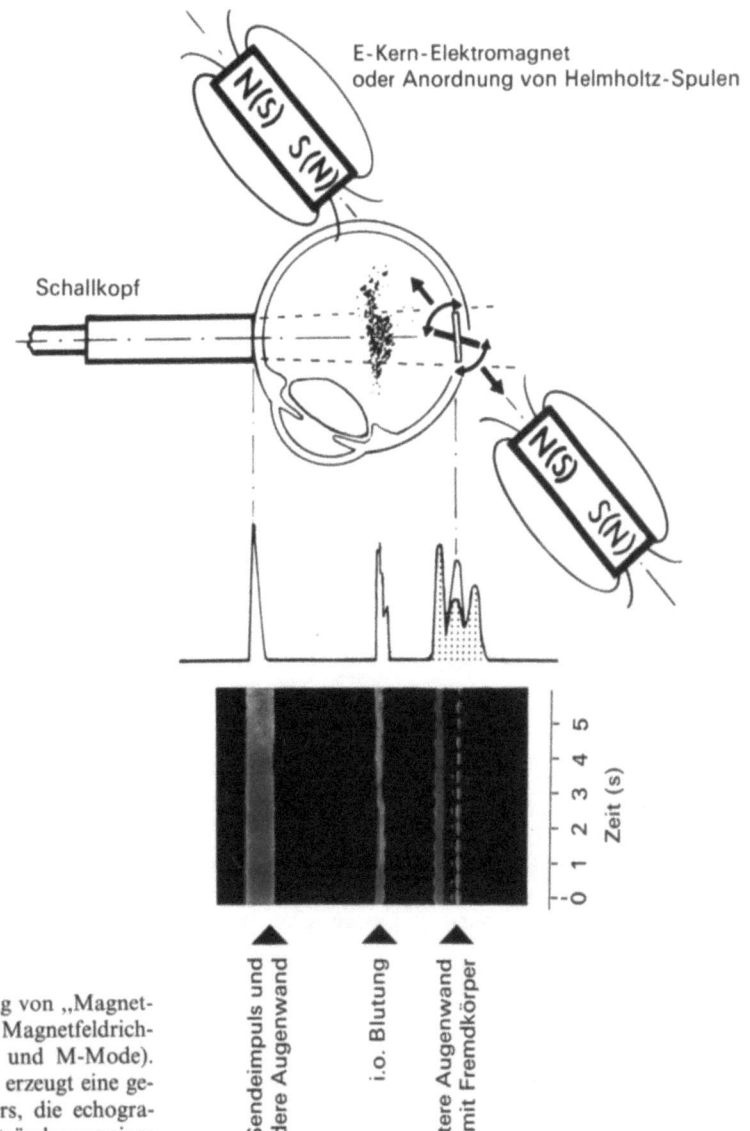

Abb. 4.2-9 (Trier). Kombinierte Anwendung von „Magnetversuch" mit periodischem Wechsel von Magnetfeldrichtung und -intensität und Echograpie (A- und M-Mode). Magnetfeldfrequenz 2 Hz. Das Magnetfeld erzeugt eine geringe Schaukelbewegung des Fremdkörpers, die echographisch als periodische Amplituden- und Ortsänderung eines Echos angezeigt wird

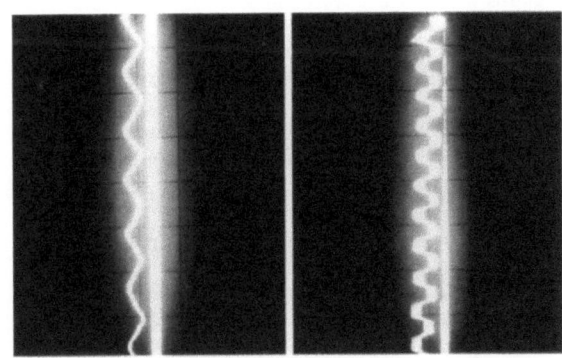

Abb. 4.2-10 (Trier). Erscheinungsbild der Schaukelbewegung eines magnetischen Fremdkörpers im M-Mode bei verschiedenen Magnetfeldern. Links Sinusanregung (1 Hz), rechts Rechteckanregung (1,8 Hz)

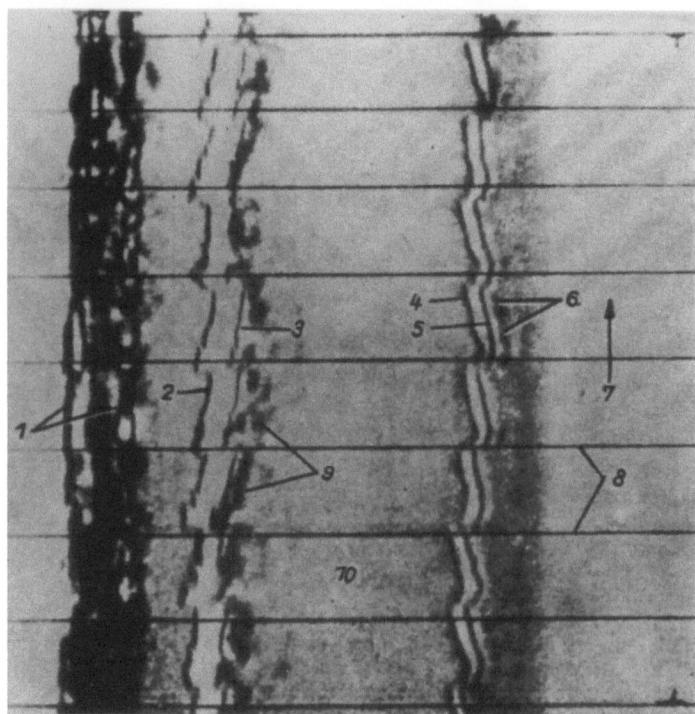

Abb. 4.2-11 (Buschmann). Normales Echokymogramm der A. carotis communis eines 30jähr. gesunden Mannes. *1*, Sendeimpuls mit Echos von Haut und Fettgewebe; *2*, Adventitiagrenze der schallkopfnahen Karotiswand; *3*, abfallender Schenkel des Echos der Intimablutgrenze (aufsteigender Schenkel nicht dargestellt, Wanddickenbeurteilung daher hier nicht möglich), *4*, Blutintimagrenze der schallkopffernen Karotiswand, *5*, Adventitiagrenze; *6*, abfallender Schenkel von *5*, mangelhaft dargestellt, *7*, Ablaufrichtung der fortlaufenden Registrierung. *8*, Zeitmarken (1 s), *9*, abklingende Schwingungen von *3*. *10*, echofreies Lumen (Blutsäule). (Aus: Buschmann 1964)

Literatur

Bonavolontà A, Cennamo G (1984) M-Mode echography pattern study in retinal detachment. In: Hillman JS, LeMay MM (eds) Ophthalmic ultrasonography, SIDUO IX, Doc Ophthalmol Proc Ser 38. Junk, The Hague Boston Lancaster, pp 133–139

Bronson NR (1969) Foreign body management. In: Int. Ophthalmol. Clinics 9, No. 3, Wainstock (ed), Ultrasonography in Ophthalmology, Little, Brown & Co, Boston

Buschmann W (1964) Zur Diagnostik der Carotisthrombose. Albrecht v Graefes Arch Ophthalmol 166:519–529

Buschmann W (1966) Einführung in die ophthalmologische Ultraschalldiagnostik. Thieme, Leipzig

Coleman DJ (1970) Unified model for accommodative mechanism. Am J Ophthalmol 69:1063–1079

Coleman DJ (1971) Measurement of choroidal pulsation with M-scan ultrasound. Am J Ophthalmol 71:363–365

Coleman DJ (1972a) Reliability of ocular and orbital diagnosis with B-scan ultrasound. 1. Ocular diagnosis. Am J Ophthalmol 73:501–516

Coleman DJ (1972b) Reliability of ocular and orbital diagnosis with B-scan ultrasound. 2. Orbital diagnosis. Am J Ophthalmol 74:704–718

Coleman DJ, Carlin B (1967) A new system for visual axis measurements in the human eye using ultrasound. Arch Ophthalmol 77:124–127

Coleman DJ, Weininger R (1969) Ultrasonic M-Mode technique in ophthalmology. Arch Ophthalmol 82: 475–479

Coleman DJ, Wuchinich D, Carlin B (1969) Accommodative changes in the axial dimension of the human eye. In: Gitter KA, Keeney AH, Sarin LK, Meyer D (ed) Ophthalmic ultrasound. Mosby, St. Louis, pp 134–141

Coleman DJ, Jack RL, Franzen LA (1973) Ultrasonography in ocular trauma. Am J Ophthalmol 75:279–288

Coleman DJ, Lizzi FL, Jack RL (ed) (1977) Ultrasonography of the eye and orbit. Lea & Febiger, Philadelphia

Friedman FE, Kodsow MB (1973) Lokalisation von Fremdkörpern im Augeninnern und Bestimmung ihrer magnetischen Eigenschaften durch Ultraschall. Klin Monatsbl Augenheilkd 162:579–584

Giglio EJ, Ludlam WM (1967) High resolution ultrasonic equipment to measure intra-ocular distances. J Am Optom Assoc 38:367–371

Hammerla O (1970) Ultraschallzielgerät für intraokulare Distanzmessungen. Diplomarbeit, Universität München

Hunold W (1983) Die morphologische und funktionelle Gliederung der menschlichen Choriocapillaris. Habilitationsschrift, Medizinische Fakultät, RWTH Aachen

Irion KM, Faust U, Trier HG, Lepper RD (1984) Digitale Analyse von Ultraschall-M-Bildern zur Ermittlung des dynamischen Verhaltens der Augenrückwand. Ultraschall 5:126–130

Irion KM, Trier HG, Lepper RD (1987) In vivo study of the human retinochoroidal layers by RF-signal analysis. II Automated digital image analysis of the M-scan. In: Ossoinig KC (ed) Ophthalmic echography. SIDUO X. Junk, The Hague Boston Lancaster, p 145

Lepper R-D (1978) Ultraschallmessungen an der Rückwand des lebenden menschlichen Auges. Dissertation Universität Bonn

Lepper R-D, Trier HG (1981) A new device for ocular biometry. In: Thijssen JM, Verbeek AM (eds) Ultrasonography in ophthalmology. SIDUO VIII, Doc Ophthalmol Proc Ser 29. Junk, The Hague Boston London, pp 473–477

Lepper R-D, Trier HG (1987) Measurements of accommodative changes in human eyes by means of a high-resolution ultrasonic system. In: Ossoinig KC (ed) Ophthalmic echography. SIDUO X. Junk, The Hague Boston Lancaster

Lepper R-D, Trier HG, Reuter R (1980) Neuartige Ultraschallbiometrie. Klin Monatsbl Augenheilkd 177:101-106
Lepper R-D, Trier HG, Reuter R (1981) Ultrasonic measurements at the posterior wall of living human eyes. Ophthalmol Res 13:1-11
Lepper R-D, Trier HG, Reinert S, Reuter R (1987) In vivo study of the human retino-choroidal layers by RF-signal analysis. I. Visual echogram interpretation. Part 1: Techniques. In: Ossoinig KC (ed) Ophthalmic echography. SIDUO X. Junk, The Hague Boston Lancaster, pp 139-143
Malessa P (1972) Spektralphotometrische Bestimmung der Aderhautdurchblutung beim Albinokaninchen. Klin Monatsbl Augenheilkd 161:115-116
Penner R, Passmore JW (1966) Magnetic vs. nonmagnetic intraocular foreign bodies. An ultrasonic determination. Arch Ophthalmol 76:676-677
Püttmann W, Reuter R, Trier HG (1977) Change of orientation and intensity of a magnetic field as an aid for ultrasonic foreign body localization. In: White D, Brown RE (eds) Ultrasound in medicine, vol 3A, Clinical aspects. Plenum Press, New York London, pp 1011-1018
Purnell EW (1966) Ultrasound in ophthalmological diagnosis. In: Grossman C et al. (eds) Diagnostic ultrasound. Plenum Press, New York, pp 95-109
Reinert S (1983) Ultraschall-Untersuchungen an der menschlichen Netzhaut/Aderhautschicht in vivo mittels Hochfrequenz-Signal-Analyse. Dissertation Universität Bonn
Schneider H, Reuter R, Trier HG (1987) in Vorbereitung
Schum U (1970) Ein kombinierter Magnet-Schallkopf zur Lokalisation und Extraktion intraokularer Fremdkörper. Klin Monatsbl Augenheilkd 157:256-258
Schum U, Schwab B (1971) Verbesserte kombinierte Ultraschall- und Magnetverfahren zur intraokularen Fremdkörperdiagnostik. Albrecht v Graefes Arch Ophthalmol 182:313-320
Storey JK, Rabie EP (1984) Biometry of the eye during accommodation. In: Hillman JS, LeMay MM (eds) Ophthalmic ultrasonography, SIDUO IX, Doc Ophthalmol Proc Ser 38. Junk, The Hague Boston Lancaster, pp 295-301
Susal AL, Walker JT (1984) In-vivo measurements of vitreous and retinal acceleration. In: Hillman JS, LeMay MM (eds) Ophthalmic ultrasonography, SIDUO IX, Doc Ophthalmol Proc Ser 38. Junk, The Hague Boston Lancaster, pp 163-168
Trier HG (Hrsg) (1982) Objektive Verfahren zur Gewebsdifferenzierung mit Ultraschall: Klinische Erprobung in der Augenheilkunde an der Universität Bonn. Schlußbericht BMFT-DFVLR, 01 VI 047 und 057/ZA/NT/MT224a; Inst. exper. Ophthal. Univ. Bonn u. Inst. Biomed. Tech. Univ. Stuttgart
Trier HG, Reinert S (1987) In vivo study of the human retinochoroidal layers by RF-signal analysis. I. Visual echogram interpretation. Part 2: Results on choroidal thickness and pulsation under physiological conditions and under tonometry. In: Ossoining KC (ed) Ophthalmic echography. SIDUO X. Junk, The Hague Boston Lancaster, pp 144
Trier HG, Hammerla O, Reuter R (1973) Ein hochauflösendes Tau-System für die Biometrie des Auges. In: Massin M, Poujol J (Hrsg) Diagnostica Ultrasonica in Ophthalmologia, SIDUO IV. Centre National d'Ophtalmologie des Quinze-Vingts, Paris, pp 51-58
Trier HG, Reuter R, Püttmann W, Best W (1977) Echographie in Kombination mit anderen Techniken zur Fremdkörper-Lokalisation. In: Intraokularer Fremdkörper und Metallose. Proc. Int. Symp. Dtsch. Ophthalmol. Ges., Köln 1976. Bergmann, München, S 258-262
Yamamoto Y, Namiki R, Baba M, Kato M (1961) A study on the measurement of ocular axial length by ultrasound echography. Jap J Ophthalmol 5:134-139

4.3 C-Scan

M. RESTORI

Abbildungen in koronaren Schichten sind in der Ophthalmologie nützlich, da sie der Aufsicht bei der vitreoretinalen Chirurgie entsprechen und auch die Ebene darstellen, in welcher der Orbita-Chirurg während einer lateralen Orbitotomie vorgeht.

In B-Bild-Technik kann man koronare Schnittebenen des Bulbus oder der Orbita nicht anfertigen, da die umgebenden Knochen des Orbitaeinganges eine entsprechende Justierung des Schallkopfes verhindern bzw. eine Barriere für die Ultraschallpulse sind. Koronare Schnitte können jedoch mit der C-Scan-Technik abgebildet werden.

C-Scan-Technik

In Immersionstechnik wird ein stark fokussierter 10 MHz-Schallkopf über ein mit Kochsalzlösung gefülltes Bad an das Auge (nach Tropfanästhesie) angekoppelt. Die Tiefenlage (und die Schichtdicke) der C-Scan-Schicht innerhalb des Bulbus oder der Orbita wird mit Markierungen im B-Bild vorgewählt. Der Schallkopf wird so justiert, daß sein Brennpunkt in dieser Tiefe innerhalb der Markierungen liegt. Mittels einer elektromechanischen Bewegung tastet der Schallkopf eine Fläche von 4 qcm ähnlich einem Fernseh-Raster ab (Mäanderlinie). Der Bulbus liegt in der Mitte dieses Feldes. Eine Zeittorschaltung sorgt dafür, daß nur Echos aus der vorgewählten Tiefe verstärkt und als helligkeitsmodulierte Punkte entsprechend der jeweiligen Schallkopfposition an der Kathodenstrahlröhre angezeigt werden. Im allgemeinen können 1,5 mm dicke C-Scan-Schnitte bei Verwendung von 160 Abtastbewegungen innerhalb der genannten Fläche (Abb. 4.3-1a und b) in 23 Sekunden vollendet werden. Jede während dieser Zeit auftretende Bewegung beeinträchtigt die Auflösung. Daher ist diese Technik zur Darstellung von

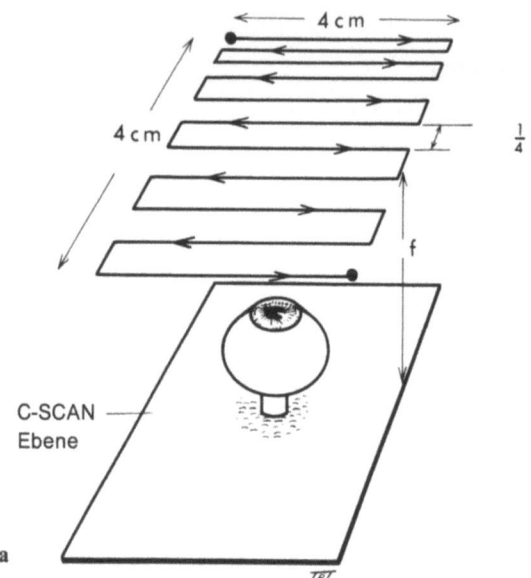

krankhaften Veränderungen geeignet, die *keine* Nachbewegungen bei der entsprechenden (dynamischen) B-Bild-Untersuchung zeigen (McLeod u. Restori 1979), wie zum Beispiel rigide Netzhautablösungen (Abb. 4.3-2), intraokulare Tumoren und Orbitaprozesse. Da zur Bildgewinnung nur die Fokalzone des Schallkopfes benutzt wird, sind eine gute Auflösung und eine hohe Empfindlichkeit erreichbar.

Literatur

McLeod D, Restori M (1979) Ultrasound examination in severe diabetic eye disease. Brit J Ophthalmol 63/8:533–538

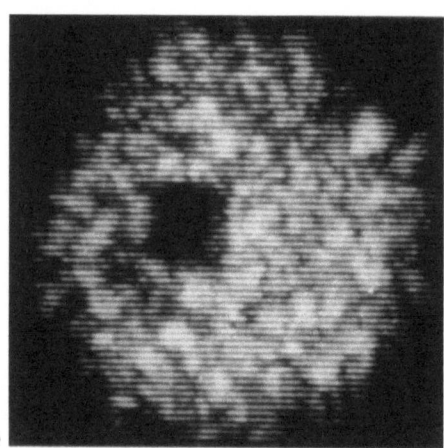

Abb. 4.3-1 a, b (Restori). C-Scan-Technik
a Schematische Darstellung der elektromechanischen Abtastbewegung des Schallkopfes. *f*, Fokusabstand des Schallkopfes (hier auf eine retrobulbäre Schnittebene zur Darstellung des Optikusquerschnittes eingestellt). **b** C-Scan-Schnittbild durch die normale Orbita (koronare Schnittebene). Der Querschnitt des Sehnerven erscheint als dunkle Lücke im Gebiet der hellen Orbitafettechos

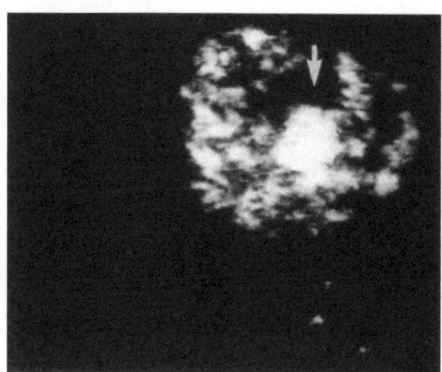

Abb. 4.3-2 (Restori). C-Scan-Schnittbild durch die Spitze einer Traktionsablatio (*Pfeil*) und durch eine retrohyaloidale Blutung in der Umgebung

4.4 AB-Bild

V. LENZ

Die Verknüpfung von Amplitudenmodulation (A-Mode) und Helligkeitsmodulation (B-Mode) führt zu einem Bild eigener Art. Seinen Komponenten entsprechend wird es als AB-Bild (AB-Mode) bezeichnet. Bildaufbau und Bildvariation bestimmen die Interpretationsmöglichkeiten dieser Darstellungsform.

Bildaufbau

Der Aufbau des AB-Bildes erfolgt aus dem B-Bild heraus durch Umwandlung der Modulationsart. Die Helligkeitsmodulation der Bildpunkte wird durch Amplitudenmodulation ersetzt. Dieser Wechsel zwischen den Modulationsarten erfolgt entweder abrupt oder gleitend in Form einer kombinierten Amplitudenhelligkeitsmodulation. Die Konfiguration der Abtastlinien bleibt durch den Modulationswechsel selbst unbeeinflußt.

Im B-Mode dienen die vom Transducer empfangenen Impulsantworten ausschließlich der Helligkeitsmodulation jedes Bildpunktes (Abb. 4.4-1, oben), im AB-Mode werden die Impulsantworten

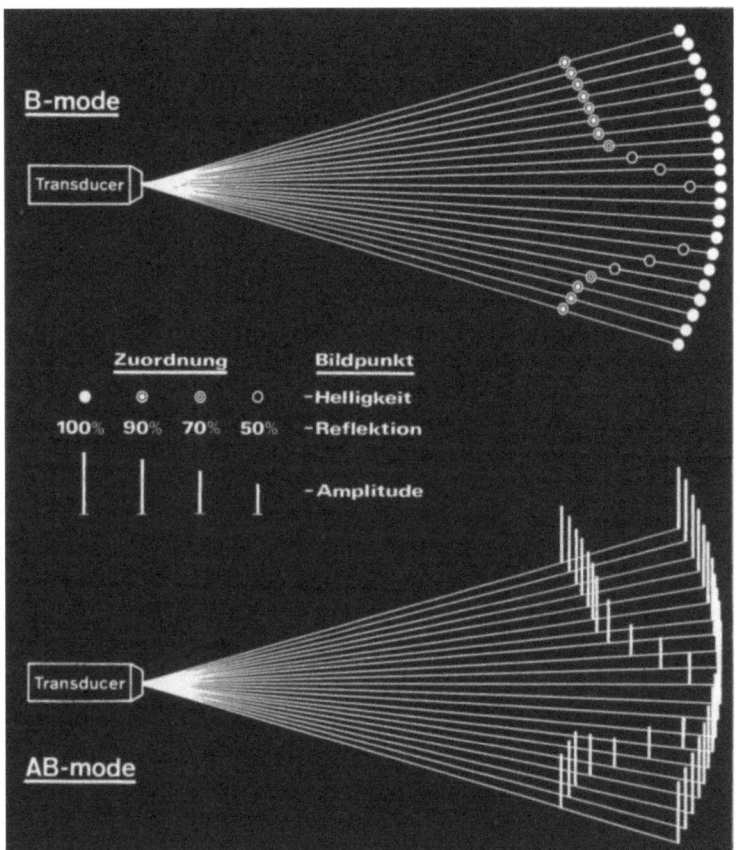

Abb. 4.4-1 (V. Lenz). Übergang B→AB-Mode am Beispiel einer Amotio-Konfiguration

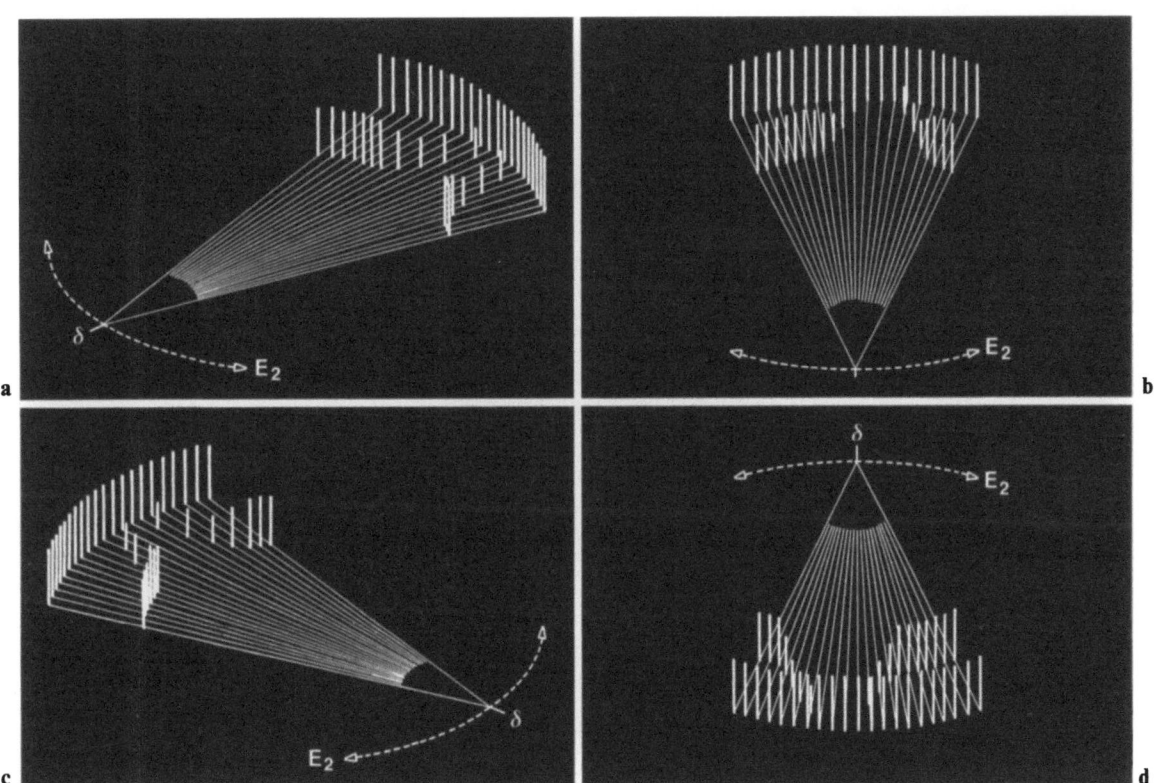

Abb. 4.4-2a–d (V. Lenz). Amotio-Konfiguration in verschiedenen Positionen δ auf der Rotations-Ellipse E_2

344 Spezielle echographische Untersuchungstechniken für Bulbus und Orbita

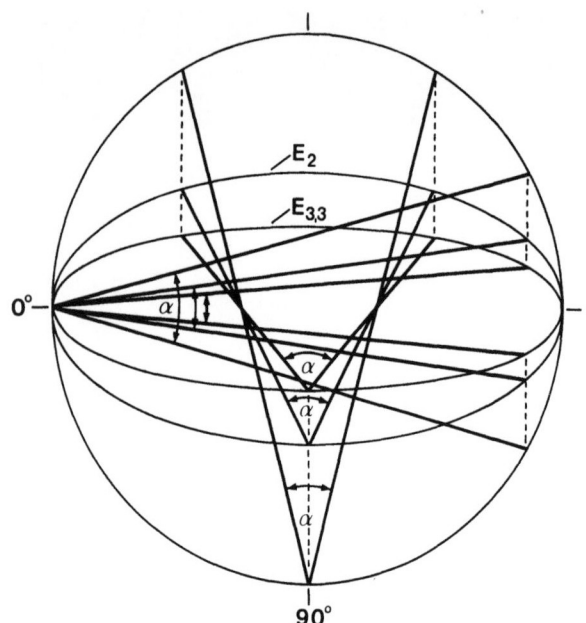

Abb. 4.4-3 (V. Lenz). Beeinflussung des *Bildwinkels* α durch Änderung der Rotationsfigur (Kreis→Ellipse E_n) entsprechend der gewählten Tilt-Einstellung

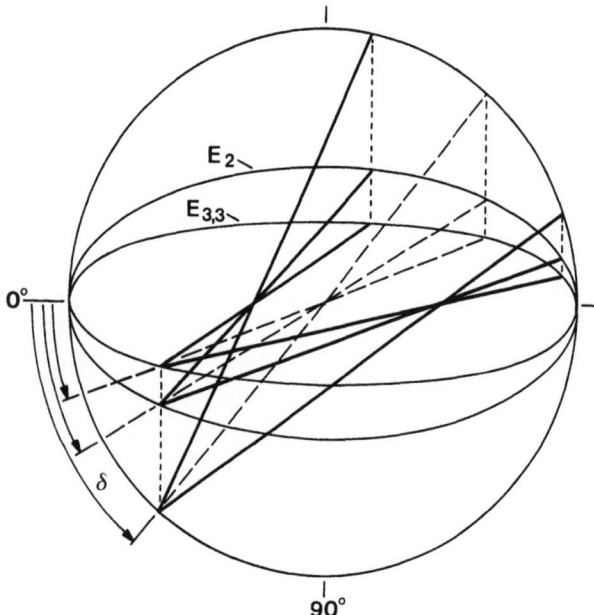

Abb. 4.4-4 (V. Lenz). Beeinflussung der *Bildlage* δ durch Änderung der Rotationsfigur (Kreis→Ellipse E_n) entsprechend der gewählten Tilt-Einstellung

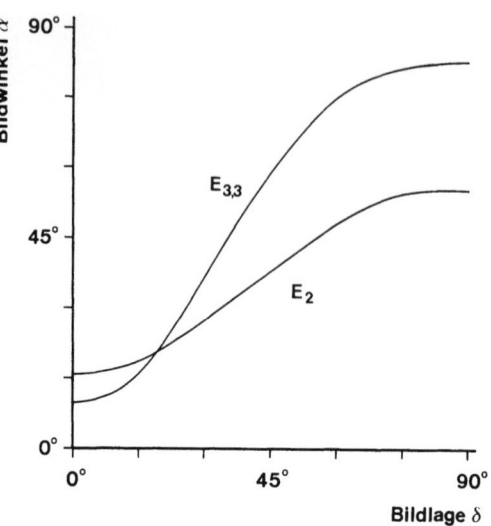

Abb. 4.4-5 (V. Lenz). Die Größe des *Bildwinkels* α wird sowohl durch die Form der Rotationsellipse E_n als auch durch die Bildlage δ beeinflußt

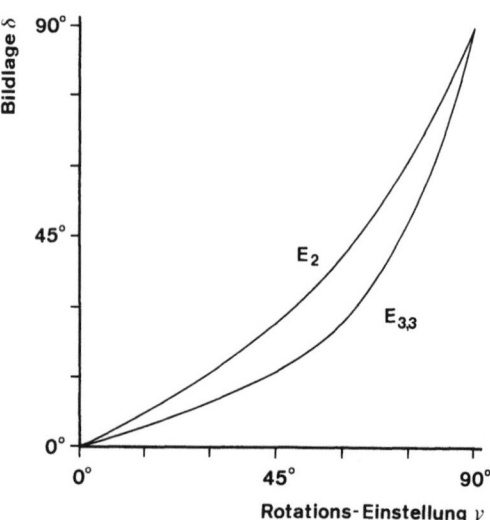

Abb. 4.4-6 (V. Lenz). Die tatsächliche *Bildlage* δ hängt ebenfalls von der Form der Rotationsellipse E_n sowie von der gewählten Rotationseinstellung γ ab

unmittelbar in jedem Bildpunkt als entsprechende Echoamplitude auf dem Oszilloskop dargestellt (Abb. 4.4-1, unten).

Eine Zunahme der Zeichendichte durch Erhöhung der Amplituden führt jedoch zwangsläufig zu deren zumindest teilweiser gegenseitiger Überlagerung und Verdeckung. Das beeinträchtigt nicht nur die Beurteilungsmöglichkeit der Amplituden selbst, sondern auch die Übersichtlichkeit des gesamten Bildes. Dieser Problematik begegnet die Bildvariation in Form von Bildrotation und Bildverkippung.

Bildvariation

Bildrotation. Die gesamte Abtastlinienkonfiguration läßt sich auf dem Oszilloskop drehen, dadurch ändert sich die relative Lage der Amplitudenbänder zueinander. Der Ursprung der Abtastlinien beschreibt dabei eine bestimmte Rotationsfigur. Eine Veränderung dieser Rotationsfigur erlaubt eine weitere Bildvariation.

Bildverkippung. Die Abflachung einer kreisförmigen Rotationsfigur zu einer horizontal gelegenen Ellipse bewirkt eine Verzerrung der Abtastlinienkonfiguration und damit eine scheinbare Verkippung der Bildebene im Raum.

Durch Bildrotation und Bildverkippung kann jede Bildstruktur in ihre günstigste Beurteilungsposition gebracht werden (Abb. 4.4-2a–d).

Bildwinkel und Bildlage

Bei Veränderung der Rotationsfigur (Kreis→Ellipse E_n) wird die auf dem Kreis liegende Abtastlinienfigur mit ihrem gesamten Dateninhalt auf die dem jeweiligen Verkippungsgrad entsprechende Ellipse projiziert (Abb. 4.4-3 und 4). Daraus resultiert eine wechselseitige Verknüpfung zwischen Bildwinkel α und Bildlage δ einerseits und den vorgegebenen Einstellungen für Verkippung (Tilt) und Rotation andererseits.

Bei einer kreisförmigen Rotationsfigur besteht keine Abhängigkeit zwischen der Größe des Bildwinkels und der Bildlage, es kommt also durch die Drehung zu keiner Verzerrung der Bildstrukturen. Außerdem entspricht die Bildlage der gewählten Rotationseinstellung. Jede ellipsenförmige Rotationsfigur bedingt dagegen vom Prinzip her eine Wechselwirkung zwischen den genannten Parametern. Das Ausmaß dieser Verzerrung kann durchaus bedeutsam sein und ist insbesondere bei der Beurteilung von Distanzen und Ausdehnungen sowie bei Verlaufskontrollen zu berücksichtigen.

Geräteeigenschaften

Bei den Geräten Ocuscan 400 (Fa. Sonometrics) und Ultrascan (Fa. Cooper Vision) läßt sich der Übergang von Helligkeitsmodulation zu Amplitudenmodulation stufenlos einstellen. Während beim Ultrascan separate Einstellregler sowohl für den Übergang (D-Mode-Enhance) als auch für die

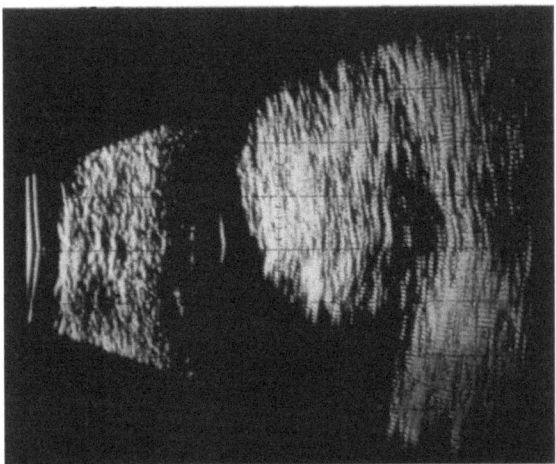

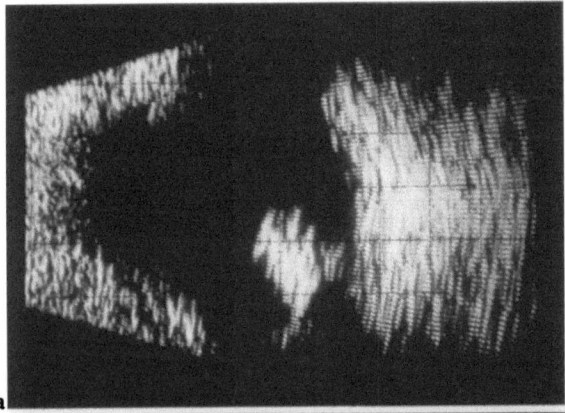

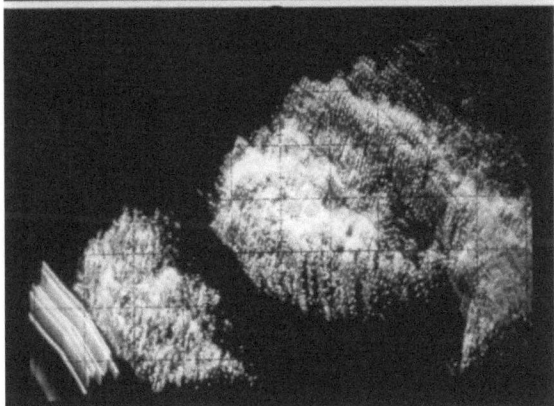

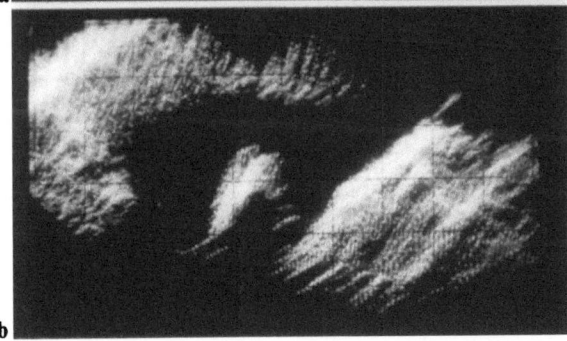

Abb. 4.4-7 (V. Lenz). I.o. Fremdkörper. FK-Echo scharf begrenzt, echodicht, hohe Reflektivität bis zur Totalreflektion. Beginnende Abschattung tieferer Strukturen

Abb. 4.4-8 (V. Lenz). Retinoblastom. Kein separates Retinaecho, unregelmäßige Begrenzung, grobe Inhomogenitäten: hohe Binnenechos (Kalzifizierung), Areale mit niedriger Reflektivität (Nekrose)

346 Spezielle echographische Untersuchungstechniken für Bulbus und Orbita

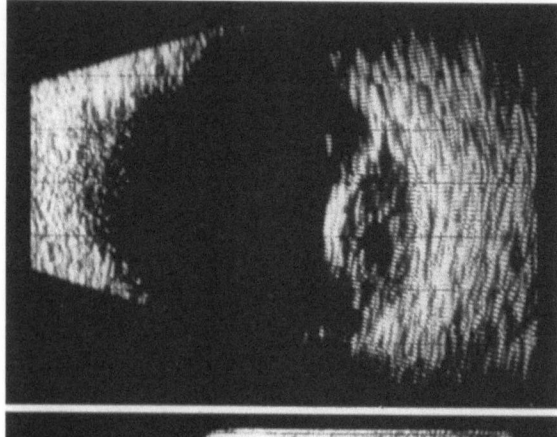
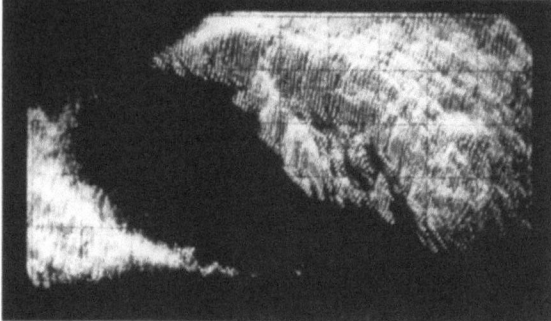
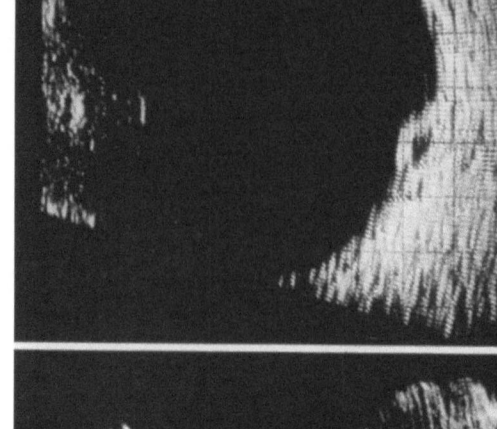
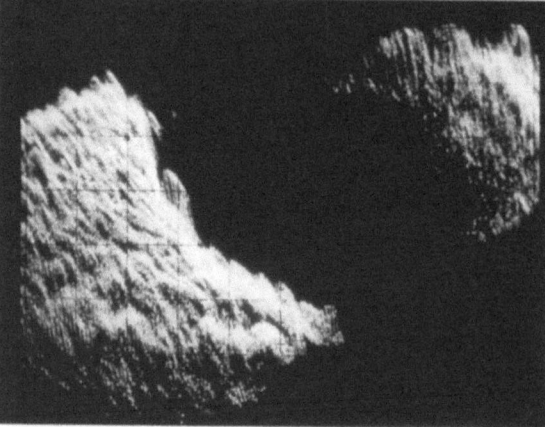

Abb. 4.4-11 (V. Lenz). Pseudotumor der Makula. Umschriebenes Echoband, Reflektivität in Netzhauthöhe, echofreie Binnenstruktur

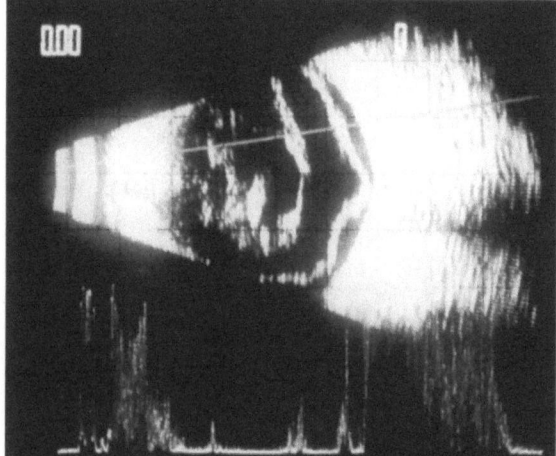
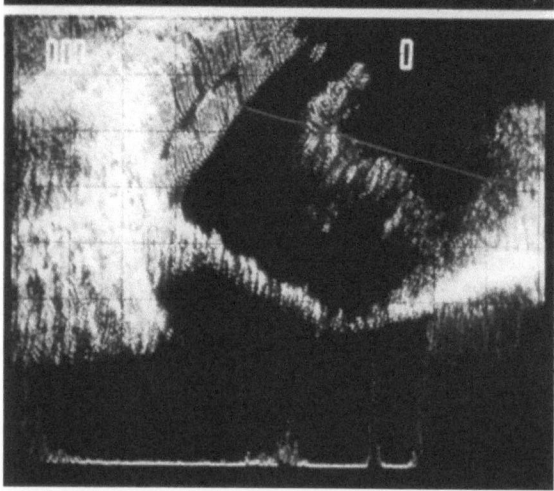

Abb. 4.4-9 (V. Lenz). Malignes Melanom. Differenzierbares Retinaecho, Kugelform (Bruchsche Membran intakt), niedrige bis mittelhohe Binnenechos, stumme Zonen, chorioidale Exkavation an der Basis

Abb. 4.4-10 (V. Lenz). Amotio mit Glaskörpermembran. Membran: diskontinuierliche, unregelmäßig begrenzte Struktur, wechselnde Reflektivität, keine Fixation. Amotio: kontinuierliche, regelmäßig begrenzte Struktur mit Papillenfixation, hohe Reflektivität

Bildverkippung vorhanden sind, ist beim Ocuscan 400 die Variation dieser beiden Größen gekoppelt (Tilt, Einstellbreite 0–90°). Die Einstellung der Bildrotation erfolgt bei beiden Geräten unabhängig von der Verkippung.

Die zwischen B-Bild und AB-Bild vergleichenden klinischen Befunde dieses Beitrags wurden mit einem Ocuscan 400 dokumentiert. Die Parameter in den Abb. 4.4-3 und 4.4-4 entsprechen dem klinisch interessanten Arbeitsbereich der Tilt-Einstellung dieses Geräts: Tilt = 20° → Ellipse E_2; Tilt = 45° → Ellipse $E_{3,3}$. Die Abb. 4.4-5 und 6, hergeleitet für Ocuscan 400 aus den Abb. 4.4-3 und 4, verdeutlichen die Verknüpfung aller abhängigen Größen und zeigen die Tendenz der Verzerrung in Abhängigkeit von dem gewählten Verkippungsgrad.

Zusammenfassung

Die Gewebedifferenzierung erfordert vielfach eine gleichzeitige Beurteilung von Struktur und Reflektivität. Hier bietet das AB-Bild mit seinem variablen Bildaufbau eine hilfreiche Ergänzung zu A- und B-Bild. Bei der Abgrenzung einer Amotio zu Glaskörpermembranen und Proliferationen oder der Fremdkörperidentifizierung und -lokalisation sowie bei der Tumordifferenzierung ist die Methode häufig unverzichtbar. Aber auch in kritischen Untersuchungssituationen verhilft das AB-Bild zu einer raschen, zumindest orientierenden Diagnose.

Klinische Fälle sind in den Abb. 4.4-7–12 dargestellt.

4.5 Echtzeitverfahren in der ophthalmologischen Ultraschalldiagnostik

A. SUSAL

Bei Echtzeitverfahren (real-time scanning) erfolgen die Abtastbewegung des Schallbündels und der Bildaufbau am Bildschirm so schnell, daß auch relativ rasch ablaufende Bewegungsvorgänge (z.B. Pulsationen, Schleuderbewegungen im Glaskörper) gut dargestellt werden können. Hierfür ist es notwendig, die elektromechanische Schallkopfbewegung durch die elektronische Umschaltung einer Schwingerreihe (array scanner) zu ersetzen. Das Echogramm wird auf einer Fernsehbildröhre dargestellt, an die Stelle der fotografischen Registrierung tritt die Aufzeichnung mit einem Videorecorder. Die Entwicklung dieser Untersuchungs-

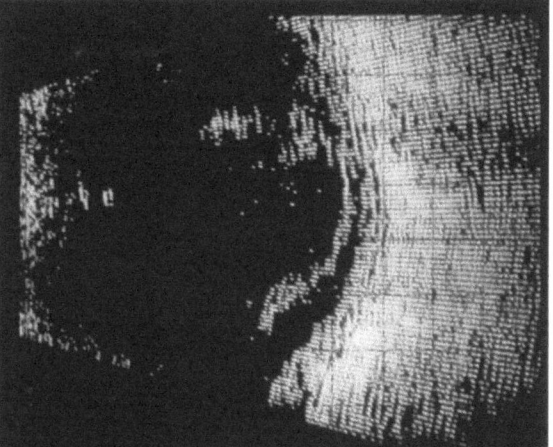

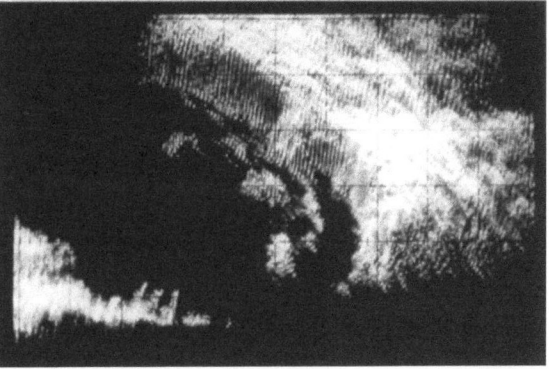

Abb. 4.4-12 (V. Lenz). Intravitreale Mykose. Zarte, diskontinuierliche Echobänder mit perlschnurartigen Verdickungen

technik in der Medizin begann in der Augenheilkunde (Buschmann, s. Kap. 1.4.1). In anderen medizinischen Anwendungsbereichen (Kardiologie, abdominale Ultraschalldiagnostik) haben Echtzeitverfahren inzwischen die elektromechanischen Scanner weitgehend ersetzt. In der ophthalmologischen Ultraschalldiagnostik gelang es erst 1980 Susal et al., ein *klinisch einsatzfähiges* Echtzeit-Gerät zu entwickeln (Abb. 4.5-1) und den klinischen Nutzen der dadurch zusätzlich erzielten echographischen Informationen eindrucksvoll zu demonstrieren (Susal et al. 1980, 1983; Susal 1981; Susal 1983/84a, b). Das Gerät wurde später unter dem Namen „Renaissance" von der Fa. Storz vertrieben (Abb. 4.5-1 b). Zwei Nachteile der elektronisch geschalteten Reihenschwinger wirken sich leider in der ophthalmologischen Anwendung besonders aus. Wegen der in Schwingernähe erforderlichen Vorverstärker ist der Schallkopf im Vergleich zu denen elektromechanisch abtastender Systeme unhandlich groß und schwer. Außerdem ist in der Ophthalmologie ein besonders hohes räumliches Auflösungsvermögen erforderlich, und hierin sind

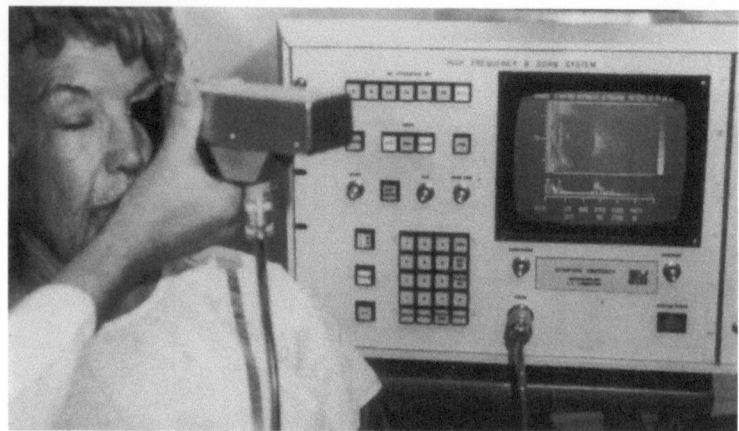

Abb. 4.5-1 (Susal). **a** Kontaktabtastung des Auges mit dem Prototyp des Echtzeitgerätes (lineare Schwingerreihe). Am Bildschirm sind Details der vorderen Augenabschnitte (Hornhaut, Vorderkammer) gut zu erkennen. **b** Gerät „Renaissance" (Fa. Storz)

die elektromechanischen Systeme bisher überlegen.

Trotz der eindrucksvollen Vorteile im Bereich des zeitlichen Auflösungsvermögens und der dadurch sehr viel besseren Darstellung von Bewegungsabläufen konnte sich dieses Gerät deshalb am Markt nicht durchsetzen und es ist derzeit nicht mehr lieferbar. Sobald es der Industrie gelingt, die genannten Nachteile zu beseitigen oder wenigstens zu mindern, werden Echtzeitverfahren zweifellos auch in der ophthalmologischen Ultraschalldiagnostik erheblich an praktischer Bedeutung gewinnen. Eine bogenförmige Anordnung der Schwingerreihe (anstelle der bisher verwendeten linearen) könnte dabei Vorteile bringen (s. Kap. 1.4.1).

4.5.1 Untersuchungstechnik

Schallköpfe für das Echtzeitverfahren können in Kontaktankoppelung benutzt werden; für die Darstellung der vorderen Abschnitte des Auges ist die Ankoppelung über ein Wasserbad vorteilhaft. Die Abtastrate elektromechanischer Scanner liegt bei 10–30 Bildern pro Sekunde; das Auflösungsvermögen für Bewegungsvorgänge ist dadurch begrenzt. Beim Echtzeitverfahren werden 60 Ultraschallbilder pro Sekunde abgetastet und am Fernsehschirm abgebildet. Die Aufzeichnung mit einem Videorecorder erlaubt es z.B. später dem Glaskörperchirurgen, vor der Operation das Bewegungsverhalten pathologischer Strukturen im Glaskörperraum zu demonstrieren.

4.5.2 Klinische Befunde

Arterien und Venen

Bei einem Valsalva-Versuch wird die Auffüllung vergrößerter venöser Kanäle sichtbar. Zur Untersuchung von Gefäßpulsationen muß der Patient das Auge (Fixiermarke!) und der Untersucher den Schallkopf möglichst unbewegt halten. Bei einer Vielzahl von Patienten gelang so die Darstellung der *A. ophthalmica* als tubuläre Struktur mit puls-

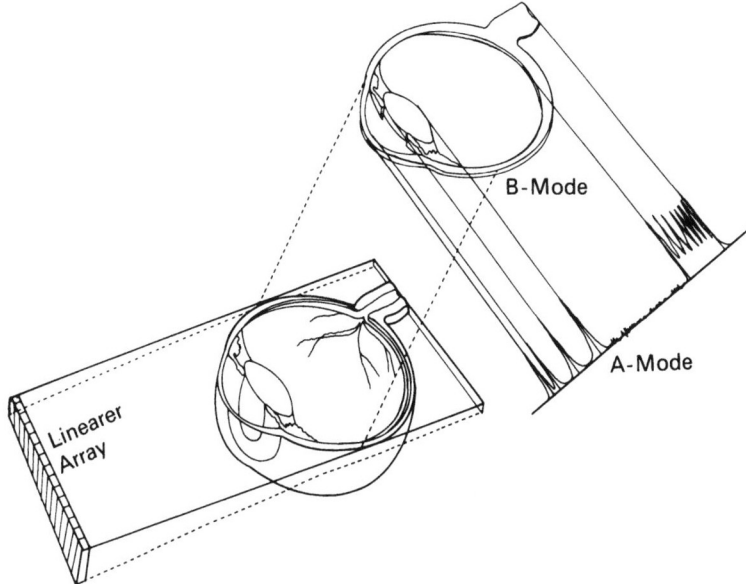

Abb. 4.5-2 (Susal). 60 getrennte Ultraschallbilder pro Sekunde werden durch die rasche elektronische Umschaltung der Schwingerelemente erzielt

synchronen Änderungen der Lumenweite. Da das Tiefenauflösungsvermögen der Ultraschallgeräte wesentlich besser ist als das seitliche Auflösungsvermögen, werden Gefäßabschnitte, die rechtwinklig zum Schallbündel verlaufen, besonders gut dargestellt. Bei kleineren Blutgefäßen sieht man nicht das Gefäß selbst, sondern die Pulsationsbewegungen der angrenzenden Gewebe.

Ablatio retinae

Infolge der anatomischen Fixierung der Netzhaut an der Ora und an der Papille führt die Netzhaut bei rißbedingter Ablösung eine gedämpfte Schwingungsbewegung aus (wie ein locker gespanntes Seil), wenn der Patient seine Augen pendelartig hin- und herbewegt. Bei älterer Netzhautablösung mit geschrumpften periretinalen Proliferationsmembranen ergibt sich eine steifere Bewegung ähnlich der eines gestärkten Leinentuches.

Die Beweglichkeit der Netzhaut wird auch durch geformte Glaskörperrinde und vitreoretinale Adhäsionen beeinflußt. Diese Adhäsionen sind durch die zipflige Ausziehung der Netzhaut und durch die unabhängige Bewegung der Glaskörperrinde im Bereich der Adhäsion zu erkennen.

Die sekundären Netzhautablösungen (mit Exsudat aus Aderhautherden darunter) zeigen eine langsam fortschreitende Bewegung ähnlich derjenigen viskösen Öls. Die Wellenbewegung rißbedingter Netzhautablösungen fehlt.

Traktionen bei proliferativer diabetischer Retinopathie sind durch ein relativ fixiertes, präretinales Gewebe gekennzeichnet, das eine umschriebene Traktionsablatio verursachen kann. Bei schnellen Augenbewegungen zeigen diese Proliferationen eine flimmernde Bewegung, welche die Erkennung der darunter liegenden umschriebenen Traktionsablatio erleichtert.

Glaskörperdestruktion

Mit fortschreitender Degeneration des Glaskörpers nimmt die Beweglichkeit der im Echtzeitverfahren darstellbaren Glaskörperstrukturen erheblich zu; der Charakter der Bewegung ändert sich. Bei fortgeschrittener Destruktion kommt es zu einer Wirbelbewegung ähnlich der einer sich brechenden Welle. Die Bewegungen erleichtern die Differenzierung einer verdichteten hinteren Grenzmembran (bei teilweiser hinterer Glaskörperabhebung) von einer abgelösten Netzhaut.

Blutungen in den geformten Glaskörper zeigen wenig Beweglichkeit. Die Blutungsquelle kann oft lokalisiert werden. Auch der Ausgangspunkt von Entzündungen (Pars planitis) ist oft erkennbar.

Membranen im Glaskörper

Membranen im Glaskörperraum zeigen eine Vielfalt von Bewegungsmustern in Abhängigkeit von ihrer Struktur. Zyklitische Membranen sind gewöhnlich sehr rigide und folgen den Augenbewegungen prompt. Nachbewegungen fehlen. Weniger starke Membranen in der Glaskörperrinde bewegen sich mit dieser, behalten aber oft eine erkenn-

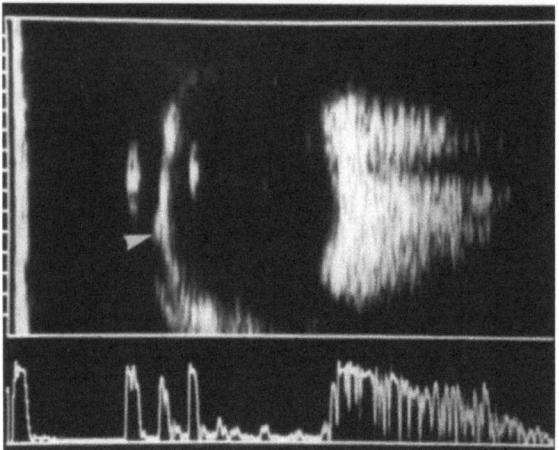

Abb. 4.5-3 (Susal). Auge mit einer kleinen Iriszyste (*Pfeil*), dargestellt im kombinierten A- und B-Bild. Das A-Bild-Echogramm entspricht der zentralen Achse des B-Bildes. Im A- und B-Bild sieht man Echos niedriger Amplitude aus der normalen Glaskörperrinde (Wasserbad-Ankoppelung)

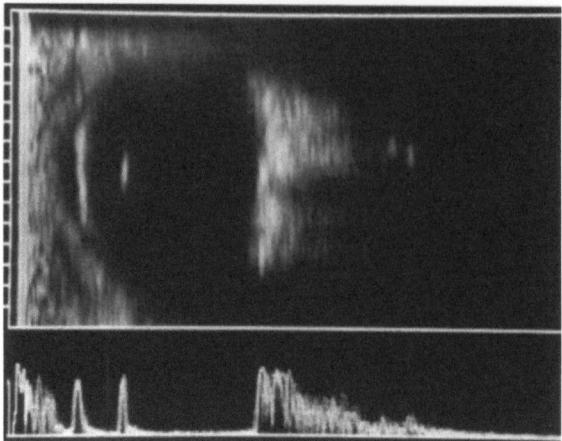

Abb. 4.5-5 (Susal). Totale Netzhautablösung (*Pfeile*) mit einer davor liegenden Glaskörpereinblutung in einem Auge mit maturer Katarakt. Die Netzhaut bewegte sich in einer gedämpften Schwingung

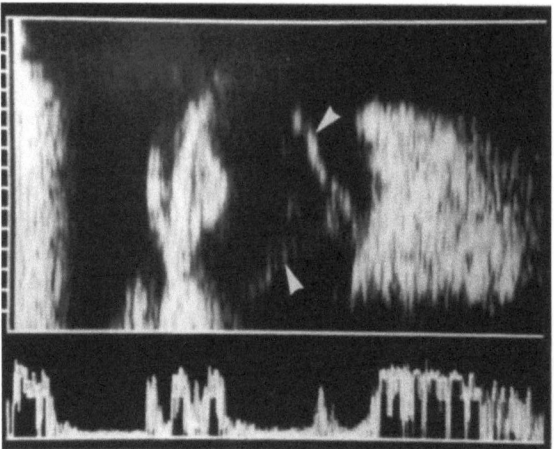

Abb. 4.5-4 (Susal). Kontaktabtastung durch die geschlossenen Augenlider, normales Auge. Die Strukturen des vorderen Augenabschnittes sind auch bei Kontaktankoppelung erkennbar

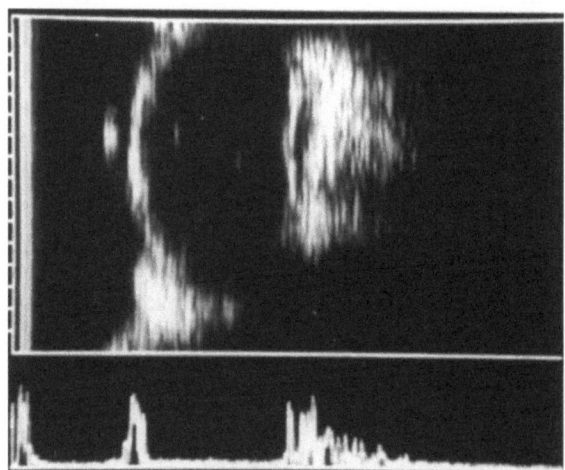

Abb. 4.5-6 (Susal). Diabetische proliferative Retinopathie mit einer die Papille überbrückenden Membran. Diese Membran bewegte sich mit einer Flimmerbewegung, die Traktionen an den Ansatzstellen erkennen ließ

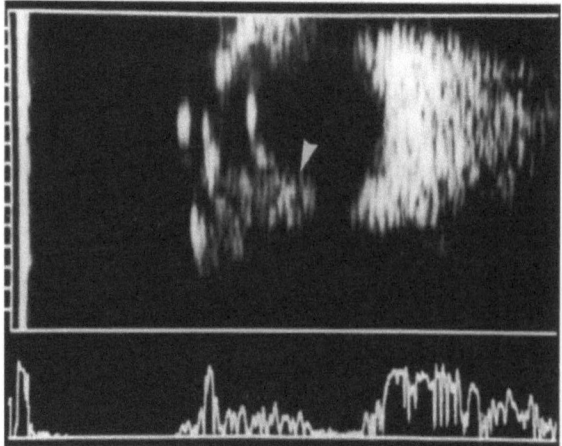

Abb. 4.5-7 (Susal). Malignes Ziliarkörpermelanom (*Pfeil*). Blutgefäße aus dem Innern des Tumors wurden bei der Echtzeitsonographie an ihren Pulsationsbewegungen erkannt

bare räumliche Beziehung zueinander. Proliferative diabetische Membranen gehen gewöhnlich von der Papille aus und setzen an der teilweise abgehobenen hinteren Grenzmembran des Glaskörpers an. Sie bewegen sich mit einer erzwungenen Bewegung zwischen diesen Strukturen.

Orbitaerkrankungen

Auf die Pulsationsbewegungen der normalen A. ophthalmica wurde bereits hingewiesen. Arteriovenöse Fisteln führen zu erweiterten Gefäßen mit darstellbaren Pulsationen. Bei umschriebenen Entzündungen in der Orbita führt die verstärkte arterielle Durchblutung dazu, daß sich in der entspre-

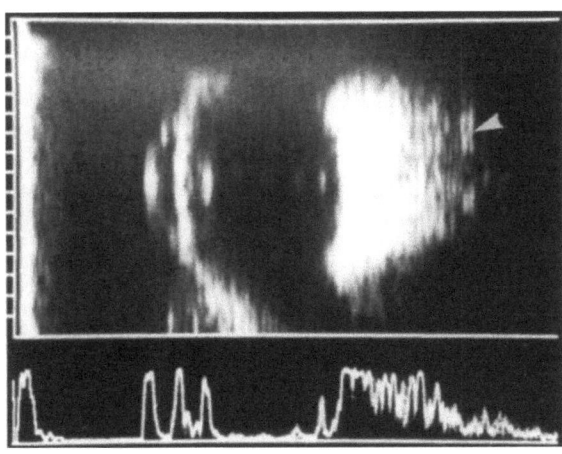

Abb. 4.5-8 (Susal). A. ophthalmica während der Systole (*Pfeil*) in der Tiefe der Orbita nahe dem N. opticus. Die Pulsationen der A. ophthalmica konnten bei den meisten Patienten dargestellt werden

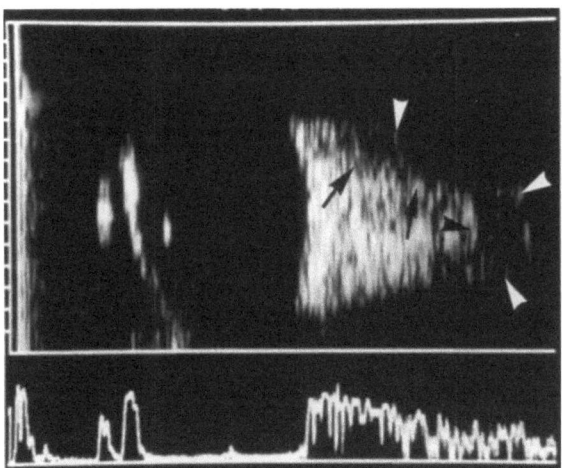

Abb. 4.5-9 (Susal). Vergrößerte Mm. recti (*Pfeile*) bei endokriner Orbitopathie. Das entzündliche Ödem überträgt Pulsationsbewegungen in die betroffene Region

chenden Region pulssynchrone Gewebebewegungen zeigen. Auch Blutgefäße in Tumoren können durch ihre Pulsationsbewegungen erkannt werden.

Abbildungen können naturgemäß den wesentlichsten Vorteil dieser Technik – die überlegene Darstellung von Bewegungsabläufen – nicht wiedergeben. An einigen klinischen Beispielen (Abb. 4.5-2-9) soll dennoch versucht werden, den gegenwärtigen Stand zu demonstrieren.

Literatur

Susal AL (1981) Vascular studies of the orbital cavity. Ophthalmology 88:548–552

Susal AL (1984) Real-time imaging of blood vessels within ocular tumor and the orbit. In: Hillman JS, Le May MM (eds) Ophthalmic ultrasonography, SIDUO IX, Doc Ophthalmol Proc Ser 38. Junk, The Hague Boston Lancaster, pp 331–337

Susal AL, Walker JT (1984) In-vivo measurement of vitreous and retinal accelerations. In: Hillman JS, Le May MM (eds) Ophthalmic ultrasonography. SIDUO IX, Doc Ophthalmol Proc Ser 38. Junk, The Hague Boston Lancaster, pp 163–168

Susal AL, Walker JT, Meindl JD (1980) Small organ dynamic imaging system. J Clin Ultrasound 8:421–426

Susal AL, Gaynon MW, Walker JT (1983) Linear array multiple transducer ultrasonic examination of the eye. Ophthalmology 90:266–271

4.6 Ultraschallgeführte Nadelbiopsie

W. BUSCHMANN

Im Abdominalbereich (Leber, Niere, etc.) sind ultraschallgeführte Feinnadelbiopsien seit langem üblich und haben sich dort gut bewährt. Für die Orbita steht diese Technik bisher nicht zur Verfügung.

Die wesentlichste Ursache dafür ist nicht technischer Art. Vielmehr ist die Histopathologie der raumfordernden Orbitaprozesse insbesondere im Bereich maligner Lymphome und chronisch inflammatorischer Veränderungen so schwierig, daß nur aus dem Material einer *Exzisions*-Biopsie unter Einsatz aller histologischen, zytologischen und immunologischen Verfahren eine zuverlässige Diagnose gestellt werden kann (s. Kap. 3.7.3). Eine „Fragment-Histologie" aus durch Feinnadelbiopsie gewonnenem Material bringt keine brauchbaren Ergebnisse.

Dies gilt allerdings *nicht für alle* einer weiteren Abklärung bedürftigen raumfordernden Prozesse in der Orbita. Bei tumorverdächtigen Veränderungen in den vorderen Orbitaabschnitten, die chirurgisch leicht zugänglich sind, wird man stets eine *Exzisions-Biopsie* vorziehen oder den Tumor gleich in toto exstirpieren, wenn das ohne größere Probleme möglich ist.

Anders dagegen bei in der *Tiefe der Orbita* lokalisierten raumfordernden Prozessen unklarer Genese. Wenn trotz klinischer (auch internistischer!), echographischer und computertomographischer bzw. kernspintomographischer Untersuchung noch nicht sicher entschieden werden kann, ob der Tumor am besten operativ zu entfernen ist oder besser strahlentherapeutisch bzw. chemotherapeutisch zu behandeln wäre, so halten wir die Indikation für eine *ultraschallgeführte Feinnadelbiopsie* für gegeben. Zytologische und immunologische Untersuchungen an diesem Biopsiematerial könnten durchaus wesentliche Hinweise geben und dem Patienten ggf. eine größere Operation ersparen (Tarkkanen et al. 1982). Denn wegen der Lage des Prozesses in der Tiefe der Orbita wäre sowohl die Exzisions-Biopsie als auch die operative Tumorentfernung nur über einen größeren operativen Eingriff möglich.

Somit erscheint es als lohnend, die *technischen Voraussetzungen* für eine ultraschallgeführte Orbita-Biopsie zu schaffen. Unter Berücksichtigung der Erfahrungen in der abdominalen Diagnostik erscheint es als zweckmäßig, in einen ophthalmologischen B-Bild-Schallkopf eine Führung für die Biopsiekanüle einzubauen. Dadurch wird dafür gesorgt, daß die Nadel nur in der Schnittebene des B-Bildes vorgeschoben werden kann. Eine Aufrauhung neben der Spitze der Nadel läßt diese im echographischen Bild sichtbar werden. Über die Technik der Materialentnahme durch Feinnadelbiopsie der Orbita (noch ohne echographische Kontrolle der Lokalisation der Nadelspitze) sowie über die aus dem so gewonnenen Material erzielbaren Ergebnisse wurde auf dem V. Internationalen Symposium über Orbita-Erkrankungen (Amsterdam, Sept. 1985) berichtet (z.B. Naeser et al. 1986).

Literatur

Naeser P, Enokkson P, Westman-Naeser S (1986) Diagnostic accuracy of fine needle aspiration biopsy in orbital tumours. Orbit 5:249–254

Tarkkanen A, Koivuniemi A, Liesmaa M, Merenmies L (1982) Fine-needle aspiration biopsy in the diagnosis of orbital tumours. Arch Clin Exp Ophthalmol 219:165–170

5 Rechnergestützte Echogrammanalyse: Auf dem Weg zur akustischen Gewebedifferenzierung

J.M. Thijssen

5.1 Einführung

Die Information in einem Echogramm ist teilweise geräte- und teilweise gewebeabhängig. Es gibt zwei wichtige Gründe, die erstgenannte Abhängigkeit zu reduzieren oder zu korrigieren. Zum einen sind wir diagnostisch nicht an den Merkmalen der benutzten Gerätetechnik interessiert: so liefert die Auswertung des rückgestreuten Spektrums potentiell brauchbare diagnostische Information und nicht etwa die Bandbreite des Sendeimpulses. Zum anderen müssen so viel generalisierbare Daten über pathologische Gewebe wie möglich gesammelt werden, weil erst dann der Austausch von klinischen Ergebnissen und Erfahrungen möglich wird. Diese Idealsituation war bis vor kurzem nicht erreichbar, und deswegen wurde eine Standardisierung und Kalibrierung der Echogeräte angestrebt. Wie wir im folgenden diskutieren werden, ist es heutzutage möglich, HF-Daten zu erfassen und vor der quantitativen Auswertung hinsichtlich der Geräteabhängigkeiten zu korrigieren.

Die Wiedergabe der Echos wird von vielen Gerätemerkmalen beeinflußt (Kap. 9): der Zeitdauer (oder Bandbreite) des akustischen Sendeimpulses, der Schallkopffokussierung, der Verstärkerkennlinie, der Bandbreite des Filters, der Videokompression vor der Digitalisierung und der Weiterverarbeitung der gespeicherten Signale bis zur Wiedergabe auf dem Bildschirm (engl.: Postprocessing). In der B-Bild-Darstellung kommen noch die Helligkeitseinstellung und die Kontrastregelung des Bildschirms hinzu. Es ist verständlich, daß Diagnostiker sich an ein Gerät und die persönlich bevorzugten Einstellungen gewöhnen. Die Höhe der Echozacken ist durch die Verstärkungsregelung einstellbar. Daher ist es sehr wichtig, die Gesamtempfindlichkeit einer Kombination aus Echogerät und Schallkopf zu kalibrieren, so daß – neben einer Musteranalyse der Gewebeechos – auch die quantitative visuelle Auswertung der Amplituden möglich ist.

Die rechnergestützte Analyse im Bereich der medizinischen Echographie begann im Jahre 1972, als Mountford und Wells ihre Arbeit über die Differenzierung von Leberkrankheiten publizierten. Kurz danach erschien eine Veröffentlichung der Arbeitsgruppe Bonn-Stuttgart über Methodik und klinische Anwendung von Echogrammanalysen mit einem digitalen Rechner (Trier u. Reuter 1973; Decker et al. 1973). Diese Publikationen bezogen sich auf die Amplituden der Echos bzw. deren Schwächung, d.h. deren Abnahme beim Durchgang durch das Gewebe, und auf die statistischen Merkmale der Amplitudenverteilung. Später wurde diese Methodik wieder von Thijssen et al. aufgenommen (Thijssen et al. 1979, 1981, 1983). Diese letzteren Autoren korrigierten die Echogramme hinsichtlich der nichtlinearen Kennlinie des benutzten Gerätes (Kretztechnik 7200 MA). Die klinische Bedeutung war beschränkt, weil die Amplitudenverteilung der Echogramme intraokularer Tumoren oft unregelmäßig war (Thijssen u. Verbeek 1981). Dieser Befund wurde erklärt durch das Auftreten von Gefäßen und Nekrosen innerhalb der Tumoren.

Ein anderer Weg wurde durch Linnert et al. (1971), Buschmann (1972) und Purnell et al. (1975) eingeschlagen. Diese Autoren untersuchten die Möglichkeiten der Nutzung des Frequenzgehalts der Echosignale. Der zugrundeliegende Ansatz hierzu rührt von den physikalischen Prinzipien der Wechselwirkung zwischen Ultraschall und Gewebe her. Sowohl die Rückstreuung wie auch die Schwächung im Gewebe sind frequenzabhängig. Wie aus Abb. 5.1-1 hervorgeht, ist ein Ultraschallimpuls (oder HF-Echo) mit einem Spektrum verknüpft, das mit Hilfe einer Fourier-Transformation berechnet werden kann. Das ausgesandte Spektrum wird beim Durchgang durch das Gewebe modifiziert; nach dem Empfang der Echos kann man mit entsprechenden Computerprogrammen die zugehörigen Spektren berechnen und z.B. mit einem Referenzspektrum vergleichen

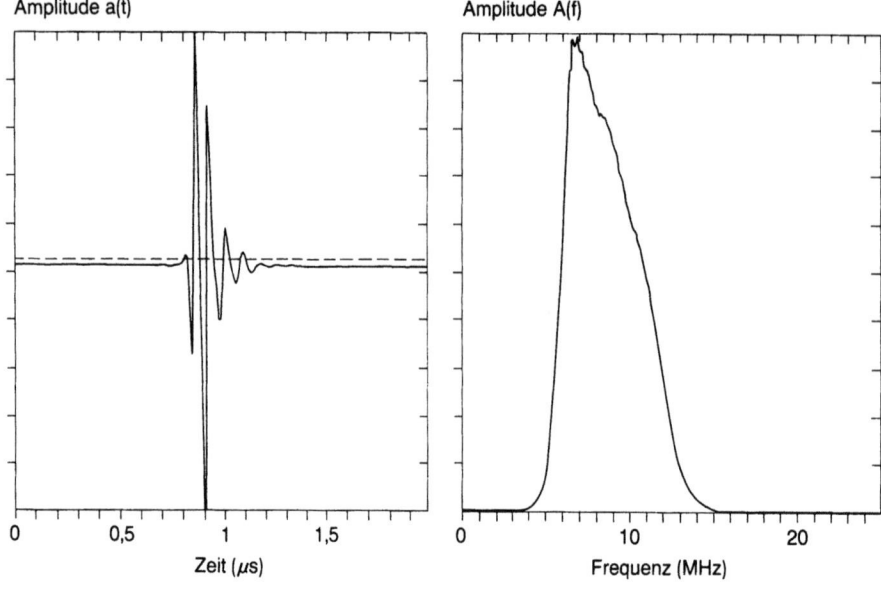

Abb. 5.1-1 (Thijssen). *Links*: Beispiel eines HF-Echos. *Rechts*: Zugehöriges Amplitudenspektrum dieses Echos

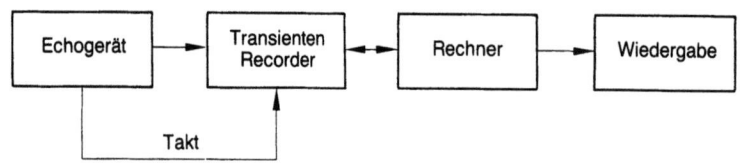

Abb. 5.1-2 (Thijssen). Schema des Geräteaufbaus für die Signalanalyse. Die HF-Echogramme werden im Transientenrecorder digitalisiert und gespeichert. Dieser Recorder wird durch einen Mikroprozessor (oder Rechner) gesteuert. Die Daten werden in den Rechner eingelesen und nach Verarbeitung auf einem Bildschirm wiedergegeben

(Abb. 5.1-2). Auf diese Weise ist es möglich, sowohl die Frequenzabhängigkeit der Schallschwächung als auch der Rückstreuung durch das Gewebe zu bestimmen (Lizzi et al. 1975, 1976).

Eine weitere Möglichkeit der rechnergestützten Signalverarbeitung liegt in der Verbesserung der Tiefenauflösung (Lizzi et al. 1976; Decker et al. 1979; Bayer et al. 1981; Trier et al. 1981). Insbesondere fand diese Methodik Verwendung bei der Charakterisierung der Schichten im Augenhintergrund und der Differenzierung von Netzhautablösungen und Glaskörpermembranen.

5.2 Technik

Die Anwendung digitaler Rechner in der Signalanalyse ist erst dann möglich, wenn die Signale digitalisiert sind. Dazu ist ein sog. Analog-Digital-Wandler (engl.: AD-Converter, ADC) nötig. Die Elektronik dieses Wandlers nimmt sehr schnell nacheinander „Proben" des Signalwerts auf (z.B. alle 0,1 Mikrosekunden bei einer Abtastfrequenz von 10 MHz). Die Signalwerte werden binär gespeichert (Kap. 9) und können dann in einen Rechner eingelesen werden. Das Schema dieses Verfahrens ist in Abb. 5.1-2 wiedergegeben. Normalerweise ist der ADC in einem Transientenrecorder enthalten, der auch die digitale Speicherung vornimmt. Die Synchronisation des Recorders mit dem Echogerät wird durch dessen Taktgeber sichergestellt. Moderne Transientenrecorder verfügen über eine so große Speicherkapazität, daß ein großer Teil des B-Bildes in Echtzeit aufgenommen werden kann. Damit eine Frequenzanalyse möglich ist, muß das Hochfrequenz (HF)-Signal digitalisiert werden. Für ophthalmologische Geräte, die mit Schallfrequenzen bis zu 15 MHz arbeiten, ist eine Abtastfrequenz von etwa 50 MHz notwendig. Dieser Wert ergibt sich aus dem sog. Nyquist-Theorem, welches vorschreibt, daß die Abtastfrequenz mindestens doppelt so groß sein muß wie die Bandbreite des zu digitalisierenden Signals.

Der Transientenrecorder steht mit dem Rechner in digitaler Verbindung. Diese ermöglicht einerseits die Steuerung des Recorders durch den Rechner und andererseits die Übernahme der digitalisierten Signale in das Speichersystem des Computers. Neben der Tastatur zur Bedienung der Rechnerprogramme besitzt der Computer einen Monitor zur Ausgabe von Texten oder Bildern. Es ist somit verständlich, daß das Signalanalysesystem als ein Zusatz zum Echogerät zu betrachten ist. Die Geschwindigkeit der modernen Personal Computer reicht fast dazu aus, die Signalanalyse noch während einer Untersuchung zu machen. Man kann daher erwarten, daß bald entsprechende kommerzielle Systeme zur Verfügung stehen werden.

5.3 Methodik der Signalanalyse

5.3.1 Analyse des Videosignals (A- und B-Bild)

Die Amplituden eines Gewebeechogramms entstehen durch Interferenz beim Empfang durch den Schallkopf. Die akustische Streuung im Gewebe läßt sich modellhaft durch ein homogenes, schwächendes Medium beschreiben, das sehr viele kleine, streuende Strukturen enthält. Die Streuung ist omnidirektional, und die Streuzentren können histologisch als Mikrogefäße, Bindegewebe und Zellkonglomerate gedeutet werden. Wie von Thijssen et al. kürzlich beschrieben, ist die Statistik der Amplituden (im A- oder B-Bild) von der Dichte der Streuzentren abhängig. Dieser Zusammenhang gilt bis zu einem gewissen, vom Schallkopf abhängigen Maximalwert für die Dichte dieser Streuzentren (Thijssen u. Oosterveld 1985; Oosterveld et al. 1985).

Die statistischen Merkmale der Echoamplituden werden anhand Abb. 5.3-1 diskutiert (Thijssen et al. 1979, 1980, 1981). Der linke Teil stellt ein Gewebeechogramm dar. Hieraus kann man zuerst einige nicht-statistische Merkmale bestimmen, wie z.B. die Größe der pathologischen Struktur (z.B. eines Tumors), gegeben durch den Zeitabstand a, die Reflektivität b, und die durch die Tangente c_1 repräsentierte Schallschwächung. Natürlich müssen die Daten hinsichtlich der Verstärkerkennlinie (Kap. 9) korrigiert werden, da sonst der exakte Zusammenhang der Amplituden mit dem Reflexionsgrad und der Schwächung nicht gegeben ist. Die mittlere Figur c_2 zeigt das Histogramm der Zeitabstände zwischen den Echogipfeln. Der Mittelwert dieses Histogramms m_t beschreibt den mittleren Zeitabstand, dessen Reziprokwert $(1/m_t)$ die mittlere Anzahl von Echomaxima pro Mikrosekunde (oder Millimeter). Die rechte Figur c_3 stellt das Amplitudenhistogramm dar. Hierzu wurden digitalisierten Echoamplituden, nicht nur deren Maxima, benutzt, nachdem diese Werte zuvor hinsichtlich der Schallschwächung mit dem hierfür erhaltenen Wert (c_1) korrigiert worden waren. Der Mittelwert m_a stimmt mit der Reflektivität b überein, weist aber eine höhere Genauigkeit auf.

Im B-Bild bestimmt man das Histogramm der zeitlichen Abstände der Echogipfel nicht nur für die einzelnen Bildlinien, sondern auch in der dazu senkrechten Richtung. Eine allgemeinere Charakterisierung der sog. Bildtextur erhält man durch die Berechnung der axialen und lateralen Korrelationsfunktionen (Wagner et al. 1983; Thijssen u. Oosterveld 1985; Oosterveld et al. 1985). Diese Korrelationen entsprechen den Mittelwerten der Textur (in Analogie zu Bildern mit Laserlicht oft auch als „speckle"-Muster des B-Bildes bezeichnet).

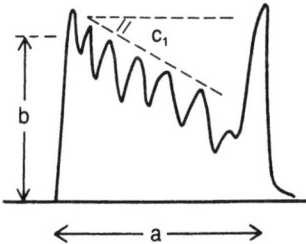
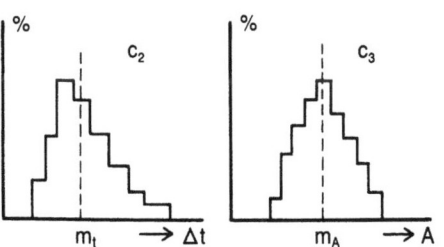

Abb. 5.3-1 (Thijssen). Amplitudenanalyse eines A-Bild-Echogramms (Video-Echogramm). a, Größe des pathologischen Gewebes; b, Reflexionsgrad; c_1, Amplitudenschwächung; c_2, Zeithistogramm (Abstände zwischen aufeinanderfolgenden Echozacken); c_3, Histogramm der Echoamplituden (korrigiert unter Berücksichtigung der Schallschwächung)

5.3.2 Spektralanalyse

Schallschwächung

Wie in Abb. 5.1-1 gezeigt wurde, gibt es einen durch die Fourier-Transformation beschriebenen Zusammenhang zwischen den Darstellungen eines Signals im Zeit- und im Frequenzbereich (Spektrum). In einem Digitalrechner werden die Abtastwerte des HF-Echogramms umgerechnet in ebenso diskrete Frequenzwerte des Spektrums (Abb. 5.3-2). Meistens werden nur das Amplituden- und das Leistungsspektrum betrachtet. Der Algorithmus der „diskreten Fourier-Transformation" (DFT) stellt aber auch das Phasenspektrum zur Verfügung. Wenn im folgenden von „Spektrum" die Rede ist, dann soll darunter das Amplitudenspektrum verstanden werden.

Betrachtet man ein Spektrum, so stammt dieses von Reflexionen aus einer gewissen Gewebetiefe her. Aus der physikalischen Beschreibung der Erzeugung und Ausbreitung von Ultraschall kann man herleiten, wie sich ein Spektrum mit dem Abstand ändert. Dieses Phänomen hängt mit Interferenz- und Beugungs-(engl.: diffraction) Effekten sowie der Fokussierung des Schallkopfs (Verhoeff et al. 1985) zusammen und wird Diffraktionseffekt genannt. Die A-Bild-(Video)Echogramme und deren Analyse, wie im vorigen Kapitel diskutiert, werden durch solche Diffraktionseffekte beeinflußt. Es ist daher notwendig, die Spektren vor der mathematischen Analyse hinsichtlich der Diffraktionseffekte zu korrigieren. Hierzu mißt man in einem Wasserbad das Spektrum vom Echo eines Testreflektors für verschiedene Tiefen und erhält so eine Serie von Referenzspektren. Lizzi et al. (1975) haben dieses Verfahren eingeführt; sie bezeichneten ein derart korrigiertes Spektrum als „normalisiertes" Spektrum.

Schallschwächung und Rückstreuung aus einem Gewebe sind frequenzabhängig. Daher kann man – unter der Annahme, daß das Gewebe homogen und isotrop ist – aus den normalisierten Spektren wichtige Merkmale für die Gewebedifferenzierung gewinnen. In Abb. 5.3-3 ist dieser Prozeß schematisch dargestellt. Setzt man die Schallgeschwindigkeit in dem betreffenden Gewebe (Kap. 8.10) (eine Übersicht findet sich auch bei Coleman et al. (1977) und Thijssen et al. (1980)) als bekannt voraus, so kann man die Schallschwächung auf Absorption und Streuung zurückführen; die Rückstreuung ist der Anteil der Gesamtstreuung in Richtung des Schallkopfes.

Die Schallschwächung im Gewebe wird beschrieben durch eine exponentielle Funktion des Abstandes (Kap. 10). Der Schwächungskoeffizient ist in den meisten Geweben proportional zur Frequenz, so daß für den Schalldruck beim Empfang nach einer Reflexion aus einer Tiefe z gilt (Abb. 5.3-4, links):

$$p_z = p_o \exp(-\mu(f) \cdot 2 \cdot z) \qquad (1)$$

Durch Umschreiben dieser Formel in Dezibel (dB) erhält man:

$$20 \log_{10}(p_z/p_o) = -\alpha(f) \cdot 2 \cdot z \qquad (2)$$

Es folgt also, daß der Schalldruck des Echos in dB relativ zum ausgesandten Schalldruck proportional zum Abstand und zur Frequenz ist. Wie oben erwähnt, liefert die DFT ein diskretes Spektrum; die Amplitudenwerte des Spektrums sind damit bekannt für eine Reihe von Frequenzen. Wir können dann für jede Frequenz einen Schwächungskoeffizienten bestimmen. Diese Prozedur wird am besten deutlich, wenn Formel (2)

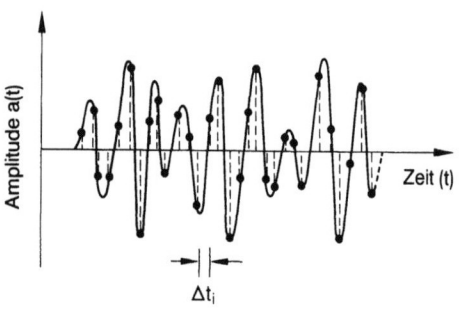
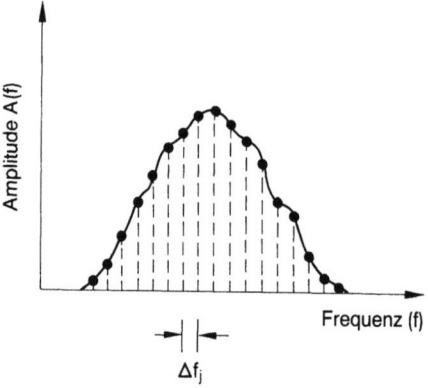

Abb. 5.3-2 (Thijssen). *Links*: Digitalisierung des HF-Echogramms. *Rechts*: Gleichermaßen digitalisiertes Amplitudenspektrum nach der „diskreten Fourier-Transformation" (DFT)

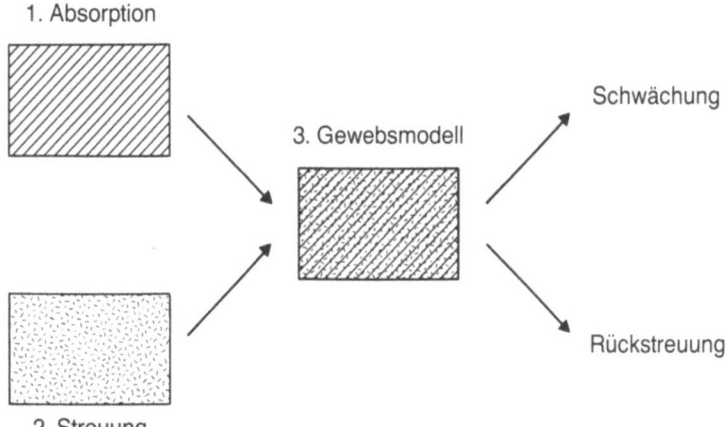

Abb. 5.3-3 (Thijssen). Akustisches Modell des Gewebes; Schallschwächung (durch Absorption und Streuung) und Rückstreuung können durch Signalanalyse bestimmt werden

umgeschrieben wird:

$$20 \log_{10} p_z = -\alpha(f) \cdot 2 \cdot z + 20 \log_{10} p_o \quad (3)$$

Diese Beziehung stellt eine mit zunehmender Tiefe z abfallende Gerade dar:

$$Y = -\alpha(f) \cdot 2 \cdot z + \text{Konstante} \quad (4)$$

Für jede einzelne Frequenz f_i ergibt sich also eine gerade Linie, deren Steigung gleich dem Schwächungskoeffizienten ist (Abb. 5.3-5):

$$\alpha(f_i) = -\frac{\Delta Y}{\Delta 2 Z} \; [\text{dB/cm}] \quad (5)$$

Der letzte Schritt des gesamten Formalismus wird in Abb. 5.3-5 rechts dargestellt: Die einzelnen Werte der Schwächungskoeffizienten $\alpha(f_i)$ werden gegen die Frequenz aufgetragen und durch eine gerade Linie verbunden. Die Steigung dieser Linie gibt dann schließlich die Schwächungskonstante α in dB/cm MHz an:

$$\alpha = \frac{\Delta\alpha(f)}{\Delta f} \; [\text{dB/cm MHz}] \quad (6)$$

In der Praxis wird nicht die gesamte Gewebestrecke vom Schallkopf bis zur Tiefe z für diese Auswertung zur Verfügung stehen (Abb. 5.3-4). Die Computerprogramme sind meist so abgefaßt, daß der Benutzer einen bestimmten Gewebeabschnitt auswählen kann. In der oben angegebenen Formel ändert sich dadurch nur der Referenzdruck p_o, welcher dann auf eine gewisse Tiefe bezogen ist und nicht mehr auf den Ort $z=0$, d.h. auf die Position des Schallkopfs. Da der Referenz-

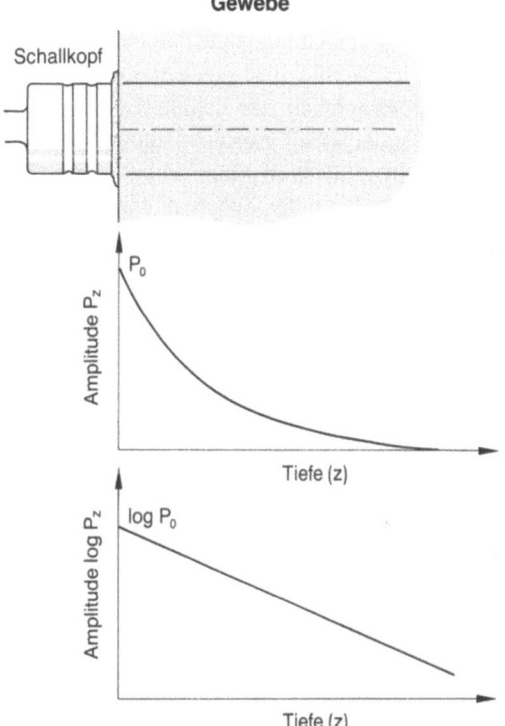

Abb. 5.3-4 (Thijssen). *Oben*: Schematische Darstellung eines Gewebes mit aufgesetztem Schallkopf. *Mitte*: Exponentielle Abnahme der Echoamplituden. *Unten*: Linearer Verlauf der Amplitudenschwächung bei logarithmischer Unterteilung der Ordinate

druck bei der mathematischen Bestimmung des Schwächungskoeffizienten verschwindet, hat diese Änderung nur Konsequenzen für die Genauigkeit der Berechnung, nicht aber für den (mittleren) Wert selbst.

Es stellt sich an diesem Punkt die Frage nach dem Zusammenhang zwischen der Amplitudenab-

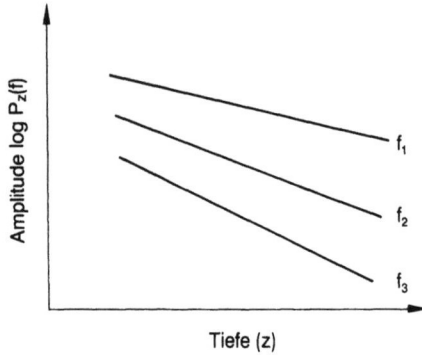
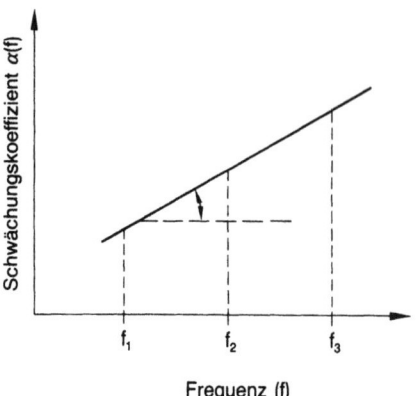

Abb. 5.3-5 (Thijssen). *Links*: Zunahme der Schallschwächung (in dB/mm) bei höheren Frequenzen, erkennbar an den Steigungen der Linien f_i, i = 1, 2, 3. *Rechts*: Schallschwächungskoeffizient als Funktion der Frequenz. Diese Kurve wurde gewonnen, indem die Steigungen aus dem linken Diagramm für verschiedene Frequenzen aufgetragen wurden. Die Steigung der resultierenden Linie liefert den erwünschten Schallschwächungskoeffizienten (in dB/mm·MHz)

nahme im A-Bild und der oben diskutierten Frequenzabhängigkeit der Schallschwächung. Im allgemeinen ist dieser Zusammenhang nicht einfach. Das Amplitudenverhalten liefert daher nur ein grobes Maß für die Schallschwächung, weil Diffraktionseffekte meist noch darin enthalten (d.h. nicht korrigiert worden) sind. Ebenso geht die Frequenzabhängigkeit aus dem Amplitudenverhalten nicht explizit hervor. In der Literatur über die Bauchraum-Diagnostik, wo man oft mit schmalbandigen Schallköpfen niedriger Frequenz arbeitet, findet man als Näherung die Angabe der Schallschwächung des Videosignals dividiert durch die Arbeitsfrequenz des Schallkopfes. Ein solches Vorgehen ist für die ophthalmologischen Geräte nicht geeignet.

Schall-Rückstreuung

Betrachtet man das Spektrum von Ultraschallechos, die z.B. von einem intraokularen pathologischen Gewebe zurückgestreut wurden, so erhält man eine weitere Möglichkeit zur Gewebedifferenzierung. Ebenso wie bei der Schallschwächung muß das Spektrum zuerst unter Berücksichtigung der Diffraktionseffekte korrigiert werden. Zusätzlich ist aber auch die Schallschwächung zu berücksichtigen. Da diese in den vorderen Augengeweben relativ gering ist, im Glaskörper ebenso fast verschwindet, wird sie oft vernachlässigt. Es genügt dann die Korrektur der Schallschwächung innerhalb des pathologischen Gewebes (Abb. 5.3-6) bis hin zur Region, die untersucht werden soll. Das Meßverfahren unter Verwendung einer B-Bild-Abtastung ist wie folgt: Die Spektren der ausgewählten Abschnitte der HF-Signale von einer Anzahl von Bildlinien werden hinsichtlich der Schwächung im vorderen Teil des Tumors korrigiert und danach gemittelt. Diese Mittelung ist notwendig, weil der statistische Charakter der Rückstreuung sonst keine zuverlässigen Daten erlauben würde. Das gemittelte Spektrum wird sodann normalisiert (d.h. korrigiert bezüglich der Diffraktionseffekte (Kap. 5.4.1)) und in logarithmischem Maßstab über der Frequenz aufgetragen (Abb. 5.3-7). Die Rückstreuung ist proportional zu einer vom Gewebe abhängigen Potenz der Frequenz. Weicht der Exponent nur wenig von 1 ab, so kann man über ein beschränktes Frequenzgebiet eine gerade Linie erwarten. Aus der Arbeit von Lizzi et al. ist klar geworden, daß auch der Schnittpunkt dieser Linie mit der Ordinate einen großen diagnostischen Wert hat. Ein drittes Merkmal dieser Linie ist der Standardwert der „Ungenauigkeit" dieses Schnittpunkts (das „Residuum") (Lizzi et al. 1983; Coleman et al. 1985; Feleppa et al. 1986).

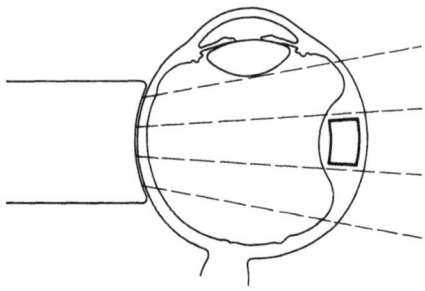

Abb. 5.3-6 (Thijssen). Illustration zur Wahl einer „region of interest" (ROI) aus dem B-Bild für die Digitalisierung und Speicherung der HF-Signale in einem Transientenrecorder

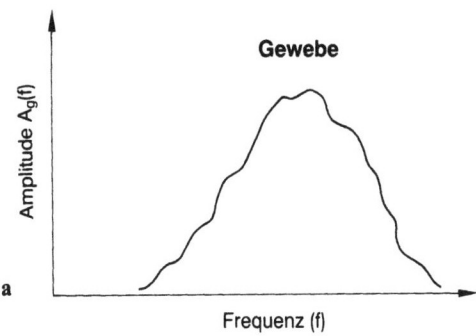
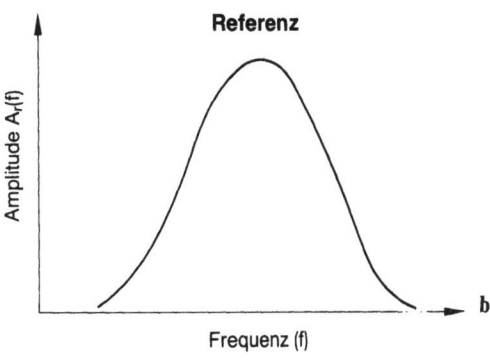
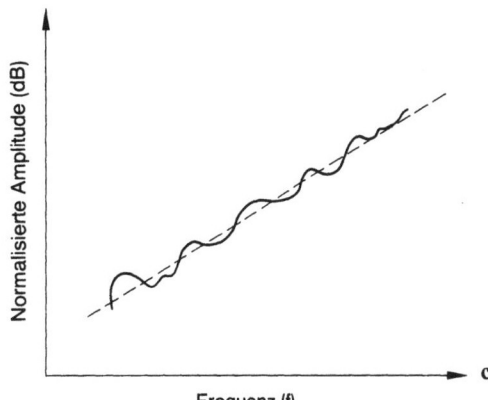

Abb. 5.3-7a-c (Thijssen). Bestimmung des „normalisierten" Spektrums. **a** Gemessenes Spektrum eines Gewebes; **b** Referenzspektrum; **c** Normalisiertes Spektrum nach Division der beiden Spektren

Auflösung und Differenzierung dünner Schichten

Die Differenzierung intraokularer Membranen aufgrund der Reflektivität (d.h. die Echoamplitude auf dem A-Bild) allein hat sich als klinisch erfolgreich erwiesen (Ossoinig 1974). Nichtsdestoweniger sind auch andere akustische Kriterien, wie die Bestimmung der Dicke oder die spektralen Eigenschaften der Membranreflektion von Bedeutung. Eine klinische Fragestellung nach der Dicke einer Membran liegt z.B. bei einer Schwellung der Aderhaut vor.

Die Methodik der rechnergestützten Analyse beruht hauptsächlich auf der Charakterisierung des Spektrums im Falle von lockeren Membranen. Da sich die HF-Echos von der vorderen und hinteren Fläche der Membran überlagern, kommt es zu Interferenzeffekten. Das zugehörige Amplitudenspektrum zeigt dann Einsattelungen (engl.: scalloping) (Abb. 5.3-8). Die Frequenzabstände dieser Einsattelungen sind eindeutig auf die Membrandicke zurückzuführen (Lizzi et al. 1976; Dekker u. Irion 1980; Thijssen 1980). Im Falle von Einzelmembranen ergibt sich:

$$\Delta f = \tfrac{1}{2}\frac{c}{d} \curvearrowright d = \tfrac{1}{2}\frac{c}{\Delta f} \tag{7}$$

Diese Methode ist sehr „robust", weil sowohl der Abstand der Maxima wie auch der Minima ver-

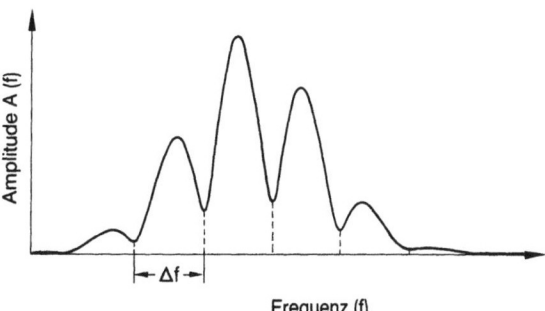

Abb. 5.3-8 (Thijssen). Einsattelungen (engl.: scalloping) in einem normalisierten Spektrum, entstanden durch Interferenz der HF-Echos von Vorder- und Rückfläche einer dünnen Membran

wendbar ist. Außerdem sind die Einsattelungen weniger vom Einfallswinkel des Schallbündels oder der Parallelität der Flächen abhängig als bei anderen Methoden. Letztere bestehen etwa im Formalismus der inversen Filterung (Bayer u. Thijssen 1981) und der Korrelationsanalyse (Irion et al. 1980). Diese beiden Methoden verwenden ein Referenzmuster des Spektrums oder des HF-Echos aus der Reflexion an einer ebenen Platte im Wasserbad, die sich in vergleichbarem Abstand vom Schallkopf befindet wie die zu untersuchenden Membranen. In der klinischen Praxis ist es nicht leicht, senkrechten Schalleinfall auf die Membran sicherzustellen. Wie aus der Arbeit von Bayer und Thijssen (1981) hervorgeht, darf dieser Winkel um maximal 3–5 Grad vom senkrechten Auftreffen abweichen. Die Korrelationsmethode hat sich jedoch in der klinischen Praxis bewährt und ist außerdem problemlos zu verwenden, wenn – wie etwa beim Augenhintergrund – mehrere Schichten aufeinander folgen.

5.4 Klinische Ergebnisse der Signalanalyse

5.4.1 Analyse des Videosignals

Es gibt nur sehr wenige Hinweise in der Literatur auf den Nutzen und die Relevanz der Amplitudenanalyse für klinische Fragen. Trier et al. (1973) und Decker et al. (1973) publizierten über die Signalerfassung und die Methodik der Analyse und stellten einige in vitro erhaltene Ergebnisse dar. Diese bezogen sich auf die Differenzierung von intraokularen Melanomen und Blutungen mittels Merkmalsätzen. Die in Kapitel 5.3.1 beschriebenen Methoden sind nicht ganz identisch mit denen dieser Autoren. Zusammenfassend ergab deren Untersuchung, daß der Reflexionsgrad (d.h. die Echoamplituden nach der Schwächungskorrektur) und die beiden Histogramme (Abb. 5.3-1) signifikante Unterschiede aufwiesen.

Eine zweite Veröffentlichung (Thijssen u. Verbeek 1981) behandelte vor allem die Charakterisierung von intraokularen Melanomen. Außerdem wurden einzelne Fälle von anderen Arten intraokularer und orbitaler Gewebe dargestellt. Die Ergebnisse sind in Tabelle 5.4-1 zusammengefaßt. Die klinischen Echogramme wurden mit einem kalibrierten Gerät aufgenommen (Kretztechnik 7200 MA). Danach wurden die Daten im Rechner unter

Tabelle 5.4-1. Meßergebnisse der Amplitudenanalyse des A-Bildes (Videosignal) von normalen und pathologischen Geweben

Pathologie	Amplitude %	Schwächung dB/mm	Anzahl von Echos cm^{-1}
Melanom (n=30)	33±3	0,8±0,1	7,5±0,5
Metastase	80	?	8
Oatcellcarcinoma	38	?	8
Orbitales Fett	90	1,5	10,5
Pseudo-Tumor	27	0,6	8
Tumor Mixtus	60	0,6	10
Meningo-Encephalocele	90	1,6	11,5
Orbitales Fett[a]		1,6	

[a] Nach Thijssen u. Verbeek 1981 und Haigis 1984

Berücksichtigung der Verstärkerkennlinie korrigiert und logarithmisch transformiert. Der Reflexionsgrad wurde jedoch aus den Originaldaten nach einer Regressionsbestimmung der Schallschwächung und deren Korrektur berechnet. Die für die Differenzierung wichtigsten Daten sind in der Tabelle enthalten, obwohl das Amplitudenhistogramm noch detaillierter analysiert wurde (Abb. 5.4-1). Das Zeitintervallhistogramm ist durch den Mittelwert (Number) charakterisiert. In die Tabelle wurde der Reziprokwert aufgenommen, d.h. die Anzahl von Echozacken pro cm Gewebe. Dieses Merkmal hat aber für die Differenzierung intraokularer Tumoren sehr wenig Bedeutung (Tabelle 5.4-1). Wie schon aus der klinischen Praxis hervorgeht, ist der Reflektionsgrad sicher ein wichtiges Charakterisierungsmerkmal (Ossoinig 1974; Poujol 1981). Nach der Erfahrung dieser Autoren ist die Homogenität des Tumorgewebes oft zu gering, um die gesamte Strecke des Echogramms in der Analyse zu verwenden, und es ist deswegen notwendig, Selektionskriterien für die brauchbaren Abschnitte zu finden. Obwohl, wie erwähnt, den orbitalen Daten nur wenige Fälle zugrundeliegen, geht aus Tabelle 5.4-1 hervor, daß alle aufgenommenen Merkmale differenzierungsfähig sind. Eine zusätzliche Schwierigkeit bei orbitalen Tumoren liegt auch in der primären klinischen Frage: nämlich der Detektion eines Tumors selbst. Haigis (1984) stellte in einer jüngeren Veröffentlichung die vorläufigen Ergebnisse einer Studie der Amplitudenanalyse des Videosignals vor, bezogen auf die Schallschwächung im orbitalen Gewebe. Diese Ergebnisse von 4 Fällen stimmen gut überein mit der Schallschwächung der Tabelle 5.4-1 von Thijssen et al. (1981).

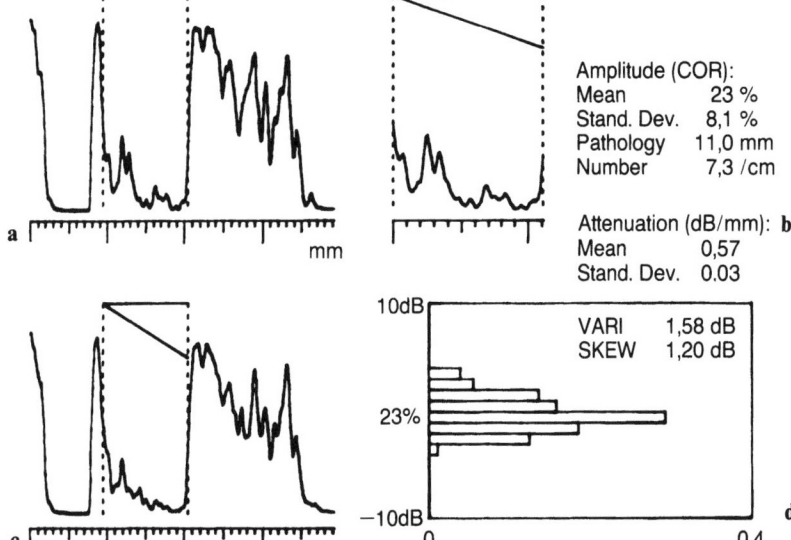

Abb. 5.4-1 a–d (Thijssen). Beispiel zur Auswertung von Amplitudendaten (Thijssen et al. 1983) **a** Wiedergabe eines einzelnen Echogramms, **b** vergrößerte Wiedergabe des ausgewählten Gebiets mit Darstellung der Schallschwächung (abfallende Linie), **c** Mittelwert aller Echogramme und Schwächungslinie, **d** um 90° gedrehtes Amplitudenhistogramm (logarithmische Ordinate) mit Mittelwert der Echoamplituden in % der maximalen Echowiedergabe

5.4.2 Spektralanalyse

Schallschwächung, Frequenzabhängigkeit

Es gibt hierzu nur wenig klinische Daten, und daher werden wir nicht nur in vivo gemessene Daten, sondern auch die Ergebnisse von in vitro-Experimenten betrachten (Tabelle 5.4-2). Lizzi et al. (1976, 1977) veröffentlichten die Resultate von Schallschwächungsmessungen an orbitalem Fettgewebe (15 Fälle); der mittlere Wert des Koeffizienten (α) war 1,5 dB/cm·MHz (Abb. 5.4-2). Für eine diagnostisch oft verwendete Schallfrequenz von 8 MHz würde dieser Koeffizient eine Amplitudenschwächung (im A-Bild) von 1,1 dB/mm liefern. Dieses Resultat stimmt gut überein mit den Werten, die aus der Analyse der Videosignale gewonnen wurden (Tabelle 5.4-1).

Tabelle 5.4-2. Frequenzabhängigkeit des Schwächungskoeffizienten für normale und pathologische Gewebe

Gewebe	Schwächungs-koeffizient dB/cm·MHz	Meßbedingung
Fettgewebe 1	1,5	in vivo
Melanom 2	0,4	in vivo
Lederhaut 3	0,3	in vitro

(1. Lizzi et al. 1977; 2. Trier et al. 1983; 3. Thijssen et al. 1985)

Trier et al. (1983) untersuchten 34 (histologisch nachgewiesene) Melanome in vivo und fanden einen Schwächungskoeffizienten von 0,4 dB/cm·MHz. Trotz der gut definierten Untersuchungsbedingungen war die Streuung der Daten aber so

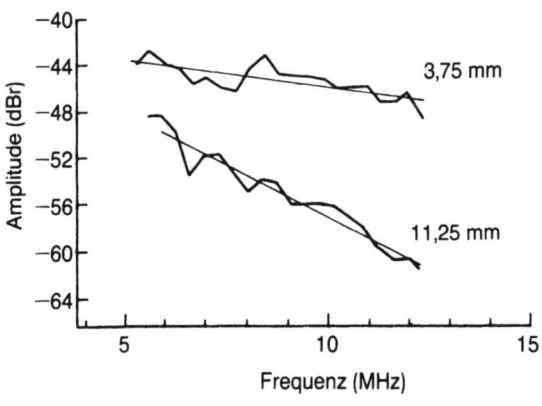
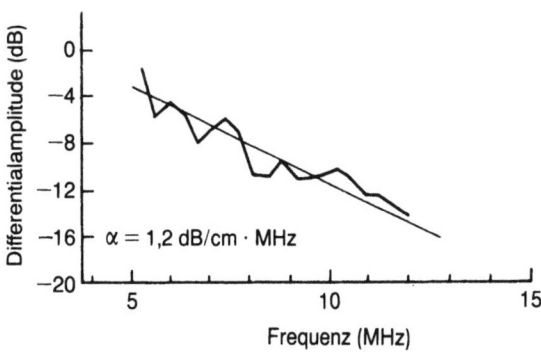

Abb. 5.4-2. Beispiel zur Auswertung von Schallschwächungskoeffizienten. (Nach Coleman u. Lizzi 1977)

beträchtlich, daß diese Zahl nur als Richtwert betrachtet werden kann. Offenbar war die Form des HF-Signals stark durch Inhomogenitäten des Tumorgewebes beeinflußt. Thijssen et al. (1983b, 1985) versuchten, an isolierten Augengeweben neben der Schallgeschwindigkeit und der akustischen Impedanz auch die Frequenzabhängigkeit der Schallschwächung zu bestimmen. Wegen der geringen Dicke der meisten Gewebe war diese Messung nur für die Sklera mit ausreichender Genauigkeit durchführbar. Der Schwächungskoeffizient betrug 0,3 dB/cm · MHz.

Rückstreuung

Die Frequenzabhängigkeit der Schallrückstreuung liefert einen Hinweis auf Größe und Anzahl der streuenden Inhomogenitäten im Gewebe (Kap. 5.3.2). Ein schönes Beispiel hierzu wurde von Lizzi und Elbaum (1979) erwähnt. Diese Autoren analysierten das normalisierte Leistungsspektrum frischer Glaskörperblutungen und fanden, daß das Spektrum mit der vierten Potenz der Frequenz zunimmt. Dies ist exakt, was man für Rayleigh-Streuung an den sehr kleinen Blutkörperchen erwarten muß. Coleman et al. (1983, 1985) untersuchten eine imponierende Anzahl von histologisch gesicherten intraokularen Tumoren (Abb. 5.4-3 und Tabelle 5.4-3). Die wichtigste Schlußfolgerung aus diesen Daten ist, daß der Unterschied zwischen den zwei Gruppen von Melanomen statistisch signifikant ist, wenn man die Streuung der Daten betrachtet (15–30% für die Steigung, 1% für den Achsenabschnitt und das Residuum). Feleppa et al. (1986) gaben eine Übersicht der bisherigen klinischen Ergebnisse aus der Zusammenarbeit mit der Arbeitsgruppe von Coleman. Sie erwähnten, daß die Überlappung der Daten von intraokularen Melanomen (d.h. Spindelzellmelanomen vs. G.E. Melanomen) ohne weitere statistische Verarbeitung nur 10% war. Daher läßt sich sagen, daß die in Tabelle 5.4-3 aufgeführten Parameter des Leistungsspektrums in hohem Maße die Differenzierung zwischen den beiden Klassen von Melanomen ermöglichen. Mazzeo et al. (1985) berichteten über ähnliche Versuche der Differenzierung intraokularer Tumoren. Die vorläufigen Ergebnisse dieser Arbeitsgruppe unterstützen die von Coleman et al. Danach können die Melanome über den relativ hohen Wert der Steigung des normalisierten Leistungsspektrums von den Metastasen unterschieden werden.

Eine sehr wichtige Erweiterung der Anwendung der Streuungsanalyse wurde von Coleman et al. (1985) beschrieben: die „Follow-up-Studie" bestrahlter (Co 60) Melanome. Aufgrund einer Diskriminantenanalyse an nachgewiesenen Tumoren wurden die zu behandelnden Tumoren in eine der in Tabelle 5.4-3 aufgelisteten Klassen eingeordnet. Dann wurden die Tumoren bestrahlt und wieder nach 6, 12 und 18 Monaten untersucht. Bestimmt wurden die Tumorgröße, die 3 Merkmale des Leistungsspektrums und 3 Diskriminantenfunktionen. Die Korrelationskoeffizienten der Tumorgröße nach der Bestrahlung mit den 6 Parametern waren alle unter 0,5. Die Mediane der Tumorgrößen nach 6, 12 und 18 Monaten stimmten mit Abnahmen von 19%, 36% und 42% überein. Als weiteres Ergebnis erhielt man eine Abnahme der Steigung (von 0,5 auf 0,0) und eine Zunahme des Achsenabschnittes, d.h. des Reflexionsgrades, um 5,5 dB. Das allgemeine Ergebnis dieser Studie ist, daß die Auswertung des Leistungsspektrums der Betrachtung der Größenveränderung eines Tumors überlegen ist, wenn man die lokale Strahlentherapie auszuwerten versucht.

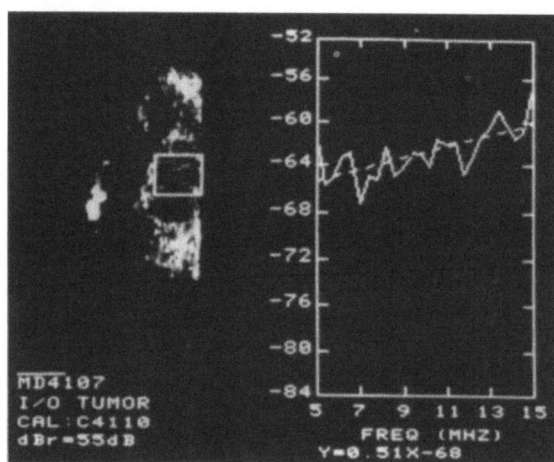

Abb. 5.4-3. Beispiel zur Auswertung von Ultraschall-Rückstreuung. *Links*: B-Bild eines Melanoms mit eingeblendeter „region of interest"; *rechts*: normalisiertes Leistungsspektrum. (Nach Lizzi et al. 1981)

Tabelle 5.4-3. Merkmale des normalisierten Leistungsspektrums der Schallrückstreuung. (Nach Coleman et al. 1985)

Pathologie	Anzahl der Fälle	Tangente dB/MHz	Abschnitt dB	Residuum dB
Spindelzell-Melanom	24	0,484	−72,19	2,68
Gemischtes/epithelioides Melanom	20	0,185	−63,43	2,41
Karzinom	13	−0,196	−56,93	2,34
Hämangiom	12	−0,340	−51,22	2,17

Auflösung und Differenzierung dünner Schichten

Bisher gibt es nur eine Studie in der Literatur, in der substanzielles Material vorgestellt wurde (Trier u. Lepper 1982; Trier et al. 1983). Diese Autoren untersuchten in vivo abgelöste Netzhäute, Glaskörpermembranen und die Schichten des Augenhintergrundes, mit und ohne Netzhaut. Die Daten wurden mit der Korrelationsmethode und mit Hilfe der Spektralanalyse ausgewertet. Die Ergebnisse von intraokularen Membranen stützen sich auf 15 Patienten mit Glaskörpermembranen und 81 Patienten mit Netzhautablösungen und ergaben, daß die Dicke der Glaskörpermembranen über einen weiten Bereich variierten, die der abgehobenen Netzhaut jedoch nur gering. Der Reflexionsgrad der Membranen war im Mittel geringfügig niedriger (−4 dB), die spektralen Eigenschaften der Grenzflächen variierten im Gegensatz zur abgehobenen Netzhaut stark. Diese Merkmale sind zur Differenzierung von Membranen im *direkten Ansatz* verwendbar. In Abbildung 5.4-4 sind zusammenfassend dargestellt: In vivo erzielte Meßergebnisse im Liegen an einer normalen, anliegenden Netzhaut-Aderhaut-Schicht (oberer Teil) in 70 Patienten, an einer abgelösten Netzhaut in 81 Patienten (unten links) und an der Rückwand unter abgehobener Netzhaut in 15 Patienten (unten rechts). Pro Patient wurden bis zu 10 Untersuchungsstellen mit jeweils 25 HF-Echogrammen analysiert.

Wie die Abbildung zeigt, wird in der mittleren Peripherie des Auges die normale Netzhautdicke mit etwa 130 μm gemessen. Die Aderhaut erweist sich als variabler und wesentlich dicker als im histologischen Präparat. Abgehobene Netzhaut ist geringfügig dünner als anliegende, was dem Zurückbleiben des Pigmentepithels entsprechen könnte. In einem Teil der Netzhautabhebungen ist eine Zusatzschicht feststellbar (Ödem mit intraretinaler Grenzfläche? subretinale Veränderungen oder mit abgelöste Teile von Pigmentepithel oder Aderhaut?). Vordere und hintere Netzhautgrenzfläche zeigen verschiedene Rauhigkeit und Echospektren, die evtl. ihre Unterscheidung zulassen, z.B. beim umgeklappten Netzhaut-Riesenriß; auch zwischen Retina- und Aderhaut unter abgelöster Netzhaut bestehen spektrale Unterschiede. Demnach läßt sich die Diagnose einer Netzhautablösung indirekt derart stellen, daß als 1. Rückwandschicht spektral keine spiegelnde, sondern eine strukturierte Grenzfläche festgestellt wird. Außer diesen statischen Merkmalen haben diese Autoren dynamische Merkmale der Aderhaut (Mikropulsationen um 10 μm) für die Gewebscharakterisierung beschrieben.

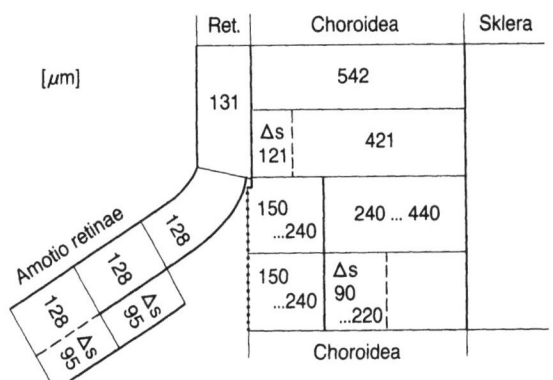

Abb. 5.4-4. Zusammenfassende Darstellung der (in vivo) Meßergebnisse von abgehobener Netzhaut und Rückwandschichten in situ. (Nach Trier u. Lepper 1982)

Literatur

Bayer AL, Thijssen JM (1981) In vivo characterization of intraocular membranes. In: Thijssen JM, Verbeek AM (eds) Ultrasonography in ophthalmology. SIDUO VIII, Doc Ophthalmol Proc Ser 29. Junk, The Hague Boston London, pp 411–418

Buschmann W (1973) Use of the frequency filtering effect of tissues in diagnostic ultrasonography. Ophthalm Res 4:122–127

Buschmann W (1975) Zu Gewebedifferenzierung mit Ultraschall. Ber Phys Med Ges 83:171–179

Coleman DJ, Lizzi FL (1977) Computer processed acoustic spectral analysis of ophthalmic tissues. Am Acad Ophthalmol Otolar OP-83:725–730

Coleman DJ, Lizzi FL (1983) Computerized ultrasonic tissue characterization of ocular tumors. Am J Ophthalmol 96:165–175

Coleman DJ, Lizzi FL, Jack RL (1977) Ultrasonography of the eye and orbit. Lea & Febiger, Philadelphia

Coleman DJ, Lizzi FL, Silverman RH, Helson L, Tarpey JH, Rondeau MJ (1985) A model for acoustic characterization of intraocular tumors. Invest Ophthalmol Vis Sci 26:545–550

Coleman DJ, Lizzi FL, Silverman RH, Ellsworth RM, Haik BG, Abramson DH, Smith ME, Rondeau MJ (1985) Regression of uveal malignant melanomas following Co-60 plaque. Retina 5:73–78

Decker D, Irion KM (1980) A-Mode RF signal analysis (frequency domain) In: Thijssen JM (ed) Ultrasonic tissue characterization. Stafleu, Alphen a/d Rijn, pp 231–244

Decker O, Epple E, Leiss W, Nagel M (1973) Digital computer analysis of time-amplitude ultrasonograms from the human eye II. Data processing. J Clin Ultrasound 1:156–159

Feleppa EJ, Lizzi FL, Coleman DJ, Yaremko MM (1986) Diagnostic spectrum analysis in ophthalmology: a physical perspective. Ultrasound Med Biol 12:623–631

Haigis W (1984) Equipment characterization and first results on attenuation measurements using clinical ultrasound systems (A-Mode): In: Thijssen JM, Irion KC (eds) Ultrasonic tissue characterization 3. Fac. of Med. Printing Office, Nijmegen, pp 55–63

Linnert D, Bluth K, Engler M, Buschmann W (1971) Vergleichbare Untersuchungsbedingungen in der ophthalmologischen Ultraschalldiagnostik. In: Böck J, Ossoinig KC (eds) Ultrasonographica Medica. Verlag der Medizinischen Akademie, Wien, S 77–81

Lizzi FL, Coleman DJ (1977) Ultrasonic spectral analysis in ophthalmology. In: White DM (ed) Recent advances in ultrasound in biomedicine, vol 1. Research Studies Press, Forest Grove, pp 117–130

Lizzi FL, Elbaum ME (1979) Clinical spectrum analysis techniques for tissue characterization. In: Linzer M (ed) Ultrasonic tissue characterization II. NBS Spec. Publ. No. 525. US Govern. Printing Office, Washington, pp 111–119

Lizzi FL, Laviola MA (1975) Power spectra measurements of ultrasonic backscatter from ocular tissues. In: Proceedings Ultrasonics Symp. IEEE, New York, pp 29–31

Lizzi FL, St. Louis L, Coleman DJ (1976) Applications of spectral analysis in medical ultrasonography. Ultrasonics 14:77–80

Lizzi FL, Coleman DJ, Feleppa EJ, Herbst J, Jaremko MM (1981) Digital processing and imaging modes for clinical ultrasound. In: Thijssen JM, Verbeek AM (eds) Ultrasonography in ophthalmology. SIDUO VIII, Doc Ophthalmol Proc Ser 29. Junk, The Hague Boston London, pp 405–410

Lizzi FL, Greenebaum M, Feleppa EJ, Elbaum M, Coleman DJ (1983) Theoretical framework for spectrum analysis in ultrasonic tissue characterization. J Acoust Soc Am 73:1366–1373

Mountford RA, Wells PNT (1972) Ultrasonic liver scanning. The quantitative analysis of the normal A-scan. Phys Med Biol 17:14–25

Oksala A (1965) Über die heutigen Auffassungen von der Ultraschalldiagnostik bei intraokularen Krankheiten. Ophthalmologica 149:467–480

Oosterveld BJ, Thijssen JM, Verhoef WA (1985) Texture of B-Mode echograms: 3-D simulations and experiments of the effects of diffraction and scatterer density. Ultrasonic Imag 7:142–160

Ossoinig KC (1981) Quantitative ultrasonography – the basis of tissue differentiation. J Clin Ultrasound 2:33–46

Poujol J (1981) Echographie en Ophtalmologie. Masson, Paris

Purnell EW, Sokollu A, Holasek E, Cappaert W (1975) Clinical spectra-color ultrasonography. J Clin Ultrasound 3:187–189

Thijssen JM (1980) Physics and technology of ultrasonography. In: Thijssen JM (ed) Ultrasonic tissue characterization. Stafleu, Alphen a/d Rijn, pp 133–169

Thijssen JM, Oosterveld BJ (1985) Texture in B-Mode echograms. In: Berkhout AJ et al. (eds) Acoustical imaging, vol 14. Plenum, New York, pp 481–485

Thijssen JM, Verbeek AM (1981) Computer analysis of A-Mode echograms from choroidal melanoma. In: Thijssen JM, Verbeek AM (eds) Ultrasonography in Ophthalmology, SIDUO VIII, Doc Ophthalmol Proc Ser 29. Junk, The Hague Boston London, pp 123–129

Thijssen JM, Kruizinga R, Dooren HAFQ van, Verbeek AM (1979) Computer assisted echographic diagnosis I. quantitative and statistical analysis of the video signal. In: Gernet H (Hrsg) Diagnostica Ultrasonica in Ophthalmologia. Remy, Münster, S 12–14

Thijssen JM, Bayer AL, Cloostermans MJTM (1981) Computer assisted echography: statistical analysis of A-Mode video echograms obtained by tissue sampling. Med Biol Engng Comp 19:437–442

Thijssen JM, Mol HJM, Cloostermans MJTM, Verhoef WJ, Lieshout M van, Timmer MR, Verbeek AM (1983) Acoustic parameters of ocular tissues. In: Hillman JS, LeMay MM (eds) Ophthalmic ultrasonography. SIDUO IX, Doc Ophthalmol Proc Ser 38. Junk, The Hague Boston Lancaster, pp 445–450

Thijssen JM, Mol HJM, Timmer MR (1985) Acoustic parameters of ocular tissues. Ultrasound Med Biol 11:157–161

Trier HG (1977) Gewebsdifferenzierung mit Ultraschall. Habil. Schrift Univ. Bonn 1974. Bibl Ophthalmol 83, Karger, Basel

Trier HG, Lepper RD (1982) Tissue characterization in ophthalmology. In: Thijssen JM, Nicholas D (eds) Ultrasonic tissue characterization. Nijhoff, Den Haag, pp 74–84

Trier HG, Reuter R (1973) Digital computer analysis of time-amplitude ultrasonograms from the human eye. I. Signal acquisition. J Clin Ultrasound 1:150–154

Trier HG, Decker D, Müller-Breitenkamp R, Irion KM, Otto KJ (1981) In: Thijssen JM, Verbeek AM (eds) Ultrasonography in ophthalmology. SIDUO IX, Doc Ophthalmol Proc Ser 38. Junk, The Hague Boston Lancaster, pp 419–430

Trier HG, Decker D, Lepper RD, Irion KM, Reuter R, Kottow M, Müller-Breitenkamp R, Otto KJ (1983) Ocular tissue characterization by RF-signal analysis: summary of the Bonn/Stuttgart in vivo study. In: Hillman JS, Le May MM (eds) Ophthalmic ultrasonography. SIDUO IX, Doc Ophthalmol Proc Ser 38. Junk, The Hague Boston Lancaster, pp 455–466

Verhoef WA, Cloostermans MJTM, Thijssen JM (1985) Diffraction and dispersion effects on the estimation of ultrasound attenuation and velocity in biological tissues. IEEE Trans Biomed Eng 32:521–529

Wagner RF, Smith SW, Sandrik JM, Lopez H (1983) Statistics of speckle in ultrasound B-scans. IEEE Trans Sonics Ultrasonics 30:156–163

6 Ophthalmologische Gefäßdiagnostik am Karotiskreislauf

H.G. TRIER

6.1 Die Untersuchung des Karotiskreislaufs als Teil der augenärztlichen Diagnostik

Die bei Makroangiopathien des Karotiskreislaufs (A. carotis communis, externa und interna und ihrer Äste) auftretenden Symptome der Gefäßerkrankung in verschiedenen Stadien betreffen in vielen Fällen auch das visuelle System. Prodrome in Form von vorübergehenden ischaemischen Zuständen (TIA) bei zerebrovaskulärer Insuffizienz äußern sich vielfach zunächst am Auge und führen zahlreiche Patienten mit einem Gefäßleiden zunächst zum Augenarzt als erster Anlaufstelle (Tabelle 6-1).

Aus diesen Gründen werden in der Augenheilkunde verschiedene nicht-invasive Untersuchungsmethoden eingesetzt, die Rückschlüsse auf den Karotiskreislauf erlauben (Tabelle 6-2), darunter auch die Ultraschall-Doppler-Verfahren. Zusätzlich kann die Fluoreszenzangiographie des Augenhintergrundes (nach Injektion des Kontrastmittels in die Armvene) Aussagen zur Arm-Retina-Zeit liefern. Die Kombination mit Funktionsprüfungen, z.B. ERG oder VER, erlaubt eine weiterführende Diagnostik bezüglich der Toleranz von Netzhaut und Sehnerv für eine Minderdurchblutung (Ulrich et al. 1976; Pillunat et al. 1987).

Die diagnostische Aussage wird durch gezielte Kombination von Verfahren aus Tabelle 2 präzisiert (Ulrich 1976; Bettelheim u. Grabner 1978; Zannini et al. 1978; Ulrich et al. 1980; Eikelboom 1981; Marmion 1983, 1986; Gloor et al. 1985; Bettelheim u. Fourtis 1985; Ulrich u. Ulrich 1985; Sillesen et al. 1987; Trier et al. 1987). Dies gilt für die Lokalisation von Stenosen und ihre Kompensation durch Kollaterale und für die ophthalmologische DD der Durchblutungsstörungen am Sehnerven. Besonders aussagekräftig scheint die Kombination richtungsempfindlicher Dopplerverfahren mit Dynamometrie- und -graphieverfahren zu sein. Ein Teil der Methodenkombinationen

Tabelle 6-1 (Trier). Einige subjektive und objektive Symptome im ophthalmologischen Fachgebiet bei Karotisstenose

Vorübergehende subjektive Störungen
- Amaurosis fugax
- andere intermittierende Störungen des monokularen oder binokularen Sehens
- vaskuläre Kopfschmerzen mit Beteiligung von Auge und Orbita.

Bleibende Störungen
Subjektiv: Einschränkung von Sehschärfe und Gesichtsfeld
Objektiv:
- Ischämie des Sehnerven mit Papillenödem, Sehnervenatrophie
- Retinale Gefäßverschlüsse
- Hypoxie der Netzhaut mit Neovaskularisation an Iris und Retina,
- Sekundärglaukom
- Einseitige Katarakt

Tabelle 6-2 (Trier). Methoden für die nicht-invasive Untersuchung des Karotiskreislaufs

Karotisphonoangiographie (Duncan et al. 1975)

Thermographie (Widder 1978)

Okuloplethysmographie (Volumenpulsregistrierung)
- photoelektrisches Verf. (Matsuo et al. 1966)
- Impedanz-Verf. (Rheographie) (Kartchner et al. 1976; Bettelheim 1967)

Okulosphygmographie (Druckpulsregistrierung)
(Mackay et al. 1962; Stepanik 1971)

Ophthalmodynamometrie
- Impressions-Verf. (Weigelin u. Lobstein 1962; Weigelin et al. 1964)
- Saug-Verf. (Mikuni 1965)

Kombinierte Verfahren
- Okulopneumoplethysmographie (Gee 1974)
- Okulooszillodynamographie (Ulrich u. Ulrich 1985)
- Ultraschall-Ophthalmodynamometrie
  - – Impressionsverf. (Bauer 1973)
  - – Saugnapfverf. (Ulrich 1976)

Ultraschall-Doppler-Verfahren
- richtungsempfindliches CW-Dopplerverf.
- Doppler-Bild-Verf. (Flow Mapping)
- Duplex-Verfahren (Echtzeit-B-Mode mit Impuls-Doppler-Verf.)

kann gerade in der Hand des Ophthalmologen sinnvoll eingesetzt werden.

Die Ultraschall-Doppler-Untersuchung des *Karotiskreislaufs* ist daher auch Teil der augenärztlichen Diagnostik, im Gegensatz zur Untersuchung der Vertebralarterien.

6.2 Methoden und Aussagen der Doppleruntersuchung der Karotiden

6.2.1 Untersuchung mit richtungsempfindlichem CW-Dopplergerät

Zur Mindestausstattung der Geräte wird auf Kap. 11.3.1 verwiesen. Das Karotisgebiet wird durch indirekte und direkte Untersuchung beurteilt.

a) *Indirekte* Untersuchung. Sie erfolgt an den Ästen der A. ophthalmica, und zwar der A. supratrochlearis (AST), A. supraorbitalis (ASO) oder A. frontalis medialis (AFM), die den gemeinsamen Ast zur AST und zur A. dorsalis nasalis darstellt (Müller 1972).
b) *Direkte* Untersuchung. Sie erfolgt an A. carotis communis (ACC) vom Abgang bis Übergang in ACI; A. carotis interna (ACI) ab Abgang; A. carotis externa (ACE), Abgang und Äste.

Die Gefäße und Ableitstellen sind schematisch in Abb. 6-1 dargestellt. Die Untersuchungen werden durch Kompressionstests an den zugänglichen ACE-Ästen und u.U. an der ACC ergänzt.

Bei hochgradigen Stenosen oder bei Verschluß der A. carotis interna *proximal* vom Abgang der A. ophthalmica ist die Durchströmung in AST, ASO oder AFM verringert, nicht nachweisbar oder in ihrer Richtung invertiert (retrograde Strömung infolge Versorgung über Äste oder ACE bei mangelhafter Leistung der antegrad wirkenden Kollateralen (Hodek-Demarin u. Müller 1979). Abb. 6-2 zeigt schematisch die typischen Ergebnisse an der AST bei Normalbefund bei ACI-Abgangsstenose ohne und mit Kompression erreichbarer ACE-Äste. Die Ergebnisse an AFM und ASO können verschieden sein (Brockenbrough 1982). Nach Padayachee et al. (1984) ist die Sensitivität des Kompressionstests der ATS an der ASO höher als an der AST, bei etwa ebenbürtiger Spezifität.

Die transbulbäre Untersuchung der A. ophthalmica selbst ist nur in einem Teil der Fälle gut durchführbar. Daher hat sich die Ultraschall-Ophthalmodynamometrie (Bauer 1973; Ulrich 1976) bisher nicht durchgesetzt. Über die Strömung in der A. centralis retinae sind bei kritischer Bewertung bisher keine verläßlichen Aussagen möglich (Trier et al. 1979; Püttmann 1979; Reuter et al. 1979, 1980).

Kompressionstests an den ACE-Ästen sind erforderlich, um an der AST eine sichere Differenzierung von orthogradem und retrogradem Fluß einerseits, und von Nullfluß gegen Justierungsfehler und andere Artefakte andererseits zu erreichen. Bei einer Stenosierung der ACI *distal* des Abgangs der A. ophthalmica tritt – trotz starker Strömungsverminderung in der ACI – in typischen Fällen ein erhöhter, orthograder Fluß in der AO und ihren dopplersonographisch besser untersuchbaren Ästen, wie der AST, auf.

Bei der Untersuchung wird die handgeführte Sonde perkutan bis zum Erhalt eines maximalen oder typischen Dopplersignals aus dem betreffenden Gefäß justiert. Die Identifizierung des Gefäßes und die Bewertung der Strömung wird in erster Linie *akustisch* vorgenommen (Wiedergabe eines aus der Dopplershift gewonnenen Audiosignals über Gerätelautsprecher oder Kopfhörer). Dieses Zusammenwirken von Ohr und Hand ist mühsam zu erlernen (Ringelstein et al. 1983). In zweiter Linie werden Flußkurven (Strompulskurve, Analogpulskurve) aufgezeichnet (Schreiber oder Bildschirm), die auch die Sondenjustierung unterstützen können.

Abbildung 6-3 zeigt Beispiele für Flußkurven bei höchstgradiger Karotisstenose. Die erhaltenen Pulskurven sind vom Winkel der Sonde zum Gefäß und damit vom Gefäßverlauf abhängig, was die Möglichkeit der quantitativen Analyse einschränkt.

Für die Beschreibung der akustischen Flußkurvenkriterien wird auf die didaktische Literatur verwiesen (Kriessmann et al. 1982; Büdingen et al. 1982; Barnes u. Wilson 1975; Widder 1985). Die Validisierung der Dopplermethode durch mehrere Gruppen hat gezeigt, daß bei Karotisstenosen unter etwa 50% Lumeneinengung nur eine geringe Treffsicherheit, bei über 50% Einengung jedoch >95% Sensitivität erzielt wird. Die Spezifität der Methode (Sicherheit für die Vermeidung falsch pathologischer Ergebnisse bei Normalbefunden) liegt bei 95–100% (Neuerburg-Heusler 1985). Dabei ist aber nicht zu erwarten, daß die dopplersonographische, funktionelle Beschreibung von Stenosegraden mit angiographischen Beschreibungen ohne weiteres übereinstimmt.

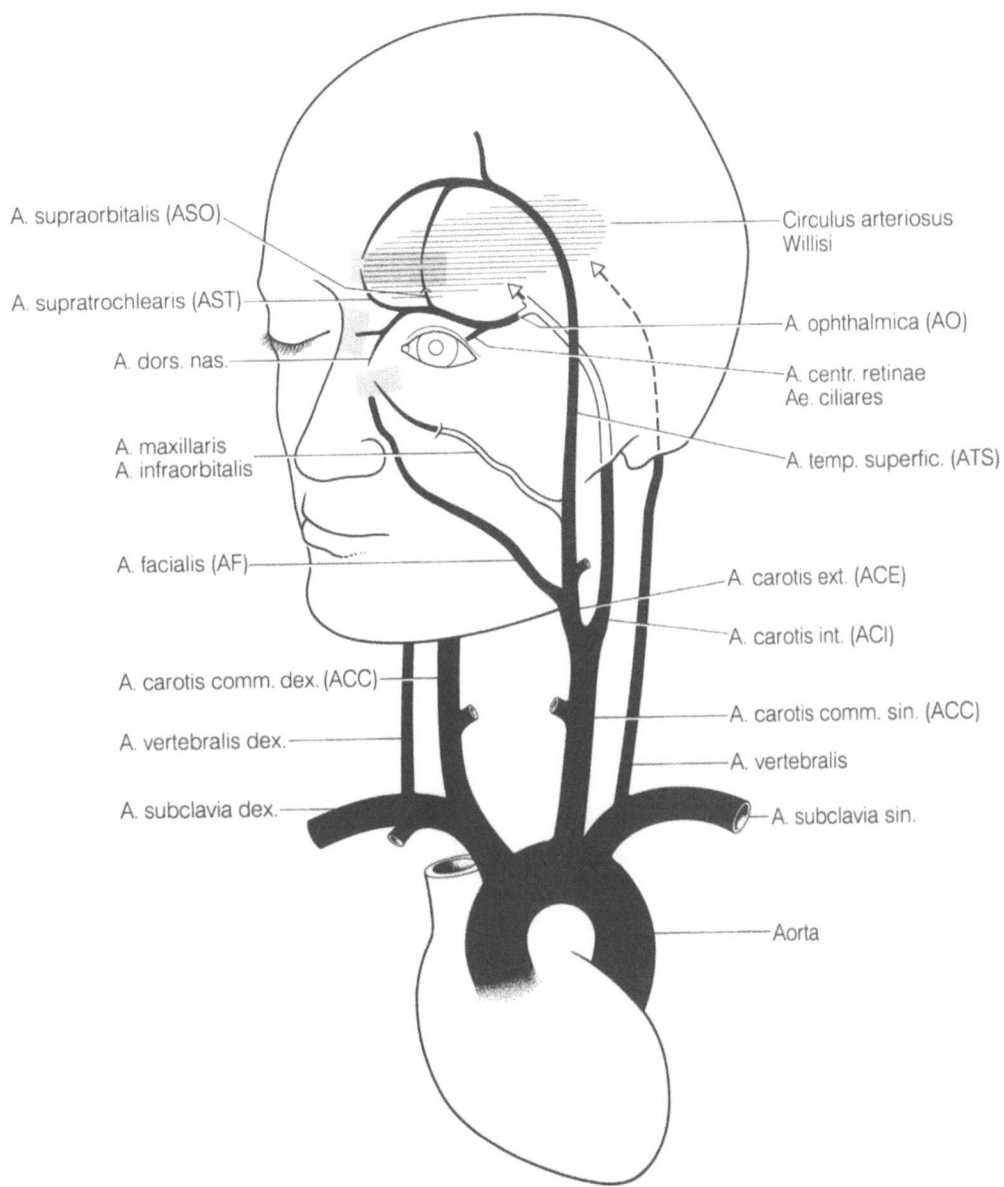

Abb. 6-1 (Trier). Die größeren Arterien des Karotisstromgebiets (schematisch). *Schraffiert*: In der Dopplerdiagnostik nutzbare Anastomosebereiche zwischen ACI und ACE-Ästen mit strömungsabhängiger Lage der „Wasserscheide". *Weiß*: Intrakraniell liegende Arterienabschnitte

Zum Vorgehen bei der Untersuchung hat der interdisziplinäre Arbeitskreis Gefäßdiagnostik der DEGUM folgende Empfehlungen ausgesprochen (Neuerburg-Heusler u. von Reutern 1985):

Einfacher Standard	Empfehlungen (wünschenswerter, anzustrebender Standard)
Äußere Untersuchungsbedingungen	
Der Patient soll liegen oder in einer entspannten, halb sitzenden Position untersucht werden, wobei eine Möglichkeit den Kopf zu stabilisieren (Fixieren) bestehen soll. Die Position des Untersuchers wird nicht festgelegt.	Eine Position des Untersuchers hinter dem Kopf des Patienten kann bei der Sondenmanipulation oder bei einigen Kompressionstesten hilfreich sein und wird von den meisten Untersuchern bevorzugt.

Zu dokumentierende **Ableitungsstellen** (Auszug für Untersuchung des Karotiskreislaufs)

	Einfacher Standard		Empfehlungen	
	Normal	Pathol.	Normal	Pathol.
A. supratrochlearis	+	+	+	+
A. supraorbitalis	∅	∅	∅	+
Obige Arterien unter Kompression der Externaäste	∅	+	+	+
A. carotis communis	+	+	+	+
Kontinuierliche Darstellung des Übergangs von A. carotis communis zur A. carotis interna	∅	∅	+	+
A. carotis interna				
A. carotis interna Abgang	∅	∅	+	+
A. carotis interna distal (optimales Signal)	+	+	+	+
A. carotis interna, bei Stenose im proximalen Bereich	Zwei Ableitepunkte: 1. Maximum der Beschleunigung 2. Distaler poststenotischer Abschnitt		Möglichst vollständige Darstellung der prae-bis poststenotischen Abschnitte	
A. carotis externa				
Abgang	+	+	+	+
	Mit Kompressionstest in Fällen erschwerter Differenzierung, z.B. Hyperämie, A. thyroidea superior, versus A. carotis interna.			
Äste	∅	∅	∅	z.B. – A. occipitalis als Kollaterale. – distal einer Stenose – A.V.-Shunt

Einfacher Standard

Reihenfolge der Untersuchung

Ableitung der einzelnen Untersuchungsstellen seitenvergleichend in einer festen laboreigenen Reihenfolge

Registrierung

8 cm effektive Registrierbreite. Diese kann auch mit einem Zweikanalschreiber erreicht werden, wenn die Kurvenabschnitte des Summenflusses, die Fluß zur oder von der Sonde weg anzeigen jeweils einem der beiden Kanäle zugeführt werden.
Die Art der Kennzeichnung der Null-Position ist nicht festgelegt, sie muß nur für alle Registrierungsabschnitte erkenntlich sein.
Die Zuordnung der einzelnen Registrierabschnitte zu den untersuchten Arterien muß geeignet gekennzeichnet werden.

Die Geschwindigkeit des Papiervorschubes wird nicht festgelegt.

Kalibrierung

Aufzeichnung der Kalibriersignale in regelmäßigen Abständen, z.B. vor einer Untersuchungsserie.
Minimale Kalibrierung:
1 cm Signalamplitude = 1 kHz Dopplershift.

Empfehlungen

Es empfiehlt sich eine logische Reihenfolge, z.B. weniger aussagekräftige Befunde (Augenwinkel) voranzustellen oder anatomisch von kaudal nach kranial vorzugehen.

Die simultane Darstellung vor- und rückwärtsgerichteter Strömungsanteile kann die Diagnostik erweitern und Artefakte aufzeigen (z.B. bei gleichzeitiger Beschallung von Vene und Arterie). Hierzu muß aber eine spezielle Ausrüstung des Gerätes vorliegen.

Ein schnellerer Papiervorschub empfiehlt sich zur genaueren Formanalyse der Pulskurven in einigen Fällen (Darstellung der anachroten Schulter der systolischen Welle der A. subclavia, Darstellung des Effektes rasch repetetiver Kompressionsteste (A. carotis externa, A. vertebralis)). Pendelströmung und systolische Entschleunigung (A. vertebralis, A. supratrochlearis).

Beginn der Kurvenaufzeichnung eines jeden Patienten mit dem Ausschreiben der Kalibriersignale.

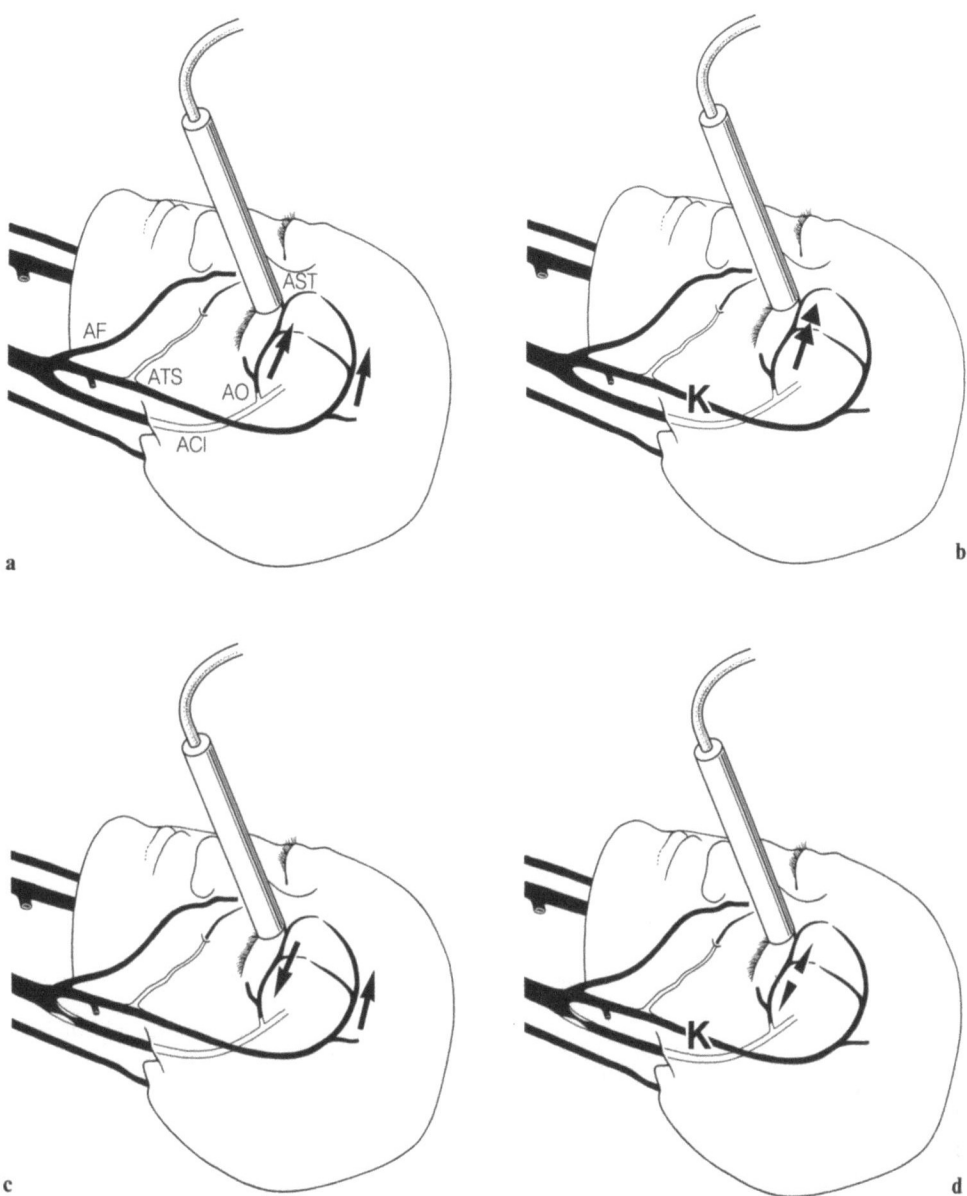

Abb. 6-2a–d (Trier). Untersuchung der A. supratrochlearis (*AST*) mit richtungsempfindlichem CW-Dopplergerät (intrakranielle Gefäßabschnitte weiß)
a *Normalbefund.* Grundströmung in orthograder Strömungsrichtung. *ACI*, A. carotis interna; *AF*, A. facialis; *ATS*, A. temporalis superficialis; *AO*, A. ophthalmica; *ACE*, A. carotis externa. **b** *Normalbefund.* Auswirkung einer Kompression der zugänglichen ACE-Äste ipsilateral: (*K*, Kompression der ATS über dem Processus zygomaticus des Schläfenbeins). Die orthograde Strömung bleibt unverändert oder nimmt geringfügig zu. **c** *Hochgradige ACI-Abgangsstenose ipsilateral.* Grundströmung in der AST in retrograder Strömungsrichtung infolge Versorgung von ACE-Ästen. **d** *Hochgradige ACI-Abgangsstenose ipsilateral.* Auswirkung einer Kompression der zugänglichen ACE-Äste ipsilateral wie in **b**: Abnahme, Verschwinden oder Richtungsumkehr der Strömung in der AST

Archivierung

Archivierung der Kurven zusammen mit einer Beschreibung und Beurteilung der Befunde (Befund und Ultraschall-Diagnose). Bei der Beschreibung ist auf Normalabweichungen wie Lageanomalien oder besondere Untersuchungsschwierigkeiten hinzuweisen. Beschriftung der Arterienabschnitte auf der Kurve."
(Ende Zitat)

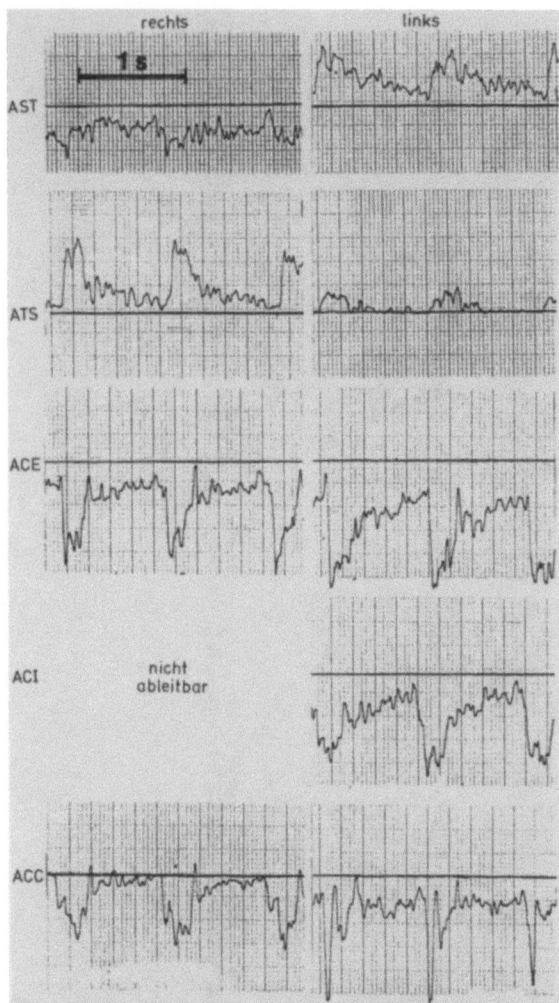

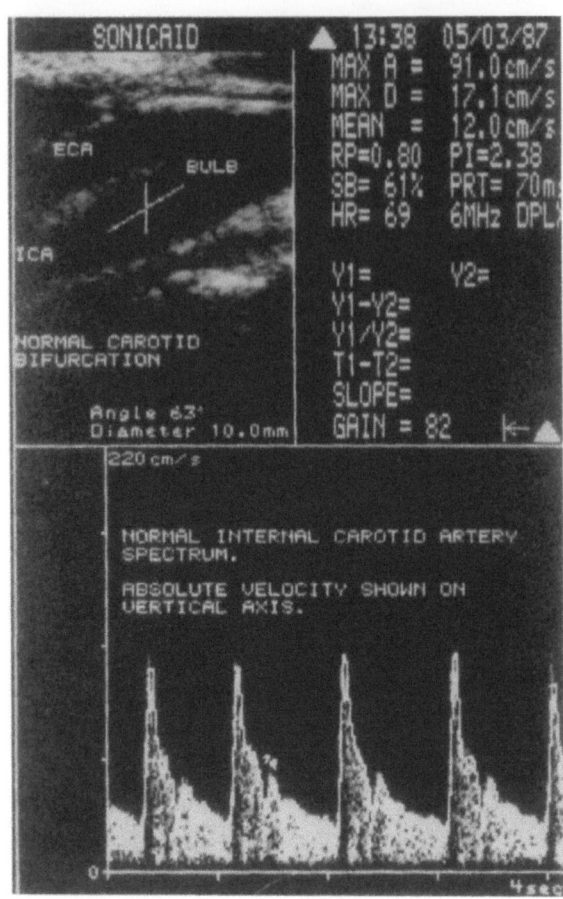

Abb. 6-3 (Trier). Fallbeispiel Karotisverschluß. 58jähr. Pat., mit intermitt. Sehstörungen und Kollapsneigung. CW-Dopplemntersuchung 5 MHz, 2-Kanal-Schreiber, Registriergeschwindigkeit 25 mm/s; Amplitude (y) 1 kHz/cm. Nach oben: Strömung zur Schallsonde hin; nach unten: Strömung von der Schallsonde weg. *ACI*, rechts nicht ableitbar, links normal. *AST*, rechts retrograde Strömung, die bei Kompression der ATS abnimmt (nicht abgebildet). Links orthograde, normale Strömung. *ATS*, rechts verstärkte Strömung, die auf Kollateralweg hinweist. *ACE*, rechts geringerer enddiastolischer Fluß als links. *ACC*, rechts verminderte Strömung. Beurteilung: Subtotale Stenose oder Verschluß der ACI proximal des Ophthalmica-Abgangs rechts. Auffüllung der A. ophthalmica aus ACE-Ästen rechts. Karotisangiogramm: ACI-Verschluß rechts von der Bifurkation bis zur Schädelbasis. Auffüllung von Ästen der A. cerebri media über die A. ophthalmica und A. vertebralis rechts

Abb. 6-4 (Trier). Kombinierte Echtzeit-B-Mode und Doppleruntersuchung. *Oben links*: B-Mode-Darstellung der Karotisgabel und der Dopplermeßrichtung. *Unten*: Dopplerflußkurve mit Spektralanalyse, Abszisse 1 s/T; Ordinate Strömungsgeschwindigkeit in cm/s. *Oben rechts*: berechnete Blutströmungsparameter. (Aus Produktinformation SONICAID Vasoview.)

Zusätzliche Spektrumanalyse

Die zusätzliche visuelle Darstellung der „Spektrum-Pulskurve" (Frequenzverteilung über die Zeit) oder eines „Frequenzdichte-Spektrums" (power spectrum) erlaubt die Bestimmung von Spitzenfrequenzen oder Spektrumsbreiten aus den Strömungssignalen. Damit wird der Frequenzgehalt der Doppler-Signale objektiver erfaßbar.

Vorteile gegenüber der Registrierung der Analogpulskurve zeichnen sich besonders ab
- bei Signalen aus mehreren sich überlagernden Gefäßen
- bei gedämpften Signalen (von Reutern et al. 1986).

6.2.2 Zusätzliche Darstellung der Gefäßmorphologie durch B-Mode und Doppler-Scanner

Für den Nachweis geringgradiger Karotisstenosen und nichtstenosierender Gefäßveränderungen sind B-Mode-Geräte nützlich, jedoch Duplexgeräte (Real-time B-Mode in Kombination mit Impulsdoppler) überlegen. Mit Duplex-Geräten werden simultan Gefäßmorphologie und Blutströmungsparameter erfaßt. Die Dopplermeßrichtung im Gefäßverlauf kann daher exakt bestimmt und optimiert werden, was die quantitative Bestimmung des Flußvolumens ermöglicht, Abb. 6-4. – Demgegenüber ist das Doppler-Bild-Verfahren mit topographischer 2 D-Darstellung der Dopplersignale von geringerer Aussagekraft (Flow-Mapping; Doppler-Echo-Flow-Scan).

Zur Übereinstimmung von Doppler-sonographischen und angiographischen Befunden an der Karotis werden in Tabelle 6-3 Ergebnisse des Arbeitskreises Gefäßdiagnostik der DEGUM dargestellt (von Reutern 1985). Demnach sind die funktionellen Kriterien der Dopplersonographie von Variablen wie Blutdruck, peripherer Widerstand, Gefäßelastizität und Morphologie der Stenose abhängig; es ist zu erwarten, daß sie am ehesten mit der Reduktion der Querschnittsfläche im Angiogramm korrelieren. Die Verdachtsdiagnose einer geringgradigen Stenose von 30–50% lokalem Stenosierungsgrad bleibt relativ unsicher ohne zusätzliche Befunde über den Gefäßverlauf, wie sie z.B. durch Duplexuntersuchungen gewonnen werden können, u.a. im Hinblick auf den Beschallungswinkel. Die in Tabelle 6-3 für verschiedene Stenosierungsgrade genannten systolischen Spitzenfrequenzen sind als Anhaltswerte anzusehen.

Auf die Anwendung von Dopplerverfahren zur Gewebsdiagnostik in der Orbita wurde an anderer Stelle (Kap. 3.1.3) eingegangen.

Tabelle 6-3 (Trier). Morphologische und Dopplersonographische Kriterien für die Bestimmung von Stenosegraden an der A. carotis interna. Hrsg. Neuerburg-Heusler und v. Reutern, 1985. DEGUM, Arbeitskreis Gefäßdiagnostik, Zürich 1985

	I. Nichtstenos. Plaque	II. Geringgradig	III. Mittelgradig	IV. Hochgradig	V. Höchstgradig (subtotal)
Morphologisch					
Lokaler Stenosierungsgrad	<30%	>30%	~60%	~80%	>90%
Stenosierungsgrad relativ zum distalen Lumen	0	<30%	~50%	~70%	>90%
Doppler-sonographisch					
Indirekte Kriterien (A. ophthalmica u. A. car. comm.)	Kein Hinweis auf Strömungsbehinderung			A. ophthalmica: im Seitenvergleich stark vermindert Nullfluß oder retrograd. A. car. comm.: vermindert	
Direkte Kriterien im Stenosierungsbereich	Unauffällig	Aufhebung der physiologischen Frequenzminderung im Bulbus, allenfalls geringfügige Frequenzzunahme, akustisch keine wesentlichen Turbulenzen (*Grenzbefund für die Dopplersonographie*)	Deutliche Erhöhung der systolischen und diastolischen Maximalfrequenz mit Verbreiterung des akustisch wahrnehmbaren Spektrums bei Intensitätszunahme des niederfrequenten Anteils.	Starke lokale Frequenzzunahme mit ausgeprägten Turbulenzen und systolischer Spitzenumkehr der Analogkurve (inverse Frequenzanteile im Spektrum).	Variables Stenosesignal mit Intensitätsminderung
Direkte Kriterien poststenotisch	Unauffällig	Unauffällig	Unauffällig	Verminderte systolische Strömungsgeschwindigkeit	Schwer auffindbares, stark reduziertes Signal
Systol. Spitzenfrequenz im Stenosebereich bezogen auf 4 MHz Sendefrequenz	<4 kHz	<4 kHz	>4 kHz	>7 kHz	Variabel

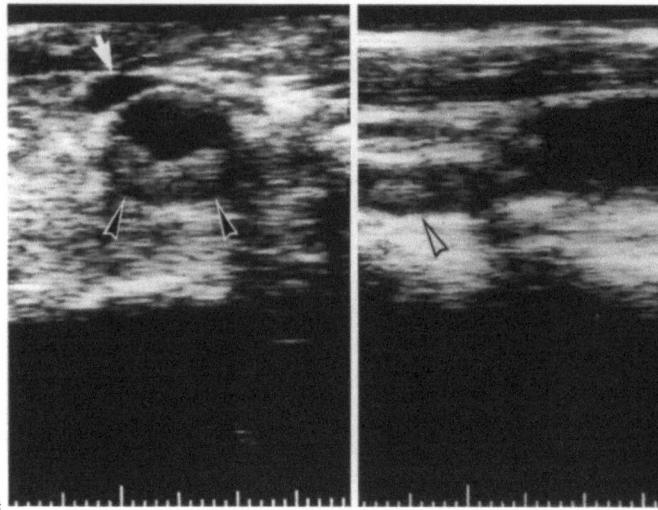

Abb. 6-5a, b (Dette). Echtzeit-B-Mode Darstellung der Karotisbifurkation mit Picker Microview 10 MHz. (Dette 1984; mit freundl. Genehmigung d. Autors). a Querschnitt: knapp 50%ige Bifurkationsstenose rechts (*Pfeilspitzen*). Vena jugularis interna (*Pfeil*). b Verschluß der A. carotis interna rechts (*Pfeilspitze*). A. carotis communis (*C*)

6.3 Untersuchungen am Karotiskreislauf mittels A-, B-, M-Mode-Verfahren

Auch mit Impulsechoverfahren *ohne* Dopplerprinzip sind einzelne Einblicke und Aussagen über Teile der Karotisstrombahn möglich. Hierzu gehört die Pulsationsregistrierung der Karotiswand (Buschmann 1964), der Orbitaarterien (Coleman 1971); die Messung der Mikropulsationen in der Aderhaut (Trier u. Reinert 1987); die Feststellung strömenden Bluts und orbitaler Aneurysmen (Hauff u. Till 1984), und die hochauflösende real-time-B-Mode-Untersuchung der Karotiden vom Abgang der ACC bis über die Bifurkation, zur Feststellung und Lokalisation von Wandveränderungen Abb. 6-5 (Kuhn 1983). Die Interpretation solcher Befunde baut gewöhnlich auf einer Doppleruntersuchung der Karotisstrombahn auf.

Literatur

Barnes RW, Wilson MR (1975) Doppler ultrasonic evaluation of cerebrovascular disease. Programmed audiovisual instruction. University of Iowa, Iowa City

Bauer F (1973) Die Ultraschallophthalmodynamometrie. Klin Monatsbl Augenheilkd 163:580–582

Bettelheim H (1967) Die Rheographie in der augenärztlichen Kreislaufdiagnostik. Klin Monatsbl Augenheilkd 150:805–812

Bettelheim H, Fourtis N (1985) Doppler-Ultrasonographie (DUSG) der orbitalen Gefäße bei Durchblutungsstörungen des Auges. Klin Monatsbl Augenheilkd 187:187–190

Bettelheim H, Grabner G (1978) Erfahrungen mit der Doppler-Ultrasonographie der orbitalen Gefäße in der augenärztlichen Kreislaufdiagnostik. Klin Monatsbl Augenheilkd 173:829–835

Brockenbrough E (1982) Periorbital Doppler velocity evaluation of carotid obstruction. In: Bernstein E (ed) Noninvasive diagnostic techniques in vascular disease. Mosby, St. Louis, pp 231–238

Büdingen HJ, Reutern G-M v, Freund HJ (1982) Doppler-Sonographie der extrakraniellen Hirnarterien. Thieme, Stuttgart New York

Buschmann W (1964) Zur Diagnostik der Carotisthrombose. Arch Ophthalmol, S 519–529

Coleman DJ (1971) Measurement of choroidal pulsation with M-scan ultrasound. Am J Ophthalmol 71:363–365

Dette ThM (1984) Hochauflösende B-Scan Sonographie zur Früherkennung arteriosklerotischer Gefäßwandveränderungen bei Diabetikern und Hypertonikern. Inauguraldiss., Univ. Mainz, Mediz. Fakultät

Duncan GW, Gruber JO, Dewey CF, Myers GS, Lees RS (1975) Evaluation of carotid stenosis by phonoangiography. New Engl J Med 27:1124

Eikelboom BC (1981) Evaluation of carotid artery disease and potential collateral circulation by ocular pneumoplethysmography. Proefschrift, Rijksuniversiteit Leiden, Leiden

Gee W, Smith CA, Hinson CE, Wylie EJ (1974) Ocular pneumoplethysmography in carotid artery disease. Med Instrum 8:244–248

Gloor B, Müller HR, Vozenilek E (1985) Arterielle Verschlußkrankheiten im Augenbereich. Diagnostischer Beitrag der Dopplersonographie. Klin Monatsbl Augenheilkd 186:161–171

Hauff W, Till P (1984) Echography in carotid-cavernous fistulas. In: Hillman JS, LeMay MM (eds) Ophthalmic ultrasonography. SIDUO IX, Doc Ophthalmol Proc Ser 38. Junk, The Hague Boston Lancaster, pp 399–405

Hodek-Demarin V, Müller H (1979) Reversed ophthalmic artery flow in internal carotid artery occlusion. A reappraisal based on ultrasonic Doppler investigations. Stroke 10:461–463

Kartchner MM, McRae LP, Crain V, Whitaker B (1976) Oculoplethysmography: An adjunct to arteriography in the diagnosis of extracranial carotid occlusive disease. Am J Surg 132:728–732

Kriessmann A, Bollinger A, Keller H (Hrsg) (1982) Praxis der Doppler-Sonographie. Periphere Arterien und Venen, hirnversorgende Arterien. Thieme, Stuttgart New York

Kuhn F-P (1983) Gefäßsystem, Hals. In: Bücheler E, Friedmann G, Thelen M (Hrsg) Real-Time Sonographie des Körpers. Thieme, Stuttgart New York

Mackay RS, Marg E, Oechsli R (1962) Arterial and tonometric pressive measurements in the eye. Nature 194:687–688

Marmion VJ (1983) Doppler ultrasound as an adjunct for the investigation of amaurosis fugax. Trans Ophthalmol Soc UK 103:606–608

Marmion VJ (1986) Strategies in Doppler ultrasound. Trans Ophthalmol Soc UK 105:562–567

Matsuo H, Kogure F, Takahashi K (1966) Studies on the photoelectric photoplethysmogram of the eye. Exc Med Int Congr Ser 146:178

Mikuni M, Iwata K (1965) Mikuni's ophthalmodynamometer. Acta Med Biol 12:279

Müller HR (1972) The diagnosis of internal carotid artery occlusion by directional Doppler sonography of the ophthalmic artery. Neurology 22:816–823

Neuerburg-Heusler D, Reutern G-M v (Hrsg) (1985) Richtlinien des Arbeitskreises für Gefäßdiagnostik der DEGUM über die Durchführung dopplersonographischer Untersuchungen der hirnversorgenden (supraaortalen) Arterien vom 19.1.1985

Neuerburg-Heusler D, Reutern G-M v (1985) Qualitätssicherung dopplersonographischer Verfahren. Ultraschall 6:270–278

Neuerburg-Heusler D, Reutern G-M v (Hrsg) (1985) Morphologische und dopplersonographische Kriterien für die Bestimmung von Stenosegraden an der A. carotis interna. Arbeitskreis Gefäßdiagnostik der DEGUM, Ergebnisse der Sitzung von 4.12.85, Zürich

Padayachee TS, Lewis RR, Gosling RG (1984) Ultrasound screening for the internal carotid disease. I. The temporal artery occlusion test – which periorbital artery? Ultrasound Med Biol 10:13–16

Pillunat LE, Stodtmeister R, Wilmanns I (1987) Pressure compliance of the optic nerve head in low tension glaucoma. Brit J Ophthalmol 71:181–187

Püttmann W (1979) In vitro-Untersuchungen von zwei Ultraschall-Doppler-Geräten und dazugehöriger optischakustischer Teiler mittels eines Doppler-Phantoms. Dissertation Medizinische Fakultät Universität Bonn, Bonn

Reuter R, Püttmann W, Trier HG, Lepper R-D (1979) Ein Phantom zur Messung von Ansprechempfindlichkeit und Arbeitsbereich bei Ultraschall-Dopplergeräten. In: Gernet H (Hrsg) Diagnostica Ultrasonica in Ophthalmologia. Remy, Münster, S 53–56

Reuter R, Trier HG, Lepper R-D (1980) Ansprechempfindlichkeit und Schallfeldgeometrie von Ultraschall-Doppler-Geräten. In: Hinselmann M, Anliker M, Meudt R (Hrsg) Ultraschalldiagnostik in der Medizin. Proc Drei Länder Treffen Davos 1979. Thieme, Stuttgart New York, S 279–280

Reuter R, Trier HG, Lepper R-D, Püttmann W (1980) Erste Ergebnisse von Phantommessungen an kommerziellen Ultraschall-Doppler-Geräten. In: Hinselmann M, Anliker M, Meudt R (Hrsg) Ultraschalldiagnostik in der Medizin. Thieme, Stuttgart New York, S 276–278

Reutern G-M v, Arnolds B, Fischer M, Kapp H, Neuerburg-Heusler D, Nissen P, Ringelstein E-B, Widder B (Hrsg) (1986) Spektrumanalyse von Dopplersignalen hirnversorgender Arterien. Arbeitskreis Gefäßdiagnostik der DEGUM, Ergebnisse der Arbeitstagung 30.5.–1.6.86, Buchenbach

Ringelstein EB, Kolmann HL, Kruse L (1983) Dopplersonographie der extrakraniellen Hirnarterien: In erster Linie ein didaktisches Problem. Ultraschall 4:182–187

Sillesen H, Schroeder T, Steenberg HJ, Hansen HJB (1987) Doppler examination of the periorbital arteries adds valuable hemodynamic information in carotid artery disease. Ultrasound Med Biol 13:177–181

Stepanik J (1971) Das Mackay-Marg-Tonometer. V. Vorversuche zur Sphygmomanometrie am Auge. Arch Ophthalmol 183:69–74

Trier HG, Reinert S (1987) In vivo study of the human retino-choroidal layers by RF-signal analysis. I. Visual echogram interpretation. Part 2: Results on choroidal thickness and pulsation under physiological conditions and under tonometry. In: Ossoinig KC (ed) Ophthalmic echography. SIDUO X. Junk, The Hague, Boston Lancaster

Trier HG, Püttmann W, Reuter R, Lepper R-D (1979) Messungen der Ansprechempfindlichkeit und des Arbeitsbereichs bei kommerziellen Ultraschall-Doppler-Geräten für die Ophthalmologie. In: Gernet H (Hrsg) Diagnostica Ultrasonica in Ophthalmologia. SIDUO VII. Remy, Münster, S 65–68

Trier HG, Lüneborg HG, Rothe R (1987) Results of ophthalmodynamometry and directional Doppler ultrasound in ophthalmic diseases. In: Ossoinig KC (ed) Ophthalmic echography. SIDUO X. Junk, Boston Lancaster, pp 539–544

Ulrich C, Ulrich WD (1985) Okulooszillodynamographische und dopplersonographische Untersuchungen bei Netzhautarterienverschlüssen. Fortschr Ophthalmol 82:484–487

Ulrich C, Metz L, Waigand J, Ziegler PF (1980) Klinik und Praxis der Ophthalmodynamometrie (ODM), Ophthalmodynamographie (ODG), Temporalisdynamographie (TDG), Abh Augenheilkd, Bd 46. Thieme, Leipzig

Ulrich W-D (1976) Grundlagen und Methodik der Ophthalmodynamometrie, Ophthalmodynamographie, Temporalisdynamographie. Abh Augenheilkd, Bd 44. Thieme, Leipzig

Ulrich W-D, Ulrich C (1985) Okulooszillodynamographie (OODG), ein neues Untersuchungsverfahren zur Bestimmung des Ophthalmicablutdrucks und zur okulären Pulskurvenanalyse. Klin Monatsbl Augenheilkd 186:385–388

Weigelin E, Lobstein A (1962) Ophthalmodynamometrie. Karger, Basel

Weigelin E, Iwata K, Halder M (1984) Fortschritte auf dem Gebiet der Blutdruckmessung am Auge. Fortschr Augenheilkd 15:44–184

Widder B (1978) Auskultation und Plattenthermographie: sich ergänzende Methoden in der Früherkennung von drohenden Schlaganfällen. Nervenarzt 49:189

Widder B (1983) Doppler-Sonographie der hirnversorgenden Arterien. Springer, Berlin Heidelberg New York

Zannini G, Bracale GC, Cennamo G, Rocco P, Gangemi M (1978) Correlations between doppler, thermography and ophthalmodynometry for instrumental dépistage of cerebral vasculopathy. J Cardiovasc Surg 19:647–654

7 Kommerziell erhältliche Geräte und Schallköpfe nach technischem Aufbau und Anwendungsklassen

H.G. TRIER

Die nachfolgenden Tabellen bieten eine Übersicht über kommerziell erhältliche Geräte, Schallköpfe und Hilfsmittel für die ophthalmologische Ultraschalldiagnostik (Gewebsdiagnostik und Biometrie des Auges).

Sie wurden von der Bonner Arbeitsgruppe durch Trier und Mitarbeiter anläßlich der gemeinsam mit der Universitäts-Augenklinik Würzburg durchgeführten Fortbildungskurse „Ophthalmologische Ultraschalldiagnostik" erstellt und jähr-

Tabelle 7-1 (Trier). Kommerzielle Geräte für Ultraschalldiagnostik des Auges und der Orbita. (Stand: Februar 1988). Wegen oft rascher Veränderungen mußte hier auf die vorgesehenen Preisangaben verzichtet werden. Die aktuellen Preise sind bei den angegebenen Firmen zu erfragen

Hersteller	Typ	Mode	Vertrieb
Kretztechnik, Zipf, Austria	7200 MA[a]	A	Kretztechnik GmbH Deutschland, Denneborgsweg 7, 4560 Gelsenkirchen
Ruck, Scholl & Friedrich GmbH, Quellstr. 98, 5180 Eschweiler	Scan I	A, Option Biometrie	wie Hersteller
Sonomed Technology Inc., 3000 Marcus Ave., Lake Success, NY 11042, USA	Sonomed A-1000 Bildschirm 5 × 5'' Sonomed A-2000 Bildschirm 7 × 5'' Option B-Modul 3200	A, Speicher A, Biometrie incl. Drucker B, Speicher B	Technomed GmbH, Aachener Str. 25–29, 5160 Düren
Cilco Sonometrics Huntington West, Virginia, USA	Ocuscan 400 St mit Option Sonokretz[a] Ocuscan/DBR 400[a] Coleman Ophthalmoscan 200 A[a]	A, HF, B, A+B, Speicher A, Biometrie A, HF, B, A+B A, HF, B, D	Cilco GmbH, Wiesenstr. 4, 6140 Bensheim über MSC (Möller-Schwind-Cooper Vision) Benzstr. 2, 8750 Aschaffenburg
Biophysic Medical S.A., France, Clermont-Ferrand	Ophthascan A (lin/log/S) Ophthascan B (lin/log/S) Ophthascan S mit Schallkopf Kretz (lin/log/S)	A, Biometrie A, B, A+B, Speicher f. A+B, Option Biometrie wie Ophthascan B, aber S-Kennlinie eng übereinstimmend mit Kretz 7200 MA	Medikonzept GmbH, Postfach 1629, v. Wernerstr. 35, 5190 Stolberg
Cooper Vision Medical Devices, 17701 Cowan, P.O. Box 19587, Irvine, CA 92713, USA	Ultrascan II (404) Ultrascan Digital B – System 1000 – System 2000 – Option	A, B, A+B, D, Option Biometrie mit digitalem Speicher A, B A, B, Biometrie A-Mode-Zusatz mit Kennlinie nach Ossoinig	Möller-Coopervision GmbH, Rosengarten 10, 2000 Wedel
Nidek Co, Ltd., Japan	US-3000	A, B (digitaler Aufbau) A, B, Biometrie	Domilens GmbH, Papenreye 18, 2000 Hamburg 61

HF, Hochfrequenzdarstellung; A+B, simultane A- und B-Bild-Darstellung (Vektor);
D, Scanned deflection intensity modulation in isometrischer Darstellung
[a] Nicht mehr lieferbar

Tabelle 7-1 (Fortsetzung)

Hersteller	Typ	Mode	Vertrieb
TEKNAR Inc., St. Louis, USA	A-Scan III, lineare Kennlinie B-Scan III A/B-Scan III	A, Biometrie digital B; Option: Keybord Kombination incl. Biometrie	Taberna pro Medicum, Am Teich 2c, 2120 Lüneburg

Tabelle 7-2 (Trier). Kommerziell erhältliche Laufzeitmeßgeräte, die nur für die Biometrie des Auges (einschließlich Pachymetrie) bestimmt sind. (Stand: Februar 1988). Wegen oft rascher Veränderungen mußte hier auf die vorgesehenen Preisangaben verzichtet werden. Die aktuellen Preise sind bei den angegebenen Firmen zu erfragen

Hersteller	Typ	1	2	3	4	Vertrieb
Biophysic Medical S.A. France, Clermont-Ferrand	a) Ophthascan A Biometrie-Einheit b) Paxial-Biometrie -Pachymetrie c) Bio- und Pachymetrie	− + +	− + +	− − −	− + +	Medikonzept GmbH, Postfach 1629, v. Wernerstr. 35, 5190 Stolberg
Cilco Sonometrics, Huntington, West Virginia, USA	DBR 310[a] DBR 400 St[a] Digicon[a]	− − +	− − +	− − −		Cilco GmbH, Wiesenstr. 4, 6140 Bensheim
Cooper Vision Medical Devices, 17701 Cowan, P.O. Box 19587, Irvine, CA 92713	Ultrascan Digital A II	+	+	−		MC (Möller-Cooper-Vision), Rosengarten 10, 2000 Wedel
Grieshaber & Co AG, Winkelriedstr. 52, CH-8203 Schaffhausen	Biometriesystem Ressource (GBS) Option: Betrieb mit IBM-kompat. PC	+	+	+		Fritz Ruck, Ophthalmologische Systeme GmbH, Quellstr. 98, 5180 Eschweiler
Humphrey Instruments, 3081 Teagarden Street, San Leandro, CA 94577, USA	a) Ultrasonic Biometer Typ 810 (entspr. Radionics Oculometer 4100) Nachfolgegerät: Typ 820, mit Lichtgriffel und Drucker beide mit Datenübernahme auch vom Autokeratometer Humphrey b) Ultrasonic Pachymeter	+	+	(+)	 +	Humphrey Instruments, Brecherspitzstr. 8, 8000 München 90
JEDMED Instrument Co. 1430 Henley Industrial Court, St. Louis, MD 63144, USA	Axisonic II Pachysonic II	+ −	+ −	− +		z.Zt. kein Vertrieb
Radionics Medical Inc., 1240 Ellesmere Road, Scarborough, Ontario, Canada	Oculometer 4100 Oculometer 4000 mit IOL-Tischcomputer	+ −	+ −	(+) +		1. Medikonzept GmbH, Postfach 1629, v. Wernerstr. 35, 5190 Stolberg 2. Contimed Ges. f. Medizintechnik, Brabanter Weg 22, 5120 Herzogenrath
Sonomed Technology Inc., 3000 Marcus Ave., Lake Success, NY 11042, USA	Sonomed A-1000 Bildschirm 5 × 5″ Sonomed A-2000 Bildschirm 7 × 5″	+ +	+ +	− −		Technomed GmbH, Aachener-Str. 25–29, 5160 Düren
Storz Instrument Co., St. Louis, USA	Alpha 2, mit Drucker Omega, Version A Omega, Version A + C mit Pachymeter Corneo-Scan	+ + + 	+ + + 	− − − 	 + +	Leonhard Klein, Zweign. Storz Instrument USA GmbH, Im Schumachergewann 4, 6900 Heidelberg 1
TEKNAR Inc., St. Louis, USA	Ophthasonic A-Scan Pachometer A-Scan/Pachometer	+ − +	+ − +	− + −	 +	Taberna pro Medicum, Am Teich 2c, 2120 Lüneburg

Tabelle 7-2 (Fortsetzung)

Hersteller	Typ	1	2	3	4	Vertrieb
Institut für Hochfrequenz-Chirurgie, 7800 Freiburg	SONO-A, Biometrie; ohne Drucker/mit Drucker	+	+	−		Pharmacia GmbH, Ophthalmics-Intermedics, Munzingerstr. 9, 7800 Freiburg 1
Nidek Co., Ltd., Japan	a) US 1600 b) Pachymeter UP 2000	+	+	+ +		Domilens GmbH, Papenreye 18, 2000 Hamburg 61

1, Integrierter IOL-Rechner; 2, Meßwertübernahme in 1; 3, Aniseikonie-Berechnung;
4, Integrierter Rechner mit Datenausdruck (Corneal mapping)
[a] Nicht mehr lieferbar

Tabelle 7-3 (Trier, Haigis). Geräte und Ausrüstungen zur meßtechnischen Überprüfung von diagnostischen Ultraschallgeräten, Zusatzausrüstungen. Wegen oft rascher Veränderungen mußte hier auf die vorgesehenen Preisangaben verzichtet werden. Die aktuellen Preise sind bei den angegebenen Firmen zu erfragen

Gerät/Ausrüstung	Hersteller
Akustischer Meß-Set (ohne Flachstielzange)	Fa. Arno Essmann, Metall- u. Kunststoffverarbeitung, Ortst. Harbach 34, 8780 Gemünden
Trichter für Vorlaufstrecke 1 Satz zu 6 Stück	a) Fa. Essmann (s. oben) b) Fa. Linus Aschenbroich, Höftestr. 36, 4400 Münster-Gremmendorf
Echosimulator ES 77, Universaltyp, 2 Echos, f = 2..8 bzw. 5..15 MHz	Fa. Fritz Ruck, Ophthalmologische Systeme GmbH, Quellstr. 98, 5180 Eschweiler
Echosimulator ES 81 zur Kontrolle von Biometriegeräten, komplettes Augenechogramm f = 10 MHz	
Echosimulator ES 81 Q dito, quarzgesteuert	
Echosimulator ES 81 B dito, Batteriebetrieb	
Doppler Simulator DS 81 zur Kontrolle von Ultraschall-Doppler-Geräten f = 2..12 MHz	

lich aktualisiert. Der vorliegende Stand entspricht dem vom Februar 1988.

Tabelle 7-1 umfaßt A- und B-Mode-Geräte für die allgemeine Verwendung zu Gewebsdiagnostik und Biometrie. Der Zusatz: Biometrie bedeutet, daß zu dem Gerätetyp *optional* ein Zusatz zur Laufzeitmessung mit numerischer oder graphischer Meßwertausgabe angeboten wird.

In Tabelle 7-2 handelt es sich um sogenannte stand-alone-Geräte aus der Klasse: Laufzeitmeßgeräte mit numerischer oder graphischer Meßwertausgabe für die Messung der Achsenlänge des Auges oder seiner Teilabschnitte (IOL-Bestimmung und Pachymetrie).

Diese Geräte können also, bedingt durch ihr technisches Konzept, nicht für die ophthalmologische Gewebsdiagnostik verwendet werden.

Die Tabellen erheben keinen Anspruch auf Vollständigkeit, sowohl was die auf dem Markt verfügbaren Geräte als auch die aufgeführten Spezifikationen angeht. Preise sind nicht angegeben, sie sind z.T. stark vom Wettbewerb wie auch vom Dollarkurs abhängig. In besonderem Maße gelten diese Anmerkungen für die Biometriegeräte der Tabelle 7-2.

Die sich zunehmend verbreitende Einsicht in die Notwendigkeit, bei der Implantation intraokularer Linsen von Meßwerten anstelle von Schätzwerten für die geometrischen Dimensionen des Auges auszugehen, hat in den letzten Jahren zu einem breiten Angebot an Biometriegeräten geführt. Diese Geräte wurden z.T. völlig neu entwickelt und machen Gebrauch von modernsten Bauelementen der Computerelektronik. Man kann erwarten, daß von diesen Entwicklungen ein High-Tech-Innovationsschub auf die Ultraschalldiagnostikgeräte ausgeht, so daß auch hier in zunehmendem Maße Digitalelektronik und Mikroprozessoren eingesetzt werden.

Bei der Auswahl eines Gerätes auf Tabelle 7-1 bzw. 7-2 ist sicherzustellen, daß dieses den Mindestanforderungen der Kassenärztlichen Bundesvereinigung (vgl. Kap. 11) entspricht.

Tabelle 7-3 schließlich listet Geräte und Hilfsmittel auf, mit denen die in Kap. 10 behandelten Messungen zur Qualitätssicherung und Kalibration an Ultraschallgeräten und Schallköpfen durchgeführt werden können.

8 Physikalisch-technische Grundlagen der Ultraschalldiagnostik

W. Haigis

8.1 Einführung

Unter Ultraschall versteht man Schallwellen mit Frequenzen (f) jenseits der Hörgrenze (d.h. $f \gtrsim 20$ kHz). Zu ihrer physikalischen Beschreibung lassen sich Gesetzmäßigkeiten verwenden, die auch von anderen Wellenphänomenen bekannt sind [z.B. Licht, (hörbarer) Schall, Radiowellen etc.].

In der Diagnostik spielt Ultraschall vor allem als bildgebendes Verfahren eine Rolle. Dieses scheinbare Paradoxon, d.h. die Erzeugung von „Schall-Bildern", beruht darauf, daß mittels Ultraschall gewonnene (akustische) Gewebeinformationen visuell dargestellt werden. Die Interpretation derart entstandener Bilder – also die den Arzt interessierende Diagnostik – wird dadurch erschwert, daß eine Vielzahl verschiedener Faktoren den Bildaufbau beeinflussen. Diese sind sowohl technischer Art, d.h. durch den speziellen Aufbau eines Ultraschallgeräts verursacht, als auch physikalisch bedingt.

Während die Gerätetechnik und die damit zusammenhängende Problematik in Kap. 9 und 10 behandelt werden, sollen im folgenden die elementaren physikalischen Größen und Phänomene beschrieben werden, die der Ultraschalldiagnostik zugrundeliegen. Sie lassen sich wie folgt einteilen:

- Charakteristische Größen einer Ultraschallwelle: Periode, Frequenz, Wellenlänge, Phase, Amplitude etc.
- Eigenschaften der durchschallten Medien: Schallgeschwindigkeit, Dichte, Schallwiderstand, Absorptionskoeffizient, Reflexionskoeffizient etc.
- Wechselwirkungen zwischen Ultraschall und Materie: Reflexion, Transmission, Brechung, Beugung, Streuung, Absorption, Dämpfung etc.

8.2 Frequenz, Wellenlänge, Schallgeschwindigkeit

Schall und Ultraschall sind *mechanische* Phänomene, die mit *Bewegung* zusammenhängen (im Gegensatz zur *elektromagnetischen* Natur des Lichts).

Zur Veranschaulichung diene Abb. 8.2-1: Eine Platte möge in horizontaler Richtung hin- und herschwingen. Die Auslenkung y aus ihrer Ruhelage zum Zeitpunkt t wird beschrieben durch eine harmonische Schwingung (Abb. 8.2-2):

$$y = A \sin\left(2\pi \frac{t}{T} - \emptyset\right).$$

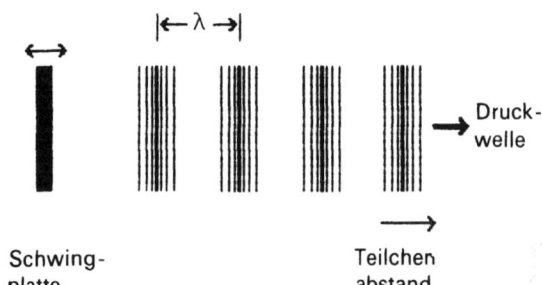

Abb. 8.2-1 (Haigis). Zur Entstehung von Ultraschall

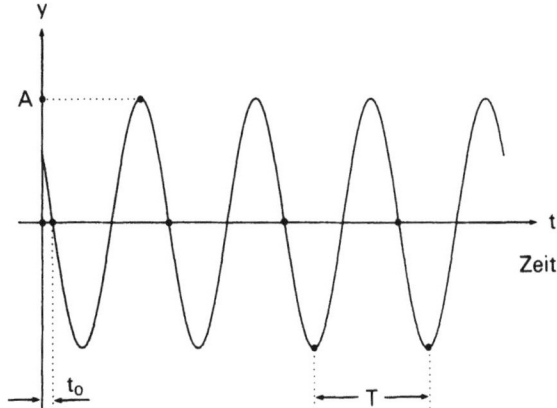

Abb. 8.2-2 (Haigis). Kenngrößen einer harmonischen Schwingung

Die charakteristische Zeit T (Periode) gibt an, wieviel Zeit für eine Schwingung benötigt wird. Die Periode wird in sec bzw. entsprechenden Untereinheiten gemessen (z.B. msec = 1/1000 sec oder μsec = 1/1 000 000 sec).

Die *Frequenz* f einer Schwingung ist durch den Reziprokwert der Periode definiert:

$$f = 1/T$$

Sie ist gleichbedeutend mit der Anzahl der Schwingungen pro Zeiteinheit. Ihre Einheit ist das Hertz (Hz):

$$1 \text{ Hz} = 1/\text{sec}$$

Für höhere Frequenzen werden entsprechend abgeleitete Einheiten verwendet (vgl. Tabelle 8.2-1).

Die maximale Auslenkung der schwingenden Platte in Abb. 8.2-1 ist durch die *Amplitude* A gegeben; die Auslenkung zum Zeitpunkt t = 0 durch die *Phase* t_0 bzw. den *Phasenwinkel* $\emptyset = \frac{2\pi}{T} \cdot t_0$.

Schwingt die Platte nicht im Vakuum, sondern in einem Medium mit endlicher Dichte (z.B. Luft), so wird ihre Bewegung (Auslenkung) auf die unmittelbar davor liegende Teilchenschicht (Gruppe von Luftmolekülen) übertragen. Diese Teilchen verlassen dadurch ebenfalls ihre Ruhelage und geben die Bewegung an die nächste Schicht weiter. Auf diese Weise setzt sich die Schwingung der Platte durch das Medium fort. Es findet dabei kein Materietransport statt, denn die schwingende Platte wie auch die übertragenden Teilchen bleiben im zeitlichen Mittel in ihrer Ruhelage. Sie erfahren dort nur (kleine) lokale Auslenkungen.

Der geschilderte Vorgang führt dazu, daß das Medium vor der Platte periodischen räumlichen Dichteschwankungen (Druckschwankungen) ausgesetzt ist, die von der Bewegung (Schwingung) der Platte herrühren und sich ausbreiten: eine *Schallwelle* ist entstanden.

Ist die Schwingungsfrequenz tief genug, so wird diese mechanische Druckwelle als Schall wahrgenommen; liegt sie jenseits der Hörgrenze (d.h. f ≳ 20 kHz), so spricht man von *Ultraschall*. Die Übertragung der Bewegung zwischen den einzelnen Schichten des Mediums geschieht um so schneller, je geringer der mittlere Teilchenabstand ist. Die *Schallgeschwindigkeit*, d.h. die Ausbreitungsgeschwindigkeit der Dichteschwankungen durch ein Medium, ist also umso höher, je größer seine *Dichte* ist.

Gase werden demnach eine kleine, Flüssigkeiten eine mittlere und Festkörper eine große Schallgeschwindigkeit aufweisen (vgl. Tabelle 8.2-2).

Es ist unmittelbar einleuchtend, daß im Vakuum keine Schallübertragung möglich ist, da die Bewegung eines Schwingers nicht „weitervermittelt" werden kann.

Gebiete gleichen Über- oder Unterdrucks in Abb. 8.2-1 wiederholen sich in einem für die Schallwelle charakteristischen Abstand. Diese Distanz ist die *Wellenlänge* λ. Teilchenschichten, die um λ voneinander entfernt sind, haben alle dieselbe Bewegungsrichtung: sie sind *in Phase*.

Während der charakteristischen Zeit T (Periode) bewegt sich die Schallwelle gerade um die charakteristische Distanz λ (Wellenlänge) weiter, so daß sich die Schallgeschwindigkeit c ergibt zu

$$c = \frac{\lambda}{T}.$$

Mit f = 1/T ergibt sich

$$c = f \cdot \lambda. \quad (1)$$

Während die Frequenz einer (Ultra-)Schallwelle vom Material unabhängig ist, da sie von außen aufgeprägt wird, die Schallgeschwindigkeit hingegen eine Materialkonstante, erhält man für *eine* Schallfrequenz nach (1) *verschiedene* Wellenlängen in *verschiedenen* Materialien. Andererseits ergeben sich verschiedene Wellenlängen in ein und demselben Medium, wenn Schallwellen verschiedener Frequenz erzeugt werden (vgl. Tabelle 8.2-3).

Tabelle 8.2-1 (Haigis). Zusammenhang zwischen Frequenz und Periode

Frequenz	Anzahl Schwingungen/sec	Periode
1 Hz	1	1 sec
1 kHz	1 000	1 msec
1 MHz	1 000 000	1 μsec

Tabelle 8.2-2 (Haigis). Dichte und Schallgeschwindigkeit

Material	Dichte (g/cm³)	Schallgeschwindigkeit (m/sec)	
Luft	0,0013	331	(1)
Wasser	0,9982	1492	(2)
Aluminium	2,7	6400	(3)

(1): bei 0° C und 760 mm Hg (Höfling 1966);
(2): bei 20° C (Siemens 1976); (3): (Wells 1977)

Tabelle 8.2-3 (Haigis). Schallgeschwindigkeit, Frequenz und Wellenlänge

Material	Schallge-schwindig-keit	Frequenz	Wellenlänge
Luft	331 m/sec	440 Hz[a]	75,2 cm
Wasser	1492 m/sec	440 Hz	3,39 m
Aluminium	6400 m/sec	440 Hz	14,5 m
Glaskörper	1531 m/sec	1 MHz	1,53 mm
Glaskörper	1531 m/sec	5 MHz	0,31 mm
Glaskörper	1531 m/sec	10 MHz	0,15 mm

[a] 440 Hz = Frequenz des Kammertons „a"

Ein Unterschied zwischen Licht- (elektromagnetischen) Wellen und Schallwellen wurde schon genannt: Schallausbreitung ist an ein Medium gebunden, nicht so elektromagnetische Wellen. Ein weiterer Unterschied besteht darin, daß z.B. Licht eine *Transversalwelle* ist, bei der die Schwingungsrichtung senkrecht zur Ausbreitungsrichtung steht. Abgesehen von Festkörpern, bei denen es auch akustische Transversalwellen gibt, stellt (Ultra-)Schall eine *longitudinale Welle* dar: die Bewegung der schwingenden Teilchen erfolgt in Richtung der Wellenausbreitung; Schwingungsrichtung und Ausbreitungsrichtung sind parallel.

8.3 Akustische Impedanz, Schallintensität, dB-Notation

Der auf ein Medium ausgeübte Druck hängt von der Geschwindigkeit der Teilchen ab (Partikelgeschwindigkeit v), welche die Bewegung des Schwingers (Platte in Abb. 8.2-1) durch das Medium weitergeben:
Beschreibt man die Welle durch die Teilchenauslenkung y

$$y = y_0 \sin 2\pi \left(\frac{t}{T} - \frac{x}{\lambda}\right)$$

so erhält man daraus die Partikelgeschwindigkeit v

$$v = \frac{\delta y}{\delta t} = y_0 \frac{2\pi}{T} \cos 2\pi \left(\frac{t}{T} - \frac{x}{\lambda}\right)$$

und den auf das Medium ausgeübten Druck p

$$p = \rho\, c\, v$$

Der Schalldruck p läßt sich angeben als

$$p = Z\, v \qquad (2)$$

wobei Z definiert ist durch

$$Z = \rho \cdot c \qquad (3)$$

mit ρ = Dichte des Mediums
und c = Schallgeschwindigkeit.

Die Größe Z heißt *akustische Impedanz* (Schallwiderstand). Sie hängt nur von Material- bzw. Gewebeeigenschaften ab. Die Namensgebung rührt daher, daß der formale Aufbau von (2) dem Ohmschen Gesetz (Höfling 1966) der Elektrizitätslehre entspricht:

aus (2):   Ohmsches Gesetz:

Druck/Geschwindigkeit   Spannung/Strom
= konstant   = konstant
= Schallwiderstand   = el. Widerstand

Es besteht also eine formale Analogie zwischen Druck und Spannung bzw. Geschwindigkeit und Strom.

Der durch (3) gegebene Schallwiderstand eines Materials spielt insbesondere bei Schallreflexion und -brechung eine Rolle.

Unter der Schallintensität I versteht man die Energie, die pro Zeit- und Flächeneinheit von der Schallwelle mitgeführt wird. Sie errechnet sich aus Schalldruck p und Schallwiderstand Z zu

$$I = \tfrac{1}{2} \frac{p^2}{Z} \qquad (4)$$

Die Einheit der Schallintensität ist W/m² (bzw. entsprechende Untereinheiten, z.B. mW/cm²).

Da sich der Schalldruck in (4) räumlich und zeitlich periodisch ändert, wird die Intensität meist als Mittelwert angegeben.

Insgesamt gibt es 4 Möglichkeiten zur Angabe von Intensitätswerten (Aium 1984):

- räumlicher Mittelwert und zeitlicher Mittelwert (spatial average and temporal average: SATA)
- räumlicher Mittelwert und zeitlicher Spitzenwert (spatial average and temporal peak: SATP)
- räumlicher Spitzenwert und zeitlicher Mittelwert (spatial peak and temporal average: SPTA)
- räumlicher Spitzenwert und zeitlicher Spitzenwert (spatial peak and temporal peak: SPTP).

Intensitäten und Amplituden (z.B. Druckamplituden) werden häufig nicht absolut, sondern als Relativwerte angegeben, indem man das Verhältnis z.B. zweier Intensitäten bildet. Da hierbei große Zahlenwerte entstehen können, bedient man sich eines aus der Nachrichtentechnik entlehnten *Verhältnismaßes*: des dB (benannt zu Ehren des anglo-amerikanischen Physiologen und Technikers A.G. Bell, 1847–1922).

$$dB = dezi\text{-}Bel = 0.1 \text{ Bel.}$$

Es ist wie folgt *definiert*:
Bezeichnet I_2/I_1 das Verhältnis zweier Intensitäten I_1 und I_2, dann wird dieses in dB ausgedrückt durch

$$v = 10 \log_{10}\left(\frac{I_2}{I_1}\right) dB. \qquad (5)$$

Da für die Intensität laut (4) $I \sim p^2$ gilt, erhält man eine analoge Definition für das Verhältnis zweier (Druck-)Amplituden:
Bezeichnet p_2/p_1 das Verhältnis zweier Amplituden p_1 und p_2, dann wird dieses in dB ausgedrückt durch

$$v = 20 \log_{10}\left(\frac{p_2}{p_1}\right) dB.$$

Beispiel:
Sei $p_1 = 1$ hPa
und $p_2 = 100$ hPa

dann ist
$p_2/p_1 = (100 \text{ hPa})/(1 \text{ hPa}) = 100/1 = 100 = 10^2$
und
$v = 20 \log_{10}(10^2) = 20 \cdot 2 \text{ dB} = 40 \text{ dB}.$

Das Verhältnis der beiden Amplituden p_2 und p_1 läßt sich also auf zwei Weisen ausdrücken:
- p_2 ist 100 mal größer als p_1
- p_2 ist um 40 dB größer als p_1.

Beide Aussagen sind völlig äquivalent.

Es sei darauf hingewiesen, daß das Verhältnis zweier Zahlen wiederum nur eine Zahl ist und *nicht* etwa eine *physikalische Größe* (wie z.B. „Masse" oder „Länge"). Dementsprechend stellt der Zusatz „dB" auch *keine Einheit* (wie z.B. „kg" oder „m") dar, sondern soll nur kenntlich machen, daß die in dB ausgedrückte Zahl durch logarithmische Verhältnisbildung entstanden ist.

8.4 Schallausbreitung, Reflexion, Brechung

Bei der Ausbreitung von Ultraschall durch ein Medium treten dieselben physikalischen Phänomene auf, wie sie z.B. von optischen Wellen (Licht) bekannt sind.

In einem absorptionslosen homogenen Medium breitet sich Ultraschall ungehindert aus. An der Grenzfläche zweier Medien wird die Schallwelle gebrochen bzw. reflektiert. Ist die Grenzfläche eben (d.h. Ausdehnung der Grenzfläche $\gg$ Wellenlänge), dann sind die Gesetze der geometrischen Optik anwendbar.

In Abb. 8.4-1 fällt eine Schallwelle mit der Druckamplitude p_e unter dem Winkel α gegen das Lot auf die Grenzfläche zwischen zwei Medien. Medium 1 ist charakterisiert durch die Dichte ρ_1, die Schallgeschwindigkeit c_1 und die akustische Impedanz $Z_1 = \rho_1 c_1$; entsprechendes gilt für Medium 2. Ein Teil der Schallenergie wird reflektiert (p_r); der andere Teil wird ins Medium 2 gebrochen und breitet sich dort als transmittierte Welle (p_t) weiter aus.

Für Einfallswinkel α und Brechungswinkel β gilt das *Snellius'sche Brechungsgesetz*:

$$\sin \alpha / \sin \beta = c_1/c_2. \qquad (6)$$

Je nach dem Verhältnis der Ausbreitungsgeschwindigkeiten c_1 und c_2 in den beiden Medien wird der Schallstrahl zum Lot hin oder vom Lot weg gebrochen. Abbildung 8.4-2 demonstriert dies am Beispiel der menschlichen Augenlinse. Medium 1 steht dabei für das Kammerwasser, Medium 2 für die Linse.

Mit den Ausbreitungsgeschwindigkeiten für Licht und Ultraschall in den beiden Medien

Licht	*Schall*
$c_1 = 2{,}19 \cdot 10^8$ m/sec	$c_1 = 1{,}53 \cdot 10^3$ m/sec
$c_2 = 2{,}13 \cdot 10^8$ m/sec	$c_2 = 1{,}64 \cdot 10^3$ m/sec

ergibt sich durch Einsetzen aus (6):

$\sin\alpha/\sin\beta = 1{,}03$ $\qquad \sin\alpha/\sin\beta = 0{,}93.$

Berechnet man in beiden Fällen den Brechungswinkel β für einen Einfallswinkel von z.B. $\alpha = 45°$, so erhält man

$\beta = 43{,}4°$ $\qquad \beta = 47{,}5°.$

Während die menschliche Augenlinse für Licht den Prototyp der Sammellinse darstellt, wirkt sie für Ultraschall als Zerstreuungslinse.

Für das Verhältnis von reflektierter Druckamplitude p_r zu einfallender Druckamplitude p_e kann man aus Abb. 8.4-1 herleiten

$$\frac{p_r}{p_e} = \frac{Z_2 \cos\alpha - Z_1 \cos\beta}{Z_2 \cos\alpha + Z_1 \cos\beta}$$

und analog für das Verhältnis von transmittierter Druckamplitude p_t zu einfallender Druckamplitude p_e

$$\frac{p_t}{p_e} = \frac{2 Z_2 \cos\beta}{Z_2 \cos\alpha + Z_1 \cos\beta}$$

Bei senkrechtem Einfall ($\alpha=0$; $\beta=0$) auf die Grenzfläche erhält man

$$p_r = R \cdot p_e \text{ und } p_t = T \cdot p_e,$$

wobei die Größen R und T gegeben sind durch

$$\text{Reflexionskoeffizient: } R = \frac{Z_2 - Z_1}{Z_2 + Z_1} \quad (7)$$

$$\text{Transmissionskoeffizient: } T = \frac{2 Z_2}{Z_2 + Z_1}. \quad (8)$$

Mit Hilfe des Zusammenhangs zwischen Druck und Intensität (4) kann man den Anteil von reflektierter (I_r) und transmittierter Schallintensität (I_t), bezogen auf die einfallende Schallintensität (I_e), berechnen. Für senkrechten Einfall ergibt sich

$$I_r = R^2 \cdot I_e$$

und

$$I_t = \frac{Z_1}{Z_2} \cdot T^2 \cdot I_e.$$

Die Gesamtenergie der einfallenden Schallwelle ist (bei vernachlässigbarer Absorption) auf reflektierte und transmittierte Welle verteilt, d.h. es gilt

$$I_e = I_r + I_t$$

wie man leicht durch Einsetzen verifiziert.

Spezialfälle:
a) $Z_1 = Z_2$: Medium 2 ist *akustisch* identisch mit Medium 1. ($Z_1 = Z_2$ bedeutet nicht, daß beide Me-

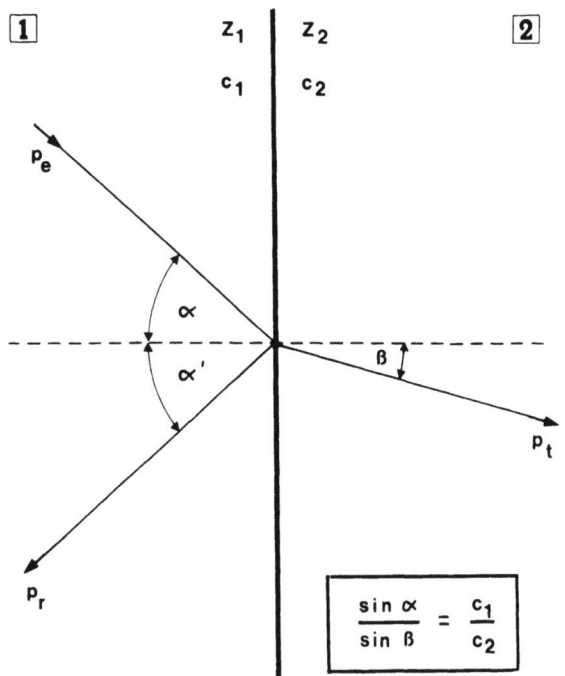

Abb. 8.4-1 (Haigis). Snelliussches Brechungsgesetz

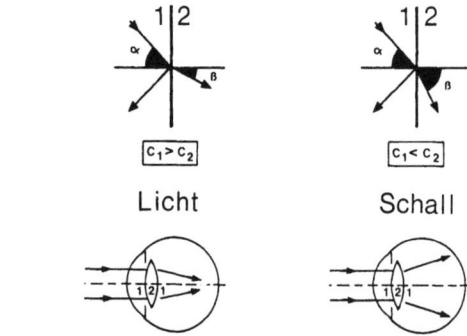

Abb. 8.4-2 (Haigis). Brechung von Licht- und Schallwellen durch die menschliche Augenlinse

dien *physikalisch* identisch sind, sondern lediglich, daß $\rho_1 c_1 = \rho_2 c_2$.) Es tritt kein „Impedanzsprung" auf. Aus (7) und (8) ergibt sich $R=0$; $T=1$: die gesamte Schallenergie wird durchgelassen; es findet keine Reflexion statt.

b) $Z2 \gg Z1$ oder $Z1 \gg Z2$: Medium 2 ist sehr verschieden von Medium 1 (z.B. Grenzfläche Festkörper/Gas); zwischen beiden Medien besteht ein Impedanzsprung. Aus (7) und (8) ergibt sich $R = \pm 1$; $T = 0$: die gesamte Schallenergie wird reflektiert (Totalreflexion); es findet keine Transmission ins Medium 2 statt.

Schallreflexion tritt also immer dann auf, wenn eine sich ausbreitende Ultraschallwelle auf *Impedanzsprünge* (d.h. $Z1 \neq Z2$) stößt. Die Reflexion ist um so stärker, je größer der Unterschied in den Schallwiderständen ist.

Für den Fall Z1 > Z2 wird der Reflexionskoeffizient R in (7) negativ (vgl. Tabelle 8.4-1). Dies bedeutet, daß die reflektierte Welle an der Grenzschicht einen „Phasensprung" um π (180°) erleidet: sie polt sich quasi um (Abb. 8.4-3 und 8.4-4). Solche Phasensprünge tauchen etwa bei den Übergängen Hornhaut/Kammerwasser und Linse/Glaskörper auf.

Aus Tabelle 8.4-1 ist ersichtlich, daß die Reflexionskoeffizienten biologischer Gewebe vergleichsweise gering sind. Die Ursache liegt nach (7) in den geringen Impedanzunterschieden dieser Gewebe, deren Schallgeschwindigkeiten und Dichten im allgemeinen vergleichbar mit den Werten von Wasser sind. Kleine Impedanzsprünge bzw. schwache Reflexionen sind aber gleichbedeutend mit hoher Schalltransmission. Letztere ist eine notwendige Voraussetzung, um auch tieferliegende Gewebeschichten ultraschalldiagnostisch untersuchen zu können. Weiterhin ist klar, daß Reflexionen bezüglich ihres Entstehungsortes der Grenzfläche zweier Medien zuzuordnen sind, in ihrer Amplituden aber von den Schallwiderständen beider Medien abhängig sind.

Tabelle 8.4-1 (Nach Coleman et al. 1977). Reflexionskoeffizienten

Medium 1	Medium 2	Reflexionskoeffizient R (%)
Wasser	Aluminium	85
Hornhaut	Kammerwasser	−6
Kammerwasser	Linse	7
Linse	Glaskörper	−7
Glaskörper	Netzhaut	1
Netzhaut	Aderhaut	0,1

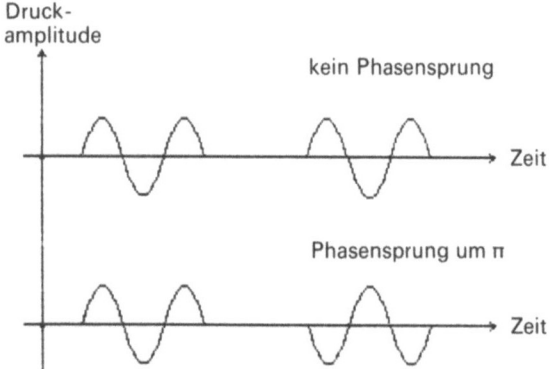

Abb. 8.4-3 (Haigis). Zur Illustration des Begriffs „Phasensprung"

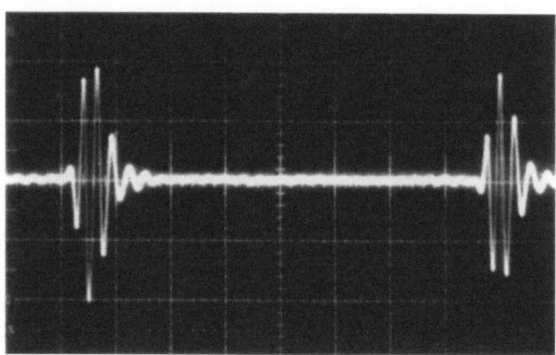

Abb. 8.4-4 (Haigis). Phasensprung einer Ultraschallwelle beim Durchgang durch einen ebenen HEMA-Reflektor (W88) in Wasser [Z(HEMA) > Z(WASSER)]:
Linkes Echo: Reflexion an der Grenzfläche Wasser/HEMA.
Rechtes Echo: Reflexion an der Grenzfläche (HEMA/Wasser

8.5 Schallschwächung, Absorption, Streuung

Betrachtet man die Energie, die eine Ultraschallwelle pro Zeiteinheit durch einen Gewebequerschnitt befördert, so wird diese mit fortschreitender Ausbreitung immer kleiner. Diese *Schallschwächung* wird verursacht durch Reflexion, Streuung und Absorption sowie durch die Schallfeldcharakteristik (vgl. Kap. 8.6).

Reflexionsverluste
An der Grenzfläche zweier verschiedener Gewebe tritt eine plötzlich Änderung des Schallwiderstands (Impedanzsprung) auf, der eine partielle Schallreflexion verursacht (vgl. Kap. 8.4). *Inhomogenitäten* innerhalb eines Gewebes, deren geometrische Dimensionen groß gegenüber der Wellenlänge sind, verursachen ebenfalls Reflexionen. Je nach Orientierung dieser inhomogenen Gewebegebiete wird der Schall in verschiedene Richtungen reflektiert.

Verluste durch Streuung (Abb. 8.5-1)
An Gewebeinhomogenitäten, deren Dimensionen klein gegenüber der Wellenlänge sind, wird Ultraschall omnidirektional gestreut (Rayleigh-Streuung). Streuzentren mit vergleichbaren Dimensionen wie die Wellenlänge führen zu einer Vorwärts-Rückwärts-Streuung (Tyndall-Streuung). Statistisch verteilte spiegelnde Inhomogenitäten, deren Ausdehnung größer ist als die Wellenlänge, sind die Ursache für direktionale Streuung.

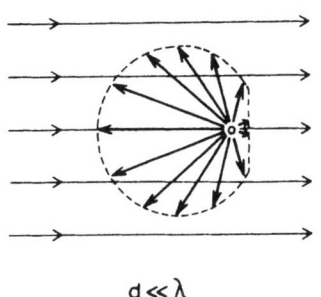 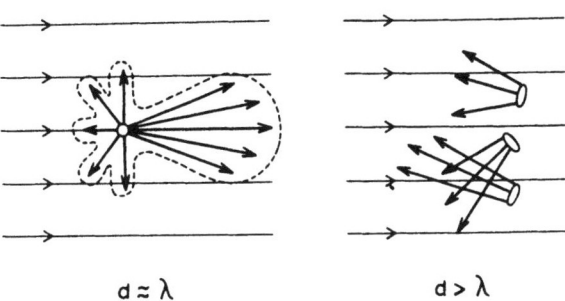

Abb. 8.5-1. Streuung von Ultraschall. *Links*: Rayleigh-Streuung (omnidirektionale Streuung an punktförmigen Streuzentren, deren Dimensionen $d \ll \lambda$). *Mitte*: Tyndall-Streuung (Vorwärts-Rückwärts-Streuung an Streuzentren mit $d \approx \lambda$). *Rechts*: Direktionale, spiegelnde Streuung an statistisch verteilten Reflektoren mit $d > \lambda$. (Nach Nicholas 1977 und Thijssen 1980)

Absorptionsverluste

Unter Absorption versteht man in diesem Zusammenhang die Umwandlung von akustischer Energie in Wärmeenergie durch das beschallte Medium (Gewebe). Diese wird der fortschreitenden Ultraschallwelle entzogen und führt letztlich zu einer Temperaturerhöhung des Gewebes, die aber bei den Intensitäten diagnostischer Ultraschallgeräte verschwindend gering ist.

Die beschriebenen Mechanismen bewirken eine Dämpfung der Amplitude der Ultraschall(-Druck)-welle, die vom Gewebe selbst, von der durchlaufenden Gewebestrecke und der Schallfrequenz abhängt.

Für die durch Streuung und Absorption verursachte *Schalldämpfung* in homogenen Geweben kann man ansetzen (Abb. 8.5-2)

$$p = p_0 \exp(-\alpha x) \tag{9}$$

wobei x: Schallausbreitungsrichtung
p: Druckamplitude am Ort x im dämpfenden Gewebe
p_0: Druckamplitude am Ort $x = 0$
α: Dämpfungskoeffizient.

Der Dämpfungskoeffizient α ist ein Gewebeparameter. Er ist von der Ultraschallfrequenz f abhängig:

$$\alpha = \alpha(f).$$

Je nach schalldämpfendem Mechanismus gilt (Thijssen 1980) in erster Näherung für

Absorption: $\alpha_A(f) \sim f$
Rayleigh-Streuung: $\alpha_R(f) \sim f^4$
Tyndall-Streuung: $\alpha_T(f) \sim f^2$

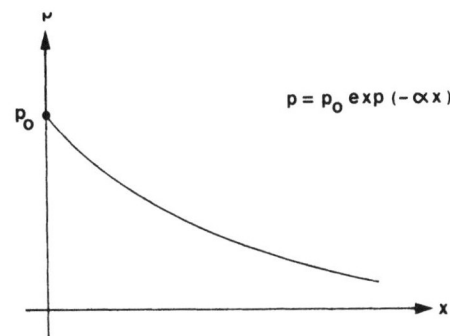

Abb. 8.5-2 (Haigis). Exponentieller Verlauf der Schalldämpfung

Üblicherweise verwendet man zur Angabe von Schalldämpfungskoeffizienten die dB-Notation (vgl. Kap. 8.3). Logarithmieren von (9) ergibt

$$20 \log \frac{p}{p_0} = -8.68\, \alpha\, x$$

Daraus erhält man

$$\alpha_1^* = -\frac{p^*}{x},$$

wobei

α^*: Dämpfungskoeffizient in dB/cm
p^*: Differenz der Druckamplituden bei $x = 0$ und x in dB

und für α^* gilt: $\alpha^* = 8{,}86\, \alpha$.

Ist ein Medium absorptiv und streuend, so wird der Dämpfungskoeffizient keine einfache Frequenzabhängigkeit der Form $\alpha \sim f^n$ (n ganzzahlig) aufweisen. Generell ist er aber um so größer, je höher die Frequenz ist. Für diagnostische Anwendungen bedeutet dies, daß mit niedrigen Schallfrequenzen eine größere Eindringtiefe ins Gewebe verbunden ist als mit hohen Frequenzen, da die Schallschwächung geringer ist.

Andererseits hängt die Auflösung eines Ultraschallsystems (vgl. Kap. 10.3.3) wie bei allen bildgebenden Verfahren von der Wellenlänge ab. Die Fähigkeit, zwei beieinanderliegende punktförmige Objekte noch getrennt abzubilden (Auflösung), ist um so besser, je kleiner die Wellenlänge, d.h. je größer die Ultraschallfrequenz ist.

Es ist grundsätzlich nicht möglich, gleichzeitig hohe Eindringtiefe und gute Auflösung zu erreichen. Ersteres erfordert niedrige, letzteres hohe Frequenzen.

8.6 Schallwandler, Schallfeld

In Abb. 8.2-1 wurde die Entstehung von Schall bzw. Ultraschall anhand einer schwingenden Platte beschrieben. Sie beruht darauf, daß eine solche Platte bzw. ein schwingfähiger Körper in Bewegung gesetzt wird. Dies kann mechanisch oder elektromagnetisch (etwa bei den heute üblichen elektrodynamischen Lautsprechern) erfolgen.

Zur Erzeugung hochfrequenten Ultraschalls, wie er diagnostisch eingesetzt wird, bedient man sich meist des *Piezo-Effekts* (J. und P. Curie 1880). Dieser Effekt tritt bei bestimmten (sog. polaren) Kristallen auf (z.B. Quarz, ZnO, CdS, LiSO4, Keramiken), deren Gitter kein Symmetriezentrum besitzt. Er beruht darauf, daß eine Deformation eines solchen Kristalls zu einer Polarisierung führt, welche sich im Auftreten von Oberflächenladungen äußert (Abb. 8.6-1 a–c). Kehrt man die Deformation um, indem man z.B. Zug anstelle von Druck auf Kristall ausübt, dann ändert sich auch das Vorzeichen der Oberflächenladung.

Der Piezoeffekt ist umkehrbar, d.h. ein polarer Kristall wird deformiert, wenn von außen eine Oberflächenladung aufgebracht wird. Auf diesem *reziproken Piezo-Effekt* beruht die Verwendung von polaren Kristallen als Ultraschall*sender*: wird eine Wechselspannung an einen Piezo-Kristall angelegt, so führt der dadurch verursachte periodische Vorzeichenwechsel der Polarisation zu einer Dickenschwingung des Kristalls. Das Medium, in dem der Kristall schwingt, wird dadurch periodischen Druckvariationen (=(Ultra-)Schall) ausgesetzt (Abb. 8.6-1 d-f).

Wird umgekehrt ein Piezo-Kristall durch eine Druckwelle [=(Ultra)Schall] periodisch deformiert, so bewirkt der (reguläre) Piezoeffekt eine periodische Änderung der Oberflächenladung, die sich als Wechselspannung am Kristall messen läßt: der Kristall fungiert als Ultraschall*empfänger*.

Ein und derselbe Kristall kann also zum Senden und Empfangen benutzt werden; er wirkt als *Wandler* (engl. transducer) zwischen elektrischer und mechanischer Energie.

Die mit einem Piezokristall erzeugbare Ultraschallfrequenz hängt von der Kristalldicke d ab. *Resonanz* (maximale Dickenänderung) tritt auf, wenn für die Wellenlänge λ_k im Kristall gilt

$$\frac{\lambda_k}{2} = d.$$

In diesem Fall sind äußere Anregung und die im Kristall hin- und herreflektierte Ultraschallwelle

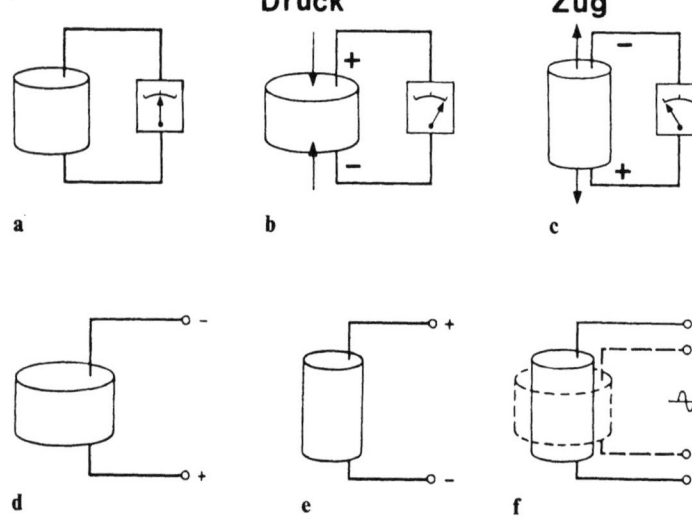

Abb. 8.6-1 a–f. Zur Illustration des Piezo-Effekts. (Nach VALVO-Schrift 1973)
a Piezokristall ohne mechanische Belastung;
b Piezokristall unter mechanischem Druck;
c Piezokristall unter mechanischem Zug;
d Piezokristall unter Gleichspannung; **e** Piezokristall unter Gleichspannung, umgepolt gegenüber **d**; **f** Piezokristall unter Wechselspannung

in Phase. Analoges gilt, wenn die Kristalldicke einem ungeradzahligen Vielfachen der halben Wellenlänge entspricht.

Für die Resonanzfrequenz ergibt sich

$$f_k = \frac{c_k}{\lambda_k} = \frac{c_k}{2d}.$$

Für Ultraschallwandler aus Quarz mit $c_k =$ 5740 m/sec (Wells 1977) ergeben sich danach z.B. folgende Werte:

Ultraschallfreq. $f = 250$ kHz $\rightarrow$ Kristalldicke $d = 11,5$ mm
Ultraschallfreq. $f = 10$ MHz $\rightarrow$ Kristalldicke $d = 0,29$ mm.

Die Schallenergie, die von einem schwingenden Piezokristall ausgeht, ist nicht gleichmäßig im Raum verteilt, sondern weist eine Ortsabhängigkeit auf. Diese kommt in der Schallfeldgeometrie oder *Schallfeldcharakteristik* zum Ausdruck. (Analog hat z.B. ein Mikrofon oder eine Fernsehantenne eine bestimmte Richtcharakteristik; dasselbe trifft für den Strahl einer Taschenlampe zu.) Das Schallfeld eines bestimmten Ultraschallwandlers erhält man mit Hilfe des Huygenschen Prinzips, indem man sich die schwingende Fläche als aus vielen Punkten zusammengesetzt denkt, die jeder für sich Ausgangspunkte einer kugelförmigen

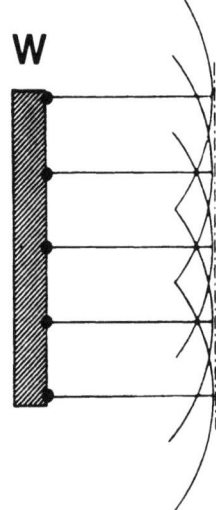

Abb. 8.6-2 Entstehung einer ebenen Welle vor einem Schallwandler (*W*) durch Überlagerung von Huygensschen elementaren Kugelwellen. (Nach Thijssen 1980)

Elementarwelle sind (Abb. 8.6-2). Diese interferieren und ergeben ein Beugungsmuster (engl. diffraction pattern), das für eine bestimmte Wandlergeometrie und Frequenz charakteristisch ist (= Schallfeldcharakteristik).

Für den Fall eines ebenen, scheibchenförmigen Piezo-Wandlers, dessen Huygen'sche Elementarquellen kohärent (mit konstanter Amplitude und Phase) oszillieren, ergibt sich der Intensitätsverlauf

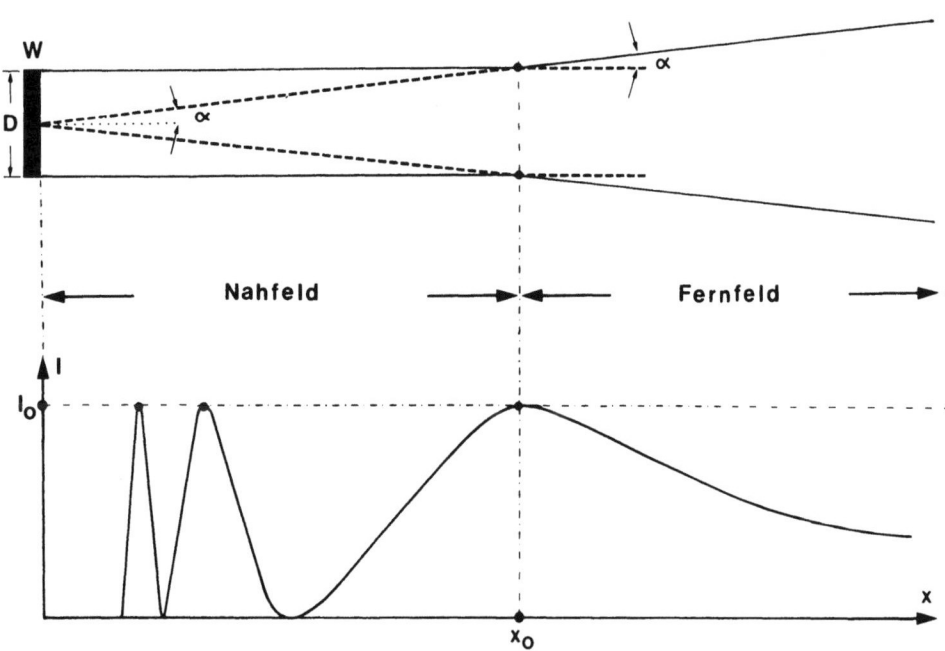

Abb. 8.6-3 Schallfeldcharakteristik. *Oben:* Schematische Darstellung des Schallfelds. *Unten:* Axialer Intensitätsverlauf (entlang der Schallfeldachse). (Nach Thijssen 1980 und Wells 1977)

entlang der Schall-Ausbreitungsrichtung x (Wells 1977) bei sinusförmiger Anregung

$$I_x = I_0 \ \sin^2 \frac{\pi}{\lambda} \left\{ \sqrt{\left(\frac{D}{2}\right)^2 + x^2} - x \right\} \quad (10)$$

Dieser Verlauf ist in Abb. 8.6-3 aufgetragen. Dabei lassen sich zwei räumliche Regionen unterscheiden: Der Bereich zwischen Wandler und der Position des letzten axialen Intensitätsmaximums x_0 heißt *Nahfeld* (Fresnel-Zone). Die räumliche Energieverteilung ist nicht gleichmäßig. Im Anschluß daran erstreckt sich das *Fernfeld* (Fraunhofer-Zone) mit monotoner Abnahme der Intensitätsverteilung. Für Distanzen $x \gg x_0$ geht der Intensitätsverlauf in die gewohnte Abhängigkeit

$$I_x \sim \frac{1}{x^2}$$

über.

Die Nahfeldlänge x_0 ergibt sich aus (10) mit $\lambda \ll D$ zu

$$x_0 = \frac{D^2}{4\lambda}. \quad (11)$$

Beim Übergang zwischen Nah- und Fernfeld (Stelle x_0) weitet sich die Schallfeldcharakteristik um den Winkel α auf (Abb. 8.6-3). Hierfür kann man herleiten

$$\sin \alpha = 1{,}22 \cdot \frac{\lambda}{D}. \quad (12)$$

In Tabelle 8.6-1 sind einige für die ophthalmologische Ultraschalldiagnostik typische Werte für Nahfeldlänge x_0 und Divergenzwinkel α zusammengestellt (berechnet mit (11) und (12)).

Der obere Teil der Abb. 8.6-3 gibt die Schallfeldcharakteristik nur *schematisch* wieder. Diese übliche Darstellung ist allerdings physikalisch nicht exakt (Zemanek 1971)! Berechnet man die

Tabelle 8.6-1 (Haigis). Nahfeldlängen in Wasser

Durchmesser D (mm)	Frequenz f (MHz)	Nahfeldlänge x (mm)	α (°)
5	5	20,8	4,2
5	10	41,6	2,1
3	5	7,5	7,0
3	10	15,0	3,5

Iso-Intensitätsflächen (Flächen gleicher Intensität), so erhält man im Nahfeldbereich keine (den Schallstrahl „begrenzende") Zylinderfläche, wie Abb. 8.6-3 suggeriert, sondern andere Formen. Dies gilt insbesondere dann, wenn der Wandlerkristall nicht sinus- sondern impulsförmig angeregt wird (Impuls-Echo-Betrieb, s. Kap. 8.7). Während Abb. 8.6-3 unten den Intensitätsverlauf entlang der Ausbreitungsrichtung beschreibt, ergibt sich analog für jeden Querschnitt senkrecht zu dieser Richtung eine entsprechende Energieverteilung. Im Fernfeld ist diese Verteilung annähernd glockenförmig mit einem Maximum auf der Achse; das Nahfeld ist wieder durch beliebig komplexe Kurven gekennzeichnet.

Da die Schallfeldcharakteristik ein Beugungsmuster darstellt, existieren (in Analogie zur optischen Beugung am Gitter) außer dem Hauptmaximum der Schall-Intensitätsverteilung noch Nebenmaxima. Man spricht dann von Haupt- und Nebenkeulen. Letztere repräsentieren aber i.a. Energien, die deutlich geringer sind als bei der Hauptkeule (vgl. hierzu auch Kap. 10.3.5).

8.7 Impuls-Schall

Bislang wurde bei der Beschreibung von Ultraschallwellen stillschweigend angenommen, daß es sich dabei um (räumlich und zeitlich) unendlich ausgedehnte kontinuierliche Sinuswellen handelte, also um *Dauerschall*. Diagnostische Ultraschallgeräte arbeiten aber im sog. Impuls-Echo-Betrieb (RADAR-Prinzip).

Der Piezowandler wird dabei nicht kontinuierlich und sinusförmig angeregt, sondern impulsförmig. Als Ergebnis schwingt der Wandlerkristall *nicht* mehr mit einer *einzigen wohldefinierten* Frequenz. Stattdessen baut sich ein Zug aus wenigen Schwingungen auf, die nach kurzer Zeit wieder abgeklungen sind. Zur Charakterisierung eines solchen *Schwingungsimpulses* genügt nicht mehr die Angabe nur einer Frequenz: er wird durch eine Vielzahl von Frequenzen beschrieben, d.h. durch ein *Frequenzspektrum*.

Die Schallenergie, die im kontinuierlichen Fall einer einzigen Schwingungsfrequenz zugeordnet ist [nämlich die zu dieser Frequenz gehörenden Amplitude, vgl. (4)], ist im Impulsbetrieb auf viele Frequenzen in unterschiedlichem Maße verteilt. Die graphische Darstellung der Energieanteile für die einzelnen Frequenzen heißt Leistungs-(oder Leistungsdichte-)Spektrum (Abb. 8.7-1). Entspre-

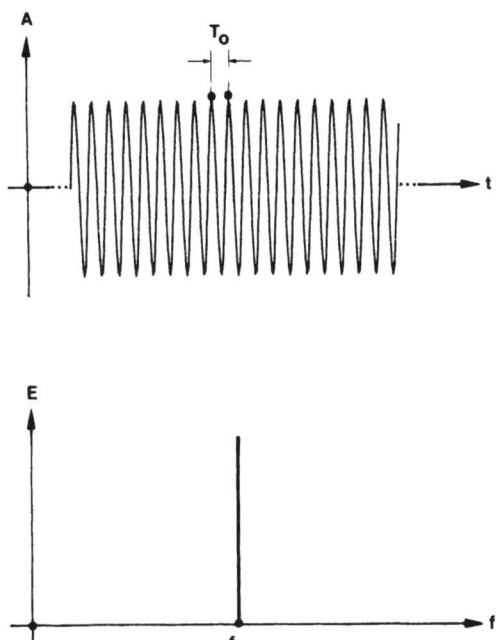
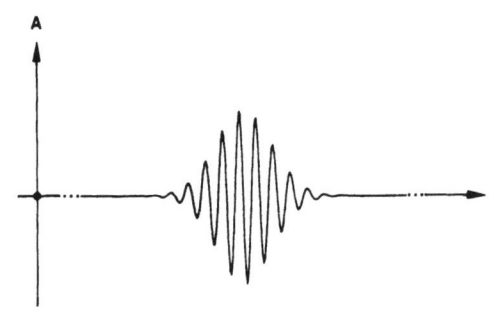
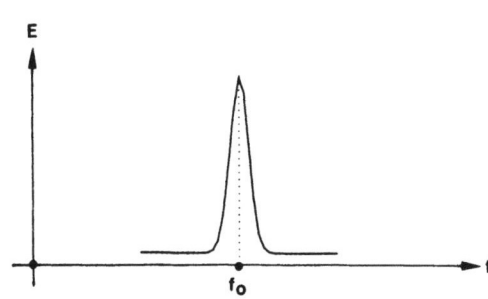

Abb. 8.7-1 (Haigis). Schwingungen im Zeit- und Frequenzbereich (Spektrum). *Links*: Unendlich ausgedehnte harmonische Schwingung. *Rechts*: Schwingungsimpuls. *Oben*: Zeitbereich (Amplitude über der Zeit) *Unten*: Frequenzbereich (Leistungsdichte über der Frequenz)

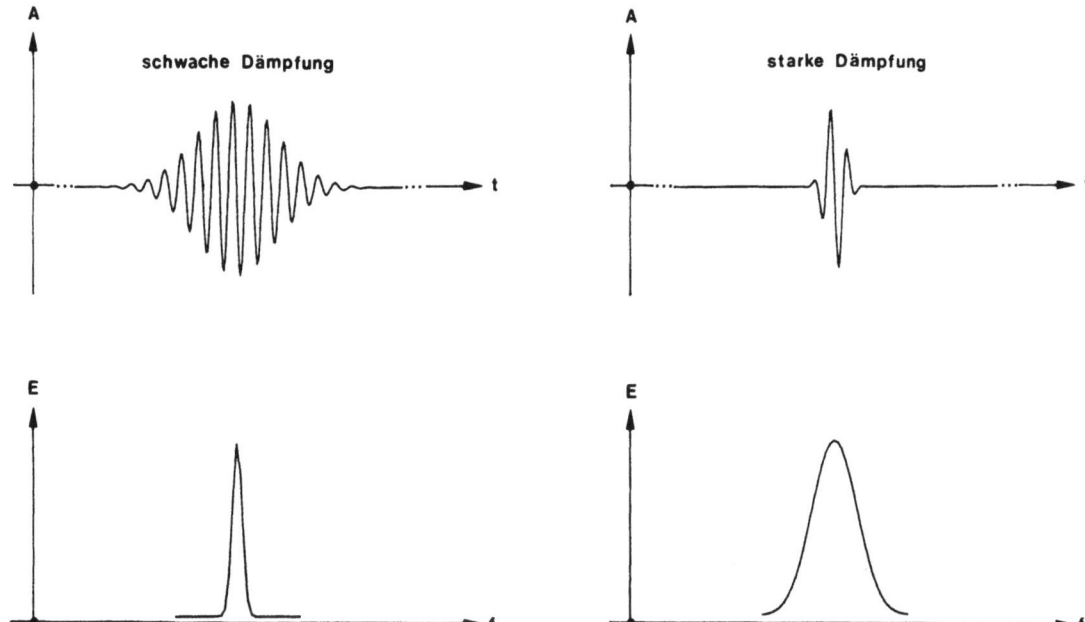

Abb. 8.7-2 (Haigis). Schwingungsformen (*oben*) und zugehörige Frequenzspektren (*unten*) bei schwacher (*links*) und starker Dämpfung (*rechts*)

chende Frequenzspektren gibt es für die Amplituden bzw. Phasen (Amplitudenspektrum, Phasenspektrum).

Die Form des bei impulsförmiger Anregung entstehenden Frequenzspektrums (schmale oder breite Kurve, Maximalwert etc.) ist durch die Geometrie des Wandlerkristalls (Dicke) und die mechanischen Eigenschaften seiner Halterung (z.B. rückwärtige Dämpfungsmasse, vgl. Kap. 9) bedingt.

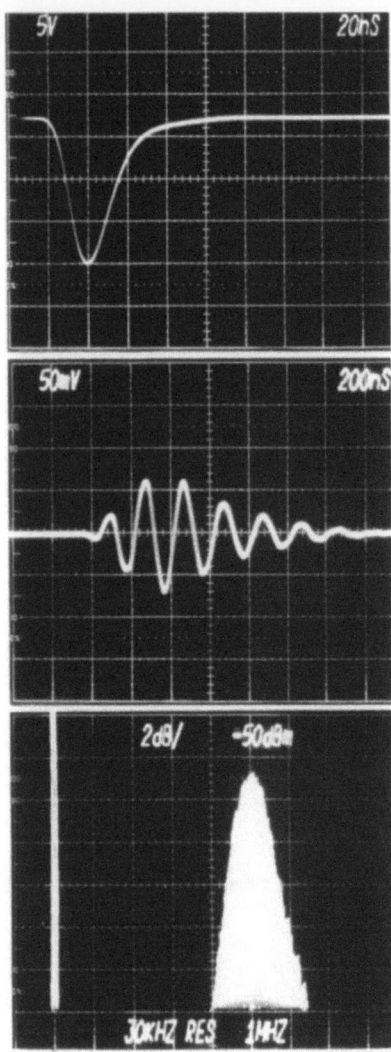

Abb. 8.7-3 (Haigis). Signalformen bei diagnostischen Ultraschallgeräten. *Oben:* Elektrischer Anregungsimpuls am Piezokristall. *Mitte:* Resultierender Schwingungsimpuls. *Unten:* Zugehöriges Frequenzspektrum

Schwache oder starke Dämpfung eines in einen Schallkopf eingebauten Wandlerkristalls entscheidet wesentlich über die (axiale) Auflösung eines diagnostischen Ultraschallsystems (vgl. Kap. 10.3.3). Dies resultiert aus einem der Grundgesetze der Nachrichtentechnik, wonach die Länge eines Schwingungsimpulses (maßgebend für die (axiale) Auflösung) sich reziprok zur Breite des Frequenzspektrums verhält.

Der Zusammenhang zwischen einer zeitlichen Schwingung und ihrem Frequenzgehalt ist mathematisch durch die Fourier-Analyse/Synthese (J. de Fourier 1822) gegeben. Danach kann man jede Funktion durch eine Reihe von sin- und cos-Schwingungen mit verschiedenen Amplituden, Frequenzen und Phasen ausdrücken.

Der mathematische Formalismus der Fouriertransformation ist zu einem wichtigen Hilfsmittel bei der Analyse von Ultraschall-Signalen zur Gewebecharakterisierung geworden. Besonders gilt dies in der *digitalen Signalanalyse* für den Algorithmus der „schnellen Fouriertransformation" (*F*ast *F*ourier *T*ransformation = FFT; Brigham 1982).

Abbildung 8.7-3 zeigt im oberen Teil den elektrischen Anregungsimpuls eines diagnostischen Ultraschallgeräts, mit dem der Piezowandler im Schallkopf zum Schwingen gebracht wird. Der entstandene Schwingungsimpuls, der als kurzer Ultraschallpuls ins Gewebe abgestrahlt wird, ist in der Mitte dargestellt. Das zugehörige Frequenzspektrum (unten) wurde mit Hilfe eines sog. Spektralanalysators aufgezeichnet. Ein solches Gerät ist in der Lage, auf elektronischem Wege in Echtzeit eine Fourier-Transformation vom Zeit- in den Frequenzbereich vorzunehmen.

Bringt man z.B. einen Piezokristall einseitig in Kontakt mit einem geeignete Material, dann wird der Schwinger dadurch *mechanisch bedämpft*. Im Falle einer starken Dämpfung baut sich nach impulsförmiger Anregung eine aus wenigen Schwingungszügen bestehende Schallwelle auf, die schnell wieder abklingt. Das zugehörige Frequenzspektrum ist breit (-bandig). Im Gegensatz dazu weist die von einem schwach gedämpften Wandler erzeugte Ultraschallwelle mehr Schwingungszüge auf, die langsamer abklingen. Eine solche Welle ähnelt mehr einer kontinuierlichen Ultraschallwelle, bei der ja keine Dämpfung vorhanden ist. Entsprechend ist ihr Frequenzspektrum relativ schmal (-bandig) (Abb. 8.7-2).

8.8 Informationsgehalt des Echogramms

Diagnostische Ultraschallgeräte arbeiten – wie bereits erwähnt – nach dem Impuls-Echo-Verfahren (ECHOSONOgraphie). Dieses Verfahren stammt aus der RADAR-Technik und wird z.B. auch bei der Meeres- oder Gewässertiefenmessung (Echolot) verwendet. Es beruht darauf, daß ein kurzer Schallimpuls in ein Medium abgestrahlt wird; Impedanzsprünge, Grenzschichten, Inhomogenitäten etc. führen zu Reflexionen dieses Sendeimpulses, die dann als Echos wieder empfangen werden. Sendeimpuls und Echo(s) werden auf geeignete Weise – z.B. auf einem Oszillographenschirm – als Funk-

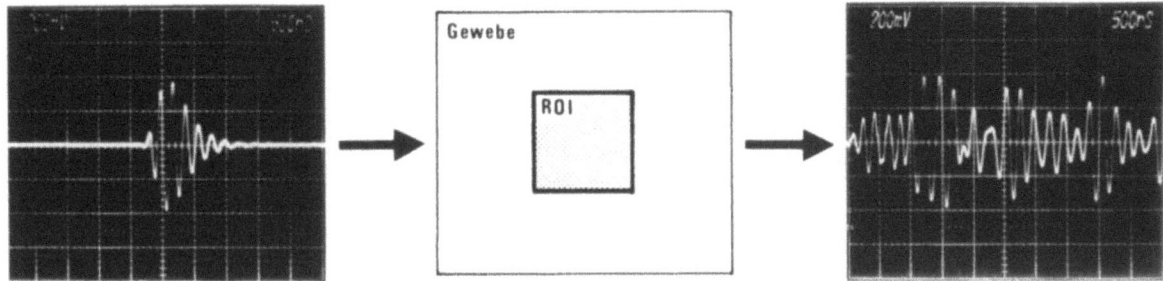

Abb. 8.8-1 (Haigis). Zur Problematik der Ultraschall-Gewebecharakterisierung. *Links*: Eingestrahlter Schallimpuls. *Mitte*: Gewebe mit ROI (region of interest). *Rechts*: Ausschnitt aus dem empfangenen Ultraschallsignal

tion der Zeit dargestellt. Eine solche Darstellung heißt *Echogramm*.

Aus der Impulslaufzeit – d.h. der Zeit, die zwischen Abstrahlung und Empfang des Echos vergeht, – kann man etwa bei bekannter Ausbreitungsgeschwindigkeit die Entfernung zum reflektierenden Objekt berechnen.

„Entfernung" ist allerdings nur ein Teil der Information, die prinzipiell in einem Echogramm enthalten ist. Zusätzlich trägt ein Echogramm z.B. Informationen zur Form, Struktur, Homogenität, Konsistenz oder etwa zum Bewegungszustand (Dopplereffekt) eines Materials.

Informationsträger ist der Schallimpuls, und dieser ist durch die Kenngrößen

- Amplitude
- Frequenz
- Phase

bzw. deren (zeitliche) Verteilungen charakterisiert.

Ein Gewebe (oder sonstiges Medium) verändert (moduliert) diese Kenngrößen, so daß ein empfangenes Ultraschallsignal sich vom gesendeten Signal deutlich unterscheidet: es ist amplituden-, frequenz- und phasenmoduliert. In diesem „Unterschied" liegt die gesuchte Gewebeinformation.

Zur Veranschaulichung diene Abb. 8.8-1. Schematisch ist ein Gewebe dargestellt, das in der Tiefe ein diagnostisch interessierendes Gebiet (ROI = Region of Interest), z.B. einen Tumor, aufweist. Die Echos (rechts) des eingestrahlten Schallimpulses (links) stammen nicht nur von der ROI, sondern auch aus Regionen davor und dahinter. Zudem haben sie jede Gewebestrecke zweimal durchlaufen (vom Schwinger weg und zum Schwinger zurück). Betrachtet man nun ausschließlich Echos aus einer bestimmten Tiefe (aus der ROI), so sind diese Signale nicht nur beeinflußt von der Wechselwirkung von Ultraschall mit dem interessierenden Gewebe (z.B. Absorption, Refraktion, Reflexion, Streuung etc), sondern ebenso von allen davor liegenden Gewebeschichten. Die eigentlich erwünschte Information über die ROI ist also verfälscht („maskiert").

Gegenstand der Forschung ist es, (u.a.) mit Methoden der (digitalen) Signalanalyse, diese Information zu extrahieren, um daraus Rückschlüsse auf die Art des Gewebes ziehen zu können (Gewebecharakterisierung).

Eine Voraussetzung hierfür ist, daß Echos aus einer bestimmten Geweberegion unverfälscht *gemessen* werden können. Heute verfügbare diagnostische Ultraschallgeräte sind dazu – strenggenommen – nicht in der Lage, da sie keine Meßgeräte im physikalischen Sinne sind. Hinzu kommt, daß die meisten Geräte lediglich die Amplitudeninformation auswerten; Frequenz- und Phaseninformationen werden unterdrückt. Schließlich durchläuft ein Echo, ehe es zur Anzeige auf einem Bildschirm kommt, noch die verschiedenen Signalverarbeitungsstufen des verwendeten Geräts. Diese wiederum sind von Gerät zu Gerät verschieden, da es bislang keine Standardisierung für diagnostische Ultraschallgeräte gibt.

Die individuelle Erfahrung eines Untersuchers bezüglich der Zuordnung eines bestimmten Echomusters zu einem bestimmten Gewebe ist daher eng mit dem verwendeten Gerätemuster verknüpft. Wie jedes andere komplexe elektronische System kann dieses Störungen ausgesetzt sein, die oft nicht unmittelbar erkennbar sind. Dies kann u.U. dazu führen, daß sich der Informationsgehalt eines Echogramms im schlimmsten Falle mehr auf das verwendete Ultraschallgerät bezieht als auf das untersuchte Gewebe!

Beeinträchtigt ist angesichts dieser Situation auch die Vergleichbarkeit echographischer Daten, die mit verschiedenen Geräten gewonnen wurden.

Notwendig für eine sichere Diagnostik ist daher nicht nur eine gute Kenntnis der relevanten Geräteparameter eines Ultraschallgerätes (Geräteperformance), sondern auch regelmäßige Überprüfungen dieser Gerätecharakteristika (vgl. Kap. 10).

Literatur

AIUM American Institute of Ultrasound in Medicine (1984) Safety considerations for diagnostic ultrasound. AIUM publication 316, Bethesda, MA

Brigham EO (1982) FFT Schnelle Fourier-Transformation. Oldenbourg, München Wien

Coleman DJ, Lizzi FL, Jack RL (1977) Ultrasonography of the eye and orbit. Lea & Febiger, Philadelphia

Höfling O (1966) Lehrbuch der Physik, Oberstufe, Ausg A, 7. Aufl. Dümmlers, Bonn

Nicholas D (1977) Orientation and frequency dependence of backscattered energy. In: White DN (ed) Recent Advances in ultrasound in medicine. Research Studies Press, Forest Grove, pp. 29–54

Pätzold J (Hrsg) (1976) Kompendium Elektromedizin. SIEMENS Firmenschrift SIEMENS-AG, Berlin, München

Thijssen JM (1980) Physics and technology of ultrasonography. In: Thijssen JM (ed) Ultrasonic tissue characterization. Stafleu, Alphen a d Rijn, pp. 133–169

VALVO-Firmenschrift (1973) Piezoxide-Wandler Boysen & Maasch, Hamburg

Wells PNT (1977) Biomedical ultrasonics. Academic, London

Zemanek J (1971) Beam behavior within the near field of a vibrating piston. J Acoust Soc Am 49:181–191

8.9 Ultraschall-Doppler-Geräte

R. Reuter

Der von Christian Doppler 1834 entdeckte und später nach ihm benannte „Doppler-Effekt" wurde 1959 von Satomura zum ersten Male im Rahmen der Ultraschalldiagnostik genutzt.

Der „Doppler-Effekt" beschreibt die Frequenzänderungen einer ursprünglich konstanten Trägerfrequenz als Folge relativer Bewegungen zwischen Sender, Empfänger und/oder Reflektoren dieser Trägerfrequenz. Die Geschwindigkeitsinformation einer Dopplerantwort entspricht grundsätzlich der prozentualen Änderung der ursprünglichen Trägerfrequenz, unabhängig von der absoluten Höhe. Angaben in absoluten Größen – z.B. kHz – sollten daher vermieden werden. Erfolgt dies doch, muß auch die ursprüngliche *Ist*-Frequenz des Trägers angegeben werden, da sonst mit erheblichen Fehlern gerechnet werden muß. Die Bewegungsrichtung der Reflektoren relativ zum Schallkopf ist maßgebend für die Vorzeichen +/− der Frequenzänderung (vgl. Abb. 8.9-1).

Im diagnostischen Bereich kommen sowohl spiegelnde (z.B. Gefäßwände, Herzklappen, Embryos usw.), als auch streuende Reflektoren (Blut) in Betracht. Der durch diese bewegten Reflektoren auftretende Doppler-Effekt erlaubt die nicht-invasive Ermittlung von z.B. Flußgeschwindigkeiten, Flußrichtung, laminaren und turbulenten Strömungsformen, Fluß-Querschnittsprofilen, Pulsationen usw. Im Laufe der Jahre entstanden der jeweiligen Aufgabenstellung angepaßte Ultraschall-Doppler-Diagnostik-Geräte.

Es lassen sich zwei Familien dieser „Doppler-Geräte" unterscheiden:

1. Geräte, die kontinuierlich eine konstante Ultraschallfrequenz (z.B. im Bereich von ca. 2–10 MHz) senden, sog. Dauerstrich- oder cw-Doppler. Die Wahl dieses Frequenzbereiches ist kein Zufall. Er erlaubt Kompromisse zwischen größeren möglichen Meßtiefen (niedrige Frequenzen) und besserem Signal-/Rauschverhältnis (die Dopplerverschiebung nimmt proportional zur Trägerfrequenz zu, während Rauschen und Artefakte nicht in demselben Maße anwachsen). Vor allem aber liegen die resultierenden Dopplerablagen, bezogen auf physiologische Geschwindigkeitsbereiche ($\Delta f < 1\text{‰}$) – dann im menschlichen Hörvermögen. Dies ermöglicht einfache Gerätekonzepte. Aus dem reflektierten Frequenzspektrum wird die Dopplerverschiebung extrahiert, in den menschlichen Hörbereich transponiert und/oder einer Registriereinrichtung zugeführt. Bei den einfachsten Geräten dieser Art ist nur die Bewegungsgeschwindigkeit der Reflektoren (qualitativ) kontrollierbar. Diese Bauart wird oft – irreführend – als „unidirektionales Gerät" bezeichnet. Es handelt sich vielmehr um *nicht*-richtungsabhängige Typen. Vor- und Rückfluß werden von ihnen gleich bewertet und nicht getrennt ausgegeben.

Durch weitergehende Signalverarbeitung im Gerät ist auch eine Bestimmung der Flußrichtung möglich („bidirektionaler Doppler"), eine Ortsbestimmung des wirksamen Reflektors jedoch noch nicht. Um eine gleichzeitige Ortsbestimmung, z.B. die Lokalisierung eines bestimmten Gefäßabschnittes zu erreichen, entstand die zweite „Doppler-Familie".

2. Die sog. Impulsdoppler. Bei ihnen werden – ähnlich wie beim Impuls-Echoverfahren – periodisch kurze Wellenzüge einer diskreten Trägerfrequenz (z.B. 4 MHz) gesendet. Die rücklaufenden Echos werden dann getrennt nach Laufzeit und Dopplerverschiebung ausgewertet. Da die manuelle Lokalisierung des gewünschten Gefäßab-

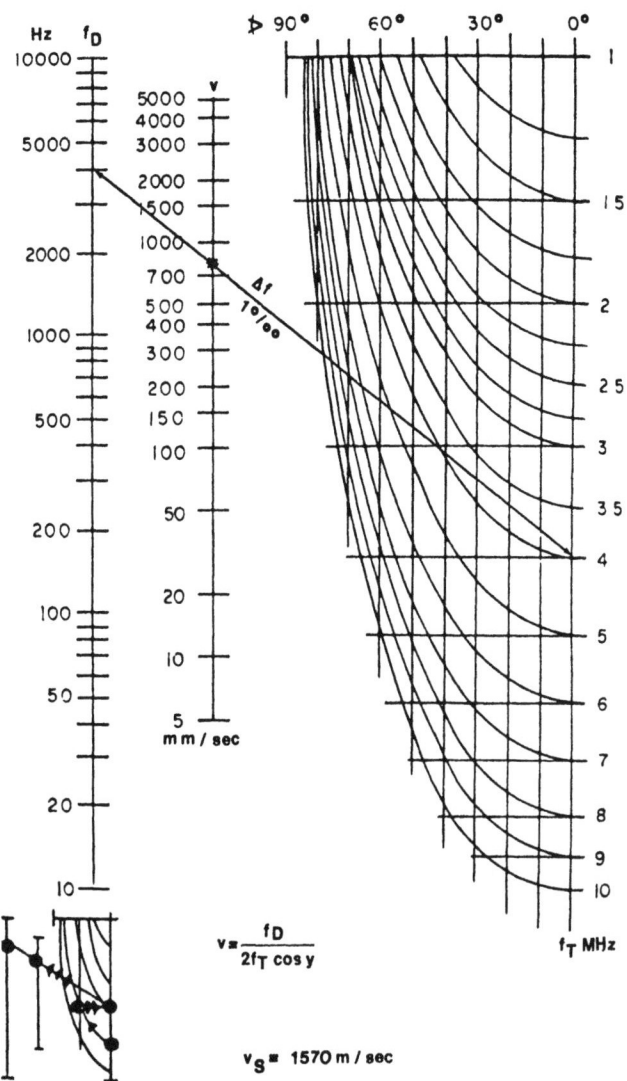

Abb. 8.9-1 (Reuter). Nomogramm zur Ermittlung der Zusammenhänge zwischen Trägerfrequenz, Flußgeschwindigkeit und resultierender Dopplerablage in Abhängigkeit vom Anstellwinkel des Schallkopfs. Als Beispiel, eingezeichnet:
$f_T = 4$ MHz, $\not\prec = 0$ Grad,
$\Delta f = 0{,}1\% = 4000$ Hz $\triangleq 760$ mm/sec

schnittes, sowie die Justage der „Zeitfenster" (Tiefe und Länge des Raumes, aus dem die Dopplerantwort übernommen werden soll) sehr mühsam sind, wurden sog. Mehrkanal-Impuls-Doppler entwickelt. (Bei Prototypen stehen bis zu 128 Kanäle zur Verfügung.)

Dieser Gerätetyp liefert in sehr kurzen Zeitabständen, quasi simultan, Echogruppen, welche die Darstellung der Geschwindigkeitsverteilung entlang der Schallbündel bzw. Gefäßachse oder auch Strömungsprofile darstellen lassen.

Da bei allen „Impuls-Dopplern" das Arbeitsenergieniveau sehr klein – und damit der Signal-/Störspannungabstand kritisch ist, entstand eine dritte Version: sog. Duplexgeräte. Sie beinhalten ein kontinuierliches (cw)-Dopplergerät (meist richtungsabhängig), sowie ein A/B-Bild-Echo-Impuls-Gerät. Die Schallköpfe beider Geräteteile sind unter einem definierten Winkel zueinander geneigt montiert. Der A- (B-)-Bildteil dient zur Lokalisierung und Bestimmung des Einstrahlwinkels, z.B. größte A-Bild-Amplitude der Gefäßwände = rechtwinkliges Treffen der Gefäßwände, größter Abstand der A-Bild-Echos = Schallbündelachse geht durch den Mittelpunkt des Gefäßes. Da die Neigungswinkel der Schallköpfe zueinander bekannt sind, läßt sich die Frequenzabhängigkeit des Anstellwinkels Doppler-Schallkopf/Gefäßachse korrigieren.

Bei einer weiteren Bauart wird das Schallbündel periodisch über das interessierende Gewebsareal geführt, ähnlich dem B-Bild-Aufbau bei Echo-Impuls-Geräten. Die resultierenden Echos dienen sequentiell zur Darstellung der Topographie und Wiedergabe der Dopplerinformation. Werden dann der Dopplerantwort „Falschfarben" zugeordnet, z.B. Vorfluß = rot, Rückfluß = blau, und die Farbsättigung proportional zur Dopplerfre-

Physikalisch-technische Grundlagen der Ultraschalldiagnostik

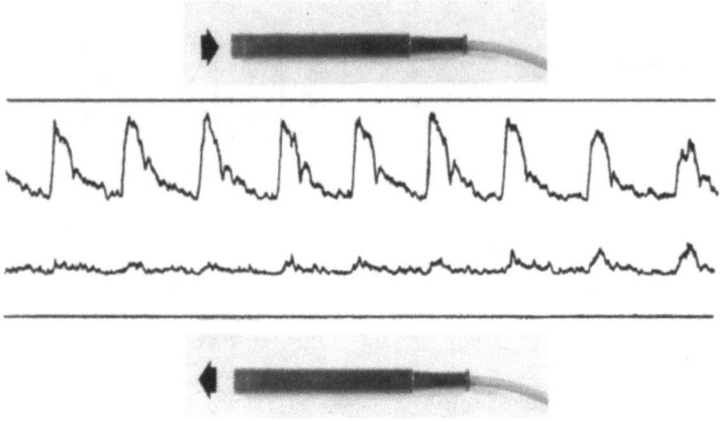

Abb. 8.9-2 (Reuter). Beginn der Falschaussage im unteren Kanal eines richtungsabhängigen cw-Dopplergeräts mit relativ geringer Dynamik

quenz bzw. Geschwindigkeit variiert, so können auch komplexe Strömungsverhältnisse dargestellt werden (z.B. im Herzen).

Wenn mehr als nur qualitative Aussagen gewünscht werden, wachsen die technischen Forderungen an die Dopplergeräte steil an. Zu den relevanten Qualitätsmerkmalen eines Gerätes gehören folgende Punkte:

Ansprechempfindlichkeit. Es müssen zwei „Ansprechempfindlichkeiten" unterschieden werden:
a) die amplitudenbezogene. Sie legt fest, welche Mindestamplitude des Echos erforderlich ist, damit die Signalverarbeitung im Gerät fehlerfrei ablaufen kann und ist maßgebend für die erreichbare Meßtiefe und Reflektorgröße.
b) die „Frequenz-Ansprechempfindlichkeit". Sie bestimmt die kleinste noch meßbare Flußgeschwindigkeit, sowie die Auflösung.

Dynamik. Sie entspricht dem Verhältnis zwischen Ansprechempfindlichkeitswert und Übersteuerungsgrenze. Die untere Grenze resultiert aus geräteeigenem Rauschen und Fremdfeldeinflüssen (Abschirmungsqualität). Liegt die obere (Übersteuerungs)-Grenze zu tief, so treten zuerst Fehler in der Flußrichtungsaussage auf (vgl. Abb. 8.9-2), bei noch höheren Echoamplituden Fehler der Geschwindigkeitsanzeige.

Festzielunterdrückung. Die von spiegelnden Reflektoren (z.B. einem Gefäß vorgelagerte Schichten, Knochen usw.) herrührenden Echos haben oft eine um > 80 dB höhere Amplitude als die des strömenden Blutes.

Kanaltrennung. Bei richtungsabhängigen Dopplergeräten können bei zu geringer Kanaltrennung durch „Übersprechen" eine falsche Flußrichtung,

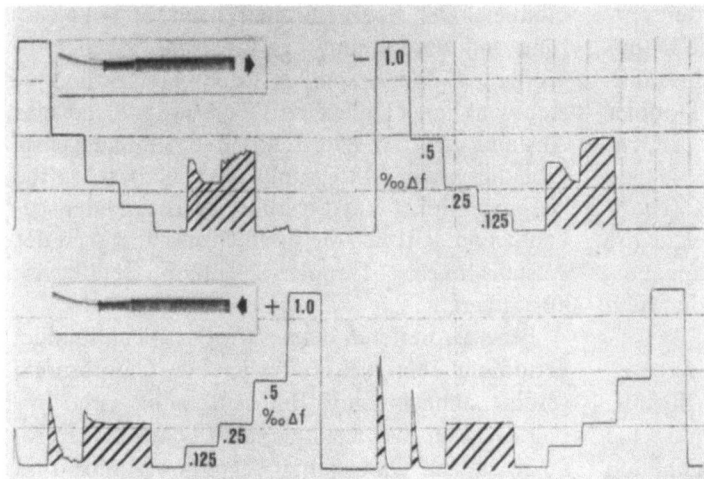

Abb. 8.9-3 (Reuter). Fluktuierendes Übersprechen beider Kanäle eines Doppler-Blutfluß-Meßgeräts: Artefakte schraffiert; Meßsignal: Referenzfrequenz des Dopplersimulator DS81. Ursache der Artefakte: alterungsbedingte Instabilität der bei dieser Bauart zur Kanaltrennung vorgesehenen zusätzlichen 90-Grad-Phasenschieber

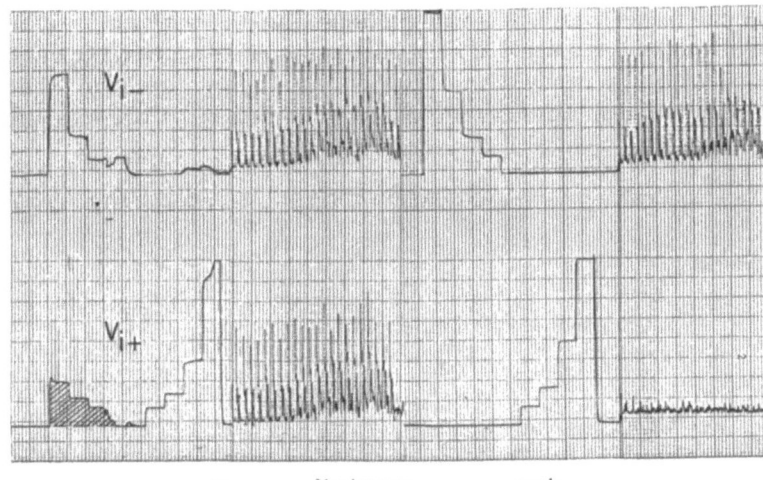

vor   Neujustage   nach

Abb. 8.9-4 (Reuter). Übersprechen von Kanal v_{i-} in Kanal v_{i+}, Amplitudenfehler in beiden Kanälen, (links im Bild vor Neujustage, rechts nach Überholung einwandfreies Arbeiten des Geräts. Ursache: alterungsbedingte Verlagerung von Arbeitspunkten im HF-Teil. (Referenztreppe: 0,125–1,0‰ des Dopplersimulator DS81)

oder auch Turbulenzen simuliert werden (vgl. Abb. 8.9-3 und 4).

Synthetische „Dopplerfrequenzen" bzw. Frequenztreppen zur Kontrolle und ggf. Kalibrierung der *System*eigenschaften sowie als Referenzgrößen bei der Auswertung der Doppler-Sonogramme.

Die Wiedergabe der Dopplerantworten erfolgt:

a) Über Lautsprecher und/oder Kopfhörer (zur Zeit steht die akustische Auswertung mit ca. 85% noch im Vordergrund).

b) Nach einer Frequenz-/Spannungsumsetzung mittels Registriereinrichtungen und Sichtgeräten in Form grafischer Darstellung von Pulskurven (Abb. 8.9-5, oben), Strömungsprofilen etc. (in seltenen Fällen auch der direkten Registrierung im Zeitbereich).

c) Nach einer Spektrumsanalyse im Frequenzbereich als Sonagramm (Abb. 8.9-5, unten) oder auch als „Falschfarben-Darstellung" im Sichtgerät.

Beim Einsatz von Spektrumanalysatoren sollten zwei Absichten unterschieden werden:

1. Die sehr subjektiven, akustischen Geräuschempfindungen der Untersucher quasi zu objektivieren und durch optische Darstellung der Spektren die Kompatibilität zu verbessern. (Eine ausreichende Bewertung im Zeitbereich registrierter Dopplerantworten ist nur selten möglich.) Die Spektralanalyse übernimmt eine Art Filterfunktion, um die relevanten Informationsangebote dreidimensional – Frequenz, Amplitude und Zeit – darzustellen.

2. Die zweite Absicht betrifft die Erwartung, mittels Spektralanalyse die Auswertemöglichkeiten komplexer Geräuschmuster zu erweitern, wenn eine Differenzierung durch das Ohr nicht mehr möglich ist.

d) Die Möglichkeit simultaner Darstellung von Schnittbild und farbcodierter Dopplerantwort wurde schon erwähnt.

Bedingt durch die Vielzahl der Doppler-Gerätekonzepte und bisher fehlender Standardisierung

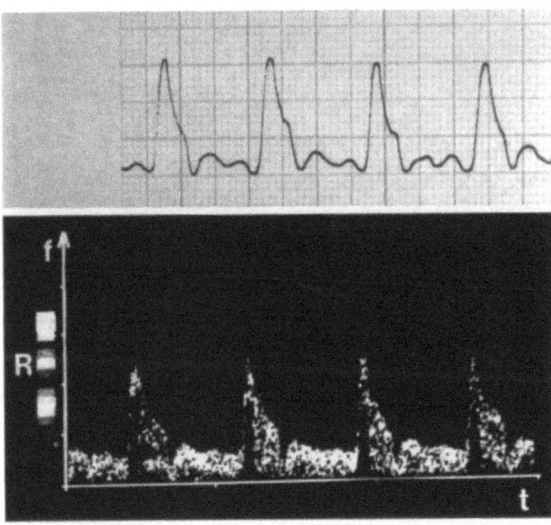

Abb. 8.9-5 (Reuter). *Oben:* Nach Frequenz/Spannungs-Umsetzung registrierte Pulskurve; *unten:* dieselbe Pulskurve in Sonagramm-Darstellung nach Spektrums-Analyse. Y-Achse: Doppler-Frequenz; X-Achse: Zeit; Z-Achse (Helligkeit): Amplitude; *R*, Referenzstreifenmuster

bzw. Normung ist die Kompatibilität der Doppler-Sonographie-Aussagen z.Z. noch sehr eingeschränkt. Die technischen Möglichkeiten einer weitergehenden Ausnutzung des Informationsangebotes sind jedoch bei weitem noch nicht erschöpft.

Anhang

Auf die durch den Dopplereffekt hervorgerufene Frequenzänderung haben folgende Parameter Einfluß:

1. Die Träger- bzw. Sendefrequenz.
Unter sonst gleichen Bedingungen ändert sich die Dopplerablage proportional zur benutzten Trägerfrequenz.
2. Die Richtung der Streckenänderung zwischen Schallkopf und Reflektor

zum Schallkopf hin: $f_E = f_T + f_D$
vom Schallkopf weg: $f_E = f_T - f_D$

f_E = Empfangsfrequenz
f_T = Trägerfrequenz
f_D = Dopplerfrequenz.

3. Die Längenänderungsgeschwindigkeit der Übertragungsstrecke. Bei den in Betracht kommenden Geschwindigkeitsverhältnissen (Reflektorgeschwindigkeit ≪ Schallgeschwindigkeit) ergibt sich:

$$f_D = \pm \left(\frac{2v_R}{c+v_R}\right) f_T$$

v_R = Geschwindigkeit des Reflektors
c = Schallgeschwindigkeit im Medium
f_T = ursprüngliche Trägerfrequenz

4. Die Ausbreitungsgeschwindigkeit im Medium zwischen Schallkopf und Reflektor (s. unter 3).
5. Die Winkel zwischen Sender, Empfänger und Reflektoren. Bei vernachlässigbarem Winkel zwischen den Sende- und Empfänger-Schwingerplatten im Schallkopf gilt:

$$f_D = \pm \left(\frac{2v_R}{c+v_R}\right) f_T \cos\alpha$$

Zur Illustration diene Abb. 8.9-6.

Literatur

Satomura S (1959) Study of the flow patterns in peripheral arteries by ultrasonics. J Acoust Soc Jap, p 151

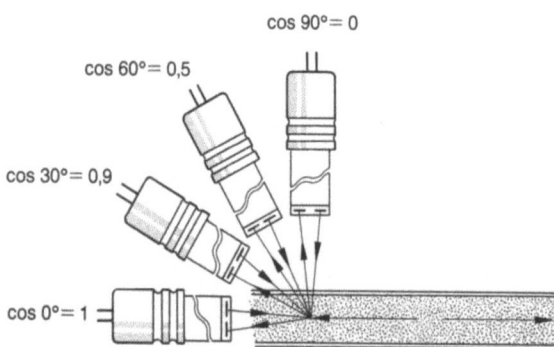

Abb. 8.9-6 (Reuter). Illustration zur Winkelabhängigkeit des Dopplereffekts: Die höchste Dopplerfrequenz ergibt sich demnach beim Einstrahlungswinkel 0°. Dieser ist jedoch nur in seltenen Fällen möglich (z.B. A. ophthalmica). Sehr flache Anstellwinkel wären zwar wünschenswert, sie führen jedoch zu ungünstigen Reflektionswinkeln. Nur ein kleiner Teil des reflektierten Schallbündels erreicht den Schallkopf. Durch den resultierenden Amplitudenverlust sind viele Ultraschall-Dopplergeräte überfordert. Es hat sich daher ein Kompromiß von 45° zwischen Schallkopf und Gefäßachse bewährt. Es ergibt sich dann ein akzeptables Verhältnis zwischen Dopplerantwort („Tonhöhe") und Signal-Lautstärke. Von „Tonhöhe" kann eigentlich nicht gesprochen werden, da es sich bei den Dopplerantworten praktisch immer um komplexe Geräuschmuster verschiedenster Genese handelt. Ein Großteil der Spektren ist durch die jeweilige Art der Signalverarbeitung in den Geräten mitbestimmt. Dies sollte bei einer eventuell vorgesehenen Spektralanalyse berücksichtigt werden

8.10 Akustische Daten der Gewebe und Flüssigkeiten des menschlichen Körpers (insbesondere von Auge und Orbita)

W. Haigis

Die nachfolgenden Tabellen enthalten akustische Daten insbesondere der Gewebe des Auges und der Orbita, wie sie in der Literatur veröffentlicht sind. In jeder Tabelle sind die entsprechenden Fundstellen durch Referenznummern markiert, deren Zuordnung zu den jeweiligen Puplikationen aus nachfolgender Aufstellung hervorgeht.

Tabelle 8.10-1 gibt Schallgeschwindigkeiten, Tabelle 8.10-2 Dichten verschiedener okularer und orbitaler Gewebe bzw. sonstiger Medien wieder. Beide physikalische Größen wie auch alle davon abgeleiteten (z.B. akustische Impedanzen oder Reflexionskoeffizienten; Tabelle 8.10-3) sind temperaturabhängig. Soweit verfügbar wurden Meßtem-

Tabelle 8.10-1 (Haigis). Schallgeschwindigkeiten

Gewebe	(m/sec)	Ref.	Bem.
Hornhaut	1620 +/− 12	3	1
Hornhaut	1632	18	5
Kammerwasser, Glaskörper	1530 +/− 4	3	1
Kammerwasser, Glaskörper	1532	9	−
Kammerwasser, Glaskörper	1532	16	−
Kammerwasser,	1514	18	5
Glaskörper	1510	18	5
Linse	1558	18	5
Linse	1640	16	−
Linse	1647 +/− 3	3	1
Cat. Linse[a]	1641 +/− 28	8	2
Cat. Linse[b]	1610	8	2
Cat. Linse[c]	1670	8	2
Cat. Linse[d]	1641	8	2
Cat. Linse	1640,5	10	−
Cat. Linse	1629	11	−
Sklera	1743	18	5
Sklera	1650 +/− 10	3	1
Retina	1565	15	3
Gesunde Augenmuskeln	1556 +/− 11	5	4
i.o. Tumor	1600	11	−
Weiches Gewebe	1540	16	−
Knochen	3380	16	−
9% Kochsalz-Lösung	1352	9	−
Kochsalzlösung	1534	16	−
Kochsalzlösung (0,9 g/100 ccm)	1502	18	5
Kochsalzlösung (0,9 g/100 ccm)	1488 +/− 9	28	6
Wasser (35° C)	1539	7	−
Wasser	1525	16	−
HEMA W 38	1704 +/− 10	28	6
Silikon-Öl (37° C)	982 +/− 1	7	−
Silikon-Öl	986	14	−

[a] Mittelwert
[b] Dicke cat. intumesc., reine Kernsklerose
[c] Isolierte Kapseltrübungen
[d] Kernsklerose mit Kapseltrübungen

Bemerkungen

1. Die Daten von [3]: Thijssen et al. (1984) sind Mittelwerte aus einer Literatur-Recherche. Sie stammen aus Publikationen von Araki (1961), Jansson (1961, 1962), Rivara u. Sanna (1962), Nover u. Glanschneider (1965), Tschewnenko (1965), Vanijsek et al. (1969) und Coleman et al. (1975) (s. bei [3] Thijssen et al., 1984).
Bei Baum (1975) findet sich eine Tabelle der Schallgeschwindigkeiten von Hornhaut, Kammerwasser, Linse, Glaskörper, Sklera und Choreoidea bei 22, 20 und 37° C. Die Daten bei 37° stammen von Jansson et al. (1961, 1962), Tschewnenko (1965) und Rivara u. Sanna (1962) und sind in den Ergebnissen von [3] Thijssen et al. (1984) enthalten.
2. Gemessen in vitro in isotonischer Kochsalzlösung bei 37° C.
3. Für die Retina wurden Meßwerte von menschlichem Gehirn eingesetzt (Goss et al. 1980; Thijssen et al. 1984).

Tabelle 8.10-2 (Haigis). Dichten

Gewebe	Temp. Grad C	Dichte g/ccm	Ref.	Bem.
Hornhaut	37	0,9445	18	−
Kammerwasser	37	1,0075	18	1
Glaskörper	37	1,0075	18	−
Linse	37	1,121	18	−
Sklera	37	1,033	18	−
Kochsalzlös. (0,9 g/100 ccm)	20	1,0032	27, 19	2
Kochsalzlös. (0,9 g/100 ccm)	20	1,004 +/− 0,001	28	−
HEMA W 38	20	1,18 +/− 0,03	28	−

Die aufgeführten Daten der okularen Gewebe stammen von Vanysek et al. (1970), zit. nach Chivers et al. (1984).

Bemerkungen

1. Für Kammerwasser wurde dieselbe Dichte wie für Glaskörper angenommen.
2. Interpoliert nach Daten von Kaye u. Laby (1973) durch Chivers et al. (1984).

peraturen bzw. sonstige erläuternde Bemerkungen in die Legenden mit aufgenommen.

Tabelle 8.10-3 listet Reflektivitäten von Grenzflächen verschiedener Medien auf. Angegeben ist jeweils der (amplitudenbezogene) Reflexionskoeffizient in % bzw. in dB relativ zum idealen Reflektor (vgl. Legende zu Tabelle 8.10-3 sowie Kap. 8.4). Ebenso ist das Vorzeichen (sgn) des Reflexionskoeffizienten mit aufgeführt, das die Phasenlage der reflektierten Ultraschallwelle bestimmt. Zum Teil gehen die angegebenen Reflektivitäten aus den Daten der Tabellen 8.10-1 und 8.10-2 hervor, z.T. sind sie so aufgeführt, wie sie in der Literatur publiziert wurden.

Nähere Erläuterungen gehen aus der Legende hervor.

Tabelle 8.10-4 enthält Literaturwerte zum Schallschwächungs-Koeffizienten (Dämpfung, engl. attenuation, vergl. Kap. 8.5 und 5.3.2). Die Resultate von Tabelle 8.10-4 weisen z.T. beträchtliche Abweichungen voneinander auf. Eine Erklärung hierfür liegt u.a. in den unterschiedlichen Meß- und Auswertungsbedingungen (z.B. Analyse des RF- oder Video-Signals) der einzelnen Auto-

4. Berechnet aus den Daten von Ossoinig u. Hermsen (1984) für den M. sup. rect., M. lat. rect., M. inf. rect. und M. med. rect.
5. Daten von Vanysek et al. (1970) bei 37° C, zitiert nach Chivers et al. (1984).
6. Meßwert bei Zimmertemperatur (20° C).

Tabelle 8.10-3 (Haigis). Reflektivitäten, (Amplituden-) Reflexionskoeffizienten

Medium 1	Medium 2	sgn	r(%)	−R (dB)	Ref.	Bem.
Hornhaut	Kammerwasser	−	6	(24,4)	12	2
Hornhaut	Kammerwasser	−	(0,3)	50	3	1
Hornhaut	Kammerwasser	−	((0,5))	(45,6)	19	4
Kammerwasser	Linse	+	7	(23,1)	12	2
Kammerwasser	Linse	+	(10)	20	3	−
Kammerwasser	Linse	+	((6,8))	(23,4)	19	4
Linse	Glaskörper	−	7	(23,1)	12	2
Linse	Glaskörper	−	((6,9))	(23,2)	19	4
Glaskörper	Retina	+	1	(40)	12	2
Glaskörper	Retina	+	(2,2)	33	3	1
Glaskörper	Sklera	+	((8,4))	(21,5)	19	4
Sklera	Glaskörper	−	(2,2)	33	3	1
Sklera	Kochs.lös.	−	((8,9))	(21,0)	19	4
Kochs.lös.	Hornhaut	+	((1,1))	(38,9)	19	4
Wasser	Retina	+	1,6	(35,9)	7	3
Retina	Choreoidea	?	0,1	(60)	12	2
Silikonöl	Wasser	+	26,3	(11,6)	7	3
Silikonöl	Retina	+	26	(11,7)	7	3
Kochs.lös.	HEMA W38	+	(14,8)	16,6 +/− 0,7	28	−
Wasser	Aluminium	+	85	(1,4)	12	2

Bemerkungen

1. Die Autoren halten diese Werte für nicht sehr realistisch. Zum einen ist die Hornhaut als relativ starker Reflektor bekannt; zum anderen wurden für den Glaskörper/Sklera- bzw. Glaskörper/Retina-Übergang Reflektivitätsunterschiede von 15–20 dB beobachtet (Thijssen et al 1984).
2. Die Daten bei [12] Coleman et al. (1977) wurden aus [13] Baum u. Greenwood (1958) zusammengestellt.
3. Gemessen bei 35° C.
4. Die Reflektivitäten wurden berechnet aus den Daten von [18] Vanysek et al. (1970) für die Schallgeschwindigkeiten und Dichten, wie sie in [19] Chivers et al. (1984) zusammengestellt sind (Tabelle 8.10-2).

$r = (Z2 − Z1)/(Z2 + Z1)$: (Amplituden-) Reflexionskoeffizient, Reflektivität
$Z = d * c$: akust. Impedanz, d: Dichte, c: Schallgeschwindigkeit
$R = 20 * \log(r)$: Reflektivität relativ zum idealen Reflektor

$r(\%) =$ Absolutwert von r; sgn = Vorzeichen von r (Phasensprung!)

Werte von r(%) und R(dB):

Daten ohne Klammern	: Originaldaten
Daten in runden Klammern	: umgerechnet über $R = 20 * \log(r)$
Daten in Dopppel-Klammern	: berechnet aus den akustischen Impedanzen

Tabelle 8.10-4 (Haigis). Schallschwächungskoeffizienten

Medium	Freq. MHz	Schwächungskoeffizient		Ref.	Bem.
		dB/cm	dB/cm MHz		
Kammerwass., Glaskörp.	1	0,1		1	1
Kammerwass., Glaskörp.	6–30		0,1	3	3
Linse	1	2,0		1	1
Linse	3,3–13		2,0	3	3
Fett	1	0,6		1	1
Fett	0,8–7		0,63 ± 0,073	23	3
Normales Orbitafett	8	15		6	2
Normales Orbitafett	5–15		1,5	24	5
Normales Orbitafett	9,6	16,5		25, 2	7, 8

Akustische Daten der Gewebe und Flüssigkeiten des menschlichen Körpers 397

Tabelle 8.10-4 (Haigis). (Fortsetzung)

Medium	Freq. MHz	Schwächungskoeffizient		Ref.	Bem.
		dB/cm	dB/cm MHz		
N. opticus	6,2	11		2	7
Retina			0,3	3	3
Sklera			0,3	26, 3	–
Knochen	1	13,0		1	1
Chor. Melanom	15	−2,0 ± 25,5	0,4 ± 1,3	4	4
Chor. Melanom	8	8 ± 1		6	2
i.o. Melanom	8,3	27		25, 2	6, 7
Pseudotumoren	15	21,5 ± 25,0	−0,7 ± 0,8	4	4
Pseudotumor	8	6		6	2
Misch-Tumor	8	6		6	2
Meningo-Encephalocele	8	16		6	2
Opticus-Meningiom	10,9	16,5		2	7
Luft	1	12,00		1	1
Wasser	1	0,002		1	1
Wasser	8	1,5		6	2

Bemerkungen

1. Die angegebenen Dämpfungskoeffizienten sind als „Absorptionskoeffizienten" zitiert.
2. Diese Daten wurden mit einem Kretz 7200 MA-Gerät erfaßt, das für 8 MHz-Betrieb ausgelegt ist; daher wird als Frequenz 8 MHz angenommen. Die Ergebnisse wurden aus der Analyse des Video-Signals gewonnen.
3. Daten von [20] Hueter u. Bolt (1951), [21] Begui (1954), [22] Filipczinski et al. (1967) zit. in [3] Thijssen et al. (1984), [11] Coleman et al. (1975) und Wells (1969).
4. Ergebnisse aus der Auswertung des RF-Signals.
5. Mittelwert von 15 Patienten, erhalten aus RF-Analyse.
6. Resultat von 4 Patienten.
7. Berechnet aus Dämpfungswerten in (dB/usec) unter Zugrundelegung einer Schallgeschwindigkeit von 1530 m/sec; angegebene Frequenz = Arbeitsfrequenz des verwendeten Schallkopfs.
8. Mittelwert von 128 Echogrammen eines Patienten.

Zuordnung der in den Tabellen verwendeten Referenznummern zu den Literaturstellen

Ref.	Literaturstelle	Jahr
1	Restori et al.	1984
2	Haigis u. Buschmann	1984
3	Thijssen et al.	1984
4	Trier et al.	1984
5	Ossoinig u. Hermsen	1984
6	Thijssen u. Verbeek	1981
7	Verbeek et al.	1981
8	Pallikaris u. Gruber	1981
9	Willard	1947
10	Jansson u. Kock	1962
11	Coleman et al.	1975
12	Coleman et al.	1977
13	Baum u. Greenwood	1958
14	Poujol u. Massin	1979
15	Goss et al.	1980
16	Bronson et al.	1976
17	Baum	1975
18	Vanysek et al.	1970
19	Chivers et al.	1984
20	Hueter u. Bolt	1951

Ref.	Literaturstelle	Jahr
21	Begui	1954
22	Filipczinski et al.	1967
23	Wells	1969
24	Lizzi u. Coleman	1977
25	Haigis	1984
26	Thijssen et al.	1985
27	Kaye u. Laby	1973
28	Haigis u. Buschmann	1985

ren. Neben der biologischen Variabilität weicher Gewebe spielen gerätetechnische und ultraschallphysikalische Bedingungen bzw. deren Berücksichtigung bei der Bestimmung von Schalldämpfungskoeffizienten (z.B. „Diffraktionseffekt", vgl. Kap. 8.6 und Kap. 5.3.2) eine große Rolle. Ergänzende Erläuterungen sind der Tabellenlegende zu entnehmen.

Literatur

Baum G (1975) Fundamentals of medical ultrasonography. Putnam's Sons, New York

Baum G, Greenwood I (1958) The application of ultrasonic locating techniques to ophthalmology, I. Am J Ophthalmol 46:319–329

Begui ZE (1954) Acoustic properties of the refractive media of the eye. J Acoust Soc Am 26:365

Bronson NR, Fisher YL, Pickering NC, Trayner EM (1976) Ophthalmic contact B-scan ultrasonography for the clinician. Intercont Ser Ophthalmol. Intercontinental, Westport, Conn.

Chivers RC, Round WH, Zieniuk, JK (1984) Investigation of ultrasound axially traversing the human eye. Ultrasound Med Biol 10 2:173

Coleman JD, Lizzi LF, Franzen LA, Abrahamson HD, (1975) Bibl Ophtahlmol 83:246

Coleman DJ, Lizzi FL, Jack RL, (1977) Ultrasonography of the eye and orbit. Lea & Febiger, Philadelphia

Filipczinski L, et al (1967) Visualizing internal structures of the eye by means of ultrasonics. Proc Vibr Probl 4, p 357

Goss SA, Johnston RL, Dunn F (1980) Compilation of empirical ultrasonic properties of mammalian tissues II. J Acoust Soc Am 68:93

Haigis W (1984) Equipment characterization and first results on attenuation measurements using clinical ultrasound systems (A-mode). In: Thijssen JM, Jrion KC (eds) Ultrasonic tissue characterization 3. Faculty of Medicine Printing Office, Nijmegen, p. 55

Haigis W, Buschmann W (1984) Performance measurements and quantitative echography. In: Hillman JS, LeMay MM (eds) Ophthalmic ultrasonography. SIDUO IX, Doc Ophthalmol Proc Ser 38. Junk, The Hague Boston Lancaster, p 433

Haigis W, Buschmann W (1985) Echo reference standards in ophtahlmic ultrasonography. Ultrasound Med Biol 11/1:149

Hueter TF, Bolt RH (1951) An ultrasonic method for outlining the cerebral ventricles. J Acoust Soc Am 23:160

Jansson F, Kock E (1962) Determination of the velocity of ultrasound in the human lens and vitreous. Acta Ophthalmol 40:420

Kaye GWC, Laby TH (1973) Tables of physical and chemical constants. Longman, London, p 30, 190

Lizzi FL, Coleman DJ (1977) Ultrasonic spectrum analysis in ophthalmology. In: White DM (ed) Recent advances in ultrasound in biomedicine, vol 1. Research Studies Press, Forest Grove, p. 117

Ossoinig KC, Hermsen VM (1984) Myositis of extraocular muscles diagnosed with standardized echography. In: Hillman JS, LeMay MM (eds) Ophthalmic ultrasonography. Siduo IX, Doc Ophthalmol Proc Ser 38. Junk, The Hague Boston Lancaster, p 381

Pallikaris I, Gruber H, (1981) Determination of sound velocity in diferent forms of cataracts. In: Thijssen JM, Verbeek AM (eds) Ultrasonography in ophthalmology. SIDUO VIII, Doc Ophthalmol Proc Ser 29. Junk, The Hague Boston London, p 168

Poujol J, Massin M (1979) L'examen echographique des yeux operes de decollement de retine avec injection de silicone. In: Gernet H (ed) Diagnostica Ultrasonica in Ophthalmologia. Remy, Münster, S 111

Restori M, Leeman S, Weight J (1984) Ultrasound interaction in the eye. In: Hillman JS, LeMay MM (eds) Ophthalmic ultrasonography. SIDUO IX, Doc Ophthalmol Proc 38. Junk, The Hague Boston Lancaster, p 423

Thijssen JM, Verbeek AM (1981) Computer analysis of A-mode echograms from choroidal melanoma. In: Thijssen JM, Verbeek AM (eds) Ultrasonography in ophthalmology. SIDUO VIII, Doc Ophthalmol Proc Ser 29. Junk, The Hague Boston London, p 123

Thijssen JM, Mol HJM, Cloostermans MJTM, Verhoef WJM, Van Lieshout M, Timmer MR, Verbeek AM (1984) Acoustic parameters of ocular tissues. In: Hillman JS, LeMay MM (eds) Ophthalmic ultrasonography. SIDUO IX, Doc Ophthalmol Proc Ser 38. Junk, The Hague Boston Lancaster, p 445

Thijssen JM, Mol HJM, Timmer MR (1985) Acoustic parameters of ocular tissues. Ultrasound Med Biol 11:157

Trier HG, Decker D, Lepper R-D, Irion KM, Reuter R, Kottow M, Müller-Breitenkamp R, Otto KJ (1984) Ocular tissue characterization by RF-signal analysis: summary of the Bonn/Stuttgart in vivo-study. In: Hillman JS, LeMay MM (eds) Ophthalmic ultrasonography. SIDUO IX, Doc Ophthalmol Proc Ser 38. Junk, The Hague Boston Lancaster, p 455

Vanysek J, Preisova J, Obraz J (1970) Ultrasonography in ophthalmology. Butterworths – Czechoslovak Medical Press

Verbeek AM, Bayer AL, Thijssen JM (1981) Echographic diagnosis after intraocular silicone oil injection. In: Thijssen JM, Verbeek AM (eds) Ultrasonography in ophtahlmology. SIDUO VIII, Doc Ophthalmol Proc Ser 29. Junk, The Hague Boston London, p 59

Wells PNT (1969) Physical principles of ultrasonic diagnosis. Academic New York p 25

Willard GW (1947) Temperature Coefficient of ultrasonic velocity in solutions. J Acoust Soc Am 19:235

9 Aufbau und Arbeitsprinzip der Geräte und Schallköpfe für die ophthalmologische Ultraschalldiagnostik im A- und B-System

J.M. THIJSSEN

9.1 Einführung

Die wichtigsten Anwendungen von Ultraschall in der Medizin beruhen auf dem Echoprinzip. Neuerdings wurden auch Techniken entwickelt, bei denen man mit Rechnerunterstützung diagnostische Bilder im Durchschall- oder Reflexionsverfahren erhält (sog. Ultraschall-Computertomographie = CT). Für die Augenheilkunde sind diese Entwicklungen aber auf absehbare Zeit nicht zu erwarten. In diesem Buch werden wir uns daher auf die heute verfügbaren Geräte beschränken.

Reflexions- oder Echoprinzip bedeutet, daß Ultraschall in Form von kurzzeitigen Impulsen ausgestrahlt werden muß. Zwischen aufeinanderfolgenden Sendeimpulsen ist dann genügend Zeit, die aus dem Gewebe reflektierten und zurückgestreuten Echos zu empfangen und zu registrieren. Die Schallaufzeiten zwischen Senden und Empfangen ermöglichen die Messung der Tiefe und der Dimensionen von anatomischen Strukturen. Hierzu ist natürlich die genaue Kenntnis der Schallgeschwindigkeiten der unterschiedlichen Augengewebe erforderlich (ca. 1500 m/sec bzw. 1,5 mm/µsec). Da die Laufzeiten relativ kurz sind (z.B. für das Auge etwa 30 µsec), ist es möglich, die Schallimpulse kurz nacheinander auszustrahlen und dadurch hohe Bildfolgefrequenzen zu erreichen.

Der Schallkopf sendet Ultraschallimpulse aus und empfängt die zurückkehrenden Echos. Daher muß sowohl die Sende- wie auch die Empfangselektronik zur gleichen Zeit mit dem Schallkopf verbunden sein. In Abb. 9.1-1 ist dieser Sachverhalt in einem Blockschema skizziert. Weil die Impulse aus der Sendeelektronik relativ stark (50 bis 250 Volt) und die Echos – nach Umwandlung in elektrische Schwingungen – relativ schwach sind (10 µV bis 10 mV), ergeben sich Schwierigkeiten für die Empfangselektronik. Obwohl diese gegenüber den Sendeimpulsen geschützt ist, ist es dennoch nicht zu vermeiden, daß der Empfänger „gesättigt" wird und daher eine kurze Zeit nicht mehr empfangsfähig ist. Dieses einschränkende technische Phänomen nennt man „Totzeit". Wenn man also einen Schallkopf direkt an das Auge ankoppelt, ist es nicht möglich, die ersten 2–3 mm des Gewebes zu untersuchen (vgl. Abb. 9.1-2).

Wie aus Abb. 9.1-1 ersichtlich ist, existiert im Blockschema eines Ultraschallgeräts noch eine weitere Stufe: der Wiedergabeteil. Hauptbestandteil dieser Stufe ist eine Oszilloskopröhre, auf der die Echozacken dargestellt werden. Wegen der ho-

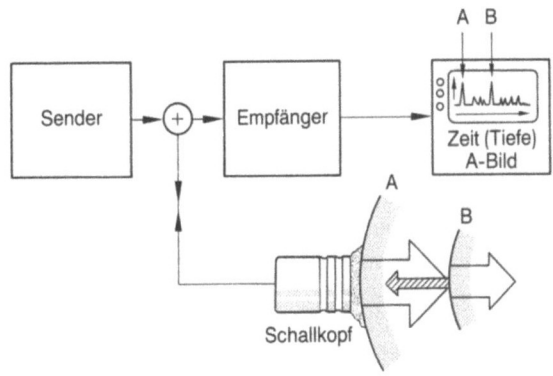

Abb. 9.1-1 (Thijssen). Blockschema eines A-Bild-Geräts. Sende- und Empfangselektronik sind beide mit dem Schallkopf und daher auch untereinander verbunden. *A*, Amplitudendarstellung über der Zeit

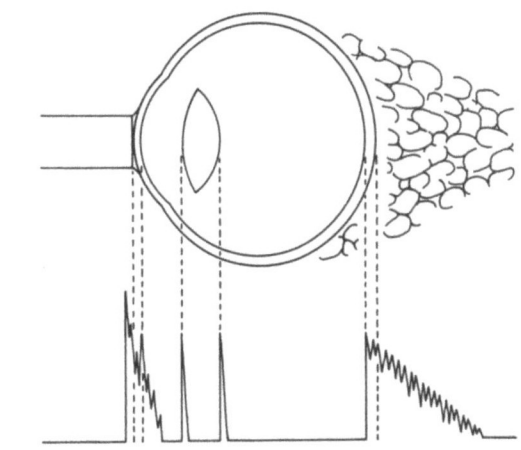

Abb. 9.1-2 (Thijssen). *Oben*: Schematischer Querschnitt durch das Auge. *Unten*: Schematisiertes A-Bild

hen Wiederholungsfrequenz der Sendeimpulse (bis zu 1000/sec) entsteht ein für das Auge des Betrachters flimmerfreies Bild. Die Höhe der Echozacken ist dabei maßgebend für die Stärke der Reflexion. Wie dieser Zusammenhang im einzelnen ist, hängt von der Funktionsweise der Verstärkerschaltung im Empfänger ab. Dieses Thema werden wir im nächsten Kapitel näher betrachten.

9.2 Verstärkeraufbau

Der Verstärker läßt sich, wie in Abb. 9.2-1 skizziert, in vier Stufen unterteilen. Diese werden von links nach rechts besprochen. Die relativ schwachen Hochfrequenz-(HF) Echos werden zuerst im Vorverstärker verstärkt. Dieser wird auf zweierlei Weise geregelt: zeitunabhängig, d.h. mit einem nach außen geführten Regler (Empfängerleistung, meist „dB-Regler" genannt), womit der Gerätebenutzer die Empfindlichkeit einstellen kann, und daneben noch durch eine zeitabhängige Regelung. Letztere wird Tiefenausgleich oder „time gain compensation" (TGC) genannt und gestattet es, die Schwächung der Echos beim Durchgang durch das Gewebe zu kompensieren. Je tiefer die Region liegt, aus der die Echos stammen, je schwächer diese also sind, desto höher muß die Verstärkung sein, um Echos identischen Reflexionsgrades gleich hoch darzustellen.

In den Ultraschallgeräten für die Augenheilkunde steht ein Tiefenausgleich im allgemeinen nur für das B-Bild zur Verfügung. Im A-Bild hat man daher die Möglichkeit, eindeutig den Reflexionsgrad und die Schallschwächung aus dem zeitlichen Verlauf des Echomusters zu beurteilen.

Hierzu ist jedoch noch ein spezieller Verstärker notwendig, da sonst der große Bereich der Echoamplituden nicht gleichzeitig auf der Bildröhre wiedergegeben werden könnte. Der Verstärker enthält hierzu zwei Teile: einen linearen und einen nicht-linearen Teil. Dieses wird im nächsten Kapitel diskutiert.

Lineare Verstärkung bedeutet, daß die Ausgangsspannung des Verstärkers proportional zur Eingangsspannung ist. Zur Erläuterung diene Abb. 9.2-2. Die Abszisse zeigt die Eingangsspannung (in µV), die Ordinate die Ausgangsspannung (in mV) des Verstärkers, wobei beide Achsen linear unterteilt sind. Die durchgezogene Linie gibt den Zusammenhang dieser zwei Spannungen wieder und wird daher „Verstärkerkennlinie" genannt. Der Verstärkungsfaktor entspricht der Steigung dieser Kurve; in Abb. 9.2-2 findet man dafür auf einfache Weise einen Faktor von 2000. Je höher die Verstärkung, desto steiler ist der Verlauf der Kennlinie.

In manchen Ultraschallgeräten enthält der HF-Verstärker noch eine „Schwelle", wodurch sehr schwache Echosignale, aber auch das „Rauschen" des Verstärkers „abgeschnitten" werden. Im Übertragungsschema von Abb. 9.2-2 bedeutet dies, daß die Kennlinie nicht durch den Nullpunkt des Koordinatenkreuzes geht, sondern die Abszisse rechts davon schneidet. In den modernen Geräten wird der Schwellwert durch den Hersteller auf optimale Echowiedergabe eingestellt und ist nicht für eine Regelung durch den Untersucher von außen zugänglich.

Die nächste Stufe in Abb. 9.2-1 ist der Demodulator – eine elektronische Schaltung, die das HF-Signal gleichrichtet. Es schließt sich ein Filter

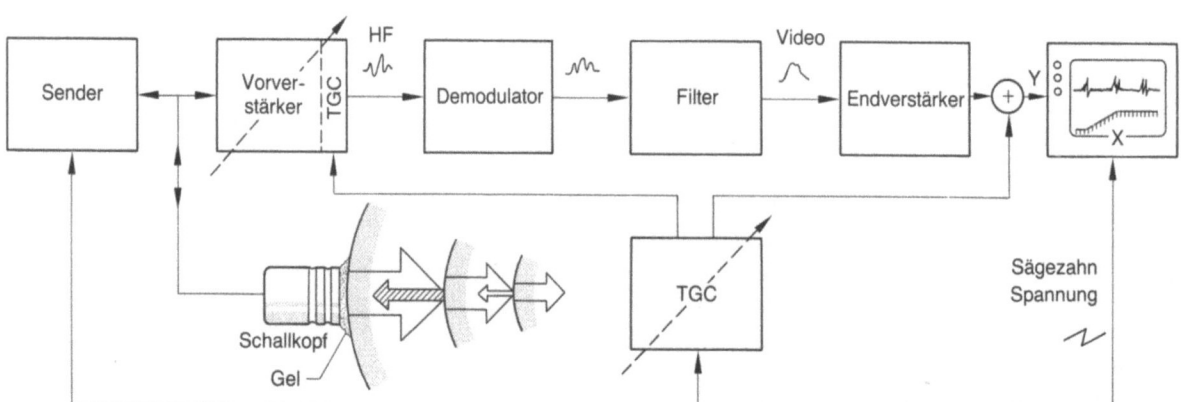

Abb. 9.2-1 (Thijssen). Blockschema des Empfängers aus Abb. 9.1-1: Regulierbarer (HF-)Vorverstärker und TGC (vgl. Text), Gleichrichtung mittels Demodulator, Tiefpaßfilter und Endverstärker. Signalgang: ein (schwaches) HF-Signal am Vorverstärkereingang verläßt den Endverstärker als (starkes) Videosignal

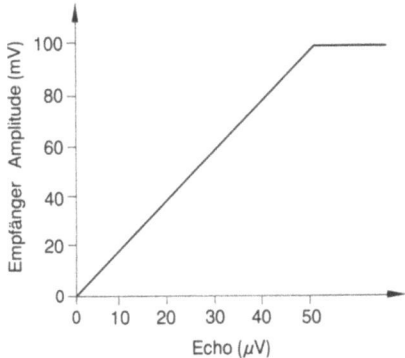

Abb. 9.2-2 (Thijssen). Kennlinie bei linearer Verstärkung. Ab 100 mV Ausgangsspannung tritt Sättigung ein. Der Verstärkungsfaktor ergibt sich aus der Steigung der Kennlinie ($=2000$)

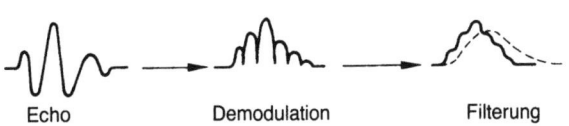

Abb. 9.2-3 (Thijssen). Prinzip der Demodulation (*Mitte*) und Filterung (*rechts*) des HF-Signals (*links*). Stärkere Filterung, d.h. größere Unterdrückung der hohen Frequenzen, hat eine Erniedrigung und Verzögerung der Echozacken zur Folge (rechts, gestrichelte Kurve)

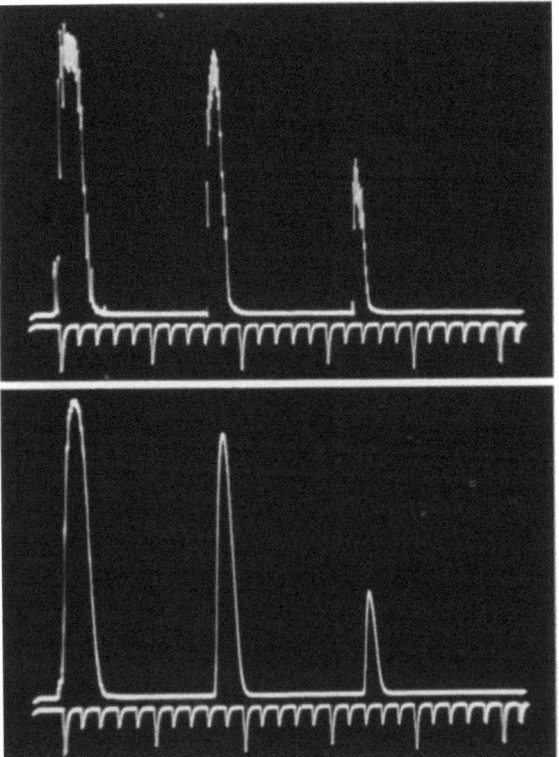

Abb. 9.2-4 (Thijssen). Einfluß geringer (*oben*) oder starker (*unten*) Filterung

an, der das demodulierte Signal „glättet", wie in Abb. 9.2-3 rechts und in Abb. 9.2-4 dargestellt ist. Man erkennt, daß diese sog. „Tiefpass"-Filterung die restlichen Hochfrequenz-Schwingungen der Echozacken glättet, aber auch eine Erniedrigung der Amplitude sowie eine Verzögerung der Anstiegszeit verursacht. Diese Filterung und der Zusammenhang mit der Bandbreite werden in Kapitel 9.4 besprochen.

Die letzte Empfängerstufe besteht aus dem Endverstärker. Dieser verstärkt das vorverarbeitete Echosignal so weit, daß es zur Ansteuerung der Bildröhre oder zur Weiterverarbeitung in einem sog. Analog-Digital-Wandler (AD-Converter) mit nachfolgender digitaler Speicherung geeignet ist (s. Kap. 9.7).

9.3 Verstärkerdynamik

Betrachtet man noch einmal Abb. 9.2-2, so ist ersichtlich, daß der Verstärker bei etwa 100 mV (Empfängeramplitude) in die Sättigung geht: die Kennlinie verläuft bei Eingangsspannungen (Echosignalen) über 50 µV horizontal. Dabei ist die Verstärkung (Steigung) gleich Null. Wenn das äquivalente Eingangsrauschen des Verstärkers mit 5 µV angenommen wird, dann reicht die brauchbare „Dynamik" des Verstärkers, am Ausgang gemessen, von 10 bis 100 mV. Die Dynamik umfaßt also einen Faktor 10, entsprechend 20 dB. Wichtiger für unsere Betrachtung ist aber der Bereich der Echoamplituden, den man mit einem Verstärker verarbeiten kann. Dieser reicht im Fall der Abb. 9.2-2 von 5 bis 50 µV, entspricht also wieder 20 dB. Der Bereich der Echoamplituden von okularen und orbitalen Strukturen ist aber viel größer (ca. 40 bis 60 dB – dies entspricht einem Faktor 100 bis 1000). Mittels linearer Verstärkung ist dieser Bereich offenbar nicht zu umfassen. Die Lösung hat man in der nicht-linearen Verstärkung gefunden, wobei normalerweise ein logarithmischer HF-Verstärker (Abb. 9.3-1) verwendet wird.

Die Verstärkerdynamik wird am besten anhand einer halb-logarithmischen Darstellung diskutiert (Abb. 9.3-1), bei der die Abszisse logarithmisch unterteilt ist. Die Kennlinie des linearen Verstärkers aus Abb. 9.2-2 verläuft jetzt wie eine an der Diagonalen gespiegelte logarithmische Kurve (Abb. 9.3-1, durchgezogene Linie). Die Kennlinie eines logarithmischen Verstärkers erscheint hier

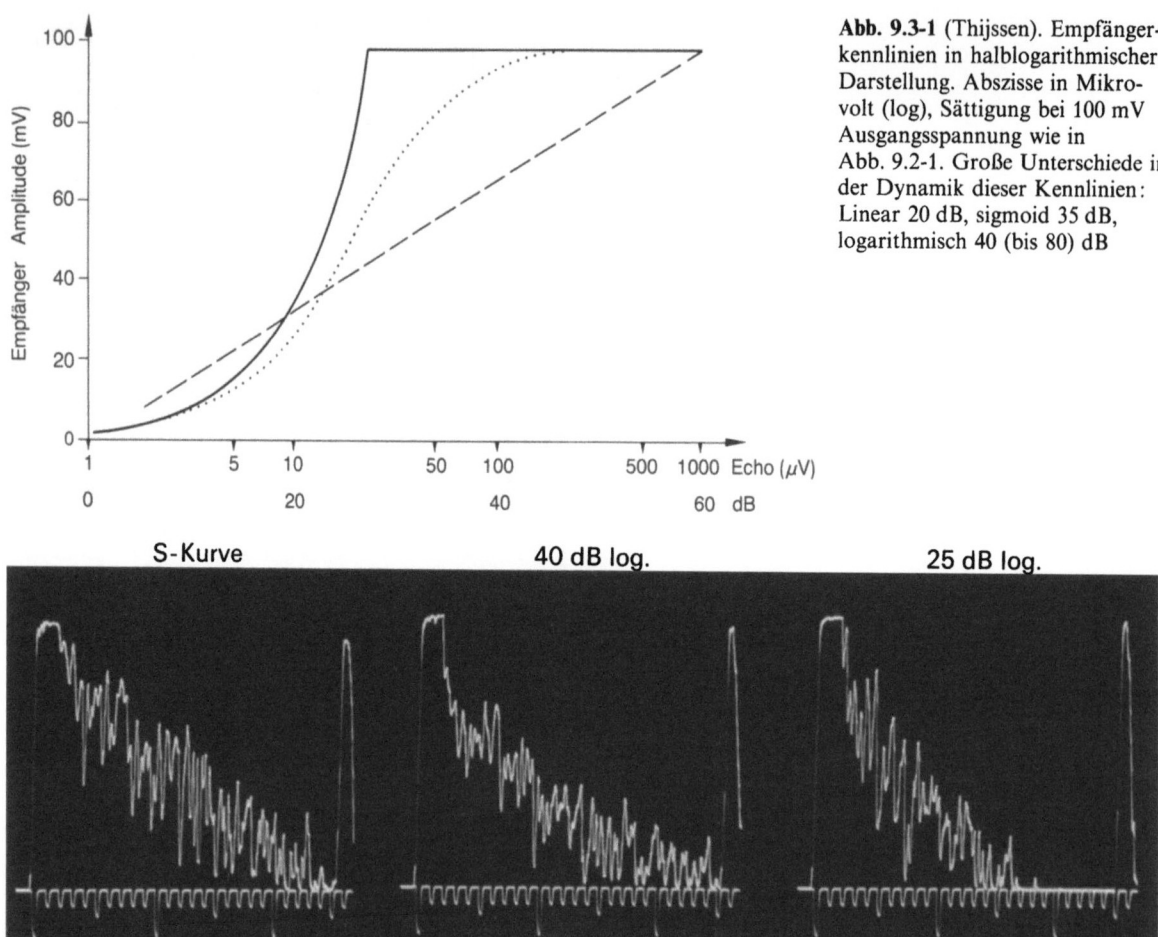

Abb. 9.3-1 (Thijssen). Empfängerkennlinien in halblogarithmischer Darstellung. Abszisse in Mikrovolt (log), Sättigung bei 100 mV Ausgangsspannung wie in Abb. 9.2-1. Große Unterschiede in der Dynamik dieser Kennlinien: Linear 20 dB, sigmoid 35 dB, logarithmisch 40 (bis 80) dB

Abb. 9.3-2 (Thijssen). A-Bild eines Gewebephantoms nach sigmoider, logarithmischer und linearer Verstärkung (von links nach rechts)

natürlich als lineare Kurve (Abb. 9.3-1, gestrichelte Linie). Man erkennt, daß die Verstärkerdynamik in diesem Fall 60 dB beträgt. Eine dritte Möglichkeit für die Kennlinie, die man in ophthalmologischen Ultraschallgeräten finden kann, ist in Abbildung 9.3-1 punktiert gezeichnet: eine sigmoide (S-)Kennlinie. Diese Kennlinie ist charakterisiert durch eine Dynamik von ca. 35 dB und eine hohe Verstärkung im mittleren Bereich der Echoamplituden, wie aus dem steilen Anstieg ersichtlich ist. Wie diese Kennlinien ein Echogramm beeinflussen, zeigt Abbildung 9.3-2.

Diese Art von Kennlinien wurden früher im Vorverstärker (Gerstner u. Ossoinig 1971) verwendet, heutzutage aber erst nach digitaler Speicherung und ebenso auch für die Helligkeitswiedergabe auf dem B-Bild-Schirm. Auf eine Besonderheit der logarithmischen Darstellung muß noch eingegangen werden: Der Verstärkungsfaktor ist nicht aus der Steigung in einem Punkte abzuleiten, wie es bei der linearen Darstellung der Fall ist (Abb. 9.2-2). Eine Änderung der Verstärkung entspricht im halb-logarithmischen Diagramm der Abb. 9.3-1 einer horizontalen Parallelverschiebung der Kennlinie. Daher ist es sehr wichtig, daß sowohl die Kennlinie als auch die Gesamtempfindlichkeit eines Ultraschallgeräts gemessen und überprüft wird.

9.4 Bandbreite und Filterung

Zum Begriff der Bandbreite betrachten wir Abb. 9.4-1. Die obere Reihe gibt drei Signale mit von links nach rechts abnehmender Zeitdauer wieder. Weiterhin werden diese Signale noch charakterisiert durch die Amplitude („Signalstärke") a(t) und die Periodendauer T_0. Die dieser Periodendauer entsprechende Frequenz findet man einfach durch $f_0 = 1/T_0$. Diese Frequenz f_0 wird auch in der Darstellung eines Spektrums verwendet. Die untere Reihe in Abb. 9.4-1 zeigt die zu den zeit-

Abb. 9.4-1 (Thijssen). *Oben*: Sinuswellen mit abnehmender Zeitdauer. *Unten*: zugehörige Spektren; die zentrale Frequenz stimmt mit dem Reziprokwert der Periodendauer T_0 überein. Je kürzer die Zeitdauer, desto breiter das Spektrum. Definition der Bandbreite (*rechts*): Frequenzregion zwischen den beiden Frequenzen f_1 und f_2, bei denen das Spektrum auf die Hälfte abgesunken ist: Bandbreite = $f_2 - f_1$

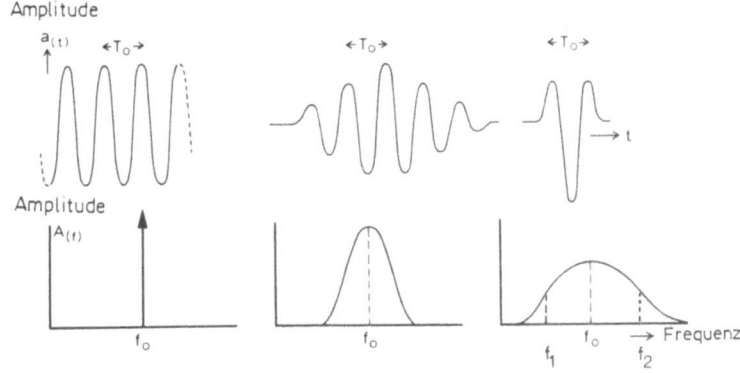

lichen Signalverläufen gehörigen Spektren. Das linke Signal entspricht einer unendlich ausgedehnten Sinuswelle, daher weist das Spektrum nur eine einzige Frequenz f_0 auf. Wird nun durch Amplitudenmodulation die Zeitdauer der Welle eingeschränkt (Mitte und rechts), so wird das Spektrum immer breiter. Zusammenfassend ergibt sich daraus, daß die Bandbreite eines Signals umgekehrt proportional zu dessen Zeitdauer ist.

Diese Schlußfolgerung bedeutet, daß zur Realisierung kurzer Echozacken (d.h. hoher Tiefenauflösung) ein breitbandiges Gerät nötig ist. Nur dann ist gesichert, daß die schon begrenzte Bandbreite der akustischen Sendeimpulse und HF-Echosignale nicht noch weiter eingeschränkt werden (Abb. 9.1-1 und 9.2-1).

Die Bandbreite wird über die sog. „Halbwertsbreite" oder „minus 6 dB-Breite" festgelegt. Darunter versteht man das Gebiet zwischen den beiden Frequenzen, bei denen die spektrale Amplitude um die Hälfte abgefallen ist (Abb. 9.4-1, rechts: Bandbreite = $f_2 - f_1$). Das Filter, das nach der Demodulation verwendet wird (Abb. 9.2-1), arbeitet im Bereich von 0 MHz bis zur minus 6 dB-Tiefpassfrequenz ($f_t = f_2 - f_0$); dies bedeutet, daß durch die Demodulation das Spektrum nach niedrigeren Frequenzen hin verschoben wird.

9.5 A-Bild und Tiefenauflösung

Das nach Demodulation und Filterung (Abb. 9.2-1) entstandene Signal ist das sog. Videosignal, welches für die Bildwiedergabe und visuelle Auswertung geeignet ist. Synchron mit den Taktgeberimpulsen für die akustischen Sendeimpulse werden in einem Ultraschallgerät auch periodische Sägezahn-Signale erzeugt. Diese werden den horizontalen Ablenkplatten einer Oszilloskopröhre zugeführt (Abb. 9.5-1). Hierdurch beschreibt der Elektronenstrahl dieser Röhre eine gerade Linie (von links nach rechts). Wird nun – zusätzlich – das Videosignal an die vertikalen Ablenkplatten angelegt, so entsteht auf dem Schirm ein Echomuster, dessen horizontale Erstreckung durch die Laufzeit und dessen vertikale Ausdehnung durch den Refle-

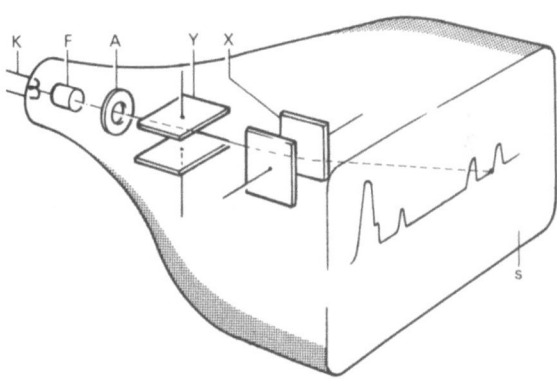

Abb. 9.5-1 (Thijssen). Prinzip einer Oszilloskopröhre: Eine Glühkathode K sendet Elektronen aus, die durch eine Fokussierungselektrode F und ein Loch in der Anode A im Bereich der Ablenkplatten X und Y in Form eines Elektronenstrahls eintreffen. Über eine an diesen Platten angeschlossene, äußere elektrische Spannung wird der Elektronenstrahl horizontal und vertikal abgelenkt und trifft auf der mit einer Phosphorschicht belegten Innenseite des Bildschirms S auf. Diese wird dadurch zum Leuchten angeregt, wobei die Helligkeit (engl.: brightness) des Leuchtflecks direkt proportional zur Stärke des Elektronenstroms ist

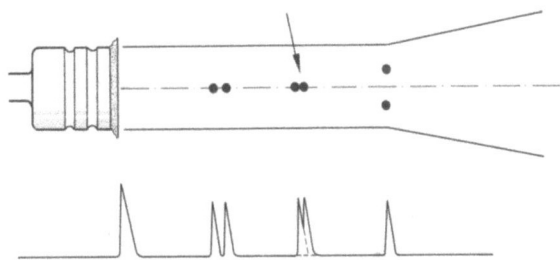

Abb. 9.5-2 (Thijssen). Illustration zur Definition der Tiefenauflösung. *Oben*: Schallkopf und punktförmige Reflektorpaare im Schallfeld. *Unten*: A-Bild-Wiedergabe der Reflektorpaare

xionsgrad (Amplitude) gegeben ist. Daher wird diese Art der Darstellung „A-Bild" genannt.

Die Tiefenauflösung eines Geräts läßt sich am besten an einem A-Bild verdeutlichen. Definitionsgemäß (Abb. 9.5-2) versteht man darunter den maximalen axialen Abstand zweier Reflektoren, die mit einem A-Bild-Gerät gerade noch voneinander unterschieden werden können (AIUM 1980). Nach einer strengeren physikalischen Definition ist die Tiefenauflösung durch die Halbwertsbreite der Echozacke eines ebenen Reflektors gegeben. Da die Verstärkerkennlinie im allgemeinen nichtlinear ist, wäre es falsch, die Echowiedergabe einfach um einen Faktor 2 zu ändern und auf diese Weise die Breite zu bestimmen. Das korrekte Meßverfahren hierzu wird in Kapitel 10.3 erläutert.

9.6 B-Bild und Seitenauflösung

Das A-Bild ist im wesentlichen ein eindimensionales Bild, d.h. ein Tiefenbild. Für manche diagnostische Fragen ist der darin enthaltene räumliche Informationsgehalt nicht ausreichend, um eine pathologische Gewebestruktur adäquat untersuchen zu können (z.B. bei diabetischer Glaskörper-Netzhaut-Pathologie). Zweidimensionale Bilder werden erzeugt mit einem Schallkopf, bei dem ein Motorantrieb ein Schallbündel sektorartig in einer Schnittebene hin- und herbewegt (Abb. 9.6-1). Die B-Bild-Elektronik ist in Abb. 9.6-2 schematisch dargestellt. Sende- und Empfangsteil entsprechen einem A-Bild-Gerät; ebenso kann das System eine A-Bild-Wiedergabe enthalten. Für die B-Bild-Darstellung wird das Videosignal nun aber an den sog. z-Eingang (Helligkeitsmodulationseingang) der Oszilloskopröhre des B-Bild-Teiles gelegt. Nach dem englischen Wort „brightness" für Helligkeit bezeichnet man das entstehende Bild als „B-Bild" (Abb. 9.6-3). Die Bewegung des Schallwandlers und damit die Richtung des Schallbündels wird kontinuierlich elektronisch erfaßt und den horizontalen bzw. vertikalen Ablenkplatten zugeführt. Auf dem Bildschirm werden dann Sektorbilder wiedergegeben, die mit einer Bildfolgefrequenz von 15 bis 30 Bildern pro Sekunde ein für das Auge des Beobachters fast flimmerfreies Bild ergeben. Weil auf diese Weise alle Änderungen des Bildes, verursacht entweder durch Bewegungen des Schallkopfes oder durch Augenbewegungen des Patienten, sofort sichtbar sind, spricht man von „Echtzeit"-Geräten (engl.: real time). In der praktischen Diagnostik mit solchen Geräten empfiehlt es sich, den Patienten in einem interaktiven Untersuchungsverfahren völlig zu untersuchen und nach Wunsch die gefundene Diagnose mittels einiger Fotos zu dokumentieren. Deswegen spricht man heutzutage statt von „Echographie" von „Echoskopie", analog zur Retinoskopie mit dem Augenspiegel.

Die Abbildungsqualität eines B-Bild-Geräts wird durch das Auflösungsvermögen bestimmt. Die entsprechenden Messungen sind aber quantitativ nicht so einfach durchführbar, da die Helligkeitsmodulation kaum visuell auswertbar ist und auch noch von vielen Geräteeinstellungen (z.B. Postprocessing, Kontrasteinstellung, usw.) abhängt. Moderne ophthalmologische Geräte er-

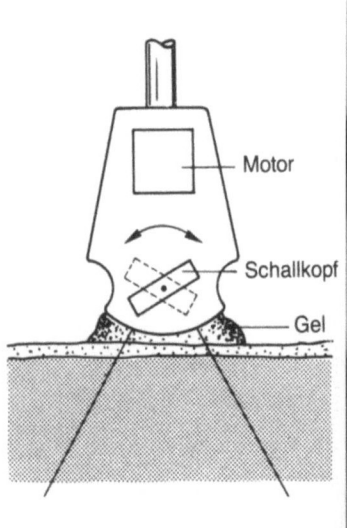
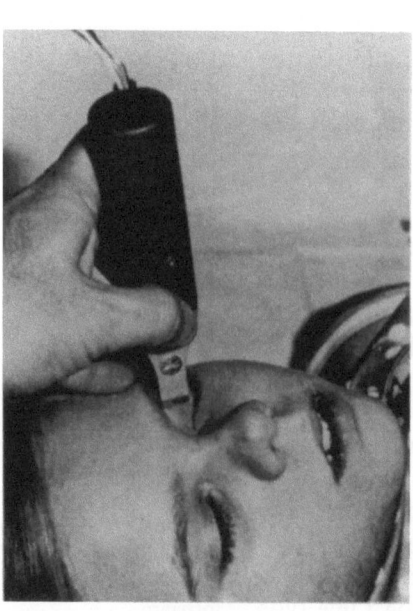

Abb. 9.6-1 (Thijssen). *Links*: Schema eines mechanischen Sektorschallkopfes. Der Ultraschallwandler wird durch einen Motorantrieb periodisch (15–30mal pro sec) über einen Sektor von 30–40 Grad bewegt. Das Schallbündel beschreibt dabei einen Kreisbogen. Der Ultraschallwandler bewegt sich in einer Flüssigkeit; der Schallkopf selbst ist mit einer dünnen Membran als Schallaustrittsfenster abgeschlossen. *Rechts*: Historisches Bild des „Bronson-Turner"-Schallkopfes (Bronson 1972)

möglichen weiterhin den sog. „Vector-Mode"-Betrieb. Hierbei kann man eine Linie aus dem B-Bild wie ein A-Bild auf dem Bildschirm darstellen. Damit läßt sich auch für einen B-Bild-Schallkopf das Meßverfahren zur Bestimmung der Tiefenauflösung durchführen (Kap. 10.3).

Die Seitenauflösung eines B-Bild-Geräts ist definiert (Abb. 9.6-4) als der minimale Abstand zweier Reflektoren in einer Richtung senkrecht zur Achse des Schallbündels, bei dem diese auf dem Bildschirm gerade noch unterschieden werden können (AIUM 1980). Wie schon oben erwähnt, ist es fast unmöglich, die Seitenauflösung im B-Bild-Betrieb eindeutig zu messen. Für die Bestimmung dieser Größe bei Echtzeitgeräten wird daher eine andere Möglichkeit benutzt (Kap. 10.3).

Abgesehen von Sektorschallköpfen gibt es in der Literatur noch zwei andere Verfahren für die Augenheilkunde, die beide lineare B-Bilder erzeugen. Das eine enthält ein Parabolspiegelsystem innerhalb eines leichten und direkt ankoppelbaren Schallkopfes (Thijssen 1981, 1982). Der zweite Schallkopftyp ist aus einer Reihe von 24 kleinen Wandlerelementen aufgebaut, die nacheinander als Sender und Empfänger arbeiten (Susal 1983, 1985). Das Prinzip dieses sog. „Array"-Schallkopfes wurde schon 1965 von Buschmann beschrieben. Es scheint aber – bedingt durch die relativ geringen Herstellungskosten von Sektorschallköpfen und die damit schon erreichbare optimale Wiedergabe des Augenhintergrundes – als ob die zwei genannten Alternativen wenig Zukunftschancen haben werden.

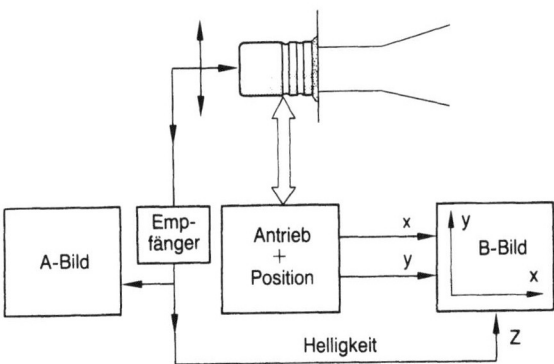

Abb. 9.6-2 (Thijssen). Blockschema eines B-Bild-Geräts. Sende- und Empfangselektronik sind im Block „A-Bild" zusammengefaßt. Antrieb- und Positionserfassungssystem des Schallkopfes für die Sektorabtastung (engl.: scanning). Die Echoinformationen (Videosignal) werden benutzt, um die Helligkeit der Bildröhre zu modulieren

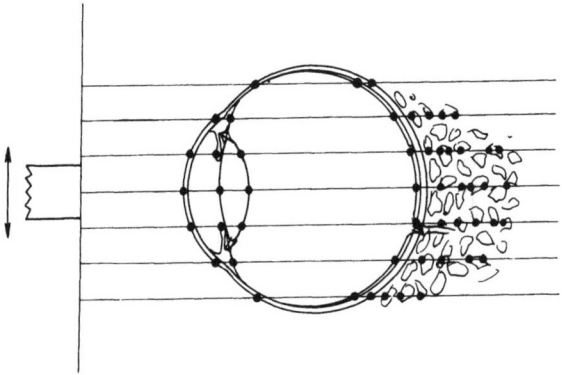

Abb. 9.6-3 (Thijssen). Schematischer Querschnitt durch das Auge und Aufbau eines zweidimensionalen B-Bildes

9.7 Digitalisierung und Speicherung

Das Prinzip der A- und B-Bild-Geräte, wie in Abb. 9.1-1 und Abb. 9.6-2 gezeigt, geht von einer direkten Wiedergabe der Information auf einem Oszilloskop aus. Heutige Geräte enthalten ein digitales Speichersystem. Dadurch läßt sich das sichtbare Bild „einfrieren", d.h. speichern, und auf einem Fernsehmonitor kontinuierlich wieder ausgeben. Wenn man die bislang beschriebenen Komponenten eines B-Bild-Geräts im linken Block der Abb. 9.7-1 zusammenfaßt, so benötigt man nur noch einen Analog-Digital-Wandler (meist Bildumformer genannt), einen Mikroprozessor (als Rechen- und Reglerkomponente) und eine Fernsehbildröhre, um ein modernes digitales B-Bild-Ultraschallgerät zu erhalten. Der Mikroprozessor ermöglicht exakte und reproduzierbare Geräteeinstellungen jeder Art bei gleichzeitiger Bild-

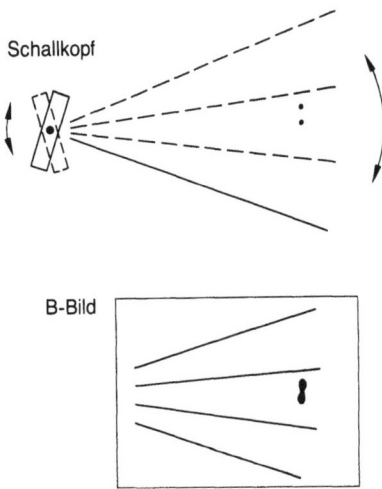

Abb. 9.6-4. Illustration zur Definition der Seitenauflösung. *Oben*: Schallkopf mit 2 nebeneinanderliegenden punktförmigen Reflektoren im Schallfeld. *Unten*: Darstellung der gerade eben noch separierbaren B-Bild-Punkte der beiden Reflektoren

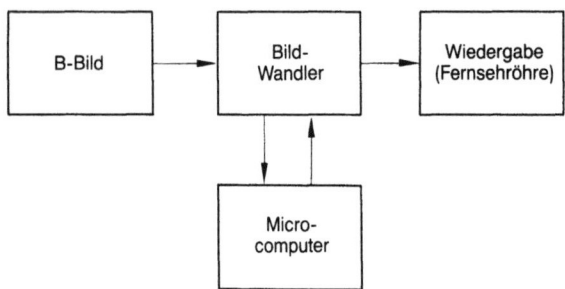

Abb. 9.7-1 (Thijssen). Blockschema eines modernen digitalen A- und B-Bild-Gerätes. Der linke Block enthält den linken Teil der Abb. 9.13. Der Bildwandler digitalisiert die Echosignale und die Richtungskoordinaten des Schallbündels, speichert die komplette Bildinformation und gibt die Signale im „Fernsehtakt" wieder auf einem TV-Monitor aus. Der Mikroprozessor überwacht die Ablaufsteuerung und modifiziert auf Wunsch die Gesamt-Übertragungskennlinie bei der Bildwiedergabe („postprocessing")

schirmausgabe dieser Einstellungen in alphanumerischer Form.

Das Prinzip der Digitalisierung wird anhand von Abb. 9.7-2 erläutert. Das Videoechosignal wird in diskreten Zeitabständen abgetastet; so wird bei einer Abtastfrequenz von z.B. 10 MHz die Signalamplitude alle 100 nsec gemessen. Jeder Meßwert wird binär digitalisiert und danach gespeichert. Der Binärcode beruht auf dem Dualzahlensystem; in Abb. 9.7-2 rechts ist dieser Code für die Dezimalzahlen von 0–15 explizit angegeben. Anstelle der Zahlendarstellung durch Potenzen von 10 werden im Dualsystem Potenzen von 2 zugrundegelegt. Diese werden „bits" genannt (engl.: binary digits). So lassen sich mit 4 bit die Zahlen von 0 bis 15 kodieren, mit 6 bit sind die Dezimalzahlen von 0 bis 63 darstellbar, usw. Alle Mikroprozessoren und Digitalrechner arbeiten mit Binärzahlen, und daher ist es wichtig, diese Prinzipien der Digitalisierung zu verstehen.

Wenn man also z.B. nur 64 Stufen für die Amplitudenskala der Echozacken zur Verfügung hat (6 bit), müssen die Echos „komprimiert" werden (Kap. 9.3), d.h. die Echodynamik von 40–60 dB muß in den 36 dB-Bereich des AD-Wandlers „passen". Für diesen Zweck ist eine logarithmische Verstärkerkennlinie zu bevorzugen, weil dann die gesamte Amplitudenskala gleichwertig digitalisiert werden kann. Zusammen mit einem eventuell vorhandenen Tiefenausgleich (TGC) wird diese nichtlineare Verstärkung „preprocessing" (Vorverarbeitung) genannt. Beim Auslesen aus dem Bildspeicher kann der Mikroprozessor auf Wunsch die gespeicherten Echoniveaus umkodieren, was „postprocessing" (Nachverarbeitung) genannt wird. Dieses „Postprocessing" ermöglicht es, verschiedene „Gesamt"-Kennlinien zu wählen, so daß die Bildwiedergabe mit einer der in Abb. 9.3-1 gezeigten Kennlinien übereinstimmt. Dies ist ein entscheidender Vorteil von digitalen Echogeräten. Zusammen mit einer möglichen Nutzung der (hohen) Abtastfrequenz für die Biometrie steht damit auch die Reproduzierbarkeit und Genauigkeit der digitalen Elektronik für die gesamte Verstärkungskennlinie zur Verfügung. Bei B-Bildern werden auf

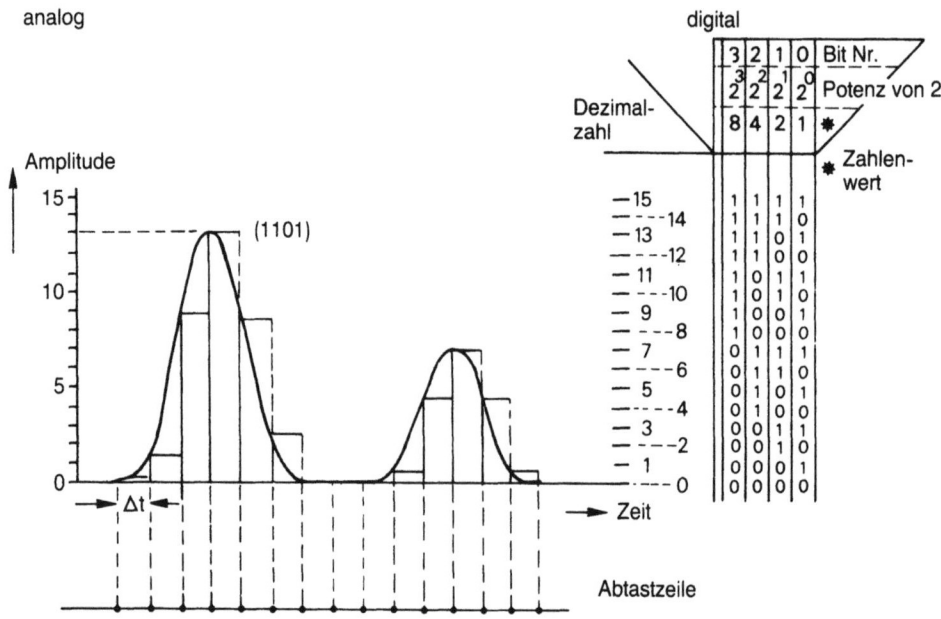

Abb. 9.7-2 (Thijssen). Prinzip der Digitalisierung und binäres (duales) Zahlensystem

diese Weise die einzelnen B-Bild-Linien nacheinander digitalisiert und gespeichert. Die meisten Geräte sind so konstruiert, daß die Bilder nach der Speicherung sofort wieder im normalen Fernsehtakt ausgegeben werden, d.h. also, daß der Bildwandler immer aktiv ist. Beim „Einfrieren" eines Bildes wird elektronisch die Verbindung zum eigentlichen Ultraschallgerät unterbrochen und das zuletzt eingelesene Bild auf dem Bildschirm ausgegeben. Dieses Verfahren hat den großen Vorteil, daß unabhängig von der Abtastfrequenz des Sektorschallkopfes ein stehendes Bild (genauer: 50 Bilder/sec) zur Verfügung steht. Nach dieser Beschreibung ist verständlich, daß über den Mikroprozessor auch eine einzelne A-Bild-Linie ausgewählt werden kann, wobei deren Wiedergabe entweder gleichzeitig im B-Bild, oder separat wie ein einzelnes A-Bild auf dem Fernsehschirm möglich ist. Die meisten Geräte erlauben auch das „Einfrieren" eines mit einem A-Bild-Schallkopf aufgenommenen Echogramms. Ohne daß ein solches Bild vorher fotografiert werden müßte, ergibt sich damit die Möglichkeit zur quantitativen A-Bild-Auswertung, etwa zur genauen Bestimmung der Dimensionen eines Auges oder einer pathologischen Gewebestruktur. Dieses Thema wird im nächsten Kapitel näher behandelt.

9.8 Biometriegeräte

Heutige Geräte bieten die Möglichkeit, an digital gespeicherten A- oder B-Bildern mit Hilfe von zwei (oder mehreren) manuell einstellbaren sog. „Calipern" genaue Distanzmessungen durchzuführen. Dieses Verfahren erlaubt eine Optimierung des Ultraschallbildes vor der eigentlichen Auswertung, was wesentlich für eine hohe Genauigkeit dieser Messung ist. Diese Art der Genauigkeit nennt man Meßgenauigkeit; sie ist von der Qualität der Untersuchung abhängig. Eine zweite Art von Genauigkeit (Gerätegenauigkeit) ist abhängig vom Gerät, insbesondere von der Digitalisierungsrate (Abtastfrequenz). Beim Ausmessen werden zwei Caliper auf die Anstiegsflanken der interessierenden Echozacken eingestellt. Die zugehörigen Laufzeiten werden dabei mit einer Unsicherheit von je einer Abtastperiode bestimmt. So erhält man z.B. für eine Digitalisierungsrate von 16 MHz ein Abtastintervall von 62,5 Nanosekunden und damit einen maximalen Meßfehler von 125 Nanosekunden, was ca. 1/10 mm Gewebestrecke entspricht. Dieses Beispiel entspricht etwa dem Ist-Zustand der heutigen Gerätetechnik. Für die meisten diagnostischen Messungen reicht diese Genauigkeit aus. Die Messung der Achsenlänge für die Berechnung intraokularer Linsen stellt jedoch höhere Anforderungen an die Geräte-Genauigkeit. Trotzdem muß auch hier gesagt werden, daß in der Praxis die Meßgenauigkeit und nicht die Gerätegenauigkeit auch in diesem Fall der beschränkende Faktor ist.

Eine höhere Genauigkeit ist nur erreichbar, wenn die Abtastfrequenz erhöht wird. Heute ist es noch zu teuer, ein A- und B-Bild-Gerät für allgemeine Anwendungen mit Abtastfrequenzen bis zu 50 MHz zu versehen. Es gibt daher noch immer spezialisierte Geräte nur für die Biometrie. Zusätzlich arbeiten diese Geräte noch mit relativ hochfrequenten Schallköpfen (bis zu 20 MHz Sendefrequenz). Auf diese Weise erhält man eine Gerätegenauigkeit, die um vieles besser ist als die Meßgenauigkeit. Diese wird dann durch die Genauigkeit des Geräts kaum mehr beeinflußt. Es muß aber darauf hingewiesen werden, daß wir bis jetzt über die maximalen Fehler der Geräte gesprochen haben. Die mittleren Gerätefehler, d.h. die Abweichungen vom Mittelwert bei Wiederholung einer Messung, sind kleiner als die obengenannten Fehler. Es läßt sich daher sagen, daß die heutigen digitalen A- und B-Bild-Geräte einen guten Kompromiß hinsichtlich hoher Meßgenauigkeit und minimaler Geräteungenauigkeit darstellen.

Schließlich ist noch zu erwähnen, daß auf dem Markt der Biometriegeräte einfache digitale Systeme mit hoher Gerätegenauigkeit existieren, aber ohne Möglichkeit der Darstellung des A-Bildes. Da der Untersucher hierbei keine Informationen etwa über die Justierung des Schallbündels aus dem A-Bild zur Verfügung hat, ist die resultierende Meßgenauigkeit dieser Geräte viel zu niedrig, um überhaupt sinnvoll messen zu können.

9.9 Registrierverfahren

Die Ausrüstung der modernen Schnittbildgeräte mit Bildwandler und Fernsehsystem erlaubt die Aufzeichnung des gesamten Untersuchungsvorganges auf Videoband. Obwohl die Bildqualität durch das elektronische Rauschen des Bandgeräts etwas gemindert wird, können auch beim Abspielen noch einigermaßen aussagekräftige fotografische Bilder hergestellt werden. Der wichtigste Vorteil liegt aber in der Dokumentation für diagnostische und edukative Zwecke und in der Möglichkeit der Aufzeichnung dynamischer Prozesse. Leicht kann so etwa die Motilität pathologischer Struktu-

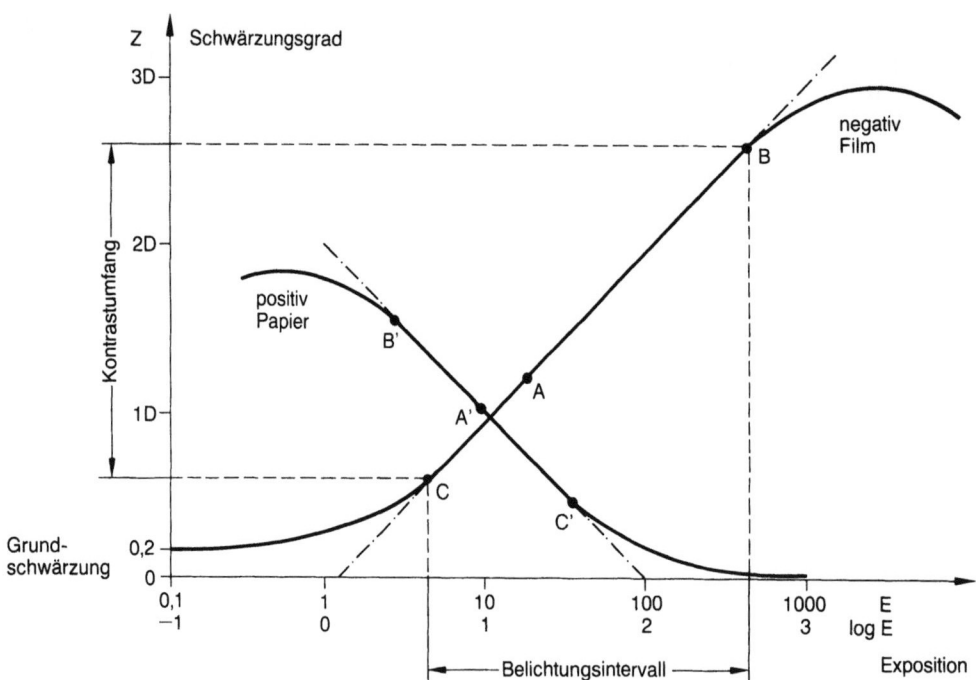

Abb. 9.9-1 (Thijssen). Schwärzungskurven von Negativ- und Positiv-Fotomaterial (vgl. Text). Negativ-Material: Belichtungsintervall 1:100, ausreichend zur Aufnahme von Fernsehbildern. Positiv-Material (Polaroid 611): Belichtungsintervall 1:16, Gamma = 1, Kontrastumfang = 1,2 D

ren z.B. einer Glaskörperblutung oder Netzhautabhebung – ausgewertet werden. Die Bildwandler, in denen Echogramme digital umgesetzt und gespeichert werden, erlauben die Digitalisierung der Amplituden in 4–6 bit; dies entspricht 16–64 „Grauwertstufen". Fernsehröhren sind in der Lage, diese Anzahl von Graustufen wiederzugeben. Es stellt sich die Frage, wie dieses hohe Informationsangebot permanent gespeichert werden kann. Die optimale Methode besteht in der Verwendung von *Negativfilm*.

Abbildung 9.9-1 stellt die Schwärzungskurven (Gradationskurven) von Negativ- und Positiv-Filmmaterial (Fotopapier) dar. Auf der Abszisse ist die Belichtung E („Exposition", d.h. Produkt aus Objekthelligkeit und Belichtungszeit) in logarithmischem Maßstab aufgetragen. Die Ordinate gibt den „Schwärzungsgrad" (Dichte, Densität) als Logarithmus des Schwärzungswerts – bezogen auf eine Standarddichte – wieder. Der Grundschleier (Grundschwärzung) liegt per definitionem bei einer Schwärzung von 0,2 D. Die Härte des Fotomaterials („Gamma") ist gegeben durch die Steigung der Tangente an jenem Punkt der Kurve, der gerade 1 D über dem Grundschleier liegt [Punkt A für Negativfilm bzw. Punkt A′ für Positivfilm (Papier)]. Das Belichtungsintervall entspricht dem Expositionsbereich, für den die Gradationskurve eine lineare Abhängigkeit zeigt (zwischen B und C bei Negativfilm und zwischen B′ und C′ bei Positivfilm bzw. Papier); analog ist der Kontrastumfang definiert. Wie aus Abb. 9.9-1 hervorgeht, umfaßt Negativmaterial ein Belichtungsfenster von 100 oder mehr und einem Kontrastumfang von 2–3 D bei einem Gamma von 1. Abb. 9.9-1 enthält ebenfalls die Schwärzungskennlinie für Positiv-Fotomaterial (Polaroid 611). Das Belichtungsintervall entspricht hier einem Faktor 16 und ist somit für Bildwandler mit 4 bit Auflösung gerade noch geeignet, für moderne 6 bit-Wandler allerdings zu beschränkt. Ein anderes verfügbares Positiv-Fotomaterial, Polaroid 667, ist nur für etwa 6 Grauwertstufen geeignet und daher nicht für die B-Bild-Dokumentation verwendbar. Eine neue Entwicklung ist die sog. „Video Hard Copy" auf fotografischem Negativmaterial. Bis vor kurzem beruhten alle diese Hard-Copy-Geräte auf dem Prinzip des fotografischen oder elektrostatischen Bildtransfers auf Papiermaterial. Die Temperaturstabilität und die Bildqualität waren allerdings nicht ausreichend. Ein jetzt verfügbares Video-Hard-Copy-Gerät verwendet Negativmaterial und kann bis zu 32 Grauwertstufen reproduzieren (Fuji FTI 100). Es besitzt eine sehr gute Auflösung und ist sehr preisgünstig. Man darf erwarten, daß diese Entwicklung bald von anderen

Herstellern aufgenommen wird, denn damit scheint nun eine optimale Kombination von Bildspeicherung, Bildwiedergabe und Bilddokumentation erreicht worden zu sein.

Literatur

AIUM – American Institute of Ultrasound in Medicine (1980) Recommended Nomenclature: Physics and Engineering. AIUM, Oklahoma City
Bronson NR (1972) Development of a simple B-scan ultrasonoscope. Trans Am Ophthalmol Soc 70:365–369
Buschmann W (1965) New equipment and transducers for ophthalmic diagnosis. Ultrasonics 3:18–21
Gerstner R, Ossoinig KC (1971) Ein neues Hochfrequenzgerät für die Diagnostik und Differentialdiagnostik der Gewebe. In: Böck J, Ossoinig KC (Hrsg) Ultrasonographia Medica. Verlag Wiener Medizinischen Akademie, Wien, S 55–60
Susal AL (1985) Electronically-scanned ophthalmic ultrasound. Ultrasound Med Biol 11:177–184
Susal AL, Gaynon MW, Walker JT (1983) Linear array multiple transducer ultrasonic examination of the eye. Ophthalmol 90:266–271
Thijssen JM (1981) Functional realization of a SAB-scanner. In: Thijssen JM, Verbeek AM (eds) Ultrasonography in ophthalmology. SIDUO VIII, Doc Ophthalmol Proc Ser 29. Junk, The Hague Boston London, pp 515–520
Thijssen JM (1982) Heutige Schnittbild- und Biometriegeräte in der ophthalmologischen Ultraschalldiagnostik. Ultraschall Med 3:172–177

9.10 Elektrische Sicherheit bei Benutzung ultraschalldiagnostischer Geräte

L. MOSER

Die wichtigsten Verordnungen

Die für die Sicherheit wichtigen Verordnungen im Umgang mit medizinisch-technischen Geräten sind die VDE (Verein Deutscher Elektroingenieure)-Vorschriften und die Medizingeräteverordnung (MedGV) vom 14.1.85, die ab 1.1.86 in Kraft ist.

Die VDE-Vorschriften

Hier im besonderen die Vorschriften nach VDE 0100/6.77 § 14, Schutztrennung über einen Trenntransformator nach VDE 0550, Teil 3/12.69. Diese Vorschriften verlangen, daß Geräte nicht direkt mit der Verbrauchsanlage („Netz") verbunden sind, sondern die Stromversorgung muß über einen Trenntransformator erfolgen. Dieser Trenntransformator muß bei medizinischen Geräten noch die Anforderungen der Schutzklasse II erfüllen. Schutzklasse II-Geräte sind erkennbar am Doppelquadrat auf dem Typenschild. An eine Sekundärentwicklung eines Transformators darf nur ein Gerät (Verbraucher) angeschlossen werden. Dieses Gerät darf nicht über die Schutzerde der Schukosteckdose geerdet werden. Eine Erdung über Berührungsschutzkondensatoren ist jedoch zugelassen. Zwei Geräte, die jeweils von einem eigenen Trenntrafo versorgt werden, dürfen nicht galvanisch verbunden werden. Im Zweifelsfall sollte immer ein Fachmann um Rat gefragt werden!

Viele kommerzielle Ultraschalldiagnostikgeräte werden bisher *ohne* diesen vorgeschriebenen Trenntransformator geliefert!

Die Medizingeräteverordnung

Diese Verordnung hat laut § 1 folgenden Anwendungsbereich:
„(1) Medizinisch-technische Geräte einschließlich Laborgeräten und Gerätekombinationen, die dazu bestimmt sind, in der Heilkunde oder der Zahnheilkunde bei der Untersuchung oder Behandlung von Menschen verwendet werden, dürfen nur nach dieser Verordnung in den Verkehr gebracht, ausgestellt, errichtet und betrieben werden."

Nach dieser Verordnung müssen alle medizinisch-technischen Geräte, die energetisch betrieben werden, deutlich sichtbar mit folgenden Angaben gekennzeichnet sein:
Hersteller, Gerätetyp und Fabrikationsnummer.

Die Gebrauchsanweisung muß in deutscher Sprache vorliegen. Die medizinisch-technischen Geräte dürfen nur von Personen bedient werden, die auf Grund ihrer Ausbildung oder ihrer Kenntnisse die Gewähr für eine sachgerechte Handhabung der Geräte bieten. Die Gebrauchsanweisungen der Geräte sind so aufzubewahren, daß sie jederzeit zugänglich sind.

Anhang

Wortlaut der seit 1.1.86 in der Bundesrepublik Deutschland gültigen Medizingeräteverordnung. Die Ultraschalldiagnostikgeräte gehören zur Gruppe 3 (§ 2).

Auf Grund des § 24 der Gewerbeordnung in der Fassung der Bekanntmachung vom 1. Januar 1978

(BGBl. IS. 97), der zuletzt durch § 174 Abs. 1 Nr. 1 des Gesetzes vom 13. August 1980 (BGBl. IS. 1310) geändert worden ist, wird von der Bundesregierung nach Anhörung der beteiligten Kreise,

auf Grund des § 24d Satz 3 Halbsatz 1 der Gewerbeordnung von der Bundesregierung

und auf Grund des § 8a des Gerätesicherheitsgesetzes vom 24. Juni 1968 (BGBl. IS. 717), der durch Artikel 1 Nr. 9 des Gesetzes vom 13. August 1979 (BGBl. IS. 1432) eingefügt worden ist, vom Bundesminister für Arbeit und Sozialordnung nach Anhörung des Ausschusses für technische Arbeitsmittel und der beteiligten Kreise im Einvernehmen mit dem Bundesminister für Wirtschaft und dem Bundesminister für Jugend, Familie und Gesundheit

mit Zustimmung des Bundesrates verordnet:

Erster Abschnitt
Allgemeine Vorschriften
§ 1

Anwendungsbereich

(1) Medizinisch-technische Geräte einschließlich Laborgeräten und Gerätekombinationen, die dazu bestimmt sind, in der Heilkunde oder der Zahnheilkunde bei der Untersuchung oder Behandlung von Menschen verwendet zu werden, dürfen nur nach dieser Verordnung in den Verkehr gebracht, ausgestellt, errichtet und betrieben werden.

(2) Ausgenommen hiervon sind das Inverkehrbringen und Ausstellen von medizinisch-technischen Geräten, die nicht zur Verwendung im Geltungsbereich dieser Verordnung bestimmt sind.

§ 2

Einteilung der medizinisch-technischen Geräte

Medizinisch-technische Geräte werden in folgende Gruppen eingeteilt:

1. Gruppe 1

   Energetisch betriebene medizinisch-technische Geräte, die in der Anlage aufgeführt sind.

2. Gruppe 2

   Implantierbare Herzschrittmacher und sonstige energetisch betriebene medizinisch-technische Implantate.

3. Gruppe 3

   Energetisch betriebene medizinisch-technische Geräte, die nicht in der Anlage aufgeführt sind und nicht der Gruppe 2 zuzuordnen sind.

4. Gruppe 4

   Alle sonstigen medizinisch-technischen Geräte.

Zweiter Abschnitt
Vorschriften für das
Inverkehrbringen und Ausstellen

§ 3

Allgemeine Anforderungen

(1) Medizinisch-technische Geräte dürfen gewerbsmäßig oder selbständig im Rahmen einer wirtschaftlichen Unternehmung nur in den Verkehr gebracht oder ausgestellt werden, wenn sie den Vorschriften dieser Verordnung, den allgemein anerkannten Regeln der Technik sowie den Arbeitsschutz- und Unfallverhütungsvorschriften entsprechen. Dabei muß sichergestellt sein, daß Patienten, Beschäftigte oder Dritte bei der bestimmungsgemäßen Verwendung der Geräte gegen Gefahren für Leben und Gesundheit so weit geschützt sind, wie es die Art der bestimmungsgemäßen Verwendung gestattet. Von den allgemein anerkannten Regeln der Technik sowie den Arbeitsschutz- und Unfallverhütungsvorschriften darf abgewichen werden, soweit die gleiche Sicherheit auf andere Weise gewährleistet ist.

(2) Medizinisch-technische Geräte der Gruppen 1 und 3 zur dosierten Anwendung von Energie oder Arzneimitteln müssen mit einer Warneinrichtung für den Fall einer gerätebedingten Fehldosierung ausgerüstet sein.

(3) Medizinisch-technische Geräte der Gruppen 1 bis 3 müssen deutlich sichtbar und lesbar mit folgenden Angaben gekennzeichnet sein:

1. Name oder Firma des Herstellers, bei einem ausländischen Gerät auch desjenigen, der es im Geltungsbereich dieser Verordnung in den Verkehr bringt.
2. Typ und Fabriknummer.

(4) Stellteile medizinisch-technischer Geräte müssen allgemein verständlich beschriftet oder mit genormten Bildzeichen versehen sein.

§ 4

Gebrauchsanweisung

(1) Der Hersteller hat für jedes medizinisch-technische Gerät eine Gebrauchsanweisung in deutscher Sprache mitzuliefern, in der die notwendigen Angaben über Verwendungszweck, Funktionsweise, Kombinationsmöglichkeiten mit anderen Geräten, Reinigung, Desinfektion, Sterilisation, Zusammenbau, Funktionsprüfung sowie Wartung des Gerätes enthalten sind.

(2) Der Hersteller hat darüber hinaus bei Geräten der Gruppe 2 als Teil der Gebrauchsanweisung mit jedem Gerät in zweifacher Ausfertigung eine Begleitkarte mitzuliefern, die folgende Angaben enthalten muß:
1. Name oder Firma des Herstellers.
2. Typ, Fabriknummer und Datum, bis zu dem nach Herstellerangabe die Implantation spätestens erfolgt sein muß.

Daneben ist Raum für folgende Eintragungen vorzusehen:
1. Datum der Implantation,
2. Name der Person, die die Implantation verantwortlich durchgeführt hat,
3. Zeitpunkte und Ergebnisse nachfolgender Kontrolluntersuchungen.

(3) Absatz 1 gilt nicht für Geräte der Gruppe 4, die ohne Kenntnis einer Gebrauchsanweisung sachgerecht gehandhabt werden können.

§ 5

Bauartzulassung

(1) Medizinisch-technische Geräte der Gruppen 1 und 2 dürfen nur in den Verkehr gebracht oder ausgestellt werden, wenn sie von der zuständigen Behörde der Bauart nach zugelassen sind.
(2) Die Bauartzulassung ist vom Hersteller zu beantragen. Dem Antrag sind die für die Beurteilung des Gerätes erforderlichen Unterlagen einschließlich eines vom Hersteller einzuholenden Gutachtens einer Prüfstelle beizufügen. Die Prüfstelle prüft, ob die Bauart den Anforderungen des § 3 entspricht. Erforderliche Muster für die Bauartprüfung sind der Prüfstelle zur Verfügung zu stellen.
(3) Die Zulassung ist zu erteilen, wenn die Bauart den Anforderungen des § 3 entspricht.
(4) In der Zulassung sind – außer bei Geräten der Gruppe 2 – der Umfang und die Fristen wiederkehrender sicherheitstechnischer Kontrollen festzulegen, soweit dies zum Schutz von Patienten, Beschäftigten oder Dritten erforderlich ist.
(5) Die zuständige Behörde bestimmt das Zulassungszeichen und die sonstigen Angaben, mit denen das Gerät zu versehen ist.
(6) Die zuständige Behörde erteilt dem Antragsteller eine Bescheinigung über die Zulassung, aus der sich die Einzelheiten der Zulassung ergeben. Der Hersteller hat bei der Auslieferung eines jeden Gerätes einen Abdruck dieser Bescheinigung beizufügen.
(7) Eine Zulassung kann auch widerrufen werden, soweit die Bauart nicht mehr den allgemein anerkannten Regeln der Technik oder den Arbeitsschutz- und Unfallverhütungsvorschriften entspricht.
(8) Eine Bauartzulassung erlischt, wenn
1. eine in ihr gesetzte Frist verstrichen ist, ohne daß der Zulassungsinhaber damit begonnen hat, das zugelassene Gerät herzustellen;
2. der Zulassungsinhaber von der Zulassung drei Jahre keinen Gebrauch macht oder Geräte seit mehr als drei Jahren nicht mehr hergestellt hat und die Frist nicht verlängert worden ist.

(9) Die Bauartzulassung sowie die Rücknahme, der Widerruf oder das Erlöschen einer Bauartzulassung sind im Bundesanzeiger bekanntzumachen.
(10) Auf Antrag des Herstellers soll die zuständige Behörde Ausnahmen von Absatz 1 für medizinisch-technische Geräte zulassen, die der klinischen Erprobung am Menschen dienen, wenn die technische Unbedenklichkeit des Gerätes nachgewiesen ist. Die Absätze 6 bis 9 gelten entsprechend. Die Ausnahme ist auf einen vom Antragsteller vorgeschlagenen Anwenderkreis zu beschränken sowie auf höchstens drei Jahre zu befristen.

Dritter Abschnitt
Vorschriften
für das Errichten und Betreiben

§ 6

Allgemeine Anforderungen

(1) Medizinisch-technische Geräte der Gruppen 1, 3 und 4 dürfen nur bestimmungsgemäß, nach den Vorschriften dieser Verordnung, den allgemein anerkannten Regeln der Technik sowie den arbeitsschutz- und Unfallverhütungsvorschriften errichtet und betrieben werden. Sie dürfen nicht betrieben werden, wenn sie Mängel aufweisen, durch die Patienten, Beschäftigte oder Dritte gefährdet werden können.
(2) Medizinisch-technische Geräte der Gruppe 1 dürfen außer in den Fällen des § 5 Abs. 10 nur betrieben werden, wenn sie der Bauart nach zugelassen sind. Ist die Bauartzulassung zurückgenommen oder widerrufen worden, dürfen vor der Bekanntmachung der Rücknahme oder des Widerrufs im Bundesanzeiger in Betrieb genommene Geräte weiterbetrieben werden, wenn sie der zurückgenommenen oder widerrufenen Zulassung entsprechen und in der Bekanntmachung nach § 5 Abs. 9 nicht festgestellt wird, daß Gefahren für Patienten, Beschäftigte oder Dritte zu befürchten sind. Satz 2 gilt entsprechend, wenn eine Bauartzulassung nach § 5 Abs. 8 Nr. 2 erloschen ist.

(3) Medizinisch-technische Geräte der Gruppen 1, 3 und 4 dürfen nur von Personen angewendet werden, die auf Grund ihrer Ausbildung oder ihrer Kenntnisse und praktischen Erfahrungen die Gewähr für eine sachgerechte Handhabung bieten.
(4) Der Anwender hat sich vor der Anwendung eines Gerätes der Gruppen 1, 3 oder 4 von der Funktionssicherheit und dem ordnungsgemäßen Zustand des Gerätes zu überzeugen.
(5) Gehört zu einem medizinisch-technischen Gerät ein Teil, der als überwachungsbedürftige Anlage zugleich einer anderen Verordnung nach § 24 der Gewerbeordnung unterliegt, so sind auf ihn auch die Vorschriften der anderen Verordnung anzuwenden.

§ 7

Weitergehende Anforderungen

Die zuständige Behörde kann im Einzelfall zur Abwendung konkreter besonderer Gefahren für Patienten, Beschäftigte oder Dritte über § 6 Abs. 1 Satz 1 hinausgehende Anforderungen stellen.

§ 8

Ausnahmen

(1) Die zuständige Behörde kann auf Antrag des Betreibers für einzelne medizinisch-technische Geräte aus besonderen Gründen Ausnahmen von in § 6 Abs. 1 Satz 1 genannten Vorschriften und von § 6 Abs. 2 zulassen, wenn die Sicherheit auf andere Weise gewährleistet ist.
(2) Der Betreiber darf von den in § 6 Abs. 1 genannten Regeln der Technik, soweit sie sich auf den Betrieb des Gerätes beziehen, abweichen, wenn er eine ebenso wirksame Maßnahme trifft. Auf Verlangen der zuständigen Behörde hat der Betreiber im Einzelfall nachzuweisen, daß die andere Maßnahme ebenso wirksam ist.

§ 9

Inbetriebnahme von Geräten der Gruppe 1

Der Betreiber darf ein medizinisch-technisches Gerät der Gruppe 1 erst in Betrieb nehmen, wenn der Hersteller oder Lieferant
1. das Gerät am Betriebsort einer Funktionsprüfung unterzogen hat und
2. den für den Betrieb des Gerätes Verantwortlichen anhand der Gebrauchsanweisung in die Handhabung des Gerätes eingewiesen hat.

§ 10

Einweisung des Personals

(1) Medizinisch-technische Geräte der Gruppen 1 und 3 dürfen nur von Personen nach § 6 Abs. 3 angewendet werden, die am Gerät unter Berücksichtigung der Gebrauchsanweisung in die sachgerechte Handhabung eingewiesen worden sind. Nur solche Personen dürfen einweisen, die auf Grund ihrer Kenntnisse und praktischen Erfahrungen für die Einweisung in die Handhabung dieser Geräte geeignet sind.
(2) Werden solche Geräte mit Zusatzgeräten zu Gerätekombinationen erweitert, ist die Einweisung des Personals auf die Kombinationen und deren Besonderheiten zu erstrecken.

§ 11

Sicherheitstechnische Kontrollen

(1) Der Betreiber eines medizinisch-technischen Gerätes der Gruppe 1 hat die bei der Bauartzulassung festgelegten sicherheitstechnischen Kontrollen im vorgeschriebenen Umfang fristgerecht durchführen zu lassen. Bei Dialysegeräten, die mit ortsfesten Versorgungs- und Aufbereitungseinrichtungen verbunden sind, ist die sicherheitstechnische Kontrolle auch auf diese Einrichtungen zu erstrecken. Der Umfang und die Fristen sicherheitstechnischer Kontrollen für die Geräte der Gruppe 1, für die nach den Übergangsvorschriften gemäß § 22 Abs. 1 und 2 Bauartzulassungen nicht erforderlich sind, richten sich grundsätzlich nach den Herstellerempfehlungen über Umfang und Fristen von Inspektionen im Rahmen der Wartung und werden im einzelnen in den Prüfbescheinigungen nach § 22 Abs. 1 oder 2 von der Prüfstelle oder vom Sachverständigen festgelegt.
(2) Die sicherheitstechnischen Kontrollen dürfen nur Personen übertragen werden, die auf Grund ihrer Ausbildung, ihrer Kenntnisse und ihrer durch praktische Tätigkeit gewonnenen Erfahrungen Kontrollen ordnungsgemäß durchführen können und bei ihrer Kontrolltätigkeit weisungsfrei sind.
(3) Werden bei den sicherheitstechnischen Kontrollen Mängel festgestellt, durch die Patienten, Beschäftigte oder Dritte gefährdet werden, so hat der Betreiber die zuständige Behörde unverzüglich zu unterrichten.

§ 12

Bestandsverzeichnis

(1) Der Betreiber hat für die von ihm betriebenen medizinisch-technischen Geräte der Gruppen 1 und 3 ein Bestandsverzeichnis zu führen.
(2) In das Bestandsverzeichnis sind für jedes einzelne Gerät folgende Angaben einzutragen:

1. Name oder Firma des Herstellers,
2. Typ, Fabriknummer und Anschaffungsjahr,
3. Gerätegruppe nach § 2,
4. Standort oder betriebliche Zuordnung.

(3) Der zuständigen Behörde ist auf Verlangen beim Betreiber jederzeit Einsicht in das Bestandsverzeichnis zu gewähren.

§ 13

Gerätebuch

(1) Für medizinisch-technische Geräte der Gruppe 1 hat der Betreiber ein Gerätebuch zu führen. Andere Dokumentationen sind dem Gerätebuch gleichgestellt, sofern sie die für das Gerätebuch geltenden Anforderungen in gleicher Weise erfüllen und dem Anwender jederzeit zugänglich sind.

(2) In das Gerätebuch sind einzutragen:
1. Zeitpunkt der Funktionsprüfung vor der erstmaligen Inbetriebnahme des Gerätes.
2. Zeitpunkt der Einweisungen sowie die Namen der eingewiesenen Personen,
3. Zeitpunkt der Durchführung von vorgeschriebenen sicherheitstechnischen Kontrollen und von Instandhaltungsmaßnahmen sowie der Name der Person oder der Firma, die die Maßnahme durchgeführt hat,
4. Zeitpunkt, Art und Folgen von Funktionsstörungen und wiederholter gleichartiger Bedienungsfehler.

(3) Ein Abdruck der Bauartzulassungsbescheinigung oder der Bescheinigung nach § 22 Abs. 1 Satz 4 oder Abs. 2 Satz 4 sind beim Gerätebuch aufzubewahren.

§ 14

Aufbewahrung der Gebrauchsanweisungen und Gerätebücher

(1) Gebrauchsanweisungen und Gerätebücher für medizinisch-technische Geräte der Gruppe 1 sind so aufzubewahren, daß sie den mit der Anwendung beauftragten Personen jederzeit zugänglich sind.

(2) Der zuständigen Behörde ist auf Verlangen am Betriebsort jederzeit Einsicht in die Gerätebücher zu gewähren.

§ 15

Unfall- und Schadensanzeige

(1) Funktionsausfälle- oder Störungen an medizinisch-technischen Geräten der Gruppen 1 und 3, die zu einem Personenschaden geführt haben, hat der Betreiber der zuständigen Behörde unverzüglich anzuzeigen.

(2) Die zuständige Behörde kann von dem Betreiber verlangen, daß dieser das anzuzeigende Ereignis auf seine Kosten durch einen Sachverständigen sicherheitstechnisch beurteilen läßt und ihr die Beurteilung schriftlich vorlegt. Der Sachverständige wird im Einvernehmen mit der zuständigen Behörde ausgewählt. Die sicherheitstechnische Beurteilung hat sich insbesondere auf die Feststellung zu erstrecken,
1. worauf das Ereignis zurückzuführen ist,
2. ob sich das medizinisch-technische Gerät nicht in ordnungsgemäßem Zustand befand und ob nach Behebung des Mangels eine Gefahr nicht mehr besteht und
3. ob neue Erkenntnisse gewonnen worden sind, die andere oder zusätzliche Vorkehrungen erfordern.

§ 16

Ausnahmen für nichtgewerblich betriebene Geräte

Die §§ 6 bis 15 und 22 Abs. 2 Satz 2 gelten nicht für medizinisch-technische Geräte, die weder gewerblichen noch wirtschaftlichen Zwecken dienen und in deren Gefahrenbereich keine Arbeitnehmer beschäftigt werden.

Vierter Abschnitt

Prüfungs- und Aufsichtsorgane

§ 17

Prüfstellen

Prüfstellen für die Prüfung medizinisch-technischer Geräte der Gruppen 1 und 2 sind die in der Anlage zur Gerätesicherheits-Prüfstellenverordnung in ihrer jeweils geltenden Fassung aufgeführten Einrichtungen, soweit sie für die Prüfung dieser Geräte anerkannt sind.

§ 18

Sachverständige

Sachverständige für die Prüfung von medizinisch-technischen Geräten sind die Sachverständigen nach § 24c Abs 1 und 2 und § 36 der Gewerbeordnung sowie die Prüfstellen nach § 17.

§ 19

Geräte des Bundes

(1) Für Geräte der Deutschen Bundespost, der Bundeswehr, des Bundesgrenzschutzes sowie des Zivilschutzes stehen die Befugnisse nach § 6 Abs. 2 Satz 2, den §§ 7, 8 und 22 Abs. 5 sowie die Aufsicht über die Ausführung dieser Verordnung dem zuständigen Bundesminister oder der von ihm be-

stimmten Behörde zu. Für andere medizinisch-technische Geräte, die der Überwachung durch die Bundesverwaltung unterliegen, obliegen diese Aufgaben den Gewerbeaufsichtsbehörden. Hierbei ist § 139 b der Gewerbeordnung entsprechend anzuwenden.

(2) Der Bundesminister der Verteidigung kann darüber hinaus für Geräte der Bundeswehr, die dieser Verordnung unterliegen, Ausnahmen von den Vorschriften dieser Verordnung zulassen, wenn zwingende Gründe der Verteidigung oder die Erfüllung zwischenstaatlicher Verpflichtungen der Bundesrepublik dies erfordern und die Sicherheit auf andere Weise gewährleistet ist.

(3) § 15 gilt nicht für die Bundeswehr.

Fünfter Abschnitt
Ordnungswidrigkeiten
§ 20

Ordnungswidrigkeiten

(1) Ordnungswidrig im Sinne des § 9 Abs. 1 Nr. 1 des Gerätesicherheitsgesetzes handelt, wer vorsätzlich oder fahrlässig

1. entgegen § 6 Abs. 1 Satz 2 ein medizinisch-technisches Gerät der Gruppe 1, 3 oder 4 betreibt;
2. entgegen § 4 Abs. 1 für ein medizinisch-technisches Gerät die dort vorgesehene Gebrauchsanweisung nicht mitliefert;
3. entgegen § 5 Abs. 1 ein medizinisch-technisches Gerät der Gruppe 1 oder 2 ohne die vorgeschriebene Bauartzulassung in Verkehr bringt oder ausstellt.

(2) Ordnungswidrig im Sinne des § 143 Abs. 1 Nr. 2 der Gewerbeordnung handelt, wer vorsätzlich oder fahrlässig

1. entgegen § 6 Abs. 2 Satz 1 ein medizinisch-technisches Gerät der Gruppe 1 betreibt, das nicht nach § 5 der Bauart nach zugelassen ist;
2. entgegen § 9 ein medizinisch-technisches Gerät der Gruppe 1 ohne die vorgeschriebene Funktionsprüfung oder Einweisung in Betrieb nimmt;
3. entgegen § 11 Abs. 1 Satz 1 und 2 die vorgeschriebene sicherheitstechnische Kontrolle eines medizinisch-technischen Gerätes der Gruppe 1 nicht, nicht im vorgesehenen Umfang oder nicht rechtzeitig durchführen läßt;
4. entgegen § 12 Abs. 1 ein Bestandsverzeichnis für medizinisch-technische Geräte der Gruppe 1 oder 3 oder entgegen § 13 Abs. 1 ein Gerätebuch oder eine andere nach § 13 Abs. 1 Satz 2 gleichgestellte Dokumentation für medizinisch-technische Geräte der Gruppe 1 nicht führt oder die in § 12 Abs. 2 oder § 13 Abs. 2 vorgeschriebenen Angaben nicht, nicht richtig oder nicht vollständig einträgt;
5. entgegen § 22 Abs. 2 Satz 2 oder 3 die Geräte der Gruppe 1 nicht oder nicht rechtzeitig einer auf die Betriebs- und Funktionssicherheit beschränkten sicherheitstechnischen Prüfung unterziehen läßt

(3) Ordnungswidrig im Sinne des § 143 Abs. 2 Nr. 1 der Gewerbeordnung handelt, wer vorsätzlich oder fahrlässig eine Anzeige nach § 15 Abs. 1 nicht, nicht richtig, nicht vollständig oder nicht rechtzeitig erstattet.

§ 21

Straftaten

(1) Wer eine in § 20 Abs. 2 bezeichnete vorsätzliche Zuwiderhandlung beharrlich wiederholt, ist nach § 148 Nr. 1 der Gewerbeordnung strafbar.

(2) Wer durch eine in § 20 Abs. 2 bezeichnete vorsätzliche Zuwiderhandlung Leben oder Gesundheit eines anderen oder fremde Sachen von bedeutendem Wert gefährdet, ist nach § 148 Nr. 2 der Gewerbeordnung strafbar.

Sechster Abschnitt
Übergangs- und Schlußvorschriften
§ 22

Übergangsvorschriften

(1) Die §§ 5 und 6 Abs. 2 Satz 1 gelten nicht für medizinisch-technische Geräte der Gruppe 1, § 5 gilt nicht für Geräte der Gruppe 2, die im Zeitpunkt des Inkrafttretens dieser Verordnung hergestellt sind oder mit deren serienmäßiger Herstellung begonnen ist. Diese Geräte hat der Hersteller vor dem Inverkehrbringen von einer Prüfstelle oder von einem Sachverständigen einer auf den Gerätetyp und die Bauart beschränkten vereinfachten sicherheitstechnischen Prüfung unterziehen zu lassen. Der Hersteller hat der Prüfstelle oder dem Sachverständigen die für die Prüfung erforderlichen Unterlagen zur Verfügung zu stellen. Die Prüfstelle oder der Sachverständige stellt dem Hersteller eine Bescheinigung über die Prüfung aus, in der für Geräte der Gruppe 1 Umfang und Fristen sicherheitstechnischer Kontrollen auf Grund der Herstellerempfehlungen über Umfang und Fristen von Inspektionen im Rahmen der Wartung festzulegen sind. Der Hersteller hat bei Auslieferung jedes Gerätes einen Abdruck dieser Bescheinigung mitzuliefern.

(2) § 6 Abs. 2 und § 9 gelten nicht für medizinisch-technische Geräte, die im Zeitpunkt des Inkrafttre-

tens dieser Verordnung bereits betrieben werden. Medizinisch-technische Geräte der Gruppe 1, die im Zeitpunkt des Inkrafttretens dieser Verordnung bereits betrieben werden und für die der Betreiber nicht den Nachweis erbringt, daß sie in der Vergangenheit den Empfehlungen des Herstellers entsprechend regelmäßig gewartet worden sind, hat der Betreiber bis zum 31. Dezember 1987 durch eine Prüfstelle, einen Sachverständigen oder sonstige sachverständige Personen einer auf die Betriebssicherheit und Funktionsfähigkeit beschränkten sicherheitstechnischen Prüfung unterziehen zu lassen. Bei Dialyseeinrichtungen ist die Prüfung nach Satz 2 auch auf die Versorgungs- und Aufbereitungssysteme zu erstrecken. Dem Betreiber ist eine Bescheinigung über die Prüfung nach Satz 2 oder 3 auszustellen, in der Umfang und Fristen sicherheitstechnischer Kontrollen auf Grund der Herstellerempfehlungen über Umfang und Fristen von Inspektionen im Rahmen der Wartung festzulegen sind.

(3) Absatz 2 gilt auch für den Betrieb von medizinisch-technischen Geräten der Gruppe 1, die bei Inkrafttreten dieser Verordnung bereits in den Verkehr gebracht sind, aber noch nicht betrieben werden.

(4) Hat die Prüfstelle oder der Sachverständige bei einer Prüfung nach Absatz 1 Satz 2 oder die Prüfstelle, der Sachverständige oder eine sonstige sachverständige Person bei einer Prüfung nach Absatz 2 Satz 2 oder 3 Mängel festgestellt, durch die Patienten, Beschäftigte oder Dritte gefährdet werden können, so haben sie diese der zuständigen Behörde in zweifacher Ausfertigung unverzüglich mitzuteilen.

(5) Die zuständige Behörde soll
1. das Inverkehrbringen der Geräte nach Absatz 1,
2. den weiteren Betrieb der Geräte nach Absatz 2 untersagen oder von bestimmten Bedingungen und Auflagen abhängig machen, wenn Gefahren für Patienten, Beschäftigte oder Dritte zu befürchten sind.

§ 23

Berlin-Klausel

Diese Verordnung gilt nach § 14 des Dritten Überleitungsgesetzes in Verbindung mit § 156 der Gewerbeordnung und § 13 des Gerätesicherheitsgesetzes auch im Land Berlin.

§ 24

Inkrafttreten

(1) Diese Verordnung tritt vorbehaltlich des Absatzes 2 am 1. Januar 1986 in Kraft.

(2) § 3 Abs. 2 tritt am 1. Januar 1988 in Kraft.

Bonn, den 14. Januar 1985

Der Bundeskanzler
Dr. Helmut Kohl

Der Bundesminister
für Arbeit und Sozialordnung
Norbert Blüm

Anlage (zu § 2 Nr. 1 MedGV)

5.1 Medizinisch-technische Geräte der Gruppe 1

1. Elektro- und Phonokardiographen, intrakardial
2. Blutdruckmesser, intrakardial
3. Blutflußmesser, magnetisch
4. Defibrillatoren
5. Geräte zur Stimulation von Nerven und Muskeln für Diagnose und Therapie
6. Geräte zur Elektrokrampfbehandlung
7. Hochfrequenz-Chirurgiegeräte
8. Impulsgeräte zur Lithotripsie
9. Photo- und Laserkoagulatoren
10. Hochdruck-Injektionsspritzen
11. Kryochirurgiegeräte (Heizteil)
12. Infusionspumpen
13. Infusionsspritzenpumpen
14. Perfusionspumpen
15. Beatmungsgeräte (nicht manuell)
16. Inhalations-Narkosegeräte
17. Inkubatoren, stationär und transportabel
18. Druckkammern für hyperbare Therapie
19. Dialysegeräte
20. Hypothermiegeräte (Steuerung)
21. Herz-Lungen-Maschine
22. Laser-Chirurgie-Geräte
23. Blutfiltrationsgeräte
24. Externe Herzschrittmacher
25. Kernspintomographen

9.11 Schädigungen durch Ultraschall

W. BUSCHMANN

Ultraschall hoher Intensität ist sehr wohl in der Lage, Zellen und Gewebe nachweisbar zu schädigen. Dies macht man sich für chirurgische Anwendungen zunutze – auch am Auge (Lizzi et al. 1985).

Die *thermische* Wirkung und die Kavitation stehen bei Applikation sehr hoher Ultraschallintensitäten im Vordergrund. Diese Effekte treten bei impulsweise appliziertem Ultraschall geringerer Intensität zurück; es dominieren dann andere Effekte, etwa die Auftrennung von Makromolekülen. Die *mechanischen* Wirkungen sind auf die beim Durchgang der Ultraschallwellen auftretenden Teilchenbeschleunigungen und Druckgradienten zurückzuführen; beide Faktoren nehmen mit der Frequenz zu. Bei 800 kHz und einer Intensität von 2 Watt/cm^2 beträgt der Druckgradient (nach Wiedau u. Röher 1963) zum Beispiel 8,4 at/mm! Lebende Gewebe tolerieren jedoch erstaunlich hohe Druckschwankungen (Skudrcyk 1952). Die Wärmewirkung entsteht durch Absorption des Ultraschalls und beeinflußt die Stoffwechselprozesse lebender Gewebe. Es gibt aber auch von der Wärmewirkung unabhängige *biochemische* Ultraschalleffekte (z.B. thixotrope Wirkung, d.h. Umwandlung von Gel in Sol). Zusammenfassende Darstellungen der biologischen Wirkungen des Ultraschalls finden sich bei Elpiner (1964), Kelly (1965), Buschmann (1971), Baum (1975) und Wells (1977).

Alle diese Wirkungen erfordern Ultraschallintensitäten, die weit über den diagnostisch angewendeten liegen (meist um mehrere Größenordnungen). Unterhalb eines bestimmten Intensitätsniveaus sind sie nicht mehr nachweisbar – gleichgültig, wie lange die Beschallung fortgesetzt wird. Die Höhe dieses Intensitätsniveaus hängt im Einzelfall von vielen Faktoren ab (vor allem von der Art der exponierten Zellen, von der Frequenz und Dauer der Exposition, von der Temperatur und von der Viskosität der Lösung). Mit Überschreitung des kritischen Intensitätsniveaus werden zunächst reversible, dann irreversible Veränderungen nachweisbar. In Mitose befindliche Zellen sind besonders empfindlich. Intrazelluläre Schäden gehen wahrscheinlich den Zellmembranschäden voraus. Veränderungen an Chromosomen können bei höheren Ultraschallintensitäten ebenfalls auftreten – das ist natürlich für die gynäkologisch-geburtshilflichen Ultraschalluntersuchungen bei Schwangeren besonders wichtig. In den zurückliegenden 2 Jahrzehnten wurden viele experimentelle Untersuchungen ausgeführt, um Chromosomenschäden durch Ultraschallimpulse nachzuweisen oder auszuschließen – auch bei diagnostischen Ultraschallintensitäten. Die großen Ultraschall-Fachgesellschaften (AIUM, DEGUM) haben „Watchdog"-Gruppen eingesetzt, die diese Arbeiten kritisch analysieren (vgl. Edmonds 1980; Rott 1987). Im Ergebnis dieser Analysen kommen die internationalen „Watchdog"-Gruppen übereinstimmend zu dem Urteil, *daß bisher keine nachteiligen Auswirkungen diagnostischer Ultraschalluntersuchungen nachgewiesen* werden konnten und deshalb *die Anwendung des Verfahrens – bei gegebener Indikation – empfohlen werden kann*. Überflüssige Ultraschallexpositionen sind jedoch zu vermeiden.

Es ist bedauerlich, daß die (notwendige) Einführung von in Dezibel kalibrierten Empfindlichkeitsreglern zur Folge hatte, daß die (senderseitige) Regelung der applizierten Ultraschallintensität aufgegeben wurde und nun bei fast allen Geräten reduzierte Empfindlichkeit nur über eine Dämpfung der Empfangsverstärkung erreicht wird. Dadurch wird während der gesamten Untersuchung die maximale Ultraschalleistung der Gerät-Schallkopfkombination am Patienten appliziert. Das verletzt den medizinischen Grundsatz, die *erforderliche* Dosis nicht zu überschreiten. Eine senderseitige Empfindlichkeitsregelung (zumindest in 2–3 groben Stufen als Ergänzung zur Dämpfung der Empfangsverstärkung) muß daher gefordert werden.

Wegen der sehr kurzen Impulsdauer (einige Mikrosekunden) und der (im Verhältnis dazu) sehr langen Pausen zwischen den ausgesendeten Impulsen ergibt sich bei Ultraschalluntersuchungen eine sehr niedrige *mittlere* Intensität (Gerstner 1965). Die *während eines Impulses* abgegebene Intensität liegt bei 2–5 Watt/cm. Doch auch innerhalb des Impulses wird die Schallenergie nicht gleichmäßig abgegeben; einem sehr raschen Anstieg folgt das Abklingen des Impulses. Die *Intensitätsspitze* innerhalb des Impulses liegt daher im Bereich der ultraschall-chirurgisch verwendeten Intensitäten (bei fokussierten Schallköpfen erst recht!), jedoch nur für den Bruchteil einer Mikrosekunde.

Am Auge wurden bei *hohen* Ultraschallintensitäten als erstes Schädigungen der Hornhautnerven und der Linse (Katarakt) beobachtet. Die Toleranz auch der Augengewebe gegenüber hohen Ultraschallintensitäten steigt sehr stark, wenn die Impulsdauer (Ultraschall-*Therapie*gerät!) unter einige Minuten bzw. einige Sekunden sinkt (Schwab et al. 1950; Shereshevskaya 1961). Die in der Ultraschalldiagnostik verwendeten Impulse haben aber nur eine Impulsdauer von einigen *Mikro*sekunden, sie sind also um mehrere Größenordnungen kürzer.

Am Auge wurden (wie in den anderen Körperregionen) auch bei mehrfach untersuchten Patienten bisher keinerlei Ultraschallschädigungen durch diagnostische Anwendungen beobachtet; in der Anfangszeit kam es durch zu rauhe Schallkopfvorderflächen mitunter zu Hornhauterosionen, die nach Verwendung polierter Vorderflächen nicht mehr auftraten. Die 6stündige Applikation diagnostischen Ultraschalls beim Kaninchen hinterließ keine nachweisbaren Schäden (Buschmann 1971).

Eine Zusammenstellung der Parameter, die zur Beurteilung biologischer Wirkungen und Risiken gemessen werden müssen, hat Brendel (1987) gegeben. Auf die notwendigen Qualitätskontrollen für Ultraschallgeräte, die von Herstellern und Benutzern vorgenommen werden müssen, wird in dieser Arbeit verwiesen.

Literatur

Baum G (1975) The biological effects of ultrasonic irradiation. In: Baum G (ed) Fundamentals of medical ultrasonography. Putnam's Sons, New York, pp 121–129

Brendel K (1987) What should be measured and why? In: Bondestam S, Alanen A, Jouppila P (eds) Euroson 87, Proc. 6th Congr Eur Fed Soc Ultrasound Med Biol. Fin Soc Ultrasound Med Biol, Helsinki, pp 392–393

Buschmann W (1971) Biomedical applications of ultrasound. In: Kenedi RM (ed) Biomedical engineering, vol 1. Academic, London New York, pp 1–75

Edmonds PD (1980) Effects of ultrasound on biological structures. In: Hinselmann M, Anliker M, Mendt R (Hrsg) Ultraschalldiagnostik in der Medizin. Thieme, Stuttgart New York, S 1–18

Elpiner IE (1964) Ultrasound. Chemical and biological effects. Consultant's Bureau, New York

Gerstner R (1965) Die abgegebene Schalleistung von Impuls-Echogeräten zur Augenuntersuchung. Wiss Z Humboldt-Univ Berlin, Math-Naturwiss Reihe 14/1:95–103

Kelly E (ed) (1965) Ultrasonic energy. Biological investigations and medical applications. University of Illinois Press, Urbana

Lizzi F, Coleman DJ, et al (1985) Therapeutic ultrasound in clinical treatment of medically refractive glaucoma. In: Gill RW, Dadd MJ (eds) WFUMB '85. Pergamon, Sydney Oxford New York Toronto Frankfurt, pp 432

Rott HD (1987) Biologische Wirkungen und Sicherheitsaspekte. Ultraschall 8:108–109

Schwab F, Wyt L, Nemetz UR (1950) Über die Ultraschallwirkung am vorderen Bulbusabschnitt des lebenden Kaninchenauges. Klin Monatsbl Augenheilkd 116:367–376

Shereshevskaya LR (1961) Experimentelle Untersuchungen über die Wirkung des Ultraschalles auf das Auge (russ.). Oftalmol Z 7:418–424

Skudrc YKE (1952) Die physikalischen Ursachen über die mechanisch-chemisch-biologische Wirkung des Ultraschalles. Ultraschall Med 5:51–64

Wells PNT (1977) Biomedical ultrasonics. Academic, London New York, San Francisco, pp 421–469

Wiedau E, Röher O (1963) Ultraschall in der Medizin. Steinkopff, Dresden Leipzig

10 Überprüfung von Gerät und Schallkopf in Klinik und Praxis

10.1 Die klinische Bedeutung überprüfter, reproduzierbarer Untersuchungsbedingungen

W. BUSCHMANN

Bei der Differentialdiagnostik intraokularer Erkrankungen (Kap. 2) und bei der Differenzierung raumfordernder Prozesse der Orbita (Kap. 3) wurde anhand von Beispielen auf die Bedeutung gerätetechnischer Parameter für eine sichere echographische Diagnose hingewiesen. Der Mangel an geschultem technischen Hilfspersonal, das die notwendigen Messungen ausführen könnte, und der Zeitdruck, unter welchem der ultraschalldiagnostisch tätige (Assistenz-)Arzt meistens steht, verführen leider oft noch dazu, sich mit einem rein empirischen Gebrauch oder mit grob unvollständigen Messungen zu begnügen. Einige weitere Beispiele sollen die Überzeugung bestärken, daß ein Verzicht auf ein ausreichend meßtechnisch fundiertes Vorgehen nicht mehr zu vertreten ist.

Baum (1961) beschrieb „akustische Vakuolen" in B-Bild-Echogrammen intraokularer Tumoren. Im histologischen Bild fand sich keine Erklärung dafür. Buschmann (1964) konnte den Nachweis erbringen, daß es sich um akustische Artefakte

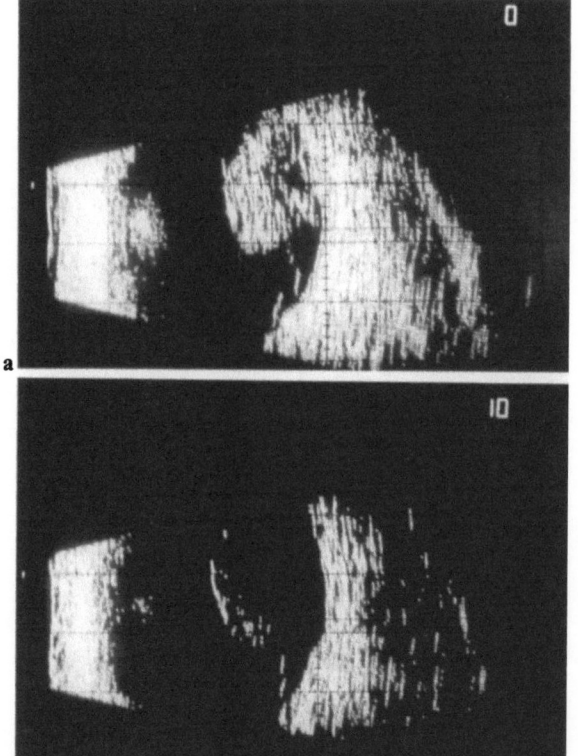

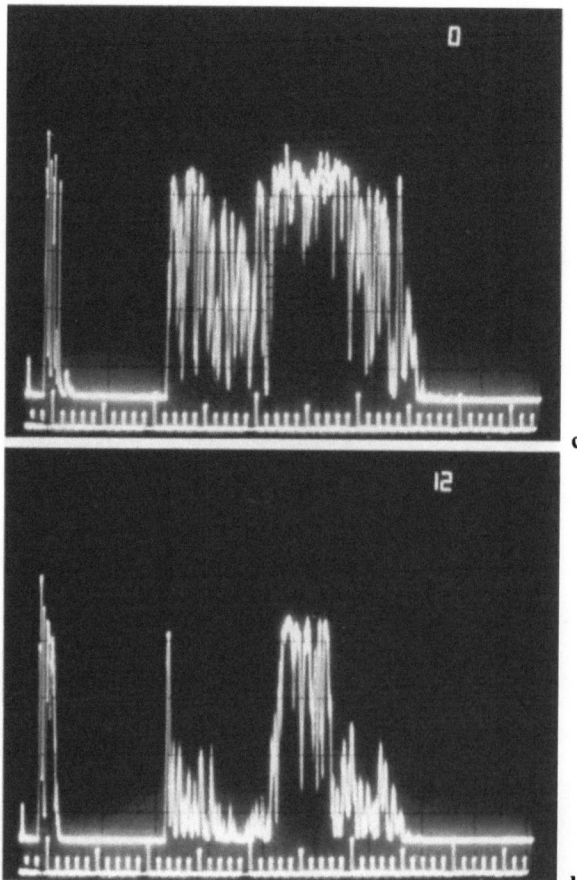

handelte, die dann auftreten, wenn die mit der benutzten Schallkopf-/Gerätekombination verfügbare maximale Gesamtempfindlichkeit zur Darstellung der schwachen Strukturechos aus dem Tumorinnern nicht ausreicht. Erhöht man die verfügbare Gesamtempfindlichkeit (ggf. auf dem Umweg über die Verwendung einer niedrigeren Arbeitsfrequenz), so füllen sich die „Vakuolen" auf, die Strukturechos werden sichtbar (vgl. Abb. 2.7.1-2; Abb. 10.1-1).

Kommerzielle Geräte bieten keinesfalls a priori die Gewähr, eine für die Differenzierung von Tumoren und serösen Netzhautabhebungen bzw. orbitalen Zysten ausreichende Gesamtempfindlichkeit zu haben. Bei 10 Geräten einer Serie mit den zugehörigen Schallköpfen lagen die maximal erreichbaren Empfindlichkeitswerte zwischen 57 und 78 dB über dem 10 mm-Testecho des Testreflektors W38!

Bronson (1969) veröffentlichte ein klinisches Beispiel: Durch einen gerätetechnischen Fehler war die Empfindlichkeit des Gerätes 30 dB niedriger als angenommen. Das Echogramm eines intraokularen Tumors wurde dadurch fehlgedeutet als Blutung. Bei entsprechender Erhöhung der Gesamtempfindlichkeit wurde ein typisches Tumor-

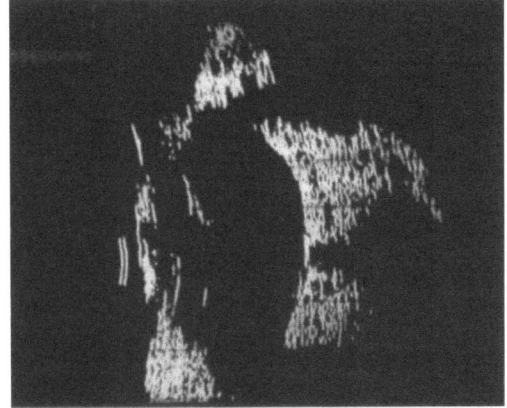

a

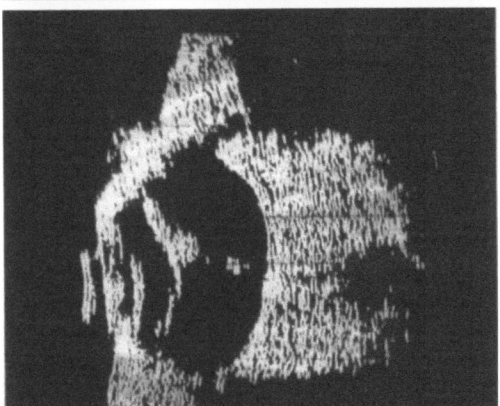

b

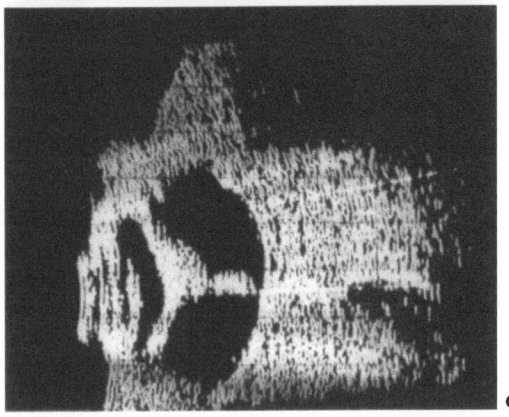

c

Abb. 10.1-1 a–d (Buschmann). Abhängigkeit der Tumordarstellung im Echogramm von der verfügbaren Empfindlichkeit. Malignes Melanom der Aderhaut, Gerät Ocuscan 400, Arbeitsfrequenz des B-Bild-Schallkopfes 9,7 MHz, des A-Bild-Schallkopfes 9,8 MHz
a Bei Einstellung der Empfindlichkeit auf $\Delta V(W38) = 52$ dB (s. Kap. 3.1-10) ist in diesem Fall die tumoröse (solide) Struktur des prominenten Herdes an der Bulbusrückwand noch eindeutig zu erkennen. **b** Bei Herabsetzung der eingestellten Empfindlichkeit auf $\Delta V(W38) = 44$ dB sieht man nur noch die Tumoroberfläche, das darunterliegende Gebiet erscheint echofrei, eine seröse oder zystische Abhebung vortäuschend. **c** Im A-Bild wird bei einer Empfindlichkeit von $\Delta V(W38) = 56$ dB das solide Tumorgewebe eindeutig dargestellt. **d** Bei Herabsetzung der Empfindlichkeit auf $\Delta V(W38) = 46$ dB erscheinen die tieferen Tumoranteile schon fast also echofrei. Bei weiterer Reduzierung der Empfindlichkeit würde nur noch das Tumoroberflächenecho dargestellt. Man beachte, daß die vom Gerät im Bild angezeigten Skalenwerte nicht den tatsächlichen dB-Werten entsprechen und nur durch die Messung mit dem Testreflektor (s. Kap. 3.1-10) die tatsächlich eingestellte Empfindlichkeit festgestellt werden kann

Abb. 10.1-2 a–c (Buschmann). Mögliche echographische Fehlbeurteilung bei unzureichender Gesamtempfindlichkeit. Sonometrics Ophthalmoscan, 10 MHz, keine dB-Skala
a Sensitivity 2,5. Intraokular kaum pathologische Echos; in der Orbita liegt (scheinbar!) ein an den N. opticus angrenzender raumfordernder Prozeß vor. **b** Sensitivity 5. Bei Erhöhung der Gesamtempfindlichkeit zeigen sich intraokular doch pathologische Echos und der „Defekt" im orbitalen Fettgewebe füllt sich mit Echos. **c** Sensitivity 8. Bei noch höherer Einstellung der Empfindlichkeit wird die totale Ablatio einschließlich der Verbindung zur Papille eindeutig erkennbar. Bei dem „Defekt" im Echogramm des orbitalen Fettgewebes in Abb. 2a handelte es sich um einen akustischen Artefakt (Schallschatteneffekt), das wird durch den hier dargestellten intraokularen pathologischen Befund deutlich. Überhöhte Empfindlichkeitseinstellungen können aber auch dazu führen, daß ein tatsächlich vorhandener raumfordernder Orbitaprozeß im Echogramm nicht mehr zu erkennen ist

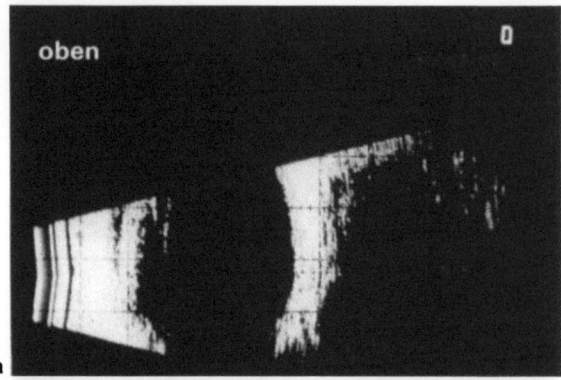
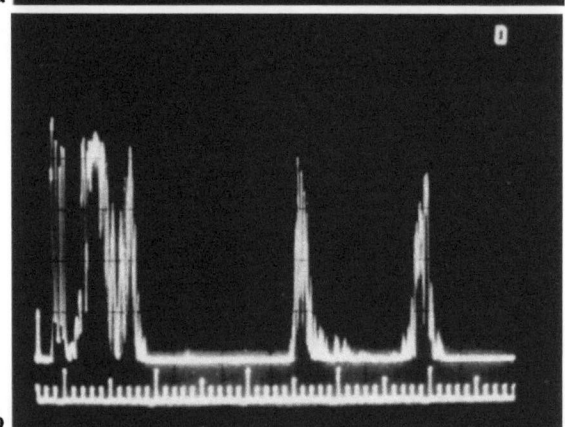
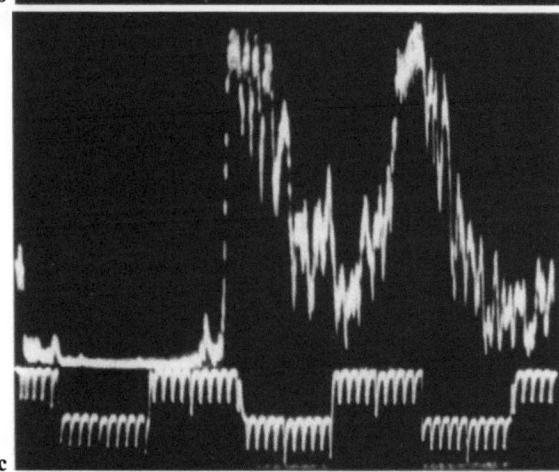
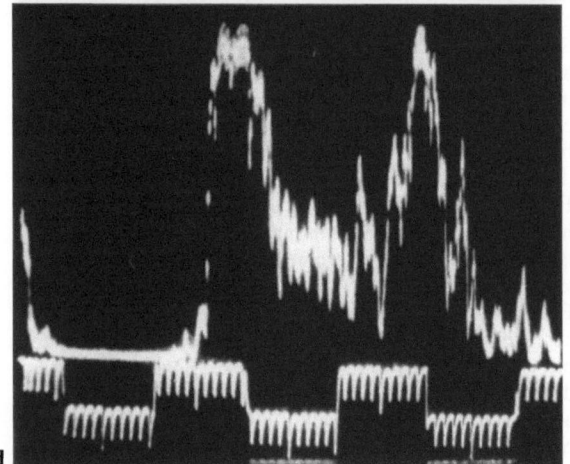

echogramm sichtbar. Er betont die Notwendigkeit, die wichtigsten Gerätedaten immer wieder zu überprüfen.

Die Abb. 10.1-2a (oberes Teilbild) läßt intraokular kaum pathologische Echos erkennen. Die Echos des orbitalen Fettgewebes sind bis zur Knochenwand dargestellt, was den Eindruck ausreichend hoher Empfindlichkeit erwecken könnte. In der Nähe des N. opticus scheint eine pathologische Raumforderung in der Orbita vorzuliegen. In Wahrheit ist die eingestellte Empfindlichkeit zu gering, und allein dadurch ergibt sich eine falsche echographische Beurteilung sowohl der intraokularen Veränderungen als auch der Orbita.

Abbildungen 10.1-2b und 2c zeigen, daß bei schrittweiser Erhöhung der Gesamtempfindlichkeit der intraokulare Krankheitsprozeß zuverlässig erkannt werden kann (totale Ablatio retinae mit Verkalkungen bzw. Verknöcherungen). Der „pathologische" Befund der Orbita erweist sich als akustischer Artefakt (Schallschatteneffekt), der bei Erhöhung der eingestellten Empfindlichkeit verschwindet.

Die orbitale Metastase eines Hautmelanoms (Abb. 10.1-3) erweckte im B-Bild und auch im A-Bild bei 9,7 MHz Arbeitsfrequenz und der dabei verfügbaren maximalen Empfindlichkeit zunächst den Eindruck eines zystischen Prozesses. Eine höhere Empfindlichkeit (ggf. auf dem Umweg über eine niedrigere Frequenz) stand uns damals bei

Abb. 10.1-3a–d (Buschmann). Orbitale Metastase eines Hautmelanoms
a B-Bild-Echogramm, Ocuscan 400, Arbeitsfrequenz 9,7 MHz, Empfindlichkeitseinstellung maximal [$\Delta V(W38) = 52$ dB]. **b** A-Bild-Echogramm in Herdrichtung mit gleicher Technik; Strukturechos aus dem Herdbereich fehlen, es entsteht (fälschlich!) der Eindruck einer Zyste. **c** Bei um 12 dB erhöhter Empfindlichkeit [$\Delta V(W38) = 64$ dB], hier erreicht durch eine niedrigere Frequenz (wf = 6,2 MHz) und Verwendung eines anderen Gerätes (7200 MA) wird klar erkennbar, daß es sich um solides, relativ homogen aufgebautes Tumorgewebe und nicht um eine Zyste handelt. **d** Gleiche Technik wie in **c**. Das Herdgebiet ist aus einer anderen Richtung als in **c** dargestellt; Ergebnis wie in **c** beschrieben

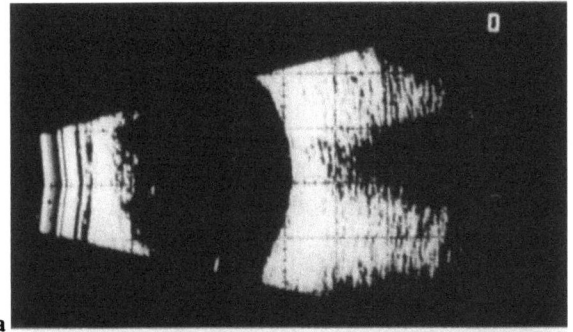

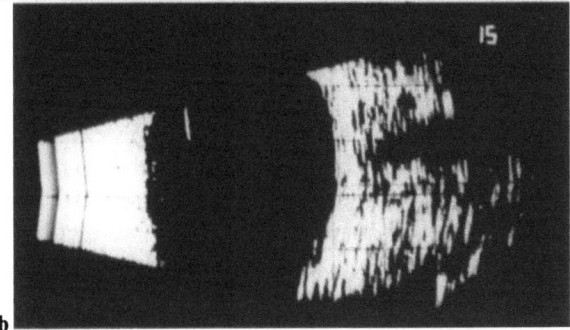

Abb. 10.1-4a, b (Buschmann). Orbita-Echogramme bei verschiedenen Arbeitsfrequenzen
a Verglichen mit **b** erscheint dieses Orbita-Echogramm eher als normal. Bei 10 MHz Arbeitsfrequenz und der eingestellten maximalen Empfindlichkeit [$\Delta V(W38) = 52$ dB] werden normalerweise Orbitafettechos nicht so weit in die Tiefe der Orbita reichend dargestellt. Es handelte sich um ein Orbitaödem, das zu erhöhter Schalldurchlässigkeit bzw. erhöhter Reflektivität des orbitalen Fettgewebes führte. Gerät Ocuscan 400. **b** Das orbitale Fettgewebe erscheint hier mit vergröberter Struktur, erhöhter Schalldurchlässigkeit und betont dargestellter Knochenwand. Es könnte sich der Verdacht auf einen infiltrativen oder entzündlichen Orbitaprozeß ergeben. Tatsächlich handelt es sich um eine gesunde Orbita, doch wurde das Echogramm mit einer Arbeitsfrequenz von 5 MHz aufgenommen. Gerät Ocuscan 400

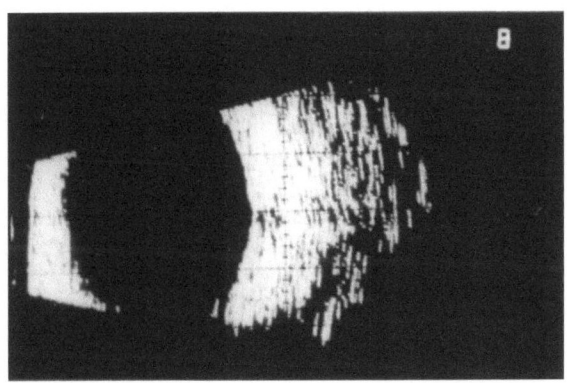

Abb. 10.1-5 (Buschmann). Orbita-Echogramm mit aufgelockert erscheinenden Fettechos (Strukturvergröberung) in der Tiefe und betont dargestellter Knochenwand. Im Gegensatz zu Abb. 10.1-4b liegt hier tatsächlich ein entzündlich bedingtes Orbitaödem vor. Die Untersuchung erfolgte mit einer Arbeitsfrequenz von 10 MHz, $\Delta V(W38) = 45$ dB, Ocuscan 400

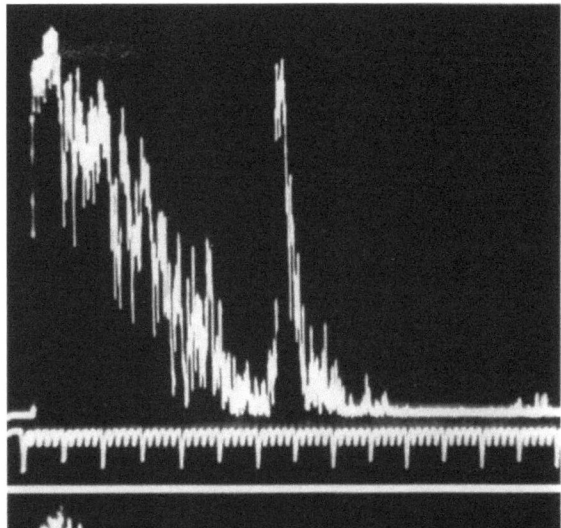

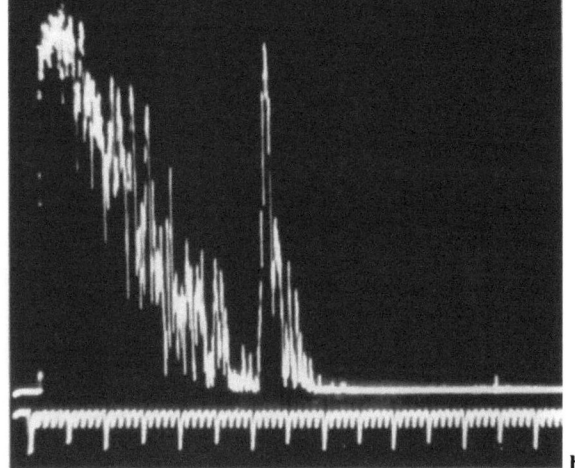

Abb. 10.1-6a, b (Haigis). Echogramme eines Gewebephantoms (nach Till) bei verschiedenen Frequenzen lassen die Frequenzunterschiede nicht erkennen. Gerät 7200 MA
a Arbeitsfrequenz 7,7 MHz. **b** Arbeitsfrequenz 9,5 MHz

diesem Gerät noch nicht zur Verfügung, da wir noch keinen Schallkopf mit niedrigerer Frequenz dafür hatten. Mit einem anderen Gerät konnte wir unter Verwendung einer niedrigeren Arbeitsfrequenz eine um 12 dB höhere Gesamtempfindlichkeit erreichen. Damit gelang es, die Strukturechos darzustellen und so die solide Natur des Tumorgewebes nachzuweisen (Abb. 10.1-3c und 3d).

Direkte, frequenzbedingte Echogrammunterschiede werden in der Orbita besonders deutlich sichtbar. In Abb. 10.1-4 wäre man ohne Kenntnis der technischen Daten geneigt, das obere Teilbild (4a) als Normalbefund, das untere (4b) dagegen wegen der Strukturvergröberung im Orbitafett als pathologisch anzusehen. In Wahrheit liegt beim oberen Teilbild (4a) eine Untersuchung mit einer Arbeitsfrequenz von 10 MHz vor, bei welcher normalerweise das Orbitafett nicht so weit in die Tiefe

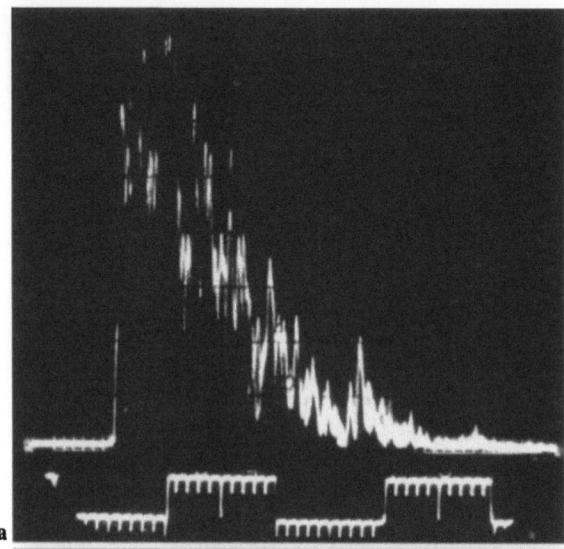

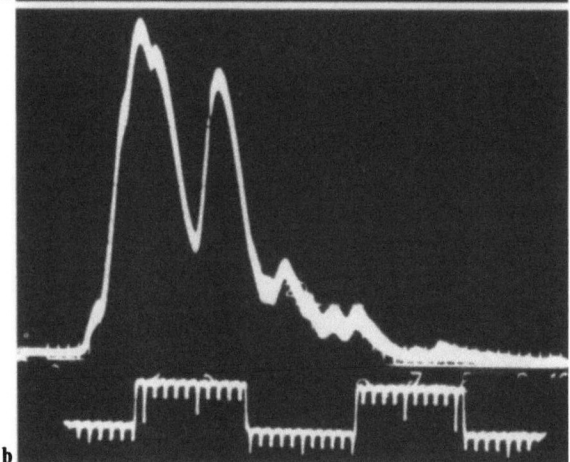

Abb. 10.1-7a, b (Buschmann). Einfluß von Frequenz, Siebung und Empfindlichkeit auf die Darstellung von Gewebestrukturen
a Orbita-Echogramm in Richtung der verlängerten optischen Achse des Auges (Bulbuswand und orbitales Fettgewebe); Gerät 7100 MA, Siebung 3, 10 MHz. **b** Gleiche Untersuchungsrichtung und gleiches Gerät wie in **a**, jedoch 6 MHz, Siebung 5. Die Gewebestruktur der normalen Orbita erscheint als wesentlich gröber, verglichen mit **a**

reichend darzustellen ist (bei der verwendeten Empfindlichkeit von $\Delta V(W38) = 52$ dB). Die in diesem Fall höhere Eindringtiefe (bzw. die höheren, zur B-Bilddarstellung ausreichenden Amplituden der Fettgewebsechos aus der Tiefe der Orbita) sind hier auf erhöhte Schalldurchlässigkeit bzw. erhöhte Reflektivität des Orbitafetts bei Orbitaödem zurückzuführen.

Im unteren Teilbild (4b) liegt dagegen ein Normalbefund vor; die Strukturvergröberungen ergeben sich lediglich aus der hier verwendeten Arbeitsfrequenz von 5 MHz und dem dadurch bedingten schlechteren Auflösungsvermögen.

In Abb. 10.1-5 ist das orbitale Fettgewebe ähnlich der Abb. 10.1-4b vergröbert dargestellt, und die Echos der knöchernen Orbitawand sind deutlicher und über eine längere Strecke sichtbar als normal. Die Ursache ist hier nicht eine niedrige Arbeitsfrequenz, sondern ein Ödem bei entzündlichem Orbitaprozeß. Leider sind Unterschiede in der Arbeitsfrequenz (insbesondere Abweichungen der Arbeitsfrequenz von der herstellerseitigen Angabe) durch Tests an Gewebephantomen nicht zu erkennen (Abb. 10.1-6). Die Messung der Arbeitsfrequenz der diagnostisch verwendeten Gerät-Schallkopf-Kombination bzw. die Messung des Frequenzspektrums sind unverzichtbar.

Weitere Faktoren der elektronischen Signalverarbeitung – z.B. die Siebung – können zusätzlich zu den Einflüssen von Frequenz und Empfindlichkeit die diagnostischen Charakteristika der A- und B-Bild-Echogramme wesentlich beeinflussen (Abb. 10.1-7). Bei Aussagen über die Struktur pathologischer Gewebe müssen deshalb auch diese technischen Parameter berücksichtigt werden.

Literatur

Siehe Literatur zu Kap. 2.7.1 und 2.7.2.

Bronson NR (1969) Quantitative ultrasonography. In: Gitter KA, Keeney AH, Sarin LK, Meyer D (eds) Ophthalmic ultrasound. Mosby, St. Louis, pp 69–74

10.2 Ursachen und Konsequenzen gerätetechnisch bedingter Echogrammunterschiede

W. HAIGIS

Heutige kommerzielle diagnostische Ultraschallgeräte sind keine Meßgeräte im physikalischen Sinn. Sie sind konzipiert, diagnostische Echos in geeigneter Form auf einem Sichtgerät darzustellen und nicht dazu, physikalische Kenngrößen dieser Signale zu messen. Dabei ist die Art und Weise der Signalverarbeitung immer noch den Herstellern überlassen, denn trotz entsprechender internationaler Bemühungen (Brendel et al. 1976; IEC 1979) gibt es bislang noch keine verbindlichen technischen Standardisierungsvorschriften für diagnostische Ultraschallgeräte. In der Praxis findet man selbst bei Geräten aus ein und derselben Baureihe wie auch bei solchen, die eine Standardisierung für sich in Anspruch nehmen, unterschiedliche technische Charakteristika (Haigis et al. 1981; Reuter et al. 1981). *Jedes Ultraschallgerät ist daher als Einzelstück mit individuellen Leistungsdaten zu betrachten.*

Als Folge davon sind diagnostische Ergebnisse, die mit verschiedenen Geräten gewonnen wurden, nicht unmittelbar vergleichbar – besonders dann, wenn diese Ergebnisse quantitativ (numerisch) ausgedrückt werden.

Erschwerend kommt hinzu, daß die von den Herstellern angegebenen Leistungsdaten oft ungenügend oder sogar falsch sind. Darüber hinaus unterliegen die Bauelemente eines Ultraschallsystems wie die eines jeden anderen empfindlichen elektronischen Geräts Alterungsprozessen, Ausfällen, technischen Defekten und Betriebsstörungen, wodurch sich wiederum die charakteristischen Kenngrößen des Systems ändern.

Daraus ergeben sich folgende Konsequenzen:

1. Die wichtigsten diagnostisch relevanten Leistungsdaten des verwendeten Ultraschallsystems müssen meßtechnisch erfaßt werden.
2. Zur Sicherung der Reproduzierbarkeit echographischer Untersuchungsbedingungen müssen diese Daten regelmäßig überprüft werden.
3. Angesichts der gerätemäßigen und personellen Ausstattung eines klinischen Labors sollten die in Frage kommenden Meßverfahren einfach, schnell und ohne großen technischen Aufwand durchführbar sein.

Geeignete Meßmethoden zur Überprüfung der Kalibrierung und zur Erfassung klinisch relevanter Leistungsdaten diagnostischer Ultraschallgeräte wurde von mehreren Arbeitsgruppen entwickelt (Buschmann et al. 1977; Reuter et al. 1980; Haigis et al. 1981; Reuter et al. 1981; Haigis u. Buschmann 1985). Die im folgenden beschriebenen Verfahren berücksichtigen – soweit irgend möglich – entsprechende Empfehlungen der International Electrotechnical Commission (IEC 1979).

Die Ultraschalldiagnostik beruht auf der Beurteilung der Echos von Gewebestrukturen. Zur Überprüfung von Kalibrierungs- und Leistungsdaten werden daher ebenfalls „Echos" verwendet. Stammen diese Testechos etwa von einem Gewebephantom (Till u. Ossoinig 1977) oder einem „Testreflektor" (Haigis u. Buschmann 1985), so spricht man von *akustischen Messungen*. Das Ultraschallsystem wird dabei genauso wie in einer diagnostischen Situation eingesetzt. Meßtechnisch erfaßt und beschrieben wird dann die Leistungsfähigkeit des *Gesamt*systems (Sichtgerät + Schallkopf); die resultierenden Meßwerte sind „Effektiv"-Werte, „Gesamt"-Werte (z.B. Gesamtempfindlichkeit).

Diesen Messungen liegt die Betrachtung des Ultraschallsystems als „black box" zugrunde, bei der ein akustisches Signal am Eingang (Schallkopf) ein entsprechendes Ausgangssignal (Ablenkung des Kathodenstrahls der Bildröhre) hervorruft. Die Meßwerte beschreiben dann die Übertragungseigenschaften der „black box".

Verwendet man nicht „natürliche" (akustische) Echos, sondern erzeugt diese elektronisch mit einem „Echosimulator" (Funktionsgenerator; Reuter et al. 1980), so spricht man von *elektronischen Messungen*. Erfaßt werden dann nur Teilgruppen des Gesamtsystems (z.B. Schallkopf, einzelne Baugruppen des Sichtgeräts wie Empfangsverstärker, Demodulator, Filterstufen etc.). Von besonderer Bedeutung sind Messungen mit elektronischen Testsignalen etwa bei der gezielten Suche nach Fehlfunktionen einzelner Baugruppen.

Die im folgenden beschriebenen akustischen und elektronischen Messungen sind sicherlich nicht in der Lage, ein Ultraschallgerät technisch exakt und umfassend zu erfassen. Sie sind aber geeignet, die wichtigsten diagnostisch relevanten Parameter ausreichend genau zu beschreiben. Als Ergebnis erhält man numerische Kenngrößen, welche

1. die wichtigsten technischen Bedingungen beschreiben, die während einer Ultraschalluntersuchung mit dem verwendeten Gerät/Schallkopfsystem geherrscht haben;

2. eine systematische Optimierung und Überprüfung der Einstellungen des individuellen Geräts erlauben;
3. eine numerische Basis abgeben, die quantitative Vergleiche mit Ergebnissen anderer Untersucher erleichtert.

In der Praxis ist bei den Messungen zu beachten, daß jeder Regelknopf am Gerät außer der beabsichtigten Wirkung auch Nebeneffekte auf ganz andere Geräteparameter haben kann. Diese sind oft nicht einmal in den Betriebsanleitungen der Hersteller vermerkt. Deshalb muß bei jeder Messung – wie auch bei jeder diagnostischen Untersuchung – die Einstellung (bzw. Wirkung) *aller* Regler protokolliert und überprüft werden.

10.3 Akustische Messungen

W. HAIGIS

Als Reflektoren dienen bei den folgenden Messungen im wesentlichen ein ebener HEMA-Testreflektor (Haigis u. Buschmann 1985; Trier 1969) sowie eine Fadenreihe. Diese besteht aus weichen V2A-Kruppstahlfäden (für Dental-Anwendungen) mit einem Durchmesser von 0,15 mm. Die relative Lage der Fäden zueinander ist schematisch in Abb. 10.3-1 dargestellt.

HEMA-Testreflektoren sind ebene Scheiben aus Poly-Hydroxy-Ethyl-Metacrylat (Dicke ca. 11 mm, Durchmesser ca. 51 mm). Dieses Material, das zur Herstellung weicher Hornhaut-Kontaktlinsen verwendet wird, ist mit verschiedenen Wassergehalten lieferbar (38%, 72%, 88%; Bezeichnung W38, W72, W88). Es ist in gleichbleibender Qualität mit guter Langzeitstabilität verfügbar, wobei seine akustischen Daten denen weicher biologischer Gewebe vergleichbar sind. HEMA wird daher als Standardreflektor-Material eingesetzt. Für die beschriebenen akustischen Messungen wird ein W38-Reflektor mit den in Tabelle 10.3-1 zusammengestellten Daten verwendet.

Tabelle 10.3-1 (Haigis). Akustische Daten des Testreflektors HEMA W38

Reflektor	HEMA W38
Material	Poly-Hydroxy-Ethyl-Metacrylat, 38% H_2O
Dichte	$1,18 \pm 0,03$ g/cm
Schallgeschwindigkeit	1704 ± 10 m/sec
Akustische Impedanz	$2,01 \pm 0,05 \cdot 10^5$ g/cm$^2 \cdot$ sec
Reflektivität relativ zum idealen Reflektor	$-16,6 \pm 0,7$ dB

10.3.1 Gesamtempfindlichkeit für Testreflektorechos

Die Gesamtempfindlichkeit eines Ultraschallsystems beschreibt dessen Fähigkeit, ein Echo eines bestimmten Reflektors mit einer bestimmten Amplitude (oder Helligkeit) auf dem Bildschirm darzustellen. Sie hängt von einer Vielzahl von Gerätekomponenten ab, besonders aber vom Schallkopf (Frequenz, Bedämpfung etc.) und vom geräteinternen Sender. Für unsere Zwecke definieren wir die Gesamtempfindlichkeit eines Ultraschallsystems für Testreflektorechos als „diejenige (nominelle) Verstärkereinstellung, die ein 10 mm hohes Bildschirmecho von der Oberfläche eines ebenen Testreflektors (W38) erzeugt, welcher sich in einem einer Laufzeit von 30 µsec entsprechenden Abstand vom Schallkopf befindet". Der Reflektor ruht dabei in seinem Aufbewahrungsmedium (gepufferte physiologische Kochsalzlösung, pH = 7.2).

Nach dem oben Gesagten ist nicht zu erwarten, daß zwei verschiedene Ultraschallsysteme die gleiche maximale Gesamtempfindlichkeit aufweisen; ebenso werden sich bei der Verwendung verschiedener Schallköpfe unterschiedliche Werte ergeben.

Dieser für eine bestimmte Geräte/Schallkopfkombination charakteristische Wert der Gesamtempfindlichkeit ist nun auf zweifache Weise nützlich:

– Erhält man bei einer Überprüfungsmessung zu einem anderen Zeitpunkt einen abweichenden Wert, so liegt eine Fehlfunktion bzw. eine Änderung der Leistungsdaten des Gesamtsystems vor.
– Unter der Voraussetzung einer korrekten dB-Kalibrierung (die nicht bei allen Geräten erfüllt ist,) kann man diagnostische Ergebnisse in erster Näherung *geräteunabhängig* formulieren, indem man ein diagnostisches Echo ebenfalls auf 10 mm Bildschirmhöhe einstellt und dann an-

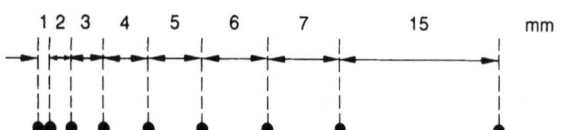

Abb. 10.3-1 (Haigis). Fadenphantom: relative Lage der einzelnen Fäden

gibt, um wieviel dB sich diese Einstellung von jener für den W38-Reflektor unterscheidet. Innerhalb einer in den übrigen Parametern übereinstimmenden Geräteserie ist dann z.B. folgende (relativ geräteunabhängige) Aussage möglich: „Bei einer Arbeitsfrequenz von 10,0 MHz liegt die Reflektivität einer ablatio retinae um ca. 27 dB unter jener des W38-Reflektors" Berücksichtigt man, daß die W38-Reflektivität um ca. 17 dB (vgl. Tabelle 10.3-1) geringer ist als die des „idealen Reflektors", so kann man in Übereinstimmung mit den IEC-Empfehlungen (IEC 1979) diagnostische Echos auf diesen idealen Reflektor beziehen: im obigen Beispiel erhielte man für die ablatio retinae einen Wert von ca. $(-27\,\text{dB}) + (-17\,\text{dB}) = -44\,\text{dB}$ relativ zum idealen Reflektor.

Messung im A-System

Reflektor: W38 in gepufferter NaCl-Lösung (pH = 7,2)
Meßprotokoll: P1

Der Testreflektor wird in seiner Halterung vorsichtig in die Plexiglasküvette gelegt. Diese wird unter Vermeidung von Luftblasen mit physiologischer NaCl-Lösung gefüllt. Die Messung wird bei Zimmertemperatur durchgeführt; leichte Temperaturänderungen bleiben ohne nennenswerten Einfluß auf die Ergebnisse. Der Schallkopf wird in die Kugelgelenkzange eingespannt, diese am Schraubstativ befestigt (Abb. 10.3.1-1). Schallkopf von oben in die Küvette einführen; Luftblasen vorsichtig mit einem isolierten Stück Draht entfernen. Schallkopf in ungefähr 45 mm Abstand vom Reflektor mit Hilfe der Kugelgelenkklemme auf maximale Amplitude justieren. Diese kann am besten beurteilt werden, wenn das Echo etwa halbe Bildschirmhöhe aufweist. Nach erfolgter Justierung überprüfen, ob der Schallkopf tatsächlich auf die Mitte des Reflektors weist. Gegebenenfalls nachjustieren. Anschließend mittels Schraubtrieb am Stativ den Abstand Schallkopfreflektor so verändern, daß das Reflektorecho 30 μsec hinter der ansteigenden Flanke des Sendeimpulses auf dem Bildschirm erscheint. Am Verstärkungs-(oder Dämpfungs-)Regler nun 10 mm Amplitudenhöhe für das W38-Echo einstellen. Der (nominelle) Wert dieser Verstärkungseinstellung wird im Meßprotokoll notiert. Jeweils nach Neujustierung wird diese Messung 10mal wiederholt und anschließend der Mittelwert gebildet.

Für Untersuchungen an Flachstielschallköpfen wird der Testreflektor senkrecht in der Küvette

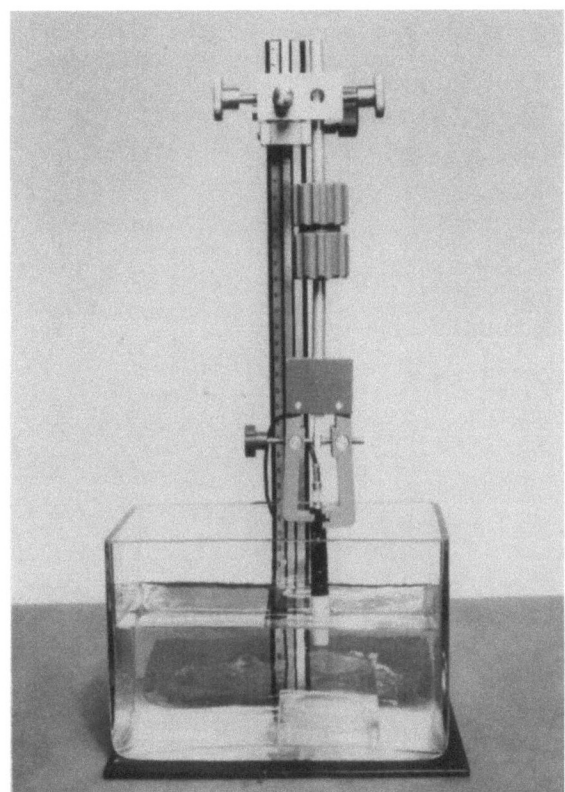

Abb. 10.3.1-1 (Haigis). Experimentelle Anordnung zur Bestimmung der Gesamtempfindlichkeit für Testreflektorechos im A-System

aufgestellt. Statt der Kugelgelenkzange wird eine spezielle Spannvorrichtung für Flachstielschallköpfe verwendet. Das Stativ muß in Horizontallage gebracht werden, so daß der Schraubtrieb zur Abstandsänderung benutzt werden kann.

Messung im B-System

Reflektor: W38 in gepufferter NaCl-Lösung (pH = 7,2)
Meßprotokoll: P1

Da Echos im B-System nicht als vertikale Bildschirmauslenkungen, sondern als verschieden helle Leuchtpunkte gezeichnet werden, bezieht sich die Gesamtempfindlichkeit hier anschaulich auf die Fähigkeit des Ultraschallsystems, ein bestimmtes Echo noch als wahrnehmbaren Leuchtpunkt auf dem Schirm darzustellen. Grundsätzlich ist die Bestimmung der Gesamtempfindlichkeit im A-System exakter als im B-System, da Amplituden besser beurteilt werden können als Helligkeitsunterschiede (Grauwerte). Weiterhin hängt die Leuchtstärke eines B-Bild-Punkts nicht nur von der Echoamplitude, sondern auch von der Einstellung der Grundhelligkeit (intensity) der Bildröhre wie

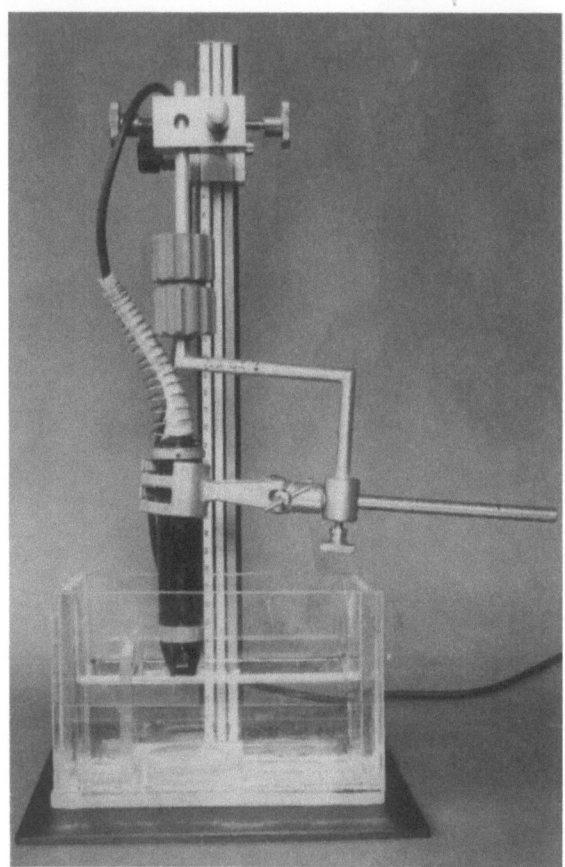

Abb. 10.3.1-2 (Haigis). Experimentelle Anordnung zur Bestimmung der Gesamtempfindlichkeit für Testreflektorechos im B-System

oberfläche justiert. Bei linear abtastenden Geräten sollte eine dem Durchmesser des Reflektors bzw. der abgetasteten Bildbreite entsprechende durchgehende Linie als Echo der Reflektoroberfläche erscheinen. Bei sektor- oder bogenförmiger Abtastung ist die Messung nur an der Stelle des Abtastwegs möglich, an welcher die Schallimpulse senkrecht auf den Reflektor auftreffen.

Nunmehr wird festgestellt, bei welcher Verstärkungs-(Dämpfungs-)Einstellung das B-Bild des Reflektors vom Bildschirm verschwindet. Dieser (Einstellungs-)Wert wird im Protokoll notiert. Zusätzlich muß die Position *aller* Regler festgehalten werden, die das Bild beeinflussen (z.B. gray scale on/off, video processing on/off, enhance on/off, intensity etc.).

Bei manchen B-Bild-Geräten ist es nicht möglich, relativ starke Echos (wie z.B. das W38-Echo) so weit zu dämpfen, daß sie völlig vom Bildschirm verschwinden. In diesem Fall muß der Abstand zwischen Schallkopf und Reflektor so weit vergrößert werden, daß sich das Bild der Reflektoroberfläche am Ende des maximal darstellbaren Zeit/Tiefenbereichs des Geräts befindet. Gelingt es auch dann noch nicht, das B-Bild zum Verschwinden zu bringen, so kann die Messung mit einem schwächer reflektierenden Testreflektor (z.B. W72 oder W88) wiederholt werden (Amplitudendifferenz zum W38-Echo s. Tabelle 1.4.2-1).

auch vom Einfluß weiterer Gerätestufen (Schwellwert, Normimpulsdarstellung etc.) ab. Man wird also im A-System i.a. einen anderen Meßwert erhalten als im B-System.

Die Gesamtempfindlichkeit im B-System wird definiert als dB-Differenz zu jener Verstärkungseinstellung, bei der das B-Bild einer Testreflektoroberfläche (W38) in einer bestimmten Entfernung gerade eben vom Bildschirm verschwindet.

Vor Beginn der Messung ist die Grundhelligkeit der Bildröhre bei abgedunkeltem Raum so einzustellen, daß bei maximaler Verstärkung der Bildschirm dunkel bleibt, wenn kein Echo vorhanden ist (d.h. die Abtastlinien müssen gerade eben verschwinden). Bei Verwendung von Contact-Scanner-Schallköpfen ist darauf zu achten, daß diese nur wenige mm in die NaCl-Lösung eingetaucht werden dürfen, um mögliche Schäden durch eindringende Flüssigkeit an nicht abgedichteten Stellen zu vermeiden.

Zur Messung (Meßaufbau nach Abb. 10.3.1-2) wird der B-Bild-Schallkopf zuerst versuchsweise auf einen Abstand von 30 μsec zur Testreflektor-

10.3.2 Abbildungsfehler im B-System

Reflektor: W38 in gepufferter NaCl-Lösung (pH = 7,2)
Meßprotokoll: P2

Das Echo einer bestimmten Struktur (z.B. eines Fremdkörpers) im Körpergewebe kann infolge von Abbildungsverzerrungen am Bildschirm in einer falschen Lokalisation erscheinen. Solche Verzerrungen führen auch dazu, daß Gewebe-Strukturen nicht winkelgetreu wiedergegeben werden. Diese Abbildungsfehler sind sowohl *gerätebedingt* als auch *ultraschallphysikalisch* verursacht. Gerätebedingte Geometrieverzerrungen entstehen etwa dann, wenn der Elektronenstrahl der Bildröhre beim Aufbau des B-Bildes eine andere Kurve beschreibt als der Schallkopf eines mechanischen Scanners bei seiner Abtastbewegung.

Physikalisch bedingte Abbildungsfehler tauchen auf, wenn der Ultraschallstrahl sich nicht geradlinig ausbreitet bzw. an Grenzflächen verschiedener Gewebe gebrochen wird (z.B. Linse/Glaskörper).

Zur Beurteilung gerätebedingter Abbildungsfehler erzeugt man ein B-Bild eines Objekts mit bekannter Form und Geometrie und vergleicht Bild und reales Objekt. Geeignet hierzu sind z.B. Fadenkäfige, Fadenreihen oder Gewebephantome, die an geeigneten Stellen mit Bohrungen versehen sind (AIUM-Testobjekte; Brendel et al. 1976; IEC 1979; AIUM 1980)). Eine weitere Möglichkeit besteht in der Verwendung des Echosimulators (Reuter et al. 1980), indem die akustischen Echos eines Testkörpers durch elektronisch erzeugte ersetzt werden.

Mit einer für die Praxis ausreichenden Genauigkeit kann man Abbildungsfehler dadurch beurteilen, daß man das B-Bild der Oberfläche eines ebenen Reflektors betrachtet. Diese muß als gerade Linie abgebildet werden.

Hierzu wird der Schallkopf in einen Abstand von ca. 60 µsec von einem Testreflektor (W38) gebracht und das resultierende Schirmbild beobachtet. Abbildungsverzerrungen sind umso deutlicher zu erkennen, je größer der Schall-Laufweg ist. Der Abstand zwischen Schallkopf und Reflektor wird hierzu erhöht und das B-Bild der Reflektoroberfläche beurteilt.

Das Vorliegen von Abbildungsfehlern wird photographisch dokumentiert und im Protokoll festgehalten.

10.3.3 Auflösung im A-System

Unter der Auflösung eines Ultraschallsystems versteht man dessen Fähigkeit, räumlich getrennte Objekte auch im Bild getrennt wiederzugeben. Je näher diese Reflektoren beieinander liegen können, ohne daß ihre Bildpunkte verschmelzen, desto besser ist offensichtlich die Auflösung. Quantifizieren läßt sich dieser Begriff dadurch, daß man den kleinsten Abstand zweier (punktförmiger) Reflektoren angibt, bei dem diese gerade noch auf dem Bildschirm voneinander getrennt erscheinen.

Liegen die beiden Reflektoren hintereinander in Schallausbreitungsrichtung, so spricht man von *Tiefenauflösung* (axialer Auflösung). Sie ist von der Schallfrequenz und der Form des Sendeimpulses abhängig. Die *Seitenauflösung* (laterale Auflösung) beschreibt den Fall zweier Reflektoren, die nebeneinander senkrecht zur Ausbreitungsrichtung des Schallstrahls angeordnet sind. Sie hängt wesentlich von der Schallbündelbreite ab. Generell ist die erreichbare Auflösung umso besser, je höher die Frequenz, je kürzer der Sendepuls und je schmaler das Schallbündel sind.

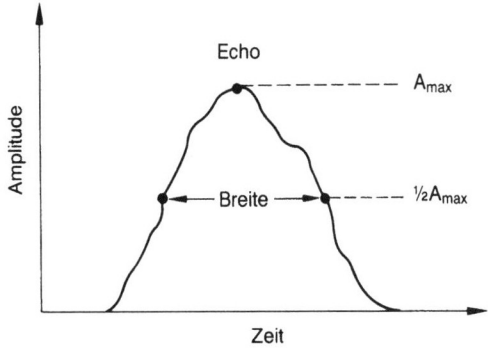

Abb. 10.3.3-1 (Haigis). Illustration zur Tiefenauflösung: (-6 dB)-Auflösung

Bildet man im A-System zwei hintereinander liegende punktförmige Reflektoren ab, so erhält man zwei Einzelechos, die bei Verringerung des gegenseitigen Abstands schließlich zu einem einzigen Echo verschmelzen. Die exakte Bestimmung desjenigen Abstands, bei dem die beiden Einzelechos gerade noch getrennt wahrgenommen werden, ist indes nicht einfach. Es ist aber einleuchtend, daß zwei Reflektoren umso näher gebracht werden können, je schmaler ihre Einzelechos sind.

Im A-System benutzt man daher die *Breite eines Echos* zur Beschreibung der *Tiefenauflösung*. Zur Veranschaulichung diene Abb. 10.3.3-1. Unter der Breite eines Echos versteht man den Abstand der beiden (am weitesten) links und rechts vom Echomaximum liegenden Punkte, deren Amplituden jeweils halb so groß ($=$ um 6 dB kleiner) sind wie die Maximalamplitude. Die so definierte Echobreite gibt die „6 dB-Auflösung" resp. „Auflösung nach dem 6 dB-Kriterium" an. Analog läßt sich z.B. eine „20 dB-Auflösung" definieren.

Während die axiale Echobreite direkt auf dem A-Bildschirm darstellbar ist, gilt dies nicht für die entsprechende Breite in lateraler Richtung, welche die *Seitenauflösung* bestimmt. Die laterale „Echoform" erhält man, wenn man einen Punktreflektor senkrecht zur Schallausbreitungsrichtung nach links und rechts verschiebt und den resultierenden Amplitudenverlauf über dem Abstand von der Achse darstellt. Dieser besitzt auf der Achse ein Maximum und wird links und rechts davon mit zunehmender Verschiebung immer kleiner. Analog zur Tiefenauflösung repräsentiert die Breite dieser Kurve die Seitenauflösung. Letztere ist immer größer und damit „schlechter" als die Tiefenauflösung.

Die oben definierte Auflösung hängt von einer Vielzahl von Faktoren ab. Neben Geräteeinstellungen (z.B. Verstärkung), die auf die Signalform

Einfluß haben, spielt vor allem bei der Seitenauflösung der Abstand zum Schallkopf eine Rolle. Die Auflösung läßt sich daher *nicht* durch einen einzigen Wert angeben. Vielmehr ist die Spezifizierung dieser Größe (lateral wie axial) nur dann sinnvoll, wenn gleichzeitig angegeben wird
- nach welchem Kriterium
- mit welchem Reflektor
- an welcher Stelle des Schallfelds
- bei welcher Verstärkereinstellung
- bei welchen zusätzlichen Geräteeinstellungen
sie gemessen wurde.

Für eine exakte Messung der A-System-Auflösung ist nach den IEC-Empfehlungen ein Kugelreflektor zu verwenden, der sich in allen drei Raumrichtungen definiert verschieben läßt.

Mit einer für klinische Zwecke ausreichenden Genauigkeit wird stattdessen im folgenden ein linienförmiger Reflektor (ein Faden einer Fadenreihe) verwendet.

Messung der Tiefenauflösung

Reflektor: 1 Faden einer Fadenreihe in aqua dest.

Meßprotokoll: P3

Schallkopf und Fadenreihe werden derart justiert (vgl. Meßaufbau in Abb. 10.3.3-2), daß alle Fäden hintereinander in Schallausbreitungsrichtung liegen. Derjenige Faden, der zum nächsten den größten Abstand besitzt (15 mm), dient dabei als Meßfaden und liegt dem Schallkopf zugewandt. Der Abstand zwischen Meßfaden und Schallkopf ist zuerst auf 60 µsec einzustellen. Vor Meßbeginn muß die Schreibspurbreite für den Bildschirm (Regler Astigmatismus, Focus, Helligkeit, intensity o.ä.) möglichst schmal eingestellt werden.

Nach optimaler Schallkopfjustierung wird die Verstärkung so eingestellt, daß die Amplitude des Meßfadenechos etwa 50% der ausnutzbaren Bildschirmhöhe beträgt. Diese Höhe wird markiert. Nun wird die Verstärkung um 6 dB erhöht: als Folge wird das Echo größer und breiter. Die Breite dieses Echos in jener (markierten) Höhe, die die Amplitude des Signals vorher ohne die zusätzliche 6 dB – Verstärkung hatte, wird abgelesen. Die Messung wird erleichtert, wenn man – durch Mehrfachbelichtung – ein Photo des Meßfadenechos vor und nach der zusätzlichen 6 dB-Verstärkung anfertigt, den Abstand t mit dem Stechzirkel abgreift und mit der Maßstabskala auf dem Photo vergleicht. Ist diese in µsec geeicht, so ist der erhaltene Wert unter Berücksichtigung der doppelten Schall-Laufzeit mit Hilfe der Schallgeschwindigkeit für Wasser (1,5 mm/µsec) in mm umzurech-

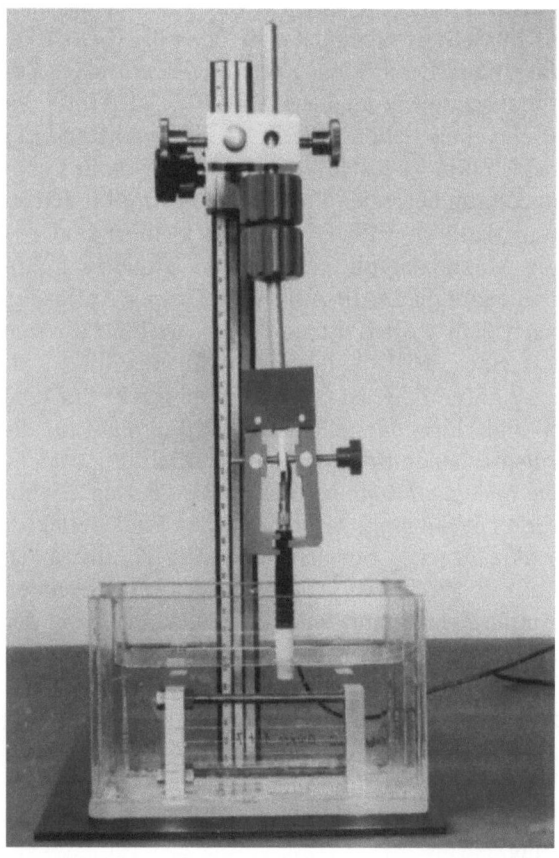

Abb. 10.3.3-2 (Haigis). Experimentelle Anordnung zur Bestimmung der Tiefenauflösung im A-System: benutzt wird nur ein Faden der Fadenreihe

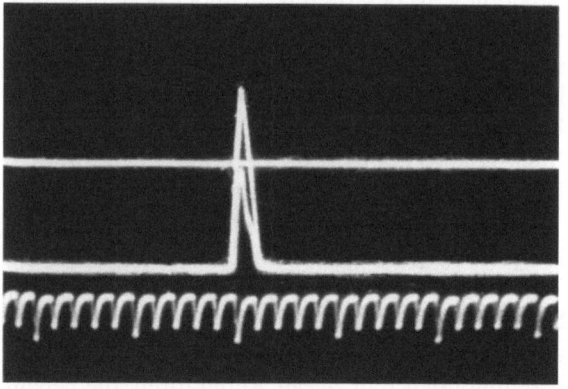

Abb. 10.3.3-3 (Haigis). Beispiel zur Bestimmung der (−6 dB)-Tiefenauflösung im A-System. Gerät: Kretz 7200 MA/003; Schwellwert: min; Siebung: 4; Schallkopf: NM6-5F/152; Verstärkung: 30 dB. Meßecho: Edelstahlfaden (0,2 mm dick); Laufzeit: 60 µsec. Ergebnis: Echobreite = 0,8 µsec, also: Tiefenauflösung = (0,8/2) µsec * (1,5 mm/µsec) = 0,6 mm (in Wasser)

nen. Ein Beispiel zur Messung der Tiefenauflösung zeigt Abb. 10.3.3-3.

Aus den schon genannten Gründen sollte die Messung für verschiedene Schallkopfabstände und Verstärkungseinstellungen durchgeführt werden.

Die Ergebnisse werden im Protokoll vermerkt.

Messung der Seitenauflösung

Reflektor: 1 Faden einer Fadenreihe in aqua dest.
Meßprotokoll: P4

Schallkopf und Fadenreihe werden derart justiert, daß alle Fäden hintereinander in Schallausbreitungsrichtung liegen (vgl. Meßaufbau in Abb. 10.3.3-4). Derjenige Faden, der zum nächsten den größten Abstand besitzt (15 mm), dient als Meßfaden und ist dem Schallkopf zugewandt. Der Abstand zwischen Meßfaden und Schallkopf beträgt zuerst 60 µsec.

Nach optimaler Schallkopfjustierung wird die Verstärkung so eingestellt, daß die Amplitude des Fadenechos etwa 80–90% der ausnutzbaren Bildschirmhöhe ausmacht. Nun wird die Verstärkung um 6 dB reduziert: das Echo wird kleiner und schmaler. Die neue Echohöhe wird auf geeignete Weise markiert. Sodann wird die ursprüngliche, um 6 dB höhere Verstärkung wieder eingestellt. Nun verschiebt man den Schallkopf mittels Schraubtrieb senkrecht zur Schallachse so lange nach links, bis das Fadenecho auf die vorher markierte Höhe abgesunken ist. Diese Schallkopfposition wird auf der mm-Skala des Schraubtriebs abgelesen und im Protokoll notiert. Danach wird der gesamte Vorgang nach rechts wiederholt. Der Abstand der beiden so gewonnenen Schallkopfpositionen gibt die gesuchte Seitenauflösung an.

Wie schon erwähnt, hängt diese wesentlich von der Schallfeldgeometrie ab, die im Idealfall rotationssymmetrisch um die akustische Achse ist. Dies bedeutet, daß sich in jeder Ebene senkrecht zur Ausbreitungsrichtung dieselbe Seitenauflösung ergeben müßte. Tatsächlich ist dies oft nicht der Fall. Daher sollte die Messung wiederholt werden, nachdem der Schallkopf um 90 Grad um die Schallbündelachse gedreht wurde.

Weiterhin sollte die Seitenauflösung für verschiedene Abstände vom Schallkopf und verschiedene Verstärkungseinstellungen bestimmt werden.

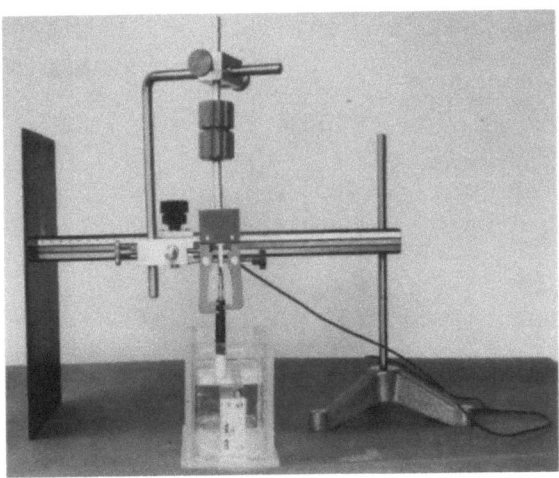

Abb. 10.3.3-4 (Haigis). Experimentelle Anordnung zur Bestimmung der Seitenauflösung im A-System: benutzt wird nur ein Faden der Fadenreihe

10.3.4 Auflösung im B-System

Während im A-System das „Bild" eines punktförmigen Reflektors durch ein Echo (bzw. dessen Form) beschrieben wird, erhält man im B-System (im Idealfall) wiederum einen Punkt als Abbild des Reflektors. Die Auflösung ist dabei bestimmt durch die „Breite" der räumlichen Helligkeitsverteilung dieses Bildpunktes, welche aber einer Messung nicht unmittelbar zugänglich ist. Zur Definition der B-Bild-Auflösung muß daher auf das Kriterium der Unterscheidbarkeit zweier Bildpunkte zurückgegriffen werden.

Für die Messung von Seiten- und Tiefenauflösung wird im folgenden die Fadenreihe benutzt. Unter der B-Bild-Auflösung versteht man dann den Abstand desjenigen Fadenpaares, das noch in der Form zweier getrennter Echopunkte auf dem Bildschirm erkennbar ist.

Messung der Tiefenauflösung

Reflektor: Fadenreihe in aqua dest.
Meßprotokoll: P5

Wie bei der Bestimmung der Auflösung im A-System sollte diese Messung prinzipiell auch in mehreren Abständen und bei verschiedenen Verstärkungseinstellungen durchgeführt werden. Im folgenden werden jedoch nur zwei ausgewählte Abstände betrachtet:

Fadenorientierung A. Schallkopf und Fadenreihe sind derart angeordnet, daß alle Fäden hintereinander in Schallausbreitungsrichtung liegen. Derjenige Faden, der zum folgenden den kleinsten Ab-

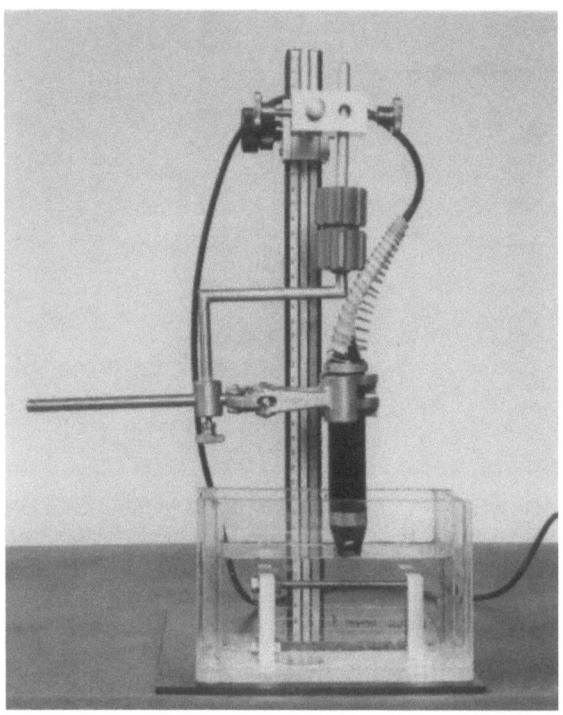

Abb. 10.3.4-1 (Haigis). Experimentelle Anordnung zur Bestimmung der Tiefenauflösung im B-System: benutzt werden alle Fäden der Fadenreihe

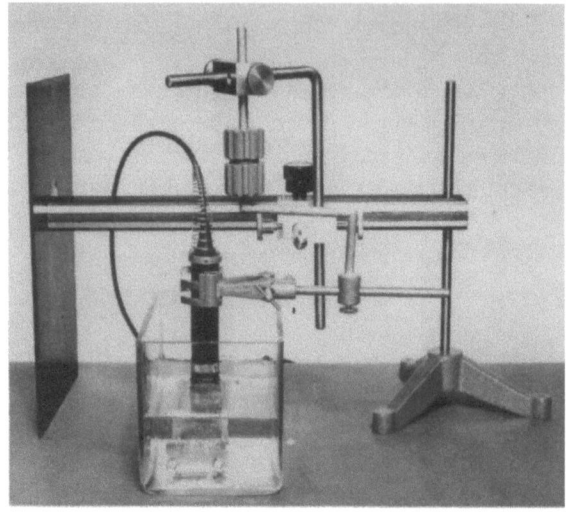

Abb. 10.3.4-2 (Haigis). Experimentelle Anordnung zur Bestimmung der Seitenauflösung im B-System: benutzt werden alle Fäden der Fadenreihe

stand besitzt (1 mm), weist dabei zum Schallkopf. Die Laufzeit zum ersten Faden soll 30 µsec betragen.

Fadenorientierung B. Wie A, nur daß das Fadenpaar mit dem größten Abstand zum Schallkopf weist.

Schallkopf und Fadenreihe werden so justiert (Abb. 10.3.4-1), daß bei geringstmöglicher Verstärkung alle Fadenechos gleichzeitig auf dem Bildschirm erscheinen. Nun wird festgestellt, welche Fäden noch zuverlässig als separate Echos unterschieden werden können. Der Abstand dieser Fäden wird zusammen mit der Verstärkungseinstellung notiert. Diese wird sodann in 20 dB-Stufen erhöht und die Messung wiederholt.

Danach wird der gesamte Versuch in der Fadenorientierung B durchgeführt.

Selbstverständlich müssen alle zusätzlichen Geräteeinstellungen notiert werden, welche die B-Bild-Darstellung beeinflussen. Besonders gilt dies für solche Regler, die z.B. die Grauwertdarstellung abschalten (z.B. „Enhance"-, „Contour"-, „Texture"- o.ä. Tasten).

Messung der Seitenauflösung

Reflektor: Fadenreihe in aqua dest.
Meßprotokoll: P6

Bei dieser Messung ist die Fadenreihe senkrecht zur Abtastebene des B-Bild-Schallkopfs angeordnet.

Prinzipiell sollte wieder in mehreren Abständen und bei verschiedenen Verstärkungseinstellungen gemessen werden. Im folgenden werden jedoch nur zwei ausgewählte Abstände betrachtet:

- Die Fadenebene ist 30 µsec vom Schallkopf entfernt.
- Die Fadenebene ist 60 µsec vom Schallkopf entfernt.

Die eigentliche Messung wird in jedem der beiden Abstände jeweils an drei Schallfeldorten vorgenommen:

- am oberen Rand des abgetasteten Sektors
- in der Mitte des Abtastsektors
- am unteren Rand des Abtastsektors.

Schallkopf und Fadenreihe werden so justiert (Abb. 10.3.4-2), daß bei geringstmöglicher Verstärkung alle Fadenechos gleichzeitig auf dem Bildschirm erscheinen. Nun wird der Schallkopf parallel zur Fadenreihe verschoben, wobei für jeden der oben beschriebenen Orte festgestellt wird, welches Fadenpaar noch getrennt wahrnehmbar ist. Der Abstand dieser Fäden wird zusammen mit der Verstärkungseinstellung im Protokoll festgehalten. Anschließend wird der Versuch wiederholt, wobei die Verstärkung in 20 dB-Stufen erhöht wird.

Als Ergebnis erhält man die B-Bild-Seitenauflösung für 6 Orte des Schallfeldes bei verschiedenen Verstärkungseinstellungen.

10.3.5 Schallfeldcharakteristik

Unter der „Schallfeldcharakteristik" versteht man die geometrische Form der räumlichen Energieverteilung vor einem Schallkopf. Ein einzelner Schwinger besitzt eine keulenförmige Charakteristik in Richtung der Schallausbreitungsachse (Hauptkeule). Daneben gibt es noch sog. Nebenkeulen, d.h. räumliche Regionen fernab der akustischen Achse, in denen merkliche Schallintensitäten herrschen. *Zwischen* solchen Gebieten und der Hauptkeule ist die Schallintensität verschwindend klein.

Störend wirken sich diese Nebenkeulen dann aus, wenn ihre Schallintensitäten in der gleichen Größenordnung liegen wie die der Hauptkeule: es entstehen Artefakte und „Geisterbilder". Während diese Effekte bei Einzelschwingern (resp. -Schallköpfen) in der Regel vernachlässigbar sind, spielen sie besonders bei elektronischen Multi-Element-Schallköpfen (array transducers) eine Rolle.

Ähnliche Artefakte können jedoch auch bei Einzelelement-Schallköpfen auftreten, wenn z.B. in der inneren Struktur (Schwingerplättchen/ Dämpfungsschicht) mechanische Defekte vorliegen (d.h. wenn der Schallkopf etwa mechanischem Schock ausgesetzt war). Dann kann eine „Schallbündelspaltung" auftreten und man erhält Echos aus Regionen, auf die der Schallkopf gar nicht gerichtet war.

Sind Echos, die derart entstehen, nicht um wenigstens 30 dB schwächer als die durch die Hauptkeule entstandenen, so ist ein solcher Schallkopf nicht (mehr) für diagnostische Zwecke einsetzbar.

Bei Flachstielschallköpfen ist ein weiteres Phänomen denkbar, wodurch die „normale" Schallfeldcharakteristik gestört werden kann: Bedingt durch den mechanischen Aufbau, kann die Dämpfungsschicht hinter dem Schwingerplättchen nicht beliebig dick gemacht werden. Ein Teil der Schallenergie wird dadurch auch nach hinten abgestrahlt. Führt diese rückseitige Schallabstrahlung zu Echoamplituden, die nicht um mindestens 40 dB kleiner sind als die durch vorderseitige Abstrahlung entstandenen, so ist ein solcher Flachstielschallkopf ebenfalls für die Diagnostik ungeeignet.

Aus diesen Gründen sollten Schallköpfe auf Störungen hinsichtlich ihrer Schallfeldcharakteristik untersucht werden.

Überprüfung von Normalschallköpfen

Reflektor: 1 Faden einer Fadenreihe in aqua dest.
Meßprotokoll: P7

Schallkopf und Fadenreihe werden derart justiert, daß alle Fäden hintereinander in Schallausbreitungsrichtung liegen. Derjenige Faden, der zum nächsten den größten Abstand besitzt (15 mm), dient als Meßfaden und ist dem Schallkopf zugewandt. Der Abstand zwischen Meßfaden und Schallkopf ist auf 60 µsec einzustellen. Die Versuchsanordnung ist identisch mit der zur Messung der Seitenauflösung im A-System (Kap. 10.3.3).

Nach optimaler Schallkopfjustierung wird die Verstärkung so gewählt, daß die Amplitude des Meßfadenechos etwa 80–90% der ausnutzbaren Bildschirmhöhe beträgt. Amplitudenhöhe und Verstärkungseinstellung werden notiert. Nun wird der Schallkopf mittels Schraubtrieb rechtwinklig zur akustischen Achse nach links verschoben, bis das Echo verschwunden ist.

Da „Neben"echos i.a. deutlich schwächer sind, wird nunmehr maximale Verstärkung eingestellt und unter weiterer lateraler Schallkopfverschiebung beobachtet, ob etwa ein 2. Echo des Fadens erscheint. In diesem Fall wird festgestellt, bei welcher Verstärkung dieses dieselbe Amplitude erreicht wie das „Haupt"-Echo von der akustischen Achse. Gegebenenfalls muß die anfangs gewählte Amplitude verringert werden, um Haut- und Nebenecho vergleichen zu können.

Derselbe Versuch wird sodann mit einer Verschiebung nach rechts unternommen.

Schließlich wird die gesamte Prüfung wiederholt, nachdem der Schallkopf um 90 Grad um die akustische Achse gedreht wurde. Die Ergebnisse werden im Protokoll vermerkt.

Waren Nebenechos nachweisbar, und ist die Differenz der Verstärkungseinstellungen für gleiche Amplituden von Haupt- und Nebenechos kleiner als 30 dB, so ist der Schallkopf unbrauchbar.

Überprüfung von Flachstielschallköpfen

Reflektor: Rückwand der Glasküvette in aqua dest.
Meßprotokoll: P8

Der Schallkopf wird mittels Justierzange und Stativ so befestigt (Abb. 10.3.5-1), daß seine Rückseite etwa 25 mm von der Küvettenwand entfernt ist. Auf der Vorderseite (Schallaustrittsseite) muß dieser Abstand mindestens doppelt so groß sein.

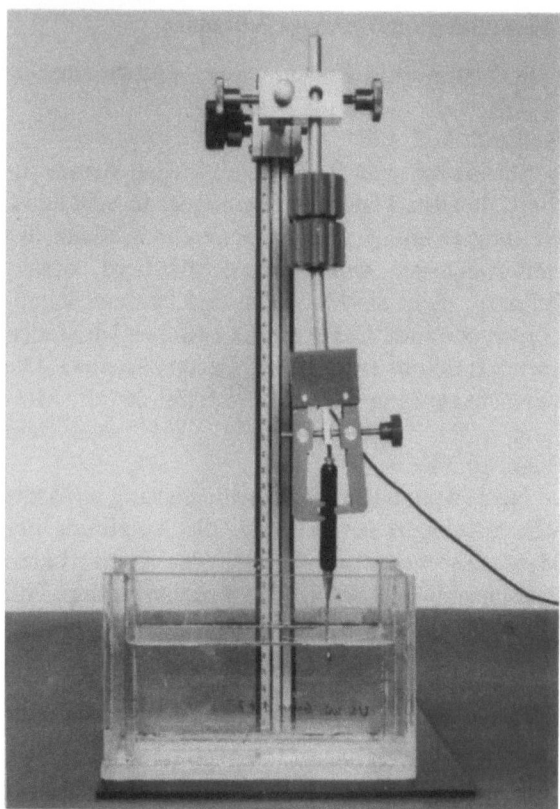

Abb. 10.3.5-1 (Haigis). Experimentelle Anordnung zur Überprüfung von Flachstiel-Schallköpfen: ausgewertet wird das Echo der rückseitigen Küvettenwand

Bei maximaler Verstärkung wird sodann überprüft, ob sich ein Echo von der der Rückseite zugewandten Küvettenwand darstellen läßt. [Ein solches müßte ca. $(2 \times 25\text{ mm})/(1{,}5\text{ mm}/\mu\text{sec}) = 33\text{ }\mu\text{sec}$ nach dem Sendepuls auftauchen, wenn eine meßbare rückseitige Schallabstrahlung vorläge.]

Läßt sich ein solches Echo nachweisen, so vergewissert man sich durch Variation des Abstandes Schallkopfrückseite/Küvettenwand, daß dieses tatsächlich durch rückseitige Schallabstrahlung entsteht. Die Amplitudenhöhe des Echos wird gemessen und zusammen mit der Verstärkungseinstellung notiert. Anschließend wird der Schallkopf um 180 Grad derart gedreht, daß nunmehr seine Vorderseite auf die Küvettenwand weist. Bestimmt wird nun jene Verstärkungseinstellung, die dieselbe Amplitudenhöhe des Wandechos zur Folge hat wie zuvor bei der rückseitigen Abstrahlung.

Ist die Differenz beider Verstärkungseinstellungen kleiner als 40 dB, so ist der Schallkopf unbrauchbar.

10.3.6 Nullpunktfehler

Reflektor: Messingwürfel in aqua dest.
Meßprotokoll: P9

Mißt man in der Ultraschallbiometrie Distanzen dadurch, daß man die Zeitdifferenz zwischen der ansteigenden Flanke des Sendepulses und jener des interessierenden Echos bestimmt und diese dann über die Schallgeschwindigkeit in eine Länge umrechnet, so ist die resultierende Strecke *größer* als die tatsächliche physikalische Distanz. Die Differenz, um die sich beide Werte unterscheiden, wird als Nullpunktfehler bezeichnet. Dieser tritt immer dann in Erscheinung, wenn Abstände vom Sendepuls aus gemessen werden (z.B. bei der Achsenlängenmessung in Kontaktankopplung). Seine Ursache liegt darin, daß der Schallimpuls die Schallkopfaustrittsfläche zu einem späteren Zeitpunkt verläßt als dies die ansteigende Flanke des Sendeimpulses anzeigt. Diese gibt nur an, wann die elektrische Erregung des Schwingerplättchens beginnt. Bis sich eine mechanische Schwingung aufbaut und dann den Schallkopf verläßt, vergeht noch eine gewisse Zeit, die als Nullpunktfehler in Erscheinung tritt. Dieser ist also durch den Schallkopf selbst bedingt und unvermeidbar.

Zur Messung (vgl. Abb. 10.3.6-1) wird ein Messingblock verwendet, an den man den Schallkopf mit Hilfe eines Tropfen Wassers ankoppelt. Es wird nun so justiert, daß eine gleichmäßig abfallende Echofolge mit konstantem zeitlichen Abstand ohne störende Zwischenechos entsteht.

Diese Echofolge rührt daher, daß der Schallimpuls mehrfach innerhalb des Messingblocks reflektiert wird. Zweckmäßigerweise wird das Echogramm zusammen mit der Skala fotografiert und die weitere Auswertung am Photo vorgenommen. Man erhält ein Echogramm wie in Abb. 10.3.6-2.

Der zeitliche Abstand zwischen Sendepuls und erstem Echo ist wegen des Nullpunktfehlers größer als der der folgenden Echos untereinander. Diese werden wie folgt ausgewertet:

Mit einem Stechzirkel wird der Abstand zweier möglichst weit entfernter Echos auf dem Photo erfaßt. Diese sollten jedoch nicht zu nahe an den Bildschirmrändern liegen (Bildschirmverzerrungen). Der im Stechzirkel abgegriffene Wert – der einem ganzzahligen Vielfachen der Laufzeit T durch den Messingblock entspricht – wird durch Anlegen mit jenem Teil der Skala verglichen, der im selben Bildschirmbereich liegt wie die ausgewählten Echos. Damit wird die Laufzeit T ermittelt.

Ebenso wird nun der Abstand zwischen der ansteigenden Flanke des Sendepulses und jener des

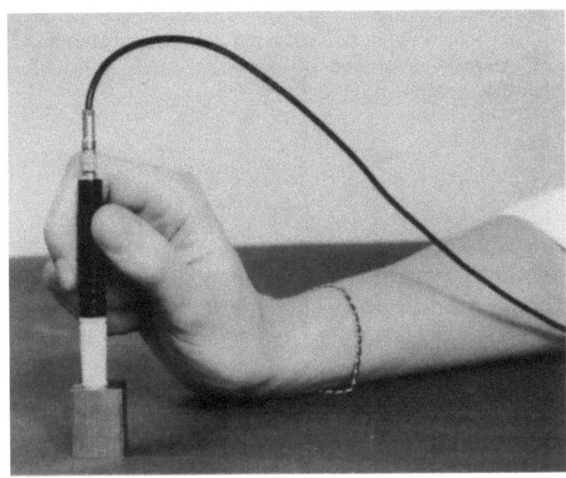

Abb. 10.3.6-1 (Haigis). Experimentelle Anordnung zur Bestimmung des Nullpunktfehlers

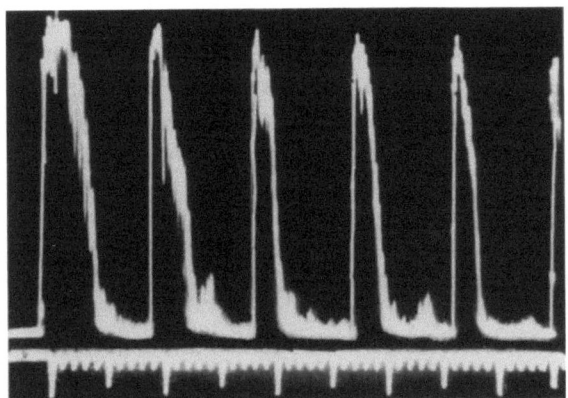

Abb. 10.3.6-2 (Haigis). Beispiel zur Bestimmung des Nullpunktfehlers mit Hilfe von Vielfachechos aus einem 20 mm dicken Messingblock. Gerät: Kretz 7200 MA/003; Schwellwert: min; Siebung: 1; Schallkopf: NM8-5K/800. Es ergibt sich ein Nullpunktfehler von ca. 0,8 µsec

ersten Echos abgegriffen und mit der Skala in diesem Bildschirmbereich verglichen, wodurch sich die Laufzeit t ergibt. Die Differenz t-T (ausgedrückt in mm oder µsec) ist der gesuchte Nullpunktfehler. Die Ergebnisse werden im Protokoll festgehalten.

Literatur

AIUM (American Institute of Ultrasound in Medicine) (1980) Quality assurance in diagnostic ultrasound. AIUM Executive Office, Oklahoma City

Brendel K, Filpczynski LS, Gerstner R, Hill CR, Kosoff G, Quentin G, Reid JM, Saneyoshi J, Somer JC, Tchevnenko AA, Wells PNT (1976) Methods of measuring the performance of ultrasonic pulse-echo diagnostic equipment. Ultrasound Med Biol 2/4:343

Buschmann W, Linnert D, Eysholdt E (1977) Measurement of equipment sensitivity in diagnostic ultrasonography. In: White D, Brown R (eds) Ultrasound in medicine, vol 3B. Plenum, New York, p 1925

Haigis W, Buschmann W (1985) Echo reference standards in ophthalmic ultrasonography. Ultrasound Med Biol 11/1:149

Haigis W, Reuter R, Lepper R-D (1981) Comparative measurements on different pulse-echo systems using test reflectors. In: Thijssen JM, Verbeek AM (eds) Ultrasonography in ophthalmology. SIDUO VIII, Doc Ophthalmol Proc Ser 29. Junk, The Hague Boston London, p 445

IEC International Electrotechnical Commission, Technical Comm. 29 Electroacoustics, Subcommittee 29D: Ultrasonics WG 4: Draft (1979) Methods of measuring the performance of ultrasonic pulse-echo diagnostic equipment

Reuter R, Trier HG, Lepper R-D (1980) Ein elektrisches Prüfverfahren und Prüfgerät für Ultraschalldiagnostik-Anlagen. Acta Med 28/2:58

Reuter R, Lepper R-D, Haigis W (1981) Comparative measurements on ultrasonic pulse-echo equipment with the Echosimulator. In: Thijssen JM, Verbeek AM (eds) Ultrasonography in ophthalmology. SIDUO VIII, Doc Ophthalmol Proc Ser 29. Junk, The Hague Boston London, p 463

Till P, Ossoinig KC (1977) First experience with a solid tissue model for the standardization of A- and B-scan instruments in tissue diagnosis. In: White D, Brown RE (eds) Ultrasound in medicine, vol 3B. Plenum, New York, p 2167

Trier HG (1971) Lichtdurchlässige, feststoffähnlich bearbeitbare Kunststoffe mit Schallgeschwindigkeiten unter 2000 m/sec. In: Böck J, Ossoinig K (Hrsg) Ultrasonographia Medica. SIDUO III. Wiener Medizinische Akademie, Wien, p 199

10.4 Elektrische Messungen zur Charakterisierung des Empfängers inklusive Sichtgerät und elektrischer Signalverarbeitung

R. REUTER

Einführung

Der akustische Arbeitsbereich aller Ultraschalldiagnostikgeräte beginnt und endet am sog. „Schallkopf". Dieser beinhaltet elektroakustische Wandler. Sie dienen der Umsetzung der ursprünglich elektrischen *Sende*signale in akustische Form, sowie der Rückwandlung der resultierenden akustischen *Empfangs*signale in elektrische Größen.

Die notwendigen Umsetzungsverfahren und Übertragungswege sollten so neutral wie möglich arbeiten, um Informationsverluste und -verfäl-

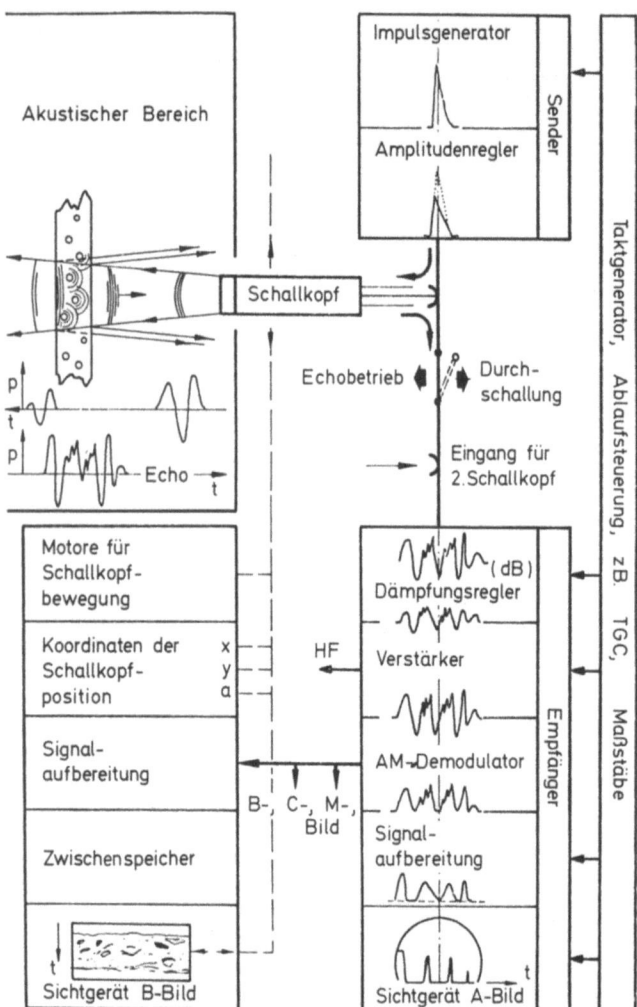

Abb. 10.4-1. Interner Aufbau von Ultraschall-Impuls-Geräten. Bei Schallköpfen mit mehreren Schwingerplatten („Array"-Anordnungen) sind die Motoren durch eine weitere Ablaufsteuerung ersetzt

schungen klein zu halten. Die Auswirkungen absichtlich eingeführter Signalverarbeitung auf die Echogramm-Darstellung (z.B. laufzeitabhängiger Verstärkungsvariation, Kantenaufsteilung=, „Scharfzeichner", Tiefpaß-Filterung usw.) sollten bekannt sein. Dasselbe gilt für quasi „natürliche" Einflüsse der elektrischen Empfängereigenschaften auf das Echogramm (Abb. 10.4-1) (vgl. IEC-Document No. 29 1978; Reuter 1978; Reuter et al. 1981; Trier 1982; Trier u. Reuter 1984).

In neuerer Zeit sind durch die Integration rechnergestützter Signalverarbeitung weitere Parameter der US-Geräte relevant geworden. Sie betreffen u.a. die Latenzzeit zwischen einer Echoformänderung und der äquivalenten Darstellung im Sichtgerät, welche bei „Analoggeräten" vernachlässigbar klein war (Beispiel Abb. 10.4.4-3). Ähnliches gilt für die oft auftretende zeitliche Diskrepanz zwischen A-Bild-Darstellung und den wahren numerischen Ausgaben von Laufzeiten bzw. Strecken bei Biometriegeräten.

Die Empfänger – bestehend aus Dämpfungsglied, Verstärker, Demodulatoren, ggf. Analog-Digital-Convertern mit Speichermedien u.a.m. – umfassen den größten Teil des Signalweges einer Ultraschall-Apparatur. Unzulänglichkeiten und Grenzbedingungen dieser Baugruppen werden häufig unterschätzt. Mehrdeutigkeiten im Echogramm werden infolgedessen dem Schallkopf – als schwächstem Glied der „Übertragungskette" –, den komplexen Schallfeldverhältnissen oder auch dem Untersuchungsobjekt zugeschrieben (Reuter u. Trier 1984).

Daraus ergab sich die Forderung, nach weiteren (Phantom und Testreflektor ergänzenden) Meßverfahren, um die apparativen Einflüsse auf die Echogrammqualität möglichst genau kennenzulernen (Carson 1976; Haigis et al. 1983; Reuter 1980; Reuter et al. 1980b; Reuter et al. 1980c; Reuter u. Trier 1984; Reuter et al. 1978; Thijssen u. van Kervel 1981; Trier et al. 1981; Williams u. Holmes 1974). Sie führte zur Optimierung eines elektrischen Testsignals (Abb. 10.4-2) (Reuter et al. 1981) zur schnellen Ermittlung der relevanten Empfängereigenschaften. Um den apparativen und meßtechnischen Aufwand klein zu halten, wurde Mitte der 70er Jahre der Echosimulator ES

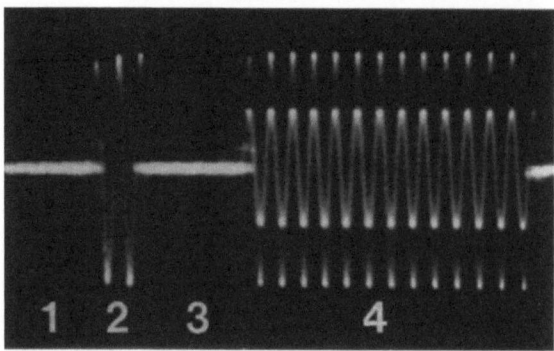

Abb. 10.4-2. Optimiertes Testsignal des ES 77. Die 4 Zeitabschnitte sind stufenlos variabel: *1* Entspricht der Vorlaufzeit zwischen triggerndem Sendeimpuls und 1. Pseudoecho; *2* Dauer des 1. Echos *3* Abstand zwischen beiden Echos; *4* Dauer des 2. Echos. Die Trägerfrequenz kann stufenlos zwischen 5 und 15 MHz (bzw. 2–8 MHz) variiert werden. Die Amplitude kann kontinuierlich von 0 dB=1 Vss an 50 Ohm um 100 dB abgesenkt werden. Zusätzlich ist eine Reduzierung des 2. Echos um −6 dB gegenüber dem ersten möglich

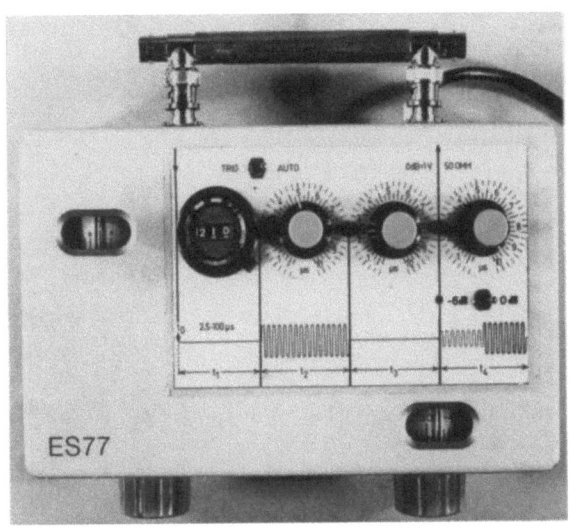

Abb. 10.4-3. Der ECHOSIMULATOR ES 77 mit Adapterbrücke

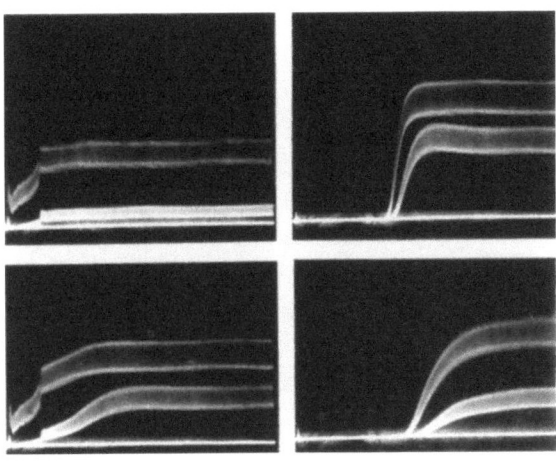

Abb. 10.4.1-1. Beispiele für die Darstellung verschiedener TGC-Einstellungen mit automatischem (freilaufendem) Betrieb des ES 77

77 zur Erzeugung dieses Meßsignals entwickelt (Abb. 10.4-3) (Haigis et al. 1983; Lepper et al. 1979; Reuter 1980; Reuter et al. 1980a, b; Reuter et al. 1978; Reuter et al. 1981).

10.4.1 Der ECHOSIMULATOR ES 77 und seine Bedienung

Das Testsignal des ES 77 besteht aus vier Zeitabschnitten:

t_1 bestimmt den zeitlichen Abstand zwischen dem Sendeimpuls des Prüflings und dem Beginn des 1. Pseudoechos (2,5–100 µsec);

t_2 entspricht der Dauer des 1. Pseudoechos (0,5–10,5 µsec);

t_3 bestimmt den zeitlichen Abstand zwischen 1. und 2. Pseudoecho (0,5–10,5 µsec);

t_4 entspricht der Dauer des 2. Pseudoechos (0,5–10,5 µsec).

Die Einstellregler für t_1 bis t_4 befinden sich auf der Oberseite des ES 77. Der Bedienungsknopf links vorn erlaubt eine stufenlose Trägerfrequenz-Variation von 5–15 MHz (bzw. 2–8 MHz). Der Bedienungsknopf rechts vorn gestattet, die Amplitude der Pseudoechos stufenlos, in Dezibel (dB) skaliert, abzusenken. 0 dB entspricht einem Pseudoecho von 1Vss an 50 Ohm Quellwiderstand. Rechts oben befindet sich ein Kippschalter, mit dem das 2. Pseudoecho gegenüber dem ersten um −6 dB (−50%) reduziert werden kann (als Referenzamplitude bei der Untersuchung von „B"- und „C"-Bild-Geräten. Ein weiterer Kippschalter auf der Oberseite links erlaubt die Umschaltung von Triggerbetrieb (durch t_1 definierter Abstand zwischen Sendeimpuls des Prüflings und Pseudoecho-Paar) auf automatischen Betrieb. Die Echos werden dann unkorreliert zum Sendeimpuls gestartet, sie erscheinen daher mehr oder weniger zufallsverteilt auf dem gesamten Bildschirm (z.B. zur Darstellung laufzeitabhängiger Verstärkung) (Abb. 10.4.1-1).

Auf der Rückseite des ES 77 befindet sich links die Anschlußbuchse zum Senderausgang des Prüflings (Triggereingang des ES 77). An der rechten Buchse steht das Meßsignal zur Verfügung. Sie wird über ein kurzes Koaxialkabel mit dem Empfängereingang des Prüflings verbunden (Abb. 10.4.1-2a und b). Wenn das Ultraschallgerät nur einen Schallkopfanschluß besitzt, werden beide Buchsen des ES 77 über eine Adapterbrücke verknüpft. Die Pseudoechos können wiederum am Anschlußpunkt rechts entnommen werden (Abb. 10.4.1-3).

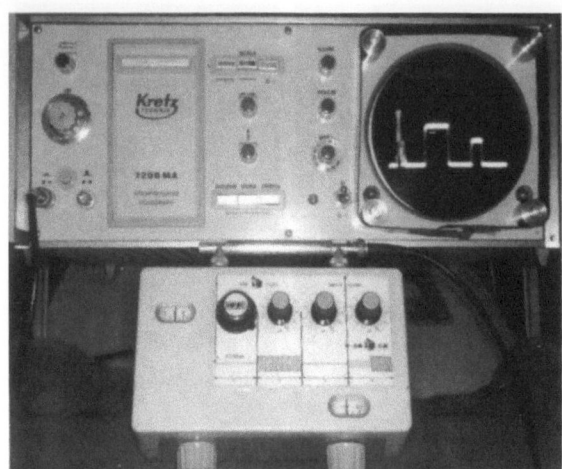

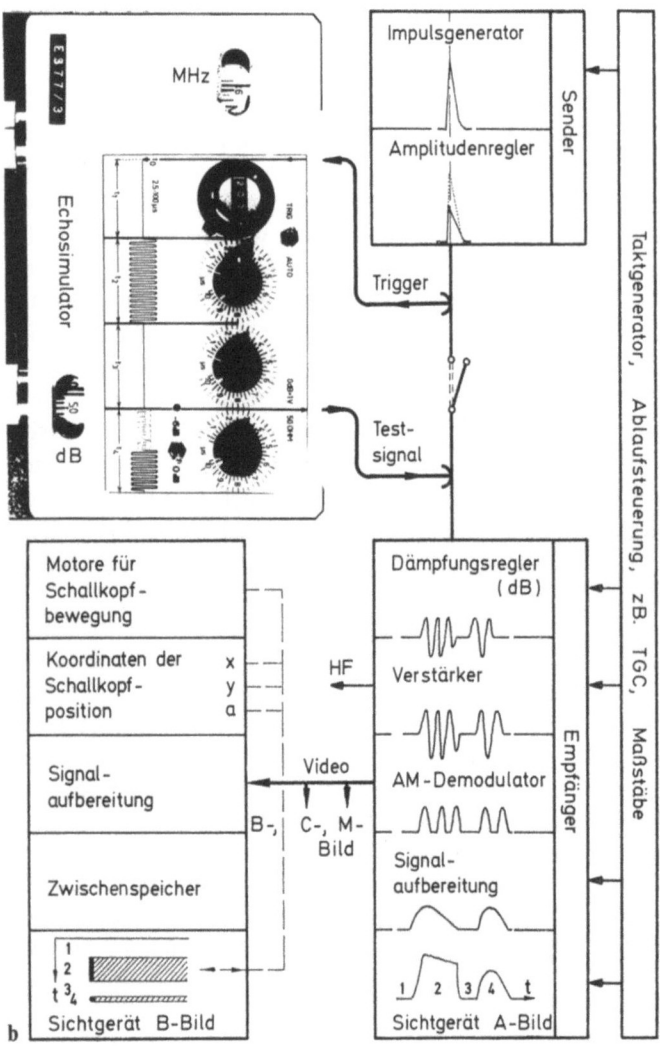

Abb. 10.4.1-2a, b. Anschluß-Schema des ES 77 an einen Prüfling; der ES 77 ersetzt dessen „akustischen Bereich" (s. Abb. 10.4-1)

Abb. 10.4.1-3. Beispiele der Erfassung von Geräteeigenschaften mittels elektrischer Prüfung

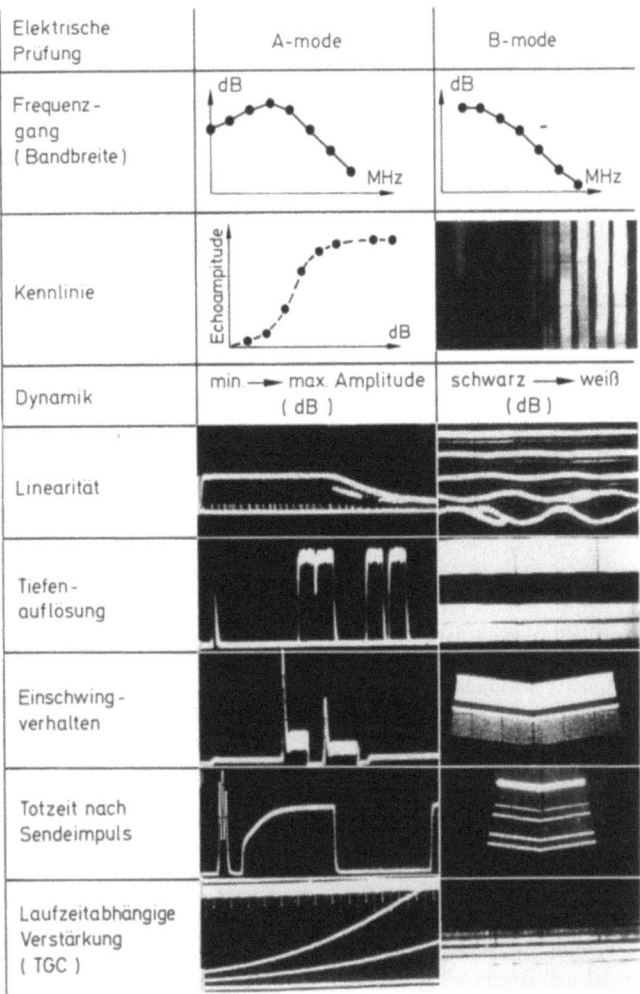

Literatur

Carson PL (1976) Rapid evaluation of many pulse echo system characteristics by use of a triggered pulse burst generator with exponential decay. J Clin Ultrasound 4:259–263

Haigis W, Schneider S, Reuter R (1983) Halbautomatische, rechnergestützte Kalibrierungsmessungen an diagnostischen Ultraschallgeräten. In: Otto RCh, Jann FX (Hrsg) Ultraschalldiagnostik, Proc Dreiländertreffen, Bern 1982. Thieme, Stuttgart, S 389–394

INTERNATIONAL ELECTROTECHNICAL COMMISSION: Technical Committee No. 29: Electroacoustics, Sub-Committee 29 D: Ultrasonics. Draft (Juni 1978) Methods of measuring the performance of ultrasonic pulse-echo diagnostic equipment. 29 D (Sekretariat) 13 (Ergänzungen, Mai 1979)

Lepper RD, Trier HG, Reuter R (1979) Beispiele für die Anwendung des Testprogramms mit Echosimulator an Geräten der Serie 7200 MA Kretztechnik. In: Gernet H (Hrsg) Diagnostica ultrasonica in Ophthalmologia, SIDUO VII. Remy, Münster

Reuter R (1979) Der Zusammenhang klinisch relevanter Gerätefunktionen im A- und B-Bild und ihre Überprüfung durch ein differenzierungsfähiges Testprogramm. In: Gernet H (Hrsg) Diagnostica ultrasonica in Ophthalmologia, SIDUO VII. Remy, Münster

Reuter R (1980) Klinisch einsetzbares Verfahren zur ergänzenden Prüfung von Ultraschall-Diagnostikgeräten. In: Hinselmann M, Anlicker M, Mendt R (eds) Ultraschalldiagnostik in der Medizin, Proc Dreiländertreffen, Davos 1979. Thieme, Stuttgart, S 227–229

Reuter R, Trier HG (1984) Special electrical test generators for quality assurance of ocular biometry and of Doppler equipment. In: Hillman JS, LeMay MM (eds) Ophthalmic ultrasonography. SIDUO IX, Doc Ophthalmol Proc Ser 38. Junk, The Hague Boston Lancaster, pp 479–485

Reuter R, Trier HG (1984) Qualitätssicherung bei Ultraschalldiagnostik-Geräten. Medizintechnik 104:229–238

Reuter R, Trier HG, Lepper RD (1978) Kurzanleitung zum „Echosimulator ES 77". Ophthalmologische Systeme Fritz Ruck, Eschweiler

Reuter R, Lepper RD, Haigis W (1980a) Performance evaluation of the ocuscan 400 with the echosimulator. Biomed Tech 25:255–257

Reuter R, Trier HG, Lepper RD (1980b) Der „Echosimulator", ein Funktionsgenerator zur Messung relevanter Eigenschaften von Ultraschalldiagnostikgeräten. Biomed Tech 25:163–166

Reuter R, Trier HG, Lepper RD (1980c) Ein elektrisches Prüfverfahren und Prüfgerät für Ultraschalldiagnostik-Anlagen. Acta Med Tech 28:58–62

Reuter R, Lepper RD, Haigis W (1981) Comparative measurements on ultrasonic pulse-echo equipment with the Echosimulator. In: Thijssen JM, Verbeek AM (eds) Ultrasonography in ophthalmology. SIDUO VIII, Doc Ophthalmol Proc Ser 29. Junk, The Hague Boston London, pp 463–471

Reuter R, Trier HG, Lepper RD (1981) Equipment performance testing by means of an electric test signal: Concept, application, and results in A- and B-mode equipment. In: Kurjak A, Kratochwil A (eds) Recent Advances in Ultrasound Diagnosis 3, Proc 4th Eur Congr Ultrasonics Med, Dubrovnik 1981. Excerpta Medica, Amsterdam Oxford Princeton, pp 17–24

Thijssen JM, van Kervel SHJ (1981) Electronic tissue model (E. T. M). In: Thijssen JM, Verbeek AM (Hrsg) Ultrasonography in ophthalmology. SIDUO VIII, Doc Ophthalmol Proc Ser 29. Junk, The Hague Boston London, pp 527–530

Trier HG (1982) Zur Qualitätskontrolle von Ultraschalldiagnostikgeräten für A- und B-Bild-Verfahren. Klin Monatsbl Augenheilkd 180:103–107

Trier HG, Reuter R (1984) Progress in instrumentation and quality assurance. In: Ossoinig KC (ed) Ophthalmic echography, SIDUO X. Junk, The Hague Boston Lancaster

Trier HG, Reuter R, Lepper RD (1981) Quality assurance by equipment performance testing: Merits of electric test generators. In: Kurjak A, Kratochwil A (eds) Recent advances in ultrasound diagnosis 3. Proc 4th Eur Congr Ultrasonics Med, Dubrovnik 1981. Excerpta Medica, Amsterdam Oxford Princeton, pp 91–95

Williams C, Holmes JH (1974) Pulse generator for verification of ultrasound equipment performance. In: Holmes JH (ed) Diagnostic ultrasound, vol 3. Plenum Press New York, pp 308–311

10.4.2 Messung bei A-Bild-Darstellung

Frequenzgang und Bandbreite (Abb. 10.4.2-1)

Meßprotokoll: P10
Einstellungen am Prüfling: Verstärkung: maximal, Schwelle und Siebung minimieren, TGC aus.
Einstellungen am ES 77: Betrieb: trigg. 2. Echo 0 dB; Frequenz: 5 MHz, t_2 max., t_3 min., t_4 max., mit t_1 Pseudoechos in Bildmitte bringen.

Die Echoamplitude mittels Abschwächer im ES 77 auf etwa halbe Bildhöhe bringe und durch einblendbare Skala oder aufgeklebte Marke markieren. Sind noch HF-Schwingungen und/oder Rauschen im „Dach" der Echos sichtbar, dient der Mittelwert zwischen deren Maximum und Minimum zur Ermittlung der Amplitude (Abb. 10.4.2-2). Im Meßprotokoll Frequenz (1. Wert 5 MHz) und dB-Wert des ES 77 notieren. Die Frequenz in Schritten von 1 MHz bis insgesamt 15 MHz erhöhen und mittels Dämpfungsregler im ES 77 jeweils die alte, markierte Echohöhe reproduzieren. Zu jeder Frequenzstufe die entsprechenden dB-Werte notieren. Die Übertragung der Meßwerte in graphische Form zeigt dann den Frequenzgang des Prüflings. Da mehrere Fabrikate eine erhebliche Abweichung des Frequenzganges in Abhängigkeit von der gewählten Verstärkung aufwiesen, kann eine Wiederholung der Messung bei verschiedenen Verstärkungsfaktoren notwendig sein (Abb. 10.4.2-3) (Reuter et al. 1981).

Verstärkerkennlinie und Dynamik

Meßprotokoll: P11/P12
Einstellungen am Prüfling: Verstärkung: maximal, Schwelle und Siebung minimieren, TGC aus.
Einstellungen am ES 77: Betrieb: trigg. 2. Echo 0 dB; Frequenz: identisch mit der ermittelten Frequenz höchster Prüflingsempfindlichkeit (bei Geräten mit großer Bandbreite bzw. flachem Frequenzgang gleich der Schallkopf-Sollfrequenz); t_2 max., t_3 min., t_4 max.; mittels t_1 die Pseudoechos in Bildmitte bringen.

Gemessen wird der Zusammenhang zwischen Amplitudenangebot (dB-Wert des Dämpfungsreglers im ES 77) und der resultierenden Höhe der Signale auf dem Bildschirm. Durch Linksdrehung des Dämpfungsreglers werden die Echos auf dem Sichtgerät gerade zum Verschwinden gebracht und der entsprechende dB-Wert notiert. Dann wird das Angebot erhöht und für jeweils um 2 mm zunehmende Echohöhen werden die zugehörigen dB-Werte im Protokoll eingetragen. Die Messung ist beendet, wenn sich die Echohöhe trotz zunehmenden Angebotes nicht mehr vergrößert, unter Umständen sogar verringert (Übersteuerung des Prüflings).

Eine graphische Darstellung der Protokollwerte zeigt die Kennlinienform des Prüflings (z.B. linear, logarithmisch, S-förmig usw.). Die Differenz zwischen Maximalwert (Übersteuerungsgrenze) und Minimalwert ergibt die im Sichtgerät zur Verfügung stehende Dynamik. Der Minimalwert ist hierbei wie folgt definiert: Das kleinstmögliche Testsignal, das erkennbar den Rauschpegel oder ersatzweise die Nullinie des Sichtgerätes überschreitet, wird am Dämpfungsregler des ES 77 abgelesen. Als Maximalempfindlichkeit des Prüflings wird dann ein 6 dB höheres Signal zugrundegelegt.

Die sog. „Gesamtdynamik" eines Ultraschallgerätes entspricht der Summe aus der im Sichtgerät zur Verfügung stehenden Dynamik und der Variationsbreite von Sendeleistung und/oder Empfängerverstärkung. Die Gesamtdynamik wird

Verstärkerkennlinie und Dynamik 439

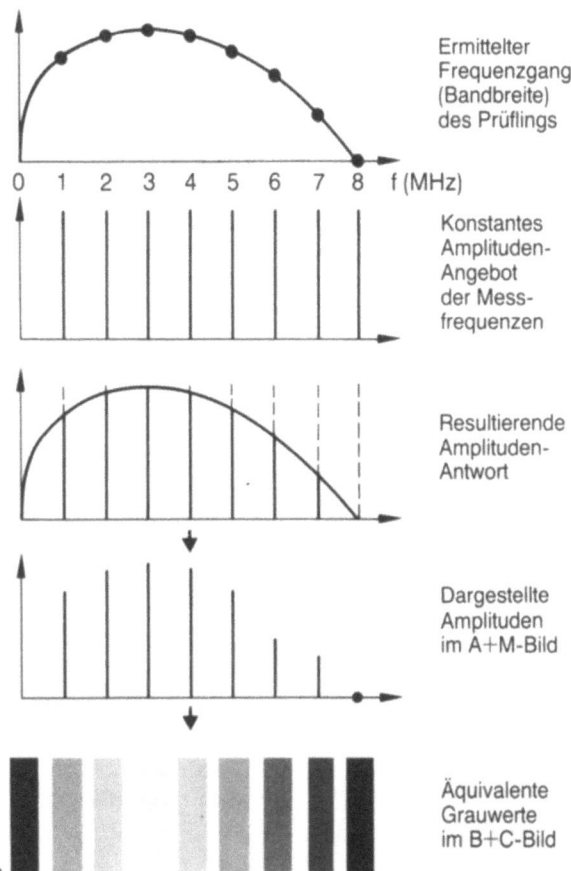

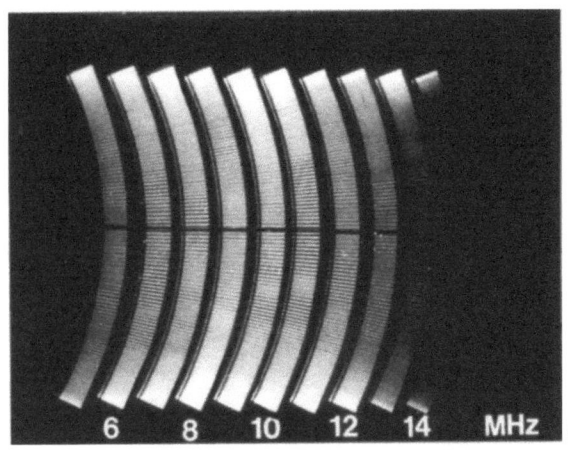

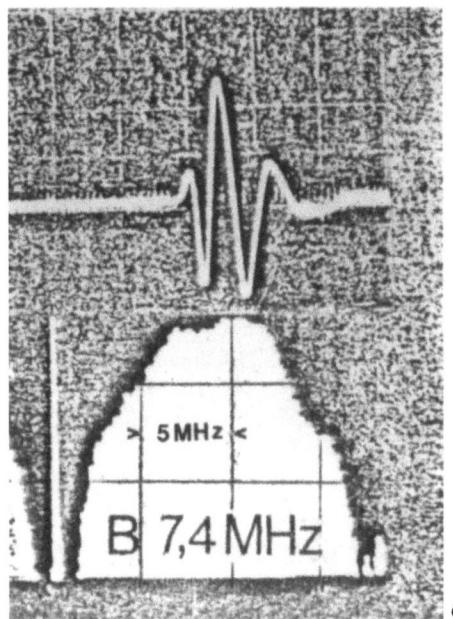

Abb. 10.4.2-1. a Schematische Darstellung der Frequenz/ Amplituden-Umsetzung in Abhängigkeit von der Bandbreite des Empfängers (FM→AM). Die Bandbreite eines Gerätes bestimmt nicht nur die Übertragungsmöglichkeit eines Informationsangebotes aus dem Schallfeld, sondern begrenzt die Darstellung quasi „echter" Amplituden- bzw. Graustufenwerte. **b** Direkte Registrierung der Bandbreite eines B-Bild-Gerätes. **c** *Oben*: HF-Echogramm eines Schallkopfes mit 10 MHz Nennfrequenz. *Unten*: Bandbreite (−6 dB) bzw. Spektrum dieses Schallkopfes (B = 7,4 MHz).

(Es kann nicht davon ausgegangen werden, der Schallkopf übertrage *nur* die angegebene Nennfrequenz, die Empfängerbandbreite sei daher von untergeordneter Bedeutung)

für große Echoamplituden durch die Übersteuerungsgrenze der Geräte limitiert, für kleine Amplituden durch Rauschen verschiedenster Genese. Thermisches und „Schrot-Rauschen" treten als sog. „weißes Rauschen" in Erscheinung. Es beinhaltet gleichförmig statistisch verteilt alle übertragbaren Frequenz- und Amplitudenwerte. Im Echogramm resultiert eine bandförmige Verbreiterung der Kurvenzüge (im „A"- und „M"-Bild) bzw. „Schnee" im „B"- und „C"-Bild. Diese Erscheinung nimmt – normalerweise – mit höher gewählter Verstärkung zu (Abb. 10.4.2-4).

Eine weitere Rauschquelle bilden interne und/ oder externe elektromagnetische Störfelder

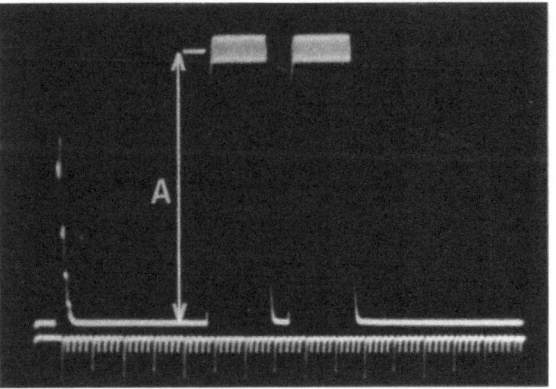

Abb. 10.4.2-2. Ermittlung der Echoamplitude am Sichtgerät des Prüflings

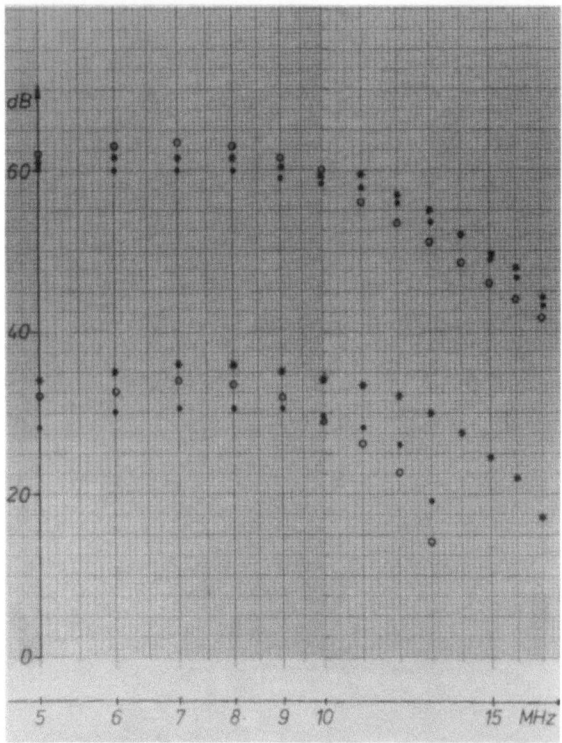

Abb. 10.4.2-3. Graphische Darstellung der Frequenzgänge von drei Geräten desselben Typs bei verschieden gewählter Verstärkung

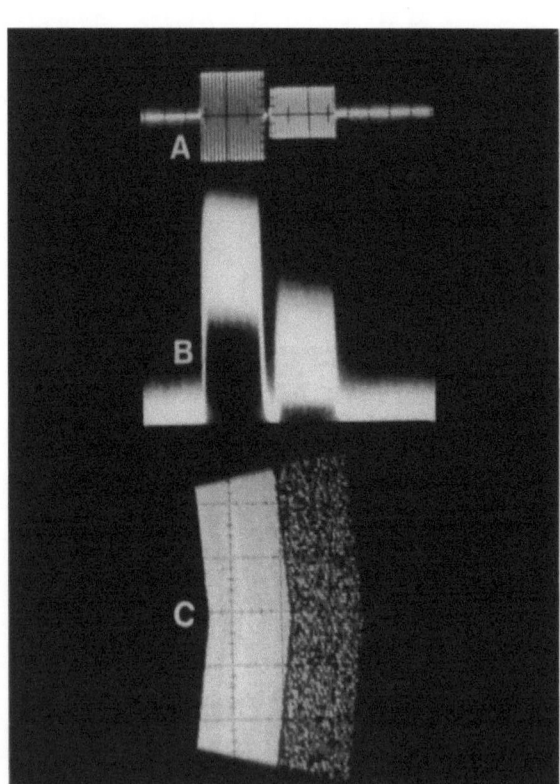

(Abb. 10.4.2-5). Sie sind im „Dach" der Pseudoechos in Form mehr oder weniger diskreter Frequenzanteile erkennbar. Als Quellen kommen in Betracht: Rundfunksender, Telefonrufanlagen, Diathermiegeräte usw., deren Strahlung infolge unzureichender Abschirmung und Entkopplung in das Ultraschallgerät eindringen kann. Zu diesen Rauschquellen gehören auch statistische Störfelder eingebauter Mikroprozessoren und ihrer Peripherie. Letztere liefern zusätzlich ein quasi „echtes" Quantisierungs-Rauschen mit (bei Arbeitsfrequenzen über ca. 5 MHz) nicht vernachlässigbaren Amplitudenwerten. Es führt zu einem treppenförmigen Verlauf der – an sich geraden – Echodächer (Abb. 10.4.2-5, links unten und rechts) (Reuter u. Trier 1984; Reuter et al. 1981).

Vorgenannte Rauschfaktoren, welche die „Echoentdeckbarkeit" eines Ultraschallgerätes limitieren, dürfen nicht verwechselt werden mit den sog. „Speckle-Mustern". Diese treten auf, wenn eine kohärente Strahlung von einer Grenzschicht reflektiert wird, deren Oberflächen-Rauhigkeit in einem bestimmten Verhältnis zur Wellenlänge dieser Strahlung steht. Sie sind ortsabhängig reproduzierbar und infolgedessen – im Gegensatz zu den Rauschfaktoren – mehr oder weniger differenzierbar.

Überprüfung des „dB-Reglers"

Im Sichtgerät sind bei „A"- und „M"-Bild-Darstellung maximal ca. 40 dB Amplitudenunterschied auswertbar. Bei „B"- und „C"-Darstellung liegt dieser Wert zwischen ca. 8 und maximal 20 dB. Die „natürliche" Dynamik eines Echogramms reicht jedoch über 100 dB hinaus.

Im Rahmen der „quantitativen" Echographie müssen daher kalibrierte Dämpfungs- bzw. Verstärkungsregler vorgesehen sein, um die Lage des „Sichtfensters" den jeweils interessierenden Echoamplituden anzupassen. Nur bei Kenntnis des wahren Dämpfungsverlaufes dieser Regler ist eine vergleichende Auswertung der Echogramme möglich. Der ES 77 erlaubt eine einfache Überprüfung der Skalierung dieser Dämpfungsglieder (Reuter et al. 1980a).

Abb. 10.4.2-4. *A*, Signal-Angebot des ES 77. *B*, Echoantwort eines A-Bild-Gerätes mit überlagertem „weißen" Rauschen („thermisches" und „Schrot"-Rauschen). *C*, Dasselbe bei einem B-Bild-Gerät. Infolge der geringeren Dynamik überschreitet die Amplitude des 1. Echos die Übersteuerungsgrenze des Prüflings. Der „Schnee" des Rauschens ist daher – obwohl vorhanden – nicht mehr erkennbar (*C* links)

Abb. 10.4.2-5. *Linke Reihe, oben*: „Weißes" Rauschen wie in Abb. 10.4.2-2. *Mitte*: Rauschanteile diskreter Frequenzen durch interne und/oder externe Störfelder. *Unten*: Quantisierungsrauschen eines „digitalisierten" Gerätes. *Rechts*: Digitales Quantisierungsrauschen bei verschieden gewählter TGC

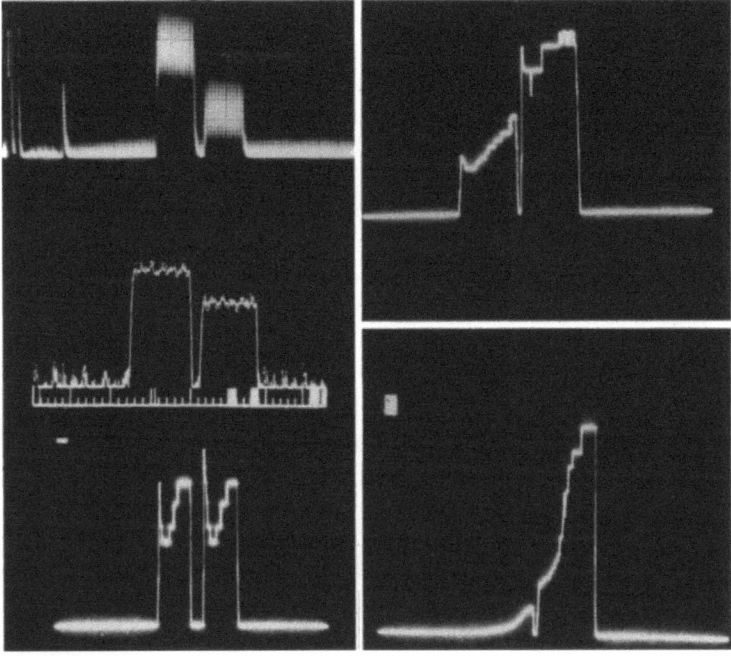

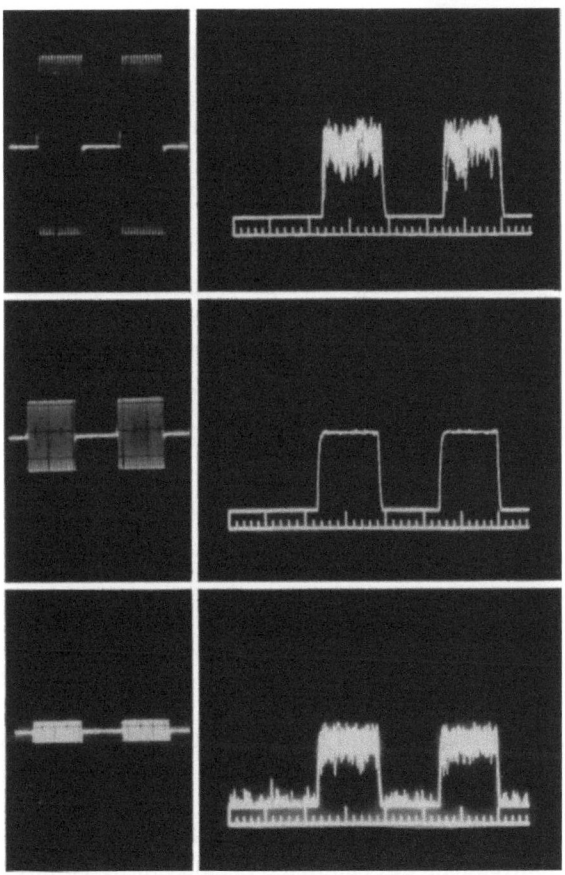

Abb. 10.4.2-6. Außergewöhnliches Rauschverhalten eines Gerätetyps. *Oben*: Minimale Verstärkung der Prüflings: diskretes Störfeld-Rauschen steht im Vordergrund. *Mitte*: Verstärkung um 10 dB erhöht: Minimierung aller Rauschfaktoren. *Unten*: Verstärkung um 20 dB erhöht: Summierung von diskretem thermischen und Schrot-Rauschen. *Links*: Im Bild die jeweiligen Meß-Signal-Amplituden des ES 77

Meßprotokoll: P13
Einstellungen am Prüfling: Verstärkung: maximal, Schwelle und Siebung minimieren, TGC aus.
Einstellungen am ES 77: Betrieb: trigg. 2. Echo 0 dB, Frequenz: identisch mit der ermittelten Mittenfrequenz; Dämpfungsregler ca. -60 dB, t_2 max., t_3 min., t_4 max., mit t_1 Echopaar in Bildmitte bringen.

Gemessen wird der Zusammenhang zwischen Amplitudenangebot (dB-Wert des Dämpfungsreglers im ES 77) und Skalierung des Dämpfungsreglers im Prüfling. Mit dem Regler des ES 77 werden ca. 10 mm Echohöhe am Bildschirm des Prüflings eingestellt und markiert. Diese Höhe wird bei allen folgenden Meßschritten reproduziert. Sollten im

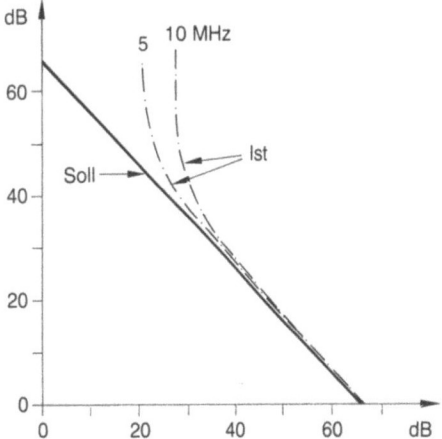

Abb. 10.4.2-7. Frequenzabhängige Abweichungen der dB-Skalierung bei einem A/B-Bild-Gerät

Dach der Echos HF-Reste oder Rauschen sichtbar sein, wird wiederum deren Mittelwert für die 10 mm-Amplitude zugrundegelegt. Nachdem die dB-Werte des ES 77 und des Prüflings notiert wurden, wird die Verstärkung des Ultraschallgerätes um 5 dB reduziert und mittels ES 77 auf die alte Amplitude (10 mm) gebracht. Nach Notiz der neuen dB-Wertpaare werden diese Schritte solange wiederholt, bis der Regelumfang des Prüflings erreicht ist. Die Sollkurve einer graphischen Darstellung der ermittelten „dB-Paare" ist eine Gerade mit 45° Neigung. Abweichungen hiervon müssen bei einer quantitativen Auswertung der Echogramme berücksichtigt werden (Abb. 10.4.2-7).

10.4.3 Anwendungen des ECHOSIMULATOR am B-Bild-Gerät

An erster Stelle steht auch hier die Bestimmung der zur Verfügung stehenden Bandbreite bzw. des Frequenzganges. Sie lassen – wie beim A-Bild-Gerät – untere und obere Grenzfrequenzen erkennen, ab denen Frequenzvariationen im Echogramm als Amplitudenänderung (bzw. Helligkeitsänderung) dargestellt werden (s. Abb. 10.4.2-1a). Ohne Kenntnis dieser Grenzbedingungen könnten entsprechende Grauwerte im B-Bild irrtümlich gewebsspezifisch Dämpfung und/oder bestimmten akustischen Transmissions-, Reflexions- und Absorptionsfaktoren zugeschrieben werden.

Jede Angabe in „dB" bedarf – da es sich um ein dimensionsloses Verhältnismaß handelt – der zusätzlichen Angabe einer Bezugsgröße. Beim A-Bild-Gerät war dies eine zu reproduzierende Amplitude (z.B. 10 mm) am Bildschirm des Prüflings.

Da absolute Helligkeitswerte von B-Bild-Graustufen per Auge kaum zu schätzen sind, wird hier der Helligkeitsvergleich zwischen 1. und 2. Pseudoecho – ähnlich einem „Fettfleck-Photometer" genutzt. Als Referenzgröße dient das 2. Echo, dessen Amplitude gegenüber dem 1. Echo um – 6 dB reduziert wird. Bei gleicher Helligkeit beider Echos liegt das erste demnach 6 dB über der Übersteuerungsgrenze des Prüflings, d.h. „jenseits von weiß".

Die Pseudoechos des ES 77 werden – je nach gewählter Echodauer – in Form von Linien oder Bändern dargestellt. Dies erfolgt durch manuelles Führen der B-Bild-Mechanik bzw. automatisch bei sog. Real Time-Scannern (s. Abb. 10.4.4-2) (Reuter et al. 1978; Trier 1982; Trier u. Reuter 1984).

Frequenzgang und Bandbreite
Meßprotokoll: P10
Einstellungen am Prüfling: Helligkeitseinstellung so wählen, daß ohne Echos keine Aufhellung sichtbar ist. Verstärkung: maximal, Schwelle und Siebung minimieren, TGC aus.

Einstellungen am ES 77: Betrieb: trigg. 2. Echo – 6 dB; Frequenz: wird variiert; t_2 max., t_3 min., t_4 max.; mittels t_1 die Echos in Bildmitte bringen. Mit dem Dämpfungsregler des ES 77 Graustufe einstellen (2. Echo dunkelgrau). Durch Frequenzvariation maximale Helligkeit einstellen (ggf. dB-Einstellung korrigieren, bis beide Echos gerade gleiche Helligkeit aufweisen), Frequenz und dB-Wert notieren. Frequenz um 0,5 MHz erhöhen, mit Dämpfungsregler wiederum gleiche Helligkeit reproduzieren; Frequenz und dB notieren. Diese Einstellungen und Notizen in 0,5 MHz-Schritten über und ggf. unter der zuerst bestimmten Mittenfrequenz vornehmen (im Bereich 5–15 MHz).

Dynamik, Ansprechempfindlichkeit und Kennlinie
Meßprotokoll: P11
Einstellungen am Prüfling: wie unter „Frequenz und Bandbreite".

Einstellungen am ES 77: Betrieb: trigg. 2. Echo – 6 dB; Frequenz: die nach 10.4.3.1 Frequenz höchster Geräteempfindlichkeit, ersatzweise (bei großer Bandbreite bzw. flachem Frequenzgang die Sollfrequenz des benutzten Schallkopfes). t_2 max., t_3 min., t_x max., mittels t_1 die Echos in Bildmitte bringen. Mit dem Dämpfungsregler des ES 77 beide Echos auf gleiche Helligkeit einstellen; dB-Wert notieren. Echoamplitude reduzieren, bis das 1. Echo gerade nicht mehr sichtbar ist; dB-Wert notieren. Die Differenz beider Werte stellt nach

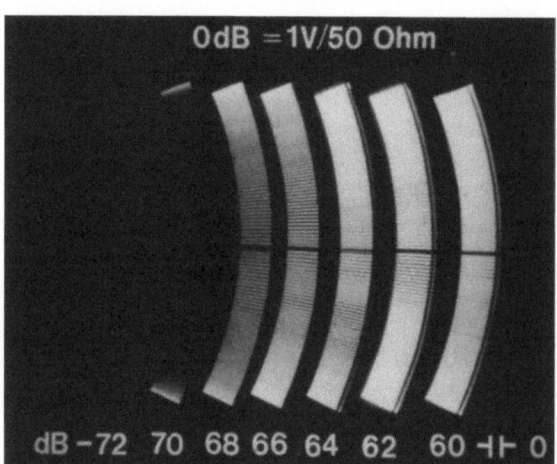

Abb. 10.4.3-1. Dynamik, Ansprechempfindlichkeit und Kennlinie eines B-Bild-Empfängers

Abzug von 6 dB die zur Verfügung stehende Dynamik dar. Der größere ermittelte dB-Wert – 6 dB entspricht der Ansprechempfindlichkeit des Prüflings.

Die Kennlinie eines B-Bild-Gerätes kann wie folgt aufgenommen werden:
Einstellungen am Prüfling: wie unter „Frequenz und Bandbreite".

Zusätzlich: horizontale (x)-Lageeinstellung max. nach rechts; Dehnung („Lupe") minimieren.

Einstellungen am ES 77: Betrieb: trigg. 2. Echo – 6 dB; Frequenz: wie unter 10.4.3.2; t_2 5 µsec, t_3 min., t_4 5 µsec; mit t_1 Echopaar an rechten Bildschirm bringen. Mit dem Dämpfungsregler des ES 77 beide Echos auf gerade gleiche Helligkeit einstellen; dB-Wert notieren; t_2 (1. Echo) minimieren. Kamera auslösen, Aufnahme jedoch nicht entnehmen bzw. keinen Filmtransport vornehmen. Mit dem x-Lageregler des Prüflings das Echo um ca. 6 µsec bzw. um seine eigene Länge nach links verlagern. Mit dem Dämpfungsregler des ES 77 das Amplitudenangebot um 2 dB reduzieren, Kamera erneut auslösen. Diese Schritte so oft wiederholen, bis der Schwarzwert erreicht ist bzw. das Echo 2 verschwindet. Film bzw. Aufnahme entnehmen.

In Abb. 10.4.3-1 ist eine Bänderreihe dargestellt, deren Grautonabstufung die Kennlinie zeigt. Die Differenz der dB-Werte für weiß und schwarz ergibt die zur Verfügung stehende Dynamik unter Einbeziehung der Fotografie. (Die Horizontalverschiebung der Echos könnte auch mit t_1 erfolgen; dies ist jedoch nur bei Linear-Scan zulässig, da bei Sektor- und Bogen-Scan mit einer Variation der Leuchtdichte – in Abhängigkeit von der Laufzeit – gerechnet werden muß.)

10.4.4 Bestimmung von Abbildungsfehlern

Da alle anderen Darstellungsarten (B-, C, M-Bild) vom A-Bild abgeleitet werden, treten die im A-Bild ermittelten Abbildungsfehler auch in jenen auf. Es handelt sich einerseits um Geometriefehler, andererseits um Amplituden- (A- und M-Bild) bzw. Leuchtdichte-Abweichungen (B- und C-Bild) (Reuter u. Trier 1984; Trier u. Reuter 1984).

Geometriefehler (A-Bild)

In Betracht kommen trapez- sowie kissen- oder tonnenförmige Verzeichnungen und Astigmatismus (Abb. 10.4.4-1).

Einstellungen am Prüfling: Verstärkung max., Schwelle und Siebung minimieren, TGC aus.

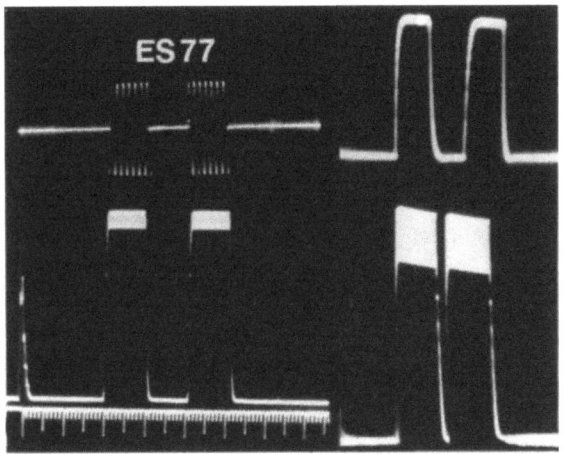

Abb. 10.4.4-1 (Reuter). *Links oben*: Signal-Angebot des ES 77 *Darunter*: Einwandfreie A-Bild-Darstellung. *Rechts oben*: Tonnenförmige Verzeichnung. *Rechts unten*: Trapezverzeichnung

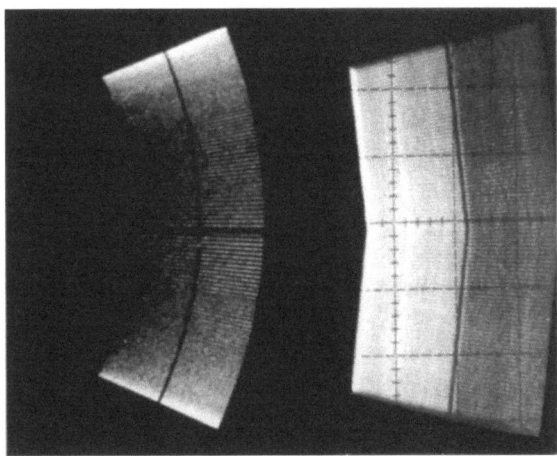

Abb. 10.4.4-2 (Reuter). *Links*: Einwandfreie Rekonstruktion der Schallkopf-Sektor-Bewegung am Sichtgerät. *Rechts*: Unvollkommene Reproduktion der Schallkopfbewegung durch Polygon-Darstellung

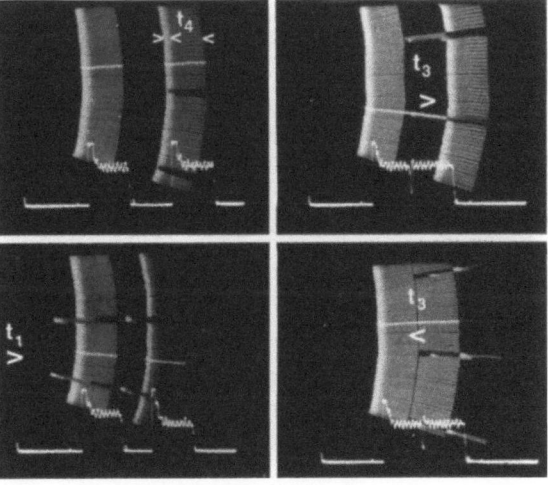

Abb. 10.4.4-3 (Reuter). Kinetische Geometriefehler eines digitalisierten B-Bild-Gerätes. Bei Variation eines der 4 Zeitabschnitte wird (je nach Gerätetyp) bis zu 1 s Latenzzeit zur korrekten Darstellung der B-Bild-Geometrie benötigt

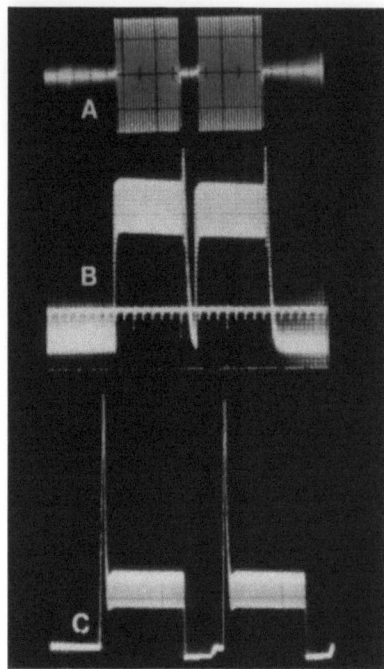

Abb. 10.4.4-4 (Reuter). *A*, Testsignal des ES 77. *B*, Überschwingen der Echo-Rückflanken. *C*, Überschwingen der Echo-Vorderflanken (10 dB!)

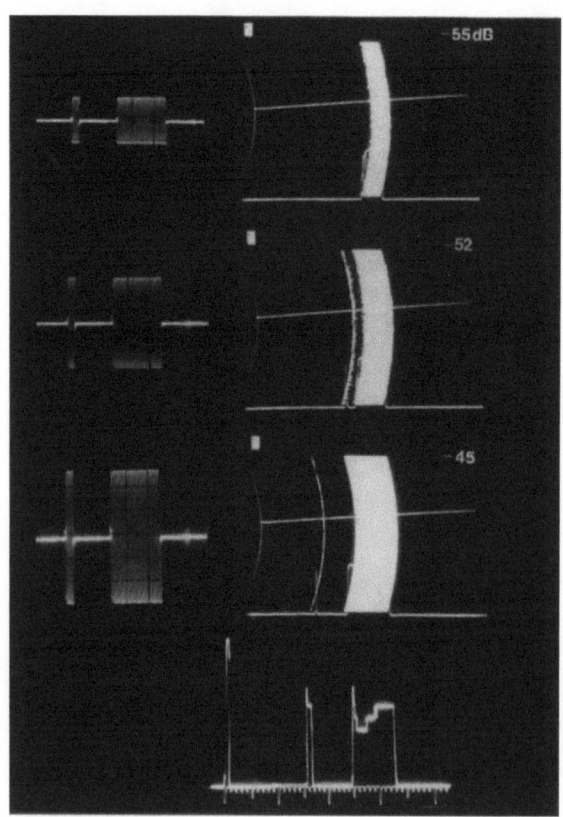

Abb. 10.4.4-5 (Reuter). Auswirkung des Überschwingens auf die B-Bild-Darstellung in Abhängigkeit der Echoamplituden (Δ 10 dB). (Digitalisiertes A/B-Bild-Gerät)

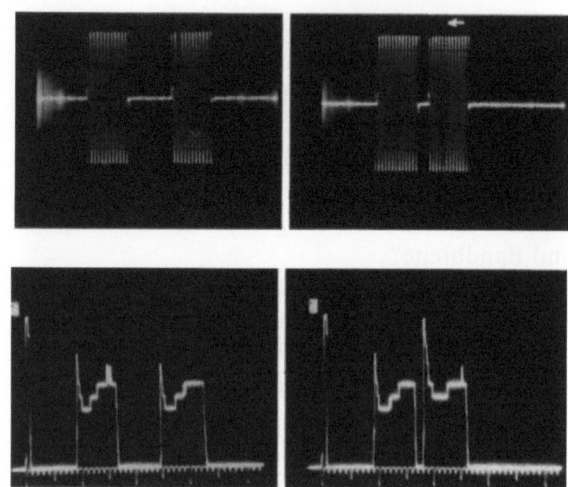

Abb. 10.4.4-6 (Reuter). Abhängigkeit der Überschwing-Amplitude vom zeitlichen Abstand zweier Echos. Das bereits früher erwähnte Quantisierungs-Rauschen ist hier deutlich erkennbar

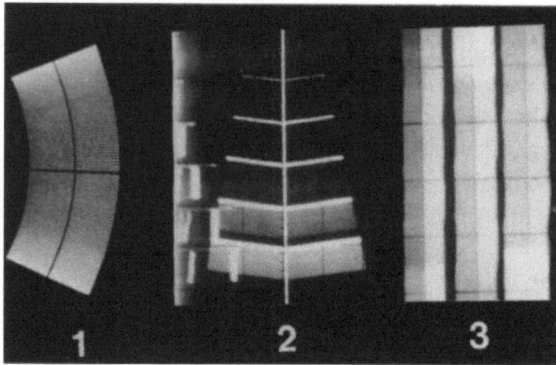

Abb. 10.4.4-7 (Reuter). *1*, Einwandfreie Helligkeitsverteilung bei einem Sektor-Scanner. *2*, Graustufenfehler durch Überschwingen der Echo-Vorderflanken; zusätzlich inkonstante A-Bild-Verstärkung. *3*, Inhomogene Leuchtdichte-Verteilung bei einem „Body Scanner"

Einstellungen am ES 77: Frequenz wie früher bestimmt; Dämpfungsregler: -6 dB unter max. möglicher Amplitude am Bildschirm; t_1 min., t_2 max., t_3 min., t_4 max.; t_1 verlängern, bis Echo 1 gleiche Amplitude und Form wie Echo 2 aufweist. t_1 entspricht dann der „Totzeit" nach dem Sendeimpuls, während der Echos mit zu niedriger Amplitude dargestellt werden. t_1 schrittweise verlängern, bis das Echopaar den rechten Bildrand erreicht hat (eine Dokumentation kann durch Mehrfachbelichtung, wie in Kap. 10.4.3 beschrieben, erfolgen). Amplitude und Form der Echos sollen an allen Stellen des Bildschirms identisch bleiben, die Echoflanken orthogonal zur Nullinie erscheinen (s. auch Abb. 10.4.4-1, links unten).

Geometriefehler (B-Bild)

Einstellungen am Prüfling und am ES 77 wie in Kap. 10.4.4 beschrieben.

Der Dämpfungsregler des ES 77 jedoch -6 dB unter maximal möglicher Helligkeit. t_1 verlängern, bis Helligkeit und Form beider Echos identisch sind (Totzeit).

Bei Linear-Scannern sollen parallele Bänder gleicher Breite und homogener Leuchtdichte, bei Sektor- und Bogenscannern entsprechende konzentrische Kreisabschnitte dargestellt werden. Durch Variation von t_1 kann die Abbildungsqualität am gesamten Bildschirm kontrolliert werden (Abb. 10.4.4-2 und 3).

Amplitudenfehler (A-Bild)

Die nach 10.4.4 bereits ermittelte Totzeit nach dem Sendeimpuls des Prüflings dient zur Bestimmung von Vorlaufstrecken zur Vermeidung von Amplitudenfehlern bei schallkopfnahen Untersuchungsobjekten.

Für die erreichbare Tiefenauflösung eines Ultraschallgerätes ist nicht nur die Schallkopfcharakteristik maßgebend. Durch Variation von t_3 (dem Zeitraum zwischen beiden Pseudoechos) läßt sich das zur eindeutigen Erkennung *zweier* Echos (Erreichen der Nullinie) notwendige Zeitintervall messen („elektrische Tiefenauflösung"). Das Gegenstück hierzu ist die Bestimmung der Mindestdauer eines Echos, um im Sichtgerät die wahre Amplitude darzustellen. Mit t_1 wird das Echopaar in Bildmitte gebracht; t_2 max., t_3 min.; t_4 wird variiert, bis ein Amplitudenabfall gegenüber Echo 1 (t_2) erkennbar wird. Eine zusätzliche Änderung von t_3 kann vorgenommen werden. Ein weiterer Amplitudenfehler kann durch das Ein- und Ausschwingverhalten der Geräte entstehen.

Die A-Bild-Darstellung der Pseudoechos (t_2 und t_4 ca. 10 µs) soll in näherungsweise rechteckiger Form erfolgen, die „Dächer" der Echos horizontal dargestellt werden; Überschwingen der Echo-Vorder- und Rückflanke sollte nicht erkennbar sein. Nadelförmiges Überschwingen einer Echoflanke führt bei in vivo-Untersuchungen zur Vermutung spiegelnder Grenzflächen vor oder hinter streuenden Gewebsarealen (z.B. Simulation einer Zystenwand oder Membran) (Abb. 10.4.4-4, 5 und 6).

Amplitudenfehler (B-Bild)

Sinngemäß gelten die in Kap. 10.4.4 dargestellten Meßmöglichkeiten und Zusammenhänge auch für das B-Bild und andere Darstellungsformen. Die Amplitudenwerte des A-Bildes sind lediglich durch äquivalente Helligkeitswerte bzw. Graustufen zu ersetzen (was ja auch geräteintern bei der Umsetzung der A-Bild-Signale in B-Bild-Grauwerte geschieht) (Abb. 10.4.4-7).

10.4.5 Weitere Einsatzmöglichkeiten des ECHOSIMULATOR ES 77

Messungen mit Hilfsreflektor

Die oben beschriebenen Meßvorgänge erlauben auch eine Überprüfung des Zusammenwirkens von Empfängercharakteristik und Schallkopf. Der ES 77 wird in diesem Falle parallel zum Schallkopf und Prüfling angeschlossen. Die Triggerung des ES 77 erfolgt durch die Sendeimpulse des Ultraschallgerätes. Die Pseudoechos übernehmen die Funktion zusätzlicher Sende-„Impulse".

Als Referenzreflektor dient eine ca. 0,1 mm dicke Stahl- (z.B. Rasierklinge) oder Silikatglasplatte (z.B. Mikroskop-Deckplatte) im Wasserbad. Die dünnen Platten (in Verbindung mit der relativ hohen Schallgeschwindigkeit) simulieren *eine* Grenzschicht. Der große Impedanzunterschied zum Wasser liefert in den meisten Fällen ausreichend hohe Echos auch bei nur 1 V maximaler „Sendespannung" des ES 77. Die resultierenden zusätzlichen Echos werden durch entsprechende Wahl von Vorlaufstrecke (Abstand vom Reflektor) und t_1 des ES 77 in „Naturecho"-freie Bereiche des Bildschirms gebracht (Abb. 10.4.5-1). Dann können Frequenzgang, Bandbreite, Kennlinie usw. wie oben beschrieben ermittelt werden (Trier et al. 1981).

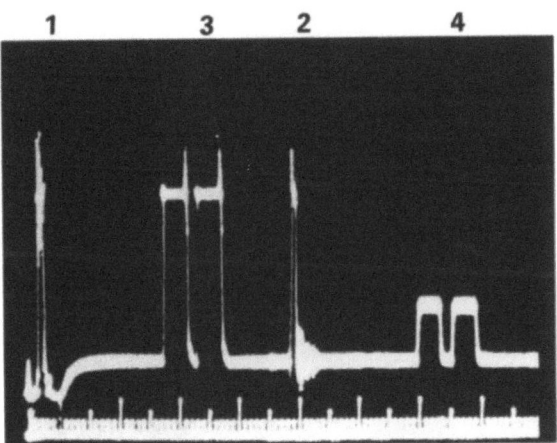

Abb. 10.4.5-1 (Reuter). *1*, Sendeimpuls des Prüflings. *2*, Resultierendes Echo einer 0,1 mm Silikatglasplatte. *3*, Prüfsignal des ES 77 als Pseudo-Sendeimpulse. *4*, Hieraus resultierende Echos der Glasplatte

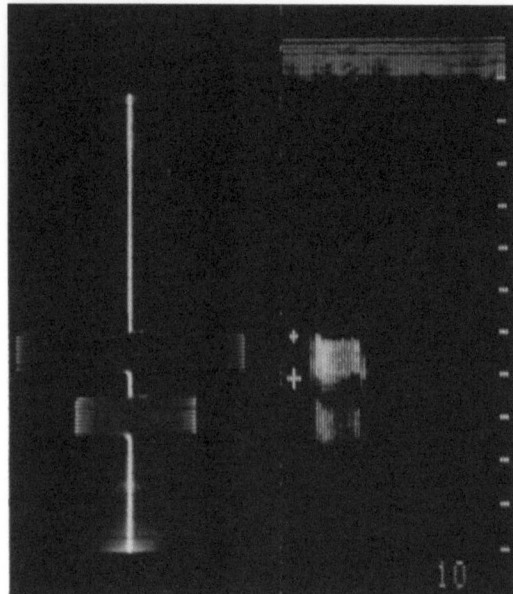

Abb. 10.4.5-2 (Reuter). Beispiel der B-Bild-Darstellung eines Linear-Array-Scanners bei akustischer Einkopplung der ES 77-Testsignale

Messungen mit Hilfsschallkopf

Das Testsignal des ES 77 kann einem Hilfsschallkopf bekannter Charakteristik (z.B. ca. 20 MHz, stark gedämpfter Breitbandtyp) zugeführt werden. Die von diesem Schallkopf gelieferten akustischen Signale dienen dann als Pseudoechos. Mit ihnen wird der Schallkopf des Prüflings beschallt.

Diese Prüfmethode hat sich besonders bei der Untersuchung von B-Bild-Array-Anordnungen bewährt (Abb. 10.4.5-2).

10.4.6 Spezielle Simulatoren

Der ECHOSIMULATOR ES 81

Zur Kontrolle und ggf. Kalibrierung ophthalmologischer Ultraschall-Biometriegeräte wurde der ES 81 entwickelt (Abb. 10.4.6-1 u. 4). Grundsätz-

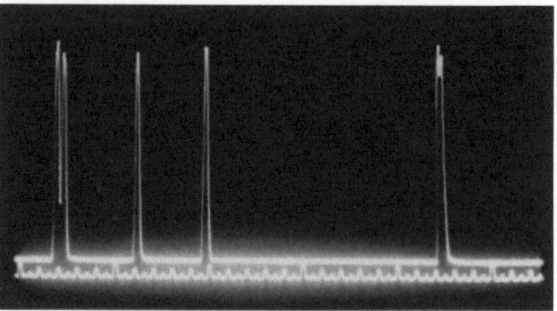

Abb. 10.4.6-2 (Reuter). A-Bild-Echogramm des ES 81

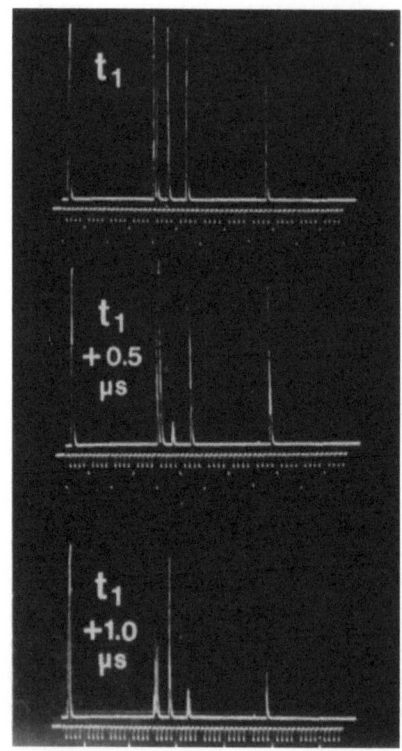

Abb. 10.4.6-3 (Reuter). Amplitudenvariation eines Biometriegerätes in Abhngigkeit der Vorlaufstrecke t_1. (Testsignal des ES 81)

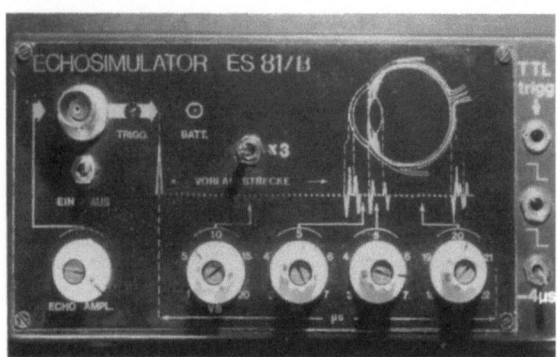

Abb. 10.4.6-1 (Reuter). Echosimulator ES 81 B zur schnellen Funktionsprüfung von Biometrie-Systemen

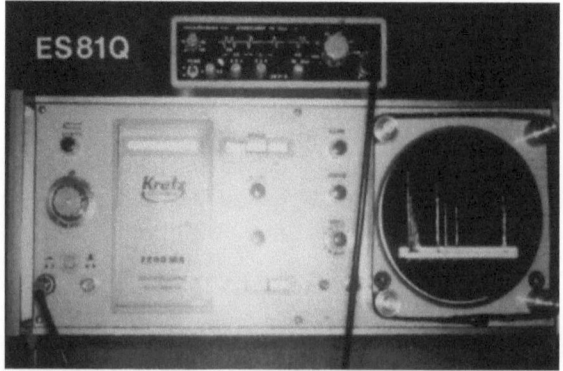

Abb. 10.4.6-4 (Reuter). Echosimulator ES 81 Q mit Quarzstabilisation

lich wären entsprechende Messungen auch mit dem ES 77 möglich. Mehrere Biometriegeräte fordern jedoch – im Rahmen der Meßwert-Absicherung – komplette Echogramme des Auges (Abb. 10.4.6-2 u. 3). Im Gegensatz zum Echopaar des ES 77 liefert der ES 81 eine dem Auge entsprechende Echofolge mit phasenrichtigem Einschwingverhalten. Variabel sind: Vorlaufstrecke, Vorderkammertiefe, Linsendicke und Glaskörperlänge sowie die Amplitude der Pseudoechos (Reuter u. Trier 1984).

Bereits die wenigen dargestellten Beispiele (es handelt sich nicht um selektierte Sonderfälle!) lassen erkennen, daß eine elektrische Prüfung der Gerätecharakteristika sinnvoll ist. Sie stellt nicht nur eine Entscheidungshilfe bei der Anschaffung einer Apparatur dar, sondern zeigt Zusammenhänge, Möglichkeiten und Grenzen eines Gerätes. Deren Kenntnis kann die Befundung eines Echogramms erheblich erleichtern.

Der DOPPLERSIMULATOR DS 81

Dieser Simulator nach Reuter dient der Bereitstellung von Referenz-Frequenztreppen zur einfachen Überprüfung und ggf. Kalibrierung von Ultraschalldopplergeräten. Die Meßfrequenzen werden von der Originalfrequenz des Prüflings abgeleitet, die im Bereich von 2 bis 12 MHz variieren darf, ohne daß Fehler in den synthetischen Dopplerverschiebungen auftreten. In der Standardausführung sind Dopplerablagen von $\pm 0{,}125$; $0{,}25$; $0{,}5$ und $1{,}0‰$ abrufbar. Der Anschluß des DS 81 kann – außer bei Impulsdopplergeräten – ohne Eingriff in den Prüfling erfolgen. Die Istfrequenz des Dopplergerätes wird dem Simulator über ein Hydrophon (oder direkt elektrisch) zugeführt; die erzeugten Meßfrequenzen elektromagnetisch in den Schallkopf oder dessen Zuleitungskabel eingekoppelt (Abb. 10.4.6-5 und 6). Da diese diskreten Frequenzen einer linearen Bewegung bzw. laminaren Strömung entsprechen, sind geräteinterne Geräuschmuster oder zusätzliche Frequenzspektren (die häufig erst bei angebotener Dopplerantwort und nicht im „Leerlauf" auftreten) sofort erkennbar.

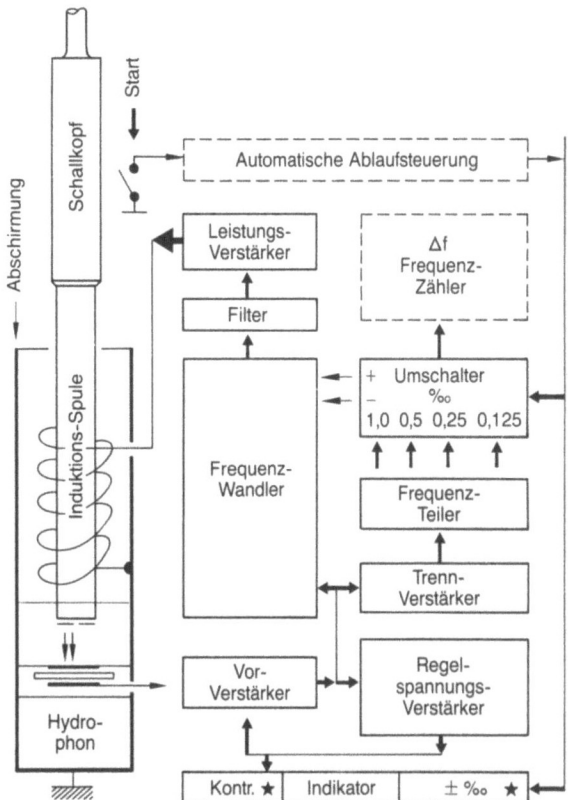

Abb. 10.4.6-5 (Reuter). Blockschaltbild des DS 81 (vereinfacht)

Abb. 10.4.6-6 (Reuter). Standardausführung des DS 81. *Vorne unten*: Wahlschalter zur Einstellung der Dopplerablagen. *SK*, Schallkopf des Prüflings im Führungsrohr mit Hydrophon *H* und Induktionsspule *I*

10.5 Protokollblätter

W. Haigis

GESAMTEMPFINDLICHKEIT FÜR TESTREFLEKTORECHOS - A-System P1

Datum : 22.10.81   Messung durch : Hai
Gerät : 7200 MA   Serien-Nr. : 388
Schallkopf : NM 8-5K   Serien-Nr. : 801

Reflektor : HEMA W38 in phys.NaCl, pH=7.2, Zimmertemperatur
Einstell. : Filter 1 / Supp. min.   Laufzeit : 30 µsec
Messamplit.: 10 mm

Messung Nr.	1	2	3	4	5	6	7	8	9	10
Verstärk./dB	9.7	9.5	9.9	9.9	10	10	10	10	9.5	9.5

Mittelwert : 9.8 ± 0.2 dB

GESAMTEMPFINDLICHKEIT FÜR TESTREFLEKTORECHOS - B-System

Datum : 07.09.82   Messung durch : Hai
Gerät : Ochscan 400   Serien-Nr. : 328 681
Schallkopf : 40° B-SK   Serien-Nr. : 6217

Reflektor : W38
Einstell. : enhance off / TGC off   Laufzeit : 23 mm (S64)

Messung-Nr.	1	2	3	4	5
Reflektor-B-Bild verschwindet bei Verstärkungseinstellung (dB)	65	61	63	65	64

Reflektor : W38
Einstell. : enhance on / TGC off   Laufzeit : 23 mm (S64)

Messung-Nr.	1	2	3	4	5
Reflektor-B-Bild verschwindet bei Verstärkungseinstellung (dB)	65	56	56	56	56

Protokollblätter 449

ABBILDUNGSFEHLER im B-System   P2

Datum   : ...18.06.79...   Messung durch : ...Hai...
Gerät   : ...Ocuscan 400...   Serien-Nr.   : ...328681...
Schallkopf : ...B-SK...   Serien-Nr.   : ...4377/70...

Reflektor : HEMA W88 in phys.NaCl, pH=7.2, Zimmertemperatur
Einstell. : ...enhance off...   Laufzeit   : ...$\ell = 80$ mm...

Ergebnis :

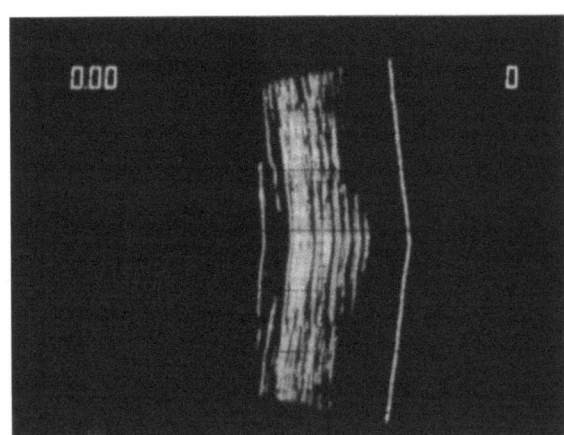

Abb. 10.5-1

AUFLÖSUNG im A-System - Tiefenauflösung (6dB)   P3

Datum   : ...22.10.81.........   Messung durch : ...Hai........
Gerät   : ....7200 MA.........   Serien-Nr.   : ...388........
Schallkopf : ....NHS-5K.........   Serien-Nr.   : ...801........

Reflektor : V2A-Stahlfaden, Dicke = 0.15mm, aqua dest, Zimmertemp.
Einstell. : Filter 4, Supp. Min.

Tiefenauflösung   s = 0.5 * t * (1.5 mm/usec)

Verstärkung: ......50... dB

Laufzeit	T/usec	30	60
Tiefenauflösung t/usec		0.7	0.6
Tiefenauflösung s/mm		0.5	0.45

Verstärkung: ......40... dB

Laufzeit	T/usec	30	60
Tiefenauflösung t/usec		0.4	0.4
Tiefenauflösung s/mm		0.3	0.3

AUFLÖSUNG im A-System - Seitenauflösung (6dB)   P4

Datum   : 22.10.81   Messung durch : Hg:
Gerät   : 9200 hA   Serien-Nr.   : 388
Schallkopf : NH.8-5K   Serien-Nr.   : 824

Reflektor : V2A-Stahlfaden, Dicke = 0.15mm, aqua dest, Zimmertemp.
Einstell. : Filter 4, Supp. Min.

Seitenauflösung   s = (l - r)   bzw.   s = (r - l)   (pos. Wert !)

Schallkopforientierung A   Schallkopforientierung B

Marke → ▽   ◁ ← Marke
         ●   Blick von vorn auf   ●
              Schallaustrittsfläche

SCHALLKOPFORIENTIERUNG A   Verstärkung: .....40.... dB

Laufzeit   T/usec   30   60

Schallk.pos.links   l/mm   22.86   22.83
Schallk.pos.rechts r/mm   22.58   22.63
Seitenauflösung   s/mm   2.8   2.0

SCHALLKOPFORIENTIERUNG A   Verstärkung: .....50.... dB

Laufzeit   T/usec   30   60

Schallk.pos.links   l/mm   22.87   22.83
Schallk.pos.rechts r/mm   22.58   22.61
Seitenauflösung   s/mm   2.9   2.2

SCHALLKOPFORIENTIERUNG B   Verstärkung: .... dB

Laufzeit   T/usec

Schallk.pos.links   l/mm
Schallk.pos.rechts r/mm   —
Seitenauflösung   s/mm

SCHALLKOPFORIENTIERUNG B   Verstärkung: .... dB

Laufzeit   T/usec

Schallk.pos.links   l/mm
Schallk.pos.rechts r/mm   —
Seitenauflösung   s/mm

AUFLÖSUNG im B-System   -   Tiefenauflösung   P5

Datum	: 5.10.81	Messung durch : Rc
Gerät	: Ocuscan 400	Serien-Nr. :
Schallkopf	: B-SK	Serien-Nr. :

Reflektor : V2A-Stahlfadenreihe, O = 0.15mm, aqua dest, Zimmertemp.
Einstell. : kuharce 01

Faden-Orientierung   A   Faden-Orientierung   B

```
SK |— 30 —•••• • • • •        SK |— 30 —•• • • • •••
     µsec                           µsec
```

FADENORIENTIERUNG A

Verstärkereinstellung in dB	0	10	20
Abstand der getrennt erkennbaren Fäden in mm	2	1	1

FADENORIENTIERUNG B

Verstärkereinstellung in dB	0	10	20
Abstand der getrennt erkennbaren Fäden in mm	1	1	1

AUFLÖSUNG im B-System - Seitenauflösung   P6

Datum   : ......5.10.81......   Messung durch : ...Re........
Gerät   : ...Ouscan 400.....   Serien-Nr.   : ....
Schallkopf : .....3-SK..........   Serien-Nr.   : ....

Reflektor : V2A-Stahlfadenreihe, Ø = 0.15mm, aqua dest, Zimmertemp.
Einstell. : ....enhance..off.....

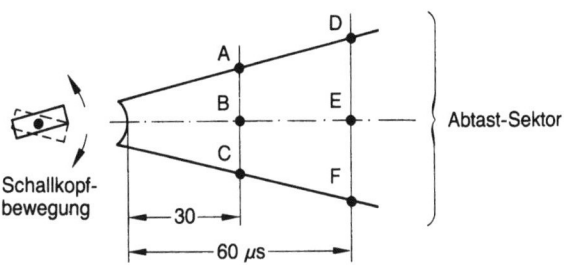

Abb. 10.5-2. Bezeichnung der Meßpunkte im Schallfeld

Verstärkerein-	Abstand der getrennt wahrnehmbaren Fäden in mm					
stellung in dB	A	B	C	D	E	F
30	2	2	2	2	3	3
20	3	3	2	4	4	3
10	6	7	6	5	6	5

SCHALLFELDCHARAKTERISTIK - Normalschallköpfe   P7

Datum   : ....   Messung durch : ....

Gerät   : ....   Serien-Nr.   : ....

Schallkopf : ....   Serien-Nr.   : ....

Reflektor : V2A-Stahlfaden, Dicke = 0.15mm, aqua dest, Zimmertemp.

Einstell. : ....

Schallkopforientierung A   Schallkopforientierung B

Marke → ● ▽   Blick von vorn auf   ● ◁ ← Marke
                    Schallaustrittsfläche

Schallkopforientierung   A   B

Ausser dem "Haupt"echo   nicht nachweisbar   nicht nachweisbar
ist ein "Neben"echo   ....

Falls ein solches Echo nachweisbar ist:

Schallkopforientierung   A   B

Bei einer Laufzeit von   .... usec   .... usec

wird eine Amplitude von   .... mm   .... mm

vom Hauptecho erreicht
bei Verstärkungseinstell.   .... dB   .... dB

vom Nebenecho erreicht
bei Verstärkungseinstell.   .... dB   .... dB

Haupt- und Nebenecho un-
terscheiden sich also um   .... dB   .... dB

Ergebnis:

Der Schallkopf kann / kann nicht zur Diagnostik eingesetzt werden.

SCHALLFELDCHARAKTERISTIK - Flachstielschallköpfe   **P8**

Datum	:	Messung durch : ....
Gerät	:	Serien-Nr.	: ....
Schallkopf	:	Serien-Nr.	: ....

Reflektor : Plexiglas-Küvettenwand, aqua dest, Zimmertemp.

Einstell. : ....

Ein Echo der Küvettenwand, entstanden durch rückseitige Schallabstrahlung ist   nicht   nachweisbar
                ....

Falls ein solches Echo nachweisbar ist:

Bei einer Laufzeit von   .... usec

wird eine Amplitude erreicht von   .... mm

durch rückseitige Abstrahlung
bei Verstärkungseinstellung   .... dB

durch "normale" Abstrahlung
bei Verstärkungseinstellung   .... dB

Rück- und vorderseitige Echos
unterscheiden sich also um   .... dB

Ergebnis:

Der Schallkopf kann / kann nicht   zur Diagnostik eingesetzt werden.

NULLPUNKTFEHLER P9

Datum	: 22.10.81	Messung durch :	Hai
Gerät	: 7200	Serien-Nr.	: 588
Schallkopf	: NH8-SK	Serien-Nr.	: 825

Reflektor : Messingwürfel, Länge 20 mm, Kontaktankoppl.m.aqua dest.

Einstell. : D.4+1, Supp. Min.

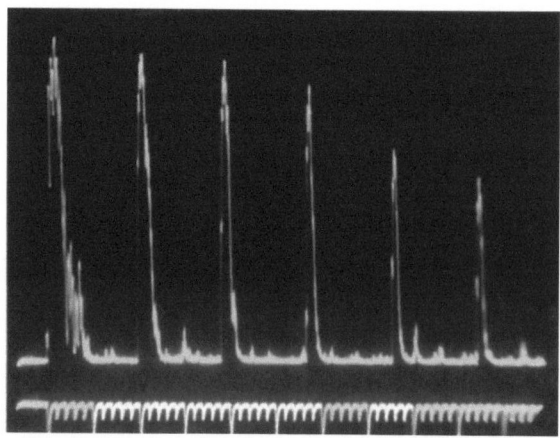

Abb. 10.5-3. Echogramm, entstanden durch Mehrfachreflektion in einem Messingblock

Abstand zwischen zwei Wiederhol.echos : T = 9.3 usec

Abstand Sendepulsflanke - 1. Echo : t = 9.7 usec

Nullpunktfehler : $t - T$ = 0.4 usec

FREQUENZGANG - A-System   P10

Datum : 22.10.81   Messung durch : Hai
Gerät : 7200 MA   Serien-Nr. : 388
Echosimulator : ES 77   Serien-Nr. : IV

ECHOSIMULATOR (ES)   Einstellungen   ULTRASCHALLGERÄT 82dB
t1 : .10.. usec   Verstärkung : ......
t2 : .max. usec   Schwellwert : ..min.
t3 : .min. usec   Siebung : ..1...
t4 : .max. usec /0 dB   TGC : ..-...
TRIG/AUTO: Trig   Sonstige : ..-...

Meßechoamplitude = ...10... mm = konstant

ES-Frequenz f(ES)/MHz	5.3	5.5	5.8	6	6.5	7	7.1
ES-Amplit. att(ES)/dB	-63.6	-66	-67.8	-69	-70	-71.8	-72

ES-Frequenz f(ES)/MHz	7.5	8	8.5	9	10	11	12
ES-Amplit. att(ES)/dB	-71	-70	-69	-68	-66	-63.8	-62

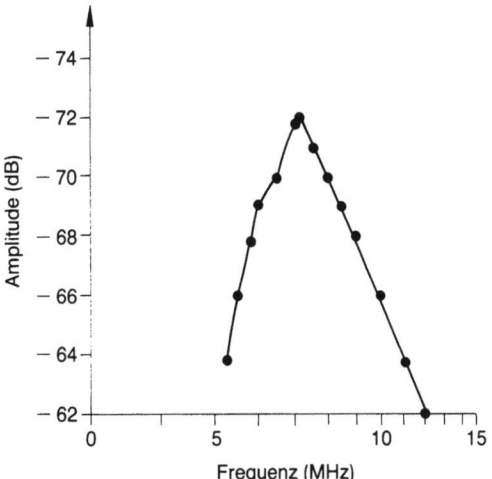

Abb. 10.5-4. Die maximale Empfindlichkeit liegt bei 7.1 MHz [= f(max)]]

VERSTÄRKERCHARAKTERISTIK, EMPFINDLICHKEIT, DYNAMIK – A-System   P11

Datum   : 22. 10. 81   Messung durch : Hai

Gerät   : 7200 hA   Serien-Nr.   : 358

Echosimulator : ES 77   Serien-Nr.   : IV

ECHOSIMULATOR (ES)   Einstellungen   ULTRASCHALLGERÄT
t_1 : 10 usec   Verstärkung : 82 dB
t_2 : max usec   Schwellwert : Min
t_3 : min usec   Siebung   : 1
t_4 : max usec   TGC   : –
TRIG/AUTO: Trig   Sonstige   : –
Frequenz : 3.1 MHz

Maximale A-Bild-Empfindlichkeit

Testsignal überschreitet Rauschpegel/Null-Linie
bei ES-Amplitudeneinstellung (Minimalwert)   = −80 dB

Damit ist die Absolutempfindlichkeit im A-System
(Minimalwert + 6 dB)   = −74 dB

Verstärkercharakteristik

Bildschirmamplit. /mm	0	2	4	8	10	15	20	25
ES-Amplit. att(ES)/dB	−82	−78	−76	−73.5	−72	−70	−68	−65.5

Bildschirmamplit. /mm	30	35	40	45	48	50	51	52
ES-Amplit. att(ES)/dB	−62.5	−60	−57	−53	−52	−49.5	−47.5	−44

A-Bild-Dynamik

Max.-Amplitude A-max = 52 mm

5 % von A-max   = 2.6 mm   werden erreicht bei −77.2 dB

95 % von A-max   = 49.4 mm   werden erreicht bei −50 dB

Also ergibt sich die A-Bild-Dynamik zu   27.2 dB

(Sollwert : 36 ± 4 dB) !

VERSTÄRKERCHARAKTERISTIK   -   A-System   P12

Graphische Darstellung zur Tabelle in P11

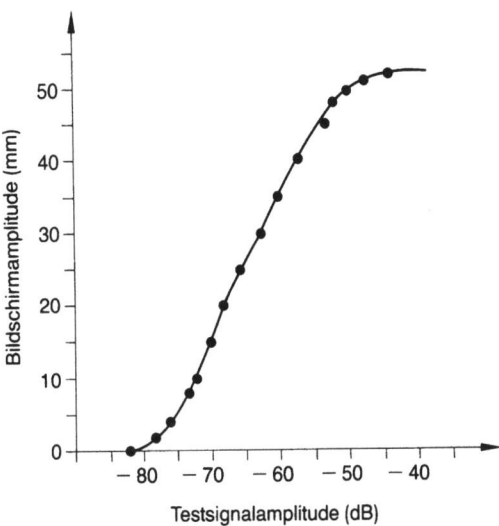

Abb. 10.5-5

dB-REGLER - A-System   P13

Datum   : 22.10.81   Messung durch : Hai
Gerät   : 720 HA   Serien-Nr.   : 888
Echosimulator: ES 77   Serien-Nr.   : IV

ECHOSIMULATOR (ES)   Einstellungen   ULTRASCHALLGERÄT
t1   : 10 usec   Verstärkung: var
t2   : Max usec   Schwellwert: Min
t3   : Min usec   Siebung   : 1
t4   : Max usec   TGC   : —
TRIG/AUTO: Trig   Sonstige   : —
Frequenz : 7.1 MHz

Meßechoamplitude = ...10... mm = konstant

Nominalverstärk. / dB	82	72	62	52	42	32	22
ES-Amplit. att(ES)/dB	-72	-60.5	-51	-42	-32	-22.5	-12

Nominalverstärk. / dB	12	77	67	57	47	37	17
ES-Amplit. att(ES)/dB	-2	-66	-56	-46	-37	-27.8	-8

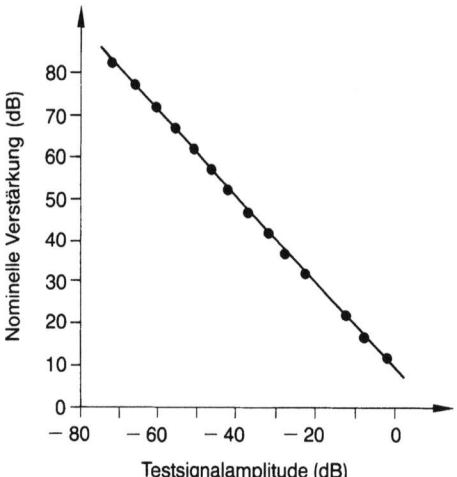

Abb. 10.5-6

MASSTAB-SKALA   P14

Datum   : ......3. 6. 86......   Messung durch : .....Hei......

Gerät   : ....Ocascan 400....   Serien-Nr.   : .....328 124....

Echosimulator: ......ES 77..........   Serien-Nr.   : .....IV..........

ECHOSIMULATOR (ES)   Einstellungen   ULTRASCHALLGERÄT
t1   : .var.. usec   Verstärkung: ....0...
t2   : .Min.. usec   Schwellwert: ....-...
t3   : .Min.. usec   Siebung   : ....-...
t4   : .Max.. usec   TGC   : ....-...
TRIG/AUTO: Trig   Sonstige   : ....-...
Frequenz   : ..10.. MHz

Eine Maßstab-Skala ist   vorhanden /
                                         ....

Die Skala ist geeicht in   /   mm
                                                   ....

Ergebnis der Überprüfung

Zwischen linker und rechter markierter   .30. Skt
Skalenmarke liegen

An der linken markierten Skalenmarke beträgt   .16.25. usec
die Verzögerungszeit (Einstellung von t1)

An der rechten markierten Skalenmarke beträgt   .54.80. usec
die Verzögerungszeit (Einstellung von t1)

Damit fallen   ..30.. Skalenteile   auf   .38.55. usec

Also ergibt sich der Eichfaktor zu   1.285 usec / Skt

B-BILD-EMPFINDLICHKEIT, GRAUWERTDYNAMIK — B-System   P15

Datum   : 7.9.82   Messung durch : Hai
Gerät   : Ocuscan 400   Serien-Nr.   : 328681
Echosimulator : ES 77   Serien-Nr.   : 1v

ECHOSIMULATOR (ES)	Einstellungen	ULTRASCHALLGERÄT
t1 : 30 usec		Verstärkung: 0
t2 : 44.93 usec		Schwellwert: —
t3 : MAX usec		Siebung : —
t4 : MAX usec		TGC : —
TRIG/AUTO: Trig		Sonstige : message off
Frequenz : 8 MHz		

Maximale B-Bild-Empfindlichkeit

Testsignal überschreitet Rauschpegel/Null-Linie
bei ES-Amplitudeneinstellung (Minimalwert)   = −66 dB

Damit ist die Absolutempfindlichkeit im B-System
(Minimalwert + 6 dB)   = −60 dB

Größtes ungestört darstellbare Echo

Einstellung X der Testsignalamplitude, bei der
das 1. und das 2. (um 6 dB schwächere) Echoband
gleich hell erscheinen   X   = −44 dB

Damit ergibt sich für die Testsignalamplitude
des größten ungestört darstellbaren Echos
(Maximalwert = X − 6 dB)   = −50 dB

Grauwert-Dynamik

Obere Grenze der Grauwertdynamik = Maximalwert   = −50 dB

Untere Grenze der Grauwertdynamik = Minimalwert   = −60 dB

Also: Grauwertdynamik = obere Grenze − untere Grenze   = 10 dB

ABBILDUNGSFEHLER im B-System   P16

Datum   : ....7.9.82........   Messung durch : ...Hai......
Gerät   : ...Ocuscan 400....   Serien-Nr.   : ..328.681...
Echosimulator : .....ES 77........   Serien-Nr.   : ....IV......

ECHOSIMULATOR (ES)   Einstellungen   ULTRASCHALLGERÄT
t1   : ..30.. usec   Verstärkung: ...10 dB
t2   : .Max.. usec   Schwellwert: ...—...
t3   : .Max.. usec   Siebung   : ...—...
t4   : .Max.. usec   TGC   : ...off.
TRIG/AUTO: Trig   Sonstige   : cuttings ?a
Frequenz : ..8... MHz

Ergebnis :

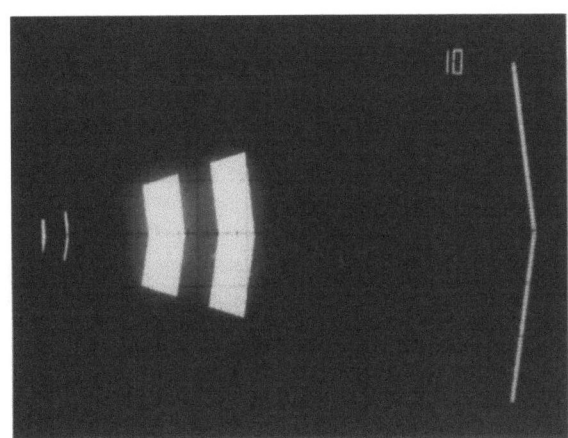

Abb. 10.5-7

11 Qualitätssicherung in der augenärztlichen Ultraschalldiagnostik

H.G. TRIER

11.1 Ausbildung in Ultraschalldiagnostik

Die Ultraschalldiagnostik im Fachgebiet des Augenarztes (Untersuchungen des Augapfels, der Augenhöhle, ophthalmologische Gefäßdiagnostik) wird bisher in den meisten Ländern fast nur an Einrichtungen mit stationärer Behandlungsmöglichkeit der Patienten durchgeführt (Kliniken, überregionale und regionale Krankenanstalten, Belegabteilungen). Nur in wenigen Ausnahmen wird sie durch den niedergelassenen Arzt in der ambulanten Patientenversorgung ausgeübt, wie dies z.B. in den Fachgebieten Innere Medizin oder Frauenheilkunde und Geburtshilfe in hohem Maße der Fall ist. Die Ausnahmen betreffen besonders die Ultraschall-Biometrie und zwar die Indikation für die Messung der Achsenlänge des Auges und ihrer Teilabschnitte.

Die weitgehende Beschränkung auf den stationären Versorgungsbereich ist nicht in vorübergehenden Innovationshemmnissen, sondern in der Fachstruktur Augenheilkunde begründet. Sie beruht auf der engen Koppelung heutiger Indikationen zur Ultraschalldiagnostik mit dem übrigen Diagnostikspektrum und der Therapie im Rahmen der stationären Krankenversorgung und wird daher von Dauer sein, wenn nicht neue Anwendungsgebiete erschlossen werden. Diese Besonderheit drückt sich auch in der Ausbildungssituation aus. Sie führt im Vergleich zur Echographie in anderen Fächern zu einer wesentlich kleineren jährlichen Quote an Auszubildenden und zu einheitlicheren Ausbildungszielen.

Ausbildungsinhalte

Als Inhalt der Ausbildung in ophthalmologischer Ultraschalldiagnostik können heute theoretische und praktische Kenntnisse zu folgenden Themen gelten:

- Abgrenzung diagnostischer gegen therapeutische bzw. chirurgische Ultraschallanwendungen am Auge; Bioeffekte. Technisch-physikalische Grundlagen der Ultraschalldiagnostik. Geräte und Verfahren. Qualitätskontrolle. Gerätemarkt und Bewertungskriterien
- Indikationen zur Ultraschalldiagnostik
  Klinische Untersuchungsmethoden
  Befunddokumentation
  Klinische Diagnose und Differentialdiagnose
  Einordnung der Ultraschalldiagnostik in das diagnostische und therapeutische Spektrum der Augenheilkunde.

Ein besonderes Kennzeichen der ophthalmologischen Ausbildung ist die Betonung von Prüfverfahren für die Gerätefunktion. Solche Prüfverfahren wurden in der Ophthalmologie besonders früh entwickelt, propagiert und klinisch eingesetzt, um die ultraschalldiagnostischen Aussagemöglichkeiten zu erweitern (Buschmann 1969). Es ist bekannt, daß Unkenntnis oder Störungen der Gerätecharakteristik in der ophthalmologischen Ultraschalldiagnostik folgenschwere diagnostische Irrtümer verursachen können. Mängel in der Gesamt- und Empfängerempfindlichkeit oder in der Verstärkercharakteristik können typische, schwerwiegende Fehldiagnosen bei vitreoretinalen Erkrankungen und Tumoren bewirken, Mängel des Zeitmaßstabs z.B. Berechnungsfehler bei intraokularen Implantlinsen (Trier 1982). Die Ausbildung in den geeigneten Prüfverfahren kann die Apparategläubigkeit des Anwenders dauerhaft in eine kritische Aufmerksamkeit verwandeln und dadurch gewährleisten, daß periodisch laufende Funktionsprüfungen der Geräte durch beauftragbare technische Dienste überhaupt erfolgen. Sie erlaubt zudem eine sachgerechte Orientierung im schwer durchschaubaren Gerätemarkt.

Die Regelungen für Ausbildung von Ärzten in Ultraschalldiagnostik und für den Einsatz von medizinischem Assistenzpersonal sind nach Ländern verschieden (Ossoinig et al. 1979; Smith 1979).

In der Bundesrepublik Deutschland, in Österreich und der Schweiz schreibt die Weiterbildungsordnung zum Augenarzt bisher die Weiterbildung in Ultraschalldiagnostik nicht verbindlich vor. Ein Teil der Universitäts-Augenkliniken und anderer Krankenanstalten bildet für den Eigenbedarf Ärzte im eigenen Haus für Ultraschalldiagnostik aus. Die erreichte Erfahrung von vier oder mehr Jahren wird nach der Niederlassung in eigener Praxis meist nicht genutzt. Eine andere Entwicklung ergab sich in den letzten Jahren für die Ultraschallbiometrie: Da heute die Unterlassung einer Achsenlängenmessung mit Ultraschall vor der Einpflanzung einer intraokularen Implantlinse bei Mißerfolgen als Kunstfehler gewertet wird, möchten zahlreiche Augenärzte – wegen einer evtl. operativen Tätigkeit als Belegärzte – diese Methode während der Weiterbildungszeit erlernen.

In der Bundesrepublik Deutschland wurden für die Durchführung sonographischer Untersuchungen in der kassenärztlichen Versorgung 1981 Ausbildungsvoraussetzungen für die Augenheilkunde festgelegt und 1987 unterteilt (s. Kap. 11.3).

Zur Qualifikation der Ausbilder, zu den Anforderungen an ausbildende Einrichtungen und Kurse haben international die AIUM, SIDUO, in der Bundesrepublik DEGUM und KV Empfehlungen gegeben (Hansmann et al. 1980; Trier 1982; s. Tabelle 11.2-2). In verschiedenen Ländern werden regelmäßig Ausbildungskurse veranstaltet.

Zu unterscheiden sind „Ausbildungskurse für Aktive", die selbst Ultraschalldiagnostik ausführen wollen und „Orientierungskurse" für Nichtaktive zum Erlernen der Indikation und klinischen Einordnung der Methode, u.a. für Leitende Krankenhausärzte, niedergelassene bzw. einweisende Ärzte. Die Kurse betreffen ganz überwiegend die Impuls-Echo-Verfahren. Für die Dopplerdiagnostik an den hirnversorgenden Arterien ist für den Ophthalmologen meist die Nutzung von Ausbildungskursen anderer Fachgebiete erforderlich.

In den deutschsprachigen Ländern bestehen folgende langjährige Kurssysteme für Aktive:

– Fortbildungskurs: Ophthalmologische Ultraschalldiagnostik (Auge, Orbita, Biometrie, Doppler). Veranstalter: W. Buschmann, Würzburg, und H.G. Trier, Bonn, 1987 mit R. Guthoff, Hamburg, mit Gastreferenten. Ort: Würzburg, Bonn, Hamburg. Auch getrennte Kurse für Biometrie des Auges.
– Wiener Kurs über klinische Echographie des Auges, der Augenhöhle und der Nebenhöhlen. Veranstalter: K.C. Ossoinig, Iowa City, und P. Till, Wien, mit Gastreferenten. Ort: II. Univ.-Augenklinik Wien und anderweitig (ausschließlich für die Methodik nach Ossoinig und zugehörige Geräte).

Literatur

Buschmann W (1969) Reproducible calibrations: the basis of ultrasonic differential diagnosis in A-Mode and B-Mode examination of eye and orbit. Int Ophthalmol Clin 9/3:761–792

Buschmann W, Trier HG (Hrsg) Geräteprüfung im A- und B-System. Anleitung zu praktischen Übungen. Skripten 1.–9. Fortbildungskurs Ophthalmologische Ultraschalldiagnostik. (W. Buschmann 1976, 1978, 1981, 1982, 1985; H.G. Trier 1977, 1979, 1983, 1986 unter Mitarbeit von R. Reuter, W. Haigis, R.-D. Lepper)

Hansmann H, Haller U, Effer H, Hackelöer BJ, Frommhold H, Kratochwil A, Lutz H (1980) Ausbildungsvoraussetzungen. Podiumsdiskussion: Qualitätskontrolle für die Ultraschalldiagnostik. Dreiländertreffen: Ultraschall in der Medizin, Böblingen 1980.

Kassenärztliche Bundesvereinigung (1981) Richtlinien für die Durchführung sonographischer Untersuchungen in der kassenärztlichen Versorgung (Sonographie-Richtlinien): a) Fachliche Voraussetzungen für die Erbringung von ultraschalldiagnostischen Leistungen, b) Mindestanforderungen an die Ausstattung der Untersuchungsgeräte (Apparaterichtlinien). Köln, Fassung vom 7.12.85 mit Änderungen vom 11.7.87

Ossoinig KC (Hrsg) (1968–1986) Standardisierte Echographie des Auges, der Augenhöhle und der Nebenhöhlen. Texte und Diapositivprogramme für Kursveranstaltungen; unter Mitarbeit von P. Till u.a.

Ossoinig KC, Byrne SF, Weyer NJ (1979) Standardized echography. Part II: Performance of the standardized echography by the technician. Int Ophthalmol Clin 19/4:283–295

Smith ME (1979) The role of the technician in ophthalmic ultrasonography. Int Ophthalmol Clin 19/4:255–266

Trier HG (1982) Zur Qualitätskontrolle von Ultraschalldiagnostik-Geräten für A- und B-Bild-Verfahren. Klin Monatsbl Augenheilkd 180:103–107

Trier HG (1982) Ophthalmologische Ultraschalldiagnostik – zur heutigen Ausbildungssituation in den Ländern Bundesrepublik Deutschland, Österreich, Schweiz. Ultraschall 3:50–57

11.2 Zur Qualitätssicherung bei Geräten zur ophthalmologischen Ultraschalldiagnostik

Einleitung

Ultraschallverfahren sind heute ein unverzichtbarer Bestandteil der Patientenversorgung in der Augenheilkunde. Der durch Ultraschallverfahren möglich gewordene klinische Fortschritt führt zu immer stärkerer Verbreitung von Ultraschallgeräten für Chirurgie und Diagnostik, z.Zt. am stärksten für Phakoemulsifikation und Biometrie.

Die Voraussetzungen für eine solche Rolle in der Augenheilkunde sind gefährdet, wenn nicht parallel zur technischen Weiterentwicklung der Geräte deren Qualität und die Sicherheit des Patienten gewährleistet bleibt.

Einsatzgebiete des Ultraschalls in der Augenheilkunde

Ultraschall (US) wird in der Augenheilkunde sowohl diagnostisch als auch therapeutisch-chirurgisch eingesetzt. Auf den Therapieeinsatz wird hier nur soweit zur Abgrenzung erforderlich eingegangen.

Therapeutisch-chirurgische Ultraschallverfahren

Auf den mechanischen, physikochemischen und thermischen US-Wirkungen beruhen
– Die US-Chirurgie der Augenlinse, d.h. die Phakoemulsifikation und -aspiration als Routineverfahren für die ECCE (Kelman 1969) (>500000 Eingriffe/Jahr)
– physiotherapeutische Anwendungen bei verschiedenen Augenerkrankungen in der Medizin Osteuropas
– experimentelle Anwendungen zu Behandlung von Kurzsichtigkeit Verflüssigung des Glaskörpers
– Wiederanlegung und Anheftung der abgelösten Netzhaut
– Behandlung des hämorrhagischen Glaukoms
– Koagulation bzw. Hyperthermie von io. Tumoren (Coleman et al. 1981).

Apparative Qualitätssicherung – Definition

Nach Anpassung an die DIN-Terminologie umfaßt der Begriff Qualität die Gesamtheit der Eigenschaften und Merkmale des US-Gerätes und der damit ausgeführten ärztlichen Tätigkeit, die sich auf deren Eignung zu einer richtigen, schonenden, zeitgerechten, kostengünstigen Therapie oder Diagnose mittels Ultraschall für den Patienten beziehen.

Nach der praktischen Bedeutung lassen sich folgende Begriffe hervorheben (Trier 1984, 1985):

Technische Sicherheit

Sicherheitsanforderungen für den Zusammenhang: Patient-Anwender-Geräte-Umgebung; besonders

Tabelle 11.2-1 (Trier). Aufgaben der Funktionssicherung in der Ultraschalldiagnostik

a) Auswahl und Zulassungskriterien für Bauarten und Einzelgeräte; Prüfbarkeit dieser Kriterien
b) Funktionsprüfungen am *individuellen* Gerät
  – Optimierung von Untersuchungsparametern
  – Störungsfeststellung, Veranlassung der Wartung
  – Kompatibilität von Ersatz- oder Zusatzteilen, z.B. Schallköpfen und Wiedergabesystemen
  – Sicherung von *reproduzierbaren* Untersuchungsbedingungen am Patienten
c) Möglichkeiten zur *vergleichenden* Geräte- bzw. Befundbewertung: Charakterisierung der individuellen Gerätefunktion als Grundlage für den Vergleich von Untersuchungsbefunden, die mit *verschiedenen* Geräten erhoben wurden

– mechanische und elektrische Sicherheit
– Sicherheit vor schädigenden US-Wirkungen.

Funktionssicherheit

Eignung für die chirurgische bzw. diagnostische Aufgabe:
– *Im Neuzustand der Geräte:* Verknüpfung mit Bauartmerkmalen, Zulassungskriterien spezifischer Bauarten für spezifische Aufgaben.
Nach Feststellung der Eignung Optimierung der Einstellungen am individuellen Gerät und Sicherung von reproduzierbaren Behandlungs- oder Untersuchungsbedingungen.
– *Laufende Funktionsprüfung.*
Gewährleistung der Funktionssicherheit des Geräts durch periodische Funktionsprüfungen (Tabelle 11.2-1).

Regelungen und Richtlinien in der Bundesrepublik Deutschland

Verbindliche Regelungen

a) Medizingeräteverordnung

Die MedGV vom 14.1.1985 sieht bei bestimmten Gruppen von medizintechnischen Geräten vor: Zulassungs- und Prüfvorschriften für den Gerätehersteller, Vorschriften für den Betreiber, verbunden mit sicherheitstechnischer Kontrolle durch Prüfstellen oder Sachverständige (MedGV 1985).

Die medizinischen US-Geräte, für Therapie und Diagnose, einschließlich der ophthalmologischen Geräte, werden in der MedGV nicht namentlich genannt und nicht in die Gerätegruppen 1 und 2 der Verordnung aufgenommen. Sie gehören vielmehr sinngemäß in die Gruppe 3 der *energetisch* betriebenen medizinisch-technischen Geräte. Für diese Klasse gelten z.Zt. keine besonderen Anforderungen, insbesondere keine Bauartkontrollen und keine Sicherheitskontrollen. Wie für alle Geräte ist gefordert, daß sie den allgemein anerkannten Regeln der Technik sowie den Arbeitsschutz- und Unfallverhütungsvorschriften entsprechen müssen. Dabei muß sichergestellt sein, daß Patienten so weit gegen Gefahren geschützt sind, „wie es die Art der bestimmungsgemäßen Verwendung gestattet".

Der Arzt benötigt eine Einweisung in das Gerät und hat sich vor der Anwendung von der Funktionssicherheit und dem ordnungsgemäßen Zustand seines Gerätes zu überzeugen (§ 6). Abs. 2 der Vorschrift besagt, daß die Geräte der Klasse 3 zur dosierten Anwendung von Energie mit einer *Warneinrichtung* für den Fall einer gerätebedingten Fehldosierung ausgerüstet sein müssen.

Diese Forderung tritt am 1.1.1988 in Kraft.

b) Eichgesetz des Bundesministers für Wirtschaft (EichG 1985)

Die Novellierung erfolgte 1985. Geräte für Ultraschalldiagnostik werden bisher nicht eingeschlossen.

c) KV-Richtlinien (1986)

Seit 1.4.86 sind bundeseinheitliche Richtlinien für die Durchführung sonographischer Untersuchungen in der kassenärztlichen Versorgung in Kraft getreten. Der § 7 umfaßt Mindestanforderungen an die Ausstattung der Untersuchungsgeräte hinsichtlich Sicherheit und technischen Leistungsmerkmalen.

Empfehlungen ohne Verbindlichkeit

a) AIUM-NEMA-Standard (1983)

Es handelt sich um den freiwilligen Standard für sicherheitsrelevante Kenngrößen von Ultraschallgeräten mit Gültigkeit für die USA.

Auf dieser Grundlage werden z.Zt. diskutiert:

- in den USA: Entwürfe der FDA, AIUM und NEMA für noch weitergehende Erfassung und Kontrolle der abgestrahlten Ultraschallenergie (1987),
- die Entwicklung modifizierter internationaler Richtlinien durch die IEC und WFUMB. Hierzu müssen sachgerechte Sicherheitsparameter, deren Grenzwerte und Meßverfahren neu erarbeitet werden (Nyborg 1985; Trier 1985).

b) Empfehlungen der IEC

Unter Mitarbeit des deutschen Fachgremiums (GUK 741,3/D1, Medizinische Ultraschallgeräte in DKE und FANAK) ist als offizielle IEC-Empfehlung fertiggestellt worden:

- IEC-Publ.: Methods of measuring the performance of ultrasonic pulse-echo diagnostic equipment (IEC 1986).
- weitere technische Entwürfe.

c) Weitere Fachgremien

Tabelle 11.2-2 gibt einen Überblick über die an der Qualitätssicherung beteiligten Fachverbände und Gremien, ohne Vollständigkeit zu beanspruchen (Trier 1985). Zahlreiche Gremien, u.a. WHO, WFUMB, EFSUMB (European Committee for Ultrasonic Radiation Safety), AIUM, AAPM, DEGUM, DGBMT, SIDUO haben Richtlinien oder Entwürfe erarbeitet.

Problembereiche (s. Tabelle 11.2-3)

H.G. TRIER und R. REUTER

Durch bestehende Regelungen ist in der BRD zwar die mechanische und elektrische Sicherheit der US-Geräte gewährleistet, nicht aber die *Sicherheit vor schädigenden US-Wirkungen;* aus folgenden Gründen:

a) Bei Phakoemulsifikation sind Hersteller, Vertriebsfirmen und Anwender bezüglich der abgestrahlten akustischen Leistung nicht durch Grenzwerte und sicherheitstechnische Vorschriften abgesichert und verfügen meist über keine eigenen Meßmöglichkeiten.

b) Bei Diagnostikgeräten existiert zwar ein Grenzwert der abgegebenen Leistung (KV-Richtlinien), dieser ist aber nicht ausreichend definiert und seine Einhaltung wird nicht überwacht. Hersteller, Vertriebe und Anwender verfügen nur in Ausnahmefällen über eigene Meßmöglichkeiten.

c) Die bisherigen Schutzvorschriften vor schädlichen Ultraschallwirkungen beruhen auf einem Grenzwert der Ultraschall*intensität*. Nach neueren Erkenntnissen hängt die US-Intensität aber nicht ursächlich und eindeutig mit den beiden potentiellen Hauptschädigungsmechanismen des Ultraschalls im Gewebe zusammen, nämlich der Wärmewirkung und der Kavitationsentstehung.

Zwar sind mit den bisherigen Geräten keine Schäden „bei bestimmungsgemäßer Verwendung" beschrieben worden. In der heutigen Situation könnten aber auch Gerätekonstruk-

468 Qualitätssicherung in der augenärztlichen Ultraschalldiagnostik

Tabelle 11.2-2 (Trier). Qualitätssicherung bei Ultraschalldiagnostikgeräten: Übersicht Fachverbände und Gremien

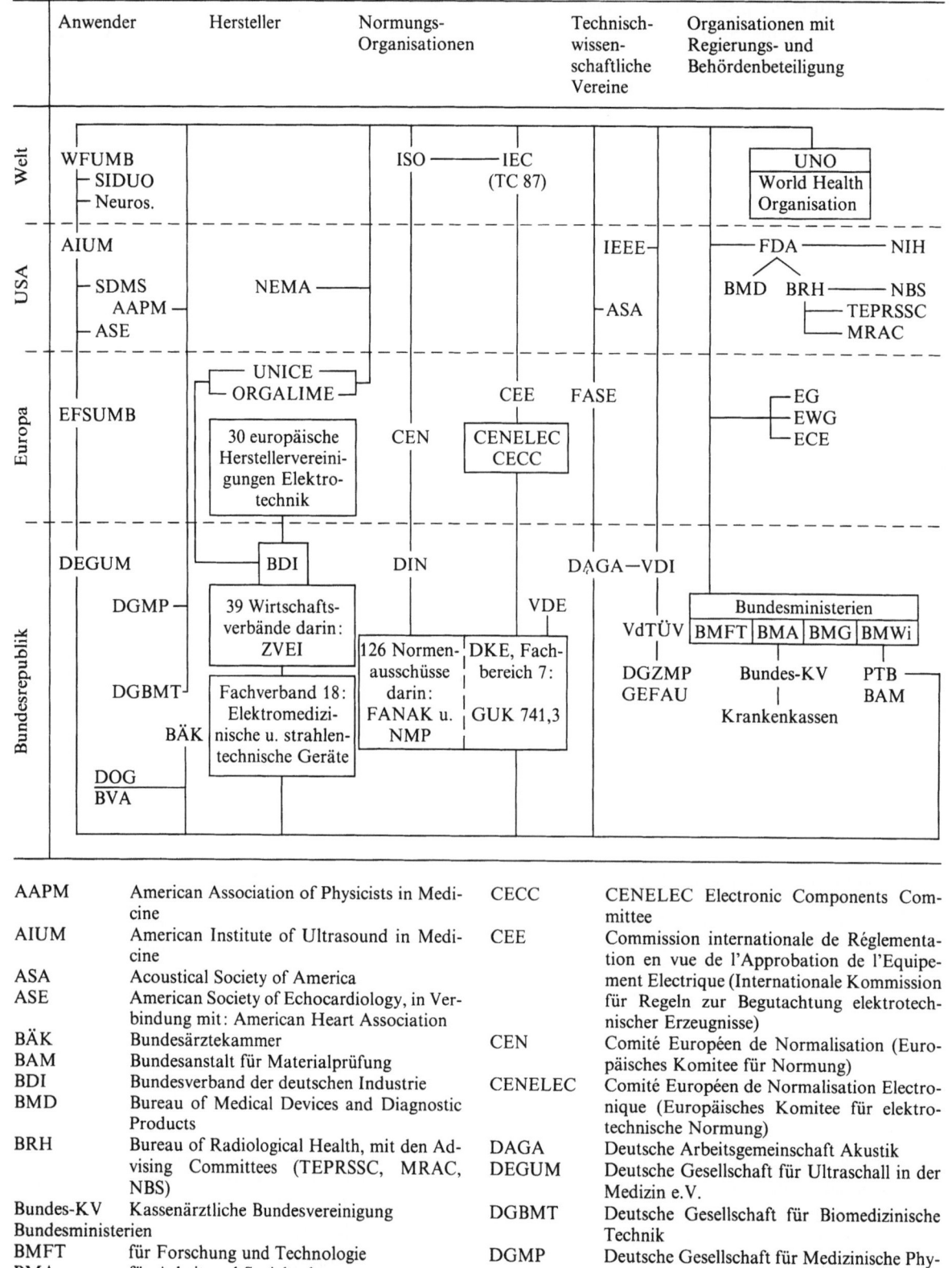

AAPM	American Association of Physicists in Medicine	
AIUM	American Institute of Ultrasound in Medicine	
ASA	Acoustical Society of America	
ASE	American Society of Echocardiology, in Verbindung mit: American Heart Association	
BÄK	Bundesärztekammer	
BAM	Bundesanstalt für Materialprüfung	
BDI	Bundesverband der deutschen Industrie	
BMD	Bureau of Medical Devices and Diagnostic Products	
BRH	Bureau of Radiological Health, mit den Advising Committees (TEPRSSC, MRAC, NBS)	
Bundes-KV	Kassenärztliche Bundesvereinigung	
Bundesministerien		
BMFT	für Forschung und Technologie	
BMA	für Arbeit und Sozialordnung	
BMG	für Jugend, Familie und Gesundheit	
BMWi	für Bildung und Wissenschaft	
BVA	Berufsverband der Augenärzte Deutschlands e.V.	
CECC	CENELEC Electronic Components Committee	
CEE	Commission internationale de Réglementation en vue de l'Approbation de l'Equipement Electrique (Internationale Kommission für Regeln zur Begutachtung elektrotechnischer Erzeugnisse)	
CEN	Comité Européen de Normalisation (Europäisches Komitee für Normung)	
CENELEC	Comité Européen de Normalisation Electronique (Europäisches Komitee für elektrotechnische Normung)	
DAGA	Deutsche Arbeitsgemeinschaft Akustik	
DEGUM	Deutsche Gesellschaft für Ultraschall in der Medizin e.V.	
DGBMT	Deutsche Gesellschaft für Biomedizinische Technik	
DGMP	Deutsche Gesellschaft für Medizinische Physik	
DGZMP	Deutsche Gesellschaft für zerstörungsfreie Materialprüfung	
DIN	Deutsches Institut für Normung	

Tabelle 11.2-3 (Trier). Die sicherheitsrelevanten Regelungen in der BRD für Ultraschallanwendungen in der Ophthalmologie

Regelungen in der BRD	Phako-emul-sifier	Bio-metrie Geräte	A- und B-Bild-Geräte für Gewebs-diagnostik	Doppler-Geräte
Mechanische Sicherheit elektrische Sicherheit	Durch Medizingeräteverordnung (MedGV) vom 14.1.1985 gewährleistet			
Ultraschall-Sicherheit (abgestrahlte Ultraschall-Leistung)	Durch MedGV *nicht* gewährleistet		AIUM-NEMA-Standard USA: keine Gültigkeit in der BRD KV-Richtlinie: max.100 mW/cm² SPTA: max. 50 Ws/cm: keine Nachprüfbarkeit	
Funktions-sicherheit	?	EichG ohne Wirkung	KV-Richtlinien gewähr-leisten die Funktions-sicherheit nicht ausreichend	

■ Sicherheit *nicht* durch Regelungen gewährleistet

tionen mit überdosierter, schädlicher Energieabgabe kaum vom Anwender oder Patienten erkannt werden.

Durch bestehende Regelungen wird in der BRD die *Funktionssicherheit* von Diagnostik-Geräten nicht befriedigend gewährleistet:

– Am *individuellen Gerät* besteht keine Gewähr für optimierte reproduzierbare Untersuchungsbedingungen
– Die zu fordernde Möglichkeit zur vergleichenden Bewertung von Befunden, die mit *unterschiedlichen* Geräten erhoben wurden, ist nur bedingt gegeben.

Der Durchblick durch diese Gegebenheiten ruft beim durchschnittlichen Gerätekäufer oder -Anwender meist zu Recht Erstaunen hervor, da er sich bei zahlreichen technischen Geräten des täglichen Lebens infolge bestehender Industriestandards oder Normen in einer wesentlich günstigeren Lage befindet, z.B. bei Radio- und Phono-Geräten infolge der HiFi-Norm.

Der Ausgleich dieses Mankos muß und kann zur Zeit durch *freiwillige Qualitätssicherungsmaßnahmen* seitens der Hersteller, der Vertriebe oder des Käufers und Anwenders erfolgen.

DKE	Deutsche Elektrotechnische Kommission im DIN und VDE, Fachbereich 7: Elektromedizin
DOG	Deutsche Ophthalmologische Gesellschaft
ECE	Economic Commission for Europe of the United Nations
EFSUMB	European Federation of Societies for Ultrasound in Medicine and Biology
EG	Europäische Gemeinschaften
EWG	Europäische Wirtschaftsgemeinschaft
FANAK-D1	DIN-Fachnormenausschuß Akustik und Schwingungstechnik: „Medizinische Ultraschallgeräte", übergegangen in das Referat GUK 741,3/D1, Medizinische Ultraschallgeräte in der DKE
FASE	Federation of the Acoustical Societies of Europe
FDA	Department of Health, Education and Welfare der Food and Drug Administration
GEFAU	Gesellschaft für angewandte Ultraschallforschung e.V.
IEC	International Electrotechnical Commission Techn. Committee 87 Ultrasonics, u. 29 Electroacoustics.
IEEE	Institute of Electrical and Electronics Engineers, Sonics and Ultrasonics Group, Medical Ultrasonics
ISO	International Organisation for Standardization
MRAC	Medical Radiation Advisory Committee
NBS	National Bureau of Standards
NEMA	National Electrical Manufacturers Association, Ultrasound Imaging Section
Neuros.	Research Group of Neurosonology of the World Federation of Neurology
NIH	National Institute of Health
NMP	Fachnormenausschuß Materialprüfung
ORGALIME	Organisme de Liaison des Industries Metalliques Européen (Verbindungsstelle der Europäischen Maschinenbau-, metallverarbeitenden und Elektroindustrie)
PTB	Physikalisch- technische Bundesanstalt
SDMS	Society of Diagnostic Medical Sonographers
SIDUO	International Society for Ultrasound in Ophthalmology
TEPRSSC	Technical Electronics Product Radiation Safety Standards Committee
UNICE	Union des Industries de la Communitée Economique Européenne (Industrieverband der EWG)
VDE	Verband deutscher Elektrotechniker e.V.
VDI	Verein deutscher Ingenieure e.V.
VdTÜV	Vereinigung der Technischen Überwachungsvereine
WFUMB	World Federation for Ultrasound in Medicine and Biology
WHO	World Health Organisation
ZVEI	Zentralverband der Elektrotechnischen Industrie e.V. Fachverband 18: Elektromedizinische und strahlentechnische Geräte.

Beispiele

Zur abgestrahlten akustischen Energie bei Geräten zur Ultraschalldiagnostik

Eigene Messungen (Empfindlichkeit der Kombination von Schallkopf und Sender-Empfänger einerseits, und Empfindlichkeit von Empfänger mit Sichtgerät andererseits) ergaben, daß selbst in der Gerätebaureihe Kretztechnik 7200 MA, die Anspruch auf enge Toleranzen erhebt, Unterschiede in der abgestrahlten akustischen Leistung bis zu 1:400 angenommen werden müssen (Reuter et al. 1981). Bei anderen Baureihen haben wir wesentlich größere Streuungen nachgewiesen, in der zitierten Veröffentlichung sind Unterschiede bis zu 1:2500 dokumentiert.

Dem Sicherheitsgefühl vor Bioeffekten in der Ultraschalldiagnostik liegt aber die Vorstellung zugrunde, daß die abgestrahlte Leistung der Diagnostikgeräteklassen einerseits unter dem vorläufigen, groben Richtwert der AIUM liegt ($I_{SPTA} =$ 100 mW/cm² oder: Verweilzeit $\times$ $I_{SPTA} = 50$ J/cm²), andererseits unter den Leistungen der Klasse der Therapiegeräte (Nyborg 1985) (Abb. 11.2-1).

Es besteht aber der Verdacht, daß durch „schwarze Schafe" unter den heutigen ophthalmologischen Diagnostikgeräten mit Leistungen an der oberen Streugrenze bereits sog. therapeutische Ultraschall-Leistungen nach der Definition der NCRP (1983) in das Auge abgestrahlt werden, und bei typischer lang dauernder Untersuchung (z.B. der Macula bei schwierigen Achsenlängenmessungen) mit solchen Geräten auch der AIUM-Richtwert überschritten wird.

Zur Funktionssicherheit

Biometriegeräte. Vergleicht man die Meßgenauigkeit von verschiedenen Laufzeit-Meßgeräten für die Achsenlänge mittels „idealer" simulierter Echos, so liegen die Laufzeitangaben meist innerhalb der Toleranzen. Unter in-vivo-Bedingungen oder mit gewebsähnlichen Phantomen liegen geringere Signalqualitäten vor. Hier kommt es häufig zu unterschiedlichen Meßwerten für die Laufzeit, wobei die Abweichungen die Toleranzen der Reproduzierbarkeit gemäß KV-Richtlinien z.T. deutlich überschreiten (Abb. 11.2-2–4).

Diese Unterschiede beruhen auf unterschiedlichen Konstruktionen und Funktionsmerkmalen der Geräte hinsichtlich Signalverarbeitung, Laufzeitmessung und Datenstatistik (Trier u. Reuter 1987a).

Bei A-Mode-Geräten ist mit folgenden schwerwiegenden Fehlern zu rechnen: Unterschiedliche Gesamtempfindlichkeit und Amplitudenwiedergabe, auch bei sog. „standardisierten" Geräten, fehlerhafte Dezibelkalibrierung der Einstellregler für die Verstärkung.

Bei B-Mode-Geräten sind zusätzlich geometrische Bildverzerrungen, elektronische Bildfehler und unterschiedliches Auflösungsvermögen anzutreffen (Trier 1982; Trier u. Reuter 1987). Ein Beispiel für die verzögerte Wiedergabe von Echobewegungen zeigt Abbildung 11.2-5. Die Abb. 11.2-6 und 7, 8, 9 zeigen, wie die Bildgüte von 2 kommerziellen Kontakt-B-Bild-Geräten voneinander abweicht, die unterschiedliche Konstruktionen der Koordinatenübertragung verwenden.

Richtungsempfindliche CW-Dopplergeräte. Meßergebnisse mit Testsignalen (Dopplersimulator DS 81) an drei richtungsempfindlichen Blutflußmeßgeräten sind in Abb. 11.2-10, 8.9-3 und 4 wiedergegeben; sie zeigen die Zweckmäßigkeit perio-

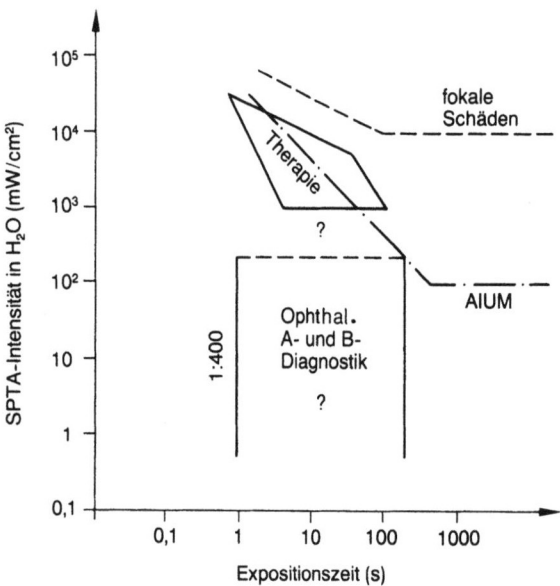

Abb. 11.2-1 (Trier). *Abszisse:* Anhaltswerte für die Verweildauer des Ultraschallbündels an einer Stelle bei klinischer Untersuchung; *Ordinate:* I_{SPTA} = räumlicher Spitzenwert und zeitlicher Mittelwert der abgestrahlten Intensität (AIUM-NEMA-Standard). Die Linie „Fokale Schäden" gibt die niedrigsten Intensitätswerte (in situ) wieder, bei denen bestätigte Bioeffekte bei Säugern beobachtet wurden. Die Linie „AIUM" entspricht der groben, vorläufigen Richtlinie der AIUM von 1983 (Intensitäten in H₂O). Die Fläche „Therapie" gibt die etwaigen Kennwerte von physiotherapeutischen Ultraschall-Therapie-Geräten wieder. Die Fläche „Ophthal." gibt die Kennwerte von Geräten zur A- und B-Bild-Diagnostik wieder, unter der Annahme einer Spannweite der abgestrahlten Intensitätswerte von 1:400 (vgl. Text) und der wünschenswerten Beachtung der vorläufigen AIUM-Richtlinie. (In Anlehnung an NCRP, 1983)

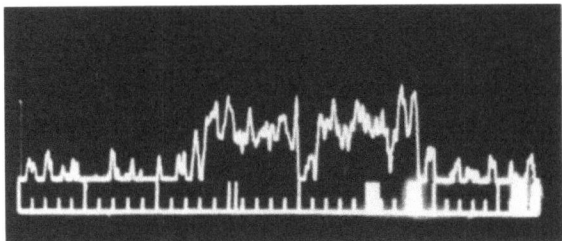

Abb. 11.2-2 (Trier). Wiedergabe von 2 Schwingungszügen konstanter Amplitude (s. auch Abb. 11.2-3) durch ein A-Mode-Gerät in digitaler Technik. Starke Rauschanteile

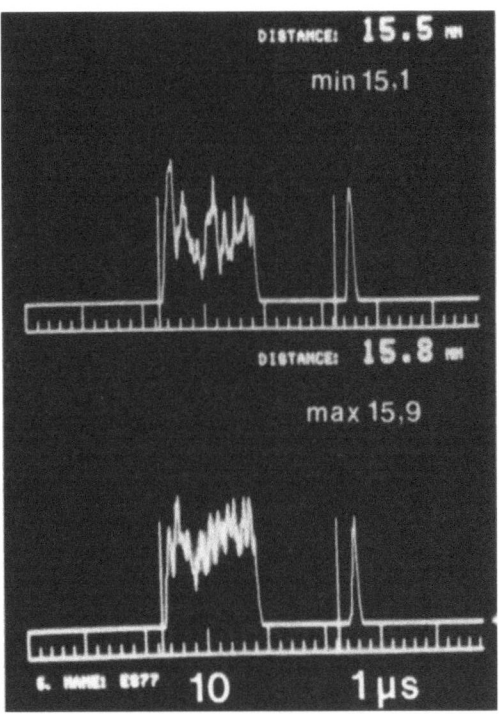

Abb. 11.2-4 (Trier). Erscheinungsbild und Auswirkung rauschüberlagerter Echos am Laufzeitmeßgerät bei unterschiedlicher Echodauer: vorn im Bild hinter dem Start-Gate langes Echo (9 µs), hinten im Bild hinter dem Stop-Gate kurzes „Retina"-Echo (1 µs). Als Folge des Rauschens treten unterschiedliche Triggerpunkte mit Streckenangaben von 15,1 (oben) ... 15,9 mm (unten) auf

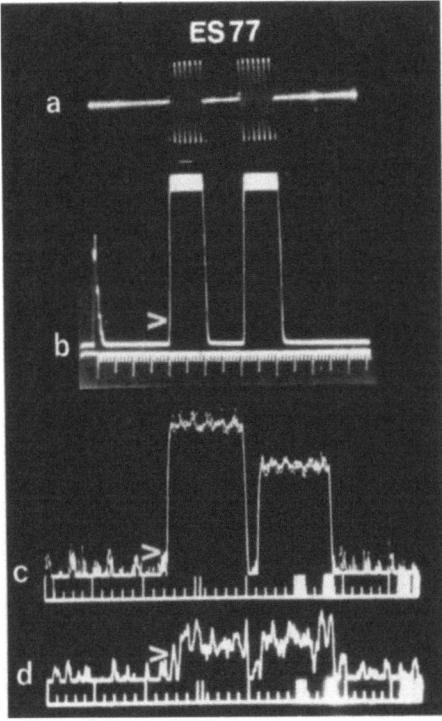

Abb. 11.2-3a–d (Trier). Der Einfluß des Rauschens auf den Triggerpunkt bei Laufzeitmeßgeräten: **a** Das eingespeiste Prüfsignal (Echosimulator ES 77). **b** Beispiel einer einwandfreien A-Mode-Darstellung des Prüfsignals. Eindeutiger Triggerpunkt (Markierung) an der Vorderflanke des 1. Echos. **c** Beispiel einer verrauschten A-Mode-Wiedergabe in digitaler Technik. Noch relativ sicherer Triggerpunkt wegen hohem Signal-Rausch-Verhältnis. **d** Beispiel wie **c** mit schlechtem Signal-Rausch-Verhältnis und unsicherem Triggerpunkt

Abb. 11.2-5 (Trier). Verzögerte Wiedergabe von Echobewegungen in A- und B-Mode. *Oben:* Das eingespeiste Prüfsignal (Echosimulator ES 77). Es besteht aus einem stehenden Echo *1* (10 µs Dauer) (*links*) und dem Echo *2* (1 µs) mit Bewegung von *a* nach *b*. *Mitte:* Wiedergabe im B-Mode-Echogramm. *Unten:* Wiedergabe im A-Mode-Echogramm. Echo 1 wird im A- und B-Mode mit vorderer Kantenaufsteilung wiedergegeben. Die Bewegung von Echo 2 wird im A-Mode ohne Verzögerung wiedergegeben, im B-Mode aber verzerrt mit unterschiedlicher Verzögerung in den einzelnen Bildzeilen. Durch diesen Bildfehler wird beim B-Bild-Gerät die Erkennung von Bewegungsvorgängen der Echos gestört

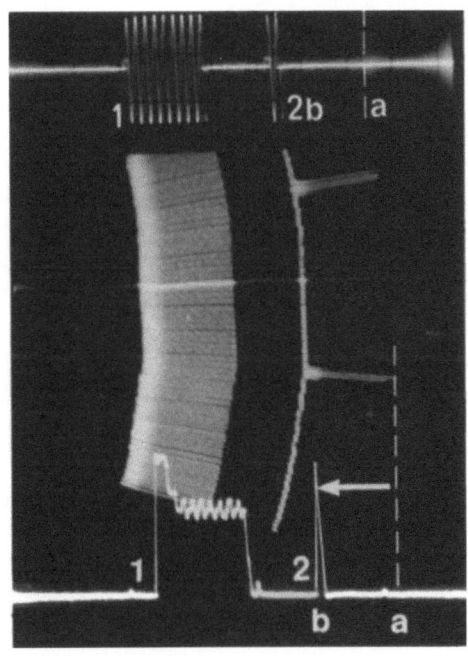

472 Qualitätssicherung in der augenärztlichen Ultraschalldiagnostik

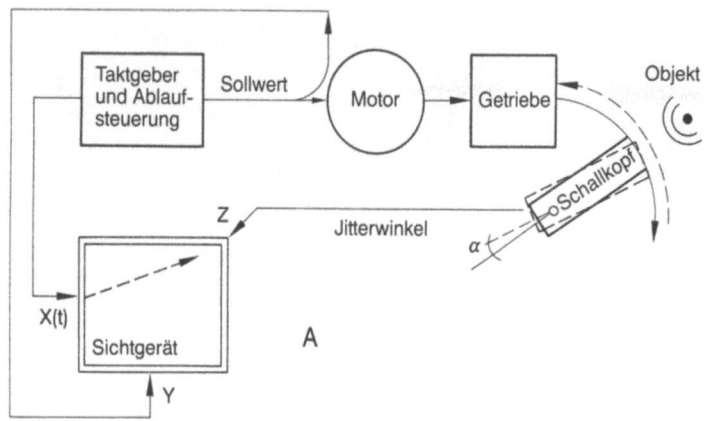

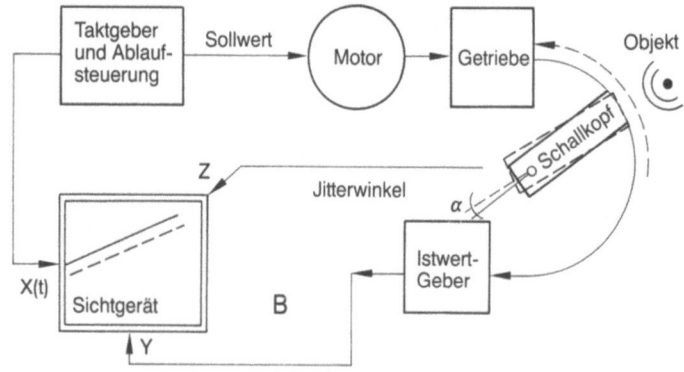

Abb. 11.2-6 (Trier). Unterschiedliche Koordinatenübertragung für die Schallkopfposition auf das B-Mode-Sichtgerät. Typ A: Ansteuerung mit dem *Sollwert* der Schallkopflage. Typ B: Ansteuerung mit dem *Istwert* der Schallkopflage

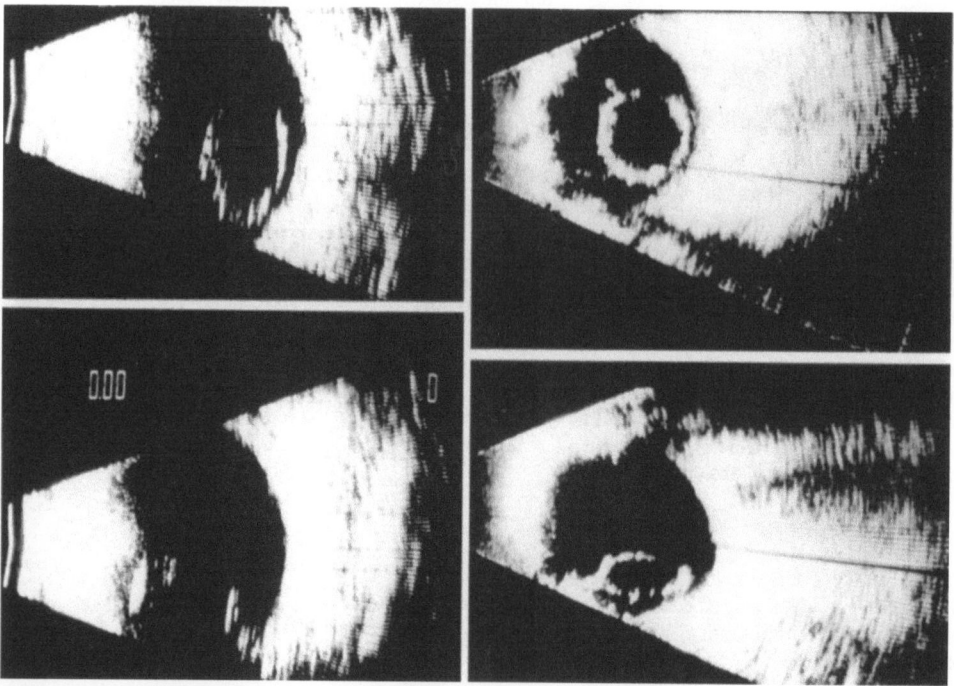

Abb. 11.2-7 bis 9 (Trier). Auswirkung der unterschiedlichen Koordinatenübertragung auf den Bildinhalt bei 2 kommerziellen Kleinorgan-Scannern: *Links:* Typ A; *rechts:* Typ B gemäß Abb. 11.2-6

Abb. 11.2-7. Abgebildet ist ein Augapfel mit in den Glaskörper luxierter Linse; *oben*: Schnittebene durch den Linsenäquator; *unten*: Schnittebene in der Linsenachse. Typ B gibt die Linse fehlerarm wieder. Typ A führt durch Jitter und Hysterese zu astigmatischer Bildverzerrung, mit Betonung der Konturen in y-Richtung (rechtwinklig zur Schallausbreitungsrichtung), und Ausfall der Konturen in x-Richtung

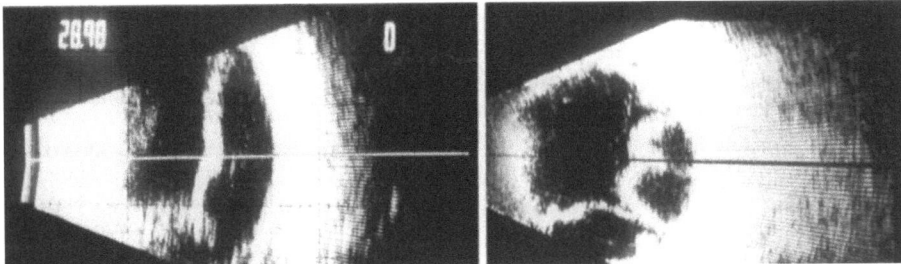

Abb. 11.2-8

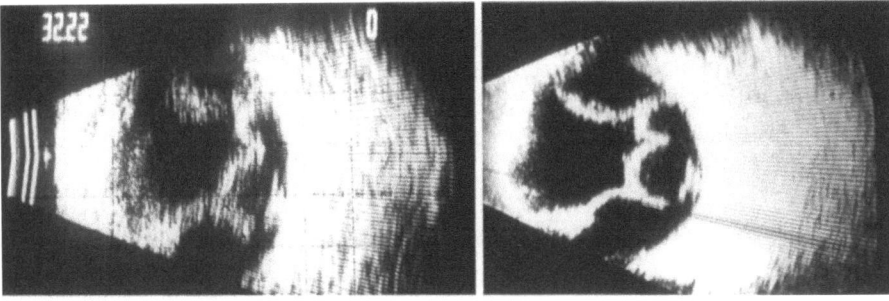

Abb. 11.2-9

Abb. 11.2-8 und 9. Abgebildet ist eine mehrblasige exsudative Aderhautabhebung, in 2 benachbarten Schnittebenen. In Abb. 11.2-8 wirkt sich die astigmatische Bildverzerrung deutlich auf den Bildinhalt aus; in Abb. 11.2-9 sehr starke Auswirkung mit Ausfall diagnostisch entscheidender Bildanteile

discher Funktionskontrollen auf. Diese Beispiele sind keine selektierten Einzelfälle, z.B. zeigten von 29 Geräten eines Typs 27 ein ähnliches Verhalten. Es handelt sich offensichtlich nicht um Konstruktionsfehler, sondern um Fragen der technischen Realisierung hinsichtlich Langzeitkonstanz und Temperaturabhängigkeit.

Folgerungen

Es wird darauf aufmerksam gemacht, daß in den heute unverzichtbaren Ultraschallanwendungen in der Augenheilkunde weder die Sicherheit des Patienten (bei Phakoemulsifiern und Diagnostikgeräten) noch die Qualität der Diagnose (bei Diagnostikgeräten für Biometrie, A- und B-Mode) als selbstverständliche Forderungen ausreichend gesichert sind. Wie eigene Erfahrungen zeigen, wäre das jetzige System der Qualitätssicherung in der Bundesrepublik nicht im Stande, Geräte mit noch schwerwiegenderen Verstößen gegen Sicherheit und diagnostische Qualität von einer Anwendung mit Schaden für den Patienten auszuschließen.

Daher muß der von einem Teil der Anwender und Firmen vertretenen Auffassung entschieden

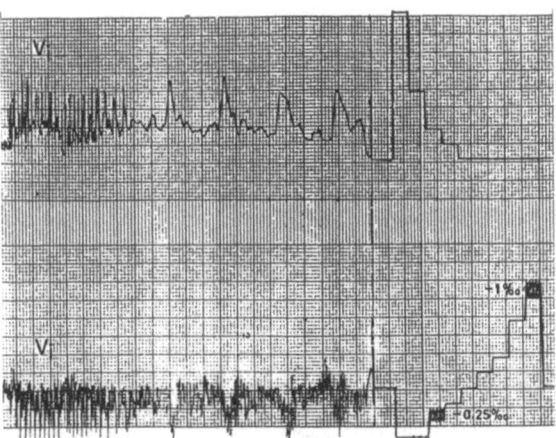

Abb. 11.2-10 (Trier). Wiedergabe der Papierregistrierstreifen von Dopplerblutflußmeßgeräten. Schwingneigung der Verstärker eines Kanals (*unten*) bei bestimmten Frequenzablagen der Dopplerantwort. Meßsignal: Dopplersimulator DS 81 Ursache der Schwingneigung: Altersbedingte Kapazitätsabnahme von Entkopplungskondensatoren

widersprochen werden, daß Ultraschallgeräte zu Ende entwickelte Einfach-Werkzeuge darstellen, die – im Schutze wirksamer Regelungen – in der Hand der Anwender keinen Überwachungsbedarf mehr aufweisen.

Richtig ist vielmehr, daß die ophthalmologischen Anwender, ebenso wie in anderen medizinischen Fachgebieten, auch in Zukunft hierin auf Verbesserungen der Qualitätssicherung angewiesen sind, d.h. auf Fortschritte in Normenfindung, Gesetzgebung, Meß- und Prüfmethoden und der Infrastruktur für die Qualitätssicherung in den Ultraschallverfahren.

In Übereinstimmung mit den Empfehlungen der Bundesärztekammer (Osterwald 1984) zur Qualitätssicherung ist auch bei ophthalmologischen Ultraschallanwendern erforderlich, die Motivation zur Qualitätssicherung und das Bewußtsein für die Notwendigkeit engagierter Mitarbeit von Ophthalmologen in diesem Bereich zu verstärken.

Literatur

American Institute of Ultrasound in Medicine (AIUM), Washington, D.C. & National Manufacturers Association (NEMA) Washington, D.C. a) AIUM/NEMA Safety Standard for Diagnostic Ultrasound Equipment. Standards Publ. No. UL-1-1981; J Ultrasound Med 2, Suppl (1983). b) Draft: Acoustic Output Measurement and Labelling Standard for Diagnostic Ultrasound Equipment, Feb. 26, 1987.

American Institute of Ultrasound in Medicine (AIUM): Safety Considerations for Diagnostic Ultrasound. (Bioeffects Committee of AIUM). AIUM Publications, 4405 East-West Highway, Bethesda, MD 20814, USA

Beissner K (1980) Schallfelduntersuchungen an ophthalmologisch-chirurgischen Ultraschallgeräten. Fortschr. d. Akustik. DAGA 80. VDE, Berlin, S 567–570

Coleman DJ, Lizzi FL, Chang S, Driller J (1981) Applications of therapeutic ultrasound in ophthalmology. In: Kurjak A (ed) Progress in medical ultrasound, vol 2. Excerpta Medica, Amsterdam Oxford Princeton, pp 263–270

International Electrotechnical Commission (IEC) (1986) Methods of Measuring the Performance of Ultrasonic Pulse Echo Diagnostic Equipment. Publication, no 854, Genf

Kassenärztliche Bundesvereinigung: Richtlinien vom 7.12.1985 mit Änderungen vom 11. Juli 87 für die Durchführung echographischer Untersuchungen in der kassenärztlichen Versorgung (Sonografie-Richtlinien). a) Fachliche Voraussetzungen für die Erbringung von ultraschalldiagnostischen Leistungen b) Mindestanforderungen an die Ausstattung der Untersuchungsgeräte (Apparaterichtlinien) Dtsch Ärztebl 83/3 (1986), und 84/30 B:1397 (1987)

Kelman CD (1969) Physics of ultrasound in cataract removal. Int Ophthalmol Clin 9:739–744

Medizingeräteverordnung (MedGV) vom 14.1.1985. Bundesgesetzblatt I (1985), S 93

National Council of Radiation Protection and Measurements (NCRP) (1983) Biological Effects of Ultrasound: Mechanisms and Clinical Implications. Report no 74, NCRP-Publications, Bethesda, MD 20814, USA

Neufassung des Eich-Gesetzes (EichG), Bundesgesetzblatt I, (1985), S 410

Nyborg WL (1985) Optimization of exposure conditions for medical ultrasound. Ultrasound Med Biol 11:245–260

Osterwald G (1984) Qualitätssicherung in der Medizin – eine Bestandsaufnahme. Dtsch Ärztebl 81:1597–1599

Reuter R, Lepper R-D, Haigis W (1981) Comparative measurements on ultrasonic pulse-echo equipment with the Echosimulator. In: Thijssen JM, Verbeek AM (eds) Ultrasonography in ophthalmology. SIDUO VIII, Doc Ophthalmol Proc Ser 29. Junk, The Hague Boston London, pp 463–471

Trier HG (1982) Zur Qualitätskontrolle von Ultraschalldiagnostik-Geräten für A- und B-Bild-Verfahren. Klin Monatsbl Augenheilkd 180:103–107

Trier HG (1982) Zur Ultraschallanwendung in der Ophthalmologie. Ultraschall 3:164–171

Trier HG (1984) Die Ultraschall-Chirurgie und -Diagnostik in der Augenheilkunde. Medizintechnik 104:216–221

Trier HG (1985) Zur Qualitätssicherung bei Ultraschalldiagnostik-Geräten in der BRD. Erfahrungen mit den heutigen Regelungen. Ultraschall 6:255–264

Trier HG (1985) Ultrasonic devices for surgery (Cataract removal and vitrectomy) in ophthalmology. JEMU 6:17–23

Trier HG, Reuter R (1987) Qualitätssicherung bei A- und B-Bildgeräten mittels elektrischer Testsignale. In: Hansmann M, Koischwitz D, Lutz H, Trier H-G (Hrsg) Ultraschalldiagnostik '86. Drei-Länder-Treffen Bonn 1986, 10. Tagung d. deutschsprachigen Ges. Ultraschall in der Medizin. Springer, Berlin Heidelberg New York Tokyo, S 714–717

11.3 Richtlinien und Regelungen in der Bundesrepublik für die kassenärztliche Versorgung

Richtlinien der Kassenärztlichen Bundesvereinigung für Ultraschalluntersuchungen vom 7. Dezember 1985 mit Änderungen vom 11. Juli 1987

Auszug

Die Kassenärztliche Bundesvereinigung erläßt über die apparative Ausstattung sowie über die fachlichen Voraussetzungen (§ 25 Abs. 3 Bundesmantelvertrag – BMV –) zur Durchführung von ultraschalldiagnostischen Leistungen in der kassenärztlichen Versorgung Richtlinien mit folgendem Inhalt:

A. Allgemeine Bestimmungen

B. Fachliche Voraussetzungen

C. Apparative Voraussetzungen

D. Genehmigungsverfahren

E. Inkrafttreten und Übergangsregelung

A. Allgemeine Bestimmungen

§ 1 Gegenstand

1. Richtlinien regeln die Voraussetzungen für die Ausführung von ultraschalldiagnostischen Leistungen in der kassenärztlichen Versorgung.

2. Die Ausführung und Abrechnung von ultraschalldiagnostischen Leistungen im Rahmen der kassenärztlichen Versorgung ist erst nach Erteilung der Genehmigung durch die Kassenärztliche Vereinigung zulässig.

§ 2 Fachliche Befähigung

1. Ultraschalldiagnostische Leistungen dürfen nur von Ärzten ausgeführt werden, die gegenüber der zuständigen Kassenärztlichen Vereinigung nachweisen, daß sie die fachlichen Voraussetzungen zur Leistungserbringung erfüllen. Die Anforderungen an die fachliche Befähigung ergeben sich aus Abschnitt B.

2. Die Erteilung der Genehmigung regelt sich nach Abschnitt D.

§ 3 Apparative Ausstattung

1. Ultraschalldiagnostische Leistungen dürfen nur von Ärzten ausgeführt werden, die der zuständigen Kassenärztlichen Vereinigung nachweisen, daß ihnen eine ausreichende apparative Einrichtung zur Verfügung steht. Die nach dem jeweiligen Stand der Wissenschaft und Technik zu stellenden Anforderungen an diese apparativen Einrichtungen ergeben sich aus Abschnitt C und der Anlage zu diesen Richtlinien.

2. Aufgrund dieses Nachweises stellt die Kassenärztliche Vereinigung fest, ob die apparative Ausstattung unter Berücksichtigung der zu erbringenden Leistung den jeweiligen Mindestanforderungen nach diesen Richtlinien entspricht.

3. Die Erteilung der Genehmigung regelt sich nach Abschnitt D.

B. Fachliche Voraussetzungen

§ 4 Allgemeine Ultraschalldiagnostik

1. Soweit die Weiterbildungsordnung eine Weiterbildung in der Ultraschalldiagnostik für die Anerkennung zum Führen einer Arztbezeichnung *in einem Gebiet zwingend vorschreibt* und die Ableistung einer entsprechenden Weiterbildung durch ausreichende Zeugnisse belegt ist, gelten die erforderlichen Kenntnisse durch die Erteilung der Arztbezeichnung als nachgewiesen.

2. Soweit die Weiterbildungsordnung eine Weiterbildung in der Ultraschalldiagnostik für die Anerkennung zum Führen der Arztbezeichnung *nicht vorschreibt* oder eine Weiterbildung entsprechend der Weiterbildungsordnung *nicht stattgefunden hat*, sind *während einer jeweils mindestens viermonatigen ständigen oder jeweils mindestens zweijährigen begleitenden Tätigkeit* unter Anleitung eines in der Ultraschalldiagnostik *qualifizierten* Arztes (s. § 10 Nr. 1.5) – unbeschadet zusätzlicher Anforderungen nach § 5 – folgende fachlichen Voraussetzungen zu erfüllen:

Die selbständige Untersuchung und Beurteilung der Befunde einschl. Dokumentation auf dem Gebiet der

2.1 Augenheilkunde

2.1.1 Für die Biometrie der Achsenlänge des Auges oder ihrer Teilabschnitte im A-Mode-Verfahren:
bei mindestens 100 Patienten

2.1.2 Für die gesamte Ultraschalldiagnostik des Auges:
bei mindestens 200 Patienten,
davon 150 Patienten mit Gewebsdiagnostik und 50 Patienten mit Biometrie der Achsenlänge des Auges oder ihrer Teilabschnitte im A-Mode-Verfahren

(2.2 und folgende Abschnitte betreffen andere Fachgebiete)

3. Der Arzt, der *nicht über eine abgeschlossene Weiterbildung* in einem der vorgenannten Gebiete verfügt, muß zusätzlich zu den für die Ultraschalldiagnostik in diesen Gebieten festgesetzten Anforderungen, die im jeweiligen Fachgebiet zu erfüllen sind, eine mindestens achtzehnmonatige klinische oder vergleichbare praktische Tätigkeit in dem genannten Fachgebiet nachweisen, wobei eine Anrechnung der unter § 4 Nr. 2 genannten Zeiten erfolgen kann.

4. Erfüllt der Arzt die Anforderung für die Ultraschalldiagnostik entweder in dem Gebiet der Inneren Medizin, der Chirurgie oder der Kinderheilkunde, so reduzieren sich die Anforderungen für weitere Gebiete um 50% der darin festgelegten Anforderungen. Dies gilt auch für den Erwerb zusätzlicher Fachkunde nach Nrn. 2.8.2, 2.10.2 und 2.10.3.

§ 5 Spezielle ultraschalldiagnostische Leistungen

1. Für die nachstehend aufgeführten Leistungen müssen zusätzlich zu den in § 4 Nr. 2 geforderten

Zeiten die folgenden Voraussetzungen erfüllt und nachgewiesen werden.

Die selbständige Untersuchung und Beurteilung der Befunde einschl. Dokumentation unter Anleitung eines in der Ultraschalldiagnostik qualifizierten Arztes:

1.2 Für die Durchführung der Ultraschalldiagnostik des Gefäßsystems:

1.2.1 In der direktionalen Dopplersonographie

1.2.1.1 Für die Untersuchung der hirnversorgenden Arterien: Die Untersuchung bei mindestens 200 Patienten.

1.2.2 Für die Durchführung der zweidimensionalen Verfahren (B-mode-real-time-Technik) zur Untersuchung der hirnversorgenden und/oder extremitätenversorgenden Gefäße:

1.2.2.1 Für die Untersuchung der hirnversorgenden Arterien: Die Untersuchung bei mindestens 100 Patienten zusätzlich zu den Anforderungen nach 1.2.1.1

1.2.3 Für die Anwendung des Duplexverfahrens (kombinierte Doppler- und B-Mode-real-time-Technik) in der Gefäßdiagnostik die Erfüllung der Anforderungen sowohl nach 1.2.1 als auch nach 1.2.2 im betreffenden Gefäßbereich.

2. Zusätzlich zu den Anforderungen nach § 4 Nr. 2 müssen für die nachstehend aufgeführten Leistungen die hierzu jeweils festgelegten Voraussetzungen erfüllt und nachgewiesen werden.

§ 6 Teilnahme an Ultraschall-Kursen zum Erwerb fachlicher Befähigung

Können die fachlichen Voraussetzungen hinsichtlich einer mindestens 4monatigen ständigen oder mindestens 2jährigen begleitenden Tätigkeit bei einem in der Ultraschalldiagnostik qualifizierten Arzt *nicht* erfüllt werden, so kann die fachliche Befähigung in einem Kolloquium nachgewiesen werden.

Die Teilnahme an einem Kolloquium kann beantragt werden, wenn der Antragsteller – ggf. nach Erfüllung der in § 4 Abs. 3 genannten Erfordernisse – die erforderliche Zahl von Untersuchungen gemäß §§ 4 oder 5 selbständig (Praxis, Klinik oder Hospitation) durchgeführt und die erfolgreiche Teilnahme an folgenden ärztlich geleiteten Kursen nachgewiesen hat.

1. *Grundkurse* über Indikationsbereich, Technik und praktische Anwendung der Ultraschalluntersuchung.

2. *Aufbaukursus* zur Korrektur und Verbesserung der Untersuchungstechnik unter Einschluß praktischer Übungen. Dabei können bereits bis zu $^1/_3$ der in §§ 4 und 5 festgelegten Zahlen von Untersuchungen, die selbständig (Praxis, Klinik oder Hospitation) durchgeführt worden sind, zur Bestätigung der Anzahl durchgeführter Untersuchungen dokumentiert vorgelegt werden.

3. *Abschlußkursus* zur Vervollständigung der Kenntnisse und Fähigkeiten unter vorherigem Nachweis der nach §§ 4 und 5 erforderlichen Anzahl von Ultraschalluntersuchungen, soweit sie nicht bereits nach Nr. 2 anerkannt worden sind. Über die erfolgreiche Teilnahme am Abschlußkursus ist ein Zertifikat auszustellen. Darin ist auch zu bestätigen, daß die vorgelegte Dokumentation der selbständig erbrachten Ultraschalluntersuchungen den fachlichen Anforderungen genügt hat. Darüber hinaus ist die Anzahl der untersuchten Patienten anzugeben und zu bestätigen, daß höchstens 10 Kursusteilnehmer von einem Ausbilder unterwiesen worden sind.

5. Für die Gebiete *Augenheilkunde*, Hals-, Nasen-, Ohrenheilkunde, Orthopädie, Neurologie/Neurochirurgie, zur Durchführung der Mammasonographie, zur Ultraschalldiagnostik der kindlichen Hüfte, des Gehirns durch die offene Fontanelle sowie der *Ultraschall-Doppler*diagnostik soll der Grund- und Aufbaukursus mindestens jeweils 18 Stunden, verteilt auf 3 aufeinanderfolgende Tage, und der Abschlußkursus mindestens 12 Stunden, verteilt auf 2 aufeinanderfolgende Tage, dauern.

5.1 Für die Messung der Achsenlänge des Auges oder ihrer Teilabschnitte soll der Grund- und Aufbaukursus mindestens jeweils 10 Stunden, verteilt auf je 2 aufeinanderfolgende Tage, und der Abschlußkurs mindestens 6 Stunden dauern.

6. Die in Nr. 4 und 5 genannten Kurse können jeweils auch in mehreren aufeinanderfolgenden Tagen – ggf. durch Wochenenden oder durch Feiertage unterbrochen – in mindestens zweistündigen Veranstaltungen pro Tag durchgeführt werden.

7. Für die in § 4 und § 5 Nr. 2 genannte Ultraschalldiagnostik kann der Grundkursus interdisziplinär durchgeführt werden, die Aufbau- und Abschlußkurse müssen sich jedoch auf die jeweils spezifizierte Ultraschalldiagnostik beziehen.

Für die in § 5 Nr. 1 genannten speziellen ultraschalldiagnostischen Leistungen müssen sich Grundkursus, Aufbaukursus und Abschlußkursus auf die jeweils genannten Untersuchungsverfahren beziehen.

C. Apparative Voraussetzungen

§ 7

1. Die apparative Ausstattung muß Mindestanforderungen an Gerätesicherheit, biologische Sicherheit und technische Leistungsfähigkeit erfüllen (s. Anlage).

2. Eine Änderung der apparativen Ausstattung ist der Kassenärztlichen Vereinigung unverzüglich anzuzeigen.

3. Geräte nach dem Dopplerprinzip zum alleinigen qualitativen Nachweis der Blutströmung und/oder der darauf aufbauenden Druckmessungen sind nicht Gegenstand dieser Richtlinien.

D. Genehmigungsverfahren

§ 8 Antrag auf Genehmigung

Die Genehmigung nach den §§ 4 bis 6 und 7 wird auf Antrag des Arztes erteilt. Dem Antrag sind beizufügen:

1. Zeugnisse über die abgeleisteten Tätigkeitsabschnitte bzw. Weiterbildungszeiten und die dabei durchgeführten ultraschalldiagnostischen Untersuchungen,

2. genaue Angaben über die verwendete Apparatur mit Bescheinigung des Herstellers oder des Lieferanten, daß die Apparatur die in den Apparate-Richtlinien genannten Anforderungen erfüllt,

3. genaue Angaben über die ultraschalldiagnostischen Methoden, die bei den beantragten Leistungen angewendet werden.

4. Vorlage der Befunddokumentationen für 40 der in §§ 4 Nr. 2 und 5 geforderten Untersuchungen bei Antrag auf Genehmigung nach Abschluß des Verfahrens nach § 6, wobei mindestens 10 pathologische Befunde enthalten sein müssen.

Über den Antrag entscheidet die Kassenärztliche Vereinigung, ggf. nach Beratung durch die Sonographie-Kommission.

§ 9 Kolloquium

1. Bestehen trotz der vorgelegten Zeugnisse und der vorgelegten Befunddokumentationen Zweifel an der Fachkunde des Antragstellers, so kann die Kassenärztliche Vereinigung die Erteilung der Genehmigung zur Abrechnung der beantragten Leistungen von der erfolgreichen Teilnahme an einem Kolloquium abhängig machen. Das gleiche gilt, wenn der Arzt aufgrund einer gegenüber diesen Richtlinien *abweichenden, aber gleichwertigen Tätigkeit*/Weiterbildung die Genehmigung zur Durchführung und Abrechnung ultraschalldiagnostischer Leistungen beantragt. Die nach den §§ 4 und 5 nachzuweisenden Untersuchungen können durch ein Kolloquium nicht ersetzt werden.

2. Die Anerkennung aufgrund einer Teilnahme an Kursen gemäß § 6 darf nur nach Durchführung eines Kolloquiums erfolgen.

3. Das Kolloquium wird von der nach § 10 einzurichtenden Sonographie-Kommission durchgeführt. In diesem Kolloquium hat der Arzt nachzuweisen, daß er über die nach diesen Richtlinien geforderten theoretischen Kenntnisse und praktischen Erfahrungen verfügt.

4. Kann der Arzt im Kolloquium seine Befähigung nicht ausreichend belegen, ist die Wiederholung des Kolloquiums frühestens nach drei Monaten möglich. Die Kommission soll dem Arzt Hinweise geben, auf welchem Wege festgestellte Mängel in der Befähigung beseitigt werden können.

§ 10 Sonographie-Kommission

1. Bei den Kassenärztlichen Vereinigungen werden Sonographie-Kommissionen als Sachverständigenausschüsse mit folgender Aufgabenstellung eingerichtet:

1.1 Durchführung der Fachkundeprüfung für die Methoden und Leistungen, deren Abrechnungsfähigkeit beantragt wird,

1.2 Prüfung der apparativen Mindestausstattung,

1.3 Durchführung von Kolloquien,

1.4 Qualitätssicherung,

1.5 Beurteilung der Qualifikation zur Anleitung in der Ultraschalldiagnostik (s. § 4 Nr. 2).

2. Die Sonographie-Kommissionen bestehen aus mindestens drei, höchstens jedoch aus fünf in der Ultraschalldiagnostik besonders erfahrenen Mitgliedern. Ihre fachliche Zusammensetzung richtet sich nach den Bestimmungen der Kassenärztlichen Vereinigung.

E. Inkrafttreten und Übergangsregelung

§ 11 Inkrafttreten

Diese Richtlinien treten am 1. April 1986 in Kraft.

§ 12 Übergangsregelung

1. Wer zum Zeitpunkt des Inkrafttretens dieser Richtlinien eine Genehmigung zur Durchführung und Abrechnung ultraschalldiagnostischer Leistungen nach Maßgabe der von seiner Kassenärztlichen Vereinigung erlassenen Richtlinien besitzt, behält diese auch weiterhin.

2. Ärzte, welche eine sonographische Einrichtung betreiben, die diesen Richtlinien nicht entspricht, aber den Richtlinien entsprochen hat, auf Grund derer die Genehmigung zur Durchführung sonographischer Leistungen erteilt wurde, können diese bis zum 31. Dezember 1988 weiterverwenden.

Anlage zu C. Apparative Voraussetzungen:

Apparate-Richtlinien

1. Gerätesicherheit

Das Gerät muß den Bestimmungen des Gerätesicherheitsgesetzes und des Hochfrequenzgesetzes entsprechen (FTZ-Prüfnummer oder entsprechende schriftliche Bestätigung des Herstellers).

2. Biologische Sicherheit

Das Gerät darf im Patienten während der Beschallung weder eine unzulässige Temperaturerhöhung noch Kavitationsvorgänge hervorrufen. Zur Einhaltung dieser Forderung wird von der Weltgesundheitsorganisation (WHO) empfohlen, daß der Intensitätswert[1] von $100\,mW/cm^2$ nicht überschritten wird. Für Beschallungszeiten zwischen 500 s und 1 s sollte gewährleistet sein, daß das Produkt aus Intensität und Beschallungszeit[2] kleiner als $50\,Ws/cm^2$ ist (AIUM-Statement).

3. Technische Leistungsfähigkeit

Die Ausstattung und die Anforderungen an Einrichtungen zur Ultraschalldiagnostik richten sich nach Anwendungsklassen. Bei allen Geräten ist eine interne oder extern anschließbare Prüfmöglichkeit ihrer wesentlichen Systemeigenschaften zu gewährleisten. Für die einzelnen Anwendungsklassen gelten folgende Mindestanforderungen:

(Aus den Anforderungen für verschiedene Fachgebiete werden im folgenden nur die für Ophthalmologen in Betracht kommenden Teile wiedergegeben.)

---
[1] räumlicher Spitzenwert und zeitlicher Mittelwert der Ultraschallintensität
[2] Gesamtzeit, die auch die Pause während einer Sendeperiode einschließt.

Anwendungsklassen	Mindestausstattung	Mindestanforderungen an die Ausstattung der Untersuchungsgeräte
I. Kopf- und Halsregion		
1.2 Augen und Augenhöhlen		
1.2.1 Messung der Achsenlänge des Auges oder ihrer Teilabschnitte	A-Mode-Gerät für Laufzeitmessung (Biometrie)	Amplituden-Zeitdarstellung mit Laufzeit- oder Tiefenmaßstab, zulässige Abweichung innerhalb $\pm 1\%$ (eine Abweichung von 0,2 mm ist zulässig); Dokumentation mit Maßstabinformation (Foto- oder Registriereinrichtung); Ultraschallfrequenz (Mittenfrequenz) mindestens 6 MHz; interne oder externe Kalibriermöglichkeit
	oder A-Mode-Gerät für Gewebsdiagnostik	Amplituden-Zeitdarstellung mit Laufzeit- oder Tiefenmaßstab, zulässige Abweichung innerhalb $\pm 1\%$ (eine Abweichung von 0,2 mm ist zulässig); Dokumentation mit Maßstabinformation (Foto- oder Registriereinrichtung); einstellbare, kalibrierte Senderleistung und/oder Empfängerverstärkung; Ultraschallfrequenz (Mittenfrequenz) mindestens 6 MHz; Anzeige ggf. zugeschalteter Signalverarbeitungen
	oder Laufzeit-Meßgeräte	Numerische und/oder graphische Ausgabe mit Dokumentation der Laufzeiten oder Tiefen automatisch erfaßter Echos, zulässige Abweichung der Laufzeitanzeige innerhalb $\pm 0,5\%$ für die Einzelmessung (eine Abweichung von $\pm 0,1$ mm ist zulässig); Ultraschallfrequenz (Mittenfrequenz) mindestens 6 MHz; Amplituden-Zeitdarstellung mit Kennzeichnung der ausgewerteten Echos
1.2.2 Übrige Anwendungen	A-Mode-Gerät für Gewebsdiagnostik	Amplituden-Zeitdarstellung mit Laufzeit- oder Tiefenmaßstab, zulässige Abweichung innerhalb $\pm 1\%$ (eine Abweichung von 0,2 mm ist zulässig); Dokumentation mit Maßstabinformation (Foto- oder Registriereinrichtung); einstellbare, kalibrierte Senderleistung und/oder

Anwendungsklassen	Mindestausstattung	Mindestanforderungen an die Ausstattung der Untersuchungsgeräte
		Empfängerverstärkung; Ultraschallfrequenz (Mittenfrequenz) mindestens 6 MHz; Anzeige ggf. zugeschalteter Signalverarbeitungen
	oder B-Mode-Gerät zur Schnittbilddarstellung mit manueller Abtastung	B-Bild-Darstellung mit Hilfe eines Bildspeichers (analog oder digital) mit mindestens 16 Amplitudenstufen (Graustufen), manuelle Abtastung mit in der Schnittebene frei führbarem Schallkopf, Geometriefehler höchstens ±3% der Prüfdistanz (Geometriefehler von 1 mm ist zulässig), gemessen an einem geeigneten Testobjekt, Bilddokumentation mit Maßstabinformation; einstellbare, kalibrierte Senderleistung und/oder Empfängerverstärkung; Ultraschallfrequenz (Mittenfrequenz) mindestens 6 MHz; Anzeige ggf. zugeschalteter Signalverarbeitungen
	oder B-Mode-Gerät zur Schnittbilddarstellung mit automatischer Abtastung (mechanisch oder elektronisch)	B-Bild-Darstellung direkt oder mit Hilfe eines Bildspeichers (analog oder digital) mit mindestens 16 Amplitudenstufen (Graustufen); Geometriefehler höchstens ±3% der Prüfdistanz (Geometriefehler von 1 mm ist zulässig), gemessen an einem geeigneten Testobjekt; Bilddokumentation mit Maßstabinformation; einstellbare, kalibrierte Senderleistung und/oder Empfängerverstärkung; Ultraschallfrequenz (Mittenfrequenz) mindestens 6 MHz; Anzeige ggf. zugeschalteter Signalverarbeitungen
VIII. Gefäßdiagnostik[a] 1. Dopplerverfahren 1.1 ...		(Nicht wiedergegeben)
1.2 Gesamte Gefäßdiagnostik einschl. der extrakraniellen hirnversorgenden Arterien Intrakranielle Gefäßdiagnostik durch die offene Fontanelle	cw-Doppler mit Erfassung der Strömungsrichtung	Der Lage und Größe des Gefäßes angepaßte Sendefrequenz; akustische Wiedergabe der Dopplerfrequenz; fortlaufende Registriermöglichkeit einer der Dopplershift und Strömungsrichtung proportionalen Spannung mit einem eingebauten oder extern anschließbaren Ein- oder Mehrkanalschreiber, mit dem die Flußkurve über insgesamt mindestens 80 mm Breite dargestellt werden kann, wobei die Lage der Nullinie erkennbar sein muß; bei Verwendung eines Mehrkanalschreibers (mindestens 2 × 40 mm Schreibbreite) sollten positive und negative Signalanteile jeweils einem Kanal zugeordnet werden; Einstellung und Überprüfung des Schreiberausschlages als Funktion der Dopplershift sowie Überprüfung der Systemlinearität und der Systemsymmetrie mittels interner oder extern anschließbarer Kalibriereinrichtung; innerhalb einer Dopplershift von ±1‰ von f_0 (z.B. ±4 KHz bei $f_0 = 4$ MHz Systemfrequenz) maximale Abweichung 10%; vierstufige Frequenztreppe mit Festfrequenzen (z.B. Abweichung von $f_0 \pm 0,25‰$ und $\pm 0,5‰$) ausreichend
Bei Durchführung der Spektrumsanalyse	cw-Doppler mit Erfassung der Strömungsrichtung einschl. Spektrumsanalyse	Fortlaufende, simultan bidirektionale Darstellung des Spektrums der Dopplerfrequenzverschiebung mit Hilfe eines Bildspeichers (analog oder digital) in mindestens drei Geschwindigkeiten, wobei die niedrigste Geschwindigkeit mindestens einen Zeitabschnitt von 8 s auf dem Bildschirm darstellen sollte, zeitliche Auflösung mindestens 20 ms bei größter Auflösung; Möglichkeit der Invertierung der Strömungsrichtungsanzeige; höchste meßbare Dopplerfrequenz der Sendefrequenz und dem

[a] Geräte nach dem Dopplerprinzip zum alleinigen qualitativen Nachweis der Blutströmung und/oder der darauf aufbauenden Druckmessungen sind nicht Gegenstand dieser Richtlinien.

Anwendungsklassen	Mindestausstattung	Mindestanforderungen an die Ausstattung der Untersuchungsgeräte
		Anwendungsbereich angepaßt (z.B. ±16 KHz bei cw-Doppler mit 4 MHz Sendefrequenz); niedrigste meßbare Frequenz nicht höher als 200 Hz; Auflösung des Frequenzbereichs in mindestens 64 Intervallen, eine Auflösung von 100 Hz ist ausreichend; einstellbare Dehnung (mindestens drei Stufen) der Frequenzachse mit Skalierung; zusätzliche Meßmöglichkeit durch Cursor oder Rasterüberlagerung; Amplitudendarstellung der Frequenzen in mindestens 8 Stufen (z.B. Grau- oder Farbstufen); Beeinflussung des Frequenzganges im niederfrequenten Bereich durch mindestens einen Filter („Rumpelfilter") variable Eingangsempfindlichkeit; Darstellung der eingefrorenen Bildinformation („freeze mode"); Foto- oder Videodokumentation des auf dem Bildschirm erscheinenden Frequenzspektrums, alternativ analoge Registrierung der aus den Dopplerspektren bestimmten Maximalfrequenzen und eines weiteren Frequenzverlaufs (z.B. gewichtete mittlere Frequenz oder Modalfrequenz) mit Darstellung über mindestens 8 cm Breite; Dokumentation jeweils mit Maßstabinformation; Videoausgang
1.3 Intrakranielle Gefäßdiagnostik		(Nicht wiedergegeben)
1.4 Gefäßdiagnostik einschl. der extrakraniellen hirnversorgenden Arterien ausschl. Abdominal- und Thorakalraum Intrakranielle Gefäßdiagnostik durch die offene Fontanelle	Duplex-Scan B-Mode-Gerät zur Schnittbilddarstellung mit automatischer Abtastung (mechanisch oder elektronisch); Sektor- oder Linear-Scanner mit Impulsdoppler (pulsierender Doppler) oder cw-Doppler (kontinuierlicher Doppler) in einer Schallkopfeinheit	B-Bild-Darstellung mindestens im Maßstab 2:1 direkt oder mit Hilfe eines Bildspeichers (analog oder digital) mit mindestens 16 Amplitudenstufen (Graustufen); einstellbare kalibrierte Senderleistung und/oder Empfängerverstärkung sowie einstellbarer Tiefenausgleich; Ultraschallfrequenz mindestens 5 MHz; beste Auflösung in einer Tiefe von 1–4 cm (Fokus-Bereich); Abbildungsbreite in 1,5 cm Tiefe mindestens 3 cm, Abbildungstiefe mindestens 4 cm; Geometriefehler höchstens ±3% (Geometriefehler von 1 mm ist zulässig), gemessen an einem geeigneten Testobjekt; Bilddokumentation mit Maßstabinformation sowie Darstellung der Dopplerschallrichtung mit Lage des Meßvolumens (Impuls-Doppler) mit einem maximalen Geometriefehler zum B-Bild von 1 mm. Kontinuierliche Verstellbarkeit des Dopplerschallstrahls über den Bildbereich, wobei eine Dopplerauswertung wenigstens ab 1 cm Tiefe möglich sein muß. Bei Systemen mit einem exzentrisch angeordneten Dopplersendekristall muß eine Dopplerauswertung wenigstens ab 2 cm Tiefe (gemessen am Zentralstrahl des B-Bildes) möglich sein. Anzeige ggf. zugeschalteter Signalverarbeitung Impuls- oder cw-Doppler mit einer Lage und Größe des Gefäßes angepaßten Sendefrequenz, akustische Wiedergabe der Dopplersignale, Quadraturausgang des Dopplersignals mit einer Kanaltrennung von mindestens 30 dB A. Analogpulskurvenauswertung Direktionelle Registriermöglichkeit einer der Dopplershift und Strömungsrichtung proportionalen Spannung mit einem eingebauten oder extern anschließbaren Ein- oder Mehrkanalschreiber, mit dem die Flußkurve über insgesamt mindestens 80 mm Breite dargestellt werden kann, wobei die Lage der Nullinie erkennbar sein muß; bei Verwendung eines Mehrkanalschreibers (mindestens

Anwendungsklassen	Mindestausstattung	Mindestanforderungen an die Ausstattung der Untersuchungsgeräte
		2×40 mm Schreibbreite) sollten positive und negative Signalanteile jeweils einem Kanal zugeordnet werden können; Einstellung und Überprüfung des Registrierausschlags als Funktion der Dopplershift sowie Überprüfung der Systemlinearität und der Systemsymmetrie mittels interner oder extern anschließbarer Kalibriereinrichtung; innerhalb einer Dopplershift von $\pm 1\%$ von f_0 (z.B. ± 4 KHz bei $f_0 = 4$ MHz Sendefrequenz) maximale Abweichung 10%; 4stufige Frequenztreppe mit Festfrequenzen (z.B. Abweichung von $f \pm 0,25\%$ und $\pm 0,5\%$) ausreichend B. Spektrumanalyse Fortlaufende, simultan bidirektionelle Darstellung des Spektrums der Dopplerfrequenzverschiebung mit Hilfe eines Bildspeichers in mindestens drei Geschwindigkeiten, wobei die niedrigste mindestens 8 s auf dem Bildschirm darstellen sollte, zeitliche Auflösung mindestens 20 ms bei größter Auflösung, Möglichkeit der Invertierung der Strömungsrichtungsanzeige; höchste meßbare Dopplerfrequenz der Sendefrequenz und dem Anwendungsbereich angepaßt (z.B. ± 16 KHz bei cw-Doppler mit 4 MHz Sendefrequenz); niedrigste meßbare Frequenz nicht höher als 200 Hz; Auflösung des Frequenzbereichs in mindestens 64 Intervallen, eine Auflösung von 100 Hz ist ausreichend; einstellbare Dehnung (mindestens drei Stufen) der Frequenzachse mit Skalierung; zusätzliche Meßmöglichkeit durch Cursor oder Rasterüberlagerung; Amplitudendarstellung der Frequenzen in mindestens 8 Stufen (z.B. Grau- oder Farbstufen); Beeinflussung des Frequenzganges im niederfrequenten Bereich durch mindestens ein Filter („Rumpelfilter"); variable Eingangsempfindlichkeit; Darstellung der eingefrorenen Bildinformation („freeze mode"); Foto- oder Videodokumentation des auf dem Bildschirm erscheinenden Frequenzspektrums, alternativ analoge Registrierung der aus den Dopplerspektren bestimmten Maximalfrequenzen und eines weiteren Frequenzverlaufs (z.B. gewichtete mittlere Frequenz oder Modalfrequenz) mit Darstellung über mindestens 8 cm Breite; Dokumentation jeweils mit Maßstabinformation; Videoausgang"

Sonographie-Leistungen in der Neufassung des Einheitlichen Bewertungsmaßstabs (EBM) vom 13.3.1987:

Die Kassenärztliche Bundesvereinigung K.d.ö.R., Köln hat eine Neufassung des Einheitlichen Bewertungsmaßstabs (EBM) für die ärztlichen Leistungen gemäß § 368 g (4) RVO vorgelegt, der am 1. Oktober 1987 in Kraft tritt. Aus der Fassung des Beschlusses des Bewertungsausschusses für die ärztlichen Leistungen nach § 368 (8) RVO vom 13. März 1987 folgt hier ein Auszug über die *augenärztlichen Sonographie-Leistungen*.

Der Einheitliche Bewertungsmaßstab (EBM) ist bekanntlich *keine* Gebührenordnung für die Abrechnung ärztlicher Leistungen. Er bestimmt jedoch den Inhalt der abrechnungsfähigen ärztlichen Leistungen und ihr wertmäßiges, in Punkten ausgedrücktes Verhältnis zueinander und ist Grundlage für die mit den Bundesverbänden der Krankenkassen, der Bundesknappschaft und den Verbänden der Ersatzkassen zu vereinbarenden vertraglichen Gebührenordnungen (BMÄ und E-GO).

Für Augenärzte sind grundsätzlich folgende ultraschalldiagnostische Leistungen abrechnungsfähig:

Leistungsziffer	Punkte
680 Direktionale Doppler-sonographische Untersuchung der Strömungsverhältnisse in den hirnversorgenden Arterien und den Periorbitalarterien (mindestens 6 Ableitungen), einschl. graphischer Registrierung	600
682 Frequenzspektrumanalyse, zusätzlich zu den Leistungen nach den Nrn. 677, 680 oder 681, einschl. graphischer oder Bilddokumentation	250
686 Sonographische Untersuchung der extrakraniellen Hirngefäße mittels Duplex-Verfahren, ggf. zusätzlich zur Leistung nach Nr. 680	600
1265 Messung der Achsenlänge oder von Teilabschnitten der Achsenlänge eines Auges mittels Ultraschall-Biometrie, einschl. graphischer oder Bilddokumentation, ggf. einschl. vergleichender Untersuchung des anderen Auges und/oder Berechnung einer intraokularen Linse	180
1266 Messung der Hornhautdicke eines Auges mittels Ultraschall-Pachymetrie, einschl. graphischer oder Bilddokumentation, ggf. einschl. vergleichender Untersuchung des anderen Auges	180
1270 Sonographische Untersuchung zur Gewebsdiagnostik eines Augapfels mittels A-Bild- und B-Bild-Verfahren, einschl. Bilddokumentation, ggf. einschl. vergleichender Untersuchung des anderen Augapfels	600
1271 Sonographische Untersuchung zur Gewebsdiagnostik einer Augenhöhle mittels A-Bild und B-Bild-Verfahren, einschl. Bilddokumentation, ggf. einschl. vergleichender Untersuchung der anderen Augenhöhle	600
1272 Sonographische Untersuchung zur weiterführenden Diagnostik des Augapfels und/oder der Augenhöhle einer Seite mittels A-Bild-Verfahren, B-Bild-Verfahren mit automatischer und manueller Abtastung sowie spezieller Verfahren wie Spektral-, Signal- oder Bildanalyse, einschl. Bilddokumentation, ggf. einschl. vergleichender Untersuchung der anderen Seite.	950

Kommentar

Zu den Richtlinien

Als neuartige, in den Nachbarländern noch nicht ergriffene Lenkungsmaßnahme wurden seit 1980 in der Bundesrepublik seitens der KV die – von Fachverbänden, besonders der DEGUM, erarbeiteten – Ansatzpunkte für die Qualitätssicherung als Mittel eingesetzt, um die Kostenentwicklung bei den Sonographie-Leistungen sinnvoll zu begrenzen. Hierfür wurde der Weg von Mindestanforderungen an Ausbildung und Geräte in der kassenärztlichen Versorgung gewählt. Bei den KV-Beratungen hat der Autor seit 1980 die Gesichtspunkte der Augenheilkunde und der DEGUM vertreten. Wegen des hohen technischen Entwicklungsstandes gingen dabei von der Augenheilkunde zahlreiche Anstöße aus. Die ultraschalldiagnostischen Untersuchungen in der Augenheilkunde bilden mit den Sonographie-Leistungen der übrigen Fachgebiete eine einheitliche Systematik von Begriffen, Anforderungen und Leistungsbewertungen.

Damit waren auch die Anforderungen an die Ausbildung (3-stufiges Kurssystem, Untersuchungszahlen) vorgezeichnet. Die Besonderheiten bei der ophthalmologischen Leistung: Ultraschall-Achsenlängenmessung führten schon 1980 zur Definition und Zulassung der Laufzeitmeßgeräte als neue Geräteklasse für die Biometrie des Auges. Eine Teilzulassung für diese Leistung, z.B. im Interesse der operativ tätigen Augenärzte, war zunächst wegen Fehlens eines detaillierten Bewertungsmaßstabs nicht erreichbar. Nach der Reform des EBM war ein entsprechender Antrag (Trier 1986, in Zusammenarbeit mit dem BVA) erfolgreich. Durch die Änderung der Richtlinien vom 11.7.87 ist ab 1.10.87 die Teilzulassung für Achsenlängenmessungen eingeführt.

Zu den Indikationen und ihren Voraussetzungen

Die einzelnen Indikationen zur ophthalmologischen Ultraschalldiagnostik werden in Tabelle 11.3-1 dargestellt. Die folgende Tabelle 11.3-2 zeigt, welche Gerätegruppen (Apparate-Richtlinien) und Ausbildungsvoraussetzungen, sowie EBM-Positionen zu den einzelnen Indikationen gehören.

Zu den einzelnen EBM-Positionen

Die Leistungen 1270 bis 1272 sind nicht nebeneinander abrechnungsfähig. Neben Nr. 686 ist die Leistung nach der Nr. 682 nicht abrechnungsfähig.

Wird die *Achsenlängenmessung* zur Berechnung einer IOL eingesetzt und dabei zur Bestimmung

Tabelle 11.3-1 (Trier). Indikationen zur Ultraschalldiagnostik in der Augenheilkunde

	Indikationen	Verfahren	Gerätegruppe (s. Tab. 1.4.1-2)
1. Ultraschall-Biometrie = Bestimmung von Laufzeiten, bzw. Strecken, Flächen, Volumina	1.1 Augapfel *Messung der Achsenlänge des Auges oder ihrer Teilabschnitte* (Hornhautdicke, Vorderkammertiefe, Linsendicke, Glaskörperlänge): – Berechnung von optischen Größen des Auges mittels optisch-akustischer Verfahren a) vor operativer Entfernung der Linse mit Einpflanzung einer intraokularen Kunstlinse. Brechkraft intraokularer Implantlinsen, Netzhautbildgröße, Kontaktlinsen- und Brillenkorrektur und deren Kombination. b) Bei Linsenlosigkeit mit getrübten Medien: Berechnung der Ametropie und ihrer optischen Korrektur. c) Refraktive Chirurgie der Hornhaut. – Feststellung und Differentialdiagnose von Anomalien und krankhaften Veränderungen des Augapfels oder seiner Teilabschnitte (z.B. Mikrophthalmus, Makrophthalmus, Phthisis, Achsenmyopie, Achsenhypermetropie, Hydrophthalmie: Hornhautverdickung oder -verdünnung (Pachymetrie), Vorderkammerabflachung oder -vertiefung. Linsendickenmessung z.B. bei Glaukom, Sphärophakie, Korrektur der Röntgenlokalisation von Fremdkörpern nach dem Comberg-Schema, Differentialdiagnose des Exophthalmus und Enophthalmus.	A	1, 2, 3
	Messungen außerhalb der optischen Achse des Auges: Durchmesser der Vorderkammer vor Einpflanzung von Vorderkammerlinsen; äquatorialer Durchmesser, zur DD. der VD; Papillenexkavation oder -prominenz, Bestimmung des Subretinalvolumens bei abgehobener Netzhaut zur Dosierung von bulbuseindellenden Eingriffen, Messung von Prominenz, seitlicher Ausdehnung und Volumen bei intraokularen Tumoren (Wachstum, Indikation, Dosierung und Wirkungsbeurteilung der Tumortherapie), Dickenmessungen an den Hüllen des Auges (Netzhaut-Aderhautschicht, Lederhaut) zur Dg. der Uveitis, Skleritis.	A, B	1, 2(3), 4, 5, 6
	1.2. Augenhöhle Messung der Dicke von Augenmuskeln, des Durchmessers des Sehnerven und der Sehnervenscheiden, Ausdehnung orbitaler Tumoren. Fremdkörperlokalisation in Bezug zum Augapfel.	A, B	1, 2, 4, 5, 6
2. Ultraschall-Gewebsdiagnostik	2.1 Augapfel *Bei ungenügender Untersuchungsmöglichkeit des Augeninnern mit optischen Methoden:* Bei Trübung der Hornhaut, Vorderkammerblutung, enger oder verschlossener Pupille, Katarakt, Trauma, Glaskörperblutung, Differentialdiagnose von Glaskörperveränderungen (Anomalien, degenerative, entzündliche und traumatische Veränderungen) und von kombinierten Erkrankungen des Glaskörpers und der Netzhaut, besonders im Zusammenhang mit operativen Eingriffen (Vitrektomie). Feststellung und Differentialdiagnose von Netzhautabhebung. Retinoschisis, Aderhautabhebung, Glaskörpermembranen und -segeln, Proliferationen. Abklärung von vorangegangenen vitreoretinalen Eingriffen (Vorhandensein und Lage von Cerclagen, Plomben und anderen eindellenden Maßnahmen, Netzhautnägeln, Gas- und Silikonölfüllungen). *Tumorausschluß bei ophthalmoskopisch sichtbarer Netzhautablösung.* *Differentialdiagnose von ophthalmoskopisch sichtbaren Gewebsveränderungen mit Verdacht auf intraokularen Tumor:* Retrolentale Fibroplasie, Retinoblastom, M. Coats, M. Junius-Kuhnt, Hämangiom, Exsudation und Blutung in oder unter Netzhaut und Aderhaut, Melanom der Aderhaut oder des Ziliarkörpers, Metastasen.	A, B ((M))	1, 4–6,((7))

Tabelle 11.3-1 (Fortsetzung)

Indikationen		Verfahren	Gerätegruppe (s. Tab. 1.4.1-2)
	Bei intraokularen Fremdkörpern: Direkte Lokalisation von Fremdkörpern in Bezug auf ihre Lage zu den Augenhüllen; Kombination von echographischem Nachweis mit Magnetversuch, Feststellung röntgennegativer Fremdkörper.	A, B, ((M))	1, 4–6 ((7))
	2.2 Augenhöhle a) bei Orbitasymptomen Feststellung und Differentialdiagnose von: – umschriebenen Raumforderungen (kavernösen Hämangiomen, Lymphangiomen, Karzinome, Gruppe Pseudotumor/Lymphom/Sarkom, Zysten, Mukozelen, Varizen, arteriöse Aneurysmen und Fisteln) – diffusen Raumforderungen (Blutung, entzündlicher Pseudotumor, infiltrierender maligner Tumor) – endokriner Orbitopathie – nicht-endokrinen Muskelveränderungen (Myositis, neurogene Erkrankungen) b) Feststellung und Lokalisation von Fremdkörpern, Blow-out-Frakturen, Emphysem. Knochendefekten der Orbitawände.	A, B	1, 4–6
3. Ultraschall-Gefäß-diagnostik	– Aneurysmen und Fisteln der Augenhöhle – Einengung oder Verschluß der A. ophthalmica, A. carotis interna oder A. carotis communis, Gefäßanomalien mit Symptomen auf dem ophthalmologischen Gebiet.	Doppler	8, 9 9, (10)

Tabelle 11.3-2 (Trier). EBM-Positionen und derzeitige Voraussetzungen

Indikationen	Pos. EBM 87	Geräte-Mindestausstattung (KV-Richtlinien)	Fachliche Voraussetzungen (KV-Richtlinien) Typ	Kurssystem (Grund/Aufbau/Abschluß)	Erforderliche Untersuchungszahl
US-Messung der Achsenlänge oder ihrer Teilabschnitte (axiale US-Biometrie)	1265 1266	A-Mode-Gerät für Laufzeitmessung oder für Gewebsdiagnostik oder Laufzeit-Meßgerät	„Kleine" oder „große" KV-Genehmigung	10/10/6 Std.	100
US-Biometrie: außerhalb der optischen Achse des Auges US-Biometrie in der Augenhöhle	z. Zt. nicht abrechnungsfähig	A-Mode-Gerät für Gewebsdiagnostik oder B-Mode-Gerät	Entfällt	–	–
US-Gewebsdiagnostik am Augapfel (evtl. einschl. US-Biometrie *außerhalb* der optischen Achse)	1270	A-Mode-Gerät für Gewebsdiagnostik oder B-Mode-Gerät	„Große" KV-Genehmigung	18/18/12 Std.	200
US-Gewebsdiagnostik der Augenhöhle (evtl. einschl. US-Biometrie in der Augenhöhle)	1271	A-Mode-Gerät für Gewebsdiagnostik oder B-Mode-Gerät	„große" KV-Genehmigung	18/18/12 Std.	200
US-Gefäßdiagnostik (extrakranielle Untersuchung der Augen- und Orbita-versorgenden Arterien des Karotiskreislaufs, mit Periorbitalarterien.	680	CW-Doppler mit Erfassung der Stromrichtung	KV-Doppler-Genehmigung für hirnversorgende Arterien		200
	682	Zusätzlich: Spektrumsanalyse	– für direktionale Dopplersonographie	18/18/12 Std.	
	686	Duplex-Scan	– für Duplex-Verfahren		Zusätzlich 100

der Bildgrößen-Richtigkeit auch eine Messung des 2. Auges vorgenommen, so ist Ziff. 1265 2mal abrechnungsfähig. Die Formulierung „ggf. einschließlich vergleichender Untersuchung des anderen Auges" in Pos. 1265 greift in diesem Fall nicht ein.

Sie gilt jedoch, wenn die Untersuchung des 2. Auges keine eigene Indikation für die Biometrie beinhaltet, sondern einfach zugängliche Vergleichsgrößen für die Beurteilung des 1. Auges liefern soll. Der Fall ist z.B. gegeben, wenn eine Achsenlängenmessung bei Verdacht auf Phthisis eines Auges vorgenommen wird und hierzu eine Vergleichsmessung des gesunden Auges erfolgt.

Für die *Gewebsdiagnostik* wird in Ziff. 1270 und 1271 erstmals die Verwendung von A- *und* B-Mode-Verfahren vorausgesetzt, wobei die Leistungsbewertung im Quervergleich der Komplexuntersuchung Sonographie des Oberbauches oder des weiblichen Beckens entspricht. Die Voraussetzung von A- *und* B-Mode-Verfahren ist fachlich für eine aussagefähige Gewebsdiagnostik gerechtfertigt. Dies bedeutet heute nicht mehr die Belastung des Anwenders mit 2 getrennten Geräten, sondern ein kombiniertes A,B-Gerät mit 2 Schallköpfen, das nicht wesentlich über dem Preisniveau eines reinen Kontakt-B-Bild-Gerätes liegt. Für die wenigen Besitzer von lediglich A-Mode-Geräten für Gewebsdiagnostik wurde eine Übergangslösung vorgesehen.

Mit der Position 1270 sind biometrische Messungen am Auge *außerhalb* der Augenachse, z.B. Tumordicke, Augenwanddicke, sowie die Anwendung des Pegeldifferenz-A-Mode-Verfahrens zur Gewebsdiagnostik mit abgegolten. Die Leistung 1271 schließt entsprechend Messungen in der Orbita, z.B. der Muskeldicke und des Sehnervendurchmessers mit ein, sowie Vergleichsuntersuchungen einer gesunden Orbita.

Die genannten Ziffern 1270 und 1271 stellen die Stufe des *normalen* Schwierigkeitsgrades in der Gewebsdiagnostik dar (Stufe I). Pos. 1272 gilt Untersuchungen *hohen* Schwierigkeitsgrades bzw. hohen Zeitbedarfs an Auge und Orbita (Stufe II). Zu der normalen Geräteausstattung der Stufe I (A,B-Mode-Gerät mit real-time-Kontakt-Sektor-Scanner) können in Stufe II ein B-Mode-Gerät mit anpaßbarer (auch manueller) Abtastung und Geräte für Echogramm-Analyse, z.B. Spektral-Analyse hinzutreten. Zu den Untersuchungen dieses Schwierigkeitsgrades zählen u.a. Veränderungen im Vorderabschnitt, z.B. Iris- und Ziliarkörperveränderungen, Zustand nach komplizierten bulbuseindellenden Operationen, nach vitreoretinalen Eingriffen mit Silikon- und Gasfüllung des Auges mit Artefakten; die Gewebsdifferenzierung an Membranen und Tumoren mit speziellen Verfahren, sowie die eingehende Wachstums- und Therapiekontrolle von Tumoren.

Bei den *Doppleruntersuchungen* gelten die Ziffern für die vergleichende Untersuchung beider Augenhöhlen bzw. Karotiden.

Literatur

Trier HG (1986) Änderungsantrag an die BKV Köln für das Fach Augenheilkunde für die Leistung „Messung der Achsenlänge des Auges oder ihrer Teilabschnitte" vom 30.9.86

Trier HG (3.10.1986) Entwurf an die BKV Köln zur Neuordnung der ultraschalldiagnostischen Leistungen in der Ophthalmologie

Trier HG, Brendel K (1980) Empfehlungen der DEGUM zur Qualitätskontrolle der Geräte. Podiumsdiskussion, Jahrestagung „Ultraschall in der Medizin", Dreiländertreffen, Böblingen

Trier HG, Reuter R (1980, 1984) Stellungnahmen an die BKV, Köln, zur Beratung der Sonographie-Richtlinien vom 9.6.1980 und vom 16.11.1984

Sachverzeichnis

Abbildungsfehler 426, 449, 463
A-Bild Auswertung 407
A-Bild-Dynamik 458
A-Bild-Empfindlichkeit 458
A-Bild-Gerät 399, 404
–, Wiedergabe 404
AB-Bild 342 ff.
AB-Mode 342 ff.
Ablatio, sekundäre 163
Ablatio retinae, s. Netzhautablösung 124
Ablenkplatte 404
Absorption 356, 382, 383
Abtastfrequenz (ADC) 354, 406
– (Sektor Schallkopf) 407
Abtastperiode 407
Abtastrate, Echtzeitverfahren 348
Abtasttechnik, C-scan 341
Achsenlänge und Akkommodation 333
– des Auges, Meßfehler 41
– bei M. Coats 120
– bei PHPV 98
–, retinale 38
– bei Retinopathia prämaturorum 124
–, seitendifferente, s. Anisometropie
–, sklerale 38
– oder ihre Teilabschnitte 34, 42
Achsenlängenmessungen bei Kleinkindern 56
Achsenmyopie, Biometrie 38, 49, 51, 54
Aderhautabhebung, s. a. Amotio chorioideae 116
Aderhautblutung 136
Aderhaut-„Exkavation" 120, 153, 154
Aderhaut-Hämangiome, s. Hämangiome 189, 195
Aderhaut-Melanom, s. Melanom der Aderhaut
Aderhaut-Metastase 120
Aderhaut-Naevus, s.a. Naevus 196
Aderhaut-Ödem 132
Aderhaut-Schichtdicke 119, 363
Aderhaut-Tumoren, Differentialdiagnose 162, 197
–, Fluoreszenzangiographie 192
Aderhaut-Verbreiterung 84, 99, 116, 118, 120, 132, 189, 191
Aderhaut-Verletzung 128
Adhäsion des Glaskörpers 349

AIUM 404
Akkommodation, M-Mode 331
–, Wirkung auf Achsenlänge 333
Akkommodationsbewegung, Messung 331, 332
Akkommodationstheorie 332
A-Konstante 77, 80
aktive Motilitätsstörungen 215
akustische Daten 394
akustische Impedanz 379
akute Myositis 243
Amblyopie bei kongenitalem Glaukom 53
AM/FM Conversion 439
Amotio chorioideae 120, 132
– –, primär exsudativ 150
Amotio-Konfiguration, AB-Bild 343
Amotio retinae, AB-Bild 346
– –, s. Netzhautablösung 124, 363
Amplituden, s.a. Echoamplituden
Amplitudenabnahme, Tumorstrukturechos 142
Amplitudenanalyse 360
–, Histogram 355, 360, 361
–, Modulation 403
–, Schwächung 361
–, Spektrum 354, 356, 359
Amplitudenfehler 444 ff.
Amplitudenhelligkeitsmodulation 342
Amplitudenhöhe, beeinflussende Faktoren 143
Analog-Digital-Wandler 354, 401, 405
Anästhesie 19
Angiodynographie 87
Angiomatosis retinae 193
Aniseikonie 77
Anisometropie, Biometrie 38
Ankopplung 18, 19
Ankopplungsverfahren für Biometrie 36
Anode 403
anomale Bulbusdimensionen, diagnostische Folgerungen 38
Ansätze der Augenmuskeln 88, 89
Anstiegsflanke 407
Antikörper, zirkulierende 299, 300
Apparaterichtlinien, s. Sonographie-Richtlinien
Äquivalenzbereich 78, 79
Arbeitsfrequenz 24, 358, 421
– für Fremdkörperdiagnostik 60

Array-Scanner 13, 347
Array-Schallköpfe 8, 405
Artefakte 98, 418, 420, 441 ff.
– durch B-Bild-Aperturänderungen 33
–, Computertomographie 303
– im Echogramm 28–33
–, Glaskörperraum 85
– bei pathologischen Veränderungen 33
– durch Reflexion 30
– durch Schallbrechung 30
A. carotis externa und interna, s. Karotiskreislauf 365
A. ophthalmica 348
arterielle Strömungssignale, Orbita 203
arteriovenöse Fisteln 233, 350
Assistenzpersonal 2, 464
Atrophie, N. opticus 284
Auflösung 388, 427, 429, 450, 451
–, axiale 427
–, laterale 427
– (Schichten) 363
– –, Aderhaut 363
– –, Netzhaut 363
– –, Netzhautablösung 363
–, Seiten- 427, 429, 430, 451, 453
–, Tiefen- 427, 428, 429, 450, 452
Auflösungsvermögen, zeitliches, Echtzeitverfahren 348
Augapfel, Form- und Größenänderungen 34, 38, 41, 48, 54, 57, 84
–, Maße beim Fötus 47
–, Maße bei Frühgeborenen 47
–, normale Abmessungen 41
–, Wachstum 43
Augendruck-Erhöhung 120
Augendruck-Erniedrigung, s. Hypotonie 120
Augenhöhle, Biometrie 34
Augenmuskeln, Computertomographie 307
Augenmuskeln, Reflexionsgrad 227
Ausbildungsinhalte 464
Ausbildungskurse 465, 476, 484
Ausbildungsturnus 2
äußere Augenmuskeln 215
AV-Fisteln 243
–, spontan 233
–, traumatisch 233
Avulsio n. optici 281
axialer Linsendurchmesser 34, 40, 45

Sachverzeichnis

Axoplasmatischer Fluß 271, 282

Bandbreite 354, 402, 403, 438 ff.
Band-Gerät 407
Baum's Bumps 30, 32
B-Bild 400, 404
–, Aufbau 405
–, Empfindlichkeit 462
–, Gerät 405
Befunddokumentation, echographische 88
Belichtung 408
Belichtungsintervall 408
Belichtungszeit 408
Beugung 356
Beurteilung von Dopplersignalen 203
– registrierter Echogramme 3
Beweglichkeit echoreflektierender Strukturen 143
Bewegungsabläufe im Echtzeitverfahren 348
Bildfolgefrequenz 399, 404
Bildlage, AB-Bild 344, 345
Bildröhre 400, 401
Bildrotation, AB-Bild 344
Bildschirm 403
Bildtextur 355
Bildumformer 405
Bildverkippung, AB-Bild 345
Bildwandler 406, 407, 408
Bildwinkel 344, 345
Binärcode 406
binary digit (bit) 406
Biometrie 406
– des Augapfels 34, 41
– außerhalb der optischen Achse des Auges 34
–, Indikationen 34
– vor Schieloperationen 54
– von Teilstrecken des Auges 34, 40, 45
Biometrie-Gerät 407
Biopsie 351, 352
Blutung, expulsive 136, 137
–, intrabulbär, Computertomographie 304
–, posttraumatisch, Computertomographie 316
–, retinale, chorioidale 136
–, subchorioidale 150
–, subretinale 150, 197, 304
Blutungsquelle 121
Brawny Skleritis 190
Brechkraft 72
– der Brille 76
– der Hornhaut 72
– der Kunstlinse, Anforderungen 81
Brechung 380
Brechungsgesetz von Snellius 380
Brechungsindex des Glaskörpers 72
– der Hornhaut, fiktiver 72, 73
– des Kammerwassers 72
– der Linse 75
– der Luft 72
– einer PMMA-IOL 75
Brechungswinkel 380
Brennweite 72, 74

„Brightness"-Bild 404
Bronson-Turner-Schallkopf 404
Bulbusabmessungen bei Phthisis 56
– bei Retinoblastom 56
– bei retrolentaler Fibroplasie 56
Bulbusgröße, Computertomographie 303
Bulbus-Hypotonie 132
Bulbusmittelpunkt, Position zum Orbitarand 204
Bulbusmittelpunktslage, Seitendifferenz 204
Bulbus-Prellung 136
Bulbusrückwand, Position zum Orbitarand 204
Bulbusschrumpfung, s. Phthisis 132
Bulbuswand 118
–, artefaktbedingte Lücke 32
–, Identifizierung 93
Bulbuswandveränderung 85, 91
Buphthalmus, s. Glaukom, kongenitales 4
–, Computertomographie 303

Caliper 407
Canalis opticus, s. Opticuskanal 255
Carotis-sinus-cavernosus Fisteln 233
– –, Computertomographie 305
Cerclage 131
Chorioiditis bei M. Boeck 262, 263
chronische Myositis 243
Computertomogramm bei endokrine Orbitopathie 231
Computertomographie 4, 301
computertomographische Aufnahmen 216
Contusio n. optici 281
C-Scan 341
–, Auflösung 342
–, Empfindlichkeit 342
Cyclitis anularis 134

Dakryoadenitis 223
Dämpfung 388
Dämpfungsglieder 440 ff.
Dauer-Schall 386
dB-Notation 379, 380
dB (Dezibel)-Regler 400, 460
DEGUM 3
Dekompressions-Operation bei endokr. Orbitopathie 225
Demodulation 401, 403
Demodulator 400
Densität 408
Desinfektion der Schallköpfe 25, 27
Deutsche Gesellschaft für Ultraschall in der Medizin 3
Dezimalzahlen(system) 406
Diaphanoskopie 132, 192
Dichte 395
Differentialdiagnose optisch sichtbarer Veränderungen 84
Differenzierung (intraokularer Tumoren) 360
– (Membranen) 359
– von Tumoren 4
Diffraktionseffekt 356

digitale Speicherung, s. A- und B-Bild-Gerät 401, 402, 405, 406
Digitalisierung 4, 405, 406
Digitalisierungsrate 407
Distanzmessungen, Augenmuskeln 211
–, Sehnerv 211
D-Mode-Enhance 345
Doppler-B-Bild 370
Doppler-Differenzierung der Strömungsrichtung 366
Dopplereffekt 388
Dopplergeräte, Impuls- 203
–, Kalibrierung 368
–, richtungsempfindliche 203, 366
Dopplersignal-Registrierung 203, 368
Doppler-Sonographie 233
– bei Orbitaprozessen 202
Doppler-Spektrum, Analyse 370
Doppler-Untersuchung, Ableitungsstellen 368
–, DEGUM-Empfehlungen 367
–, Kompressionstest 367
Dopplerverfahren 86
–, akustische Auswertung 366
–, Karotiskreislauf 366
Drucksteigerung, intrakranielle 271
–, intrakranielle benigne 272
–, subarachnoidal 271
Drusen 843
– der Papille 258
Drusenverkalkung 305
Dualzahlensystem 406
Duplex-Verfahren, Karotis 370
Duradurchmesser, s. Sehnervscheidendurchmesser 211
Durchmesser, Augenmuskeln 211
Dynamik 401, 438
Dysplasie, Computertomographie 313
–, retinale 120

Echoamplituden, s.a. Amplituden
–, bezogen auf Testreflektor W 38 24, 26 (und beim jeweiligen Kranlheitsbild)
–, Streuung 142
Echoamplitudenbeurteilung, quantitativ, Tumoren 142
Echobewegungen 86, 93, 113
echographische Kriterien, Glaskörper 84
–, intraokulare Tumoren 141
echografisch-röntgenologische Fremdkörpernachweise 58, 62
Echogrammauswertung bei kongenitalem Glaukom 51
–, rechnergestützte 14, 87, 353
Echogramm-Auswertungsmethoden für Biometrie 38, 42
Echogrammbeurteilung, B-Bild, A-Bild 22
–, Beweglichkeit 22
–, Kriterien 24
–, Kriterien bei intraokularen Tumoren 141
–, topographisch 22

Echogramm-Registriermethoden, Biometrie 38
- -, Echogrammauswertung 38
Echographie und Histologie 327
-, „Standardisierte" 325, 329
Echointensität, intraokulare Fremdkörper 60
-, Orbitafremdkörper 251
Echometrie, s. Ultraschall-Biometrie 35
Echomuster 400, 403
Echoprinzip 399
Echos, zusätzliche Informationen 4
Echoskopie 404
Echtzeitdarstellung 347
Echtzeit-Gerät 404
Eichgesetz 467
Eigenbewegungen, s.a. Spontanbewegungen, bei M. Coats 120
einfrieren 405, 407
einheitlicher Bewertungsmaßstab 481–485
Einstellungslinien, Computertomographie 302
Ektasie der Augenwand, s. Staphylom 38, 41, 54, 55
Elektronenstrahl 403
Elektrookulogramm 290
elektrophysiologische Diagnostik 290
Elektroretinogramm 290
Elementarwelle 385
EMG 298
Empfänger 399
Empfängerkennlinie 402
Empfängerleistung 400
Empfangselektronik 399
Empfindlichkeit 400
Empfindlichkeitseinstellungen 22, 24
- für Fremdkörperdiagnostik 60, 61
- bei Orbitafremdkörpern 251
endokrine Orbitopathie 224, 243
- -, Computertomographie 307
Endophthalmitis, s.a. Uveitis, Trübungen 99, 101, 117
Endverstärker 401
entoptische Funktion 189
entzündlicher Pseudotumor 221
Entzündungen, Orbita 350
Episkleritis 189, 243
Ergebnisbeurteilung bei kongenitalem Glaukom 50
Ergebniskontrolle bei Ultraschalluntersuchungen 27
Ergebnisse, reproduzierbare 1, 3
-, -, bei kongenitalem Glaukom 50, 51
Europäische Förderation für Ultraschall in der Medizin 3
Excavation der Aderhaut 96
- - bei Metastasen 175
Excisions-Biopsie 351
Exophthalmometrie 204
Exophthalmus 298
-, intermittierender 237
-, pulsierend 233
Exposition 405
Expositionsbereich 408

Expositionszeit 470, 478
extraorbitale Prozesse, Computertomographie 313

fachliche Voraussetzungen, s. Sonographie-Richtlinien
Fadenphantom 424
Falten der Aderhaut 190
Fehlbeurteilung, Glaskörperraum 91
Fehlbildungen der Orbita, Computertomographie 313
Fehldiagnosen, gerätetechnisch bedingte 419
Fehlerfortpflanzung 78, 79
Feinnadel-Biopsie 351
-, ultraschallgeführte 351
Fernfeld 386
Fernmetastasen 243
Fernsehmonitor 405
Fernsehröhre 408
FFT 388
fibröse Dysplasie 217
- -, Computertomographie 313
Filter 400, 403
Filterung 401
Fixiermarken 18
Fixierung des Kopfes 20
Flachstielschallkopf 425, 431, 455
Fluoreszenzangiographie 192
Flußdiagramme, Echografie 327
Fokussierung 356
Foramen opticum 277
Fortbildung, s. Aus-, Weiterbildung
Fotopapier 408
Fourier-Analyse 388
Fourier-Synthese 388
Fouriertransformation 356
Fraunhofer-Zone 386
Fremdkörper 58, 84, 251
-, Computertomographie 59, 315
-, echografischer Magnettest 59, 63, 64, 335, 339
-, intraokulare 118
-, -, AB-Bild 345
-, -, Ultraschall-Lokalisation 58
- der Orbita 251
-, -, Untersuchungstechnik 251
-, röntgennegative 84
-, Untersuchungstechnik 59, 61
Fremdkörperabmessungen im Echogramm 62
Fremdkörpergröße 254
Fremdkörperlokalisation 84, 117
-, echografisch-röntgenologisch 62
Fremdkörper-Magnetversuch, mit K-Echographie 84, 94
Fremdkörpernachweis 58, 106, 107
Fremdkörper-Untersuchung, M-Mode 335, 336
-, Wechselfeldmagnet 337, 339
Frequenz 377, 378, 379, 402
-, bei Orbitafremdkörper-Darstellung 251
- und Schallschwächung 143
- und Tumorechogramm 144, 162
Frequenzbereich 356

Frequenzeinflüsse, Orbitaechogramm 421
Frequenzgang 457
Frequenzspektrum 386, 387
Fresnel-Zone 386
FTZ-Prüfnummer 478
Funktionsgeneratoren (spezielle):
 DOPPLERSIMULATOR DS81 447
- - ECHOSIMULATOR ES77 435
- - ECHOSIMULATOR ES81 446

Gauß'scher Raum 73
Gefäßerkrankungen, Computertomographie 309
Gefäßproliferation, chorioidale 136
-, retinale 121
Gefäßpulsationen 233
-, Aderhaut 333
-, Aderhauthämangiom 333
-, Echtzeitverfahren 348
Gefäß- und Gewebepulsation 86, 93
-, Orbita 337
Geisterbilder 431
Genauigkeit, Geräte- 407
-, Meß- 407
Geometriefehler 443ff.
Geometrie- und Koordinationstreue, A- und B-Mode 39
Geräte, Anschaffungsentscheidungen 14
-, digitale Technik 13
-, Entwicklung 5–16
- für Gewebsdiagnostik 374
- für rechnergestützte Auswertung 86
-, „standardisierte" 325, 329
-, -, meßtechnische Überprüfungen 326
- für Ultraschall-Biometrie 35
Geräteanwendung, empirische 419
Geräteausstattung, erforderliche 18
Geräteeigenschaften 437
Geräteeinstellungen, reproduzierbare 24
Geräteüberprüfungen 3
Gesamtbrechkraft des Auges 73, 74
Gesamtempfindlichkeit 402, 424, 448
-, ausreichende 419
-, Biometrie 37
-, Einfluß auf Tumorechogramme 144, 148
-, falsche 91
- für Fremdkörperlokalisation 60, 61
-, Steigerung 419
-, Untersuchung der Bulbuswand 85
-, Untersuchung des Glaskörperraumes 85
Gesamtempfindlichkeitskennlinie 406
Gesamtsystem 423
Gesichtsschädeltrauma, Computertomographie 316
Gewebebewegungen, rechnergestützte Auswertung 144
Gewebedifferenzierung 144
Gewebsmodell 357
- nach Till 326

Gewebsphantome 24, 326, 427
– und Frequenz 422
Glaskörper, apparatetypischer Normalbefund 85, 109
–, Bewegungsmerkmale 107
–, Bluteinlagerungen 93, 95, 100, 101, 105, 112, 116, 121, 349
Glaskörperabhebung 108
Glaskörper-Adhärenzen 121
Glaskörperanheftung 102, 108, 113, 115
Glaskörperblutung, MR 322
Glaskörperdegeneration 99, 105, 109
Glaskörperdestruktion 349
Glaskörperkollaps 107
Glaskörper-Länge 34, 40, 45
Glaskörper-Membranen 90, 94, 107, 112, 113, 121
Glaskörperraum und Augenwand, Echographie 84
–, Befunde vor Vitrektomie 112, 113
–, echografische Differentialdiagnose 86, 90, 113
– vor Vitrektomie, klinisch 112
Glaskörpersegel 121
Glaskörper-Stränge 105, 114
Glaskörperstruktur und Alter 109
– bei Katarakt und Aphakie 109, 111
–, Nachweisgrenze 98, 109
–, physiologische Varianten 97, 109
Glaskörpertraktion 123, 124
Glaskörpertrübung 121
–, der Grenzschicht 99, 102
Glaskörperveränderung 85
Glasplitter, Orbita 251
Glaukom, kongenitales, Biometrie 38, 48, 84
–, –, Bulbuswachstum 48
–, –, echografische Diagnose 48
–, –, echografische Verlaufskontrolle 48
–, –, Operationsindikation 49
–, „malignes" 67
–, sekundäres bei Buphthalmus 49
Gliom 215
– des Chiasma 276
– des Sehnerven 269
Glühkathode 403
Graustufenscala 302
Grauwert-Dynamik 462
Grauwertstufen 408
Grundschleier 408

Halbwertsbandbreite 403
– Echozacke 404
– Spektrum 403
Hämangiome der Aderhaut 184
–, Differenzierung 186
–, Echogramm 185
–, RF-Signal 185
–, Schallschatteneffekt 185
–, Technik nach Coleman 186
Hämangiome, Computertomographie 310
–, kapilläre 186
–, kavernöse 232
– bei Kleinkindern 232

Hamartom, astrozytäres 193
Hämatom der Orbita 218
Härte (Fotomaterial) 408
Hauptebenen 73, 75
Hauptkeule 431
Hauptpunkte 73
HEMA-Testreflektor 424
Herd, prominenter 118
HF-Echogramm 354, 356, 358, 400
HF-Echosignal 403
HF-Verstärker 401
Hirndruck 215
Histiozytosis X 248
Histogramm (Amplituden-) 355, 360
– (Zeitabstände) 355
– (Zeitintervall-) 360
Histologie und Echogramm 139, 140
– –, Korrelationen 162, 165
histologische Struktur, Variabilität 4
Holz-Fremdkörper, Orbita 251, 254
Hornhaut-Biometrie 34, 40
Hornhautdurchmesser bei M. Coats 120
– bei retrolentaler Fibroplasie 124
Huygensches Prinzip 385
Hyalopathien 99
Hyalosis asteroides 105
Hydrophthalmie, s. Glaukom, kongenitales 38, 48, 84
Hyperopisierung 190
Hyperplasie, proliferative, der Arachnoidea 269
Hypotonie 120

IEC Document 854 1, 3
IEC Empfehlungen 423
Immersionsverfahren für Biometrie 36
Immunhistochemie, Orbita 299, 300
Impedanzsprung 381
Impuls-Schall 386
Indikationen 483, 484
– zur Echographie, Bulbuswand 84, 111
– –, Glaskörper 84, 111
– –, übersehene 4
Indocyaningrün-Angiographie 184
infiltrativer Prozeß 214
Informationsgehalt 388
Interferenz 356
intrabulbäre Prozesse, Computertomographie 303
Intraokularlinsen 75
inverse Filterung 360
Iris, Echographie 82, 83
–, Fluoreszenzangiographie 82
Iris-Melanom 82, 83
Iristumoren 82, 83
–, Fluoreszenzangiographie 82

Kalibrierung, Biometrie 37
Kammerwasseransammlungen im Glaskörper 67
Karotis, Anastomosen 367
–, Blutströmungsparameter 370
–, direkte Untersuchung 366
–, Gefäßmorphologie 370

–, indirekte Untersuchung 366
–, Makroangiographie, ophthalmologische Symptome 365
Karotisangiographie 235
Karotisstenose 371
kavernöses Hämangiom 216
Keilbeinmeningiom, Computertomographie 314
Kennlinie 438
Kernspintomographie 4, 216, 317
–, Anatomie Orbita 320
–, Augenmuskeln 321
–, Echozeit TE 318
–, Glaskörperblutung 322
–, Knochenprozesse 321
– (MR = Magnetic Resonance) 317
–, Oberflächenspule 319
–, Orbita 317
–, Repetitionszeit TR 318
–, T1 (Spin-Gitter-Relaxationszeit) 318
–, T2 (Spin-Spin-Relaxationszeit) 318
–, Tumoren 321
–, Untersuchungstechnik 318
–, Wertung 322
Kieferhöhlenkarzinom 220
Knochenausspielung 302
Kolobome 84, 303
Kompressibilität 86, 93
Kompression des Sehnerven 271
Kompressionsneuropathie 229
komprimieren 406
Kontaktankoppelung bei Biometrie 35
Kontrasteinstellung 404
Kontrasteinstellungsumfang 408
koronare Schichten 341
Korrektur für Netzhaut-Schichtdicke 40, 42
Korrelationsanalyse 360
Korrelationsfunktion 355
Kortikoidgaben bei Myositis 229
Kriterien, kinetische 120
–, Reflexions- 120
–, topographische 120
Krümmungsradius 72, 75
KV-Richtlinien, s. Sonographie-Richtlinien
KV-Sonographierichtlinien 16, 474

Lamina cribrosa 255, 259, 271, 283
Laufzeit, s. Schall- 399, 403, 407
laufzeitabhängige Verstärkungsregelung, Orbitafremdkörper 251
Laufzeitmeßgeräte 35, 375
Laufzeitmessung 34, 35, 38, 41
Laufzeit-Umrechnungsfaktoren 39
Leber'sche Optikusatrophie 285
Lehr- und Handbücher 2
Leistungsspektrum 356, 362
Leukokorie 120, 172
linearer Schallkopf 405
lineare Verstärkung 400, 401, 402
Linse, Biometrie 64
–, –, echografische Technik 65
– bei Winkelblock-Glaukom 64
Linsenberechnungsformeln 76

-, geometrisch-optische 75
- von Gernet et al. 76
- von Nitsch und Reiner 75
-, Regressions- 77
-, SRK 77
Linsendurchmesser, axial, Biometrie 34, 40, 45, 64
Linsenformel, elementare 73
-, empirische 75
Liquor-Zirkulationsstörung 272
logarithmische Verstärkung 401, 402
- Verstärkungskennlinie 406
Lokalisationsschema 20, 23, 88
Longitudinalwelle 379
Lymphangiom 311
Lymphatische Tumoren 181, 215, 243, 245

Makuladystrophie, hereditäre 197
Makulaerkrankungen, VEP 293
Makulopathie, senile 197
Maßstab-Skala 461
Medizingeräteverordnung 466
Medulloepitheliome 182
Megalocornea, Biometrie 51
Mehrfachechos 433
Melanom der Aderhaut 120, 165, 190, 195, 215
-, Computertomographie 304
-, doppelseitiges Auftreten 148
-, intraokular 148
-, -, echografisches Bild 151
-, -, Wuchsform 152
-, malignes, AB-Bild 346
-, -, der Papille 270
-, nekrotische 162
-, pigmentarme 148
-, Verlaufskontrolle 163
Melanom-Echogramme, Einfluß der Gesamtempfindlichkeit 144
-, Frequenzeinfluß 144
Membran, fibrovaskuläre 198
Membran-Dicke 359
Membrana limitans interna, s. Netzhautinnenfläche 119, 136
Membrandifferenzierung 359
Membranechos 94
Membranen, postzyklitisch 99
-, zyklitische 349
Membranreflektivität 359
Meningeom 215
-, infratentoriell 274
- des Keilbeins 217, 274
- der Sehnervscheide 263
Meßfehler 407
Meßgenauigkeit 407
Meßmethoden 423
Meßparameter, Computertomographie 303
Messungen 433
-, akustische 423, 424
-, elektronische 423
- am liegenden Patienten, Biometrie 37
- am sitzenden Patienten, Biometrie 37

Meß- und Prüfverfahren, standardisierte 328
Metastasen 215
- in den Augenmuskeln 231
-, Differenzierung 150, 176
-, Echoamplituden 175
-, Excavation der Aderhaut 175
-, intraokulare 175
- eines malignen Melanoms der Haut 220
- der Orbita 233
-, orbitale, Computertomographie 311
- und Primärtumor, Struktur 179
-, Pulsationsbewegungen 177
-, Strukturechos 175, 176
-, Untersuchungstechnik 175
-, Variationsbreite echografischer Befunde 175
Methodenkombinationen, Terminologie 330
Methodik nach Ossoinig 325
Mikro-Biometrie 34
Mikrophthalmus, Biometrie 34, 57, 84
- bei Optikuskolobom 256
Mikroprozessor 354, 405, 406, 407
Mikulicz-Syndrom, Computertomographie 311
Mischtumor der Tränendrüse 215
M-Mode, Aderhautschichten 334
-, computergestützt 331, 335
-, Darstellung analogischer Echtzeit, on-line 331
-, Darstellung, Computer-Synthese, off-line 331
-, Grundlagen 331
-, Technik 331
-, Volumenpulsation 334
M. Basedow 224, 299, 300
M. Boeck 262, 263
M. Coats 120, 183, 194
-, Echogrammveränderungen im Verlauf 184
M. Junius-Kuhnt, Biometrie 38, 41
Morphometrische Merkmale 85, 113
Motilität 407
-, Glaskörperblutung 408
-, Netzhautabhebung 408
Motorantrieb 404
Mukozele 215
-, Computertomographie 313
Muskeldehnbarkeit 245
Muskeldurchmesser, Meßtechnik 327
Muskeldystrophie, okuläre (von Graefe) 298
Muskeleinklemmung, Computertomographie 316
Muskelkontraktilität 245
Muskeltrichter 215
Muskelverdickung, Computertomographie 309
Myambutol-Intoxikation 284
Myasthenia gravis 299, 300
Mykose, intravitreale, AB-Bild 347
Myopathie, EMG 298
Myositis 215, 224, 243

-, chronische 227
-, Computertomographie 307
-, okuläre, EMG 298

Nachbewegungen 86, 93, 120
-, vitreoretinale Membranen 333, 334
Nachverarbeitung 406
Nadelelektrode, koaxiale (EMG) 298
Naevi 151, 164
-, Oberflächenecho 164
-, Strukturechoamplituden 164
Nahfeld 386
Nasennebenhöhlenkarzinom, Computertomographie 314
Nebenhöhlen 217
Nebenkeule 431
Negativfilm 408
Neovaskularisation 91
Nervenfaserausfälle 258
Nervus opticus 215
Netzhautablösung, s.a. Ablatio retinae 96, 117
-, Computertomographie 316
-, exsudative 124
-, HF-Signalanalyse 96
-, indirekter Nachweis 96
-, kollaterale 124
-, kongenitale 120
-, lange bestehende 126, 130
-, rhegmatogene 124
-, Schwingungsbewegung 349
-, sekundäre 349
-, traumatische 124
-, tumorferne 124
-, VEP 293
Netzhaut-Aderhautschicht 84, 116, 334
-, Dickenmessung 87
-, Pulsationen 87
- bei Uveitis 99
Netzhautanomalie 120
Netzhautbildgrößenbestimmung 38
Netzhautdicke 119, 363
Netzhautinnenfläche 119
Netzhaut-Traktion 96, 115
Netzhauttumoren 167, 192
Netzhautverletzung 128
Neuritis n. optici 215, 260
Neurofibrom 250
Neurofibromatose 269, 276
-, Computertomographie 313
Neuropathie des Sehnerven, metabolische 284
-, vordere ischämische 282
nicht-lineare Verstärkung 401
Normalbefund, echographischer 27
Normalschallkopf 431, 454
Norrie-Syndrom 120
Nullpunktfehler 432, 433, 456
-, Biometrie 35, 36
Nyquist-Theorem 354

Ödem des orbitalen Fettgewebes 229
Optic disc vasculitis 262, 263
Optik, geometrische 72
Optikochorioidale Venen 263
Optikusatrophie 284

Optikusechogramm 212
Optikusgliom 269
-, Computertomographie 305
Optikuskanal 255, 268, 269
Optikusscheidenhämatom 219
Optikusscheidenmeningeom 263
-, Computertomographie 305
Optikustrauma 281
Orbita, Biometrie 34
-, Immunhistochemie 299, 300
-, M-Mode 37
-, MR 317
Orbitaabszeß, subperiostal 217
Orbitahämatom 218
orbitale STP 215
Orbita-Ödem 422
Orbitaphlegmone 243
Orbitavarizen 237
Orbitavenenthrombose 235
Orbitawand 215
Orbitawanddefekte 220
Orbitopathie, endokrine 224, 275, 277, 298
Orientierung, topographisch 22, 206
Orientierungsebenen, Augapfel 88, 89
Osteome 182
-, Echointensität 182
-, Fluoreszenzangiographie 182
-, Schallschatteneffekt 182
Oszilloskop (Röhre) 399, 403

Papille 84, 255
-, Gefäßproliferation 92
Papillenexkavation 118
Papillenveränderungen 84
Papillitis 215, 260, 263
Parasiten 105
Paresen, peripher-neurogene 298
-, supranukleäre 298
Partialvolumeneffekt, Computertomographie 302
passive Echobewegungen 86, 93
- Motilitätsstörungen 215
Patientenlagerung, Biometrie 37
Pegeldifferenz-A-Mode-Echographie 329
Pegeldifferenzverfahren 87
perforiertes AH-Melanom 243
Periodendauer 402, 403
Periostabhebung 217
peripherer Orbitaraum 215
Personal, technisches 2, 3
Pfusch-Faktoren 80
Pharynxkarzinom, Computertomographie 314
Phase 378
Phasenspektrum 356
Phasensprung 382
Phlebolithen, Computertomographie 310
Phthisis bulbi 56, 84, 134, 163
- -, Biometrie 38, 56
- -, Computertomographie 315
Piezo-Effekt 384
Pigmentepithel-Abhebung 198
pilzförmiger Wuchs bei verschiedenen Tumorarten 152

Plasmozytom 248
Positivfilm (Papier) 408
postoperative Veränderungen, Computertomographie 315
Postprocessing 404, 406
posttraumatische Veränderungen 315
Präphthisis 116
Probeexzision 215
Proliferationen im Glaskörperraum 93, 117
proliferative Skleritis 243
Prominenz 118, 119
- von Bulbuswandveränderungen 91
Prominenzmessung 189
-, Fotoserien 91
Pseudolymphom 299, 300
Pseudoprotrusio 4
-, Differenzierung 204
Pseudotumor 215
-, Computertomographie 311
- der Makula, AB-Bild 346
-, seniler 188
Pseudotumor cerebri 272
Pseudotumor orbitae 215, 221, 224, 243, 245
Pseudozyste bei Amotio retinae 130
Pulsationsbewegungen, bei Metastasen 177
-, Orbitagewebe 351
pulsierender Exophthalmus 233
pulssynchrone Amplitudenschwankungen 144
Pupillenbewegung 333
Pupillenreaktion im Echogrmm 86
Pyozele, Computertomographie 314

Qualitätssicherung, A-Mode-Geräte 470-474, 478
-, AIUM-NEMA-Standard 467
-, B-Mode-Geräte 470, 472-473, 479
-, Biometrie-Geräte 470-474, 478
-, Definition 466
-, Doppler-Geräte 470, 473, 479-481
-, Fachverbände 467
-, freiwillige 469
-, Funktionsprüfung der Geräte 466, 470
-, Gefäßdiagnostik 479-481
-, Internationale Electrotechnical Commission IEC 467
-, Kalibration - Hilfsmittel und Geräte 376
-, Meß- und Prüfmethoden 470-473
-, Neuzustand der Geräte 466
-, Regelungen, Richtlinien 466-473, 475-481
-, reproduzierbare Untersuchungsbedingungen 418, 466, 470
-, Spektrumanalyse 479-481
quantitative Echographie, I, II (Ossoinig) 94, 95, 325, 329

raumfordernder Prozeß, intrakraniell 272
- -, nahe Sehnerv 271
- -, Orbita 276
Raumforderung, extradurale 276

-, intradurale 263
Rauschanteile 439 ff.
Rauschen 400
-, elektronisch 407
-, Quantisierungs- 441, 444
-, Schrot- 443
-, thermisches 439
-, weißes 440 ff.
Rayleigh-Streuung 383
real-time-Gerät 404
real-time scanning 347
rechnergestützte Auswertung 4, 14, 353
- - bei kongenitalem Glaukom 51
Referenzspektrum 356
Reflektivität, s. Reflexion und Rückstreuung 94, 113, 355, 396
Reflektoren für Standardisierung 330, 424
Reflexion 380
Reflexionsgrad 355, 360, 362, 400, 404
- der Augenmuskeln 227
-, Glaskörpermembran 363
-, Melanom 362
-, Netzhaut 363
Reflexionskoeffizient 381, 396
Reflexionsprinzip 399
Refraktion, postoperative 81
-, -, Vorhersagegenauigkeit 81
Refraktionsbilanz 78, 79
Refraktionsziel 81
Registrierverfahren 331, 407
-, Biometrie 38
Regression 360
Reihenschwinger, s. Attay 347
Reproduzierbarkeit biometrischer Messungen 39
Retinoblastom 56, 167, 192
-, AB-Bild 345
-, Bulbusabmessungen 56
-, Computertomographie 304
-, Differentialdiagnose 172
-, Distanzmessungen 56
-, Echogramm 56
-, Schalldämpfung 56
Retinochorioiditis 262
Retinopathia exsudative externa, s. M. Coats 120
Retinopathia proliferans 121
Retinopathie der Frühgeborenen, s. Retrolentale Fibroplasie 121, 124
-, zentrale seröse 197
Retinoschisis 120, 132
retrobulbäre Entzündungen, Computertomographie 311
Retrobulbärraum, Computertomographie 311
retrolentale Fibroplasie 56, 57, 58
- -, Computertomographie 305
- -, Distanzmessungen 57
- -, Mikrophthalmus 57
- -, Myopie 58
- -, Prognose 57, 58
- -, Wachstum 57, 58
Rhabdomyosarkom 215, 248
Rückstreuung 356, 358, 362

–, Glaskörperblutung 362
–, Hämangiom 362
–, Karzinom 362
–, Melanom 362

Sägezahn-Signal 403
Sättigung 401
„scalloping" 359
Schädigung durch Ultraschall 416
Schallausbreitung 380
Schallbrechung 30–33
Schallbrechungseffekte 8, 11
Schallbündel 404
Schalldämpfungskoeffizient 383
Schalldruck 356, 379
Schallfeld 384
Schallfeldcharakteristik 385, 431, 454, 455
Schallfeldgeometrie und Tumorechogramm 148
Schallfortleitung in die Nebenhöhlen 218
Schallgeschwindigkeit 362, 377, 378, 395, 399
– im Auge 35
–, mittlere Werte 39, 40
–, Werte für Teilstrecken des Auges 40
Schallintensität 379
Schallköpfe 5, 18, 399
– für Biometrie 35
– für Fremdkörperlokalisation 60
Schallkopfjustierung, M-Mode 333
Schallkopfposition, A- und B-Mode 88, 113
Schallaufzeit 399
–, doppelte 214
– im Sehnervquerschnitt 213
Schallpegel 87
Schallschatten 171
Schallschatteneffekt 143, 421
–, Frequenzabhängigkeit 162
– im Orbitaechogramm 162
–, Osteome 182
Schallschwächung 87, 355, 356, 358, 360, 361, 362, 382, 396, 397, 400
–, Amplituden 96
– in Tumoren 143
Schallschwächungskoeffizient 356, 361
–, Fettgewebe 361
–, Lederhaut 361, 362
–, Melanom 361
Schallwandler 384
Schallwelle 378
Schallwiderstand 379
Schema der typischen Echogramme (STEV) 144
Schnittebenen-Dokumentation 25
Schwärzungsgrad 408
Schwärzungskurve 408
Schwelle 400
Schwingung, harmonische 377
Schwingungsimpuls 386
Scleritis posterior 243
Sehnenverbreitung, Differentialdiagnose, Computertomographie 306

Sehnerv, Anomalie 255
–, Atrophie 284
–, Erkrankungen 255
–, Skleradurchtritt 30
–, VEP 290, 295
–, Verbreiterung 191
Sehnervendarstellung, Ebenen 88
Sehnervkanal im Orbitafett 30
Sehnervscheide 263
Sehnervscheidendurchmesser 211, 256
Sehnervtrauma 281
Seitenauflösung 404, 405
Sektorabtastung 405
Sektorabtastungsschallkopf 404, 405, 407
Sektorschallkopf, mechanisch 404, 405
selektive Differential-Echographie (Poujol) 94
selektive Echographie (Oksala) 94
Sendeelektronik 399
Sendeelektronikimpuls 353, 399, 400, 403
Sender 399
senile Maculadegeneration mit Glaskörper-Einblutung 108
– – (Junius-Kuhnt) 150
S-förmige Kennlinie 326, 328
Shuntvolumen 233
SIDUO-Kongreßbericht 1, 2
SIDUO-Kongresse 3
sigmoide Verstärkung 402
Signalanalyse, digitale 388
Signalwege 434, 436
Silikonimplantate, Computertomographie 316
Sinus cavernosus, Computertomographie 309
Sinus-cavernosus-Fistel 215, 350
–, spontane 233
Sinuswelle 403
Sjögren-Syndrom, Computertomographie 311
Sklera, Schrumpfung 190
Skleraecho, als ergänzendes Testecho 24
Sklerainnenfläche, Arrosion 154
–, Gesamtempfindlichkeit 155
Skleralschrumpfung 191
Skleraperforation des AH-Melanoms 243
Skleritis 84, 99, 190
–, Brawny 190
–, sulzige 190
Sonographie-Richtlinien der Kassenärztlichen Bundesvereinigung (KV) 465, 467, 474–481
– – –, fachliche Voraussetzungen 475–478, 484
– – –, Geräte-Anwendungsklassen 478–481
– – –, Mindestanforderungen an die Untersuchungsgeräte 466, 470
„Speckle"-Muster 355, 440
Speichersystem 355
Speicherung 401, 405, 407

Spektralanalysator 388
Spektralanalyse 356, 361
Spektrum 402, 403
Spongioblastom 269
Standardisierung 325, 329, 423
–, Gremien 329, 465
–, technische 330
Staphylom, Biometrie 38, 41, 54, 55
– und Kunstlinsenimplantation 55
statische Merkmale der Echomuster 86
Stauungspapille bei intrakranieller Drucksteigerung 259, 271
–, orbitale 275
Stenosegrade, A. carotis interna 371
Sterilisation der Schallköpfe 27
Sterilität 19
Störechoausschluß 85
Strahlenexposition, Computertomographie 303
Streuung 355, 356, 382
Streuzentren 355
Strömung 93
Strömungsparameter, A. carotis interna 370, 371
Strukturechos, Darstellung 421
Strukturvergröberung, frequenzbedingt 421
Subarachnoidalraum, Sehnerv 271
Synchisis scintillans 105

Tabak-Alkohol-Amblyopie 284
Teilvolumeneffekte 302
TGC (time-gain-compensation) 400
Tenonscher Raum 189, 215, 243
– –, Flüssigkeitsansammlung 190
Terminologie 330
P-32-Test 190
Testecho, Reflektor W 38 24, 424
Testkörper (Tissue Modell nach Till) 24
Testreflektor 356
Testreflektor W 38 424
Testsignale 392, 393, 434 ff.
Tiefenauflösung 403, 405, 427, 445
Tiefenausgleich 400, 406
Tiefpass-Filterung 401
Tilt, AB-Bild 344, 347
topographische Merkmale 85, 113, 206
Totalreflexion 219
Totzeit 399
Traktionen 349
Tränendrüse, Computertomographie 311
Tränendrüsen-Entzündungen 223
Tränendrüsenkarzinom, Computertomographie 311
Tränensack, Ektasie 288, 289
Tränenwege, ableitende 288
–, Untersuchungstechnik 288
Transientenrecorder 354
Transmissionskoeffizient 381
Transversalwelle 379
Trauma des Sehnerven 281
Trübung der optischen Medien 84, 85
Tuberkulom 163

Tumordurchbruch, Erkennung 155
Tumorechogramm, Einfluß gerätetechnischer Parameter 144
–, Einfluß der Gesamtempfindlichkeit 144, 148
–, Frequenzeinfluß 144
–, vergleichende Beurteilung 148
Tumorausschluß bei Netzhautablösung 84
Tumoren, Früherkennung, Nachbarschichtanalyse 97
–, Größe 84
–, intraokulare 96, 137
–, –, Aussagesicherheit 137, 140
–, –, echografische Merkmale 86, 96
–, –, Gefäßschwirren, Pulsationen 86, 92
–, lymphatische 181
–, MR 321
–, Prominenzmessung, A,B-Mode 84, 91
–, rechnergestützte Differenzierung 96, 353
–, seitliche Ausdehnung 84, 91
–, Wachstum 84
Tumorgröße 362
Tumorgrößenbestimmung, intraokular 142
Tumorlokalisation, intraokular 142
Tumornachweis, intraokular 142
Tumorverkalkungen, Computertomographie 304
Tumorvolumen 84
Tumorwachstum, Beurteilung 92
TV-Monitor 406
Tyndall-Streuung 383

Übergang B → AB-Mode 343
Übertragungscharakteristik 437
Ultraschall, Bioeffekte 470, 478
– in der Medizin 3
–, Sicherheitsfragen 466, 467
–, therapeutisch-chirurgische Anwendungen 466, 470
–, Weiterbildungsordnung 465, 475
Ultraschall-Biometrie, Definition 34
–, Grundlagen 34, 39, 41
–, Indikationen 34
Ultraschall-Computer-Tomographie 399
Ultraschalldiagnostikgeräte, Anwendungsklassen 374
–, Übersicht 374
Ultraschall-Doppler-Geräte, Ansprechempfindlichkeit 392
–, Doppler, bidirektional 390
–, Doppler, Dauerstrich/cw- 390
–, Doppler, Impuls- 390
–, Doppler, Mehrkanal-Impuls- 391
–, Dopplerablagen, Winkel- und Frequenzabhängigkeit der 391, 394
–, DOPPLERSIMULATOR DS81 392, 393, 447
–, Duplexgeräte 391
–, „Farb-Doppler" 391
–, Festzielunterdrückung 392
–, Kanaltrennung 392

–, Sonogramm 393
–, Spektrumsanalyse 393
Ultraschall-Exophthalmometrie 204
Ultraschallgerät 399
Ultraschall-Intensitätsregelung 416
Ultraschall-Intensitätsspitze 416
Ultraschall-Schädigungen 416
Ultraschall-Wirkungen, biochemische 416
–, biologische 416, 417
–, thermische, mechanische 416
Ultrasonolux-Schallköpfe 5
Untersuchungen bei geöffneter Lidspalte 20
–, meßtechnisch fundiert 3
Untersuchungsbedingungen, reproduzierbare 418
–, vergleichbare 326
Untersuchungsgang schematisch 86
Untersuchungsmethoden, Karotiskreislauf 365
Untersuchungsparameter, meßtechnisch überprüfte 24
Untersuchungsplatz, Aufbau 17
Untersuchungsschritte 20
Untersuchungstechnik 59, 61
–, Computertomographie 301
–, intraokulare tumorverdächtige Herde 141
– bei kongenitalem Glaukom 50
– bei Orbitafremdkörpern 251
– bei Säuglingen 19
Uveitis 84, 99
– bei Ablatio 124
Uveitis/Skleritis, Differentialdiagnose 84

Vakuolen, akustische 419
Valsalva-Manöver 237
Varikosis orbitae, Computertomographie 310
Vector-Mode 400
V. ophthalmica 215
V. ophthalmica superior 230, 235
– – –, Erweiterung, Computertomographie 309
Vv. ethmoidalis 233
venöse Mißbildungen, Computertomographie 310
Verbreiterung des Sehnerven 191
Verfahren nach Ossoinig und Mitarbeitern 329
Vergleichbarkeit von Echogrammen 148
Verkalkungen 420
–, intraokulare 168
– bei M. Coats 183
– bei Phthisis bulbi 132
Verstärkeraufbau 400
Verstärkercharakteristik 458
Verstärkerdynamik 405
Verstärkerkennlinie 360, 400, 401, 404
– (linear) 400, 401, 402
– (logarithmisch) 401, 402
– (sigmoid) 402
Verstärkerrauschen 400

Verstärkersättigung 401
Verstärkerschwelle 400
Verstärkung, laufzeitabhängige 9
Verstärkungsfaktor 401, 402
Videoband 407
–, hardcopy 406
Videobandsignal 355, 360, 403, 405
Vielfach-Echos 433
visuelle Auswertung (A, B-Mode, Doppler) 86, 87, 113
visuell evozierte Potentiale 290
– – Durchblutungsstörungen der Netzhaut 295
– – Einfluß von Medientrübungen 292
– – Einschätzung der Funktion 296
– – Erkrankungen des Sehnerven 295
– – hereditäre Pigmentepithel-Dystrophien 293
– – Makulaerkrankungen 293
– – Netzhautablösung 293
– – Siderosis 293
Vitamin B 12-Mangel 284
vitreoretinale Diagnostik, Didaktik 97, 111
Vitreoretinopathie, proliferative 124
vorderer Augenabschnitt, Fluoreszenzangiographie 82
Vorderkammer-Biometrie 34, 40, 45
Vorderkammertiefe 73, 80
Vorgehen am Patienten 85, 113
Vorlaufstrecken 18, 19, 29
–, Biometrie 35
Vorverarbeitung 406

W38 424
Wachstum der Augenabschnitte 45
– des Auges 43
Weichteilkontrast, Computertomographie 302
Wellenlänge 377, 378
– und Auflösungsvermögen 4
Weltföderation für Ultraschall in der Medizin 3
Wiedergabeteil 399
Wiederholungsechos 87, 433
Wiederholungsfrequenz 400
Winkel „kappa" 327

Zeitbereich 356
Zeitintervall-Autograms 355, 360
Zeitskala für Biometrie 37
Zentralvenenverschluß 282
Zephalozelen, Computertomographie 313
Zielgerät, optisch-akustisches 332
Zielrefraktion bei Kunstlinsenimplantation 81
– bei Myopen 81
Ziliarkörper-Darstellung 29
Ziliarkörpertumoren, Echographie 83
–, Fluoreszenzangiographie 83
Zirkulationsstörung, Sehnerv 282
Zitratblut 24
Zyste, retrobulbär 255
–, –, Differenzierung 420

G. Mackensen, H. Neubauer (Hrsg.)

Augenärztliche Operationen 1

(Kirschnersche allgemeine und spezielle Operationslehre, Band IV, Teil 1)

3., völlig neubearbeitete Auflage. 1988. 475 Abbildungen in 965 Einzeldarstellungen. 660 Seiten. Gebunden DM 900,-.
Subskriptionspreis Gebunden DM 720,-. ISBN 3-540-18267-5

Augenärztliche Operationen 2

(Kirschnersche allgemeine und spezielle Operationslehre, Band IV, Teil 2)

1988. Gebunden etwa DM 900,-
Vorbestellpreis gültig bis zum Erscheinen / Subskriptionspreis Gebunden etwa DM 720,-.
ISBN 3-540-18268-3

Diese zweibändige Operationslehre präsentiert den gegenwärtigen Stand der internationalen Ophthalmochirurgie. Alle wesentlichen operativen Techniken werden in ihrem Ablauf dargestellt und präzise beschrieben. In dynamischen Bildfolgen wird die Wirkung der Instrumente in den entscheidenden Stadien des fortschreitenden Eingriffes anschaulich gezeigt.

Die Darstellung schließt die technisch-apparativen Voraussetzungen wie auch die Fragen der Anästhesie ein. Neben den im Mittelpunkt stehenden Operationstechniken werden auch Indikationen, Nachbehandlung, Ergebnisse sowie Risiken und Komplikationen ausführlich dargestellt, ferner auch die Pathogenese, soweit sie zum Verständnis des chirurgischen Eingriffes notwendig ist.

Die Operationslehre wendet sich an den jungen Augenarzt in der Weiterbildung, um ihn umfassend und eingehend in die Vielfalt der Techniken einzuführen. Dem erfahrenen Augenchirurgen bietet das Werk schnelle Informationen und Methodenvergleiche aus der Feder erfahrener Operateure mit verschiedenen Schwerpunkten.

Inhaltsübersicht: Technische Ausstattung und Organisation einer ophthalmologischen Operationseinheit. - Grundregeln, Vorbereitung, Lokalanästhesie. Nachbehandlung. - Allgemeinanästhesie bei Augenoperationen. - Chirurgie der Lider. - Chirurgie der Tränenorgane. - Chirurgie der Bindehaut und Lederhaut. - Eingriffe an den äußeren Augenmuskeln. - Chirurgie der Kornea. - Eingriffe an der Iris und am Ziliarkörper. - Chirurgie der Linse. - Chirurgie der Glaukome. - Laser-Eingriffe an den vorderen Augenabschnitten und am Glaskörper. - Chirurgie der retinochorioidalen Erkrankungen. - Glaskörperchirurgie. - Eingriffe bei Verletzung des Augapfels. - Orbitachirurgie.

Springer-Verlag Berlin
Heidelberg New York London
Paris Tokyo Hong Kong

G. O. H. Naumann,
Universität Erlangen-Nürnberg

Pathologie des Auges

Unter Mitarbeit von D. J. Apple, D. v. Domarus,
E. N. Hinzpeter, K. W. Ruprecht, H. E. Völcker,
L. R. Naumann

1980. 546 Abbildungen in 1003 Einzeldarstellungen, davon 115 zweifarbige schematische Skizzen, 1 Farbtafel, 188 differentialdiagnostische Tabellen. XLIX, 994 Seiten. (Spezielle pathologische Anatomie, Band 12). Gebunden DM 780,-. Subskriptionspreis Gebunden DM 624,-. (Der Subskriptionspreis gilt bei Abnahme aller Bände des Handbuchs). ISBN 3-540-09209-9

Aus den Besprechungen:

„... ein Sammelwerk über die Pathologie des Auges..., das man als hervorragend bezeichnen kann". *Deutsches Ärzteblatt*

„... Jeder wissenschaftlich tätige Augenarzt gerade aber auch der, der sich mit Problemen der Kontaktlinse befaßt, wird in kürzester Zeit zahlreiche Anregungen und Erklärungen für ‚merkwürdige' Phänomene erkennen, wenn er gezielt in diesem Nachschlagewerk nachsieht... So wird das Nachschlagewerk zum Lehrbuch, zum äußerst gelungenen Standardwerk".
Contactologia

„... Man wird sich mit ihm in den kommenden Jahren in Klinik und Praxis auseinandersetzen müssen".

Münchner Med. Wochenschrift

Springer-Verlag Berlin
Heidelberg New York London
Paris Tokyo Hong Kong

„...Dem verdienstvollen, vom Verlag bestens ausgestatteten Standardwerk ist weite Verbreitung zu wünschen."

Klin. Monatsblätter für Augenheilkunde

If you have any concerns about our products,
you can contact us on
ProductSafety@springernature.com

In case Publisher is established outside the EU,
the EU authorized representative is:
**Springer Nature Customer Service Center GmbH
Europaplatz 3, 69115 Heidelberg, Germany**

Printed by Libri Plureos GmbH
in Hamburg, Germany